Ottimizzazione Combinatoria

Bernhard Korte • Jens Vygen

Ottimizzazione Combinatoria

Teoria e Algoritmi

Springer

Bernhard Korte
Research Institute for
Discrete Mathematics
University of Bonn, Germany
dm@or.uni-bonn.de

Jens Vygen
Research Institute for
Discrete Mathematics
University of Bonn, Germany
vygen@or-uni-bonn.de

Edizione italiana a cura di:
Francesco Maffioli
Dipartimento di Elettronica e Informazione
Politecnico di Milano

Tradotto da:
Stefano Gualandi
Dipartimento di Elettronica e Informazione
Politecnico di Milano

Traduzione dall'edizione in lingua inglese:
Combinatorial Optimization by Bernhard Korte and Jens Vygen

ISBN 978-88-470-1522-7 ISBN 978-88-470-1523-4 (eBook)
DOI 10.1007/978-88-470-1523-4

Springer Milan Dordrecht Heidelberg London New York

9 8 7 6 5 4 3 2 1

Layout copertina: Beatrice Ꮁ. (Milano)

Impaginazione: PTP-Berlin, Protago TEX-Production GmbH, Germany (www.ptp-berlin.eu)
Stampa: Grafiche Porpora, Segrate (MI)

Springer-Verlag Italia S.r.l., Via Decembrio 28, I-20137 Milano
Springer-Verlag fa parte di Springer Science+Business Media (www.springer.com)

Prefazione all'edizione italiana

Sono stato contento ed onorato dall'invito a scrivere questa prefazione. Il libro di Bernhard Korte e Jens Vygen è il più completo testo di Ottimizzazione Combinatoria (OC) che io conosca. Si parla di OC quando si vuole massimizzare una funzione obiettivo a valori reali su un insieme finito di soluzioni ammissibili, ottenibili come sottoinsiemi con opportune proprietà dell'insieme potenza di un insieme finito di elementi. Moltissimi problemi di estrema rilevanza applicativa possono formularsi in questo modo e questa è una delle principali motivazioni per lo sviluppo dell'OC negli ultimi cinquanta anni. Un'altra motivazione va ricercata nel continuo miglioramento delle prestazioni dei calcolatori. Anche tenendo conto di ciò sarebbe tuttavia del tutto illusorio pensare di poter risolvere un problema di OC valutando la funzione obiettivo per ognuna delle soluzioni ammissibili del problema in esame, perché ciò implicherebbe, per la grande maggioranza dei problemi che nascono dalle applicazioni, tempi di calcolo di decenni anche con il calcolatore più avveniristico che siamo in grado di immaginare! L'OC ha quindi come scopo di risolvere tali problemi molto più efficientemente di quanto sia possibile con un metodo enumerativo del tipo appena descritto.

Questo libro presenta in modo rigoroso le idee, i risultati teorici e gli algoritmi più importanti dell'OC. La notazione matematica impiegata può apparire pesante ad una prima lettura, ma il lettore che non si faccia scoraggiare si adatta in fretta e ne apprezza rapidamente la capacità di concisione nell'enunciare e dimostrare teoremi e proprietà. Una delle principali caratteristiche di questo testo è infatti di dimostrare rigorosamente ogni affermazione, anche la più universalmente accettata. Gli autori hanno incluso anche capitoli dedicati ai fondamenti (di teoria dei grafi, di programmazione lineare e intera, e di complessità) per rendere il testo il più possibile autonomo. Fino a circa due terzi del libro vengono trattati argomenti classici con problemi risolvibili esattamente mediante algoritmi che richiedono (nel caso più sfavorevole) tempi di calcolo limitati superiormente da una funzione polinomiale del numero di bit necessario a codificarne i dati (algoritmi tempo-polinomiali). Nel seguito ci si dedica ai problemi NP-difficili, per cui un algoritmo esatto tempo-polinomiale è altamente improbabile che esista. Vengono presentati sia metodi esatti non polinomiali che algoritmi tempo-polinomiali, spesso con garanzia di non

Korte B., Vygen J.: Ottimizzazione Combinatoria. Teoria e Algoritmi.

produrre soluzioni di valore troppo lontano dall'ottimo. Ogni capitolo è corredato da un nutrito numero di esercizi e da un'estesa bibliografia. Lo scopo dichiarato degli autori è stato di produrre un testo didattico avanzato, che potesse anche essere impiegato come aggiornato testo di riferimento per il lavoro di ricerca: tale "scommessa" si può considerare largamente vinta. Se si vuole un solo testo dove (quasi) tutta l'OC è coperta, il libro di Korte e Vygen diventa una scelta obbligata.

Pensando ad un uso didattico, fare una selezione dei capitoli (o sezioni) rilevanti per un corso o l'altro diventa inevitabile. Il materiale contenuto si presta a costituire la base per corsi diversi, più o meno avanzati. Qualunque allievo che nutra un interesse non superficiale per la materia credo però che valuterà molto positivamente il fatto di possedere un testo non solo scolastico, ma capace di presentare un panorama quasi completo dell'OC quale oggi la conosciamo.

L'opera del traduttore non è stata facile: si veda più avanti la Nota esplicativa per alcune delle scelte fatte. Penso di interpretare sicuramente anche il desiderio del dott. Stefano Gualandi, che ha tradotto il testo partendo dall'ultima edizione in inglese, nel ringraziare per la continua assistenza Springer Italia nella persona della dott.ssa Francesca Bonadei, e naturalmente gli autori per il loro entusiastico supporto.

Milano, Luglio 2010 *Francesco Maffioli*

Prefazione alla Quarta Edizione

Con quattro edizioni in lingua inglese e le traduzioni in altre quattro lingue quasi terminate, siamo molto felici dello sviluppo del nostro libro. Il libro è stato nuovamente rivisto, aggiornato e significativamente esteso per questa quarta edizione. Abbiamo aggiunto degli argomenti classici che sino ad ora avevamo omesso, in particolare sulla programmazione lineare, l'algoritmo del simplesso di rete e il problema del massimo taglio. Abbiamo anche aggiunto diversi nuovi esercizi e aggiornato i riferimenti. Speriamo che questi nuovi cambiamenti abbiano contribuito a rendere il nostro libro uno strumento ancora più utile per l'insegnamento e la ricerca.

Ringraziamo sinceramente il continuo supporto dell'Union of the German Academies of Sciences and Humanities e il NRW Academy of Sciences attraverso il progetto a lungo termine "Matematica Discreta e sue Applicazioni". Ringraziamo anche quelli che ci hanno mandato i loro commenti sulla terza edizione, in particolare Takao Asano, Christoph Bartoschek, Bert Besser, Ulrich Brenner, Jean Fonlupt, Satoru Fujishige, Marek Karpinski, Jens Maßberg, Denis Naddef, Sven Peyer, Klaus Radke, Rabe von Randow, Dieter Rautenbach, Martin Skutella, Markus Struzyna, Jürgen Werber, Minyi Yue, e Guochuan Zhang, per i loro preziosi commenti. Sul sito `http://www.or.uni-bonn.de/~vygen/co.html` continueremo a mantenere le informazioni aggiornate su questo libro.

Bonn, Agosto 2007 *Bernhard Korte e Jens Vygen*

Nota del traduttore

Tradurre un testo dall'inglese all'italiano è di per sé un compito arduo. Tradurre un testo scientifico e rigoroso come quello scritto da Bernhard Korte e Jens Vygen lo è ancora di più. Il traduttore si trova di fronte a due decisioni importanti da prendere: quanto rimanere fedele al testo originale nella traduzione, e come (e se) tradurre parole inglesi ormai di uso comune anche nella lingua italiana.

Per quanto riguarda la prima decisione, abbiamo concordato di rimanere il più fedeli possibile allo stile conciso e puntuale dei due autori. Il risultato è un libro la cui caratteristica principale è il rigore matematico.

Per la scelta dei vocaboli da tradurre, la decisione da prendere è stata un po' più complicata. In accordo con gli autori, abbiamo cercato di usare una terminologia più adatta ad uno studente o un giovane ricercatore, che è ormai abituato ad usare dei termini in lingua inglese. Ogni volta che si incontra una parola in cui, a nostro avviso, non sia chiaro se usare la parola inglese o la sua traduzione, abbiamo deciso di lasciare entrambe, ma mettendo tra parentesi quadre la versione che non usiamo. Quando parliamo per esempio di grafi planari, e introduciamo la definizione di "immersione" di un grafo, abbiamo lasciato tra parentesi subito dopo la rispettiva versione in inglese, ovvero "embedding". Riassumiamo nel seguito le nostre principali scelte di traduzione. Inoltre, riportiamo nelle pagine seguenti, un glossario che riporta i termini tradotti. Nel glossario appare in corsivo la versione usata nel testo.

Quanto ai nomi di problemi, abbiamo deciso di tenere i nomi di alcuni problemi in lingua inglese, come ad esempio il Set Cover, il Set Packing, il Set Partitioning e il problema di Bin-Packing. In alcuni casi abbiamo lasciato solo un termine in inglese usando una terminologia mista, come ad esempio, il Problema del Matching di Peso Massimo o il Problema della Clique di Cardinalità Massima. Per quanto riguarda i problemi di taglio abbiamo deciso di tradurre quasi sempre la parola taglio (cut), tranne che per il problema del T-Cut (T-Taglio), per uniformità con il problema del T-Join (T-Giunto), che abbiamo lasciato in inglese.

Abbiamo altresì tenuto in lingua inglese il nome di alcuni algoritmi, come l'algoritmo di ordinamento di Merge-Sort, gli algoritmi di visita di un albero di ricerca Depth First (visita in profondità), Breadth First (visita in ampiezza), Branch

Korte B., Vygen J.: Ottimizzazione Combinatoria. Teoria e Algoritmi.

and Bound e Branch and Cut; l'algoritmo di Push-Relabel per il problema di Flusso Massimo; l'algoritmo di Scaling (e la tecnica di scaling) di capacità per i flussi di costo minimo; gli algoritmi per il bin-packing noti come First-Fit, Next-Fit, First-Fit Decreasing; gli algoritmi Best-In-Greedy e Worst-Out-Greedy per i matroidi.

Abbiamo mantenuto inoltre l'inglese per alcuni termini specifici come il girth e l'ear di un grafo (e parliamo quindi di ear-decomposition); i blossom negli algoritmi di matching; i clutter per i sistemi di indipendenza; gli archi di bottleneck nei problemi di flusso; gli archi di feedback, per quell'insieme di archi che intersecano tutti i circuiti orientati.

Per la traduzione di alcuni termini tecnici, ci siamo avvalsi della collaborazione della prof.ssa Norma Zagaglia, a cui vanno i nostri ringraziamenti.

Milano, Luglio 2010 *Stefano Gualandi*

ITALIANO	INGLESE
maggiorazione	*upper bound*
minorazione	*lower bound*
accoppiamento	*matching*
ordinamento	*sorting*
contrazione	*shrinking*
singoletto	singleton
insieme potenza	power set
insieme stabile	stable set
cricca	*clique*
grafo commutato	*line-graph*
percorso	walk
ramificazione	branching
famiglia di insiemi	set system
visita in profondità	*Depth-First Search (DFS)*
visita in ampiezza	*Breadth-First Search (BFS)*
giunto	*join*
immersione planare	planar embedding
ampiezza di albero	*tree-width*
nucleo	kernel
faccetta	facet
che definisce una faccetta	*facet-defining* (inequality)
guscio convesso	convex hull
guscio intero	integer hull
scatola nera	*black box*
compressione dei cammini	path compression
rete	network
localizzazione di impianti	facility location
goloso	*greedy*
lista bidirezionale	doubly-linked list
r-taglio	*r-cut*
multitaglio	*multicut*
chiusura metrica	metric closure
collo-di-bottiglia	*bottleneck*
cammino bottleneck	*bottleneck path*
arco bottleneck	*bottleneck arc*
preflusso	preflow
grafo cordale	chordal graph
matrice emi-simmetrica	skew-symmetric matrix
arco-connesso	edge-connected

catena	chain
anticatena	antichain
stretto, stringente	*tight*
clutter bloccante	blocking clutter
segnaposto	mark
assegnamento di verità	truth assignment
insieme dominante	dominating set
copertura	*covering*
impaccamento	*packing*
copertura di insiemi	*set cover*
copertura di vertici	*vertex cover*
copertura di archi	*edge cover*
taglio massimo	*max-cut*
soddisfacibilità	satisfiability
arrotondamento casualizzato	*randomized rounding*
grafo di espansione	graph expander
semimetrica di taglio	cut semimetric
colorazione	coloring
contenitore	bin
prodotto	commodity
ben arrotondata	well-rounded
k scambio	*k-exchange*
perdita	loss
griglia shifted	shifted grid
portali	portal
eliminazione dei sottocicli	*subtour elimination*
disugualianze a pettine	*comb inequalities*
teorema del matrimonio	marriage theorem
insieme parzialmente ordinato	partially ordered set (poset)
Totalmente Intero Duale	*Total Dual Integral (TDI)*

Prefazione alla Terza Edizione

Dopo cinque anni è arrivato il momento per un'edizione completamente rivista e sostanzialmente estesa. L'aspetto più rilevante è un capitolo interamente nuovo sull'allocazione di impianti (facility location). Fino a otto anni fa nessun algoritmo di approssimazione con fattore costante era noto per questa importante classe di problemi NP-difficili. Oggi esistono molte tecniche assai diverse e interessanti che godono di buone garanzie di approssimazione, e che rendono quest'area particolarmente attraente anche dal punto di vista didattico. Infatti questo capitolo è nato da un corso dedicato ai problemi di allocazione.

Molti altri capitoli sono stati estesi in maniera significativa. Nuovi argomenti includono gli heap di Fibonacci, il nuovo algoritmo per il massimo flusso di Fujishige, i flussi nel tempo, l'algoritmo di Schrijver per la minimizzazione delle funzioni submodulari, e l'algoritmo approssimato di Robins-Zelikovsky per il problema dell'albero di Steiner. Molte dimostrazioni sono state controllate, e molti nuovi esercizi e riferimenti sono stati aggiunti.

Ringraziamo quelli che ci hanno mandato i loro commenti sulla seconda edizione, in particolare Takao Asano, Yasuhito Asano, Ulrich Brenner, Stephan Held, Tomio Hirata, Dirk Müller, Kazuo Murota, Dieter Rautenbach, Martin Skutella, Markus Struzyna e Jürgen Werber, per i loro importanti suggerimenti. Specialmente gli appunti di Takao Asano e le correzioni di Jürgen Werber del Capitolo 22 ci hanno aiutato a migliorare la presentazione in diversi punti.

Vogliamo ringraziare nuovamente l'Union of the German Academies of Sciences and Humanities e la Northrhine-Westphalian Academy of Sciences. Il loro continuo supporto attraverso il progetto a lungo termine "Matematica Discreta e sue Applicazioni" finanziata dal German Ministry of Education and Research e lo Stato di Northrhine-Westphalia viene sinceramente ringraziato.

Bonn, Maggio 2005 *Bernhard Korte e Jens Vygen*

Korte B., Vygen J.: Ottimizzazione Combinatoria. Teoria e Algoritmi.

Prefazione alla Seconda Edizione

Il fatto che la prima edizione di questo libro sia stata esaurita appena dopo un anno dalla sua pubblicazione è stato per noi una vera sorpresa. Siamo lusingati dai tanti commenti positivi e perfino entusiasti ricevuti da colleghi e no. Molti colleghi ci hanno aiutato a trovare errori sia di stampa che più generali. In particolare ringraziamo Ulrich Brenner, András Frank, Bernd Gärtner e Rolf Möhring. Tutti gli errori trovati sono stati ovviamente corretti in questa seconda edizione e la bibliografia è stata aggiornata.

Inoltre la nostra prefazione aveva un difetto: menzionava tutte le persone che ci avevano aiutato nella preparazione del volume, ma dimenticava di citare il supporto delle istituzioni. Facciamo ammenda in questa seconda prefazione.

Ovviamente un libro che ha richiesto sette anni di lavoro ha beneficiato di diversi supporti e assegnazioni. Vorremmo esplicitamente menzionare: il progetto bilaterale Hungarian-German Research Project (sponsorizzato dall'Accademia delle Scienze Ungherese e dalla Deutsche Forschungsgemeinschaft), due Sonderforschungsbereiche (unità di ricerca speciali) della Deutsche Forschungsgemeinschaft, il Ministero Francese della Ricerca e della Tecnologia e la Fondazione Alexander von Humboldt per il supporto fornito mediante il Prix Alexandre de Humboldt, e la Commissione delle Comunità Europee per la partecipazione a due progetti DONET. I nostri ringraziamenti più sinceri vanno alla Union of the German Academies of Sciences and Humanities e alla Northrhine-Westphalian Academy of Sciences. Il loro progetto a lungo termine "Matematica Discreta e sue Applicazioni" supportato dal Ministero Tedesco per l'Educazione e la Ricerca (BMBF) e dallo Stato di Northrheine-Westphalia è stato di importanza decisiva per questo libro.

Bonn, Ottobre 2001 *Bernhard Korte e Jens Vygen*

Korte B., Vygen J.: Ottimizzazione Combinatoria. Teoria e Algoritmi.

Prefazione alla Prima Edizione

L'Ottimizzazione Combinatoria (OC) è una delle materie più giovani e attive in matematica discreta e oggi ne è probabilmente la forza trainante. Diventò una materia di studio a se stante circa cinquanta anni fa.

Questo libro descrive le idee, i risultati teorici e gli algoritmi più importanti dell'OC. È stato strutturato come libro di testo per un corso avanzato che può anche essere usato per trovare riferimenti ai più recenti temi di ricerca. Copre sia argomenti tradizionali di OC sia argomenti più avanzati e recenti. L'enfasi è data ai risultati teorici e agli algoritmi con una garanzia di buone prestazioni. Le applicazioni e le euristiche sono citate solo occasionalmente.

L'OC ha le sue radici in combinatorica, ricerca operativa e informatica teorica. Uno dei motivi principali è che moltissimi problemi di tutti i giorni possono essere formulati come problemi astratti di OC. Questo testo si concentra sullo studio di problemi classici che appaiono in contesti molto diversi e alla loro sottostante teoria.

La maggior parte dei problemi di OC possono essere formulati naturalmente in termini di grafi e come problemi lineari (interi). Quindi, questo libro inizia, dopo un'introduzione, rivisitando la teoria dei grafi e dimostrando quei risultati in programmazione lineare e in programmazione intera che sono rilevanti per l'OC.

In seguito, sono trattati gli argomenti classici di OC: gli alberi di supporto di costo minimo, i cammini minimi, i problemi di reti di flusso, matching e matroidi. La maggior parte dei problemi discussi nei Capitoli 6–14 hanno degli algoritmi tempo-polinomiali (ossia "efficienti") mentre la maggior parte dei problemi studiati nei Capitoli 15–22 sono *NP*-difficili, ovvero è improbabile che esista un algoritmo che li risolve in tempo polinomiale. Tuttavia, in molti casi, è possibile trovare degli algoritmi di approssimazione che hanno una certa garanzia sulla loro prestazione. Nel libro saranno menzionate altre strategie per affrontare tali problemi "difficili".

Questo libro va oltre lo scopo di un normale testo universitario in OC sotto vari aspetti. Per esempio viene trattata l'equivalenza di ottimizzazione e separazione (per politopi di dimensione piena), l'implementazione di algoritmi di accoppiamento di complessità $O(n^3)$ basati sulle ear-decomposition, le macchine di Turing, il teorema dei grafi perfetti, la classe di problemi *MAXSNP*, l'algoritmo di Karmarkar-Karp per il bin-packing, recenti algoritmi di approssimazione per flussi multi-prodotto, la

Korte B., Vygen J.: Ottimizzazione Combinatoria. Teoria e Algoritmi.

progettazione di reti affidabili, e il problema del commesso viaggiatore con metrica euclidea. Tutti i risultati sono accompagnati da dimostrazioni dettagliate.

Naturalmente, nessun libro di OC può essere esaustivo. Alcuni argomenti che trattiamo solo brevemente, o che non sono neanche affrontati, sono le decomposizioni ad alberi, i separatori, i flussi submodulari, path-matching, i problemi non-lineari, la programmazione semidefinita, l'analisi ammortizzata degli algoritmi, strutture dati avanzate, algoritmi paralleli e casualizzati. Infine, il teorema *PCP* (*Probabilistically Checkable Proofs*) viene citato, ma senza dimostrazione.

Alla fine di ogni capitolo vengono proposti diversi esercizi che contengono ulteriori risultati e applicazioni degli argomenti trattati nel capitolo. Alcuni esercizi che potrebbero essere più difficili sono contrassegnati con un asterisco. Ogni capitolo termina con una bibliografia che comprende anche testi raccomandati per approfondimenti.

Questo libro è il risultato di tanti corsi in OC e da corsi avanzati in combinatoria poliedrale o algoritmi approssimati. Quindi, questo libro può essere usato sia per corsi base che per corsi avanzati.

Abbiamo tratto beneficio da discussioni e suggerimenti di molti colleghi e amici e – naturalmente – da altri libri su questo argomento. Un sincero ringraziamento va ad András Frank, László Lovász, András Recski, Alexander Schrijver e Zoltán Szigeti. I nostri colleghi e studenti di Bonn, Christoph Albrecht, Ursula Bünnagel, Thomas Emden-Weinert, Mathias Hauptmann, Sven Peyer, Rabe von Randow, André Rohe, Martin Thimm e Jürgen Werber, hanno letto molte versioni del libro e ci hanno aiutato a migliorarlo. Infine, ringraziamo la Springer-Verlag per la sua preziosa ed efficiente collaborazione.

Bonn, gennaio 2000

Bernhard Korte
Jens Vygen

Indice

1

Introduzione

Cominciamo subito con due esempi.

Una ditta ha una macchina per effettuare fori su schede di circuiti stampati. Siccome la ditta deve produrre molte schede, vuole che la macchina completi la foratura di ciascuna scheda il più velocemente possibile. Il tempo di perforatura dipende dalla macchina e non può essere ottimizzato, ma si può provare a minimizzare il tempo che la macchina impiega per spostarsi tra un punto e l'altro. Di solito le macchine perforatrici possono spostarsi in due direzioni: la tavola si sposta orizzontalmente mentre il braccio della perforatrice si sposta verticalmente. Poiché i due movimenti possono essere simultanei, il tempo necessario per spostare la macchina da una posizione all'altra è proporzionale al massimo tra la distanza orizzontale e quella verticale. Questa è chiamata di solito la norma-ℓ_∞ (macchinari più vecchi non possono muoversi contemporaneamente su entrambi gli assi; in questo caso il tempo è proporzionale alla norma-ℓ_1, la somma della distanza orizzontale con quella verticale).

Un cammino di perforatura ottimo è dato da un ordinamento dei punti di perforatura $p_1, \ldots, p_n$ tale che $\sum_{i=1}^{n-1} d(p_i, p_{i+1})$ è minima, dove d è la norma-ℓ_∞: per due punti nel piano $p = (x, y)$ e $p' = (x', y')$ scriviamo $d(p, p') := \max\{|x - x'|, |y - y'|\}$. Un ordinamento dei fori può essere rappresentato da una permutazione, ovvero una biiezione $\pi : \{1, \ldots, n\} \to \{1, \ldots, n\}$.

Quale sia la permutazione ottima dipende ovviamente dalla posizione dei fori; per ogni insieme di posizioni abbiamo una diversa istanza del problema. Un'istanza del nostro problema è data da una lista di punti nel piano, ossia le coordinate dei fori da effettuare. Il problema può quindi essere definito formalmente come segue:

PROBLEMA DELLA PERFORATRICE	
Istanza:	Un insieme di punti $p_1, \ldots, p_n \in \mathbb{R}^2$.
Obiettivo:	Trovare una permutazione $\pi : \{1, \ldots, n\} \to \{1, \ldots, n\}$ tale che $\sum_{i=1}^{n-1} d(p_{\pi(i)}, p_{\pi(i+1)})$ sia minima.

Introduciamo ora il secondo esempio. Abbiamo un insieme di lavori da svolgere, ognuno con un assegnato tempo di esecuzione. Ogni lavoro può essere svolto da un certo insieme di addetti. Assumiamo che ciascun addetto che può svolgere un dato lavoro abbia la stessa efficienza. Più addetti possono contribuire contemporaneamente allo stesso lavoro e ciascun addetto può contribuire a diversi lavori (ma non contemporaneamente). L'obiettivo è di portare a termine tutti i lavori nel minor tempo possibile.

In questo problema basta prescrivere ad ogni addetto quanto tempo lavorerà su quale lavoro. L'ordine in cui gli addetti eseguono le loro mansioni non è importante, poiché il tempo di esecuzione complessivo dipende dal tempo di lavoro complessivo che abbiamo assegnato ad un addetto. Dobbiamo quindi risolvere il problema seguente:

PROBLEMA DI ASSEGNAMENTO

Istanza:	Un insieme di numeri $t_1, \ldots, t_n \in \mathbb{R}_+$ (i tempi di esecuzione per gli n lavori), un numero $m \in \mathbb{N}$ di addetti e un sottoinsieme non vuoto $S_i \subseteq \{1, \ldots, m\}$ di addetti per ogni lavoro $i \in \{1, \ldots, n\}$.
Obiettivo:	Trovare i numeri $x_{ij} \in \mathbb{R}_+$ per ogni $i = 1, \ldots, n$ e $j \in S_i$ tali che $\sum_{j \in S_i} x_{ij} = t_i$ per $i = 1, \ldots, n$ e $\max_{j \in \{1,\ldots,m\}} \sum_{i: j \in S_i} x_{ij}$ sia minimo.

Questi sono due tipici problemi che si presentano in ottimizzazione combinatoria. Come formalizzare un problema pratico in un problema astratto di ottimizzazione combinatoria non viene trattato in questo libro; in pratica, non esiste nessuna ricetta per questo compito. Oltre a dare una precisa formulazione dei dati in ingresso e in uscita è spesso importante ignorare le componenti irrilevanti (come ad esempio il tempo di perforazione, che non può essere ottimizzato, oppure l'ordine nel quale gli addetti eseguono le loro mansioni, che in questo caso non incide sul costo).

Naturalmente, non siamo interessati a trovare una soluzione ad un particolare problema della perforatrice o di assegnamento di una specifica ditta, ma piuttosto cerchiamo un modo di risolvere tutti i problemi di questo tipo. Incominciamo prima con il PROBLEMA DELLA PERFORATRICE.

1.1 Enumerazione

Come possiamo rappresentare una soluzione del PROBLEMA DELLA PERFORATRICE? Esistono un numero infinito di istanze (insiemi finiti di punti nel piano), e quindi non possiamo elencare una permutazione ottima per ogni istanza. Invece, quello che cerchiamo è un algoritmo il quale, data un'istanza, calcoli la soluzione ottima. Tale algoritmo esiste: dato un insieme di n punti, prova tutti i possibili $n!$ ordinamenti, e per ognuno di loro calcola la lunghezza-ℓ_∞ del cammino corrispondente.

Esistono modi diversi di formulare un algoritmo, a secondo del livello di dettaglio e del linguaggio formale usato. Certamente non potremmo accettare il seguente come un algoritmo: "dato un insieme di n punti, trova il cammino ottimo e stampalo".

Non si è per nulla specificato come trovare la soluzione ottima. Il suggerimento dato sopra di enumerare tutti i possibili $n!$ ordinamenti è più utile, ma non è ancora chiaro come enumerare tutti gli ordinamenti. Ecco un possibile modo.

Enumeriamo tutte le n-uple di numeri $1, \dots, n$, ovvero tutti gli n^n vettori di $\{1, \dots, n\}^n$. Questo può essere fatto come un'operazione di conteggio: cominciamo con $(1, \dots, 1, 1)$, $(1, \dots, 1, 2)$ sino a $(1, \dots, 1, n)$ poi passiamo a $(1, \dots, 1, 2, 1)$, e così via. Ad ogni passo incrementiamo l'ultimo elemento, a meno che sia già uguale a n, nel qual caso torniamo all'ultimo elemento più piccolo di n, lo incrementiamo e mettiamo tutti gli elementi seguenti a 1. Questa tecnica è chiamata a volte backtracking. L'ordine con il quale i vettori $\{1, \dots, n\}^n$ sono enumerati si chiama ordine lessicografico:

Definizione 1.1. *Siano $x, y \in \mathbb{R}^n$ due vettori. Diciamo che un vettore x è* **lessicograficamente minore** *di y se esiste un indice $j \in \{1, \dots, n\}$ tale che $x_i = y_i$ per $i = 1, \dots, j-1$ e $x_j < y_j$.*

Sapendo come enumerare tutti i vettori di $\{1, \dots, n\}^n$ possiamo semplicemente controllare per ogni vettore se le suoi componenti siano diverse a due a due, e, se lo sono, se il cammino rappresentato da questo vettore sia più corto del miglior cammino incontrato sino a quel punto.

Poiché questo algoritmo enumera n^n vettori impiegherà almeno n^n passi (in realtà, anche di più). Questo non è il modo migliore di enumerare. Ci sono solo $n!$ permutazioni di $\{1, \dots, n\}$, e $n!$ è molto più piccolo di n^n. (Per la formula di Stirling $n! \approx \sqrt{2\pi n}\frac{n^n}{e^n}$ (Stirling [1730]); vedi Esercizio 1.) Mostriamo ora come enumerare tutti i cammini in approssimativamente $n^2 \cdot n!$ passi. Si consideri il seguente algoritmo che enumera tutte le permutazioni in ordine lessicografico:

ALGORITMO DI ENUMERAZIONE DI CAMMINI

Input: Un numero naturale $n \geq 3$. Un insieme $\{p_1, \dots, p_n\}$ di punti nel piano.

Output: Una permutazione $\pi^* : \{1, \dots, n\} \to \{1, \dots, n\}$ con $costo(\pi^*) := \sum_{i=1}^{n-1} d(p_{\pi^*(i)}, p_{\pi^*(i+1)})$ minimo.

---

① Poni $\pi(i) := i$ e $\pi^*(i) := i$ per $i = 1, \dots, n$. Poni $i := n - 1$.

② Sia $k := \min(\{\pi(i) + 1, \dots, n + 1\} \setminus \{\pi(1), \dots, \pi(i-1)\})$.

③ **If** $k \leq n$ **then**:
  Poni $\pi(i) := k$.
  If $i = n$ e $costo(\pi) < costo(\pi^*)$ **then** poni $\pi^* := \pi$.
  If $i < n$ **then** poni $\pi(i+1) := 0$ e $i := i + 1$.
 If $k = n + 1$ **then** poni $i := i - 1$.
 If $i \geq 1$ **then go to** ②.

Iniziando con $(\pi(i))_{i=1,\dots,n} = (1, 2, 3, \dots, n-1, n)$ e $i = n - 1$, l'algoritmo trova ad ogni passo il valore successivo ammissibile di $\pi(i)$ (non usando

$\pi(1), \ldots, \pi(i-1)$). Se non ci sono più possibilità per $\pi(i)$ (ovvero $k = n + 1$), allora l'algoritmo decrementa i (backtracking). Altrimenti assegna a $\pi(i)$ un nuovo valore. Se $i = n$, viene valutata la nuova permutazione, altrimenti l'algoritmo proverà tutti i possibili valori per $\pi(i+1), \ldots, \pi(n)$, cominciando con assegnare $\pi(i+1) := 0$ e incrementando i.

In questo modo tutti i vettori $(\pi(1), \ldots, \pi(n))$ sono generati in ordine lessicografico. Per esempio, le prime iterazioni nel caso $n = 6$ sono mostrate sotto:

$$
\begin{array}{llll}
 & \pi := (1,2,3,4,5,6), & i := 5 & \\
k := 6, & \pi := (1,2,3,4,6,0), & i := 6 & \\
k := 5, & \pi := (1,2,3,4,6,5), & & costo(\pi) < costo(\pi^*)? \\
k := 7, & & i := 5 & \\
k := 7, & & i := 4 & \\
k := 5, & \pi := (1,2,3,5,0,5), & i := 5 & \\
k := 4, & \pi := (1,2,3,5,4,0), & i := 6 & \\
k := 6, & \pi := (1,2,3,5,4,6), & & costo(\pi) < costo(\pi^*)?
\end{array}
$$

Siccome l'algoritmo confronta il costo di ogni cammino con quello di π^*, il miglior cammino trovato, dà in uscita il cammino ottimo. Ma quanti passi sono necessari per eseguire questo algoritmo? Naturalmente la risposta dipende da cosa intendiamo per singolo passo. Poiché non vorremmo che il numero di passi dipenda dall'implementazione possiamo ignorare i fattori costanti. Su qualsiasi calcolatore di uso corrente, ① richiederà almeno $2n + 1$ passi (pari al numero di ponimenti di variabile eseguiti) e al massimo cn passi per qualche costante c. La notazione usata di solito per ignorare i fattori costanti è la seguente:

Definizione 1.2. *Siano $f, g : D \to \mathbb{R}_+$ due funzioni. Diciamo che f è $O(g)$ (e a volte scriviamo $f = O(g)$) se esistono due costanti $\alpha, \beta > 0$ tali che $f(x) \le \alpha g(x) + \beta$ per ogni $x \in D$. Se $f = O(g)$ e $g = O(f)$ diciamo anche che $f = \Theta(g)$ (e naturalmente $g = \Theta(f)$). In questo caso, f e g hanno la stessa* **velocità di crescita**.

Si noti che l'uso del segno di uguaglianza in questa notazione non è simmetrica. Per chiarire questa definizione, sia $D = \mathbb{N}$, e sia $f(n)$ il numero di passi elementari in ① e $g(n) = n$ ($n \in \mathbb{N}$). Chiaramente in questo caso abbiamo che $f = O(g)$ (infatti $f = \Theta(g)$). Diciamo che ① richiede tempo $O(n)$ (oppure tempo lineare). Una singola esecuzione di ③ richiede un numero costante di passi (parliamo di tempo $O(1)$ o tempo costante) ad eccezione del caso $k \le n$ e $i = n$; in questo caso il costo di due cammini deve essere confrontato, il che richiede tempo $O(n)$.

Cosa possiamo dire di ②? Una implementazione troppo semplice, che controlli per ogni $j \in \{\pi(i)+1, \ldots, n\}$ e ogni $h \in \{1, \ldots, i-1\}$ se $j = \pi(h)$, richiederebbe $O((n - \pi(i))i)$ passi, che può essere tanto grande quanto $\Theta(n^2)$. Un'implementazione più efficiente di ② usa un vettore ausiliario indicizzato da $1, \ldots, n$:

② **For** $j := 1$ **to** n **do** $aux(j) := 0$.
For $j := 1$ **to** $i - 1$ **do** $aux(\pi(j)) := 1$.
Poni $k := \pi(i) + 1$.
While $k \leq n$ e $aux(k) = 1$ **do** $k := k + 1$.

Ovviamente con questa implementazione una singola esecuzione di ② richiede solo un tempo $O(n)$. Semplici tecniche come questa non sono normalmente trattate in questo libro; assumiamo che il lettore possa trovare tali implementazioni autonomamente.

Una volta calcolato il tempo di esecuzione per ogni singolo passo, possiamo ora stimare il tempo complessivo dell'algoritmo. Poiché il numero delle permutazioni è $n!$ dobbiamo solo stimare il carico di lavoro tra due permutazioni successive. Il contatore i può tornare indietro da n a qualche indice i' in cui è stato trovato un nuovo valore $\pi(i') \leq n$. Dopo ritorna in avanti sino a $i = n$. Mentre il contatore i è costante ciascuno dei passi ② e ③ è eseguito una sola volta, ad eccezione, dei caso $k \leq n$ e $i = n$; in questo caso ② e ③ sono eseguiti due volte. Il carico totale di lavoro tra due permutazioni consiste in al massimo $4n$ volte ② e ③, cioè $O(n^2)$. Quindi il tempo complessivo dell'ALGORITMO DI ENUMERAZIONE DI CAMMINI è $O(n^2 n!)$.

Si potrebbe fare leggermente meglio; un'analisi più attenta mostra che il tempo di esecuzione è solo $O(n \cdot n!)$ (Esercizio 4).

Tuttavia l'algoritmo è ancora troppo lento se n è grande. Il problema con l'enumerazione di tutti i cammini è che il numero di cammini cresce esponenzialmente con il numero di punti; già con solo 20 punti esistono $20! = 2432902008176640000 \approx 2.4 \cdot 10^{18}$ cammini diversi e anche il computer più veloce impiegherebbe anni prima di calcolarli tutti. Quindi una enumerazione completa è possibile solo per istanze di piccola dimensione.

Il principale campo di ricerca dell'ottimizzazione combinatoria è di trovare algoritmi migliori per problemi di questo tipo. Spesso si deve trovare il miglior elemento di un insieme finito di soluzioni ammissibili (nel nostro esempio: cammini di perforazione oppure permutazioni). Questo insieme non è dato esplicitamente, ma dipende implicitamente dalla struttura del problema. Quindi un algoritmo deve sfruttare questa struttura.

Nel caso del PROBLEMA DELLA PERFORATRICE tutte le informazioni di un'istanza con n punti è data da $2n$ coordinate. Mentre un algoritmo semplicistico enumera tutti gli $n!$ cammini, è possibile che esista un algoritmo che trovi un cammino ottimo molto più rapidamente, diciamo in n^2 passi computazionali. Non si sa se tale algoritmo esista (anche se i risultati del Capitolo 15 suggeriscono che sia improbabile). Tuttavia ci sono algoritmi molto più efficienti di quello semplicistico.

1.2 Tempo di esecuzione degli algoritmi

È possibile dare una definizione formale di un algoritmo, e ne daremo infatti una nella Sezione 15.1. Tuttavia, tali modelli formali portano a descrizioni molto lunghe e noiose non appena gli algoritmi diventano un po' più complicati. Ciò è molto simile a quanto avviene con le dimostrazioni matematiche: anche se il concetto di dimostrazione può essere formalizzato, nessuno usa tale formalismo per scrivere una dimostrazione perché altrimenti diventerebbe molto lunga e quasi illeggibile.

Quindi tutti gli algoritmi in questo libro sono scritti in un linguaggio informale. Tuttavia, il livello di dettaglio dovrebbe permette al lettore con un minimo di esperienza di implementare gli algoritmi su qualsiasi calcolatore senza troppo sforzo in più.

Poiché quando misuriamo il tempo di esecuzione degli algoritmi non siamo interessati ai fattori costanti, non abbiamo bisogno di fissare un modello computazionale vero e proprio. Contiamo i passi elementari, ma non siamo veramente interessati a definirli esattamente. Alcuni esempi di passi elementari sono: assegnamento di variabili, accesso casuale a una variabile il cui indice è memorizzato in un'altra variabile, salti condizionali (if – then – go to), e operazioni aritmetiche elementari come addizione, sottrazione, moltiplicazione, divisione e confronto tra numeri.

Un algoritmo consiste in un insieme di dati validi in ingresso e in una sequenza di istruzioni ognuna delle quali può essere composta da passi elementari, tali che per ogni ingresso valido il calcolo dell'algoritmo risulti in una serie finita, e unicamente definita, di passi elementari che produca certi dati in uscita. Solitamente, non ci accontentiamo di una computazione finita, ma piuttosto vogliamo una buona stima per eccesso del numero di passi elementari eseguiti, in funzione della dimensione dei dati in ingresso.

I dati di ingresso di un algoritmo consistono in una lista di numeri. Se questi numeri sono tutti interi, possiamo codificarli con una rappresentazione binaria, usando $O(\log(|a|+2))$ bit per memorizzare un numero intero a. I numero razionali possono essere memorizzati codificando il numeratore e il denominatore separatamente. La **dimensione dei dati di ingresso** [input size] size(x) di un'istanza x con numeri razionali è il numero totale di bit necessari alla loro rappresentazione binaria.

Definizione 1.3. *Sia A un algoritmo che accetta dati da un insieme X, e sia $f : \mathbb{N} \to \mathbb{R}_+$. Se esiste una costante $\alpha > 0$ tale che A termina la sua esecuzione dopo al massimo $\alpha f(\text{size}(x))$ passi elementari (comprese le operazioni aritmetiche) per ogni dato $x \in X$, allora diciamo che A* **esegue in tempo** *$O(f)$. Diciamo anche che il* **tempo di esecuzione** *(o la* **complessità temporale***) di A è $O(f)$.*

Definizione 1.4. *Un algoritmo che prende in ingresso numeri razionali, si dice che richiede un* **tempo polinomiale** *se esiste un numero intero k tale che l'algoritmo richiede un tempo $O(n^k)$, dove n è la dimensione dei dati in ingresso, e tutti i numeri nei calcoli intermedi possono essere memorizzati con $O(n^k)$ bit.*

Un algoritmo con dati in ingresso arbitrari si dice che richiede un **tempo polinomiale in senso forte** *se esiste un numero intero k tale che l'algoritmo richiede un tempo $O(n^k)$ per qualsiasi dato in ingresso che consista di n numeri e richiede un tempo polinomiale se i dati in ingresso sono razionali. Nel caso in cui $k = 1$ abbiamo un* **algoritmo tempo-lineare***.*

Un algoritmo che richiede un tempo polinomiale, ma non fortemente polinomiale è chiamato **debolmente polinomiale***.*

Si noti che il tempo di esecuzione può essere diverso per istanze diverse della stessa dimensione (non era così per l'ALGORITMO DI ENUMERAZIONE DEI CAMMINI). Per questo motivo, consideriamo il tempo di esecuzione nel caso peggiore, ovvero la funzione $f : \mathbb{N} \to \mathbb{N}$ dove $f(n)$ è il massimo tempo di esecuzione di un'istanza con dimensione dei dati di ingresso n. Si noti che per alcuni algoritmi non conosciamo la velocità di crescita di f, ma ne abbiamo solo una stima per eccesso.

Il tempo di esecuzione nel caso peggiore potrebbe essere una misura pessimistica se il caso peggiore non si verifica quasi mai. In alcuni casi potrebbe essere appropriato utilizzare un tempo di esecuzione medio, calcolato in base ad un opportuno modello probabilistico, ma non consideriamo questo caso in questo libro.

Se A è un algoritmo che per ogni ingresso $x \in X$ calcola in uscita $f(x) \in Y$, allora diciamo che A **calcola una funzione** $f : X \to Y$. Se una funzione è calcolata da un algoritmo tempo-polinomiale, allora si dice **calcolabile in tempo polinomiale**.

Tabella 1.1.

n	$100n \log n$	$10n^2$	$n^{3.5}$	$n^{\log n}$	2^n	$n!$
10	3 μs	1 μs	3 μs	2 μs	1 μs	4 ms
20	9 μs	4 μs	36 μs	420 μs	1 ms	76 anni
30	15 μs	9 μs	148 μs	20 ms	1 s	$8 \cdot 10^{15}$ a.
40	21 μs	16 μs	404 μs	340 ms	1100 s	
50	28 μs	25 μs	884 μs	4 s	13 giorni	
60	35 μs	36 μs	2 ms	32 s	37 anni	
80	50 μs	64 μs	5 ms	1075 s	$4 \cdot 10^7$ a.	
100	66 μs	100 μs	10 ms	5 ore	$4 \cdot 10^{13}$ a.	
200	153 μs	400 μs	113 ms	12 anni		
500	448 μs	2.5 ms	3 s	$5 \cdot 10^5$ a.		
1000	1 ms	10 ms	32 s	$3 \cdot 10^{13}$ a.		
10^4	13 ms	1 s	28 ore			
10^5	166 ms	100 s	10 anni			
10^6	2 s	3 ore	3169 a.			
10^7	23 s	12 giorni	10^7 a.			
10^8	266 s	3 anni	$3 \cdot 10^{10}$ a.			
10^{10}	9 ore	$3 \cdot 10^4$ a.				
10^{12}	46 giorni	$3 \cdot 10^8$ a.				

Algoritmi tempo-polinomiali sono a volte chiamati algoritmo "buoni" oppure "efficienti". Questo concetto è stato introdotto da Cobham [1964] e da Edmonds [1965]. La Tabella 1.1 giustifica questa definizione mostrando un ipotetico tempo di esecuzione di algoritmi con diversa complessità temporale. Per diverse dimensioni dei dati di ingresso n la tabella mostra il tempo di esecuzione di algoritmi che eseguono $100n \log n$, $10n^2$, $n^{3.5}$, $n^{\log n}$, 2^n, e $n!$ passi elementari, assumendo che ogni passo elementare sia eseguito in un nanosecondo. In questo libro, log indica sempre il logaritmo in base 2.

Come mostrato dalla Tabella 1.1 gli algoritmi polinomiali sono più veloci per istanze sufficientemente grandi. La tabella mostra anche che fattori costanti di dimensione non elevata non sono importanti quando si considera la crescita asintotica dei tempi di esecuzione.

La Tabella 1.2 mostra invece la dimensione massima dei dati di ingresso che possono essere risolti entro un'ora con i sei algoritmi ipotetici di prima. In (a) assumiamo ancora che un passo elementare richieda un nanosecondo, e (b) mostra i risultati corrispondenti per una macchina 10 volte più veloce. Gli algoritmi con complessità temporale polinomiale possono risolvere istanze più grandi in tempo ragionevole. Inoltre, anche con un aumento della velocità di un fattore 10 dei computer la dimensione delle istanze risolvibili non aumenta significativamente per gli algoritmi tempo-esponenziali, ma aumenta per gli algoritmi tempo-polinomiali.

Tabella 1.2.

	$100n \log n$	$10n^2$	$n^{3.5}$	$n^{\log n}$	2^n	$n!$
(a)	$1.19 \cdot 10^9$	60000	3868	87	41	15
(b)	$10.8 \cdot 10^9$	189737	7468	104	45	16

Oggetto della nostra ricerca sono gli algoritmi (fortemente) tempo-polinomiali, e, se possibile, quelli tempo-lineari. Ci sono alcuni problemi per i quali si sa che non esistono algoritmi tempo-polinomiali, e ci sono altri problemi per i quali un algoritmo non esiste affatto. (Per esempio, un problema che può essere risolto in tempo finito, ma non in tempo polinomiale è decidere se una così detta espressione regolare definisce un insieme vuoto; si veda Aho, Hopcroft e Ullman [1974]. Un problema per il quale non esiste alcun algoritmo, il PROBLEMA DI ARRESTO [Halting Problem], viene discusso nell'Esercizio 1 del Capitolo 15.)

Comunque, quasi tutti i problemi considerati in questo libro appartengono alle due classi seguenti. Per i problemi della prima classe abbiamo un algoritmo tempo-polinomiale. Per ogni problema della seconda classe è una questione aperta se esista un algoritmo tempo-polinomiale. Tuttavia, sappiamo che se anche un solo problema di questa classe fosse risolvibile con un algoritmo tempo-polinomiale, allora lo sarebbe ogni altro problema della classe . Una precisa formulazione e dimostrazione di ciò sarà data nel Capitolo 15.

Il PROBLEMA DI ASSEGNAMENTO appartiene alla prima classe, il PROBLEMA DELLA PERFORATRICE appartiene alla seconda.

Queste due classi di problemi dividono questo libro in circa due parti. Prima trattiamo i problemi per i quali sono noti algoritmi tempo-polinomiali. Dopo, iniziando dal Capitolo 15, trattiamo i problemi difficili. Anche se non è noto nessun algoritmo tempo-polinomiale, ci sono spesso metodi decisamente migliori di un'enumerazione completa. Inoltre, per molti problemi (compreso il PROBLEMA DELLA PERFORATRICE), si possono trovare in tempo polinomiale soluzioni approssimate con un valore in un intervallo delimitato da una frazione del valore della soluzione ottima.

1.3 Problemi di ottimizzazione lineare

Consideriamo ora il secondo problema presentato, il PROBLEMA DI ASSEGNAMENTO, e presentiamo brevemente alcuni degli argomenti principali che saranno discussi nei capitoli seguenti.

Il PROBLEMA DI ASSEGNAMENTO è molto diverso dal PROBLEMA DELLA PERFORATRICE poiché esistono un numero infinito di soluzioni per ogni istanza (escludendo i casi banali). Possiamo riformulare il problema introducendo una variabile T per rappresentare l'istante di tempo in cui tutti i lavori sono terminati:

$$\begin{array}{lrcll} \min & T & & & \\ \text{t.c.} & \sum_{j\in S_i} x_{ij} & = & t_i & (i \in \{1,\dots,n\}) \\ & x_{ij} & \geq & 0 & (i \in \{1,\dots,n\},\ j \in S_i) \\ & \sum_{i:j\in S_i} x_{ij} & \leq & T & (j \in \{1,\dots,m\}). \end{array} \tag{1.1}$$

I numeri t_i e gli indici S_i $(i = 1,\dots,n)$ sono dati, le variabili x_{ij} e T sono quelle per le quali cerchiamo un valore. Questo problema di ottimizzazione con una funzione obiettivo lineare e vincoli lineari è chiamato un **Programma Lineare**. L'insieme di soluzioni ammissibili di (1.1), chiamato **poliedro**, è un insieme convesso, e si può dimostrare che esiste sempre una soluzione ottima che corrisponde ad uno dei punti estremi, che sono in numero finito, di questo insieme. Quindi anche un programma lineare può essere risolto, almeno teoricamente, da un'enumerazione completa. Tuttavia esistono modi molto più efficienti, come si vedrà in seguito.

Anche se esistono molti algoritmi per risolvere programmi lineari in generale, tali tecniche generali sono di solito molto meno efficienti di algoritmi specializzati che sfruttano la struttura del problema. Nel nostro caso conviene rappresentare l'insieme S_i, $i = 1,\dots,n$, con un **grafo**. Per ogni lavoro i e per ogni addetto j abbiamo un punto (chiamato vertice), e colleghiamo l'addetto j con un lavoro i con un lato se può contribuire al quel lavoro (ovvero se $j \in S_i$). I grafi sono una struttura combinatoria fondamentale; molti problemi di ottimizzazione combinatoria sono descritti più naturalmente in termini di teoria dei grafi.

Immaginiamo per un momento che il tempo di esecuzione di ogni lavoro sia di un'ora, e ci chiediamo se sia possibile finire tutti i lavori entro un'ora. In altri termini, cerchiamo i numeri x_{ij} $(i \in \{1,\dots,n\},\ j \in S_i)$ tali che $0 \leq x_{ij} \leq 1$ per ogni i e j, $\sum_{j\in S_i} x_{ij} = 1$ per $i = 1,\dots,n$, e $\sum_{i:j\in S_i} x_{ij} \leq 1$ per $j = 1,\dots,n$. Si può mostrare che se esiste una soluzione, allora esiste anche una soluzione intera, cioè ogni x_{ij} è uguale a 0 o a 1. Questo è equivalente ad assegnare un lavoro a ogni addetto, in modo tale che nessun addetto deve eseguire più di un lavoro. Nel linguaggio della teoria dei grafi cerchiamo un **matching** [accoppiamento] che copra tutti i lavori. Il problema di trovare i matching ottimi è uno dei problemi di ottimizzazione combinatoria più noti.

Le nozioni di base di teoria dei grafi e della programmazione lineare sono richiamate nei Capitoli 2 e 3. Nel Capitolo 4 dimostriamo che i programmi lineari possono essere risolti in tempo polinomiale, e nel Capitolo 5 trattiamo i poliedri con vertici interi. Nei capitoli seguenti analizzeremo in dettaglio alcuni problemi classici di ottimizzazione combinatoria.

1.4 Sorting

Concludiamo questo capitolo considerando un caso molto speciale del PROBLEMA DELLA PERFORATRICE in cui tutti i fori devono essere eseguiti su una linea orizzontale. In questo caso abbiamo una singola coordinata per ogni punto p_i, $i = 1, \ldots, n$. Allora una soluzione al problema della perforatrice è semplice, dobbiamo solo fare un sorting [ordinare, ordinamento] dei punti usando le loro coordinate: la perforatrice si sposterà da sinistra verso destra. Anche se tutte le permutazioni sono ancora $n!$, è chiaro che non abbiamo bisogno di considerarle tutte per trovare la sequenza ottima di perforazione, infatti è molto semplice ordinare n numeri in ordine non decrescente in tempo $O(n^2)$.

Ordinare n numeri in tempo $O(n \log n)$ richiede qualche accorgimento. Ci sono diversi algoritmi per realizzare questo compito; presentiamo qui il ben noto ALGORITMO MERGE-SORT, che procede come segue. Prima la lista di numeri è divisa in due sotto liste aventi circa la stessa dimensione. Poi ogni sotto lista viene ordinata (chiamando ricorsivamente lo stesso algoritmo). Infine le due liste ordinate vengono unificate. Questa strategia, chiamata di solito "divide et impera", può essere usata abbastanza spesso. Si veda la Sezione 17.1 per un altro esempio.

Sino ad ora non abbiamo discusso gli algoritmi ricorsivi. A dire il vero non è proprio necessario parlarne, visto che ogni algoritmo ricorsivo può essere trasformato in un algoritmo sequenziale senza aumentarne la sua complessità temporale. Tuttavia alcuni algoritmi sono più facili da formulare (e implementare) usando la ricorsione, e quindi useremo la ricorsione quando conviene.

ALGORITMO MERGE-SORT

Input: Una lista di numeri reali $a_1, \ldots, a_n$.

Output: Una permutazione $\pi : \{1, \ldots, n\} \to \{1, \ldots, n\}$ tale che $a_{\pi(i)} \le a_{\pi(i+1)}$ per ogni $i = 1, \ldots, n-1$.

① **If** $n = 1$ **then** poni $\pi(1) := 1$ e **stop (return** π**)**.

② Poni $m := \lfloor \frac{n}{2} \rfloor$.
Sia $\rho :=$MERGE-SORT$(a_1, \dots, a_m)$.
Sia $\sigma :=$MERGE-SORT$(a_{m+1}, \dots, a_n)$.

③ Poni $k := 1$, $l := 1$.
While $k \le m$ e $l \le n - m$ **do**:
  If $a_{\rho(k)} \le a_{m+\sigma(l)}$ **then** poni $\pi(k + l - 1) := \rho(k)$ e $k := k + 1$
  else poni $\pi(k + l - 1) := m + \sigma(l)$ e $l := l + 1$.
While $k \le m$ **do**: poni $\pi(k + l - 1) := \rho(k)$ e $k := k + 1$.
While $l \le n - m$ **do**: poni $\pi(k + l - 1) := m + \sigma(l)$ e $l := l + 1$.

Come esempio, considera la lista "69,32,56,75,43,99,28". L'algoritmo prima divide la lista in due sotto liste, "69,32,56" e "75,43,99,28" e ricorsivamente ordina ognuna delle due. Otteniamo le due permutazioni $\rho = (2, 3, 1)$ e $\sigma = (4, 2, 1, 3)$ che corrispondono alle liste ordinate "32,56,69" e "28,43,75,99". Queste due liste sono riunite come mostrato sotto:

					$k := 1,$	$l := 1$
$\rho(1) = 2,$	$\sigma(1) = 4,$	$a_{\rho(1)} = 32,$	$a_{\sigma(1)} = 28,$	$\pi(1) := 7,$		$l := 2$
$\rho(1) = 2,$	$\sigma(2) = 2,$	$a_{\rho(1)} = 32,$	$a_{\sigma(2)} = 43,$	$\pi(2) := 2,$	$k := 2$	
$\rho(2) = 3,$	$\sigma(2) = 2,$	$a_{\rho(2)} = 56,$	$a_{\sigma(2)} = 43,$	$\pi(3) := 5,$		$l := 3$
$\rho(2) = 3,$	$\sigma(3) = 1,$	$a_{\rho(2)} = 56,$	$a_{\sigma(3)} = 75,$	$\pi(4) := 3,$	$k := 3$	
$\rho(3) = 1,$	$\sigma(3) = 1,$	$a_{\rho(3)} = 69,$	$a_{\sigma(3)} = 75,$	$\pi(5) := 1,$	$k := 4$	
	$\sigma(3) = 1,$		$a_{\sigma(3)} = 75,$	$\pi(6) := 4,$		$l := 4$
	$\sigma(4) = 3,$		$a_{\sigma(4)} = 99,$	$\pi(7) := 6,$		$l := 5$

Teorema 1.5. *L'*ALGORITMO MERGE-SORT *funziona correttamente richiede tempo $O(n \log n)$.*

Dimostrazione. La correttezza è ovvia. Indichiamo con $T(n)$ il tempo di esecuzione (numero di passi) necessario per le istanze che consistono di n numeri e osserviamo che $T(1) = 1$ e $T(n) = T(\lfloor \frac{n}{2} \rfloor) + T(\lceil \frac{n}{2} \rceil) + 3n + 6$. (Le costanti nel termine $3n + 6$ dipendono da come è definito esattamente un passo di calcolo, ma sono irrilevanti.)

Vogliamo dimostrare che $T(n) \le 12n \log n + 1$. Poiché questo è ovvio per $n = 1$ procediamo per induzione. Per $n \ge 2$, assumiamo che la disuguaglianza sia vera per $1, \dots, n - 1$, e otteniamo:

$$\begin{aligned} T(n) &\le 12 \left\lfloor \frac{n}{2} \right\rfloor \log\left(\frac{2}{3}n\right) + 1 + 12 \left\lceil \frac{n}{2} \right\rceil \log\left(\frac{2}{3}n\right) + 1 + 3n + 6 \\ &= 12n(\log n + 1 - \log 3) + 3n + 8 \\ &\le 12n \log n - \frac{13}{2}n + 3n + 8 \le 12n \log n + 1, \end{aligned}$$

poiché $\log 3 \ge \frac{37}{24}$. □

Naturalmente l'algoritmo funziona per ordinare gli elementi di qualsiasi insieme totalmente ordinato, assumendo che possiamo confrontare due elementi qualsiasi in tempo costante. Può esistere un algoritmo più efficiente, ad esempio tempo-lineare? Supponiamo che il solo modo per ottenere informazioni sull'ordinamento da trovare sia il confronto tra due elementi. Allora si può mostrare che qualsiasi algoritmo richiede nel caso peggiore almeno $\Theta(n \log n)$ confronti. Il risultato di un confronto può essere visto come un zero od un uno; il risultato di tutti i confronti che fa un algoritmo è una stringa 0-1 (una sequenza di zero e di uno). Si noti che due ordinamenti diversi dei dati di ingresso dell'algoritmo devono dare due stringhe 0-1 diverse (altrimenti l'algoritmo non potrebbe distinguere tra due ordinamenti). Per un ingresso di n elementi ci sono $n!$ ordinamenti possibili, e quindi devono esserci $n!$ stringhe 0-1 diverse che corrispondono ai diversi calcoli. Poiché il numero di stringhe 0-1 con lunghezza minore di $\lfloor \frac{n}{2} \log \frac{n}{2} \rfloor$ è $2^{\lfloor \frac{n}{2} \log \frac{n}{2} \rfloor} - 1 < 2^{\frac{n}{2} \log \frac{n}{2}} = (\frac{n}{2})^{\frac{n}{2}} \le n!$ concludiamo che la lunghezza massima delle stringhe 0-1, e quindi dei calcoli, deve essere almeno $\frac{n}{2} \log \frac{n}{2} = \Theta(n \log n)$.

In questo senso, il tempo di esecuzione dell'ALGORITMO MERGE-SORT è ottimo a meno di un fattore costante. Tuttavia, esiste un algoritmo per ordinare interi (oppure ordinare stringhe lessicograficamente) il cui tempo di esecuzione è lineare nella dimensione dei dati di ingresso; si veda l'Esercizio 8. Un algoritmo per ordinare n interi in tempo $O(n \log \log n)$ è stato proposto da Han [2004].

Lower bound [minorazioni, stime per difetto] come questi sono noti solo per un numero limitato di problemi (ad eccezione di bound lineari banali). Spesso è necessaria una restrizione sull'insieme di operazioni per derivare un lower bound super-lineare.

Esercizi

1. Dimostrare che per tutti gli $n \in \mathbb{N}$:
$$e\left(\frac{n}{e}\right)^n \le n! \le en\left(\frac{n}{e}\right)^n .$$
Suggerimento: usare $1 + x \le e^x$ per ogni $x \in \mathbb{R}$.
2. Dimostrare che $\log(n!) = \Theta(n \log n)$.
3. Dimostrare che $n \log n = O(n^{1+\epsilon})$ per qualsiasi $\epsilon > 0$.
4. Mostrare che il tempo di esecuzione dell'ALGORITMO DI ENUMERAZIONE DEI CAMMINI è $O(n \cdot n!)$.
5. Mostrare che esiste un algoritmo tempo-polinomiale per il PROBLEMA DELLA PERFORATRICE dove d è la norma-ℓ_1 se e solo se ne esiste uno per la norma-ℓ_∞.
Nota: è improbabile per entrambi poiché il problema è stato dimostrato essere *NP*-difficile (questo verrà spiegato nel Capitolo 15) da Garey, Graham e Johnson [1976].
6. Supponiamo di avere un algoritmo il cui tempo di esecuzione sia $\Theta(n(t+n^{1/t}))$, dove n è la lunghezza dei dati in ingresso e t è un parametro positivo che

possiamo scegliere arbitrariamente. Come dovrebbe essere scelto t (in funzione di n) in modo tale che il tempo di esecuzione (sempre in funzione di n) abbia la minor velocità di crescita?

7. Siano s, t due stringhe binarie, entrambe di lunghezza m. Diciamo che s è lessicograficamente minore di t se esiste un indice $j \in \{1, \ldots, m\}$ tale che $s_i = t_i$ per $i = 1, \ldots, j-1$ e $s_j < t_j$. Ora, date n stringhe di lunghezza m, vorremo ordinarle lessicograficamente. Dimostrare che esiste un algoritmo tempo-lineare per questo problema (ovvero con tempo di esecuzione $O(nm)$).
Suggerimento: raggruppare le stringhe in base al primo bit e ordinare ciascun gruppo.
8. Descrivere un algoritmo che ordini una lista di numeri naturali $a_1, \ldots, a_n$ in tempo lineare; cioè che trovi una permutazione π con $a_{\pi(i)} \le a_{\pi(i+1)}$ $(i = 1, \ldots, n-1)$ e richieda tempo $O(\log(a_1 + 1) + \cdots + \log(a_n + 1))$.
Suggerimento: prima si ordinino le stringhe che codificano i numeri in base alla loro lunghezza. Poi si applichi l'algoritmo dell'Esercizio 7.
Nota: l'algoritmo discusso in questo esercizio e in quello precedente è di solito chiamato radix sorting.

Riferimenti bibliografici

Letteratura generale:

Cormen, T.H., Leiserson, C.E., Rivest, R.L., Stein, C. [2001]: Introduction to Algorithms. Second Edition. MIT Press, Cambridge

Knuth, D.E. [1968]: The Art of Computer Programming; Vol. 1. Fundamental Algorithms. Addison-Wesley, Reading (third edition: 1997)

Riferimenti citati:

Aho, A.V., Hopcroft, J.E., Ullman, J.D. [1974]: The Design and Analysis of Computer Algorithms. Addison-Wesley, Reading

Cobham, A. [1964]: The intrinsic computational difficulty of functions. Proceedings of the 1964 Congress for Logic Methodology and Philosophy of Science (Y. Bar-Hillel, ed.), North-Holland, Amsterdam, pp. 24–30

Edmonds, J. [1965]: Paths, trees, and flowers. Canadian Journal of Mathematics 17, 449–467

Garey, M.R., Graham, R.L., Johnson, D.S. [1976]: Some NP-complete geometric problems. Proceedings of the 8th Annual ACM Symposium on the Theory of Computing, 10–22

Han, Y. [2004]: Deterministic sorting in $O(n \log\log n)$ time and linear space. Journal of Algorithms 50, 96–105

Stirling, J. [1730]: Methodus Differentialis. London

2

Grafi

I grafi sono una struttura combinatoria fondamentale usata in tutto il libro. In questo capitolo, oltre a rivedere le definizioni e la notazione standard, dimostreremo alcuni teoremi importanti e presenteremo alcuni algoritmi fondamentali.

Dopo aver dato nella Sezione 2.1 alcune definizioni di base, presentiamo alcuni oggetti fondamentali che appaiono spesso in questo libro: alberi, circuiti e tagli. Dimostriamo alcune proprietà e relazioni importanti, e consideriamo anche famiglie di insiemi con rappresentazione ad albero nella Sezione 2.2.

I primi algoritmi su grafi, che determinano componenti connesse e fortemente connesse, appaiono nella Sezione 2.3. In Sezione 2.4 dimostriamo il Teorema di Eulero sui cammini chiusi che usano ogni arco una volta sola. Infine, nelle Sezioni 2.5 e 2.6 consideriamo grafi che possono essere disegnati su di un piano senza che alcun arco ne incroci un altro.

2.1 Definizioni fondamentali

Un **grafo non orientato** è una tripla (V, E, Ψ), dove V e E sono insiemi finiti, e $\Psi : E \to \{X \subseteq V : |X| = 2\}$. Un **grafo orientato** o **digrafo** è una tripla (V, E, Ψ), dove V e E sono insiemi finiti e $\Psi : E \to \{(v, w) \in V \times V : v \neq w\}$. Per **grafo** intendiamo di solito un grafo non orientato o un digrafo. Gli elementi di V sono chiamati **vertici**, gli elementi di E **archi**.

Gli archi e, e' con $e \neq e'$ e $\Psi(e) = \Psi(e')$ sono chiamati **archi paralleli**. Grafi senza archi paralleli sono chiamati **grafi semplici**. Per grafi semplici identifichiamo di solito e con la sua immagine $\Psi(e)$ e scriviamo $G = (V(G), E(G))$, dove $E(G) \subseteq \{X \subseteq V(G) : |X| = 2\}$ o $E(G) \subseteq V(G) \times V(G)$. Spesso usiamo questa notazione più semplice anche in presenza di archi paralleli, e in tal caso l'"insieme" $E(G)$ può contenere più elementi "identici". $|E(G)|$ denota il numero di archi, e per due insiemi di archi E e F abbiamo sempre che $|E \,\dot{\cup}\, F| = |E| + |F|$ anche se appaiono archi paralleli.

Diciamo che un arco $e = \{v, w\}$ o $e = (v, w)$ **unisce** v e w. In questo caso, v e w sono **vertici adiacenti**. v è un **vicino** di w (e vice versa). v e w sono gli **estremi** di e. Se v è un estremo di un arco e, diciamo che v è **incidente** a e. In grafi orientati diciamo che $e = (v, w)$ **esce** da v (la **coda** di e) ed **entra** in w (la **testa** di e). Due archi che hanno almeno un estremo in comune sono chiamati **archi adiacenti**.

Korte B., Vygen J.: Ottimizzazione Combinatoria. Teoria e Algoritmi.

Questa terminologia per i grafi non è unica. A volte, i vertici sono chiamati nodi o punti, mentre un altro nome per gli archi è lati o linee. In alcuni testi, un grafo è quello che noi chiamiamo un grafo semplice non orientato, in presenza di archi paralleli parlano di multigrafi. A volte vengono anche considerati gli archi i cui estremi coincidono, ossia i cosiddétti anelli [loop]. Tuttavia, a meno di dare chiara indicazione contraria, noi non li considereremo.

Per un digrafo G consideriamo a volte il **grafo non orientato sottostante**, cioè il grafo non orientato G' definito sullo stesso insieme di vertici che contiene un arco $\{v, w\}$ per ogni arco (v, w) di G (e quindi $|E(G')| = |E(G)|$). Diciamo anche che G è un **orientamento** di G'.

Un **sottografo** di un grafo $G = (V(G), E(G))$ è un grafo $H = (V(H), E(H))$ con $V(H) \subseteq V(G)$ e $E(H) \subseteq E(G)$. Diciamo anche che G **contiene** H. H è un **sottografo indotto** di G se è un sottografo di G e $E(H) = \{\{x, y\} \in E(G) : x, y \in V(H)\}$ o $E(H) = \{(x, y) \in E(G) : x, y \in V(H)\}$. Qui H è il sottografo di G **indotto da** $V(H)$. Scriviamo anche $H = G[V(H)]$. Un sottografo H di G è chiamato **sottografo di supporto** se $V(H) = V(G)$.

Se $v \in V(G)$, scriviamo $G - v$ per il sottografo di G indotto da $V(G) \setminus \{v\}$. Se $e \in E(G)$, definiamo $G - e := (V(G), E(G) \setminus \{e\})$. Usiamo questa notazione anche per la rimozione di un insieme X di vertici o di archi, e scriviamo $G - X$. Inoltre, l'aggiunta di un nuovo arco e è abbreviata con $G + e := (V(G), E(G) \dot\cup \{e\})$. Se G e H sono due grafi, denotiamo con $G + H$ il grafo con $V(G + H) = V(G) \cup V(H)$ e con $E(G + H)$ l'unione disgiunta di $E(G)$ e $E(H)$ (possono comparire archi paralleli). Una famiglia di archi è chiamata **vertice-disgiunta** o **arco-disgiunta** se la loro famiglia di vertici o, rispettivamente, di archi sono disgiunti due a due.

Due grafi G e H sono chiamati **grafi isomorfi** se esistono le biiezioni $\Phi_V : V(G) \to V(H)$ e $\Phi_E : E(G) \to E(H)$ tali che $\Phi_E((v, w)) = (\Phi_V(v), \Phi_V(w))$ per ogni $(v, w) \in E(G)$, o $\Phi_E(\{v, w\}) = \{\Phi_V(v), \Phi_V(w)\}$ per tutti $\{v, w\} \in E(G)$ nel caso non orientato. Normalmente non facciamo distinzione tra due grafi isomorfi; per esempio, diciamo che G contiene H se G ha un sottografo isomorfo ad H.

Supponiamo di avere un grafo non orientato G e $X \subseteq V(G)$. L'operazione che consiste nel rimuovere i vertici in X e gli archi in $G[X]$, aggiungere un nuovo vertice x e sostituire ogni arco $\{v, w\}$ con $v \in X$, $w \notin X$ con un arco $\{x, w\}$ (possono apparire archi paralleli), viene detta **shrinking** [contrazione] di X. La stessa cosa vale per i digrafi. Spesso il risultato viene indicato con G/X.

Per un grafo G e $X, Y \subseteq V(G)$ definiamo $E(X, Y) := \{\{x, y\} \in E(G) : x \in X \setminus Y, y \in Y \setminus X\}$ se G è non orientato , e $E^+(X, Y) := \{(x, y) \in E(G) : x \in X \setminus Y, y \in Y \setminus X\}$ se G è orientato. Per un grafo non orientato G e $X \subseteq V(G)$ definiamo $\delta(X) := E(X, V(G) \setminus X)$. L'**insieme dei vicini** di X è definito da $\Gamma(X) := \{v \in V(G) \setminus X : E(X, \{v\}) \neq \emptyset\}$. Per i digrafi G e $X \subseteq V(G)$ definiamo $\delta^+(X) := E^+(X, V(G) \setminus X)$, $\delta^-(X) := \delta^+(V(G) \setminus X)$ e $\delta(X) := \delta^+(X) \cup \delta^-(X)$. Se necessario, usiamo i pedici (e.g. $\delta_G(X)$) per specificare il grafo G.

Per i **singoletti** [singleton], ovvero insiemi di vertici con un solo elemento $\{v\}$ ($v \in V(G)$), scriviamo $\delta(v) := \delta(\{v\})$, $\Gamma(v) := \Gamma(\{v\})$, $\delta^+(v) := \delta^+(\{v\})$ e $\delta^-(v) := \delta^-(\{v\})$. Il **grado** di un vertice v è $|\delta(v)|$, pari al numero di archi incidenti a v. Nel caso orientato, il **grado entrante** è $|\delta^-(v)|$, il **grado uscente** è $|\delta^+(v)|$, e il grado è $|\delta^+(v)|+|\delta^-(v)|$. Un vertice con grado zero è chiamato **vertice isolato**. Un grafo in cui tutti i vertici hanno grado k si dice **k-regolare**.

Per ogni grafo, $\sum_{v\in V(G)}|\delta(v)| = 2|E(G)|$. In particolare, il numero di vertici con grado dispari è pari. In un digrafo, $\sum_{v\in V(G)}|\delta^+(v)| = \sum_{v\in V(G)}|\delta^-(v)|$. Per dimostrare queste affermazioni, si osservi che ogni arco è contato due volte in ogni lato della prima equazione e una sola volta un ogni lato della seconda equazione. Con un piccolo sforzo ulteriore, otteniamo i due utili lemmi seguenti.

Lemma 2.1. *Per un digrafo G e due insiemi qualsiasi $X, Y \subseteq V(G)$:*

(a) $|\delta^+(X)|+|\delta^+(Y)| \;=\; |\delta^+(X\cap Y)|+|\delta^+(X\cup Y)|+|E^+(X,Y)|+|E^+(Y,X)|$.
(b) $|\delta^-(X)|+|\delta^-(Y)| \;=\; |\delta^-(X\cap Y)|+|\delta^-(X\cup Y)|+|E^+(X,Y)|+|E^+(Y,X)|$.

Per un grafo non orientato G e due insiemi qualsiasi $X, Y \subseteq V(G)$:

(c) $|\delta(X)|+|\delta(Y)| \;=\; |\delta(X\cap Y)|+|\delta(X\cup Y)|+2|E(X,Y)|$.
(d) $|\delta(X)|+|\delta(Y)| \;=\; |\delta(X\setminus Y)|+|\delta(Y\setminus X)|+2|E(X\cap Y, V(G)\setminus(X\cup Y))|$.
(e) $|\Gamma(X)|+|\Gamma(Y)| \;\geq\; |\Gamma(X\cap Y)|+|\Gamma(X\cup Y)|$.

Dimostrazione. Possiamo dimostrare tutte le relazioni con dei banali conteggi. Sia $Z := V(G)\setminus(X\cup Y)$.

Per dimostrare (a), si osservi che $|\delta^+(X)|+|\delta^+(Y)| = |E^+(X,Z)|+|E^+(X,Y\setminus X)|+|E^+(Y,Z)|+|E^+(Y,X\setminus Y)| = |E^+(X\cup Y,Z)|+|E^+(X\cap Y,Z)|+|E^+(X,Y\setminus X)|+|E^+(Y,X\setminus Y)| = |\delta^+(X\cup Y)|+|\delta^+(X\cap Y)|+|E^+(X,Y)|+|E^+(Y,X)|$.

(b) segue da (a) invertendo ogni arco (si sostituisce (v,w) con (w,v)). (c) segue da (a) sostituendo ogni arco $\{v,w\}$ con una coppia di archi con direzione opposta (v,w) e (w,v). Sostituendo Y con $V(G)\setminus Y$ in (c) si ottiene (d).

Per dimostrare (e), si osservi che $|\Gamma(X)|+|\Gamma(Y)| = |\Gamma(X\cup Y)|+|\Gamma(X)\cap\Gamma(Y)|+|\Gamma(X)\cap Y|+|\Gamma(Y)\cap X| \geq |\Gamma(X\cup Y)|+|\Gamma(X\cap Y)|$. □

Una funzione $f: 2^U \to \mathbb{R}$ (dove U è un qualche insieme finito e 2^U denota il suo insieme potenza [power set]) è detta

- **submodulare** se $f(X\cap Y)+f(X\cup Y) \leq f(X)+f(Y)$ per ogni $X, Y \subseteq U$;
- **supermodulare** se $f(X\cap Y)+f(X\cup Y) \geq f(X)+f(Y)$ per ogni $X, Y \subseteq U$;
- **modulare** se $f(X\cap Y)+f(X\cup Y) = f(X)+f(Y)$ per ogni $X, Y \subseteq U$.

Quindi il Lemma 2.1 implica che $|\delta^+|$, $|\delta^-|$, $|\delta|$ e $|\Gamma|$ sono submodulari. Questo sarà utile in seguito.

Un **grafo completo** è un grafo semplice non orientato in cui ogni coppia di vertici è adiacente. K_n denota solitamente il grafo completo con n vertici. Il **complemento** di un grafo non orientato semplice G è il grafo H per il quale $V(G) = V(H)$ e $G + H$ è un grafo completo.

Un **matching** in un grafo non orientato G è un insieme di archi disgiunti a due a due (ovvero i loro estremi sono tutti diversi). Una **copertura per vertici** di G è un insieme $S \subseteq V(G)$ di vertici tale che ogni arco di G è incidente ad almeno uno dei vertici in S. Una **copertura per archi** di G è un insieme $F \subseteq E(G)$ di archi tale che ogni vertice di G è incidente ad almeno un arco di F. Un **insieme stabile** [stable set] di G è un inseme di vertici non adiacenti tra loro. Un grafo che non contiene alcun arco è chiamato **grafo vuoto**. Una **clique** [cricca] è un insieme di vertici tutti a due a due adiacenti, ovvero tutti adiacenti tra loro.

Proposizione 2.2. *Sia G un grafo e sia $X \subseteq V(G)$. Le tre relazioni seguenti sono equivalenti:*

(a) *X è una copertura per vertici di G.*
(b) *$V(G) \setminus X$ è un insieme stabile di G.*
(c) *$V(G) \setminus X$ è una clique nel grafo complementare di G.* □

Se $\mathcal{F}$ è una famiglia di insiemi o grafi, diciamo che F è un elemento **minimale** di $\mathcal{F}$ se $\mathcal{F}$ contiene F ma nessun sottoinsieme/sottografo proprio di F. In maniera analoga, F è **massimale** in $\mathcal{F}$ se $F \in \mathcal{F}$ e F non è un sottoinsieme/sottografo proprio di nessun elemento di $\mathcal{F}$. Quando parliamo di un elemento **minimo** o **massimo**, intendiamo un elemento di cardinalità minima o massima.

Per esempio, una copertura per vertici minimale non è necessariamente minima (si veda a esempio il grafo di Figura 13.1), e un matching massimale non è in generale massimo. I problemi di trovare in un grafo non orientato un matching massimo, una clique, un insieme stabile, o una copertura minima per vertici o per archi, avranno ruoli importanti nei prossimi capitoli.

Il **line-graph** [grafo commutato] di un grafo semplice non orientato G è il grafo $(E(G), F)$, dove $F = \{\{e_1, e_2\} : e_1, e_2 \in E(G), |e_1 \cap e_2| = 1\}$. Ovviamente, i matching in un grafo G corrispondono a insiemi stabili nel line-graph di G.

Per la notazione seguente, sia G un grafo, orientato o non orientato. Una **progressione di archi** W di G è una sequenza $v_1, e_1, v_2, \dots, v_k, e_k, v_{k+1}$ tale che $k \geq 0$, e $e_i = (v_i, v_{i+1}) \in E(G)$ oppure $e_i = \{v_i, v_{i+1}\} \in E(G)$ per $i = 1, \dots, k$. Se inoltre $e_i \neq e_j$ per tutti $1 \leq i < j \leq k$, W è chiamato un **percorso** [walk] in G. W è **percorso chiuso** se $v_1 = v_{k+1}$.

Un **cammino** è un grafo $P = (\{v_1, \dots, v_{k+1}\}, \{e_1, \dots, e_k\})$ tale che $v_i \neq v_j$ per $1 \leq i < j \leq k+1$ e la sequenza $v_1, e_1, v_2, \dots, v_k, e_k, v_{k+1}$ è un percorso. P viene anche chiamato un cammino **da** v_1 **a** v_{k+1} oppure un cammino v_1-v_{k+1}. v_1 e v_{k+1} sono gli **estremi** di P, $v_2, \dots, v_k$ sono i suoi **vertici interni**. Con $P_{[x,y]}$ dove $x, y \in V(P)$, intendiamo il grafo (unico) P che è un cammino x-y. Evidentemente, esiste un progressione di archi da un vertice v ad un altro vertice w se e solo se esiste un cammino v-w.

Un **circuito** o un **ciclo** è un grafo $(\{v_1, \dots, v_k\}, \{e_1, \dots, e_k\})$ tale che la sequenze $v_1, e_1, v_2, \dots, v_k, e_k, v_1$ è un percorso (chiuso) con $k \geq 2$ e $v_i \neq v_j$ per $1 \leq i < j \leq k$. È possibile mostrare per induzione che l'insieme di archi di un percorso chiuso può essere partizionato in un insieme di archi che formano dei circuiti.

La **lunghezza** di un cammino o di un circuito è uguale al numero dei suoi archi. Se è un sottografo di G, parliamo di un cammino o di un circuito in G. Un cammino di supporto in G è chiamato **cammino Hamiltoniano** mentre un circuito di supporto in G è chiamato **circuito Hamiltoniano**. Un grafo contenente un circuito Hamiltoniano è un **grafo Hamiltoniano**.

Per due vertici v e w scriviamo $\text{dist}(v, w)$ o $\text{dist}_G(v, w)$ per indicare la lunghezza del cammino v-w più corto (la **distanza** da v a w) in G. Se non esiste alcun cammino v-w, ovvero w non è **raggiungibile** da v, poniamo $\text{dist}(v, w) := \infty$. Nel caso non orientato, $\text{dist}(v, w) = \text{dist}(w, v)$ per tutti i $v, w \in V(G)$.

Spesso avremo una funzione di peso (o di costo) $c : E(G) \to \mathbb{R}$. Allora per $F \subseteq E(G)$ scriviamo $c(F) := \sum_{e \in F} c(e)$ (e $c(\emptyset) = 0$). Questo rende c una funzione modulare $c : 2^{E(G)} \to \mathbb{R}$. Inoltre, $\text{dist}_{(G,c)}(v, w)$ denota il minimo $c(E(P))$ su tutti i cammini v-w P in G.

2.2 Alberi, circuiti e tagli

Un grafo non orientato G è **connesso** se esiste un cammino v-w per tutti i $v, w \in V(G)$; in caso contrario G è **sconnesso**. Un digrafo è connesso se il grafo non orientato sottostante è connesso. I sottografi connessi massimali di un grafo sono le sue **componenti connesse**. A volte, si identificano le componenti connesse con l'insieme di vertici che le induce. Un insieme di vertici X è connesso se il sottografo indotto da X è connesso. Un vertice v con la proprietà che $G - v$ ha più componenti connesse di G è chiamato **vertice di articolazione** (o nodo di articolazione). Un arco e è un **ponte** [bridge] se $G - e$ ha più componenti connesse di G.

Un grafo non orientato senza alcun circuito (come sottografo) è una **foresta**. Una foresta connessa è un **albero**. Un vertice di un albero con grado al massimo pari a uno è una **foglia**. Una **stella** è un albero dove al massimo un solo vertice non è una foglia.

Nei prossimi paragrafi vengono date delle proprietà di equivalenza per gli alberi e per le loro controparti orientate, ovvero le **arborescenze**. Prima è però necessario il seguente criterio di connettività.

Proposizione 2.3.

(a) *Un grafo non orientato G è connesso se e solo se $\delta(X) \neq \emptyset$ per tutti gli $\emptyset \neq X \subset V(G)$.*

(b) *Sia G un digrafo e $r \in V(G)$. Allora esiste un cammino r-v per ogni $v \in V(G)$ se e solo se $\delta^+(X) \neq \emptyset$ per tutti $X \subset V(G)$ con $r \in X$.*

Dimostrazione. (a) Se esiste un insieme $X \subset V(G)$ con $r \in X$, $v \in V(G) \setminus X$, e $\delta(X) = \emptyset$, non può esserci alcun cammino r-v, quindi G non è connesso. D'altronde, se G non è connesso, esistono dei vertici r e v per cui non esiste alcun cammino r-v. Sia R l'insieme di vertici raggiungibili da r. Abbiamo che $r \in R$, $v \notin R$ e $\delta(R) = \emptyset$.

(b) si dimostra in maniera analoga. □

Teorema 2.4. *Sia G un grafo non orientato con n vertici. Allora le seguenti affermazioni sono equivalenti:*

(a) *G è un albero (ossia è connesso e non ha circuiti).*
(b) *G ha $n-1$ archi e nessun circuito.*
(c) *G ha $n-1$ archi ed è connesso.*
(d) *G è connesso e ogni arco è un ponte.*
(e) *G soddisfa $\delta(X) \neq \emptyset$ per tutti gli $\emptyset \neq X \subset V(G)$, ma l'eliminazione di qualsiasi arco distruggerebbe questa proprietà.*
(f) *G è una foresta, ma l'aggiunta di un qualsiasi arco creerebbe un circuito.*
(g) *G contiene un unico cammino tra ogni coppia di vertici.*

Dimostrazione. (a) $\Rightarrow$(g) segue dal fatto che l'unione di due cammini distinti con gli stessi estremi contiene un circuito.

(g) $\Rightarrow$(e)$\Rightarrow$(d) segue dalla Proposizione 2.3(a).

(d) $\Rightarrow$(f) è ovvia.

(f) $\Rightarrow$(b) $\Rightarrow$(c): questo deriva dal fatto che per le foreste con n vertici, m archi e p componenti connesse si ha che $n = m + p$. (La dimostrazione è una semplice induzione su m).

(c) $\Rightarrow$(a): sia G connesso con $n-1$ archi. Sino a quando esiste un qualsiasi circuito in G, lo eliminiamo rimuovendo un arco del circuito. Supponiamo di avere rimosso k archi. Il grafo risultante G' è ancora connesso a non ha circuiti. G' ha $m = n - 1 - k$ archi. Quindi $n = m + p = n - 1 - k + 1$, il che implica $k = 0$. □

In particolare, (d) $\Rightarrow$(a) implica che un grafo è connesso se e solo se contiene un **albero di supporto** (un sottografo di supporto che è un albero).

Un digrafo è una **ramificazione** [branching] se il grafo non orientato sottostante è una foresta e ogni vertice v ha al massimo un arco entrante. Una ramificazione connessa è un'**arborescenza**. Dal Teorema 2.4 un'arborescenza con n vertici ha $n-1$ archi, quindi ha esattamente un vertice r con $\delta^-(r) = \emptyset$. Questo vertice viene chiamato la radice; parliamo anche di un'arborescenza **radicata in** r. Per un vertice v in una ramificazione, gli elementi di $\delta^+(v)$ sono chiamati **figli** di v. Per un figlio w di v, v è chiamato il **genitore** o **predecessore** di w. I vertici senza figli sono chiamati **foglie**.

Teorema 2.5. *Sia G un digrafo su n vertici. Allora le affermazioni seguenti sono equivalenti:*

(a) *G è un'arborescenza radicata in r (cioè una ramificazione connessa con $\delta^-(r) = \emptyset$).*
(b) *G è una ramificazione con $n-1$ archi e $\delta^-(r) = \emptyset$.*
(c) *G ha $n-1$ archi e ogni vertice è raggiungibile da r.*
(d) *Ogni vertice è raggiungibile da r, ma l'eliminazione di qualsiasi arco distruggerebbe questa proprietà.*
(e) *G soddisfa $\delta^+(X) \neq \emptyset$ per tutti gli $X \subset V(G)$ con $r \in X$, ma la cancellazione di qualsiasi arco distruggerebbe questa proprietà.*

(f) $\delta^-(r) = \emptyset$, *esiste un unico cammino* r-v *per ogni* $v \in V(G) \setminus \{r\}$, *e* G *non contiene circuiti.*

(g) $\delta^-(r) = \emptyset$, $|\delta^-(v)| = 1$ *per tutti* $v \in V(G) \setminus \{r\}$, *e* G *non contiene circuiti.*

Dimostrazione. (a) $\Rightarrow$(b) e (c)$\Rightarrow$(d) segue dal Teorema 2.4.

(b) $\Rightarrow$(c): abbiamo che $|\delta^-(v)| = 1$ per tutti i $v \in V(G) \setminus \{r\}$. Quindi per ogni v abbiamo un cammino r-v (si parta da v e si segua sempre un arco entrante sino a quando si raggiunge r).

(d) $\Rightarrow$(e) è implicato dalla Proposizione 2.3(b).

(e) $\Rightarrow$(f): la minimalità in (e) implica $\delta^-(r) = \emptyset$. Inoltre, dalla Proposizione 2.3(b) esiste un cammino r-v per ogni v. Supponiamo che, per qualche $v \in V(G)$, esistono due r-v-cammini P e Q, oppure un cammino r-v P e un circuito Q contenente v. Sia e l'ultimo arco di Q che non appartiene a P (cioè $e = (x, y) \in E(Q) \setminus E(P)$, $y \in V(P)$, e $P_{[y,v]}$ è un sottografo di Q). Allora dopo la rimozione di e, ogni vertice è ancora raggiungibile da r. Per la Proposizione 2.3(b) questo contraddice la minimalità in (e).

(f)$\Rightarrow$(g)$\Rightarrow$(a): ovvio. □

Un **taglio** in un grafo non orientato G è un insieme di archi del tipo $\delta(X)$ per $\emptyset \neq X \subset V(G)$. In un digrafo G, $\delta^+(X)$ è un **taglio orientato** se $\emptyset \neq X \subset V(G)$ e $\delta^-(X) = \emptyset$, ossia l'insieme X non ha archi entranti.

Un insieme di archi $F \subseteq E(G)$ si dice che **separa** due vertici s e t se t è raggiungibile da s in G, ma non in $(V(G), E(G) \setminus F)$. Un **taglio** s-t in un grafo non orientato è un taglio $\delta(X)$ per un $X \subset V(G)$ con $s \in X$ e $t \notin X$. In un digrafo, un taglio s-t è un insieme di archi $\delta^+(X)$ con $s \in X$ e $t \notin X$. Un **taglio** r in un digrafo è un insieme di archi $\delta^+(X)$, dove $X \subset V(G)$ con $r \in X$.

Con **cammino non orientato**, **circuito non orientato**, e **taglio non orientato** in un digrafo, intendiamo un sottografo che corrisponde rispettivamente a un cammino, un circuito, e un taglio, nel grafo non orientato sottostante.

Lemma 2.6. (Minty [1960]) *Sia* G *un digrafo e sia* $e \in E(G)$. *Supponiamo che* e *sia colorato di nero, mentre tutti gli altri archi sono colorati di rosso, nero, oppure verde. Allora solo una delle seguenti affermazioni è vera:*

(a) *Esiste un circuito non orientato contenente* e *e solo archi rossi e neri, tale che tutti gli archi neri hanno lo stesso orientamento.*

(b) *Esiste un taglio non orientato contenente* e *e solo archi verdi e neri, tali che tutti gli archi neri hanno lo stesso orientamento.*

Dimostrazione. Sia $e = (x, y)$. Assegnamo un colore a ogni vertice di G con la seguente procedura. Partiamo dal vertice y. Nel caso in cui v abbia già un colore, ma non w, diamo un colore a w se esiste un arco (v, w) di colore nero, un arco (v, w) di colore rosso, o un arco (w, v) di colore rosso. In questo caso, scriviamo $pred(w) := v$.

Quando la procedura di colorazione termina, si hanno due possibilità:

Caso 1: x è stato colorato. Allora i vertici $x, pred(x), pred(pred(x)), \ldots, y$ formano un circuito non orientato con la proprietà (a).

Caso 2: x non è stato colorato. Allora sia R l'insieme di tutti i vertici colorati. Ovviamente, il taglio non orientato $\delta^+(R) \cup \delta^-(R)$ gode della proprietà (b).

Supponiamo che esistano un circuito non orientato C con la proprietà (a) e un taglio non orientato con la proprietà (b). Tutti gli archi nella loro intersezione (non vuota) sono neri, hanno tutti lo stesso orientamento rispetto a C, e sono o tutti uscenti da X, oppure entranti in X. Il che, è una contraddizione. □

Un digrafo è **fortemente connesso** se esiste un cammino da s a t e un cammino da t a s per tutti gli $s, t \in V(G)$. Le **componenti fortemente connesse** di un digrafo sono i sottografi fortemente connessi massimali.

Corollario 2.7. *In un digrafo G, ogni arco appartiene a un circuito (orientato) o a un taglio orientato. Inoltre le seguenti affermazioni sono equivalenti:*

(a) *G è digrafo fortemente connesso.*
(b) *G non contiene tagli orientati.*
(c) *G è connesso e ogni arco di G appartiene a un circuito.*

Dimostrazione. La prima affermazione segue direttamente dal Lemma di Minty 2.6 colorando tutti gli archi di nero. Questo dimostra anche che (b) ⇒(c).

(a)⇒(b) segue dalla Proposizione 2.3(b).

(c)⇒(a): sia $r \in V(G)$ un vertice arbitrario. Dimostriamo che esiste un cammino r-v per ogni $v \in V(G)$.

Si supponga che questo non avvenga, allora per la Proposizione 2.3(b) esiste un $X \subset V(G)$ con $r \in X$ e $\delta^+(X) = \emptyset$. Siccome G è connesso, abbiamo che $\delta^+(X) \cup \delta^-(X) \neq \emptyset$ (per la Proposizione 2.3(a)), quindi si prenda $e \in \delta^-(X)$. Ma allora e non può appartenere a un circuito poiché nessun arco esce da X. □

Il Corollario 2.7 e il Teorema 2.5 implicano che un digrafo è fortemente connesso se e solo se per ogni vertice v esso contiene un'arborescenza di supporto radicata in v.

Un digrafo si dice **digrafo aciclico** se non contiene alcun circuito (orientato). Quindi dal Corollario 2.7 un digrafo è aciclico se e solo se ogni arco appartiene a un taglio orientato. Inoltre, un digrafo è aciclico se e solo se le sue componenti fortemente connesse sono i singoletti. I vertici di un digrafo aciclico possono essere ordinati nel seguente modo.

Definizione 2.8. *Sia G un digrafo. Un* **ordinamento topologico** *di G è un ordinamento dei vertici $V(G) = \{v_1, \dots, v_n\}$ tale che per ogni arco $(v_i, v_j) \in E(G)$ si ha che $i < j$.*

Proposizione 2.9. *Un digrafo ha un ordinamento topologico se e solo se è aciclico.*

Dimostrazione. Se un digrafo ha un circuito, non può chiaramente avere un ordinamento topologico. Dimostriamo ora il contrario per induzione sul numero di archi. Se non ci sono archi, ogni ordinamento è topologico. Altrimenti sia $e \in E(G)$; per il Corollario 2.7 e appartiene ad un taglio orientato $\delta^+(X)$. Allora un ordinamento topologico di $G[X]$ seguito da un ordinamento topologico di $G - X$ (entrambi esistono per l'ipotesi di induzione) è un ordinamento topologico di G. □

I circuiti e i tagli giocano un ruolo importante anche nella teoria dei grafi algebrica. Ad un grafo G associamo uno spazio vettoriale $\mathbb{R}^{E(G)}$ i cui elementi sono vettori $(x_e)_{e\in E(G)}$ con $|E(G)|$ componenti reali. Seguendo Berge [1985] discuteremo ora brevemente due sottospazi lineari che sono particolarmente importanti.

Sia G un digrafo. Associamo un vettore $\zeta(C) \in \{-1, 0, 1\}^{E(G)}$ ad ogni circuito non orientato C di G ponendo $\zeta(C)_e = 0$ per ogni $e \notin E(C)$ e ponendo $\zeta(C)_e \in \{-1, 1\}$ per ogni $e \in E(C)$ in modo tale che riorientando tutti gli archi e con $\zeta(C)_e = -1$ si ottiene in un circuito orientato. In maniera analoga, associamo un vettore $\zeta(D) \in \{-1, 0, 1\}^{E(G)}$ con ogni taglio non orientato $D = \delta(X)$ in G mettendo $\zeta(D)_e = 0$ per ogni $e \notin D$, $\zeta(D)_e = -1$ per ogni $e \in \delta^-(X)$ e $\zeta(D)_e = 1$ per ogni $e \in \delta^+(X)$. Si noti che questi vettori sono propriamente definiti solo a meno di una moltiplicazione per -1. Comunque, i sottospazi dello spazio vettoriale $\mathbb{R}^{E(G)}$ generato dall'insieme dei vettori associati con i circuiti non orientati e dall'insieme di vettori associati con i tagli non orientati di G sono propriamente definiti; essi sono chiamati rispettivamente lo **spazio dei cicli** e lo **spazio dei cocicli** di G.

Proposizione 2.10. *Lo spazio dei cicli e lo spazio dei cocicli sono ortogonali tra loro.*

Dimostrazione. Sia C un circuito non orientato e sia $D = \delta(X)$ un taglio non orientato. Affermiamo che il prodotto scalare di $\zeta(C)$ e $\zeta(D)$ è uguale a zero. Siccome riorientando ogni arco il prodotto scalare non cambia, possiamo assumere che D sia un taglio orientato. Ma allora ne segue il risultato osservando che qualsiasi circuito entra in un insieme X lo stesso numero di volte che esce da X. □

Mostreremo ora che la somma delle dimensioni dello spazio dei cicli e dello spazio dei cocicli è $|E(G)|$, ossia la dimensione dell'intero spazio. Un insieme di circuiti non orientati (tagli non orientati) è una **base di cicli** (una **base di cocicli**) se i vettori associati formano una base dello spazio dei cicli (rispettivamente, dello spazio dei cocicli). Sia G un grafo (orientato o non) e T un sottografo massimale senza circuiti non orientati. Per ogni $e \in E(G) \setminus E(T)$, chiamiamo l'unico circuito non orientato in $T + e$ il **circuito fondamentale** di e rispetto a T. Inoltre, per ogni $e \in E(T)$ esiste un insieme $X \subseteq V(G)$ con $\delta_G(X) \cap E(T) = \{e\}$ (si consideri una componente di $T - e$); chiamiamo $\delta_G(X)$ il **taglio fondamentale** di e rispetto a T.

Teorema 2.11. *Sia G un digrafo e T un sottografo massimale senza circuiti non orientati. Gli $|E(G) \setminus E(T)|$ circuiti fondamentali rispetto a T formano una base di cicli di G, e i $|E(T)|$ tagli fondamentali rispetto a T formano una base di cocicli di G.*

Dimostrazione. I vettori associati con i circuiti fondamentali sono linearmente indipendenti, poiché ogni circuito fondamentale contiene un elemento non appartenente a nessun altro. Lo stesso vale per i tagli fondamentali. Siccome gli spazi vettoriali sono ortogonali tra loro per la Proposizione 2.10, la somma delle loro dimensioni non può superare $|E(G)| = |E(G) \setminus E(T)| + |E(T)|$. $\square$

I tagli fondamentali hanno una importante proprietà che sfrutteremo spesso e che ora discuteremo. Sia T un digrafo il cui grafo non orientato sottostante è un albero. Considera la famiglia $\mathcal{F} := \{C_e : e \in E(T)\}$, dove per $e = (x, y) \in E(T)$ denotiamo con C_e la componente connessa di $T - e$ contenente y (quindi $\delta(C_e)$ è il taglio fondamentale di e rispetto a T). Se T è un'arborescenza, allora qualsiasi coppia di elementi di $\mathcal{F}$ o sono disgiunti oppure sono uno il sottoinsieme dell'altro. In generale $\mathcal{F}$ è almeno cross-free:

Definizione 2.12. *Una* **famiglia di insiemi** *[set system] è una coppia $(U, \mathcal{F})$, dove U è un insieme finito non vuoto e $\mathcal{F}$ una famiglia di sottoinsiemi di U. $(U, \mathcal{F})$ è* **cross-free** *se per ogni due insiemi $X, Y \in \mathcal{F}$, almeno uno dei quattro insiemi $X \setminus Y$, $Y \setminus X$, $X \cap Y$, $U \setminus (X \cup Y)$ è vuoto. $(U, \mathcal{F})$ è* **laminare** *se per ogni due insiemi $X, Y \in \mathcal{F}$, almeno uno dei tre insiemi $X \setminus Y$, $Y \setminus X$, $X \cap Y$ è vuoto.*

In letteratura, le famiglie di insiemi sono anche noti come **ipergrafi**. Si veda la Figura 2.1(a) per una rappresentazione grafica della famiglia laminare $\{\{a\}, \{b, c\}, \{a, b, c\}, \{a, b, c, d\}, \{f\}, \{f, g\}\}$. Un altro termine usato al posto di laminare è **annidato**.

Che la famiglia di insiemi $(U, \mathcal{F})$ sia laminare non dipende da U, quindi a volte diciamo semplicemente che $\mathcal{F}$ è una famiglia laminare. Tuttavia, che una famiglia di insiemi sia cross-free può dipendere dal ground set U. Se U contiene un elemento che non appartiene ad alcun insieme di $\mathcal{F}$, allora $\mathcal{F}$ è cross-free se e solo se è laminare. Sia $r \in U$ arbitrario. Allora otteniamo direttamente dalla definizione che una famiglia di insiemi $(U, \mathcal{F})$ è cross-free se e solo se

$$\mathcal{F}' := \{X \in \mathcal{F} : r \notin X\} \cup \{U \setminus X : X \in \mathcal{F}, r \in X\}$$

è laminare. Quindi le famiglie cross-free sono a volte rappresentate come le famiglie laminari: per esempio, la Figura 2.2(a) mostra la famiglia cross-free

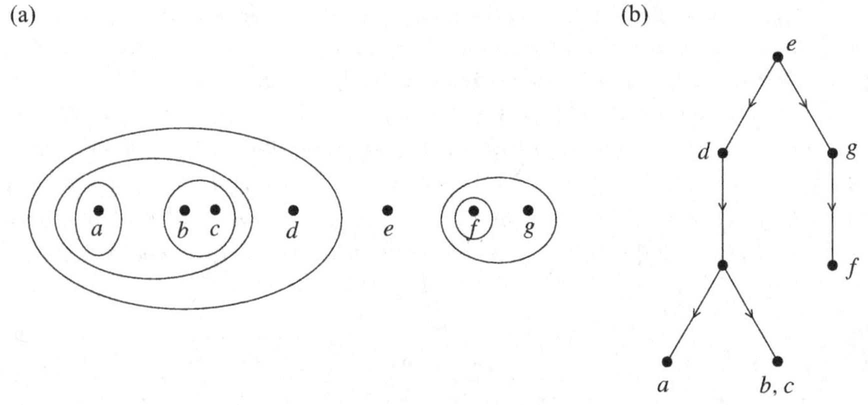

Figura 2.1.

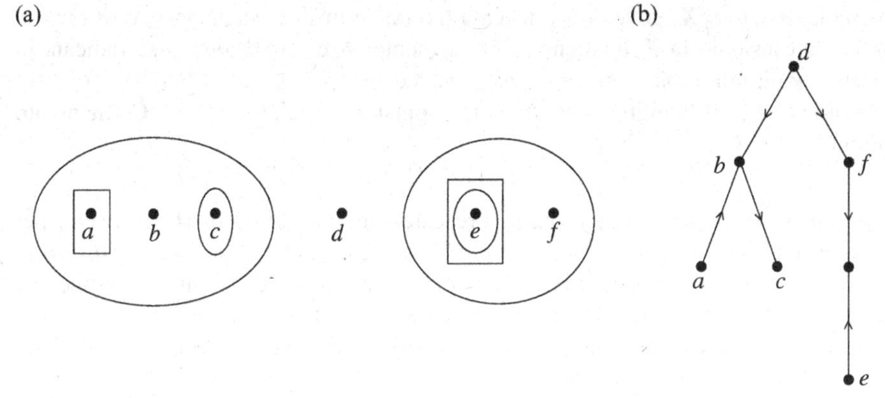

Figura 2.2.

$\{\{b, c, d, e, f\}, \{c\}, \{a, b, c\}, \{e\}, \{a, b, c, d, f\}, \{e, f\}\}$; un quadrato corrisponde all'insieme contenente tutti gli elementi al suo esterno.

Mentre alberi orientati portano a famiglie cross-free è vero anche il contrario: ogni famiglia cross-free può essere rappresentata da un albero nel modo seguente:

Definizione 2.13. *Sia T un digrafo tale che il grafo sottostante non orientato sia un albero. Sia U un insieme finito e sia $\varphi : U \to V(T)$. Inoltre, sia $\mathcal{F} := \{S_e : e \in E(T)\}$, dove per $e = (x, y)$ definiamo*

$$S_e := \{s \in U : \varphi(s) \text{ è nella stessa componente connessa di } T - e \text{ contenente } y\}.$$

Allora (T, φ) viene detta una **rappresentazione ad albero** *di $(U, \mathcal{F})$.*

Si vedano le Figure 2.1(b) e 2.2(b) per degli esempi.

Proposizione 2.14. *Sia $(U, \mathcal{F})$ una famiglia di insiemi con una rappresentazione ad albero (T, φ). Allora $(U, \mathcal{F})$ è cross-free. Se T è un arborescenza, allora $(U, \mathcal{F})$ è laminare. Inoltre, ogni famiglia cross-free ha una rappresentazione ad albero, e per le famiglie laminari, si può scegliere un'arborescenza come T.*

Dimostrazione. Se (T, φ) è una rappresentazione ad albero di $(U, \mathcal{F})$ ed $e = (v, w)$, $f = (x, y) \in E(T)$, abbiamo un cammino v-x non orientato P in T (ignorando gli orientamenti). Possono esistere quattro casi: se $w, y \notin V(P)$ allora $S_e \cap S_f = \emptyset$ (poiché T non contiene circuiti). Se $w \notin V(P)$ e $y \in V(P)$ allora $S_e \subseteq S_f$. Se $y \notin V(P)$ e $w \in V(P)$ allora $S_f \subseteq S_e$. Se $w, y \in V(P)$ allora $S_e \cup S_f = U$. Quindi $(U, \mathcal{F})$ è cross-free. Se T è un'arborescenza, l'ultimo caso non può sussistere (altrimenti almeno un altro vertice di P avrebbe due archi entranti), quindi $\mathcal{F}$ è laminare.

Per dimostrare il contrario, si supponga prima che $\mathcal{F}$ sia una famiglia laminare. Definiamo $V(T) := \mathcal{F} \dot{\cup} \{r\}$ e $E(T) :=$

$$\{(X, Y) \in \mathcal{F} \times \mathcal{F} : X \supset Y \neq \emptyset \text{ e non esiste nessun } Z \in \mathcal{F} \text{ con } X \supset Z \supset Y\}$$
$$\cup \{(r, X) : X = \emptyset \in \mathcal{F} \text{ o } X \text{ è un elemento massimale di } \mathcal{F}\}.$$

Poniamo $\varphi(x) := X$, dove X è l'insieme minimale in $\mathcal{F}$ contenente x, e $\varphi(x) := r$ se nessun insieme in $\mathcal{F}$ contiene x. Ovviamente, T è un'arborescenza radicata in r, e (T, φ) è una rappresentazione ad albero di $\mathcal{F}$.

Ora sia $\mathcal{F}$ una famiglia cross-free di sottoinsiemi di U. Sia $r \in U$. Come notato prima

$$\mathcal{F}' := \{X \in \mathcal{F} : r \notin X\} \cup \{U \setminus X : X \in \mathcal{F}, r \in X\}$$

è laminare, quindi sia (T, φ) una rappresentazione ad albero di $(U, \mathcal{F}')$. Ora per un arco $e \in E(T)$ possono esistere tre casi: se $S_e \in \mathcal{F}$ e $U \setminus S_e \in \mathcal{F}$, sostituiamo l'arco $e = (x, y)$ con due archi (x, z) e (y, z), dove z è un nuovo vertice. Se $S_e \notin \mathcal{F}$ e $U \setminus S_e \in \mathcal{F}$, sostituiamo l'arco $e = (x, y)$ con (y, x). Se $S_e \in \mathcal{F}$ e $U \setminus S_e \notin \mathcal{F}$, non facciamo nulla. Sia T' il grafo che ne viene fuori. Allora (T', φ) è una rappresentazione ad albero di $(U, \mathcal{F})$. □

Questo risultato è citato in Edmonds e Giles [1977], ma probabilmente era noto anche prima.

Corollario 2.15. *Una famiglia laminare di sottoinsiemi diversi di U ha al massimo* $2|U|$ *elementi. Una famiglia cross-free di insiemi diversi di U ha al massimo* $4|U|-2$ *elementi.*

Dimostrazione. Prima consideriamo una famiglia laminare $\mathcal{F}$ di sottoinsiemi di U diversi, propri e non vuoti. Dimostriamo che $|\mathcal{F}| \le 2|U| - 2$. Sia (T, φ) una rappresentazione ad albero, dove T è un'arborescenza il cui numero di vertici sia il più piccolo possibile. Per ogni $w \in V(T)$ abbiamo che o $|\delta^+(w)| \ge 2$, oppure esiste un $x \in U$ con $\varphi(x) = w$, oppure entrambi. (Per la radice questo segue da $U \notin \mathcal{F}$, per le foglie da $\emptyset \notin \mathcal{F}$, per tutti gli altri vertici dalla minimalità di T.)

Possono esistere al massimo $|U|$ vertici w con $\varphi(x) = w$ per alcuni $x \in U$ e al massimo $\left\lfloor \frac{|E(T)|}{2} \right\rfloor$ vertici w con $|\delta^+(w)| \ge 2$. Quindi $|E(T)| + 1 = |V(T)| \le |U| + \frac{|E(T)|}{2}$ e $|\mathcal{F}| = |E(T)| \le 2|U| - 2$.

Ora sia $(U, \mathcal{F})$ una famiglia cross-free con $\emptyset, U \notin \mathcal{F}$, e sia $r \in U$. Poiché

$$\mathcal{F}' := \{X \in \mathcal{F} : r \notin X\} \cup \{U \setminus X : X \in \mathcal{F}, r \in X\}$$

è laminare, abbiamo $|\mathcal{F}'| \le 2|U| - 2$. Quindi $|\mathcal{F}| \le 2|\mathcal{F}'| \le 4|U| - 4$. La dimostrazione si conclude considerando anche $\emptyset$ e U come possibili membri di $\mathcal{F}$. □

2.3 Connettività

La connettività è un concetto molto importante nella teoria dei grafi. Per molti problemi basta considerare grafi connessi, poiché altrimenti si potrebbe risolvere il problema separatamente per ogni componente connessa. Quindi è un compito fondamentale riconoscere le componenti connesse di un grafo. Il semplice algoritmo che segue trova un cammino da un dato vertice s a tutti gli altri vertici che sono raggiungibili da s. Funziona sia per i grafi orientati che per quelli non orientati.

Nel caso non orientato costruisce un albero massimale contenente s; nel caso orientato costruisce un'arborescenza massimale radicata in s.

ALGORITMO DI GRAPH SCANNING

Input: Un grafo G (orientato o non orientato) e un vertice s.

Output: L'insieme R di vertici raggiungibili da s, e l'insieme $T \subseteq E(G)$ tale che (R, T) è un'arborescenza radicata in s, o un albero.

① Poni $R := \{s\}$, $Q := \{s\}$ e $T := \emptyset$.

② **If** $Q = \emptyset$ **then stop**,
else scegli $v \in Q$.

③ Scegli un $w \in V(G) \setminus R$ con $e = (v, w) \in E(G)$ o $e = \{v, w\} \in E(G)$.
If non esiste alcun w **then** poni $Q := Q \setminus \{v\}$ e **go to** ②.

④ Poni $R := R \cup \{w\}$, $Q := Q \cup \{w\}$ e $T := T \cup \{e\}$. **Go to** ②.

Proposizione 2.16. *L'Algoritmo di* GRAPH SCANNING *(Algoritmo di Visita di un Grafo) funziona correttamente.*

Dimostrazione. A qualsiasi passo dell'algoritmo, (R, T) è un albero o un'arborescenza radicata in s. Si supponga che alla fine dell'esecuzione dell'algoritmo esista un vertice $w \in V(G) \setminus R$ che è raggiungibile da s. Sia P un cammino s-w, e sia $\{x, y\}$ o (x, y) un arco di P con $x \in R$ e $y \notin R$. Poiché x è stato aggiunto a R, ad un certo passo dell'esecuzione dell'algoritmo, è stato aggiunto anche a Q. L'algoritmo non si ferma prima di aver rimosso x da Q. Ma questo viene fatto in ③ solo se non esiste alcun arco $\{x, y\}$ o (x, y) con $y \notin R$. □

Siccome questo è il primo algoritmo per grafi incontrato in questo libro, presentiamo alcune problematiche implementative. La prima è come viene dato il grafo. Esistono diversi modi naturali. Per esempio, si può pensare a una matrice con una riga per ogni vertice e una colonna per ogni arco. La **matrice di incidenza** di un grafo non orientato G è la matrice $A = (a_{v,e})_{v \in V(G),\, e \in E(G)}$ dove

$$a_{v,e} = \begin{cases} 1 & \text{se } v \in e \\ 0 & \text{se } v \notin e \end{cases}.$$

La **matrice di incidenza** di un digrafo G è la matrice $A = (a_{v,e})_{v \in V(G),\, e \in E(G)}$ dove

$$a_{v,(x,y)} = \begin{cases} -1 & \text{se } v = x \\ 1 & \text{se } v = y \\ 0 & \text{se } v \notin \{x, y\} \end{cases}.$$

Naturalmente, questa scelta non è molto efficiente poiché ogni colonna contiene solo due elementi non nulli. Lo spazio richiesto per memorizzare una matrice di incidenza è ovviamente $O(nm)$, dove $n := |V(G)|$ e $m := |E(G)|$.

Un modo migliore sembra essere quello di utilizzare una matrice le cui righe e colonne sono indicizzate dall'insieme dei vertici. La **matrice di adiacenza** di un grafo semplice G è la matrice 0-1 $A = (a_{v,w})_{v,w \in V(G)}$ con $a_{v,w} = 1$ se e solo se $\{v, w\} \in E(G)$ o $(v, w) \in E(G)$. Per grafi con archi paralleli possiamo porre $a_{v,w}$ uguale al numero di archi da v a w. Una matrice di adiacenza richiede uno spazio $O(n^2)$ per grafi semplici.

La matrice di adiacenza è appropriata se il grafo è **denso**, cioè se ha $\Theta(n^2)$ (o più) archi. Per grafi **sparsi**, diciamo con solo $O(n)$ archi, è possibile fare di meglio. Oltre a memorizzare il numero di vertici possiamo semplicemente memorizzare una lista di archi, inserendo per ogni arco i suoi estremi. Se indirizziamo ciascun vertice con un numero da 1 a n, lo spazio necessario per ogni arco è $O(\log n)$. Quindi in totale abbiamo bisogno di uno spazio $O(m \log n)$.

Memorizzare gli archi con un ordine arbitrario non è molto conveniente. Quasi tutti gli algoritmi richiedono di trovare gli archi incidenti a un dato vertice. Quindi si dovrebbe tenere per ogni vertice una lista di archi incidenti. Nel caso di grafi orientati si ha bisogno di due liste, una per gli archi entranti, una per quelli uscenti. Questa struttura dati è chiamata **lista di adiacenza**, ed è la più utilizzata per i grafi. Per un accesso diretto alla lista (o liste) di ogni vertice abbiamo dei puntatori al primo elemento di ogni lista; questi puntatori possono essere memorizzati con $O(n \log m)$ bit addizionali. Quindi il numero totale di bit richiesto per una matrice di adiacenza è $O(n \log m + m \log n)$.

In questo libro, ogni volta che un grafo fa parte dell'input di un algoritmo, assumiamo che il grafo sia dato come una lista di adiacenza.

Come abbiamo fatto per le operazioni elementari sui numeri (si veda la Sezione 1.2), assumiamo che le operazioni elementari su vertici e archi richiedano solo tempo costante. Questo include la visita (lettura) di un arco, l'identificazione dei suoi estremi e l'accesso alla testa della lita di adiacenza di un vertice. Il tempo di esecuzione sarà misurato da i parametri n e m, e un algoritmo che esegue in tempo $O(m + n)$ è detto lineare.

Useremo sempre le lettere n e m per i numeri di vertici e i numeri di archi. Per molti algoritmi per grafi non si ha nessuna perdita di generalità assumendo che il grafo in questione sia semplice e connesso; quindi $n - 1 \leq m < n^2$. Di archi paralleli ne dobbiamo considerare spesso solo uno, e componenti connesse diverse possono essere considerate separatamente. Il preprocessing può essere fatto in tempo lineare; si veda l'Esercizio 16 e quanto segue.

Possiamo analizzare ora il tempo di esecuzione dell'Algoritmo di GRAPH SCANNING:

Proposizione 2.17. *L'Algoritmo di* GRAPH SCANNING *può essere implementato in tempo $O(m)$. Le componenti connesse di un grafo non orientato possono essere determinate in tempo lineare.*

Dimostrazione. Assumiamo che G sia dato come una lista di adiacenza. Si implementi Q con una lista semplice, tale che ② richieda un tempo costante. Per ogni vertice x che inseriamo in Q introduciamo un puntatore *current*(x), che indica l'arco corrente nella lista contenente tutti gli archi in $\delta(x)$ o $\delta^+(x)$ (questa lista fa parte dell'input). Inizialmente *current*(x) viene posto uguale al primo elemento della lista. In ③, il puntatore si sposta in avanti. Quando viene raggiunta la fine della lista, x viene rimosso da Q e non vi sarà più inserito di nuovo. Quindi il tempo totale di esecuzione è proporzionale al numero di vertici raggiungibili da s più il numero di archi, cioè $O(m)$.

Per identificare le componenti connesse di un grafo, applichiamo l'algoritmo una volta e controlliamo se $R = V(G)$. In tal caso, il grafo è connesso. Altrimenti R è una componente connessa, e applichiamo l'algoritmo a (G, s') per un qualsiasi vertice $s' \in V(G) \setminus R$ (e iteriamo sino a quando tutti i vertici sono stati visitati, ovvero aggiunti a R). Di nuovo, nessun arco viene visitato più di due volte, quindi il tempo di esecuzione totale rimane lineare. □

Una questione interessante è l'ordine in cui i vertici sono scelti al passo ③. Ovviamente non possiamo dire molto su quest'ordine se non specifichiamo come scegliere un $v \in Q$ al passo ②. Due sono i metodi di uso più frequente: sono chiamati il DEPTH-FIRST SEARCH (DFS) [visita in profondità] e BREADTH-FIRST SEARCH (BFS) [visita in ampiezza]. Nel DFS si sceglie prima il $v \in Q$ che è entrato in Q per ultimo. In altri termini, Q è implementato come uno coda LIFO (last-in-first-out). In BFS si sceglie il $v \in Q$ che è entrato per primo in Q. In questo caso Q è implementato con una coda FIFO (first-in-first-out).

Un algoritmo simile a DFS era già stato descritto prima del 1900 da Trémaux e Tarry; si veda König [1936]. BFS sembra che stia stato menzionato per prima da Moore [1959]. Alberi (nel caso orientato: arborescenze) (R, T) calcolati con DFS e BFS sono chiamati rispettivamente **albero** DFS e **albero** BFS. Per gli alberi BFS si noti la seguente importante proprietà:

Proposizione 2.18. *Un albero* BFS *contiene un cammino minimo da s a ogni vertice raggiungibile da s. I valori* $\mathrm{dist}_G(s, v)$ *per tutti i $v \in V(G)$ possono essere determinati in tempo lineare.*

Dimostrazione. Applichiamo BFS a (G, s) e aggiungiamo due istruzioni: inizialmente (in ① dell'Algoritmo di GRAPH SCANNING) poniamo $l(s) := 0$, e in ④ poniamo $l(w) := l(v) + 1$. Ovviamente si ha che $l(v) = \mathrm{dist}_{(R,T)}(s, v)$ per tutti i $v \in R$, a qualsiasi passo dell'algoritmo. Inoltre, se v è il vertice visitato in quel momento (scelto in ②), allo stesso istante non c'è nessun vertice $w \in R$ con $l(w) > l(v) + 1$ (perché i vertici sono visitati in un ordine con valori di l non decrescenti).

Si supponga che quando l'algoritmo si ferma esista un vertice $w \in V(G)$ con $\mathrm{dist}_G(s, w) < \mathrm{dist}_{(R,T)}(s, w)$; sia w con distanza minima da s in G con questa proprietà. Sia P un cammino s-w in G, e sia $e = (v, w)$ o $e = \{v, w\}$ l'ultimo arco in P. Si ha che $\mathrm{dist}_G(s, v) = \mathrm{dist}_{(R,T)}(s, v)$, ma e non appartiene a T. Inoltre, $l(w) = \mathrm{dist}_{(R,T)}(s, w) > \mathrm{dist}_G(s, w) = \mathrm{dist}_G(s, v) + 1 = \mathrm{dist}_{(R,T)}(s, v) + 1 = l(v) + 1$. Questa disuguaglianza, insieme all'osservazione fatta prima, dimostra che w non appartiene a R quando v è stato rimosso da Q. Ma questo contraddice il passo ③ a causa dell'arco e. □

Questo risultato sarà anche una conseguenza della correttezza dell'ALGORITMO DI DIJKSTRA per il PROBLEMA DEI CAMMINI MINIMI, il quale può essere visto come una generalizzazione del BFS al caso in cui i pesi sugli archi sono non negativi (si veda la Sezione 7.1).

Mostriamo ora come identificare le componenti fortemente connesse di un digrafo. Naturalmente, questo può essere fatto facilmente usano n volte DFS (oppure BFS). Tuttavia, è possibile trovare le componenti fortemente connesse visitando ciascun arco solo due volte:

ALGORITMO PER LE COMPONENTI FORTEMENTE CONNESSE

Input: Un digrafo G.

Output: Una funzione $comp : V(G) \to \mathbb{N}$ che indica l'appartenenza delle componenti fortemente connesse.

① Poni $R := \emptyset$. Poni $N := 0$.

② **For** ogni $v \in V(G)$ **do**: **If** $v \notin R$ **then** VISIT1(v).

③ Poni $R := \emptyset$. Poni $K := 0$.

④ **For** $i := |V(G)|$ **down to** 1 **do**:
If $\psi^{-1}(i) \notin R$ **then** poni $K := K + 1$ e VISIT2($\psi^{-1}(i)$).

VISIT1(v)

① Poni $R := R \cup \{v\}$.

② **For** ogni w con $(v, w) \in E(G)$ **do**:
If $w \notin R$ **then** VISIT1(w).

③ Poni $N := N + 1$, $\psi(v) := N$ e $\psi^{-1}(N) := v$.

VISIT2(v)

① Poni $R := R \cup \{v\}$.

② **For** ogni w con $(w, v) \in E(G)$ **do**:
If $w \notin R$ **then** VISIT2(w).

③ Poni $comp(v) := K$.

La Figura 2.3 mostra un esempio: la prima DFS visita i vertici nell'ordine a, g, b, d, e, f e produce l'arborescenza mostrata nella figura di mezzo; i numeri sono le etichette ψ. Il vertice c è l'unico non raggiungibile da a; ottiene l'etichetta più alta $\psi(c) = 7$. La seconda DFS inizia con c, ma non può raggiungere nessun altro vertice attraverso un arco di direzione opposta. Quindi procede con il vertice a perché $\psi(a) = 6$. Ora b, g e f possono essere raggiunti. Infine e è raggiunto da d. Le componenti fortemente connesse sono $\{c\}$, $\{a, b, f, g\}$ e $\{d, e\}$.

Riassumendo, una DFS è necessario per trovare una numerazione appropriata,

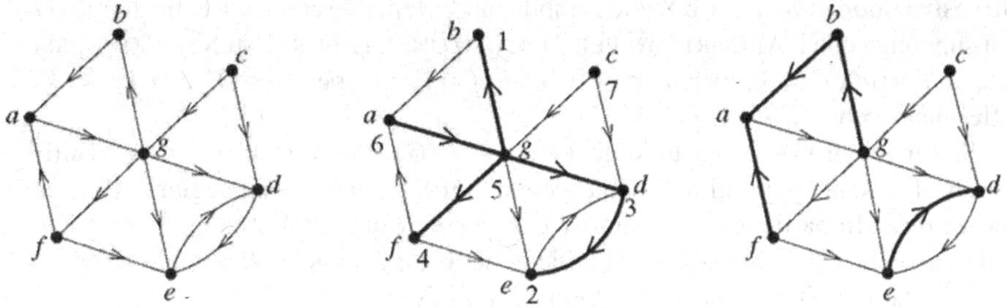

Figura 2.3.

mentre nella seconda DFS viene considerato il grafo in senso inverso e i vertici sono visitati in ordine decrescente rispetto a questa numerazione. Ogni componente connessa della seconda foresta DFS è un'**anti-arborescenza**, ossia un grafo risultante da un'arborescenza invertendo ogni suo arco. Mostriamo ora che queste anti-arborescenze identificano le componenti fortemente connesse.

Teorema 2.19. L'ALGORITMO PER LE COMPONENTI FORTEMENTE CONNESSE *identifica le componenti fortemente connesse correttamente in tempo lineare.*

Dimostrazione. Il tempo di esecuzione è chiaramente $O(n+m)$. Naturalmente, i vertici della stessa componente fortemente connessa sono sempre nella stessa componente di una qualche foresta DFS, e quindi avranno lo stesso valore di *comp*. Dobbiamo dimostrare che due vertici u e v con $comp(u) = comp(v)$ sono appunto nella stessa componente fortemente connessa. Siano rispettivamente $r(u)$ e $r(v)$ i vertici raggiungibili da u e v con il più alto valore di ψ. Poiché $comp(u) = comp(v)$, ovvero u e v sono nella stessa anti-arborescenza della seconda foresta DFS, $r := r(u) = r(v)$ è la radice di questa anti-arborescenza. Quindi r è raggiungibile sia da u che da v.

Poiché r è raggiungibile da u e da $\psi(r) \geq \psi(u)$, r non è stata aggiunta a R dopo u nella prima DFS, e la prima foresta DFS contiene un cammino r-u. In altri termini, u è raggiungibile da r. Analogamente, v è raggiungibile da r. Complessivamente, u è raggiungibile da v e vice versa, dimostrando che senza dubbio u e v appartengono alla stessa componente fortemente connessa. □

È interessante notare che questo algoritmo risolve anche un altro problema: trovare un ordinamento topologico di un digrafo aciclico. Si osservi che contraendo le componenti fortemente connesse di un qualsiasi digrafo produce un digrafo aciclico. Per la Proposizione 2.9 questo digrafo aciclico ha un ordinamento topologico. Infatti, tale ordinamento è dato dai numeri $comp(v)$ calcolati dall'ALGORITMO PER LE COMPONENTI FORTEMENTE CONNESSE:

Teorema 2.20. L'ALGORITMO PER LE COMPONENTI FORTEMENTE CONNESSE *determina un ordinamento topologico del digrafo che risulta dalla contrazione di ogni componente fortemente connessa di G. In particolare, è possibile per un qualsiasi digrafo, in tempo polinomiale, trovare un ordinamento topologico o decidere che non ne esiste nemmeno uno.*

Dimostrazione. Siano X e Y due componenti fortemente connesse di un digrafo G, e si supponga che l'ALGORITMO PER LE COMPONENTI FORTEMENTE CONNESSE calcoli $comp(x) = k_1$ per $x \in X$ e $comp(y) = k_2$ per $y \in Y$ con $k_1 < k_2$. Affermiamo che $E_G^+(Y, X) = \emptyset$.

Si supponga che esista un arco $(y, x) \in E(G)$ con $y \in Y$ e $x \in X$. Tutti i vertici in X sono aggiunti a R nella seconda DFS prima che sia aggiunto il primo vertice di Y. In particolare, abbiamo $x \in R$ e $y \notin R$ quando l'arco (y, x) è visitato nella seconda DFS. Ma questo significa che y è aggiunto a R prima che K sia incrementato, contraddicendo $comp(y) \neq comp(x)$.

Quindi i valori di $comp$ calcolati dall'ALGORITMO PER LE COMPONENTI FORTEMENTE CONNESSE determinano un ordinamento topologico del digrafo che risulta dalla contrazione delle componenti fortemente connesse. La seconda affermazione del teorema segue ora dalla Proposizione 2.9 e l'osservazione che un digrafo è aciclico se e solo se le sue componenti fortemente connesse sono dei singoletti.

□

Il primo algoritmo tempo-lineare che identifica le componenti fortemente connesse è stato presentato da Tarjan [1972]. Il problema di trovare un ordinamento topologico (o decidere che non ne esiste uno) è stato risolto prima da (Kahn [1962], Knuth [1968]). Entrambi BFS e DFS appaiono come sottoprocedure in molti altri algoritmi combinatori. Alcuni esempi appariranno negli capitoli che seguono.

A volte si è interessati ad avere un grafo con una connettività maggiore. Sia $k \geq 2$. Un grafo non orientato con più di k vertici e la proprietà che rimane connesso anche se vengono rimossi $k-1$ vertici qualsiasi è detto k-**connesso**. Un grafo con almeno due vertici è k-**arco-connesso** se rimane connesso dopo la rimozione di $k-1$ archi qualsiasi. Quindi un grafo connesso con almeno tre vertici è 2-connesso (2-arco-connesso) se e solo se non ha alcun vertice di articolazione (rispettivamente, nessun ponte).

I valori più grandi di k e l tali per cui un grafo G è k-connesso e l-arco-connesso sono chiamati rispettivamente **connettività di vertice** e **connettività di arco** di G. In questo caso, diciamo che un grafo è 1-connesso (e 1-arco-connesso) se è connesso. Un grafo sconnesso ha connettività di vertice e connettività di arco pari a zero.

I **blocchi** di un grafo non orientato sono i suoi sottografi connessi massimali senza vertici di articolazione. Quindi ogni blocco è o un sottografo 2-connesso massimale, oppure consiste in un ponte o un vertice isolato. Due blocchi hanno al massimo un vertice in comune, e un vertice che appartiene a più di un blocco è un vertice di articolazione. I blocchi di un grafo non orientato possono essere determinati in tempo lineare in maniera simile all'ALGORITMO PER LE COMPONENTI FORTEMENTE CONNESSE; si veda l'Esercizio 20. Dimostriamo ora un interessante teorema strutturale per i grafi 2-connessi. Costruiamo grafi partendo da un singolo vertice e aggiungendo in maniera sequenziale sottografi chiamati ear ["orecchio"]:

Definizione 2.21. *Sia G un grafo (orientato o non orientato). Una* **ear-decomposition** *di G è una sequenza $r, P_1, \dots, P_k$ con $G = (\{r\}, \emptyset) + P_1 + \cdots + P_k$, tale che ogni P_i è o un cammino in cui gli estremi appartengono a $\{r\} \cup V(P_1) \cup \cdots \cup$*

$V(P_{i-1})$, oppure un circuito in cui esattamente uno dei suoi vertici appartiene a $\{r\} \cup V(P_1) \cup \cdots \cup V(P_{i-1})$ ($i \in \{1, \ldots, k\}$).

$P_1, \ldots, P_k$ sono chiamati **ear**. *Se $k \geq 1$, P_1 è un circuito di lunghezza almeno tre, e $P_2, \ldots, P_k$ sono cammini, allora la ear-decomposition è detta* **ear-decomposition propria**.

Teorema 2.22. (Whitney [1932]) *Un grafo non orientato è 2-connesso se e solo se ha una ear-decomposition propria.*

Dimostrazione. Evidentemente un circuito di lunghezza al massimo tre è 2-connesso. Inoltre, se G è 2-connesso, allora lo è anche $G + P$, dove P è un cammino x-y, $x, y \in V(G)$ e $x \neq y$: la rimozione di un qualsiasi vertice non compromette la connettività. Concludiamo che un grafo con una ear-decomposition propria è 2-connesso.

Per dimostrare il contrario, sia G un grafo 2-connesso. Sia G' il sottografo semplice e massimale di G; evidentemente G' è anche 2-connesso. Quindi G' non può essere un albero; cioè contiene un circuito. Poiché è semplice, G', e quindi G, contiene un circuito di lunghezza almeno tre. Quindi sia H un sottografo massimale di G che ha una ear-decomposition propria; H esiste per la costruzione data sopra.

Supponiamo che H non sia di supporto. Poiché G è connesso, sappiamo allora che esiste un arco $e = \{x, y\} \in E(G)$ con $x \in V(H)$ e $y \notin V(H)$. Sia z un vertice in $V(H) \setminus \{x\}$. Poiché $G - x$ è connesso, esiste un cammino P da y a z in $G - x$. Sia z' il primo vertice in questo cammino, visitato partendo da y, che appartiene a $V(H)$. Allora $P_{[y,z']} + e$ può essere aggiunto come un ear, contraddicendo la massimalità di H.

Quindi H è di supporto. Poiché ogni arco di $E(G) \setminus E(H)$ può essere aggiunto come un ear, concludiamo che $H = G$. □

Si veda l'Esercizio 21 per caratterizzazioni simili di grafi 2-arco-connessi e digrafi fortemente connessi.

2.4 Grafi di Eulero e grafi bipartiti

Il lavoro di Eulero sul problema di attraversare ognuno dei sette ponti di Königsberg esattamente una sola volta viene considerato l'origine della teoria dei grafi. Eulero dimostrò che il problema non ammette soluzione definendo un grafo, cercando un cammino che contenesse tutti gli archi, e osservando che più di due vertici avevano grado dispari.

Definizione 2.23. *Un* **cammino Euleriano** *in un grafo G è un cammino chiuso contente tutti gli archi. Un grafo non orientato G si dice* **Euleriano** *se il grado di ogni vertice è pari. Un digrafo G è Euleriano se $|\delta^-(v)| = |\delta^+(v)|$ per ogni $v \in V(G)$.*

Anche se Eulero non dimostrò la sufficienza né considerò esplicitamente il caso in cui si cerca un cammino chiuso, si attribuisce a lui il famoso risultato seguente:

Teorema 2.24. (Eulero [1736], Hierholzer [1873]) *Un grafo connesso (orientato o non orientato) ha un cammino Euleriano se e solo se è Euleriano.*

Dimostrazione. La necessità delle condizioni di grado è ovvia, poiché un vertice che appare k volte in un cammino Euleriano (o $k+1$ volte se è il primo e l'ultimo vertice) deve avere grado entrante e grado uscente pari a k, oppure, nel caso non orientato, pari a $2k$.

Per la condizione di sufficienza, sia $W = v_1, e_1, v_2, \dots, v_k, e_k, v_{k+1}$ uno dei cammini più lunghi di G, ossia uno con il massimo numero di archi. In particolare, W deve contenere tutti gli archi uscenti da v_{k+1}, il che implica $v_{k+1} = v_1$ per le condizioni di grado. Quindi W è chiuso. Si supponga che W non contenga tutti gli archi. Siccome G è connesso, possiamo concludere che esiste un arco $e \in E(G)$ che non appare in W, ma che almeno uno dei suoi estremi appare in W, diciamo v_i. Allora e può essere unito con $v_i, e_i, v_{i+1}, \dots, e_k, v_{k+1} = v_1, e_1, v_2, \dots, e_{i-1}, v_i$ per formare un cammino che è più lungo di W. □

L'algoritmo prende in input solo grafi Euleriani connessi. Si noti che si può controllare in tempo lineare se un dato grafo è connesso (Teorema 2.17) e Euleriano (ovvio). L'algoritmo prima sceglie un vertice iniziale, poi chiama una procedura ricorsiva. Descriviamo prima la procedura per i grafi non orientati:

ALGORITMO DI EULERO

Input: Un grafo Euleriano connesso e non orientato G.

Output: Un cammino Euleriano W in G.

① Scegli $v_1 \in V(G)$ arbitrariamente. **Return** $W := \text{EULERO}(G, v_1)$.

EULERO(G, v_1)

① Poni $W := v_1$ e $x := v_1$.

② **If** $\delta(x) = \emptyset$ **then go to** ④.
Else sia $e \in \delta(x)$, con $e = \{x, y\}$.

③ Poni $W := W, e, y$ e $x := y$. Poni $E(G) := E(G) \setminus \{e\}$ e **go to** ②.

④ Sia $v_1, e_1, v_2, e_2, \dots, v_k, e_k, v_{k+1}$ la sequenza W.
For $i := 2$ **to** k **do**: poni $W_i := \text{EULERO}(G, v_i)$.

⑤ Poni $W := W_1, e_1, W_2, e_2, \dots, W_k, e_k, v_{k+1}$. **Return** W.

Per i digrafi, ② deve essere sostituito con:

② **If** $\delta^+(x) = \emptyset$ **then go to** ④.
Else sia $e \in \delta^+(x)$, con $e = (x, y)$.

Possiamo analizzare entrambe le versioni (orientato e non orientato) allo stesso tempo:

Teorema 2.25. L'ALGORITMO DI EULERO *funziona correttamente. Il suo tempo di esecuzione è* $O(m+n)$*, dove* $n = |V(G)|$ *e* $m = |E(G)|$.

Dimostrazione. Mostriamo che EULERO(G, v_1), se chiamato per un grafo Euleriano G e $v \in V(G)$, restituisce un cammino Euleriano nella componente connessa G_1 di G che contiene v_1. Procediamo per induzione su $|E(G)|$, essendo banale il caso con $E(G) = \emptyset$.

Per le condizioni di grado, $v_{k+1} = x = v_1$ quando viene eseguito ④. Quindi a questo punto W è un cammino chiuso. Sia G' il grafo G a questo punto dell'algoritmo. Anche G' è Euleriano.

Per ogni arco $e \in E(G_1) \cap E(G')$ esiste un minimo $i \in \{2, \dots, k\}$ tale che e è nella stessa componente connessa di G' come v_i (si noti che $v_1 = v_{k+1}$ è isolato in G'). Per l'ipotesi di induzione e appartiene a W_i. Quindi il cammino chiuso W formato in ⑤ è senza dubbio un cammino Euleriano in G_1.

Il tempo di esecuzione è lineare, perché ogni arco viene rimosso immediatamente dopo essere stato esaminato. □

L'ALGORITMO DI EULERO sarà usato diverse volte come sotto-procedura nei capitoli successivi.

A volte si è interessati a rendere un grafo Euleriano aggiungendo o rimuovendo archi. Sia G un grafo non orientato e F una famiglia di coppie non ordinate di $V(G)$ (archi o non). F è chiamato un **join dispari** [giunto dispari] se $(V(G), E(G) \dot\cup F)$ è Euleriano. F è chiamata una **copertura dispari** se il grafo che risulta da G contraendo in successione ogni $e \in F$ (si noti che l'ordine è irrilevante) è Euleriano. I due concetti sono equivalenti nel senso seguente.

Teorema 2.26. (Aoshima e Iri [1977]) *Per ogni grafo non orientato abbiamo che:*

(a) *Ogni join dispari è una copertura dispari.*
(b) *Ogni copertura dispari minimale è un join dispari.*

Dimostrazione. Sia G un grafo non orientato.

(a) Sia F un join dispari. Costruiamo un grafo G' contraendo le componenti connesse di $(V(G), F)$ in G. Ognuna di queste componenti contiene un numero pari di vertici a grado dispari (rispetto a F a quindi rispetto a G, poiché F è un join dispari). Quindi il grafo risultante ha solo gradi pari, ed F è una copertura dispari.

(b) Sia F una copertura dispari minimale. A causa della minimalità, $(V(G), F)$ è una foresta. Dobbiamo dimostrare che $|\delta_F(v)| \equiv |\delta_G(v)| \pmod 2$ per ogni $v \in V(G)$. Quindi sia $v \in V(G)$. Siano $C_1, \dots, C_k$ le componenti connesse di $(V(G), F) - v$ che contengono un vertice w con $\{v, w\} \in F$. Poiché F è una foresta, $k = |\delta_F(v)|$.

Siccome F è una copertura dispari, contraendo $X := V(C_1) \cup \dots \cup V(C_k) \cup \{v\}$ in G dà un vertice di grado pari, ovvero $|\delta_G(X)|$ è pari. D'altronde, per la minimalità di F, $F \setminus \{\{v, w\}\}$ non è una copertura dispari (per qualsiasi w con $\{v, w\} \in F$), quindi $|\delta_G(V(C_i))|$ è dispari per $i = 1, \dots, k$. Poiché

$$\sum_{i=1}^{k} |\delta_G(V(C_i))| = |\delta_G(X)| + |\delta_G(v)| - 2|E_G(\{v\}, V(G) \setminus X)| + 2 \sum_{1 \le i < j \le k} |E_G(C_i, C_j)|,$$

concludiamo che k ha la stessa parità di $|\delta_G(v)|$. □

Ritorneremo sul problema di rendere un grafo Euleriano nella Sezione 12.2.

Una **bipartizione** di un grafo non orientato G è una partizione degli insiemi di vertici $V(G) = A \dot\cup B$ tali che i sottografi indotti da A e B sono entrambi vuoti. Un grafo si dice **bipartito** se ha una bipartizione. Il semplice grafo bipartito G con $V(G) = A \dot\cup B$, $|A| = n$, $|B| = m$ e $E(G) = \{\{a, b\} : a \in A,\ b \in B\}$ si denota con $K_{n,m}$ (il sottografo bipartito completo). Quando scriviamo $G = (A \dot\cup B, E(G))$, intendiamo che $G[A]$ e $G[B]$ sono entrambi vuoti.

Proposizione 2.27. (König [1916]) *Un grafo non orientato è bipartito se e solo se non contiene nessun circuito dispari (circuito di lunghezza dispari). Esiste un algoritmo tempo-lineare che, dato un grafo non orientato G, trova o una bipartizione oppure un circuito dispari.*

Dimostrazione. Si supponga che G sia bipartito con bipartizione $V(G) = A \dot\cup B$ e il cammino chiuso $v_1, e_1, v_2, \dots, v_k, e_k, v_{k+1}$ definisca un circuito in G. Senza perdita di generalità, assumiamo $v_1 \in A$. Ma allora $v_2 \in B$, $v_3 \in A$, e così via. Concludiamo che $v_i \in A$ se e solo se i è dispari. Ma $v_{k+1} = v_1 \in A$, quindi k deve essere pari.

Per dimostrare la sufficienza, possiamo assumere che G sia connesso, poiché un grafo è bipartito se e solo se lo è ogni sua componente connessa (e le componenti connesse possono essere determinate in tempo lineare; Proposizione 2.17). Scegliamo un vertice arbitrario $s \in V(G)$ e applichiamo BFS a (G, s) per ottenere le distanze da s a v per tutti i $v \in V(G)$ (vedi Proposizione 2.18). Sia T l'albero BFS risultante. Definiamo $A := \{v \in V(G) : \text{dist}_G(s, v) \text{ è pari}\}$ e $B := V(G) \setminus A$.

Se esiste un arco $e = \{x, y\}$ in $G[A]$ o $G[B]$, il cammino x-y in T insieme con e forma un circuito dispari in G. Se non esiste alcun arco siffatto, abbiamo una bipartizione. □

2.5 Planarità

Spesso si disegnano grafi nel piano. Un grafo è detto planare se può essere disegnato in modo tale che nessuna coppia di archi si intersechi. Per formalizzare questo concetto abbiamo bisogno dei termini topologici seguenti:

Definizione 2.28. *Una* **curva di Jordan semplice** *è l'immagine di una funzione continua iniettiva $\varphi : [0, 1] \to \mathbb{R}^2$; i suoi* **estremi** *sono $\varphi(0)$ e $\varphi(1)$. Una* **curva**

di Jordan chiusa *è l'immagine di una funzione continua* $\varphi : [0, 1] \to \mathbb{R}^2$ *con* $\varphi(0) = \varphi(1)$ *e* $\varphi(\tau) \neq \varphi(\tau')$ *per* $0 \leq \tau < \tau' < 1$. *Un* **arco poligonale** *è una curva di Jordan semplice che è l'unione di un numero finito di intervalli (cioè segmenti di rette). Un* **poligono** *è una curva di Jordan chiusa la quale è l'unione di finitamente molti intervalli.*

Sia $R = \mathbb{R}^2 \setminus J$*, dove* J *è l'unione di finitamente molti intervalli. Definiamo le* **regioni connesse** *di* R *come la classe di equivalenza in cui due punti in* R *sono equivalenti se possono essere uniti da un arco poligonale all'interno di* R.

Definizione 2.29. *Un'***immersione planare** *[planar embedding] di un grafo* G *consiste in una funzione iniettiva* $\psi : V(G) \to \mathbb{R}^2$ *e per ogni* $e = \{x, y\} \in E(G)$ *un arco poligonale* J_e *con estremi* $\psi(x)$ *e* $\psi(y)$*, tali che per ogni* $e = \{x, y\} \in E(G)$:

$$(J_e \setminus \{\psi(x), \psi(y)\}) \cap \left(\{\psi(v) : v \in V(G)\} \cup \bigcup_{e' \in E(G) \setminus \{e\}} J_{e'} \right) = \emptyset.$$

Un grafo è detto **planare** *se ha un'immersione planare.*

Sia G *un grafo (planare) con una data immersione planare* $\Phi = (\psi, (J_e)_{e \in E(G)})$. *Dopo aver rimosso i punti e gli archi poligonali dal piano, quello che resta,*

$$R := \mathbb{R}^2 \setminus \left(\{\psi(v) : v \in V(G)\} \cup \bigcup_{e \in E(G)} J_e \right),$$

si divide in regioni aperte e connesse, chiamate **facce** *di* Φ.

Per esempio, K_4 è ovviamente planare, ma si ha che K_5 non lo è. L'Esercizio 28 mostra che limitandosi ad archi poligonali invece che a curve di Jordan arbitrarie non fa alcuna differenza. Mostreremo in seguito che per grafi semplici è sufficiente considerare solamente segmenti rettilinei.

Il nostro scopo è caratterizzare grafi planari. Seguendo Thomassen [1981], dimostriamo prima il risultato seguente, che è una versione del Teorema di Jordan per le curve.

Teorema 2.30. *Se* J *è un poligono, allora* $\mathbb{R}^2 \setminus J$ *si divide in esattamente due regioni connesse, ognuna delle quali ha* J *come sua frontiera. Se* J *è un arco poligonale, allora* $\mathbb{R}^2 \setminus J$ *ha una sola regione connessa.*

Dimostrazione. Sia J un poligono, $p \in \mathbb{R}^2 \setminus J$ e $q \in J$. Allora esiste un arco poligonale in $(\mathbb{R}^2 \setminus J) \cup \{q\}$ che unisce p e q: iniziando da p, si segue la linea retta verso q sino a quando ci si avvicina a J, poi si procede all'interno dell'intorno di J. (Usiamo il fatto topologico basilare che insiemi compatti disgiunti, in particolare intervalli non adiacenti di J, hanno una distanza positiva tra di loro.) Concludiamo che p è nella stessa regione connessa di $\mathbb{R}^2 \setminus J$ fra i punti arbitrariamente vicini a q.

J è l'unione di finitamente molti intervalli; uno o due di questi intervalli contengono q. Sia $\epsilon > 0$ tale che la sfera con centro q e raggio ϵ non contiene nessun altro

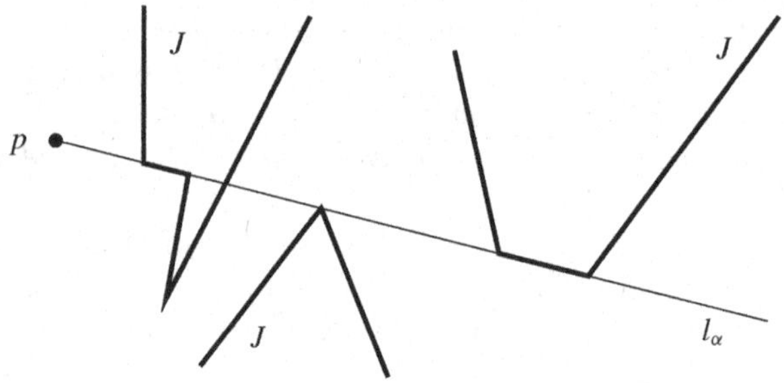

Figura 2.4.

intervallo di J; allora chiaramente questa sfera interseca al massimo due regioni connesse. Poiché $p \in \mathbb{R}^2 \setminus J$ e $q \in J$ sono stati scelti arbitrariamente, concludiamo che ci sono al massimo due regioni e ogni regione ha J come sua frontiera.

Poiché ciò vale anche se J è un arco poligonale e q è un estremo di J, $\mathbb{R}^2 \setminus J$ ha, in questo caso, una sola regione connessa.

Tornando a considerare il caso in cui J è un poligono, rimane da dimostrare che $\mathbb{R}^2 \setminus J$ ha più di una regione. Per qualsiasi $p \in \mathbb{R}^2 \setminus J$ e qualsiasi angolo α consideriamo il raggio l_α uscente da p con angolo α. $J \cap l_\alpha$ è un insieme di punti o di intervalli chiusi. Sia $cr(p, l_\alpha)$ il numero di questi punti o intervalli che J incontra da un lato di l_α diverso da quello da cui ne esce (il numero di volte che J "incrocia" l_α; per esempio, in Figura 2.4 abbiamo $cr(p, l_\alpha) = 2$).

Si noti che per un qualsiasi angolo α,

$$\left|\lim_{\epsilon \to 0,\, \epsilon > 0} cr(p, l_{\alpha+\epsilon}) - cr(p, l_\alpha)\right| + \left|\lim_{\epsilon \to 0,\, \epsilon < 0} cr(p, l_{\alpha+\epsilon}) - cr(p, l_\alpha)\right|$$

è il doppio del numero di intervalli di $J \cap l_\alpha$ per i quali J entra dallo stesso lato da cui ne esce. Quindi $g(p, \alpha) := (cr(p, l_\alpha) \bmod 2)$ è una funzione continua in α, è costante e viene indicata con $g(p)$. Chiaramente $g(p)$ è costante per i punti p di ogni retta che non interseca J, quindi è costante all'interno di ogni regione. Tuttavia, $g(p) \neq g(q)$ per i punti p, q tali che la retta che unisce p e q interseca J esattamente una sola volta. Quindi ci sono senz'altro due regioni. □

Una sola tra tutte le facce, la **faccia esterna**, è illimitata.

Proposizione 2.31. *Sia G un grafo 2-connesso con un'immersione planare Φ. Allora ogni faccia è limitata da un circuito, e ogni arco appartiene alla frontiera di esattamente due facce. Inoltre, il numero di facce è $|E(G)| - |V(G)| + 2$.*

Dimostrazione. Per il Teorema 2.30 entrambe le affermazioni sono vere se G è un circuito. Per grafi 2-connessi si dimostra per induzione sul numero di archi, usando il Teorema 2.22. Si consideri una ear-decomposition propria di G e sia P l'ultimo ear, diciamo un cammino con estremi x e y. Sia G' il grafo prima dell'aggiunta dell'ultimo ear, e sia Φ' la restrizione di Φ a G'.

Sia $\Phi = (\psi, (J_e)_{e \in E(G)})$. Sia F' la faccia di Φ' contenente $\bigcup_{e \in E(P)} J_e \setminus \{\psi(x), \psi(y)\}$. Per induzione, F' è limitato da un circuito C. C contiene x e y, e quindi C è l'unione di due cammini x-y Q_1, Q_2 in G'. Si applichi ora il Teorema 2.30 ad ognuno dei circuiti $Q_1 + P$ e $Q_2 + P$. Si conclude che

$$F' \cup \{\psi(x), \psi(y)\} = F_1 \dot{\cup} F_2 \dot{\cup} \bigcup_{e \in E(P)} J_e$$

ed F_1 e F_2 sono due facce di G limitate rispettivamente dai circuiti Q_1+P e Q_2+P. Quindi G ha una faccia in più di G'. Usando $|E(G) \setminus E(G')| = |V(G) \setminus V(G')|+1$, si completa l'induzione. □

Questa dimostrazione si deve a Tutte, e implica anche che i circuiti che limitano le facce finite costituiscono una base di cicli (Esercizio 29). L'ultima affermazione della Proposizione 2.31 è nota come formula di Eulero; essa è vera per qualsiasi grafo connesso:

Teorema 2.32. (Eulero [1758], Legendre [1794]) *Per qualsiasi grafo planare connesso G con una qualsiasi immersione, il numero di facce è $|E(G)|-|V(G)|+2$.*

Dimostrazione. Abbiamo già dimostrato questa affermazione per i grafi 2-connessi (Proposizione 2.31). Inoltre, l'affermazione è banale se $|V(G)| = 1$ e segue dal Teorema 2.30 se $|E(G)| = 1$. Se $|V(G)| = 2$ e $|E(G)| \geq 2$, allora possiamo suddividere un arco e, con il risultato di aumentare il numero di vertici e il numero di archi di uno e di rendere il grafo 2-connesso, e possiamo applicare la Proposizione 2.31.

Si può quindi assumere che G abbia un nodo di articolazione x; procediamo per induzione sul numero di vertici. Sia Φ una immersione di G. Siano $C_1, \dots, C_k$ le componenti connesse di $G - x$; e sia Φ_i la restrizione di Φ a $G_i := G[V(C_i) \cup \{x\}]$ per $i = 1, \dots, k$.

L'insieme di facce (limitate) interne di Φ è l'unione disgiunta degli insiemi di facce interne di Φ_i, con $i = 1, \dots, k$. Applicando l'ipotesi di induzione a (G_i, Φ_i), $i = 1, \dots, k$, otteniamo che il numero totale di facce interne di (G, Φ) è

$$\sum_{i=1}^{k}(|E(G_i)|-|V(G_i)|+1) = |E(G)|-\sum_{i=1}^{k}|V(G_i)\setminus\{x\}| = |E(G)|-|V(G)|+1.$$

La dimostrazione si conclude prendendo in considerazione la faccia esterna. □

In particolare, il numero di facce è indipendente dall'immersione. Il grado medio di un grafo planare semplice è minore di 6:

Corollario 2.33. *Sia G un grafo planare semplice 2-connesso il cui circuito minimo ha lunghezza k (si dice anche che G ha* **girth** *k). Allora G ha al massimo $(n-2)\frac{k}{k-2}$ archi. Qualsiasi grafo planare semplice con $n \geq 3$ vertici ha al massimo $3n - 6$ archi.*

Dimostrazione. Si assuma prima che G è 2-connesso. Sia dato una certa immersione Φ di G, e sia r il numero di facce. Per la formula di Eulero (Teorema 2.32),

Figura 2.5.

$r = |E(G)| - |V(G)| + 2$. Per la Proposizione 2.31, ogni faccia è limitata da un circuito, cioè da almeno k archi, e ogni arco è sulla frontiera di esattamente due facce. Quindi $kr \leq 2|E(G)|$. Mettendo insieme i due risultati si ottiene $|E(G)| - |V(G)| + 2 \leq \frac{2}{k}|E(G)|$, che implica $|E(G)| \leq (n-2)\frac{k}{k-2}$.

Se G non è 2-connesso, aggiungiamo archi tra vertici non adiacenti per renderlo 2-connesso mantenendo la planarità. Per la prima parte si hanno al massimo $(n - 2)\frac{3}{3-2}$ archi, compresi quelli nuovi. □

Mostriamo ora che esistono grafi non planari.

Corollario 2.34. *Né K_5 né $K_{3,3}$ sono planari.*

Dimostrazione. Questo segue direttamente dal Corollario 2.33: K_5 ha cinque vertici, ma $10 > 3 \cdot 5 - 6$ archi; $K_{3,3}$ è 2-connesso, ha girth 4 (siccome è bipartito) e $9 > (6-2)\frac{4}{4-2}$ archi. □

La Figura 2.5 mostra questi due grafi, che sono i più piccoli grafi non planari. Dimostreremo che ogni grafo non planare contiene, in un certo senso, K_5 o $K_{3,3}$. Per rendere ciò più preciso ci serve la notazione seguente:

Definizione 2.35. *Siano G e H due grafi non orientati. G è un* **minore** *di H se esiste un sottografo H' di H e una partizione $V(H') = V_1 \dot\cup \cdots \dot\cup V_k$ dei suoi vertici in sottoinsiemi connessi tali che contraendo ciascun $V_1, \ldots, V_k$ si ottiene un grafo isomorfo a G.*

In altre parole, G è un minore di H se può essere ottenuto da H con una serie di operazioni del tipo seguente: la rimozione di un vertice, la rimozione di un arco o la contrazione di un arco. Siccome nessuna di queste operazioni compromette la planarità, qualsiasi minore di un grafo planare è planare. Quindi un grafo che contiene K_5 o $K_{3,3}$ come minori non può essere planare. Il Teorema di Kuratowski dice che è vero anche il contrario. Consideriamo prima grafi 3-connessi e iniziamo con il lemma seguente (che è la parte principale del Teorema di Tutte chiamato "teorema della ruota" ["wheel theorem"]:

Lemma 2.36. (Tutte [1961], Thomassen [1980]) *Sia G un grafo 3-connesso con almeno cinque vertici. Allora esiste un arco e tale che G/e è ancora 3-connesso.*

Dimostrazione. Supponiamo che tale arco non esista. Allora per ogni arco $e = \{v, w\}$ esiste un vertice x tale che $G - \{v, w, x\}$ è sconnesso, ossia ha una componente

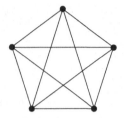

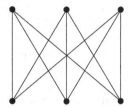

connessa C con $|V(C)| < |V(G)| - 3$. Si scelgano e, x e C tali che $|V(C)|$ sia minima.

x ha un vicino y in C, perché altrimenti C è una componente connessa di $G - \{v, w\}$ (ma G è 3-connesso). Per la nostra assunzione, $G/\{x, y\}$ non è 3-connesso, ovvero esiste un vertice z tale che $G - \{x, y, z\}$ sia sconnesso. Siccome $\{v, w\} \in E(G)$, esiste una componente connessa D di $G - \{x, y, z\}$ che non contiene né v né w.

Tuttavia D contiene un vicino d di y, perché altrimenti D è una componente connessa di $G - \{x, z\}$ (contraddicendo nuovamente il fatto che G è 3-connesso). Quindi $d \in V(D) \cap V(C)$, e D è un sottografo di C. Poiché $y \in V(C) \setminus V(D)$, si ha una contraddizione alla minimalità di $|V(C)|$. □

Teorema 2.37. (Kuratowski [1930], Wagner [1937]) *Un grafo 3-connesso è planare se e solo se non contiene né K_5 né $K_{3,3}$ come minore.*

Dimostrazione. Siccome la necessità è evidente (si veda sopra), dimostriamo la sufficienza. Poiché K_4 è ovviamente planare, procediamo per induzione sul numero di vertici: sia G un grafo 3-connesso con più di 4 vertici ma non con minori K_5 o $K_{3,3}$.

Per il Lemma 2.36, esiste un arco $e = \{v, w\}$ tale che G/e è 3-connesso. Sia $\Phi = \left(\psi, (J_{e'})_{e' \in E(G/e)}\right)$ un'immersione planare di G/e, il quale esiste per induzione. Sia x il vertice in G/e che risulta contraendo e. Si consideri $(G/e) - x$ con la restrizione di Φ come immersione planare. Poiché $(G/e) - x$ è 2-connesso, ogni faccia è limitata da un circuito (Proposizione 2.31). In particolare, la faccia che contiene il punto $\psi(x)$ è limitata da un circuito C.

Siano $y_1, \ldots, y_k \in V(C)$ i vicini v che sono diversi da w, numerati in ordine ciclico, e si partizioni C in cammini arco-disgiunti P_i, $i = 1, \ldots, k$, tali che P_i è un cammino y_i-y_{i+1} ($y_{k+1} := y_1$).

Si supponga che esista un indice $i \in \{1, \ldots, k\}$ tale che $\Gamma(w) \subseteq \{v\} \cup V(P_i)$. Allora un'immersione planare di G può essere costruita facilmente modificando Φ.

Dimostreremo che tutti gli altri casi sono impossibili. Per prima cosa, se w ha tre vicini tra $y_1, \ldots, y_k$, abbiamo un minore K_5 (Figura 2.6(a)).

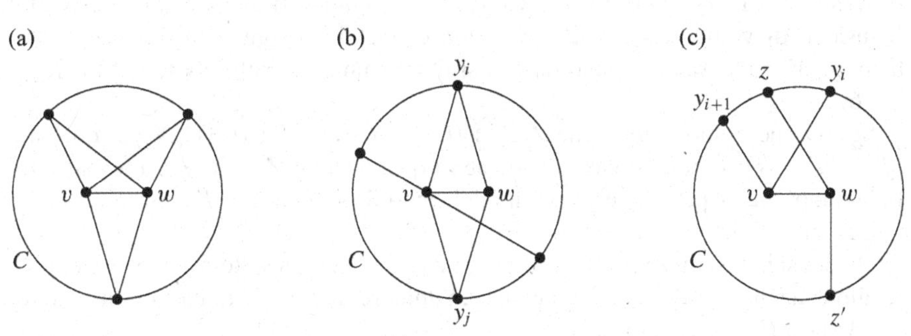

Figura 2.6.

Inoltre, se $\Gamma(w) = \{v, y_i, y_j\}$ per qualche $i < j$, allora dobbiamo avere $i+1 < j$ e $(i, j) \neq (1, k)$ (altrimenti y_i e y_j si troverebbero entrambi su P_i o P_j); si veda la Figura 2.6(b). Altrimenti esiste un vicino z di w in $V(P_i) \setminus \{y_i, y_{i+1}\}$ per qualche i e un altro vicino $z' \notin V(P_i)$ (Figura 2.6(c)). In entrambi i casi, ci sono quattro vertici y, z, y', z' su C, in questo ordine ciclico, con $y, y' \in \Gamma(v)$ e $z, z' \in \Gamma(w)$. Questo implica che abbiamo un minore $K_{3,3}$. □

La dimostrazione implica direttamente che ogni grafo semplice planare 3-connesso ha un'immersione planare in cui ogni arco è contenuto in una retta, e ogni faccia, tranne la faccia esterna, è convessa. (Esercizio 32(a)). Il caso generale del Teorema di Kuratowski può essere ridotto al caso 3-connesso mettendo insieme immersioni planari di sottografi massimali 3-connessi, o mediante il lemma seguente:

Lemma 2.38. (Thomassen [1980]) *Sia G un grafo con almeno cinque vertici che non è 3-connesso e che non contiene né K_5 né $K_{3,3}$ come minori. Allora esistono due vertici non adiacenti $v, w \in V(G)$ tali che $G + e$, dove $e = \{v, w\}$ è un nuovo arco, non contiene né K_5 né $K_{3,3}$ come minore.*

Dimostrazione. Procediamo per induzione su $|V(G)|$. Sia G come indicato sopra. Se G è sconnesso, possiamo semplicemente aggiungere un arco e che unisce due diverse componenti connesse. Quindi assumiamo in seguito che G è connesso. Poiché G non è 3-connesso, esiste un insieme $X = \{x, y\}$ di due vertici tali che $G - X$ è sconnesso. (Se G non è neppure 2-connesso possiamo scegliere x come nodo di articolazione e y un vicino di x.) Sia C una componente connessa di $G - X$, $G_1 := G[V(C) \cup X]$ e $G_2 := G - V(C)$. Dimostriamo prima il seguente risultato intermedio:

> Siano $v, w \in V(G_1)$ due vertici tali che aggiungendo un arco $e = \{v, w\}$ a G crea un minore $K_{3,3}$ o K_5. Allora almeno uno tra $G_1 + e + f$ e $G_2 + f$ contiene un minore K_5 o $K_{3,3}$ dove f è un nuovo arco che unisce x e y. (2.1)

Per dimostrare (2.1), siano $v, w \in V(G_1)$, $e = \{v, w\}$ e si supponga che esistano gli insiemi di vertici $Z_1, \dots, Z_t$ di $G + e$ connessi e disgiunti a due a due tali che dopo aver contratto ognuno di loro si ottiene un sottografo K_5 ($t = 5$) o $K_{3,3}$ ($t = 6$).

Si noti che è impossibile che $Z_i \subseteq V(G_1) \setminus X$ e $Z_j \subseteq V(G_2) \setminus X$ per qualche $i, j \in \{1, \dots, t\}$: in questo caso l'insieme di quei Z_k con $Z_k \cap X \neq \emptyset$ (ne esistono al massimo due) separa Z_i e Z_j, contraddicendo il fatto che sia K_5 che $K_{3,3}$ siano 3-connessi.

Quindi si hanno due casi: se nessuno tra $Z_1, \dots, Z_t$ è un sottoinsieme di $V(G_2) \setminus X$, allora anche $G_1 + e + f$ contiene un minore K_5 o $K_{3,3}$: basta considerare $Z_i \cap V(G_1)$ $(i = 1, \dots, t)$.

In maniera analoga, se nessuno tra $Z_1, \dots, Z_t$ è un sottoinsieme di $V(G_1) \setminus X$, allora $G_2 + f$ contiene un minore K_5 o $K_{3,3}$ (si consideri $Z_i \cap V(G_2)$ $(i = 1, \dots, t)$).

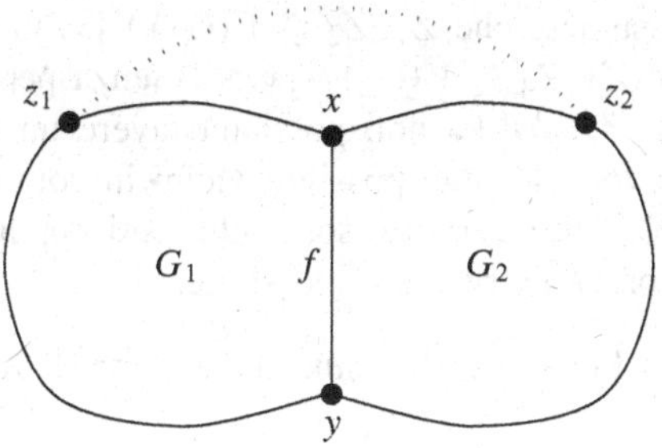

Figura 2.7.

L'affermazione (2.1) è dimostrata. Ora consideriamo prima il caso in cui G contiene un nodo di articolazione x, e y sia un vicino di x. Scegliamo un secondo vicino z di x tale che y e z siano in componenti connesse diverse di $G - x$. Senza perdita di generalità diciamo che $z \in V(G_1)$. Si supponga che l'aggiunta di $e = \{y, z\}$ crei un minore K_5 o $K_{3,3}$. Per (2.1), almeno uno tra $G_1 + e$ e G_2 contiene un minore K_5 o $K_{3,3}$ (un arco $\{x, y\}$ è già presente). Ma allora o G_1 o G_2, e quindi G, contiene un minore K_5 o $K_{3,3}$, contraddicendo la nostra assunzione.

Quindi possiamo assumere che G sia 2-connesso. Si ricordi che $x, y \in V(G)$ sono stati scelti in modo che $G - \{x, y\}$ è sconnesso. Se $\{x, y\} \notin E(G)$ aggiungiamo semplicemente un arco $f = \{x, y\}$. Se questo crea un minore K_5 o $K_{3,3}$, la (2.1) implica che o $G_1 + f$ o $G_2 + f$ contiene un tale minore. Poiché esiste un cammino x-y sia in G_1 che in G_2 (altrimenti avremmo un nodo di articolazione di G), questo implica che esiste un minore K_5 o $K_{3,3}$ in G che è nuovamente una contraddizione.

Quindi possiamo assumere che $f = \{x, y\} \in E(G)$. Supponiamo ora che almeno uno dei grafi G_i ($i \in \{1, 2\}$) non sia planare. Allora tale G_i ha almeno cinque vertici. Siccome non contiene un minore K_5 o $K_{3,3}$ (questo sarebbe anche un minore di G), concludiamo dal Teorema 2.37 che G_i non è 3-connesso. Quindi possiamo applicare l'ipotesi di induzione a G_i. Per (2.1), se aggiungendo un arco a G_i non si introduce un minore K_5 o $K_{3,3}$ in G_i, non si può introdurre un tale minore neppure in G.

Quindi possiamo assumere che sia G_1 che G_2 sono planari; siano Φ_1 e rispettivamente Φ_2 le loro immersioni planari. Sia F_i una faccia di Φ_i con f sulla sua frontiera, e sia z_i un altro vertice sul contorno di F_i, $z_i \notin \{x, y\}$ ($i = 1, 2$). Affermiamo che aggiungendo un arco $\{z_1, z_2\}$ (cf. Figura 2.7) non si introduce un minore K_5 o $K_{3,3}$.

Si supponga, al contrario, che aggiungendo $\{z_1, z_2\}$ e contraendo alcuni insiemi di vertici $Z_1, \ldots, Z_t$ connessi e disgiunti a due a due si ottiene un sottografo K_5 ($t = 5$) o $K_{3,3}$ ($t = 6$).

Prima, si supponga che al massimo uno di questi insiemi Z_i sia un sottoinsieme di $V(G_1) \setminus \{x, y\}$. Allora anche il grafo G'_2, che risulta da G_2 aggiungendo un vertice w e archi da w a x, y e z_2, contiene un minore K_5 o $K_{3,3}$. (Qui w corrisponde all'insieme contratto $Z_i \subseteq V(G_1) \setminus \{x, y\}$.) Questa è una contraddizione poiché esiste un'immersione planare di G'_2: basta integrare Φ_2 mettendo w in F_2.

Quindi possiamo assumere che $Z_1, Z_2 \subseteq V(G_1) \setminus \{x, y\}$. In maniera analoga, possiamo assumere che $Z_3, Z_4 \subseteq V(G_2) \setminus \{x, y\}$. Senza perdita di generalità abbiamo $z_1 \notin Z_1$ e $z_2 \notin Z_3$. Allora non possiamo avere un K_5, perché Z_1 e Z_3 non sono adiacenti. Inoltre, gli unici possibili vicini in comune tra Z_1 e Z_3 sono Z_5 e Z_6. Siccome in $K_{3,3}$ due vertici o sono adiacenti oppure hanno tre vicini in comune, anche un minore $K_{3,3}$ risulta impossibile. □

Il Teorema 2.37 e il Lemma 2.38 danno il Teorema di Kuratowski:

Teorema 2.39. (Kuratowski [1930], Wagner [1937]) *Un grafo non orientato è planare se e solo se non contiene né K_5 né $K_{3,3}$ come minori.* □

Certamente, Kuratowski dimostrò una versione più forte del Teorema (Esercizio 33). La dimostrazione può essere tradotta in un algoritmo tempo-polinomiale abbastanza facilmente. (Esercizio 32(b)). In pratica, esiste un algoritmo tempo-lineare:

Teorema 2.40. (Hopcroft e Tarjan [1974]) *Esiste un algoritmo tempo-lineare per trovare un'immersione planare di un dato grafo o decidere che il grafo non è planare.*

2.6 Dualità Planare

Introdurremo ora un importante concetto di dualità. Questo è l'unica parte in questo libro in cui abbiamo bisogno di lacci (loop). Quindi in questa sezione i lacci, ossia archi i cui estremi coincidono, sono ammessi. In un'immersione planare i lacci sono naturalmente rappresentati da poligoni invece che da archi poligonali.

Si noti che la formula di Eulero (Teorema 2.32) è vera anche per grafi con lacci: questo segue dall'osservazione che suddividendo un laccio e (cioè sostituendo $e = \{v, v\}$ con due archi paralleli $\{v, w\}, \{w, v\}$ in cui w è un nuovo vertice) e adattando l'immersione (sostituendo il poligono J_e con due archi poligonali la cui unione è J_e) aumenta di uno il numero di archi e di vertici, ma non cambia il numero di facce.

Definizione 2.41. *Sia G un grafo orientato o non orientato, eventualmente con dei lacci, e sia $\Phi = (\psi, (J_e)_{e \in E(G)})$ un'immersione planare di G. Definiamo il* **duale planare** *G^* i cui vertici sono le facce di Φ e il cui insieme di archi è $\{e^* : e \in E(G)\}$, dove e^* connette le facce che sono adiacenti a J_e (se J_e è adiacente a solo una faccia, allora e^* è un laccio). Nel caso orientato, per esempio $e = (v, w)$, orientiamo $e^* = (F_1, F_2)$ in modo tale che F_1 sia una faccia "alla destra" quando si attraversa J_e da $\psi(v)$ a $\psi(w)$.*

G^* è nuovamente planare. Infatti, esiste ovviamente un'immersione planare $(\psi^*, (J_{e^*})_{e^* \in E(G^*)})$ di G^* tale che $\psi^*(F) \in F$ per tutte le facce F di Φ e, per

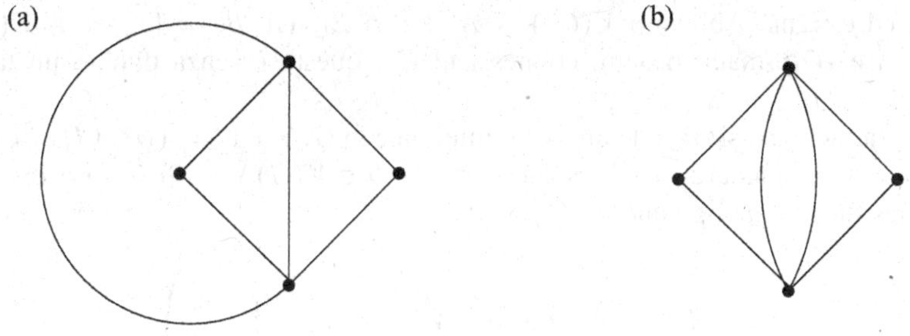

Figura 2.8.

ogni $e \in E(G)$, $|J_{e^*} \cap J_e| = 1$ e

$$J_{e^*} \cap \left(\{\psi(v) : v \in V(G)\} \cup \bigcup_{f \in E(G) \setminus \{e\}} J_f \right) = \emptyset.$$

Tale immersione è chiamata un'**immersione standard** di G^*.

Il duale planare di un grafo dipende veramente dall'immersione: si considerino le due immersioni dello stesso grafo mostrate in Figura 2.8. I duali planari che ne risultano non sono isomorfi, poiché il secondo ha un vertice di grado quattro (che corrisponde alla faccia esterna) mentre il primo è 3-regolare.

Proposizione 2.42. *Sia G un grafo planare connesso non orientato con un'immersione fissata. Sia G^* il suo duale planare con un'immersione standard. Allora $(G^*)^* = G$.*

Dimostrazione. Siano $(\psi, (J_e)_{e \in E(G)})$ un'immersione fissata di G e $(\psi^*, (J_{e^*})_{e^* \in E(G^*)})$ un'immersione standard di G^*. Sia F una faccia di G^*. La frontiera di F contiene J_{e^*} per almeno un arco e^*, quindi F deve contenere $\psi(v)$ per un estremo v di e. Quindi ogni faccia di G^* contiene almeno un vertice di G.

Applicando la formula di Eulero (Teorema 2.32) a G^* e a G, otteniamo che il numero di facce di G^* è $|E(G^*)| - |V(G^*)| + 2 = |E(G)| - (|E(G)| - |V(G)| + 2) + 2 = |V(G)|$. Quindi ogni faccia di G^* contiene esattamente un vertice di G. Da ciò concludiamo che un duale planare di G^* è isomorfo a G. □

Il requisito che G sia connesso in questo caso è essenziale: si noti infatti che G^* è sempre connesso, anche se G è sconnesso.

Teorema 2.43. *Sia G un grafo planare connesso non orientato con un'immersione qualsiasi. L'insieme di archi di un qualsiasi circuito di G corrisponde a un taglio minimale in G^*, e qualsiasi taglio minimale in G corrisponde all'insieme di archi di un circuito in G^*.*

Dimostrazione. Sia $\Phi = (\psi, (J_e)_{e \in E(G)})$ una data immersione planare di G. Sia C un circuito in G. Per il Teorema 2.30, $\mathbb{R}^2 \setminus \bigcup_{e \in E(C)} J_e$ si divide in esattamente due regioni connesse. Siano A e B l'insieme di facce di Φ rispettivamente nella regione interna ed esterna. Abbiamo $V(G^*) = A \dot{\cup} B$ e $E_{G^*}(A, B) = \{e^* : e \in E(C)\}$. Poiché A e B formano insiemi connessi in G^*, questo è senza dubbio un taglio minimale.

Contrariamente, sia $\delta_G(A)$ un taglio minimale in G. Sia $\Phi^* = (\psi^*, (J_e)_{e \in E(G^*)})$ un'immersione standard di G^*. Siano $a \in A$ e $b \in V(G) \setminus A$. Si osservi che non esiste nessun arco poligonale in

$$R := \mathbb{R}^2 \setminus \left(\{\psi^*(v) : v \in V(G^*)\} \cup \bigcup_{e \in \delta_G(A)} J_{e^*} \right)$$

che connette $\psi(a)$ e $\psi(b)$: la sequenza di facce di G^* attraversate da tale arco poligonale definirebbe una progressione di archi da a a b in G che non usa nessun arco di $\delta_G(A)$.

Quindi R consiste in almeno due regioni connesse. Allora, ovviamente, la frontiera di ogni regione deve contenere un circuito. Quindi $F := \{e^* : e \in \delta_G(A)\}$ contiene l'insieme di archi di un circuito C in G^*. Abbiamo $\{e^* : e \in E(C)\} \subseteq \{e^* : e \in F\} = \delta_G(A)$, e, per la prima parte di questa dimostrazione, $\{e^* : e \in E(C)\}$ è un taglio minimale in $(G^*)^* = G$ (cf. Proposizione 2.42). Concludiamo che $\{e^* : e \in E(C)\} = \delta_G(A)$. □

In particolare, e^* è un laccio se e solo se e è un ponte, e vice versa. Per digrafi la dimostrazione data sopra fornisce:

Corollario 2.44. *Sia G un digrafo planare connesso con una data immersione planare. L'insieme di archi di qualsiasi circuito in G corrisponde a un taglio orientato minimale in G^*, e vice versa.* □

Un'altra conseguenza interessante del Teorema 2.43 è:

Corollario 2.45. *Sia G un grafo connesso non orientato con una qualsiasi immersione planare. Allora G è bipartito se e solo se G^* è Euleriano, e G è Euleriano se e solo se G^* è bipartito.*

Dimostrazione. Si osservi che un grafo connesso è Euleriano se e solo se ogni taglio minimale ha cardinalità pari. Per il Teorema 2.43, G è bipartito se G^* è Euleriano, e G è Euleriano se G^* è bipartito. Per la Proposizione 2.42, è vero anche il contrario. □

Un **duale astratto** di G è un grafo G' per il quale esiste un biiezione $\chi : E(G) \to E(G')$ tale che F sia l'insieme di archi di un circuito se e solo se $\chi(F)$ è un taglio minimale in G' e vice versa. Il Teorema 2.43 mostra che qualsiasi duale planare è anche un duale astratto. Il contrario non è vero. Comunque, Whitney [1933] dimostrò che un grafo ha un duale astratto se e solo se è planare (Esercizio 39). Ritorneremo a questa relazione di dualità quando affronteremo i matroidi nella Sezione 13.3.

Esercizi

1. Sia G un grafo semplice non orientato con n vertici che è isomorfo al suo complemento. Si mostri che $n \bmod 4 \in \{0, 1\}$.
2. Dimostrare che ogni grafo semplice non orientato G con $|\delta(v)| \geq \frac{1}{2}|V(G)|$ per tutti i $v \in V(G)$ è Hamiltoniano.
   Suggerimento: si considerino un cammino di lunghezza massima in G e i vicini dei suoi estremi.
   (Dirac [1952])
3. Dimostrare che qualsiasi grafo semplice non orientato G con $|E(G)| > \binom{|V(G)|-1}{2}$ è connesso.
4. Sia G un grafo semplice non orientato. Mostrare che G, o il suo complemento, è connesso.
5. Dimostrare che ogni grafo semplice non orientato con più di un vertice contiene due vertici che hanno lo stesso grado. Dimostrare che ogni albero (eccetto quello costituito da un singolo vertice) contiene almeno due foglie.
6. Sia T un albero con k foglie. Mostrare che T contiene al massimo $k-2$ vertici di grado almeno 3.
7. Dimostrare che ogni albero T contiene un vertice v tale che nessuna componente connessa di $T - v$ contiene più di $\frac{|V(T)|}{2}$ vertici. Si può trovare tale vertice in tempo lineare?
8. Sia G un grafo connesso non orientato, e sia $(V(G), F)$ una foresta in G. Dimostrare che esiste un albero di supporto $(V(G), T)$ con $F \subseteq T \subseteq E(G)$.
9. Siano (V, F_1) e (V, F_2) due foreste con $|F_1| < |F_2|$. Dimostrare che esiste un arco $e \in F_2 \setminus F_1$ tale che $(V, F_1 \cup \{e\})$ è una foresta.
10. Siano (V, F_1) e (V, F_2) due ramificazioni con $2|F_1| < |F_2|$. Dimostrare che esiste un arco $e \in F_2 \setminus F_1$ tale che $(V, F_1 \cup \{e\})$ è una ramificazione.
11. Dimostrare che qualsiasi taglio in un grafo non orientato è l'unione disgiunta di tagli minimali.
12. Sia G un grafo non orientato, C un circuito e D un taglio. Mostrare che $|E(C) \cap D|$ è pari.
13. Mostrate che qualsiasi grafo non orientato ha un taglio contenente almeno metà degli archi.
14. Sia $(U, \mathcal{F})$ un famiglia di insiemi cross-free con $|U| \geq 2$. Dimostrare che $\mathcal{F}$ contiene al massimo $4|U| - 4$ elementi distinti.
15. Sia G un grafo connesso non orientato. Mostrare che esiste un orientamento G' di G e un'arborescenza di supporto T di G' tale che l'insieme di circuiti fondamentali rispetto a T è esattamente l'insieme di circuiti orientati in G'.
    Suggerimento: si consideri un albero DFS.
    (Camion [1968], Crestin [1969])
16. Descrivere un algoritmo tempo-lineare per il problema seguente: data una lista di adiacenza per un grafo G, calcolare una lista di adiacenza del sottografo semplice massimale di G. Non si assuma che archi paralleli appaiano consecutivamente nell'input.

17. Dato un grafo G (orientato o non orientato), mostrare che esiste un algoritmo tempo-lineare per trovare un circuito o dimostrare che non ne esistono.
18. Descrivere un semplice algoritmo tempo-lineare che trovi un ordine topologico in un digrafo aciclico dato. (Non si usi l'ALGORITMO PER LE COMPONENTI FORTEMENTE CONNESSE).
19. Sia G un grafo connesso non orientato, $s \in V(G)$ e T un albero DFS che risulta dall'esecuzione di DFS su (G, s). s è chiamato la radice di T. x è un antenato di y in T se x si trova sul cammino s-y (che è unico) in T. x è un genitore di y se l'arco $\{x, y\}$ si trova sul cammino s-y in T. y è un figlio (successore) di x se x è un genitore (antenato) di y. Si noti che con questa definizione ogni vertice è un antenato e un successore di se stesso. Ogni vertice eccetto s ha esattamente un genitore. Dimostrare che:
    (a) Per qualsiasi arco $\{v, w\} \in E(G)$, v è un antenato o un successore di w in T.
    (b) Un vertice v è un nodo di articolazione di G se e solo se
        - o $v = s$ e $|\delta_T(v)| > 1$,
        - oppure $v \neq s$ ed esiste un successore w di v tale che nessun arco in G connette un antenato proprio di v (cioè, escludendo v) con un successore di w.

* 20. Si usi l'Esercizio 19 per progettare un algoritmo tempo-lineare che trovi i blocchi di un grafo non orientato. Risulterà utile calcolare i numeri

$$\alpha(x) :=$$
$$\min\{f(w) : w = x \text{ o } \{w, y\} \in E(G) \setminus T \text{ per qualche successore } y \text{ di } x\}$$

ricorsivamente durante la DFS. Qui (R, T) è l'albero DFS (con radice s), e i valori f rappresentano l'ordine in cui i vertici vengono aggiunti a R (si veda l'Algoritmo di GRAPH SCANNING). Se per alcuni vertici $x \in R \setminus \{s\}$ abbiamo che $\alpha(x) \geq f(w)$, dove w è il genitore di x, allora w deve essere o la radice oppure un nodo di articolazione.

21. Dimostrare che:
    (a) Un grafo non orientato è 2-arco-connesso se e solo se ha almeno due vertici e una ear-decomposition.
    (b) Un digrafo è fortemente connesso se e solo se ha una ear-decomposition.
    (c) Gli archi di un grafo non orientato G con almeno due vertici possono essere orientati in modo tale che il digrafo risultante sia fortemente connesso se e solo se G è 2-arco-connesso.
    (Robbins [1939])
22. Un torneo (tournament) è un digrafo tale che il grafo non orientato sottostante è un grafo completo (semplice). Dimostrare che ogni torneo contiene un cammino Hamiltoniano (Rédei [1934]). Dimostrare che ogni componente fortemente connessa è Hamiltoniana (Camion [1959]).
23. Sia G un grafo non orientato. Dimostrare che esiste un orientamento G' di G tale che $||\delta^+_{G'}(v)| - |\delta^-_{G'}(v)|| \leq 1$ per tutti i $v \in V(G')$.
24. Dimostrare che se un grafo semplice connesso non orientato è Euleriano allora il suo line-graph è Hamiltoniano. Vale anche il contrario?

25. Dimostrare che qualsiasi grafo bipartito connesso ha un'unica bipartizione. Dimostrare che qualsiasi grafo non bipartito e non orientato contiene un circuito dispari come sottografo indotto.
26. Dimostrare che un digrafo fortemente connesso il cui grafo non orientato sottostante non è bipartito contiene un circuito (orientato) di lunghezza dispari.
* 27. Sia G un grafo non orientato. Una **decomposizione ad albero** di G è una coppia (T, φ), dove T è un albero e $\varphi : V(T) \to 2^{V(G)}$ soddisfa le condizioni seguenti:
   - per ogni $e \in E(G)$ esiste un $t \in V(T)$ con $e \subseteq \varphi(t)$;
   - per ogni $v \in V(G)$ l'insieme $\{t \in V(T) : v \in \varphi(t)\}$ è connesso in T.

   Si dice che la "width" [ampiezza] di (T, φ) è $\max_{t \in V(T)} |\varphi(t)| - 1$. La **tree-width** [ampiezza di albero] di un grafo G è l'ampiezza minima di una decomposizione ad albero di G. Questa notazione si deve a Robertson e Seymour [1986].
   Mostrare che i grafi semplici con tree-width pari al massimo a uno sono le foreste. Inoltre, dimostrare che le affermazioni seguenti sono equivalenti per un grafo non orientato G:
   (a) G ha tree-width al massimo 2.
   (b) G non contiene K_4 come un minore.
   (c) G può essere ottenuto da un grafo vuoto aggiungendo ponti e raddoppiando e suddividendo gli archi. (Raddoppiare un arco $e = \{v, w\} \in E(G)$ significa aggiungere un altro arco con estremi v e w; suddividere un arco $e = \{v, w\} \in E(G)$ significa aggiungere un vertice x e sostituire e con due archi $\{v, x\}, \{x, w\}$.)

   Osservazione: per la costruzione in (c) tali grafi sono chiamati grafi serie-parallelo.
28. Dimostrare che se un grafo G ha un'immersione planare dove gli archi sono contenuti da curve di Jordan arbitrarie, allora ha anche un'immersione planare con solo archi poligonali.
29. Sia G un grafo 2-connesso con un'immersione planare. Mostrare che l'insieme dei circuiti che limitano le facce finite costituisce una base di cicli di G.
30. Si può generalizzare la formula di Eulero (Teorema 2.32) a grafi disconnessi?
31. Mostrare che esistono esattamente cinque grafi Platonici (che corrispondono ai solidi Platonici; cf. Esercizio 11 di Capitolo 4), cioè grafi regolari 3-connessi le cui facce sono tutte limitate dallo stesso numero di archi.
   Suggerimento: si usi la formula di Eulero (Teorema 2.32).
32. Dedurre dalla dimostrazione del Teorema di Kuratowski (Teorema 2.39) che:
   (a) Ogni grafo semplice 3-connesso ha un'immersione planare dove ogni arco è un segmento di retta e ogni faccia, eccetto la faccia esterna, è convessa.
   (b) Esiste un algoritmo tempo-polinomiale per controllare se un dato grafo è planare.
* 33. Dato un grafo G e un arco $e = \{v, w\} \in E(G)$, si dice che H risulta da G suddividendo e se $V(H) = V(G) \dot{\cup} \{x\}$ e $E(H) = (E(G) \setminus \{e\}) \cup \{\{v, x\}, \{x, w\}\}$. Un grafo che risulti da G suddividendo in successione gli archi si dice una **suddivisione** di G.

(a) Banalmente, se H contiene una suddivisione di G allora G è un minore di H. Mostrare che il contrario non è vero.
(b) Dimostrare che un grafo contenente un minore $K_{3,3}$ o K_5 contiene anche una suddivisione di $K_{3,3}$ o K_5.
Suggerimento: si consideri cosa succede quando si contrae un arco.
(c) Concludere che un grafo è planare se e solo se nessun sottografo è una suddivisione di $K_{3,3}$ o K_5.
(Kuratowski [1930])

34. Dimostrare che ognuna delle affermazioni seguenti implica l'altra:
(a) Per ogni sequenza infinita di grafi $G_1, G_2, \ldots$ esistono due indici $i < j$ tali che G_i è un minore di G_j.
(b) Sia $\mathcal{G}$ una classe di grafi tale che per ogni $G \in \mathcal{G}$ e ogni minore H di G abbiamo $H \in \mathcal{G}$ (cioè l'appartenenza a $\mathcal{G}$ è una proprietà ereditaria dei grafi). Allora esiste un insieme finito $\mathcal{X}$ di grafi tale che $\mathcal{G}$ consiste in tutti i grafi che non contengono nessun elemento di $\mathcal{X}$ come minore.
Osservazione: le affermazioni sono state dimostrate da Robertson e Seymour [2004]; sono il risultato principale della loro serie di articoli sui minori di grafi. Il Teorema 2.39 e l'Esercizio 27 danno degli esempi di caratterizzazioni di minori non consentiti, come in (b).

35. Sia G un grafo planare con un'immersione Φ, e sia C un circuito di G che limita una certa faccia di Φ. Dimostrare che allora esiste un'immersione Φ' di G tale che C limita la faccia esterna.

36. (a) Sia G un grafo non orientato con un'immersione planare arbitrario, e sia G^* il duale planare con un'immersione standard. Dimostrare che $(G^*)^*$ deriva da G applicando in successione l'operazione seguente, sino a quando il grafo è connesso: scegliere due vertici x e y che appartengono a diverse componenti connesse e che sono adiacenti alla stessa faccia; contrarre $\{x, y\}$.
(b) Generalizzare il Corollario 2.45 a grafi planari arbitrari.
Suggerimento: si usi (a) e il Teorema 2.26.

37. Sia G un digrafo connesso con un'immersione planare fissato, e sia G^* il duale planare con un'immersione standard. Come sono legati G e $(G^*)^*$?

38. Dimostrare che se un digrafo planare è digrafo aciclico (digrafo fortemente connesso), allora il suo duale planare è fortemente connesso (aciclico). Vale anche il contrario?

39. (a) Mostrare che se G ha un duale astratto e H è un minore di G allora anche H ha un duale astratto.
$*$ (b) Mostrare che né K_5 né $K_{3,3}$ hanno un duale astratto.
(c) Concludere che un grafo è planare se e solo se ha un duale astratto.
(Whitney [1933])

Riferimenti bibliografici

Letteratura generale:

Berge, C. [1985]: Graphs. Second Edition. Elsevier, Amsterdam

Bollobás, B. [1998]: Modern Graph Theory. Springer, New York

Bondy, J.A. [1995]: Basic graph theory: paths and circuits. In: Handbook of Combinatorics; Vol. 1 (R.L. Graham, M. Grötschel, L. Lovász, eds.), Elsevier, Amsterdam

Bondy, J.A., Murty, U.S.R. [2008]: Graph Theory. Springer, New York

Diestel, R. [2005]: Graph Theory. Third Edition. Springer, New York

Wilson, R.J. [1996]: Introduction to Graph Theory. Fourth Edition. Addison-Wesley, Reading

Riferimenti citati:

Aoshima, K., Iri, M. [1977]: Comments on F. Hadlock's paper: finding a maximum cut of a Planar graph in polynomial time. SIAM Journal on Computing 6, 86–87

Camion, P. [1959]: Chemins et circuits hamiltoniens des graphes complets. Comptes Rendus Hebdomadaires des Séances de l'Académie des Sciences (Paris) 249, 2151–2152

Camion, P. [1968]: Modulaires unimodulaires. Journal of Combinatorial Theory A 4, 301–362

Dirac, G.A. [1952]: Some theorems on abstract graphs. Proceedings of the London Mathematical Society 2, 69–81

Edmonds, J., Giles, R. [1977]: A min-max relation for submodular functions on graphs. In: Studies in Integer Programming; Annals of Discrete Mathematics 1 (P.L. Hammer, E.L. Johnson, B.H. Korte, G.L. Nemhauser, eds.), North-Holland, Amsterdam, pp. 185–204

Eulero, L. [1736]: Solutio Problematis ad Geometriam Situs Pertinentis. Commentarii Academiae Petropolitanae 8, 128–140

Eulero, L. [1758]: Demonstratio nonnullarum insignium proprietatum quibus solida hedris planis inclusa sunt praedita. Novi Commentarii Academiae Petropolitanae 4, 140–160

Hierholzer, C. [1873]: Über die Möglichkeit, einen Linienzug ohne Wiederholung und ohne Unterbrechung zu umfahren. Mathematische Annalen 6, 30–32

Hopcroft, J.E., Tarjan, R.E. [1974]: Efficient planarity testing. Journal of the ACM 21, 549–568

Kahn, A.B. [1962]: Topological sorting of large networks. Communications of the ACM 5, 558–562

Knuth, D.E. [1968]: The Art of Computer Programming; Vol. 1. Fundamental Algorithms. Addison-Wesley, Reading (third edition: 1997)

König, D. [1916]: Über Graphen und Ihre Anwendung auf Determinantentheorie und Mengenlehre. Mathematische Annalen 77, 453–465

König, D. [1936]: Theorie der endlichen und unendlichen Graphen. Teubner, Leipzig 1936; reprint: Chelsea Publishing Co., New York

Kuratowski, K. [1930]: Sur le problème des courbes gauches en topologie. Fundamenta Mathematicae 15, 271–283

Legendre, A.M. [1794]: Éléments de Géométrie. Firmin Didot, Paris

Minty, G.J. [1960]: Monotone networks. Proceedings of the Royal Society of London A 257, 194–212

Moore, E.F. [1959]: The shortest path through a maze. Proceedings of the International Symposium on the Theory of Switching; Part II. Harvard University Press, pp. 285–292

Rédei, L. [1934]: Ein kombinatorischer Satz. Acta Litt. Szeged 7, 39–43

Robbins, H.E. [1939]: A theorem on graphs with an application to a problem of traffic control. American Mathematical Monthly 46, 281–283

Robertson, N., Seymour, P.D. [1986]: Graph minors II: algorithmic aspects of tree-width. Journal of Algorithms 7, 309–322

Robertson, N., Seymour, P.D. [2004]: Graph minors XX: Wagner's conjecture. Journal of Combinatorial Theory B 92, 325–357

Tarjan, R.E. [1972]: Depth first search and linear graph algorithms. SIAM Journal on Computing 1, 146–160

Thomassen, C. [1980]: Planarity and duality of finite and infinite graphs. Journal of Combinatorial Theory B 29, 244–271

Thomassen, C. [1981]: Kuratowski's theorem. Journal of Graph Theory 5, 225–241

Tutte, W.T. [1961]: A theory of 3-connected graphs. Konink. Nederl. Akad. Wetensch. Proc. A 64, 441–455

Wagner, K. [1937]: Über eine Eigenschaft der ebenen Komplexe. Mathematische Annalen 114, 570–590

Whitney, H. [1932]: Non-separable and planar graphs. Transactions of the American Mathematical Society 34, 339–362

Whitney, H. [1933]: Planar graphs. Fundamenta Mathematicae 21, 73–84

3

Programmazione lineare

In questo capitolo presentiamo le nozioni più importanti della Programmazione Lineare. Anche se questo capitolo è indipendente, non può certo essere considerato un trattamento esaustivo sull'argomento. Il lettore con poche nozioni di Programmazione Lineare può consultare i testi indicati alla fine di questo capitolo.

Il problema generale si definisce come segue:

PROGRAMMAZIONE LINEARE	
Istanza:	Una matrice $A \in \mathbb{R}^{m \times n}$ e i vettori colonna $b \in \mathbb{R}^m$, $c \in \mathbb{R}^n$.
Obiettivo:	Trovare un vettore colonna $x \in \mathbb{R}^n$ tale che $Ax \leq b$ e $c^\top x$ sia massimo, o decidere che $\{x \in \mathbb{R}^n : Ax \leq b\}$ è vuoto, oppure decidere che per ogni $\alpha \in \mathbb{R}$ esiste un $x \in \mathbb{R}^n$ con $Ax \leq b$ e $c^\top x > \alpha$.

Dove $c^\top x$ indica il prodotto scalare tra vettori. La disuguaglianza $x \leq y$ per due vettori x e y (con la stessa dimensione) indica che la disuguaglianza vale in ogni componente. Se le dimensioni non sono specificate, si assume che le matrici e i vettori abbiano sempre dimensioni compatibili. Spesso non indicheremo la trasposizione dei vettori colonna e scriveremo per esempio cx per il prodotto scalare. Con 0 denotiamo sia il numero zero, che il vettore e la matrice di tutti zeri (il ordine sarà sempre chiaro dal contesto).

Un **Programma Lineare (PL)** è un'istanza del problema precedente. Spesso scriviamo un programma lineare come $\max\{cx : Ax \leq b\}$. Una **soluzione ammissibile** di un PL $\max\{cx : Ax \leq b\}$ è un vettore x con $Ax \leq b$. Una soluzione ammissibile che ottiene il massimo è detta una **soluzione ottima**.

Come indica la formulazione del problema, esistono due possibilità quando un PL non ammette soluzione: il problema può essere **non ammissibile** (ovvero $P := \{x \in \mathbb{R}^n : Ax \leq b\} = \emptyset$) o **illimitato** (ovvero per ogni $\alpha \in \mathbb{R}$ esiste un $x \in P$ con $cx > \alpha$). Se un PL non è né non ammissibile né illimitato, ha una soluzione ottima:

Proposizione 3.1. *Sia $P = \{x \in \mathbb{R}^n : Ax \leq b\} \neq \emptyset$ e $c \in \mathbb{R}^n$ con $\delta := \sup\{c^\top x : x \in P\} < \infty$. Allora esiste un vettore $z \in P$ con $c^\top z = \delta$.*

Dimostrazione. Sia U una matrice le cui colonne sono una base ortonormale del nucleo [kernel] di A, ossia $U^\top U = I$, $AU = 0$, e $\text{rank}(A') = n$, dove $A' := \begin{pmatrix} A \\ U^\top \end{pmatrix}$. Sia $b' := \begin{pmatrix} b \\ 0 \end{pmatrix}$.

Korte B., Vygen J.: Ottimizzazione Combinatoria. Teoria e Algoritmi.

Mostriamo che per ogni $y \in P$ esiste un sottosistema $A''x \leq b''$ di $A'x \leq b'$ tale che A'' è non-singolare, $y' := (A'')^{-1}b'' \in P$, e $c^\top y' \geq c^\top y$. Siccome esiste solo un numero finito di tali insiemi, uno di questi y' ottiene il massimo ($c^\top y' = \delta$), e ne segue l'affermazione.

Sia quindi $y \in P$, e si indichi con $k(y)$ il rango di A'' per il sottosistema massimale $A''x \leq b''$ di $A'x \leq b'$ con $A''y = b''$. Si supponga che $k(y) < n$. Mostriamo come trovare un $y' \in P$ con $c^\top y' \geq c^\top y$ e $k(y') > k(y)$. Dopo al massimo n passi abbiamo, come richiesto, un vettore y' con $k(y') = n$.

Se $U^\top y \neq 0$, poniamo $y' := y - UU^\top y$. Poiché $y + \lambda UU^\top c \in P$ per ogni $\lambda \in \mathbb{R}$, abbiamo $\sup\{c^\top(y + \lambda UU^\top c) : \lambda \in \mathbb{R}\} \leq \delta < \infty$ e quindi $c^\top U = 0$ e $c^\top y' = c^\top y$. Inoltre, $Ay' = Ay - AUU^\top y = Ay$ e $U^\top y' = U^\top y - U^\top UU^\top y = 0$.

Ora supponiamo che $U^\top y = 0$. Sia $v \neq 0$ con $A''v = 0$. Si indichi con $a_i x \leq \beta_i$ la i-ma riga di $Ax \leq b$. Sia $\mu := \min\left\{\frac{\beta_i - a_i y}{a_i v} : a_i v > 0\right\}$ e $\kappa := \max\left\{\frac{\beta_i - a_i y}{a_i v} : a_i v < 0\right\}$, con la convenzione che $\min\emptyset = \infty$ e $\max\emptyset = -\infty$. Abbiamo $\kappa \leq 0 \leq \mu$, e almeno uno tra κ e μ è finito.

Per $\lambda \in \mathbb{R}$ con $\kappa \leq \lambda \leq \mu$ abbiamo $A''(y + \lambda v) = A''y + \lambda A''v = A''y = b''$ e $A(y + \lambda v) = Ay + \lambda Av \leq b$, ovvero $y + \lambda v \in P$. Quindi, siccome $\sup\{c^\top x : x \in P\} < \infty$, abbiamo $\mu < \infty$ se $c^\top v > 0$ e $\kappa > -\infty$ se $c^\top v < 0$.

Inoltre, se $c^\top v \geq 0$ e $\mu < \infty$, abbiamo $a_i(y + \mu v) = \beta_i$ per qualche i. In modo analogo, se $c^\top v \leq 0$ e $\kappa > -\infty$, abbiamo $a_i(y + \kappa v) = \beta_i$ per qualche i.

Quindi in ogni caso abbiamo trovato un vettore $y' \in P$ con $c^\top y' \geq c^\top y$ e $k(y') \geq k(y) + 1$. □

Questo giustifica la notazione $\max\{c^\top x : Ax \leq b\}$ invece di $\sup\{c^\top x : Ax \leq b\}$.

Molti problemi di ottimizzazione combinatoria possono essere formulati come programmi lineari. Per poterlo fare, si devono rappresentare le soluzioni ammissibili come vettori in $\mathbb{R}^n$, per un certo n. Nella Sezione 3.5 mostreremo come si può ottimizzare una funzione obiettivo lineare su un insieme finito S di vettori, risolvendo un programma lineare. Anche se l'insieme di ammissibilità di questo PL non solo contiene i vettori in S, ma anche tutte le loro combinazioni convesse, si può mostrare che tra tutte le soluzioni ottime esiste sempre un elemento di S.

Nella Sezione 3.1 definiamo la terminologia e alcune proprietà sui poliedri, ossia gli insiemi $P = \{x \in \mathbb{R}^n : Ax \leq b\}$ di soluzioni ammissibili di programmi lineari. Nelle Sezioni 3.2 e 3.3 presenteremo l'ALGORITMO DEL SIMPLESSO, che viene anche usato per derivare il Teorema di Dualità e i risultati a lui connessi (Sezione 3.4). La dualità della programmazione lineare è uno concetti dei più importanti che appare esplicitamente o implicitamente in quasi ogni campo della ottimizzazione combinatoria; faremo spesso riferimento ai risultati delle Sezioni 3.4 e 3.5.

3.1 Poliedri

La Programmazione Lineare si occupa di massimizzare o minimizzare una funzione obiettivo lineare con un numero finito di variabili e a un numero finito di disuguaglianze lineari. Dunque l'insieme di soluzioni ammissibili è l'intersezione di un numero finito di semispazi. Tale insieme è chiamato un poliedro.

Definizione 3.2. *Un* **poliedro** *in* $\mathbb{R}^n$ *è un insieme del tipo* $P = \{x \in \mathbb{R}^n : Ax \leq b\}$ *in cui* $A \in \mathbb{R}^{m \times n}$ *e* $b \in \mathbb{R}^m$. *Se A e b sono razionali, allora P è un poliedro* **razionale**. *Un poliedro limitato è anche chiamato un* **politopo**.

Indichiamo con rank(A) *il rango di una matrice A. La* **dimensione** $\dim X$ *di un insieme non vuoto* $X \subseteq \mathbb{R}^n$ *è definita come*

$$n - \max\{\text{rank}(A) : A \text{ è una matrice } n \times n \text{ con } Ax = Ay \text{ per ogni } x, y \in X\}.$$

Un poliedro $P \subseteq \mathbb{R}^n$ *è detto un* **poliedro a dimensione piena** *se* $\dim P = n$.

In maniera equivalente, un poliedro è a dimensione piena se e solo se esiste un punto al suo interno. Per la maggior parte di questo capitolo non fa alcuna differenza se siamo nello spazio dei numeri razionali o dei numeri reali. Abbiamo però bisogno della seguente terminologia standard.

Definizione 3.3. *Sia* $P := \{x : Ax \leq b\}$ *un poliedro non vuoto. Se c è un vettore non nullo per cui* $\delta := \max\{cx : x \in P\}$ *è finito, allora* $\{x : cx = \delta\}$ *è chiamato un* **iperpiano di supporto** *di P. Una* **faccia** *di P è P stesso o l'intersezione di P con un iperpiano di supporto di P. Un punto x per il quale* $\{x\}$ *è una faccia è detto un* **vertice** *di P, e anche una* **soluzione di base** *del sistema* $Ax \leq b$.

Proposizione 3.4. *Sia* $P = \{x : Ax \leq b\}$ *un poliedro e* $F \subseteq P$. *Allora le affermazioni seguenti solo equivalenti:*

(a) *F è una faccia di P.*
(b) *Esiste un vettore c tale che* $\delta := \max\{cx : x \in P\}$ *è finito e* $F = \{x \in P : cx = \delta\}$.
(c) $F = \{x \in P : A'x = b'\} \neq \emptyset$ *per qualche sottosistema* $A'x \leq b'$ *di* $Ax \leq b$.

Dimostrazione. (a) e (b) sono ovviamente equivalenti.

(c)⇒(b): se $F = \{x \in P : A'x = b'\}$ è non vuoto, sia c la somma delle righe di A', e sia δ la somma delle componenti di b'. Allora ovviamente $cx \leq \delta$ per ogni $x \in P$ e $F = \{x \in P : cx = \delta\}$.

(b)⇒(c): si assuma che c sia un vettore, $\delta := \max\{cx : x \in P\}$ sia finito ed $F = \{x \in P : cx = \delta\}$. Sia $A'x \leq b'$ il sottosistema massimale di $Ax \leq b$ tale che $A'x = b'$ per ogni $x \in F$. Sia $A''x \leq b''$ il resto del sistema $Ax \leq b$.

Osserviamo che per ogni disuguaglianza $a_i''x \leq \beta_i''$ di $A''x \leq b''$ $(i = 1, \dots, k)$ esiste un punto $x_i \in F$ tale che $a_i''x_i < \beta_i''$. Sia $x^* := \frac{1}{k}\sum_{i=1}^{k} x_i$ il centro di gravità di questi punti (se $k = 0$, possiamo scegliere un $x^* \in F$ arbitrario); abbiamo $x^* \in F$ e $a_i''x^* < \beta_i''$ per ogni i.

Dobbiamo dimostrare che $A'y = b'$ non può valere per qualsiasi $y \in P \setminus F$. Quindi sia $y \in P \setminus F$. Abbiamo che $cy < \delta$. Ora si consideri $z := x^* + \epsilon(x^* - y)$ per un $\epsilon > 0$ e piccolo; in particolare sia ϵ più piccolo di $\frac{\beta_i''-a_i''x^*}{a_i''(x^*-y)}$ per ogni $i \in \{1, \dots, k\}$ con $a_i''x^* > a_i''y$.

Abbiamo che $cz > \delta$ e quindi $z \notin P$. Cosicché c'è una disuguaglianza $ax \leq \beta$ di $Ax \leq b$ tale che $az > \beta$. Quindi $ax^* > ay$. La disuguaglianza $ax \leq \beta$ non può appartenere a $A''x \leq b''$, poiché altrimenti avremmo $az = ax^* + \epsilon a(x^* - y) < ax^* + \frac{\beta - ax^*}{a(x^*-y)} a(x^* - y) = \beta$ (per la scelta di ϵ). Quindi la disuguaglianza $ax \leq \beta$ appartiene a $A'x \leq b'$. Poiché $ay = a(x^* + \frac{1}{\epsilon}(x^* - z)) < \beta$, la dimostrazione è completa. □

Come corollario semplice, ma molto importante, si ha:

Corollario 3.5. *Se* $\max\{cx : x \in P\}$ *è limitato per un poliedro non vuoto* P *e un vettore* c*, allora l'insieme di punti in cui si ottiene l'ottimo è una faccia di* P. □

La relazione "è una faccia di" è transitiva:

Corollario 3.6. *Sia* P *un poliedro e* F *una faccia di* P*. Allora* F *è ancora un poliedro. Inoltre, un insieme* $F' \subseteq F$ *è una faccia di* P *se e solo se è una faccia di* F. □

Le facce massimali diverse da P sono particolarmente importanti:

Definizione 3.7. *Sia* P *un poliedro. Una* **faccetta** *[facet] di* P *è una faccia massimale diversa da* P*. Una disuguaglianza* $cx \leq \delta$ *è* **facet-defining** *[che definisce una faccetta] per* P *se* $cx \leq \delta$ *per ogni* $x \in P$ *e* $\{x \in P : cx = \delta\}$ *è una faccetta di* P.

Proposizione 3.8. *Sia* $P \subseteq \{x \in \mathbb{R}^n : Ax = b\}$ *un poliedro non vuoto di dimensione* $n - \operatorname{rank}(A)$*. Sia* $A'x \leq b'$ *un sistema minimale di disuguaglianze tali che* $P = \{x : Ax = b, A'x \leq b'\}$*. Allora ogni disuguaglianza di* $A'x \leq b'$ *è facet defining per* P*, e ogni faccetta di* P *è definita da una disuguaglianza di* $A'x \leq b'$.

Dimostrazione. Se $P = \{x \in \mathbb{R}^n : Ax = b\}$, allora non esistono faccette e l'affermazione è banale. Dunque sia $A'x \leq b'$ un sistema minimale di disuguaglianze con $P = \{x : Ax = b, A'x \leq b'\}$, sia $a'x \leq \beta'$ una delle sue disuguaglianze e sia $A''x \leq b''$ il resto del sistema $A'x \leq b'$. Sia y un vettore con $Ay = b$, $A''y \leq b''$ e $a'y > \beta'$ (tale vettore y esiste poiché la disuguaglianza $a'x \leq \beta'$ non è ridondante). Sia $x \in P$ tale che $a'x < \beta'$ (tale vettore esiste perché $\dim P = n - \operatorname{rank}(A)$).

Si consideri $z := x + \frac{\beta' - a'x}{a'y - a'x}(y - x)$. Abbiamo $a'z = \beta'$ e, poiché $0 < \frac{\beta' - a'x}{a'y - a'x} < 1$, $z \in P$. Quindi $F := \{x \in P : a'x = \beta'\} \neq 0$ e $F \neq P$ (poiché $x \in P \setminus F$). Quindi F è una faccetta di P.

Per la Proposizione 3.4 ogni faccetta è definita da una disuguaglianza di $A'x \leq b'$. □

L'altra importante classe di facce (oltre le faccette) sono le facce minimali (cioè facce che non contengono nessun'altra faccia). In questo caso abbiamo:

Proposizione 3.9. (Hoffman e Kruskal [1956]) *Sia* $P = \{x : Ax \leq b\}$ *un poliedro. Un sottoinsieme non vuoto* $F \subseteq P$ *è una faccia minimale di* P *se e solo se* $F = \{x : A'x = b'\}$ *per un sottosistema* $A'x \leq b'$ *di* $Ax \leq b$.

Dimostrazione. Se F è una faccia minimale di P, per la Proposizione 3.4 esiste un sottosistema $A'x \leq b'$ di $Ax \leq b$ tale che $F = \{x \in P : A'x = b'\}$. Scegliamo $A'x \leq b'$ massimale. Sia $A''x \leq b''$ un sottosistema minimale di $Ax \leq b$ tale che $F = \{x : A'x = b', A''x \leq b''\}$. Affermiamo che $A''x \leq b''$ non contiene nessuna disuguaglianza.

Si supponga, al contrario, che $a''x \leq \beta''$ sia una disuguaglianza di $A''x \leq b''$. Poiché non è ridondante per la descrizione di F, la Proposizione 3.8 implica che $F' := \{x : A'x = b', A''x \leq b'', a''x = \beta''\}$ è una faccetta di F. Per il Corollario 3.6 F' è anche una faccia di P, contraddicendo l'assunzione che F è una faccia minimale di P.

Sia ora $\emptyset \neq F = \{x : A'x = b'\} \subseteq P$ per un sottosistema $A'x \leq b'$ di $Ax \leq b$. Ovviamente F non ha facce al di fuori di se stessa. Per la Proposizione 3.4, F è una faccia di P. Segue dal Corollario 3.6 che F è una faccia minimale di P. □

Il Corollario 3.5 e la Proposizione 3.9 implicano che la PROGRAMMAZIONE LINEARE può essere risolta in tempo finito risolvendo il sistema di equazioni lineari $A'x = b'$ per ogni sottosistema $A'x \leq b'$ di $Ax \leq b$. Un modo più intelligente consiste nell'usare l'ALGORITMO DEL SIMPLESSO che è descritto nella sezione seguente.

Un'altra conseguenza della Proposizione 3.9 è:

Corollario 3.10. *Sia $P = \{x \in \mathbb{R}^n : Ax \leq b\}$ un poliedro. Allora tutte le facce minimali di P hanno dimensione $n - \operatorname{rank}(A)$. Le facce minimali dei politopi sono i loro vertici.* □

Questo è il motivo per cui i poliedri $\{x \in \mathbb{R}^n : Ax \leq b\}$ con $\operatorname{rank}(A) = n$ sono chiamati **puntati**: le loro facce minimali sono punti.

Concludiamo questa sezione con alcune osservazioni sui coni poliedrali.

Definizione 3.11. *Un* **cono** *(convesso) è un insieme $C \subseteq \mathbb{R}^n$ per il quale $x, y \in C$ e $\lambda, \mu \geq 0$ implica che $\lambda x + \mu y \in C$. Un* **cono** *C è detto essere* **generato** *da $x_1, \ldots, x_k$ se $x_1, \ldots, x_k \in C$ e per qualsiasi $x \in C$ esistono dei numeri $\lambda_1, \ldots, \lambda_k \geq 0$ con $x = \sum_{i=1}^{k} \lambda_i x_i$. Un cono è detto* **cono finitamente generato** *se un qualche insieme finito di vettori lo genera. Un* **cono poliedrale** *è un poliedro del tipo $\{x : Ax \leq 0\}$.*

È chiaro immediatamente che i coni poliedrali sono dei coni. Mostreremo ora che i coni poliedrali sono finitamente generati. I denota sempre una matrice identità.

Lemma 3.12. (Minkowski [1896]) *Sia $C = \{x \in \mathbb{R}^n : Ax \leq 0\}$ un cono poliedrale. Allora C è generato da un sottoinsieme dell'insieme delle soluzioni al sistema $My = b'$, dove M consiste in n righe linearmente indipendenti di $\binom{A}{I}$ e $b' = \pm e_j$ per qualche vettore unitario e_j.*

Dimostrazione. Sia A una matrice $m \times n$. Si considerino i sistemi $My = b'$ dove M consiste in n righe linearmente indipendenti di $\binom{A}{I}$ e $b' = \pm e_j$ per qualche vettore unitario e_j. Siano $y_1, \ldots, y_t$ quelle soluzioni di questi sistemi di uguaglianza che appartengono a C. Affermiamo che C è generato da $y_1, \ldots, y_t$.

Si supponga prima che $C = \{x : Ax = 0\}$, cioè che C sia un sottospazio lineare. Si scriva $C = \{x : A'x = 0\}$ dove A' consiste in un insieme massimale di righe linearmente indipendenti di A. Sia I' costituita da qualche riga di I tale che $\binom{A'}{I'}$ sia una matrice quadrata non-singolare. Allora C è generato dalle soluzioni di

$$\begin{pmatrix} A' \\ I' \end{pmatrix} x = \begin{pmatrix} 0 \\ b \end{pmatrix}, \qquad \text{per } b = \pm e_j,\ j = 1, \ldots, \dim C.$$

Per il caso generale procediamo per induzione sulla dimensione di C. Se C non è un sottospazio lineare, si scelga una riga a di A e una sottomatrice A' di A tale che le righe di $\binom{A'}{a}$ siano linearmente indipendenti e $\{x : A'x = 0,\ ax \leq 0\} \subseteq C$. Per costruzione esiste un indice $s \in \{1, \ldots, t\}$ tale che $A'y_s = 0$ e $ay_s = -1$.

Ora sia dato un qualunque $z \in C$. Siano $a_1, \ldots, a_m$ le righe di A e $\mu := \min\left\{\frac{a_i z}{a_i y_s} : i = 1, \ldots, m,\ a_i y_s < 0\right\}$. Abbiamo che $\mu \geq 0$. Sia k un indice in cui si ottiene il minimo. Si consideri $z' := z - \mu y_s$. Per la definizione di μ abbiamo $a_j z' = a_j z - \frac{a_k z}{a_k y_s} a_j y_s$ per $j = 1, \ldots, m$, e quindi $z' \in C' := \{x \in C : a_k x = 0\}$. C' è un cono la cui dimensione è uno in meno di C (perché $a_k y_s < 0$ e $y_s \in C$). Per induzione, C' è generato da un sottoinsieme di $y_1, \ldots, y_t$, cosicché $z' = \sum_{i=1}^t \lambda_i y_i$ per qualche $\lambda_1, \ldots, \lambda_t \geq 0$. Ponendo $\lambda'_s := \lambda_s + \mu$ (si osservi che $\mu \geq 0$) e $\lambda'_i := \lambda_i$ $(i \neq s)$, otteniamo $z = z' + \mu y_s = \sum_{i=1}^t \lambda'_i y_i$. □

Quindi qualsiasi cono poliedrale è finitamente generato. Mostreremo il contrario alla fine della Sezione 3.4.

3.2 Algoritmo del simplesso

Il più vecchio e famoso algoritmo per la PROGRAMMAZIONE LINEARE è il metodo del simplesso di Dantzig [1951]. Assumiamo prima che il poliedro abbia almeno un vertice, e che sia dato in input un vertice. Dopo mostreremo come si possono risolvere con questo metodo programmi lineari di qualsiasi tipo.

Per un insieme J di indici di riga scriviamo A_J per indicare la sottomatrice di A che consiste solo delle righe in J, e b_J per indicare il sottovettore di b che consiste delle componenti con indice in J. Abbreviamo $a_i := A_{\{i\}}$ e $\beta_i := b_{\{i\}}$.

ALGORITMO DEL SIMPLESSO

Input: Una matrice $A \in \mathbb{R}^{m \times n}$ e i vettori colonna $b \in \mathbb{R}^m$, $c \in \mathbb{R}^n$.
Un vertice x di $P := \{x \in \mathbb{R}^n : Ax \leq b\}$.

Output: Un vertice x di P che ottiene $\max\{cx : x \in P\}$ o un vettore $w \in \mathbb{R}^n$ con $Aw \leq 0$ e $cw > 0$ (cioè il PL è illimitato).

① Scegli un insieme di n indici di riga J tali che A_J è non-singolare e $A_J x = b_J$.

② Calcola $c\,(A_J)^{-1}$ e aggiungi gli zeri necessari per ottenere un vettore y con $c = yA$ tale che tutti gli elementi di y al di fuori di J sono nulli.
If $y \geq 0$ **then stop**. **Return** x e y.

③ Scegli il minimo indice i con $y_i < 0$.
Sia w la colonna di $-(A_J)^{-1}$ con indice i, tale che $A_{J\setminus\{i\}}w = 0$ e $a_i w = -1$.
If $Aw \leq 0$ **then stop.**
Return w.

④ Sia $\lambda := \min\left\{\dfrac{\beta_j - a_j x}{a_j w} : j \in \{1, \ldots, m\},\ a_j w > 0\right\}$,
e sia j il più piccolo indice di riga che ottiene questo minimo.

⑤ Poni $J := (J \setminus \{i\}) \cup \{j\}$ e $x := x + \lambda w$.
Go to ②.

Il passo ① si basa sulla Proposizione 3.9 e può essere implementato con l'ELIMINAZIONE DI GAUSS (Sezione 4.3). Le regole di selezione per i e j ai passi ③ e ④ (spesso chiamata "regola di pivot") sono dovute a Bland [1977]. Se si sceglie un indice i arbitrario con $y_i < 0$ e un indice j arbitrario che ottiene il minimo al passo ④ l'algoritmo potrebbe entrare in un ciclo (continuare a ripetere la stessa sequenza di passi) per alcune istanze. La regola di pivot di Bland non è la sola che evita i cicli; un'altra regola (la cosiddétta regola lessicografica) è stata dimostrata essere priva di cicli già da Dantzig, Orden e Wolfe [1955]. Prima di dimostrare la correttezza dell'ALGORITMO DEL SIMPLESSO, faremo l'osservazione seguente (anche nota come "dualità debole"):

Proposizione 3.13. *Siano x e y due soluzioni ammissibili dei due programmi lineari:*

$$\max\{cx : Ax \leq b\} \quad e \tag{3.1}$$

$$\min\{yb : y^\top A = c^\top,\ y \geq 0\}. \tag{3.2}$$

Allora $cx \leq yb$.

Dimostrazione. $cx = (yA)x = y(Ax) \leq yb$. □

Teorema 3.14. (Dantzig [1951], Dantzig, Orden e Wolfe [1955], Bland [1977]) *L'*ALGORITMO DEL SIMPLESSO *termina dopo al massimo $\binom{m}{n}$ iterazioni. Se restituisce x e y al passo ②, questi vettori sono rispettivamente le soluzioni ottime dei programmi lineari (3.1) e (3.2), con $cx = yb$. Se l'algoritmo restituisce w al passo ③ allora $cw > 0$ e il PL (3.1) è illimitato.*

Dimostrazione. Prima dimostriamo che le seguenti condizioni sono verificate a ogni passo dell'algoritmo:

(a) $x \in P$.
(b) $A_J x = b_J$.
(c) A_J è non-singolare.
(d) $cw > 0$.
(e) $\lambda \geq 0$.

Inizialmente (a) e (b) sono entrambe verificate. ② e ③ garantiscono $cw = yAw = -y_i > 0$. Per il passo ④, $x \in P$ implica $\lambda \geq 0$. (c) segue dal fatto che $A_{J\setminus\{i\}}w = 0$ e $a_j w > 0$. Rimane da mostrare che ⑤ preserva (a) e (b).

Mostriamo che se $x \in P$, allora anche $x + \lambda w \in P$. Per un indice di riga k abbiamo due casi: se $a_k w \leq 0$ allora (usando $\lambda \geq 0$) $a_k(x + \lambda w) \leq a_k x \leq \beta_k$. Altrimenti $\lambda \leq \frac{\beta_k - a_k x}{a_k w}$ e quindi $a_k(x + \lambda w) \leq a_k x + a_k w \frac{\beta_k - a_k x}{a_k w} = \beta_k$. (Infatti, al passo ④ λ viene scelto come il numero più grande tale che $x + \lambda w \in P$.)

Per mostrare (b), si noti che dopo il passo ④ abbiamo $A_{J\setminus\{i\}}w = 0$ e $\lambda = \frac{\beta_j - a_j x}{a_j w}$, cosicché $A_{J\setminus\{i\}}(x+\lambda w) = A_{J\setminus\{i\}}x = b_{J\setminus\{i\}}$ e $a_j(x+\lambda w) = a_j x + a_j w \frac{\beta_j - a_j x}{a_j w} = \beta_j$. Quindi dopo ⑤, $A_J x = b_J$ è ancora verificata.

Quindi le condizioni (a)–(e) sono senz'altro verificate a qualsiasi passo. Se l'algoritmo restituisce x e y al passo ②, x e y sono soluzioni ammissibili rispettivamente di (3.1) e (3.2). x è un vertice di P per (a), (b) e (c). Inoltre, $cx = yAx = yb$ poiché le componenti di y sono nulle al di fuori di J. Questo dimostra l'ottimalità di x e y per la Proposizione 3.13.

Se l'algoritmo termina al passo ③, il PL (3.1) è senz'altro illimitato perché in questo caso $x + \mu w \in P$ per ogni $\mu \geq 0$, e per la condizione (d) $cw > 0$.

Mostriamo infine che l'algoritmo termina. Siano $J^{(k)}$ e $x^{(k)}$ rispettivamente l'insieme J e il vettore x all'iterazione k dell'ALGORITMO DEL SIMPLESSO. Se l'algoritmo non è terminato dopo $\binom{m}{n}$ iterazioni, esistono due iterazioni $k < l$ con $J^{(k)} = J^{(l)}$. Per (b) e (c), $x^{(k)} = x^{(l)}$. Per (d) ed (e), cx non decresce mai, ed è strettamente crescente se $\lambda > 0$. Quindi λ è uguale a zero in tutte le iterazioni $k, k+1, \ldots, l-1$, e $x^{(k)} = x^{(k+1)} = \cdots = x^{(l)}$.

Sia h l'indice più alto che lascia J in una delle iterazioni $k, \ldots, l-1$, diciamo all'iterazione p. Anche l'indice h deve essere stato aggiunto a J in qualche iterazione $q \in \{k, \ldots, l-1\}$. Ora sia y' il vettore y all'iterazione p, e sia w' il vettore w all'iterazione q. Abbiamo che $y'Aw' = cw' > 0$. Sia dunque r un indice per il quale $y'_r a_r w' > 0$. Poiché $y'_r \neq 0$, l'indice r appartiene a $J^{(p)}$. Se $r > h$, anche l'indice r apparterebbe a $J^{(q)}$ e $J^{(q+1)}$, implicando $a_r w' = 0$. Quindi $r \leq h$. Ma per la scelta di i all'iterazione p abbiamo $y'_r < 0$ se e solo se $r = h$, e per la scelta di j all'iterazione q abbiamo $a_r w' > 0$ se e solo se $r = h$ (si ricordi che $\lambda = 0$ e $a_r x^{(q)} = a_r x^{(p)} = \beta_r$ poiché $r \in J^{(p)}$). Questa è una contraddizione. □

Klee e Minty [1972], e Avis e Chvátal [1978] hanno trovato esempi in cui l'ALGORITMO DEL SIMPLESSO (con la regola di Bland) richiede 2^n iterazioni su programmi lineari con n variabili e $2n$ vincoli, dimostrando che non è un algoritmo tempo-polinomiale. Non si sa se esista una regola di pivot che porti ad un algoritmo tempo-polinomiale. Comunque, Borgwardt [1982] ha mostrato che il tempo di esecuzione medio (per istanze casuali in un certo modello probabilistico) può essere limitato da un polinomio. Spielman e Teng [2004] hanno introdotto la così detta analisi smussata: per ogni input considerano il tempo di esecuzione atteso rispetto a piccole perturbazione dell'input. Il massimo di questi tempi attesi è limitato da un polinomio. Kelner e Spielman [2006] proposero un algoritmo casualizzato per la PROGRAMMAZIONE LINEARE che è simile all'ALGORITMO DEL SIMPLESSO. In pratica, se implementato accuratamente, l'ALGORITMO DEL SIMPLESSO è molto veloce; si veda la Sezione 3.3.

Mostriamo ora come risolvere programmi lineari in forma generale con l'ALGORITMO DEL SIMPLESSO. Più precisamente, mostriamo come trovare un vertice iniziale. Poiché ci sono poliedri che non hanno vertici, riformuliamo prima un dato PL in una forma diversa.

Sia $\max\{cx : Ax \leq b\}$ un PL. Sostituiamo x con $y - z$ e lo scriviamo nella forma equivalente

$$\max\left\{\begin{pmatrix} c & -c \end{pmatrix}\begin{pmatrix} y \\ z \end{pmatrix} : \begin{pmatrix} A & -A \end{pmatrix}\begin{pmatrix} y \\ z \end{pmatrix} \leq b,\ y, z \geq 0\right\}.$$

Senza perdita di generalità, assumiamo che il nostro PL abbia la forma

$$\max\{cx : A'x \leq b',\ A''x \leq b'',\ x \geq 0\} \tag{3.3}$$

con $b' \geq 0$ e $b'' < 0$. Prima eseguiamo l'ALGORITMO DEL SIMPLESSO sull'istanza

$$\min\{(\mathbb{1}A'')x + \mathbb{1}y : A'x \leq b',\ A''x + y \geq b'',\ x, y \geq 0\}, \tag{3.4}$$

dove $\mathbb{1}$ indica un vettore i cui elementi sono tutti uguali a 1. Poiché $\binom{x}{y} = 0$ definisce un vertice, ciò risulta possibile. Ovviamente il PL non è illimitato perché il minimo deve essere almeno $\mathbb{1}b''$. Per qualsiasi soluzione ammissibile x di (3.3), $\binom{x}{b''-A''x}$ è una soluzione ottima di (3.4) di valore $\mathbb{1}b''$. Quindi se il minimo di (3.4) è più grande di $\mathbb{1}b''$, allora (3.3) non è ammissibile.

Nel caso contrario, sia $\binom{x}{y}$ un vertice ottimo di (3.4) di valore $\mathbb{1}b''$. Affermiamo che x è un vertice di un poliedro definito da (3.3). Per vederlo, si osservi prima che $A''x + y = b''$. Siano n e m rispettivamente le dimensioni di x e y; allora per la Proposizione 3.9 esiste un insieme S di $n + m$ disuguaglianze di (3.4) soddisfatte all'uguaglianza, tali che la sottomatrice che corrisponde a queste $n+m$ disuguaglianze è non-singolare.

Siano S' le disuguaglianze di $A'x \leq b'$ e di $x \geq 0$ che appartengono a S. Sia S'' costituito da quelle disuguaglianze di $A''x \leq b''$ per le quali le disuguaglianze corrispondenti di $A''x + y \geq b''$ e $y \geq 0$ appartengono entrambe a S. Ovviamente $|S' \cup S''| \geq |S| - m = n$, e le disuguaglianze di $S' \cup S''$ sono linearmente indipendenti e soddisfatte da x con l'uguaglianza. Quindi x soddisfa n disuguaglianze linearmente indipendenti di (3.3) con l'uguaglianza; quindi x è senz'altro un vertice. Quindi possiamo cominciare l'ALGORITMO DEL SIMPLESSO con (3.3) e x.

3.3 Implementazione dell'algoritmo del simplesso

La descrizione precedente dell'ALGORITMO DEL SIMPLESSO è semplice, ma non si presta ad un'implementazione efficiente. Come vedremo, non è necessario risolvere un sistema di equazioni lineari a ogni iterazione. Per motivare l'idea principale, cominciamo con una proposizione (che, in pratica, più avanti non sarà più necessaria): per programmi lineari della forma $\max\{cx : Ax = b, x \geq 0\}$, i vertici possono essere rappresentati non solo da sottoinsiemi di righe, ma anche da sottoinsiemi di colonne.

Per una matrice A e un insieme J di indici di colonne indichiamo con A^J la sottomatrice costituita solo dalle colonne in J. Di conseguenza, A_I^J indica la sottomatrice di A con righe in I e colonne in J. A volte l'ordine delle righe e delle colonne è importante: se $J = (j_1, \ldots, j_k)$ è un vettore di indici di riga (colonna), indichiamo con A_J (A^J) la matrice in cui la i-ma riga (colonna) è la j_i-ma riga (colonna) di A ($i = 1, \ldots, k$).

Proposizione 3.15. *Sia $P := \{x : Ax = b, x \geq 0\}$, dove A è una matrice e b è un vettore. Allora x è un vertice di P se e solo se $x \in P$ e le colonne di A che corrispondono a elementi positivi di x sono linearmente indipendenti.*

Dimostrazione. Sia A una matrice $m \times n$. Sia $X := \begin{pmatrix} -I & 0 \\ A & I \end{pmatrix}$ e $b' := \begin{pmatrix} 0 \\ b \end{pmatrix}$. Sia $N := \{1, \ldots, n\}$ e $M := \{n+1, \ldots, n+m\}$. Per un insieme di indici $J \subseteq N \cup M$ con $|J| = n$ sia $\bar{J} := (N \cup M) \setminus J$. Allora X_J^N è non-singolare se e solo se $X_{M \cap J}^{N \cap \bar{J}}$ è non-singolare, ovvero se e solo se $X_M^{\bar{J}}$ è non-singolare.

Se x è un vertice di P, allora, per la Proposizione 3.9, esiste un insieme $J \subseteq N \cup M$ tale che $|J| = n$, X_J^N è non-singolare, e $X_J^N x = b'_J$. Allora le componenti di x che corrispondono a $N \cap J$ sono nulle. Inoltre, $X_M^{\bar{J}}$ è non-singolare, e quindi le colonne di $A^{N \cap \bar{J}}$ sono linearmente indipendenti.

Al contrario, sia $x \in P$, e supponiamo che l'insieme di colonne di A che corrispondo ai vertici positivi di x siano linearmente indipendenti. Aggiungendo a queste colonne dei vettori colonna unitari appropriati otteniamo una sottomatrice non-singolare X_M^B con $x_i = 0$ per $i \in N \setminus B$. Allora $X_{\bar{B}}^N$ è non-singolare e $X_{\bar{B}}^N x = b'_{\bar{B}}$. Quindi, per la Proposizione 3.9, x è un vertice di P. □

Corollario 3.16. *Sia $\binom{x}{y} \in P := \left\{\binom{x}{y} : Ax + y = b,\ x \geq 0,\ y \geq 0\right\}$. Allora $\binom{x}{y}$ è un vertice di P se e solo se le colonne di $(A\ I)$ che corrispondono a componenti positive di $\binom{x}{y}$ sono linearmente indipendenti. Inoltre, x è un vertice di $\{x : Ax \leq b,\ x \geq 0\}$ se e solo se $\binom{x}{b-Ax}$ è un vertice di P.* □

Analizzeremo ora il comportamento dell'ALGORITMO DEL SIMPLESSO quando viene applicato ad un PL della forma $\max\{cx : Ax \leq b,\ x \geq 0\}$.

Teorema 3.17. *Sia $A \in \mathbb{R}^{m \times n}$, $b \in \mathbb{R}^m$, e $c \in \mathbb{R}^n$. Sia $A' := \begin{pmatrix} -I \\ A \end{pmatrix}$, $b' := \begin{pmatrix} 0 \\ b \end{pmatrix}$ e $\bar{c} := (c^\top, 0)$. Sia $B \in \{1, \ldots, n+m\}^m$ tale che $(A\ I)^B$ è non-singolare. Sia $J \subseteq \{1, \ldots, n+m\}$ l'insieme dei rimanenti n indici. Sia $Q_B := ((A\ I)^B)^{-1}$.*

Allora:

(a) *A'_J è non-singolare.*
(b) *$(b' - A'x)_J = 0$ e $(b' - A'x)_B = Q_B b$ e $c^\top x = \bar{c}^B Q_B b$, dove $x := (A'_J)^{-1} b'_J$.*
(c) *Sia y il vettore con $y_B = 0$ e $y^\top A' = c^\top$. Allora $y^\top = \bar{c}^B Q_B (A\ I) - \bar{c}$.*

(d) *Sia* $i \in J$. *Sia* w *il vettore con* $A'_i w = -1$ *e* $A'_{J\setminus\{i\}} w = 0$. *Allora* $A'_B w = Q_B (A\,I)^i$.

(e) *Si definisca*

$$T_B := \left(\begin{array}{c|c} Q_B(A\,I) & Q_B b \\ \bar{c}^B Q_B(A\,I) - \bar{c} & c^\top x \end{array} \right).$$

Dati B *e* T_B, *possiamo calcolare* B' *e* $T_{B'}$ *in tempo* $O(m(n+m))$, *dove* B' *viene da* B *sostituendo* j *con* i, *e* i *e* j *sono dati come in* ②–④ *dell'*ALGORITMO DEL SIMPLESSO *(applicato a* A', b', c, *e l'insieme di indici* J*).*

T_B è chiamato il **tableau del simplesso** rispetto alla **base** B.

Dimostrazione. (a): sia $N := \{1, \dots, n\}$. Siccome $(A\,I)^B$ è non-singolare, anche $(A')^{N\setminus J}_{J\setminus N}$ è non-singolare, e quindi A'_J è non-singolare.

(b): la prima affermazione segue direttamente da $A'_J x = b'_J$. Allora $b = Ax + I(b - Ax) = (A\,I)(b' - A'x) = (A\,I)^B (b' - A'x)_B$ e $c^\top x = \bar{c}(b' - A'x) = \bar{c}^B (b' - A'x)_B = \bar{c}^B Q_B b$.

(c): ciò segue da $(\bar{c}^B Q_B(A\,I) - \bar{c})^B = \bar{c}^B Q_B (A\,I)^B - \bar{c}^B = 0$ e $(\bar{c}^B Q_B(A\,I) - \bar{c})A' = \bar{c}^B Q_B (A\,I) A' - c^\top(-I) = c^\top$.

(d): ciò segue da $0 = (A\,I)A'w = (A\,I)^B (A'_B w) + (A\,I)^{J\setminus\{i\}} (A'_{J\setminus\{i\}} w) + (A\,I)^i (A'_i w) = (A\,I)^B (A'_B w) - (A\,I)^i$.

(e): per (c), y è dato come in ② dell'ALGORITMO DEL SIMPLESSO dall'ultima riga di T_B. Se $y \geq 0$, ci fermiamo (x e y sono ottimi). Altrimenti i è il primo indice con $y_i < 0$, trovato in tempo $O(n + m)$. Se la i-ma colonna di T_B non ha nessun elemento positivo, ci fermiamo (il PL è illimitato, e w è dato da (d)). Altrimenti, per (b) e (d), abbiamo che λ in ④ dell'ALGORITMO DEL SIMPLESSO è dato da

$$\lambda = \min \left\{ \frac{(Q_B b)_j}{(Q_B (A\,I)^i)_j} : j \in \{1, \dots, m\},\ (Q_B (A\,I)^i)_j > 0 \right\},$$

e tra tutti gli indici che ottengono questo minimo, j è quello per cui la j-ma componente di B è minima. Dunque possiamo calcolare j in tempo $O(m)$ considerando la i-ma e l'ultima colonna di T_B. Questo porta a B'.

Possiamo calcolare il tableau aggiornato $T_{B'}$ come segue: si divida la j-ma riga per l'elemento in riga j e colonna i. Poi si aggiunga un appropriato multiplo della j-ma riga a tutte le altre righe, tali che la i-ma colonna ha degli zeri solo al di fuori della riga j.

Si noti che queste operazioni non distruggono la proprietà che il tableau abbia la forma

$$\left(\begin{array}{c|c} Q(A\,I) & Qb \\ v(A\,I) - \bar{c} & vb \end{array} \right)$$

per qualche matrice non-singolare Q e qualche vettore v, e inoltre abbiamo $Q(A\,I)^{B'} = I$ e $(v(A\,I) - \bar{c})^{B'} = 0$. Poiché esiste una sola scelta per Q e v, ossia $Q = Q_{B'}$ e $v = \bar{c}^{B'} Q_{B'}$, il tableau aggiornato $T_{B'}$ è calcolato correttamente dalle operazioni precedenti in tempo $O(m(n + m))$. □

Per inizializzare l'ALGORITMO DEL SIMPLESSO consideriamo un PL della forma

$$\max\{cx : A'x \le b', A''x \le b'', x \ge 0\}$$

con $A' \in \mathbb{R}^{m' \times n}$, $A'' \in \mathbb{R}^{m'' \times n}$, $b' \ge 0$ e $b'' < 0$. Prima eseguiamo l'ALGORITMO DEL SIMPLESSO sull'istanza

$$\min\{(\mathbb{1}A'')x + \mathbb{1}y : A'x \le b', A''x + y \ge b'', x, y \ge 0\},$$

cominciando con il tableau

$$\left(\begin{array}{cccc|c} A' & 0 & I & 0 & b' \\ -A'' & -I & 0 & I & -b'' \\ \mathbb{1}A'' & \mathbb{1} & 0 & 0 & 0 \end{array}\right), \tag{3.5}$$

che corrisponde alla soluzione di base $x = 0$, $y = 0$. Poi eseguiamo le iterazioni dell'ALGORITMO DEL SIMPLESSO come nel Teorema 3.17(e).

Se l'algoritmo termina con il valore ottimo $\mathbb{1}b$, modifichiamo il tableau finale del simplesso come segue. Si moltiplica qualche riga per -1 in modo tale che nessuna colonna $n+m''+m'+1, \dots, n+m''+m'+m''$ (la quarta sezione in (3.5)) sia un vettore unitario, si rimuove la quarta sezione del tableau (cioè le colonne $n+m''+m'+1, \dots, n+m''+m'+m''$), e si sostituisce l'ultima riga con $(-c, 0, 0, 0)$. Poi si aggiungono multipli appropriati delle altre righe all'ultima riga per ottenere degli zeri ai posti $m'+m''$ che corrispondono alle colonne con vettori unitari diversi; questi formeranno la nostra base. Il risultato è un tableau del simplesso rispetto al PL originale e a questa base. Quindi possiamo continuare a eseguire le iterazioni dell'ALGORITMO DEL SIMPLESSO come nel Teorema 3.17(e).

In pratica, si potrebbe essere ancora più efficienti. Si supponga di voler risolvere un PL $\min\{cx : Ax \ge b, x \ge 0\}$ con un grande numero di disuguaglianze che sono date in maniera implicita in modo tale che si possa risolvere in modo efficiente il problema: dato un vettore $x \ge 0$, decidere se $Ax \ge b$ e altrimenti trovare una disuguaglianza violata. Applichiamo l'ALGORITMO DEL SIMPLESSO al PL duale $\max\{yb : yA \le c, y \ge 0\} = \max\{by : A^\top y \le c, y \ge 0\}$. Sia $\bar{b} := (b^\top, 0)$. Per una base B poniamo $Q_B := ((A^\top\ I)^B)^{-1}$ e memorizziamo solo la parte destra del tableau del simplesso

$$\left(\begin{array}{c|c} Q_B & Q_B c \\ \bar{b}^B Q_B & b^\top x \end{array}\right).$$

L'ultima riga dell'intero tableau del simplesso è $\bar{b}^B Q_B(A^\top\ I) - \bar{b}$. Per eseguire un'iterazione, dobbiamo controllare se $\bar{b}^B Q_B \ge 0$ e $\bar{b}^B Q_B A^\top - b \ge 0$, e trovare un elemento negativo, se ne esiste uno. Questo si riduce a risolvere il problema precedente per $x = (\bar{b}^B Q_B)^\top$. Poi si genera la colonna che corrisponde all'intero simplesso del tableau, ma solo per l'iterazione corrente. Dopo aver aggiornato il simplesso ridotto possiamo cancellarlo di nuovo. Questa tecnica è nota come *simplesso rivisto* e *generazione di colonne*. Ne vedremo delle applicazioni in seguito.

3.4 Dualità

Il Teorema 3.14 mostra che i programmi lineari (3.1) e (3.2) sono legati tra loro, motivando la definizione seguente:

Definizione 3.18. *Dato un programma lineare* $\max\{cx : Ax \leq b\}$, *definiamo il* **Programma Lineare duale** *come il programma lineare* $\min\{yb : yA = c,\ y \geq 0\}$.

In questo caso, il PL originale $\max\{cx : Ax \leq b\}$ è chiamato spesso il **Programma Lineare primale**.

Proposizione 3.19. *Il duale del duale di un PL è (equivalente a) il PL originale.*

Dimostrazione. Sia dato il PL primale $\max\{cx : Ax \leq b\}$. Il suo duale è $\min\{yb : yA = c,\ y \geq 0\}$, o equivalentemente

$$-\max\left\{-by : \begin{pmatrix} A^\top \\ -A^\top \\ -I \end{pmatrix} y \leq \begin{pmatrix} c \\ -c \\ 0 \end{pmatrix}\right\}.$$

(Ogni vincolo di uguaglianza è stato scomposto in due vincoli di disuguaglianza.) Dunque il duale del duale è

$$-\min\left\{zc - z'c : \begin{pmatrix} A & -A & -I \end{pmatrix} \begin{pmatrix} z \\ z' \\ w \end{pmatrix} = -b,\ z, z', w \geq 0\right\}$$

che è equivalente a $-\min\{-cx : -Ax - w = -b,\ w \geq 0\}$ (dove abbiamo sostituito x a $z' - z$). Eliminando le variabili di scarto w si vede che questo è equivalente al PL primale. □

Otteniamo ora il più importante teorema nella teoria della programmazione lineare, il Teorema della Dualità:

Teorema 3.20. (von Neumann [1947], Gale, Kuhn e Tucker [1951]) *Se il poliedro* $P := \{x : Ax \leq b\}$ *e* $D := \{y : yA = c,\ y \geq 0\}$ *sono entrambi non-vuoti, allora* $\max\{cx : x \in P\} = \min\{yb : y \in D\}$.

Dimostrazione. Se D non è vuoto, ha un vertice y. Eseguiamo l'ALGORITMO DEL SIMPLESSO per $\min\{yb : y \in D\}$ e y. Per la Proposizione 3.13, l'esistenza di un $x \in P$ garantisce che $\min\{yb : y \in D\}$ non sia illimitato. Quindi per il Teorema 3.14, l'ALGORITMO DEL SIMPLESSO calcola le soluzioni ottime y e z del PL $\min\{yb : y \in D\}$ e del suo duale. Comunque, il duale è $\max\{cx : x \in P\}$ per la Proposizione 3.19. Otteniamo quindi $yb = cz$, come richiesto. □

Possiamo dire ancora di più sulla relazione tra le soluzioni ottime del primale e del PL duale:

Corollario 3.21. *Siano* $\max\{cx : Ax \leq b\}$ *e* $\min\{yb : yA = c,\ y \geq 0\}$ *una coppia di programmi lineari. Siano x e y soluzioni ammissibili, cioè $Ax \leq b$, $yA = c$ e $y \geq 0$. Allora le affermazioni seguenti sono equivalenti:*

(a) *x e y sono soluzioni ottime.*
(b) $cx = yb$.
(c) $y(b - Ax) = 0$.

Dimostrazione. Il Teorema della Dualità 3.20 implica immediatamente l'equivalenza di (a) e (b). L'equivalenza di (b) e (c) segue da $y(b - Ax) = yb - yAx = yb - cx$. □

La proprietà (c) delle soluzioni ottime è spesso chiamata degli **scarti complementari**. Può essere anche formulata come segue: un punto $x^* \in P = \{x : Ax \leq b\}$ è una soluzione ottima di $\max\{cx : x \in P\}$ se e solo se c è una combinazione non-negativa di quelle righe di A che corrispondono a disuguaglianze di $Ax \leq b$ che sono soddisfatte da x^* con l'uguaglianza. Ciò implica anche che:

Corollario 3.22. *Sia $P = \{x : Ax \leq b\}$ un poliedro e $Z \subseteq P$. Allora l'insieme di vettori c per i quali ogni $z \in Z$ è una soluzione ottima di* $\max\{cx : x \in P\}$ *è il cono generato dalle righe di A', dove $A'x \leq b'$ è il sottosistema massimale di $Ax \leq b$ con $A'z = b'$ per tutti i vettori $z \in Z$.*

Dimostrazione. Esiste un vettore $z \in Z$ che soddisfa in maniera stretta tutte le altre disuguaglianze di $Ax \leq b$. Sia c un vettore per il quale z è una soluzione ottima di $\max\{cx : x \in P\}$. Allora per il Corollario 3.21 esiste un $y \geq 0$ con $c = yA'$, ossia c è una combinazione lineare non-negativa delle righe di A'.

Al contrario, per una riga $a'x \leq \beta'$ di $A'x \leq b'$ e $z \in Z$ abbiamo $a'z = \beta' = \max\{a'x : x \in P\}$. □

Scriviamo ora il Corollario 3.21 in un'altra forma:

Corollario 3.23. *Siano* $\min\{cx : Ax \geq b,\ x \geq 0\}$ *e* $\max\{yb : yA \leq c,\ y \geq 0\}$ *una coppia di programmi lineari primale-duale. Siano x e y soluzioni ammissibili, cioè $Ax \geq b$, $yA \leq c$ e $x, y \geq 0$. Allora le affermazioni seguenti sono equivalenti:*

(a) *x e y sono entrambe soluzioni ottime.*
(b) $cx = yb$.
(c) $(c - yA)x = 0$ *e* $y(b - Ax) = 0$.

Dimostrazione. L'equivalenza di (a) e (b) è ottenuta applicando il Teorema della Dualità 3.20 a $\max\left\{(-c)x : \binom{-A}{-I}x \le \binom{-b}{0}\right\}$.

Per dimostrare che (b) e (c) sono equivalenti, si osservi che abbiamo $y(b-Ax) \le 0 \le (c - yA)x$ per qualsiasi soluzione ammissibile x e y, e che $y(b - Ax) = (c - yA)x$ se e solo se $yb = cx$. □

Le due condizioni in (c) sono dette a volte **condizioni degli scarti complementari** duali e primali.

Il Teorema della Dualità ha molte applicazioni in ottimizzazione combinatoria. Un motivo per la sua importanza è che l'ottimalità di una soluzione può essere dimostrata dando una soluzione ammissibile del duale con lo stesso valore della funzione obiettivo. Mostreremo ora come dimostrare che un PL è illimitato o non ammissibile:

Teorema 3.24. *Esiste un vettore x con $Ax \le b$ se e solo se $yb \ge 0$ per ogni vettore $y \ge 0$ per il quale $yA = 0$.*

Dimostrazione. Se esiste un vettore x con $Ax \le b$, allora $yb \ge yAx = 0$ per ogni $y \ge 0$ con $yA = 0$.

Si consideri il PL

$$-\min\{\mathbb{1}w : Ax - w \le b,\ w \ge 0\}. \tag{3.6}$$

Scrivendolo in forma standard abbiamo

$$\max\left\{\begin{pmatrix}0 & -\mathbb{1}\end{pmatrix}\begin{pmatrix}x\\ w\end{pmatrix} : \begin{pmatrix}A & -I\\ 0 & -I\end{pmatrix}\begin{pmatrix}x\\ w\end{pmatrix} \le \begin{pmatrix}b\\ 0\end{pmatrix}\right\}.$$

Il duale di questo PL è

$$\min\left\{\begin{pmatrix}b & 0\end{pmatrix}\begin{pmatrix}y\\ z\end{pmatrix} : \begin{pmatrix}A^\top & 0\\ -I & -I\end{pmatrix}\begin{pmatrix}y\\ z\end{pmatrix} = \begin{pmatrix}0\\ -\mathbb{1}\end{pmatrix},\ y, z \ge 0\right\},$$

o, equivalentemente,

$$\min\{yb : yA = 0,\ 0 \le y \le \mathbb{1}\}. \tag{3.7}$$

Poiché entrambi (3.6) e (3.7) hanno una soluzione ($x = 0$, $w = |b|$, $y = 0$), possiamo applicare il Teorema 3.20. Cosicché i valori ottimi (3.6) e (3.7) sono gli stessi. Poiché il sistema $Ax \le b$ ha una soluzione se e solo se il valore ottimo di (3.6) è zero, la dimostrazione è completa. □

Dunque il fatto che un sistema lineare di disuguaglianze $Ax \le b$ non abbia soluzione può essere dimostrato dando un vettore $y \ge 0$ con $yA = 0$ e $yb < 0$. Citiamo ora due formulazioni equivalenti del Teorema 3.24:

Corollario 3.25. *Esiste un vettore $x \ge 0$ con $Ax \le b$ se e solo se $yb \ge 0$ per ogni vettore $y \ge 0$ con $yA \ge 0$.*

Dimostrazione. Si applichi il Teorema 3.24 al sistema $\binom{A}{-I} x \leq \binom{b}{0}$. □

Corollario 3.26. (Farkas [1894]) *Esiste un vettore $x \geq 0$ con $Ax = b$ se e solo se $yb \geq 0$ per ogni vettore y con $yA \geq 0$.*

Dimostrazione. Si applichi il 3.25 al sistema $\binom{A}{-A} x \leq \binom{b}{-b}$, $x \geq 0$. □

Il Corollario 3.26 è di solo conosciuto come il Lemma di Farkas. I risultati precedenti implicano a loro volta il Teorema della Dualità 3.20, il che è interessante, in quanto essi hanno delle dimostrazioni banali (infatti erano conosciute prima dell'ALGORITMO DEL SIMPLESSO); si vedano gli Esercizi 10 e 11.

Abbiamo visto come dimostrare che un PL è non-ammissibile. Come possiamo dimostrare che un PL è illimitato? I prossimi due teoremi rispondono a questa domanda.

Teorema 3.27. *Se un PL è illimitato, allora il suo PL duale è non ammissibile. Se un PL ha una soluzione ottima, allora anche il suo duale ha una soluzione ottima.*

Dimostrazione. La prima affermazione segue immediatamente dalla Proposizione 3.13.

Per dimostrare la seconda affermazione, si supponga che il PL (primale) $\max\{cx : Ax \leq b\}$ abbia una soluzione ottima x^*, ma il duale $\min\{yb : yA = c,\ y \geq 0\}$ sia non ammissibile (non può essere illimitato a causa della prima affermazione). In altre parole, non esiste alcun $y \geq 0$ con $A^\top y = c$; applichiamo il Lemma di Farkas (Corollario 3.26) per ottenere un vettore z con $zA^\top \geq 0$ e $zc < 0$. Ma allora $x^* - z$ è ammissibile per il primale, perché $A(x^* - z) = Ax^* - Az \leq b$. L'osservazione $c(x^* - z) > cx^*$ contraddice quindi l'ottimalità di x^*. □

Dunque esistono quattro casi per una coppia di programmi lineari primale-duale: o hanno entrambi una soluzione ottima (nel qual caso i valori ottimi sono gli stessi), o uno è non-ammissibile e l'altro è illimitato, oppure sono entrambi non-ammissibili. Notiamo anche che:

Corollario 3.28. *Un PL ammissibile* $\max\{cx : Ax \leq b\}$ *è limitato se e solo se c appartiene al cono generato dalle righe di A.*

Dimostrazione. Il PL è limitato se e solo se il suo duale è ammissibile, ossia esiste un $y \geq 0$ con $yA = c$. □

Il Lemma di Farkas ci permette anche di dimostrare che ogni cono finitamente generato è cono poliedrale:

Teorema 3.29. (Minkowski [1896], Weyl [1935]) *Un cono è cono poliedrale se e solo se è un cono finitamente generato.*

Dimostrazione. La direzione "solo-se" è data dal Lemma 3.12. Si consideri dunque il cono C generato da $a_1, \ldots, a_t$. Abbiamo mostrato che C è poliedrale. Sia A la matrice le cui righe sono $a_1, \ldots, a_t$.

Per il Lemma 3.12, il cono $D := \{x : Ax \leq 0\}$ è generato da dei vettori $b_1, \ldots, b_s$. Sia B la matrice le cui righe sono $b_1, \ldots, b_s$. Dimostriamo che $C = \{x : Bx \leq 0\}$.

Siccome $b_j a_i = a_i b_j \leq 0$ per ogni i e j, abbiamo $C \subseteq \{x : Bx \leq 0\}$. Si supponga ora che esista un vettore $w \notin C$ con $Bw \leq 0$. $w \notin C$ significa che non esiste alcun $v \geq 0$ tale che $A^\top v = w$. Per il Lemma di Farkas (Corollario 3.26) questo significa che esiste un vettore y con $yw < 0$ e $Ay \geq 0$. Dunque $-y \in D$. Poiché D è generato da $b_1, \ldots, b_s$ abbiamo $-y = zB$ per qualche $z \geq 0$. Ma allora $0 < -yw = zBw \leq 0$: una contraddizione. □

3.5 Inviluppi convessi e politopi

In questa sezione riassumiamo alcune ulteriori nozioni sui politopi. In particolare, mostriamo che i politopi sono precisamente quegli insiemi che sono il guscio convesso [convex hull] di un numero finito di punti. Cominciamo con il richiamare alcune definizioni fondamentali:

Definizione 3.30. *Dati i vettori* $x_1, \ldots, x_k \in \mathbb{R}^n$ *e* $\lambda_1, \ldots, \lambda_k \geq 0$ *con* $\sum_{i=1}^k \lambda_i = 1$, *chiamiamo* $x = \sum_{i=1}^k \lambda_i x_i$ *una* **combinazione convessa** *di* $x_1, \ldots, x_k$. *Un insieme* $X \subseteq \mathbb{R}^n$ *è* **convesso** *se* $\lambda x + (1-\lambda)y \in X$ *per ogni* $x, y \in X$ *e* $\lambda \in [0, 1]$. *Il* **guscio convesso** $\mathrm{conv}(X)$ *di un insieme* X *è definito come l'insieme di tutte le combinazioni convesse di punti in* X. *Un* **punto estremo** *di un insieme* X *è un elemento* $x \in X$ *con* $x \notin \mathrm{conv}(X \setminus \{x\})$.

Dunque un insieme X è convesso se e solo se tutte le combinazioni convesse di punti in X sono ancora in X. Il guscio convesso di un insieme X è il più piccolo insieme convesso contenente X. Inoltre, l'intersezione di insiemi convessi è convessa. Quindi i poliedri sono convessi. Dimostriamo ora il "teorema delle basi finite per politopi", un risultato fondamentale che sembra essere ovvio, ma che non è facile da dimostrare direttamente:

Teorema 3.31. (Minkowski [1896], Steinitz [1916], Weyl [1935]) *Un insieme* P *è un politopo se e solo se è il guscio convesso di un insieme finito di punti.*

Dimostrazione. (Schrijver [1986]) Sia $P = \{x \in \mathbb{R}^n : Ax \leq b\}$ un politopo non vuoto. Ovviamente,

$$P = \left\{x : \begin{pmatrix} x \\ 1 \end{pmatrix} \in C\right\}, \quad \text{dove } C = \left\{\begin{pmatrix} x \\ \lambda \end{pmatrix} \in \mathbb{R}^{n+1} : \lambda \geq 0,\ Ax - \lambda b \leq 0\right\}.$$

C è un cono poliedrale, quindi per il Teorema 3.29 è generato da finitamente molti vettori non-nulli, diciamo da $\binom{x_1}{\lambda_1}, \ldots, \binom{x_k}{\lambda_k}$. Poiché P è limitato, tutti i λ_i sono non-nulli; senza perdita di generalità, supponiamo che tutti i λ_i siano pari a 1.

Dunque $x \in P$ se e solo se

$$\binom{x}{1} = \mu_1 \binom{x_1}{1} + \cdots + \mu_k \binom{x_k}{1}$$

per dei $\mu_1, \ldots, \mu_k \geq 0$. In altre parole, P è il guscio convesso di $x_1, \ldots, x_k$.

Ora sia P il guscio convesso di $x_1, \ldots, x_k \in \mathbb{R}^n$. Allora $x \in P$ se e solo se $\binom{x}{1} \in C$, dove C è il cono generato da $\binom{x_1}{1}, \ldots, \binom{x_k}{1}$. Per il Teorema 3.29, C è poliedrale, cosicché

$$C = \left\{ \binom{x}{\lambda} : Ax + b\lambda \leq 0 \right\}.$$

Concludiamo che $P = \{x \in \mathbb{R}^n : Ax + b \leq 0\}$. □

Corollario 3.32. *Un politopo è il guscio convesso dei suoi vertici.*

Dimostrazione. Sia P un politopo. Per il Teorema 3.31, il guscio convesso dei suoi vertici è un politopo Q. Ovviamente $Q \subseteq P$. Supponiamo che esista un punto $z \in P \setminus Q$. Allora esiste un vettore c con $cz > \max\{cx : x \in Q\}$. L'iperpiano di supporto $\{x : cx = \max\{cy : y \in P\}\}$ di P definisce una faccia di P che non contiene alcun vertice. Questo non è possibile per il Corollario 3.10. □

I due risultati precedenti, insieme a quello che segue, sono il punto di partenza della combinatoria poliedrale; essi saranno usati spesso in questo libro. Per un dato insieme di base E e un sottoinsieme $X \subseteq E$, il **vettore di incidenza** di X (rispetto a E) è definito come il vettore $x \in \{0, 1\}^E$ con $x_e = 1$ per $e \in X$ e $x_e = 0$ per $e \in E \setminus X$.

Corollario 3.33. *Sia $(E, \mathcal{F})$ una famiglia di insiemi, P il guscio convesso dei vettori di incidenza degli elementi di $\mathcal{F}$, e $c : E \to \mathbb{R}$. Allora* $\max\{cx : x \in P\} = \max\{c(X) : X \in \mathcal{F}\}$.

Dimostrazione. Poiché $\max\{cx : x \in P\} \geq \max\{c(X) : X \in \mathcal{F}\}$ è ovvio, sia x una soluzione ottima di $\max\{cx : x \in P\}$ (si noti che P è un politopo per il Teorema 3.31). Per la definizione di P, x è una combinazione convessa di vettori di incidenza $y_1, \ldots, y_k$ di elementi di $\mathcal{F}$: $x = \sum_{i=1}^k \lambda_i y_i$ per qualche $\lambda_1, \ldots, \lambda_k \geq 0$ con $\sum_{i=1}^k \lambda_i = 1$. Poiché $cx = \sum_{i=1}^k \lambda_i c y_i$, abbiamo $cy_i \geq cx$ per almeno un $i \in \{1, \ldots, k\}$. Questo y_i è il vettore di incidenza di un insieme $Y \in \mathcal{F}$ con $c(Y) = cy_i \geq cx$. □

Esercizi

1. Sia H un ipergrafo, $F \subseteq V(H)$, e $x, y : F \to \mathbb{R}$. Si devono trovare $x, y : V(H) \setminus F \to \mathbb{R}$ tale che $\sum_{e \in E(H)} (\max_{v \in e} x(v) - \min_{v \in e} x(v) + \max_{v \in e} y(v) - \min_{v \in e} y(v))$ sia minimo. Mostrare che questo problema può essere formulato come un PL.
   Osservazione: questo è un rilassamento di un problema di localizzazione nella progettazione di circuiti Very Large Scale Integrated (VLSI) circuits. Qui H è chiamato la netlist, e i suoi vertici corrispondono a moduli che devono essere messi sul chip. Alcuni moduli (ossia quelli in F) sono predisposti in anticipo. La difficoltà principale (non considerata in questa versione semplificata) è che i moduli non devono sovrapporsi.
2. Un insieme di vettori $x_1, \ldots, x_k$ è detto affinemente indipendente se non esiste alcun $\lambda \in \mathbb{R}^k \setminus \{0\}$ con $\lambda^\top \mathbb{1} = 0$ e $\sum_{i=1}^k \lambda_i x_i = 0$. Sia $\emptyset \neq X \subseteq \mathbb{R}^n$. Mostrare che la cardinalità massima di un insieme di elementi affinemente indipendenti di X è uguale a $\dim X + 1$.
3. Siano $P, Q \in \mathbb{R}^n$ due poliedri. Dimostrare che la chiusura di $\text{conv}(P \cup Q)$ è un poliedro. Mostrare due P e Q per i quali $\text{conv}(P \cup Q)$ non è un poliedro.
4. Mostrare che il problema di calcolare la sfera più grande (di volume massimo) che sia un sottoinsieme di un dato poliedro può essere formulato come un programma lineare.
5. Sia P un poliedro. Dimostrare che la dimensione di qualsiasi faccetta di P è inferiore di un'unità rispetto alla dimensione di P.
6. Sia F una faccia minimale di un poliedro $\{x : Ax \leq b\}$. Dimostrare che allora $Ax = Ay$ per ogni $x, y \in F$.
7. Formulare il duale del PL (1.1) del PROBLEMA DI ASSEGNAMENTO. Mostrare come risolvere il PL primale e il duale nel caso in cui ci siano solo due lavori (usando un algoritmo semplice).
8. Sia G un digrafo, $c : E(G) \to \mathbb{R}_+$, $E_1, E_2 \subseteq E(G)$, e $s, t \in V(G)$. Considerare il seguente programma lineare

$$\begin{array}{llcll} \min & \displaystyle\sum_{e \in E(G)} c(e) y_e & & & \\ \text{t.c.} & y_e & \geq & z_w - z_v & (e = (v, w) \in E(G)) \\ & z_t - z_s & = & 1 & \\ & y_e & \geq & 0 & (e \in E_1) \\ & y_e & \leq & 0 & (e \in E_2). \end{array}$$

   Dimostrare che esiste una soluzione ottima (y, z) e $s \in X \subseteq V(G) \setminus \{t\}$ con $y_e = 1$ per $e \in \delta^+(X)$, $y_e = -1$ per $e \in \delta^-(X) \setminus E_1$, e $y_e = 0$ per tutti gli altri archi e.
   Suggerimento: considerare le condizioni degli scarti complementari per gli archi entranti o uscenti da $\{v \in V(G) : z_v \leq z_s\}$.

9. Sia $Ax \leq b$ un sistema lineare di disuguaglianze in n variabili. Moltiplicando ogni riga per una costante positiva possiamo assumere che la prima colonna di A sia un vettore con i soli elementi 0, -1 e 1. Dunque possiamo scrivere $Ax \leq b$ in modo equivalente come
$$\begin{aligned} a_i'x' &\leq b_i && (i = 1, \ldots, m_1), \\ -x_1 + a_j'x' &\leq b_j && (j = m_1 + 1, \ldots, m_2), \\ x_1 + a_k'x' &\leq b_k && (k = m_2 + 1, \ldots, m), \end{aligned}$$
dove $x' = (x_2, \ldots, x_n)$ e $a_1', \ldots, a_m'$ sono le righe di A senza il primo elemento. Poi si può eliminare x_1: dimostrare che $Ax \leq b$ ha una soluzione se e solo se il sistema
$$\begin{aligned} a_i'x' &\leq b_i && (i = 1, \ldots, m_1), \\ a_j'x' - b_j &\leq b_k - a_k'x' && (j = m_1 + 1, \ldots, m_2,\ k = m_2 + 1, \ldots, m) \end{aligned}$$
ha una soluzione. Mostrare che questa tecnica, quando viene iterata, porta ad un algoritmo per risolvere un sistema di disuguaglianze lineari $Ax \leq b$ (o dimostrarne la non ammissibilità).
Osservazione: questo metodo è noto come eliminazione di Fourier-Motzkin perché fu proposto da Fourier e studiato da Motzkin [1936]. Si può dimostrare che non è un algoritmo tempo-polinomiale.
10. Usare l'eliminazione di Fourier-Motzkin (Esercizio 9) per dimostrare direttamente il Teorema 3.24.
(Kuhn [1956])
11. Mostrare che il Teorema 3.24 implica il Teorema della Dualità 3.20.
12. Dimostrare il teorema di scomposizione per i poliedri: qualsiasi poliedro P può essere scritto come $P = \{x + c : x \in X,\ c \in C\}$, dove X è un politopo e C è un cono poliedrale.
(Motzkin [1936])
* 13. Sia P un poliedro razionale e F una faccia di P. Mostrare che
$$\{c : cz = \max\{cx : x \in P\} \text{ per ogni } z \in F\}$$
è un cono poliedrale razionale.
14. Dimostrare il Teorema di Carathéodory:
se $X \subseteq \mathbb{R}^n$ e $y \in \text{conv}(X)$, allora esistono $x_1, \ldots, x_{n+1} \in X$ tali che $y \in \text{conv}(\{x_1, \ldots, x_{n+1}\})$.
(Carathéodory [1911])
15. Dimostrare l'estensione seguente del Teorema di Carathéodory (Esercizio 14): se $X \subseteq \mathbb{R}^n$ e $y, z \in \text{conv}(X)$, allora esistono $x_1, \ldots, x_n \in X$ tali che $y \in \text{conv}(\{z, x_1, \ldots, x_n\})$.
16. Dimostrare che i punti estremi di un poliedro sono precisamente i suoi vertici.
17. Sia P un politopo non vuoto. Si consideri il grafo $G(P)$ i cui vertici sono i vertici di P e i cui archi corrispondono alle facce ad una dimensione di P. Sia x un qualsiasi vertice di P, e c un vettore con $c^\top x < \max\{c^\top z : z \in P\}$. Dimostrare che allora esiste un vicino y di x in $G(P)$ con $c^\top x < c^\top y$.

* 18. Usare l'Esercizio 17 per dimostrare che $G(P)$ è n-connesso per qualsiasi politopo P a n dimensioni ($n \geq 1$).

19. Sia $P \subseteq \mathbb{R}^n$ un politopo (non necessariamente razionale) e $y \notin P$. Dimostrare che esiste un vettore razionale c con $\max\{cx : x \in P\} < cy$. Mostrare che l'affermazione non si verifica in generale per tutti i poliedri.

20. Sia $X \subset \mathbb{R}^n$ un insieme convesso non vuoto, $\bar{X}$ la chiusura di X, e $y \notin X$. Dimostrare che:
    (a) Esiste un unico punto in $\bar{X}$ che ha una distanza minima da y.
    (b) Esiste un vettore $a \in \mathbb{R}^n \setminus \{0\}$ con $a^\top x \leq a^\top y$ per ogni $x \in X$.
    (c) Se X è limitato e $y \notin \bar{X}$, allora esiste un vettore $a \in \mathbb{Q}^n$ con $a^\top x < a^\top y$ per ogni $x \in X$.
    (d) Un insieme convesso chiuso è l'intersezione di tutti i semi-spazi chiusi che lo contengono.

Riferimenti bibliografici

Letteratura generale:

Bertsimas, D., Tsitsiklis, J.N. [1997]: Introduction to Linear Optimization. Athena Scientific, Belmont

Chvátal, V. [1983]: Programmazione Lineare. Freeman, New York

Matoušek, J., Gärtner, B. [2007]: Understanding and Using Linear Programming. Springer, Berlin

Padberg, M. [1999]: Linear Optimization and Extensions. Second Edition. Springer, Berlin

Schrijver, A. [1986]: Theory of Linear and Integer Programming. Wiley, Chichester

Riferimenti citati:

Avis, D., Chvátal, V. [1978]: Notes on Bland's pivoting rule. Mathematical Programming Study 8, 24–34

Bland, R.G. [1977]: New finite pivoting rules for the simplex method. Mathematics of Operations Research 2, 103–107

Borgwardt, K.-H. [1982]: The average number of pivot steps required by the simplex method is polynomial. Zeitschrift für Operations Research 26, 157–177

Carathéodory, C. [1911]: Über den Variabilitätsbereich der Fourierschen Konstanten von positiven harmonischen Funktionen. Rendiconto del Circolo Matematico di Palermo 32, 193–217

Dantzig, G.B. [1951]: Maximization of a linear function of variables subject to linear inequalities. In: Activity Analysis of Production and Allocation (T.C. Koopmans, ed.), Wiley, New York, pp. 359–373

Dantzig, G.B., Orden, A., Wolfe, P. [1955]: The generalized simplex method for minimizing a linear form under linear inequality restraints. Pacific Journal of Mathematics 5, 183–195

Farkas, G. [1894]: A Fourier-féle mechanikai elv alkalmazásai. Mathematikai és Természettudományi Értesitö 12 , 457–472

Gale, D., Kuhn, H.W., Tucker, A.W. [1951]: Linear programming and the theory of games. In: Activity Analysis of Production and Allocation (T.C. Koopmans, ed.), Wiley, New York, pp. 317–329

Hoffman, A.J., Kruskal, J.B. [1956]: Integral boundary points of convex polyhedra. In: Linear Inequalities and Related Systems; Annals of Mathematical Study 38 (H.W. Kuhn, A.W. Tucker, eds.), Princeton University Press, Princeton, pp. 223–246

Kelner, J.A., Spielman, D.A. [2006]: A randomized polynomial-time simplex algorithm for linear programming. Proceedings of the 38th Annual ACM Symposium on Theory of Computing, 51–60

Klee, V., Minty, G.J. [1972]: How good is the simplex algorithm? In: Inequalities III (O. Shisha, ed.), Academic Press, New York, pp. 159–175

Kuhn, H.W. [1956]: Solvability and consistency for linear equations and inequalities. The American Mathematical Monthly 63, 217–232

Minkowski, H. [1896]: Geometrie der Zahlen. Teubner, Leipzig

Motzkin, T.S. [1936]: Beiträge zur Theorie der linearen Ungleichungen (Dissertation). Azriel, Jerusalem

von Neumann, J. [1947]: Discussion of a maximum problem. Working paper. Published in: John von Neumann, Collected Works; Vol. VI (A.H. Taub, ed.), Pergamon Press, Oxford, pp. 27–28

Spielman, D.A., Teng, S.-H. [2004]: Smoothed analysis of algorithms: why the simplex algorithm usually takes polynomial time. Journal of the ACM 51, 385–463

Steinitz, E. [1916]: Bedingt konvergente Reihen und konvexe Systeme. Journal für die reine und angewandte Mathematik 146, 1–52

Weyl, H. [1935]: Elementare Theorie der konvexen Polyeder. Commentarii Mathematici Helvetici 7, 290–306

4

Algoritmi di programmazione lineare

Sono tre i tipi di algoritmi di PROGRAMMAZIONE LINEARE che hanno avuto il maggiore impatto: l'ALGORITMO DEL SIMPLESSO (si veda la Sezione 3.2), gli algoritmi di punto interno, e il METODO DELL'ELLISSOIDE.

Ognuno di loro ha uno svantaggio: in confronto agli altri due, sino ad ora nessuna variante dell'ALGORITMO DEL SIMPLESSO ha mostrato avere un tempo di esecuzione polinomiale. Nelle Sezioni 4.4 e 4.5 presentiamo il METODO DELL'ELLISSOIDE e dimostriamo che porta ad un algoritmo tempo-polinomiale per la PROGRAMMAZIONE LINEARE. Comunque, il METODO DELL'ELLISSOIDE è troppo inefficiente per essere usato in pratica. Gli algoritmi di punto interno e, nonostante il suo tempo di esecuzione esponenziale del caso peggiore, l'ALGORITMO DEL SIMPLESSO sono molto efficienti, e sono entrambi usati in pratica per risolvere problemi di programmazione lineare. Tuttavia, sia il METODO DELL'ELLISSOIDE che gli algoritmi di punto interno possono essere usati per problemi più generali di ottimizzazione convessa, ad esempio per i problemi di programmazione semidefinita.

Un vantaggio dell'ALGORITMO DEL SIMPLESSO e del METODO DELL'ELLISSOIDE è di non richiedere il PL in forma esplicita. È sufficiente avere un oracolo (una sottoprocedura) che decida se un dato vettore è ammissibile e che, se non lo è, restituisca un vincolo violato. Ciò sarà discusso in dettaglio per il METODO DELL'ELLISSOIDE nella Sezione 4.6, perché implica che molti problemi di ottimizzazione combinatoria possono essere risolti in tempo polinomiale; per alcuni problemi questo è l'unico modo con cui si riesce a dimostrare la polinomialità del problema. Questa è la ragione per cui trattiamo in questo libro il METODO DELL'ELLISSOIDE e non gli algoritmi di punto interno.

Un prerequisito per avere algoritmi tempo-polinomiali è che esista una soluzione ottima che ha una rappresentazione binaria la cui lunghezza sia limitata da un polinomio della dimensione dell'input. Dimostriamo nella Sezione 4.1 che questo condizione si verifica per la PROGRAMMAZIONE LINEARE. Nelle Sezioni 4.2 e 4.3 rivediamo alcuni algoritmi fondamentali necessari in seguito, compreso il famoso metodo di eliminazione di Gauss per risolvere sistemi di equazioni lineari.

Korte B., Vygen J.: Ottimizzazione Combinatoria. Teoria e Algoritmi.
© Springer-Verlag Italia 2011

4.1 Dimensione dei vertici e delle facce

Le istanze di PROGRAMMAZIONE LINEARE sono date come vettori e matrici. Poiché non si conosce alcun algoritmo tempo-polinomiale per la PROGRAMMAZIONE LINEARE dobbiamo restringere la nostra attenzione a istanze razionali, quando si analizza il tempo di esecuzione degli algoritmi. Assumiamo che tutti i numeri siano codificati in binario. Per stimare la dimensione (numero di bit) di questa rappresentazione definiamo $\text{size}(n) := 1 + \lceil \log(|n| + 1) \rceil$ per gli interi $n \in \mathbb{Z}$ e $\text{size}(r) := \text{size}(p) + \text{size}(q)$ per i numeri razionali $r = \frac{p}{q}$, dove p, q sono interi primi tra loro (ovvero il loro massimo comune divisore è 1). Per vettori $x = (x_1, \dots, x_n) \in \mathbb{Q}^n$ memorizziamo le componenti e abbiamo che $\text{size}(x) := n + \text{size}(x_1) + \ldots + \text{size}(x_n)$. Per una matrice $A \in \mathbb{Q}^{m \times n}$ con elementi a_{ij} abbiamo che $\text{size}(A) := mn + \sum_{i,j} \text{size}(a_{ij})$.

Naturalmente questi valori precisi sono in qualche modo una scelta casuale, ma si ricordi che non siamo veramente interessati ai fattori costanti. Per algoritmi tempo-polinomiali è importante che le dimensioni dei numeri non crescano troppo con elementari operazioni aritmetiche. Si noti che:

Proposizione 4.1. *Se $r_1, \dots, r_n$ sono numeri razionali, allora*

$$\begin{aligned} \text{size}(r_1 \cdots r_n) &\le \text{size}(r_1) + \cdots + \text{size}(r_n); \\ \text{size}(r_1 + \cdots + r_n) &\le 2(\text{size}(r_1) + \cdots + \text{size}(r_n)). \end{aligned}$$

Dimostrazione. Per interi $s_1, \dots, s_n$ abbiamo ovviamente $\text{size}(s_1 \cdots s_n) \le \text{size}(s_1) + \cdots + \text{size}(s_n)$ e $\text{size}(s_1 + \cdots + s_n) \le \text{size}(s_1) + \cdots + \text{size}(s_n)$.

Sia ora $r_i = \frac{p_i}{q_i}$, dove p_i e q_i sono interi non-nulli ($i = 1, \dots, n$). Allora $\text{size}(r_1 \cdots r_n) \le \text{size}(p_1 \cdots p_n) + \text{size}(q_1 \cdots q_n) \le \text{size}(r_1) + \cdots + \text{size}(r_n)$.

Per la seconda affermazione, si osservi che il denominatore $q_1 \cdots q_n$ ha dimensione al massimo $\text{size}(q_1) + \cdots + \text{size}(q_n)$. Il numeratore è la somma dei numeri $q_1 \cdots q_{i-1} p_i q_{i+1} \cdots q_n$ ($i = 1, \dots, n$), dunque il suo valore assoluto è al massimo $(|p_1| + \cdots + |p_n|)|q_1 \cdots q_n|$. Quindi la dimensione del numeratore è al massimo di $\text{size}(r_1) + \cdots + \text{size}(r_n)$. □

La prima parte della proposizione implica anche che spesso si assume, senza perdita di generalità, che tutti i numeri in un'istanza di un problema siano interi, poiché altrimenti si potrebbe moltiplicare ognuno di loro con il prodotto di tutti i denominatori. Per l'addizione e il prodotto scalare di vettori abbiamo:

Proposizione 4.2. *Se $x, y \in \mathbb{Q}^n$ sono vettori di numeri razionali, allora*

$$\begin{aligned} \text{size}(x + y) &\le 2(\text{size}(x) + \text{size}(y)); \\ \text{size}(x^\top y) &\le 2(\text{size}(x) + \text{size}(y)). \end{aligned}$$

Dimostrazione. Usando la Proposizione 4.1 abbiamo $\text{size}(x + y) = n + \sum_{i=1}^n \text{size}(x_i + y_i) \le n + 2\sum_{i=1}^n \text{size}(x_i) + 2\sum_{i=1}^n \text{size}(y_i) = 2(\text{size}(x) + \text{size}(y)) - 3n$ e $\text{size}(x^\top y) = \text{size}\left(\sum_{i=1}^n x_i y_i\right) \le 2\sum_{i=1}^n \text{size}(x_i y_i) \le 2\sum_{i=1}^n \text{size}(x_i) + 2\sum_{i=1}^n \text{size}(y_i) = 2(\text{size}(x) + \text{size}(y)) - 4n$. □

Anche con operazioni più complicate i numeri interessati non crescono velocemente. Si ricordi che il determinante di una matrice $A = (a_{ij})_{1 \le i,j \le n}$ è definito da

$$\det A := \sum_{\pi \in S_n} \operatorname{sgn}(\pi) \prod_{i=1}^{n} a_{i,\pi(i)}, \tag{4.1}$$

dove S_n è l'insieme di tutte le permutazioni di $\{1, \dots, n\}$ e $\operatorname{sgn}(\pi)$ è il segno della permutazione π (posto uguale a 1 se π può essere ottenuto dalla permutazione con un numero pari di trasposizioni, e uguale a -1 altrimenti).

Proposizione 4.3. *Per una matrice* $A \in \mathbb{Q}^{m \times n}$ *abbiamo* $\operatorname{size}(\det A) \le 2 \operatorname{size}(A)$.

Dimostrazione. Scriviamo $a_{ij} = \frac{p_{ij}}{q_{ij}}$ con interi primi tra loro p_{ij}, q_{ij}. Sia ora $\det A = \frac{p}{q}$ dove p e q sono interi primi tra loro. Allora $|\det A| \le \prod_{i,j}(|p_{ij}| + 1)$ e $|q| \le \prod_{i,j} |q_{ij}|$. Otteniamo $\operatorname{size}(q) \le \operatorname{size}(A)$ e, usando $|p| = |\det A||q| \le \prod_{i,j}(|p_{ij}| + 1)|q_{ij}|$,

$$\operatorname{size}(p) \le \sum_{i,j}(\operatorname{size}(p_{ij}) + 1 + \operatorname{size}(q_{ij})) = \operatorname{size}(A). \qquad \square$$

Possiamo quindi dimostrare:

Teorema 4.4. *Si supponga che il PL razionale* $\max\{cx : Ax \le b\}$ *abbia una soluzione ottima. Allora ha anche una soluzione ottima* x *con* $\operatorname{size}(x) \le 4n(\operatorname{size}(A) + \operatorname{size}(b))$*, con componenti di dimensione al massimo* $4(\operatorname{size}(A) + \operatorname{size}(b))$*. Se* $b = e_i$ *o* $b = -e_i$ *per un vettore unitario* e_i*, allora esiste una sottomatrice non-singolare* A' *di* A *e una soluzione ottima* x *con* $\operatorname{size}(x) \le 4n \operatorname{size}(A')$.

Dimostrazione. Per il Corollario 3.5, il massimo è ottenuto in una faccia F di $\{x : Ax \le b\}$. Sia $F' \subseteq F$ una faccia minimale. Per la Proposizione 3.9, $F' = \{x : A'x = b'\}$ per un sottosistema $A'x \le b'$ di $Ax \le b$. Senza perdita di generalità, possiamo assumere che le righe di A' siano linearmente indipendenti. Prendiamo allora un insieme massimale di colonne linearmente indipendenti (si chiami questa matrice A'') e poniamo tutte le altre componenti a zero. Allora $x = (A'')^{-1}b'$, riempito con zeri, è una soluzione ottima per il nostro PL. Per la regola di Cramer gli elementi di x sono dati da $x_j = \frac{\det A'''}{\det A''}$, dove A''' risulta da A'' sostituendo la j-ma colonna con b'. Per la Proposizione 4.3 otteniamo $\operatorname{size}(x) \le n + 2n(\operatorname{size}(A''') + \operatorname{size}(A'')) \le 4n(\operatorname{size}(A'') + \operatorname{size}(b'))$. Se $b = \pm e_i$ allora $|\det(A''')|$ è il valore assoluto di un sotto-determinante di A''. $\square$

La lunghezza della codifica delle facce di un politopo descritto dai suoi vertici può essere stimata come segue:

Lemma 4.5. *Sia* $P \subseteq \mathbb{R}^n$ *un politopo razionale e sia* $T \in \mathbb{N}$ *tale che* $\operatorname{size}(x) \le T$ *per ogni vertice* x*. Allora* $P = \{x : Ax \le b\}$ *per un sistema di disuguaglianze* $Ax \le b$*, ognuna delle quali,* $ax \le \beta$*, soddisfa* $\operatorname{size}(a) + \operatorname{size}(\beta) \le 75n^2T$.

Dimostrazione. Assumiamo prima che P sia a dimensione piena. Sia $F = \{x \in P : ax = \beta\}$ una faccetta di P, dove $P \subseteq \{x : ax \leq \beta\}$.

Siano $y_1, \ldots, y_t$ i vertici di F (per la Proposizione 3.6 sono anche vertici di P). Sia c la soluzione di $Mc = e_1$, in cui M è una matrice $t \times n$ la cui i-ma riga è $y_i - y_1$ ($i = 2, \ldots, t$) e la cui prima riga è un vettore unitario che è linearmente indipendente dalle altre righe. Si osservi che $\operatorname{rank}(M) = n$ (perché $\dim F = n-1$). Dunque abbiamo $c^\top = \kappa a$ per un certo $\kappa \in \mathbb{R} \setminus \{0\}$.

Per il Teorema 4.4 $\operatorname{size}(c) \leq 4n \operatorname{size}(M')$, dove M' è una sotto-matrice non-singolare $n \times n$ di M. Per la Proposizione 4.2 abbiamo $\operatorname{size}(M') \leq 4nT$ e $\operatorname{size}(c^\top y_1) \leq 2(\operatorname{size}(c) + \operatorname{size}(y_1))$. Dunque la disuguaglianza $c^\top x \leq \delta$ (o $c^\top x \geq \delta$ se $\kappa < 0$), dove $\delta := c^\top y_1 = \kappa\beta$, soddisfa $\operatorname{size}(c) + \operatorname{size}(\delta) \leq 3\operatorname{size}(c) + 2T \leq 48n^2T + 2T \leq 50n^2T$. Raggruppando queste disuguaglianze per tutte le faccette F si ottiene una descrizione di P.

Se $P = \emptyset$, l'asserzione è banale, quindi possiamo assumere che P non sia né a dimensione piena né vuoto. Sia V l'insieme di vertici di P. Per $s = (s_1, \ldots, s_n) \in \{-1, 1\}^n$ sia P_s il guscio convesso di $V \cup \{x + s_i e_i : x \in V,\ i = 1, \ldots, n\}$. Ogni P_s è un politopo a dimensione piena (Teorema 3.31), e la dimensione di uno qualsiasi dei suoi vertici è al massimo $T + n$ (cf. Corollario 3.32). Per quanto detto, P_s può essere descritto con disuguaglianze di dimensione al massimo $50n^2(T+n) \leq 75n^2T$ (si noti che $T \geq 2n$). Poiché $P = \bigcap_{s\in\{-1,1\}^n} P_s$, ciò completa la dimostrazione. □

4.2 Frazioni continue

Quando diciamo che i numeri che appaiono in un certo algoritmo non crescono troppo velocemente, assumiamo spesso che per ogni numero razionale $\frac{p}{q}$ il numeratore p e il denominatore q siano primi tra loro. Questa assunzione non causa nessun problema se si può trovare facilmente il massimo divisore comune di due numeri naturali. Questo è calcolato da uno degli algoritmi più antichi:

ALGORITMO DI EUCLIDE

Input: Due numeri naturali p e q.

Output: Il massimo divisore comune d di p e q, per cui $\frac{p}{d}$ e $\frac{q}{d}$ sono numeri interi primi tra loro.

① **While** $p > 0$ e $q > 0$ **do**:
  If $p < q$ **then** poni $q := q - \lfloor \frac{q}{p} \rfloor p$ **else** poni $p := p - \lfloor \frac{p}{q} \rfloor q$.

② **Return** $d := \max\{p, q\}$.

Teorema 4.6. *L'*ALGORITMO DI EUCLIDE *funziona correttamente. Il numero di iterazioni è al massimo* $\operatorname{size}(p) + \operatorname{size}(q)$.

Dimostrazione. La correttezza segue dal fatto che l'insieme dei divisori comuni di p e q non cambia durante l'esecuzione dell'algoritmo, sino a quando i numeri diventano uguali a zero. Uno tra p e q è ridotto di almeno un fattore due a ogni iterazione, quindi ci sono al più $\log p + \log q + 1$ iterazioni. □

Poiché nessun numero che compare in un passo intermedio è più grande di p e q, abbiamo un algoritmo tempo-polinomiale.

Un algoritmo simile è l'ESPANSIONE DI FRAZIONI CONTINUE. Questo algoritmo può essere usato per approssimare qualsiasi numero con un numero razionale il cui denominatore non sia troppo grande. Per qualsiasi numero reale positivo x definiamo $x_0 := x$ e $x_{i+1} := \frac{1}{x_i - \lfloor x_i \rfloor}$ per $i = 1, 2, \ldots, k$, sino a quando $x_k \in \mathbb{N}$ per qualche k. Allora abbiamo

$$x = x_0 = \lfloor x_0 \rfloor + \frac{1}{x_1} = \lfloor x_0 \rfloor + \frac{1}{\lfloor x_1 \rfloor + \frac{1}{x_2}} = \lfloor x_0 \rfloor + \frac{1}{\lfloor x_1 \rfloor + \frac{1}{\lfloor x_2 \rfloor + \frac{1}{x_3}}} = \cdots$$

Affermiamo che questa sequenza è finita se e solo se x è razionale. Per un verso la dimostrazione segue direttamente dall'osservazione che x_{i+1} è razionale se e solo se x_i è razionale. Anche l'altro verso è semplice: se $x = \frac{p}{q}$, la procedura precedente è equivalente all'ALGORITMO DI EUCLIDE applicato a p e q. Questo mostra anche che per un dato numero razionale $\frac{p}{q}$ con $p, q > 0$ la sequenza (finita) $x_1, x_2, \ldots, x_k$ può essere calcolata come sopra in tempo polinomiale. L'algoritmo seguente è quasi identico all'ALGORITMO DI EUCLIDE tranne che per il calcolo dei numeri g_i e h_i; dimostreremo che la sequenza $\left(\frac{g_i}{h_i}\right)_{i \in \mathbb{N}}$ converge a x.

ESPANSIONE DI FRAZIONI CONTINUE	
Input:	Numeri naturali p e q (sia $x := \frac{p}{q}$).
Output:	La sequenza $\left(x_i = \frac{p_i}{q_i}\right)_{i=0,1,\ldots}$ con $x_0 = \frac{p}{q}$ e $x_{i+1} := \frac{1}{x_i - \lfloor x_i \rfloor}$.

① Poni $i := 0$, $p_0 := p$ e $q_0 := q$.
Poni $g_{-2} := 0$, $g_{-1} := 1$, $h_{-2} := 1$, e $h_{-1} := 0$.

② **While** $q_i \neq 0$ **do**:
Poni $a_i := \lfloor \frac{p_i}{q_i} \rfloor$.
Poni $g_i := a_i g_{i-1} + g_{i-2}$.
Poni $h_i := a_i h_{i-1} + h_{i-2}$.
Poni $q_{i+1} := p_i - a_i q_i$.
Poni $p_{i+1} := q_i$.
Poni $i := i + 1$.

Affermiamo che la sequenza $\frac{g_i}{h_i}$ dà buone approssimazioni di x. Prima di dimostrarlo, abbiamo bisogno di alcune osservazioni preliminari:

Proposizione 4.7. *Le affermazioni seguenti sono vere in ogni iterazione i dell'algoritmo precedente:*

(a) $a_i \geq 1$ *(tranne che per* $i = 0$*) e* $h_i \geq h_{i-1}$.

(b) $g_{i-1}h_i - g_ih_{i-1} = (-1)^i$.

(c) $\dfrac{p_i g_{i-1} + q_i g_{i-2}}{p_i h_{i-1} + q_i h_{i-2}} = x$.

(d) $\frac{g_i}{h_i} \leq x$ *se* i *è pari e* $\frac{g_i}{h_i} \geq x$ *se* i *è dispari.*

Dimostrazione. (a) è ovvio. (b) si mostra facilmente per induzione: per $i = 0$ abbiamo $g_{i-1}h_i - g_ih_{i-1} = g_{-1}h_0 = 1$, e per $i \geq 1$ abbiamo

$$\begin{aligned} g_{i-1}h_i - g_ih_{i-1} &= g_{i-1}(a_ih_{i-1} + h_{i-2}) - h_{i-1}(a_ig_{i-1} + g_{i-2}) \\ &= g_{i-1}h_{i-2} - h_{i-1}g_{i-2}. \end{aligned}$$

(c) si dimostra ancora per induzione: per $i = 0$ abbiamo

$$\frac{p_i g_{i-1} + q_i g_{i-2}}{p_i h_{i-1} + q_i h_{i-2}} = \frac{p_i \cdot 1 + 0}{0 + q_i \cdot 1} = x.$$

Per $i \geq 1$ abbiamo

$$\begin{aligned} \frac{p_i g_{i-1} + q_i g_{i-2}}{p_i h_{i-1} + q_i h_{i-2}} &= \frac{q_{i-1}(a_{i-1}g_{i-2} + g_{i-3}) + (p_{i-1} - a_{i-1}q_{i-1})g_{i-2}}{q_{i-1}(a_{i-1}h_{i-2} + h_{i-3}) + (p_{i-1} - a_{i-1}q_{i-1})h_{i-2}} \\ &= \frac{q_{i-1}g_{i-3} + p_{i-1}g_{i-2}}{q_{i-1}h_{i-3} + p_{i-1}h_{i-2}}. \end{aligned}$$

Infine, dimostriamo (d). Si noti che $\frac{g_{-2}}{h_{-2}} = 0 < x < \infty = \frac{g_{-1}}{h_{-1}}$ e procediamo per induzione. Il passo di induzione segue facilmente dal fatto che la funzione $f(\alpha) := \frac{\alpha g_{i-1} + g_{i-2}}{\alpha h_{i-1} + h_{i-2}}$ è monotona per $\alpha > 0$, e $f(\frac{p_i}{q_i}) = x$ per (c). □

Teorema 4.8. (Khintchine [1956]) *Dato un numero razionale* α *e un numero naturale* n*, un numero razionale* β *con il denominatore al massimo* n *tale che* $|\alpha - \beta|$ *sia minimo può essere trovato in tempo polinomiale (cioè polinomiale in* $\text{size}(n) + \text{size}(\alpha)$*).*

Dimostrazione. Eseguiamo l'ALGORITMO PER LE FRAZIONI CONTINUE con $x := \alpha$. Se l'algoritmo si ferma con $q_i = 0$ e $h_{i-1} \leq n$, possiamo porre $\beta = \frac{g_{i-1}}{h_{i-1}} = \alpha$ per la Proposizione 4.7(c). Altrimenti sia i l'ultimo indice con $h_i \leq n$, e sia t il più grande intero tale che $th_i + h_{i-1} \leq n$ (cf. Proposizione 4.7(a)). Poiché $a_{i+1}h_i + h_{i-1} = h_{i+1} > n$, abbiamo $t < a_{i+1}$. Affermiamo che

$$y := \frac{g_i}{h_i} \quad \text{oppure} \quad z := \frac{tg_i + g_{i-1}}{th_i + h_{i-1}}$$

sono una soluzione ottima. Entrambi i numeri hanno i denominatori al massimo pari a n.

Se i è pari, allora $y \leq x < z$ per la Proposizione 4.7(d). In maniera analoga, se i è dispari, abbiamo $y \geq x > z$. Mostriamo che qualsiasi numero razionale $\frac{p}{q}$ tra y e z ha un denominatore maggiore di n.

Si osservi che

$$|z - y| = \frac{|h_i g_{i-1} - h_{i-1} g_i|}{h_i(th_i + h_{i-1})} = \frac{1}{h_i(th_i + h_{i-1})}$$

(usando la Proposizione 4.7(b)). D'altronde,

$$|z - y| = \left|z - \frac{p}{q}\right| + \left|\frac{p}{q} - y\right| \geq \frac{1}{(th_i + h_{i-1})q} + \frac{1}{h_i q} = \frac{h_{i-1} + (t+1)h_i}{q h_i (th_i + h_{i-1})},$$

e dunque $q \geq h_{i-1} + (t+1)h_i > n$. □

Questa dimostrazione è presa dal libro Grötschel, Lovász e Schrijver [1988], che contiene anche delle generalizzazioni importanti.

4.3 Eliminazione di Gauss

L'algoritmo più importante in Algebra Lineare è il cosiddétto algoritmo di Eliminazione di Gauss. È stato applicato da Gauss, ma era noto ben prima (si veda Schrijver [1986] per delle note storiche). L'eliminazione di Gauss è usata per determinare il rango di una matrice, per calcolarne il determinante e per risolvere un sistema di equazioni lineari. Si trova spesso come sottoprocedura negli algoritmi di programmazione lineare; per esempio al passo ① dell'ALGORITMO DEL SIMPLESSO.

Data una matrice $A \in \mathbb{Q}^{m \times n}$, il nostro algoritmo per l'Eliminazione di Gauss funziona con una matrice estesa $Z = (B \quad C) \in \mathbb{Q}^{m \times (n+m)}$; inizialmente $B = A$ e $C = I$. L'algoritmo trasforma B nella forma $\left(\begin{smallmatrix} I & R \\ 0 & 0 \end{smallmatrix}\right)$ eseguendo le seguenti operazioni elementari: permutare righe e colonne, aggiungere il multiplo di una riga a un'altra riga, e (al passo finale) moltiplicare le righe per costanti non nulle. Ad ogni iterazione C è modificata di conseguenza, in modo tale che la proprietà $C\tilde{A} = B$ è sempre mantenuta, dove $\tilde{A}$ risulta da A permutando righe e colonne.

La prima parte dell'algoritmo, che consiste in ② e ③, trasforma B in una matrice triangolare superiore. Si consideri per esempio la matrice Z dopo due iterazioni; questa ha la forma

$$\left(\begin{array}{ccccc|ccccccc}
z_{11} \neq 0 & z_{12} & z_{13} & \cdots & z_{1n} & 1 & 0 & 0 & \cdot & \cdot & \cdot & 0 \\
0 & z_{22} \neq 0 & z_{23} & \cdots & z_{2n} & z_{2,n+1} & 1 & 0 & \cdot & \cdot & \cdot & 0 \\
0 & 0 & z_{33} & \cdots & z_{3n} & z_{3,n+1} & z_{3,n+2} & 1 & 0 & \cdot & \cdot & 0 \\
\cdot & \cdot & \cdot & & \cdot & \cdot & \cdot & 0 & & & & \cdot \\
\cdot & \cdot & \cdot & & \cdot & \cdot & \cdot & \cdot & & I & & \cdot \\
\cdot & \cdot & \cdot & & \cdot & \cdot & \cdot & \cdot & & & & 0 \\
0 & 0 & z_{m3} & \cdots & z_{mn} & z_{m,n+1} & z_{m,n+2} & 0 & \cdot & \cdot & 0 & 1
\end{array}\right).$$

Se $z_{33} \neq 0$, allora il passo seguente consiste solo nel sottrarre $\frac{z_{i3}}{z_{33}}$ volte la terza riga dalla i-ma riga, per $i = 4, \ldots, m$. Se $z_{33} = 0$ scambiamo prima la terza riga e/o la terza colonna con un'altra. Si noti che se scambiamo due righe, dobbiamo anche scambiare le due colonne corrispondenti di C per mantenere la proprietà $C\tilde{A} = B$. Per avere $\tilde{A}$ disponibile ad ogni passo, memorizziamo le permutazioni delle righe e delle colonne nelle variabili $row(i)$, $i = 1, \ldots, m$ e $col(j)$, $j = 1, \ldots, n$. Allora $\tilde{A} = (A_{row(i),col(j)})_{i\in\{1,\ldots,m\},j\in\{1,\ldots,n\}}$.

La seconda parte dell'algoritmo, che consiste in ④ e ⑤, è più semplice poiché non si scambiano più né righe né colonne.

ELIMINAZIONE DI GAUSS

Input: Una matrice $A = (a_{ij}) \in \mathbb{Q}^{m\times n}$.

Output: Il suo rango r, una matrice non-singolare massimale $A' = (a_{row(i),col(j)})_{i,j\in\{1,\ldots,r\}}$ di A, il suo determinante $d = \det A'$, e la sua inversa $(A')^{-1} = (z_{i,n+j})_{i,j\in\{1,\ldots,r\}}$.

① Poni $r := 0$ e $d := 1$.
Poni $z_{ij} := a_{ij}$, $row(i) := i$ e $col(j) := j$ $(i = 1, \ldots, m,\ j = 1, \ldots, n)$.
Poni $z_{i,n+j} := 0$ e $z_{i,n+i} := 1$ per $1 \le i, j \le m$, $i \neq j$.

② Siano $p \in \{r+1, \ldots, m\}$ e $q \in \{r+1, \ldots, n\}$ con $z_{pq} \neq 0$. **If** non esiste alcun p e q **then go to** ④.
Poni $r := r + 1$.
If $p \neq r$ **then** scambia z_{pj} e z_{rj} $(j = 1, \ldots, n+m)$, scambia $z_{i,n+p}$ e $z_{i,n+r}$ $(i = 1, \ldots, m)$, e scambia $row(p)$ e $row(r)$.
If $q \neq r$ **then** scambia z_{iq} e z_{ir} $(i = 1, \ldots, m)$, e scambia $col(q)$ e $col(r)$.

③ Poni $d := d \cdot z_{rr}$.
For $i := r + 1$ **to** m **do:**
  Poni $\alpha := \frac{z_{ir}}{z_{rr}}$.
  For $j := r$ **to** $n + r$ **do:** $z_{ij} := z_{ij} - \alpha z_{rj}$.
Go to ②.

④ **For** $k := r$ **down to** 2 **do:**
  For $i := 1$ **to** $k - 1$ **do:**
    Poni $\alpha := \frac{z_{ik}}{z_{kk}}$.
    For $j := k$ **to** $n + r$ **do** $z_{ij} := z_{ij} - \alpha z_{kj}$.

⑤ **For** $k := 1$ **to** r **do:**
  Poni $\alpha := \frac{1}{z_{kk}}$.
  For $j := 1$ **to** $n + r$ **do** $z_{kj} := \alpha z_{kj}$.

Teorema 4.9. *L'*ELIMINAZIONE DI GAUSS *funziona correttamente e termina dopo $O(mnr)$ passi.*

Dimostrazione. Iniziamo osservando che ogni volta, prima del passo ②, abbiamo $z_{ii} \neq 0$ per $i \in \{1, \ldots, r\}$, e $z_{ij} = 0$ per ogni $j \in \{1, \ldots, r\}$ e $i \in \{j+1, \ldots, m\}$.

Quindi

$$\det\left((z_{ij})_{i,j\in\{1,2,\dots,r\}}\right) = z_{11}z_{22}\cdots z_{rr} = d \neq 0.$$

Poiché aggiungendo un multiplo di una riga a un'altra riga di una matrice quadrata non cambia il valore del determinante (questo fatto ben noto segue direttamente dalla definizione (4.1)) abbiamo

$$\det\left((z_{ij})_{i,j\in\{1,2,\dots,r\}}\right) = \det\left((a_{row(i),col(j)})_{i,j\in\{1,2,\dots,r\}}\right)$$

a qualsiasi punto prima di ⑤, e quindi il determinante d è calcolato correttamente. A' è una sottomatrice $r \times r$ non-singolare di A. Poiché $(z_{ij})_{i\in\{1,\dots,m\},j\in\{1,\dots,n\}}$ alla fine ha rango r e le operazioni non cambiano il rango, anche A ha rango r.

Inoltre, $\sum_{j=1}^{m} z_{i,n+j}a_{row(j),col(k)} = z_{ik}$ per ogni $i \in \{1,\dots,m\}$ e $k \in \{1,\dots,n\}$ (ossia $C\tilde{A} = B$ nella nostra notazione precedente) è verificata dall'inizio alla fine. (Si noti che per $j = r+1,\dots,m$ abbiamo a qualsiasi passo $z_{j,n+j} = 1$ e $z_{i,n+j} = 0$ per $i \neq j$.) Poiché $(z_{ij})_{i,j\in\{1,2,\dots,r\}}$ è la matrice unitaria alla fine questo implica che anche $(A')^{-1}$ è calcolata correttamente. Il numero di passi è ovviamente $O(rmn + r^2(n+r)) = O(mnr)$. □

Per dimostrare che l'ELIMINAZIONE DI GAUSS è un algoritmo tempo-polinomiale dobbiamo garantire che tutti i numeri che compaiono sono limitati polinomialmente nella loro dimensione di ingresso. Ciò non è semplice da dimostrare, ma è possibile:

Teorema 4.10. (Edmonds [1967]) *L'*ELIMINAZIONE DI GAUSS *è un algoritmo tempo-polinomiale. Ogni numero che appare durante l'esecuzione dell'algoritmo può essere memorizzato con* $O(m(m+n)\,\mathrm{size}(A))$ *bit.*

Dimostrazione. Dimostriamo prima che in ② e ③ tutti i numero sono 0, 1, oppure quozienti di sottodeterminanti di A. Si osservi prima che gli elementi z_{ij} con $i \leq r$ o $j \leq r$ non vengono più modificati. Gli elementi z_{ij} con $j > n+r$ sono 0 (se $j \neq n+i$) o 1 (se $j = n+i$). Inoltre, abbiamo per ogni $s \in \{r+1,\dots,m\}$ e $t \in \{r+1,\dots,n+m\}$

$$z_{st} = \frac{\det\left((z_{ij})_{i\in\{1,2,\dots,r,s\},j\in\{1,2,\dots,r,t\}}\right)}{\det\left((z_{ij})_{i,j\in\{1,2,\dots,r\}}\right)}.$$

(Questo segue dalla valutazione del determinante $\det\left((z_{ij})_{i\in\{1,2,\dots,r,s\},j\in\{1,2,\dots,r,t\}}\right)$ sull'ultima riga perché $z_{sj} = 0$ per tutti gli $s \in \{r+1,\dots,m\}$ e tutti i $j \in \{1,\dots,r\}$.)

Abbiamo già osservato nella dimostrazione del Teorema 4.9 che

$$\det\left((z_{ij})_{i,j\in\{1,2,\dots,r\}}\right) = \det\left((a_{row(i),col(j)})_{i,j\in\{1,2,\dots,r\}}\right),$$

perché in una matrice quadrata l'aggiunta di un multiplo di una riga a un'altra non cambia il valore del determinante. Per lo stesso motivo abbiamo

$$\det\left((z_{ij})_{i\in\{1,2,\dots,r,s\},j\in\{1,2,\dots,r,t\}}\right) = \det\left((a_{row(i),col(j)})_{i\in\{1,2,\dots,r,s\},j\in\{1,2,\dots,r,t\}}\right)$$

per $s \in \{r+1,\ldots,m\}$ e $t \in \{r+1,\ldots,n\}$. Inoltre,

$$\begin{aligned}\det\left((z_{ij})_{i\in\{1,2,\ldots,r,s\},j\in\{1,2,\ldots,r,n+t\}}\right) &= \\ &\det\left((a_{row(i),col(j)})_{i\in\{1,2,\ldots,r,s\}\setminus\{t\},j\in\{1,2,\ldots,r\}}\right)\end{aligned}$$

per tutti gli $s \in \{r+1,\ldots,m\}$ e $t \in \{1,\ldots,r\}$, che si controlla calcolando il determinante a sinistra dell'uguale (dopo il passo ①) insieme alla colonna $n+t$.

Concludiamo che a qualsiasi iterazione in ② e ③ tutti i numeri z_{ij} sono 0, 1, oppure quozienti di sottodeterminanti di A. Quindi, per la Proposizione 4.3, ogni numero che appare in ② e ③ può essere memorizzato con $O(\text{size}(A))$ bit.

Infine si osservi che ④ è equivalente ad applicare nuovamente ② e ③, scegliendo p e q in modo appropriato (invertendo l'ordine delle prime r righe e colonne). Quindi ogni numero che appare in ④ può essere memorizzato con $O\left(\text{size}\left((z_{ij})_{i\in\{1,\ldots,m\},j\in\{1,\ldots,m+n\}}\right)\right)$ bit, che è $O(m(m+n)\,\text{size}(A))$.

Il modo più semplice per tenere le rappresentazioni dei numeri z_{ij} sufficientemente piccole è di garantire che ad ogni passo il numeratore e il denominatore di ognuno di questi numero siano primi tra loro. Questo può essere ottenuto applicando l'ALGORITMO DI EUCLIDE dopo ogni calcolo. Complessivamente, ciò dà un tempo di esecuzione polinomiale. □

In pratica, si può implementare facilmente l'ELIMINAZIONE DI GAUSS come un algoritmo tempo-polinomiale "in senso forte" (Esercizio 4).

Si può dunque controllare in tempo polinomiale se un insieme di vettori sia linearmente indipendente, e si può calcolare il determinante e l'inversa di una matrice non-singolare in tempo polinomiale (scambiando due righe o colonne cambia solo il segno del determinante). Inoltre otteniamo:

Corollario 4.11. *Data una matrice $A \in \mathbb{Q}^{m\times n}$ e un vettore $b \in \mathbb{Q}^m$ possiamo trovare in tempo polinomiale un vettore $x \in \mathbb{Q}^n$ con $Ax = b$ o decidere che non ne esiste nemmeno uno.*

Dimostrazione. Possiamo calcolare una matrice massimale non-singolare $A' = (a_{row(i),col(j)})_{i,j\in\{1,\ldots,r\}}$ di A e la sua inversa $(A')^{-1} = (z_{i,n+j})_{i,j\in\{1,\ldots,r\}}$ con l'ELIMINAZIONE DI GAUSS. Poi poniamo $x_{col(j)} := \sum_{k=1}^{r} z_{j,n+k} b_{row(k)}$ per $j = 1,\ldots,r$ e $x_k := 0$ per $k \notin \{col(1),\ldots,col(r)\}$. Si ottiene per $i = 1,\ldots r$:

$$\begin{aligned}\sum_{j=1}^{n} a_{row(i),j}x_j &= \sum_{j=1}^{r} a_{row(i),col(j)}x_{col(j)} \\ &= \sum_{j=1}^{r} a_{row(i),col(j)} \sum_{k=1}^{r} z_{j,n+k}b_{row(k)} \\ &= \sum_{k=1}^{r} b_{row(k)} \sum_{j=1}^{r} a_{row(i),col(j)}z_{j,n+k} \\ &= b_{row(i)}.\end{aligned}$$

Poiché le altre righe di A con indici non in $\{row(1), \ldots, row(r)\}$ sono combinazioni lineari di queste, o x soddisfa $Ax = b$ oppure nessun vettore soddisfa questo sistema di equazioni. □

4.4 Il metodo dell'Ellissoide

In questa sezione descriviamo il cosiddétto metodo dell'ellissoide, sviluppato da Iudin e Nemirovskii [1976], e Shor [1977] per l'ottimizzazione non-lineare. Khachiyan [1979] osservò che può essere modificato per risolvere in tempo polinomiale programmi lineari. La maggior parte della nostra presentazione si basa su (Grötschel, Lovász e Schrijver [1981]), (Bland, Goldfarb e Todd [1981]) e il libro di Grötschel, Lovász e Schrijver [1988], il quale è anche consigliato come testo di approfondimento.

L'idea del metodo dell'ellissoide è grosso modo la seguente. Si cerca o una soluzione ammissibile oppure una soluzione ottima di un PL. Si inizia con un ellissoide che sappiamo (a priori) contenere le soluzioni (ad esempio una sfera sufficientemente grande). Ad ogni iterazione k, si controlla se il centro x_k dell'ellissoide corrente è una soluzione ammissibile. Altrimenti, si prende un iperpiano contenente x_k tale che tutte le soluzioni stiano da un lato di questo iperpiano. Ora si ha un semi-ellissoide che contiene tutte le soluzioni. Si prende il più piccolo ellissoide che contiene completamente questo semi-ellissoide e si continua.

Definizione 4.12. *Un* **ellissoide** *è un insieme* $E(A, x) = \{z \in \mathbb{R}^n : (z-x)^\top A^{-1}(z-x) \leq 1\}$ *per una certa matrice* A*,* $n \times n$*, simmetrica e semidefinita positiva.*

Si noti che $B(x, r) := E(r^2 I, x)$ (dove I è la $n \times n$ matrice unitaria) è la sfera Euclidea di dimensione n con centro x e raggio r.

È noto che il volume dell'ellissoide $E(A, x)$ è pari a

$$\text{volume}\,(E(A, x)) = \sqrt{\det A}\ \text{volume}\,(B(0, 1))$$

(si veda l'Esercizio 7). Dato un ellissoide $E(A, x)$ e un iperpiano $\{z : az = ax\}$, il più piccolo ellissoide $E(A', x')$ che contenga il semi-ellissoide $E' = \{z \in E(A, x) : az \geq ax\}$ è chiamato l'ellissoide di Löwner-John di E' (si veda la Figura 4.1). Può essere calcolato con le formule seguenti:

$$\begin{aligned} A' &= \frac{n^2}{n^2-1}\left(A - \frac{2}{n+1} bb^\top\right), \\ x' &= x + \frac{1}{n+1} b, \\ b &= \frac{1}{\sqrt{a^\top A a}} Aa. \end{aligned}$$

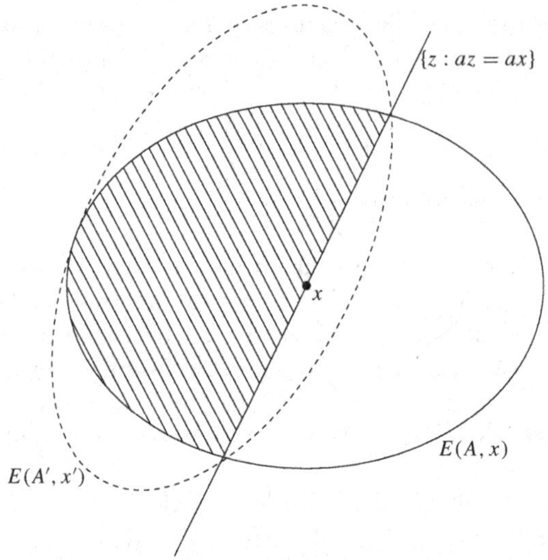

Figura 4.1.

Una difficoltà del metodo dell'ellissoide è dovuta alla radice quadrata nel calcolo di b. Siccome dobbiamo tollerare gli errori di arrotondamento, è necessario incrementare leggermente il raggio dell'ellissoide successivo. Ecco lo schema di un algoritmo che tiene conto di questo problema:

METODO DELL'ELLISSOIDE

Input: Un numero $n \in \mathbb{N}$, $n \geq 2$. Un numero $N \in \mathbb{N}$. $x_0 \in \mathbb{Q}^n$ e $R \in \mathbb{Q}_+$, $R \geq 2$.

Output: Un ellissoide $E(A_N, x_N)$.

① Poni $p := \lceil 6N + \log(9n^3) \rceil$.
Poni $A_0 := R^2 I$, dove I è la matrice unitaria $n \times n$.
Poni $k := 0$.

② Scelgi un qualsiasi $a_k \in \mathbb{Q}^n \setminus \{0\}$.

③ Poni $b_k := \dfrac{1}{\sqrt{a_k^\top A_k a_k}} A_k a_k$.

Poni $x_{k+1} :\approx x_{k+1}^* := x_k + \dfrac{1}{n+1} b_k$.

Poni $A_{k+1} :\approx A_{k+1}^* := \dfrac{2n^2+3}{2n^2} \left(A_k - \dfrac{2}{n+1} b_k b_k^\top \right)$.

(Qui $:\approx$ significa calcolare gli elementi sino a p cifre binarie dopo il punto, tenendo conto che A_{k+1} è simmetrica).

④ Poni $k := k + 1$.
If $k < N$ **then go to** ② **else stop**.

Dunque in ognuna delle N iterazioni si calcola un'approssimazione $E(A_{k+1}, x_{k+1})$ del più piccolo ellissoide che contiene $E(A_k, x_k) \cap \{z : a_k z \geq a_k x_k\}$. Nella prossima sezione discuteremo di punti importanti, ossia come ottenere a_k e come scegliere N. Prima dobbiamo però dimostrare alcuni lemmi.

Sia $||x||$ la norma Euclidea di un vettore x, mentre sia $||A|| := \max\{||Ax|| : ||x|| = 1\}$ la norma della matrice A. Per matrici simmetriche, $||A||$ è il massimo valore assoluto di un autovalore e $||A|| = \max\{x^\top Ax : ||x|| = 1\}$.

Il primo lemma dice che ogni $E_k := E(A_k, x_k)$ è sicuramente un ellissoide. Inoltre, i valori assoluti dei numeri coinvolti rimangono minori di $R^2 2^N + 2^{\text{size}(x_0)}$. Quindi ogni iterazione del METODO DELL'ELLISSOIDE consiste in $O(n^2)$ passi computazionali, ognuno con numeri di $O(p + \text{size}(a_k) + \text{size}(R) + \text{size}(x_0))$ bit.

Lemma 4.13. (Grötschel, Lovász e Schrijver [1981]) *Sia $k \in \{0, 1, \ldots, N\}$. Allora A_k è definita positiva, e si ha*

$$||x_k|| \leq ||x_0|| + R2^k, \qquad ||A_k|| \leq R^2 2^k, \qquad e \qquad ||A_k^{-1}|| \leq R^{-2} 4^k.$$

Dimostrazione. Procediamo per induzione su k. Per $k = 0$ tutte le affermazioni sono ovviamente vere. Assumiamo che esse siano vere per un certo $k \geq 0$. Con un calcolo diretto si può verificare che

$$(A^*_{k+1})^{-1} = \frac{2n^2}{2n^2+3}\left(A_k^{-1} + \frac{2}{n-1}\frac{a_k a_k^\top}{a_k^\top A_k a_k}\right). \tag{4.2}$$

Dunque $(A^*_{k+1})^{-1}$ è la somma di una matrice definita positiva e una semidefinita positiva; quindi è definita positiva. Quindi anche A^*_{k+1} è definita positiva.

Si noti che per matrici semidefinite positive A e B si ha $||A|| \leq ||A + B||$. Quindi

$$||A^*_{k+1}|| = \frac{2n^2+3}{2n^2}\left|\left|A_k - \frac{2}{n+1}b_k b_k^\top\right|\right| \leq \frac{2n^2+3}{2n^2}||A_k|| \leq \frac{11}{8}R^2 2^k.$$

Poiché la matrice $n \times n$ con tutti uno ha norma n, la matrice $A_{k+1} - A^*_{k+1}$, i cui elementi hanno valore assoluto al massimo pari a 2^{-p}, ha norma al massimo $n2^{-p}$. Concludiamo

$$||A_{k+1}|| \leq ||A^*_{k+1}|| + ||A_{k+1} - A^*_{k+1}|| \leq \frac{11}{8}R^2 2^k + n2^{-p} \leq R^2 2^{k+1}$$

(qui abbiamo usato la stima molto approssimativa $2^{-p} \leq \frac{1}{n}$).

Si sa dall'algebra lineare che per qualsiasi matrice A simmetrica definita positiva, di dimensione $n \times n$, esiste una matrice simmetrica definita positiva B con $A = BB$. Scrivendo $A_k = BB$ con $B = B^\top$ otteniamo

$$||b_k|| = \frac{||A_k a_k||}{\sqrt{a_k^\top A_k a_k}} = \sqrt{\frac{a_k^\top A_k^2 a_k}{a_k^\top A_k a_k}} = \sqrt{\frac{(Ba_k)^\top A_k (Ba_k)}{(Ba_k)^\top (Ba_k)}} \leq \sqrt{||A_k||} \leq R2^{k-1}.$$

Usando ciò (e nuovamente l'ipotesi di induzione) otteniamo

$$
\begin{aligned}
||x_{k+1}|| &\le ||x_k|| + \frac{1}{n+1}||b_k|| + ||x_{k+1} - x_{k+1}^*|| \\
&\le ||x_0|| + R2^k + \frac{1}{n+1}R2^{k-1} + \sqrt{n}2^{-p} \;\le\; ||x_0|| + R2^{k+1}.
\end{aligned}
$$

Usando (4.2) e $||a_k a_k^\top|| = a_k^\top a_k$ calcoliamo

$$
\begin{aligned}
\left\|(A_{k+1}^*)^{-1}\right\| &\le \frac{2n^2}{2n^2+3}\left(\left\|A_k^{-1}\right\| + \frac{2}{n-1}\frac{a_k^\top a_k}{a_k^\top A_k a_k}\right) \qquad (4.3)\\
&= \frac{2n^2}{2n^2+3}\left(\left\|A_k^{-1}\right\| + \frac{2}{n-1}\frac{a_k^\top B A_k^{-1} B a_k}{a_k^\top B B a_k}\right) \\
&\le \frac{2n^2}{2n^2+3}\left(\left\|A_k^{-1}\right\| + \frac{2}{n-1}\left\|A_k^{-1}\right\|\right) \;<\; \frac{n+1}{n-1}\left\|A_k^{-1}\right\| \\
&\le 3R^{-2}4^k.
\end{aligned}
$$

Sia λ il più piccolo autovalore di A_{k+1}, e sia v un corrispondente autovettore con $||v|| = 1$. Allora, scrivendo $A_{k+1}^* = CC$ per una matrice simmetrica C, abbiamo

$$
\begin{aligned}
\lambda &= v^\top A_{k+1} v \;=\; v^\top A_{k+1}^* v + v^\top (A_{k+1} - A_{k+1}^*) v \\
&= \frac{v^\top C C v}{v^\top C \left(A_{k+1}^*\right)^{-1} C v} + v^\top (A_{k+1} - A_{k+1}^*) v \\
&\ge \left\|(A_{k+1}^*)^{-1}\right\|^{-1} - ||A_{k+1} - A_{k+1}^*|| \;>\; \frac{1}{3}R^2 4^{-k} - n2^{-p} \;\ge\; R^2 4^{-(k+1)},
\end{aligned}
$$

dove abbiamo usato $2^{-p} \le \frac{1}{3n}4^{-k}$. Poiché $\lambda > 0$, A_{k+1} è definita positiva. Inoltre,

$$
\left\|(A_{k+1})^{-1}\right\| = \frac{1}{\lambda} \le R^{-2}4^{k+1}.
$$

□

Ora mostriamo che in ogni iterazione l'ellissoide contiene l'intersezione di E_0 e il semi-ellissoide precedente:

Lemma 4.14. *Per* $k = 0, \ldots, N-1$ *abbiamo* $E_{k+1} \supseteq \{x \in E_k \cap E_0 : a_k x \ge a_k x_k\}$.

Dimostrazione. Sia $x \in E_k \cap E_0$ con $a_k x \geq a_k x_k$. Prima calcoliamo (usando (4.2))

$$
\begin{aligned}
&(x - x^*_{k+1})^\top (A^*_{k+1})^{-1}(x - x^*_{k+1})\\
&= \frac{2n^2}{2n^2+3}\left(x - x_k - \frac{1}{n+1}b_k\right)^\top \left(A_k^{-1} + \frac{2}{n-1}\frac{a_k a_k^\top}{a_k^\top A_k a_k}\right)\left(x - x_k - \frac{1}{n+1}b_k\right)\\
&= \frac{2n^2}{2n^2+3}\Bigg((x - x_k)^\top A_k^{-1}(x - x_k) + \frac{2}{n-1}(x - x_k)^\top \frac{a_k a_k^\top}{a_k^\top A_k a_k}(x - x_k)\\
&\quad + \frac{1}{(n+1)^2}\left(b_k^\top A_k^{-1} b_k + \frac{2}{n-1}\frac{b_k^\top a_k a_k^\top b_k}{a_k^\top A_k a_k}\right)\\
&\quad - \frac{2(x - x_k)^\top}{n+1}\left(A_k^{-1} b_k + \frac{2}{n-1}\frac{a_k a_k^\top b_k}{a_k^\top A_k a_k}\right)\Bigg)\\
&= \frac{2n^2}{2n^2+3}\Bigg((x - x_k)^\top A_k^{-1}(x - x_k) + \frac{2}{n-1}(x - x_k)^\top \frac{a_k a_k^\top}{a_k^\top A_k a_k}(x - x_k)+\\
&\quad \frac{1}{(n+1)^2}\left(1 + \frac{2}{n-1}\right) - \frac{2}{n+1}\frac{(x - x_k)^\top a_k}{\sqrt{a_k^\top A_k a_k}}\left(1 + \frac{2}{n-1}\right)\Bigg).
\end{aligned}
$$

Poiché $x \in E_k$, abbiamo $(x - x_k)^\top A_k^{-1}(x - x_k) \leq 1$. Abbreviando $t := \frac{a_k^\top (x - x_k)}{\sqrt{a_k^\top A_k a_k}}$ otteniamo

$$
(x - x^*_{k+1})^\top (A^*_{k+1})^{-1}(x - x^*_{k+1}) \leq \frac{2n^2}{2n^2+3}\left(1 + \frac{2}{n-1}t^2 + \frac{1}{n^2-1} - \frac{2}{n-1}t\right).
$$

Poiché $b_k^\top A_k^{-1} b_k = 1$ e $b_k^\top A_k^{-1}(x - x_k) = t$, abbiamo

$$
\begin{aligned}
1 &\geq (x - x_k)^\top A_k^{-1}(x - x_k)\\
&= (x - x_k - t b_k)^\top A_k^{-1}(x - x_k - t b_k) + t^2\\
&\geq t^2,
\end{aligned}
$$

perché A_k^{-1} è definita positiva. Dunque (usando $a_k x \geq a_k x_k$) abbiamo $0 \leq t \leq 1$ e otteniamo

$$
(x - x^*_{k+1})^\top (A^*_{k+1})^{-1}(x - x^*_{k+1}) \leq \frac{2n^4}{2n^4 + n^2 - 3}.
$$

Rimane da stimare l'errore di arrotondamento

$$\begin{aligned}
Z &:= \left|(x - x_{k+1})^\top (A_{k+1})^{-1}(x - x_{k+1}) - (x - x^*_{k+1})^\top (A^*_{k+1})^{-1}(x - x^*_{k+1})\right| \\
&\le \left|(x - x_{k+1})^\top (A_{k+1})^{-1}(x^*_{k+1} - x_{k+1})\right| \\
&\quad + \left|(x^*_{k+1} - x_{k+1})^\top (A_{k+1})^{-1}(x - x^*_{k+1})\right| \\
&\quad + \left|(x - x^*_{k+1})^\top \left((A_{k+1})^{-1} - (A^*_{k+1})^{-1}\right)(x - x^*_{k+1})\right| \\
&\le ||x - x_{k+1}||\ ||(A_{k+1})^{-1}||\ ||x^*_{k+1} - x_{k+1}|| \\
&\quad + ||x^*_{k+1} - x_{k+1}||\ ||(A_{k+1})^{-1}||\ ||x - x^*_{k+1}|| \\
&\quad + ||x - x^*_{k+1}||^2\ ||(A_{k+1})^{-1}||\ ||(A^*_{k+1})^{-1}||\ ||A^*_{k+1} - A_{k+1}||.
\end{aligned}$$

Usando il Lemma 4.13 e $x \in E_0$ otteniamo $||x - x_{k+1}|| \le ||x - x_0|| + ||x_{k+1} - x_0|| \le R + R2^N$ e $||x - x^*_{k+1}|| \le ||x - x_{k+1}|| + \sqrt{n}2^{-p} \le R2^{N+1}$. Usiamo anche (4.3) e otteniamo

$$\begin{aligned}
Z &\le 2(R2^{N+1})(R^{-2}4^N)(\sqrt{n}2^{-p}) + (R^2 4^{N+1})(R^{-2}4^N)(3R^{-2}4^{N-1})(n2^{-p}) \\
&= 4R^{-1}2^{3N}\sqrt{n}2^{-p} + 3R^{-2}2^{6N}n2^{-p} \\
&\le 2^{6N}n2^{-p} \\
&\le \frac{1}{9n^2},
\end{aligned}$$

per la definizione di p. Mettendo tutto insieme abbiamo

$$(x - x_{k+1})^\top (A_{k+1})^{-1}(x - x_{k+1}) \le \frac{2n^4}{2n^4 + n^2 - 3} + \frac{1}{9n^2} \le 1.$$

□

I volumi degli ellissoidi diminuiscono di un fattore costante ad ogni iterazione:

Lemma 4.15. *Per $k = 0, \dots, N-1$ abbiamo* $\frac{\text{volume}(E_{k+1})}{\text{volume}(E_k)} < e^{-\frac{1}{5n}}$.

Dimostrazione. (Grötschel, Lovász e Schrijver [1988]) Scriviamo

$$\frac{\text{volume}(E_{k+1})}{\text{volume}(E_k)} = \sqrt{\frac{\det A_{k+1}}{\det A_k}} = \sqrt{\frac{\det A^*_{k+1}}{\det A_k}}\sqrt{\frac{\det A_{k+1}}{\det A^*_{k+1}}}$$

e stimiamo i due fattori indipendentemente. Osserviamo prima che

$$\frac{\det A^*_{k+1}}{\det A_k} = \left(\frac{2n^2+3}{2n^2}\right)^n \det\left(I - \frac{2}{n+1}\frac{a_k a_k^\top A_k}{a_k^\top A_k a_k}\right).$$

La matrice $\frac{a_k a_k^\top A_k}{a_k^\top A_k a_k}$ ha rango uno e il suo unico autovalore non nullo è 1 (autovettore a_k). Poiché il determinante è il prodotto degli autovalori, concludiamo che

$$\frac{\det A_{k+1}^*}{\det A_k} = \left(\frac{2n^2+3}{2n^2}\right)^n \left(1 - \frac{2}{n+1}\right) < e^{\frac{3}{2n}} e^{-\frac{2}{n}} = e^{-\frac{1}{2n}},$$

dove abbiamo usato $1 + x \leq e^x$ per tutti gli x e $\left(\frac{n-1}{n+1}\right)^n < e^{-2}$ per $n \geq 2$.

Per la seconda stima usiamo (4.3) e la nota disuguaglianza $\det B \leq ||B||^n$ per qualsiasi matrice B:

$$\begin{aligned}
\frac{\det A_{k+1}}{\det A_{k+1}^*} &= \det\left(I + (A_{k+1}^*)^{-1}(A_{k+1} - A_{k+1}^*)\right) \\
&\leq \left|\left|I + (A_{k+1}^*)^{-1}(A_{k+1} - A_{k+1}^*)\right|\right|^n \\
&\leq \left(||I|| + ||(A_{k+1}^*)^{-1}||\ ||A_{k+1} - A_{k+1}^*||\right)^n \\
&\leq \left(1 + (R^{-2}4^{k+1})(n2^{-p})\right)^n \\
&\leq \left(1 + \frac{1}{10n^2}\right)^n \\
&\leq e^{\frac{1}{10n}}
\end{aligned}$$

(abbiamo usato $2^{-p} \leq \frac{4}{10n^3 4^N} \leq \frac{R^2}{10n^3 4^{k+1}}$).

Concludiamo che

$$\frac{\text{volume}\,(E_{k+1})}{\text{volume}\,(E_k)} = \sqrt{\frac{\det A_{k+1}^*}{\det A_k}} \sqrt{\frac{\det A_{k+1}}{\det A_{k+1}^*}} \leq e^{-\frac{1}{4n}} e^{\frac{1}{20n}} = e^{-\frac{1}{5n}}.$$

□

4.5 Il Teorema di Khachiyan

In questa sezione dimostreremo il Teorema di Khachiyan: il METODO DELL'ELLISSOIDE può essere applicato alla PROGRAMMAZIONE LINEARE per ottenere un algoritmo tempo-polinomiale. Dimostriamo prima che è sufficiente avere un algoritmo per controllare l'ammissibilità del sistema di disuguaglianze lineari:

Proposizione 4.16. *Si supponga che esista un algoritmo tempo-polinomiale per il problema seguente: "Data una matrice $A \in \mathbb{Q}^{m \times n}$ e un vettore $b \in \mathbb{Q}^m$, decidere se $\{x : Ax \leq b\}$ è vuoto." Allora esiste un algoritmo tempo-polinomiale per la* PROGRAMMAZIONE LINEARE *che trova una soluzione ottima di base, se ne esiste una.*

Dimostrazione. Sia dato un PL $\max\{cx : Ax \leq b\}$. Controlliamo prima se i programmi lineari primali e duali sono entrambi ammissibili. Se almeno uno di loro non è ammissibile, per il Teorema 3.27 abbiamo finito. Altrimenti, per il Corollario 3.21, è sufficiente trovare un elemento di $\{(x, y) : Ax \leq b,\ yA = c,\ y \geq 0,\ cx = yb\}$.

Mostriamo (per induzione su k) che una soluzione di un sistema ammissibile di k disuguaglianze e l uguaglianze può essere trovato da k chiamate alla procedura che controlla che un poliedro sia vuoto, più altri calcoli tempo-polinomiali. Per $k = 0$ una soluzione può essere trovata facilmente con l'ELIMINAZIONE DI GAUSS (Corollario 4.11).

Ora sia $k > 0$. Sia $ax \leq \beta$ una disuguaglianza del sistema. Con una chiamata alla sottoprocedura controlliamo se il sistema diventi non ammissibile sostituendo $ax \leq \beta$ con $ax = \beta$. Se ciò accade, la disuguaglianza è ridondante e può essere rimossa (cf. Proposizione 3.8). Altrimenti, la sostituiamo con l'uguaglianza. In entrambi i casi, si riduce il numero di disuguaglianze di uno, e, per induzione, abbiamo finito.

Se esiste una soluzione ottima di base, la procedura precedente ne genera una, perché il sistema finale di uguaglianze contiene un sottosistema ammissibile massimale di $Ax = b$. □

Prima di poter applicare il METODO DELL'ELLISSOIDE, dobbiamo controllare che il poliedro sia limitato e a dimensione piena:

Proposizione 4.17. (Khachiyan [1979], Gács e Lovász [1981]) *Sia $A \in \mathbb{Q}^{m \times n}$ e $b \in \mathbb{Q}^m$. Il sistema $Ax \leq b$ ha una soluzione se e solo se il sistema*

$$Ax \leq b + \epsilon \mathbb{1}, \qquad -R\mathbb{1} \leq x \leq R\mathbb{1}$$

ha una soluzione, dove $\mathbb{1}$ è il vettore di tutti uno, $\frac{1}{\epsilon} = 2n2^{4(\text{size}(A)+\text{size}(b))}$ e $R = 1 + 2^{4(\text{size}(A)+\text{size}(b))}$.

Se $Ax \leq b$ ha una soluzione, allora volume $(\{x \in \mathbb{R}^n : Ax \leq b + \epsilon\mathbb{1}, -R\mathbb{1} \leq x \leq R\mathbb{1}\}) \geq \left(\frac{2\epsilon}{n2^{\text{size}(A)}}\right)^n$.

Dimostrazione. Per il Teorema 4.4, i vincoli di box $-R\mathbb{1} \leq x \leq R\mathbb{1}$ non cambiano la risolvibilità del sistema. Si supponga ora che $Ax \leq b$ non abbia soluzione. Per il Teorema 3.24 (una versione del Lemma di Farkas), esiste un vettore $y \geq 0$ con $yA = 0$ e $yb = -1$. Applicando il Teorema 4.4 a $\min\{\mathbb{1}y : y \geq 0,\ A^\top y = 0,\ b^\top y = -1\}$ concludiamo che y può essere scelta tale che i suoi elementi abbiano il valore assoluto minore di $2^{4(\text{size}(A)+\text{size}(b))}$. Quindi $y(b+\epsilon\mathbb{1}) < -1 + (n+1)2^{4(\text{size}(A)+\text{size}(b))}\epsilon \leq 0$. Ciò dimostra, nuovamente per il Teorema 3.24, che $Ax \leq b + \epsilon\mathbb{1}$ non ha soluzione.

Per la seconda affermazione, se $x \in \mathbb{R}^n$ con $Ax \leq b$ ha elementi di valore assoluto al massimo $R - 1$ (cf. Teorema 4.4), allora $\{x \in \mathbb{R}^n : Ax \leq b+\epsilon\mathbb{1}, -R\mathbb{1} \leq x \leq R\mathbb{1}\}$ contiene tutti i punti z con $||z - x||_\infty \leq \frac{\epsilon}{n2^{\text{size}(A)}}$. □

Si noti che la costruzione di questa proposizione aumenta la dimensione del sistema di disuguaglianze al massimo di un fattore di $O(m + n)$.

Teorema 4.18. (Khachiyan [1979]) *Esiste un algoritmo tempo-polinomiale per la* PROGRAMMAZIONE LINEARE *(con input razionale), e questo algoritmo trova una soluzione ottima di base, se ne esiste una.*

Dimostrazione. Per la Proposizione 4.16 basta controllare l'ammissibilità di un sistema $Ax \leq b$. Trasformiamo il sistema come in Proposizione 4.17 per ottenere un politopo P che o sia vuoto oppure abbia un volume di almeno $\left(\frac{2\epsilon}{n2^{\text{size}(A)}}\right)^n$.

Eseguiamo il METODO DELL'ELLISSOIDE con $x_0 = 0$, $R = n\left(1 + 2^{4(\text{size}(A)+\text{size}(b))}\right)$, $N = \lceil 10n^2(2\log n + 5(\text{size}(A) + \text{size}(b)))\rceil$. Al passo ② controlliamo ogni volta se $x_k \in P$, e nel qual caso, abbiamo finito. Altrimenti prendiamo una disuguaglianza violata $ax \leq \beta$ del sistema $Ax \leq b$ e poniamo $a_k := -a$.

Sosteniamo che se l'algoritmo non trova un $x_k \in P$ prima dell'iterazione N, allora P deve essere vuoto. Per vederlo, osserviamo prima che $P \subseteq E_k$ per tutti i k: per $k = 0$ ciò è chiaro per la costruzione di P e R; il passo di induzione è il Lemma 4.14. Dunque abbiamo $P \subseteq E_N$.

Per il Lemma 4.15, abbreviando $s := \text{size}(A) + \text{size}(b)$, abbiamo

$$\begin{aligned}\text{volume}\,(E_N) &\leq \text{volume}\,(E_0)e^{-\frac{N}{5n}} \leq (2R)^n e^{-\frac{N}{5n}} \\ &< \left(2n\left(1+2^{4s}\right)\right)^n n^{-4n} e^{-10ns} < n^{-2n}2^{-5ns}.\end{aligned}$$

D'altronde, $P \neq \emptyset$ implica

$$\text{volume}\,(P) \geq \left(\frac{2\epsilon}{n2^s}\right)^n = \left(\frac{1}{n^2 2^{5s}}\right)^n = n^{-2n}2^{-5ns},$$

che è una contraddizione. □

Stimando il tempo di esecuzione per risolvere un PL $\max\{cx : Ax \leq b\}$ con questo metodo, si ottiene un bound [stima] di $O((n+m)^9(\text{size}(A) + \text{size}(b) + \text{size}(c))^2)$ (Esercizio 9), che è polinomiale, anche se completamente inutile a scopi pratici. In pratica, si usano o l'ALGORITMO DEL SIMPLESSO oppure gli algoritmi di punto interno. Karmarkar [1984] fu il primo a descrivere un algoritmo polinomiale del punto interno per la PROGRAMMAZIONE LINEARE. Non entreremo qui nei dettagli.

Non è si conosce nessun algoritmo fortemente polinomiale per la PROGRAMMAZIONE LINEARE. Comunque, Tardos [1986] ha mostrato che esiste un algoritmo per risolvere $\max\{cx : Ax \leq b\}$ con un tempo di esecuzione che dipende polinomialmente solo da size(A). Per molti problemi di ottimizzazione combinatoria, dove A è una matrice 0-1, questo dà un algoritmo tempo-polinomiale in senso forte. Il risultato di Tardos è stato esteso da Frank e Tardos [1987].

4.6 Separazione e ottimizzazione

Il metodo precedente (in particolare la Proposizione 4.16) richiede che il poliedro sia dato in maniera esplicita con una lista di disuguaglianze. Comunque, si può notare che non è veramente necessario. È sufficiente avere una sottoprocedura che, dato un vettore x, decida se $x \in P$ o altrimenti restituisca un iperpiano di separazione, ossia un vettore a tale che $ax > \max\{ay : y \in P\}$. Lo dimostreremo per politopi a dimensione piena; per il caso generale (più complicato) rimandiamo a Grötschel, Lovász e Schrijver [1988] (o Padberg [1995]). I risultati di questa sezione sono dovuti a Grötschel, Lovász e Schrijver [1981] e indipendentemente a Karp e Papadimitriou [1982] e Padberg e Rao [1981].

Con i risultati di questa sezione si possono risolvere alcuni programmi lineari in tempo polinomiale anche se il politopo ha un numero esponenziale di faccette. Molti esempi sono discussi più avanti in questo libro; si veda ad esempio il Corollario 12.22 o il Teorema 20.34. Considerando il PL duale si possono considerare anche i programmi lineari con un numero esponenziale di variabili.

Sia $P \subseteq \mathbb{R}^n$ un politopo a dimensione piena, o più in generale, un insieme convesso limitato a dimensione piena. Assumiamo che si sappia la dimensione n e si abbiano due sfere $B(x_0, r)$ e $B(x_0, R)$ tali che $B(x_0, r) \subseteq P \subseteq B(x_0, R)$. Tuttavia non assumiamo che si conosca un sistema di disuguaglianze lineari P. Infatti, questo non avrebbe senso se vogliamo risolvere i programmi lineari con un numero esponenziale di vincoli in tempo polinomiale, o anche ottimizzare funzioni obiettivo lineari su insiemi convessi con vincoli non lineari.

Dimostreremo di seguito, con delle ipotesi ragionevoli, che possiamo ottimizzare una funzione lineare su un poliedro P in tempo polinomiale (indipendentemente dal numero di vincoli) se abbiamo un cosiddétto **oracolo di separazione**, ovvero una sottoprocedura che risolve il problema seguente:

PROBLEMA DI SEPARAZIONE	
Istanza:	Un insieme convesso $P \subseteq \mathbb{R}^n$. Un vettore $y \in \mathbb{Q}^n$.
Obiettivo:	Decidere che $y \in P$ oppure trovare un vettore $d \in \mathbb{Q}^n$ tale che $dx < dy$ per tutti gli $x \in P$.

Si noti che un tale vettore d esiste se P è un poliedro razionale oppure un insieme convesso compatto (cf. Esercizio 20 del Capitolo 3). Dato un insieme convesso P definito da un tale **oracolo di separazione**, cerchiamo un algoritmo, cioè un **oracolo**, da usare come scatola nera [black-box]. In un algoritmo di oracolo di può richiamare l'oracolo in qualsiasi momento e ottenere una risposta con un solo passo. Potremmo pensare a questo concetto come a una sottoprocedura di cui non ci preoccupiamo del tempo di esecuzione. (Nel Capitolo 15 daremo una definizione formale.)

Comunque, spesso è sufficiente avere un oracolo che risolva il PROBLEMA DI SEPARAZIONE in maniera approssimata. Più precisamente assumiamo un oracolo per il problema seguente:

PROBLEMA DI SEPARAZIONE DEBOLE	
Istanza:	Un insieme convesso $P \subseteq \mathbb{R}^n$, un vettore $c \in \mathbb{Q}^n$ e un numero $\epsilon > 0$. Un vettore $y \in \mathbb{Q}^n$.
Obiettivo:	Trovare un vettore $y' \in P$ con $cy \leq cy' + \epsilon$ oppure trovare un vettore $d \in \mathbb{Q}^n$ tale che $dx < dy$ per tutti gli $x \in P$.

Usando un oracolo debole di separazione risolviamo prima i programmi lineari in modo approssimato:

PROBLEMA DI OTTIMIZZAZIONE DEBOLE	
Istanza:	Un numero $n \in \mathbb{N}$. Un vettore $c \in \mathbb{Q}^n$. Un numero $\epsilon > 0$. Un insieme convesso $P \subseteq \mathbb{R}^n$ dato da un oracolo per il PROBLEMA DI SEPARAZIONE DEBOLE per P, c e $\frac{\epsilon}{2}$.
Obiettivo:	Trovare un vettore $y \in P$ con $cy \geq \sup\{cx : x \in P\} - \epsilon$.

Si noti che le due definizioni precedenti sono diverse da quelle date per esempio in Grötschel, Lovász e Schrijver [1981]. Comunque, sono fondamentalmente equivalenti, e avremo bisogno della forma data sopra nella Sezione 18.3.

La seguente variante del METODO DELL'ELLISSOIDE risolve il PROBLEMA DI OTTIMIZZAZIONE DEBOLE per insiemi convessi limitati a dimensione piena:

ALGORITMO DI GRÖTSCHEL-LOVÁSZ-SCHRIJVER	
Input:	Un numero $n \in \mathbb{N}$, $n \geq 2$. Un vettore $c \in \mathbb{Q}^n$. Un numero $0 < \epsilon \leq 1$. Un insieme convesso $P \subseteq \mathbb{R}^n$ dato da un oracolo per il PROBLEMA DI SEPARAZIONE DEBOLE per P, c e $\frac{\epsilon}{2}$. $x_0 \in \mathbb{Q}^n$ e $r, R \in \mathbb{Q}_+$ tale che $B(x_0, r) \subseteq P \subseteq B(x_0, R)$.
Output:	Un vettore $y^* \in P$ con $cy^* \geq \sup\{cx : x \in P\} - \epsilon$.

① Poni $R := \max\{R, 2\}$, $r := \min\{r, 1\}$ e $\gamma := \max\{||c||, 1\}$.
Poni $N := 5n^2 \left\lceil \ln \frac{6R^2\gamma}{r\epsilon} \right\rceil$. Poni $y^* := x_0$.

② Esegui il METODO DELL'ELLISSOIDE, con a_k in ② calcolato come segue:
  Esegui l'oracolo per il PROBLEMA DI SEPARAZIONE DEBOLE con $y = x_k$.
  If l'oracolo restituisce un $y' \in P$ con $cy \leq cy' + \frac{\epsilon}{2}$ **then**:
    If $cy' > cy^*$ **then** poni $y^* := y'$.
    Poni $a_k := c$.
  If l'oracolo restituisce un $d \in \mathbb{Q}^n$ con $dx < dy$ per tutti gli $x \in P$ **then**:
    Poni $a_k := -d$.

Teorema 4.19. *L'*ALGORITMO DI GRÖTSCHEL-LOVÁSZ-SCHRIJVER *risolve correttamente il* PROBLEMA DI OTTIMIZZAZIONE DEBOLE *per insiemi convessi a dimensione limitata. Il suo tempo di esecuzione è limitato da*

$$O\left(n^6\alpha^2 + n^4\alpha f(\text{size}(c), \text{size}(\epsilon), n\,\text{size}(x_0) + n^3\alpha)\right),$$

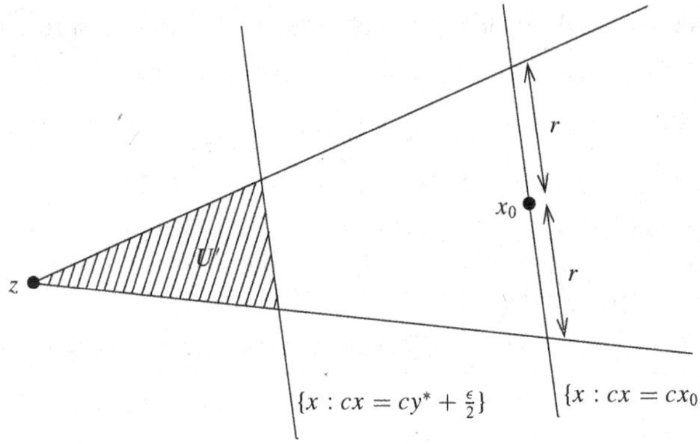

Figura 4.2.

dove $\alpha = \log \frac{R^2\gamma}{r\epsilon}$ *e* $f(\text{size}(c), \text{size}(\epsilon), \text{size}(y))$ *è un upper bound [maggiorazione, stima per eccesso] del tempo di esecuzione dell'oracolo per il* PROBLEMA DI SEPARAZIONE DEBOLE *per* P *con input* c, ϵ, y.

Dimostrazione. (Grötschel, Lovász e Schrijver [1981]) Il tempo di esecuzione in ognuna delle $N = O(n^2\alpha)$ iterazioni del METODO DELL'ELLISSOIDE è $O(n^2(n^2\alpha + \text{size}(R) + \text{size}(x_0) + q))$ più il costo di una chiamata all'oracolo, dove q è la dimensione dell'output dell'oracolo. Siccome $\text{size}(y) \le n(\text{size}(x_0) + \text{size}(R) + N)$ per il Lemma 4.13, il tempo di esecuzione complessivo è $O(n^4\alpha(n^2\alpha + \text{size}(x_0) + f(\text{size}(c), \text{size}(\epsilon), n\,\text{size}(x_0) + n^3\alpha)))$.

Per il Lemma 4.14, abbiamo

$$\left\{x \in P : cx \ge cy^* + \frac{\epsilon}{2}\right\} \dot{\subseteq} E_N.$$

Sia $z \in P$ con $cz \ge \sup\{cx : x \in P\} - \frac{\epsilon}{6}$. Possiamo assumere che $cz > cy^* + \frac{\epsilon}{2}$; altrimenti abbiamo concluso.

Si consideri il guscio convesso U di z e la sfera a $(n-1)$ dimensioni $B(x_0, r) \cap \{x : cx = cx_0\}$ (si veda la Figura 4.2). Abbiamo $U \subseteq P$ e quindi $U' := \{x \in U : cx \ge cy^* + \frac{\epsilon}{2}\}$ è contenuto in E_N. Il volume di U' è

$$\begin{aligned} \text{volume}(U') &= \text{volume}(U)\left(\frac{cz - cy^* - \frac{\epsilon}{2}}{cz - cx_0}\right)^n \\ &= V_{n-1}r^{n-1}\frac{cz - cx_0}{n\|c\|}\left(\frac{cz - cy^* - \frac{\epsilon}{2}}{cz - cx_0}\right)^n, \end{aligned}$$

dove V_n indica il volume della sfera unitaria di n dimensioni. Poiché $\text{volume}(U') \le \text{volume}(E_N)$, e il Lemma 4.15 da

$$\text{volume}(E_N) \le e^{-\frac{N}{5n}}\,\text{volume}(E_0) = e^{-\frac{N}{5n}} V_n R^n,$$

abbiamo

$$cz - cy^* - \frac{\epsilon}{2} \le e^{-\frac{N}{5n^2}} R\left(\frac{V_n(cz - cx_0)^{n-1} n\|c\|}{V_{n-1}r^{n-1}}\right)^{\frac{1}{n}}.$$

Poiché $cz - cx_0 \leq ||c|| \cdot ||z - x_0|| \leq ||c||R$ otteniamo

$$cz - cy^* - \frac{\epsilon}{2} \leq ||c||e^{-\frac{N}{5n^2}} R \left(\frac{nV_n R^{n-1}}{V_{n-1} r^{n-1}} \right)^{\frac{1}{n}} < 2||c||e^{-\frac{N}{5n^2}} \frac{R^2}{r} \leq \frac{\epsilon}{3}$$

e quindi $cy^* \geq cz - \frac{5}{6}\epsilon \geq \sup\{cx : x \in P\} - \epsilon$. □

Di solito siamo ovviamente interessati alla soluzione ottima esatta. Per questo motivo ci limitiamo a considerare politopi razionali a dimensione piena. Abbiamo però bisogno di alcune ipotesi sulla dimensione dei vertici del politopo.

Lemma 4.20. *Sia $n \in \mathbb{N}$, sia $P \subseteq \mathbb{R}^n$ un politopo razionale, e sia $x_0 \in \mathbb{Q}^n$ un punto all'interno di P. Sia $T \in \mathbb{N}$ tale che $\text{size}(x_0) \leq \log T$ e $\text{size}(x) \leq \log T$ per tutti i vertici x di P. Allora $B(x_0, r) \subseteq P \subseteq B(x_0, R)$, dove $r := \frac{1}{n} T^{-379n^2}$ e $R := 2nT$.*

Inoltre, sia $K := 4T^{2n+1}$. Sia $c \in \mathbb{Z}^n$, e definiamo $c' := K^n c + (1, K, \ldots, K^{n-1})$. Allora $\max\{c'x : x \in P\}$ è ottenuto da un unico vettore x^*, per tutti gli altri vertici y di P abbiamo $c'(x^* - y) > T^{-2n}$, e anche x^* è una soluzione ottima di $\max\{cx : x \in P\}$.

Dimostrazione. Per qualsiasi vertice x di P abbiamo $||x|| \leq nT$ e $||x_0|| \leq nT$, dunque $||x - x_0|| \leq 2nT$ e $x \in B(x_0, R)$.

Per mostrare che $B(x_0, r) \subseteq P$, sia $F = \{x \in P : ax = \beta\}$ una faccetta di P, in cui, per il Lemma 4.5, possiamo assumere che $\text{size}(a) + \text{size}(\beta) < 75n^2 \log T$. Si supponga che esista un punto $y \in F$ con $||y - x_0|| < r$. Allora

$$|ax_0 - \beta| = |ax_0 - ay| \leq ||a|| \cdot ||y - x_0|| < n2^{\text{size}(a)} r \leq T^{-304n^2}.$$

D'altronde la dimensione di $ax_0 - \beta$ può essere stimata da

$$\begin{aligned} \text{size}(ax_0 - \beta) &\leq 4(\text{size}(a) + \text{size}(x_0) + \text{size}(\beta)) \\ &\leq 300n^2 \log T + 4 \log T \leq 304n^2 \log T. \end{aligned}$$

Poiché $ax_0 \neq \beta$ (x_0 è all'interno di P), ciò implica $|ax_0 - \beta| \geq T^{-304n^2}$, una contraddizione.

Per dimostrare le ultime affermazioni, sia x^* un vertice di P che massimizzi $c'x$, e sia y un altro vertice di P. Per l'ipotesi sulla dimensione dei vertici di P possiamo scrivere $x^* - y = \frac{1}{\alpha} z$, dove $\alpha \in \{1, 2, \ldots, T^{2n} - 1\}$ e z è un vettore di interi i cui elementi hanno valore assoluto al massimo pari a $\frac{K}{2}$. Allora

$$0 \leq c'(x^* - y) = \frac{1}{\alpha} \left(K^n cz + \sum_{i=1}^{n} K^{i-1} z_i \right).$$

Poiché $K^n > \sum_{i=1}^{n} K^{i-1} |z_i|$, dobbiamo avere $cz \geq 0$ e quindi $cx^* \geq cy$. Dunque x^* massimizza sicuramente cx su P. Inoltre, poiché $z \neq 0$, otteniamo

$$c'(x^* - y) \geq \frac{1}{\alpha} > T^{-2n},$$

come richiesto. □

Teorema 4.21. *Siano $n \in \mathbb{N}$ e $c \in \mathbb{Q}^n$. Sia $P \subseteq \mathbb{R}^n$ un politopo razionale, e sia $x_0 \in \mathbb{Q}^n$ un punto all'interno di P. Sia $T \in \mathbb{N}$ tale che $\text{size}(x_0) \leq \log T$ e $\text{size}(x) \leq \log T$ per tutti i vertici x di P.*

Dati n, c, x_0, T e un oracolo tempo-polinomiale per il PROBLEMA DI SEPARAZIONE *per P, un vertice x^* di P che ottiene $\max\{c^\top x : x \in P\}$ può essere trovato in tempo polinomiale in n, $\log T$ e $\text{size}(c)$.*

Dimostrazione. (Grötschel, Lovász e Schrijver [1981]) Usiamo prima l'ALGORITMO DI GRÖTSCHEL-LOVÁSZ-SCHRIJVER per risolvere il PROBLEMA DI OTTIMIZZAZIONE DEBOLE; poniamo c', r e R come nel Lemma 4.20 e $\epsilon := \frac{1}{8nT^{2n+3}}$. (Prima dobbiamo rendere c intero moltiplicandolo per il prodotto dei suoi denominatori; questo aumenta la dimensione di un fattore al massimo pari a $2n$.)

L'ALGORITMO DI GRÖTSCHEL-LOVÁSZ-SCHRIJVER restituisce un vettore $y \in P$ con $c'y \geq c'x^* - \epsilon$, dove x^* è una soluzione ottima di $\max\{c'x : x \in P\}$. Per il Teorema 4.19 il tempo di esecuzione è $O(n^6\alpha^2 + n^4\alpha f(\text{size}(c'), \text{size}(\epsilon), n\,\text{size}(x_0) + n^3\alpha)) = O(n^6\alpha^2 + n^4\alpha f(\text{size}(c'), 6n\log T, n\log T + n^3\alpha))$, dove $\alpha = \log \frac{R^2 \max\{||c'||,1\}}{r\epsilon} \leq \log(16n^5 T^{400n^2} 2^{\text{size}(c')}) = O(n^2 \log T + \text{size}(c'))$ ed f è un upper bound polinomiale al tempo di esecuzione dell'oracolo per il PROBLEMA DI SEPARAZIONE per P. Poiché $\text{size}(c') \leq 6n^2 \log T + 2\,\text{size}(c)$, abbiamo un tempo di esecuzione complessivo che è polinomiale in n, $\log T$ e $\text{size}(c)$.

Affermiamo che $||x^* - y|| \leq \frac{1}{2T^2}$. Per vederlo, scriviamo y come una combinazione convessa dei vertici $x^*, x_1, \ldots, x_k$ di P:

$$y = \lambda_0 x^* + \sum_{i=1}^{k} \lambda_i x_i, \quad \lambda_i \geq 0, \quad \sum_{i=0}^{k} \lambda_i = 1.$$

Ora, usando il Lemma 4.20,

$$\epsilon \geq c'(x^* - y) = \sum_{i=1}^{k} \lambda_i c'\left(x^* - x_i\right) > \sum_{i=1}^{k} \lambda_i T^{-2n} = (1 - \lambda_0)T^{-2n},$$

e dunque $1 - \lambda_0 < \epsilon T^{2n}$. Concludiamo che

$$||y - x^*|| \leq \sum_{i=1}^{k} \lambda_i ||x_i - x^*|| \leq (1 - \lambda_0)2R < 4nT^{2n+1}\epsilon \leq \frac{1}{2T^2}.$$

Dunque quando si arrotonda ogni elemento di y al numero razionale successivo con denominatore al massimo T, otteniamo x^*. L'arrotondamento può essere fatto in tempo polinomiale per il Teorema 4.8. □

Abbiamo dimostrato che, sotto certe ipotesi, si può ottimizzare su un politopo ogni qual volta esiste un oracolo di separazione. Concludiamo questo capitolo notando che è vero anche il contrario. Abbiamo però bisogno del concetto di polarità: se $X \subseteq \mathbb{R}^n$, definiamo il **polare** di X come l'insieme

$$X^\circ := \{y \in \mathbb{R}^n : y^\top x \leq 1 \text{ per ogni } x \in X\}.$$

Quando viene applicata a politopi di dimensione piena, questa operazione gode di una proprietà interessante:

Teorema 4.22. *Sia P un politopo in $\mathbb{R}^n$ con 0 al suo interno. Allora:*

(a) *P° è un politopo con 0 al suo interno.*
(b) *$(P^\circ)^\circ = P$.*
(c) *x è un vertice di P se e solo se $x^\top y \leq 1$ è una disuguaglianza facet-defining di P°.*

Dimostrazione. (a): Sia P il guscio convesso di $x_1, \ldots, x_k$ (cf. Teorema 3.31). Per definizione, $P^\circ = \{y \in \mathbb{R}^n : y^\top x_i \leq 1 \text{ per tutti gli } i \in \{1, \ldots, k\}\}$, ovvero P° è un poliedro e le disuguaglianze facet-defining di P° sono date dai vertici di P. Inoltre, 0 è all'interno di P° perché 0 soddisfa strettamente tutte le disuguaglianze (che sono in numero finito). Supponiamo che P° sia illimitato, ossia che esista un $w \in \mathbb{R}^n \setminus \{0\}$ con $\alpha w \in P^\circ$ per tutti gli $\alpha > 0$. Allora $\alpha w x \leq 1$ per tutti gli $\alpha > 0$ e tutti gli $x \in P$, dunque $wx \leq 0$ per tutti gli $x \in P$. Ma allora 0 non può essere all'interno di P.

(b): Banalmente, $P \subseteq (P^\circ)^\circ$. Per dimostrare il contrario, si supponga che $z \in (P^\circ)^\circ \setminus P$. Allora esiste una disuguaglianza $c^\top x \leq \delta$ soddisfatta da ogni $x \in P$ ma non da z. Abbiamo $\delta > 0$ poiché 0 è all'interno di P. Allora $\frac{1}{\delta}c \in P^\circ$ ma $\frac{1}{\delta}c^\top z > 1$, contraddicendo l'ipotesi che $z \in (P^\circ)^\circ$.

(c): Abbiamo già visto in (a) che le disuguaglianze facet-defining di P° sono date dai vertici di P. Al contrario, se $x_1, \ldots, x_k$ sono i vertici di P, allora $\bar{P} := \text{conv}(\{\frac{1}{2}x_1, x_2, \ldots, x_k\}) \neq P$, e 0 è all'interno di $\bar{P}$. Ora (b) implica $\bar{P}^\circ \neq P^\circ$. Quindi $\{y \in \mathbb{R}^n : y^\top x_1 \leq 2, y^\top x_i \leq 1 (i = 2, \ldots, k)\} = \bar{P}^\circ \neq P^\circ = \{y \in \mathbb{R}^n : y^\top x_i \leq 1 (i = 1, \ldots, k)\}$. Concludiamo che $x_1^\top y \leq 1$ è una disuguaglianza facet-defining di P°. □

Ora possiamo dimostrare:

Teorema 4.23. *Sia $n \in \mathbb{N}$ e $y \in \mathbb{Q}^n$. Sia $P \subseteq \mathbb{R}^n$ un politopo razionale, e sia $x_0 \in \mathbb{Q}^n$ un punto all'interno di P. Sia $T \in \mathbb{N}$ tale che* $\text{size}(x_0) \leq \log T$ *e* $\text{size}(x) \leq \log T$ *per tutti i vertici x di P.*

Dati n, y, x_0, T e un oracolo, il quale per qualsiasi $c \in \mathbb{Q}^n$ dato restituisca un vertice x^* di P che risolve $\max\{c^\top x : x \in P\}$, *possiamo risolvere il* PROBLEMA DI SEPARAZIONE *per P e y in tempo polinomiale in n,* $\log T$ *e* $\text{size}(y)$. *Infatti, nel caso $y \notin P$ possiamo trovare una disuguaglianza facet-defining di P che è violata da y.*

Dimostrazione. Si consideri $Q := \{x - x_0 : x \in P\}$ e il suo polare Q°. Se $x_1, \ldots, x_k$ sono i vertici di P, abbiamo

$$Q^\circ = \{z \in \mathbb{R}^n : z^\top (x_i - x_0) \leq 1 \text{ per tutti gli } i \in \{1, \ldots, k\}\}.$$

Per il Teorema 4.4 abbiamo $\text{size}(z) \leq 4n(4n \log T + 3n) \leq 28n^2 \log T$ per tutti i vertici z di Q°.

Si osservi che il PROBLEMA DI SEPARAZIONE per P e y è equivalente al PROBLEMA DI SEPARAZIONE per Q e $y - x_0$. Poiché per il Teorema 4.22

$$Q = (Q^\circ)^\circ = \{x : zx \leq 1 \text{ per ogni } z \in Q^\circ\},$$

il PROBLEMA DI SEPARAZIONE per Q e $y - x_0$ è equivalente a risolvere $\max\{(y - x_0)^\top x : x \in Q^\circ\}$. Poiché ogni vertice di Q° corrisponde a una disuguaglianza facet-defining di Q (e quindi di P), rimane da mostrare come trovare un vertice che risolve $\max\{(y - x_0)^\top x : x \in Q^\circ\}$.

Per poterlo fare, applichiamo il Teorema 4.21 a Q°. Per il Teorema 4.22, Q° è a dimensione piena e contiene al suo interno lo 0. Abbiamo mostrato sopra che la dimensione dei vertici di Q° è al massimo $28n^2 \log T$. Dunque rimane da mostrare che possiamo risolvere il PROBLEMA DI SEPARAZIONE per Q° in tempo polinomiale. Ciò si riduce al problema di ottimizzazione per Q che può essere risolto usando l'oracolo per ottimizzare su P. □

Citiamo infine un nuovo algoritmo, proposto da Vaidya [1996], che è più veloce del METODO DELL'ELLISSOIDE e che implica sempre l'equivalenza tra ottimizzazione e separazione. Comunque, neanche questo algoritmo sembra al momento avere un uso pratico.

Esercizi

1. Sia A una matrice razionale $n \times n$ non-singolare. Dimostrare che $\text{size}(A^{-1}) \leq 4n^2 \,\text{size}(A)$.
* 2. Sia $n \geq 2$, $c \in \mathbb{R}^n$ e siano $y_1, \dots, y_k \in \{-1, 0, 1\}^n$ tali che $0 < c^\top y_{i+1} \leq \frac{1}{2} c^\top y_i$ per $i = 1, \dots, k-1$. Dimostrare che allora $k \leq 3n \log n$.
   Suggerimento: si consideri il programma lineare $\max\{y_1^\top x : y_k^\top x = 1, (y_i - 2y_{i+1})^\top x \geq 0 \ (i = 1, \dots, k-1)\}$ e si ricordi la dimostrazione del Teorema 4.4.
   (M. Goemans)
3. Si considerino i numeri h_i nella ESPANSIONE DI FRAZIONI CONTINUE. Dimostrare che $h_i \geq F_{i+1}$ per tutti gli i, dove F_i è l'i-mo numero di Fibonacci ($F_1 = F_2 = 1$ e $F_n = F_{n-1} + F_{n-2}$ per $n \geq 3$). Si osservi che

$$F_n = \frac{1}{\sqrt{5}}\left(\left(\frac{1+\sqrt{5}}{2}\right)^n - \left(\frac{1-\sqrt{5}}{2}\right)^n\right).$$

   Si concluda che il numero di iterazioni dell'ESPANSIONE DI FRAZIONI CONTINUE è $O(\log q)$.
   (Grötschel, Lovász e Schrijver [1988])
4. Mostrare che l'ELIMINAZIONE DI GAUSS può essere reso un algoritmo tempo-polinomiale in senso forte.

Suggerimento: si assuma prima che A sia intero. Si ricordi la dimostrazione del Teorema 4.10 e si osservi che possiamo scegliere d come il denominatore comune degli elementi.
(Edmonds [1967])

* 5. Siano $x_1, \ldots, x_k \in \mathbb{R}^l$, $d := 1 + \dim\{x_1, \ldots, x_k\}$, $\lambda_1, \ldots, \lambda_k \in \mathbb{R}_+$ con $\sum_{i=1}^k \lambda_i = 1$, e $x := \sum_{i=1}^k \lambda_i x_i$. Si mostri come calcolare i numeri $\mu_1, \ldots, \mu_k \in \mathbb{R}_+$, di cui al massimo d sono non nulli, tali che $\sum_{i=1}^k \mu_i = 1$ e $x = \sum_{i=1}^k \mu_i x_i$ (cf. Esercizio 14 del Capitolo 3). Mostrare che tutti calcoli possono essere eseguiti in tempo $O((k+l)^3)$.
Suggerimento: si esegua l'ELIMINAZIONE DI GAUSS con la matrice $A \in \mathbb{R}^{(l+1)\times k}$ la cui i-ma colonna è $\binom{1}{x_i}$. Se $d < k$, sia $w \in \mathbb{R}^k$ il vettore con $w_{col(i)} := z_{i,d+1}$ $(i = 1, \ldots, d)$, $w_{col(d+1)} := -1$ e $w_{col(i)} := 0$ $(i = d+2, \ldots, k)$; si osservi che $Aw = 0$. Si aggiunga un multiplo di w a λ, si elimini almeno un vettore e si iteri.

6. Sia $A = \begin{pmatrix} \alpha & b^\top \\ b & C \end{pmatrix} \in \mathbb{R}^{n\times n}$ una matrice semidefinita positiva con $\alpha > 0$ e $b \in \mathbb{R}^{n-1}$. Sia $A' := \begin{pmatrix} \alpha & 0 \\ 0 & C - \frac{1}{\alpha} bb^\top \end{pmatrix}$ e $U := \begin{pmatrix} 1 & \frac{1}{\alpha} b \\ 0 & I \end{pmatrix}$. Dimostrare che $A = U^\top A' U$ e $C - \frac{1}{\alpha} bb^\top$ è semidefinita positiva. Si iteri e si concluda che per qualsiasi matrice semidefinita positiva A esiste una matrice U con $A = U^\top U$, e tale matrice può essere calcolata con una precisione arbitraria in $O(n^3)$ passi (alcuni dei quali consistono nel calcolare radici quadrate approssimate).
Osservazione: questa è chiamata fattorizzazione di Cholesky. Non può essere calcolata in modo esatto poiché U potrebbe essere non-razionale.

* 7. Sia A una matrice $n \times n$ simmetrica definita positiva. Siano $v_1, \ldots, v_n$ n autovettori ortogonali di A, con gli autovalori corrispondenti $\lambda_1, \ldots, \lambda_n$. Senza perdita di generalità, $||v_i|| = 1$ per $i = 1, \ldots, n$. Dimostrare che allora

$$E(A, 0) = \left\{ \mu_1 \sqrt{\lambda_1} v_1 + \cdots + \mu_n \sqrt{\lambda_n} v_n : \mu \in \mathbb{R}^n, \ ||\mu|| \le 1 \right\}.$$

(Gli autovettori corrispondono agli assi di simmetria dell'ellissoide.)
Si concluda che volume $(E(A, 0)) = \sqrt{\det A}$ volume $(B(0, 1))$.

8. Sia $E(A, x) \subseteq \mathbb{R}^n$ un ellissoide e $a \in \mathbb{R}^n$, e sia $E(A', x'))$ definito come a pagina 85. Dimostrare che $\{z \in E(A, x) : az \ge ax\} \subseteq E(A', x')$.

9. Dimostrare che l'algoritmo del Teorema 4.18 risolve un programma lineare $\max\{cx : Ax \le b\}$ in tempo $O((n+m)^9(\text{size}(A) + \text{size}(b) + \text{size}(c))^2)$.

10. Mostrare che nel Teorema 4.21 l'ipotesi che P sia limitato può essere omessa. Si può riconoscere se il PL è illimitato, e se non lo è, si può trovare una soluzione ottima.

* 11. Sia $P \subseteq \mathbb{R}^3$ un politopo 3-dimensionale con 0 al suo interno. Si consideri nuovamente il grafo $G(P)$ i cui vertici sono i vertici di P e i cui archi corrispondono alle facce a 1 dimensione di P (cf. Esercizio 17 e 18 del Capitolo 3). Mostrare che $G(P^\circ)$ è il duale planare di $G(P)$.
Osservazione: Steinitz [1922] dimostrò che per ogni grafo planare 3-connesso G esiste un politopo 3-dimensionale P con $G = G(P)$.

12. Dimostrare che il polare di un poliedro è sempre un poliedro. Per quali poliedri P si ha che $(P^\circ)^\circ = P$?

Riferimenti bibliografici

Letteratura generale:

Grötschel, M., Lovász, L., Schrijver, A. [1988]: Geometric Algorithms and Combinatorial Optimization. Springer, Berlin

Padberg, M. [1999]: Linear Optimization and Extensions. Second edition. Springer, Berlin

Schrijver, A. [1986]: Theory of Linear and Integer Programming. Wiley, Chichester

Riferimenti citati:

Bland, R.G., Goldfarb, D., Todd, M.J. [1981]: The ellipsoid method: a survey. Operations Research 29, 1039–1091

Edmonds, J. [1967]: Systems of distinct representatives and linear algebra. Journal of Research of the National Bureau of Standards B 71, 241–245

Frank, A., Tardos, É. [1987]: An application of simultaneous Diophantine approximation in combinatorial optimization. Combinatorica 7, 49–65

Gács, P., Lovász, L. [1981]: Khachiyan's algorithm for linear programming. Mathematical Programming Study 14, 61–68

Grötschel, M., Lovász, L., Schrijver, A. [1981]: The ellipsoid method and its consequences in combinatorial optimization. Combinatorica 1, 169–197

Iudin, D.B., Nemirovskii, A.S. [1976]: Informational complexity and effective methods of solution for convex extremal problems. Ekonomika i Matematicheskie Metody 12, 357–369 [in Russian]

Karmarkar, N. [1984]: A new polynomial-time algorithm for linear programming. Combinatorica 4, 373–395

Karp, R.M., Papadimitriou, C.H. [1982]: On linear characterizations of combinatorial optimization problems. SIAM Journal on Computing 11, 620–632

Khachiyan, L.G. [1979]: A polynomial algorithm in linear programming [in Russian]. Doklady Akademii Nauk SSSR 244, 1093–1096. English translation: Soviet Mathematics Doklady 20, 191–194

Khintchine, A. [1956]: Kettenbrüche. Teubner, Leipzig

Padberg, M.W., Rao, M.R. [1981]: The Russian method for linear programming III: Bounded integer programming. Research Report 81-39, New York University

Shor, N.Z. [1977]: Cut-off method with space extension in convex programming problems. Cybernetics 13 , 94–96

Steinitz, E. [1922]: Polyeder und Raumeinteilungen. Enzyklopädie der Mathematischen Wissenschaften, Band 3 , 1–139

Tardos, É. [1986]: A strongly polynomial algorithm to solve combinatorial linear programs. Operations Research 34, 250–256

Vaidya, P.M. [1996]: A new algorithm for minimizing convex functions over convex sets. Mathematical Programming 73, 291–341

5

Programmazione intera

In questo capitolo, consideriamo programmi lineari con vincoli di integralità:

PROGRAMMAZIONE INTERA	
Istanza:	Una matrice $A \in \mathbb{Z}^{m \times n}$ e i vettori $b \in \mathbb{Z}^m, c \in \mathbb{Z}^n$.
Obiettivo:	Trovare un vettore $x \in \mathbb{Z}^n$ tali che $Ax \leq b$ e cx sia massimo, oppure decidere che $\{x \in \mathbb{Z}^n : Ax \leq b\} = \emptyset$, oppure decidere che $\sup\{cx : x \in \mathbb{Z}^n,\ Ax \leq b\} = \infty$.

Non consideriamo programmi misti interi, ossia programmi lineari in cui i vincoli di integralità siano definiti solo su un sottoinsieme di variabili. La maggior parte della teoria della programmazione lineare e intera può essere estesa alla programmazione mista intera in modo naturale.

In teoria, tutti problemi di ottimizzazione combinatoria possono essere formulati come programmi interi. L'insieme di soluzioni ammissibili può essere scritto come $\{x : Ax \leq b,\ x \in \mathbb{Z}^n\}$ per una data matrice A e un dato vettore b. L'insieme $P := \{x \in \mathbb{R}^n : Ax \leq b\}$ è un poliedro, e possiamo quindi definire con $P_I = \{x :$

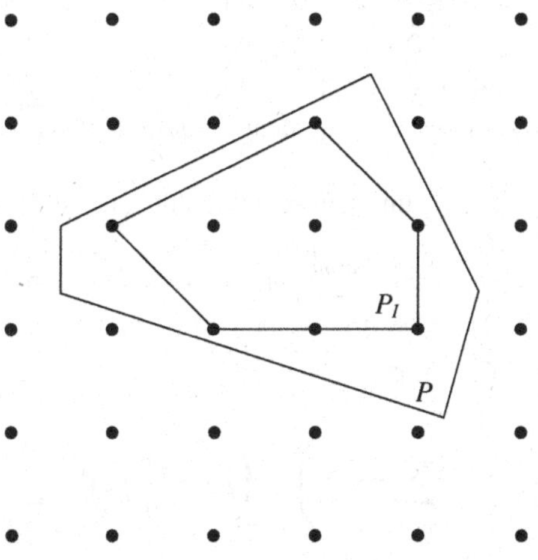

Figura 5.1.

Korte B., Vygen J.: Ottimizzazione Combinatoria. Teoria e Algoritmi.

$Ax \le b\}_I$ il guscio convesso di tutti i vettori di (numeri) interi in P. Chiamiamo P_I il **guscio intero** [integer hull] di P. Ovviamente $P_I \subseteq P$.

Se P è limitato, allora anche P_I è un politopo per il Teorema 3.31 (si veda Figura 5.1). Meyer [1974] ha dimostrato:

Teorema 5.1. *Per qualsiasi poliedro razionale P, il guscio intero P_I è un poliedro razionale.*

Dimostrazione. Sia $P = \{x : Ax \le b\}$. Per il teorema 3.29 il cono poliedrale razionale $C := \{(x, \xi) : x \in \mathbb{R}^n, \xi \ge 0, Ax - \xi b \le 0\}$ è finitamente generato. Possiamo assumere che $(x_1, 1), \dots, (x_k, 1), (y_1, 0), \dots, (y_l, 0)$ generino C, dove $x_1, \dots, x_k$ sono numeri razionali e $y_1, \dots, y_l$ sono numeri interi (moltiplicando gli elementi di un insieme finito di generatori per appropriati scalari positivi).

Si consideri il politopo

$$Q := \left\{ \sum_{i=1}^{k} \kappa_i x_i + \sum_{i=1}^{l} \lambda_i y_i \ : \ \kappa_i \ge 0\,(i = 1, \dots, k), \ \sum_{i=1}^{k} \kappa_i = 1, \ 0 \le \lambda_i \le 1\,(i = 1, \dots, l) \right\}.$$

Si noti che $Q \subseteq P$. Siano $z_1, \dots, z_m$ i punti interi in Q. Per il teorema 3.29 il cono C' generato da $(y_1, 0), \dots, (y_l, 0), (z_1, 1), \dots, (z_m, 1)$ è poliedrale, ossia può essere scritto come $\{(x, \xi) : Mx + \xi b \le 0\}$ per una matrice razionale M e un vettore razionale b.

Mostriamo ora che $P_I = \{x : Mx \le -b\}$.

Per mostrare "$\subseteq$", sia $x \in P \cap \mathbb{Z}^n$. Abbiamo $(x, 1) \in C$, cioè $x = \sum_{i=1}^{k} \kappa_i x_i + \sum_{i=1}^{l} \lambda_i y_i$ per $\kappa_1, \dots, \kappa_k \ge 0$ con $\sum_{i=1}^{k} \kappa_i = 1$ e $\lambda_1, \dots, \lambda_l \ge 0$. Allora $c := \sum_{i=1}^{l} \lfloor \lambda_i \rfloor y_i$ è intero, e quindi $x - c$ è intero. Inoltre, $x - c = \sum_{i=1}^{k} \kappa_i x_i + \sum_{i=1}^{l} (\lambda_i - \lfloor \lambda_i \rfloor) y_i \in Q$, e quindi $x - c = z_i$ per qualche i. Quindi $(x, 1) = (c, 0) + (x - c, 1) \in C'$ e $Mx + b \le 0$.

Per mostrare "$\supseteq$", sia x un vettore razionale che soddisfi $Mx \le -b$, ossia $(x, 1) \in C'$. Allora $x = \sum_{i=1}^{l} \lambda_i y_i + \sum_{i=1}^{m} \mu_i z_j$ per i numeri razionali $\lambda_1, \dots, \lambda_l, \mu_1, \dots, \mu_m \ge 0$ con $\sum_{i=1}^{m} \mu_i = 1$. Senza perdita di generalità, sia $\mu_1 > 0$. Sia $\delta \in \mathbb{N}$ tale che $\delta \lambda_i \in \mathbb{N}$ per $i = 1, \dots, l$ e $\delta \ge \frac{1}{\mu_1}$. Allora $(z_1 + \sum_{i=1}^{l} \delta \lambda_i y_i, 1) \in C$ e quindi

$$x = \frac{1}{\delta}\left(z_1 + \sum_{i=1}^{l} \delta \lambda_i y_i\right) + \left(\mu_1 - \frac{1}{\delta}\right) z_1 + \sum_{i=2}^{m} \mu_i z_i$$

è una combinazione convessa di punti interi in P. □

In generale, questo non vale per i poliedri irrazionali; si veda l'Esercizio 1. Per il Teorema 5.1 possiamo scrivere un'istanza di PROGRAMMAZIONE INTERA come $\max\{c^\top x : x \in P_I\}$ in cui $P = \{x : Ax \le b\}$.

Dimostriamo una generalizzazione del Teorema 5.1 di Meyer nella Sezione 5.1 (Teorema 5.8). Dopo alcuni elementi introduttivi presentati nella Sezioni 5.2, studiamo nelle Sezioni 5.3 e 5.4 le condizioni sotto le quali i poliedri sono interi (ossia $P = P_I$). Si noti che in questo caso la programmazione lineare intera è equivalente al suo rilassamento lineare (ottenuto rimuovendo i vincoli di integralità), ed è quindi possibile risolverla in tempo polinomiale. Incontreremo questa situazione in diversi problemi di ottimizzazione combinatoria nei capitoli successivi.

In generale, comunque, la PROGRAMMAZIONE INTERA è molto più difficile della PROGRAMMAZIONE LINEARE, e non si conoscono algoritmi tempo-polinomiali. Ciò non sorprende, in quanto molti problemi difficili si possono formulare come dei programmi interi. Ciononostante, discuteremo un metodo generale per trovare il guscio intero tagliando via iterativamente le parti di $P \setminus P_I$ nella Sezione 5.5. Anche se questo non porta a un algoritmo tempo-polinomiale è, in alcuni casi, una tecnica utile. Infine la Sezione 5.6 contiene un modo efficiente di approssimare il valore ottimo di un programma lineare intero.

5.1 Il guscio convesso di un poliedro

Come i programmi lineari, anche i programmi interi possono essere non-ammissibili o illimitati. Non è semplice decidere se $P_I = \emptyset$ per un poliedro P. Tuttavia, se un programma intero è ammissibile, possiamo decidere se è limitato semplicemente considerando il suo rilassamento lineare.

Proposizione 5.2. *Sia $P = \{x : Ax \le b\}$ un poliedro razionale il cui guscio convesso sia non-vuoto, e sia c un vettore (non necessariamente razionale). Allora $\max\{cx : x \in P\}$ è limitato se e solo se $\max\{cx : x \in P_I\}$ è limitato.*

Dimostrazione. Si supponga che $\max\{cx : x \in P\}$ sia illimitato. Allora il Corollario 3.28 dice che il sistema $yA = c$, $y \ge 0$ non ha soluzione. Per il Corollario 3.26 esiste un vettore z con $cz < 0$ e $Az \ge 0$. Allora il PL $\min\{cz : Az \ge 0, \ -\mathbb{1} \le z \le \mathbb{1}\}$ è ammissibile. Sia z^* una soluzione ottima di base per questo PL. z^* è razionale poiché è il vertice di un politopo razionale. Si moltiplichi z^* per un numero naturale appropriato per ottenere il vettore di interi w con $Aw \ge 0$ e $cw < 0$. Sia $v \in P_I$ un dato vettore di interi. Allora $v - kw \in P_I$ per tutti i $k \in \mathbb{N}$, e quindi $\max\{cx : x \in P_I\}$ è illimitato.

L'altra direzione della dimostrazione è immediata. □

Definizione 5.3. *Sia A una matrice intera. Un* **sottodeterminante** *di A è $\det B$ per una data sottomatrice quadrata B di A (definita da indici di riga e di colonne arbitrarie). Scriviamo $\Xi(A)$ per il massimo valore assoluto dei sottodeterminanti di A.*

Lemma 5.4. *Sia $C = \{x : Ax \leq 0\}$ un cono poliedrale, in cui A è una matrice intera. Allora C è generato da un insieme finito di vettori di numeri interi, ognuno dei quali ha le componenti con valore assoluto al massimo pari a $\Xi(A)$.*

Dimostrazione. Per il Lemma 3.12, C è generato da dei vettori $y_1, \ldots, y_t$, tali che per ogni i, y_i è la soluzione al sistema $My = b'$ in cui M consiste di n righe linearmente indipendenti di $\binom{A}{I}$ e $b' = \pm e_j$ per dei vettori unitari e_j. Si ponga $z_i := |\det M| y_i$. Per la regola di Cramer, z_i è intero con $||z_i||_\infty \leq \Xi(A)$. Poiché questo si verifica per ogni i, l'insieme $\{z_1, \ldots, z_t\}$ ha le proprietà richieste. □

Un lemma simile sarà usato nella prossima sezione:

Lemma 5.5. *Ogni cono poliedrale razionale C è generato da un insieme finito di vettori di numeri interi $\{a_1, \ldots, a_t\}$ tali che ogni vettore di interi in C è una combinazione intera non-negativa di $a_1, \ldots, a_t$. (Tale insieme è chiamato una* **base di Hilbert** *per C.)*

Dimostrazione. Sia C generato dai vettori di numeri interi $b_1, \ldots, b_k$. Siano $a_1, \ldots, a_t$ tutti i vettori di interi nel politopo

$$\{\lambda_1 b_1 + \ldots + \lambda_k b_k : 0 \leq \lambda_i \leq 1 \quad (i = 1, \ldots, k)\}.$$

Mostriamo che $\{a_1, \ldots, a_t\}$ è una base di Hilbert per C. Essi generano sicuramente C, perché $b_1, \ldots, b_k$ appaiono tra $a_1, \ldots, a_t$.

Per ogni vettore di interi $x \in C$ esistono $\mu_1, \ldots, \mu_k \geq 0$ con

$$\begin{aligned} x = \mu_1 b_1 + \ldots + \mu_k b_k &= \lfloor \mu_1 \rfloor b_1 + \ldots + \lfloor \mu_k \rfloor b_k + \\ &\quad (\mu_1 - \lfloor \mu_1 \rfloor) b_1 + \ldots + (\mu_k - \lfloor \mu_k \rfloor) b_k, \end{aligned}$$

dunque x è una combinazione intera non-negativa di $a_1, \ldots, a_t$. □

Un fatto fondamentale in programmazione intera è che soluzioni ottime intere e frazionarie non risultino troppo lontane una dall'altra:

Teorema 5.6. (Cook et al. [1986]) *Sia A una matrice intera $m \times n$ e siano $b \in \mathbb{R}^m$, $c \in \mathbb{R}^n$ vettori arbitrari. Sia $P := \{x : Ax \leq b\}$ e si supponga che $P_I \neq \emptyset$.*

(a) *Si supponga che y sia la soluzione ottima di* $\max\{cx : x \in P\}$. *Allora esiste una soluzione intera ottima z di* $\max\{cx : x \in P_I\}$ *con $||z - y||_\infty \leq n\,\Xi(A)$.*
(b) *Si supponga che y sia una soluzione intera di* $\max\{cx : x \in P_I\}$, *ma non quella ottima. Allora esiste una soluzione intera ammissibile $z \in P_I$ con $cz > cy$ e $||z - y||_\infty \leq n\,\Xi(A)$.*

Dimostrazione. La dimostrazione è quasi la stessa in entrambe le parti. Sia prima $y \in P$ arbitrario. Sia $z^* \in P \cap \mathbb{Z}^n$: (a) una soluzione ottima di $\max\{cx : x \in P_I\}$ (si noti che $P_I = \{x : Ax \leq \lfloor b \rfloor\}_I$ è un poliedro per il Teorema 5.1, e quindi si raggiunge il massimo), oppure (b) un vettore con $cz^* > cy$.

Dividiamo $Ax \leq b$ in due sottosistemi $A_1x \leq b_1, A_2x \leq b_2$ tali che $A_1z^* \geq A_1y$ e $A_2z^* < A_2y$. Allora $z^* - y$ appartiene al cono poliedrale $C := \{x : A_1x \geq 0, A_2x \leq 0\}$. C è generato da dei vettori x_i $(i = 1, \ldots, s)$. Per il Lemma 5.4, possiamo assumere che x_i è intero e $||x_i||_\infty \leq \Xi(A)$ per tutti gli i.

Poiché $z^* - y \in C$, esistono numeri non-negativi $\lambda_1, \ldots, \lambda_s$ con $z^* - y = \sum_{i=1}^s \lambda_i x_i$. Possiamo assumere che al massimo n dei λ_i siano non-nulli.

Per $\mu = (\mu_1, \ldots, \mu_s)$ con $0 \leq \mu_i \leq \lambda_i$ $(i = 1, \ldots, s)$ definiamo

$$z_\mu := z^* - \sum_{i=1}^s \mu_i x_i = y + \sum_{i=1}^s (\lambda_i - \mu_i) x_i$$

e si osservi che $z_\mu \in P$: la prima rappresentazione di z_μ implica $A_1z_\mu \leq A_1z^* \leq b_1$; la seconda implica $A_2z_\mu \leq A_2y \leq b_2$.

Caso 1: Esiste un $i \in \{1, \ldots, s\}$ con $\lambda_i \geq 1$ e $cx_i > 0$. Sia $z := y + x_i$. Abbiamo $cz > cy$, mostrando che questo caso non può avvenire nel caso (a). Nel caso (b), quando y è intero, z è una soluzione intera di $Ax \leq b$ tale che $cz > cy$ e $||z - y||_\infty = ||x_i||_\infty \leq \Xi(A)$.

Caso 2: Per tutti gli $i \in \{1, \ldots, s\}$, $\lambda_i \geq 1$ implica $cx_i \leq 0$. Sia

$$z := z_{\lfloor \lambda \rfloor} = z^* - \sum_{i=1}^s \lfloor \lambda_i \rfloor x_i.$$

z è un vettore di interi di P con $cz \geq cz^*$ e

$$||z - y||_\infty \leq \sum_{i=1}^s (\lambda_i - \lfloor \lambda_i \rfloor) \, ||x_i||_\infty \leq n \, \Xi(A).$$

Quindi sia in (a) che in (b) il vettore z verifica le condizioni date dal Teorema. □

Come corollario possiamo limitare la dimensione delle soluzioni ottime dei problemi di programmazione intera:

Corollario 5.7. *Se* $P = \{x \in \mathbb{Q}^n : Ax \leq b\}$ *è un poliedro razionale e* $\max\{cx : x \in P_I\}$ *ha una soluzione ottima, allora ha anche una soluzione ottima intera* x *con* $\text{size}(x) \leq 12n(\text{size}(A) + \text{size}(b))$.

Dimostrazione. Per la Proposizione 5.2 e il Teorema 4.4, $\max\{cx : x \in P\}$ ha una soluzione ottima y con $\text{size}(y) \leq 4n(\text{size}(A) + \text{size}(b))$. Per il Teorema 5.6(a) esiste una soluzione ottima x di $\max\{cx : x \in P_I\}$ con $||x - y||_\infty \leq n \, \Xi(A)$. Per le Proposizioni 4.1 e 4.3 abbiamo

$$\begin{aligned} \text{size}(x) &\leq 2\,\text{size}(y) + 2n\,\text{size}(n\,\Xi(A)) \\ &\leq 8n(\text{size}(A) + \text{size}(b)) + 2n \log n + 4n\,\text{size}(A) \\ &\leq 12n(\text{size}(A) + \text{size}(b)). \end{aligned}$$

□

Il Teorema 5.6(b) implica che data una soluzione ammissibile di un programma intero, l'ottimalità di un vettore x può essere controllata semplicemente controllando x^y per un insieme finito di vettori y che dipendono solamente dalla matrice A. Tale insieme di test finito (la cui esistenza è stata dimostrata per la prima volta da Graver [1975]) ci permette di dimostrare un teorema fondamentale della programmazione intera:

Teorema 5.8. (Wolsey [1981], Cook et al. [1986]) *Per ogni matrice $m \times n$ intera A esiste una matrice intera M i cui elementi hanno valore assoluto al massimo $n^{2n}\Xi(A)^n$, tale che per ogni vettore $b \in \mathbb{Q}^m$ esiste un vettore razionale d con*

$$\{x : Ax \leq b\}_I \;=\; \{x : Mx \leq d\}.$$

Dimostrazione. Possiamo assumere $A \neq 0$. Sia C il cono generato dalle righe di A. Sia

$$L \;:=\; \{z \in \mathbb{Z}^n : ||z||_\infty \leq n\Xi(A)\}.$$

Per ogni $K \subseteq L$, si consideri il cono

$$C_K \;:=\; C \cap \{y : zy \leq 0 \;\text{ per ogni }\; z \in K\}.$$

Per la dimostrazione del Teorema 3.29 e il Lemma 5.4, $C_K = \{y : Uy \leq 0\}$ per una certa matrice intera U (le cui righe sono i generatori di $\{x : Ax \leq 0\}$ ed elementi di K) i cui elementi hanno valore assoluto al massimo $n\Xi(A)$. Quindi, sempre per il Lemma 5.4, esiste un insieme finito $G(K)$ di vettori di interi che generano C_K, ognuno avente componenti con valore assoluto al massimo $\Xi(U) \leq n!(n\Xi(A))^n \leq n^{2n}\Xi(A)^n$.

Sia M la matrice con righe $\bigcup_{K\subseteq L} G(K)$. Poiché $C_\emptyset = C$, possiamo assumere che le righe di A siano anche righe di M.

Ora sia b un dato vettore. Se $Ax \leq b$ non ha soluzione, possiamo completare b arbitrariamente in un vettore d, e avere $\{x : Mx \leq d\} \subseteq \{x : Ax \leq b\} = \emptyset$.

Se $Ax \leq b$ contiene una soluzione, ma non una soluzione intera, poniamo $b' := b - A'\mathbb{1}$, dove A' è derivata da A prendendo il valore assoluto di ogni elemento. Allora $Ax \leq b'$ non ammette soluzione, poiché se esistesse una tale soluzione darebbe, per arrotondamento, una soluzione intera di $Ax \leq b$. Di nuovo, completiamo b' in d in modo arbitrario.

Assumiamo ora che $Ax \leq b$ abbia una soluzione intera. Per $y \in C$ definiamo

$$\delta_y \;:=\; \max\{yx : Ax \leq b,\; x \text{ intero}\}$$

(per il Corollario 3.28 questo massimo è limitato per $y \in C$). È sufficiente mostrare che

$$\{x : Ax \leq b\}_I \;=\; \left\{x : yx \leq \delta_y \;\text{ per ogni }\; y \in \bigcup_{K\subseteq L} G(K)\right\}. \tag{5.1}$$

Qui "$\subseteq$" è banale. Per mostrare il contrario, sia c un qualsiasi vettore per il quale

$$\max\{cx : Ax \le b,\ x \text{ intero}\}$$

sia limitato, e sia x^* un vettore che ottiene questo massimo. Mostriamo che $cx \le cx^*$ per tutti gli x che soddisfano le disuguaglianze nel termine destra dell'uguaglianza (5.1).

Per la Proposizione 5.2 il PL $\max\{cx : Ax \le b\}$ è limitato, dunque per il Corollario 3.28 abbiamo $c \in C$.

Sia $\bar{K} := \{z \in L : A(x^* + z) \le b\}$. Per definizione $cz \le 0$ per ogni $z \in \bar{K}$, dunque $c \in C_{\bar{K}}$. Quindi esistono numeri non-negativi λ_y $(y \in G(\bar{K}))$ tali che

$$c = \sum_{y \in G(\bar{K})} \lambda_y y.$$

Poi mostriamo che x^* è una soluzione ottima per

$$\max\{yx : Ax \le b,\ x \text{ intero}\}$$

per ogni $y \in G(\bar{K})$: l'ipotesi contraria darebbe, per il Teorema 5.6(b), un vettore $z \in \bar{K}$ con $yz > 0$, che non è possibile poiché $y \in C_{\bar{K}}$. Concludiamo che

$$\sum_{y \in G(\bar{K})} \lambda_y \delta_y = \sum_{y \in G(\bar{K})} \lambda_y y x^* = \left(\sum_{y \in G(\bar{K})} \lambda_y y\right) x^* = cx^*.$$

Quindi la disuguaglianza $cx \le cx^*$ è una combinazione lineare non-negativa di disuguaglianze $yx \le \delta_y$ per $y \in G(\bar{K})$. Quindi (5.1) è dimostrata. □

Si veda Lasserre [2004] per un risultato simile.

5.2 Trasformazioni unimodulari

In questa sezione dimostreremo due lemmi che useremo dopo. Una matrice quadrata è detta **unimodulare** se è intera e ha determinante 1 oppure -1. Tre tipi di matrici unimodulari saranno di particolare interesse: per $n \in \mathbb{N}$, $p \in \{1, \dots, n\}$ e $q \in \{1, \dots, n\} \setminus \{p\}$ si considerino le matrici $(a_{ij})_{i,j \in \{1,\dots,n\}}$ definite in uno dei modi seguenti:

$$a_{ij} = \begin{cases} 1 & \text{se } i = j \neq p \\ -1 & \text{se } i = j = p \\ 0 & \text{altrimenti} \end{cases} \qquad a_{ij} = \begin{cases} 1 & \text{se } i = j \notin \{p, q\} \\ 1 & \text{se } \{i, j\} = \{p, q\} \\ 0 & \text{altrimenti} \end{cases}$$

$$a_{ij} = \begin{cases} 1 & \text{se } i = j \\ -1 & \text{se } (i, j) = (p, q) \\ 0 & \text{altrimenti} \end{cases}$$

Queste matrici sono evidentemente unimodulari. Se U è una delle matrici precedenti, allora sostituire una matrice arbitraria A (con n colonne) con AU è equivalente ad applicare ad A una delle seguenti operazioni elementari sulle colonne:

- moltiplicare una colonna per -1;
- scambiare due colonne;
- sottrarre una colonna da un'altra colonna.

Una serie delle operazioni precedenti è chiamata una **trasformazione unimodulare**. Ovviamente il prodotto di matrici unimodulare è unimodulare. Si può mostrare che una matrice è unimodulare se e solo se deriva da una matrice identità per una trasformazione unimodulare (in modo equivalente, se è il prodotto di matrici di uno dei tre tipi citati sopra); si veda l'Esercizio 6. Qui non abbiamo bisogno di questo fatto.

Proposizione 5.9. *Anche l'inversa di una matrice unimodulare è unimodulare. Per ogni matrice unimodulare U, le applicazioni $x \mapsto Ux$ e $x \mapsto xU$ sono biiezioni su $\mathbb{Z}^n$.*

Dimostrazione. Sia U una matrice unimodulare. Per la regola di Cramer l'inversa di una matrice unimodulare è intera. Poiché $(\det U)(\det U^{-1}) = \det(UU^{-1}) = \det I = 1$, anche U^{-1} è unimodulare. Da ciò segue direttamente la seconda affermazione. □

Lemma 5.10. *Per ogni matrice razionale A le cui righe siano linearmente indipendenti esiste una matrice unimodulare U tale che AU abbia la forma $(B \quad 0)$, dove B è una matrice quadrata non-singolare.*

Dimostrazione. Supponiamo di aver trovato una matrice unimodulare U tale che

$$AU = \begin{pmatrix} B & 0 \\ C & D \end{pmatrix}$$

per una certa matrice quadrata B. (Inizialmente $U = I$, $D = A$, e le parti B, C e 0 non hanno elementi.)

Sia $(\delta_1, \ldots, \delta_k)$ la prima riga di D. Si applichino trasformazioni unimodulari tali che tutti i δ_i siano non-negativi e $\sum_{i=1}^k \delta_i$ sia minimo. Senza perdita di generalità $\delta_1 \geq \delta_2 \geq \cdots \geq \delta_k$. Allora $\delta_1 > 0$ poiché le righe di A (e quindi quelle di AU) sono linearmente indipendenti. Se $\delta_2 > 0$, allora sottraendo la seconda colonna di D dalla prima diminuirebbe $\sum_{i=1}^k \delta_i$. Dunque $\delta_2 = \delta_3 = \ldots = \delta_k = 0$. Possiamo espandere B di una riga e di una colonna e continuare. □

Si noti che le operazioni applicate nella dimostrazione corrispondono all'Algoritmo di Euclide. La matrice B che otteniamo è infatti una matrice triangolare inferiore. Con uno sforzo ulteriore si può ottenere la cosiddétta forma Hermitiana normale di A. Il lemma seguente, simile al Lemma di Farkas, fornisce un criterio per poter ottenere una soluzione intera del sistema di equazioni.

Lemma 5.11. *Sia A una matrice razionale e sia b un vettore colonna razionale. Allora $Ax = b$ ha una soluzione intera se e solo se yb è un numero intero per ogni vettore razionale y per il quale yA sia intero.*

Dimostrazione. La necessità è ovvia: se x e yA sono vettori di interi e $Ax = b$, allora $yb = yAx$ è un numero intero.

Per dimostrare la sufficienza, supponiamo yb sia un numero intero ogni qualvolta yA sia intero. Possiamo assumere che $Ax = b$ non contiene uguaglianze ridondanti, ossia $yA = 0$ implica $yb \neq 0$ per tutti le $y \neq 0$. Sia m il numero di righe di A. Se $\text{rank}(A) < m$ allora $\{y : yA = 0\}$ contiene un vettore non-nullo y' e $y'' := \frac{1}{2y'b}y'$ soddisfa $y''A = 0$ e $y''b = \frac{1}{2} \notin \mathbb{Z}$. Dunque le righe di A sono linearmente indipendenti.

Per il Lemma 5.10 esiste una matrice unimodulare U con $AU = (B \quad 0)$, dove B è una matrice non-singolare $m \times m$. Poiché $B^{-1}AU = (I \quad 0)$ è una matrice intera, abbiamo per ogni riga y di B^{-1} che yAU è intera e quindi per la Proposizione 5.9 yA è intero. Quindi yb è un numero intero per ogni riga y di B^{-1}, implicando che $B^{-1}b$ è un vettore di interi. Dunque $U\begin{pmatrix} B^{-1}b \\ 0 \end{pmatrix}$ è una soluzione intera di $Ax = b$. $\square$

5.3 Integralità totalmente duale

In questa e nella prossima sezione parleremo soprattutto di poliedri interi:

Definizione 5.12. *Un poliedro P è* **poliedro intero** *se $P = P_I$.*

Teorema 5.13. (Hoffman [1974], Edmonds e Giles [1977]) *Sia P un poliedro razionale. Allora le affermazioni seguenti sono equivalenti:*

(a) *P è poliedro intero.*
(b) *Ogni faccia di P contiene vettori interi (cioè vettori di numeri interi).*
(c) *Ogni faccia minimale di P contiene vettori interi.*
(d) *Ogni iperpiano di supporto di P contiene vettori interi.*
(e) *Ogni iperpiano razionale di supporto di P contiene vettori interi.*
(f) $\max\{cx : x \in P\}$ *è ottenuto da un vettore interi per ogni c per il quale il massimo sia finito.*
(g) $\max\{cx : x \in P\}$ *è un numero intero per ogni vettore di numero interi c per il quale il massimo sia finito.*

Dimostrazione. Dimostriamo prima (a)⇒(b)⇒(f)⇒(a), poi (b)⇒(d)⇒(e)⇒(c) ⇒(b), e infine (f)⇒(g)⇒(e).

(a)⇒(b): Sia F una faccia, diciamo $F = P \cap H$, dove H è un iperpiano di supporto, e sia $x \in F$. Se $P = P_I$, allora x è una combinazione convessa di punti interi in P, e questi devono appartenere ad H e quindi ad F.

(b)⇒(f) segue direttamente dalla Proposizione 3.4, perché $\{y \in P : cy = \max\{cx : x \in P\}\}$ è una faccia di P per ogni c per il quale il massimo è finito.

(f)$\Rightarrow$(a): Si supponga che esista un vettore $y \in P \setminus P_I$. Allora (poiché P_I è un poliedro per il Teorema 5.1) esiste una disuguaglianza $ax \leq \beta$ valida per P_I per la quale $ay > \beta$. Allora chiaramente (f) è violata, poiché $\max\{ax : x \in P\}$ (il quale è finito per la Proposizione 5.2) non è ottenuto da alcun vettore di interi.

(b)$\Rightarrow$(d) è anche semplice poiché l'intersezione di un iperpiano di supporto con P è una faccia di P. (d)$\Rightarrow$(e) e (c)$\Rightarrow$(b) sono semplici.

(e)$\Rightarrow$(c): Sia $P = \{x : Ax \leq b\}$. Possiamo assumere che A e b sono interi. Sia $F = \{x : A'x = b'\}$ una faccia minimale di P, dove $A'x \leq b'$ è un sottosistema di $Ax \leq b$ (usiamo la Proposizione 3.9). Se $A'x = b'$ non ha una soluzione intera, allora – per il Lemma 5.11 – esiste un vettore razionale y tale che $c := yA'$ sia intero, ma non lo sia $\delta := yb'$. L'aggiunta di interi alle componenti di y non compromette questa proprietà (A' e b' sono interi), dunque possiamo assumere che tutte le componenti di y siano positive. Si osservi che $H := \{x : cx = \delta\}$ è un iperpiano razionale che non contiene vettori di interi.

Infine mostriamo che H è un iperpiano di supporto dimostrando che $H \cap P = F$. Poiché $F \subseteq H$ è banale, rimane da mostrare che $H \cap P \subseteq F$. Ma per $x \in H \cap P$ abbiamo $yA'x = cx = \delta = yb'$, dunque $y(A'x - b') = 0$. Poiché $y > 0$ e $A'x \leq b'$, ciò implica $A'x = b'$, dunque $x \in F$.

(f)$\Rightarrow$(g) è banale, dunque mostriamo finalmente che (g)$\Rightarrow$(e). Sia $H = \{x : cx = \delta\}$ un iperpiano di supporto razionale di P, dunque $\max\{cx : x \in P\} = \delta$. Si supponga che H non contenga vettori di interi. Allora – per il Lemma 5.11 – esiste un numero γ tale che γc è intero, ma $\gamma\delta \notin \mathbb{Z}$. Allora

$$\max\{(|\gamma|c)x : x \in P\} \;=\; |\gamma| \max\{cx : x \in P\} \;=\; |\gamma|\delta \;\notin\; \mathbb{Z},$$

contraddicendo la nostra ipotesi. □

Si veda anche Gomory [1963], Fulkerson [1971] e Chvátal [1973] per precedenti risultati parziali. Per (a)$\Leftrightarrow$(b) e il Corollario 3.6 ogni faccia di un poliedro intero è intera. L'equivalenza di (f) e (g) del Teorema 5.13 motivò Edmonds e Giles a definire i sistemi TDI:

Definizione 5.14. (Edmonds e Giles [1977]) *Un sistema $Ax \leq b$ di disuguaglianze lineari è detto* **Total Dual Integral (TDI)** *[Totalmente Intero Duale] se il minimo nell'equazione risultante dalla dualità della programmazione lineare*

$$\max\{cx : Ax \leq b\} \;=\; \min\{yb : yA = c,\; y \geq 0\}$$

ha una soluzione ottima intera y per ogni vettore di interi c per il quale il minimo è finito.

Con questa definizione si ottiene un facile corollario di (g)$\Rightarrow$(a) del Teorema 5.13:

Corollario 5.15. *Sia $Ax \leq b$ un sistema TDI in cui A è razionale e b è intero. Allora il poliedro $\{x : Ax \leq b\}$ è intero.* □

Ma l'integralità totale duale non è una proprietà dei poliedri (cf. Esercizio 8). In generale, un sistema TDI contiene più disuguaglianze del necessario per descrivere il poliedro. L'aggiunta di disuguaglianze non distrugge l'integralità totale duale:

Proposizione 5.16. *Se $Ax \le b$ è TDI e $ax \le \beta$ è una disuguaglianza valida per $\{x : Ax \le b\}$, allora anche il sistema $Ax \le b$, $ax \le \beta$ è TDI.*

Dimostrazione. Sia c un vettore di interi tale che $\min\{yb + \gamma\beta : yA + \gamma a = c,\ y \ge 0,\ \gamma \ge 0\}$ sia finito. Poiché $ax \le \beta$ è valida per $\{x : Ax \le b\}$,

$$\begin{aligned}\min\{yb : yA = c,\ y \ge 0\} &= \max\{cx : Ax \le b\} \\ &= \max\{cx : Ax \le b,\ ax \le \beta\} \\ &= \min\{yb + \gamma\beta : yA + \gamma a = c,\ y \ge 0,\ \gamma \ge 0\}.\end{aligned}$$

Il primo minimo è ottenuto da un certo vettore di interi y^*, dunque $y = y^*$, $\gamma = 0$ è una soluzione ottima intera per il secondo minimo. □

Teorema 5.17. (Giles e Pulleyblank [1979]) *Per ogni poliedro razionale P esiste un sistema TDI razionale $Ax \le b$ con A intero e $P = \{x : Ax \le b\}$, in cui b può essere preso intero se e solo se P è intero.*

Dimostrazione. Sia $P = \{x : Cx \le d\}$ con C e d interi. Senza perdita di generalità, $P \ne \emptyset$. Per ogni faccia minimale F di P sia

$$K_F \ := \ \{c : cz = \max\{cx : x \in P\} \text{ per ogni } z \in F\}.$$

Per il Corollario 3.22 e il Teorema 3.29, K_F è un cono poliedrale razionale. Per il Lemma 5.5 esiste una base intera di Hilbert $a_1, \ldots, a_t$ che genera K_F. Sia $\mathcal{S}_F$ il sistema di disuguaglianze

$$a_1 x \ \le \ \max\{a_1 x : x \in P\},\ \ldots,\ a_t x \ \le \ \max\{a_t x : x \in P\}.$$

Sia $Ax \le b$ la collezione di tutti queste famiglie di insiemi $\mathcal{S}_F$ (per tutte le facce minimali F). Si noti che se P è intero allora b è intero. Inoltre, $P \subseteq \{x : Ax \le b\}$.

Sia c un vettore di interi per il quale $\max\{cx : x \in P\}$ sia finito. L'insieme dei vettori che ottengono questo massimo è una faccia di P, dunque sia F una faccia minimale tale che $cz = \max\{cx : x \in P\}$ per tutte le $z \in F$. Sia $\mathcal{S}_F$ la famiglia di insiemi $a_1 x \le \beta_1, \ldots, a_t x \le \beta_t$. Allora $c = \lambda_1 a_1 + \cdots + \lambda_t a_t$ per degli interi non-negativi $\lambda_1, \ldots, \lambda_t$. Aggiungiamo componenti nulle a $\lambda_1, \ldots, \lambda_t$ per ottenere un vettore di interi $\bar\lambda \ge 0$ con $\bar\lambda A = c$ e quindi $cx = (\bar\lambda A)x = \bar\lambda(Ax) \le \bar\lambda b = \bar\lambda(Az) = (\bar\lambda A)z = cz$ per ogni x con $Ax \le b$ e ogni $z \in F$.

Applicando queste operazioni a ogni riga c di C, si ottiene $Cx \le d$ per ogni x con $Ax \le b$; e quindi $P = \{x : Ax \le b\}$. Inoltre, per un vettore c qualsiasi concludiamo che $\bar\lambda$ è una soluzione ottima del PL duale $\min\{yb : y \ge 0,\ yA = c\}$. Quindi $Ax \le b$ è TDI.

Se P è intero, abbiamo preso b intero. Al contrario, se b può essere scelto intero, per il Corollario 5.15 P deve essere intero. □

Infatti, per i poliedri razionali a dimensione-piena esiste un unico sistema TDI minimale che li descrive (Schrijver [1981]). Poiché sarà usato in seguito, dimostriamo ora che ogni "faccia" di un sistema TDI è ancora TDI:

Teorema 5.18. (Cook [1983]) *Siano $Ax \leq b$, $ax \leq \beta$ un sistema TDI, in cui a sia intero. Allora anche il sistema $Ax \leq b$, $ax = \beta$ è TDI.*

Dimostrazione. (Schrijver [1986]) Sia c un vettore di interi tale che

$$\begin{aligned} & \max\{cx : Ax \leq b,\ ax = \beta\} \\ = \ & \min\{yb + (\lambda - \mu)\beta : y, \lambda, \mu \geq 0,\ yA + (\lambda - \mu)a = c\} \end{aligned} \tag{5.2}$$

sia finito. Si supponga che $x^*, y^*, \lambda^*, \mu^*$ diano questi ottimi. Poniamo $c' := c + \lceil \mu^* \rceil a$ e osserviamo che

$$\max\{c'x : Ax \leq b,\ ax \leq \beta\} = \min\{yb + \lambda\beta : y, \lambda \geq 0,\ yA + \lambda a = c'\} \tag{5.3}$$

è finito, perché $x := x^*$ è ammissibile per il massimo e $y := y^*$, $\lambda := \lambda^* + \lceil \mu^* \rceil - \mu^*$ è ammissibile per il minimo.

Poiché $Ax \leq b$, $ax \leq \beta$ è TDI, il minimo in (5.3) ha una soluzione ottima intera $\tilde{y}, \tilde{\lambda}$. Infine, poniamo $y := \tilde{y}$, $\lambda := \tilde{\lambda}$ e $\mu := \lceil \mu^* \rceil$ e mostriamo che (y, λ, μ) è una soluzione ottima intera per il minimo in (5.2).

Ovviamente (y, λ, μ) è ammissibile per il minimo in (5.2). Inoltre,

$$\begin{aligned} yb + (\lambda - \mu)\beta &= \tilde{y}b + \tilde{\lambda}\beta - \lceil \mu^* \rceil \beta \\ &\leq y^*b + (\lambda^* + \lceil \mu^* \rceil - \mu^*)\beta - \lceil \mu^* \rceil \beta \end{aligned}$$

poiché $(y^*, \lambda^* + \lceil \mu^* \rceil - \mu^*)$ è ammissibile per il minimo in (5.3), e $(\tilde{y}, \tilde{\lambda})$ è una soluzione ottima. Concludiamo che

$$yb + (\lambda - \mu)\beta \leq y^*b + (\lambda^* - \mu^*)\beta,$$

dimostrando che (y, λ, μ) è una soluzione ottima intera per il minimo in (5.2). □

Le seguenti affermazioni sono una conseguenza diretta della definizione di sistemi TDI: yn sistema $Ax = b$, $x \geq 0$ è TDI se $\min\{yb : yA \geq c\}$ ha una soluzione ottima intera y per ogni vettore di interi c per il quale il minimo sia finito. Un sistema $Ax \leq b$, $x \geq 0$ è TDI se $\min\{yb : yA \geq c,\ y \geq 0\}$ ha una soluzione ottima intera y per ogni vettore di interi c per il quale il minimo sia finito. Ci si potrebbe chiedere se esistano matrici A tali che $Ax \leq b$, $x \geq 0$ è TDI per ogni vettore di interi b. Si vedrà che queste matrici sono esattamente le matrici totalmente unimodulari.

5.4 Matrici totalmente unimodulari

Definizione 5.19. *Una matrice A è* **totalmente unimodulare** *se ogni sottodeterminante di A è 0, +1, oppure −1.*

In particolare, ogni elemento di una matrice totalmente unimodulare deve essere 0, +1, o −1. Il risultato principale di questa sezione è:

Teorema 5.20. (Hoffman e Kruskal [1956]) *Una matrice intera A è totalmente unimodulare se e solo se il poliedro $\{x : Ax \leq b,\ x \geq 0\}$ è intero per ogni vettore di interi b.*

Dimostrazione. Sia A una matrice $m \times n$ e $P := \{x : Ax \leq b,\ x \geq 0\}$. Si osservi che le facce minimali di P sono vertici.

Per dimostrare la necessità, si supponga che A sia totalmente unimodulare. Sia b un vettore di interi e x un vertice di P. x è la soluzione di $A'x = b'$ per un sottosistema $A'x \leq b'$ di $\binom{A}{-I} x \leq \binom{b}{0}$, dove A' è una matrice non-singolare $n \times n$. Siccome A è totalmente unimodulare, $|\det A'| = 1$, e dunque per la regola di Cramer $x = (A')^{-1}b'$ è intero.

Dimostriamo ora la sufficienza. Si supponga che i vertici di P siano interi per ogni vettore di interi b. Sia A' una sottomatrice non-singolare $k \times k$ di A. Dobbiamo mostrare che $|\det A'| = 1$. Senza perdita di generalità, supponiamo che A' contenga gli elementi delle prima k righe e colonne di A.

Si consideri la matrice intera $m \times m$ B che consiste delle prima k e le ultime $m - k$ colonne di $(A \ \ I)$ (si veda la Figura 5.2). Ovviamente, $|\det B| = |\det A'|$.

Per dimostrare $|\det B| = 1$, dimostreremo che B^{-1} è intera. Poiché $\det B \det B^{-1} = 1$, questo implica che $|\det B| = 1$, e quindi abbiamo finito.

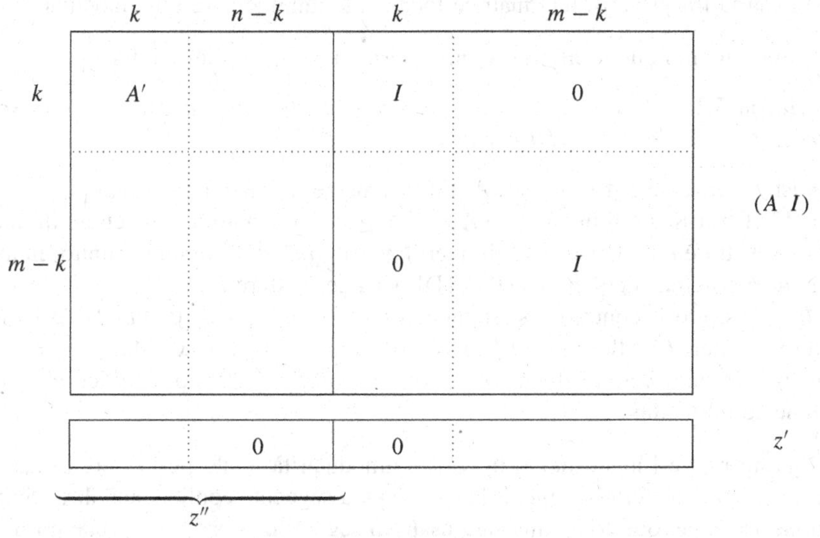

Figura 5.2.

Sia $i \in \{1, \ldots, m\}$; dimostriamo che $B^{-1}e_i$ è intero. Si scelga un vettore di interi y tale che $z := y + B^{-1}e_i \geq 0$. Allora $b := Bz = By + e_i$ è intero. Aggiungiamo componenti nulle a z per ottenere z' con

$$\begin{pmatrix} A & I \end{pmatrix} z' = Bz = b.$$

Ora z'', che consiste delle prime n componenti di z', appartiene a P. Inoltre, n vincoli linearmente indipendenti sono soddisfatti con l'uguaglianza, ovvero le prime k e le ultime $n - k$ disuguaglianze di

$$\begin{pmatrix} A \\ -I \end{pmatrix} z'' \leq \begin{pmatrix} b \\ 0 \end{pmatrix}.$$

Quindi z'' è un vertice di P. Per la nostra ipotesi z'' è intero. Ma allora anche z' deve essere intero: le sue prime n componenti sono le componenti di z'', e le ultime m componenti sono le variabili di scarto $b - Az''$ (e A e b sono intere). Dunque anche z è intera, e quindi $B^{-1}e_i = z - y$ è intero. □

La dimostrazione precedente è dovuta a Veinott e Dantzig [1968].

Corollario 5.21. *Una matrice intera A è totalmente unimodulare se e solo se per tutti i vettori di interi b e c entrambi gli ottimi nell'equazione della dualità della programmazione lineare*

$$\max\{cx : Ax \leq b,\ x \geq 0\} = \min\{yb : y \geq 0,\ yA \geq c\}$$

sono ottenuti da vettori di interi (se sono finiti).

Dimostrazione. Ciò segue dal Teorema 5.20 di Hoffman-Kruskal usando il fatto che anche la trasposta di una matrice totalmente unimodulare è unimodulare. □

Riformuliamo queste affermazioni in termini di integralità totalmente duale:

Corollario 5.22. *Una matrice intera A è totalmente unimodulare se e solo se il sistema $Ax \leq b,\ x \geq 0$ è TDI per ogni vettore b.*

Dimostrazione. Se A (e quindi $A^\top$) è totalmente unimodulare, allora per il Teorema Hoffman-Kruskal $\min\{yb : yA \geq c,\ y \geq 0\}$ è ottenuto da un vettore di interi per ogni vettore b e ogni vettore di interi c per il quale il minimo sia finito. In altri termini, il sistema $Ax \leq b,\ x \geq 0$ è TDI per ogni vettore b.

Per mostrare il contrario, si supponga che $Ax \leq b,\ x \geq 0$ sia TDI per ogni vettore di interi b. Allora per il Corollario 5.15, il poliedro $\{x : Ax \leq b,\ x \geq 0\}$ è intero per ogni vettore di interi b. Per il Teorema 5.20 ciò significa che A è totalmente unimodulare. □

Questo non è l'unico modo in cui l'unimodularità totale può essere usata per dimostrare che un certo sistema è TDI. Il lemma seguente contiene un'altra tecnica di dimostrazione; questo lemma sarà usato in seguito diverse volte (Teoremi 6.14, 19.11 e 14.12).

Lemma 5.23. *Sia $Ax \le b$, $x \ge 0$ un sistema di disuguaglianze, in cui $A \in \mathbb{R}^{m\times n}$ e $b \in \mathbb{R}^m$. Si supponga che per ogni $c \in \mathbb{Z}^n$ per il quale* $\min\{yb : yA \ge c,\ y \ge 0\}$ *ha una soluzione ottima, il vettore ottimo y^* sia tale che le righe di A che corrispondono agli elementi non nulli di y^* formano una matrice totalmente unimodulare. Allora $Ax \le b$, $x \ge 0$ è TDI.*

Dimostrazione. Sia $c \in \mathbb{Z}^n$, e sia y^* una soluzione ottima di $\min\{yb : yA \ge c,\ y \ge 0\}$ tale che le righe di A che corrispondono a componenti non nulle di y^* diano una matrice totalmente unimodulare A'. Sosteniamo che

$$\min\{yb : yA \ge c, y \ge 0\} \;=\; \min\{yb' : yA' \ge c, y \ge 0\}, \qquad (5.4)$$

in cui b' consiste delle componenti di b che corrispondono alle righe di A'. Per vedere la disuguaglianza "$\le$" di (5.4), si osservi che il PL sulla destra viene dal PL sulla sinistra ponendo alcune variabili a zero. La disuguaglianza "$\ge$" segue dal fatto che y^* senza componenti nulle è una soluzione ammissibile per il PL sulla destra.

Poiché A' è totalmente unimodulare, il secondo minimo in (5.4) ha una soluzione intera ottima (per il Teorema Hoffman-Kruskal 5.20). Riempiendo questa soluzione con zeri otteniamo una soluzione ottima intera per il primo minimo in (5.4), completando la dimostrazione. □

Un criterio molto utile per l'unimodularità totale è il seguente:

Teorema 5.24. (Ghouila-Houri [1962]) *Una matrice $A = (a_{ij}) \in \mathbb{Z}^{m\times n}$ è totalmente unimodulare se e solo se per ogni $R \subseteq \{1,\dots,m\}$ esiste una partizione $R = R_1 \,\dot\cup\, R_2$ tale che*

$$\sum_{i\in R_1} a_{ij} - \sum_{i\in R_2} a_{ij} \;\in\; \{-1,0,1\}$$

per ogni $j = 1,\dots,n$.

Dimostrazione. Sia A totalmente unimodulare, e sia $R \subseteq \{1,\dots,m\}$. Sia $d_r := 1$ per $r \in R$ e $d_r := 0$ per $r \in \{1,\dots,m\}\setminus R$. Anche la matrice $\begin{pmatrix} A^\top \\ -A^\top \\ I \end{pmatrix}$ è totalmente unimodulare, dunque per il Teorema 5.20 il politopo

$$\left\{x : xA \le \left\lceil \frac{1}{2} dA \right\rceil,\ xA \ge \left\lfloor \frac{1}{2} dA \right\rfloor,\ x \le d,\ x \ge 0\right\}$$

è intero. Inoltre non è vuoto perché contiene $\frac{1}{2}d$. Dunque ha un vertice intero, diciamo z. Ponendo $R_1 := \{r \in R : z_r = 0\}$ e $R_2 := \{r \in R : z_r = 1\}$ otteniamo

$$\left(\sum_{i\in R_1} a_{ij} - \sum_{i\in R_2} a_{ij}\right)_{1\le j\le n} \;=\; (d - 2z)A \;\in\; \{-1,0,1\}^n,$$

come richiesto.

Dimostriamo ora il contrario. Dimostriamo per induzione su k che ogni matrice $k \times k$ ha determinante 0, 1 o -1. Per $k = 1$ ciò è direttamente implicato dal criterio per $|R| = 1$.

Ora sia $k > 1$, e sia $B = (b_{ij})_{i,j \in \{1,\dots,k\}}$ una sottomatrice non-singolare $k \times k$ di A. Per la regola di Cramer, ogni elemento di B^{-1} è $\frac{\det B'}{\det B}$, dove B' viene da B sostituendo una colonna con un vettore unitario. Per le ipotesi di induzione, $\det B' \in \{-1, 0, 1\}$. Dunque $B^* := (\det B)B^{-1}$ è una matrice con i soli elementi $-1, 0, 1$.

Sia b_1^* la prima riga di B^*. Abbiamo $b_1^* B = (\det B)e_1$, dove e_1 è il primo vettore unitario. Sia $R := \{i : b_{1i}^* \neq 0\}$. Allora per $j = 2, \dots, k$ abbiamo $0 = (b_1^* B)_j = \sum_{i \in R} b_{1i}^* b_{ij}$, dunque $|\{i \in R : b_{ij} \neq 0\}|$ è pari.

Per ipotesi esiste una partizione $R = R_1 \,\dot\cup\, R_2$ con $\sum_{i \in R_1} b_{ij} - \sum_{i \in R_2} b_{ij} \in \{-1, 0, 1\}$ per ogni j. Dunque per $j = 2, \dots, k$ abbiamo $\sum_{i \in R_1} b_{ij} - \sum_{i \in R_2} b_{ij} = 0$. Se anche $\sum_{i \in R_1} b_{i1} - \sum_{i \in R_2} b_{i1} = 0$, allora la somma delle righe in R_1 è uguale alla somma delle righe in R_2, contraddicendo l'ipotesi che B sia non-singolare (perché $R \neq \emptyset$).

Quindi $\sum_{i \in R_1} b_{i1} - \sum_{i \in R_2} b_{i1} \in \{-1, 1\}$ e abbiamo $yB \in \{e_1, -e_1\}$, dove

$$y_i := \begin{cases} 1 & \text{se } i \in R_1 \\ -1 & \text{se } i \in R_2 \\ 0 & \text{se } i \notin R \end{cases}.$$

Poiché $b_1^* B = (\det B)e_1$ e B è non-singolare, abbiamo $b_1^* \in \{(\det B)y, -(\det B)y\}$. Poiché entrambi y e b_1^* sono vettori non nulli con i soli elementi $-1, 0, 1$, ciò implica che $|\det B| = 1$. □

Applichiamo questo criterio alle matrici di incidenza dei grafi:

Teorema 5.25. *La matrice di incidenza di un grafo non orientato G è totalmente unimodulare se e solo se G è bipartito.*

Dimostrazione. Per il Teorema 5.24 la matrice di incidenza M di G è totalmente unimodulare se e solo se per qualsiasi $X \subseteq V(G)$ esiste una partizione $X = A \,\dot\cup\, B$ tale che $E(G[A]) = E(G[B]) = \emptyset$. Per definizione, tale partizione esiste se e solo se $G[X]$ è bipartito. □

Teorema 5.26. *La matrice di incidenza di qualsiasi digrafo è totalmente unimodulare.*

Dimostrazione. Usando il Teorema 5.24, basta porre $R_1 := R$ e $R_2 := \emptyset$ per qualsiasi $R \subseteq V(G)$. □

Le applicazioni dei Teoremi 5.25 e 5.26 saranno discusse nei capitoli successivi. Il Teorema 5.26 ha una generalizzazione interessante alle famiglie cross-free:

Definizione 5.27. *Sia G un digrafo e $\mathcal{F}$ una famiglia di sottoinsiemi di $V(G)$. La* **matrice di incidenza del taglio uscente** *di $\mathcal{F}$ è la matrice $M = (m_{X,e})_{X \in \mathcal{F},\, e \in E(G)}$*

in cui

$$m_{X,e} = \begin{cases} 1 & se\ e \in \delta^+(X) \\ 0 & se\ e \notin \delta^+(X) \end{cases}.$$

La **matrice di incidenza del taglio** *di $\mathcal{F}$ è la matrice $M = (m_{X,e})_{X \in \mathcal{F}, e \in E(G)}$ in cui*

$$m_{X,e} = \begin{cases} -1 & se\ e \in \delta^-(X) \\ 1 & se\ e \in \delta^+(X) \\ 0 & altrimenti \end{cases}.$$

Teorema 5.28. *Sia G un digrafo e $(V(G), \mathcal{F})$ una famiglia di insiemi cross-free. Allora la matrice di incidenza del taglio di $\mathcal{F}$ è totalmente unimodulare. Se $\mathcal{F}$ è laminare, allora anche la matrice di incidenza del taglio uscente di $\mathcal{F}$ è totalmente unimodulare.*

Dimostrazione. Sia $\mathcal{F}$ una famiglia cross-free di sottoinsiemi di $V(G)$. Consideriamo prima il caso in cui $\mathcal{F}$ sia laminare.

Usiamo il Teorema 5.24. Per vedere che il criterio è soddisfatto, sia $\mathcal{R} \subseteq \mathcal{F}$, e si consideri la rappresentazione ad albero (T, φ) di $\mathcal{R}$, in cui T è un'arborescenza radicata in r (Proposizione 2.14). Con la notazione della Definizione 2.13, $\mathcal{R} = \{S_e : e \in E(T)\}$. Poniamo $\mathcal{R}_1 := \{S_{(v,w)} \in \mathcal{R} : \mathrm{dist}_T(r, w) \text{ pari}\}$ e $\mathcal{R}_2 := \mathcal{R} \setminus \mathcal{R}_1$. Ora per qualsiasi arco $f \in E(G)$, gli archi $e \in E(T)$ con $f \in \delta^+(S_e)$ formano un cammino P_f in T (eventualmente di lunghezza nulla). Dunque

$$|\{X \in \mathcal{R}_1 : f \in \delta^+(X)\}| - |\{X \in \mathcal{R}_2 : f \in \delta^+(X)\}| \in \{-1, 0, 1\},$$

come richiesto per la matrice di incidenza del taglio uscente.

Inoltre, per qualsiasi arco f gli archi $e \in E(T)$ con $f \in \delta^-(S_e)$ formano un cammino Q_f in T. Poiché P_f e Q_f hanno un estremo in comune, abbiamo

$$\begin{aligned} &|\{X \in \mathcal{R}_1 : f \in \delta^+(X)\}| - |\{X \in \mathcal{R}_2 : f \in \delta^+(X)\}| \\ &-|\{X \in \mathcal{R}_1 : f \in \delta^-(X)\}| + |\{X \in \mathcal{R}_2 : f \in \delta^-(X)\}| \in \{-1, 0, 1\}, \end{aligned}$$

come richiesto per la matrice di incidenza del taglio.

Ora se $(V(G), \mathcal{F})$ è una famiglia di insiemi cross-free, si consideri

$$\mathcal{F}' := \{X \in \mathcal{F} : r \notin X\} \cup \{V(G) \setminus X : X \in \mathcal{F}, r \in X\}$$

per un $r \in V(G)$ dato. $\mathcal{F}'$ è laminare. Poiché la matrice di incidenza del taglio di $\mathcal{F}$ è una sottomatrice di $\binom{M}{-M}$, in cui M è la matrice di incidenza del taglio di $\mathcal{F}'$, è anche totalmente unimodulare. □

Per famiglie cross-free qualsiasi la matrice di incidenza del taglio uscente non è totalmente unimodulare; si veda l'Esercizio 13. Per una condizione necessaria e sufficiente, si veda Schrijver [1983]. La matrice di incidenza del taglio uscente di famiglie cross-free sono anche note come matrici di rete [network matrix]. (Esercizio 14).

Seymour [1980] mostrò che tutte le matrici totalmente unimodulari possono essere costruite in un certo modo da queste matrici di rete e altre due matrici totalmente unimodulari. Questo risultato implica anche un algoritmo tempo-polinomiale per decidere se una data matrice è totalmente unimodulare (si veda Schrijver [1986]).

5.5 Piani di taglio

Nelle sezioni precedenti abbiamo considerato poliedri interi. In generale, per un poliedro P si ha che $P \supset P_I$. Se volessimo risolvere un programma lineare intero $\max\{cx : x \in P_I\}$, è intuitivo cercare di tagliare certe parti di P tali che l'insieme risultante sia ancora un poliedro P' e si abbia che $P \supset P' \supset P_I$. Nel caso più fortunato $\max\{cx : x \in P'\}$ è ottenuto da un vettore di interi; altrimenti possiamo ripetere questa procedura di cutting-off per P' per ottenere P'' e così via. Questa è l'idea fondamentale su cui si basa il metodo dei piani di taglio, proposto per la prima volta per un problema particolare (il TSP) da Dantzig, Fulkerson e Johnson [1954].

Gomory [1958, 1963] trovò un algoritmo che risolve programmi interi qualsiasi con il metodo dei piani di taglio. In questa sezione ci limitiamo alle nozioni teoriche del metodo. L'algoritmo di Gomory non esegue in tempo polinomiale e ha poca rilevanza pratica nella sua forma originale. Comunque, l'idea generale dei metodi dei piani di taglio è in pratica usata molto spesso con successo, come discuteremo nella Sezione 21.6. La presentazione seguente è fondamentalmente basata su Schrijver [1986].

Definizione 5.29. *Sia $P = \{x : Ax \le b\}$ un poliedro. Allora definiamo*

$$P' := \bigcap_{P \subseteq H} H_I,$$

dove l'intersezione si estende a tutti i semi-spazi affini e razionali $H = \{x : cx \le \delta\}$ contenenti P. Poniamo $P^{(0)} := P$ e $P^{(i+1)} := \left(P^{(i)}\right)'$. $P^{(i)}$ è detto l'i-mo **troncamento di Gomory-Chvátal** *di P.*

Per un poliedro razionale P abbiamo ovviamente che $P \supseteq P' \supseteq P^{(2)} \supseteq \cdots \supseteq P_I$ e $P_I = (P')_I$.

Proposizione 5.30. *Per un qualsiasi poliedro razionale $P = \{x : Ax \le b\}$,*

$$P' = \{x : uAx \le \lfloor ub \rfloor \text{ per ogni } u \ge 0 \text{ con } uA \text{ intero}\}.$$

Dimostrazione. Facciamo prima due osservazioni. Per un qualsiasi semi-spazio razionale e affine $H = \{x : cx \le \delta\}$ con c intero abbiamo ovviamente

$$H' = H_I \subseteq \{x : cx \le \lfloor \delta \rfloor\}. \tag{5.5}$$

Se in aggiunta le componenti di c sono prime tra loro, abbiamo il risultato:

$$H' = H_I = \{x : cx \le \lfloor \delta \rfloor\}. \tag{5.6}$$

Per dimostrare (5.6), sia c un vettore di interi le cui componenti sono prime tra loro. Per il Lemma 5.11 l'iperpiano $\{x : cx = \lfloor \delta \rfloor\}$ contiene un vettore di interi y. Per qualsiasi vettore razionale $x \in \{x : cx \leq \lfloor \delta \rfloor\}$ sia $\alpha \in \mathbb{N}$ tale che αx sia intero. Allora possiamo scrivere

$$x = \frac{1}{\alpha}(\alpha x - (\alpha - 1)y) + \frac{\alpha - 1}{\alpha}y,$$

ossia, x è una combinazione convessa di punti interi in H. Quindi $x \in H_I$, implicando (5.6).

Torniamo ora alla dimostrazione principale. Per vedere "$\subseteq$", si osservi che per un qualsiasi $u \geq 0$, $\{x : uAx \leq ub\}$ è un semi-spazio contenente P, e dunque per (5.5) $P' \subseteq \{x : uAx \leq \lfloor ub \rfloor\}$ se uA è intero.

Possiamo dimostrare ora "$\supseteq$". Poiché per $P = \emptyset$ è banale, assumiamo che $P \neq \emptyset$. Sia $H = \{x : cx \leq \delta\}$ un semi-spazio razionale e affine contenente P. Senza perdita di generalità, c è intero e le componenti di c sono prime tra loro. Osserviamo che

$$\delta \geq \max\{cx : Ax \leq b\} = \min\{ub : uA = c, u \geq 0\}.$$

Ora sia u^* una soluzione ottima per il minimo. Allora per un qualsiasi

$$z \in \{x : uAx \leq \lfloor ub \rfloor \text{ per ogni } u \geq 0 \text{ con } uA \text{ intero}\} \subseteq \{x : u^*Ax \leq \lfloor u^*b \rfloor\}$$

abbiamo:

$$cz = u^*Az \leq \lfloor u^*b \rfloor \leq \lfloor \delta \rfloor$$

che, usando (5.6), implica $z \in H_I$. □

Sotto dimostreremo che per un qualsiasi poliedro razionale P esiste un numero t con $P_I = P^{(t)}$. Dunque il metodo dei piani di taglio di Gomory risolve in successione i programmi lineari su P, P', P'', e così via, sino a quando l'ottimo è intero. Ad ogni passo solo un numero finito di nuove disuguaglianze è stato aggiunto, ossia quelle che corrispondono a un sistema TDI che definisce il poliedro corrente (si ricordi il Teorema 5.17):

Teorema 5.31. (Schrijver [1980]) *Sia $P = \{x : Ax \leq b\}$ un poliedro con $Ax \leq b$ TDI, A intera e b razionale. Allora $P' = \{x : Ax \leq \lfloor b \rfloor\}$. In particolare, per un qualsiasi poliedro razionale P, P' è ancora un poliedro.*

Dimostrazione. L'affermazione è banale se P è vuoto, dunque assumiamo $P \neq \emptyset$. Ovviamente $P' \subseteq \{x : Ax \leq \lfloor b \rfloor\}$. Per mostrare l'altra inclusione, sia $u \geq 0$ un vettore con uA intero. Per la Proposizione 5.30 è sufficiente mostrare che $uAx \leq \lfloor ub \rfloor$ per tutti gli x con $Ax \leq \lfloor b \rfloor$.

Sappiamo che

$$ub \geq \max\{uAx : Ax \leq b\} = \min\{yb : y \geq 0, \ yA = uA\}.$$

Poiché $Ax \leq b$ è TDI, il minimo è ottenuto da un certo vettore di interi y^*. Ora $Ax \leq \lfloor b \rfloor$ implica

$$uAx = y^*Ax \leq y^*\lfloor b \rfloor \leq \lfloor y^*b \rfloor \leq \lfloor ub \rfloor.$$

La seconda affermazione segue dal Teorema 5.17. □

Per dimostrare il teorema principale di questa sezione, abbiamo bisogno di altri due lemmi:

Lemma 5.32. *Se F è una faccia di un poliedro razionale P, allora $F' = P' \cap F$. Più in generale, $F^{(i)} = P^{(i)} \cap F$ per tutti $i \in \mathbb{N}$.*

Dimostrazione. Sia $P = \{x : Ax \leq b\}$ con A intera, b razionale, e $Ax \leq b$ TDI (si ricordi il Teorema 5.17).

Ora sia $F = \{x : Ax \leq b,\ ax = \beta\}$ una faccia di P, in cui $ax \leq \beta$ è una disuguaglianza valida per P con a e β intero.

Per la Proposizione 5.16, $Ax \leq b$, $ax \leq \beta$ è TDI, dunque per il Teorema 5.18, anche $Ax \leq b$, $ax = \beta$ è TDI. Siccome β è un numero intero,

$$\begin{aligned} P' \cap F &= \{x : Ax \leq \lfloor b \rfloor,\ ax = \beta\} \\ &= \{x : Ax \leq \lfloor b \rfloor,\ ax \leq \lfloor \beta \rfloor,\ ax \geq \lceil \beta \rceil\} \\ &= F'. \end{aligned}$$

Qui abbiamo usato il Teorema 5.31 due volte.

Si noti che F' o è vuoto, oppure è una faccia di P'. Ora l'affermazione segue per induzione su i: per ogni i, $F^{(i)}$ o è vuoto oppure è una faccia di $P^{(i)}$, e $F^{(i)} = P^{(i)} \cap F^{(i-1)} = P^{(i)} \cap (P^{(i-1)} \cap F) = P^{(i)} \cap F$. □

Lemma 5.33. *Sia P un poliedro in $\mathbb{R}^n$ e U una matrice $n \times n$ unimodulare. Si scriva $f(P) := \{Ux : x \in P\}$. Allora $f(P)$ è ancora un poliedro. Inoltre, se P è un poliedro razionale, allora $(f(P))' = f(P')$ e $(f(P))_I = f(P_I)$.*

Dimostrazione. Poiché $f : \mathbb{R}^n \to \mathbb{R}^n$, $x \mapsto Ux$ è una funzione biiettiva lineare, la prima affermazione è ovviamente vera. Poiché anche le restrizione di f e f^{-1} a $\mathbb{Z}^n$ sono biiezioni (per la Proposizione 5.9) abbiamo

$$\begin{aligned} (f(P))_I &= \mathrm{conv}(\{y \in \mathbb{Z}^n : y = Ux,\ x \in P\}) \\ &= \mathrm{conv}(\{y \in \mathbb{R}^n : y = Ux,\ x \in P,\ x \in \mathbb{Z}^n\}) \\ &= \mathrm{conv}(\{y \in \mathbb{R}^n : y = Ux,\ x \in P_I\}) \\ &= f(P_I). \end{aligned}$$

Sia $P = \{x : Ax \leq b\}$ con $Ax \leq b$ TDI, A intera, b razionale (cf. Teorema 5.17). Allora per la definizione $AU^{-1}x \leq b$ è anche TDI. Usando il Teorema 5.31 due volte otteniamo

$$(f(P))' = \{x : AU^{-1}x \leq b\}' = \{x : AU^{-1}x \leq \lfloor b \rfloor\} = f(P'). \qquad \square$$

Teorema 5.34. (Schrijver [1980]) *Per ogni poliedro razionale P esiste un numero t tale che $P^{(t)} = P_I$.*

Dimostrazione. Sia P un poliedro razionale in $\mathbb{R}^n$. Dimostriamo il teorema per induzione su $n + \dim P$. Il caso $P = \emptyset$ è banale, il caso $\dim P = 0$ è semplice.

Supponiamo prima che P non sia a dimensione piena. Allora $P \subseteq K$ per un certo iperpiano razionale K.

Se K non contiene vettori di interi, $K = \{x : ax = \beta\}$ per un vettore di interi a e un certo β non intero (per il Lemma 5.11). Ma allora $P' \subseteq \{x : ax \leq \lfloor\beta\rfloor,\ ax \geq \lceil\beta\rceil\} = \emptyset = P_I$.

Se K contiene vettori di numeri interi, diciamo $K = \{x : ax = \beta\}$ con a vettore di numeri interi e β un numero intero, possiamo assumere che $\beta = 0$, perché il teorema non cambia per traslazioni di vettori di interi. Per il Lemma 5.10 esiste una matrice unimodulare U con $aU = \alpha e_1$. Poiché il teorema è anche un invariante sotto la trasformazione $x \mapsto U^{-1}x$ (per il Lemma 5.33), si può assumere che $a = \alpha e_1$. Allora la prima componente di ogni vettore in P è nulla, e quindi possiamo ridurre la dimensione dello spazio di uno e applicare le ipotesi di induzione (si osservi che $(\{0\} \times Q)_I = \{0\} \times Q_I$ e $(\{0\} \times Q)^{(t)} = \{0\} \times Q^{(t)}$ per qualsiasi poliedro Q in $\mathbb{R}^{n-1}$ e qualsiasi $t \in \mathbb{N}$).

Ora sia $P = \{x : Ax \leq b\}$ a dimensione piena, e, senza perdita di generalità, sia A intera. Per il Teorema 5.1 esiste una matrice intera C e un vettore d con $P_I = \{x : Cx \leq d\}$. Nel caso in cui $P_I = \emptyset$ poniamo $C := A$ e $d := b - A'\mathbb{1}$, dove A' viene da A prendendo il valore assoluto di ogni elemento. (Si noti che $\{x : Ax \leq b - A'\mathbb{1}\} = \emptyset$.)

Sia $cx \leq \delta$ una disuguaglianza di $Cx \leq d$. Mostriamo ora che $P^{(s)} \subseteq H := \{x : cx \leq \delta\}$ per un certo $s \in \mathbb{N}$. Questo affermazione implica ovviamente il teorema.

Si osservi prima che esiste un $\beta \geq \delta$ tale che $P \subseteq \{x : cx \leq \beta\}$: nel caso in cui $P_I = \emptyset$ ciò segue dalla scelta di C e d; nel caso in cui $P_I \neq \emptyset$ ciò segue dalla Proposizione 5.2.

Supponiamo che l'affermazione precedente sia falsa, ossia che esista un numero intero γ con $\delta < \gamma \leq \beta$ per il quale esista un $s_0 \in \mathbb{N}$ con $P^{(s_0)} \subseteq \{x : cx \leq \gamma\}$, ma non esista alcun $s \in \mathbb{N}$ con $P^{(s)} \subseteq \{x : cx \leq \gamma - 1\}$.

Si osservi che $\max\{cx : x \in P^{(s)}\} = \gamma$ per tutti gli $s \geq s_0$, perché se $\max\{cx : x \in P^{(s)}\} < \gamma$ per qualche s, allora $P^{(s+1)} \subseteq \{x : cx \leq \gamma - 1\}$.

Sia $F := P^{(s_0)} \cap \{x : cx = \gamma\}$. F è una faccia di $P^{(s_0)}$, e $\dim F < n = \dim P$. Per l'ipotesi di induzione esiste un numero s_1 tale che

$$F^{(s_1)} = F_I \subseteq P_I \cap \{x : cx = \gamma\} = \emptyset.$$

Applicando il Lemma 5.32 a F e $P^{(s_0)}$ otteniamo

$$\emptyset = F^{(s_1)} = P^{(s_0+s_1)} \cap F = P^{(s_0+s_1)} \cap \{x : cx = \gamma\}.$$

Quindi $\max\{cx : x \in P^{(s_0+s_1)}\} < \gamma$, una contraddizione. □

Questo teorema ne implica un altro:

Teorema 5.35. (Chvátal [1973]) *Per ogni politopo P esiste un numero t tale che $P^{(t)} = P_I$.*

Dimostrazione. Poiché P è limitato, esiste un politopo razionale $Q \supseteq P$ con $Q_I = P_I$ (si prenda un ipercubo contenente P e lo si intersechi con un semi-spazio razionale contenente P ma non z per ogni punto intero z che appartiene all'ipercubo ma non a P; cf. l'Esercizio 19 del Capitolo 3). Per il Teorema 5.34, $Q^{(t)} = Q_I$ per qualche t. Quindi $P_I \subseteq P^{(t)} \subseteq Q^{(t)} = Q_I = P_I$, implicando $P^{(t)} = P_I$. □

Questo numero t è chiamato il rango di Chvátal di P. Se P non è né limitato né razionale, non si può avere un teorema analogo: si vedano gli Esercizi 1 e 17.

Un algoritmo più efficiente che calcoli il guscio convesso di un poliedro a due dimensioni è stato trovato da Harvey [1999]. Una versione del metodo dei piani di taglio il quale, in tempo polinomiale, approssima un funzione obiettivo lineare su un politopo intero dato da un oracolo di separazione è stato descritto da Boyd [1997]. Cook, Kannan e Schrijver [1990] hanno generalizzato la procedura di Gomory-Chvátal alla programmazione mista intera. Eisenbrand [1999] ha mostrato che è *coNP*-completo decidere se un dato vettore razionale sia in P' per un dato poliedro razionale P.

5.6 Rilassamento Lagrangiano

Si supponga di avere un programma lineare intero $\max\{cx : Ax \leq b,\ A'x \leq b',\ x \text{ intero}\}$ che diventa molto più semplice da risolvere quando i vincoli $A'x \leq b'$ non sono considerati. Scriviamo $Q := \{x \in \mathbb{Z}^n : Ax \leq b\}$ e assumiamo che si possano ottimizzare funzioni obiettivo lineari su Q (per esempio se $\text{conv}(Q) = \{x : Ax \leq b\}$). Il rilassamento Lagrangiano è una tecnica per rimuovere dei vincoli difficili (nel nostro caso $A'x \leq b'$). Invece di imporre esplicitamente i vincoli, modifichiamo la funzione obiettivo lineare per penalizzare soluzioni non ammissibili. Più precisamente, invece di ottimizzare

$$\max\{c^\top x : A'x \leq b',\ x \in Q\} \tag{5.7}$$

consideriamo, per qualsiasi vettore $\lambda \geq 0$,

$$LR(\lambda) \ := \ \max\{c^\top x + \lambda^\top(b' - A'x) : x \in Q\}. \tag{5.8}$$

Per ogni $\lambda \geq 0$, $LR(\lambda)$ è un upper bound per (5.7) che è relativamente facile da calcolare. (5.8) è detto il **rilassamento Lagrangiano** di (5.7), e le componenti di λ sono chiamati i **moltiplicatori di Lagrange**.

Il rilassamento Lagrangiano è una tecnica utile in programmazione non-lineare, ma qui ci limitiamo a considerare la programmazione lineare (intera).

Ovviamente si è interessati nel miglior upper bound possibile. Si osservi che $\lambda \mapsto LR(\lambda)$ è una funzione convessa. La procedura seguente (chiamata ottimizzazione del sotto-gradiente) può essere utilizzata per minimizzare $LR(\lambda)$:

Si inizia con un vettore arbitrario $\lambda^{(0)} \geq 0$. All'iterazione i, dato $\lambda^{(i)}$, si trova un vettore $x^{(i)}$ che massimizza $c^\top x + (\lambda^{(i)})^\top(b' - A'x)$ su Q (cioè si calcola

$LR(\lambda^{(i)})$). Si noti che $LR(\lambda) - LR(\lambda^{(i)}) \geq (\lambda - \lambda^{(i)})^\top(b' - A'x^{(i)})$ per tutti i λ, ovvero $b' - A'x^{(i)}$ è un sotto-gradiente di LR a $\lambda^{(i)}$. Si pone $\lambda^{(i+1)} := \max\{0, \lambda^{(i)} - t_i(b' - A'x^{(i)})\}$ per qualche $t_i > 0$. Polyak [1967] ha mostrato che se $\lim_{i\to\infty} t_i = 0$ e $\sum_{i=0}^{\infty} t_i = \infty$, allora $\lim_{i\to\infty} LR(\lambda^{(i)}) = \min\{LR(\lambda) : \lambda \geq 0\}$. Per ulteriori risultati sulla convergenza dell'ottimizzazione del sotto-gradiente, si veda Goffin [1977] e Anstreicher e Wolsey [2009].

Il problema di trovare il migliore upper bound, ovvero

$$\min\{LR(\lambda) : \lambda \geq 0\},$$

è chiamato a volte il problema **duale Lagrangiano** di (5.7). Mostreremo che si raggiunge sempre il minimo a meno che $\{x : Ax \leq b,\ A'x \leq b'\} = \emptyset$. Il secondo punto che affrontiamo è quanto sia buono questo upper bound. Naturalmente ciò dipende dalla struttura del problema originale. Nella Sezione 21.5 incontreremo un applicazione al TSP, in cui rilassamento Lagrangiano è veramente buono. Il teorema seguente serve per stimare la qualità dell'upper bound:

Teorema 5.36. (Geoffrion [1974]) *Sia* $c \in \mathbb{R}^n$, $A' \in \mathbb{R}^{m\times n}$ *e* $b' \in \mathbb{R}^m$. *Sia* $Q \subseteq \mathbb{R}^n$ *tale che* $\operatorname{conv}(Q)$ *sia un poliedro. Si supponga che* $\max\{c^\top x : A'x \leq b',\ x \in \operatorname{conv}(Q)\}$ *abbia una soluzione ottima Sia* $LR(\lambda) := \max\{c^\top x + \lambda^\top(b' - A'x) : x \in Q\}$. *Allora* $\inf\{LR(\lambda) : \lambda \geq 0\}$ *(il valore ottimo del duale Lagrangiano di* $\max\{c^\top x : A'x \leq b',\ x \in Q\}$*) è ottenuto per un certo* λ, *e il minimo è uguale a* $\max\{c^\top x : A'x \leq b',\ x \in \operatorname{conv}(Q)\}$.

Dimostrazione. Sia $\operatorname{conv}(Q) = \{x : Ax \leq b\}$. Usando due volte il Teorema della Dualità per la PL 3.20 e riformulando otteniamo

$$\begin{aligned}
& \max\{c^\top x : x \in \operatorname{conv}(Q),\ A'x \leq b'\} \\
= \;& \max\{c^\top x : Ax \leq b,\ A'x \leq b'\} \\
= \;& \min\left\{\lambda^\top b' + y^\top b : y^\top A + \lambda^\top A' = c^\top,\ y \geq 0,\ \lambda \geq 0\right\} \\
= \;& \min\left\{\lambda^\top b' + \min\{y^\top b : y^\top A = c^\top - \lambda^\top A',\ y \geq 0\} : \lambda \geq 0\right\} \\
= \;& \min\left\{\lambda^\top b' + \max\{(c^\top - \lambda^\top A')x : Ax \leq b\} : \lambda \geq 0\right\} \\
= \;& \min\left\{\max\{c^\top x + \lambda^\top(b' - A'x) : x \in \operatorname{conv}(Q)\} : \lambda \geq 0\right\} \\
= \;& \min\left\{\max\{c^\top x + \lambda^\top(b' - A'x) : x \in Q\} : \lambda \geq 0\right\} \\
= \;& \min\{LR(\lambda) : \lambda \geq 0\}.
\end{aligned}$$

La terza riga, che è un PL, mostra che esiste un λ che ottiene il minimo. □

In particolare, se abbiamo un programma lineare intero $\max\{cx : A'x \leq b',\ Ax \leq b,\ x \text{ intero}\}$ in cui $\{x : Ax \leq b\}$ è intero, allora il duale Lagrangiano (quando si rilassa $A'x \leq b'$ come sopra) fornisce lo stesso upper bound del rilassamento lineare standard $\max\{cx : A'x \leq b',\ Ax \leq b\}$. Se $\{x : Ax \leq b\}$ non è intero, l'upper bound è in generale più forte (ma più difficile da calcolare). Si veda l'Esercizio 21 per un esempio.

Il rilassamento Lagrangiano può anche essere usato per approssimare programmi lineari. Per esempio, si consideri il PROBLEMA DI ASSEGNAMENTO (si veda (1.1) nella Sezione 1.3). Il problema può essere riscritto equivalentemente come

$$\min\left\{T : \sum_{j\in S_i} x_{ij} \geq t_i \ (i=1,\ldots,n),\ (x,T)\in P\right\} \tag{5.9}$$

in cui P è un politopo

$$\left\{ (x,T) \ : \ 0 \leq x_{ij} \leq t_i \ (i=1,\ldots,n,\ j\in S_i), \quad \sum_{i:j\in S_i} x_{ij} \leq T \ (j=1,\ldots,m), \quad T \leq \sum_{i=1}^{n} t_i \right\}.$$

Ora si applichi il rilassamento Lagrangiano e si consideri

$$LR(\lambda) := \min\left\{T + \sum_{i=1}^{n} \lambda_i \left(t_i - \sum_{j\in S_i} x_{ij}\right) : (x,T)\in P\right\}. \tag{5.10}$$

Per la sua struttura particolare questo PL può essere risolto con un semplice algoritmo combinatorio (Esercizio 23), per qualsiasi λ. Se poniamo che Q sia l'insieme di vertici di P (cf. Corollario 3.32), allora possiamo applicare il Teorema 5.36 e concludere che il valore ottimo del duale Lagrangiano $\max\{LR(\lambda) : \lambda \geq 0\}$ è uguale all'ottimo di (5.9).

Esercizi

1. Sia $P := \left\{(x,y)\in\mathbb{R}^2 : y \leq \sqrt{2}x\right\}$. Si dimostri che P_I non è un poliedro. Si mostri un poliedro P in cui anche la chiusura di P_I non è un poliedro.
2. Sia $P = \{x\in\mathbb{R}^{k+l} : Ax \leq b\}$ un poliedro razionale. Si mostri che $\text{conv}(P \cap (\mathbb{Z}^k \times \mathbb{R}^l))$ è un poliedro.
   Suggerimento: si generalizzi la dimostrazione del Teorema 5.1.
   Nota: questo risultato costituisce le basi della programmazione mista intera. Si veda Schrijver [1986].
3. * Si dimostri la seguente versione intera del Teorema di Carathéodory (Esercizio 14 del Capitolo 3): per ogni cono poliedrale puntato $C = \{x\in\mathbb{Q}^n : Ax \leq 0\}$, ogni base di Hilbert $\{a_1,\ldots,a_t\}$ di C, e ogni punto intero $x\in C$ esistono $2n-1$ vettori tra $a_1,\ldots,a_t$ tali che x sia una loro combinazione intera non-negativa.
   Suggerimento: si consideri una soluzione di base ottima del PL $\max\{y\mathbb{1} : yA = x,\ y \geq 0\}$ e si arrotondino le componenti per difetto.

Nota: il numero $2n-1$ è stato migliorata da Sebő [1990] a $2n-2$. Non può essere portato a meno di $\lfloor \frac{7}{6}n \rfloor$ (Bruns et al. [1999]).
(Cook, Fonlupt e Schrijver [1986])

4. Sia $C = \{x : Ax \geq 0\}$ un cono poliedrale razionale e b un certo vettore con $bx > 0$ per tutti gli $x \in C \setminus \{0\}$. Si mostri che esiste un'unica base di Hilbert minimale e intera che genera C.
(Schrijver [1981])
5. Sia A una matrice $m \times n$ intera, e siano b e c due vettori, e y una soluzione ottima di $\max\{cx : Ax \leq b,\ x \text{ intero}\}$. Si dimostri che esiste una soluzione ottima z di $\max\{cx : Ax \leq b\}$ con $\|y-z\|_\infty \leq n\Xi(A)$.
(Cook et al. [1986])
6. Si dimostri che ogni matrice unimodulare si ricava da una matrice identità attraverso una trasformazione unimodulare.
Suggerimento: si ricordi la dimostrazione del Lemma 5.10.
* 7. Si dimostri che esiste un algoritmo tempo-polinomiale il quale, dati una matrice intera A e un vettore di interi b, trova un vettore di interi x con $Ax = b$ o decide che non esiste neanche uno.
Suggerimento: si vedano le dimostrazioni dei Lemma 5.10 e Lemma 5.11.
8. Si considerino i due sistemi

$$\begin{pmatrix} 1 & 1 \\ 1 & 0 \\ 1 & -1 \end{pmatrix} \begin{pmatrix} x_1 \\ x_2 \end{pmatrix} \leq \begin{pmatrix} 0 \\ 0 \\ 0 \end{pmatrix} \quad \text{e} \quad \begin{pmatrix} 1 & 1 \\ 1 & -1 \end{pmatrix} \begin{pmatrix} x_1 \\ x_2 \end{pmatrix} \leq \begin{pmatrix} 0 \\ 0 \end{pmatrix}$$

questi definiscono chiaramente lo stesso poliedro. Si dimostri che il primo è TDI, ma il secondo no.
9. Sia $a \neq 0$ un vettore di interi e β un numero razionale. Si dimostri che la disuguaglianza $ax \leq \beta$ è TDI se e solo se le componenti di a sono prime tra loro.
10. Sia $Ax \leq b$ TDI, $k \in \mathbb{N}$ e $\alpha > 0$ razionali. Si mostri che $\frac{1}{k}Ax \leq \alpha b$ è nuovamente TDI. Inoltre, si dimostri che $\alpha Ax \leq \alpha b$ non è necessariamente TDI.
11. Usare il Teorema 5.25 per dimostrare il Teorema di König 10.2 (cf. Esercizio 2 del Capitolo 11):
La cardinalità massima di un matching in un grafo bipartito è uguale alla minima cardinalità di un vertex cover [copertura di vertici].
12. Si mostri che $A = \begin{pmatrix} 1 & 1 & 1 \\ -1 & 1 & 0 \\ 1 & 0 & 0 \end{pmatrix}$ non è totalmente unimodulare, ma $\{x : Ax = b\}$ è intero per tutti i vettori di interi b.
(Nemhauser e Wolsey [1988])
13. Sia G un digrafo $(\{1,2,3,4\}, \{(1,3),(2,4),(2,1),(4,1),(4,3)\})$, e sia $\mathcal{F} := \{\{1,2,4\},\{1,2\},\{2\},\{2,3,4\},\{4\}\}$. Dimostrare che $(V(G), \mathcal{F})$ è cross-free ma la matrice di incidenza del taglio uscente di $\mathcal{F}$ non è totalmente unimodulare.
* 14. Siano G e T due digrafi tali che $V(G) = V(T)$ e il grafo non orientato sottostante T sia un albero. Per $v, w \in V(G)$ sia $P(v,w)$ l'unico cammino non orientato da v a w in T. Sia $M = (m_{f,e})_{f \in E(T),\, e \in E(G)}$ la matrice definita

da

$$m_{(x,y),(v,w)} := \begin{cases} 1 & \text{se } (x,y) \in E(P(v,w)) \text{ e } (x,y) \in E(P(v,y)) \\ -1 & \text{se } (x,y) \in E(P(v,w)) \text{ e } (x,y) \in E(P(v,x)) \\ 0 & \text{se } (x,y) \notin E(P(v,w)) \end{cases}.$$

Le matrici in questa forma sono chiamate matrici di rete. Si mostri che le matrici di rete sono esattamente le matrice di incidenza del taglio uscente di famiglie di insiemi cross-free.

15. Una matrice intervallo è una matrice 0-1 tale che in ogni riga le componenti uguali a uno sono tutte consecutive. Si dimostri che le matrici intervallo sono totalmente unimodulari.
Nota: Hochbaum e Levin [2006] hanno mostrato come risolvere problemi di ottimizzazione con tali matrici in maniera molto efficiente.
16. Si consideri il seguente problema di packing di intervalli: data una lista di intervalli $[a_i, b_i]$, $i = 1, \dots, n$, con pesi $c_1, \dots, c_n$ e un numero $k \in \mathbb{N}$, trovare un sottoinsieme di intervalli di peso massimo tale che nessun punto sia contenuto in più di k intervalli.
    (a) Trovare una formulazione di programmazione lineare (ovvero senza vincoli di integralità) di questo problema.
    (b) Considerare il caso $k = 1$. Qual'è il significato del PL duale? Mostrare come risolvere il PL duale con un semplice algoritmo combinatorio.
    (c) Usare (b) per ottenere un algoritmo $O(n \log n)$ per il problema del packing di intervalli nel caso $k = 1$.
    (d) Trovare un semplice algoritmo $O(n \log n)$ che funzioni con un qualsiasi k e pesi unitari.

    Nota: si veda l'Esercizio 12 del Capitolo 9.
17. Sia $P := \{(x, y) \in \mathbb{R}^2 : y = \sqrt{2}x,\ x \geq 0\}$ e $Q := \{(x, y) \in \mathbb{R}^2 : y = \sqrt{2}x\}$. Si dimostri che $P^{(t)} = P \neq P_I$ per tutti i $t \in \mathbb{N}$ e $Q' = \mathbb{R}^2$.
18. Sia P il guscio convesso di tre punti $(0, 0)$, $(0, 1)$ e $(k, \frac{1}{2})$ in $\mathbb{R}^2$, in cui $k \in \mathbb{N}$. Si mostri che $P^{(2k-1)} \neq P_I$ ma $P^{(2k)} = P_I$.
19. * Sia $P \subseteq [0, 1]^n$ un politopo nell'ipercubo unitario con $P_I = \emptyset$. Si mostri che allora $P^{(n)} = \emptyset$.
Nota: Eisenbrand e Schulz [2003] hanno dimostrato che $P^{(\lceil n^2(1+\log n)\rceil)} = P_I$ per qualsiasi politopo $P \subseteq [0, 1]^n$.
20. In questo esercizio applichiamo il rilassamento Lagrangiano a sistemi di equazioni lineari. Sia Q un insieme finito di vettori in $\mathbb{R}^n$, $c \in \mathbb{R}^n$ e $A' \in \mathbb{R}^{m \times n}$ e $b' \in \mathbb{R}^m$. Si dimostri che

$$\begin{aligned} & \min\left\{\max\{c^\top x + \lambda^\top(b' - A'x) : x \in Q\} : \lambda \in \mathbb{R}^m\right\} \\ = \ & \max\{c^\top y : y \in \operatorname{conv}(Q),\ A'y = b'\}. \end{aligned}$$

21. Si consideri il seguente problema di localizzazione di impianti [facility location]: Dato un insieme di n clienti con domande $d_1, \dots, d_n$, e m possibili impianti ognuno dei quali potrebbe essere aperto oppure no. Per ogni impianto $i =$

$1, \ldots, m$ abbiamo un costo f_i per aprirlo, una capacità u_i e una distanza c_{ij} da ogni cliente $j = 1, \ldots, n$. Il compito è di decidere quale impianto dovrebbe essere aperto e di assegnare a ciascun cliente uno degli impianti aperti. La domanda totale dei clienti assegnati ad un impianto non deve superare la sua capacità. L'obiettivo è di minimizzare i costi di apertura degli impianti più la somma delle distanze di ogni cliente dal suo impianto. In termini di PROGRAMMAZIONE INTERA il problema può essere formulato come

$$\min \left\{ \sum_{i,j} c_{ij} x_{ij} + \sum_i f_i y_i : \sum_j d_j x_{ij} \leq u_i y_i, \sum_i x_{ij} = 1, x_{ij}, y_i \in \{0,1\} \right\}.$$

Si applichi il rilassamento Lagrangiano in due modi, la prima volta rilassando $\sum_j d_j x_{ij} \leq u_i y_i$ per tutti gli i, poi rilassando $\sum_i x_{ij} = 1$ per tutti i j. Quale duale Lagrangiano da i bound migliori?

Nota: entrambi i rilassamenti Lagrangiani possono essere risolti: si veda l'Esercizio 7 del Capitolo 17.

* 22. Si consideri il PROBLEMA DI LOCALIZZAZIONE DI IMPIANTI SENZA LIMITI DI CAPACITÀ [Uncapacitated Facility Location Problem]: dati i numeri n, m, f_i e c_{ij} ($i = 1, \ldots, m$, $j = 1, \ldots, n$), il problema può essere formulato come

$$\min \left\{ \sum_{i,j} c_{ij} x_{ij} + \sum_i f_i y_i : \sum_i x_{ij} = 1, x_{ij} \leq y_i, x_{ij}, y_i \in \{0,1\} \right\}.$$

Per $S \subseteq \{1, \ldots, n\}$ denotiamo con $c(S)$ il costo di rifornire gli impianti per i clienti in S, cioè

$$\min \left\{ \sum_{i,j} c_{ij} x_{ij} + \sum_i f_i y_i : \sum_i x_{ij} = 1 \text{ per } j \in S, x_{ij} \leq y_i, x_{ij}, y_i \in \{0,1\} \right\}.$$

Il problema di allocazione dei costi chiede se il costo totale $c(\{1, \ldots, n\})$ possa essere distribuito tra i clienti in maniera tale che nessun sottoinsieme S paghi più di $c(S)$. In altre parole: esistono dei numeri $p_1, \ldots, p_n$ tali che $\sum_{j=1}^n p_j = c(\{1, \ldots, n\})$ e $\sum_{j \in S} p_j \leq c(S)$ per ogni $S \subseteq \{1, \ldots, n\}$? Mostrare che questo accade se e solo se $c(\{1, \ldots, n\})$ è uguale a

$$\min \left\{ \sum_{i,j} c_{ij} x_{ij} + \sum_i f_i y_i : \sum_i x_{ij} = 1, x_{ij} \leq y_i, x_{ij}, y_i \geq 0 \right\},$$

ossia le condizioni di integralità possono essere tralasciate.

Suggerimento: applicare il rilassamento Lagrangiano al precedente PL. Per ogni insieme di moltiplicatori Lagrangiani si decomponga il problema di minimizzazione corrispondente a problemi di minimizzazione su coni. Quali sono i vettori che generano questi coni?

(Goemans e Skutella [2004])

23. Si descriva un algoritmo combinatorio (senza usare la PROGRAMMAZIONE LINEARE) per risolvere (5.10) per dei moltiplicatori di Lagrange λ arbitrari, ma fissati. Qual'è il tempo di esecuzione che riesci a ottenere?

Riferimenti bibliografici

Letteratura generale:

Bertsimas, D., Weismantel, R. [2005]: Optimization Over Integers. Dynamic Ideas, Belmont

Cook, W.J., Cunningham, W.H., Pulleyblank, W.R., Schrijver, A. [1998]: Combinatorial Optimization. Wiley, New York, Chapter 6

Nemhauser, G.L., Wolsey, L.A. [1988]: Integer and Combinatorial Optimization. Wiley, New York

Schrijver, A. [1986]: Theory of Linear and Integer Programming. Wiley, Chichester

Wolsey, L.A. [1998]: Integer Programming. Wiley, New York

Riferimenti citati:

Anstreicher, K.M., Wolsey, L.A. [2009]: Two "well-known properties of subgradient optimization. Mathematical Programming B 120, 213–220

Boyd, E.A. [1997]: A fully polynomial epsilon approximation cutting plane algorithm for solving combinatorial linear programs containing a sufficiently large ball. Operations Research Letters 20, 59–63

Bruns, W., Gubeladze, J., Henk, M., Martin, A., Weismantel, R. [1999]: A counterexample to an integral analogue of Carathéodory's theorem. Journal für die Reine und Angewandte Mathematik 510, 179–185

Chvátal, V. [1973]: Edmonds' polytopes and a hierarchy of combinatorial problems. Discrete Mathematics 4, 305–337

Cook, W. [1983]: Operations that preserve total dual integrality. Operations Research Letters 2, 31–35

Cook, W., Fonlupt, J., Schrijver, A. [1986]: An integer analogue of Carathéodory's theorem. Journal of Combinatorial Theory B 40, 63–70

Cook, W., Gerards, A., Schrijver, A., Tardos, É. [1986]: Sensitivity theorems in integer linear programming. Mathematical Programming 34, 251–264

Cook, W., Kannan, R., Schrijver, A. [1990]: Chvátal closures for mixed integer programming problems. Mathematical Programming 47, 155–174

Dantzig, G., Fulkerson, R., Johnson, S. [1954]: Solution of a large-scale traveling-salesman problem. Operations Research 2, 393–410

Edmonds, J., Giles, R. [1977]: A min-max relation for submodular functions on graphs. In: Studies in Integer Programming; Annals of Discrete Mathematics 1 (P.L. Hammer, E.L. Johnson, B.H. Korte, G.L. Nemhauser, eds.), North-Holland, Amsterdam, pp. 185–204

Eisenbrand, F. [1999]: On the membership problem for the elementary closure of a polyhedron. Combinatorica 19, 297–300

Eisenbrand, F., Schulz, A.S. [2003]: Bounds on thChvátal rank of polytopes in the 0/1-cube. Combinatorica 23, 245–261

Fulkerson, D.R. [1971]: Blocking and anti-blocking pairs of polyhedra. Mathematical Programming 1, 168–194

Geoffrion, A.M. [1974]: Lagrangean relaxation for integer programming. Mathematical Programming Study 2, 82–114

Giles, F.R., Pulleyblank, W.R. [1979]: Total dual integrality and integer polyhedra. Linear Algebra and Its Applications 25, 191–196

Ghouila-Houri, A. [1962]: Caractérisation des matrices totalement unimodulaires. Comptes Rendus Hebdomadaires des Séances de l'Académie des Sciences (Paris) 254, 1192–1194

Goemans, M.X., Skutella, M. [2004]: Cooperative facility location games. Journal of Algorithms 50, 194–214

Goffin, J.L. [1977]: On convergence rates of subgradient optimization methods. Mathematical Programming 13, 329–347

Gomory, R.E. [1958]: Outline of an algorithm for integer solutions to linear programs. Bulletin of the American Mathematical Society 64, 275–278

Gomory, R.E. [1963]: An algorithm for integer solutions of linear programs. In: Recent Advances in Mathematical Programming (R.L. Graves, P. Wolfe, eds.), McGraw-Hill, New York, 1963, pp. 269–302

Graver, J.E. [1975]: On the foundations of linear and integer programming I. Mathematical Programming 9 (1975), 207–226

Harvey, W. [1999]: Computing two-dimensional integer hulls. SIAM Journal on Computing 28 (1999), 2285–2299

Hochbaum, D.S., Levin, A. [2006]: Optimizing over consecutive 1's and circular 1's constraints. SIAM Journal on Optimization 17, 311–330

Hoffman, A.J. [1974]: A generalization of max flow-min cut. Mathematical Programming 6, 352–359

Hoffman, A.J., Kruskal, J.B. [1956]: Integral boundary points of convex polyhedra. In: Linear Inequalities and Related Systems; Annals of Mathematical Study 38 (H.W. Kuhn, A.W. Tucker, eds.), Princeton University Press, Princeton, 223–246

Lasserre, J.B. [2004]: The integer hull of a convex rational polytope. Discrete & Computational Geometry 32, 129–139

Meyer, R.R. [1974]: On the existence of optimal solutions to integer and mixed-integer programming problems. Mathematical Programming 7, 223–235

Polyak, B.T. [1967]: A general method for solving extremal problems. Doklady Akademii Nauk SSSR 174 (1967), 33–36 [in Russian]. English translation: Soviet Mathematics Doklady 8, 593–597

Schrijver, A. [1980]: On cutting planes. In: Combinatorics 79; Part II; Annals of Discrete Mathematics 9 (M. Deza, I.G. Rosenberg, eds.), North-Holland, Amsterdam, pp. 291–296

Schrijver, A. [1981]: On total dual integrality. Linear Algebra and its Applications 38, 27–32

Schrijver, A. [1983]: Packing and covering of crossing families of cuts. Journal of Combinatorial Theory B 35, 104–128

Sebő, A. [1990]: Hilbert bases, Carathéodory's theorem and combinatorial optimization. In: Integer Programming and Combinatorial Optimization (R. Kannan e W.R. Pulleyblank, eds.), University of Waterloo Press

Seymour, P.D. [1980]: Decomposition of regular matroids. Journal of Combinatorial Theory B 28, 305–359

Veinott, A.F., Jr., Dantzig, G.B. [1968]. Integral extreme points. SIAM Review 10 , 371–372

Wolsey, L.A. [1981]: The b-hull of an integer program. Discrete Applied Mathematics 3, 193–201

6

Alberi di supporto e arborescenze

Si consideri una compagnia telefonica che vuole affittare un sottoinsieme dei suoi esistenti, ognuno dei quali connette due città. I cavi affittati dovrebbero essere sufficienti a connettere tutte le città e dovrebbero essere il più economici possibile. È naturale in questo caso rappresentare la rete telefonica con un grafo: i vertici rappresentano le città e gli archi i cavi. Per il Teorema 2.4 i sottografi connessi di supporto di cardinalità minima sono i suoi alberi di supporto. Cerchiamo dunque un albero di supporto di peso minimo, in cui diciamo che il sottografo T di un grafo G con pesi $c : E(G) \to \mathbb{R}$ ha peso $c(E(T)) = \sum_{e \in E(T)} c(e)$. Indicheremo con $c(e)$ il costo dell'arco e.

Questo è un problema di ottimizzazione combinatoria semplice, ma è fondamentale. Inoltre è anche uno dei problemi di ottimizzazione combinatoria con una storia più lunga; il primo algoritmo si deve a Borůvka [1926a,1926b]; si veda anche Nešetřil, Milková e Nešetřilová [2001].

In confronto al PROBLEMA DELLA PERFORATRICE che chiede un cammino minimo che contiene tutti i vertici di un grafo completo, ora cerchiamo l'albero di supporto più corto. Nonostante che il numero di alberi di supporto sia anche maggiore del numero di cammini (K_n contiene $\frac{n!}{2}$ cammini Hamiltoniani, ma ha ben n^{n-2} alberi di supporto diversi; cf. Teorema 6.2), il problema risulta essere molto più semplice. Infatti, come vedremo nella Sezione 6.1, si risolve con una semplice strategia greedy [golosa].

Le arborescenze possono essere considerate la controparte orientata degli alberi; per il Teorema 2.5 esse sono i sottografi di supporto minimo di un digrafo tali che tutti gli archi siano raggiungibili da una radice. La versione orientata del PROBLEMA DELL'ALBERO DI SUPPORTO MINIMO, il PROBLEMA DELL'ARBORESCENZA DI PESO MINIMO, è molto più complicato poiché la strategia greedy non funziona più. Nella Sezione 6.2 mostreremo come risolvere anche questo problema.

Poiché esistono diversi algoritmi polinomiali efficienti per risolvere questi problemi, non li si dovrebbe risolvere con la PROGRAMMAZIONE LINEARE. Tuttavia è interessante che i politopi corrispondenti (il guscio convesso dei vettori di incidenza degli alberi di supporto o delle arborescenze; cf. Corollario 3.33) possono essere descritti come programmi lineari, come vedremo nella Sezione 6.3. Nella Sezione 6.4 dimostreremo alcuni risultati classici sul packing di alberi di supporto e arborescenze.

Korte B., Vygen J.: Ottimizzazione Combinatoria. Teoria e Algoritmi.

6.1 Alberi di supporto di costo minimo

In questa sezione, consideriamo i due problemi seguenti:

PROBLEMA DELLA FORESTA DI PESO MASSIMO	
Istanza:	Un grafo non orientato G, pesi $c : E(G) \to \mathbb{R}$.
Obiettivo:	Trovare una foresta in G di peso massimo.

PROBLEMA DELL'ALBERO DI SUPPORTO MINIMO	
Istanza:	Un grafo non orientato G, pesi $c : E(G) \to \mathbb{R}$.
Obiettivo:	Trovare un albero di supporto in G di peso minimo o decidere che G non è connesso.

Sosteniamo che i due problemi sono equivalenti. Per essere più precisi, diciamo che un problema $\mathcal{P}$ si **riduce linearmente** a un problema $\mathcal{Q}$ se esistono due funzioni f e g, ognuna calcolabile in tempo polinomiale, tali che f trasforma un'istanza x di $\mathcal{P}$ in un'istanza $f(x)$ di $\mathcal{Q}$, e g trasforma una soluzione di $f(x)$ in una soluzione di x. Se $\mathcal{P}$ si riduce linearmente a $\mathcal{Q}$ e $\mathcal{Q}$ si riduce linearmente a $\mathcal{P}$, allora entrambi i problemi sono detti **equivalenti**.

Proposizione 6.1. *Il* PROBLEMA DELLA FORESTA DI PESO MASSIMO *e il* PROBLEMA DELL'ALBERO DI SUPPORTO MINIMO *sono equivalenti.*

Dimostrazione. Data un'istanza (G, c) del PROBLEMA DELLA FORESTA DI PESO MASSIMO, si rimuovano tutti gli archi di peso negativo, sia $c'(e) := -c(e)$ per tutti gli $e \in E(G)$, e si aggiunga un insieme minimo F di archi (con un peso arbitrario) per rendere il grafo connesso; si chiami il grafo risultante G'. Allora l'istanza (G', c') del PROBLEMA DELL'ALBERO DI SUPPORTO MINIMO è equivalente nel senso seguente: rimuovendo gli archi di F da un albero di supporto di peso minimo in (G', c') si ottiene una foresta di peso massimo in (G, c).

Vice versa, data un'istanza (G, c) del PROBLEMA DELL'ALBERO DI SUPPORTO MINIMO, sia $c'(e) := K - c(e)$ per tutti gli $e \in E(G)$, in cui $K = 1 + \max_{e \in E(G)} c(e)$. Allora l'istanza (G, c') del PROBLEMA DELLA FORESTA DI PESO MASSIMO è equivalente, poiché tutti gli alberi di supporto hanno lo stesso numero di archi (Teorema 2.4). □

Ritorneremo a diverse riduzioni di un problema in un altro nel Capitolo 15. Nel resto di questa sezione consideriamo solo il PROBLEMA DELL'ALBERO DI SUPPORTO MINIMO. Per prima cosa, contiamo il numero di soluzioni ammissibili. Il seguente è noto come Teorema di Cayley:

Teorema 6.2. (Sylvester [1857], Cayley [1889]) *Per $n \in \mathbb{N}$ il numero di alberi di supporto in K_n è n^{n-2}.*

Dimostrazione. Sia t_n il numero di alberi di supporto in K_n. Sia

$$\mathcal{B}_{n,k} := \big\{(B, f) : B \text{ ramificazione}, V(B) = \{1, \ldots, n\}, |E(B)| = k, \\ f : E(B) \to \{1, \ldots, k\} \text{ biiettiva}\big\}.$$

Poiché ogni albero di supporto ha n orientamenti come un'arborescenza e $(n-1)!$ ordinamenti dell'insieme di archi, abbiamo $|\mathcal{B}_{n,n-1}| = (n-1)! \cdot n \cdot t_n$. Inoltre, $|\mathcal{B}_{n,0}| = 1$. Mostriamo che $|\mathcal{B}_{n,i+1}| = n(n-i-1)|\mathcal{B}_{n,i}|$, il che implica $|\mathcal{B}_{n,n-1}| = n^{n-1}(n-1)!|\mathcal{B}_{n,0}|$, e quindi $t_n = n^{n-2}$.

Per ogni elemento $B \in \mathcal{B}_{n,i+1}$ definiamo $g(B) \in \mathcal{B}_{n,i}$ rimuovendo l'arco $f^{-1}(i+1)$. Ora, ogni $B' \in \mathcal{B}_{n,i}$ è l'immagine di esattamente $n(n-i-1)$ elementi di $\mathcal{B}_{n,i+1}$: aggiungiamo un arco $e = (v, w)$ e poniamo $f(e) := i + 1$, ed esistono n scelte per v (tutti i vertici) e $n - i - 1$ scelte per w (le radici delle componenti connesse di B' che non contengono v). □

Di seguito dimostriamo le condizioni di ottimalità:

Teorema 6.3. *Sia* (G, c) *un'istanza del* PROBLEMA DELL'ALBERO DI SUPPORTO MINIMO, *e sia* T *un albero di supporto in* G. *Allora le seguenti affermazioni sono equivalenti:*

(a) T *è ottimo.*
(b) *Per ogni* $e = \{x, y\} \in E(G) \setminus E(T)$, *nessun arco sul cammino* x-y *in* T *ha costo maggiore di* e.
(c) *Per ogni* $e \in E(T)$, e *è un arco di costo minimo di* $\delta(V(C))$, *dove* C *è una componente connessa di* $T - e$.
(d) *Possiamo ordinare* $E(T) = \{e_1, \ldots, e_{n-1}\}$ *in modo tale che per ogni* $i \in \{1, \ldots, n-1\}$ *esiste un insieme* $X \subseteq V(G)$ *tale che* e_i *è un arco di costo minimo di* $\delta(X)$ *e* $e_j \notin \delta(X)$ *per tutti i* $j \in \{1, \ldots, i-1\}$.

Dimostrazione. (a)⇒(b): Supponiamo che (b) sia violata: sia $e = \{x, y\} \in E(G) \setminus E(T)$ e sia f un arco sul cammino x-y in T con $c(f) > c(e)$. Allora $(T - f) + e$ è un albero di supporto di costo minore.

(b)⇒(c): Supponiamo che (c) sia violata: sia $e \in E(T)$, C una componente connessa di $T - e$ e $f = \{x, y\} \in \delta(V(C))$ con $c(f) < c(e)$. Si osservi che il cammino x-y in T deve contenere un arco di $\delta(V(C))$, ma l'unico arco di questo tipo è e. Dunque (b) è violato.

(c)⇒(d): Si prenda un ordinamento arbitrario e $X := V(C)$.

(d)⇒(a): Supponiamo che $E(T) = \{e_1, \ldots, e_{n-1}\}$ soddisfi (d), e sia T^* un albero di supporto ottimo tale che $i := \min\{h \in \{1, \ldots, n-1\} : e_h \notin E(T^*)\}$ sia massimo. Mostriamo che $i = \infty$, ossia $T = T^*$. Supponiamo che ciò non avvenga, e sia allora $X \subseteq V(G)$ tale che e_i è un arco a costo minimo di $\delta(X)$ e $e_j \notin \delta(X)$ per ogni $j \in \{1, \ldots, i-1\}$. $T^* + e_i$ contiene un circuito C. Poiché $e_i \in E(C) \cap \delta(X)$, almeno un altro arco f ($f \neq e_i$) di C deve appartenere a $\delta(X)$ (si veda l'Esercizio 12 del Capitolo 2). Si osservi che $(T^* + e_i) - f$ è un albero di supporto. Poiché T^*

è ottimo, $c(e_i) \geq c(f)$. Ma siccome $f \in \delta(X)$, abbiamo anche che $c(f) \geq c(e_i)$. Inoltre, se $f = e_j \in E(T)$, allora $j > i$. Dunque $c(f) = c(e_i)$, e $(T^* + e_i) - f$ è un altro albero di supporto ottimo il quale contraddice la massimalità di i. □

Il seguente algoritmo "greedy" per il PROBLEMA DELL'ALBERO DI SUPPORTO MINIMO fu proposto da Kruskal [1956]. Può essere visto come un caso speciale di un algoritmo greedy molto generale che sarà discusso nella Sezione 13.4. In seguito, sia $n := |V(G)|$ e $m := |E(G)|$.

ALGORITMO DI KRUSKAL

Input: Un grafo connesso non orientato G, pesi $c : E(G) \to \mathbb{R}$.

Output: Un albero di supporto T di peso minimo.

① Ordina gli archi in modo tale che $c(e_1) \leq c(e_2) \leq \ldots \leq c(e_m)$.

② Poni $T := (V(G), \emptyset)$.

③ **For** $i := 1$ **to** m **do**:
If $T + e_i$ non contiene alcun circuito **then** poni $T := T + e_i$.

Teorema 6.4. *L'*ALGORITMO DI KRUSKAL *funziona correttamente.*

Dimostrazione. È chiaro che l'algoritmo costruisce un albero di supporto T. Inoltre garantisce la condizione (b) del Teorema 6.3, dunque T è ottimo. □

Il tempo di esecuzione del ALGORITMO DI KRUSKAL è $O(mn)$: gli archi sono ordinati in tempo $O(m \log m)$ (Teorema 1.5), e la ricerca di un circuito in grafo con al massimo n archi può essere implementata in tempo $O(n)$ (basta applicare DFS (o BFS) e controllare se esiste un arco che non appartiene all'albero DFS). Poiché questo viene ripetuto m volte, otteniamo un tempo totale di esecuzione di $O(m \log m + mn) = O(mn)$. Comunque, è possibile un'implementazione più efficiente:

Teorema 6.5. *L'*ALGORITMO DI KRUSKAL *può essere implementato per eseguire in tempo $O(m \log n)$.*

Dimostrazione. Gli archi paralleli possono essere eliminati subito: tutti gli archi tranne quelli meno costosi sono ridondanti. Dunque possiamo assumere $m = O(n^2)$. Poiché il tempo di esecuzione di ① è ovviamente $O(m \log m) = O(m \log n)$ ci concentriamo su ③. Studiamo prima una struttura dati che mantenga le componenti connesse di T. In ③ dobbiamo controllare se l'aggiunta di un arco $e_i = \{v, w\}$ a T risulti in un circuito. Questo è equivalente a controllare se v e w siano nella stessa componente connessa.

La nostra implementazione mantiene una ramificazione B con $V(B) = V(G)$. In qualsiasi momento le componenti connesse di B saranno indotte dallo stesso insieme di vertici come componenti connesse di T (si noti comunque che in generale B non è un orientamento di T).

Quando si controlla un arco $e_i = \{v, w\}$ in ③, troviamo la radice r_v dell'arborescenza in B che contiene v e la radice r_w dell'arborescenza in B che contiene w. Il tempo speso a fare ciò è proporzionale alla lunghezza del cammino r_v-v più la lunghezza del cammino r_w-w in B. Mostreremo dopo che questa lunghezza è sempre al massimo $\log n$.

Dopo controlliamo se $r_v = r_w$. Se $r_v \neq r_w$, inseriamo e_i in T e dobbiamo aggiungere un arco a B. Sia $h(r)$ la lunghezza massima di un cammino da r in B. Se $h(r_v) \geq h(r_w)$, allora aggiungiamo un arco (r_v, r_w) a B, altrimenti aggiungiamo (r_w, r_v) a B. Se $h(r_v) = h(r_w)$, questa operazione aumenta $h(r_v)$ di uno, altrimenti la nuova radice ha lo stesso valore h di prima. Dunque i valori h delle radici possono essere mantenuti facilmente. Naturalmente, inizialmente $B := (V(G), \emptyset)$ e $h(v) := 0$ per tutti i $v \in V(G)$.

Mostriamo ora che un'arborescenza di B con radice r contiene almeno $2^{h(r)}$ vertici. Questo implica che $h(r) \leq \log n$, concludendo la dimostrazione. All'inizio, l'affermazione precedente è chiaramente vera. Dobbiamo mostrare che questa proprietà è mantenuta quando si aggiunge un arco (x, y) a B. Questo è banale se $h(x)$ non cambia. Altrimenti abbiamo $h(x) = h(y)$ prima dell'operazione, implicando che ognuno delle due arborescenze contiene almeno $2^{h(x)}$ vertici. Dunque la nuova arborescenza radicata in x contiene, come richiesto, almeno $2 \cdot 2^{h(x)} = 2^{h(x)+1}$ vertici. □

L'implementazione precedente può essere migliorata con un altro trucco: ogni qualvolta viene determinata la radice r_v di un'arborescenza in B che contiene v, tutti gli archi sul cammino r_v-v P sono rimossi e si aggiunge un arco (r_x, x) per ogni $x \in V(P) \setminus \{r_v\}$. Un'analisi complicata mostra che questa euristica chiamata di compressione dei cammini [path compression] rende il tempo di esecuzione di ③ quasi lineare: diventa $O(m\alpha(m, n))$, dove $\alpha(m, n)$ è l'inversa della funzione di Ackermann (si veda Tarjan [1975,1983]).

Presentiamo ora un altro ben noto algoritmo per il PROBLEMA DELL'ALBERO DI SUPPORTO MINIMO, che si deve a Jarník [1930] (si veda Korte e Nešetřil [2001]), Dijkstra [1959] e Prim [1957]:

ALGORITMO DI PRIM

Input: Un grafo connesso non orientato G, pesi $c : E(G) \to \mathbb{R}$.

Output: Un albero di supporto T di peso minimo.

① Scegli $v \in V(G)$. Poni $T := (\{v\}, \emptyset)$.

② **While** $V(T) \neq V(G)$ **do**:
Scegli un arco $e \in \delta_G(V(T))$ di peso minimo. Scegli $T := T + e$.

Teorema 6.6. *L'*ALGORITMO DI PRIM *funziona correttamente. Il suo tempo di esecuzione è* $O(n^2)$.

Dimostrazione. La correttezza segue direttamente dal fatto che è garantita la condizione (d) del Teorema 6.3 (si ordinino gli archi di T come vengono scelti dall'algoritmo).

Per ottenere un tempo di esecuzione $O(n^2)$, manteniamo per ogni vertice $v \in V(G) \setminus V(T)$ l'arco meno costoso $e \in E(V(T), \{v\})$. Chiamiamo questi archi i candidati. L'inizializzazione dei candidati richiede un tempo $O(m)$. Ogni selezione degli archi meno costosi tra i candidati richiede un tempo $O(n)$. L'aggiornamento dei candidati può essere fatto guardando gli archi incidenti al vertice che viene aggiunto a $V(T)$ e quindi richiede un tempo $O(n)$. Poiché il ciclo-while di ② ha $n-1$ iterazioni, si è dimostrato il bound di $O(n^2)$. □

Il tempo di esecuzione può essere migliorato usando strutture dati più efficienti. Si denoti $l_{T,v} := \min\{c(e) : e \in E(V(T), \{v\})\}$. Manteniamo l'insieme $\{(v, l_{T,v}) : v \in V(G) \setminus V(T),\ l_{T,v} < \infty\}$ in una struttura dati, chiamata coda con priorità o heap, che permette l'inserimento di un elemento, la ricerca e la rimozione di un elemento (v, l) con minimo l, e la diminuzione della chiave (key) l di un elemento (v, l). Allora l'ALGORITMO DI PRIM può essere scritto come segue:

① Scegli $v \in V(G)$. Poni $T := (\{v\}, \emptyset)$.
   Sia $l_w := \infty$ per $w \in V(G) \setminus \{v\}$.

② **While** $V(T) \neq V(G)$ **do**:
   For $e = \{v, w\} \in E(\{v\}, V(G) \setminus V(T))$ **do**:
      If $c(e) < l_w < \infty$ **then** poni $l_w := c(e)$ e DECREASEKEY(w, l_w).
      If $l_w = \infty$ **then** poni $l_w := c(e)$ e INSERT(w, l_w).
   $(v, l_v) :=$ DELETEMIN.
   Sia $e \in E(V(T), \{v\})$ con $c(e) = l_v$. Poni $T := T + e$.

Esistono diversi modi di implementare un heap. Un modo molto efficiente, il cosiddétto heap di Fibonacci, è stato proposto da Fredman e Tarjan [1987]. La nostra presentazione si basa su Schrijver [2003]:

Teorema 6.7. *È possibile mantenere una struttura dati per un insieme finito (inizialmente vuoto), in cui ogni elemento u ha associato un numero reale $d(u)$, chiamato la sua chiave, ed eseguire una sequenza di*

- *p operazioni* INSERT *(aggiungere un elemento u con chiave $d(u)$);*
- *n operazioni* DELETEMIN *(trovare e rimuovere un elemento u con $d(u)$ minimo);*
- *m operazioni* DECREASEKEY *(diminuire $d(u)$ a un valore specificato per un elemento u)*

in tempo $O(m + p + n \log p)$.

Dimostrazione. L'insieme, che si denota con U, è memorizzato in un heap di Fibonacci, ossia una ramificazione (U, E) con una funzione $\varphi : U \to \{0, 1\}$ con le proprietà seguenti:

(i) Se $(u, v) \in E$ allora $d(u) \leq d(v)$. (Questo viene chiamato l'ordine di heap.)
(ii) Per ogni $u \in U$ i figli di u possono essere numerati $1, \ldots, |\delta^+(u)|$ in modo tale che l'i-mo figlio v soddisfa $|\delta^+(v)| + \varphi(v) \geq i - 1$.

(iii) Se u e v sono radici distinte ($\delta^-(u) = \delta^-(v) = \emptyset$), allora $|\delta^+(u)| \neq |\delta^+(v)|$.

La condizione (ii) implica:

(iv) Se un vertice u ha grado uscente almeno k, allora almeno $\sqrt{2}^k$ vertici sono raggiungibili da u.

Dimostriamo (iv) per induzione su k, poiché i casi $k = 0$ e $k = 1$ sono banali. Dunque sia u un vertice con $|\delta^+(u)| \geq k \geq 1$, e sia v un figlio di u con $|\delta^+(v)| \geq k - 2$ (v esiste per la (ii)). Applichiamo l'ipotesi di induzione a v in (U, E) e a u in $(U, E \setminus \{(u, v)\})$ e concludiamo che almeno $\sqrt{2}^{k-2}$ e $\sqrt{2}^{k-1}$ vertici sono raggiungibili. (iv) segue osservando che $\sqrt{2}^k \leq \sqrt{2}^{k-2} + \sqrt{2}^{k-1}$.

In particolare, (iv) implica che $|\delta^+(u)| \leq 2 \log |U|$ per tutti $u \in U$. Quindi, usando la (iii), possiamo memorizzare le radici di (U, E) con una funzione $b : \{0, 1, \ldots, \lfloor 2 \log |U| \rfloor\} \to U$ con $b(|\delta^+(u)|) = u$ per ogni radice u. Si noti che $b(i) = u$ non implica né che $|\delta^+(u)| = i$ né che u sia la radice.

Inoltre, usiamo una lista bidirezionale [doubly-linked list] di figli (in ordine arbitrario), un puntatore al genitore (se esiste), e il grado uscente di ogni vertice. Mostriamo come sono implementate le operazioni di INSERT, DELETEMIN e DECREASEKEY.

INSERT$(v, d(v))$ è implementata ponendo $\varphi(v) := 0$ e applicando

PLANT(v):

① Poni $r := b(|\delta^+(v)|)$.
  if r è una radice con $r \neq v$ e $|\delta^+(r)| = |\delta^+(v)|$ **then**:
    if $d(r) \leq d(v)$ **then** aggiungi (r, v) a E e PLANT(r).
    if $d(v) < d(r)$ **then** aggiungi (v, r) a E e PLANT(v).
  else poni $b(|\delta^+(v)|) := v$.

Siccome (U, E) è sempre una ramificazione, la ricorsione termina. Si noti anche che sono mantenute (i), (ii) e (iii).

DELETEMIN è implementata guardando $b(i)$ per $i = 0, \ldots, \lfloor 2 \log |U| \rfloor$ per cercare un elemento u con $d(u)$ minimo, rimuovere u e i suoi archi incidenti, e applicare successivamente PLANT(v) per ogni figlio (precedente) v di u.

DECREASEKEY$(v, d(v))$ è un po' più complicata. Sia P il cammino più lungo in (U, E) che termina in v tale che ogni vertice interno u soddisfi $\varphi(u) = 1$. Si ponga $\varphi(u) := 1 - \varphi(u)$ per tutti gli $u \in V(P) \setminus \{v\}$, si rimuovano tutti gli archi di P da E, e si applichi PLANT(z) per ogni $z \in V(P)$ che sia una radice della nuova foresta.

Per vedere che questo mantiene (ii) dobbiamo solo considerare il genitore del vertice iniziale x di P, se esiste. Ma allora x non è una radice, e quindi $\varphi(x)$ cambia da 0 a 1, compensando il successore di x perduto.

Infine stimiamo il tempo di esecuzione. Siccome φ aumenta al massimo m volte (al massimo una volta in ogni DECREASEKEY), φ diminuisce al massimo m volte. Quindi la somma della lunghezza dei cammini P in tutte le operazioni DECREASEKEY è al massimo $m + m$. Dunque al massimo $2m + 2n \log p$ archi sono rimossi complessivamente (poiché ogni operazione DELETEMIN può rimuovere sino a $2\log p$ archi). Quindi in totale vengono inseriti al massimo $2m+2n\log p+p-1$ archi. Questo dimostra il tempo complessivo di esecuzione di $O(m+p+n\log p)$. □

Corollario 6.8. *L'*ALGORITMO DI PRIM *implementato con un heap di Fibonacci risolve il* PROBLEMA DELL'ALBERO DI SUPPORTO MINIMO *in tempo* $O(m+n\log n)$.

Dimostrazione. Abbiamo al massimo $n-1$ operazioni di INSERT, $n-1$ di DELETEMIN, e m di DECREASEKEY. □

Con un'implementazione più sofisticata, il tempo di esecuzione può essere migliorato a $O(m\log\beta(n,m))$, dove $\beta(n,m) = \min\left\{i : \log^{(i)} n \leq \frac{m}{n}\right\}$; si veda Fredman e Tarjan [1987], Gabow, Galil e Spencer [1989], e Gabow et al. [1986]. L'algoritmo deterministico noto più veloce è dovuto a Chazelle [2000] e ha tempo di esecuzione di $O(m\alpha(m,n))$, in cui α è l'inversa della funzione di Ackermann.

Con un modello computazionale diverso Fredman e Willard [1994] hanno ottenuto un tempo di esecuzione lineare. Inoltre, esiste un algoritmo casualizzato che trova un albero di supporto di peso minimo e ha tempo di esecuzione atteso lineare (Karger, Klein e Tarjan [1995]; un tale algoritmo che trova sempre una soluzione ottima viene chiamato un algoritmo "Las Vegas"). Questo algoritmo usa una procedura (deterministica) per controllare se un dato albero di supporto sia ottimo; un algoritmo tempo-lineare per questo problema è stato trovato da Dixon, Rauch e Tarjan [1992]; si veda anche King [1997].

Il PROBLEMA DELL'ALBERO DI SUPPORTO MINIMO per grafi planari può essere risolto (deterministicamente) in tempo lineare (Cheriton e Tarjan [1976]). Il problema di trovare un albero di supporto minimo per un insieme di n punti nel piano può essere risolto in tempo $O(n\log n)$ (Esercizio 11). L'ALGORITMO DI PRIM può essere molto efficiente per queste istanze, poiché si possono usare strutture dati specifiche per trovare efficientemente i vicini più prossimi nel piano.

6.2 Arborescenze di costo minimo

Le generalizzazioni del PROBLEMA DELLA FORESTA DI PESO MASSIMO e del PROBLEMA DELL'ALBERO DI SUPPORTO MINIMO al caso di grafi orientati sono le seguenti:

PROBLEMA DELLA RAMIFICAZIONE DI PESO MASSIMO	
Istanza:	Un digrafo G, pesi $c : E(G) \to \mathbb{R}$.
Obiettivo:	Trovare una ramificazione di peso massimo in G.

ARBORESCENZA DI PESO MINIMO	
Istanza:	Un digrafo G, pesi $c : E(G) \to \mathbb{R}$.
Obiettivo:	Trovare un'arborescenza di supporto di peso minimo in G, o decidere che non ne esiste nemmeno una.

A volte si vuole specificare in anticipo la radice:

PROBLEMA DELL'ARBORESCENZA RADICATA DI PESO MINIMO	
Istanza:	Un digrafo G, un vertice $r \in V(G)$, pesi $c : E(G) \to \mathbb{R}$.
Obiettivo:	Trovare un'arborescenza di supporto di peso minimo radicata in r in G, o decidere che non ne esiste nemmeno una.

Come per il caso non orientato, questi tre problemi sono equivalenti:

Proposizione 6.9. *Il* PROBLEMA DELLA RAMIFICAZIONE DI PESO MASSIMO, *il* PROBLEMA DELL'ARBORESCENZA DI PESO MINIMO, *e il* PROBLEMA DELL'ARBORESCENZA RADICATA DI PESO MINIMO *sono tutti equivalenti.*

Dimostrazione. Data un'istanza (G, c) del PROBLEMA DELL'ARBORESCENZA DI PESO MINIMO, sia $c'(e) := K - c(e)$ per tutti gli $e \in E(G)$, dove $K = 1+\sum_{e\in E(G)} |c(e)|$. Allora l'istanza (G, c') del PROBLEMA DELLA RAMIFICAZIONE DI PESO MASSIMO è equivalente, perché per qualsiasi coppia di ramificazioni B, B' con $|E(B)| > |E(B')|$ abbiamo $c'(E(B)) > c'(E(B'))$ (e le ramificazioni con $n-1$ archi sono esattamente le arborescenza di supporto).

Data un'istanza (G, c) del PROBLEMA DELLA RAMIFICAZIONE DI PESO MASSIMO, sia $G' := (V(G) \dot\cup \{r\}, E(G) \cup \{(r, v) : v \in V(G)\})$. Sia $c'(e) := -c(e)$ per $e \in E(G)$ e $c(e) := 0$ per $e \in E(G') \setminus E(G)$. Allora l'istanza (G', r, c') del PROBLEMA DELL'ARBORESCENZA RADICATA DI PESO MINIMO è equivalente.

Infine, data un'istanza (G, r, c) del PROBLEMA DELL'ARBORESCENZA RADICATA DI PESO MINIMO, sia $G' := (V(G) \dot\cup \{s\}, E(G) \cup \{(s, r)\})$ e $c((s, r)) := 0$. Allora l'istanza (G', c) del PROBLEMA DELL'ARBORESCENZA DI PESO MINIMO è equivalente. □

Nel resto di questa sezione tratteremo solo il PROBLEMA DELLA RAMIFICAZIONE DI PESO MASSIMO. Questo problema non è così semplice come nella versione non orientata, il PROBLEMA DELLA FORESTA DI PESO MASSIMO. Per esempio qualsiasi foresta massimale è massima, ma gli archi più spessi in Figura 6.1 danno una ramificazione massimale che non è ottima.

Si ricordi che una ramificazione è un grafo B con $|\delta_B^-(x)| \le 1$ per tutti gli $x \in V(B)$, tali che il grafo non orientato sottostante è una foresta. Allo stesso modo, una ramificazione è un digrafo aciclico B con $|\delta_B^-(x)| \le 1$ per tutti gli $x \in V(B)$; si veda il Teorema 2.5(g):

Proposizione 6.10. *Sia B un digrafo con $|\delta_B^-(x)| \le 1$ per tutti gli $x \in V(B)$. Allora B contiene un circuito se e solo il grafo non orientato sottostante contiene un circuito.* □

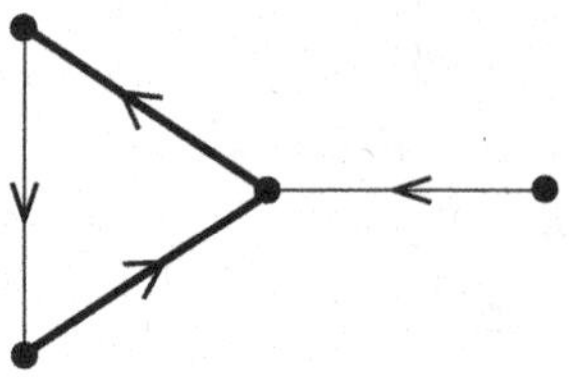

Figura 6.1.

Ora sia G un digrafo e $c : E(G) \to \mathbb{R}_+$. Possiamo ignorare i pesi negativi poiché tali archi non appariranno mai in una ramificazione ottima. Una prima idea di algoritmo potrebbe essere di prendere per ogni vertice il miglior arco entrante. Ovviamente, il grafo risultante potrebbe contenere dei circuiti. Poiché una ramificazione non può contenere circuiti, dobbiamo rimuovere almeno un arco di ogni circuito. Il lemma seguente tuttavia ci dice che ciò non è sufficiente.

Lemma 6.11. (Karp [1972]) *Sia B_0 un sottografo di peso massimo di G con $|\delta^-_{B_0}(v)| \le 1$ per tutti i $v \in V(B_0)$. Allora esiste una ramificazione ottima B di G tale che per ogni circuito C in B_0, $|E(C) \setminus E(B)| = 1$.*

Dimostrazione. Sia B una ramificazione ottima di G che contiene il maggior numero possibile di archi di B_0. Sia C un circuito in B_0. Sia $E(C) \setminus E(B) = \{(a_1, b_1), \dots, (a_k, b_k)\}$; supponiamo che $k \ge 2$ e $a_1, b_1, a_2, b_2, a_3, \dots, b_k$ appaiano in questo ordine in C (si veda la Figura 6.2).

Sosteniamo che B contiene un cammino b_i-b_{i-1} per ogni $i = 1, \dots, k$ ($b_0 := b_k$). Comunque, ciò è una contraddizione perché questi cammini formano una progressione chiusa di archi in B, e una ramificazione non può avere una progressione chiusa di archi.

Sia $i \in \{1, \dots, k\}$. Rimane da mostrare che B contiene un cammino b_i-b_{i-1}. Si consideri B' con $V(B') = V(G)$ e $E(B') := \{(x, y) \in E(B) : y \ne b_i\} \cup \{(a_i, b_i)\}$.

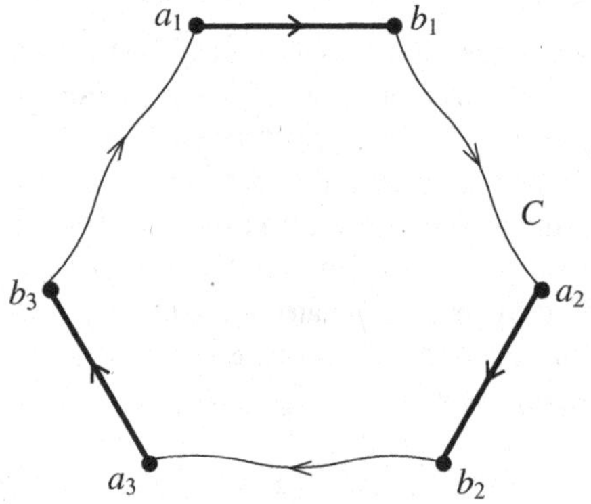

Figura 6.2.

B' non può essere una ramificazione poiché dovrebbe essere ottima e contenere più archi di B_0 che B. Dunque (per la Proposizione 6.10) B' contiene un circuito, ossia B contiene un cammino b_i-a_i P. Poiché $k \geq 2$, P non è completamente su C, dunque sia e l'ultimo arco di P non appartenente a C. Ovviamente $e = (x, b_{i-1})$ per qualche x, dunque P (e quindi B) contiene un cammino b_i-b_{i-1}. □

L'idea principale dell'algoritmo di Edmonds [1967] è di trovare prima B_0 come sopra, e poi contrarre ogni circuito di B_0 in G. Se si scelgono correttamente i pesi del grafo risultante G_1, qualsiasi ramificazione ottima in G_1 corrisponderà a una ramificazione ottima in G.

ALGORITMO DELLA RAMIFICAZIONE DI EDMONDS

Input: Un digrafo G, pesi $c : E(G) \to \mathbb{R}_+$.

Output: Una ramificazione di peso massimo B di G.

① Poni $i := 0$, $G_0 := G$, e $c_0 := c$.

② Sia B_i un sottografo di peso massimo di G_i con $|\delta^-_{B_i}(v)| \leq 1$ per tutti i $v \in V(B_i)$.

③ **If** B_i non contiene nessun circuito **then** poni $B := B_i$ e **go to** ⑤.

④ Costruisci (G_{i+1}, c_{i+1}) da (G_i, c_i) ripetendo per ogni circuito C di B_i ciò che segue:
  Contrai C in un singolo vertice v_C in G_{i+1}
  For ogni arco $e = (z, y) \in E(G_i)$ con $z \notin V(C)$, $y \in V(C)$ **do**:
    Sia $z' = v_{C'}$ se z appartiene a un circuito C' di B_i e $z' = z$ altrimenti.
    Sia $e' := (z', v_C)$ e $\Phi(e') := e$.
    Poni $c_{i+1}(e') := c_i(e) - c_i(\alpha(e, C)) + c_i(e_C)$, in cui $\alpha(e, C) = (x, y) \in E(C)$ e e_C è tra gli archi più economici di C.
  Poni $i := i + 1$ e **go to** ②.

⑤ **If** $i = 0$ **then stop**.

⑥ **For** ogni circuito C di B_{i-1} **do**:
    If esiste un arco $e' = (z, v_C) \in E(B)$
      then poni $E(B) := (E(B) \setminus \{e'\}) \cup \Phi(e') \cup (E(C) \setminus \{\alpha(\Phi(e'), C)\})$
      else poni $E(B) := E(B) \cup (E(C) \setminus \{e_C\})$.
  Poni $V(B) := V(G_{i-1})$, $i := i - 1$ e **go to** ⑤.

Questo algoritmo fu scoperto indipendentemente da Chu e Liu [1965] e da Bock [1971].

Teorema 6.12. (Edmonds [1967]) *L'*ALGORITMO DELL'ARBORESCENZA DI EDMONDS *funziona correttamente.*

Dimostrazione. Mostriamo che ogni volta subito prima dell'esecuzione di ⑤, B è una ramificazione ottima di G_i. Questo è banale per la prima volta che si raggiunge ⑤. Dunque dobbiamo mostrare che ⑥ trasforma una ramificazione ottima B di G_i in una ramificazione ottima B' di G_{i-1}.

Sia B^*_{i-1} una qualsiasi ramificazione di G_{i-1} tale che $|E(C) \setminus E(B^*_{i-1})| = 1$ per ogni circuito C di B_{i-1}. B^*_i risulta da B^*_{i-1} contraendo i circuito di B_{i-1}. B^*_i è una ramificazione di G_i. Inoltre abbiamo

$$c_{i-1}(B^*_{i-1}) = c_i(B^*_i) + \sum_{C:\text{ circuito di } B_{i-1}} (c_{i-1}(C) - c_{i-1}(e_C)).$$

Per le ipotesi di induzione, B è una ramificazione ottima di G_i, dunque abbiamo $c_i(B) \geq c_i(B^*_i)$. Concludiamo che

$$\begin{aligned} c_{i-1}(B^*_{i-1}) &\leq c_i(B) + \sum_{C:\text{ circuito di } B_{i-1}} (c_{i-1}(C) - c_{i-1}(e_C)) \\ &= c_{i-1}(B'). \end{aligned}$$

Ciò, insieme al Lemma 6.11, implica che B' è una ramificazione ottima di G_{i-1}. □

Questa dimostrazione si deve a Karp [1972]. La dimostrazione originale di Edmonds si basava sulla formulazione di programmazione lineare (si veda il Corollario 6.15). Si vede facilmente che il tempo di esecuzione dell'ALGORITMO DELLA RAMIFICAZIONE DI EDMONDS è $O(mn)$, dove $m = |E(G)|$ e $n = |V(G)|$: ci sono al massimo n iterazioni (ovvero $i \leq n$ ad ogni passo dell'algoritmo), e ogni iterazione può essere implementata in tempo $O(m)$.

Il bound migliore sul tempo di esecuzione è stato ottenuto da Gabow et al. [1986] usando un heap di Fibonacci: il loro algoritmo di ramificazione richiede un tempo $O(m + n \log n)$.

6.3 Descrizioni poliedrali

Una descrizione poliedrale del PROBLEMA DELL'ALBERO DI SUPPORTO MINIMO è la seguente:

Teorema 6.13. (Edmonds [1970]) *Dato un grafo connesso non orientato G, $n := |V(G)|$, il politopo $P :=$*

$$\left\{ x \in [0,1]^{E(G)} : \sum_{e \in E(G)} x_e = n-1, \sum_{e \in E(G[X])} x_e \leq |X| - 1 \text{ per } \emptyset \neq X \subset V(G) \right\}$$

è intero. I suoi vertici sono esattamente i vettori di incidenza degli alberi di supporto di G. (P è chiamato il **politopo dell'albero di supporto** *di G.)*

Dimostrazione. Sia T un albero di supporto di G, e sia x il vettore di incidenza di $E(T)$. Ovviamente (per il Teorema 2.4), $x \in P$. Inoltre, poiché $x \in \{0,1\}^{E(G)}$, deve essere un vertice di P.

Sia x un vettore di interi di P. Allora x è il vettore di incidenza dell'insieme di archi di un sottografo H con $n-1$ archi e nessun circuito. Di nuovo, per il Teorema 2.4 ciò implica che H è un albero di supporto.

Dunque, basta mostrare che P è intero (si ricordi il Teorema 5.13). Sia $c : E(G) \to \mathbb{R}$, e sia T l'albero trovato con l'ALGORITMO DI KRUSKAL applicato a (G, c) (eventuali equivalenze nell'ordinamento degli archi sono risolte in maniera arbitraria). Sia $E(T) = \{f_1, \dots, f_{n-1}\}$, dove gli f_i sono stati presi dall'algoritmo in questo ordine. In particolare, $c(f_1) \le \dots \le c(f_{n-1})$. Sia $X_k \subseteq V(G)$ la componente connessa di $(V(G), \{f_1, \dots, f_k\})$ che contiene f_k $(k = 1, \dots, n-1)$.

Sia x^* il vettore di incidenza di $E(T)$. Mostriamo che x^* è una soluzione ottima del PL

$$\begin{array}{llcll} \min & \sum_{e \in E(G)} c(e) x_e & & & \\ \text{t.c.} & \sum_{e \in E(G)} x_e & = & n-1 & \\ & \sum_{e \in E(G[X])} x_e & \le & |X| - 1 & (\emptyset \ne X \subset V(G)) \\ & x_e & \ge & 0 & (e \in E(G)). \end{array}$$

Introduciamo una variabile duale z_X per ogni $\emptyset \ne X \subset V(G)$ e un'altra variabile duale $z_{V(G)}$ per il vincolo di uguaglianza. Allora il programma lineare duale è

$$\begin{array}{llcll} \max & -\sum_{\emptyset \ne X \subseteq V(G)} (|X| - 1) z_X & & & \\ \text{t.c.} & -\sum_{e \subseteq X \subseteq V(G)} z_X & \le & c(e) & (e \in E(G)) \\ & z_X & \ge & 0 & (\emptyset \ne X \subset V(G)). \end{array}$$

Si noti che la variabile duale $z_{V(G)}$ non è vincolata a essere non-negativa. Per $k = 1, \dots, n-2$ sia $z^*_{X_k} := c(f_l) - c(f_k)$, in cui l è il primo indice maggiore di k per il quale $f_l \cap X_k \ne \emptyset$. Sia $z^*_{V(G)} := -c(f_{n-1})$, e sia $z^*_X := 0$ per tutti gli $X \notin \{X_1, \dots, X_{n-1}\}$.

Per ogni $e = \{v, w\}$ abbiamo che

$$-\sum_{e \subseteq X \subseteq V(G)} z^*_X = c(f_i),$$

dove i è il più piccolo indice tale che $v, w \in X_i$. Inoltre $c(f_i) \le c(e)$ poiché v e w sono in componenti connesse diverse di $(V(G), \{f_1, \dots, f_{i-1}\})$. Quindi z^* è una soluzione ammissibile duale.

Inoltre $x_e^* > 0$, cioè $e \in E(T)$, implica

$$- \sum_{e \subseteq X \subseteq V(G)} z_X^* = c(e),$$

ossia il vincolo duale corrispondente è soddisfatto all'uguaglianza. Infine, $z_X^* > 0$ implica che $T[X]$ è connesso, dunque il vincolo duale primale corrispondente è soddisfatto con l'uguaglianza. In altre parole, le condizione degli scarti complementari duali primali sono soddisfatti, quindi (per il Corollario 3.23) x^* e z^* sono soluzioni ottime rispettivamente per il PL primale e il duale. □

In pratica, abbiamo dimostrato che il sistema di disuguaglianze nel Teorema 6.13 è TDI. Si noti che la dimostrazione precedente è una dimostrazione alternativa della correttezza dell'ALGORITMO DI KRUSKAL (Teorema 6.4). Un'altra descrizione del politopo dell'albero di supporto è l'oggetto dell'Esercizio 16.

Se sostituiamo il vincolo $\sum_{e \in E(G)} x_e = n-1$ con $\sum_{e \in E(G)} x_e \leq n-1$, otteniamo il guscio convesso dei vettori di incidenza di tutte le foreste in G (Esercizio 17). Una generalizzazione di questi risultati è la caratterizzazione di Edmonds del politopo del matroide (Teorema 13.21).

Consideriamo ora la descrizione poliedrale del PROBLEMA DELL'ARBORESCENZA RADICATA DI PESO MINIMO. Prima dimostriamo un risultato classico di Fulkerson. Si ricordi che un r-cut [taglio r] è un insieme di archi $\delta^+(S)$ per un sottoinsieme $S \subset V(G)$ con $r \in S$.

Teorema 6.14. (Fulkerson [1974]) *Sia G un digrafo con pesi $c : E(G) \to \mathbb{Z}_+$, e $r \in V(G)$ tale che G contiene un'arborescenza di supporto radicata in r. Allora il peso minimo di un'arborescenza di supporto radicata in r è uguale al numero massimo t di r-cut $C_1, \dots, C_t$ (le ripetizioni sono consentite) tali che nessun arco e è contenuto in più di $c(e)$ di questi tagli.*

Dimostrazione. Sia A la matrice le cui colonne sono indicizzate dagli archi e le cui righe sono tutti i vettori di incidenza degli r-cut. Si consideri il PL

$$\min\{cx : Ax \geq \mathbb{1}, \; x \geq 0\},$$

e il suo duale

$$\max\{\mathbb{1}y : yA \leq c, \; y \geq 0\}.$$

Allora (per la parte (e) del Teorema 2.5) dobbiamo mostrare che per ogni intero non-negativo c, sia il PL primale che il duale hanno soluzioni ottime intere. Per il Corollario 5.15 basta mostrare che il sistema $Ax \geq \mathbb{1}$, $x \geq 0$ è TDI. Usiamo il Lemma 5.23.

Poiché il PL duale è ammissibile se e solo se c è non-negativo, sia $c : E(G) \to \mathbb{Z}_+$. Sia y una soluzione ottima di $\max\{\mathbb{1}y : yA \leq c, \; y \geq 0\}$ per la quale

$$\sum_{\emptyset \neq X \subseteq V(G) \setminus \{r\}} y_{\delta^-(X)} |X|^2 \qquad (6.1)$$

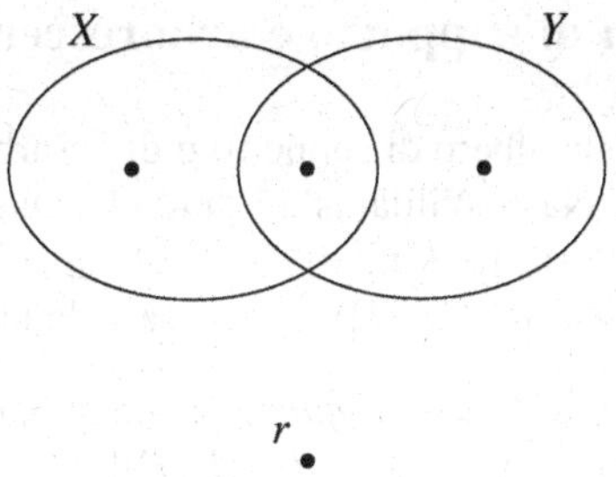

Figura 6.3.

è il più grande possibile. Sosteniamo che $\mathcal{F} := \{X : y_{\delta^-(X)} > 0\}$ è laminare. Per vederlo, si supponga che $X, Y \in \mathcal{F}$ con $X \cap Y \neq \emptyset$, $X \setminus Y \neq \emptyset$ e $Y \setminus X \neq \emptyset$ (Figura 6.3). Sia $\epsilon := \min\{y_{\delta^-(X)}, y_{\delta^-(Y)}\}$. Poni $y'_{\delta^-(X)} := y_{\delta^-(X)} - \epsilon$, $y'_{\delta^-(Y)} := y_{\delta^-(Y)} - \epsilon$, $y'_{\delta^-(X\cap Y)} := y_{\delta^-(X\cap Y)} + \epsilon$, $y'_{\delta^-(X\cup Y)} := y_{\delta^-(X\cup Y)} + \epsilon$, e $y'(S) := y(S)$ per tutti gli altri r-cut S. Si osservi che $y'A \leq yA$, dunque y' è una soluzione duale ammissibile. Poiché $\mathbb{1}y = \mathbb{1}y'$, è anche ottima e contraddice la scelta di y, perché (6.1) è maggiore di y'. (Per qualsiasi numeri $a > b \geq c > d > 0$ con $a + d = b + c$ abbiamo $a^2 + d^2 > b^2 + c^2$.)

Ora sia A' la sottomatrice di A che consiste delle righe che corrispondono agli elementi di $\mathcal{F}$. A' è la matrice di incidenza del taglio uscente di una famiglia laminare (per essere precisi, dobbiamo considerare il grafo che risulta da G invertendo ogni arco). Dunque per il Teorema 5.28 A' è, come richiesto, totalmente unimodulare. □

La dimostrazione precedente fornisce la descrizione poliedrale voluta:

Corollario 6.15. (Edmonds [1967]) *Sia G un digrafo con pesi $c : E(G) \to \mathbb{R}_+$, e $r \in V(G)$ tale che G contiene un'arborescenza di supporto radicata in r. Allora il PL*

$$\min\left\{cx : x \geq 0,\ \sum_{e\in\delta^+(X)} x_e \geq 1 \text{ per tutti gli } X \subset V(G) \text{ con } r \in X\right\}$$

ha una soluzione ottima intera (la quale è il vettore di incidenza di una arborescenza di supporto di peso minimo radicata in r, più eventualmente degli archi di peso nullo). □

Per una descrizione del guscio convesso dei vettori di incidenza di tutte le ramificazioni o arborescenze di supporto radicate in r, si vedano gli Esercizio 18 e 19.

6.4 Packing di alberi di supporto e arborescenze

Se stiamo cercando più di un albero di supporto o di un'arborescenza, sono di aiuto i classici teoremi di Tutte, Nash-Williams e Edmonds. Diamo prima una dimostrazione del Teorema di Tutte sul packing di alberi di supporto che è essenzialmente dovuta a Mader (si veda Diestel [1997]) e che usa il lemma seguente:

Lemma 6.16. *Sia G un grafo non orientato, e sia $F = (F_1, \dots, F_k)$ una k-upla di foreste disgiunte per archi in G tali che $|E(F)|$ sia massima, dove $E(F) := \bigcup_{i=1}^{k} E(F_i)$. Sia $e \in E(G) \setminus E(F)$. Allora esiste un insieme $X \subseteq V(G)$ con $e \subseteq X$ tale che $F_i[X]$ è connesso per ogni $i \in \{1, \dots, k\}$.*

Dimostrazione. Per due k-uple $F' = (F'_1, \dots, F'_k)$ e $F'' = (F''_1, \dots, F''_k)$ diciamo che F'' viene da F' scambiando e' con e'' se $F''_j = (F'_j \setminus e') \dot\cup e''$ per alcuni j e $F''_i = F'_i$ per tutti $i \neq j$. Sia $\mathcal{F}$ l'insieme di tutte le k-uple di foreste disgiunte per archi che si ricavano da F con una sequenza di tali scambi. Sia $\overline{E} := E(G) \setminus \left(\bigcap_{F' \in \mathcal{F}} E(F')\right)$ e $\overline{G} := (V(G), \overline{E})$. Abbiamo che $F \in \mathcal{F}$ e quindi $e \in \overline{E}$. Sia X l'insieme di vertici delle componenti connesse di $\overline{G}$ che contengono e. Dimostreremo che $F_i[X]$ è connesso per ogni i. Mostriamo ora che:

$$\text{Per qualsiasi } F' = (F'_1, \dots, F'_k) \in \mathcal{F} \text{ e } \bar{e} = \{v, w\} \in E(\overline{G}[X]) \setminus E(F') \text{ esiste un cammino } v\text{-}w \text{ in } F'_i[X] \text{ per tutti gli } i \in \{1, \dots, k\}. \tag{6.2}$$

Per dimostrarlo, sia $i \in \{1, \dots, k\}$ fissato. Poiché $F' \in \mathcal{F}$ e $|E(F')| = |E(F)|$ è massimo, $F'_i + \bar{e}$ contiene un circuito C. Ora per tutti gli $e' \in E(C) \setminus \{\bar{e}\}$ abbiamo $F'_{e'} \in \mathcal{F}$, dove $F'_{e'}$ si ricava da F' scambiando e' con $\bar{e}$. Questo mostra che $E(C) \subseteq \overline{E}$, e dunque $C - \bar{e}$ è un cammino v-w in $F'_i[X]$. Questo dimostra (6.2).

Poiché $\overline{G}[X]$ è connesso, basta dimostrare che per ogni $\bar{e} = \{v, w\} \in E(\overline{G}[X])$ e ogni i esiste un cammino v-w in $F_i[X]$.

Sia dunque $\bar{e} = \{v, w\} \in E(\overline{G}[X])$. Poiché $\bar{e} \in \overline{E}$, esiste un $F' = (F'_1, \dots, F'_k) \in \mathcal{F}$ con $\bar{e} \notin E(F')$. Per (6.2) esiste un cammino v-w in $F'_i[X]$ per ogni i.

Esista ora una sequenza $F = F^{(0)}, F^{(1)} \dots, F^{(s)} = F'$ di elementi di $\mathcal{F}$ tali che $F^{(r+1)}$ si ricava da $F^{(r)}$ scambiando un arco ($r = 0, \dots, s-1$). Basta mostrare che l'esistenza di un cammino v-w in $F_i^{(r+1)}[X]$ implica l'esistenza di cammino v-w in $F_i^{(r)}[X]$ ($r = 0, \dots, s-1$).

Per vedere ciò, si supponga che $F_i^{(r+1)}$ si ricava da $F_i^{(r)}$ scambiando e_r per e_{r+1}, e sia P il cammino v-w in $F_i^{(r+1)}[X]$. Se P non contiene $e_{r+1} = \{x, y\}$, è anche un cammino in $F_i^{(r)}[X]$. Altrimenti $e_{r+1} \in E(\overline{G}[X])$, e consideriamo il cammino x-y Q in $F_i^{(r)}[X]$ che esiste per (6.2). Poiché $(E(P) \setminus \{e_{r+1}\}) \cup Q$ contiene un cammino v-w in $F_i^{(r)}[X]$, la dimostrazione è completa. □

Ora possiamo dimostrare il Teorema di Tutte sugli alberi di supporto disgiunti. Un **multicut** [multitaglio] in un grafo non orientato G è un insieme di archi $\delta(X_1, \dots, X_p) := \delta(X_1) \cup \dots \cup \delta(X_p)$ per qualche partizione $V(G) = X_1 \dot\cup X_2 \dot\cup$

$\cdots \dot\cup X_p$ degli insiemi di vertici in sottoinsiemi non vuoti. Per $p = 3$ parliamo anche di 3-cut. Si osservi che i tagli (cut) sono multicut con $p = 2$.

Teorema 6.17. (Tutte [1961], Nash-Williams [1961]) *Un grafo non orientato G contiene k alberi di supporto disgiunti per archi se e solo se*

$$|\delta(X_1, \ldots, X_p)| \geq k(p-1)$$

per ogni multicut $\delta(X_1, \ldots, X_p)$.

Dimostrazione. Per dimostrare le necessità, siano $T_1, \ldots, T_k$ alberi di supporto in G disgiunti per arco, e sia $\delta(X_1, \ldots, X_p)$ un multicut. La contrazione di ognuno dei sottoinsiemi di vertici $X_1, \ldots, X_p$ risulta in un grafo G' i cui vertici sono $X_1, \ldots, X_p$ e i cui archi corrispondono agli archi del multicut. $T_1, \ldots, T_k$ corrispondono ai sottografi connessi disgiunti per archi $T'_1, \ldots, T'_k$ in G'. Ognuno dei $T'_1, \ldots, T'_k$ ha almeno $p-1$ archi, quindi G' (e quindi il multicut) ha almeno $k(p-1)$ archi.

Per dimostrare la sufficienza procediamo per induzione su $|V(G)|$. Per $n := |V(G)| \leq 2$ l'affermazione è vera. Ora assumiamo che $n > 2$, e supponiamo che $|\delta(X_1, \ldots, X_p)| \geq k(p-1)$ per ogni multicut $\delta(X_1, \ldots, X_p)$. In particolare (si consideri la partizione in singoletti) G ha almeno $k(n-1)$ archi. Inoltre, la condizione si preserva quando si contraggono insiemi di vertici, quindi per l'ipotesi di induzione G/X contiene k alberi di supporto disgiunti per arco per ogni $X \subset V(G)$ con $|X| \geq 2$.

Sia $F = (F_1, \ldots, F_k)$ una k-upla di foreste in G disgiunte per archi tali che $|E(F)|$ sia massimo, dove nuovamente $E(F) := \bigcup_{i=1}^{k} E(F_i)$. Mostriamo ora che ogni F_i è un albero di supporto. Altrimenti $|E(F)| < k(n-1)$, e dunque esiste un arco $e \in E(G) \setminus E(F)$. Per il Lemma 6.16 esiste un $X \subseteq V(G)$ con $e \subseteq X$ tale che $F_i[X]$ è connesso per ogni i. Poiché $|X| \geq 2$, G/X contiene k alberi di supporto $F'_1, \ldots, F'_k$ disgiunti per arco. Ora F'_i insieme a $F_i[X]$ forma un albero di supporto in G per ogni i, e tutti questi k alberi di supporto sono disgiunti per arco. □

Ora consideriamo il problema corrispondente sui digrafi, il packing di arborescenze di supporto:

Teorema 6.18. (Edmonds [1973]) *Sia G un digrafo e sia $r \in V(G)$. Allora il numero massimo di arborescenze di supporto disgiunte per archi radicate in r è pari alla cardinalità minima di un r-cut.*

Dimostrazione. Sia k la cardinalità minima di un r-cut. Ovviamente esistono al massimo k arborescenze di supporto disgiunte per archi. Dimostriamo l'esistenza di k arborescenze di supporto disgiunte per archi per induzione su k. Il caso $k = 0$ è banale.

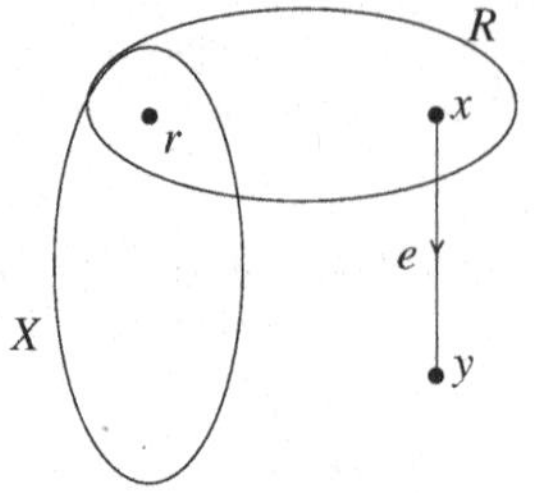

Figura 6.4.

Se possiamo trovare delle arborescenze di supporto A radicate in r tali che

$$\min_{r \in S \subset V(G)} \left|\delta^+_G(S) \setminus E(A)\right| \geq k-1, \tag{6.3}$$

allora, per induzione, abbiamo finito. Supponiamo di avere già trovato delle arborescenze A radicate in r (ma non necessariamente di supporto) tali che (6.3) sia verificata. Sia $R \subseteq V(G)$ l'insieme di vertici coperti da A. Inizialmente, $R = \{r\}$; se $R = V(G)$, allora abbiamo terminato.

Se $R \neq V(G)$, chiamiamo un insieme $X \subseteq V(G)$ **critico** se

(a) $r \in X$;
(b) $X \cup R \neq V(G)$;
(c) $|\delta^+_G(X) \setminus E(A)| = k-1$.

Se non esiste alcun insieme critico, possiamo aumentare A con qualsiasi arco uscente da R. Altrimenti sia X un insieme critico massimale, e sia $e = (x, y)$ un arco tale che $x \in R \setminus X$ e $y \in V(G) \setminus (R \cup X)$ (si veda la Figura 6.4). Tale arco esiste perché

$$|\delta^+_{G-E(A)}(R \cup X)| = |\delta^+_G(R \cup X)| \geq k > k-1 = |\delta^+_{G-E(A)}(X)|.$$

Aggiungiamo ora e ad A. Ovviamente $A+e$ è una ramificazione radicata in r. Dobbiamo mostrare che (6.3) è ancora verificata.

Si supponga che esista un Y tale che $r \in Y \subset V(G)$ e $|\delta^+_G(Y) \setminus E(A+e)| < k-1$. Allora $x \in Y$, $y \notin Y$, e $|\delta^+_G(Y) \setminus E(A)| = k-1$. Ora il Lemma 2.1(a) implica

$$\begin{aligned} k-1+k-1 &= |\delta^+_{G-E(A)}(X)| + |\delta^+_{G-E(A)}(Y)| \\ &\geq |\delta^+_{G-E(A)}(X \cup Y)| + |\delta^+_{G-E(A)}(X \cap Y)| \\ &\geq k-1+k-1\,, \end{aligned}$$

perché $r \in X \cap Y$ e $y \in V(G) \setminus (X \cup Y)$. Dunque l'uguaglianza deve essere sempre verificata, in particolare $|\delta^+_{G-E(A)}(X \cup Y)| = k-1$. Poiché $y \in V(G) \setminus (X \cup Y \cup R)$ concludiamo che $X \cup Y$ è critico. Ma poiché $x \in Y \setminus X$, ciò contraddice la massimalità di X. □

Questa dimostrazione si deve a Lovász [1976]. Una generalizzazione dei Teoremi 6.17 e 6.18 fu trovata da Frank [1978]. Una buona caratterizzazione (si veda il Capitolo 15 per una spiegazione di questo termine) del problema di packing di arborescenze di supporto con radici arbitrarie è data dal teorema seguente, che citiamo senza dimostrazione:

Teorema 6.19. (Frank [1979]) *Un digrafo G contiene k arborescenze di supporto disgiunte per archi se e solo se*

$$\sum_{i=1}^{p} |\delta^-(X_i)| \geq k(p-1)$$

per ogni collezione di sottoinsiemi non vuoti disgiunti tra loro $X_1, \ldots, X_p \subseteq V(G)$.

Un'altra domanda è quante foreste siano necessarie per coprire un grafo. A ciò si risponde con il teorema seguente:

Teorema 6.20. (Nash-Williams [1964]) *L'insieme di archi di un grafo non orientato G è l'unione di k foreste se e solo se $|E(G[X])| \leq k(|X|-1)$ per tutti gli $\emptyset \neq X \subseteq V(G)$.*

Dimostrazione. La necessità è chiara poiché nessuna foresta può contenere più di $|X|-1$ archi all'interno di un insieme di vertici X. Per dimostrare la sufficienza, si assuma che $|E(G[X])| \leq k(|X|-1)$ per tutti gli $\emptyset \neq X \subseteq V(G)$, e sia $F = (F_1, \ldots, F_k)$ una k-upla di foreste disgiunte per archi in G tali che $|E(F)| = \left|\bigcup_{i=1}^{k} E(F_i)\right|$ sia massimo. Sosteniamo che $E(F) = E(G)$. Per vederlo, si supponga che esista un arco $e \in E(G) \setminus E(F)$. Per il Lemma 6.16 esiste un insieme $X \subseteq V(G)$ con $e \subseteq X$ tale che $F_i[X]$ è connesso per ogni i. In particolare,

$$|E(G[X])| \geq \left|\{e\} \,\dot{\cup}\, \bigcup_{i=1}^{k} E(F_i[X])\right| \geq 1 + k(|X|-1),$$

contraddicendo l'assunzione di partenza. □

L'Esercizio 24 da una versione orientata di questo teorema. Una generalizzazione ai matroidi dei Teoremi 6.17 e 6.20 può essere trovata nell'Esercizio 18 del Capitolo 13.

Esercizi

1. Dimostrare il Teorema di Cayley 6.2 mostrando che ciò che segue definisce una corrispondenza uno a uno tra alberi di supporto in K_n e i vettori in $\{1, \ldots, n\}^{n-2}$: per un albero T con $V(T) = \{1, \ldots, n\}$, $n \geq 3$, sia v la foglia con il più piccolo indice e sia a_1 il vicino di v. Definiamo ricorsivamente $a(T) := (a_1, \ldots, a_{n-2})$, dove $(a_2, \ldots, a_{n-2}) = a(T - v)$.
(Prüfer [1918])

2. Dimostrare che esistono esattamente $(n+1)^{n-1}$ ramificazioni B con $V(B) = \{1, \dots, n\}$.
3. Siano (V, T_1) e (V, T_2) due alberi sullo stesso insieme di vertici V. Dimostrare che per qualsiasi arco $e \in T_1$ esiste un arco $f \in T_2$ tale che sia $(V, (T_1 \setminus \{e\}) \cup \{f\})$ che $(V, (T_2 \setminus \{f\}) \cup \{e\})$ sono alberi.
4. Dato un grafo non orientato G con pesi $c : E(G) \to \mathbb{R}$ e un vertice $v \in V(G)$, chiediamo di trovare un albero di supporto di peso minimo in G dove v non sia una foglia. Si può risolvere questo problema in tempo polinomiale?
5. Vogliamo determinare l'insieme di archi e in un grafo non orientato G con pesi $c : E(G) \to \mathbb{R}$ per il quale esista un albero di supporto di peso minimo in G che contiene e (in altre parole, cerchiamo l'unione di tutti gli alberi di supporto in G di peso minimo). Mostrare che questo problema può essere risolto in tempo $O(mn)$.
6. Dato un grafo non orientato G con pesi arbitrari $c : E(G) \to \mathbb{R}$, cerchiamo un sottografo connesso di supporto di peso minimo. Questo problema si può risolvere efficientemente?
7. Si consideri l'algoritmo seguente (a volte chiamato ALGORITMO WORST-OUT-GREEDY, si veda la Sezione 13.4). Esaminare gli archi in ordine di peso non-decrescente. Eliminare un arco a meno che non sia un ponte. Questo algoritmo risolve il PROBLEMA DELL'ALBERO DI SUPPORTO MINIMO?
8. Si consideri l'algoritmo di "colorazione" seguente. Inizialmente tutti gli archi non sono colorati. Poi si applicano le regole seguenti in ordine arbitrario sino a quando tutti gli archi sono colorati:
   Regola Blu: selezionare un taglio che non contenga nessun arco blu. Tra tutti gli archi nel taglio non colorati, selezionarne uno di costo minimo e colorarlo di blu.
   Regola Rossa: selezionare un circuito che non contenga nessun arco rosso. Tra tutti gli archi nel circuito non colorati, selezionarne uno di costo massimo e colorarlo di rosso.
   Mostrare che una delle regole è sempre applicabile sino a quando esistono ancora degli archi non colorati. Inoltre, mostrare che l'algoritmo mantiene l'"invariante del colore": esiste sempre un albero di supporto ottimo che contiene tutti gli archi blu, ma neanche uno rosso. (Dunque l'algoritmo risolve all'ottimo il PROBLEMA DELL'ALBERO DI SUPPORTO MINIMO.) Si osservi che l'ALGORITMO DI KRUSKAL e l'ALGORITMO DI PRIM sono dei casi speciali.
   (Tarjan [1983])
9. Si supponga di voler trovare un albero di supporto T in un grafo non orientato tale che il peso massimo di un arco in T sia il più piccolo possibile. Come si può fare?
10. È vero che la lunghezza massima di un cammino in un'arborescenza implementando un heap di Fibonacci è $O(\log n)$, dove n è il numero degli elementi?

11. Per un insieme finito $V \subset \mathbb{R}^2$, il diagramma di Voronoï consiste delle regioni

$$P_v := \left\{ x \in \mathbb{R}^2 : ||x - v||_2 = \min_{w \in V} ||x - w||_2 \right\}$$

per $v \in V$. La triangolazione di Delaunay di V è il grafo

$$(V, \{\{v, w\} \subseteq V, v \neq w, |P_v \cap P_w| > 1\}).$$

Un albero di supporto minimo per V è un albero T con $V(T) = V$ la cui lunghezza $\sum_{\{v,w\} \in E(T)} ||v - w||_2$ è minima. Dimostrare che ogni albero di supporto minimo è un sottografo della triangolazione di Delaunay.
Nota: usando il fatto che la triangolazione di Delaunay può essere calcolata in tempo $O(n \log n)$ (dove $n = |V|$; si veda ad esempio Fortune [1987], Knuth [1992]), ciò implica un algoritmo $O(n \log n)$ per il PROBLEMA DELL'ALBERO DI SUPPORTO MINIMO per insiemi di punti nel piano.
(Shamos e Hoey [1975]; si veda anche Zhou, Shenoy e Nicholls [2002])

12. Si può decidere in tempo lineare se un digrafo contiene un'arborescenza di supporto?
Suggerimento: trovare una possibile radice, iniziare con un vertice arbitrario e visitare gli archi all'indietro sino a quando ciò sia possibile. Quando si incontra un circuito, lo si contrae.

13. Si può trovare una ramificazione di cardinalità massimo in un digrafo in tempo lineare?
Suggerimento: trovare prima le componenti fortemente connesse.

14. Il PROBLEMA DELL'ARBORESCENZA RADICATA DI PESO MINIMO può essere ridotto al PROBLEMA DELLA RAMIFICAZIONE DI PESO MASSIMO per la Proposizione 6.9. Comunque, lo si può risolvere direttamente usando una versione modificata dell'ALGORITMO DELLA RAMIFICAZIONE DI EDMONDS. Mostrare come.

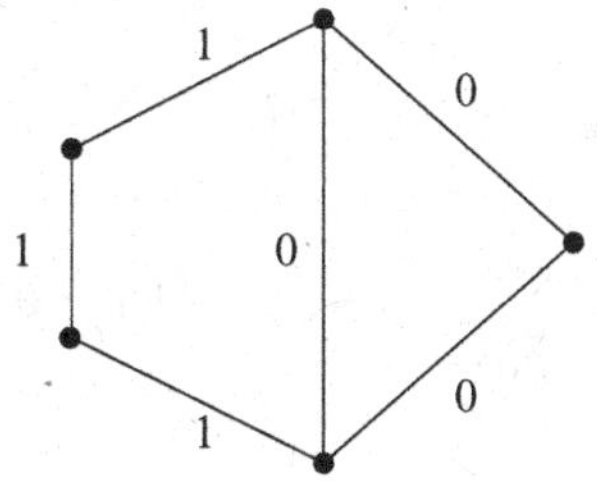

Figura 6.5.

15. Dimostrare che il politopo dell'albero di supporto di un grafo non orientato G (si veda il Teorema 6.13) con $n := |V(G)|$ è in generale un sottoinsieme proprio del politopo

$$\left\{ x \in [0,1]^{E(G)} : \sum_{e \in E(G)} x_e = n - 1, \sum_{e \in \delta(X)} x_e \geq 1 \text{ per } \emptyset \subset X \subset V(G) \right\}.$$

Suggerimento: dimostrare che questo politopo non è intero, si consideri il grafo mostrato in Figura 6.5 (i numeri indicano i pesi degli archi).
(Magnanti e Wolsey [1995])

∗ 16. Nell'Esercizio 15 abbiamo visto che i vincoli di taglio non bastano a descrivere il politopo dell'albero di supporto. Comunque, se consideriamo invece i multicut, otteniamo una descrizione completa: dimostrare che il politopo dell'albero di supporto di un grafo non orientato G con $n := |V(G)|$ consiste in tutti i vettori $x \in [0,1]^{E(G)}$ con

$$\sum_{e \in E(G)} x_e = n - 1 \text{ e } \sum_{e \in C} x_e \geq k - 1 \text{ per tutti i multicut } C = \delta(X_1, \ldots, X_k).$$

(Magnanti e Wolsey [1995])

17. Dimostrare che il guscio convesso dei vettori di incidenza di tutte le foreste in un grafo non orientato G è il politopo

$$P := \left\{ x \in [0,1]^{E(G)} : \sum_{e \in E(G[X])} x_e \leq |X| - 1 \text{ per } \emptyset \neq X \subseteq V(G) \right\}.$$

Nota: questa affermazione implica il Teorema 6.13 poiché $\sum_{e \in E(G[X])} x_e = |V(G)| - 1$ è un iperpiano di supporto. Inoltre, è un caso speciale del Teorema 13.21.

∗ 18. Dimostrare che il guscio convesso dei vettori di incidenza di tutte le ramificazioni in un digrafo G è l'insieme di tutti i vettori $x \in [0,1]^{E(G)}$ con

$$\sum_{e \in E(G[X])} x_e \leq |X| - 1 \text{ per } \emptyset \neq X \subseteq V(G) \text{ e } \sum_{e \in \delta^-(v)} x_e \leq 1 \text{ per } v \in V(G).$$

Nota: questo è un caso speciale del Teorema 14.13.

∗ 19. Sia G un digrafo e sia $r \in V(G)$. Dimostrare che i politopi

$$\left\{ x \in [0,1]^{E(G)} \ : \ x_e = 0 \ (e \in \delta^-(r)), \ \sum_{e \in \delta^-(v)} x_e = 1 \ (v \in V(G) \setminus \{r\}), \right.$$
$$\left. \sum_{e \in E(G[X])} x_e \leq |X| - 1 \text{ per } \emptyset \neq X \subseteq V(G) \right\}$$

e

$$\left\{ x \in [0,1]^{E(G)} \ : \ x_e = 0 \ (e \in \delta^-(r)), \ \sum_{e \in \delta^-(v)} x_e = 1 \ (v \in V(G) \setminus \{r\}), \right.$$
$$\left. \sum_{e \in \delta^+(X)} x_e \geq 1 \text{ per } r \in X \subset V(G) \right\}$$

sono entrambi uguali al guscio convesso dei vettori di incidenza di tutte le ramificazioni di supporto radicate in r.

20. Sia G un digrafo e sia $r \in V(G)$. Dimostrare che G è l'unione disgiunta di k arborescenze di supporto radicate in r se e solo se il grafo non orientato sottostante è l'unione disgiunta di k alberi di supporto e $|\delta^-(x)| = k$ per tutti gli $x \in V(G) \setminus \{r\}$.
(Edmonds)
21. Sia G un digrafo e sia $r \in V(G)$. Si supponga che G contenga k cammini disgiunti sugli archi da r ad ogni altro vertice, ma che rimuovendo un qualsiasi arco si rompa questa proprietà. Dimostrare che ogni vertice di G a eccezione di r ha esattamente k archi entranti.
Suggerimento: usare il Teorema 6.18.
* 22. Dimostrare l'affermazione dell'Esercizio 21 senza usare il Teorema 6.18. Formulare e dimostrare una versione disgiunta sugli archi.
Suggerimento: se un vertice v ha più di k archi entranti, prendere k cammini r-v disgiunti sugli archi. Mostrare che un arco che entra in v che non sia usato da questi cammini può essere cancellato.
23. Dare un algoritmo tempo-polinomiale per trovare un insieme massimo di arborescenze di supporto (radicate in r) disgiunte sugli archi in un digrafo G.
Nota: l'algoritmo più efficiente è dovuto a Gabow [1995]; si veda anche (Gabow e Manu [1998]).
24. Dimostrare che gli archi di un digrafo G possono essere coperti da k ramificazioni se e solo se sono verificate le condizioni seguenti:
(a) $|\delta^-(v)| \leq k$ per tutti i $v \in V(G)$;
(b) $|E(G[X])| \leq k(|X| - 1)$ per tutti gli $X \subseteq V(G)$.
Suggerimento: usare il Teorema 6.18.
(Frank [1979])

Riferimenti bibliografici

Letteratura generale:

Ahuja, R.K., Magnanti, T.L., Orlin, J.B. [1993]: Network Flows. Prentice-Hall, Englewood Cliffs, Chapter 13

Balakrishnan, V.K. [1995]: Network Optimization. Chapman and Hall, London, Chapter 1

Cormen, T.H., Leiserson, C.E., Rivest, R.L., Stein, C. [2001]: Introduction to Algorithms. Second Edition. MIT Press, Cambridge, Chapter 23

Gondran, M., Minoux, M. [1984]: Graphs and Algorithms. Wiley, Chichester, Chapter 4

Magnanti, T.L., Wolsey, L.A. [1995]: Optimal trees. In: Handbooks in Operations Research and Management Science; Volume 7: Network Models (M.O. Ball, T.L. Magnanti, C.L. Monma, G.L. Nemhauser, eds.), Elsevier, Amsterdam, pp. 503–616

Schrijver, A. [2003]: Combinatorial Optimization: Polyhedra and Efficiency. Springer, Berlin, Chapters 50–53

Tarjan, R.E. [1983]: Data Structures and Network Algorithms. SIAM, Philadelphia, Chapter 6

Wu, B.Y., Chao, K.-M. [2004]: Spanning Trees and Optimization Problems. Chapman & Hall/CRC, Boca Raton

Riferimenti citati:

Bock, F.C. [1971]: An algorithm to construct a minimum directed spanning tree in a directed network. In: Avi-Itzhak, B. (Ed.): Developments in Operations Research, Volume I. Gordon and Breach, New York, pp. 29–44

Borůvka, O. [1926a]: O jistém problému minimálním. Práca Moravské Přírodovědecké Spolnečnosti 3, 37–58

Borůvka, O. [1926b]: Příspevěk k řešení otázky ekonomické stavby. Elektrovodních sítí. Elektrotechnicky Obzor 15, 153–154

Cayley, A. [1889]: A theorem on trees. Quarterly Journal on Mathematics 23, 376–378

Chazelle, B. [2000]: A minimum spanning tree algorithm with inverse-Ackermann type complexity. Journal of the ACM 47, 1028–1047

Cheriton, D., Tarjan, R.E. [1976]: Finding minimum spanning trees. SIAM Journal on Computing 5, 724–742

Chu, Y., Liu, T. [1965]: On the shortest arborescence of a directed graph. Scientia Sinica 4, 1396–1400; Mathematical Review 33, # 1245

Diestel, R. [1997]: Graph Theory. Springer, New York

Dijkstra, E.W. [1959]: A note on two problems in connexion with graphs. Numerische Mathematik 1, 269–271

Dixon, B., Rauch, M., Tarjan, R.E. [1992]: Verification and sensitivity analysis of minimum spanning trees in linear time. SIAM Journal on Computing 21, 1184–1192

Edmonds, J. [1967]: Optimum branchings. Journal of Research of the National Bureau of Standards B 71, 233–240

Edmonds, J. [1970]: Submodular functions, matroids and certain polyhedra. In: Combinatorial Structures and Their Applications; Proceedings of the Calgary International Conference on Combinatorial Structures and Their Applications 1969 (R. Guy, H. Hanani, N. Sauer, J. Schönheim, eds.), Gordon and Breach, New York, pp. 69–87

Edmonds, J. [1973]: Edge-disjoint branchings. In: Combinatorial Algorithms (R. Rustin, ed.), Algorithmic Press, New York, pp. 91–96

Fortune, S. [1987]: A sweepline algorithm for Voronoi diagrams. Algorithmica 2, 153–174

Frank, A. [1978]: On disjoint trees and arborescences. In: Algebraic Methods in Graph Theory; Colloquia Mathematica; Soc. J. Bolyai 25 (L. Lovász, V.T. Sós, eds.), North-Holland, Amsterdam, pp. 159–169

Frank, A. [1979]: Covering branchings. Acta Scientiarum Mathematicarum (Szeged) 41, 77–82

Fredman, M.L., Tarjan, R.E. [1987]: Fibonacci heaps and their uses in improved network optimization problems. Journal of the ACM 34, 596–615

Fredman, M.L., Willard, D.E. [1994]: Trans-dichotomous algorithms for minimum spanning trees and shortest paths. Journal of Computer and System Sciences 48, 533–551

Fulkerson, D.R. [1974]: Packing rooted directed cuts in a weighted directed graph. Mathematical Programming 6, 1–13

Gabow, H.N. [1995]: A matroid approach to finding edge connectivity and packing arborescences. Journal of Computer and System Sciences 50, 259–273

Gabow, H.N., Galil, Z., Spencer, T. [1989]: Efficient implementation of graph algorithms using contraction. Journal of the ACM 36, 540–572

Gabow, H.N., Galil, Z., Spencer, T., Tarjan, R.E. [1986]: Efficient algorithms for finding minimum spanning trees in undirected and directed graphs. Combinatorica 6, 109–122

Gabow, H.N., Manu, K.S. [1998]: Packing algorithms for arborescences (and spanning trees) in capacitated graphs. Mathematical Programming B 82, 83–109

Jarník, V. [1930]: O jistém problému minimálním. Práca Moravské Přírodovědecké Společnosti 6, 57–63

Karger, D., Klein, P.N., Tarjan, R.E. [1995]: A randomized linear-time algorithm to find minimum spanning trees. Journal of the ACM 42, 321–328

Karp, R.M. [1972]: A simple derivation of Edmonds' algorithm for optimum branchings. Networks 1, 265–272

King, V. [1997]: A simpler minimum spanning tree verification algorithm. Algorithmica~18, 263–270

Knuth, D.E. [1992]: Axioms and hulls; LNCS 606. Springer, Berlin

Korte, B., Nešetřil, J. [2001]: Vojtěch Jarník's work in combinatorial optimization. Discrete Mathematics 235, 1–17

Kruskal, J.B. [1956]: On the shortest spanning subtree of a graph and the travelling salesman problem. Proceedings of the AMS 7, 48–50

Lovász, L. [1976]: On two minimax theorems in graph. Journal of Combinatorial Theory B 21, 96–103

Nash-Williams, C.S.J.A. [1961]: Edge-disjoint spanning trees of finite graphs. Journal of the London Mathematical Society 36, 445–450

Nash-Williams, C.S.J.A. [1964]: Decompositions of finite graphs into forests. Journal of the London Mathematical Society 39, 12

Nešetřil, J., Milková, E., and Nešetřilová, H. [2001]: Otakar Borůvka on minimum spanning tree problem. Translation of both the 1926 papers, comments, history. Discrete Mathematics 233, 3–36

Prim, R.C. [1957]: Shortest connection networks and some generalizations. Bell System Technical Journal 36, 1389–1401

Prüfer, H. [1918]: Neuer Beweis eines Satzes über Permutationen. Arch. Math. Phys. 27, 742–744

Shamos, M.I., Hoey, D. [1975]: Closest-point problems. Proceedings of the 16th Annual IEEE Symposium on Foundations of Computer Science, 151–162

Sylvester, J.J. [1857]: On the change of systems of independent variables. Quarterly Journal of Mathematics 1, 42–56

Tarjan, R.E. [1975]: Efficiency of a good but not linear set union algorithm. Journal of the ACM 22, 215–225

Tutte, W.T. [1961]: On the problem of decomposing a graph into *n* connected factor. Journal of the London Mathematical Society 36, 221–230

Zhou, H., Shenoy, N., Nicholls, W. [2002]: Efficient minimum spanning tree construction without Delaunay triangulation. Information Processing Letters 81, 271–276

7

Cammini minimi

Uno dei problemi di ottimizzazione combinatoria più noti è trovare il cammino minimo tra due vertici di un digrafo:

PROBLEMA DEL CAMMINO MINIMO	
Istanza:	Un digrafo G, pesi $c : E(G) \to \mathbb{R}$ e due vertici $s, t \in V(G)$.
Obiettivo:	Trovare un cammino s-t minimo P, ovvero uno di peso minimo $c(E(P))$, o decidere che t non è raggiungibile da s.

Ovviamente questo problema ha molte applicazioni pratiche. Come il PROBLEMA DELL'ALBERO DI SUPPORTO MINIMO appare spesso come sottoproblema in problemi di ottimizzazione combinatoria più complessi.

In pratica, il problema non è semplice da risolvere se consideriamo pesi arbitrari. Per esempio, se tutti i peso sono -1 allora i cammini s-t di peso $1 - |V(G)|$ sono esattamente i cammini Hamiltoniani s-t. Decidere se un tale cammino esiste è un problema difficile (si veda l'Esercizio 17(b) del Capitolo 15).

Il problema diventa molto più facile se ci limitiamo a pesi non negativi o almeno escludiamo cicli di peso negativo:

Definizione 7.1. *Sia G un grafo (orientato o non orientato) con pesi $c : E(G) \to \mathbb{R}$. c è detto* **conservativo** *se non esiste alcun circuito di peso totale negativo.*

Presenteremo gli algoritmi per il PROBLEMA DEL CAMMINO MINIMO nella Sezione 7.1. Il primo algoritmo è per grafi con solo pesi non negativi, mentre il secondo può essere usato con pesi conservativi arbitrari.

Gli algoritmi della Sezione 7.1 in pratica calcolano un cammino minimo s-v per ogni $v \in V(G)$ senza troppo tempo in più. A volte si è interessati alla distanza tra tutte le coppie di vertici; la Sezione 7.2 mostra come affrontare questo problema.

Poiché i circuiti negativi danno problemi, mostriamo anche come riconoscerli. Se non ce ne sono, un circuito di costo totale minimo può essere calcolato molto facilmente. Un altro problema interessante chiede di trovare un circuito il cui peso medio sia minimo. Come vedremo nella Sezione 7.3 questo problema può essere risolto in maniera efficiente con tecniche simili.

Trovare cammini minimi in un grafo non orientato è più difficile a meno che i pesi sugli archi siano non negativi. Archi non orientati con pesi non negativi

Korte B., Vygen J.: Ottimizzazione Combinatoria. Teoria e Algoritmi.

possono essere sostituiti con una coppia di archi di direzione opposta e con lo stesso peso; questo riduce il problema non orientato a uno orientato. Comunque, questa costruzione non funziona per archi di peso negativo poiché introduce dei circuiti di peso negativo. Torneremo sul problema di trovare cammini minimi in grafi non orientati con pesi conservativi nella Sezione 12.2 (Corollario 12.13).

Quindi da qui in poi consideriamo un digrafo G. Senza perdita di generalità possiamo assumere che G sia connesso e semplice; tra tutti gli archi paralleli prendiamo solo quello di peso minimo.

7.1 Cammini minimi da una singola sorgente

Tutti gli algoritmi di cammino minimo che presentiamo sono basati sulla seguente osservazione, chiamata a volte principio di ottimalità di Bellman, che è la base della programmazione dinamica.

Proposizione 7.2. *Sia G un digrafo con pesi conservativi $c : E(G) \to \mathbb{R}$, sia $k \in \mathbb{N}$, e siano s e w due vertici. Sia P uno tra i cammini s-w minimi con al massimo k archi, e sia $e = (v, w)$ il suo arco finale. Allora $P_{[s,v]}$ (cioè P senza l'arco e) è uno tra i cammini s-v minimi con al massimo $k - 1$ archi.*

Dimostrazione. Si supponga che Q sia un cammino s-v più corto di $P_{[s,v]}$, e $|E(Q)| \le k - 1$. Allora $c(E(Q)) + c(e) < c(E(P))$. Se Q non contiene w, allora $Q + e$ è un cammino s-w più corto di P, altrimenti $Q_{[s,w]}$ ha lunghezza $c(E(Q_{[s,w]})) = c(E(Q))+c(e)-c(E(Q_{[w,v]}+e)) < c(E(P))-c(E(Q_{[w,v]}+e)) \le c(E(P))$, perché $Q_{[w,v]} + e$ è un circuito e c è conservativo. In entrambi i casi si ha una contraddizione all'assunzione che P sia un cammino s-w minimo con al massimo k archi. □

Lo stesso risultato vale per i grafi non orientati con pesi non negativi e anche per i grafi aciclici con pesi arbitrari. Questo risultato porta alle formule ricorsive $\mathrm{dist}(s, s) = 0$ e $\mathrm{dist}(s, w) = \min\{\mathrm{dist}(s, v) + c((v, w)) : (v, w) \in E(G)\}$ per $w \in V(G) \setminus \{s\}$ che risolve il Problema del Cammino Minimo per digrafi aciclici (Esercizio 7).

La Proposizione 7.2 è anche il motivo per cui la maggior parte degli algoritmi calcola i cammini minimi da s a tutti gli altri vertici. Se uno calcola un cammino s-t minimo P, ha anche calcolato un cammino s-v minimo per ogni vertice v in P. Poiché non possiamo sapere in anticipo quali vertici appartengono a P, è naturale calcolare cammini s-v minimi per ogni v. Possiamo memorizzare questi cammini s-v molto efficientemente memorizzando l'ultimo arco di ogni cammino.

Consideriamo prima archi con pesi non negativi, ossia $c : E(G) \to \mathbb{R}_+$. Il Problema del Cammino Minimo si può risolvere con BFS se tutti i pesi sono pari a 1 (Proposizione 2.18). Per pesi $c : E(G) \to \mathbb{N}$ si potrebbe sostituire un arco e con un cammino di lunghezza $c(e)$ e usare ancora BFS. Comunque, si potrebbe arrivare a introdurre un numero esponenziale di archi; si ricordi che la dimensione dei dati di ingresso è $\Theta\left(n \log m + m \log n + \sum_{e \in E(G)} \log c(e)\right)$, dove $n = |V(G)|$ e $m = |E(G)|$.

Un'idea migliore è di utilizzare il seguente algoritmo, dovuto a Dijkstra [1959]. È simile all'ALGORITMO DI PRIM per il PROBLEMA DELL'ALBERO DI SUPPORTO MINIMO (Sezione 6.1).

ALGORITMO DI DIJKSTRA

Input: Un digrafo G, pesi $c : E(G) \to \mathbb{R}_+$ e un vertice $s \in V(G)$.

Output: I cammini minimi da s ad ogni $v \in V(G)$ e la loro lunghezza. Più precisamente, otteniamo $l(v)$ e $p(v)$ per tutti i $v \in V(G) \setminus \{s\}$. $l(v)$ è la lunghezza di un cammino s-v minimo, che consiste in un cammino s-$p(v)$ minimo insieme con l'arco $(p(v), v)$. Se v non è raggiungibile da s, allora $l(v) = \infty$ e $p(v)$ non è definito.

① Poni $l(s) := 0$. Poni $l(v) := \infty$ per tutti i $v \in V(G) \setminus \{s\}$.
Poni $R := \emptyset$.

② Trova un vertice $v \in V(G) \setminus R$ tale che $l(v) = \min_{w \in V(G) \setminus R} l(w)$.

③ Poni $R := R \cup \{v\}$.

④ **For** tutti i $w \in V(G) \setminus R$ tali che $(v, w) \in E(G)$ **do**:
If $l(w) > l(v) + c((v, w))$ **then**
poni $l(w) := l(v) + c((v, w))$ e $p(w) := v$.

⑤ **If** $R \neq V(G)$ **then go to** ②.

Teorema 7.3. (Dijkstra [1959]) *L'*ALGORITMO DI DIJKSTRA *funziona correttamente.*

Dimostrazione. Dimostriamo che le affermazioni seguenti si verificano ad ogni passo dell'algoritmo:

(a) Per ogni $v \in V(G) \setminus \{s\}$ con $l(v) < \infty$ abbiamo $p(v) \in R$, $l(p(v)) + c((p(v), v)) = l(v)$, e la sequenza $v, p(v), p(p(v)), \ldots$ contiene s.
(b) Per tutti i $v \in R$: $l(v) = \text{dist}_{(G,c)}(s, v)$.

Le affermazioni sono verificate banalmente dopo ①. $l(w)$ viene diminuito a $l(v) + c((v, w))$ e $p(w)$ è posto uguale a v in ④ solo se $v \in R$ e $w \notin R$. Poiché la sequenza $v, p(v), p(p(v)), \ldots$ contiene s ma nessun vertice al di fuori di R, in particolare non w, (a) è preservata da ④.

(b) è banale per $v = s$. Si supponga che $v \in V(G) \setminus \{s\}$ sia aggiunto a R in ③, ed esiste un cammino s-v P in G che è più corto di $l(v)$. Sia y il primo vertice in P che appartiene a $(V(G) \setminus R) \cup \{v\}$, e sia x il predecessore di y in P. Poiché $x \in R$, abbiamo per ④ e per l'ipotesi di induzione che:

$$\begin{aligned} l(y) \le l(x) + c((x, y)) &= \text{dist}_{(G,c)}(s, x) + c((x, y)) \\ &\le c(E(P_{[s,y]})) \le c(E(P)) < l(v), \end{aligned}$$

contraddicendo la scelta di v in ②. □

Il tempo di esecuzione è ovviamente $O(n^2)$. Usando un heap di Fibonacci si può fare di meglio:

Teorema 7.4. (Fredman e Tarjan [1987]) L'ALGORITMO DI DIJKSTRA *implementato con un heap di Fibonacci richiede tempo* $O(m+n\log n)$, *dove* $n = |V(G)|$ *e* $m = |E(G)|$.

Dimostrazione. Applichiamo il Teorema 6.7 per mantenere l'insieme $\{(v, l(v)) : v \in V(G) \setminus R,\ l(v) < \infty\}$. Allora i passi ② e ③ consistono di un'operazione DELETEMIN, mentre l'aggiornamento di $l(w)$ in ④ è un'operazione INSERT se $l(w)$ era infinito, e un DECREASEKEY altrimenti. □

Per il PROBLEMA DEL CAMMINO MINIMO con pesi non negativi questo è il miglior tempo di esecuzione noto. (Con modelli computazionali diversi, Fredman e Willard [1994], Thorup [2000] e Raman [1997] hanno ottenuto dei tempi leggermente migliori.)

Se i pesi sono interi all'interno di un intervallo fissato, esiste un semplice algoritmo tempo-lineare (Esercizio 3). In generale, tempi di esecuzione di $O(m \log\log c_{\max})$ (Johnson [1982]) e $O\left(m + n\sqrt{\log c_{\max}}\right)$ (Ahuja et al. [1990]) sono possibili per pesi $c : E(G) \to \{0, \dots, c_{\max}\}$. Ciò è stato migliorato da Thorup [2004] a $O(m+n\log\log c_{\max})$ e $O(m+n\log\log n)$, ma anche quest'ultimo bound si applica solo ad archi con pesi interi, e l'algoritmo non è polinomiale in senso forte.

Per digrafi planari esiste un algoritmo tempo-lineare dovuto a Henzinger et al. [1997]. Infine, ricordiamo che Thorup [1999] ha trovato un algoritmo tempo-lineare per trovare un cammino minimo in un grafo non orientato con pesi interi non negativi. Si veda anche Pettie e Ramachandran [2005]; questo articolo contiene inoltre una vasta bibliografia.

Ora passiamo a un algoritmo per grafi con pesi conservativi:

ALGORITMO DI MOORE-BELLMAN-FORD	
Input:	Un digrafo G, pesi $c : E(G) \to \mathbb{R}$ e un vertice $s \in V(G)$.
Output:	Un circuito negativo C in G, o i cammini minimi da s ad ogni $v \in V(G)$ e la loro lunghezza. Più precisamente, nel secondo caso otteniamo $l(v)$ e $p(v)$ per ogni $v \in V(G) \setminus \{s\}$. $l(v)$ è la lunghezza di un cammino s-v minimo, che consiste in un cammino s-$p(v)$ minimo insieme con un arco $(p(v), v)$. Se v non è raggiungibile da s, allora $l(v) = \infty$ e $p(v)$ non è definito.

① Poni $l(s) := 0$ e $l(v) := \infty$ per tutti i $v \in V(G) \setminus \{s\}$.

② **For** $i := 1$ **to** $n-1$ **do**:
  For ogni arco $(v, w) \in E(G)$ **do**:
    If $l(w) > l(v) + c((v, w))$ **then**
      poni $l(w) := l(v) + c((v, w))$ e $p(w) := v$.

③ **If** esiste un arco $(v, w) \in E(G)$ con $l(w) > l(v) + c((v, w))$ **then** poni $x_n := w$, $x_{n-1} := v$, e $x_{i-1} := p(x_i)$ per $i = 2, \ldots, n-1$, e restituisci un circuito C in $(V(G), \{(x_i, x_{i+1}) : i = 1, \ldots, n-1\})$.

Teorema 7.5. (Moore [1959], Bellman [1958], Ford [1956]) *L'*ALGORITMO DI MOORE-BELLMAN-FORD *funziona correttamente. Il suo tempo di esecuzione è* $O(nm)$.

Dimostrazione. Il tempo di esecuzione $O(nm)$ è ovvio. Ad ogni passo dell'algoritmo sia $R := \{v \in V(G) : l(v) < \infty\}$, $F := \{(p(y), y) : y \in R \setminus \{s\}\}$, e $F' := \{(v, w) \in E(G) : l(w) > l(v) + c((v, w))\}$. Inoltre, per $v \in R$, sia $k(v)$ l'ultima iterazione in cui $l(v)$ è stato diminuito (e $k(s) := 0$). Le seguenti affermazioni sono sempre verificate:

(a) $l(y) \geq l(x) + c((x, y))$ e $k(x) \geq k(y) - 1$ per tutti gli $(x, y) \in F$.
(b) Se $F \cup F'$ contiene un circuito C, allora C ha peso negativo.

Per dimostrare (a), si osservi che $l(y) = l(x) + c((x, y))$ e $k(x) \geq k(y) - 1$ quando $p(y)$ è posto a x, e che $l(x)$ non è mai aumentato e $k(x)$ non è mai diminuito.

Per dimostrare (b), si consideri un circuito C in $F \cup F'$. Per (a) abbiamo $\sum_{(v,w)\in E(C)} c((v, w)) = \sum_{(v,w)\in E(C)}(c((v, w)) + l(v) - l(w)) \leq 0$. Questo dimostra (b) a eccezione del caso in cui C sia un circuito in F. Se ad un certo punto si forma un circuito C in F ponendo $p(y) := x$, allora abbiamo appena inserito $(x, y) \in F'$, e quindi C è un circuito negativo.

Se l'algoritmo trova un arco $(v, w) \in F'$ in ③, allora $k(v) = n - 1$, e quindi $k(x_i) \geq i$ per $i = n-2, \ldots, 1$. Quindi s non appare nella sequenza, ed è ben definito. Poiché la sequenza contiene n vertici di $V(G) \setminus \{s\}$, deve contenere una ripetizione. Quindi l'algoritmo trova un circuito C, che per il punto (b) ha un peso totale negativo.

Se l'algoritmo termina con $l(w) \leq l(v) + c((v, w))$ per tutti i $(v, w) \in E(G)$, allora abbiamo $\sum_{(v,w)\in E(C)} c((v, w)) = \sum_{(v,w)\in E(C)}(c((v, w)) + l(v) - l(w)) \geq 0$ per ogni circuito C in $G[R]$. Quindi $G[R]$ non contiene circuiti. Allora (b) implica che (R, F) è aciclico. Inoltre, $x \in R \setminus \{s\}$ implica $p(x) \in R$, dunque (R, F) è un'arborescenza radicata in s. Si noti che R contiene tutti i vertici raggiungibili da s quando l'algoritmo termina: una semplice induzione mostra che se esiste un cammino s-v con k archi, allora v è aggiunto ad R al più tardi all'iterazione k.

Per (a), $l(x)$ è almeno la lunghezza del cammino s-x in (R, F) per qualsiasi $x \in R$ (a qualsiasi passo dell'algoritmo).

Mostriamo ora che dopo k iterazioni dell'algoritmo, $l(x)$ è al massimo la lunghezza di un cammino s-x minimo con al più k archi. Questa affermazione si dimostra facilmente per induzione: sia P un cammino s-x minimo con al più k archi e sia (w, x) l'ultimo arco di P. Allora, applicando la Proposizione 7.2 a $G[R]$, $P_{[s,w]}$ deve essere un cammino s-w minimo con al massimo $k - 1$ archi, e per l'ipotesi di induzione abbiamo $l(w) \leq c(E(P_{[s,w]}))$ dopo $k - 1$ iterazioni. Tuttavia, alla k-esima iterazione anche l'arco (w, x) è esaminato, dando $l(x) \leq l(w) + c((w, x)) \leq c(E(P))$.

Poiché nessun cammino ha più di $n-1$ archi e per quanto mostrato al paragrafo precedente, ne segue la correttezza dell'algoritmo. □

Questo è ad oggi il più veloce algoritmo fortemente tempo-polinomiale noto per il PROBLEMA DEL CAMMINO MINIMO (con pesi conservativi). Un algoritmo di scaling dovuto a Goldberg [1995] ha un tempo di esecuzione pari a $O\left(\sqrt{n}m \log(|c_{\min}|+2)\right)$ se i pesi degli archi sono interi e pari ad almeno $c_{\min}$. Per grafi planari, Fakcharoenphol e Rao [2006] hanno descritto un algoritmo $O(n \log^3 n)$.

Non si conosce nessun algoritmo tempo-polinomiale per il PROBLEMA DEL CAMMINO MINIMO nel caso in cui G contenga circuiti di peso negativo (il problema diventa *NP*-difficile; si veda l'Esercizio 17(b) del Capitolo 15). La difficoltà principale è che la Proposizione 7.2 è valida solo per pesi conservativi, e non per pesi qualsiasi. Non è quindi chiaro come costruire un cammino invece di una progressione arbitraria di archi. Se non ci sono circuiti di peso negativo, qualsiasi progressione di archi minima è un cammino, più eventualmente qualche circuito di peso nullo che si può rimuovere. Di conseguenza, è una importante saper dimostrare che non esistono circuiti negativi. A tal proposito, risulta utile il concetto seguente, dovuto a Edmonds e Karp [1972].

Definizione 7.6. *Sia G un digrafo con pesi $c : E(G) \to \mathbb{R}$, e sia $\pi : V(G) \to \mathbb{R}$. Allora per qualsiasi $(x, y) \in E(G)$ definiamo il* **costo ridotto** *di (x, y) rispetto a π come $c_\pi((x, y)) := c((x, y)) + \pi(x) - \pi(y)$. Se $c_\pi(e) \geq 0$ per tutti gli $e \in E(G)$, π è detto un* **potenziale ammissibile**.

Teorema 7.7. *Sia G un digrafo con pesi $c : E(G) \to \mathbb{R}$. Esiste un potenziale ammissibile di (G, c) se e solo se c è conservativo. Dato un digrafo G con pesi $c : E(G) \to \mathbb{R}$, possiamo trovare in tempo $O(nm)$ un potenziale ammissibile oppure un circuito negativo.*

Dimostrazione. Se π è un potenziale ammissibile, abbiamo per ogni circuito C:

$$0 \leq \sum_{e \in E(C)} c_\pi(e) = \sum_{e=(x,y) \in E(C)} (c(e) + \pi(x) - \pi(y)) = \sum_{e \in E(C)} c(e)$$

(i potenziali si annullano). Dunque c è conservativo.

Per trovare o un circuito negativo oppure un potenziale ammissibile, aggiungiamo un nuovo vertice s e gli archi (s, v) di costo nullo per tutti i $v \in V(G)$. Poi eseguiamo l'ALGORITMO DI MOORE-BELLMAN-FORD. Il risultato è o un circuito negativo oppure i numeri $l(v) < \infty$ per tutti i $v \in V(G)$, dando un potenziale ammissibile. □

Questo può essere visto come una forma speciale di dualità della Programmazione Lineare; si veda l'Esercizio 9. In pratica esistono modi più efficienti di riconoscere i circuiti negativi; si veda Cherkassky e Goldberg [1999].

7.2 Cammini minimi tra tutte le coppie di vertici

Si supponga ora di voler trovare in un digrafo un cammino s-t minimo per tutte le coppie ordinate di vertici (s, t).

PROBLEMA DEI CAMMINI MINIMI TRA TUTTE LE COPPIE	
Istanza:	Un digrafo G e pesi conservativi $c : E(G) \to \mathbb{R}$.
Obiettivo:	Trovare i numeri l_{st} e i vertici p_{st} per ogni $s, t \in V(G)$ con $s \neq t$, tali che l_{st} è la lunghezza di un cammino s-t minimo e (p_{st}, t) è l'ultimo arco di tale cammino (se esiste).

Naturalmente potremmo eseguire l'ALGORITMO DI MOORE-BELLMAN-FORD n volte, una per ogni scelta di s. Questo porta immediatamente a un algoritmo $O(n^2 m)$. Comunque, si può fare di meglio, come è stato osservato in Bazaraa e Langley [1974] e Johnson [1977]:

Teorema 7.8. *Il* PROBLEMA DEI CAMMINI MINIMI TRA TUTTE LE COPPIE *può essere risolto in tempo $O(mn + n^2 \log n)$, dove $n = |V(G)|$ e $m = |E(G)|$.*

Dimostrazione. Sia (G, c) un'istanza del problema. Calcoliamo prima un potenziale ammissibile π, il che è possibile in tempo $O(nm)$ per il Corollario 7.7. Allora per ogni $s \in V(G)$ eseguiamo una ricerca del cammino minimo da una singola sorgente s usando i costi ridotti c_π invece di c. Per qualsiasi vertice t il cammino risultante s-t è anche un cammino minimo rispetto a c, perché la lunghezza di qualsiasi cammino s-t cambia di $\pi(s) - \pi(t)$, una constante. Poiché i costi ridotti sono non negativi, possiamo usare l'ALGORITMO DI DIJKSTRA ogni volta. Dunque, per il Teorema 7.4, il tempo di esecuzione totale è $O(mn + n(m + n \log n))$. □

La stessa idea sarà usata nuovamente nel Capitolo 9 (nella dimostrazione del Teorema 9.12).

Pettie [2004] ha mostrato come migliorare il tempo di esecuzione a $O(mn + n^2 \log \log n)$; questo è il miglior bound noto. Per grafi densi con pesi non negativi, il bound di Chan [2007] di $O(n^3 \log^3 \log n / \log^2 n)$ è leggermente migliore. Se tutti i pesi degli archi sono piccoli interi positivi, questo bound può essere migliorato usando la moltiplicazione rapida tra matrici ["fast matrix multiplication"]; si veda, per esempio, Zwick [2002].

La soluzione del PROBLEMA DEI CAMMINI MINIMI TRA TUTTE LE COPPIE ci permette anche di calcolare la chiusura metrica [metric closure] di un grafo:

Definizione 7.9. *Sia dato un grafo G (orientato o non orientato) con pesi conservativi $c : E(G) \to \mathbb{R}$. La* **chiusura metrica** *di (G, c) è la coppia $(\bar{G}, \bar{c})$, dove $\bar{G}$ è il grafo semplice su $V(G)$ che, per $x, y \in V(G)$ con $x \neq y$, contiene un arco $e = \{x, y\}$ (o $e = (x, y)$ se G è orientato) con peso $\bar{c}(e) = \mathrm{dist}_{(G,c)}(x, y)$ se e solo se y è raggiungibile da x in G.*

Corollario 7.10. *Sia G un digrafo con pesi conservativi $c : E(G) \to \mathbb{R}$, o un grafo non orientato con pesi non negativi $c : E(G) \to \mathbb{R}_+$. Allora la chiusura metrica di (G, c) può essere calcolata in tempo $O(mn + n^2 \log n)$.*

Dimostrazione. Se G non è orientato, sostituiamo ogni arco con una coppia di archi orientati. Poi risolviamo l'istanza del PROBLEMA DEI CAMMINI MINIMI TRA TUTTE LE COPPIE che ne risulta. □

Il resto della sezione è dedicata all'ALGORITMO DI FLOYD-WARSHALL, un altro algoritmo $O(n^3)$ per il PROBLEMA DEI CAMMINI MINIMI TRA TUTTE LE COPPIE. Il vantaggio principale dell'ALGORITMO DI FLOYD-WARSHALL è la sua semplicità. Assumiamo senza perdita di generalità che i vertici siano numerati $1, \ldots, n$.

ALGORITMO DI FLOYD-WARSHALL

Input: Un digrafo G con $V(G) = \{1, \ldots, n\}$ e pesi conservativi $c : E(G) \to \mathbb{R}$.

Output: Matrici $(l_{ij})_{1 \le i,j \le n}$ e $(p_{ij})_{1 \le i,j \le n}$ dove l_{ij} è la lunghezza di un cammino minimo da i a j, e (p_{ij}, j) è l'arco finale di un tale cammino (se esiste).

① Poni $l_{ij} := c((i, j))$ per ogni $(i, j) \in E(G)$.
Poni $l_{ij} := \infty$ per ogni $(i, j) \in (V(G) \times V(G)) \setminus E(G)$ con $i \neq j$.
Poni $l_{ii} := 0$ per ogni i.
Poni $p_{ij} := i$ per ogni $i, j \in V(G)$.

② **For** $j := 1$ **to** n **do**:
  For $i := 1$ **to** n **do**: **If** $i \neq j$ **then**:
    For $k := 1$ **to** n **do**: **If** $k \neq j$ **then**:
      If $l_{ik} > l_{ij} + l_{jk}$ **then** poni $l_{ik} := l_{ij} + l_{jk}$ e $p_{ik} := p_{jk}$.

Teorema 7.11. (Floyd [1962], Warshall [1962]) *L'*ALGORITMO DI FLOYD-WARSHALL *funziona correttamente. Il suo tempo di esecuzione è $O(n^3)$.*

Dimostrazione. Il tempo di esecuzione è ovvio. Mostriamo ora che dopo che l'algoritmo ha eseguito il ciclo esterno per $j = 1, 2, \ldots, j_0$, la variabile l_{ik} contiene la lunghezza di un cammino i-k minimo con i soli vertici intermedi $v \in \{1, \ldots, j_0\}$ (per ogni i e k), e (p_{ik}, k) è l'arco finale di tale cammino. Questa affermazione sarà mostrata per induzione su $j_0 = 0, \ldots, n$. Per $j_0 = 0$ è verificata per ①, e per $j_0 = n$ implica la correttezza dell'algoritmo.

Si supponga che l'affermazione sia verificata per un $j_0 \in \{0, \ldots, n-1\}$. Dobbiamo mostrare che è ancora verificata per $j_0 + 1$. Per qualsiasi i e k, durante l'esecuzione del ciclo esterno per $j = j_0 + 1$, l_{ik} (che contiene per l'ipotesi di induzione la lunghezza di un cammino i-k minimo con i soli vertici intermedi $v \in \{1, \ldots, j_0\}$) è sostituito da $l_{i,j_0+1} + l_{j_0+1,k}$ se questo valore è minore. Rimane da mostrare che il cammino i-(j_0+1) corrispondente a P e il cammino (j_0+1)-k Q non hanno vertici interni in comune.

Si supponga che esista un vertice interno che appartiene sia a P che a Q. Accorciando il cammino chiuso massimo in $P + Q$ (che per ipotesi ha pesi non negativi perché è l'unione di circuiti) otteniamo un cammino i-k R con i soli vertici intermedi $v \in \{1, \dots, j_0\}$. R non è più lungo di $l_{i,j_0+1} + l_{j_0+1,k}$ (e in particolare non più corto di l_{ik} prima di calcolare il ciclo esterno per $j = j_0 + 1$).

Questo contraddice l'ipotesi di induzione poiché R ha i soli vertici intermedi $v \in \{1, \dots, j_0\}$. □

Come l'ALGORITMO DI MOORE-BELLMAN-FORD, l'ALGORITMO DI FLOYD-WARSHALL può essere usato anche per riconoscere l'esistenza di circuiti negativi (Esercizio 12).

Il PROBLEMA DEI CAMMINI MINIMI TRA TUTTE LE COPPIE in grafi non orientati con pesi conservativi arbitrari è più difficile; si veda il Teorema 12.14.

7.3 Circuiti di peso medio minimo

Possiamo trovare facilmente un circuito di peso totale minimo in un digrafo con pesi conservativi usando gli algoritmi di cammino minimo precedenti. (si veda l'Esercizio 13). Un altro problema richiede un circuito il cui peso medio sia minimo:

PROBLEMA DEL CICLO DI PESO MEDIO MINIMO	
Istanza:	Un digrafo G, pesi $c : E(G) \to \mathbb{R}$.
Obiettivo:	Trovare un circuito C il cui peso medio $\frac{c(E(C))}{\lvert E(C) \rvert}$ sia minimo, o decidere che G è aciclico.

In questa sezione mostriamo come risolvere questo problema con la programmazione dinamica, in modo simile a quanto visto per gli algoritmi di cammino minimo. Possiamo assumere che G sia fortemente connesso, poiché altrimenti possiamo identificare le componenti fortemente connesse in tempo lineare (Teorema 2.19) e risolvere il problema separatamente per ogni componente fortemente connessa. Ma per il teorema min-max seguente basta assumere che esista un vertice s dal quale siano raggiungibili tutti i vertici. Non consideriamo solo i cammini, ma qualsiasi progressione arbitraria di archi (dove i vertici e gli archi possono essere ripetuti).

Teorema 7.12. (Karp [1978]) *Sia G un digrafo con pesi $c : E(G) \to \mathbb{R}$. Sia $s \in V(G)$ tale che ogni vertice sia raggiungibile da s. Per $x \in V(G)$ e $k \in \mathbb{Z}_+$ sia*

$$F_k(x) := \min\left\{\sum_{i=1}^{k} c((v_{i-1}, v_i)) : v_0 = s,\ v_k = x,\ (v_{i-1}, v_i) \in E(G) \text{ per ogni } i\right\}$$

il peso minimo di una progressione di archi di lunghezza k da s a x (e ∞ se non ne esiste nemmeno una). Sia $\mu(G, c)$ il peso medio minimo di un circuito in G (e

$\mu(G,c)=\infty$ *se G è aciclico). Allora*

$$\mu(G,c) = \min_{x\in V(G)} \max_{\substack{0\le k\le n-1\\ F_k(x)<\infty}} \frac{F_n(x)-F_k(x)}{n-k}.$$

Dimostrazione. Se G è aciclico, allora $F_n(x)=\infty$ per ogni $x\in V(G)$, e dunque il teorema è verificato. Possiamo ora assumere che $\mu(G,c)<\infty$.

Dimostriamo prima che se $\mu(G,c)=0$ allora anche

$$\min_{x\in V(G)} \max_{\substack{0\le k\le n-1\\ F_k(x)<\infty}} \frac{F_n(x)-F_k(x)}{n-k} = 0.$$

Sia G un digrafo con $\mu(G,c)=0$. G non contiene circuiti negativi. Poiché c è conservativo, $F_n(x)\ge \mathrm{dist}_{(G,c)}(s,x)=\min_{0\le k\le n-1} F_k(x)$, dunque

$$\max_{\substack{0\le k\le n-1\\ F_k(x)<\infty}} \frac{F_n(x)-F_k(x)}{n-k} \ge 0.$$

Mostriamo che esiste un vertice x per il quale vale l'uguaglianza, ovvero $F_n(x)=\mathrm{dist}_{(G,c)}(s,x)$. Sia C un circuito di peso nullo in G, e sia $w\in V(C)$. Sia P un cammino s-w minimo seguito da n ripetizioni di C. Sia P' costituito dei primi n archi di P, e sia x l'ultimo vertice di P'. Poiché P è una progressione di archi da s a w di peso medio minimo, qualsiasi segmento iniziale, in particolare P', deve essere una progressione di archi di peso medio minimo. Dunque $F_n(x)=c(E(P'))=\mathrm{dist}_{(G,c)}(s,x)$.

Dopo aver dimostrato il teorema per il caso $\mu(G,c)=0$, lo dimostriamo ora per il caso generale. Si noti che l'aggiunta di una costante a tutti gli archi cambia sia $\mu(G,c)$ che

$$\min_{x\in V(G)} \max_{\substack{0\le k\le n-1\\ F_k(x)<\infty}} \frac{F_n(x)-F_k(x)}{n-k}$$

della stessa quantità, uguale proprio alla costante. Scegliendo questa quantità costante pari a $-\mu(G,c)$ siamo tornati al caso $\mu(G,c)=0$. □

Questo teorema suggerisce l'algoritmo seguente:

ALGORITMO DEL CICLO DI PESO MEDIO MINIMO	
Input:	Un digrafo G, pesi $c: E(G)\to\mathbb{R}$.
Output:	Un circuito C con peso medio minimo o l'informazione che G è aciclico.

① Aggiungi a G un vertice s e gli archi (s,x) con $c((s,x)):=0$ per ogni $x\in V(G)$.

② Poni $n:=|V(G)|$, $F_0(s):=0$, e $F_0(x):=\infty$ per ogni $x\in V(G)\setminus\{s\}$.

③ **For** $k := 1$ **to** n **do**:
  For $x \in V(G)$ **do**:
    Poni $F_k(x) := \infty$.
    For $(w, x) \in \delta^-(x)$ **do**:
      If $F_{k-1}(w) + c((w, x)) < F_k(x)$ **then**:
        Poni $F_k(x) := F_{k-1}(w) + c((w, x))$ e $p_k(x) := w$.

④ **If** $F_n(x) = \infty$ per ogni $x \in V(G)$ **then stop** (G è aciclico).

⑤ Sia x un vertice per il quale $\max\limits_{\substack{0 \le k \le n-1 \\ F_k(x) < \infty}} \frac{F_n(x) - F_k(x)}{n-k}$ sia minimo.

⑥ Sia C un qualsiasi circuito nella progressione di archi data da $p_n(x), p_{n-1}(p_n(x)), p_{n-2}(p_{n-1}(p_n(x))), \ldots$.

Corollario 7.13. (Karp [1978]) *L'*ALGORITMO DEL CICLO DI PESO MEDIO MINIMO *funziona correttamente. Il suo tempo di esecuzione è $O(nm)$.*

Dimostrazione. ① non crea nessun nuovo circuito in G ma rende applicabile il Teorema 7.12. É chiaro che ② e ③ calcolano correttamente i numeri $F_k(x)$. Dunque se l'algoritmo termina in ④, G è senz'altro aciclico.

Si consideri l'istanza (G, c'), dove $c'(e) := c(e) - \mu(G, c)$ per ogni $e \in E(G)$. In questa istanza l'algoritmo esegue esattamente allo stesso modo che con (G, c), la sola differenza è il cambio dei valori di F a $F'_k(x) = F_k(x) - k\mu(G, c)$. Per la scelta di x in ⑤, il Teorema 7.12 e $\mu(G, c') = 0$ abbiamo $F'_n(x) = \min_{0 \le k \le n-1} F'_k(x)$. Quindi qualsiasi progressione di archi da s a x con n archi e lunghezza $F'_n(x)$ in (G, c') consiste in un cammino s-x minimo più uno o più circuiti di peso nullo. Questi circuito hanno peso medio $\mu(G, c)$ in (G, c).

Quindi ogni circuito su una progressione di archi di peso medio minimo di lunghezza n da s a x (per il vertice x scelto in ⑤) è un circuito di peso medio minimo. In ⑥ si sceglie un tale circuito.

Il tempo di esecuzione è dominato da ③ che prende ovviamente un tempo $O(nm)$. Si noti che ⑤ richiede solo un tempo $O(n^2)$. □

Tuttavia, questo algoritmo non può essere usato per trovare un circuito di peso medio minimo in un grafo non orientato con pesi sugli archi. Si veda l'Esercizio 10 del Capitolo 12.

Algoritmi per problemi con rapporto minimo più generale sono stati proposti in Megiddo [1979,1983] e Radzik [1993].

Esercizi

1. Sia G un grafo (orientato o non orientato) con pesi $c : E(G) \to \mathbb{Z}_+$, e siano $s, t \in V(G)$ tali che t sia raggiungibile da s. Mostrare che la lunghezza minima di un cammino s-t è uguale al numero massimo di tagli che separano s e t tali che ogni arco e è contenuto in al massimo $c(e)$ di loro.
2. Si consideri l'ALGORITMO DI DIJKSTRA, e si supponga che siamo interessati solo al cammino s-t minimo per un dato vertice t. Mostrare che ci può fermare non appena $v = t$ oppure $l(v) = \infty$.
3. Si supponga che i pesi siano interi tra 0 e C per una data costante C. Si può implementare l'ALGORITMO DI DIJKSTRA per questo caso speciale con un tempo di esecuzione lineare?
   Suggerimento: si usi un vettore indicizzato da $0, \ldots, |V(G)| \cdot C$ per memorizzare i vertici secondo il loro valore corrente di l.
   (Dial [1969])
4. Siano dati un digrafo G, pesi $c : E(G) \to \mathbb{R}_+$ e due vertici $s, t \in V(G)$. Si supponga che esista un solo cammino s-t minimo P. Si può trovare il cammino s-t minimo diverso da P in tempo polinomiale?
5. Modificare l'ALGORITMO DI DIJKSTRA per risolvere il *problema di cammino bottleneck* [collo-di-bottiglia]: dato un digrafo G, $c : E(G) \to \mathbb{R}$, e $s, t \in V(G)$, trovare un cammino s-t in cui l'arco più lungo sia il più corto possibile.
6. Sia G un digrafo con $s, t \in V(G)$. Ad ogni arco $e \in E(G)$ assegnamo un numero $r(e)$ (la sua affidabilità), con $0 \leq r(e) \leq 1$. L'affidabilità di un cammino P è definita come il prodotto delle affidabilità dei suoi archi. Il problema consiste nel trovare un cammino s-t di affidabilità massima.
   (a) Mostrare che prendendo i logaritmi si può ridurre questo problema a un PROBLEMA DI CAMMINO MINIMO.
   (b) Mostrare come risolvere questo problema (in tempo polinomiale) senza usare i logaritmi.
7. Siano dati un digrafo aciclico G, $c : E(G) \to \mathbb{R}$ e $s, t, \in V(G)$. Mostrare come trovare il cammino s-t minimo in G in tempo lineare.
8. Siano dati un digrafo aciclico G, $c : E(G) \to \mathbb{R}$ e $s, t, \in V(G)$. Mostrare come trovare l'unione dei cammini s-t più lunghi in G in tempo lineare.
9. Dimostrare il Teorema 7.7 usando la dualità della PL, in particolare il Teorema 3.24.
10. Sia G un digrafo con pesi conservativi $c : E(G) \to \mathbb{R}$. Siano $s, t \in V(G)$ tali che t sia raggiungibile da s. Dimostrare che la lunghezza minima di un cammino s-t in G è uguale alla massima differenza tra $\pi(t) - \pi(s)$, dove π è un potenziale ammissibile di (G, c).
11. Sia G un digrafo, $V(G) = A \dot{\cup} B$ e $E(G[B]) = \emptyset$. Inoltre, si supponga che $|\delta(v)| \leq k$ per ogni $v \in B$. Sia $s, t \in V(G)$ e sia $c : E(G) \to \mathbb{R}$ conservativa. Dimostrare che un cammino s-t minimo può essere trovato in tempo $O(|A|k|E(G)|)$, e se c è non negativa in tempo $O(|A|^2)$.
    (Orlin [1993])

12. Si supponga di eseguire l'ALGORITMO DI FLOYD-WARSHALL su di un'istanza (G, c) con pesi arbitrari $c : E(G) \to \mathbb{R}$. Dimostrare che ogni l_{ii} $(i = 1, \dots, n)$ rimane non negativa se e solo se c è conservativa.
13. Dato un digrafo con pesi conservativi, mostrare come trovare un circuito di peso totale minimo in tempo polinomiale. Si può ottenere un tempo di esecuzione di $O(n^3)$?
Suggerimento: modificare leggermente l'ALGORITMO DI FLOYD-WARSHALL.
Osservazione: per pesi qualsiasi il problema include la decisione se un dato digrafo è Hamiltoniano (ed è quindi *NP*-difficile; si veda il Capitolo 15). Come trovare un circuito minimo in un grafo non orientato (con pesi conservativi) è descritto nella Sezione 12.2.
14. Sia G un grafo (non orientato) completo e $c : E(G) \to \mathbb{R}_+$. Mostrare che (G, c) è la sua stessa chiusura metrica se e solo se vale la disuguaglianza triangolare: $c(\{x, y\})+c(\{y, z\}) \geq c(\{x, z\})$ per qualsiasi terna di vertici distinti $x, y, z \in V(G)$.
15. I vincoli temporali di un chip logico posso essere formulati con un digrafo G con pesi sugli archi $c : E(G) \to \mathbb{R}_+$. I vertici rappresentano gli elementi di memoria, gli archi rappresentano cammini nella logica combinatoria, e i pesi sono le stime dei casi peggiori del tempo di propagazione di un segnale. Un obiettivo importante nella progettazione di circuiti *very large scale integrated* (VLSI) è di trovare la schedulazione di clock ottima, ossia un'applicazione $a : V(G) \to \mathbb{R}$ tale che $a(v) + c((v, w)) \leq a(w) + T$ per ogni $(v, w) \in E(G)$ e un numero T che sia il più piccolo possibile. (T è il tempo di ciclo di un chip, e $a(v)$ e $a(v) + T$ sono rispettivamente "tempo di partenza" e l'ultimo "tempo di arrivo" possibile di un segnale in v.)
    (a) Ridurre il problema di trovare il valore ottimo T al PROBLEMA DEL CICLO DI PESO MEDIO MINIMO.
    (b) Mostrare che i numeri $a(v)$ di una soluzione ottima possono essere determinati in modo efficiente.
    (c) Tipicamente, alcuni dei numeri $a(v)$ sono fissati in anticipo. Mostrare come risolvere il problema in questo caso.
    (Albrecht et al. [2002])

Riferimenti bibliografici

Letteratura generale:

Ahuja, R.K., Magnanti, T.L., Orlin, J.B. [1993]: Network Flows. Prentice-Hall, Englewood Cliffs, Chapters 4 and 5

Cormen, T.H., Leiserson, C.E., Rivest, R.L., Stein, C. [2001]: Introduction to Algorithms. Second Edition. MIT Press, Cambridge, Chapters 24 and 25

Dreyfus, S.E. [1969]: An appraisal of some shortest path algorithms. Operations Research 17, 395–412

Gallo, G., Pallottino, S. [1988]: Shortest paths algorithms. Annals of Operations Research 13, 3–79

Gondran, M., Minoux, M. [1984]: Graphs and Algorithms. Wiley, Chichester, Chapter 2

Lawler, E.L. [1976]: Combinatorial Optimization: Networks and Matroids. Holt, Rinehart and Winston, New York, Chapter 3

Schrijver, A. [2003]: Combinatorial Optimization: Polyhedra and Efficiency. Springer, Berlin, Chapters 6–8

Tarjan, R.E. [1983]: Data Structures and Network Algorithms. SIAM, Philadelphia, Chapter 7

Riferimenti citati:

Ahuja, R.K., Mehlhorn, K., Orlin, J.B., Tarjan, R.E. [1990]: Faster algorithms for the shortest path problem. Journal of the ACM 37, 213–223

Albrecht, C., Korte, B., Schietke, J., Vygen, J. [2002]: Maximum mean weight cycle in a digraph and minimizing cycle time of a logic chip. Discrete Applied Mathematics 123, 103–127

Bazaraa, M.S., Langley, R.W. [1974]: A dual shortest path algorithm. SIAM Journal on Applied Mathematics 26, 496–501

Bellman, R.E. [1958]: On a routing problem. Quarterly of Applied Mathematics 16, 87–90

Chan, T.M. [2007]: More algorithms for all-pairs shortest paths in weighted graphs. Proceedings of the 39th Annual ACM Symposium on Theory of Computing, 590–598

Cherkassky, B.V., Goldberg, A.V. [1999]: Negative-cycle detection algorithms. Mathematical Programming A 85, 277–311

Dial, R.B. [1969]: Algorithm 360: shortest path forest with topological order. Communications of the ACM 12, 632–633

Dijkstra, E.W. [1959]: A note on two problems in connexion with graphs. Numerische Mathematik 1, 269–271

Edmonds, J., Karp, R.M. [1972]: Theoretical improvements in algorithmic efficiency for network flow problems. Journal of the ACM 19, 248–264

Fakcharoenphol, J., Rao, S. [2006]: Planar graphs, negative weight edges, shortest paths, and near linear time. Journal of Computer and System Sciences 72, 868–889

Floyd, R.W. [1962]: Algorithm 97 – shortest path. Communications of the ACM 5, 345

Ford, L.R. [1956]: Network flow theory. Paper P-923, The Rand Corporation, Santa Monica

Fredman, M.L., Tarjan, R.E. [1987]: Fibonacci heaps and their uses in improved network optimization problems. Journal of the ACM 34, 596–615

Fredman, M.L., Willard, D.E. [1994]: Trans-dichotomous algorithms for minimum spanning trees and shortest paths. Journal of Computer and System Sciences 48, 533–551

Goldberg, A.V. [1995]: Scaling algorithms for the shortest paths problem. SIAM Journal on Computing 24, 494–504

Henzinger, M.R., Klein, P., Rao, S., Subramanian, S. [1997]: Faster shortest-path algorithms for planar graphs. Journal of Computer and System Sciences 55, 3–23

Johnson, D.B. [1977]: Efficient algorithms for shortest paths in sparse networks. Journal of the ACM 24, 1–13

Johnson, D.B. [1982]: A priority queue in which initialization and queue operations take $O(\log\log D)$ time. Mathematical Systems Theory 15, 295–309

Karp, R.M. [1978]: A characterization of the minimum cycle mean in a digraph. Discrete Mathematics 23, 309–311

Megiddo, N. [1979]: Combinatorial optimization with rational objective functions. Mathematics of Operations Research 4, 414–424

Megiddo, N. [1983]: Applying parallel computation algorithms in the design of serial algorithms. Journal of the ACM 30, 852–865

Moore, E.F. [1959]: The shortest path through a maze. Proceedings of the International Symposium on the Theory of Switching, Part II, Harvard University Press, 285–292

Orlin, J.B. [1993]: A faster strongly polynomial minimum cost flow algorithm. Operations Research 41, 338–350

Pettie, S. [2004]: A new approach to all-pairs shortest paths on real-weighted graphs. Theoretical Computer Science 312, 47–74

Pettie, S., Ramachandran, V. [2005]: Computing shortest paths with comparisons and additions. SIAM Journal on Computing 34, 1398–1431

Radzik, T. [1993]: Parametric flows, weighted means of cuts, and fractional combinatorial optimization. In: Complexity in Numerical Optimization (P.M. Pardalos, ed.), World Scientific, Singapore

Raman, R. [1997]: Recent results on the single-source shortest paths problem. ACM SIGACT News 28, 81–87

Thorup, M. [1999]: Undirected single-source shortest paths with positive integer weights in linear time. Journal of the ACM 46, 362–394

Thorup, M. [2000]: On RAM priority queues. SIAM Journal on Computing 30, 86–109

Thorup, M. [2004]: Integer priority queues with decrease key in constant time and the single source shortest paths problem. Journal of Computer and System Sciences 69, 330–353

Warshall, S. [1962]: A theorem on boolean matrices. Journal of the ACM 9, 11–12

Zwick, U. [2002]: All pairs shortest paths using bridging sets and rectangular matrix multiplication. Journal of the ACM 49, 289–317

8

Reti di flusso

In questo e nel successivo capitolo consideriamo le reti di flusso.

Sia dato un digrafo G con capacità $u : E(G) \to \mathbb{R}_+$ e due dei suoi vertici s (la **sorgente**) e t (la **destinazione**). La tupla (G, u, s, t) definisce una **rete** [network].

L'obiettivo è di trasportare simultaneamente da s a t la maggior quantità possibile di unità di flusso. Una soluzione a questo problema è chiamato un flusso massimo. Formalmente definiamo:

Definizione 8.1. *Dato un digrafo G con capacità $u : E(G) \to \mathbb{R}_+$, un* **flusso** *è una funzione $f : E(G) \to \mathbb{R}_+$ con $f(e) \le u(e)$ per ogni $e \in E(G)$. L'***eccesso** *di un flusso f in $v \in V(G)$ è*

$$\mathrm{ex}_f(v) := \sum_{e \in \delta^-(v)} f(e) - \sum_{e \in \delta^+(v)} f(e).$$

Diciamo che f soddisfa la **legge di conservazione di flusso** *al vertice v se $\mathrm{ex}_f(v) = 0$. Un flusso che soddisfi la legge di conservazione di flusso ad ogni nodo è chiamata una* **circolazione**.

Data una rete (G, u, s, t), un **flusso** *s-t è un flusso f che soddisfa $\mathrm{ex}_f(s) \le 0$ e $\mathrm{ex}_f(v) = 0$ per ogni $v \in V(G) \setminus \{s, t\}$. Definiamo il* **valore** *di un flusso s-t f con $\mathrm{value}(f) := -\mathrm{ex}_f(s)$.*

Possiamo ora definire il problema base di questo capitolo:

PROBLEMA DEL FLUSSO MASSIMO	
Istanza:	Una rete (G, u, s, t).
Obiettivo:	Trovare un flusso s-t di valore massimo.

Senza perdita di generalità, possiamo assumere che G sia semplice poiché eventuali archi paralleli possono essere uniti prima di eseguire uno qualsiasi degli algoritmi seguenti.

Questo problema ha numerose applicazioni. Si consideri, per esempio, il PROBLEMA DI ASSEGNAMENTO: dati n lavori, i rispettivi tempi di esecuzione $t_1, \dots, t_n \in \mathbb{R}_+$ e un sottoinsieme non vuoto $S_i \subseteq \{1, \dots, m\}$ di addetti che possono contribuire ad ogni lavoro $i \in \{1, \dots, n\}$, cerchiamo dei numeri $x_{ij} \in \mathbb{R}_+$

Korte B., Vygen J.: Ottimizzazione Combinatoria. Teoria e Algoritmi.

per ogni $i = 1, \ldots, n$ e $j \in S_i$ (che rappresentano quanto a lungo l'addetto j è impiegato sul lavoro i) tali che tutti i lavori siano finiti, ovvero $\sum_{j \in S_i} x_{ij} = t_i$ per $i = 1, \ldots, n$. Il nostro obiettivo era di minimizzare la quantità di tempo necessaria a svolgere tutti i lavori, ossia $T(x) := \max_{j=1}^{m} \sum_{i: j \in S_i} x_{ij}$. Invece di risolvere questo problema con la PROGRAMMAZIONE LINEARE cerchiamo in questo capitolo un algoritmo combinatorio.

Applichiamo una ricerca binaria per il valore ottimo $T(x)$. Per ogni specifico valore di T dobbiamo trovare i numeri $x_{ij} \in \mathbb{R}_+$ con $\sum_{j \in S_i} x_{ij} = t_i$ per ogni i e $\sum_{i: j \in S_i} x_{ij} \leq T$ per ogni j. Rappresentiamo gli insiemi S_i con un digrafo (bipartito) con un vertice v_i per ogni lavoro i, un vertice w_j per ogni addetto j e un arco (v_i, w_j) ogni volta che $j \in S_i$. Introduciamo inoltre due vertici addizionali s e t e gli archi (s, v_i) per ogni i e (w_j, t) per ogni j. Sia G il grafo appena definito. Definiamo la capacità $u : E(G) \to \mathbb{R}_+$ con $u((s, v_i)) := t_i$ e $u(e) := T$ per tutti gli altri archi. Allora le soluzioni ammissibili x con $T(x) \leq T$ corrispondono evidentemente a dei flussi s-t di valore $\sum_{i=1}^{n} t_i$ in (G, u). Questi sono in effetti i flussi massimi.

Nella Sezione 8.1 descriviamo un algoritmo basilare per il PROBLEMA DEL FLUSSO MASSIMO e lo usiamo per dimostrare il Teorema di Massimo Flusso–Minimo Taglio, uno dei risultati più importanti in ottimizzazione combinatoria, che mostra la relazione con il problema di trovare un taglio s-t di capacità minima. Inoltre mostriamo che, per capacità intere, esiste sempre un flusso ottimo che sia intero. La combinazione di questi due risultati implica anche il Teorema di Menger su cammini disgiunti, come discuteremo nella Sezione 8.2.

Le Sezioni 8.3, 8.4 e 8.5 contengono degli algoritmi efficienti per il PROBLEMA DEL FLUSSO MASSIMO. In seguito, presentiamo il problema di trovare dei tagli di capacità minima. La Sezione 8.6 descrive un modo elegante di memorizzare la capacità minima di un taglio s-t (che è uguale al valore massimo del flusso s-t) per ogni coppia possibile di vertici s e t. La Sezione 8.7 mostra come la connettività di arco, o la capacità minima in un grafo non orientato, può essere calcolata in modo più efficiente che applicare più volte lo stesso algoritmo di flusso.

8.1 Il Teorema del Massimo Flusso–Minimo Taglio

La definizione del PROBLEMA DEL FLUSSO MASSIMO suggerisce la formulazione di Programmazione Lineare seguente:

$$
\begin{array}{llcll}
\max & \displaystyle\sum_{e \in \delta^+(s)} x_e & - & \displaystyle\sum_{e \in \delta^-(s)} x_e & \\
\text{t.c.} & \displaystyle\sum_{e \in \delta^-(v)} x_e & = & \displaystyle\sum_{e \in \delta^+(v)} x_e & (v \in V(G) \setminus \{s, t\}) \\
& x_e & \leq & u(e) & (e \in E(G)) \\
& x_e & \geq & 0 & (e \in E(G)).
\end{array}
$$

Poiché questo PL è ovviamente limitato e il flusso nullo $f \equiv 0$ è sempre ammissibile, abbiamo che:

Proposizione 8.2. *Il* PROBLEMA DEL FLUSSO MASSIMO *ha sempre una soluzione ottima.* □

Inoltre, per il Teorema 4.18 esiste un algoritmo tempo-polinomiale. Tuttavia, ciò non ci soddisfa completamente, e vogliamo trovare un algoritmo combinatorio (che non usi la Programmazione Lineare).

Si ricordi che un taglio s-t in G è un insieme di archi $\delta^+(X)$ con $s \in X$ e $t \in V(G) \setminus X$. La **capacità** di un taglio s-t è la somma delle capacità dei suoi archi. Per taglio s-t minimo in (G, u) intendiamo un taglio s-t di capacità minima (rispetto a u) in G.

Lemma 8.3. *Per qualsiasi $A \subseteq V(G)$ tale che $s \in A, t \notin A$, e qualsiasi flusso s-t f,*

(a) $\text{value}(f) = \sum_{e\in\delta^+(A)} f(e) - \sum_{e\in\delta^-(A)} f(e)$.
(b) $\text{value}(f) \le \sum_{e\in\delta^+(A)} u(e)$.

Dimostrazione. (a): Poiché la legge di conservazione di flusso vale per $v \in A \setminus \{s\}$,

$$\begin{aligned}\text{value}(f) &= \sum_{e\in\delta^+(s)} f(e) - \sum_{e\in\delta^-(s)} f(e)\\ &= \sum_{v\in A}\left(\sum_{e\in\delta^+(v)} f(e) - \sum_{e\in\delta^-(v)} f(e)\right)\\ &= \sum_{e\in\delta^+(A)} f(e) - \sum_{e\in\delta^-(A)} f(e).\end{aligned}$$

(b): Ciò segue da (a) usando $0 \le f(e) \le u(e)$ per $e \in E(G)$. □

In altre parole, il valore di un flusso massimo non può superare la capacità di un taglio s-t minimo. In verità, abbiamo l'uguaglianza. Per poterlo vedere, abbiamo bisogno del concetto di cammini aumentanti, i quali riappariranno in molti altri capitoli.

Definizione 8.4. *Per un digrafo G definiamo $\overleftrightarrow{G} := \left(V(G), E(G) \,\dot\cup\, \{\overleftarrow{e} : e \in E(G)\}\right)$, dove per ogni $e = (v, w) \in E(G)$ definiamo $\overleftarrow{e}$ come un nuovo arco da w a v. Chiamiamo $\overleftarrow{e}$ l'***arco inverso** *(o arco all'indietro) di e e vice versa. Si noti che se $e = (v, w), e' = (w, v) \in E(G)$, allora $\overleftarrow{e}$ ed e' sono due archi paralleli distinti di $\overleftrightarrow{G}$.*

Dato un digrafo G con capacità $u : E(G) \to \mathbb{R}_+$ e un flusso f, definiamo **capacità residua** *$u_f : E(\overleftrightarrow{G}) \to \mathbb{R}_+$ con $u_f(e) := u(e) - f(e)$ e $u_f(\overleftarrow{e}) := f(e)$ per ogni $e \in E(G)$. Il* **grafo residuale** *(o grafo di scarto) G_f è il grafo $\left(V(G), \{e \in E(\overleftrightarrow{G}) : u_f(e) > 0\}\right)$.*

Dato un flusso f e un cammino (o circuito) P in G_f, **aumentare** *f lungo P di γ significa fare ciò che segue per ogni $e \in E(P)$: se $e \in E(G)$ allora aumenta $f(e)$ di γ, altrimenti, se $e = \overleftarrow{e_0}$ per $e_0 \in E(G)$, diminuisci $f(e_0)$ di γ.*

Data una rete (G, u, s, t) e un flusso s-t f, un **cammino f-aumentante** *è un cammino s-t nel grafo residuale G_f.*

Usando questo concetto, l'algoritmo seguente per il PROBLEMA DEL FLUSSO MASSIMO, che si deve a Ford e Fulkerson [1957], diventa naturale. Ci limitiamo prima a considerare capacità intere.

ALGORITMO DI FORD-FULKERSON

Input: Una rete (G, u, s, t) con $u : E(G) \to \mathbb{Z}_+$.

Output: Un flusso s-t f di valore massimo.

① Poni $f(e) := 0$ per ogni $e \in E(G)$.

② Trova un cammino f aumentante P. **If** non esiste **then stop**.

③ Calcola $\gamma := \min_{e \in E(P)} u_f(e)$. Aumenta f lungo P di γ **go to** ②.

Gli archi che danno il minimo al passo ③ sono chiamati a volte archi bottleneck [archi "collo-di-bottiglia"]. La scelta di γ garantisce che f continui a essere un flusso. Poiché P è un cammino s-t, la legge di conservazione di flusso è verificata da tutti gli archi a eccezione di s e t.

Trovare un cammino aumentante è facile (dobbiamo trovare un qualsiasi cammino s-t in G_f). Comunque, dovremmo fare attenzione a come lo facciamo. Infatti, se permettiamo la presenza di capacità irrazionali (e siamo sfortunati nella scelta dei cammini aumentanti), l'algoritmo potrebbe non terminare del tutto (Esercizio 2).

Anche nel caso di capacità intere, potremmo avere un numero esponenziale di aumenti. Ciò viene illustrato dalla semplice rete di Figura 8.1, in cui i numeri sono le capacità di arco ($N \in \mathbb{N}$). Se scegliamo un cammino aumentante di lunghezza 3 ad ogni iterazione, ogni volta possiamo aumentare il flusso di una sola unità, e quindi abbiamo bisogno di $2N$ iterazioni. Si osservi che la lunghezza dei dati in ingresso è $O(\log N)$, poiché le capacità sono naturalmente codificate in codice binario. Supereremo queste difficoltà nella Sezione 8.3.

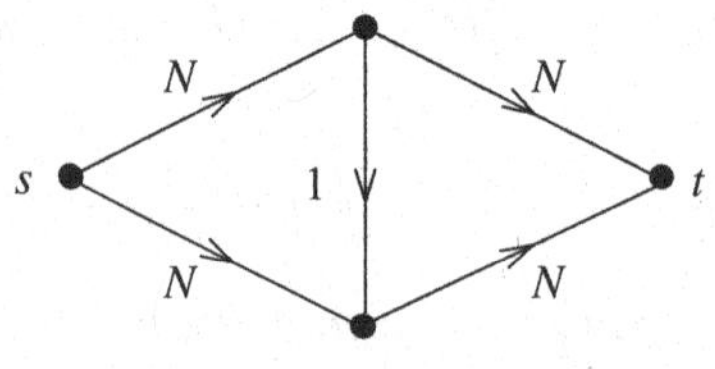

Figura 8.1.

Mostriamo ora che quando l'algoritmo termina, allora f è senz'altro un flusso massimo.

Teorema 8.5. *Un flusso s-t f è massimo se e solo se non esiste alcun cammino f-aumentante.*

Dimostrazione. Se esiste un cammino aumentante P, allora il passo ③ dell'ALGORITMO DI FORD-FULKERSON calcola un flusso di valore più grande, e dunque f non è massimo. Se non esiste nessun cammino aumentante, ciò significa che t non è raggiungibile da s in G_f. Sia R l'insieme di vertici raggiungibili da s in G_f. Per la definizione di G_f, abbiamo $f(e) = u(e)$ per ogni $e \in \delta_G^+(R)$ e $f(e) = 0$ per ogni $e \in \delta_G^-(R)$.

Ora, il Lemma 8.3 (a) dice che

$$\text{value}(f) = \sum_{e \in \delta_G^+(R)} u(e)$$

il che per il Lemma 8.3 (b) implica che f è un flusso massimo. □

In particolare, per qualsiasi flusso s-t massimo abbiamo un taglio s-t la cui capacità è uguale al valore del flusso. Insieme al Lemma 8.3 (b) ciò dà un risultato centrale della teoria dei flussi, il Teorema di Massimo Flusso–Minimo Taglio:

Teorema 8.6. (Ford e Fulkerson [1956], Dantzig e Fulkerson [1956]) *In una rete il valore massimo di un flusso s-t è uguale alla capacità minima di un taglio s-t.* □

Una dimostrazione alternativa è stata proposta da Elias, Feinstein e Shannon [1956]. Il Teorema di Massimo Flusso–Minimo Taglio segue facilmente anche dalla teoria della dualità della Programmazione Lineare; si veda l'Esercizio 8 del Capitolo 3.

Se tutte le capacità sono intere, al passo ③ dell'ALGORITMO DI FORD-FULKERSON γ è sempre intera. Poiché esiste un flusso massimo di valore finito (Proposizione 8.2), l'algoritmo termina dopo un numero finito di passi. Abbiamo quindi la seguente importante conseguenza:

Corollario 8.7. (Dantzig e Fulkerson [1956]) *Se le capacità di una rete sono intere, allora esiste un flusso massimo intero.* □

Questo corollario, chiamato a volte il Teorema del Flusso Intero, può essere dimostrato facilmente usando la totale unimodularità della matrice di incidenza di un digrafo (Esercizio 3).

Chiudiamo questa sezione con un'altra semplice, ma utile, osservazione, il Teorema di Decomposizione dei Flussi:

Teorema 8.8. (Gallai [1958], Ford e Fulkerson [1962]) *Sia (G, u, s, t) una rete e sia f un flusso s-t in G. Allora esiste una famiglia $\mathcal{P}$ di cammini s-t e una* *famiglia* $\mathcal{C}$ *di circuiti in* G *insieme a dei pesi* $w : \mathcal{P} \cup \mathcal{C} \to \mathbb{R}_+$ *tali che* $f(e) = \sum_{P \in \mathcal{P} \cup \mathcal{C}:\, e \in E(P)} w(P)$ *per ogni* $e \in E(G)$, $\sum_{P \in \mathcal{P}} w(P) = \text{value}(f)$, *e* $|\mathcal{P}| + |\mathcal{C}| \leq |E(G)|$.

Inoltre, se f *è intero allora anche* w *può essere scelto intero.*

Dimostrazione. Costruiamo $\mathcal{P}$, $\mathcal{C}$ e w per induzione sul numero di archi con flusso non nullo. Sia $e = (v_0, w_0)$ un arco con $f(e) > 0$. A meno che $w_0 = t$, deve esistere un arco (w_0, w_1) con flusso non nullo. Si ponga $i := 1$. Se $w_i \in \{t, v_0, w_0, \ldots, w_{i-1}\}$ ci fermiamo. Altrimenti deve esistere un arco (w_i, w_{i+1}) con flusso non nullo; poniamo $i := i + 1$ e continuiamo. Il processo deve terminare dopo al massimo n passi.

Facciamo lo stesso nell'altra direzione: se $v_0 \neq s$, deve esistere un arco (v_1, v_0) con flusso non nullo, e così via. Alla fine abbiamo trovato o un circuito o un cammino s-t in G, e abbiamo usato solo archi con flusso positivo. Sia P questo circuito o cammino. Sia $w(P) := \min_{e \in E(P)} f(e)$. Poni $f'(e) := f(e) - w(P)$ per $e \in E(P)$ e $f'(e) := f(e)$ per $e \notin E(P)$. Un'applicazione delle ipotesi di induzione a f' completa la dimostrazione. □

8.2 Teorema di Menger

Si consideri il Corollario 8.7 e il Teorema 8.8 nel caso particolare in cui tutte le capacità siano pari a 1. In questo caso i flussi s-t interi possono essere visti come degli insiemi di cammini s-t e di circuiti arco-disgiunti. Inoltre, si ottiene l'importante teorema seguente:

Teorema 8.9. (Menger [1927]) *Sia* G *un grafo (orientato o non orientato), siano* s *e* t *due vertici, e* $k \in \mathbb{N}$. *Allora esistono* k *cammini* s-t *arco-disgiunti se e solo se dopo la rimozione di qualsiasi* $k - 1$ *archi* t *risulta ancora raggiungibile da* s.

Dimostrazione. La necessità è ovvia. Per dimostrare la sufficienza nel caso orientato, sia (G, u, s, t) una rete con capacità unitarie $u \equiv 1$ tale che t è raggiungibile da s anche dopo la rimozione di qualsiasi $k-1$ archi. Questo implica che la capacità minima di un taglio s-t è almeno k. Per il Teorema di Massimo Flusso–Minimo Taglio 8.6 e il Corollario 8.7 esiste un flusso s-t intero di valore almeno k. Per il Teorema 8.8 questo flusso può essere decomposto in flussi interi su cammini s-t (ed eventualmente alcuni circuiti). Poiché tutte le capacità sono uguali a 1 dobbiamo avere almeno k cammini s-t arco-disgiunti.

Per dimostrare la sufficienza nel caso non orientato, sia G un grafo non orientato con due vertici s e t tali che t sia raggiungibile da s anche dopo la rimozione di qualsiasi $k - 1$ archi. Questa proprietà ovviamente rimane vera se sostituiamo ogni arco non orientato $e = \{v, w\}$ da cinque archi diretti (v, x_e), (w, x_e), (x_e, y_e), (y_e, v), (y_e, w) in cui x_e e y_e sono dei nuovi vertici (si veda la Figura 8.2). Ora abbiamo un digrafo G' e, per la prima parte, k cammini s-t arco-disgiunti in G'. Questi possono facilmente essere trasformati in k cammini s-t arco-disgiunti in G. □

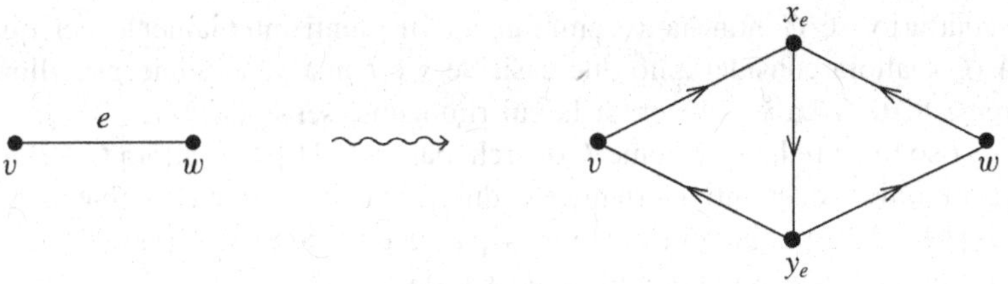

Figura 8.2.

A sua volta è facile derivare il Teorema di Massimo Flusso–Minimo Taglio (almeno per le capacità razionali) dal Teorema di Menger. Consideriamo ora la versione disgiunta sui vertici del Teorema di Menger. Chiamiamo un insieme di cammini **disgiunti internamente** se ogni coppia di cammini non ha in comune nessun arco e nessun vertice interno. Anche se possono condividere gli estremi, i cammini disgiunti internamente sono a volte chiamati vertice-disgiunti (se l'insieme di estremi è dato).

Teorema 8.10. (Menger [1927]) *Sia G un grafo (orientato o non orientato), siano s e t due vertici non adiacenti, e sia $k \in \mathbb{N}$. Allora esistono k cammini s-t disgiunti internamente se e solo se dopo la rimozione di qualsiasi $k-1$ vertici (diversi da s e t) t è ancora raggiungibile da s.*

Dimostrazione. La necessità è ancora una volta semplice da dimostrare. La sufficienza nel caso diretto segue dalla parte orientata del Teorema 8.9 usando la costruzione elementare seguente: sostituiamo ogni vertice v di G con due vertici v' e v'' e un arco (v', v''). Ogni arco (v, w) di G è sostituito con (v'', w'). Qualsiasi insieme di $k-1$ archi del nuovo grafo G' la cui rimozione rende t' non raggiungibile da s'' implica un insieme di al massimo $k-1$ vertici in G la cui rimozione rende t non raggiungibile da s. Inoltre, cammini s-t arco-disgiunti in G' corrispondono a cammini s-t in G.

La versione non orientata segue dalla versione orientata per la stessa costruzione usata nella dimostrazione del Teorema 8.9 (Figura 8.2). □

Il corollario seguente è una conseguenza importante del Teorema di Menger:

Corollario 8.11. (Whitney [1932]) *Un grafo non orientato G con almeno due vertici è k-arco-connesso se e solo se per ogni coppia $s, t \in V(G)$ con $s \neq t$ esistono k cammini s-t arco-disgiunti.*

Un grafo non orientato G con più di k vertici è k-connesso se e solo se per ogni coppia $s, t \in V(G)$ con $s \neq t$ esistono k cammini s-t disgiunti internamente.

Dimostrazione. La prima affermazione segue direttamente dal Teorema 8.9.

Per dimostrare la seconda affermazione, sia G un grafo non orientato con più di k vertici. Se G ha $k-1$ vertici la cui rimozione rende il grafo sconnesso, allora non può avere k cammini s-t disgiunti internamente per ogni coppia $s, t \in V(G)$.

Al contrario, se G non ha k cammini s-t disgiunti internamente per qualche $s, t \in V(G)$, allora consideriamo due casi. Se s e t non sono adiacenti, allora per il Teorema 8.10 G ha $k-1$ vertici la cui rimozione separa s da t.

Se s e t sono uniti da un insieme F di archi paralleli, $|F| \geq 1$, allora $G-F$ non ha $k-|F|$ cammini s-t disgiunti internamente, dunque per il Teorema 8.10 ha un insieme X di $k-|F|-1$ vertici la cui rimozione separa s da t. Sia $v \in V(G) \setminus (X \cup \{s,t\})$. Allora v non può essere raggiungibile da s e da t in $(G-F)-X$, ovvero v non è raggiungibile da s. Allora v e s sono in due diverse componenti connesse di $G-(X \cup \{t\})$. □

In molte applicazioni si cercano cammini arco-disgiunti o vertice-disgiunti (cioè disgiunti internamente) tra molte coppie di vertici. Le quattro versioni del Teorema di Menger (orientato e non orientato, disgiunto sui vertici e sugli archi) corrispondono alle quattro versioni del PROBLEMA DEI CAMMINI DISGIUNTI:

PROBLEMA DEI CAMMINI ORIENTATI/NON ORIENTATI ARCO/ VERTICE-DISGIUNTI)	
Istanza:	Due grafi orientati o non orientati (G, H) definiti sugli stessi vertici.
Obiettivo:	Trovare una famiglia $(P_f)_{f \in E(H)}$ di cammini arco-disgiunti/disgiunti internamente in G tali che per ogni $f=(t,s)$ o $f=\{t,s\}$ in H, P_f sia un cammino s-t.

Tale famiglia è chiamata una **soluzione** di (G, H). Diciamo che P_f **realizza** f. Gli archi di G sono detti **archi di servizio**, quelli di H **archi di domanda**. Un vertice incidente a qualche arco di domanda è chiamato vertice **terminale**.

Sopra abbiamo considerato un caso speciale in cui H è semplicemente un insieme di k archi paralleli. Il PROBLEMA DEI CAMMINI DISGIUNTI più generale verrà discusso nel Capitolo 19. Qui notiamo solo il seguente caso speciale del Teorema di Menger:

Proposizione 8.12. *Sia (G, H) un'istanza del Problema dei Cammini Arco-Disgiunti orientato in cui H è semplicemente un insieme di archi paralleli e $G+H$ è Euleriano. Allora (G, H) ammette una soluzione.*

Dimostrazione. Poiché $G+H$ è Euleriano, ogni arco, in particolare ogni $f \in E(H)$, appartiene a un circuito C. Prendiamo $C-f$ come primo cammino della nostra soluzione, cancelliamo C, e applichiamo l'induzione. □

8.3 Algoritmo di Edmonds-Karp

Nell'Esercizio 2 viene mostrato che è necessario rendere il passo ② dell'ALGORITMO DI FORD-FULKERSON più preciso. Invece di scegliere un cammino aumentante qualsiasi conviene cercare il cammino più corto, ossia un cammino aumentante con un numero minimo di archi. Con questa semplice idea Edmonds e Karp [1972] ottennero il primo algoritmo tempo-polinomiale per il PROBLEMA DEL FLUSSO MASSIMO.

ALGORITMO DI EDMONDS-KARP

Input: Una rete (G, u, s, t).

Output: Un flusso s-t f di valore massimo.

① Poni $f(e) := 0$ per ogni $e \in E(G)$.

② Trova un cammino f-aumentante minimo P.
If non ne esiste nessuno **then stop**.

③ Calcola $\gamma := \min_{e \in E(P)} u_f(e)$. Aumenta f lungo P di γ **go to** ②.

Questo significa che il passo ② dell'ALGORITMO DI FORD-FULKERSON dovrebbe essere implementato con un BFS (vedi la Sezione 2.3).

Lemma 8.13. *Siano $f_1, f_2, \dots$ una sequenza di flussi tali che f_{i+1} risulta da f_i da un aumento lungo P_i, dove P_i è il cammino f_i-aumentante minimo. Allora*

(a) $|E(P_k)| \le |E(P_{k+1})|$ *per ogni k.*
(b) $|E(P_k)| + 2 \le |E(P_l)|$ *per ogni $k < l$ tale che $P_k \cup P_l$ contiene una coppia di archi all'indietro.*

Dimostrazione. (a): Si consideri il grafo G_1 che risulta da $P_k \dot\cup P_{k+1}$ rimuovendo coppie di archi inversi. (Archi che appaiono sia in P_k che in P_{k+1} appaiono due volte in G_1.) Ogni sottografo semplice di G_1 è un sottografo di G_{f_k}, poiché ogni arco in $E(G_{f_{k+1}}) \setminus E(G_{f_k})$ deve essere l'inverso di un arco in P_k.

Sia H_1 formato semplicemente da due copie di (t, s). Ovviamente $G_1 + H_1$ è Euleriano. Quindi per la Proposizione 8.12 esistono due cammini s-t arco-disgiunti Q_1 e Q_2. Poiché $E(G_1) \subseteq E(G_{f_k})$, sia Q_1 che Q_2 sono dei cammini f_k-aumentanti. Poiché P_k era un cammino f_k aumentante, $|E(P_k)| \le |E(Q_1)|$ e $|E(P_k)| \le |E(Q_2)|$. Quindi,

$$2|E(P_k)| \le |E(Q_1)| + |E(Q_2)| \le |E(G_1)| \le |E(P_k)| + |E(P_{k+1})|,$$

implicando $|E(P_k)| \le |E(P_{k+1})|$.

(b): Per la parte (a) è sufficiente mostrare l'affermazione per quei k, l tali che per $k < i < l$, $P_i \cup P_l$ non contiene nessuna coppia di archi inversi.

Come prima, si consideri il grafo G_1 che risulta da $P_k \dot\cup P_l$ rimuovendo coppie di archi inversi. Affermiamo ancora che ogni sottografo semplice di G_1 è un sottografo di G_{f_k}. Per vedere ciò, si osservi che $E(P_k) \subseteq E(G_{f_k})$, $E(P_l) \subseteq E(G_{f_l})$, e qualsiasi arco di $E(G_{f_l}) \setminus E(G_{f_k})$ deve essere l'inverso di un arco in uno dei cammini tra $P_k, P_{k+1}, \dots, P_{l-1}$. Tuttavia, per la scelta di k e l, tra questi cammini solo P_k contiene l'inverso di un arco in P_l.

Sia H_1 ancora formato da due copie di (t, s). Poiché $G_1 + H_1$ è Euleriano, la Proposizione 8.12 garantisce che esistono due cammini s-t arco-disgiunti Q_1 e

Q_2. Di nuovo, Q_1 e Q_2 sono entrambi f_k-aumentanti. Poiché P_k era un cammino minimo f_k-aumentante, $|E(P_k)| \leq |E(Q_1)|$ e $|E(P_k)| \leq |E(Q_2)|$. Concludiamo che

$$2|E(P_k)| \leq |E(Q_1)| + |E(Q_2)| \leq |E(P_k)| + |E(P_l)| - 2$$

(poiché abbiamo rimosso almeno due archi). Questo termina la dimostrazione. □

Teorema 8.14. (Edmonds e Karp [1972]) *A prescindere dalla capacità degli archi, l'*ALGORITMO DI EDMONDS-KARP *termina dopo al massimo $\frac{mn}{2}$ aumenti, dove m e n denotano rispettivamente il numero di archi e di vertici.*

Dimostrazione. Siano $P_1, P_2, \ldots$ dei cammini aumentanti scelti durante l'esecuzione dell'ALGORITMO DI EDMONDS-KARP. Per la scelta di γ al passo ③ dell'algoritmo, ogni cammino aumentante contiene almeno un arco bottleneck.

Per qualsiasi arco e, sia $P_{i_1}, P_{i_2}, \ldots$ la sottosequenza di cammini aumentanti che contengono e come arco bottleneck. Ovviamente, tra P_{i_j} e $P_{i_{j+1}}$ deve esserci un cammino aumentante P_k $(i_j < k < i_{j+1})$ che contiene $\overleftarrow{e}$. Per il Lemma 8.13 (b), $|E(P_{i_j})| + 4 \leq |E(P_k)| + 2 \leq |E(P_{i_{j+1}})|$ per ogni j. Se e non ha né s né t come estremi, abbiamo che $3 \leq |E(P_{i_j})| \leq n - 1$ per ogni j, e possono esserci al massimo $\frac{n}{4}$ cammini aumentanti che contengono e come arco bottleneck. Altrimenti al massimo uno tra i cammini aumentanti contiene e oppure $\overleftarrow{e}$ come arco bottleneck.

Poiché qualsiasi cammino aumentante deve contenere almeno un arco di $\overleftrightarrow{G}$ come arco bottleneck, possono esserci al massimo $|E(\overleftrightarrow{G})|\frac{n}{4} = \frac{mn}{2}$ cammini aumentanti. □

Corollario 8.15. *L'*ALGORITMO DI EDMONDS-KARP *risolve il* PROBLEMA DEL FLUSSO MASSIMO *in tempo $O(m^2n)$.*

Dimostrazione. Per il Teorema 8.14 esistono al massimo $\frac{mn}{2}$ aumenti. Ogni aumento usa BFS e quindi richiede un tempo $O(m)$. □

8.4 Flussi bloccanti e Algoritmo di Fujishige

Allo stesso tempo in cui Edmonds e Karp osservavano come ottenere un algoritmo tempo-polinomiale per il PROBLEMA DEL FLUSSO MASSIMO, indipendentemente Dinic [1970] trovava un algoritmo ancora migliore, basato sulla definizione seguente:

Definizione 8.16. *Siano dati una rete (G, u, s, t) e un flusso s-t f. Il* **grafo di livello** *G_f^L di G_f è il grafo*

$$\left(V(G), \{e = (x, y) \in E(G_f) : \text{dist}_{G_f}(s, x) + 1 = \text{dist}_{G_f}(s, y)\}\right).$$

Si noti che il grafo di livello è aciclico. Il grafo di livello può essere costruito facilmente con BFS in tempo $O(m)$.

Il Lemma 8.13(a) ci dice che la lunghezza dei cammini aumentanti minimi nell'ALGORITMO DI EDMONDS-KARP è non decrescente. Chiamiamo una sequenza di cammini aumentanti della stessa lunghezza una **fase** dell'algoritmo. Sia f il flusso all'inizio di una fase. La dimostrazione del Lemma 8.13 (b) ci dice che tutti i cammini aumentanti di questa fase devono essere già dei cammini aumentanti in G_f. Quindi tutti questi cammini devono essere dei cammini s-t nel grafo di livello di G_f.

Definizione 8.17. *Data una rete (G, u, s, t), un flusso s-t f è detto* **flusso bloccante** *se $(V(G), \{e \in E(G) : f(e) < u(e)\})$ non contiene cammini s-t.*

L'unione di cammini aumentanti in una fase può essere vista come un flusso bloccante in G_f^L. Si noti che un flusso bloccante non è necessariamente massimo. Le considerazioni precedenti suggeriscono l'algoritmo seguente:

ALGORITMO DI DINIC	
Input:	Una rete (G, u, s, t).
Output:	Un flusso s-t f di valore massimo.

① Poni $f(e) := 0$ per ogni $e \in E(G)$.

② Costruisci il grafo di livello G_f^L di G_f.

③ Trova un flusso s-t flusso bloccante f' in G_f^L. **If** $f' = 0$ **then stop**.

④ Aumenta f di f' e **go to** ②.

Poiché la lunghezza di un cammino aumentante minimo aumenta di fase in fase, l'ALGORITMO DI DINIC termina dopo al massimo $n - 1$ fasi. Dunque rimane da mostrare come trovare in modo efficiente un flusso aumentante in un grafo aciclico. Dinic ha ottenuto un bound di $O(nm)$ per ogni fase, che non è molto difficile da mostrare (Esercizio 15).

Questo bound è stato migliorato a $O(n^2)$ da Karzanov [1974]; si veda anche Malhotra, Kumar e Maheshwari [1978]. Miglioramenti successivi sono dovuti a Cherkassky [1977], Galil [1980], Galil e Namaad [1980], Shiloach [1978], Sleator [1980], e Sleator e Tarjan [1983]. Gli ultimi due riferimenti descrivono un algoritmo $O(m \log n)$ per trovare flussi bloccanti in reti acicliche usando una struttura dati chiamata alberi dinamici. Usando questa struttura dati come sottoprocedura dell'ALGORITMO DI DINIC si ottiene un algoritmo $O(mn \log n)$ per il PROBLEMA DEL FLUSSO MASSIMO. Tuttavia, in questo libro non descriviamo nessuno di questi algoritmi (si veda Tarjan [1983]), perché un algoritmo ancora più veloce sarà l'argomento della prossima sezione.

Chiudiamo questa sezione descrivendo un algoritmo debolmente polinomiale dovuto a Fujishige [2003]. Lo descriviamo principalmente per la sua semplicità.

ALGORITMO DI FUJISHIGE

Input: Una rete (G, u, s, t) con $u : E(G) \to \mathbb{Z}_+$.

Output: Un flusso s-t f di valore massimo.

① Poni $f(e) := 0$ per ogni $e \in E(G)$. Poni $\alpha := \max\{u(e) : e \in E(G)\}$.

② Poni $i := 1$, $v_1 := s$, $X := \emptyset$, e $b(v) := 0$ per ogni $v \in V(G)$.

③ **For** $e = (v_i, w) \in \delta^+_{G_f}(v_i)$ con $w \notin \{v_1, \ldots, v_i\}$ **do**:
  Poni $b(w) := b(w) + u_f(e)$. **If** $b(w) \geq \alpha$ **then** poni $X := X \cup \{w\}$.

④ **If** $X = \emptyset$ **then**:
  Poni $\alpha := \lfloor \frac{\alpha}{2} \rfloor$. **If** $\alpha = 0$ **then stop else go to** ②.

⑤ Poni $i := i + 1$. Scegli $v_i \in X$ e poni $X := X \setminus \{v_i\}$.
If $v_i \neq t$ **then go to** ③.

⑥ Poni $\beta(t) := \alpha$ e $\beta(v) := 0$ per ogni $v \in V(G) \setminus \{t\}$.
While $i > 1$ **do**:
  For $e = (p, v_i) \in \delta^-_{G_f}(v_i)$ con $p \in \{v_1, \ldots, v_{i-1}\}$ **do**:
    Poni $\beta' := \min\{\beta(v_i), u_f(e)\}$.
    Aumenta f lungo e di β'.
    Poni $\beta(v_i) := \beta(v_i) - \beta'$ e $\beta(p) := \beta(p) + \beta'$.
  Poni $i := i - 1$.

⑦ **Go to** ②.

Teorema 8.18. *L'*ALGORITMO DI FUJISHIGE *risolve correttamente il* PROBLEMA DEL FLUSSO MASSIMO *per digrafi semplici G e capacità intere $u : E(G) \to \mathbb{Z}_+$ in tempo $O(mn \log u_{\max})$, dove $n := |V(G)|$, $m := |E(G)|$ e $u_{\max} := \max\{u(e) : e \in E(G)\}$.*

Dimostrazione. Chiamiamo un'iterazione una sequenza di passi che termina con ④ o ⑦. In ②–⑤, $v_1, \ldots, v_i$ è sempre un ordinamento di un sottoinsieme di vertici tali che $b(v_j) = u_f(E^+(\{v_1, \ldots, v_{j-1}\}, \{v_j\})) \geq \alpha$ per $j = 2, \ldots, i$. In ⑥ il flusso f è aumentato con l'invariante $\sum_{v \in V(G)} \beta(v) = \alpha$, e per quanto sopra il risultato è un flusso s-t il cui valore è di α unità più grande.

Quindi dopo al massimo $n - 1$ iterazioni, α sarà diminuito per la prima volta. Quando diminuiamo α a $\alpha' = \lfloor \frac{\alpha}{2} \rfloor \geq \frac{\alpha}{3}$ in ④, abbiamo un taglio s-t $\delta^+_{G_f}(\{v_1, \ldots, v_i\})$ in G_f di capacità inferiore di $\alpha(|V(G)| - i)$ perché $b(v) = u_f(E^+(\{v_1, \ldots, v_i\}, \{v\})) < \alpha$ per ogni $v \in V(G) \setminus \{v_1, \ldots, v_i\}$. Per il Lemma 8.3(b), un flusso s-t massimo in G_f ha valore minore di $\alpha(n - i) < 3\alpha' n$. Quindi dopo meno di $3n$ iterazioni, α verrà diminuito di nuovo. Se α è diminuito da 1 a 0, abbiamo un taglio s-t di capacità 0 in G_f, e dunque f è massimo.

Poiché α è diminuito al massimo $1 + \log u_{\max}$ volte prima di raggiungere 0, e ogni iterazione tra due cambi di α richiede tempo $O(m)$, il tempo di esecuzione complessivo è di $O(mn \log u_{\max})$. □

Tale tecnica di scaling è utile in molti contesti e riapparirà nel Capitolo 9. Fujishige [2003] descrive anche una variante del suo algoritmo senza scaling, in cui v_i in ⑤ è scelto come un vertice che ottiene $\max\{b(v) : v \in V(G) \setminus \{v_1, \ldots, v_{i-1}\}\}$. L'ordine risultante è chiamato ordine di Massima Adiacenza (MA) e riapparirà nella Sezione 8.7. Il tempo di esecuzione di questa variante è leggermente superiore della precedente e non è fortemente polinomiale (Shioura [2004]). Si veda l'Esercizio 18.

8.5 Algoritmo di Goldberg-Tarjan

In questa sezione descriviamo l'ALGORITMO DI PUSH-RELABEL che si deve a Goldberg e Tarjan [1988], e mostreremo un bound di $O(n^2\sqrt{m})$ per il tempo di esecuzione.

Le implementazioni sofisticate che usano gli alberi dinamici (si veda Sleator e Tarjan [1983]) danno degli algoritmi di reti di flusso con tempo di esecuzione $O\left(nm \log \frac{n^2}{m}\right)$ (Goldberg e Tarjan [1988]) e $O\left(nm \log\left(\frac{n}{m}\sqrt{\log u_{\max}} + 2\right)\right)$, dove $u_{\max}$ è la massima capacità di arco (intera) (Ahuja, Orlin e Tarjan [1989]). I bound migliori ad oggi sono $O\left(nm \log_{2+m/(n\log n)} n\right)$ (King, Rao e Tarjan [1994]) e

$$O\left(\min\{m^{1/2}, n^{2/3}\} m \log\left(\frac{n^2}{m}\right) \log u_{\max}\right)$$

(Goldberg e Rao [1998]).

Per definizione e per il Teorema 8.5, un flusso f è un flusso s-t massimo se e solo se sono verificate le condizioni seguenti:

- $\mathrm{ex}_f(v) = 0$ per ogni $v \in V(G) \setminus \{s, t\}$.
- Non esiste alcun cammino f-aumentante.

Negli algoritmi discussi prima, la prima condizione viene sempre verificata, e gli algoritmi si fermano quando viene verificata anche la seconda condizione. L'ALGORITMO DI PUSH-RELABEL inizia con un flusso f che soddisfa la seconda condizione e la mantiene per tutta la sua esecuzione. Ovviamente, termina non appena viene verificata la prima condizione. Poiché f non sarà un flusso s-t durante l'esecuzione dell'algoritmo (a eccezione di quando termina), introduciamo il termine più debole di preflusso s-t [preflow].

Definizione 8.19. *Data una rete (G, u, s, t), un* **preflusso** s-t *è una funzione $f : E(G) \to \mathbb{R}_+$ che soddisfa $f(e) \le u(e)$ per ogni $e \in E(G)$ e $\mathrm{ex}_f(v) \ge 0$ per ogni $v \in V(G) \setminus \{s\}$. Diciamo che un vertice $v \in V(G) \setminus \{s, t\}$ è* **attivo** *se $\mathrm{ex}_f(v) > 0$.*

Ovviamente un preflusso s-t è un flusso s-t se e solo se non esistono vertici attivi.

Definizione 8.20. *Sia (G, u, s, t) una rete e f un preflusso s-t. Una* **etichettatura di distanze** *è una funzione $\psi : V(G) \to \mathbb{Z}_+$ tale che $\psi(t) = 0$, $\psi(s) = n$ e*

$\psi(v) \le \psi(w) + 1$ *per ogni* $(v, w) \in E(G_f)$. *Un arco* $e = (v, w) \in E(\overleftrightarrow{G})$ *è detto* **ammissibile** *se* $e \in E(G_f)$ *e* $\psi(v) = \psi(w) + 1$.

Se ψ è una etichettatura di distanze, $\psi(v)$ (per $v \neq s$) deve essere una stima per difetto alla distanza da t (numero di archi nel cammino v-t minimo) in G_f.

L'ALGORITMO DI PUSH-RELABEL, descritto sotto, funziona sempre con un preflusso s-t f e una etichettatura di distanze ψ. Inizia con il preflusso che è uguale alla capacità di ogni arco uscente da s e un flusso nullo su tutti gli altri archi. L'etichettatura di distanze iniziale è $\psi(s) = n$ e $\psi(v) = 0$ per ogni $v \in V(G) \setminus \{s\}$.

L'algoritmo esegue le operazioni di incremento PUSH (aggiornando f) e RELABEL (aggiornando ψ) in qualsiasi ordine.

ALGORITMO DI PUSH-RELABEL

Input: Una rete (G, u, s, t).

Output: Un flusso s-t massimo f.

① Poni $f(e) := u(e)$ per ogni $e \in \delta^+(s)$.
Poni $f(e) := 0$ per ogni $e \in E(G) \setminus \delta^+(s)$.

② Poni $\psi(s) := n$ e $\psi(v) := 0$ per ogni $v \in V(G) \setminus \{s\}$.

③ **While** esiste un vertice attivo **do**:
Sia v un vertice attivo.
If nessun $e \in \delta^+_{G_f}(v)$ è ammissibile
then RELABEL(v),
else sia $e \in \delta^+_{G_f}(v)$ un arco ammissibile e PUSH(e).

PUSH(e)

① Poni $\gamma := \min\{\mathrm{ex}_f(v), u_f(e)\}$, dove v è la coda di e.

② Aumenta f lungo e di γ.

RELABEL(v)

① Poni $\psi(v) := \min\{\psi(w) + 1 : (v, w) \in E(G_f)\}$.

Proposizione 8.21. *Durante l'esecuzione dell'*ALGORITMO DI PUSH-RELABEL *f è sempre un preflusso s-t e ψ è sempre una etichettatura di distanze rispetto a f.*

Dimostrazione. Dobbiamo mostrare che le procedure PUSH e RELABEL mantengono queste proprietà. È chiaro che dopo un'operazione di PUSH, f è ancora un preflusso s-t. Un'operazione di RELABEL non cambia f. Inoltre, dopo un'operazione di RELABEL ψ è ancora una etichettatura di distanze.

Rimane da mostrare che dopo un'operazione di PUSH, ψ è ancora una etichettatura di distanze rispetto al nuovo preflusso. Dobbiamo controllare $\psi(a) \le \psi(b)+1$

per tutti i nuovi archi (a, b) in G_f. Ma se applichiamo PUSH(e) per qualche $e = (v, w)$, l'unico nuovo arco possibile in G_f è l'arco inverso di e, e qui abbiamo $\psi(w) = \psi(v) - 1$, poiché e è ammissibile. □

Lemma 8.22. *Se f è un preflusso s-t e ψ è una etichettatura di distanze rispetto a f, allora:*

(a) *s è raggiungibile da qualsiasi vertice attivo v in G_f.*
(b) *Se w è raggiungibile da v in G_f per qualche $v, w \in V(G)$, allora $\psi(v) \leq \psi(w) + n - 1$.*
(c) *t non è raggiungibile da s in G_f.*

Dimostrazione. (a): Sia v un vertice attivo, e sia R l'insieme di vertici raggiungibili da v in G_f. Allora $f(e) = 0$ per ogni $e \in \delta_G^-(R)$. Dunque

$$\sum_{w \in R} \mathrm{ex}_f(w) = \sum_{e \in \delta_G^-(R)} f(e) - \sum_{e \in \delta_G^+(R)} f(e) \leq 0.$$

Ma v è attivo, il che significa che $\mathrm{ex}_f(v) > 0$, e quindi deve esistere un vertice $w \in R$ con $\mathrm{ex}_f(w) < 0$. Poiché f è un preflusso s-t, questo vertice deve essere s.

(b): Supponiamo che esista un cammino v-w in G_f, per esempio con i vertici $v = v_0, v_1, \ldots, v_k = w$. Poiché esiste una etichettatura di distanze ψ rispetto a f, $\psi(v_i) \leq \psi(v_{i+1}) + 1$ per $i = 0, \ldots, k - 1$. Dunque $\psi(v) \leq \psi(w) + k$. Si noti che $k \leq n - 1$.

(c): segue da (b) poiché $\psi(s) = n$ e $\psi(t) = 0$. □

La parte (c) ci aiuta a dimostrare il teorema seguente:

Teorema 8.23. *Quando l'algoritmo termina, f è un flusso s-t massimo.*

Dimostrazione. f è un flusso s-t perché non ci sono più vertici attivi. Il Lemma 8.22(c) implica che non esistono più cammini aumentanti. Allora per il Teorema 8.5 sappiamo che f è massimo. □

La domanda ora è quante operazioni di PUSH e RELABEL sono necessarie.

Lemma 8.24.

(a) *Per ogni $v \in V(G)$, $\psi(v)$ è strettamente aumentante per ogni* RELABEL(v), *e non è mai decrescente.*
(b) *Ad ogni passo dell'algoritmo, $\psi(v) \leq 2n - 1$ per ogni $v \in V(G)$.*
(c) *Nessun vertice è rietichettato più di $2n - 1$ volte. Il numero totale di operazioni di* RELABEL *è al massimo $2n^2 - n$.*

Dimostrazione. (a): ψ viene cambiata solo nella procedura RELABEL. Se nessun $e \in \delta_{G_f}^+(v)$ è ammissibile, allora RELABEL(v) aumenta strettamente $\psi(v)$ (perché ψ è un'etichettatura di distanze ad ogni passo).

(b): Cambiamo solamente $\psi(v)$ se v è attivo. Per il Lemma 8.22(a) e (b), $\psi(v) \leq \psi(s) + n - 1 = 2n - 1$.

(c): segue direttamente da (a) e (b). □

Analizziamo ora il numero di operazioni di PUSH. Distinguiamo tra **push saturanti** (in cui $u_f(e) = 0$ dopo il push) e **push non saturanti**.

Lemma 8.25. *Il numero di push saturanti è al massimo* $2mn$.

Dimostrazione. Dopo ogni push saturante da v a w, un altro push non può avvenire sino a quando: $\psi(w)$ aumenta di almeno 2, si verifica un push da w a v, e $\psi(v)$ aumenta di almeno 2. Insieme al Lemma 8.24(a) e (b), questo dimostra che esistono al massimo n push saturanti su ogni arco $(v, w) \in E(\overleftrightarrow{G})$. □

Il numero di push non saturanti può essere in generale dell'ordine di n^2m (Esercizio 20). Scegliendo un vertice attivo v con $\psi(v)$ massimo al passo ③ possiamo dimostrare un bound migliore. Come al solito denotiamo con $n := |V(G)|$, $m := |E(G)|$ e assumiamo che $n \leq m \leq n^2$.

Lemma 8.26. *Se scegliamo sempre v come il vertice attivo con $\psi(v)$ massimo in ③ dell'*ALGORITMO DI PUSH-RELABEL, *il numero di push non saturanti è al massimo* $8n^2\sqrt{m}$.

Dimostrazione. Chiamiamo una fase il tempo tra due aggiornamenti di $\psi^* := \max\{\psi(v) : v \text{ attivo}\}$. Siccome ψ^* può aumentare solo per una rietichettatura, il suo aumento totale è al massimo $2n^2$. Poiché inizialmente $\psi^* = 0$, può diminuire al massimo $2n^2$ volte, e il numero di fasi è al massimo $4n^2$.

Chiamiamo una fase *non-pesante* (cheap) se contiene al massimo $\sqrt{m}$ push non saturanti e *pesante* (expensive) altrimenti. Chiaramente esistono al massimo $4n^2\sqrt{m}$ push non saturanti in fasi non-pesanti.

Sia

$$\Phi := \sum_{v \in V(G): v \text{ attivo}} |\{w \in V(G) : \psi(w) \leq \psi(v)\}|.$$

Inizialmente $\Phi \leq n^2$. Un passo di rietichettatura può aumentare Φ di al massimo n. Un push saturante può aumentare Φ di al massimo n. Un push non saturante non aumenta Φ. Poiché al termine $\Phi = 0$, la diminuzione totale di Φ è al massimo $n^2 + n(2n^2 - n) + n(2mn) \leq 4mn^2$.

Ora si considerino i push non saturanti in una fase pesante. Ognuno di loro spinge un flusso lungo un arco (v, w) con $\psi(v) = \psi^* = \psi(w) + 1$, disattivando v e possibilmente attivando w.

Siccome la fase termina rietichettando o disattivando l'ultimo vertice attivo v con $\psi(v) = \psi^*$, l'insieme di vertici w con $\psi(w) = \psi^*$ rimane costante durante la fase, e contiene più di $\sqrt{m}$ vertici poiché la fase è pesante. Quindi ogni push non saturante in una fase pesante diminuisce Φ di almeno $\sqrt{m}$. Quindi il numero totale di push non saturanti nelle fasi pesanti è al massimo $\frac{4mn^2}{\sqrt{m}} = 4n^2\sqrt{m}$. □

Questa dimostrazione è dovuta a Cheriyan e Mehlhorn [1999]. Otteniamo infine:

Teorema 8.27. (Goldberg e Tarjan [1988], Cheriyan e Maheshwari [1989], Tunçel [1994]) *L'*ALGORITMO DI PUSH-RELABEL *risolve il* PROBLEMA DEL FLUSSO MASSIMO *correttamente e può essere implementato per richiedere un tempo* $O(n^2\sqrt{m})$.

Dimostrazione. La correttezza segue dalla Proposizione 8.21 e il Teorema 8.23.

Poiché nel Lemma 8.26 scegliamo sempre v in ③ come il vertice attivo con $\psi(v)$ massimo. Per facilitare le cose teniamo traccia con liste bidirezionali $L_0, \ldots, L_{2n-1}$, dove L_i contiene i vertici attivi v con $\psi(v) = i$. Queste liste possono essere aggiornate durante ogni operazione di PUSH e di RELABEL in tempo costante.

Possiamo quindi cominciare visitando L_i per $i = 0$. Quando un vertice viene rietichettato, aumentiamo i di conseguenza. Quando troviamo una lista L_i vuota per l'i corrente (dopo aver disattivato l'ultimo vertice attivo a quel livello), diminuiamo i sino a quando L_i non sia vuota. Siccome aumentiamo i al massimo $2n^2$ volte per il Lemma 8.24(c), diminuiamo anche i al massimo $2n^2$ volte.

Come seconda struttura dati, memorizziamo per ogni vertice v una lista bidirezionale A_v che contiene gli archi ammissibili uscenti da v. Questi possono essere anche aggiornati in ogni operazione di PUSH in tempo costante, e in ogni operazione di RELABEL in tempo proporzionale al numero totale di archi incidenti al vertice rietichettato.

Dunque RELABEL(v) richiede un tempo totale di $O(|\delta_G(v)|)$, e per il Lemma 8.24(c) il tempo complessivo per la rietichettatura è $O(mn)$. Ogni PUSH richiede tempo costante, e per il Lemma 8.25 e il Lemma 8.26 il numero totale di push è $O(n^2\sqrt{m})$. □

8.6 Alberi di Gomory-Hu

Qualsiasi algoritmo per il PROBLEMA DEL FLUSSO MASSIMO implica anche una soluzione al problema seguente:

PROBLEMA DEL TAGLIO DI CAPACITÀ MINIMA	
Istanza:	Una rete (G, u, s, t).
Obiettivo:	Un taglio s-t in G con capacità minima.

Proposizione 8.28. *Il* PROBLEMA DEL TAGLIO DI CAPACITÀ MINIMA *può essere risolto con lo stesso tempo di esecuzione del* PROBLEMA DEL FLUSSO MASSIMO, *in particolare in tempo* $O(n^2\sqrt{m})$.

Dimostrazione. Per una rete (G, u, s, t) calcoliamo un flusso s-t massimo f e definiamo X l'insieme di tutti i vertici raggiungibili da s in G_f. X può essere calcolato con l'ALGORITMO DI GRAPH SCANNING in tempo lineare (Proposizione 2.17). Per il Lemma 8.3 e il Teorema 8.5, $\delta_G^+(X)$ costituisce un taglio s-t di capacità minima. Il tempo di esecuzione di $O(n^2\sqrt{m})$ segue dal Teorema 8.27 (e non è il migliore tempo possibile). □

In questa sezione consideriamo il problema di trovare un taglio s-t di capacità minima per ogni coppia di vertici s, t in un grafo non orientato G con capacità $u : E(G) \to \mathbb{R}_+$.

Questo problema può essere ridotto al problema seguente: per tutte le coppie $s, t \in V(G)$ risolviamo il PROBLEMA DEL TAGLIO DI CAPACITÀ MINIMA per (G', u', s, t), dove (G', u') si ricava da (G, u) sostituendo ogni arco non orientato $\{v, w\}$ con due archi di direzione opposta (v, w) e (w, v) con $u'((v, w)) = u'((w, v)) = u(\{v, w\})$. In questo modo otteniamo i tagli s-t minimi per ogni s, t dopo $\binom{n}{2}$ applicazioni dell'algoritmo di flusso massimo.

Questa sezione è dedicata all'elegante metodo di Gomory e Hu [1961], che richiede solo $n - 1$ applicazioni dell'algoritmo di flusso massimo. Vedremo alcune applicazioni nelle Sezioni 12.3 e 20.3.

Definizione 8.29. *Sia G un grafo non orientato e $u : E(G) \to \mathbb{R}_+$ una funzione di capacità. Per due vertici $s, t \in V(G)$ denotiamo con λ_{st} la loro* **connettività locale di arco***, ossia la capacità minima di un taglio che separa s da t.*

La connettività di arco di un grafo è ovviamente la connettività locale di arco minima rispetto alla capacità unitaria.

Lemma 8.30. *Per tutti i vertici $i, j, k \in V(G)$ abbiamo che $\lambda_{ik} \geq \min\{\lambda_{ij}, \lambda_{jk}\}$.*

Dimostrazione. Sia $\delta(A)$ un taglio con $i \in A$, $k \in V(G) \setminus A$ e $u(\delta(A)) = \lambda_{ik}$. Se $j \in A$ allora $\delta(A)$ separa j da k, dunque $u(\delta(A)) \geq \lambda_{jk}$. Se $j \in V(G) \setminus A$ allora $\delta(A)$ separa i da j, dunque $u(\delta(A)) \geq \lambda_{ij}$. Concludiamo che $\lambda_{ik} = u(\delta(A)) \geq \min\{\lambda_{ij}, \lambda_{jk}\}$. □

In pratica, questa condizione non solo è sufficiente, ma anche necessaria per numeri $(\lambda_{ij})_{1 \leq i,j \leq n}$ con $\lambda_{ij} = \lambda_{ji}$ per garantire la connettività locale di arco per alcuni grafi (Esercizio 26).

Definizione 8.31. *Sia G un grafo non orientato e $u : E(G) \to \mathbb{R}_+$ una funzione di capacità. Un albero T è detto un* **Albero di Gomory-Hu** *per (G, u) se $V(T) = V(G)$ e*

$$\lambda_{st} = \min_{e \in E(P_{st})} u(\delta_G(C_e)) \quad \text{per ogni } s, t \in V(G),$$

dove P_{st} è l'unico cammino s-t in T e, per $e \in E(T)$, C_e e $V(G) \setminus C_e$ sono le componenti connesse di $T - e$ (ovvero $\delta_G(C_e)$ è il taglio fondamentale di e rispetto a T).

Vedremo che ogni grafo non orientato possiede un albero di Gomory-Hu. Questo implica che per qualsiasi grafo non orientato G esiste una lista di $n - 1$ tagli tali che per ogni coppia $s, t \in V(G)$ un taglio s-t minimo appartiene alla lista.

In generale, un albero di Gomory-Hu non può essere scelto come un sottografo di G. Per esempio, si consideri $G = K_{3,3}$ e $u \equiv 1$. Qui $\lambda_{st} = 3$ per ogni $s, t \in V(G)$.

È facile vedere che gli alberi di Gomory-Hu per (G, u) sono esattamente le stelle con cinque archi.

L'idea principale dell'algoritmo per costruire un albero di Gomory-Hu è la seguente. Prima scegliamo una coppia qualsiasi di vertici $s, t \in V(G)$ e troviamo un taglio s-t minimo, diciamo $\delta(A)$. Sia $B := V(G) \setminus A$. Allora contraiamo A (o B) a un singolo vertice, scegliamo una coppia qualsiasi di vertici $s', t' \in B$ (o rispettivamente $s', t' \in A$) e cerchiamo un taglio s'-t' minimo nel grafo contratto G'. Continuiamo questo processo, scegliendo sempre una coppia s', t' di vertici non separati da nessuno taglio ottenuto sino ad allora. Ad ogni passo, contraiamo, per ogni taglio $E(A', B')$ ottenuto sino a quel momento, A' oppure B', in funzione di quale parte non contenga s' e t'.

Alla fine ogni coppia di vertici è stata separata. Abbiamo trovato un totale di $n-1$ tagli. L'osservazione cruciale è che un taglio s'-t' minimo nel grafo contratto G' è anche un taglio s'-t' minimo in G. Questo è l'argomento del lemma seguente. Si noti che quando contraiamo un insieme A di vertici in (G, u), la capacità di ogni arco in G' è la capacità dell'arco corrispondente in G.

Lemma 8.32. *Sia G un grafo non orientato e $u : E(G) \to \mathbb{R}_+$ una funzione di capacità. Siano $s, t \in V(G)$, e sia $\delta(A)$ un taglio s-t minimo in (G, u). Siano ora $s', t' \in V(G) \setminus A$ e sia (G', u') ricavato da (G, u) contraendo A in un singolo vertice. Allora per qualsiasi taglio s'-t' minimo $\delta(K \cup \{A\})$ in (G', u'), $\delta(K \cup A)$ è un taglio s'-t' minimo in (G, u).*

Dimostrazione. Siano s, t, A, s', t', G', u' come sopra. Senza perdita di generalità, sia $s \in A$. Basta dimostrare che esiste un taglio s'-t' minimo $\delta(A')$ in (G, u) tale che $A \subset A'$. Dunque sia $\delta(C)$ un qualsiasi taglio s'-t' in (G, u). Senza perdita di generalità, sia $s \in C$.

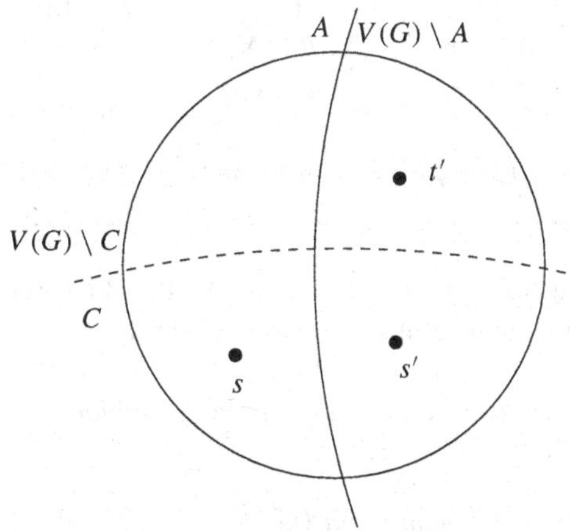

Figura 8.3.

Poiché $u(\delta(\cdot))$ è submodulare (cf. Lemma 2.1(c)), abbiamo $u(\delta(A))+u(\delta(C)) \geq u(\delta(A \cap C)) + u(\delta(A \cup C))$. Ma $\delta(A \cap C)$ è un taglio s-t, dunque $u(\delta(A \cap C)) \geq \lambda_{st} = u(\delta(A))$. Quindi $u(\delta(A \cup C)) \leq u(\delta(C)) = \lambda_{s't'}$ che dimostra che $\delta(A \cup C)$ è un taglio s'-t'. (Si veda la Figura 8.3.) □

Descriviamo ora l'algoritmo che costruisce un albero di Gomory-Hu. Si noti che i vertici degli alberi intermedi T saranno degli insiemi di vertici del grafo originale; in pratica formano una partizione di $V(G)$. All'inizio, l'unico vertice di T è $V(G)$. Ad ogni iterazione, viene scelto un vertice di T che contiene almeno due vertici di G e viene diviso in due.

ALGORITMO DI GOMORY-HU

Input: Un grafo non orientato G e una funzione di capacità $u : E(G) \to \mathbb{R}_+$.

Output: Un albero di Gomory-Hu T per (G, u).

① Poni $V(T) := \{V(G)\}$ e $E(T) := \emptyset$.

② Scegli un $X \in V(T)$ con $|X| \geq 2$. **If** non esiste alcun X **then go to** ⑥.

③ Scegli $s, t \in X$ con $s \neq t$.
For ogni componente connessa C di $T - X$ **do**: sia $S_C := \bigcup_{Y \in V(C)} Y$.
Sia (G', u') ricavato da (G, u) contraendo S_C in un singolo vertice v_C per ogni componente connessa C di $T - X$.
(Dunque $V(G') = X \cup \{v_C : C$ è una componente connessa di $T - X\}$.)

④ Trova un taglio s-t minimo $\delta(A')$ in (G', u'). Sia $B' := V(G') \setminus A'$.

$$\text{Poni } A := \left(\bigcup_{v_C \in A' \setminus X} S_C \right) \cup (A' \cap X) \text{ e } B := \left(\bigcup_{v_C \in B' \setminus X} S_C \right) \cup (B' \cap X).$$

⑤ Poni $V(T) := (V(T) \setminus \{X\}) \cup \{A \cap X, B \cap X\}$.
For ogni arco $e = \{X, Y\} \in E(T)$ incidente al vertice X **do**:
  If $Y \subseteq A$ **then** poni $e' := \{A \cap X, Y\}$ **else** poni $e' := \{B \cap X, Y\}$.
  Poni $E(T) := (E(T) \setminus \{e\}) \cup \{e'\}$ e $w(e') := w(e)$.
Poni $E(T) := E(T) \cup \{\{A \cap X, B \cap X\}\}$.
Poni $w(\{A \cap X, B \cap X\}) := u'(\delta_{G'}(A'))$.
Go to ②.

⑥ Sostituisci tutti gli $\{x\} \in V(T)$ con x e tutti gli $\{\{x\}, \{y\}\} \in E(T)$ con $\{x, y\}$.
Stop.

La Figura 8.4 illustra la modifica di T in ⑤. Per dimostrare la correttezza di questo algoritmo, mostriamo prima il lemma seguente:

Lemma 8.33. *Ogni volta al termine del passo ④ abbiamo:*

(a) $A \dot{\cup} B = V(G)$.
(b) *$E(A, B)$ è un taglio s-t minimo in (G, u).*

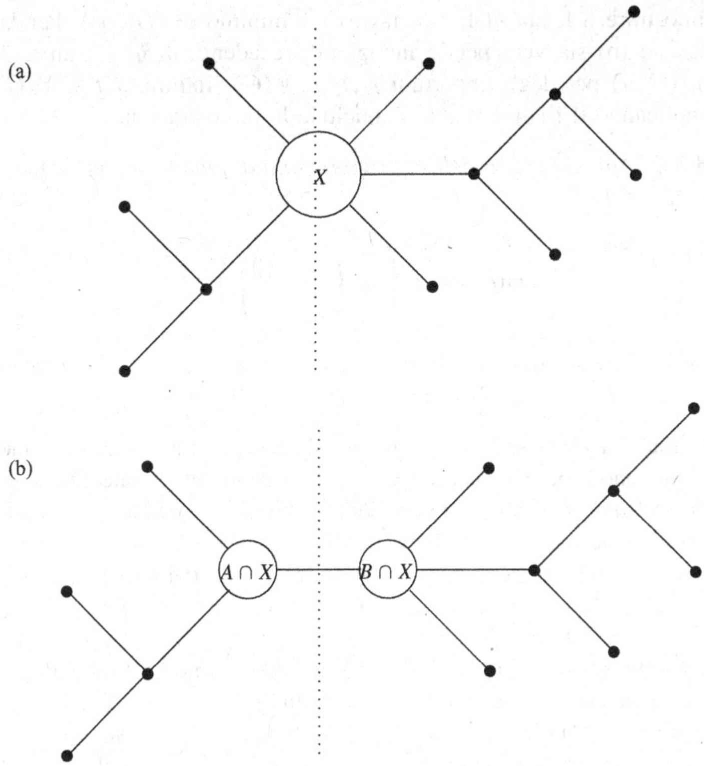

Figura 8.4.

Dimostrazione. Gli elementi di $V(T)$ sono sempre dei sottoinsiemi non vuoti di $V(G)$, in pratica $V(T)$ forma una partizione di $V(G)$. Da ciò, segue facilmente (a).

Dimostriamo ora (b). L'affermazione è banale per la prima iterazione (poiché qui $G' = G$). Mostriamo che la proprietà è mantenuta in ogni iterazione.

Siano $C_1, \ldots, C_k$ le componenti connesse di $T - X$. Contraiamole una per una; per $i = 0, \ldots, k$ sia (G_i, u_i) ricavato da (G, u) contraendo ognuno degli $S_{C_1}, \ldots, S_{C_i}$ in un singolo vertice. Dunque (G_k, u_k) è il grafo che viene denotato come (G', u') al passo ③ dell'algoritmo.

Mostriamo ora che:

$$\text{per qualsiasi taglio } s\text{-}t \text{ minimo } \delta(A_i) \text{ in } (G_i, u_i),\ \delta(A_{i-1}) \text{ è un taglio } s\text{-}t \text{ minimo in } (G_{i-1}, u_{i-1}) \tag{8.1}$$

dove

$$A_{i-1} := \begin{cases} (A_i \setminus \{v_{C_i}\}) \cup S_{C_i} & \text{se } v_{C_i} \in A_i \\ A_i & \text{se } v_{C_i} \notin A_i \end{cases}.$$

Applicando questo la 8.1 in sequenza per $k, k-1, \ldots, 1$ implica (b).

Per dimostrare 8.1, sia $\delta(A_i)$ un taglio s-t minimo in (G_i, u_i). Per la nostra assunzione che (b) sia vera per le iterazioni precedenti, $\delta(S_{C_i})$ è un taglio s_i-t_i minimo in (G, u) per degli opportuni $s_i, t_i \in V(G)$. Inoltre, $s, t \in V(G) \setminus S_{C_i}$. Dunque applicando il Lemma 8.32 si conclude la dimostrazione. □

Lemma 8.34. *Ad ogni passo dell'algoritmo (sino a quando si raggiunge il passo ⑥) per ogni $e \in E(T)$*

$$w(e) = u\left(\delta_G\left(\bigcup_{Z \in C_e} Z\right)\right),$$

dove C_e e $V(T) \setminus C_e$ sono le competenti connesse di $T - e$. Inoltre per ogni $e = \{P, Q\} \in E(T)$ esistono i vertici $p \in P$ e $q \in Q$ con $\lambda_{pq} = w(e)$.

Dimostrazione. Entrambe le affermazioni all'inizio dell'algoritmo quando T non contiene archi sono banali; mostriamo che non vengono mai violate. Dunque sia X il vertice di T scelto in ② a una certa iterazione dell'algoritmo. Siano s, t, A', B', A, B quelli determinati ai passi ③ e ④. Senza perdita di generalità, assumiamo che $s \in A'$.

Gli archi di T non incidenti a X non sono interessati dal passo ⑤. Per il nuovo arco $\{A \cap X, B \cap X\}$, $w(e)$ è chiaramente assegnato correttamente, e abbiamo che $\lambda_{st} = w(e)$, $s \in A \cap X$, $t \in B \cap X$.

Dunque consideriamo un arco $e = \{X, Y\}$ che viene sostituito da e' in ⑤. Assumiamo senza perdita di generalità $Y \subseteq A$, dunque $e' = \{A \cap X, Y\}$. Assumendo che le affermazioni siano vere per e mostriamo che rimangono vere per e'. Questo è banale per la prima asserzione, perché $w(e) = w(e')$ e $u\left(\delta_G\left(\bigcup_{Z \in C_e} Z\right)\right)$ non cambia.

Per mostrare la seconda affermazione, assumiamo che esistano $p \in X, q \in Y$ con $\lambda_{pq} = w(e)$. Ciò è ovvio se $p \in A \cap X$. Assumiamo allora che $p \in B \cap X$ (si veda la Figura 8.5).

Affermiamo che $\lambda_{sq} = \lambda_{pq}$. Poiché $\lambda_{pq} = w(e) = w(e')$ e $s \in A \cap X$, questo concluderà la dimostrazione.

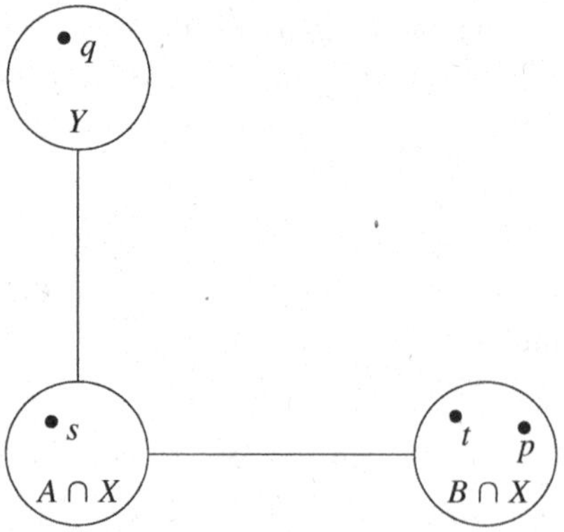

Figura 8.5.

Per il Lemma 8.30,

$$\lambda_{sq} \geq \min\{\lambda_{st}, \lambda_{tp}, \lambda_{pq}\}.$$

Poiché per il Lemma 8.33(b) $E(A, B)$ è un taglio s-t minimo, e poiché $s, q \in A$, possiamo concludere dal Lemma 8.32 che λ_{sq} non cambia se contraiamo B. Poiché $t, p \in B$, ciò significa che aggiungendo un arco $\{t, p\}$ con una capacità arbitrariamente grande non cambia λ_{sq}. Quindi

$$\lambda_{sq} \geq \min\{\lambda_{st}, \lambda_{pq}\}.$$

Ora si osservi che $\lambda_{st} \geq \lambda_{pq}$ perché il taglio s-t minimo $E(A, B)$ separa anche p e q. Dunque abbiamo

$$\lambda_{sq} \geq \lambda_{pq}.$$

Per dimostrare l'uguaglianza, si osservi che $w(e)$ è la capacità di un taglio che separa X e Y, e quindi s e q. Quindi

$$\lambda_{sq} \leq w(e) = \lambda_{pq}.$$

Questo conclude la dimostrazione. □

Teorema 8.35. (Gomory e Hu [1961]) *L'*ALGORITMO DI GOMORY-HU *funziona correttamente. Ogni grafo non orientato possiede un albero di Gomory-Hu, e tale albero si trova in tempo $O(n^3\sqrt{m})$.*

Dimostrazione. La complessità dell'algoritmo è chiaramente determinata da $n-1$ volte la complessità di trovare un taglio s-t minimo, poiché tutto il resto può essere implementato in tempo $O(n^3)$. Per la Proposizione 8.28 otteniamo un bound di $O(n^3\sqrt{m})$.

Dimostriamo che il risultato T dell'algoritmo è un albero di Gomory-Hu per (G, u). Dovrebbe essere chiaro che T è un albero con $V(T) = V(G)$. Ora siano $s, t \in V(G)$. Sia P_{st} il cammino s-t (unico) in T e, per $e \in E(T)$, siano C_e e $V(G) \setminus C_e$ le componenti connesse di $T - e$.

Poiché $\delta(C_e)$ è un taglio s-t per ogni $e \in E(P_{st})$,

$$\lambda_{st} \leq \min_{e \in E(P_{st})} u(\delta(C_e)).$$

D'altronde, applicando ripetutamente il Lemma 8.30 risulta

$$\lambda_{st} \geq \min_{\{v,w\} \in E(P_{st})} \lambda_{vw}.$$

Quindi applicando il Lemma 8.34 alla situazione che precede il passo ⑥ (dove ogni vertice X di T è un singoletto) si ottiene

$$\lambda_{st} \geq \min_{e \in E(P_{st})} u(\delta(C_e)),$$

dunque l'uguaglianza viene verificata. □

Un algoritmo simile per risolvere lo stesso problema (ma che potrebbe essere più semplice da implementare) fu suggerito da Gusfield [1990].

8.7 Taglio di capacità minima in un grafo non orientato

Se siamo solo interessati a un taglio di capacità minima in un grafo non orientato G con capacità $u : E(G) \to \mathbb{R}_+$, esiste un metodo più semplice che usa $n - 1$ applicazioni di flusso massimo: calcolare un taglio s-t minimo per un vertice fissato s e ogni $t \in V(G) \setminus \{s\}$. Comunque, esistono degli algoritmi più efficienti.

Hao e Orlin [1994] hanno trovato un algoritmo $O(nm \log \frac{n^2}{m})$ per determinare un taglio di capacità minima, usando una versione modificata dell'ALGORITMO DI PUSH-RELABEL.

Se volessimo calcolare la connettività di arco del grafo (cioè con capacità unitarie), l'algoritmo a oggi più veloce si deve a Gabow [1995] e ha un tempo di esecuzione $O(m + \lambda^2 n \log \frac{n}{\lambda(G)})$, dove $\lambda(G)$ è la connettività di arco (si osservi che $2m \geq \lambda n$). L'algoritmo di Gabow usa tecniche che derivano dall'intersezione di matroidi. Si osservi che il PROBLEMA DEL FLUSSO MASSIMO in grafi non orientati con capacità unitaria può essere risolto più rapidamente che nel caso generale (Karger e Levine [1998]).

Nagamochi e Ibaraki [1992] trovarono un algoritmo completamente diverso per determinare un taglio di capacità minima in un grafo non orientato. Il loro algoritmo non usa per nulla gli algoritmi di flusso massimo. In questa sezione presentiamo questo algoritmo in una forma semplificata dovuta a Stoer e Wagner [1997] e indipendentemente a Frank [1994]. Iniziamo con una semplice definizione.

Definizione 8.36. *Dato un grafo G con capacità $u : E(G) \to \mathbb{R}_+$, chiamiamo un ordine $v_1, \ldots, v_n$ dei vertici un* **ordine di MA** *se per ogni $i \in \{2, \ldots, n\}$:*

$$\sum_{e \in E(\{v_1,\ldots,v_{i-1}\},\{v_i\})} u(e) = \max_{j \in \{i,\ldots,n\}} \sum_{e \in E(\{v_1,\ldots,v_{i-1}\},\{v_j\})} u(e).$$

Proposizione 8.37. *Dato un grafo G con capacità $u : E(G) \to \mathbb{R}_+$, un ordine di MA può essere trovato in tempo $O(m + n \log n)$.*

Dimostrazione. Si consideri l'algoritmo seguente. Poniamo prima $\alpha(v) := 0$ per ogni $v \in V(G)$. Allora per $i := 1$ a n si eseguono le operazioni seguenti: scegli v_i tra quelli in $V(G) \setminus \{v_1, \ldots, v_{i-1}\}$ tale che abbia il massimo valore di α (eventuali equivalenze di ordinamento sono risolte arbitrariamente), e poni $\alpha(v) := \alpha(v) + \sum_{e \in E(\{v_i\},\{v\})} u(e)$ per ogni $v \in V(G) \setminus \{v_1, \ldots, v_i\}$.

La correttezza di questo algoritmo è ovvia. Implementandolo con un heap di Fibonacci, memorizzando ogni vertice v con la chiave $-\alpha(v)$ sino a quando viene selezionato, otteniamo per il Teorema 6.7 un tempo di esecuzione di $O(m+n \log n)$ poiché esistono n INSERT-, n DELETEMIN- e (al massimo) m DECREASEKEY-operazioni. □

Lemma 8.38. (Stoer e Wagner [1997], Frank [1994]) *Sia G un grafo con $n := |V(G)| \geq 2$, capacità $u : E(G) \to \mathbb{R}_+$ e un ordine di MA $v_1, \ldots, v_n$. Allora*

$$\lambda_{v_{n-1}v_n} = \sum_{e \in \delta(v_n)} u(e).$$

Dimostrazione. Naturalmente dobbiamo solo mostrare il "$\geq$". Procediamo per induzione su $|V(G)|+|E(G)|$. Per $|V(G)| < 3$ l'affermazione è banale. Possiamo assumere che non esiste alcun arco $e = \{v_{n-1}, v_n\} \in E(G)$, perché altrimenti verrebbe eliminato (sia l'espressione alla destra che alla sinistra dell'uguale diminuiscono di $u(e)$) e potremmo applicare l'ipotesi di induzione.

Si denoti il termine destro con R. Naturalmente $v_1, \ldots, v_{n-1}$ è un ordine di MA in $G - v_n$. Dunque per induzione,

$$\lambda^{G-v_n}_{v_{n-2}v_{n-1}} = \sum_{e \in E(\{v_{n-1}\},\{v_1,\ldots,v_{n-2}\})} u(e) \geq \sum_{e \in E(\{v_n\},\{v_1,\ldots,v_{n-2}\})} u(e) = R.$$

Qui la disuguaglianza viene verificata perché $v_1, \ldots, v_n$ era un ordine di MA per G. L'ultima uguaglianza è vera perché $\{v_{n-1}, v_n\} \notin E(G)$. Dunque $\lambda^G_{v_{n-2}v_{n-1}} \geq \lambda^{G-v_n}_{v_{n-2}v_{n-1}} \geq R$.

D'altronde $v_1, \ldots, v_{n-2}, v_n$ è un ordine di MA in $G - v_{n-1}$. Dunque per induzione,

$$\lambda^{G-v_{n-1}}_{v_{n-2}v_n} = \sum_{e \in E(\{v_n\},\{v_1,\ldots,v_{n-2}\})} u(e) = R,$$

nuovamente perché $\{v_{n-1}, v_n\} \notin E(G)$. Dunque $\lambda^G_{v_{n-2}v_n} \geq \lambda^{G-v_{n-1}}_{v_{n-2}v_n} = R$.

Ora per il Lemma 8.30 $\lambda_{v_{n-1}v_n} \geq \min\{\lambda_{v_{n-1}v_{n-2}}, \lambda_{v_{n-2}v_n}\} \geq R$. $\square$

Si noti che l'esistenza di due vertici x, y con $\lambda_{xy} = \sum_{e \in \delta(x)} u(e)$ era già stata mostrata da Mader [1972], e segue facilmente dall'esistenza di un albero di Gomory-Hu (Esercizio 28).

Teorema 8.39. (Nagamochi e Ibaraki [1992], Stoer e Wagner [1997]) *Un taglio di capacità minima in un grafo non orientato con capacità non negativa può essere trovato in tempo $O(mn + n^2 \log n)$.*

Dimostrazione. Possiamo assumere che il grafo G sia semplice perché altrimenti potremmo unire gli archi paralleli. Si denoti con $\lambda(G)$ la capacità minima di un taglio in G. L'algoritmo procede come segue:

Sia $G_0 := G$. All'i-mo passo ($i = 1, \ldots, n-1$) si scelgono i vertici $x, y \in V(G_{i-1})$ con

$$\lambda^{G_{i-1}}_{xy} = \sum_{e \in \delta_{G_{i-1}}(x)} u(e).$$

Per la Proposizione 8.37 e il Lemma 8.38 questo può essere fatto in tempo $O(m + n \log n)$. Si pone $\gamma_i := \lambda^{G_{i-1}}_{xy}$, $z_i := x$, e sia G_i ricavato da G_{i-1} contraendo $\{x, y\}$. Si osservi che

$$\lambda(G_{i-1}) = \min\{\lambda(G_i), \gamma_i\}, \tag{8.2}$$

perché un taglio minimo in G_{i-1} o separa x da y (in questo caso la sua capacità è γ_i) o non li separa (in questo caso contrarre $\{x, y\}$ non cambia nulla).

Dopo essere arrivati a G_{n-1} che ha un solo vertice, scegliamo un $k \in \{1, \ldots, n-1\}$ per il quale γ_k sia minimo. Mostriamo che $\delta(X)$ è un taglio di capacità minima in

G, dove X è l'insieme di vertici in G la cui contrazione risulta nel vertice z_k di G_{k-1}. Ma questo è semplice da vedere, in quanto per (8.2) $\lambda(G) = \min\{\gamma_1, \ldots, \gamma_{n-1}\} = \gamma_k$ e γ_k è la capacità del taglio $\delta(X)$. □

Un algoritmo casualizzato di contrazione per trovare un taglio minimo (con alta probabilità) viene discusso nell'Esercizio 32. Inoltre, si noti che la connettività di vertice di un grafo può essere calcolato con $O(n^2)$ flussi massimi (Esercizio 33).

In questi esercizi abbiamo mostrato come minimizzare $f(X) := u(\delta(X))$ su $\emptyset \neq X \subset V(G)$. Si noti che questa $f : 2^{V(G)} \to \mathbb{R}_+$ è submodulare e simmetrica (ovvero $f(A) = f(V(G) \setminus A)$ per ogni A). L'algoritmo presentato sopra è stato generalizzato da Queyranne [1998] per minimizzare funzioni submodulari simmetriche qualsiasi; si veda la Sezione 14.5.

Il problema di trovare un taglio massimo è molto più difficile e sarà discusso nella Sezione 16.2.

Esercizi

1. Sia (G, u, s, t) una rete, e siano $\delta^+(X)$ e $\delta^+(Y)$ i tagli s-t minimi in (G, u). Mostrare che anche $\delta^+(X \cap Y)$ e $\delta^+(X \cup Y)$ sono tagli s-t minimi in (G, u).
2. Mostrare che in caso di capacità irrazionali, l'ALGORITMO DI FORD-FULKERSON potrebbe non terminare.
   Suggerimento: si consideri la rete seguente (Figura 8.6): ogni linea rappresenta archi in entrambe le direzioni. Ogni arco ha capacità $S = \frac{1}{1-\sigma}$ eccetto
   $$u((x_1, y_1)) = 1, \quad u((x_2, y_2)) = \sigma, \quad u((x_3, y_3)) = u((x_4, y_4)) = \sigma^2$$
   dove $\sigma = \frac{\sqrt{5}-1}{2}$. Si noti che $\sigma^n = \sigma^{n+1} + \sigma^{n+2}$.
   (Ford e Fulkerson [1962])

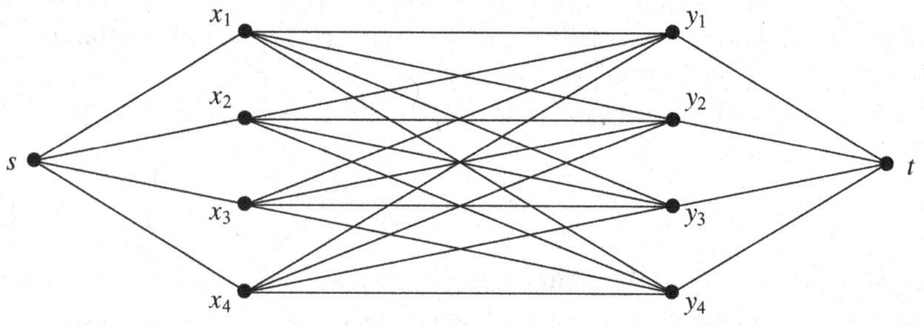

Figura 8.6.

* 3. Sia G un digrafo e M la matrice di incidenza di G. Dimostrare che per ogni $c, l, u \in \mathbb{Z}^{E(G)}$ con $l \leq u$:

$$\max\left\{cx : x \in \mathbb{Z}^{E(G)},\ l \leq x \leq u,\ Mx = 0\right\} =$$

$$\min\left\{y'u - y''l : y', y'' \in \mathbb{Z}_+^{E(G)},\ zM + y' - y'' = c \text{ per alcuni } z \in \mathbb{Z}^{V(G)}\right\}.$$

Mostrare come questo implichi il Teorema 8.6 e il Corollario 8.7.

4. Dimostrare il Teorema della Circolazione di Hoffman: dato un digrafo G e le capacità minime e massime $l, u : E(G) \to \mathbb{R}_+$ con $l(e) \leq u(e)$ per ogni $e \in E(G)$, esiste una circolazione f con $l(e) \leq f(e) \leq u(e)$ per ogni $e \in E(G)$ se e solo se

$$\sum_{e\in\delta^-(X)} l(e) \leq \sum_{e\in\delta^+(X)} u(e) \quad \text{per ogni } X \subseteq V(G).$$

Osservazione: il Teorema della Circolazione di Hoffman a sua volta implica facilmente il Teorema di Massimo Flusso–Minimo Taglio.
(Hoffman [1960])

5. Si consideri una rete (G, u, s, t), un flusso s-t massimo f e il grafo residuale G_f. Costruire un digrafo H da G_f contraendo l'insieme S di vertici raggiungibili da s in un vertice v_S, contraendo l'insieme T di vertici da cui t è raggiungibile in un vertice v_T, e contraendo ogni componente fortemente connessa X di $G_f - (S \cup T)$ in un vertice v_X. Si osservi che H è aciclico. Si dimostri che esiste una corrispondenza uno a uno tra gli insiemi $X \subseteq V(G)$ per i quali $\delta_G^+(X)$ è un taglio s-t minimo in (G, u) e gli insiemi $Y \subseteq V(H)$ per i quali $\delta_H^+(Y)$ è un taglio v_T-v_S orientato in H (ovvero un taglio orientato in H che separa v_T da v_S).
Osservazione: questa affermazione vale anche per G_f senza alcuna contrazione, a differenza di H. Tuttavia, useremo questa affermazione nella forma precedente nella Sezione 20.4.
(Picard e Queyranne [1980])

6. Sia G un digrafo e $c, c' : E(G) \to \mathbb{R}$. Cerchiamo un insieme $X \subset V(G)$ con $s \in X$ e $t \notin X$ tale che $\sum_{e\in\delta^+(X)} c(e) - \sum_{e\in\delta^-(X)} c'(e)$ sia minimo.
   (a) Mostrare come ridurre questo problema al PROBLEMA DEL TAGLIO DI CAPACITÀ MINIMA.
   (b) Si consideri il caso particolare con $c = c'$. Si può risolvere questo problema in tempo lineare?

* 7. Sia G un digrafo aciclico con le funzioni $\sigma, \tau, c : E(G) \to \mathbb{R}_+$, e un numero $C \in \mathbb{R}_+$. Cerchiamo una funzione $x : E(G) \to \mathbb{R}_+$ tale che $\sigma(e) \leq x(e) \leq \tau(e)$ per ogni $e \in E(G)$ e $\sum_{e\in E(G)}(\tau(e) - x(e))c(e) \leq C$. Tra le soluzioni ammissibili vogliamo minimizzare la lunghezza (rispetto a x) del cammino più lungo in G. Una possibile interpretazione è la seguente. Gli archi corrispondono ai lavori, $\sigma(e)$ e $\tau(e)$ rappresentano il minimo e il massimo tempo di completamento del lavoro e, e $c(e)$ è il costo di ridurre il tempo di completamento del lavoro e di un'unità. Se esistono due lavori $e = (i, j)$ e $e' = (j, k)$, il lavoro e deve essere finito prima che il lavoro e' sia eseguito. Abbiamo un budget fissato C e vogliamo minimizzare il tempo di completamento totale.
Mostrare come risolvere questo problema usando le tecniche delle reti di flusso.
(Questa applicazione è nota come PERT, Program Evaluation and Review Technique, o CPM, Critical Path Method, o metodo del cammino critico.)

Suggerimento: introdurre una sorgente s e una destinazione t. Iniziare con $x = \tau$ e successivamente ridurre la lunghezza del cammino s-t massimo (rispetto a x) al minor costo possibile. Usare l'Esercizio 8 del Capitolo 7, l'Esercizio 8 del Capitolo 3, e l'Esercizio 6.
(Phillips e Dessouky [1977])

* 8. Sia (G, c, s, t) una rete tale che G sia planare anche quando viene aggiunto un arco $e = (s, t)$. Si consideri l'algoritmo seguente. Si comincia con il flusso $f \equiv 0$ e sia $G' := G_f$. Ad ogni passo si considera il contorno B di una faccia di $G' + e$ che contenga e (rispetto ad una immersione planare fissata). Si aumenti f lungo $B - e$. Sia G' formato solo dagli archi uscenti di G_f e si iteri sino a quando t è raggiungibile da s in G'.
Dimostrare che questo algoritmo calcola un flusso s-t massimo. Usare il Teorema 2.40 per mostrare che può essere implementato richiedendo tempo $O(n^2)$.
(Ford e Fulkerson [1956], Hu [1969])
Osservazione: questo problema può essere risolto in tempo $O(n)$. Per reti planari qualsiasi esiste un algoritmo $O(n \log n)$; si veda Weihe [1997] e Borradaile e Klein [2009].

9. Mostrare che anche la versione orientata disgiunta sugli archi del Teorema di Menger 8.9 segue direttamente dal Teorema 6.18.

10. Si consideri un grafo non orientato G con connettività di arco $k \in \mathbb{N}$ e i vertici (non necessariamente diversi) $v_0, v_1, \ldots, v_k \in V(G)$. Dimostrare che esistono cammini arco-disgiunti $P_1, \ldots, P_k$ tali che P_i sia un cammino v_0-v_i $(i = 1, \ldots, k)$.

11. Sia G un grafo (orientato o non orientato), x, y, z tre vertici, e $\alpha, \beta \in \mathbb{N}$ con $\alpha \le \lambda_{xy}$, $\beta \le \lambda_{xz}$ e $\alpha + \beta \le \max\{\lambda_{xy}, \lambda_{xz}\}$. Dimostrare che esistono α cammini x-y e β cammini x-z tali che questi $\alpha + \beta$ cammini sono disgiunti sugli archi.

12. Sia G un digrafo che contiene k cammini s-t arco-disgiunti per qualsiasi coppia di vertici s e t (tale grafo viene chiamato fortemente k-arco-connesso).
Sia H un qualsiasi digrafo con $V(H) = V(G)$ e $|E(H)| = k$. Dimostrare che l'istanza (G, H) del Problema dei Cammini Arco-Disgiunti Orientati ha una soluzione.
(Mader [1981] e Shiloach [1979])

13. Sia G un digrafo con almeno k archi. Dimostrare: G contiene k cammini s-t arco-disgiunti per qualsiasi due vertici s e t se e solo se per qualsiasi k archi distinti $e_1 = (x_1, y_1), \ldots, e_k = (x_k, y_k)$, $G - \{e_1, \ldots, e_k\}$ contiene k arborescenze di supporto disgiunte sugli archi $T_1, \ldots, T_k$ tali che T_i è radicata in y_i $(i = 1, \ldots, k)$.
Osservazione: ciò generalizza l'Esercizio 12. *Suggerimento:* usare il Teorema 6.18.
(Su [1997])

14. Sia G un digrafo con capacità $c : E(G) \to \mathbb{R}_+$ e $r \in V(G)$. Si può determinare un taglio r con capacità minima in tempo polinomiale? Si può determinare un taglio orientato con capacità minima in tempo polinomiale (o decidere che G è fortemente connesso)?

Osservazione: la risposta al primo quesito risolve il PROBLEMA DI SEPARAZIONE per il PROBLEMA DELLA ARBORESCENZA RADICATA DI COSTO MINIMO; si veda il Corollario 6.15.

15. Mostrare come trovare un flusso bloccante in una rete aciclica in tempo $O(nm)$. (Dinic [1970])
16. Sia (G, u, s, t) una rete tale che $G-t$ è un'arborescenza. Mostrare come trovare un flusso s-t massimo in tempo lineare.
Suggerimento: usare DFS.
* 17. Sia (G, u, s, t) una rete tale che il grafo non orientato sottostante di $G - \{s, t\}$ sia una foresta. Mostrare come trovare un flusso s-t massimo in tempo lineare. (Vygen [2002])
18. Si consideri una versione modificata dell'ALGORITMO DI FUJISHIGE in cui al passo ⑤ scegliamo $v_i \in V(G) \setminus \{v_1, \dots, v_{i-1}\}$ tale che $b(v_i)$ sia massimo, il passo ④ è sostituito con un arresto nel caso in cui $b(v) = 0$ per ogni $v \in V(G) \setminus \{v_1, \dots, v_i\}$, e all'inizio del passo ⑥ poniamo $\beta(t) := \min_{j=2}^{i} b(j)$. Allora X e α non sono più necessari.
(a) Mostrare che questa variante dell'algoritmo funziona correttamente.
(b) Sia α_k il numero $\min_{j=2}^{i} b(j)$ all'iterazione k (o zero se l'algoritmo si arresta prima dell'iterazione k). Mostrare che $\min_{l=k+1}^{k+2n} \alpha_l \le \frac{1}{2}\alpha_k$ per ogni k. Concludere che il numero di iterazioni è $O(n \log u_{\max})$.
(c) Mostrare come implementare un'iterazione in tempo $O(m + n \log n)$.
19. Un preflusso s-t f è chiamata *massimo* se $\mathrm{ex}_f(t)$ è massimo.
(a) Mostrare che per qualsiasi preflusso massimo f esiste un flusso massimo f' con $f'(e) \le f(e)$ per ogni $e \in E(G)$.
(b) Mostrare come un preflusso massimo può essere convertito in un flusso massimo in tempo $O(nm)$.
20. Dimostrare che l'ALGORITMO DI PUSH-RELABEL esegue $O(n^2m)$ push non saturanti, indipendentemente dalla scelta di v al passo ③.
21. Sia (G, u, s, t) una rete, f un preflusso s-t, e ψ etichettatura di distanze rispetto a f con $\psi(v) \le 2n$ per $v \in V(G)$. Definiamo $\psi'(v) := \min\{\mathrm{dist}_{G_f}(v, t), n + \mathrm{dist}_{G_f}(v, s), 2n\}$ per $v \in V(G)$. Mostrare che ψ' è una etichettatura di distanze rispetto a f, e $\psi \le \psi'$.
Osservazione: sostituire ψ con ψ' di tanto in tanto, ad esempio dopo ogni n operazioni di RELABEL, migliora in pratica le prestazioni dell'ALGORITMO DI PUSH-RELABEL.
22. Dato un digrafo aciclico G con pesi $c : E(G) \to \mathbb{R}_+$, trovare un taglio orientato di peso massimo in G. Mostrare come questo problema può essere ridotto al PROBLEMA DEL TAGLIO DI CAPACITÀ MINIMA.
Suggerimento: usare l'Esercizio 6.
23. Sia G un digrafo aciclico con pesi $c : E(G) \to \mathbb{R}_+$. Cerchiamo l'insieme di archi di peso massimo $F \subseteq E(G)$ tale che nessun cammino in G contiene più di un singolo arco di F. Mostrare che questo problema è equivalente a cercare il taglio orientato di peso massimo in G (e quindi può essere risolto in tempo $O(n^3)$ per l'Esercizio 22).

24. Sia G un digrafo e $p : V(G) \to \mathbb{R}$. Mostrare come trovare un insieme $X \subseteq V(G)$ con $\delta^+(X) = \emptyset$ tale che $p(X)$ sia massimo.
 Osservazione: questo risultato è stato usato per formulare il problema delle miniere a pozzo aperto, in cui $p(v)$ è il guadagno (eventualmente negativo) di scavare v, e un arco (v, w) rappresenta il vincolo che non si può scavare v a meno che si scavi anche w.
25. Siano dati un grafo non orientato G con capacità $u : E(G) \to \mathbb{R}_+$ e un insieme $T \subseteq V(G)$ con $|T| \geq 2$. Cerchiamo un insieme $X \subset V(G)$ con $T \cap X \neq \emptyset$ e $T \setminus X \neq \emptyset$ tale che $\sum_{e \in \delta(X)} u(e)$ sia minimo. Mostrare come risolvere questo problema in tempo $O(n^4)$, dove $n = |V(G)|$.
26. Siano λ_{ij}, $1 \leq i, j \leq n$, numeri non negativi con $\lambda_{ij} = \lambda_{ji}$ e $\lambda_{ik} \geq \min\{\lambda_{ij}, \lambda_{jk}\}$ per ogni tre indici diversi $i, j, k \in \{1, \ldots, n\}$. Mostrare che esiste un grafo G con $V(G) = \{1, \ldots, n\}$ e capacità $u : E(G) \to \mathbb{R}_+$ tale che le connettività locali di arco siano esattamente le λ_{ij}.
 Suggerimento: si consideri un albero di supporto di peso massimo in (K_n, c), in cui $c(\{i, j\}) := \lambda_{ij}$.
 (Gomory e Hu [1961])
27. Sia G un grafo non orientato con capacità $u : E(G) \to \mathbb{R}_+$, e sia $T \subseteq V(G)$ con $|T|$ pari. Un taglio T in G è un taglio $\delta(X)$ con $|X \cap T|$ dispari. Costruire un algoritmo tempo-polinomiale per trovare un taglio T di capacità minima in (G, u).
 Suggerimento: usare un albero di Gomory-Hu.
 (Una soluzione a questo esercizio può essere trovata nella Sezione 12.3.)
28. Sia G un grafo non orientato semplice con almeno due vertici. Si supponga che il grado di ogni vertice di G sia almeno k. Dimostrare che esistono due vertici s e t tali che esistono almeno k cammini s-t arco-disgiunti. Cosa succede se esiste un solo vertice con grado minore di k?
 Suggerimento: si consideri un albero Gomory-Hu per G.
29. Si consideri il problema di determinare la connettività di arco $\lambda(G)$ di un grafo non orientato (con capacità unitaria). La Sezione 8.7 mostra come risolvere questo problema in tempo $O(mn)$, ammesso che si possa trovare un ordine di MA di un grafo non orientato con capacità unitaria in tempo $O(m + n)$. Come si può fare?
* 30. Sia G un grafo non orientato con un ordine di MA $v_1, \ldots, v_n$. Sia κ_{uv}^G il numero massimo di cammini u-v disgiunti internamente in G. Dimostrare che $\kappa_{v_{n-1}v_n}^G = |E(\{v_n\}, \{v_1, \ldots, v_{n-1}\})|$ (la controparte disgiunta per vertici del Lemma 8.38).
 Suggerimento: dimostrare per induzione $\kappa_{v_j v_i}^{G_{ij}} = |E(\{v_j\}, \{v_1, \ldots, v_i\})|$, dove $G_{ij} = G[\{v_1, \ldots, v_i\} \cup \{v_j\}]$. Per farlo, si assuma senza perdita di generalità che $\{v_j, v_i\} \notin E(G)$, si scelga un insieme minimale $Z \subseteq \{v_1, \ldots, v_{i-1}\}$ che separi v_j da v_i (Teorema di Menger 8.10), e sia $h \leq i$ il numero massimo tale che $v_h \notin Z$ e v_h sia adiacente a v_i oppure a v_j.
 (Frank [non pubblicato])

∗ 31. Un grafo non orientato è detto cordale [chordal graph] se non ha nessun circuito di lunghezza almeno quattro come sottografo indotto. Un ordine $v_1, \ldots, v_n$ di un grafo non orientato G è detto simpliciale se $\{v_i, v_j\}, \{v_i, v_k\} \in E(G)$ implica $\{v_j, v_k\} \in E(G)$ per $i < j < k$.
   (a) Dimostrare che un grafo con un ordine simpliciale deve essere cordale.
   (b) Sia G un grafo cordale, e sia $v_1, \ldots, v_n$ un ordine di MA. Dimostrare che $v_n, v_{n-1}, \ldots, v_1$ è un ordine simpliciale.
   Suggerimento: usare l'Esercizio 30 e il Teorema di Menger 8.10.

   Osservazione: il fatto che un grafo sia cordale se e solo se ha ordine simpliciale si deve a Rose [1970].

32. Sia G un grafo non orientato con capacità $u : E(G) \to \mathbb{R}_+$. Sia $\emptyset \neq A \subset V(G)$ tale che $\delta(A)$ è un taglio con capacità minima in G.
   (a) Mostrare che $u(\delta(A)) \leq \frac{2}{n} u(E(G))$. (*Suggerimento:* si considerino i tagli semplici $\delta(x)$, $x \in V(G)$.)
   (b) Si consideri la procedura seguente: scegliamo a caso un arco da contrarre, ogni arco e è scelto con probabilità $\frac{u(e)}{u(E(G))}$. Ripetiamo questa operazione sino a quando rimangono solo due vertici. Dimostrare che la probabilità che un arco di $\delta(A)$ non venga mai contratto è almeno $\frac{2}{(n-1)n}$.
   (c) Si concluda che eseguire kn^2 volte l'algoritmo casualizzato in (b) dà $\delta(A)$ con probabilità almeno $1-e^{-2k}$. (Tale algoritmo con una probabilità positiva di dare una risposta corretta viene chiamato algoritmo "Monte Carlo".)

   (Karger e Stein [1996]; si veda anche Karger [2000])

33. Mostrare come la connettività di vertice di un grafo non orientato può essere determinata in tempo $O(n^5)$.
   Suggerimento: si ricordi la dimostrazione del Teorema di Menger.
   Osservazione: esiste un algoritmo $O(n^4)$; si veda (Henzinger, Rao e Gabow [2000]).

34. Sia G un grafo non orientato connesso con capacità $u : E(G) \to \mathbb{R}_+$. Cerchiamo un 3-cut di capacità minima, ossia un insieme di archi la cui rimozione divida G in almeno tre componenti connesse.
   Sia $n := |V(G)| \geq 4$. Sia $\delta(X_1), \delta(X_2), \ldots$ una lista di tagli ordinata per capacità non decrescenti: $u(\delta(X_1)) \leq u(\delta(X_2)) \leq \cdots$. Si assuma che conosciamo i primi $2n-2$ elementi di questa lista (nota: questi possono essere calcolati in tempo polinomiale con un metodo di Vazirani e Yannakakis [1992]).
   (a) Mostrare che per alcuni indici $i, j \in \{1, \ldots, 2n-2\}$ tutti gli insiemi $X_i \setminus X_j$, $X_j \setminus X_i$, $X_i \cap X_j$ e $V(G) \setminus (X_i \cup X_j)$ sono non vuoti.
   (b) Mostrare che esiste un 3-cut di capacità al massimo $\frac{3}{2} u(\delta(X_{2n-2}))$.
   (c) Per ogni $i = 1, \ldots, 2n-2$ si consideri $\delta(X_i)$ più un taglio di capacità minima $G - X_i$, e anche $\delta(X_i)$ più un taglio di capacità minima di $G[X_i]$. Ciò dà una lista di al massimo $4n-4$ 3-cut. Dimostrare che uno tra questi tagli è ottimo.

   (Nagamochi e Ibaraki [2000])

Osservazione: questo è stato generalizzato a k-cut (per qualsiasi k fissato) da Kamidoi, Yoshida e Nagamochi [2007]; si veda anche Thorup [2008]. Il problema di trovare il 3-cut ottimo che separa tre vertici dati è molto più difficile; si veda Dahlhaus et al. [1994] e Cheung, Cunningham e Tang [2006].

Riferimenti bibliografici

Letteratura generale:

Ahuja, R.K., Magnanti, T.L., Orlin, J.B. [1993]: Network Flows. Prentice-Hall, Englewood Cliffs

Cook, W.J., Cunningham, W.H., Pulleyblank, W.R., Schrijver, A. [1998]: Combinatorial Optimization. Wiley, New York, Chapter 3

Cormen, T.H., Leiserson, C.E., Rivest, R.L., Stein, C. [2001]: Introduction to Algorithms. Second Edition. MIT Press, Cambridge, Chapter 26

Ford, L.R., Fulkerson, D.R. [1962]: Flows in Networks. Princeton University Press, Princeton

Frank, A. [1995]: Connectivity and network flows. In: Handbook of Combinatorics; Vol. 1 (R.L. Graham, M. Grötschel, L. Lovász, eds.), Elsevier, Amsterdam,

Goldberg, A.V., Tardos, É., Tarjan, R.E. [1990]: Network flow algorithms. In: Paths, Flows, and VLSI-Layout (B. Korte, L. Lovász, H.J. Prömel, A. Schrijver, eds.), Springer, Berlin, pp. 101–164

Gondran, M., Minoux, M. [1984]: Graphs and Algorithms. Wiley, Chichester, Chapter 5

Jungnickel, D. [2007]: Graphs, Networks and Algorithms. Third Edition. Springer, Berlin

Phillips, D.T., Garcia-Diaz, A. [1981]: Fundamentals of Network Analysis. Prentice-Hall, Englewood Cliffs

Ruhe, G. [1991]: Algorithmic Aspects of Flows in Networks. Kluwer Academic Publishers, Dordrecht

Schrijver, A. [2003]: Combinatorial Optimization: Polyhedra and Efficiency. Springer, Berlin, Chapters 9,10,13–15

Tarjan, R.E. [1983]: Data Structures and Network Algorithms. SIAM, Philadelphia, Chapter 8

Thulasiraman, K., Swamy, M.N.S. [1992]: Graphs: Theory and Algorithms. Wiley, New York, Chapter 12

Riferimenti citati:

Ahuja, R.K., Orlin, J.B., Tarjan, R.E. [1989]: Improved time bounds for the maximum flow problem. SIAM Journal on Computing 18, 939–954

Borradaile, G. Klein, P. [2009]: An $O(n \log n)$ algorithm for maximum st-flow in a directed planar graph. Journal of the ACM 56, Article 9

Cheriyan, J., Maheshwari, S.N. [1989]: Analysis of preflow push algorithms for maximum network flow. SIAM Journal on Computing 18, 1057–1086

Cheriyan, J., Mehlhorn, K. [1999]: An analysis of the highest-level selection rule in the preflow-push max-flow algorithm. Information Processing Letters 69, 239–242

Cherkassky, B.V. [1977]: Algorithm of construction of maximal flow in networks with complexity of $O(V^2\sqrt{E})$ operations. Mathematical Methods of Solution of Economical Problems 7, 112–125 [in Russian]

Cheung, K.K.H., Cunningham, W.H., Tang, L. [2006]: Optimal 3-terminal cuts and linear programming. Mathematical Programming 106, 1–23

Dahlhaus, E., Johnson, D.S., Papadimitriou, C.H., Seymour, P.D., Yannakakis, M. [1994]: The complexity of multiterminal cuts. SIAM Journal on Computing 23, 864–894

Dantzig, G.B., Fulkerson, D.R. [1956]: On the max-flow min-cut theorem of networks. In: Linear Inequalities and Related Systems (H.W. Kuhn, A.W. Tucker, eds.), Princeton University Press, Princeton, pp. 215–221

Dinic, E.A. [1970]: Algorithm for solution of a problem of maximum flow in a network with power estimation. Soviet Mathematics Doklady 11, 1277–1280

Edmonds, J., Karp, R.M. [1972]: Theoretical improvements in algorithmic efficiency for network flow problems. Journal of the ACM 19, 248–264

Elias, P., Feinstein, A., Shannon, C.E. [1956]: Note on maximum flow through a network. IRE Transactions on Information Theory, IT-2, 117–119

Ford, L.R., Fulkerson, D.R. [1956]: Maximal Flow Through a Network. Canadian Journal of Mathematics 8, 399–404

Ford, L.R., Fulkerson, D.R. [1957]: A simple algorithm for finding maximal network flows and an application to the Hitchcock problem. Canadian Journal of Mathematics 9, 210–218

Frank, A. [1994]: On the edge-connectivity algorithm of Nagamochi Ibaraki. Laboratoire Artemis, IMAG, Université J. Fourier, Grenoble

Fujishige, S. [2003]: A maximum flow algorithm using MA ordering. Operations Research Letters 31, 176–178

Gabow, H.N. [1995]: A matroid approach to finding edge connectivity and packing arborescences. Journal of Computer and System Sciences 50, 259–273

Galil, Z. [1980]: An $O(V^{\frac{5}{3}}E^{\frac{2}{3}})$ algorithm for the maximal flow problem. Acta Informatica 14, 221–242

Galil, Z., Namaad, A. [1980]: An $O(EV\log^2 V)$ algorithm for the maximal flow problem. Journal of Computer and System Sciences 21, 203–217

Gallai, T. [1958]: Maximum-minimum Sätze über Graphen. Acta Mathematica Academiae Scientiarum Hungaricae 9, 395–434

Goldberg, A.V., Rao, S. [1998]: Beyond the flow decomposition barrier. Journal of the ACM 45, 783–797

Goldberg, A.V., Tarjan, R.E. [1988]: A new approach to the maximum flow problem. Journal of the ACM 35, 921–940

Gomory, R.E., Hu, T.C. [1961]: Multi-terminal network flows. Journal of SIAM 9, 551–570

Gusfield, D. [1990]: Very simple methods for all pairs network flow analysis. SIAM Journal on Computing 19, 143–155

Hao, J., Orlin, J.B. [1994]: A faster algorithm for finding the minimum cut in a directed graph. Journal of Algorithms 17, 409–423

Henzinger, M.R., Rao, S., and Gabow, H.N. [2000]: Computing vertex connectivity: new bounds from old techniques. Journal of Algorithms 34, 222–250

Hoffman, A.J. [1960]: Some recent applications of the theory of linear inequalities to extremal combinatorial analysis. In: Combinatorial Analysis (R.E. Bellman, M. Hall, eds.), AMS, Providence, pp. 113–128

Hu, T.C. [1969]: Integer Programming and Network Flows. Addison-Wesley, Reading 1969

Kamidoi, Y., Yoshida, N., and Nagamochi, H. [2007]: A deterministic algorithm for finding all minimum k-way cuts. SIAM Journal on Computing 36, 1329–1341

Karger, D.R. [2000]: Minimum cuts in near-linear time. Journal of the ACM 47, 46–76

Karger, D.R., Levine, M.S. [1998]: Finding maximum flows in undirected graphs seems easier than bipartite matching. Proceedings of the 30th Annual ACM Symposium on Theory of Computing, 69–78

Karger, D.R., Stein, C. [1996]: A new approach to the minimum cut problem. Journal of the ACM 43, 601–640

Karzanov, A.V. [1974]: Determining the maximal flow in a network by the method of preflows. Soviet Mathematics Doklady 15, 434–437

King, V., Rao, S., Tarjan, R.E. [1994]: A faster deterministic maximum flow algorithm. Journal of Algorithms 17, 447–474

Mader, W. [1972]: Über minimal n-fach zusammenhängende, unendliche Graphen und ein Extremalproblem. Arch. Math. 23, 553–560

Mader, W. [1981]: On a property of n edge-connected digraphs. Combinatorica 1, 385–386

Malhotra, V.M., Kumar, M.P., Maheshwari, S.N. [1978]: An $O(|V|^3)$ algorithm for finding maximum flows in networks. Information Processing Letters 7, 277–278

Menger, K. [1927]: Zur allgemeinen Kurventheorie. Fundamenta Mathematicae 10, 96–115

Nagamochi, H., Ibaraki, T. [1992]: Computing edge-connectivity in multigraphs and capacitated graphs. SIAM Journal on Discrete Mathematics 5, 54–66

Nagamochi, H., Ibaraki, T. [2000]: A fast algorithm for computing minimum 3-way and 4-way cuts. Mathematical Programming 88, 507–520

Phillips, S., Dessouky, M.I. [1977]: Solving the project time/cost tradeoff problem using the minimal cut concept. Management Science 24, 393–400

Picard, J., Queyranne, M. [1980]: On the structure of all minimum cuts in a network and applications. Mathematical Programming Study 13, 8–16

Queyranne, M. [1998]: Minimizing symmetric submodular functions. Mathematical Programming B 82, 3–12

Rose, D.J. [1970]: Triangulated graphs and the elimination process. Journal of Mathematical Analysis and Applications 32, 597–609

Shiloach, Y. [1978]: An $O(nI \log^2 I)$ maximum-flow algorithm. Technical Report STAN-CS-78-802, Computer Science Department, Stanford University

Shiloach, Y. [1979]: Edge-disjoint branching in directed multigraphs. Information Processing Letters 8, 24–27

Shioura, A. [2004]: The MA ordering max-flow algorithm is not strongly polynomial for directed networks. Operations Research Letters 32, 31–35

Sleator, D.D. [1980]: An $O(nm \log n)$ algorithm for maximum network flow. Technical Report STAN-CS-80-831, Computer Science Department, Stanford University

Sleator, D.D., Tarjan, R.E. [1983]: A data structure for dynamic trees. Journal of Computer and System Sciences 26, 362–391

Su, X.Y. [1997]: Some generalizations of Menger's theorem concerning arc-connected digraphs. Discrete Mathematics 175, 293–296

Stoer, M., Wagner, F. [1997]: A simple min cut algorithm. Journal of the ACM 44, 585–591

Thorup, M. [2008]: Minimum k-way cuts via deterministic greedy tree packing. Proceedings of the 40th Annual ACM Symposium on Theory of Computing, 159–165

Tunçel, L. [1994]: On the complexity preflow-push algorithms for maximum flow problems. Algorithmica 11, 353–359

Vazirani, V.V., Yannakakis, M. [1992]: Suboptimal cuts: their enumeration, weight, and number. In: Automata, Languages and Programming; Proceedings; LNCS 623 (W. Kuich, ed.), Springer, Berlin, pp. 366–377

Vygen, J. [2002]: On dual minimum cost flow algorithms. Mathematical Methods of Operations Research 56, 101–126

Weihe, K. [1997]: Maximum (s,t)-flows in planar networks in $O(|V| \log |V|)$ time. Journal of Computer and System Sciences 55, 454–475

Whitney, H. [1932]: Congruent graphs and the connectivity of graphs. American Journal of Mathematics 54, 150–168

9

Flussi di costo minimo

In questo capitolo discutiamo di come prendere in considerazione i costi sugli archi. Per esempio, nella nostra applicazione del PROBLEMA DEL FLUSSO MASSIMO al PROBLEMA DI ASSEGNAMENTO citato nell'introduzione del Capitolo 8 si potrebbero introdurre dei costi sugli archi per rappresentare che ogni addetto ha un salario diverso; il nostro obiettivo diventa di completare tutti i lavori entro un tempo massimo, con l'obiettivo di minimizzare i costi. Naturalmente, esistono moltissime altre applicazioni.

Una seconda generalizzazione, che ammette diverse sorgenti e destinazioni, è dovuta più a ragioni tecniche. Nella Sezione 9.1 introduciamo il problema generale e un suo importante caso speciale. Nella Sezione 9.2 dimostriamo i criteri di ottimalità che sono alla base degli algoritmi di flusso di costo minimo presentati nelle Sezioni 9.3, 9.4, 9.5 e 9.6. La maggior parte di questi algoritmi usano come sottoprocedura gli algoritmi del Capitolo 7 per trovare un ciclo di costo medio minimo o un cammino minimo. La Sezione 9.7 conclude questo capitolo con un'applicazione ai flussi dinamici.

9.1 Formulazione del problema

Abbiamo ancora un digrafo G con capacità $u : E(G) \to \mathbb{R}_+$, ma abbiamo in più i numeri $c : E(G) \to \mathbb{R}$ che indicano il costo unitario del flusso lungo ciascun arco. Inoltre, possono esserci sia più sorgenti che più destinazioni:

Definizione 9.1. *Dato un digrafo G, le capacità $u : E(G) \to \mathbb{R}_+$, e i numeri $b : V(G) \to \mathbb{R}$ con $\sum_{v \in V(G)} b(v) = 0$, un* ***b*-flusso** *in (G, u) è una funzione $f : E(G) \to \mathbb{R}_+$ con $f(e) \leq u(e)$ per ogni $e \in E(G)$ e $\sum_{e \in \delta^+(v)} f(e) - \sum_{e \in \delta^-(v)} f(e) = b(v)$ per ogni $v \in V(G)$.*

Quindi un b-flusso con $b \equiv 0$ è una circolazione. $b(v)$ è detto il **bilancio** del vertice v. $|b(v)|$ è a volte chiamato l'**offerta** (se $b(v) > 0$) o la **domanda** (se $b(v) < 0$) di v. I vertici v con $b(v) > 0$ sono chiamati le **sorgenti**, quelli con $b(v) < 0$ le **destinazioni**.

Si noti che un b-flusso può essere trovato con qualsiasi algoritmo per il PROBLEMA DEL FLUSSO MASSIMO: basta aggiungere due vertici s e t e gli archi (s, v), (v, t) con capacità $u((s, v)) := \max\{0, b(v)\}$ e $u((v, t)) := \max\{0, -b(v)\}$

Korte B., Vygen J.: Ottimizzazione Combinatoria. Teoria e Algoritmi.

per ogni $v \in V(G)$ a G. Poi un qualsiasi flusso s-t di valore $\sum_{v \in V(G)} u((s, v))$ nella rete costruita corrisponde a un b-flusso in G. Quindi un criterio per l'esistenza di un b-flusso può essere ricavato dal Teorema di Massimo Flusso–Minimo Taglio 8.6 (si veda l'Esercizio 2). Il problema è quello di trovare un b-flusso di costo minimo:

PROBLEMA DEL FLUSSO DI COSTO MINIMO	
Istanza:	Un digrafo G, le capacità $u : E(G) \to \mathbb{R}_+$, i numeri $b : V(G) \to \mathbb{R}$ con $\sum_{v \in V(G)} b(v) = 0$, e pesi $c : E(G) \to \mathbb{R}$.
Obiettivo:	Trovare un b-flusso f il cui costo $c(f) := \sum_{e \in E(G)} f(e)c(e)$ sia minimo (o decidere che non esiste alcun flusso ammissibile).

A volte si possono avere capacità infinite. In questo caso, un'istanza potrebbe essere illimitata, ma ciò si può facilmente controllare in anticipo; si veda l'Esercizio 6.

Il PROBLEMA DEL FLUSSO DI COSTO MINIMO è abbastanza generale e ha un paio di casi particolari interessanti. Il caso senza capacità ($u \equiv \infty$) viene a volte chiamato il problema di trasbordo [transhipment]. Un caso ancora più particolare, noto anche come problema di trasporto, è stato formulato per prima da Hitchcock [1941] e altri:

PROBLEMA DI HITCHCOCK	
Istanza:	Un digrafo G con $V(G) = A \dot{\cup} B$ e $E(G) \subseteq A \times B$. Domande $b(v) \geq 0$ per $v \in A$ e domande $-b(v) \geq 0$ per $v \in B$ con $\sum_{v \in V(G)} b(v) = 0$. Pesi $c : E(G) \to \mathbb{R}$.
Obiettivo:	Trovare un b-flusso f in (G, ∞) di costo minimo (o decidere che non ne esiste nemmeno uno).

Nel PROBLEMA DI HITCHCOCK si può assumere senza perdita di generalità che c sia non negativo: aggiungere una costante α ad ogni peso aumenta il costo di ogni b-flusso della stessa quantità, ossia di $\alpha \sum_{v \in A} b(v)$. Spesso viene considerato solo il caso particolare in cui c sia non negativo e $E(G) = A \times B$.

Ovviamente, ogni istanza del PROBLEMA DI HITCHCOCK può essere scritta come un'istanza del PROBLEMA DEL FLUSSO DI COSTO MINIMO su un grafo bipartito con capacità infinite. Risulta meno ovvio che qualsiasi istanza del PROBLEMA DEL FLUSSO DI COSTO MINIMO può essere trasformata in un'istanza equivalente (ma più grande) del PROBLEMA DI HITCHCOCK:

Lemma 9.2. (Orden [1956], Wagner [1959]) *Un'istanza del* PROBLEMA DEL FLUSSO DI COSTO MINIMO *con n vertici e m archi può essere trasformata in un'istanza equivalente del* PROBLEMA DI HITCHCOCK *con $n + m$ vertici e $2m$ archi.*

Dimostrazione. Sia (G, u, b, c) un'istanza del PROBLEMA DEL FLUSSO DI COSTO MINIMO. Definiamo un'istanza equivalente (G', A', B', b', c') del PROBLEMA DI HITCHCOCK come segue.

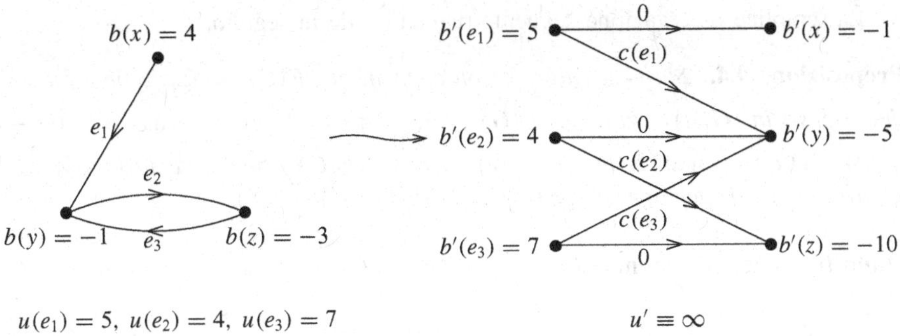

Figura 9.1.

Sia $A' := E(G)$, $B' := V(G)$ e $G' := (A' \cup B', E_1 \cup E_2)$, dove $E_1 := \{((x, y), x) : (x, y) \in E(G)\}$ e $E_2 := \{((x, y), y) : (x, y) \in E(G)\}$. Sia $c'((e, x)) := 0$ per $(e, x) \in E_1$ e $c'((e, y)) := c(e)$ per $(e, y) \in E_2$. Infine sia $b'(e) := u(e)$ per $e \in E(G)$ e

$$b'(x) := b(x) - \sum_{e \in \delta_G^+(x)} u(e) \qquad \text{per } x \in V(G).$$

Si veda per un esempio la Figura 9.1.

Dimostriamo che le due istanze sono equivalenti. Sia f un b-flusso in (G, u). Definiamo $f'((e, y)) := f(e)$ e $f'((e, x)) := u(e) - f(e)$ per $e = (x, y) \in E(G)$. Ovviamente f' è un b'-flusso in G' con $c'(f') = c(f)$.

Al contrario, se f' è un b'-flusso in G', allora $f((x, y)) := f'(((x, y), y))$ definisce un b-flusso in G con $c(f) = c'(f')$. □

Questa dimostrazione si deve a Ford e Fulkerson [1962].

9.2 Un criterio di ottimalità

In questa sezione dimostriamo alcuni risultati semplici, tra cui un criterio di ottimalità, che saranno alla base degli algoritmi presentati nelle sezioni seguenti. Usiamo ancora i concetti di grafi residuali e cammini aumentanti. Estendiamo i pesi c a $\overleftrightarrow{G}$ definendo $c(\overleftarrow{e}) := -c(e)$ per ogni arco $e \in E(G)$. La nostra definizione di grafo residuale ha il vantaggio che il peso di un arco nel grafo residuale G_f è indipendente dal flusso f.

Definizione 9.3. *Dato un digrafo G con capacità e un b-flusso f, un* **ciclo f-aumentante** *è un circuito in G_f.*

La semplice osservazione seguente risulterà utile in seguito.

Proposizione 9.4. *Sia G un digrafo con capacità $u : E(G) \to \mathbb{R}_+$. Siano f e f' due b-flussi in (G, u). Allora $g : E(\overleftrightarrow{G}) \to \mathbb{R}_+$ definito da $g(e) := \max\{0, f'(e) - f(e)\}$ e $g(\overleftarrow{e}) := \max\{0, f(e) - f'(e)\}$ per $e \in E(G)$ è una circolazione in $\overleftrightarrow{G}$. Inoltre, $g(e) = 0$ per ogni $e \notin E(G_f)$ e $c(g) = c(f') - c(f)$.*

Dimostrazione. Ad ogni vertice $v \in V(\overleftrightarrow{G})$ abbiamo

$$\begin{aligned}\sum_{e \in \delta^+_{\overleftrightarrow{G}}(v)} g(e) - \sum_{e \in \delta^-_{\overleftrightarrow{G}}(v)} g(e) &= \sum_{e \in \delta^+_G(v)} (f'(e) - f(e)) - \sum_{e \in \delta^-_G(v)} (f'(e) - f(e)) \\ &= b(v) - b(v) = 0,\end{aligned}$$

dunque g è una circolazione in $\overleftrightarrow{G}$.

Per $e \in E(\overleftrightarrow{G}) \setminus E(G_f)$ consideriamo due casi: se $e \in E(G)$ allora $f(e) = u(e)$ e quindi $f'(e) \le f(e)$, implicando $g(e) = 0$. Se $e = \overleftarrow{e_0}$ per qualche $e_0 \in E(G)$ allora $f(e_0) = 0$ e quindi $g(\overleftarrow{e_0}) = 0$.

L'ultima affermazione è verificata facilmente:

$$c(g) = \sum_{e \in E(\overleftrightarrow{G})} c(e)g(e) = \sum_{e \in E(G)} c(e)f'(e) - \sum_{e \in E(G)} c(e)f(e) = c(f') - c(f).$$

□

Come i grafi Euleriani possono essere partizionati in circuiti, così le circolazioni possono essere decomposte in flussi su singoli circuiti:

Proposizione 9.5. (Ford e Fulkerson [1962]) *Per qualsiasi circolazione f in un digrafo G esiste una famiglia $\mathcal{C}$ di al massimo $|E(G)|$ circuiti in G e i numeri positivi $h(C)$ ($C \in \mathcal{C}$) tali che $f(e) = \sum_{C \in \mathcal{C},\, e \in E(C)} h(C)$ per ogni $e \in E(G)$.*

Dimostrazione. Questo è un caso speciale del Teorema 8.8. □

Ora possiamo dimostrare un criterio di ottimalità:

Teorema 9.6. (Klein [1967]) *Sia (G, u, b, c) un'istanza del* PROBLEMA DEL FLUSSO DI COSTO MINIMO. *Un b-flusso f è di costo minimo se e solo se non esiste alcun ciclo f-aumentante di peso totale negativo.*

Dimostrazione. Se esistesse un ciclo f-aumentante C di peso $\gamma < 0$, potremmo aumentare f lungo C di un $\varepsilon > 0$ e ottenere un b-flusso f' di costo diminuito di $-\gamma\varepsilon$. Dunque f non può essere un flusso di costo minimo.

Se f non fosse un b-flusso di costo minimo, esisterebbe un altro b-flusso f' di costo minore. Si consideri g come definito nella Proposizione 9.4. Allora g è una circolazione con $c(g) < 0$. Per la Proposizione 9.5, g può essere decomposto in flussi su circuiti singoli. Poiché $g(e) = 0$ per ogni $e \notin E(G_f)$, tutti questi circuiti sono f-aumentanti. Almeno uno di loro deve avere un costo totale negativo, il che dimostra il teorema. □

Questo risultato si deve essenzialmente a Tolstoĭ [1930] ed è stato riscoperto più volte in forme diverse. Una formulazione equivalente è la seguente:

Corollario 9.7. (Ford e Fulkerson [1962]) *Sia (G, u, b, c) un'istanza del* PROBLEMA DEL FLUSSO DI COSTO MINIMO. *Un b-flusso f è di costo minimo se e solo se esiste un potenziale ammissibile per (G_f, c).*

Prima Dimostrazione. Per il Teorema 9.6 f è un b-flusso di costo minimo se e solo se G_f non contiene cicli negativi. Per il Teorema 7.7 non esiste nessun circuito negativo in (G_f, c) se e solo se esiste un potenziale ammissibile. □

Potenziali ammissibili posso anche essere visti come soluzioni del programma lineare duale del PROBLEMA DEL FLUSSO DI COSTO MINIMO. Ciò si può mostrare con una dimostrazione alternativa del criterio di ottimalità precedente.

Seconda Dimostrazione. Scriviamo il PROBLEMA DEL FLUSSO DI COSTO MINIMO come un problema di massimo e consideriamo il PL

$$
\begin{array}{llrcll}
\max & \displaystyle\sum_{e\in E(G)} -c(e)x_e & & & & \\
\text{t.c.} & \displaystyle\sum_{e\in\delta^+(v)} x_e - \sum_{e\in\delta^-(v)} x_e & = & b(v) & (v \in V(G)) & \\
 & x_e & \leq & u(e) & (e \in E(G)) & \\
 & x_e & \geq & 0 & (e \in E(G)) &
\end{array}
\tag{9.1}
$$

e il suo duale

$$
\begin{array}{llrcl}
\min & \displaystyle\sum_{v\in V(G)} b(v)y_v + \sum_{e\in E(G)} u(e)z_e & & & \\
\text{t.c.} & y_v - y_w + z_e & \geq & -c(e) & (e = (v, w) \in E(G)) \\
 & z_e & \geq & 0 & (e \in E(G))
\end{array}
\tag{9.2}
$$

Sia x un qualsiasi b-flusso, ossia una qualsiasi soluzione di (9.1). Per il Corollario 3.23 x è ottimo se e solo se esiste una soluzione ammissibile duale (y, z) di (9.2) tale che x e (y, z) soddisfano le condizioni degli scarti complementari

$$z_e(u(e)-x_e) = 0 \text{ e } x_e(c(e)+z_e+y_v-y_w) = 0 \text{ per ogni } e = (v, w) \in E(G).$$

Dunque x è ottimo se e solo se esiste una coppia di vettori (y, z) con

$$
\begin{array}{ll}
0 = -z_e \leq c(e) + y_v - y_w & \text{per } e = (v, w) \in E(G) \text{ con } x_e < u(e) \quad \text{e} \\
c(e) + y_v - y_w = -z_e \leq 0 & \text{per } e = (v, w) \in E(G) \text{ con } x_e > 0.
\end{array}
$$

Ciò è equivalente all'esistenza di un vettore y tale che $c(e) + y_v - y_w \geq 0$ per tutti gli archi residuali $e = (v, w) \in E(G_x)$, ovvero all'esistenza di un potenziale ammissibile y per (G_x, c). □

9.3 Algoritmo di Cancellazione dei Cicli di Peso Medio Minimo

Si noti che il Teorema di Klein 9.6 suggerisce già un algoritmo: prima si trova un qualsiasi b-flusso (usando un algoritmo di flusso massimo come descritto sopra), e poi iterativamente si aumenta il flusso sui cicli aumentanti di peso negativo sino a quando non ne esistono più. Dobbiamo tuttavia fare attenzione a come scegliamo i cicli se si vuole ottenere un tempo di esecuzione polinomiale. (Si veda l'Esercizio 8.) Una buona strategia è quella di scegliere ogni volta un ciclo aumentante di costo medio minimo:

ALGORITMO DI CANCELLAZIONE DEI CICLI DI PESO MEDIO MINIMO

Input: Un digrafo G, capacità $u : E(G) \to \mathbb{R}_+$, i numeri $b : V(G) \to \mathbb{R}$ con $\sum_{v \in V(G)} b(v) = 0$, e pesi $c : E(G) \to \mathbb{R}$.

Output: Un b-flusso di costo minimo f.

① Trova un b-flusso f.

② Trova un circuito C in G_f il cui peso medio sia minimo.
If C ha un peso totale non negativo (o G_f è aciclico) **then stop**.

③ Calcola $\gamma := \min_{e \in E(C)} u_f(e)$. Aumenta f lungo C di γ.
Go to ②.

Come descritto nella Sezione 9.1, ① può essere implementato con qualsiasi algoritmo per il PROBLEMA DEL FLUSSO MASSIMO. ② può essere implementato con l'algoritmo presentato nella Sezione 7.3. Dimostreremo ora che questo algoritmo termina dopo un numero polinomiale di iterazioni. La dimostrazione sarà simile a quella nella Sezione 8.3. Sia $\mu(f)$ il peso medio minimo di un circuito in G_f. Allora il Teorema 9.6 ci dice che un b-flusso f è ottimo se e solo se $\mu(f) \geq 0$.

Mostriamo prima che $\mu(f)$ è non decrescente durante l'esecuzione dell'algoritmo. Inoltre, possiamo mostrare che è strettamente crescente ogni $|E(G)|$ iterazioni. Come al solito denotiamo rispettivamente con n e m il numero di vertici e di archi di G.

Lemma 9.8. *Sia $f_1, f_2, \dots, f_t$ una sequenza di b-flussi tali che per $i = 1, \dots, t-1$ abbiamo $\mu(f_i) < 0$ e f_{i+1} risulta da f_i con un aumento lungo C_i, dove C_i è un circuito di peso medio minimo in G_{f_i}. Allora:*

(a) *$\mu(f_k) \leq \mu(f_{k+1})$ per tutti i k.*
(b) *$\mu(f_k) \leq \frac{n}{n-2}\mu(f_l)$ per tutti i $k < l$ tali che $C_k \cup C_l$ contiene una coppia di archi inversi.*

Dimostrazione. (a): Siano f_k, f_{k+1} due flussi consecutivi in questa sequenza. Si consideri il grafo di Eulero H che risulta da $(V(G), E(C_k) \dot\cup E(C_{k+1}))$ eliminando le coppie di archi inversi. (Gli archi che appaiono sia in C_k che C_{k+1} sono contati due volte.) Ogni sottografo semplice di H è un sottografo di G_{f_k}, perché ogni arco in $E(G_{f_{k+1}}) \setminus E(G_{f_k})$ deve essere l'inverso di un arco in $E(C_k)$. Poiché H è Euleriano, può essere decomposto in circuiti, e ognuno di questi circuiti ha un peso medio almeno pari a $\mu(f_k)$. Dunque $c(E(H)) \geq \mu(f_k)|E(H)|$.

Poiché il peso totale di ogni coppia di archi inversi è zero,

$$c(E(H)) = c(E(C_k)) + c(E(C_{k+1})) = \mu(f_k)|E(C_k)| + \mu(f_{k+1})|E(C_{k+1})|.$$

Poiché $|E(H)| \leq |E(C_k)| + |E(C_{k+1})|$, concludiamo che

$$\begin{aligned} \mu(f_k)(|E(C_k)| + |E(C_{k+1})|) &\leq \mu(f_k)|E(H)| \\ &\leq c(E(H)) \\ &= \mu(f_k)|E(C_k)| + \mu(f_{k+1})|E(C_{k+1})|, \end{aligned}$$

che implica $\mu(f_{k+1}) \geq \mu(f_k)$.

(b): Per (a) basta dimostrare che l'affermazione per quei k, l tali che per $k < i < l$, $C_i \cup C_l$ non contiene coppie di archi inversi.

Come nella dimostrazione di (a), si consideri il grafo di Eulero H che risulta da $(V(G), E(C_k) \dot{\cup} E(C_l))$ eliminando coppie di archi inversi. H è un sottografo di G_{f_k} perché qualsiasi arco in $E(C_l) \setminus E(G_{f_k})$ deve essere l'inverso di un arco in uno tra $C_k, C_{k+1}, \ldots, C_{l-1}$. Ma, a causa della scelta di k e l, solo C_k tra questi circuiti contengono l'inverso di un arco di C_l.

Dunque poiché in (a) abbiamo $c(E(H)) \geq \mu(f_k)|E(H)|$ e

$$c(E(H)) = \mu(f_k)|E(C_k)| + \mu(f_l)|E(C_l)|.$$

Poiché $|E(H)| \leq |E(C_k)| + \frac{n-2}{n}|E(C_l)|$ (abbiamo cancellato almeno due archi) otteniamo

$$\begin{aligned} \mu(f_k)\left(|E(C_k)| + \frac{n-2}{n}|E(C_l)|\right) &\leq \mu(f_k)|E(H)| \\ &\leq c(E(H)) \\ &= \mu(f_k)|E(C_k)| + \mu(f_l)|E(C_l)|, \end{aligned}$$

che implica $\mu(f_k) \leq \frac{n}{n-2}\,\mu(f_l)$. □

Corollario 9.9. *Durante l'esecuzione dell'*ALGORITMO DI CANCELLAZIONE DEI CICLI DI PESO MEDIO MINIMO, $|\mu(f)|$ *diminuisce di almeno un fattore di* $\frac{1}{2}$ *ogni* mn *iterazioni.*

Dimostrazione. Siano $C_k, C_{k+1}, \ldots, C_{k+m}$ dei cicli aumentanti in iterazioni consecutive dell'algoritmo. Poiché ognuno di questi circuiti contiene un arco come arco bottleneck (un arco che sarà poi rimosso dal grafo residuale), ci devono essere due di questi circuiti, diciamo C_i e C_j ($k \leq i < j \leq k+m$) la cui unione contiene una coppia di archi inversi. Per il Lemma 9.8 abbiamo quindi che

$$\mu(f_k) \leq \mu(f_i) \leq \frac{n}{n-2}\mu(f_j) \leq \frac{n}{n-2}\mu(f_{k+m}).$$

Dunque $|\mu(f)|$ diminuisce di almeno un fattore $\frac{n-2}{n}$ ogni m iterazioni. Ne segue il corollario per la relazione $\left(\frac{n-2}{n}\right)^n < e^{-2} < \frac{1}{2}$. □

Questo dimostra già che l'algoritmo esegue in tempo polinomiale a patto che i costi di tutti gli archi siano interi: all'inizio $|\mu(f)|$ è al massimo pari a $|c_{\min}|$, dove $c_{\min}$ è il costo minimo di qualsiasi arco, e diminuisce di un fattore almeno $\frac{1}{2}$ ogni mn iterazioni. Dunque dopo $O(mn \log(n|c_{\min}|))$ iterazioni, $\mu(f)$ è maggiore di $-\frac{1}{n}$. Se i costi degli archi sono tutti interi, allora $\mu(f) \geq 0$ e l'algoritmo si arresta. Dunque per il Corollario 7.13, il tempo di esecuzione è $O\left(m^2 n^2 \log(n|c_{\min}|)\right)$.

Si può fare ancora di meglio e ottenere un tempo di esecuzione fortemente polinomiale per il PROBLEMA DEL FLUSSO DI COSTO MINIMO (ottenuto per la prima volta da Tardos [1985]).

Teorema 9.10. (Goldberg e Tarjan [1989]) *L'*ALGORITMO DI CANCELLAZIONE DEI CICLI DI PESO MEDIO MINIMO *richiede un tempo* $O\left(m^3 n^2 \log n\right)$.

Dimostrazione. Mostriamo che ogni $mn(\lceil \log n \rceil + 1)$ iterazioni viene fissato almeno un arco, ossia il flusso su quest'arco non cambierà più. Quindi ci sono al massimo $O\left(m^2 n \log n\right)$ iterazioni. Usando il Corollario 8.15 per il passo ① e il Corollario 7.13 per il passo ② si dimostra il teorema.

Sia f il flusso a una certa iterazione, e sia f' il flusso $mn(\lceil \log n \rceil + 1)$ iterazioni dopo. Definiamo i pesi c' con $c'(e) := c(e) - \mu(f')$ $(e \in E(G_{f'}))$. Sia π un potenziale ammissibile di $(G_{f'}, c')$ (che esiste per il Teorema 7.7). Abbiamo che $0 \leq c'_\pi(e) = c_\pi(e) - \mu(f')$, dunque

$$c_\pi(e) \;\geq\; \mu(f') \quad \text{per ogni } e \in E(G_{f'}). \tag{9.3}$$

Ora sia C il circuito di peso medio minimo in G_f che viene scelto nell'algoritmo per aumentare f. Poiché per il Corollario 9.9

$$\mu(f) \;\leq\; 2^{\lceil \log n \rceil + 1} \mu(f') \;\leq\; 2n\mu(f')$$

(si veda la Figura 9.2), abbiamo

$$\sum_{e \in E(C)} c_\pi(e) \;=\; \sum_{e \in E(C)} c(e) \;=\; \mu(f)|E(C)| \;\leq\; 2n\mu(f')|E(C)|.$$

Dunque sia $e_0 \in E(C)$ con $c_\pi(e_0) \leq 2n\mu(f')$. Per (9.3) abbiamo $e_0 \notin E(G_{f'})$.

Figura 9.2.

Mostriamo ora che:

per qualsiasi b-flusso f'' con $e_0 \in E(G_{f''})$ abbiamo $\mu(f'') < \mu(f')$. (9.4)

Per il Lemma 9.8(a) la (9.4) implica che e_0 non sarà più nel grafo residuale, ossia e_0 e $\overleftarrow{e_0}$ sono fissati $mn(\lceil \log n \rceil + 1)$ iterazioni dopo che e_0 viene usato in C. Ciò completa la dimostrazione.

Per dimostrare la (9.4), sia f'' un b-flusso con $e_0 \in E(G_{f''})$. Applichiamo la Proposizione 9.4 a f' e f'' e otteniamo una circolazione g con $g(e) = 0$ per ogni $e \notin E(G_{f'})$ e $g(\overleftarrow{e_0}) > 0$ (perché $e_0 \in E(G_{f''}) \setminus E(G_{f'})$).

Per la Proposizione 9.5, g può essere scritto come la somma di flussi su cicli aumentanti f'. Uno di questi circuiti, diciamo W, deve contenere $\overleftarrow{e_0}$. Usando $c_\pi(\overleftarrow{e_0}) = -c_\pi(e_0) \geq -2n\mu(f')$ e applicando (9.3) a tutti gli $e \in E(W) \setminus \{\overleftarrow{e_0}\}$ otteniamo un lower bound per il peso totale di W:

$$c(E(W)) = \sum_{e \in E(W)} c_\pi(e) \geq -2n\mu(f') + (n-1)\mu(f') > -n\mu(f').$$

Ma l'inverso di W è un ciclo f''-aumentante (ciò si può vedere scambiando i ruoli di f' e f''), e il suo peso totale è inferiore di $n\mu(f')$. Ciò significa che $G_{f''}$ contiene un circuito il cui peso medio è inferiore di $\mu(f')$, e dunque la (9.4) è dimostrata. □

9.4 Algoritmo di Ford-Fulkerson

Il seguente teorema da luogo a un algoritmo diverso.

Teorema 9.11. (Jewell [1958], Iri [1960], Busacker e Gowen [1961]) *Sia (G, u, b, c) un'istanza del* PROBLEMA DEL FLUSSO DI COSTO MINIMO, *e sia f un b-flusso di costo minimo. Sia P un cammino s-t minimo (rispetto a c) in G_f (per s e t dati). Sia f' un flusso ottenuto aumentando f lungo P di al massimo la capacità residua minima lungo P. Allora f' è un b'-flusso di costo minimo (per un certo b').*

Dimostrazione. f' è un b'-flusso per un certo b'. Supponiamo che f' non sia un b'-flusso di costo minimo. Allora per il Teorema 9.6 esiste un circuito C in $G_{f'}$ con peso totale negativo. Si consideri il grafo H che risulta da $(V(G), E(C) \dot\cup E(P))$ rimuovendo coppie di archi inversi. (Nuovamente, archi che appaiono sia in C che in P sono presi due volte.)

Per qualsiasi arco $e \in E(G_{f'}) \setminus E(G_f)$, l'arco inverso di e deve stare in $E(P)$. Quindi ogni sottografo semplice H è un sottografo di G_f. Siccome f è un b-flusso di costo minimo, nessun circuito in G_f, e quindi in H, ha costo totale negativo.

Abbiamo $c(E(H)) = c(E(C)) + c(E(P)) < c(E(P))$. Inoltre, H è l'unione di un cammino s-t e di qualche circuito. Nessuno di questi circuiti ha peso negativo. Allora H, e quindi G_f, contiene un cammino s-t di peso inferiore a P, contraddicendo la scelta di P. □

Se i pesi sono conservativi, possiamo cominciare con $f \equiv 0$ come circolazione ottima (b-flusso con $b \equiv 0$). Altrimenti possiamo inizialmente saturare tutti gli archi di costo negativo, cioè porre $f(e) := u(e)$ per $e \in F := \{e' \in E(G) : c(e') < 0\}$ e $f(e) := 0$ per $e \in E(G) \setminus F$, e trovare un b'-flusso di costo minimo in (G_f, u_f), dove $b'(v) = b(v) + \mathrm{ex}_f(v)$ per $v \in V(G)$. Per istanze con capacità infinita sono necessari alcuni passi in più; si veda l'Esercizio 6.

ALGORITMO DEI CAMMINI MINIMI SUCCESSIVI

Input: Un digrafo G, capacità $u : E(G) \to \mathbb{R}_+$, i numeri $b : V(G) \to \mathbb{R}$ con $\sum_{v \in V(G)} b(v) = 0$, e pesi conservativi $c : E(G) \to \mathbb{R}$.

Output: Un b-flusso di costo minimo f.

① Poni $b' := b$ e $f(e) := 0$ per ogni $e \in E(G)$.

② **If** $b' = 0$ **then stop**, **else**:
Scegli un vertice s con $b'(s) > 0$.
Scegli un vertice t con $b'(t) < 0$ t.c. t sia raggiungibile da s in G_f.
If non esiste un tale t **then stop**. (Non esiste alcun b-flusso.)

③ Trova un cammino s-t P in G_f di peso minimo.

④ Calcola $\gamma := \min \left\{ \min_{e \in E(P)} u_f(e), b'(s), -b'(t) \right\}$.
Poni $b'(s) := b'(s) - \gamma$ e $b'(t) := b'(t) + \gamma$. Aumenta f su P di γ.
Go to ②.

Se si permettono capacità arbitrarie, si incontrano gli stessi problemi dell'ALGORITMO DI FORD-FULKERSON (si veda l'Esercizio 2 del Capitolo 8; si mettano a zero tutti i costi). Dunque nel seguito assumiamo che u e b siano interi. Allora è chiaro che l'algoritmo termina dopo al massimo $B := \frac{1}{2} \sum_{v \in V(G)} |b(v)|$ aumenti. Per il Teorema 9.11, il flusso che si ottiene è ottimo se il flusso iniziale nullo è ottimo. Questo è vero se e solo se c è conservativo.

Si osservi che se l'algoritmo decide che non esiste nessun b-flusso, questa decisione è sicuramente corretta. Questa è un'osservazione facile da dimostrare, e viene lasciata come Esercizio 14.

Ogni aumento richiede un calcolo di cammino minimo. Poiché ci sono pesi negativi, dobbiamo usare l'ALGORITMO DI MOORE-BELLMAN-FORD il cui tempo di esecuzione è $O(nm)$ (Teorema 7.5), dunque il tempo di esecuzione complessivo è $O(Bnm)$. Comunque, come nella dimostrazione del Teorema 7.8, ci si può ricondurre al caso in cui (escludendo la prima iterazione) i cammini minimi sono calcolati in un grafo con pesi non negativi.

Teorema 9.12. (Tomizawa [1971], Edmonds e Karp [1972]) *Per capacità e domande intere, l'*ALGORITMO DEI CAMMINI MINIMI SUCCESSIVI *può essere implementato con un tempo di esecuzione di* $O(nm + B(m + n \log n))$, *dove* $B = \frac{1}{2} \sum_{v \in V(G)} |b(v)|$.

Dimostrazione. Conviene assumere che esiste solo una sorgente s. Altrimenti introduciamo un nuovo vertice s e gli archi (s, v) con capacità $\max\{0, b(v)\}$ e costo nullo per ogni $v \in V(G)$. Allora possiamo porre $b(s) := B$ e $b(v) := 0$ per ogni sorgente v del grafo originario. In questo modo otteniamo un problema equivalente con un'unica sorgente. Inoltre, possiamo assumere che ogni vertice sia raggiungibile da s (gli altri vertici possono essere rimossi).

Introduciamo un potenziale $\pi_i : V(G) \to \mathbb{R}$ per ogni iterazione i dell'ALGORITMO DEI CAMMINI MINIMI SUCCESSIVI. Iniziamo con un qualsiasi potenziale ammissibile π_0 di (G, c). Per il Corollario 7.7, questo potenziale esiste e può essere calcolato in tempo $O(mn)$.

Ora sia f_{i-1} il flusso prima dell'iterazione i. Allora il calcolo del cammino minimo all'iterazione i viene fatto con i costi ridotti $c_{\pi_{i-1}}$ al posto di c. Sia $l_i(v)$ la lunghezza di un cammino s-v minimo in $G_{f_{i-1}}$ rispetto ai pesi $c_{\pi_{i-1}}$. Allora poniamo $\pi_i(v) := \pi_{i-1}(v) + l_i(v)$.

Dimostriamo per induzione su i che π_i è un potenziale ammissibile per (G_{f_i}, c). Ciò è chiaro per $i = 0$. Per $i > 0$ e qualsiasi arco $e = (x, y) \in E(G_{f_{i-1}})$ abbiamo (per la definizione di l_i e per l'ipotesi di induzione)

$$l_i(y) \leq l_i(x) + c_{\pi_{i-1}}(e) = l_i(x) + c(e) + \pi_{i-1}(x) - \pi_{i-1}(y),$$

dunque

$$c_{\pi_i}(e) = c(e) + \pi_i(x) - \pi_i(y) = c(e) + \pi_{i-1}(x) + l_i(x) - \pi_{i-1}(y) - l_i(y) \geq 0.$$

Per qualsiasi arco $e = (x, y) \in P_i$ (dove P_i è il cammino aumentante all'iterazione i) abbiamo

$$l_i(y) = l_i(x) + c_{\pi_{i-1}}(e) = l_i(x) + c(e) + \pi_{i-1}(x) - \pi_{i-1}(y),$$

dunque $c_{\pi_i}(e) = 0$, e anche l'arco inverso di e ha peso nullo. Poiché ogni arco in $E(G_{f_i}) \setminus E(G_{f_{i-1}})$ è l'arco inverso di un arco in P_i, c_{π_i} è senz'altro una funzione di peso non negativo su $E(G_{f_i})$.

Si osservi che, per qualsiasi i e qualsiasi t, i cammini s-t minimi rispetto a c sono esattamente i cammini s-t minimi rispetto a c_{π_i}, perché $c_{\pi_i}(P) - c(P) = \pi_i(s) - \pi_i(t)$ per qualsiasi cammino s-t P.

Quindi possiamo usare l'ALGORITMO DI DIJKSTRA, il quale richiede un tempo $O(m + n \log n)$ se implementato con un heap di Fibonacci per il Teorema 7.4, per tutti i calcoli di cammini minimi eccetto il primo. Poiché abbiamo al massimo B iterazioni, otteniamo un tempo di esecuzione complessivo di $O(nm + B(m + n \log n))$. $\square$

Si noti che (al contrario di molti altri problemi, come per esempio il PROBLEMA DEL FLUSSO MASSIMO) non possiamo assumere senza perdita di generalità che il grafo di ingresso sia semplice quando risolviamo il PROBLEMA DEL FLUSSO DI COSTO MINIMO. Il tempo di esecuzione del Teorema 9.12 è ancora esponenziale a meno che si sappia che B è piccolo. Se $B = O(n)$, questo è l'algoritmo più veloce che si conosce. Per un'applicazione, si veda la Sezione 11.1.

Nel resto di questa sezione mostriamo come modificare l'algoritmo per ridurre il numero di chiamate all'algoritmo di cammino minimo. Consideriamo solo il caso in cui tutte le capacità sono infinite. Per il Lemma 9.2 ogni istanza del PROBLEMA DEL FLUSSO DI COSTO MINIMO può essere trasformata in un'istanza equivalente con capacità infinite.

L'idea fondamentale, dovuta a Edmonds e Karp [1972], è la seguente. Nelle prime iterazioni consideriamo solo cammini aumentati in cui γ, la quantità di flusso che si può aggiungere, sia grande. Iniziamo con $\gamma = 2^{\lfloor \log b_{\max} \rfloor}$ e riduciamo γ di un fattore due se non si possono più fare aumenti di γ. Dopo $\lfloor \log b_{\max} \rfloor + 1$ iterazioni abbiamo $\gamma = 1$ e ci fermiamo (assumiamo ancora che b sia intero). Tale tecnica di scaling si è dimostrata utile per molti algoritmi (si veda anche l'Esercizio 15). Una descrizione dettagliata del primo algoritmo di scaling è la seguente:

ALGORITMO DI SCALING DI CAPACITÀ

Input: Un digrafo G con capacità infinite $u(e) = \infty$ ($e \in E(G)$), i numeri $b : V(G) \to \mathbb{Z}$ con $\sum_{v \in V(G)} b(v) = 0$, e pesi conservativi $c : E(G) \to \mathbb{R}$.

Output: Un b-flusso di costo minimo f.

① Poni $b' := b$ e $f(e) := 0$ per ogni $e \in E(G)$.
Poni $\gamma = 2^{\lfloor \log b_{\max} \rfloor}$, in cui $b_{\max} = \max\{b(v) : v \in V(G)\}$.

② **If** $b' = 0$ **then stop**, **else**:
Scegli un vertice s con $b'(s) \geq \gamma$.
Scegli un vertice t con $b'(t) \leq -\gamma$ t.c. t sia raggiungibile da s in G_f.
If non esiste un tale s o t **then go to** ⑤.

③ Trova un cammino s-t P in G_f di peso minimo.

④ Poni $b'(s) := b'(s) - \gamma$ e $b'(t) := b'(t) + \gamma$. Aumenta f lungo P di γ.
Go to ②.

⑤ **If** $\gamma = 1$ **then stop**. (Non esiste alcun b-flusso.)
Else poni $\gamma := \frac{\gamma}{2}$ **go to** ②.

Teorema 9.13. (Edmonds e Karp [1972]) *L'*ALGORITMO DI SCALING DI CAPACITÀ *risolve correttamente il* PROBLEMA DEL FLUSSO DI COSTO MINIMO *per b interi, capacità infinite e pesi conservativi. Può essere implementato per richiedere tempo $O(n(m + n \log n) \log(2 + b_{\max}))$, in cui $b_{\max} = \max\{b(v) : v \in V(G)\}$.*

Dimostrazione. Come prima, la correttezza segue direttamente dal Teorema 9.11. Si osservi che in qualsiasi momento, la capacità residua di un arco è o infinita oppure è un multiplo intero di γ.

Per stabilire il tempo di esecuzione, chiamiamo *fase* il periodo in cui γ rimane costante. Dimostriamo che esistono al massimo n aumenti in ogni fase. Per alcuni valori di γ, siano f e g rispettivamente i flussi all'inizio e alla fine di una fase-γ. $g - f$ può essere visto come un b''-flusso in G_f. Si osservi che $b''(v)$ è un multiplo intero di γ per ogni $v \in V(G)$. Sia $S := \{x \in V(G) : b''(x) > 0\}$,

$S^+ := \{x \in V(G) : b''(x) \geq 2\gamma\}$, $T := \{x \in V(G) : b''(x) < 0\}$, e $T^+ := \{x \in V(G) : b''(x) \leq -2\gamma\}$.

Se ci fosse stato un cammino da S^+ a T^+ in G_f, la fase-2γ sarebbe continuata. Quindi il valore totale b'' di tutte le destinazioni raggiungibili da S^+ in G_f è almeno $-|T \setminus T^+|\gamma$. Siccome esiste un b''-flusso in G_f, concludiamo che $\sum_{x \in S^+} b''(x) \leq |T \setminus T^+|\gamma$, e quindi

$$\sum_{x \in S} b''(x) = \sum_{x \in S^+} b''(x) + \sum_{x \in S \setminus S^+} b''(x) \leq |T \setminus T^+|\gamma + |S \setminus S^+|\gamma \leq n\gamma,$$

ossia, esistono al massimo n aumenti nella fase-γ.

Ciò significa che il numero totale di chiamate all'algoritmo di cammini minimi è $O(n \log(2+b_{\max}))$. Mettendo insieme questo risultato con la tecnica del Teorema 9.12 otteniamo un tempo di $O(mn + n\log(2 + b_{\max})(m + n\log n))$. □

Questo è stato il primo algoritmo con tempo polinomiale per il PROBLEMA DEL FLUSSO DI COSTO MINIMO. Con ulteriori modifiche possiamo ottenere addirittura un tempo di esecuzione fortemente polinomiale. Questo è l'argomento della prossima sezione.

9.5 Algoritmo di Orlin

L'ALGORITMO DI SCALING DI CAPACITÀ della sezione precedente può essere migliorato ulteriormente. Un'idea fondamentale è che se un arco porta più di $2n\gamma$ unità di flusso in qualsiasi passo dell'ALGORITMO DI SCALING DI CAPACITÀ, può essere contratto. Per essere più precisi, si osservi che tale arco avrà sempre un flusso positivo (e quindi un costo ridotto nullo rispetto a un qualsiasi potenziale ammissibile nel grafo residuale): esistono al massimo n aumenti di γ, altri n di $\frac{\gamma}{2}$ e così via; quindi la quantità totale di flusso spostata dal resto dell'algoritmo è minore di $2n\gamma$.

Descriveremo l'ALGORITMO DI ORLIN senza usare esplicitamente le contrazioni. Ciò semplifica la descrizione dell'algoritmo, specialmente da un punto di vista implementativo. Un insieme F tiene traccia degli archi (e degli archi inversi) che possono essere contratti. $(V(G), F)$ sarà sempre ottenuto da una foresta orientando ogni arco in entrambe le direzioni. Viene scelto un rappresentante per ogni componente connessa di $(V(G), F)$. L'algoritmo mantiene la proprietà che il rappresentante di una componente connessa è il suo unico vertice non bilanciato. Questo porterà ad avere più aumenti in ogni fase, ma comunque sempre meno di $4n\gamma$.

Per qualsiasi vertice x, $r(x)$ denota il rappresentante della componente connessa di $(V(G), F)$ che contiene x. G' è il sottografo di G che contiene gli archi in F e tutti gli archi (x, y) con $r(x) \neq r(y)$. Gli archi non in G' non saranno più usati.

L'ALGORITMO DI ORLIN non richiede che b sia intero. Comunque, può essere usato solo per problemi senza capacità (ma si ricordi il Lemma 9.2).

ALGORITMO DI ORLIN

Input: Un digrafo G con capacità infinita $u(e) = \infty$ ($e \in E(G)$), i numeri $b : V(G) \to \mathbb{R}$ con $\sum_{v \in V(G)} b(v) = 0$, e pesi conservativi $c : E(G) \to \mathbb{R}$.

Output: Un b-flusso di costo minimo f.

① Poni $b' := b$ e $f(e) := 0$ per ogni $e \in E(G)$.
Poni $r(v) := v$ per ogni $v \in V(G)$. Poni $F := \emptyset$ e $G' := G$.
Poni $\gamma = \max_{v \in V(G)} |b'(v)|$.

② **If** $b' = 0$ **then stop**.

③ Scegli un vertice s con $b'(s) > \frac{n-1}{n}\gamma$.
If non esiste un tale s **then go to** ④.
Scegli un vertice t con $b'(t) < -\frac{1}{n}\gamma$ t.c. t sia raggiungibile da s in G_f.
If non esiste un tale t **then stop**. (Non esiste alcun b-flusso.)
Go to ⑤.

④ Scegli un vertice t con $b'(t) < -\frac{n-1}{n}\gamma$.
If non esiste un tale t **then go to** ⑥.
Scegli un vertice s con $b'(s) > \frac{1}{n}\gamma$ tale che t sia raggiungibile da s in G_f.
If non esiste un tale s **then stop**. (Non esiste un b-flusso.)

⑤ Trova un cammino s-t P in G'_f di peso minimo.
Poni $b'(s) := b'(s) - \gamma$ e $b'(t) := b'(t) + \gamma$. Aumenta f lungo P di γ.
Go to ②.

⑥ **If** $f(e) = 0$ per ogni $e \in E(G') \setminus F$ **then**
poni $\gamma := \min \left\{ \frac{\gamma}{2}, \max_{v \in V(G)} |b'(v)| \right\}$, **else** poni $\gamma := \frac{\gamma}{2}$.

⑦ **While** esiste un $e = (x, y) \in E(G') \setminus F$ con $f(e) > 8n\gamma$ **do**:
  Poni $F := F \cup \{e, \overleftarrow{e}\}$.
  Sia $x' := r(x)$ e $y' := r(y)$. Sia Q il cammino x'-y' in F.
  If $b'(x') > 0$ **then** aumenta f lungo Q di $b'(x')$,
    else aumenta f lungo gli archi inversi di Q di $-b'(x')$.
  Poni $b'(y') := b'(y') + b'(x')$ e $b'(x') := 0$.
  For ogni $e' = (v, w) \in E(G') \setminus F$ con $\{r(v), r(w)\} = \{x', y'\}$ **do**:
    Poni $E(G') := E(G') \setminus \{e'\}$.
  Poni $r(z) := y'$ per ogni vertice z raggiungibile da y' in F.

⑧ **Go to** ②.

Questo algoritmo si deve a Orlin [1993]. Si veda anche (Plotkin e Tardos [1990]). Dimostriamo prima la sua correttezza. Chiamiamo il tempo tra due cambiamenti di γ una **fase**. Chiamiamo un vertice v **importante** se $|b'(v)| > \frac{n-1}{n}\gamma$. Una fase termina quando non ci sono più vertici importanti.

Lemma 9.14. *Il numero di aumenti in ⑤ durante una fase è al massimo pari al numero di vertici importanti all'inizio di una fase più il numero di aumenti in ⑦ all'inizio di quella fase.*

Dimostrazione. Ogni aumento in ⑤ diminuisce $\Phi := \sum_{v \in V(G)} \left\lceil \frac{|b'(v)|}{\gamma} - \frac{n-1}{n} \right\rceil$ di almeno uno, mentre un aumento in ⑦ non può aumentare Φ di più di uno. Inoltre, Φ è il numero di vertici importanti all'inizio di ciascuna fase. □

Lemma 9.15. *L'*ALGORITMO DI ORLIN *risolve correttamente il* PROBLEMA DEL FLUSSO DI COSTO MINIMO *senza capacità e con pesi conservativi. Ad ogni passo f è un $(b - b')$-flusso di costo minimo.*

Dimostrazione. Dimostriamo prima che f è sempre un $(b-b')$-flusso. In particolare, dobbiamo mostrare che f è sempre non negativo. Per dimostrarlo, osserviamo prima che ad ogni passo il flusso su ogni arco in $E(G') \setminus F$, e quindi anche la capacità residua di ogni arco inverso, è un multiplo intero di γ. Inoltre affermiamo che ogni arco $e \in F$ ha sempre una capacità residua positiva. Per vederlo, si osservi che qualsiasi fase consiste in al massimo $n-1$ aumenti di meno di $2\frac{n-1}{n}\gamma$ in ⑦ e al massimo $2n$ aumenti di γ in ⑤ (cf. Lemma 9.14); quindi la quantità totale di flusso spostata dopo che l'arco e è diventato un membro di F nella fase-γ è minore di $4n\gamma$ durante questa fase, minore di $4n\frac{\gamma}{2}$ nella fase successiva, e così via, quindi in totale minore di $8n\gamma$.

Quindi f è sempre non negativo e quindi è sempre un $(b-b')$-flusso. Mostriamo ora che f è sempre un $(b-b')$-flusso di costo minimo e che ogni cammino v-w in F è un cammino v-w minimo in G_f. In pratica, la prima affermazione implica la seconda, poiché per il Teorema 9.6 per un flusso f di costo minimo non esiste alcun circuito negativo in G_f. Ora si osservi che per il Teorema 9.11 P in ⑤ e Q in ⑦ sono rispettivamente cammini minimi in G'_f e $(V(G), F)$, e quindi in G_f.

Mostriamo infine che se l'algoritmo termina in ③ o in ④ con $b' \neq 0$, allora non esiste sicuramente alcun b-flusso. Supponiamo che l'algoritmo termini in ③, il che implica che esiste un vertice s con $b'(s) > \frac{n-1}{n}\gamma$, ma che nessun vertice t con $b'(t) < -\frac{1}{n}\gamma$ è raggiungibile da s in G_f. Allora sia R l'insieme di vertici raggiungibili da s in G_f. Poiché f è un $(b-b')$-flusso, $\sum_{x \in R}(b(x) - b'(x)) = 0$. Quindi abbiamo

$$\sum_{x \in R} b(x) = \sum_{x \in R} b'(x) = b'(s) + \sum_{x \in R \setminus \{s\}} b'(x) > 0$$

ma $\delta^+_G(R) = \emptyset$. Ciò dimostra che non esiste alcun b-flusso. Una dimostrazione analoga si deriva nel caso in cui l'algoritmo termini al passo ④. □

Analizziamo ora il tempo di esecuzione.

Lemma 9.16. (Plotkin e Tardos [1990]) *Se un vertice z è importante a un certo passo dell'algoritmo, allora la componente connessa di $(V(G), F)$ che contiene z aumenta durante le $\lceil 2\log n + \log m \rceil + 4$ fasi successive.*

Dimostrazione. Sia $|b'(z)| > \frac{n-1}{n}\gamma_1$ per un vertice z all'inizio di una certa fase dell'algoritmo in cui $\gamma = \gamma_1$. Sia γ_0 il valore di γ nella fase precedente, e γ_2 il valore di γ $\lceil 2\log n + \log m \rceil + 4$ fasi dopo. Abbiamo che $\frac{1}{2}\gamma_0 \geq \gamma_1 \geq 16n^2 m\gamma_2$. Siano b'_1 e f_1 rispettivamente b' e f all'inizio della fase γ_1, e siano b'_2 e f_2 rispettivamente b' e f alla fine della fase γ_2.

Sia Z la componente connessa di $(V(G), F)$ che contiene z alla fase γ_1, e supponiamo che ciò non cambi per le $\lceil 2\log n + \log m \rceil + 4$ fasi considerate. Si noti che il passo ⑦ garantisce $b'(v) = 0$ per tutti i vertici v con $r(v) \neq v$. Quindi $b'(v) = 0$ per ogni $v \in Z \setminus \{z\}$ e

$$\sum_{x\in Z} b(x) - b'_1(z) \;=\; \sum_{x\in Z}(b(x) - b'_1(x)) \;=\; \sum_{e\in\delta^+(Z)} f_1(e) - \sum_{e\in\delta^-(Z)} f_1(e). \quad (9.5)$$

Il termine alla destra dell'uguaglianza è un multiplo intero di γ_0, e

$$\frac{1}{n}\gamma_1 \;\leq\; \frac{n-1}{n}\gamma_1 \;<\; |b'_1(z)| \;\leq\; \frac{n-1}{n}\gamma_0 \;<\; \gamma_0 - \frac{1}{n}\gamma_1. \quad (9.6)$$

Quindi

$$\left|\sum_{x\in Z} b(x)\right| \;>\; \frac{1}{n}\gamma_1. \quad (9.7)$$

Come in (9.5), abbiamo $\sum_{e\in\delta^+(Z)} f_2(e) - \sum_{e\in\delta^-(Z)} f_2(e) = \sum_{x\in Z} b(x) - b'_2(z)$. Usando (9.7) e $|b'_2(z)| \leq \frac{n-1}{n}\gamma_2$ otteniamo

$$\begin{aligned}\sum_{e\in\delta^+(Z)\cup\delta^-(Z)} |f_2(e)| \;\geq\; \left|\sum_{x\in Z} b(x)\right| - |b'_2(z)| \;&>\; \frac{1}{n}\gamma_1 - \frac{n-1}{n}\gamma_2 \\ &\geq\; (16nm - 1)\gamma_2 \;>\; m(8n\gamma_2).\end{aligned}$$

Quindi esiste almeno un arco e con esattamente un estremo in Z e $f_2(e) > 8n\gamma_2$. Per il passo ⑦ dell'algoritmo, ciò significa che Z viene aumentato. □

Teorema 9.17. (Orlin [1993]) *L'*ALGORITMO DI ORLIN *risolve correttamente il* PROBLEMA DEL FLUSSO DI COSTO MINIMO *senza capacità e con pesi conservativi in tempo* $O(n \log n(m + n \log n))$.

Dimostrazione. La correttezza è stata dimostrata sopra (Lemma 9.15). In ogni fase, ⑦ richiede un tempo $O(m(i + 1))$, dove i è il numero di iterazioni nel ciclo "while". Si noti che il numero totale di iterazioni in questo ciclo è al massimo $n - 1$ poiché il numero di componenti connesse di $(V(G), F)$ diminuisce ogni volta.

Per i passi ⑥ e ⑦, possono esserci al massimo $3 \log n$ fasi successive senza un vertice importante. Quindi, il Lemma 9.16 implica che il numero totale di fasi è $O(n \log m)$.

Per il Lemma 9.14, il numero totale di aumenti in ⑤ è al massimo $n - 1$ più il numero di coppie (γ, z), dove z è importante all'inizio della fase γ. Per il Lemma

9.16, e poiché tutti i vertici v con $r(v) \neq v$ hanno $b'(v) = 0$ in qualsiasi momento, il numero di queste coppie è $O(\log m)$ volte il numero di insiemi che sono a un certo passo dell'algoritmo una componente connessa di $(V(G), F)$. Poiché la famiglia di questi insiemi è laminare, esistono al massimo $2n - 1$ insiemi di questo tipo (Corollario 2.15), e quindi complessivamente $O(n \log m)$ aumenti in ⑤.

Usando la tecnica del Teorema 9.12, otteniamo un tempo di esecuzione complessivo di $O\left(mn \log m + (n \log m)(m + n \log n)\right)$. Possiamo assumere $m = O(n^2)$, e quindi $\log m = O(\log n)$, perché tra l'insieme di archi paralleli senza capacità abbiamo bisogno di quello che costa meno. □

Questo è il miglior tempo di esecuzione noto per il PROBLEMA DEL FLUSSO DI COSTO MINIMO senza capacità.

Teorema 9.18. (Orlin [1993]) *In generale il* PROBLEMA DEL FLUSSO DI COSTO MINIMO *può essere risolto in tempo* $O\left(m \log m(m + n \log n)\right)$, *dove* $n = |V(G)|$ *e* $m = |E(G)|$.

Dimostrazione. Applichiamo la costruzione data nel Lemma 9.2. Quindi dobbiamo risolvere un PROBLEMA DEL FLUSSO DI COSTO MINIMO senza capacità su un grafo bipartito H con $V(H) = A' \dot{\cup} B'$, in cui $A' = E(G)$ e $B' = V(G)$. Poiché H è aciclico, un potenziale iniziale ammissibile può essere calcolato in tempo $O(|E(H)|) = O(m)$. Come mostrato sopra (Teorema 9.17), il tempo di esecuzione complessivo è limitato da $O(m \log m)$ esecuzioni dell'algoritmo dei cammini minimi in un sottografo di $\overleftrightarrow{H}$ con pesi non negativi.

Prima di eseguire l'ALGORITMO DI DIJKSTRA applichiamo la seguente operazione ad ogni vertice $a \in A'$ che non sia un estremo del cammino che stiamo cercando: aggiungiamo un arco (b, b') per ogni coppia di archi $(b, a), (a, b')$ e poniamo il suo peso pari alla somma dei pesi di (b, a) e (a, b'); infine rimuoviamo a. Chiaramente l'istanza che si ottiene del PROBLEMA DEL CAMMINO MINIMO è equivalente. Poiché ogni vertice in A' ha quattro archi incidenti a $\overleftrightarrow{H}$, il grafo che si ottiene ha $O(m)$ archi e al massimo $n + 2$ vertici. Il preprocessing richiede un tempo costante per vertice, cioè $O(m)$. Lo stesso si verifica per il calcolo finale del cammino in $\overleftrightarrow{H}$ e dei valori delle distanze dei vertici rimossi. Otteniamo un tempo complessivo di esecuzione di $O\left((m \log m)(m + n \log n)\right)$. □

Questo è l'algoritmo fortemente polinomiale più efficiente che si conosca per il PROBLEMA DEL FLUSSO DI COSTO MINIMO. Un algoritmo che ottiene lo stesso tempo di esecuzione ma funziona direttamente su istanze con capacitate è stato descritto in Vygen [2002].

9.6 Algoritmo del Simplesso per le Reti di Flusso

Il PROBLEMA DEL FLUSSO DI COSTO MINIMO è un caso speciale di PROGRAMMAZIONE LINEARE. Applicando l'ALGORITMO DEL SIMPLESSO e sfruttando la struttura particolare del problema si arriva al cosiddétto ALGORITMO DEL SIMPLESSO DI RETE [Network Simplex Algorithm]. Per rendere la connessione più chiara, caratterizziamo prima l'insieme delle soluzioni di base (anche se non è necessario per dimostrare la correttezza).

Definizione 9.19. *Sia* (G, u, b, c) *un'istanza del* PROBLEMA DEL FLUSSO DI COSTO MINIMO. *Un b-flusso* f *in* (G, u) *è una* **soluzione ad albero di supporto** *se* $(V(G), \{e \in E(G) : 0 < f(e) < u(e)\})$ *non contiene circuiti non orientati.*

Proposizione 9.20. *Un'istanza del* PROBLEMA DEL FLUSSO DI COSTO MINIMO *o ha una soluziona ottima che è una soluzione ad albero di supporto oppure non ha nessuna soluzione ottima.*

Dimostrazione. Data una soluzione ottima f e un circuito non orientato C in $(V(G), \{e \in E(G) : 0 < f(e) < u(e)\})$, abbiamo due circuiti orientati C' e C'' in G_f con lo stesso grafo sottostante non orientato di C. Sia ϵ la capacità residua minima in $E(C') \cup E(C'')$. Possiamo ottenere altre due soluzioni ammissibili f' e f'' aumentando f di ϵ rispettivamente lungo C' e C''. Siccome $2c(f) = c(f') + c(f'')$, sia f' che f'' sono anche soluzioni ottime. Almeno una di loro ha meno archi e con $0 < f(e) < u(e)$ di f, dunque dopo meno di $|E(G)|$ passi arriviamo a una soluzione ottima ad albero di supporto. □

Corollario 9.21. *Sia* (G, u, b, c) *un'istanza del* PROBLEMA DEL FLUSSO DI COSTO MINIMO. *Allora le soluzioni di base di*

$$\left\{ x \in \mathbb{R}^{E(G)} \ : \ 0 \le x_e \le u(e) \ (e \in E(G)), \right.$$
$$\left. \sum_{e \in \delta^+(v)} x_e - \sum_{e \in \delta^-(v)} x_e = b(v) \ (v \in V(G)) \right\}$$

sono esattamente le soluzioni ad albero di supporto di (G, u, b, c).

Dimostrazione. La Proposizione 9.20 mostra che ogni soluzione di base è una soluzione ad albero di supporto.

Per una soluzione ad albero di supporto f consideriamo le disuguaglianze $x_e \ge 0$ per $e \in E(G)$ con $f(e) = 0$, $x_e \le u(e)$ per $e \in E(G)$ con $f(e) = u(e)$, e $\sum_{e \in \delta^+(v)} x_e - \sum_{e \in \delta^-(v)} x_e = b(v)$ per ogni v tranne un vertice di ogni componente connessa $(V(G), \{e \in E(G) : 0 < f(e) < u(e)\})$. Queste $|E(G)|$ disuguaglianze sono tutte soddisfatte da f con l'uguaglianza, e la sottomatrice che corrisponde a queste disuguaglianza è non singolare. Quindi f è una soluzione di base. □

In una soluzione ad albero di supporto esistono tre tipi di archi: quelli con flusso nullo, quelli con le capacità saturate, e quelli il cui flusso è positivo ma minore della capacità. Assumendo che G sia connesso, possiamo estendere l'ultimo insieme di archi ai sottografi di supporto connessi non orientati senza circuiti (ossia, un albero di supporto orientato; da cui il nome "soluzione ad albero di supporto").

Definizione 9.22. *Sia (G, u, b, c) un'istanza del* PROBLEMA DEL FLUSSO DI COSTO MINIMO *in cui G è connesso. Una* **struttura ad albero di supporto** *è una tupla (r, T, L, U) in cui $r \in V(G)$, $E(G) = T \dot{\cup} L \dot{\cup} U$, $|T| = |V(G)| - 1$, e $(V(G), T)$ non contiene circuiti non orientati.*

Il b-flusso **associato con la struttura ad albero di supporto** (r, T, L, U) *è definito da:*

- $f(e) := 0$ *per* $e \in L$,
- $f(e) := u(e)$ *per* $e \in U$,
- $f(e) := \sum_{v \in C_e} b(v) + \sum_{e \in U \cap \delta^-(C_e)} u(e) - \sum_{e \in U \cap \delta^+(C_e)} u(e)$ *per* $e \in T$, *dove per* $e = (v, w)$ *denotiamo con* C_e *la componente connessa di* $(V(G), T \setminus \{e\})$ *che contiene* v.

(r, T, L, U) *è chiamata* **ammissibile** *se* $0 \leq f(e) \leq u(e)$ *per ogni* $e \in T$.

Chiamiamo un arco (v, w) in T discendente se v appartiene al cammino r-w non orientato in T, e altrimenti ascendente. (r, T, L, U) è chiamata **struttura ad albero fortemente ammissibile** *se $0 < f(e) \leq u(e)$ per ogni arco discendente $e \in T$ e $0 \leq f(e) < u(e)$ per ogni arco ascendente $e \in T$.*

La funzione unica $\pi : V(G) \to \mathbb{R}$ con $\pi(r) = 0$ e $c_\pi(e) = 0$ per ogni $e \in T$ è chiamata il **potenziale associato alla struttura ad albero di supporto** (r, T, L, U).

Evidentemente il b-flusso f associato con una struttura ad albero di supporto soddisfa $\sum_{e \in \delta^+(v)} f(e) - \sum_{e \in \delta^-(v)} f(e) = b(v)$ per ogni $v \in V(G)$ (anche se non è sempre un b-flusso ammissibile). Inoltre notiamo che:

Proposizione 9.23. *Data un'istanza (G, u, b, c) del* PROBLEMA DEL FLUSSO DI COSTO MINIMO *e una struttura ad albero di supporto (r, T, L, U), il b-flusso f e il potenziale π associato con f possono essere calcolati rispettivamente in tempo $O(m)$ e $O(n)$.*

Inoltre, f è intero ogni volta che b e u sono intere, e π è intero ogni volta che c è intero.

Dimostrazione. Il potenziale associato con (r, T, L, U) può essere calcolato semplicemente applicando l'ALGORITMO DI GRAPH SCANNING agli archi di T e ai loro archi inversi. Il b-flusso associato con (r, T, L, U) può essere calcolato in tempo lineare visitando i vertici con un ordine di distanza non decrescente da r. Le proprietà di integralità seguono immediatamente dalle definizioni. □

L'ALGORITMO DEL SIMPLESSO PER LE RETI DI FLUSSO mantiene una struttura fortemente ammissibile ad albero di supporto e procede verso l'ottimalità. Si noti che il criterio di ottimalità nel Corollario 9.7 implica immediatamente:

Proposizione 9.24. *Sia (r, T, L, U) una struttura ammissibile ad albero di supporto e sia π il suo potenziale. Supponiamo che:*

- $c_\pi(e) \geq 0$ *per ogni* $e \in L$, *e*
- $c_\pi(e) \leq 0$ *per ogni* $e \in U$.

Allora (r, T, L, U) è associata con un b-flusso ottimo. □

Si noti che $\pi(v)$ è la lunghezza del cammino r-v in $\overleftrightarrow{G}$ che contiene solo archi di T o i suoi archi inversi. Per un arco $e = (v, w) \in E(\overleftrightarrow{G})$ definiamo il *circuito fondamentale* C di e l'insieme di e e del cammino w-v che contiene solo archi di T e i loro archi inversi. Il vertice di C che è più vicino a r in T è detto il suo *picco*.

Quindi per $e = (v, w) \notin T$, $c_\pi(e) = c(e) + \pi(v) - \pi(w)$ è il costo di mandare un'unità di flusso lungo il circuito fondamentale di e.

Esistono molti modi per ottenere una struttura iniziale fortemente ammissibile ad albero di supporto. Per esempio, si potrebbe calcolare un qualsiasi b-flusso (risolvendo un PROBLEMA DEL FLUSSO MASSIMO), applicare la procedura nella dimostrazione della Proposizione 9.20, scegliere r in modo arbitrario, e definire T, L, U in accordo con il flusso (aggiungendo opportuni archi a T, se necessario). Altrimenti, si potrebbe applicare la "fase uno" del METODO DEL SIMPLESSO.

Comunque, la possibilità più semplice consiste nell'introdurre degli archi ausiliari di costo molto alto con capacità abbastanza grande tra r e ogni altro vertice: per ogni destinazione $v \in V(G) \setminus \{r\}$ introduciamo un arco (r, v) con capacità $-b(v)$, e per ogni altro vertice $v \in V(G) \setminus \{r\}$ introduciamo un arco (v, r) con capacità $b(v) + 1$. Il costo di ogni arco ausiliario dovrebbe essere abbastanza alto da fare in modo che non appaia mai in una soluzione ottima, per esempio $1 + (|V(G)| - 1)\max_{e \in E(G)} |c(e)|$ (Esercizio 21). Poi possiamo scegliere T come l'insieme di tutti gli archi ausiliari, L come l'insieme di tutti gli archi iniziali, e $U := \emptyset$ per ottenere una struttura iniziale fortemente ammissibile ad albero di supporto.

ALGORITMO DEL SIMPLESSO DI RETE

Input: Un'istanza (G, u, b, c) del PROBLEMA DEL FLUSSO DI COSTO MINIMO e una struttura fortemente ammissibile ad albero di supporto (r, T, L, U).

Output: Una soluzione ottima f.

① Calcola il b-flusso f e il potenziale π associato con (r, T, L, U).

② Sia $e \in L$ con $c_\pi(e) < 0$ o $e \in U$ con $c_\pi(e) > 0$.
If un tale arco e non esiste **then stop**.

③ Sia C il circuito fondamentale di e (se $e \in L$) o di $\overleftarrow{e}$ (se $e \in U$).
Sia $\gamma := c_\pi(e)$.

④ Sia $\delta := \min_{e' \in E(C)} u_f(e')$, e sia e' l'ultimo arco in cui si ottiene il minimo quando si visita C nel suo orientamento, iniziando dal suo picco.
Sia $e_0 \in E(G)$ tale che e' sia e_0 oppure $\overleftarrow{e_0}$.

⑤ Rimuovi e da L o U.
Poni $T := (T \cup \{e\}) \setminus \{e_0\}$.
If $e' = e_0$ **then** inserisci e_0 in U **else** inserisci e_0 in L.

⑥ Aumenta f di δ lungo C.
Sia X la componente connessa di $(V(G), T \setminus \{e\})$ che contiene r.
If $e \in \delta^+(X)$ **then** poni $\pi(v) := \pi(v) + \gamma$ per $v \in V(G) \setminus X$.
If $e \in \delta^-(X)$ **then** poni $\pi(v) := \pi(v) - \gamma$ per $v \in V(G) \setminus X$.
Go to ②.

Si osservi che ⑥ potrebbe essere sostituito semplicemente tornando indietro al passo ①, poiché f e π calcolati in ⑥ sono associati con la nuova struttura ad albero di supporto. Si noti anche che $e = e_0$ è possibile; in questo caso $X = V(G)$, e T, f e π non cambiano, ma e si muove da L a U o vice versa.

Teorema 9.25. (Dantzig [1951], Cunningham [1976]) L'ALGORITMO DEL SIMPLESSO DI RETE *termina dopo un numero finito di iterazioni e trova una soluzione ottima.*

Dimostrazione. Si osservi che ⑥ mantiene la proprietà che f e π sono rispettivamente il b-flusso e il potenziale associato con (r, T, L, U).

Poi dimostriamo che la struttura ad albero di supporto è sempre fortemente ammissibile. Per la scelta di δ manteniamo la condizione $0 \le f(e) \le u(e)$ per ogni e, e quindi la struttura ad albero di supporto rimane ammissibile.

Siccome gli archi del sottocammino di C hanno la testa di e' nel picco non hanno dato il minimo in ④, continueranno ad avere dopo l'aumento una capacità residua positiva.

Per gli archi del sottocammino di C dal picco alla coda di e' dobbiamo assicurarci che i loro archi inversi abbiano, dopo l'aumento, una capacità residua positiva. Ciò è chiaro se $\delta > 0$. Altrimenti (se $\delta = 0$) abbiamo $e \neq e_0$, e il fatto che prima la struttura ad albero di supporto prima fosse fortemente ammissibile implica che né e né $\overleftarrow{e}$ possono appartenere a questo sottocammino (ovvero $e = e_0$ oppure $\delta^-(X) \cap E(C) \cap \{e, \overleftarrow{e}\} \neq \emptyset$) e che gli archi inversi del sottocammino di C dal picco alla coda di e o $\overleftarrow{e}$ hanno capacità residua positiva.

Per la Proposizione 9.24 il flusso f trovato è ottimo quando l'algoritmo termina. Mostriamo che non esistono due iterazioni con la stessa coppia (f, π), e quindi ogni struttura ad albero di supporto appare al massimo una volta.

Ad ogni iterazione il costo del flusso è ridotto di $|\gamma|\delta$. Siccome $\gamma \neq 0$, dobbiamo considerare solo le iterazioni con $\delta = 0$. Qui il costo del flusso rimane costante. Se $e \neq e_0$, allora $e \in L \cap \delta^-(X)$ o $e \in U \cap \delta^+(X)$, e quindi $\sum_{v \in V(G)} \pi(v)$ aumenta strettamente (di almeno $|\gamma|$). Infine, se $\delta = 0$ e $e = e_0$, allora $u(e) = 0$, $X = V(G)$, π rimane costante, e $|\{e \in L : c_\pi(e) < 0\}| + |\{e \in U : c_\pi(e) > 0\}|$

aumenta strettamente. Questo mostra che non esistono due iterazioni che danno la stessa struttura ad albero di supporto. □

Anche se l'ALGORITMO DEL SIMPLESSO DI RETE non è un algoritmo tempo-polinomiale, in pratica è molto efficiente. Orlin [1997] ha proposto una variante che richiede un tempo polinomiale. Algoritmi tempo-polinomiali per il simplesso di rete duale sono stati trovati da Orlin, Plotkin e Tardos [1993], e Armstrong e Jin [1997].

9.7 Flussi Dinamici

Consideriamo ora i flussi dinamici (chiamati a volte flussi temporali); ovvero il valore del flusso su ogni archi può cambiare al passare del tempo, e il flusso che entra in un arco arriva all'altro estremo dopo un ritardo specificato:

Definizione 9.26. *Sia (G, u, s, t) una rete con tempi di transito $l : E(G) \to \mathbb{R}_+$ e un orizzonte di tempo $T \in \mathbb{R}_+$. Allora un flusso dinamico s-t consiste in una funzione di Lebesgue misurabile $f_e : [0, T] \to \mathbb{R}_+$ per ogni $e \in E(G)$ con $f_e(\tau) \leq u(e)$ per ogni $\tau \in [0, T]$ e $e \in E(G)$ e*

$$\mathrm{ex}_f(v, a) := \sum_{e \in \delta^-(v)} \int_0^{\max\{0, a-l(e)\}} f_e(\tau) d\tau - \sum_{e \in \delta^+(v)} \int_0^a f_e(\tau) d\tau \geq 0 \quad (9.8)$$

per ogni $v \in V(G) \setminus \{s\}$ e $a \in [0, T]$.

$f_e(\tau)$ è chiamata la frequenza di flusso che entra in e al tempo τ (e che esce dall'arco $l(e)$ unità di tempo dopo). (9.8) permette di avere una scorta del flusso ai vertici, come nei preflussi s-t. Viene naturale considerare il problema di massimizzare il flusso che arriva a destinazione t.

PROBLEMA DEL FLUSSO DINAMICO MASSIMO	
Istanza:	Una rete (G, u, s, t). I tempi di transito $l : E(G) \to \mathbb{R}_+$ e l'orizzonte di tempo $T \in \mathbb{R}_+$.
Obiettivo:	Trovare un flusso s-t f dinamico tale che value $(f) := \mathrm{ex}_f(t, T)$ sia massimo.

Seguendo Ford e Fulkerson [1958], mostriamo che questo problema può essere ridotto al PROBLEMA DEL FLUSSO DI COSTO MINIMO.

Teorema 9.27. *Il* PROBLEMA DEL FLUSSO DINAMICO MASSIMO *può essere risolto nello stesso tempo del* PROBLEMA DEL FLUSSO DI COSTO MINIMO.

Dimostrazione. Data un'istanza (G, u, s, t, l, T) come sopra, definiamo un nuovo arco $e' = (t, s)$ e $G' := G + e'$. Si ponga $u(e') := u(E(G))$, $c(e') := -T$ e $c(e) := l(e)$ per $e \in E(G)$. Si consideri l'istanza $(G', u, 0, c)$ del PROBLEMA DEL FLUSSO DI COSTO MINIMO. Sia f' una soluzione ottima, ossia una circolazione di costo minimo (rispetto a c) in (G', u). Per la Proposizione 9.5, f' può essere decomposto in flussi su circuiti, ovvero esiste un insieme $\mathcal{C}$ di circuiti in G' e i numeri positivi $h : \mathcal{C} \to \mathbb{R}_+$ tali che $f'(e) = \sum\{h(C) : C \in \mathcal{C}, e \in E(C)\}$. Abbiamo che $c(C) \leq 0$ per tutti i $C \in \mathcal{C}$ poiché f' è una circolazione a costo minimo.

Sia $C \in \mathcal{C}$ con $c(C) < 0$. C deve contenere e'. Per $e = (v, w) \in E(C) \setminus \{e'\}$, sia d_e^C la distanza da s a v in (C, c). Si ponga

$$f_e^*(\tau) := \sum\{h(C) : C \in \mathcal{C}, c(C) < 0, e \in E(C), d_e^C \leq \tau \leq d_e^C - c(C)\}$$

per $e \in E(G)$ e $\tau \in [0, T]$. Questo definisce un flusso s-t dinamico senza scorta intermedia (ovvero $\mathrm{ex}_f(v, a) = 0$ per tutti i $v \in V(G) \setminus \{s, t\}$ e tutti gli $a \in [0, T]$). Inoltre,

$$\mathrm{value}(f^*) = \sum_{e \in \delta^-(t)} \int_0^{T - l(e)} f_e^*(\tau) d\tau = - \sum_{e \in E(G')} c(e) f'(e).$$

Affermiamo ora che f^* è ottimo. Per vederlo, sia f un qualsiasi flusso s-t dinamico, e si ponga $f_e(\tau) := 0$ per $e \in E(G)$ e $\tau \notin [0, T]$. Sia $\pi(v) := \mathrm{dist}_{(G'_{f'}, c)}(s, v)$ per $v \in V(G)$. Siccome $G'_{f'}$ non contiene circuiti negativi (cf. Teorema 9.6), π è un potenziale ammissibile in $(G'_{f'}, c)$. Abbiamo

$$\mathrm{value}(f) = \mathrm{ex}_f(t, T) \leq \sum_{v \in V(G)} \mathrm{ex}_f(v, \pi(v))$$

per la relazione (9.8), $\pi(t) = T$, $\pi(s) = 0$ e $0 \leq \pi(v) \leq T$ per ogni $v \in V(G)$. Quindi

$$\begin{aligned}
\mathrm{value}(f) &\leq \sum_{e=(v,w) \in E(G)} \left(\int_0^{\pi(w) - l(e)} f_e(\tau) d\tau - \int_0^{\pi(v)} f_e(\tau) d\tau \right) \\
&\leq \sum_{e=(v,w) \in E(G): \pi(w) - l(e) > \pi(v)} (\pi(w) - l(e) - \pi(v)) u(e) \\
&= \sum_{e=(v,w) \in E(G)} (\pi(w) - l(e) - \pi(v)) f'(e) \\
&= \sum_{e=(v,w) \in E(G')} (\pi(w) - c(e) - \pi(v)) f'(e) \\
&= - \sum_{e=(v,w) \in E(G')} c(e) f'(e) \\
&= \mathrm{value}(f^*)
\end{aligned}$$

□

Esistono altri problemi di flussi dinamici che sono molto più difficili. Hoppe e Tardos [2000] hanno risolto il cosiddétto *quickest transshipment problem* ["problema del trasbordo più rapido"], con molte sorgenti e destinazioni) con tempi di transito interi usando la minimizzazione di funzioni submodulari (si veda il Capitolo 14). Trovare flussi dinamici di costo minimo è *NP*-difficile (Klinz e Woeginger [2004]). Si veda Fleischer e Skutella [2007] per algoritmi approssimati e informazioni addizionali.

Esercizi

1. Mostrare che il PROBLEMA DEL FLUSSO MASSIMO può essere visto come un caso speciale del PROBLEMA DEL FLUSSO DI COSTO MINIMO.
2. Sia G un digrafo con capacità $u : E(G) \to \mathbb{R}_+$, e sia $b : V(G) \to \mathbb{R}$ con $\sum_{v \in V(G)} b(v) = 0$. Dimostrare che esiste un b-flusso se e solo se
$$\sum_{e \in \delta^+(X)} u(e) \geq \sum_{v \in X} b(v) \quad \text{per ogni } X \subseteq V(G).$$
(Gale [1957])
3. Sia G un digrafo con capacità sia superiori che inferiori $l, u : E(G) \to \mathbb{R}_+$, in cui $l(e) \leq u(e)$ per ogni $e \in E(G)$, e siano $b_1, b_2 : V(G) \to \mathbb{R}$ con $b_1(v) \leq b_2(v)$ per ogni $v \in V(G)$. Dimostrare che esiste un flusso f con $l(e) \leq f(e) \leq u(e)$ per ogni $e \in E(G)$ e
$$b_1(v) \leq \sum_{e \in \delta^+(v)} f(e) - \sum_{e \in \delta^-(v)} f(e) \leq b_2(v) \quad \text{per ogni } v \in V(G)$$
se e solo se
$$\sum_{e \in \delta^+(X)} u(e) \geq \max\left\{\sum_{v \in X} b_1(v), -\sum_{v \in V(G) \setminus X} b_2(v)\right\} + \sum_{e \in \delta^-(X)} l(e)$$
per ogni $X \subseteq V(G)$. (Questa è una generalizzazione dell'Esercizio 4 del Capitolo 8 e dell'Esercizio 2 di questo capitolo.)
(Hoffman [1960])
4. Dimostrare il teorema seguente di Ore [1956]. Dato un digrafo G e gli interi non negativi $a(x), b(x)$ per ogni $x \in V(G)$, allora G ha un sottografo di supporto H con $|\delta_H^+(x)| = a(x)$ e $|\delta_H^-(x)| = b(x)$ per ogni $x \in V(G)$ se e solo se
$$\sum_{x \in V(G)} a(x) = \sum_{x \in V(G)} b(x) \quad \text{e}$$
$$\sum_{x \in X} a(x) \leq \sum_{y \in V(G)} \min\{b(y), |\delta_G^+(X \setminus \{y\}) \cap \delta_G^-(y)|\} \quad \text{per ogni } X \subseteq V(G).$$
(Ford e Fulkerson [1962])

5. Sia (G, u, c, b) un'istanza del PROBLEMA DEL FLUSSO DI COSTO MINIMO con $c(e) \geq 0$ per ogni $e \in E(G)$. Sia F l'insieme di archi $e \in E(G)$ per il quale esiste una soluzione ottima f con $f(e) > 0$. Dimostrare che ogni circuito in $(V(G), F)$ consiste solo di archi e con $c(e) = 0$.
6. Si consideri il PROBLEMA DEL FLUSSO DI COSTO MINIMO in cui sono permesse capacità infinite ($u(e) = \infty$ per alcuni archi e).
   (a) Mostrare che un'istanza è illimitata se e solo se è ammissibile ed esiste un circuito negativo in cui tutti gli archi hanno capacità infinita.
   (b) Mostrare come decidere in tempo $O(n^3 + m)$ se un'istanza è illimitata.
   (c) Mostrare che per un'istanza che non sia illimitata ogni capacità infinita può essere equivalentemente sostituita con una capacità finita.
* 7. Sia (G, u, c, b) un'istanza del PROBLEMA DEL FLUSSO DI COSTO MINIMO. Chiamiamo una funzione $\pi : V(G) \to \mathbb{R}$ un potenziale ottimo se esiste un b-flusso di costo minimo f tale che π è un potenziale ammissibile rispetto a (G_f, c).
   (a) Dimostrare che una funzione $\pi : V(G) \to \mathbb{R}$ è un potenziale ottimo se e solo se per ogni $X \subseteq V(G)$:
$$b(X) + \sum_{e \in \delta^-(X): c_\pi(e) < 0} u(e) \leq \sum_{e \in \delta^+(X): c_\pi(e) \leq 0} u(e).$$
   (b) Dato $\pi : V(G) \to \mathbb{R}$, mostrare come trovare un insieme X che viola la condizione in (a) o decidere che non ne esiste nemmeno uno.
   (c) Si supponga che sia dato un potenziale ottimo; mostrare come trovare un b-flusso di costo minimo in tempo $O(n^3)$.

   Osservazione: ciò porta ai cosiddétti algoritmi di cancellazione di tagli per il PROBLEMA DEL FLUSSO DI COSTO MINIMO.
   (Hassin [1983])
8. Si consideri il seguente schema di algoritmo per il PROBLEMA DEL FLUSSO DI COSTO MINIMO: prima si trova un qualsiasi b-flusso, poi sino a quando esiste un ciclo negativo aumentante, si aumenta il flusso lungo tale ciclo (della massima quantità possibile). Abbiamo visto nella Sezione 9.3 che si ottiene un tempo fortemente polinomiale se si sceglie sempre un circuito di peso medio minimo. Dimostrare che senza questa richiesta non si può garantire che l'algoritmo termini.
   (Usare la costruzione nell'Esercizio 2 del Capitolo 8.)
9. Si consideri il problema descritto nell'Esercizio 3 con una funzione di peso $c : E(G) \to \mathbb{R}$. Si può trovare un flusso di costo minimo che soddisfi i vincoli dell'Esercizio 3? (Ridurre questo problema alla versione standard del PROBLEMA DEL FLUSSO DI COSTO MINIMO.)
10. Il PROBLEMA ORIENTATO DEL POSTINO CINESE può essere formulato come segue: dato un grafo semplice fortemente connesso G con pesi $c : E(G) \to \mathbb{R}_+$, trovare $f : E(G) \to \mathbb{N}$ tale che il grafo che contiene $f(e)$ copie di ogni arco $e \in E(G)$ è Euleriano e $\sum_{e \in E(G)} c(e) f(e)$ sia minimo. Come si può risolvere questo problema con un algoritmo tempo-polinomiale?

(Per il PROBLEMA NON ORIENTATO DEL POSTINO CINESE, si veda la Sezione 12.2.)

* 11. Il problema di b-matching frazionario si definisce come segue: dato un grafo non orientato G, capacità $u : E(G) \to \mathbb{R}_+$, i numeri $b : V(G) \to \mathbb{R}_+$ e pesi $c : E(G) \to \mathbb{R}$, cerchiamo una funzione $f : E(G) \to \mathbb{R}_+$ con $f(e) \leq u(e)$ per ogni $e \in E(G)$ e $\sum_{e\in\delta(v)} f(e) \leq b(v)$ per ogni $v \in V(G)$ tale che $\sum_{e\in E(G)} c(e)f(e)$ sia massimo.
(a) Mostrare come risolvere questo problema riducendolo a un PROBLEMA DEL FLUSSO DI COSTO MINIMO.
(b) Si supponga ora che b e u siano interi. Mostrare che allora il b-matching frazionario ha sempre una soluzione f *half-integral* (ovvero $2f(e) \in \mathbb{Z}$ per ogni $e \in E(G)$).

Osservazione: il PROBLEMA DI b-MATCHING DI PESO MASSIMO (intero) è l'argomento della Sezione 12.1.

* 12. Trovare un algoritmo combinatorio tempo-polinomiale per il problema di packing di intervalli definito nell'Esercizio 16 del Capitolo 5.
(Arkin e Silverberg [1987])

13. Si consideri il programma lineare $\max\{cx : Ax \leq b\}$ in cui tutti gli elementi di A sono -1, 0, o 1, e ogni colonna di A contiene al massimo un 1 e la massimo un -1. Mostrare che un tale PL è equivalente a un'istanza del PROBLEMA DEL FLUSSO DI COSTO MINIMO.

14. Mostrare che l'ALGORITMO DEI CAMMINI MINIMI SUCCESSIVI decide correttamente se esiste un b-flusso.

15. La tecnica di scaling introdotta nelle Sezioni 8.4 e 9.4 può essere considerato in una situazione più generale: sia Ψ una collezione di famiglie di insiemi ognuna dei quali contiene l'insieme vuoto. Si supponga che esista un algoritmo che risolve il problema seguente: dato un $(E, \mathcal{F}) \in \Psi$, i pesi $c : E \to \mathbb{Z}_+$ e un insieme $X \in \mathcal{F}$; trovare un $Y \in \mathcal{F}$ con $c(Y) > c(X)$ o dire che un tale Y non esiste. Si supponga che questo algoritmo abbia un tempo di esecuzione che è polinomiale in size(c). Dimostrare che allora esiste un algoritmo per trovare un insieme $X \in \mathcal{F}$ di peso massimo per un dato $(E, \mathcal{F}) \in \Psi$ e $c : E \to \mathbb{Z}_+$, il cui tempo di esecuzione è polinomiale in size(c).
(Grötschel e Lovász [1995]; si veda anche Schulz, Weismantel e Ziegler [1995], e Schulz e Weismantel [2002])

16. Dimostrare che l'ALGORITMO DI ORLIN calcola una soluzione ad albero di supporto.

17. Dimostrare che al passo ⑦ dell'ALGORITMO DI ORLIN si può sostituire il bound di $8n\gamma$ con $5n\gamma$.

18. Si consideri il calcolo dei cammini minimi con pesi non negativi (usando l'ALGORITMO DI DIJKSTRA) negli algoritmi della Sezione 9.4 e 9.5. Mostrare che anche per grafi con archi paralleli ognuno di questi calcoli può essere eseguito in tempo $O(n^2)$, assumendo di avere la lista di adiacenza di G ordinata per i costi degli archi. Concludere che l'ALGORITMO DI ORLIN richiede un tempo $O(mn^2 \log m)$.

* 19. L'ALGORITMO DI PUSH-RELABEL (Sezione 8.5) può essere generalizzato al PROBLEMA DEL FLUSSO DI COSTO MINIMO. Per un'istanza (G, u, b, c) con costi interi c, cerchiamo un b-flusso f e un potenziale ammissibile π in (G_f, c). Iniziamo ponendo $\pi := 0$ e saturando tutti gli archi e con costo negativo. Poi applichiamo il passo ③ dell'ALGORITMO PUSH-RELABEL con le seguenti modifiche. Un arco e è ammissibile se $e \in E(G_f)$ e $c_\pi(e) < 0$. Un vertice v è attivo se $b(v) + \mathrm{ex}_f(v) > 0$. RELABEL($v$) consiste nel porre $\pi(v) := \max\{\pi(w) - c(e) - 1 : e = (v, w) \in E(G_f)\}$. In PUSH($e$) per $e \in \delta^+(v)$ poniamo $\gamma := \min\{b(v) + \mathrm{ex}_f(v), u_f(e)\}$.

(a) Dimostrare che il numero di operazioni di RELABEL è $O(n^2|c_{\max}|)$, in cui $c_{\max} = \max_{e \in E(G)} c(e)$.
Suggerimento: un vertice w con $b(w) + \mathrm{ex}_f(w) < 0$ deve essere raggiungibile in G_f da un qualsiasi vertice attivo v. Si noti che $b(w)$ non viene mai modificato e si ricordino le dimostrazioni dei Lemmi 8.22 e 8.24.

(b) Mostrare che il tempo di esecuzione complessivo è $O(n^2 m c_{\max})$.

(c) Dimostrare che l'algoritmo calcola una soluzione ottima.

(d) Applicare lo scaling per ottenere un algoritmo $O(n^2 m \log c_{\max})$ per il PROBLEMA DEL FLUSSO DI COSTO MINIMO con costi interi c.

(Goldberg e Tarjan [1990])

20. Sia (G, u, b, c) un'istanza del PROBLEMA DEL FLUSSO DI COSTO MINIMO, in cui u e b sono interi. Dimostrare la seguente affermazione usando: (a) l'ALGORITMO DI CANCELLAZIONE DEI CICLI DI PESO MEDIO MINIMO, o (b) l'ALGORITMO DEI CAMMINI MINIMI SUCCESSIVI, oppure (c) l'unimodularità totale. Se esistesse un b-flusso in (G, u), allora esisterebbe un b-flusso di costo minimo che sia intero.

21. Sia (G, u, c, b) un'istanza del PROBLEMA DEL FLUSSO DI COSTO MINIMO. Sia $\bar{e} \in E(G)$ con $c(\bar{e}) > (|V(G)| - 1) \max_{e \in E(G) \setminus \{\bar{e}\}} |c(e)|$. Dimostrare che se esiste un b-flusso f in (G, u) con $f(\bar{e}) = 0$, allora $f(\bar{e}) = 0$ viene verificata per qualsiasi soluzione ottima f.

22. Data una rete (G, u, s, t) con tempi di transito interi $l : E(G) \to \mathbb{Z}_+$, un orizzonte di tempo $T \in \mathbb{N}$, un valore $V \in \mathbb{R}_+$, e i costi $c : E(G) \to \mathbb{R}_+$. Cerchiamo un flusso s-t dinamico f con $\mathrm{value}(f) = V$ e il costo minimo $\sum_{e \in E(G)} c(e) \int_0^T f_e(\tau) d\tau$. Mostrare come risolvere questo problema in tempo polinomiale se T è una costante.
Suggerimento: si consideri una rete temporale espansa con una copia di G per ogni unità di tempo.

Riferimenti bibliografici

Letteratura generale:

Ahuja, R.K., Magnanti, T.L., Orlin, J.B. [1993]: Network Flows. Prentice-Hall, Englewood Cliffs

Cook, W.J., Cunningham, W.H., Pulleyblank, W.R., Schrijver, A. [1998]: Combinatorial Optimization. Wiley, New York, Chapter 4

Goldberg, A.V., Tardos, É., Tarjan, R.E. [1990]: Network flow algorithms. In: Paths, Flows, and VLSI-Layout (B. Korte, L. Lovász, H.J. Prömel, A. Schrijver, eds.), Springer, Berlin, pp. 101–164

Gondran, M., Minoux, M. [1984]: Graphs and Algorithms. Wiley, Chichester 1984, Chapter 5

Jungnickel, D. [2007]: Graphs, Networks and Algorithms. Third Edition. Springer, Berlin 2007, Chapters 10 and 11

Lawler, E.L. [1976]: Combinatorial Optimization: Networks and Matroids. Holt, Rinehart and Winston, New York, Chapter 4

Ruhe, G. [1991]: Algorithmic Aspects of Flows in Networks. Kluwer Academic Publishers, Dordrecht

Skutella, M. [2009]: An introduction to network flows over time. In: Research Trends in Combinatorial Optimization (W.J. Cook, L. Lovász, J. Vygen, eds.), Springer, Berlin, pp. 451–482

Riferimenti citati:

Arkin, E.M., Silverberg, E.B. [1987]: Scheduling jobs with fixed start and end times. Discrete Applied Mathematics 18, 1–8

Armstrong, R.D., Jin, Z. [1997]: A new strongly polynomial dual network simplex algorithm. Mathematical Programming 78, 131–148

Busacker, R.G., Gowen, P.J. [1961]: A procedure for determining a family of minimum-cost network flow patterns. ORO Technical Paper 15, Operational Research Office, Johns Hopkins University, Baltimore

Cunningham, W.H. [1976]: A network simplex method. Mathematical Programming 11, 105–116

Dantzig, G.B. [1951]: Application of the simplex method to a transportation problem. In: Activity Analysis and Production and Allocation (T.C. Koopmans, Ed.), Wiley, New York, pp. 359–373

Edmonds, J., Karp, R.M. [1972]: Theoretical improvements in algorithmic efficiency for network flow problems. Journal of the ACM 19, 248–264

Fleischer, L., Skutella, M. [2007]: Quickest flows over time. SIAM Journal on Computing 36, 1600–1630

Ford, L.R., Fulkerson, D.R. [1958]: Constructing maximal dynamic flows from static flows. Operations Research 6, 419–433

Ford, L.R., Fulkerson, D.R. [1962]: Flows in Networks. Princeton University Press, Princeton

Gale, D. [1957]: A theorem on flows in networks. Pacific Journal of Mathematics 7, 1073–1082

Goldberg, A.V., Tarjan, R.E. [1989]: Finding minimum-cost circulations by cancelling negative cycles. Journal of the ACM 36, 873–886

Goldberg, A.V., Tarjan, R.E. [1990]: Finding minimum-cost circulations by successive approximation. Mathematics of Operations Research 15, 430–466

Grötschel, M., Lovász, L. [1995]: Combinatorial optimization. In: Handbook of Combinatorics; Vol. 2 (R.L. Graham, M. Grötschel, L. Lovász, eds.), Elsevier, Amsterdam

Hassin, R. [1983]: The minimum cost flow problem: a unifying approach to dual algorithms and a new tree-search algorithm. Mathematical Programming 25, 228–239

Hitchcock, F.L. [1941]: The distribution of a product from several sources to numerous localities. Journal of Mathematical Physics 20, 224–230

Hoffman, A.J. [1960]: Some recent applications of the theory of linear inequalities to extremal combinatorial analysis. In: Combinatorial Analysis (R.E. Bellman, M. Hall, eds.), AMS, Providence, pp. 113–128

Hoppe, B., Tardos, É. [2000]: The quickest transshipment problem. Mathematics of Operations Research 25, 36–62

Iri, M. [1960]: A new method for solving transportation-network problems. Journal of the Operations Research Society of Japan 3, 27–87

Jewell, W.S. [1958]: Optimal flow through networks. Interim Technical Report 8, MIT

Klein, M. [1967]: A primal method for minimum cost flows, with applications to the assignment and transportation problems. Management Science 14, 205–220

Klinz, B., Woeginger, G.J. [2004]: Minimum cost dynamic flows: the series-parallel case. Networks 43, 153–162

Orden, A. [1956]: The transshipment problem. Management Science 2, 276–285

Ore, O. [1956]: Studies on directed graphs I. Annals of Mathematics 63, 383–406

Orlin, J.B. [1993]: A faster strongly polynomial minimum cost flow algorithm. Operations Research 41, 338–350

Orlin, J.B. [1997]: A polynomial time primal network simplex algorithm for minimum cost flows. Mathematical Programming 78, 109–129

Orlin, J.B., Plotkin, S.A., Tardos, É. [1993]: Polynomial dual network simplex algorithms. Mathematical Programming 60, 255–276

Plotkin, S.A., Tardos, É. [1990]: Improved dual network simplex. Proceedings of the 1st Annual ACM-SIAM Symposium on Discrete Algorithms, 367–376

Schulz, A.S., Weismantel, R., Ziegler, G.M. [1995]: 0/1-Integer Programming: optimization and augmentation are equivalent. In: Algorithms – ESA '95; LNCS 979 (P. Spirakis, ed.), Springer, Berlin, pp. 473–483

Schulz, A.S., Weismantel, R. [2002]: The complexity of generic primal algorithms for solving general integer problems. Mathematics of Operations Research 27, 681–692

Tardos, É. [1985]: A strongly polynomial minimum cost circulation algorithm. Combinatorica 5, 247–255

Tolstoĭ, A.N. [1930]: Metody nakhozhdeniya naimen'shego summovogo kilometrazha pri planirovanii perevozok v prostanstve. In: Planirovanie Perevozok, Sbornik pervyĭ, Transpechat' NKPS, Moskow 1930, pp. 23–55. (See A. Schrijver, On the history of the transportation and maximum flow problems, Mathematical Programming 91, 437–445)

Tomizawa, N. [1971]: On some techniques useful for solution of transportation network problems. Networks 1, 173–194

Vygen, J. [2002]: On dual minimum cost flow algorithms. Mathematical Methods of Operations Research 56, 101–126

Wagner, H.M. [1959]: On a class of capacitated transportation problems. Management Science 5, 304–318

10

Matching Massimo

La teoria del Matching è uno degli argomenti più classici e più importanti della teoria combinatoria e della ottimizzazione. In questo capitolo si considerano solo grafi non orientati. Si ricordi che un matching è un insieme di archi disgiunti a coppie. Il nostro problema principale è:

PROBLEMA DEL MATCHING DI CARDINALITÀ MASSIMA	
Istanza:	Un grafo non orientato G.
Obiettivo:	Trovare un matching di cardinalità massima in G.

La versione pesata di questo problema è molto più difficile ed è posticipata al Capitolo 11. Tuttavia il problema ha delle applicazioni anche senza pesi: si supponga che nel PROBLEMA DI ASSEGNAMENTO ogni lavoro abbia lo stesso tempo di esecuzione, per esempio un'ora, e chiediamo se si può finire tutti i lavori entro un'ora. In altre parole: dato un grafo G bipartito con la bipartizione $V(G) = A \dot{\cup} B$, cerchiamo i numeri $x : E(G) \to \mathbb{R}_+$ con $\sum_{e \in \delta(a)} x(e) = 1$ per ogni lavoro $a \in A$ e $\sum_{e \in \delta(b)} x(e) \leq 1$ per ogni addetto $b \in B$. Possiamo scrivere questo problema come un sistema di disuguaglianze lineari $x \geq 0$, $Mx \leq \mathbb{1}$, $M'x \geq \mathbb{1}$, in cui le righe di M e M' sono le righe della matrice di incidenza nodo-arco di G. Per il Teorema 5.25, queste matrici sono totalmente unimodulari. Dal Teorema 5.20 concludiamo che se esiste una qualsiasi soluzione x, allora esiste anche una soluzione intera. Si osservi ora che le soluzioni intere del sistema lineare di disequazioni precedente sono esattamente i vettori di incidenza dei matching in G che coprono A.

Definizione 10.1. *Sia G un grafo e M un matching in G. Diciamo che un vertice v è* **coperto** *da M se $v \in e$ per un $e \in M$. M è detto un* **matching perfetto** *se tutti i vertici sono coperti da M.*

Nella Sezione 10.1 consideriamo i matching in grafi bipartiti. Da un punto di vista algoritmico questo problema può essere ridotto a un PROBLEMA DEL FLUSSO MASSIMO. In questo contesto, il Teorema del Massimo Flusso–Minimo Taglio e l'idea dei cammini aumentanti hanno delle interpretazioni interessanti.

Il Matching generico, su grafi non bipartiti, non si riduce direttamente a reti di flusso. Nelle Sezioni 10.2 e 10.3 introduciamo due condizioni necessarie e sufficienti affinché un grafo qualsiasi abbia un matching perfetto. Nella Sezione 10.4 consideriamo i grafi critici rispetto ai fattori che hanno un matching che copre

Korte B., Vygen J.: Ottimizzazione Combinatoria. Teoria e Algoritmi.

tutti vertici tranne v, per ogni $v \in V(G)$. Questi grafi giocano un ruolo importante nell'algoritmo di Edmonds per il PROBLEMA DEL MATCHING DI CARDINALITÀ MASSIMA, descritto nella Sezione 10.5, e la sua versione pesata che sarà rimandata alle Sezioni 11.2 e 11.3.

10.1 Matching bipartito

Poiché il PROBLEMA DEL MATCHING DI CARDINALITÀ MASSIMA è più semplice se G è bipartito, tratteremo prima questo caso. In questa sezione, assumiamo che un grafo bipartito G abbia sempre la bipartizione $V(G) = A \dot{\cup} B$. Poiché possiamo assumere che G sia connesso, possiamo assumere che la bipartizione sia unica (Esercizio 25 del Capitolo 2).

Per un grafo G, sia $\nu(G)$ la cardinalità massima di un matching in G, mentre sia $\tau(G)$ la cardinalità minima di una copertura per vertici di G.

Teorema 10.2. (König [1931]) *Se G è bipartito, allora $\nu(G) = \tau(G)$.*

Dimostrazione. Si consideri il grafo $G' = (V(G) \dot{\cup} \{s,t\},\ E(G) \cup \{\{s,a\} : a \in A\} \cup \{\{b,t\} : b \in B\})$. Allora $\nu(G)$ è il numero massimo di cammini s-t disgiunti internamente, mentre $\tau(G)$ è il numero minimo di vertici la cui rimozione rende t non raggiungibile da s. Il teorema segue ora direttamente dal Teorema di Menger 8.10. □

$\nu(G) \le \tau(G)$ è verificato per qualsiasi grafo (bipartito oppure no), ma non si ha in generale l'uguaglianza (basta considerare il triangolo K_3).

Esistono diverse affermazioni equivalenti al Teorema di König. Probabilmente, la versione più nota è il Teorema di Hall.

Teorema 10.3. (Hall [1935]) *Sia G un grafo bipartito con la bipartizione $V(G) = A \dot{\cup} B$. Allora G ha un matching che copre A se e solo se*

$$|\Gamma(X)| \ \ge\ |X| \qquad \textit{per ogni } X \subseteq A. \tag{10.1}$$

Prima Dimostrazione. La necessità della condizione è ovvia. Per dimostrare le sufficienza, si assuma che G non abbia un matching che copre A, ossia $\nu(G) < |A|$. Per il Teorema 10.2 ciò implica $\tau(G) < |A|$.

Sia $A' \subseteq A$, $B' \subseteq B$ tale che $A' \cup B'$ copre tutti gli archi e $|A' \cup B'| < |A|$. Ovviamente $\Gamma(A \setminus A') \subseteq B'$. Quindi $|\Gamma(A \setminus A')| \le |B'| < |A| - |A'| = |A \setminus A'|$, e la condizione di Hall (10.1) risulta violata. □

Vale la pena citare che non è troppo difficile dimostrare direttamente il Teorema di Hall. Per esempio, la dimostrazione seguente si deve a Halmos e Vaughan [1950]:

Seconda Dimostrazione. Mostriamo che qualsiasi G che soddisfa la condizione di Hall (10.1) ha un matching che copre A. Procediamo per induzione su $|A|$, essendo ovvii i casi $|A| = 0$ e $|A| = 1$.

Se $|A| \geq 2$, consideriamo due casi: se $|\Gamma(X)| > |X|$ per ogni sottoinsieme non vuoto X di A, allora prendiamo un qualsiasi arco $\{a, b\}$ ($a \in A$, $b \in B$), rimuoviamo i suoi due vertici e applichiamo l'induzione. Il grafo più piccolo che si ottiene soddisfa la condizione di Hall perché $|\Gamma(X)| - |X|$ può essere diminuita al massimo di uno per un qualsiasi $X \subseteq A \setminus \{a\}$.

Assumiamo ora che esista un sottoinsieme non vuoto X di A con $|\Gamma(X)| = |X|$. Per induzione esiste un matching che copre X in $G[X \cup \Gamma(X)]$. Affermiamo che possiamo estenderlo a un matching in G che copre A. Ancora per l'ipotesi di induzione, dobbiamo mostrare che $G[(A \setminus X) \cup (B \setminus \Gamma(X))]$ soddisfa la condizione di Hall. Per verificarlo, si osservi che per qualsiasi $Y \subseteq A \setminus X$ abbiamo (nel grafo originale G):

$$|\Gamma(Y) \setminus \Gamma(X)| = |\Gamma(X \cup Y)| - |\Gamma(X)| \geq |X \cup Y| - |X| = |Y|. \qquad \Box$$

Un caso speciale del Teorema di Hall è il "teorema del matrimonio" [Marriage Theorem]:

Teorema 10.4. (Frobenius [1917]) *Sia G un grafo bipartito con la bipartizione $V(G) = A \,\dot{\cup}\, B$. Allora G ha un matching perfetto se e solo se $|A| = |B|$ e $|\Gamma(X)| \geq |X|$ per ogni $X \subseteq A$.* $\Box$

Diverse applicazioni del Teorema di Hall sono mostrate negli esercizi 4–7.

La dimostrazione del Teorema di König 10.2 mostra un possibile algoritmo per il problema di matching bipartito:

Teorema 10.5. *Il* PROBLEMA DEL MATCHING DI CARDINALITÀ MASSIMA *per grafi bipartiti G può essere risolto in tempo $O(nm)$, in cui $n = |V(G)|$ e $m = |E(G)|$.*

Dimostrazione. Sia G un grafo bipartito con la bipartizione $V(G) = A \,\dot{\cup}\, B$. Si aggiunga un vertice s e lo si connetta con tutti i vertici di A, e si aggiunga un altro vertice t connesso a tutti i vertici di B. Si orientino gli archi da s ad A, da A a B, e da B a t. Inoltre, siano le capacità di tutti gli archi uguali a 1. Allora un flusso s-t massimo intero corrisponde a un matching di cardinalità massima (e vice versa).

Applichiamo dunque l'ALGORITMO DI FORD-FULKERSON e troviamo un flusso s-t massimo (e quindi un matching massimo) dopo al massimo n aumenti. Poiché ogni aumento richiede un tempo $O(m)$, abbiamo dimostrato il teorema. $\Box$

Questo risultato è essenzialmente dovuto a Kuhn [1955]. In pratica, si può ancora usare il concetto di cammino aumentante minimo (cf. l'ALGORITMO DI EDMONDS-KARP). In questo modo si ottiene l'algoritmo con complessità $O\left(\sqrt{n}(m+n)\right)$ di Hopcroft e Karp [1973]. Questo algoritmo sarà discusso negli Esercizi 9 e 10. Alcuni piccoli miglioramenti all'ALGORITMO DI HOPCROFT-KARP danno tempi di esecuzione di $O\left(n\sqrt{\frac{mn}{\log n}}\right)$ (Alt et al. [1991]) e $O\left(m\sqrt{n}\frac{\log(n^2/m)}{\log n}\right)$ (Feder e Motwani [1995]). L'ultimo bound è il migliore per grafi densi.

Riformuliamo ora il concetto di cammini aumentanti nel contesto del problema di matching.

Definizione 10.6. *Sia G un grafo (bipartito o no), e sia M un matching in G. Un cammino P è un* **cammino M-alternante** *se $E(P) \setminus M$ è un matching. Un cammino M-alternante è* **M-aumentante** *se i suoi estremi non sono coperti da M.*

Si verifica immediatamente che i cammini M-aumentanti hanno lunghezza dispari.

Teorema 10.7. (Berge [1957]) *Sia G un grafo (bipartito o no) con un matching M. Allora M è massimo se e solo se non esiste alcun cammino M-aumentante.*

Dimostrazione. Se esistesse un cammino M-aumentante P, la differenza simmetrica $M \triangle E(P)$ sarebbe un matching con una cardinalità più grande di M, e dunque M non sarebbe massimo. D'altronde, se esistesse un matching M' tale che $|M'| > |M|$, la differenza simmetrica $M \triangle M'$ è l'unione disgiunta per vertici di circuiti e cammini alternanti, in cui almeno un cammino deve essere M-aumentante. □

Nel caso bipartito il Teorema di Berge segue facilmente anche dal Teorema 8.5.

10.2 La matrice di Tutte

Consideriamo ora i matching massimi da un punto di vista algebrico. Sia G un grafo semplice non orientato, e sia G' il grafo diretto che risulta da G orientando gli archi arbitrariamente. Per un qualsiasi vettore $x = (x_e)_{e \in E(G)}$ di variabili, definiamo la **Matrice di Tutte**

$$T_G(x) = (t^x_{vw})_{v,w \in V(G)}$$

con

$$t^x_{vw} := \begin{cases} x_{\{v,w\}} & \text{se } (v,w) \in E(G') \\ -x_{\{v,w\}} & \text{se } (w,v) \in E(G') \\ 0 & \text{altrimenti} \end{cases}.$$

Tale matrice M, in cui $M = -M^\top$, viene detta **matrice emi-simmetrica** [skew-symmetric]. $\det T_G(x)$ è un polinomio nelle variabili x_e ($e \in E(G)$.

Teorema 10.8. (Tutte [1947]) *G ha un matching perfetto se e solo se* $\det T_G(x)$ *non è identicamente nullo.*

Dimostrazione. Sia $V(G) = \{v_1, \dots, v_n\}$, e sia S_n l'insieme di tutte le permutazioni su $\{1, \dots, n\}$. Per la definizione di determinante,

$$\det T_G(x) = \sum_{\pi \in S_n} \operatorname{sgn}(\pi) \prod_{i=1}^{n} t^x_{v_i, v_{\pi(i)}}.$$

Sia $S'_n := \left\{\pi \in S_n : \prod_{i=1}^n t^x_{v_i,v_{\pi(i)}} \neq 0\right\}$. Ogni permutazione $\pi \in S_n$ corrisponde a un grafo diretto $H_\pi := (V(G), \{(v_i, v_{\pi(i)}) : i = 1, \ldots, n\})$ in cui ogni vertice x ha $|\delta^-_{H_\pi}(x)| = |\delta^+_{H_\pi}(x)| = 1$. Per le permutazioni $\pi \in S'_n$, H_π è un sottografo di $\overset{\leftrightarrow}{G'}$.

Se esistesse una permutazione $\pi \in S'_n$ tale che H_π consista solo di circuiti pari, allora prendendo il secondo arco di ogni circuito (e ignorando gli orientamenti) si otterrebbe un matching perfetto in G.

Altrimenti, per ogni $\pi \in S'_n$ esiste una permutazione $r(\pi) \in S'_n$ tale che $H_{r(\pi)}$ si ottiene invertendo il primo circuito dispari in H_π, ovvero il circuito dispari che contiene il vertice con l'indice minimo. Naturalmente $r(r(\pi)) = \pi$.

Si osservi che $\text{sgn}(\pi) = \text{sgn}(r(\pi))$, ossia le permutazioni hanno lo stesso segno: se il primo circuito dispari consiste dei vertici $w_1, \ldots, w_{2k+1}$ con $\pi(w_i) = w_{i+1}$ $(i = 1, \ldots, 2k)$ e $\pi(w_{2k+1}) = w_1$, allora otteniamo $r(\pi)$ con $2k$ trasposizioni: per $j = 1, \ldots, k$ cambiamo $\pi(w_{2j-1})$ con $\pi(w_{2k})$ e $\pi(w_{2j})$ con $\pi(w_{2k+1})$.

Inoltre, $\prod_{i=1}^n t^x_{v_i,v_{\pi(i)}} = -\prod_{i=1}^n t^x_{v_i,v_{r(\pi)(i)}}$. Dunque i due termini corrispondenti nella somma

$$\det T_G(x) = \sum_{\pi \in S'_n} \text{sgn}(\pi) \prod_{i=1}^n t^x_{v_i,v_{\pi(i)}}$$

si cancellano l'un l'altro. Poiché ciò viene verificato per tutte le coppie $\pi, r(\pi) \in S'_n$, concludiamo che $\det T_G(x)$ è uguale a zero.

Dunque se G non ha un matching perfetto, $\det T_G(x)$ è uguale a zero. D'altronde, se G ha un matching perfetto M, si consideri la permutazione definita da $\pi(i) := j$ e $\pi(j) := i$ per ogni $\{v_i, v_j\} \in M$. Il termine corrispondente $\prod_{i=1}^n t^x_{v_i,v_{\pi(i)}} = \prod_{e \in M} \left(-{x_e}^2\right)$ non si può cancellare con nessun altro termine, e dunque $\det T_G(x)$ non è uguale a zero. □

Originariamente, Tutte usò il Teorema 10.8 per dimostrare il suo teorema principale sui matching, ossia il Teorema 10.13. Il Teorema 10.8 non dà una buona caratterizzazione della proprietà che un grafo abbia un matching perfetto. Il problema è che il determinante è facile da calcolare se gli elementi sono numeri (Teorema 4.10) ma è difficile da calcolare se gli elementi sono variabili. Tuttavia, il teorema suggerisce un algoritmo casualizzato per il PROBLEMA DEL MATCHING DI CARDINALITÀ MASSIMA.

Corollario 10.9. (Lovász [1979]) *Sia $x = (x_e)_{e \in E(G)}$ un vettore casuale in cui ogni elemento sia ugualmente distribuito in* $[0, 1]$. *Allora con probabilità 1 il rango di $T_G(x)$ è esattamente due volte la dimensione di un matching massimo.*

Dimostrazione. Supponiamo che il rango di $T_G(x)$ sia k, ossia le prima k righe sono linearmente indipendenti. Scriviamo $T_G(x) = \begin{pmatrix} A & B \\ -B^\top & C \end{pmatrix}$, in cui A è una matrice emi-simmetrica $(k \times k)$ e $\begin{pmatrix} A & B \end{pmatrix}$ ha rango k. Allora esiste una matrice D con $D\begin{pmatrix} A & B \end{pmatrix} = \begin{pmatrix} -B^\top & C \end{pmatrix}$. Abbiamo $AD^\top = -(DA)^\top = B$, e quindi A ha rango k. Dunque la sottomatrice principale A di $T_G(x)$ è nonsingolare, e per il Teorema

10.8 il sottografo indotto dai vertici corrispondenti ha un matching perfetto. In particolare, k è pari e G ha un matching di cardinalità $\frac{k}{2}$.

D'altronde, se G ha un matching di cardinalità k, il determinante della sottomatrice principale T' le cui righe e colonne corrispondono ai $2k$ vertici coperti da M, per il Teorema 10.8, non è uguale a zero. L'insieme di vettori x per i quali $\det T'(x) = 0$ deve allora essere vuoto. Dunque con probabilità 1, il rango di $T_G(x)$ è almeno $2k$. □

Naturalmente, con un computer digitale non è possibile scegliere i numeri casuali in $[0, 1]$. Tuttavia, si può mostrare che basta scegliere numeri interi casuali da un insieme finito $\{1, 2, \ldots, N\}$. Per N abbastanza grande, la probabilità di errore sarà arbitrariamente piccola (si veda Lovász [1979]). L'algoritmo di Lovász può essere usato per determinare un matching massimo (non solo la sua cardinalità). Si veda Rabin e Vazirani [1989], Mulmuley, Vazirani e Vazirani [1987], e Mucha e Sankowski [2004] per altri algoritmi casualizzati per trovare un matching massimo in un grafo. Inoltre si noti che Geelen [2000] ha mostrato come rendere non casualizzato [derandomize] l'algoritmo di Lovász. Anche se il suo tempo di esecuzione è peggiore dell'algoritmo di Edmonds per il matching (si veda la Sezione 10.5), rimane importante per alcune generalizzazioni del PROBLEMA DEL MATCHING DI CARDINALITÀ MASSIMA (per esempio, si veda Geelen e Iwata [2005]).

10.3 Il Teorema di Tutte

Consideriamo ora il PROBLEMA DEL MATCHING DI CARDINALITÀ MASSIMA in grafi qualsiasi. Una condizione necessaria affinché un grafo abbia un matching perfetto è che ogni componente connessa sia pari (ossia abbia un numero pari di vertici). Questa condizione non è sufficiente, come mostrato dal grafo $K_{1,3}$ (Figura 10.1(a)). La ragione per cui $K_{1,3}$ non ha un matching perfetto è che esiste un vertice (il nero) la cui rimozione dà componenti connesse dispari. Il grafo mostrato nella Figura 10.1(b) è più complicato: questo grafo ha un matching perfetto? Se rimuoviamo i tre vertici neri, otteniamo cinque componenti connesse dispari (e una componente connessa pari). Se ci fosse un matching perfetto, almeno un vertice di ogni componente connessa dovrebbe essere connessa con uno dei vertici neri. Ciò è impossibile perché il numero di componenti connesse dispari è più grande del numero di vertici neri.

Più in generale, per $X \subseteq V(G)$ sia $q_G(X)$ il numero di componenti connesse dispari in $G - X$. Allora un grafo per il quale si verifica $q_G(X) > |X|$ per un $X \subseteq V(G)$ non può avere un matching perfetto: altrimenti dovrebbe esserci, per ogni componente connessa dispari in $G - X$, almeno un arco del matching che connette questa componente connessa con X, il che non è possibile se ci sono più componenti connesse che elementi di X. Il Teorema di Tutte ci dice che questa condizione necessaria è anche sufficiente:

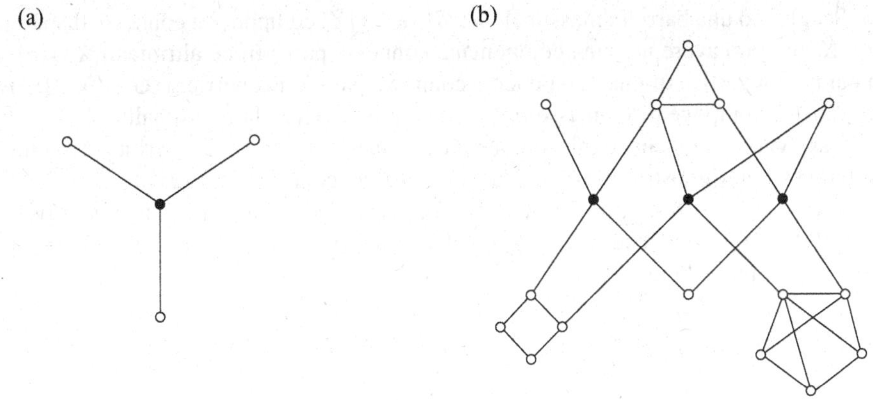

Figura 10.1.

Definizione 10.10. *Un grafo G soddisfa la* **condizione di Tutte** *se* $q_G(X) \leq |X|$ *per ogni* $X \subseteq V(G)$. *Un insieme di vertici non vuoto* $X \subseteq V(G)$ *è una* **barriera** *se* $q_G(X) = |X|$.

Per dimostrare la sufficienza della condizione di Tutte abbiamo bisogno di una semplice definizione e un teorema importante:

Proposizione 10.11. *Per qualsiasi grafo G e qualsiasi* $X \subseteq V(G)$ *abbiamo che*

$$q_G(X) - |X| \equiv |V(G)| \pmod 2.$$

□

Definizione 10.12. *Un grafo G è detto* **critico rispetto ai fattori** *se* $G - v$ *ha un matching perfetto per ogni* $v \in V(G)$. *Un matching è detto* **quasi-perfetto** *se copre tutti i vertici tranne uno.*

Possiamo ora dimostrare il Teorema di Tutte:

Teorema 10.13. (Tutte [1947]) *Un grafo G ha un matching perfetto se e solo se soddisfa la condizione di Tutte:*

$$q_G(X) \leq |X| \qquad \text{per ogni } X \subseteq V(G).$$

Dimostrazione. Abbiamo già mostrato la necessità della condizione di Tutte. Dimostriamo ora la sufficienza per induzione su $|V(G)|$ (poiché il caso $|V(G)| \leq 2$ è banale).

Sia G un grafo che soddisfi la condizione di Tutte. $|V(G)|$ non può essere dispari perché altrimenti la condizione di Tutte sarebbe violata perché $q_G(\emptyset) \geq 1$.

Dunque per la Proposizione 10.11, $|X| - q_G(X)$ deve essere pari per ogni $X \subseteq V(G)$. Poiché $|V(G)|$ è pari la condizione di Tutte viene verificata, e ogni singoletto è una barriera.

Scegliamo una barriera massimale X. $G-X$ ha $|X|$ componenti connesse dispari. $G-X$ non può avere nessuna componente connessa pari perché altrimenti $X \cup \{v\}$, in cui v è un vertice di una componente connessa pari, è una barriera ($G-(X\cup\{v\})$ ha $|X|+1$ componenti connesse dispari), contraddicendo la massimalità di X.

Osserviamo ora che ogni componente connessa di $G - X$ è critico rispetto ai fattori. Per dimostrarlo, sia C la componente connessa dispari di $G - X$ e $v \in V(C)$. Se $C - v$ non ha un matching perfetto, per l'ipotesi di induzione esiste un $Y \subseteq V(C)\setminus\{v\}$ tale che $q_{C-v}(Y) > |Y|$. Per la Proposizione 10.11, $q_{C-v}(Y)-|Y|$ deve essere pari, dunque

$$q_{C-v}(Y) \;\geq\; |Y|+2.$$

Poiché X, Y e $\{v\}$ sono disgiunti a coppie, abbiamo

$$\begin{aligned} q_G(X \cup Y \cup \{v\}) &= q_G(X) - 1 + q_C(Y \cup \{v\}) \\ &= |X| - 1 + q_{C-v}(Y) \\ &\geq |X| - 1 + |Y| + 2 \\ &= |X \cup Y \cup \{v\}|. \end{aligned}$$

Dunque $X \cup Y \cup \{v\}$ è una barriera, contraddicendo la massimalità di X.

Consideriamo ora il grafo bipartito G' con la bipartizione $V(G') = X \,\dot{\cup}\, Z$ che si ottiene quando rimuoviamo gli archi con entrambi gli estremi in X e contraiamo le componenti connesse dispari di $G - X$ in singoli vertici (formando l'insieme Z).

Rimane da mostrare che G' ha un matching perfetto. Se così non fosse, allora per il Teorema di Frobenius 10.4 esisterebbe un $A \subseteq Z$ tale che $|\Gamma_{G'}(A)| < |A|$. Ciò implica $q_G(\Gamma_{G'}(A)) \geq |A| > |\Gamma_{G'}(A)|$, una contraddizione. □

Questa dimostrazione si deve ad Anderson [1971]. La condizione di Tutte dà una buona caratterizzazione del problema del matching perfetto: o un grafo ha un matching perfetto oppure ha un cosiddétto **insieme di Tutte** X dimostrando che non ha un matching perfetto. Un'importante conseguenza del Teorema di Tutte è la cosiddétta formula di Berge-Tutte:

Teorema 10.14. (Berge [1958])

$$2\nu(G) + \max_{X \subseteq V(G)} (q_G(X) - |X|) \;=\; |V(G)|.$$

Dimostrazione. Per qualsiasi $X \subseteq V(G)$, qualsiasi matching deve avere almeno $q_G(X) - |X|$ vertici scoperti. Quindi $2\nu(G) + q_G(X) - |X| \leq |V(G)|$.

Per dimostrare la disuguaglianza inversa, sia

$$k \;:=\; \max_{X \subseteq V(G)} (q_G(X) - |X|).$$

Costruiamo un nuovo grafo H aggiungendo k nuovi vertici a G, ognuno dei quali è connesso a tutti i vertici precedenti.

Se possiamo dimostrare che H ha un matching perfetto, allora

$$2\nu(G) + k \;\geq\; 2\nu(H) - k \;=\; |V(H)| - k \;=\; |V(G)|,$$

e il teorema è dimostrato.

Supponiamo che H non abbia un matching perfetto, allora per il Teorema di Tutte esiste un insieme $Y \subseteq V(H)$ tale che $q_H(Y) > |Y|$. Per la Proposizione 10.11, k ha la stessa parità di $|V(G)|$, implicando che $|V(H)|$ è pari. Dunque $Y \neq \emptyset$ e quindi $q_H(Y) > 1$. Ma allora Y contiene tutti i nuovi vertici, e dunque

$$q_G(Y \cap V(G)) = q_H(Y) > |Y| = |Y \cap V(G)| + k,$$

contraddicendo la definizione di k. □

Chiudiamo questa sezione con una proposizione che sarà usata in seguito.

Proposizione 10.15. *Sia G un grafo e $X \subseteq V(G)$ con $|V(G)| - 2\nu(G) = q_G(X) - |X|$. Allora qualsiasi matching massimo di G contiene un matching perfetto in ogni componente connessa pari di $G - X$, un matching quasi-perfetto in ogni componente connessa dispari di $G - X$, e assegna tutti i vertici di X a vertici di diverse componenti connesse dispari di $G - X$.* □

In seguito (Teorema 10.32), vedremo che X può essere scelto in modo tale che ogni componente connessa dispari di $G - X$ sia critica rispetto ai fattori.

10.4 Ear-Decomposition di Grafi Critici rispetto ai fattori

Questa sezione contiene alcuni risultati sui grafi critici rispetto ai fattori che saranno utili in seguito. Nell'Esercizio 21 del Capitolo 2 abbiamo visto che i grafi che hanno una ear-decomposition sono esattamente i grafi 2-arco-connessi [2-edge-connected]. In questa sezione siamo interessati solo a ear-decomposition dispari.

Definizione 10.16. *Una ear-decomposition è detta* **ear-decomposition dispari** *se ogni ear ha lunghezza dispari.*

Teorema 10.17. (Lovász [1972]) *Un grafo è critico rispetto ai fattori se e solo se ha una ear-decomposition dispari. Inoltre, il vertice iniziale della ear-decomposition può essere scelto in modo arbitrario.*

Dimostrazione. Sia G un grafo con una data ear-decomposition dispari. Dimostriamo che G è critico rispetto ai fattori per induzione sul numero di ear. Sia P l'ultima ear nella ear-decomposition dispari, ovvero P va da x a y, e sia G' il grafo prima di aggiungere P. Dobbiamo mostrare che per qualsiasi vertice $v \in V(G)$, $G - v$ contiene un matching perfetto. Ciò è chiaro, per induzione, se v non è un vertice interno di P (si aggiunga il secondo arco di P al matching perfetto in $G' - v$). Se v è un vertice interno di P, allora esattamente uno tra $P_{[v,x]}$ e $P_{[v,y]}$ deve essere pari, supponiamo $P_{[v,x]}$. Per induzione esiste un matching perfetto in $G' - x$. Aggiungendo ogni secondo arco di $P_{[y,v]}$ e di $P_{[v,x]}$ otteniamo un matching perfetto in $G - v$.

Dimostriamo ora la direzione inversa. Si scelga il vertice iniziale z della ear-decomposition in modo arbitrario, e sia M un matching quasi-perfetto in G che copre $V(G) \setminus \{z\}$. Si supponga di avere già una ear-decomposition dispari di un sottografo G' di G tale che $z \in V(G')$ e $M \cap E(G')$ è un matching quasi-perfetto in G'. Se $G = G'$, abbiamo concluso.

Altrimenti, poiché G è connesso, deve esserci un arco $e = \{x, y\} \in E(G) \setminus E(G')$ con $x \in V(G')$. Se $y \in V(G')$, e è la ear seguente. Altrimenti sia N un matching quasi-perfetto in G che copre $V(G) \setminus \{y\}$. $M \triangle N$ ovviamente contiene gli archi di un cammino y-z P. Sia w il primo vertice di P (quando viene visitato da y) che appartiene a $V(G')$. L'ultimo arco di $P' := P_{[y,w]}$ non può appartenere a M (perché nessun arco di M esce da $V(G')$), e il primo arco non può appartenere a N. Poiché P' è M-N-alternante, $|E(P')|$ deve essere pari, dunque insieme con e forma la ear successiva. □

In pratica, abbiamo costruito un tipo speciale di ear-decomposition dispari:

Definizione 10.18. *Dato un grafo critico rispetto ai fattori G e un matching quasi-perfetto M, una* **ear-decomposition M-alternante** *di G è una ear-decomposition dispari tale che ogni ear è o un cammino M-alternante oppure un circuito C con $|E(C) \cap M| + 1 = |E(C) \setminus M|$.*

È chiaro che il vertice iniziale di una ear-decomposition M-alternante deve essere il vertice non coperto da M. La dimostrazione del Teorema 10.17 dà immediatamente:

Corollario 10.19. *Per qualsiasi grafo critico rispetto ai fattori G e qualsiasi matching quasi-perfetto M in G esiste una ear-decomposition M-alternante.* □

Da qui in poi, saremo interessati solo a ear-decomposition M-alternanti. Un modo interessante per memorizzare in modo efficiente una ear-decomposition M-alternante si deve a Lovász e Plummer [1986]:

Definizione 10.20. *Sia G un grafo critico rispetto ai fattori e M un matching quasi-perfetto in G. Sia $r, P_1, \ldots, P_k$ una ear-decomposition M-alternante di G e $\mu, \varphi : V(G) \to V(G)$ due funzioni. Diciamo che μ e φ sono associate alla* **ear-decomposition** *$r, P_1, \ldots, P_k$ se*

- *$\mu(x) = y$ se $\{x, y\} \in M$,*
- *$\varphi(x) = y$ se $\{x, y\} \in E(P_i) \setminus M$ e $x \notin \{r\} \cup V(P_1) \cup \cdots \cup V(P_{i-1})$,*
- *$\mu(r) = \varphi(r) = r$.*

Se M è fissato, diciamo anche che φ è associata a $r, P_1, \ldots, P_k$.

Se M è un matching quasi-perfetto dato e μ, φ sono associate a due ear-decomposition M-alternanti, allora sono uguali a meno dell'ordine delle ear. Inoltre, una lista esplicita delle ear può essere ottenuta in tempo lineare.

ALGORITMO DI EAR-DECOMPOSITION

Input:	Un grafo critico rispetto ai fattori G, le funzioni μ, φ associate a una ear-decomposition M-alternante.
Output:	Una ear-decomposition M-alternante $r, P_1, \ldots, P_k$.

① Sia inizialmente $X := \{r\}$, in cui r è il vertice con $\mu(r) = r$.
Sia $k := 0$, e lo stack sia vuoto.

② **If** $X = V(G)$ **then go to** ⑤.
If lo stack non è vuoto
then sia $v \in V(G) \setminus X$ un estremo del primo elemento dello stack **else** si scelga $v \in V(G) \setminus X$ in modo arbitrario.

③ Poni $x := v$, $y := \mu(v)$ e $P := (\{x, y\}, \{\{x, y\}\})$.
While $\varphi(\varphi(x)) = x$ **do**:
Poni $P := P + \{x, \varphi(x)\} + \{\varphi(x), \mu(\varphi(x))\}$ e $x := \mu(\varphi(x))$.
While $\varphi(\varphi(y)) = y$ **do**:
Poni $P := P + \{y, \varphi(y)\} + \{\varphi(y), \mu(\varphi(y))\}$ e $y := \mu(\varphi(y))$.
Poni $P := P + \{x, \varphi(x)\} + \{y, \varphi(y)\}$. P è la ear che contiene y come vertice interno. Metti P in cima allo stack.

④ **While** entrambi gli estremi del primo elemento P dello stack sono in X **do**:
Rimuovi P dallo stack, poni $k := k + 1$, $P_k := P$ e $X := X \cup V(P)$.
Go to ②.

⑤ **For** ogni $\{y, z\} \in E(G) \setminus (E(P_1) \cup \cdots \cup E(P_k))$ **do**:
Poni $k := k + 1$ e $P_k := (\{y, z\}, \{\{y, z\}\})$.

Proposizione 10.21. *Sia G un grafo critico rispetto ai fattori e siano μ, φ due funzioni associate a una ear-decomposition M-alternante. Allora questa ear-decomposition è unica a meno dell'ordine delle ear. L'*ALGORITMO DI EAR-DECOMPOSITION *determina correttamente una lista esplicita di queste ear, e richiede tempo lineare.*

Dimostrazione. Sia $\mathcal{D}$ una ear-decomposition M-alternante associata a μ e φ. L'unicità di $\mathcal{D}$ e la correttezza dell'algoritmo seguono dal fatto che P per come viene calcolata in ③ è sicuramente una ear $\mathcal{D}$. Il tempo di esecuzione dei passi ① – ④ è evidentemente $O(|V(G)|)$, mentre ⑤ richiede tempo $O(|E(G)|)$. □

La proprietà più importante delle funzioni associate a una ear-decomposition alternante è la seguente:

Lemma 10.22. *Sia G un grafo critico rispetto ai fattori e μ, φ due funzioni associate a una ear-decomposition M-alternante. Sia r il vertice non coperto da M. Allora il cammino massimale dato da una sottosequenza iniziale di*

$$x, \mu(x), \varphi(\mu(x)), \mu(\varphi(\mu(x))), \varphi(\mu(\varphi(\mu(x)))), \ldots$$

definisce un cammino x-r M-alternante di lunghezza pari per ogni $x \in V(G)$.

Dimostrazione. Sia $x \in V(G) \setminus \{r\}$, e sia P_i la prima ear che contiene x. Chiaramente una sottosequenza iniziale di

$$x, \mu(x), \varphi(\mu(x)), \mu(\varphi(\mu(x))), \varphi(\mu(\varphi(\mu(x)))), \ldots$$

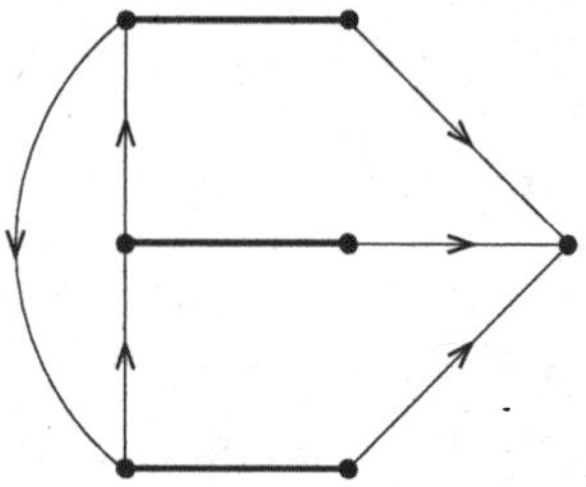

Figura 10.2.

deve essere un sottocammino Q di P_i da x a y, in cui $y \in \{r\} \cup V(P_1) \cup \cdots \cup V(P_{i-1})$. Dato che abbiamo una ear-decomposition M-alternante, l'ultimo arco di Q non appartiene a M; quindi Q ha lunghezza pari. Se $y = r$, abbiamo terminato, altrimenti applichiamo l'induzione su i. □

Il contrario del Lemma 10.22 non vale: nel controesempio di Figura 10.2 (gli archi in nero sono quelli del matching, gli archi orientati da u a v indicano $\varphi(u) = v$), μ e φ definiscono anche dei cammini alternanti al vertice non coperto dal matching. Tuttavia, μ e φ non sono associati a nessuna ear-decomposition alternante.

Per l'ALGORITMO DEL MATCHING PESATO (Sezione 11.3) avremo bisogno di una procedura veloce per aggiornare una ear-decomposition alternante quando il matching cambia. Anche se la dimostrazione del Teorema 10.17 è algoritmica (dato un modo per trovare un matching massimo in un grafo), è troppo inefficiente. Usiamo la ear-decomposition precedente:

Lemma 10.23. *Dato un grafo critico rispetto ai fattori G, due matching quasi perfetti M e M', e le funzioni μ, φ associati a una ear-decomposition M-alternante. Allora le funzioni μ', φ' associate a una ear-decomposition M'-alternante possono essere trovate in tempo $O(|V(G)|)$.*

Dimostrazione. Sia v il vertice non coperto da M, e sia v' il vertice non coperto da M'. Sia P il cammino v'-v in $M \triangle M'$, ovvero $P = x_0, x_1, \ldots, x_k$ con $x_0 = v'$ e $x_k = v$.

Una lista esplicita delle ear della vecchia ear-decomposition può essere ottenuta da μ e φ con l'ALGORITMO DI EAR-DECOMPOSITION in tempo lineare (Proposizione 10.21). In pratica, poiché non dobbiamo considerare ear di lunghezza pari a uno, possiamo omettere il passo ⑤: allora il numero totale di archi considerati è al massimo $\frac{3}{2}(|V(G)| - 1)$ (cf. Esercizio 19).

Supponiamo di aver già costruito una ear-decomposition M'-alternante di un sottografo di supporto di $G[X]$ per un $X \subseteq V(G)$ con $v' \in X$ (inizialmente $X := \{v'\}$). Naturalmente nessun arco di M' esce da X. Sia $p := \max\{i \in \{0, \ldots, k\} : x_i \in X\}$ (vedi la Figura 10.3). Ad ogni passo teniamo traccia di p e degli insiemi di archi $\delta(X) \cap M$. Entrambi, quando si estende X, si possono aggiornare in tempo lineare.

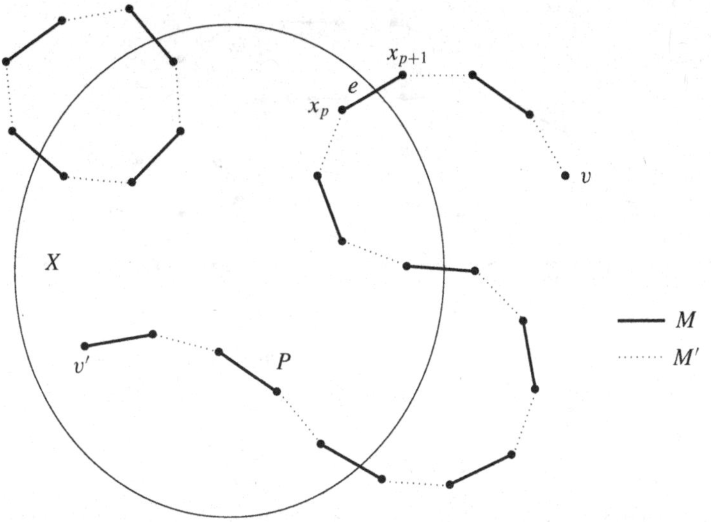

Figura 10.3.

Ora mostriamo come estendere la ear-decomposition. Aggiungeremo una o più ear ad ogni passo. Il tempo necessario per ogni passo sarà proporzionale al numero totale di archi nelle nuove ear.

Caso 1: $|\delta(X) \cap M| \geq 2$. Sia $f \in \delta(X) \cap M$ con $x_p \notin f$. Evidentemente, f appartiene a un cammino M-M'-alternante che può essere aggiunto alla ear seguente. Il tempo necessario a trovare questo ear è proporzionale alla sua lunghezza.

Caso 2: $|\delta(X) \cap M| = 1$. Allora $v \notin X$, ed $e = \{x_p, x_{p+1}\}$ è il solo arco in $\delta(X) \cap M$. Sia R' il cammino x_{p+1}-v determinato da μ e φ (cf. Lemma 10.22). Il primo arco di R' è e. Sia q l'indice minimo $i \in \{p+2, p+4, \ldots, k\}$ con $x_i \in V(R')$ e $V(R'_{[x_{p+1},x_i]}) \cap \{x_{i+1}, \ldots, x_k\} = \emptyset$ (cf. Figura 10.4). Sia $R := R'_{[x_p,x_q]}$. Dunque R ha i vertici x_p, $\varphi(x_p)$, $\mu(\varphi(x_p))$, $\varphi(\mu(\varphi(x_p)))$, $\ldots, x_q$, e può essere visitato in tempo proporzionale alla sua lunghezza.

Sia $S := E(R) \setminus E(G[X])$, $D := (M \triangle M') \setminus (E(G[X]) \cup E(P_{[x_q,v]}))$, e $Z := S \triangle D$. S e D sono formati da cammini e circuiti M-alternanti. Si osservi che ogni vertice non in X ha grado 0 o 2 rispetto a Z. Inoltre, per ogni vertice non in X con due archi incidenti di Z, uno di loro appartiene a M'. (Qui la scelta di q è essenziale.)

Quindi tutte le componenti connesse C di $(V(G), Z)$ con $E(C) \cap \delta(X) \neq \emptyset$ possono essere aggiunte alle prossime ear, e dopo che queste ear sono state aggiunte, $S \setminus Z = S \cap (M \triangle M')$ è l'unione disgiunta per vertici di cammini ognuno dei quali può essere aggiunto come un ear. Poiché $e \in D \setminus S \subseteq Z$, abbiamo $Z \cap \delta(X) \neq \emptyset$, dunque viene aggiunta almeno un ear.

Rimane da mostrare che il tempo necessario per questa costruzione è proporzionale al numero totale di archi nelle nuove ear. Ovviamente, basta mostrare come trovare S in tempo $O(|E(S)|)$.

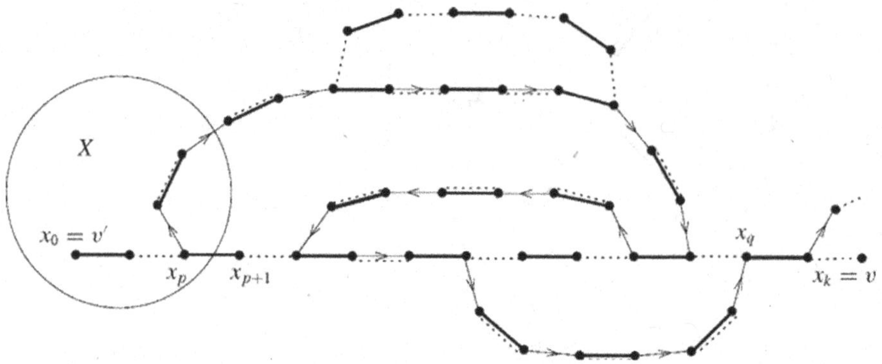

Figura 10.4.

Ciò è difficile a causa dei sottografi di R all'interno di X. Tuttavia, non ci preoccupiamo veramente di come saranno. Dunque vorremo tagliare questi cammini non appena possibile. Per fare ciò, modifichiamo le variabili φ.

In pratica, in ogni applicazione del Caso 2, sia $R_{[a,b]}$ un sottocammino massimale di R all'interno di X con $a \neq b$. Sia $y := \mu(b)$; y è il predecessore di b in R. Poniamo $\varphi(x) := y$ per tutti i vertici x su $R_{[a,y]}$ in cui $R_{[x,y]}$ ha lunghezza dispari. Non è importante se x e y siano uniti da un arco. Si veda la Figura 10.5 per un esempio.

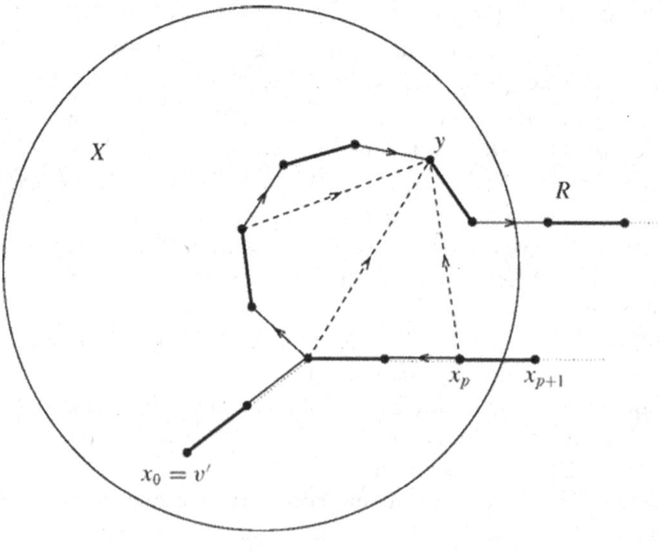

Figura 10.5.

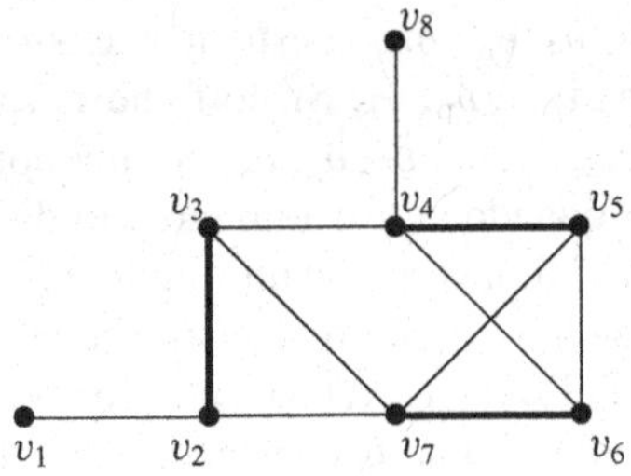

Figura 10.6.

Il tempo necessario per aggiornare le variabili φ è proporzionale al numero di archi esaminati. Si noti che questi cambiamenti di φ non rompono la proprietà del Lemma 10.22, e le variabili φ non vengono più usate tranne che per trovare cammini M-alternanti a v nel Caso 2.

Ora è garantito che il tempo richiesto per trovare i sottocammini di R all'interno di X è proporzionale al numero di sottocammini più il numero di archi esaminati per la prima volta all'interno di X. Poiché il numero di sottocammini all'interno di X è minore o uguale al numero di nuove ear a questo passo, otteniamo un tempo di esecuzioné complessivo lineare.

Caso 3: $\delta(X) \cap M = \emptyset$. Allora $v \in X$. Consideriamo le ear della precedente ear-decomposition M-alternante nel loro ordine. Sia R la prima ear con $V(R) \setminus X \neq \emptyset$.

In modo simile al Caso 2, sia $S := E(R) \setminus E(G[X])$, $D := (M \triangle M') \setminus E(G[X])$, e $Z := S \triangle D$. Di nuovo, tutte le componenti connesse C di $(V(G), Z)$ con $E(C) \cap \delta(X) \neq \emptyset$ possono essere aggiunte alle prossime ear, e dopo che queste ear sono state aggiunte, $S \setminus Z$ è l'unione disgiunta per vertici di cammini ognuno dei quali può essere aggiunto a un ear. Il tempo totale richiesto per il Caso 3 è ovviamente lineare. □

10.5 Algoritmo di Matching di Edmonds

Si ricordi il Teorema di Berge 10.7: un matching in un grafo è massimo se e solo se non esiste nessun cammino aumentante. Poiché ciò viene verificato anche per grafi non-bipartiti, il nostro algoritmo di matching sarà ancora basato sui cammini aumentanti.

Comunque, non è chiaro come trovare un cammino aumentante (o decidere che non ne esiste nemmeno uno). Nel caso bipartito (Teorema 10.5) era sufficiente segnare i vertici raggiungibili da un vertice non coperto dal matching con una progressione alternante di archi. Poiché non c'erano circuiti dispari, i vertici raggiungibili da una progressione alternante di archi erano anche raggiungibili da un cammino alternante. Ciò non è più valido quando si considera un grafo qualsiasi.

Si consideri l'esempio in Figura 10.6 (gli archi in grassetto formano un matching M). Quando iniziamo da v_1, abbiamo una progressione alternante di archi

$v_1, v_2, v_3, v_4, v_5, v_6, v_7, v_5, v_4, v_8$, ma questo non è un cammino. Dobbiamo attraversare un circuito dispari v_5, v_6, v_7. Si noti che nel nostro esempio esiste un cammino aumentante $(v_1, v_2, v_3, v_7, v_6, v_5, v_4, v_8)$ ma non è chiaro come trovarlo.

Il problema è cosa fare quando si trova un circuito dispari. Sorprendentemente, basta rimuoverlo contraendo i suoi vertici in un singolo vertice. Si può mostrare che il grafo più piccolo ha un matching perfetto se e solo se ne ha uno il grafo originale. Questa è l'idea generale dell'ALGORITMO DEL MATCHING DI CARDINALITÀ MASSIMA DI EDMONDS. Formuliamo questa idea nel Lemma 10.25 dopo aver dato la definizione seguente:

Definizione 10.24. *Sia G un grafo e M un matching in G. Un* **blossom** *in G rispetto a M è un sottografo critico rispetto ai fattori C di G con $|M \cap E(C)| = \frac{|V(C)|-1}{2}$. Il vertice di C non coperto da $M \cap E(C)$ è chiamato la* **base** *di C.*

Il blossom che abbiamo incontrato nell'esempio precedente (Figura 10.6) è indotto da $\{v_5, v_6, v_7\}$. Si noti che questo esempio contiene altri blossom. Qualsiasi singolo vertice è, in base alla nostra definizione, un blossom. Possiamo ora formulare il Lemma della Contrazione di un Blossom:

Lemma 10.25. *Sia G un grafo, M un matching in G, e C un blossom in G (rispetto a M). Si supponga che esista un cammino v-r M-alternante Q di lunghezza pari da un vertice v non coperto da M alla base r di C, in cui $E(Q) \cap E(C) = \emptyset$.*

Siano G' e M' ottenuti da G e M contraendo $V(C)$ in un singolo vertice. Allora M è un matching massimo in G se e solo se M' è un matching massimo in G'.

Dimostrazione. Si supponga che M non sia un matching massimo in G. $N := M \triangle E(Q)$ è un matching della stessa cardinalità, e quindi non è massimo neanche lui. Per il Teorema di Berge 10.7 esiste allora un cammino N-aumentante P in G. Si noti che N non copre r.

Almeno uno degli estremi di P, diciamo x, non appartiene a C. Se P e C sono disgiunti, sia y l'altro estremo di P. Altrimenti sia y il primo vertice su P, quando viene attraversato da x verso C. Sia P' ottenuto da $P_{[x,y]}$ quando si contrae $V(C)$ in G. Gli estremi di P' non sono coperti da N' (il matching in G' corrispondente a N). Quindi P' è un cammino N'-aumentante in G'. Dunque N' non è un matching massimo in G', e non lo è nemmeno M' (che ha la stessa cardinalità).

Per dimostrare il contrario, si supponga che M' non sia un matching massimo in G'. Sia N' un matching più grande in G'. N' corrisponde a un matching N_0 in G che copre al massimo un vertice di C in G. Poiché C è critico rispetto ai fattori, N_0 può essere esteso da $k := \frac{|V(C)|-1}{2}$ archi a un matching N in G, in cui

$$|N| \;=\; |N_0| + k \;=\; |N'| + k \;>\; |M'| + k \;=\; |M|,$$

dimostrando che M non è un matching massimo in G. □

È necessario richiedere che la base del blossom sia raggiungibile da un vertice non coperto da M con una cammino M-alternante di lunghezza pari che è disgiunto dal blossom. Per esempio, il blossom indotto da $\{v_4, v_6, v_7, v_2, v_3\}$ nella Figura 10.6 non può essere contratto senza rompere l'unico cammino aumentante.

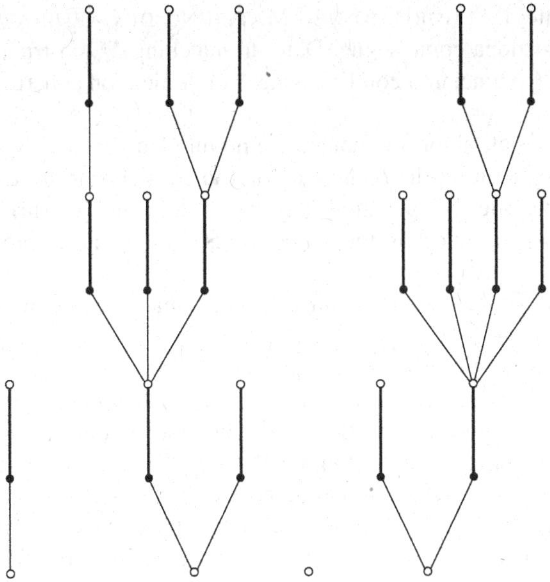

Figura 10.7.

Quando si cerca un cammino aumentante, si deve costruire una foresta alternante:

Definizione 10.26. *Siano dati un grafo G e un matching M in G. Una* **foresta alternante** *rispetto a M in G è una foresta F in G con le proprietà seguenti:*

(a) *$V(F)$ contiene tutti i vertici non coperti da M. Ogni componente connessa di F contiene esattamente un vertice non coperto da M, la sua* **radice**.
(b) *Chiamiamo un vertice $v \in V(F)$ un vertice* **esterno (interno)** *se ha una distanza pari (dispari) dalla radice della componente connessa che contiene v. (In particolare, le radici sono vertici esterni.) Tutti i vertici esterni hanno grado 2 in F.*
(c) *Per qualsiasi $v \in V(F)$, il cammino unico da v alla radice della componente connessa che contiene v è M-alternante.*

La Figura 10.7 mostra una foresta alternante. Gli archi in grassetto appartengono al matching. I vertici neri sono interni, quelli bianchi esterni.

Proposizione 10.27. *In una qualsiasi foresta alternante il numero di vertici esterni che non sono una radice è uguale al numero di vertici interni.*

Dimostrazione. Ogni vertice esterno che non sia una radice ha esattamente un vicino che è un vertice interno e la cui distanza dalla radice è minore. Questo è ovviamente una biiezione tra i vertici esterni che non sono una radice e i vertici interni. □

Informalmente, l'ALGORITMO DEL MATCHING DI CARDINALITÀ MASSIMA DI EDMONDS funziona come segue. Dato un matching M, costruiamo una foresta M-alternante F. Cominciamo con l'insieme S di vertici non coperti da M, e nessun arco.

Ad ogni passo dell'algoritmo consideriamo un vicino y di un vertice esterno x. Sia $P(x)$ l'unico cammino in F da x a una radice. Esistono tre casi interessanti, che corrispondono alle tre operazioni ("grow", "augment", e "shrink"):

Caso 1: $y \notin V(F)$. Allora la foresta cresce quando aggiungiamo $\{x, y\}$ e l'arco del matching che copre y.

Caso 2: y è un vertice esterno in una diversa componente connessa di F. Allora aumentiamo M lungo $P(x) \cup \{x, y\} \cup P(y)$.

Caso 3: y è un vertice esterno in qualche componente connessa di F (senza radice q). Sia r il primo vertice di $P(x)$ (che inizia in x) che appartiene anche a $P(y)$. (r può essere uno tra x, y.) Se r non è una radice, deve avere almeno grado 3. Dunque r è un vertice esterno. Quindi $C := P(x)_{[x,r]} \cup \{x, y\} \cup P(y)_{[y,r]}$ è un blossom con almeno tre vertici. Contraiamo C.

Se non si può applicare nessuno dei tre casi, tutti i vicini dei vertici esterni sono interni. Mostriamo che M è massimo. Sia X l'insieme dei vertici esterni, $s := |X|$, e sia t il numero di vertici esterni. $G - X$ ha t componenti dispari (ogni vertice esterno è isolato in $G - X$), dunque $q_G(X) - |X| = t - s$. Quindi per la parte più semplice della formula di Berge-Tutte, qualsiasi matching deve lasciare almeno $t - s$ vertici scoperti. Tuttavia, per la Proposizione 10.27, il numero di vertici non coperti da M, ossia il numero di radici di F, è esattamente $t - s$. Quindi M è senz'altro massimo.

Poiché questi passaggi non sono semplici, ne mostreremo alcuni dettagli implementativi. Il punto più difficile è mostrare come effettuare in maniera efficiente lo shrinking in maniera tale da poter ricostruire in seguito il grafo originale. Naturalmente, lo stesso vertice può essere coinvolto in molte operazioni di shrinking. La nostra presentazione si basa su quella di Lovász e Plummer [1986].

Piuttosto che effettuare veramente l'operazione di shrinking, lasciamo che la nostra foresta contenga dei blossom.

Definizione 10.28. *Siano dati un grafo G e un matching M in G. Un sottografo F di G è una* **foresta di blossom generale** *(rispetto a M) se esiste una partizione $V(F) = V_1 \dot\cup V_2 \dot\cup \cdots \dot\cup V_k$ dell'insieme di vertici tale che $F_i := F[V_i]$ è un sottografo massimale critico rispetto ai fattori di F con $|M \cap E(F_i)| = \frac{|V_i|-1}{2}$ $(i = 1, \ldots, k)$ e dopo aver contratto ognuno dei $V_1, \ldots, V_k$, si ottiene una foresta alternante F'.*

F_i è detto un **blossom esterno (blossom interno)** *se V_i è un vertice esterno (interno) in F'. Tutti i vertici di un blossom esterno (interno) sono detti* **esterni (interni)**. *In generale, una foresta di blossom in cui ogni blossom interno è un vertice singolo è una* **foresta di blossom speciale**.

La Figura 10.8 mostra una componente connessa di una foresta di blossom speciale con cinque blossom esterni non banali. Ciò corrisponde a una delle componenti connesse della foresta alternante in Figura 10.7. Gli orientamenti degli archi

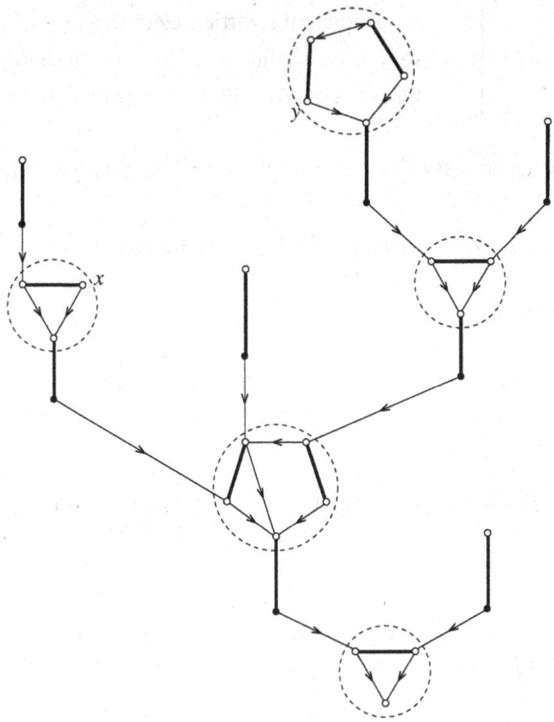

Figura 10.8.

saranno spiegati in seguito. Tutti i vertici di G che non appartengono alla foresta di blossom speciale sono detti essere **fuori-dalla-foresta**.

Si noti che il Lemma della Contrazione di un Blossom 10.25 si applica solo ai blossom esterni. Comunque, in questa sezione dovremmo trattare solo con foreste di blossom speciali. In generale, le foreste di blossom appariranno solo nell'ALGORITMO DEL MATCHING PESATO presentato nel Capitolo 11.

Per memorizzare una foresta di blossom speciale F, introduciamo le seguenti strutture dati. Per ogni vertice $x \in V(G)$ abbiamo tre variabili $\mu(x)$, $\varphi(x)$, e $\rho(x)$ con le proprietà seguenti:

$$\mu(x) = \begin{cases} x & \text{se } x \text{ non è coperto da } M \\ y & \text{se } \{x, y\} \in M \end{cases} \tag{10.2}$$

$$\varphi(x) = \begin{cases} x & \text{se } x \notin V(F) \text{ o } x \text{ è la base di un blossom esterno} \\ y & \text{per } \{x, y\} \in E(F) \setminus M \text{ se } x \text{ è un vertice interno} \\ y & \text{tale che } \{x, y\} \in E(F) \setminus M, \text{ e } \mu \text{ e } \varphi \text{ sono} \\ & \text{associati con una ear-decomposition } M\text{-alternante} \\ & \text{del blossom che contiene } x, \text{ se } x \text{ è un vertice esterno} \end{cases} \tag{10.3}$$

$$\rho(x) = \begin{cases} x & \text{se } x \text{ non è un vertice esterno} \\ y & \text{se } x \text{ è un vertice esterno e } y \text{ è la base del} \\ & \text{blossom esterno in } F \text{ che contiene } x\,. \end{cases} \qquad (10.4)$$

Per ogni vertice esterno v sia $P(v)$ il cammino massimale dato da una sottosequenza iniziale di

$$v, \mu(v), \varphi(\mu(v)), \mu(\varphi(\mu(v))), \varphi(\mu(\varphi(\mu(v)))), \ldots$$

Abbiamo le proprietà seguenti:

Proposizione 10.29. *Sia F una foresta di blossom speciale rispetto a un matching M, e siano $\mu, \varphi : V(G) \to V(G)$ due funzioni che soddisfano la (10.2) e la (10.3). Allora abbiamo che:*

(a) *Per ogni vertice esterno v, $P(v)$ è un cammino v-q, in cui q è la radice dell'albero di F che contiene v.*
(b) *Un vertice x è*
- *esterno se e solo se o $\mu(x) = x$ oppure $\varphi(\mu(x)) \neq \mu(x)$;*
- *interno se e solo se $\varphi(\mu(x)) = \mu(x)$ e $\varphi(x) \neq x$;*
- *fuori-dalla-foresta se e solo se $\mu(x) \neq x$ e $\varphi(x) = x$ e $\varphi(\mu(x)) = \mu(x)$.*

Dimostrazione. c(a): Per la (10.3) e il Lemma 10.22, qualche sottosequenza iniziale di

$$v, \mu(v), \varphi(\mu(v)), \mu(\varphi(\mu(v))), \varphi(\mu(\varphi(\mu(v)))), \ldots$$

deve essere un cammino M-alternante di lunghezza pari alla base r del blossom che contiene v. Se r non è la radice dell'albero che contiene v, allora r è coperto da M. Quindi la sequenza precedente continua con l'arco di matching $\{r, \mu(r)\}$ e anche con $\{\mu(r), \varphi(\mu(r))\}$, perché $\mu(r)$ è un vertice interno. Ma $\varphi(\mu(r))$ è ancora un vertice esterno, e dunque, per induzione, abbiamo terminato.

(b): Se un vertice x è esterno, allora o è una radice (cioè $\mu(x) = x$) oppure $P(x)$ è un cammino di lunghezza almeno due, ossia $\varphi(\mu(x)) \neq \mu(x)$.

Se x è interno, allora $\mu(x)$ è la base di un blossom esterno, dunque per la (10.3) $\varphi(\mu(x)) = \mu(x)$. Inoltre, $P(\mu(x))$ è un cammino di lunghezza almeno 2, quindi $\varphi(x) \neq x$.

Se x è fuori-dalla-foresta, allora per definizione x è coperto da M, dunque per la (10.2) $\mu(x) \neq x$. Naturalmente $\mu(x)$ è anche fuori-dalla-foresta, dunque per la (10.3) abbiamo $\varphi(x) = x$ e $\varphi(\mu(x)) = \mu(x)$.

Poiché ogni vertice è interno, esterno, o fuori-dalla-foresta, e ogni vertice soddisfa esattamente una delle tre condizioni date in (b), la dimostrazione è completa. □

In Figura 10.8, un arco è orientato da u a v se $\varphi(u) = v$. Siamo ora pronti per una descrizione dettagliata dell'algoritmo.

ALGORITMO DEL MATCHING DI CARDINALITÀ MASSIMA DI EDMONDS

Input: Un grafo G.

Output: Un matching massimo in G dato dagli archi $\{x, \mu(x)\}$.

① Poni $\mu(v) := v$, $\varphi(v) := v$, $\rho(v) := v$ e $scanned(v) := falso$ per ogni $v \in V(G)$.

② **If** si sono visitati tutti i vertici esterni
 then stop,
 else sia x un vertice con $scanned(x) = falso$.

③ Sia y un vicino di x tale che y è fuori-dalla-foresta o (y è esterno e $\rho(y) \neq \rho(x)$).
If non esiste un tale y **then** poni $scanned(x) := vero$ e **go to** ②.

④ ("grow")
If y è fuori-dalla-foresta **then** poni $\varphi(y) := x$ e **go to** ③.

⑤ ("augment")
If $P(x)$ e $P(y)$ sono vertice-disgiunti **then**
 Poni $\mu(\varphi(v)) := v$, $\mu(v) := \varphi(v)$ per ogni $v \in V(P(x)) \cup V(P(y))$ con distanza dispari da x o y rispettivamente su $P(x)$ su $P(y)$.
 Poni $\mu(x) := y$.
 Poni $\mu(y) := x$.
 Poni $\varphi(v) := v$, $\rho(v) := v$, $scanned(v) := falso$ per ogni $v \in V(G)$.
 Go to ②.

⑥ ("shrink")
Sia r il primo vertice su $V(P(x)) \cap V(P(y))$ con $\rho(r) = r$.
For $v \in V(P(x)_{[x,r]}) \cup V(P(y)_{[y,r]})$ con distanza dispari da x o y rispettivamente su $P(x)_{[x,r]}$ o $P(y)_{[y,r]}$, e $\rho(\varphi(v)) \neq r$ **do**:
 Poni $\varphi(\varphi(v)) := v$.
If $\rho(x) \neq r$ **then** poni $\varphi(x) := y$.
If $\rho(y) \neq r$ **then** poni $\varphi(y) := x$.
For ogni $v \in V(G)$ con $\rho(v) \in V(P(x)_{[x,r]}) \cup V(P(y)_{[y,r]})$ **do**:
 Poni $\rho(v) := r$.
Go to ③.

Per una illustrazione degli effetti di shrinking sui valori φ, si veda la Figura 10.9, in cui il passo ⑥ dell'algoritmo è stato applicato a x e y nella Figura 10.8.

Lemma 10.30. *Le affermazioni seguenti sono verificate ad ogni passo dell'*ALGORITMO DEL MATCHING DI CARDINALITÀ MASSIMA DI EDMONDS*:*

(a) *Gli archi $\{x, \mu(x)\}$ formano un matching M.*
(b) *Gli archi $\{x, \mu(x)\}$ e $\{x, \varphi(x)\}$ formano una foresta di blossom speciale F rispetto a M (più qualche arco isolato di matching).*
(c) *Le proprietà (10.2), (10.3) e (10.3) sono soddisfatte rispetto a F.*

Dimostrazione. (a): Il solo punto in cui si cambia μ è il passo ⑤, dove l'aumento viene fatto ovviamente in maniera corretta.

(b): Poiché dopo i passi ① e ⑤ abbiamo banalmente una foresta di blossom senza archi e ④ aumenta correttamente la foresta di blossom di due archi, dobbiamo solo controllare il passo ⑥. r è o una radice, oppure deve avere almeno grado tre, e dunque deve essere esterno. Sia $B := V(P(x)_{[x,r]}) \cup V(P(y)_{[y,r]})$.

Si consideri un arco $\{u, v\}$ della foresta di blossom con $u \in B$ e $v \notin B$. Poiché $F[B]$ contiene un matching quasi-perfetto, $\{u, v\}$ è un arco di matching se e solo se lo è $\{r, \mu(r)\}$. Inoltre, u è stato esterno prima di applicare il passo ⑥. Ciò implica che F continua a essere una foresta di blossom speciale.

(c): Per questo punto, l'unico fatto non scontato dopo lo shrinking è che μ e φ sono associati a una ear-decomposition alternante del nuovo blossom. Dunque siano x e y due vertici esterni nella stessa componente connessa di una foresta di blossom speciale, e sia r il primo vertice di $V(P(x)) \cap V(P(y))$ per il quale $\rho(r) = r$. Il nuovo blossom consiste dei vertici $B := \{v \in V(G) : \rho(v) \in V(P(x)_{[x,r]}) \cup V(P(y)_{[y,r]})\}$.

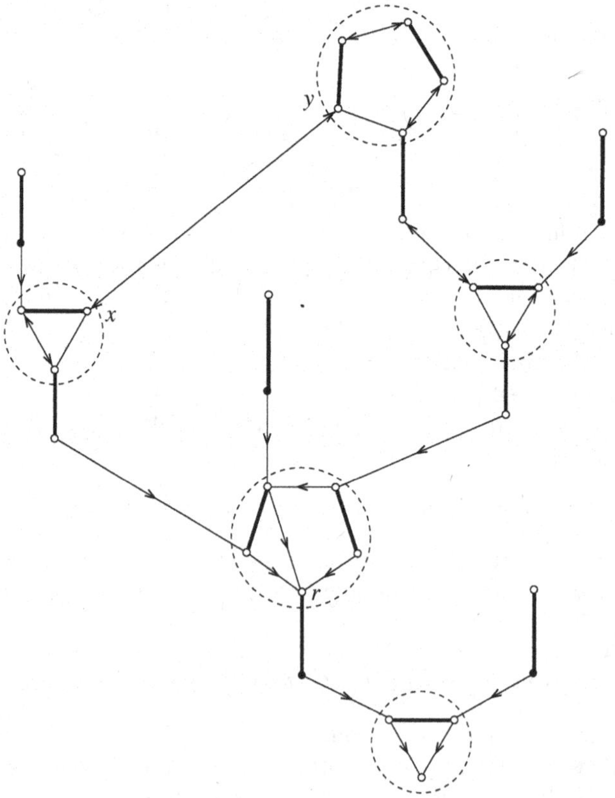

Figura 10.9.

Notiamo che $\varphi(v)$ non cambia per qualsiasi $v \in B$ con $\rho(v) = r$. Dunque la ear-decomposition del vecchio blossom $B' := \{v \in V(G) : \rho(v) = r\}$ è il punto iniziale della ear-decomposition di B. L'ear successiva consiste di $P(x)_{[x,x']}$, $P(y)_{[y,y']}$, e l'arco $\{x, y\}$, in cui x' e y' sono rispettivamente i primo vertici su $P(x)$ e $P(y)$, che appartengono a B'. Infine, per ogni ear Q di un vecchio blossom esterno $B'' \subseteq B$, $Q \setminus (E(P(x)) \cup E(P(y)))$ è una ear della nuova ear-decomposition di B. □

Teorema 10.31. (Edmonds [1965]) *L'*ALGORITMO DEL MATCHING DI CARDINALITÀ MASSIMA DI EDMONDS *determina correttamente un matching massimo in tempo $O(n^3)$, dove $n = |V(G)|$.*

Dimostrazione. Il Lemma 10.30 e la Proposizione 10.29 mostrano che l'algoritmo funziona correttamente. Si consideri la situazione al termine dell'algoritmo. Siano M e F il matching e la foresta di blossom speciale secondo il Lemma 10.30(a) e (b). È chiaro che qualsiasi vicino di un vertice esterno x è o interno oppure un vertice y che appartiene allo stesso blossom (ossia $\rho(y) = \rho(x)$).

Per mostrare che M è un matching massimo, sia X l'insieme di vertici interni, mentre sia B l'insieme di vertici che sono la base di un blossom esterno in F. Allora ogni vertice non accoppiato appartiene a B, e i vertici accoppiati di B sono accoppiati con gli elementi di X:

$$|B| \;=\; |X| + |V(G)| - 2|M|. \tag{10.5}$$

D'altronde, i blossom esterni in F sono componenti connesse dispari in $G - X$. Quindi qualsiasi matching deve lasciare almeno $|B|-|X|$ vertici scoperti. Per (10.5), M lascia esattamente $|B| - |X|$ vertici scoperti e quindi è massimo.

Consideriamo ora il tempo di esecuzione. Per la Proposizione 10.29(b), lo status di ogni vertice (interno, esterno, o fuori-dalla-foresta) può essere controllato in tempo costante. Ognuno dei passi ④, ⑤, ⑥ può essere fatto in tempo $O(n)$. Tra due aumenti, ④ o ⑥ sono eseguiti al massimo $O(n)$ volte, poiché il numero di punti fissi di φ diminuisce ogni volta. Inoltre, tra due aumenti nessun vertice viene visitato due volte. Quindi il tempo speso tra due aumenti è $O(n^2)$, dando un tempo totale di esecuzione di $O(n^3)$. □

Micali e Vazirani [1980] hanno migliorato il tempo di esecuzione a $O\left(\sqrt{n}\, m\right)$. Loro hanno usato i risultati dell'Esercizio 9, ma l'esistenza dei blossom rende la ricerca di un insieme massimale di cammini aumentanti vertice-disgiunti e di lunghezza minima più difficile che nel caso dei grafi bipartiti (risolto da Hopcroft e Karp [1973], si veda l'Esercizio 10). Si veda anche Vazirani [1994]. La miglior complessità temporale che ad oggi si conosce per il PROBLEMA DEL MATCHING DI CARDINALITÀ MASSIMA è di $O\left(m\sqrt{n}\frac{\log(n^2/m)}{\log n}\right)$, come nel caso bipartito. Questo risultato è stato ottenuto da Goldberg e Karzanov [2004] e da Fremuth-Paeger e Jungnickel [2003].

Con l'algoritmo di matching possiamo dimostrare facilmente il Teorema della struttura di Gallai-Edmonds. Questo è stato dimostrato per la prima volta da Gallai, ma l'ALGORITMO DEL MATCHING DI CARDINALITÀ MASSIMA DI EDMONDS fornisce una dimostrazione costruttiva del teorema.

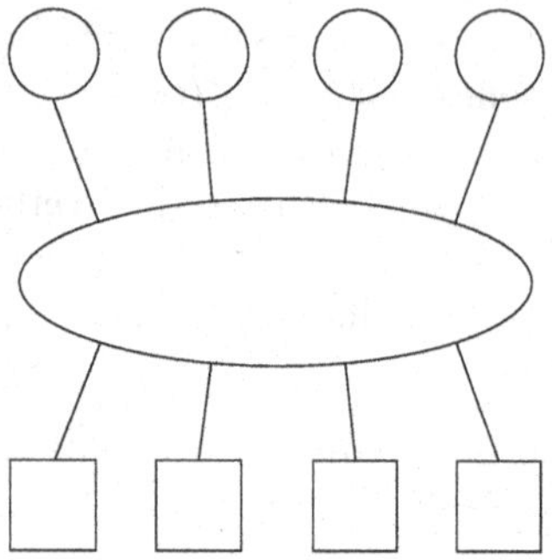

Figura 10.10.

Teorema 10.32. (Gallai [1964]) *Sia G un qualsiasi grafo. Denotiamo con Y l'insieme di vertici non coperti da almeno un matching massimo, con X i vicini di Y in $V(G) \setminus Y$, e con W tutti gli altri vertici. Allora:*

(a) *Qualsiasi matching massimo in G contiene un matching perfetto di $G[W]$ e dei matching quasi-perfetti delle componenti connesse di $G[Y]$, e accoppia tutti i vertici in X diversi dalle componenti connesse di $G[Y]$.*
(b) *Le componenti connesse di $G[Y]$ sono critiche rispetto ai fattori.*
(c) $2\nu(G) = |V(G)| - q_G(X) + |X|$.

Chiamiamo W, X, Y la **decomposizione di Gallai-Edmonds** *di G (si veda la Figura 10.10).*

Dimostrazione. Applichiamo l'ALGORITMO DEL MATCHING DI CARDINALITÀ MASSIMA DI EDMONDS e consideriamo il matching M e la foresta di blossom speciale F trovati dall'algoritmo. Sia X' l'insieme di vertici interni, Y' l'insieme di vertici esterni, e W' l'insieme dei vertici fuori-dalla-foresta. Prima dimostriamo che X', Y', W' soddisfano (a)–(c), e poi osserviamo che $X = X'$, $Y = Y'$, e $W = W'$.

La dimostrazione del Teorema 10.31 mostra che $2\nu(G) = |V(G)| - q_G(X') + |X'|$. Applichiamo la Proposizione 10.15 a X'. Poiché le componenti connesse dispari di $G - X'$ sono esattamente i blossom esterni in F, (a) viene verificata per X', Y', W'. Poiché i blossom esterni sono critici rispetto ai fattori, viene verificata anche (b) .

Poiché la parte (a) viene verificata per X', Y', e W', sappiamo che qualsiasi matching massimo copre tutti i vertici in $V(G) \setminus Y'$. In altre parole, $Y \subseteq Y'$. Mostriamo che viene anche verificato $Y' \subseteq Y$. Sia v un vertice esterno in F. Allora $M \triangle E(P(v))$ è un matching massimo M', e M' non copre v. Dunque $v \in Y$.

Quindi $Y = Y'$. Ciò implica $X = X'$ e $W = W'$, e si è dimostrato il teorema. $\square$

Esercizi

1. Sia G un grafo e siano M_1, M_2 due matching massimali in G. Dimostrare che $|M_1| \leq 2|M_2|$.
2. Sia $\alpha(G)$ la dimensione di un insieme stabile massimo in G, e $\zeta(G)$ la cardinalità minima di una copertura per archi. Dimostrare che:
   (a) $\alpha(G) + \tau(G) = |V(G)|$ per qualsiasi grafo G.
   (b) $\nu(G) + \zeta(G) = |V(G)|$ per qualsiasi grafo G con nessun vertice isolato.
   (c) $\zeta(G) = \alpha(G)$ per qualsiasi grafo bipartito G con nessun vertice isolato.
   (König [1933], Gallai [1959])
3. Dimostrare che un grafo bipartito k-regolare ha k matching perfetti disgiunti a due a due. Dedurre da ciò che l'insieme degli archi di un grafo bipartito di grado massimo k può essere partizionato in k matching.
   (König [1916]; si veda Rizzi [1998] o il Teorema 16.16)
4. * Un insieme parzialmente ordinato [partially ordered set] (in breve poset) è un insieme S con un ordine parziale su S, ossia una relazione $R \subseteq S \times S$ che è riflessiva ($(x, x) \in R$ per tutti gli $x \in S$), anti-simmetrica (se $(x, y) \in R$ e $(y, x) \in R$ allora $x = y$), e transitiva (se $(x, y) \in R$ e $(y, z) \in R$ allora $(x, z) \in R$). Due elementi $x, y \in S$ sono detti confrontabili se $(x, y) \in R$ o $(y, x) \in R$, altrimenti sono non confrontabili. Una catena (un'anticatena, in inglese *chain* e *antichain*) è un sottoinsieme di elementi di S confrontabili (non confrontabili) a due a due. Usare il Teorema di König 10.2 per dimostrare il seguente Teorema di Dilworth [1950].
   In un poset finito la dimensione massima di un'anticatena è uguale al numero minimo di catene in cui il poset può essere partizionato.
   Suggerimento: prendere due copie v' e v'' di ogni $v \in S$ e considerare il grafo con un arco $\{v', w''\}$ per ogni $(v, w) \in R$.
   (Fulkerson [1956])
5. (a) Sia $S = \{1, 2, \ldots, n\}$ e $0 \leq k < \frac{n}{2}$. Siano A e B l'insieme di tutti i sottoinsiemi di S con rispettivamente k elementi e $(k + 1)$ elementi. Costruire un grafo bipartito

$$G = (A \,\dot{\cup}\, B, \; \{\{a, b\} : a \in A, \; b \in B, a \subseteq b\}).$$

   Dimostrare che G ha un matching che copre A.
   * (b) Dimostrare il Lemma di Sperner: il numero massimo di sottoinsiemi di un insieme di n elementi tale che ogni sottoinsieme non sia contenuto in un altro è $\binom{n}{\lfloor \frac{n}{2} \rfloor}$.
   (Sperner [1928])
6. Sia $(U, \mathcal{S})$ una famiglia di insiemi. Una funzione iniettiva $\Phi : \mathcal{S} \to U$ tale che $\Phi(S) \in S$ per ogni $S \in \mathcal{S}$ è detta un sistema di rappresentanti distinti di $\mathcal{S}$. Dimostrare:

(a) $\mathcal{S}$ ha un sistema di rappresentanti distinti se e solo se l'unione di k qualsiasi degli insiemi in $\mathcal{S}$ ha cardinalità almeno k.
(Hall [1935])

(b) Per $u \in U$ sia $r(u) := |\{S \in \mathcal{S} : u \in S\}|$. Sia $n := |\mathcal{S}|$ e $N := \sum_{S\in\mathcal{S}} |S| = \sum_{u\in U} r(u)$. Si supponga che $|S| < \frac{N}{n-1}$ per $S \in \mathcal{S}$ e $r(u) < \frac{N}{n-1}$ per $u \in U$. Allora $\mathcal{S}$ ha un sistema di rappresentanti distinti.
(Mendelsohn e Dulmage [1958])

7. Sia G un grafo bipartito con la bipartizione $V(G) = A \,\dot\cup\, B$. Si supponga che $S \subseteq A$, $T \subseteq B$, e che esista un matching che copre S e un matching che copre T. Dimostrare che esiste un matching che copre $S \cup T$.
(Mendelsohn e Dulmage [1958])

8. Mostrare che qualsiasi grafo semplice con n vertici e grado minimo k ha un matching di cardinalità $\min\{k, \lfloor\frac{n}{2}\rfloor\}$.
Suggerimento: usare il Teorema di Berge 10.7.

9. Sia G un grafo e M un matching in G che non sia massimo.
   (a) Mostrare che esistono $\nu(G)-|M|$ cammini M-aumentanti vertice-disgiunti in G.
   Suggerimento: si ricordi la dimostrazione del Teorema di Berge 10.7.
   (b) Dimostrare che esiste un cammino M-aumentante di lunghezza al massimo uguale $\frac{\nu(G)+|M|}{\nu(G)-|M|}$ in G.
   (c) Sia P un cammino M-aumentante minimo in G, e P' un cammino $(M \triangle E(P))$-aumentante. Allora $|E(P')| \geq |E(P)| + |E(P \cap P')|$.

   Si consideri il seguente algoritmo generico. Iniziamo con un matching vuoto e a ogni iterazione aumentiamo il matching lungo un cammino minimo aumentante. Siano $P_1, P_2, \ldots$ la sequenza dei cammini aumentanti scelti. Per (c), $|E(P_k)| \leq |E(P_{k+1})|$ per ogni k.
   (d) Mostrare che se $|E(P_i)| = |E(P_j)|$ per $i \neq j$ allora P_i e P_j sono vertice-disgiunti.
   (e) Usare (b) per dimostrare che la sequenza $|E(P_1)|, |E(P_2)|, \ldots$ contiene al massimo $2\sqrt{\nu(G)} + 2$ numeri diversi.

   (Hopcroft e Karp [1973])

* 10. Sia G un grafo bipartito e si consideri l'algoritmo generico dell'Esercizio 9.
   (a) Dimostrare che, dato un matching M, l'unione di tutti i cammini M-aumentanti minimi in G può essere trovato in tempo $O(n + m)$.
   Suggerimento: usare un tipo di BFS (ricerca in ampiezza) che usa alternativamente archi del matching e archi non del matching.
   (b) Considerare una sequenza di iterazioni dell'algoritmo in cui la lunghezza del cammino aumentante rimane costante. Mostrare che il tempo necessario per l'intera sequenza è non più di $O(n + m)$.
   Suggerimento: applicare prima (a) e poi successivamente trovare i cammini con DFS. Segnare i vertici già visitati.

(c) Combinare (b) con l'Esercizio 9(e) per ottenere un algoritmo $O\left(\sqrt{n}(m+n)\right)$ per il PROBLEMA DEL MATCHING DI CARDINALITÀ MASSIMA in grafi bipartiti.
(Hopcroft e Karp [1973])

11. Sia G un grafo bipartito con la bipartizione $V(G) = A \dot{\cup} B$, $A = \{a_1, \ldots, a_k\}$, $B = \{b_1, \ldots, b_k\}$. Per qualsiasi vettore $x = (x_e)_{e \in E(G)}$ definiamo una matrice $M_G(x) = (m_{ij}^x)_{1 \le i,j \le k}$ con

$$m_{ij}^x := \begin{cases} x_e & \text{se } e = \{a_i, b_j\} \in E(G) \\ 0 & \text{altrimenti} \end{cases}.$$

Il suo determinante $\det M_G(x)$ è un polinomio in $x = (x_e)_{e \in E(G)}$. Dimostrare che G ha un matching perfetto se e solo se $\det M_G(x)$ non è identicamente nullo.

12. Il **permanente** di una matrice quadrata $M = (m_{ij})_{1 \le i,j \le n}$ è

$$\mathrm{per}(M) := \sum_{\pi \in S_n} \prod_{i=1}^{k} m_{i,\pi(i)},$$

in cui S_n è l'insieme di permutazioni di $\{1, \ldots, n\}$. Dimostrare che un grafo bipartito semplice G ha esattamente $\mathrm{per}(M_G(\mathbb{1}))$ matching perfetti, in cui $M_G(x)$ è definito come nell'esercizio precedente.

13. Una **matrice bi-stocastica** è una matrice quadrata nonnegativa la cui somma delle colonne e somma delle righe sono tutte pari a 1. Matrici bi-stocastiche intere sono chiamate **matrici di permutazione**.
Falikman [1981] e Egoryčev [1980] hanno dimostrato che per una matrice $n \times n$ bi-stocastica M,

$$\mathrm{per}(M) \ge \frac{n!}{n^n},$$

e l'uguaglianza viene verificata se e solo se ogni elemento di M è $\frac{1}{n}$. (Questo segue dalla famosa congettura di van der Waerden; si veda anche Schrijver [1998].)
Brègman [1973] ha dimostrato che per una matrice 0-1 M con le somme di righe $r_1, \ldots, r_n$,

$$\mathrm{per}(M) \le (r_1!)^{\frac{1}{r_1}} \cdot \ldots \cdot (r_n!)^{\frac{1}{r_n}}.$$

Usare questi risultati e l'Esercizio 12 per dimostrare ciò che segue. Sia G un grafo bipartito semplice e k-regolare con $2n$ vertici, e sia $\Phi(G)$ il numero di matching perfetti in G. Allora

$$n!\left(\frac{k}{n}\right)^n \le \Phi(G) \le (k!)^{\frac{n}{k}}.$$

14. Dimostrare che ogni grafo 3-regolare con al massimo due ponti ha un matching perfetto. Esiste un grafo 3-regolare senza un matching perfetto?

Suggerimento: usare il Teorema di Tutte 10.13.
(Petersen [1891])

* 15. Sia G un grafo, $n := |V(G)|$ pari, e per un qualsiasi insieme $X \subseteq V(G)$ con $|X| \le \frac{3}{4}n$ si abbia che

$$\left| \bigcup_{x \in X} \Gamma(x) \right| \ge \frac{4}{3}|X|.$$

Dimostrare che G ha un matching perfetto.
Suggerimento: sia S un insieme che viola la condizione di Tutte. Dimostrare che il numero di componenti connesse in $G - S$ con solo un elemento è al massimo $\max\left\{0, \frac{4}{3}|S| - \frac{1}{3}n\right\}$. Considerare separatamente i casi $|S| \ge \frac{n}{4}$ e $|S| < \frac{n}{4}$.
(Anderson [1971])

16. Dimostrare che un grafo non orientato G è critico rispetto ai fattori se e solo se G è connesso e $\nu(G) = \nu(G - v)$ per ogni $v \in V(G)$.
17. Dimostrare che il numero di ear in qualsiasi due ear-decomposition dispari di un grafo critico rispetto ai fattori G è lo stesso.

* 18. Per un grafo 2-arco-connesso G sia $\varphi(G)$ il numero minimo di ear dispari in una ear-decomposition di G (cf. l'Esercizio 21(a) del Capitolo 2). Mostrare che per qualsiasi arco $e \in E(G)$ abbiamo o $\varphi(G/e) = \varphi(G) + 1$ oppure $\varphi(G/e) = \varphi(G) - 1$.
Osservazione: la funzione $\varphi(G)$ è stata studiata da Szigeti [1996] e Szegedy e Szegedy [2006].

19. Dimostrare che un grafo critico rispetto ai fattori minimale G (ossia tale che dopo la rimozione di qualsiasi arco il grafo non è più critico rispetto ai fattori) ha al massimo $\frac{3}{2}(|V(G)| - 1)$ archi. Mostrare che questo bound è stretto.
20. Mostrare come l'ALGORITMO DEL MATCHING DI CARDINALITÀ MASSIMA DI EDMONDS trova un matching massimo nel grafo mostrato in Figura 10.1(b).
21. Dato un grafo non orientato, si può trovare una copertura per archi di cardinalità minima in tempo polinomiale?

* 22. Dato un grafo non orientato G, un arco è detto non accoppiabile se non è contenuto in un matching perfetto. Come si può determinare l'insieme di archi non accoppiabili in tempo $O(n^3)$?
Suggerimento: determinare prima un matching perfetto in G. Poi determinare per ogni vertice v l'insieme di archi non accoppiabili incidenti in v.

23. Sia G un grafo, M un matching massimo in G, e F_1 e F_2 due foreste di blossom speciali rispetto a M, ognuna con il numero massimo di archi. Mostrare che l'insieme di vertici interni in F_1 e F_2 è lo stesso.
24. Sia G un grafo k-connesso con $2\nu(G) < |V(G)| - 1$. Dimostrare che:
(a) $\nu(G) \ge k$;
(b) $\tau(G) \le 2\nu(G) - k$.
Suggerimento: usare il Teorema di Gallai-Edmonds 10.32.
(Erdős e Gallai [1961])

Riferimenti bibliografici

Letteratura generale:

Gerards, A.M.H. [1995]: Matching. In: Handbooks in Operations Research and Management Science; Volume 7: Network Models (M.O. Ball, T.L. Magnanti, C.L. Monma, G.L. Nemhauser, eds.), Elsevier, Amsterdam, pp. 135–224

Lawler, E.L. [1976]: Combinatorial Optimization; Networks and Matroids. Holt, Rinehart and Winston, New York, Chapters 5 and 6

Lovász, L., Plummer, M.D. [1986]: Matching Theory. Akadémiai Kiadó, Budapest 1986, and North-Holland, Amsterdam

Papadimitriou, C.H., Steiglitz, K. [1982]: Combinatorial Optimization; Algorithms and Complexity. Prentice-Hall, Englewood Cliffs, Chapter 10

Pulleyblank, W.R. [1995]: Matchings and extensions. In: Handbook of Combinatorics; Vol. 1 (R.L. Graham, M. Grötschel, L. Lovász, eds.), Elsevier, Amsterdam

Schrijver, A. [2003]: Combinatorial Optimization: Polyhedra and Efficiency. Springer, Berlin, Chapters 16 and 24

Tarjan, R.E. [1983]: Data Structures and Network Algorithms. SIAM, Philadelphia, Chapter 9

Riferimenti citati:

Alt, H., Blum, N., Mehlhorn, K., Paul, M. [1991]: Computing a maximum cardinality matching in a bipartite graph in time $O\left(n^{1.5}\sqrt{m/\log n}\right)$. Information Processing Letters 37, 237–240

Anderson, I. [1971]: Perfect matchings of a graph. Journal of Combinatorial Theory B 10, 183–186

Berge, C. [1957]: Two theorems in graph theory. Proceedings of the National Academy of Science of the U.S. 43, 842–844

Berge, C. [1958]: Sur le couplage maximum d'un graphe. Comptes Rendus Hebdomadaires des Séances de l'Académie des Sciences (Paris) Sér. I Math. 247, 258–259

Brègman, L.M. [1973]: Certain properties of nonnegative matrices and their permanents. Doklady Akademii Nauk SSSR 211, 27–30 [in Russian]. English translation: Soviet Mathematics Doklady 14, 945–949

Dilworth, R.P. [1950]: A decomposition theorem for partially ordered sets. Annals of Mathematics 51, 161–166

Edmonds, J. [1965]: Paths, trees, and flowers. Canadian Journal of Mathematics 17, 449–467

Egoryčev, G.P. [1980]: Solution of the van der Waerden problem for permanents. Soviet Mathematics Doklady 23, 619–622

Erdős, P., Gallai, T. [1961]: On the minimal number of vertices representing the edges of a graph. Magyar Tudományos Akadémia; Matematikai Kutató Intézetének Közleményei 6, 181–203

Falikman, D.I. [1981]: A proof of the van der Waerden conjecture on the permanent of a doubly stochastic matrix. Matematicheskie Zametki 29 (1981), 931–938 [in Russian]. English translation: Math. Notes of the Acad. Sci. USSR 29, 475–479

Feder, T., Motwani, R. [1995]: Clique partitions, graph compression and speeding-up algorithms. Journal of Computer and System Sciences 51, 261–272

Fremuth-Paeger, C., Jungnickel, D. [2003]: Balanced network flows VIII: a revised theory of phase-ordered algorithms and the $O(\sqrt{nm}\log(n^2/m)/\log n)$ bound for the nonbipartite cardinality matching problem. Networks 41, 137–142

Frobenius, G. [1917]: Über zerlegbare Determinanten. Sitzungsbericht der Königlich Preussischen Akademie der Wissenschaften XVIII, 274–277

Fulkerson, D.R. [1956]: Note on Dilworth's decomposition theorem for partially ordered sets. Proceedings of the AMS 7, 701–702

Gallai, T. [1959]: Über extreme Punkt- und Kantenmengen. Annales Universitatis Scientiarum Budapestinensis de Rolando Eötvös Nominatae; Sectio Mathematica 2, 133–138

Gallai, T. [1964]: Maximale Systeme unabhängiger Kanten. Magyar Tudományos Akadémia; Matematikai Kutató Intézetének Közleményei 9, 401–413

Geelen, J.F. [2000]: An algebraic matching algorithm. Combinatorica 20, 61–70

Geelen, J. Iwata, S. [2005]: Matroid matching via mixed skew-symmetric matrices. Combinatorica 25, 187–215

Goldberg, A.V., Karzanov, A.V. [2004]: Maximum skew-symmetric flows and matchings. Mathematical Programming A 100, 537–568

Hall, P. [1935]: On representatives of subsets. Journal of the London Mathematical Society 10, 26–30

Halmos, P.R., Vaughan, H.E. [1950]: The marriage problem. American Journal of Mathematics 72, 214–215

Hopcroft, J.E., Karp, R.M. [1973]: An $n^{5/2}$ algorithm for maximum matchings in bipartite graphs. SIAM Journal on Computing 2, 225–231

König, D. [1916]: Über Graphen und ihre Anwendung auf Determinantentheorie und Mengenlehre. Mathematische Annalen 77, 453–465

König, D. [1931]: Graphs and matrices. Matematikaiés Fizikai Lapok 38, 116–119 [in Hungarian]

König, D. [1933]: Über trennende Knotenpunkte in Graphen (nebst Anwendungen auf Determinanten und Matrizen). Acta Litteratum ac Scientiarum Regiae Universitatis Hungaricae Francisco-Josephinae (Szeged). Sectio Scientiarum Mathematicarum 6, 155–179

Kuhn, H.W. [1955]: The Hungarian method for the assignment problem. Naval Research Logistics Quarterly 2, 83–97

Lovász, L. [1972]: A note on factor-critical graphs. Studia Scientiarum Mathematicarum Hungarica 7, 279–280

Lovász, L. [1979]: On determinants, matchings and random algorithms. In: Fundamentals of Computation Theory (L. Budach, ed.), Akademie-Verlag, Berlin, pp. 565–574

Mendelsohn, N.S., Dulmage, A.L. [1958]: Some generalizations of the problem of distinct representatives. Canadian Journal of Mathematics 10, 230–241

Micali, S., Vazirani, V.V. [1980]: An $O(V^{1/2}E)$ algorithm for finding maximum matching in general graphs. Proceedings of the 21st Annual IEEE Symposium on Foundations of Computer Science, 17–27

Mucha, M., Sankowski, P. [2004]: Maximum matchings via Gaussian elimination. Proceedings of the 45th Annual IEEE Symposium on Foundations of Computer Science, 248–255

Mulmuley, K., Vazirani, U.V., Vazirani, V.V. [1987]: Matching is as easy as matrix inversion. Combinatorica 7, 105–113

Petersen, J. [1891]: Die Theorie der regulären Graphen. Acta Mathematica 15, 193–220

Rabin, M.O., Vazirani, V.V. [1989]: Maximum matchings in general graphs through randomization. Journal of Algorithms 10, 557–567

Rizzi, R. [1998]: König's edge coloring theorem without augmenting paths. Journal of Graph Theory 29, 87

Schrijver, A. [1998]: Counting 1-factors in regular bipartite graphs. Journal of Combinatorial Theory B 72, 122–135

Sperner, E. [1928]: Ein Satz über Untermengen einer endlichen Menge. Mathematische Zeitschrift 27, 544–548

Szegedy, B., Szegedy, C. [2006]: Symplectic spaces and ear-decomposition of matroids. Combinatorica 26, 353–377

Szigeti, Z. [1996]: On a matroid defined by ear-decompositions. Combinatorica 16, 233–241

Tutte, W.T. [1947]: The factorization of linear graphs. Journal of the London Mathematical Society 22, 107–111

Vazirani, V.V. [1994]: A theory of alternating paths and blossoms for proving correctness of the $O(\sqrt{V}E)$ general graph maximum matching algorithm. Combinatorica 14, 71–109

11
Matching Pesato

Il matching pesato su grafi non bipartiti è uno dei i problemi più "difficili" di ottimizzazione combinatoria che può essere risolto in tempo polinomiale. Estenderemo l'ALGORITMO DEL MATCHING DI EDMONDS al caso pesato ottenendo ancora un'implementazione di complessità $O(n^3)$. Questo algoritmo ha molte applicazioni, alcune delle quali sono citate negli esercizi e nella Sezione 12.2. Esistono due formulazioni del problema del matching pesato:

PROBLEMA DEL MATCHING DI PESO MASSIMO

Istanza: Un grafo non orientato G e pesi $c : E(G) \rightarrow \mathbb{R}$.

Obiettivo: Trovare un matching di peso massimo in G.

PROBLEMA DEL MATCHING PERFETTO DI PESO MINIMO

Istanza: Un grafo non orientato G e pesi $c : E(G) \rightarrow \mathbb{R}$.

Obiettivo: Trovare un matching perfetto di peso minimo in G o decidere che G non ha un matching perfetto.

Si può facilmente vedere che i due problemi sono equivalenti: data un'istanza (G, c) del PROBLEMA DEL MATCHING PERFETTO DI PESO MINIMO, si pone $c'(e) := K - c(e)$ per ogni $e \in E(G)$, in cui $K := 1 + \sum_{e \in E(G)} |c(e)|$. Allora qualsiasi matching di peso massimo in (G, c') è un matching di cardinalità massima, e quindi fornisce una soluzione del PROBLEMA DEL MATCHING PERFETTO DI PESO MINIMO (G, c).

Inoltre, sia (G, c) un'istanza del PROBLEMA DEL MATCHING DI PESO MASSIMO. Aggiungiamo $|V(G)|$ nuovi vertici e tutti gli archi necessari a ottenere un grafo completo G' su $2|V(G)|$ vertici. Poniamo $c'(e) := -c(e)$ per ogni $e \in E(G)$ e $c'(e) := 0$ per tutti i nuovi archi e. Allora un matching perfetto di peso minimo in (G', c') dà, rimuovendo gli archi che non appartengono a G, un matching di peso massimo in (G, c).

Quindi nel seguito consideriamo solo il PROBLEMA DEL MATCHING PERFETTO DI PESO MINIMO. Come nel capitolo precedente, iniziamo considerando i grafi bipartiti nella Sezione 11.1. Dopo un'introduzione all'algoritmo del matching pesato nella Sezione 11.2, diamo nella Sezione 11.3 dei dettagli implementativi che

Korte B., Vygen J.: Ottimizzazione Combinatoria. Teoria e Algoritmi.
© Springer-Verlag Italia 2011

permettono di ottenere un tempo di esecuzione di $O(n^3)$. A volte si è interessati a risolvere tanti problemi di matching che differiscono solo per pochi archi; in questo caso non è necessario ri-risolvere completamente il problema come mostriamo nella Sezione 11.4. Infine, nella Sezione 11.5 discutiamo il politopo del matching, ossia il guscio convesso dei vettori di incidenza dei matching. L'algoritmo del matching pesato usa in maniera implicita la descrizione del politopo del matching, e a sua volta, la descrizione del politopo è una conseguenza diretta dell'algoritmo.

11.1 Il Problema di Assegnamento

PROBLEMA DI ASSEGNAMENTO è un altro nome per il PROBLEMA DEL MATCHING PERFETTO DI PESO MINIMO in grafi bipartiti. È uno dei problemi classici di ottimizzazione combinatoria; la sua storia iniziò probabilmente con il lavoro di Monge [1784].

Come nella dimostrazione del Teorema 10.5, possiamo ridurre il problema di assegnamento a un problema di rete di flusso:

Teorema 11.1. *Il* PROBLEMA DI ASSEGNAMENTO *può essere risolto in tempo* $O(nm + n^2 \log n)$.

Dimostrazione. Sia G un grafo bipartito con la bipartizione $V(G) = A \dot{\cup} B$. Assumiamo che $|A| = |B| = n$. Si aggiunga un vertice s e lo si connetta a tutti i vertici di A, e si aggiunga un altro vertice t connesso a tutti i vertici di B. Si orientino gli archi da s ad A, da A a B, e da B a t. Le capacità sono tutte poste a 1, e i nuovi archi hanno costo nullo.

Allora qualsiasi flusso s-t di valore n corrisponde a un matching perfetto dello stesso costo, e vice versa. Dobbiamo quindi risolvere un PROBLEMA DI FLUSSO DI COSTO MINIMO. Possiamo farlo applicando l'ALGORITMO DEI CAMMINI MINIMI SUCCESSIVI (si veda la Sezione 9.4). La domanda complessiva è n. Dunque per il Teorema 9.12, il tempo di esecuzione è $O(nm + n^2 \log n)$. □

Questo è l'algoritmo più veloce che si conosce, ed è equivalente al "metodo ungherese" di Kuhn [1955] e Munkres [1957], l'algoritmo più vecchio per il PROBLEMA DI ASSEGNAMENTO (cf. Esercizio 9).

Vale la pena rivedere la formulazione in programmazione lineare del PROBLEMA DI ASSEGNAMENTO. Si ha che nella formulazione di programmazione intera

$$\min \left\{ \sum_{e \in E(G)} c(e) x_e : x_e \in \{0,1\} \ (e \in E(G)), \ \sum_{e \in \delta(v)} x_e = 1 \ (v \in V(G)) \right\}$$

il vincolo di integralità può essere omesso (si sostituisca $x_e \in \{0,1\}$ con $x_e \geq 0$):

Teorema 11.2. *Sia G un grafo, e siano*

$$P := \left\{ x \in \mathbb{R}_+^{E(G)} : \sum_{e \in \delta(v)} x_e \leq 1 \ \textit{per ogni } v \in V(G) \right\} \ \textit{e}$$

$$Q := \left\{ x \in \mathbb{R}_+^{E(G)} : \sum_{e \in \delta(v)} x_e = 1 \ \textit{per ogni } v \in V(G) \right\}$$

il **politopo del matching frazionario** *e il* **politopo del matching perfetto frazionario** *di G. Se G è bipartito, allora P e Q sono entrambi interi.*

Dimostrazione. Se G è bipartito, allora la matrice di incidenza M di G è totalmente unimodulare per il Teorema 5.25. Quindi P è intero per il Teorema di Hoffman-Kruskal 5.20. Q è una faccia di P e quindi anche lui è intero. □

Esiste un bel corollario per le matrici bi-stocastiche. Una **matrice bi-stocastica** è una matrice quadrata non negativa tale che la somma degli elementi in ogni riga e in ogni colonna sia pari a 1. Le matrici bi-stocastiche intere sono chiamate **matrici di permutazione**.

Corollario 11.3. (Birkhoff [1946], von Neumann [1953]) *Qualsiasi matrice bi-stocastica M può essere scritta come una combinazione convessa delle matrici di permutazione $P_1, \ldots, P_k$ (ovvero $M = c_1 P_1 + \ldots + c_k P_k$ per $c_1, \ldots, c_k$ non negativi con $c_1 + \ldots + c_k = 1$).*

Dimostrazione. Sia $M = (m_{ij})_{i,j \in \{1,\ldots,n\}}$ una matrice bi-stocastica $n \times n$, e sia $K_{n,n}$ il grafo bipartito completo con la bipartizione $\{a_1, \ldots, a_n\} \dot{\cup} \{b_1, \ldots, b_n\}$. Per $e = \{a_i, b_j\} \in E(K_{n,n})$ sia $x_e = m_{ij}$. Poiché M è bi-stocastica, x è il politopo del matching perfetto frazionario Q di $K_{n,n}$. Per il Teorema 11.2 e il Corollario 3.32, x può essere scritto come una combinazione convessa di vertici interi di Q. Questi corrispondono ovviamente alle matrici di permutazione. □

Questo corollario, chiamato spesso il Teorema di Birkhoff-von-Neumann, può essere dimostrato direttamente (Esercizio 3).

Sono stati studiati numerosi problemi di assegnamento più generali; per una rassegna si veda Burkard, Dell'Amico e Martello [2009].

11.2 Schema dell'algoritmo di Matching di peso massimo

Lo scopo di questa e della prossima sezione è di descrivere un algoritmo tempo-polinomiale per il Problema del Matching Perfetto di Peso Minimo. Questo algoritmo fu sviluppato da Edmonds [1965] e usa delle idee del suo algoritmo per il Problema del Matching di Cardinalità Massima (Sezione 10.5).

Diamo prima le idee principali dell'algoritmo senza considerare l'implementazione. Dato un grafo G con pesi $c : E(G) \to \mathbb{R}$, il Problema del Matching Perfetto di Peso Minimo può essere formulato come un problema di programmazione intera:

$$\min\left\{\sum_{e\in E(G)} c(e)x_e : x_e \in \{0,1\}\ (e \in E(G)),\ \sum_{e\in\delta(v)} x_e = 1\ (v \in V(G))\right\}.$$

Se A è un sottoinsieme di $V(G)$ con cardinalità dispari, qualsiasi matching perfetto deve contenere un numero dispari di archi in $\delta(A)$, in particolare ne deve avere almeno uno. Dunque aggiungendo il vincolo

$$\sum_{e\in\delta(A)} x_e \geq 1$$

la formulazione non cambia. In questo capitolo useremo la notazione $\mathcal{A} := \{A \subseteq V(G) : |A| \text{ dispari}\}$. Si consideri ora il rilassamento lineare:

$$\begin{array}{llll} \min & \sum_{e\in E(G)} c(e)x_e & & \\ \text{t.c.} & x_e \geq 0 & (e \in E(G)) & \\ & \sum_{e\in\delta(v)} x_e = 1 & (v \in V(G)) & \\ & \sum_{e\in\delta(A)} x_e \geq 1 & (A \in \mathcal{A}, |A| > 1). & \end{array} \tag{11.1}$$

Dimostreremo in seguito che il politopo descritto da (11.1) è intero; quindi questo PL descrive il PROBLEMA DEL MATCHING PERFETTO DI PESO MINIMO (questo sarà il Teorema 11.13, uno dei risultati principali di questo capitolo). Nei paragrafi successivi non abbiamo bisogno di questa formulazione, ma ciononostante la usiamo come motivazione.

Per formulare il duale di (11.1), introduciamo una variabile z_A per ogni vincolo primale, ossia per ogni $A \in \mathcal{A}$. Il programma lineare duale è:

$$\begin{array}{llll} \max & \sum_{A\in\mathcal{A}} z_A & & \\ \text{t.c.} & z_A \geq 0 & (A \in \mathcal{A}, |A| > 1) & \\ & \sum_{A\in\mathcal{A}: e\in\delta(A)} z_A \leq c(e) & (e \in E(G)). & \end{array} \tag{11.2}$$

Si noti che le variabili duali $z_{\{v\}}$ per $v \in V(G)$ non sono vincolate in segno. L'algoritmo di Edmonds è un algoritmo primale-duale. Comincia con un matching vuoto ($x_e = 0$ per ogni $e \in E(G)$) e la soluzione duale ammissibile

$$z_A := \begin{cases} \frac{1}{2}\min\{c(e) : e \in \delta(A)\} & \text{se } |A| = 1 \\ 0 & \text{altrimenti} \end{cases}.$$

Ad ogni passo dell'algoritmo, z sarà una soluzione duale ammissibile, e abbiamo

$$\begin{aligned} x_e > 0 &\Rightarrow \sum_{A \in \mathcal{A}: e \in \delta(A)} z_A = c(e); \\ z_A > 0 &\Rightarrow \sum_{e \in \delta(A)} x_e \le 1. \end{aligned} \tag{11.3}$$

L'algoritmo termina quando x è il vettore di incidenza di un matching perfetto (ossia quando avremo dimostrato che è primale ammissibile). Per la condizione degli scarti complementari (11.3) (Corollario 3.23) abbiamo allora l'ottimalità delle soluzioni primale e duale. Poiché x è ottima per (11.1) e intera, è di fatto il vettore di incidenza di un matching perfetto di peso minimo.

Data una soluzione duale ammissibile z, diciamo che un arco e è **tight** [stretto] se il vincolo duale corrispondente è soddisfatto con l'uguaglianza, ossia se

$$\sum_{A \in \mathcal{A}: e \in \delta(A)} z_A = c(e).$$

Ad ogni passo, il matching corrente consisterà dei soli archi tight.

Usiamo un grafo G_z che si ottiene da G rimuovendo tutti gli archi che non sono tight e contraendo ogni insieme B con $z_B > 0$ in un singolo vertice. La famiglia $\mathcal{B} := \{B \in \mathcal{A} : z_B > 0\}$ sarà laminare ad ogni passo, e ogni elemento di $\mathcal{B}$ indurrà un sottografo critico rispetto ai fattori che contiene solo archi tight. All'inizio $\mathcal{B}$ contiene solo singoletti.

Un'iterazione dell'algoritmo procede grosso modo come segue. Troviamo prima un matching di cardinalità massima M in G_z, usando l'ALGORITMO DEL MATCHING DI CARDINALITÀ MASSIMA DI EDMONDS. Se M è un matching perfetto, abbiamo terminato: possiamo completare M in un matching perfetto in G usando solo archi tight. Poiché le condizioni (11.3) sono soddisfatte, il matching è ottimo.

Altrimenti consideriamo la decomposizione di Gallai-Edmonds W, X, Y di G_z (cf. Teorema 10.32). Per ogni vertice v di G_z sia $B(v) \in \mathcal{B}$ l'insieme di vertici la

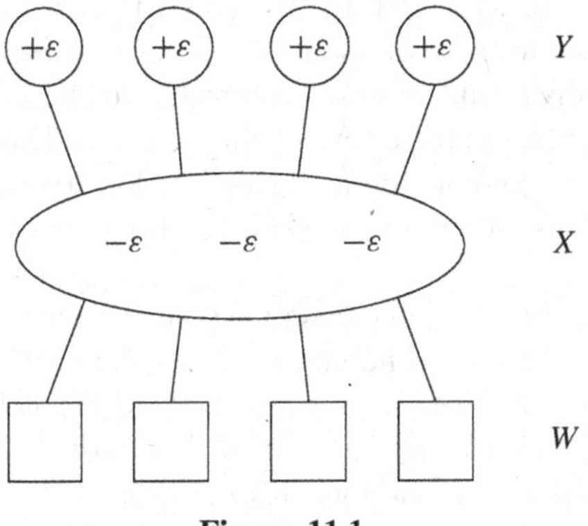

Figura 11.1.

cui contrazione ha dato origine a v. Modifichiamo la soluzione duale come segue: (si veda la Figura 11.1 per un'illustrazione). Per ogni $v \in X$ diminuiamo $z_{B(v)}$ di una qualche costante positiva ε. Per ogni componente connessa C di $G_z[Y]$ aumentiamo z_A di ε, in cui $A = \bigcup_{v \in C} B(v)$.

Si noti che gli archi tight del matching rimangono tight, poiché per il Teorema 10.32 tutti gli archi del matching con un estremo in X hanno l'altro estremo in Y. (Ovvero, tutti gli archi della foresta alternante che stiamo usando rimangono tight).

Scegliamo il massimo valore possibile di ε che mantiene l'ammissibilità del duale. Poiché il grafo corrente non contiene un matching perfetto, il numero di componenti connesse di $G_z[Y]$ è più grande di $|X|$. Quindi la precedente modifica del duale aumenta il valore della funzione obiettivo $\sum_{A \in \mathcal{A}} z_A$ di almeno ε. Se ε può essere scelto arbitrariamente grande, il PL duale (11.2) è illimitato, quindi il PL primale (11.1) è inammissibile (Teorema 3.27) e G non ha un matching perfetto.

A causa del cambiamento della soluzione duale anche il grafo G_z cambia: nuovi archi possono diventare tight, nuovi insiemi di vertici possono essere contratti (che corrispondono alle componenti di Y che non sono dei singoletti), e alcuni degli insiemi contratti possono essere "unpacked" (non-singoletti le cui variabili duali diventano nulle, che corrispondono a vertici di X).

I passi precedenti vengono ripetuti sino a quando non si trova un matching perfetto. Mostreremo dopo che questa procedura è finita. Ciò segue dal fatto che tra due aumenti, ogni passo (grow, shrink, unpack) aumenta il numero di vertici esterni.

11.3 Implementazione dell'algoritmo del Matching pesato massimo

Dopo questa descrizione informale introduciamo ora i dettagli implementativi. Come per l'ALGORITMO DEL MATCHING DI CARDINALITÀ MASSIMA DI EDMONDS non contraiamo in modo esplicito i blossom ma piuttosto memorizziamo la loro ear-decomposition. In ogni caso, ci sono diverse difficoltà.

Il passo di "shrink" del ALGORITMO DEL MATCHING DI CARDINALITÀ MASSIMA DI EDMONDS produce un blossom esterno. Per il passo di "augment" due componenti connesse diventano fuori-dalla-foresta. Poiché la soluzione duale non cambia, dobbiamo mantenere i blossom: otteniamo i cosiddétti blossom fuori-dalla-foresta. Il passo "grow" potrebbe coinvolgere blossom fuori-dalla-foresta che diventano in seguito o blossom interni o esterni. Dobbiamo quindi trattare con foreste di blossom generali.

Un altro problema è che dobbiamo essere in grado di ricostruire blossom annidati uno a uno. In pratica, se z_A diventa nulla per un blossom interno A, possono esistere dei sottoinsiemi $A' \subseteq A$ con $|A'| > 1$ e $z_{A'} > 0$. Allora dobbiamo scomporre il blossom A, ma non i blossom più piccoli all'interno di A (a meno che questi rimangano interni e con le loro variabili duali nulle).

Durante l'esecuzione dell'algoritmo abbiamo una famiglia laminare $\mathcal{B} \subseteq \mathcal{A}$, che contiene almeno tutti i singoletti. Tutti gli elementi di $\mathcal{B}$ sono blossom. Abbiamo $z_A = 0$ per ogni $A \notin \mathcal{B}$. L'insieme $\mathcal{B}$ è laminare ed è memorizzato con una rappresentazione ad albero (cf. Proposizione 2.14). Per semplificare i riferimenti, ad ogni blossom B che non sia un singoletto viene assegnato un numero.

Memorizziamo le ear-decomposition di tutti i blossom in $\mathcal{B}$ ad ogni passo dell'algoritmo. Le variabili $\mu(x)$ per $x \in V(G)$ rappresentano ancora il matching M corrente. Denotiamo con $b^1(x), \ldots, b^{k_x}(x)$ i blossom in $\mathcal{B}$ che contengono x, escludendo il singoletto. $b^{k_x}(x)$ è il blossom più esterno. Abbiamo le variabili $\rho^i(x)$ e $\varphi^i(x)$ per ogni $x \in V(G)$ e $i = 1, \ldots, k_x$. $\rho^i(x)$ è la base del blossom $b^i(x)$. $\mu(x)$ e $\varphi^j(x)$, per ogni x e j con $b^j(x) = i$, sono associati con una ear-decomposition M-alternante del blossom i.

Naturalmente, dobbiamo aggiornare le strutture dei blossom (φ e ρ) dopo ogni aumento. Aggiornare ρ è semplice. Anche aggiornare φ può essere fatto in tempo lineare per il Lemma 10.23.

Per i blossom interni abbiamo bisogno, oltre che della base, del vertice più vicino alla radice dell'albero nella foresta generale di blossom, e del suo vicino nel blossom esterno seguente. Questi due vertici sono denotati con $\sigma(x)$ e $\chi(\sigma(x))$ per ogni base x di un blossom interno. Si veda la Figura 11.2 per un esempio.

Con queste variabili, si possono determinare i cammini alternanti verso la radice dell'albero. Poiché i blossom sono mantenuti dopo un aumento, dobbiamo scegliere il cammino aumentante tale che ogni blossom continua a contenere un matching quasi-perfetto.

La Figura 11.2 mostra che dobbiamo fare attenzione: ci sono due blossom interni annidati, indotti da $\{x_3, x_4, x_5\}$ e $\{x_1, x_2, x_3, x_4, x_5\}$. Se consideriamo solo la ear-decomposition del blossom più esterno per trovare un cammino alternante da x_0 alla radice x_6, finiremmo per trovare $(x_0, x_1, x_4, x_5 = \sigma(x_1), x_6 = \chi(x_5))$. Dopo un aumento lungo $(y_6, y_5, y_4, y_3, y_2, y_1, y_0, x_0, x_1, x_4, x_5, x_6)$, il sottografo

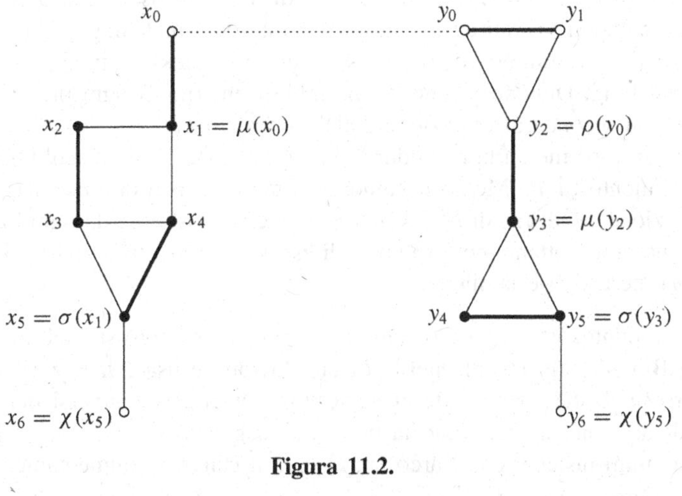

Figura 11.2.

critico rispetto ai fattori indotto da $\{x_3, x_4, x_5\}$ non contiene più un matching quasi-perfetto.

Quindi dobbiamo trovare un cammino alternante all'interno di ciascun blossom che contiene un numero pari di archi all'interno di ogni sotto-blossom. Questo si ottiene con la procedura seguente:

BLOSSOMPATH

Input: Un vertice x_0.

Output: Un cammino M-alternante $Q(x_0)$ da x_0 a $\rho^{k_{x_0}}(x_0)$.

① Poni $h := 0$ e $B := \{b^j(x_0) : j = 1, \ldots, k_{x_0}\}$.

② **While** $x_{2h} \neq \rho^{k_{x_0}}(x_0)$ **do**:
Poni $x_{2h+1} := \mu(x_{2h})$ e $x_{2h+2} := \varphi^i(x_{2h+1})$, in cui
$i = \min\{j \in \{1, \ldots, k_{x_{2h+1}}\} : b^j(x_{2h+1}) \in B\}$.
Aggiungi tutti i blossom di $\mathcal{B}$ a B che contengono x_{2h+2} ma non x_{2h+1}.
Rimuovi tutti i blossom da B la cui base sia x_{2h+2}.
Poni $h := h + 1$.

③ Sia $Q(x_0)$ il cammino con i vertici $x_0, x_1, \ldots, x_{2h}$.

Proposizione 11.4. *La procedura* BLOSSOMPATH *può essere implementata in tempo $O(n)$. $M \triangle E(Q(x_0))$ contiene un matching quasi-perfetto all'interno di ogni blossom.*

Dimostrazione. Controlliamo prima che la procedura calcola sicuramente un cammino. Infatti, se rimane un blossom di $\mathcal{B}$, non viene più incontrato di nuovo. Ciò segue dal fatto che contraendo i sotto-blossom massimali di un qualsiasi blossom in $\mathcal{B}$ si ottiene un circuito (una proprietà che verrà mantenuta).

All'inizio di ogni iterazione, B è la lista di tutti i blossom che o contengono x_0 oppure sono stati visitati attraverso un arco non del matching e non sono stati ancora lasciati. Il cammino costruito lascia qualsiasi blossom in B attraverso un arco del matching. Dunque il numero di archi all'interno di ogni blossom è pari, dimostrando la seconda affermazione della proposizione.

Quando si implementa la procedura in tempo $O(n)$, il solo calcolo non banale è l'aggiornamento di B. Memorizziamo B come una lista ordinata. Usando una rappresentazione ad albero di $\mathcal{B}$ e il fatto che si entra e si esce da ogni blossom al massimo una volta, otteniamo un tempo di esecuzione di $O(n + |\mathcal{B}|)$. Si noti che $|\mathcal{B}| = O(n)$, perché $\mathcal{B}$ è laminare. □

A questo punto determinare un cammino aumentante consiste nell'applicare la procedura BLOSSOMPATH all'interno di un blossom, e usare μ e χ tra blossom. Quando troviamo dei vertici esterni adiacenti x, y in alberi diversi della foresta generale di blossom, applichiamo la procedura seguente sia a x che y. L'unione dei due cammini insieme con l'arco $\{x, y\}$ darà il cammino aumentante.

TREEPATH

Input: Un vertice esterno v.

Output: Un cammino alternante $P(v)$ da v alla radice dell'albero nella foresta di blossom.

① Inizialmente $P(v)$ consiste solo di v. Sia $x := v$.

② Sia $y := \rho^{k_x}(x)$. Sia $Q(x) :=$ BLOSSOMPATH(x). Aggiungi $Q(x)$ a $P(v)$.
If $\mu(y) = y$ **then stop**.

③ Poni $P(v) := P(v) + \{y, \mu(y)\}$.
Sia $Q(\sigma(\mu(y))) :=$ BLOSSOMPATH$(\sigma(\mu(y)))$.
Aggiungi l'inverso di $Q(\sigma(\mu(y)))$ a $P(v)$.
Sia $P(v) := P(v) + \{\sigma(\mu(y)), \chi(\sigma(\mu(y)))\}$.
Poni $x := \chi(\sigma(\mu(y)))$ e **go to** ②.

Il secondo problema è come determinare in modo efficiente ε. La foresta generale di blossom, dopo che si sono eseguiti tutti i possibili passi di grow-, shrink- e augment-, dà la decomposizione di Gallai-Edmonds W, X, Y di G_z. W contiene i blossom fuori-dalla-foresta, X contiene i blossom interni, e Y è formato dai blossom esterni.

Per usare una notazione più semplice, definiamo $c(\{v, w\}) := \infty$ se $\{v, w\} \notin E(G)$. Inoltre, usiamo l'abbreviazione

$$slack(v, w) \;:=\; c(\{v, w\}) - \sum_{A \in \mathcal{A},\, \{v,w\} \in \delta(A)} z_A.$$

Dunque $\{v, w\}$ è un arco tight se e solo se $slack(v, w) = 0$. Poi poniamo

$$\begin{aligned}
\varepsilon_1 &:= \min\{z_A : A \text{ è un blossom interno massimale, } |A| > 1\};\\
\varepsilon_2 &:= \min\{slack(x, y) : x \text{ esterno, } y \text{ fuori-dalla-foresta}\};\\
\varepsilon_3 &:= \frac{1}{2}\min\{slack(x, y) : x, y \text{ esterni, che appartengono a blossom diversi}\};\\
\varepsilon &:= \min\{\varepsilon_1, \varepsilon_2, \varepsilon_3\}.
\end{aligned}$$

Questo ε è il numero massimo tale che il cambiamento del duale di ε mantiene l'ammissibilità duale. Se $\varepsilon = \infty$, (11.2) è illimitato e dunque (11.1) non è ammissibile. In questo caso G non ha un matching perfetto.

Ovviamente, ε può essere calcolato in tempo finito. Comunque, per ottenere un tempo di esecuzione complessivo di $O(n^3)$ dobbiamo essere in grado di calcolare ε in tempo $O(n)$. Questo è semplice per quanto riguarda ε_1, ma richiede delle strutture dati addizionali per ε_2 e ε_3.

Per $A \in \mathcal{B}$ sia

$$\zeta_A \;:=\; \sum_{B \in \mathcal{B}: A \subseteq B} z_B.$$

Dovremmo aggiornare questi valori ogni volta che cambia la soluzione duale; questo può essere fatto in tempo lineare (usando la rappresentazione ad albero di $\mathcal{B}$). Quindi

$$\varepsilon_2 = \min\left\{c(\{x,y\}) - \zeta_{\{x\}} - \zeta_{\{y\}} : x \text{ esterno, } y \text{ fuori-dalla-foresta}\right\},$$
$$\varepsilon_3 = \frac{1}{2}\min\left\{c(\{x,y\}) - \zeta_{\{x\}} - \zeta_{\{y\}} : x, y \text{ esterni, } \{x,y\} \not\subseteq B \text{ per } B \in \mathcal{B}\right\}.$$

Introduciamo le variabili t_v^A e τ_v^A per ogni vertice esterno v e ogni $A \in \mathcal{B}$, a meno che ci sia un $B \in \mathcal{B}$ con $A \cup \{v\} \subseteq B$. τ_v^A è un vertice in A che minimizza $slack(v, \tau_v^A)$, e $t_v^A := slack(v, \tau_v^A) + \Delta + \zeta_A$, in cui Δ denota la somma dei valori ε in tutti i cambiamenti precedenti dei duali. Si osservi che t_v^A non cambia sino a quando v rimane esterno ed $A \in \mathcal{B}$. Infine, scriviamo $t^A := \min\{t_v^A : v \notin A,\ v \text{ esterno}\}$. Abbiamo che

$$\begin{aligned}\varepsilon_2 &= \min\left\{slack(v, \tau_v^A) : v \text{ esterno, } A \in \mathcal{B} \text{ massimale e fuori-dalla-foresta}\right\}\\ &= \min\left\{t^A - \Delta - \zeta_A : A \in \mathcal{B} \text{ massimale e fuori-dalla-foresta}\right\},\end{aligned}$$

e, in modo analogo,

$$\varepsilon_3 = \frac{1}{2}\min\left\{t^A - \Delta - \zeta_A : A \in \mathcal{B} \text{ esterno massimale}\right\}.$$

Anche se quando calcoliamo ε_2 e ε_3 siamo solo interessati ai valori t_v^A per blossom fuori-dalla-foresta massimali e blossom esterni $\mathcal{B}$, aggiorniamo queste variabili anche per i blossom interni e quelli che non sono massimali, perché potrebbero diventare importanti in seguito. I blossom che sono esterni ma non sono massimali non diventeranno massimali esterni prima che avvenga un aumento. Dopo ogni aumento, comunque, tutte queste variabili vengono ricalcolate.

All'inizio, dopo ogni aumento, e quando un vertice v che non lo era diventa esterno, dobbiamo calcolare τ_v^A e t_v^A, ed eventualmente aggiornare t^A, per ogni $A \in \mathcal{B}$ (tranne quelli che sono esterni ma non massimali). Ciò può essere fatto come segue:

UPDATE

Input: Un vertice esterno v.

Output: Nuovi valori di τ_v^A, t_v^A e t^A per ogni $A \in \mathcal{B}$ e τ_w per ogni vertice fuori-dalla-foresta w.

① **For** ogni $x \in V(G)$ **do**: Poni $\tau_v^{\{x\}} := x$ e $t_v^{\{x\}} := c(\{v,x\}) - \zeta_{\{v\}} + \Delta$.

② **For** $A \in \mathcal{B}$ con $|A| > 1$ (in ordine di cardinalità non decrescente) **do**: Poni $\tau_v^A := \tau_v^{A'}$ e $t_v^A := t_v^{A'} - \zeta_{A'} + \zeta_A$, in cui A' è un sottoinsieme proprio massimale di A in $\mathcal{B}$ per il quale $t_v^{A'} - \zeta_{A'}$ sia minimo.

③ **For** $A \in \mathcal{B}$ con $v \notin A$, tranne quelli che sono esterni ma non massimali, **do**: Poni $t^A := \min\{t^A, t_v^A\}$.

Ovviamente questo calcolo coincide con la definizione precedente di τ_v^A e t_v^A. È importante che questa procedura esegue in tempo lineare:

Lemma 11.5. *Se $\mathcal{B}$ è laminare, la procedura* UPDATE *può essere implementata in tempo $O(n)$.*

Dimostrazione. Per la Proposizione 2.15, una famiglia laminare di sottoinsiemi di $V(G)$ ha cardinalità al massimo $2|V(G)| = O(n)$. Se $\mathcal{B}$ è memorizzata con la sua rappresentazione ad albero, allora si può facilmente avere un'implementazione tempo-lineare. □

Possiamo ora proseguire con la descrizione formale dell'algoritmo. Invece di identificare i vertici interni ed esterni con i valori μ-, ϕ- e ρ-, segniamo direttamente ogni vertice con il suo status (interno, esterno, o fuori-dalla-foresta).

ALGORITMO DEL MATCHING PESATO	
Input:	Un grafo G, pesi $c : E(G) \to \mathbb{R}$.
Output:	Un matching perfetto di peso minimo in G, dato dagli archi $\{x, \mu(x)\}$, o la risposta che G non ha un matching perfetto.

① Poni $\mathcal{B} := \{\{v\} : v \in V(G)\}$ e $K := 0$. Poni $\Delta := 0$.
Poni $z_{\{v\}} := \frac{1}{2}\min\{c(e) : e \in \delta(v)\}$ e $\zeta_{\{v\}} := z_{\{v\}}$ per ogni $v \in V(G)$.
Poni $k_v := 0$, $\mu(v) := v$, $\rho^0(v) := v$, e $\varphi^0(v) := v$ per ogni $v \in V(G)$.
Segna tutti i vertice come esterni.

② Poni $t^A := \infty$ per ogni $A \in \mathcal{B}$.
For tutti i vertici esterni v **do**: UPDATE(v).

③ ("dual change")
Poni $\varepsilon_1 := \min\{z_A : A$ elemento interno massimale di $\mathcal{B}$, $|A| > 1\}$.
Poni $\varepsilon_2 := \min\{t^A - \Delta - \zeta_A : A$ elemento massimale fuori-dalla-foresta di $\mathcal{B}\}$.
Poni $\varepsilon_3 := \min\{\frac{1}{2}(t^A - \Delta - \zeta_A) : A$ elemento massimale esterno di $\mathcal{B}\}$.
Poni $\varepsilon := \min\{\varepsilon_1, \varepsilon_2, \varepsilon_3\}$. **If** $\varepsilon = \infty$, **then stop** (G non ha un matching perfetto).
For ogni elemento massimale esterno A di $\mathcal{B}$ **do**:
  Poni $z_A := z_A + \varepsilon$ e $\zeta_{A'} := \zeta_{A'} + \varepsilon$ per ogni $A' \in \mathcal{B}$ con $A' \subseteq A$.
For ogni elemento massimale interno A di $\mathcal{B}$ **do**:
  Poni $z_A := z_A - \varepsilon$ e $\zeta_{A'} := \zeta_{A'} - \varepsilon$ per ogni $A' \in \mathcal{B}$ con $A' \subseteq A$.
Poni $\Delta := \Delta + \varepsilon$.

④ **If** $\varepsilon = \varepsilon_1$ **then go to** ⑧.
If $\varepsilon = \varepsilon_2$ e $t_x^A - \Delta - \zeta_A = slack(x, y) = 0$, x esterno, $y \in A$ fuori-dalla-foresta **then go to** ⑤.
If $\varepsilon = \varepsilon_3$ e $t_x^A - \Delta - \zeta_A = slack(x, y) = 0$, x, y esterno, A elemento esterno massimale di $\mathcal{B}$, $x \notin A$, $y \in A$ **then**:
Sia $P(x) :=$ TREEPATH(x) dato da $(x = x_0, x_1, x_2, \ldots, x_{2h})$.
Sia $P(y) :=$ TREEPATH(y) dato da $(y = y_0, y_1, y_2, \ldots, y_{2j})$.
If $P(x)$ e $P(y)$ sono vertici disgiunti **then go to** ⑥, **else go to** ⑦.

⑤ ("grow")
Poni $\sigma(\rho^{k_y}(y)) := y$ e $\chi(y) := x$.
Segna tutti i vertici v con $\rho^{k_v}(v) = \rho^{k_y}(y)$ come interni.
Segna tutti i vertici v con $\mu(\rho^{k_v}(v)) = \rho^{k_y}(y)$ come esterni.
For ogni nuovo vertice esterno v **do**: UPDATE(v).
Go to ③.

⑥ ("augment")
For $i := 0$ **to** $h - 1$ **do**: Poni $\mu(x_{2i+1}) := x_{2i+2}$ e $\mu(x_{2i+2}) := x_{2i+1}$.
For $i := 0$ **to** $j - 1$ **do**: Poni $\mu(y_{2i+1}) := y_{2i+2}$ e $\mu(y_{2i+2}) := y_{2i+1}$.
Poni $\mu(x) := y$ e $\mu(y) := x$.
Segna tutti i vertici v per il quale l'estremità di TREEPATH(v) è o x_{2h} oppure y_{2j} come fuori-dalla-foresta.
Aggiorna tutti i valori $\varphi^i(v)$ e $\rho^i(v)$ (usando il Lemma 10.23).
If $\mu(v) \neq v$ per ogni v **then stop**, **else go to** ②.

⑦ ("shrink")
Sia $r = x_{2h'} = y_{2j'}$ il primo vertice esterno di $V(P(x)) \cap V(P(y))$ con $\rho^{k_r}(r) = r$.
Sia $A := \{v \in V(G) : \rho^{k_v}(v) \in V(P(x)_{[x,r]}) \cup V(P(y)_{[y,r]})\}$.
Poni $K := K + 1$, $\mathcal{B} := \mathcal{B} \cup \{A\}$, $z_A := 0$ e $\zeta_A := 0$.
For ogni $v \in A$ **do**:
Poni $k_v := k_v + 1$, $b^{k_v}(v) := K$, $\rho^{k_v}(v) := r$, $\varphi^{k_v}(v) := \varphi^{k_v - 1}(v)$.
For $i := 1$ **to** h' **do**:
If $\rho^{k_{x_{2i}}-1}(x_{2i}) \neq r$ **then** poni $\varphi^{k_{x_{2i}}}(x_{2i}) := x_{2i-1}$.
If $\rho^{k_{x_{2i-1}}-1}(x_{2i-1}) \neq r$ **then** poni $\varphi^{k_{x_{2i-1}}}(x_{2i-1}) := x_{2i}$.
For $i := 1$ **to** j' **do**:
If $\rho^{k_{y_{2i}}-1}(y_{2i}) \neq r$ **then** poni $\varphi^{k_{y_{2i}}}(y_{2i}) := y_{2i-1}$.
If $\rho^{k_{y_{2i-1}}-1}(y_{2i-1}) \neq r$ **then** poni $\varphi^{k_{y_{2i-1}}}(y_{2i-1}) := y_{2i}$.
If $\rho^{k_x - 1}(x) \neq r$ **then** set $\varphi^{k_x}(x) := y$.
If $\rho^{k_y - 1}(y) \neq r$ **then** set $\varphi^{k_y}(y) := x$.
For ogni vertice esterno $v \notin A$ **do**:
Poni $t_v^A := t_v^{A'} - \zeta_{A'}$ e $\tau_v^A := \tau_v^{A'}$, in cui A' è un sottoinsieme massimale proprio di A in $\mathcal{B}$ per il quale $t_v^{A'} - \zeta_{A'}$ sia minimo.
Poni $t^A := \min\{t_v^A : v$ esterno, non esiste alcun $\bar{A} \in \mathcal{B}$ con $A \cup \{v\} \subseteq \bar{A}\}$.
Segna tutti i $v \in A$ esterni. **For** ogni nuovo vertice esterno v **do**: UPDATE(v).
Go to ③.

⑧ ("unpack")
Sia $A \in \mathcal{B}$ un blossom massimale interno con $z_A = 0$ e $|A| > 1$.
Poni $\mathcal{B} := \mathcal{B} \setminus \{A\}$.
Sia $y := \sigma(\rho^{k_v}(v))$ per un $v \in A$.
Sia $Q(y) :=$ BLOSSOMPATH(y) dato da
$(y = r_0, r_1, r_2, \dots, r_{2l-1}, r_{2l} = \rho^{k_y}(y))$.
Segna ogni $v \in A$ con $\rho^{k_v-1}(v) \notin V(Q(y))$ come fuori-dalla-foresta.
Segna ogni $v \in A$ con $\rho^{k_v-1}(v) = r_{2i-1}$ per qualche i come esterno.
For ogni $v \in A$ con $\rho^{k_v-1}(v) = r_{2i}$ per un i (v rimane interno) **do**:
Poni $\sigma(\rho^{k_v}(v)) := r_j$ e $\chi(r_j) := r_{j-1}$, in cui
$j := \min\{j' \in \{0, \dots, 2l\} : \rho^{k_{r_{j'}}-1}(r_{j'}) = \rho^{k_v-1}(v)\}$.
For ogni $v \in A$ **do**: Poni $k_v := k_v - 1$.
For ogni nuovo vertice esterno v **do**: UPDATE(v).
Go to ③.

Si noti che contrariamente alla nostra discussione precedente, è possibile che $\varepsilon = 0$. Le variabili τ_v^A non sono necessarie in modo esplicito. Il passo "unpack" ⑧ viene illustrato dalla Figura 11.3, in cui un blossom con 19 vertici viene scompattato. Due dei cinque sotto-blossom diventano fuori-dalla-foresta, due diventano blossom interni e uno diventa blossom esterno.

Prima di analizzare l'algoritmo, illustriamo con un esempio i suoi passi principali. Si consideri il grafo in Figura 11.4(a). Inizialmente, l'algoritmo pone $z_{\{a\}} = z_{\{d\}} = z_{\{h\}} = 2$, $z_{\{b\}} = z_{\{c\}} = z_{\{f\}} = 4$ e $z_{\{e\}} = z_{\{g\}} = 6$. Nella Figura 11.4(b) si possono vedere gli scarti (slack). Dunque all'inizio gli archi $\{a,d\}, \{a,h\}, \{b,c\}, \{b,f\}, \{c,f\}$ sono tight. Quindi nelle prime iterazioni avremo $\epsilon = 0$.

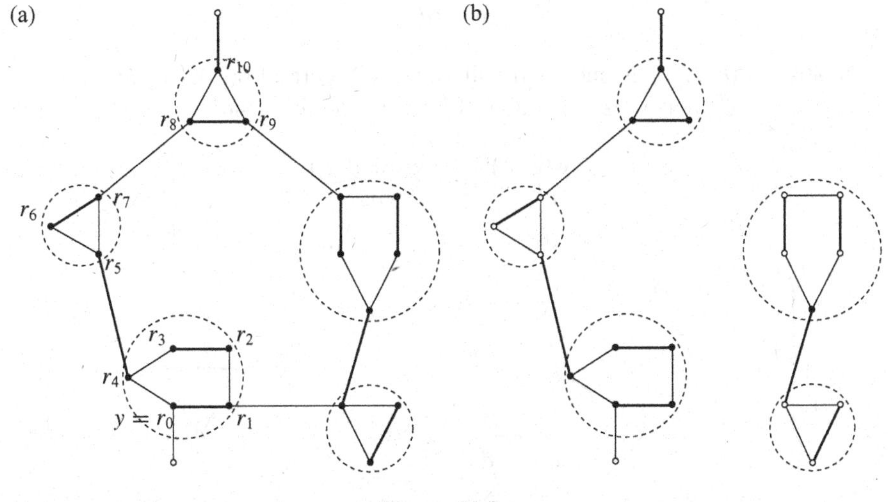

Figura 11.3.

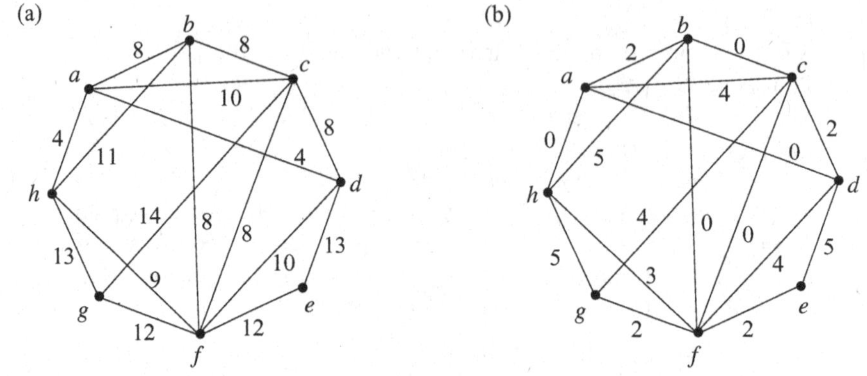

Figura 11.4.

Assumiamo che l'algoritmo visiti i vertici in ordine alfabetico. In questo caso, i primi passi sono

$$\text{augment}(a, d), \qquad \text{augment}(b, c), \qquad \text{grow}(f, b).$$

La Figura 11.5(a) mostra la foresta generale di blossom corrente. I passi successivi sono

$$\text{shrink}(f, c), \qquad \text{grow}(h, a),$$

che danno la foresta di blossom generale mostrata in Figura 11.5(b). Ora tutti gli archi tight sono stati usati, e dunque le variabili duali devono cambiare. Al passo ③ otteniamo $\varepsilon = \varepsilon_3 = 1$, ovvero $A = \{b, c, f\}$ e $\tau_d^A = c$. Le nuove variabili duali sono $z_{\{b,c,f\}} = 1$, $z_{\{a\}} = 1$, $z_{\{d\}} = z_{\{h\}} = 3$, $z_{\{b\}} = z_{\{c\}} = z_{\{f\}} = 4$, $z_{\{e\}} = z_{\{g\}} = 7$. Gli scarti attuali vengono mostrati in Figura 11.6(a). Il passo successivo è

$$\text{augment}(d, c).$$

Il blossom $\{b, c, f\}$ diventa fuori-dalla-foresta (Figura 11.6(b)). Ora nuovamente $\varepsilon = \varepsilon_3 = 0$ in ③ poiché $\{e, f\}$ è tight. I passi successivi sono

$$\text{grow}(e, f), \qquad \text{grow}(d, a).$$

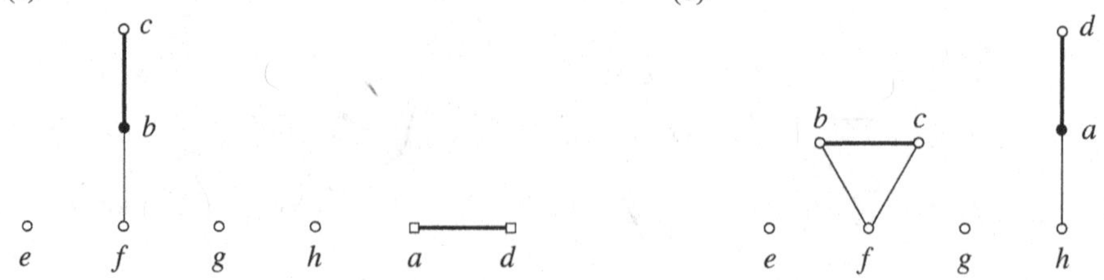

Figura 11.5.

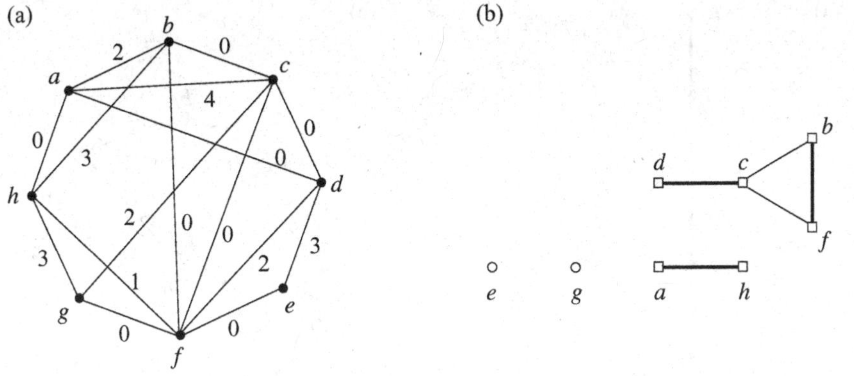

Figura 11.6.

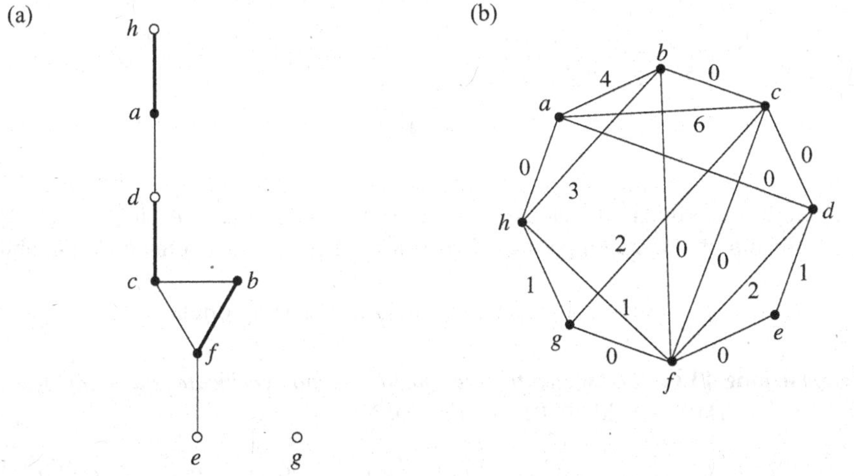

Figura 11.7.

Arriviamo alla Figura 11.7(a).

Nessun arco incidente ai vertici esterni è ancora tight, abbiamo che $\varepsilon = \varepsilon_1 = 1$ in ③, e otteniamo la nuova soluzione duale $z_{\{b,c,f\}} = 0$, $z_{\{a\}} = 0$, $z_{\{d\}} = z_{\{h\}} = z_{\{b\}} = z_{\{c\}} = z_{\{f\}} = 4$, $z_{\{e\}} = z_{\{g\}} = 8$. I nuovi scarti vengono mostrati nella Figura 11.7(b). Poiché la variabile duale per il vertice interno $\{B, C, F\}$ diventa nulla, dobbiamo eseguire il passo

$$\text{unpack}(\{b, c, f\}).$$

Otteniamo quindi la foresta generale di blossom mostrata in Figura 11.8(a). Dopo che un'altra variabile duale con $\varepsilon = \varepsilon_3 = \frac{1}{2}$ otteniamo $z_{\{a\}} = -0.5$, $z_{\{c\}} = z_{\{f\}} = 3.5$, $z_{\{b\}} = z_{\{d\}} = z_{\{h\}} = 4.5$, $z_{\{e\}} = z_{\{g\}} = 8.5$ (gli scarti sono mostrati in Figura 11.8(b)). I passi finali sono

$$\text{shrink}(d, e), \qquad \text{augment}(g, h),$$

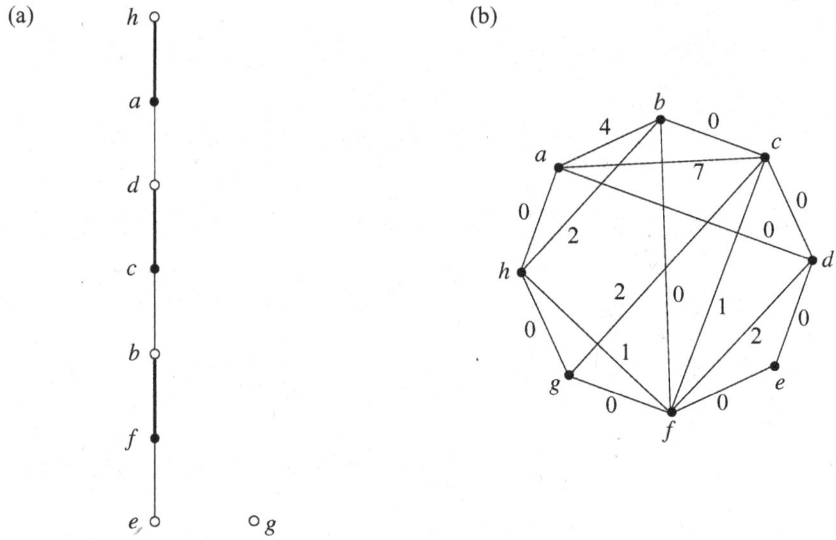

Figura 11.8.

e l'algoritmo termina. Il matching finale è $M = \{\{e, f\}, \{b, c\}, \{a, d\}, \{g, h\}\}$. Controlliamo che M ha un peso totale pari a 37, uguale alla somma delle variabili duali.

Dimostriamo ora che l'algoritmo funziona in maniera corretta.

Proposizione 11.6. *Le seguenti affermazioni sono verificate ad ogni passo dell'*ALGORITMO DEL MATCHING PESATO*:*

(a) *Per ogni* $j \in \{1, \dots, K\}$ *sia* $X(j) := \{v \in V(G) : j \in \{b^1(v), \dots, b^{k_v}(v)\}\}$. *Allora* $\mathcal{B} = \{X(j) : j = 1, \dots, K\} \cup \{\{v\} : v \in V(G)\}$ *è una famiglia laminare. Gli insiemi* $V_r := \{v : \rho^{k_v}(v) = r\}$ *per* $r \in V(G)$ *con* $\rho^{k_r}(r) = r$ *sono esattamente gli elementi massimali di* $\mathcal{B}$. *I vertici in ogni* V_r *sono segnati o come tutti esterni, o tutti interni, o tutti fuori-dalla-foresta. Ogni* $(V_r, \{\{v, \varphi^{k_v}(v)\} : v \in V_r \setminus \{r\}\} \cup \{\{v, \mu(v)\} : v \in V_r \setminus \{r\}\})$ *è un blossom con base* r.

(b) *Gli archi* $\{x, \mu(x)\}$ *formano un matching* M. M *contiene un matching quasi-perfetto con ogni elemento di* $\mathcal{B}$.

(c) *Per* $b = 1, \dots, K$ *le variabili* $\mu(v)$ *e* $\varphi^i(v)$, *per quei* v *e* i *con* $b^i(v) = b$, *sono associati con una ear-decomposition* M*-alternante in* $G[X(b)]$.

(d) *Gli archi* $\{x, \mu(x)\}$ *e* $\{x, \varphi^i(x)\}$ *per ogni* x *e* i, *e gli archi* $\{\sigma(x), \chi(\sigma(x))\}$ *per tutte le basi* x *di blossom massimali interni, sono tutti tight.*

(e) *Gli archi* $\{x, \mu(x)\}$, $\{x, \varphi^{k_x}(x)\}$ *per ogni* x *interno o esterno, insieme con gli archi* $\{\sigma(x), \chi(\sigma(x))\}$ *per tutte le basi* x *di blossom massimali interni, danno una foresta di blossom generale* F *rispetto a* M. *I segni sui vertici (interno, esterno, fuori-dalla-foresta) sono consistenti con* F.

(f) *La contrazione di sub-blossom massimali di qualsiasi blossom in $B \in \mathcal{B}$ con $|B| > 1$ risulta in un circuito.*
(g) *Per ogni vertice esterno v, la procedura* TREEPATH *dà un cammino v-r M-alternante, in cui r è la radice dell'albero in F che contiene v.*

Dimostrazione. All'inizio le proprietà sono chiaramente verificate (dopo che il passo ② viene eseguito per la prima volta). Mostriamo che rimangono valide durante l'esecuzione dell'algoritmo. Ciò si verifica facilmente per (a) considerando ⑦ e ⑧. Per (b), ciò segue dalla Proposizione 11.4 e l'ipotesi che (f) e (g) siano verificate prima dell'aumento.

La dimostrazione che (c) continua a valere dopo la contrazione è la stessa del caso non pesato (si veda il Lemma 10.30 (c)). I valori φ sono ricalcolati dopo un aumento e non cambiano in nessun altro punto. (d) viene garantita per ③.

È facile vedere che (e) viene mantenuta da ⑤: il blossom che contiene y era fuori-dalla-foresta, e ponendo $\chi(y) := x$ e $\sigma(v) := y$ per la base v del blossom lo rende interno. Anche il blossom che contiene $\mu(\rho^{k_y}(y))$ era fuori-dalla-foresta, e diventa esterno.

In ⑥, due componenti connesse della foresta generale di blossom diventano fuori-dalla-foresta, dunque (e) viene mantenuta. In ⑦, i vertici nel blossom diventano esterni perché r prima era esterno. In ⑧, anche per i vertici $v \in A$ con $\rho^{k_v-1}(v) \notin V(Q(y))$ abbiamo $\mu(\rho^{k_v}(v)) \notin V(Q(y))$, dunque diventano fuori-dalla-foresta. Per ogni altro $v \in A$ abbiamo $\rho^{k_v-1}(v) = r_k$ per qualche k. Poiché $\{r_i, r_{i+1}\} \in M$ se e solo se i è pari, v diventa esterno se e solo se k è dispari.

(f) viene verificato perché ogni nuovo blossom viene ricavato da un circuito dispari in ⑦. Per vedere che (g) viene mantenuta, basta osservare che $\sigma(x)$ e $\chi(\sigma(x))$ sono assegnati correttamente per tutte le basi x di blossom massimali interni. Ciò si verifica facilmente sia per ⑤ che ⑧. □

La Proposizione 11.6(a) dà una giustificazione per chiamare gli elementi massimali di $\mathcal{B}$ interni, esterni, o fuori-dalla-foresta ai passi ③ e ⑧ dell'algoritmo.

Mostriamo ora che l'algoritmo mantiene una soluzione duale ammissibile.

Lemma 11.7. *Ad ogni passo dell'algoritmo, z è una soluzione duale ammissibile. Se $\varepsilon = \infty$ allora G non ha un matching perfetto.*

Dimostrazione. Abbiamo sempre che $z_A = 0$ per ogni $A \in \mathcal{A} \setminus \mathcal{B}$. z_A viene diminuita solo per quei $A \in \mathcal{B}$ che sono massimali in $\mathcal{B}$ e interni. Dunque la scelta di ε_1 garantisce che z_A continua a essere non negativa per ogni A con $|A| > 1$.

Come potrebbero essere violati i vincoli $\sum_{A \in \mathcal{A}: e \in \delta(A)} z_A \le c(e)$?

Se $\sum_{A \in \mathcal{A}: e \in \delta(A)} z_A$ aumenta in ③, e deve essere o connesso a un vertice esterno e uno fuori-dalla-foresta, oppure a due diversi blossom esterni. Dunque il valore massimo di ε tale che la nuova z soddisfa ancora $\sum_{A \in \mathcal{A}: e \in \delta(A)} z_A \le c(e)$ è $slack(e)$ nel primo caso e $\frac{1}{2} slack(e)$ nel secondo caso.

Dobbiamo dunque dimostrare che ε_2 e ε_3 sono calcolate in modo corretto:

$$\varepsilon_2 = \min\{slack(v, w) : v \text{ esterno, } w \text{ fuori-dalla-foresta}\}$$

e

$$\varepsilon_3 = \frac{1}{2} \min \left\{ slack(v,w) : v, w \text{ esterno}, \rho^{k_v}(v) \neq \rho^{k_w}(w) \right\}.$$

Mostriamo che ad ogni passo dell'algoritmo viene verificato ciò che segue per qualsiasi vertice esterno v e qualsiasi $A \in \mathcal{B}$ tale che non esiste alcun $\bar{A} \in \mathcal{B}$ con $A \cup \{v\} \subseteq \bar{A}$:

(a) $\tau_v^A \in A$.
(b) $slack(v, \tau_v^A) = \min\{slack(v,u) : u \in A\}$.
(c) $\zeta_A = \sum_{B \in \mathcal{B}: A \subseteq B} z_B$. Δ è la somma dei valori di ε in ogni cambiamento dei duali precedente.
(d) $slack(v, \tau_v^A) = t_v^A - \Delta - \zeta_A$.
(e) $t^A = \min\{t_v^A : v$ esterno e non esiste alcun $\bar{A} \in \mathcal{B}$ con $A \cup \{v\} \subseteq \bar{A}\}$.

Si verifica facilmente che valgono (a), (c), e (e). (b) e (d) sono verificate quando τ_v^A viene definito (in ⑦ o in UPDATE(v)), e in seguito $slack(v,u)$ diminuisce esattamente della quantità di cui aumenta $\Delta + \zeta_A$ (a causa di (c)). Ora (a), (b), (d), ed (e) implicano che ε_3 è calcolata in modo corretto.

Supponiamo ora che $\varepsilon = \infty$, ossia ε può essere scelto arbitrariamente grande senza compromettere l'ammissibilità duale. Poiché la funzione obiettivo del duale $\mathbb{1}z$ aumenta di almeno ε in ③, concludiamo che il PL duale (11.2) è illimitato. Quindi per il Teorema 3.27 il PL primale (11.1) è non ammissibile. □

Ne segue la correttezza dell'algoritmo:

Teorema 11.8. *Se l'algoritmo termina in ⑥, gli archi $\{x, \mu(x)\}$ formano un matching perfetto di peso minimo in G.*

Dimostrazione. Sia x il vettore di incidenza di M (il matching che consiste degli archi $\{x, \mu(x)\}$). Le condizioni degli scarti complementari

$$x_e > 0 \quad \Rightarrow \quad \sum_{A \in \mathcal{A}: e \in \delta(A)} z_A = c(e)$$

$$z_A > 0 \quad \Rightarrow \quad \sum_{e \in \delta(A)} x_e = 1$$

sono soddisfatte: la prima viene verificata perché tutti gli archi del matching sono tight (Proposizione 11.6(d)), e la seconda segue dalla Proposizione 11.6(b).

Poiché abbiamo soluzioni ammissibili primali e duali (Lemma 11.7), entrambe devono essere ottime (Corollario 3.23). Dunque x è ottimo per il PL (11.1) e intero, dimostrando che M è matching perfetto di peso minimo. □

Sino ad ora non abbiamo ancora dimostrato che l'algoritmo termina.

Teorema 11.9. *Il tempo di esecuzione dell'*ALGORITMO DEL MATCHING PESATO *tra due aumenti è $O(n^2)$. Il tempo di esecuzione complessivo è $O(n^3)$.*

Dimostrazione. Per il Lemma 11.5 e la Proposizione 11.6(a), la procedura di UPDATE richiede tempo lineare. Sia ② che ⑥ richiedono tempo $O(n^2)$, per ogni aumento. ③ e ④ richiedono un tempo $O(n)$. Inoltre, ognuno tra ⑤, ⑦, e ⑧ può essere fatto in tempo $O(nk)$, in cui k è il numero dei nuovi vertici esterni. (In ⑦, il numero di sottoinsiemi propri massimali A' di A che devono essere considerati è al massimo $2k + 1$: ogni secondo sub-blossom di un nuovo blossom deve essere stato interno.)

Poiché un vertice esterno continua a essere esterno sino al prossimo aumento, il tempo totale speso da ⑤, ⑦, e ⑧ tra due aumenti è $O(n^2)$. Inoltre, ogni chiamata di ⑤, ⑦, e ⑧ crea almeno un nuovo vertice esterno. Poiché almeno uno tra ⑤, ⑥, ⑦, ⑧ viene chiamato ad ogni iterazione, il numero di iterazioni tra due aumenti è $O(n)$. Questo dimostra il tempo di esecuzione di $O(n^2)$ tra due aumenti. Poiché ci sono solo $\frac{n}{2}$ aumenti, il tempo di esecuzione totale è $O(n^3)$. □

Corollario 11.10. *Il* PROBLEMA DEL MATCHING PERFETTO DI PESO MINIMO *può essere risolto in tempo* $O(n^3)$.

Dimostrazione. Ciò segue dai Teoremi 11.8 e 11.9. □

La prima implementazione con complessità $O(n^3)$ dell'algoritmo di Edmonds per il PROBLEMA DEL MATCHING PERFETTO DI PESO MINIMO si deve a Gabow [1973] (si veda anche Gabow [1976] e Lawler [1976]). Anche il miglior tempo di esecuzione teorico, pari a $O(mn + n^2 \log n)$, è stato ottenuto da Gabow [1990]. Per grafi planari un matching perfetto di peso minimo può essere trovato in tempo $O\left(n^{\frac{3}{2}} \log n\right)$, come Lipton e Tarjan [1979,1980] hanno mostrato con un approccio *divide et impera*, usando il fatto che grafi planari hanno dei piccoli "separatori". Per istanze Euclidee (un insieme di punti nel piano definisce un grafo completo i cui archi sono dati dalle distanze Euclidee) Varadarajan [1998] ha trovato un algoritmo $O\left(n^{\frac{3}{2}} \log^5 n\right)$.

Probabilmente le implementazioni ad oggi più efficienti sono descritte in Mehlhorn e Schäfer [2000] e Cook e Rohe [1999]. Essi risolvono all'ottimo problemi di matching con milioni di vertici. Un algoritmo "primale" per il matching pesato, che mantiene sempre un matching perfetto e ottiene una soluzione duale ammissibile solo alla fine, è stato descritto da Cunningham e Marsh [1978].

11.4 Post-ottimalità

In questa sezione dimostriamo un risultato di post-ottimalità di cui avremo bisogno nella Sezione 12.2. Aggiungiamo due vertici a un'istanza che è già stata risolta:

Lemma 11.11. *Sia* (G, c) *un'istanza del* PROBLEMA DEL MATCHING PERFETTO DI PESO MINIMO, *e siano* $s, t \in V(G)$ *due vertici. Si supponga di aver eseguito l'*ALGORITMO DEL MATCHING PESATO *per l'istanza* $(G - \{s, t\}, c)$. *Allora un matching perfetto di peso minimo rispetto a* (G, c) *può essere determinato in tempo* $O(n^2)$.

Dimostrazione. L'aggiunta di due vertici richiede l'inizializzazione delle strutture dati. In particolare, per ogni $v \in \{s,t\}$ segniamo v come esterno, poniamo $\mu(v) := v$, aggiungiamo $\{v\}$ a $\mathcal{B}$, poniamo $k_v := 0$, $\rho^0(v) := v$, $\varphi^0(v) := v$, e $\zeta_{\{v\}} := z_v := \min\{\frac{1}{2}c(\{s,t\}), \min\{\{c(\{v,w\}) - \zeta_{\{w\}} : w \in V(G) \setminus \{s,t\}\}\}$, dove abbiamo usato la notazione $c(e) := \infty$ per $e \notin E(G)$. Allora cominciamo l'ALGORITMO DEL MATCHING PESATO con il passo ②. Per il Teorema 11.9 l'algoritmo termina dopo $O(n^2)$ passi con un aumento, dando un matching perfetto di peso minimo in (G,c). □

Otteniamo anche un secondo risultato di post-ottimalità:

Lemma 11.12. (Weber [1981], Ball e Derigs [1983]) *Si supponga di aver eseguito l'*ALGORITMO DEL MATCHING PESATO *per un'istanza* (G,c). *Sia* $s \in V(G)$, *e sia* $c' : E(G) \to \mathbb{R}$ *con* $c'(e) = c(e)$ *per ogni* $e \notin \delta(s)$. *Allora un matching perfetto di peso minimo rispetto a* (G,c') *può essere calcolato in tempo* $O(n^2)$.

Dimostrazione. Sia G' ottenuto da G aggiungendo due nuovi vertici x, y, un arco $\{s,x\}$, e un arco $\{v,y\}$ per ogni arco $\{v,s\} \in E(G)$. Poniamo $c(\{v,y\}) := c'(\{v,s\})$ per questi nuovi archi. Il peso di $\{s,x\}$ può essere scelto in modo arbitrario. Troviamo poi un matching perfetto di peso minimo in (G',c), usando il Lemma 11.11. Rimuovendo l'arco $\{s,x\}$ e sostituendo l'arco del matching $\{v,y\}$ con $\{v,s\}$ dà un matching perfetto di peso minimo rispetto a (G,c'). □

Lo stesso risultato per un algoritmo "primale" del matching pesato è stato trovato da Cunningham e Marsh [1978].

11.5 Il politopo del Matching

La correttezza dell'ALGORITMO DEL MATCHING PESATO porta anche indirettamente alla caratterizzazione di Edmonds del politopo del matching perfetto. Usiamo ancora la notazione $\mathcal{A} := \{A \subseteq V(G) : |A| \text{ dispari}\}$.

Teorema 11.13. (Edmonds [1965]) *Sia G un grafo non orientato. Il* **politopo del matching perfetto** *di G, ossia il guscio convesso dei vettori di incidenza di tutti i matching perfetti in G, è l'insieme di vettori x che soddisfano*

$$\begin{aligned} x_e &\geq 0 && (e \in E(G)) \\ \sum_{e \in \delta(v)} x_e &= 1 && (v \in V(G)) \\ \sum_{e \in \delta(A)} x_e &\geq 1 && (A \in \mathcal{A})\,. \end{aligned}$$

Dimostrazione. Per il Corollario 3.32 basta mostrare che tutti i vertici del politopo descritto sopra sono interi. Per il Teorema 5.13 questo è vero se il problema di minimizzazione ha una soluzione ottima intera per qualsiasi funzione di peso. Ma il nostro ALGORITMO DEL MATCHING PESATO trova una tale soluzione per qualsiasi funzione di peso (cf. la dimostrazione del Teorema 11.8). □

Una dimostrazione alternativa sarà data nella Sezione 12.3 (si veda la nota dopo il Teorema 12.18).

Possiamo anche descrivere il **politopo del matching**, ossia il guscio convesso dei vettori di incidenza di tutti matching in un grafo non orientato G:

Teorema 11.14. (Edmonds [1965]) *Sia G un grafo. Il politopo del matching di G è l'insieme dei vettori $x \in \mathbb{R}_+^{E(G)}$ che soddisfano*

$$\sum_{e \in \delta(v)} x_e \leq 1 \quad \textit{per ogni } v \in V(G) \quad \textit{e} \quad \sum_{e \in E(G[A])} x_e \leq \frac{|A|-1}{2} \quad \textit{per ogni } A \in \mathcal{A}.$$

Dimostrazione. Poiché il vettore di incidenza di qualsiasi matching soddisfa ovviamente queste disuguaglianze, dobbiamo dimostrare solo una direzione. Sia $x \in \mathbb{R}_+^{E(G)}$ un vettore con $\sum_{e \in \delta(v)} x_e \leq 1$ per $v \in V(G)$ e $\sum_{e \in E(G[A])} x_e \leq \frac{|A|-1}{2}$ per $A \in \mathcal{A}$. Dimostriamo che x è una combinazione convessa dei vettori di incidenza dei matching.

Sia H il grafo con $V(H) := \{(v,i) : v \in V(G),\ i \in \{1,2\}\}$, e $E(H) := \{\{(v,i),(w,i)\} : \{v,w\} \in E(G),\ i \in \{1,2\}\} \cup \{\{(v,1),(v,2)\} : v \in V(G)\}$. Dunque H consiste in due copie di G, ed esiste un arco che unisce le due copie di ogni vertice. Sia $y_{\{(v,i),(w,i)\}} := x_e$ per ogni $e = \{v,w\} \in E(G)$ e $i \in \{1,2\}$, e sia $y_{\{(v,1),(v,2)\}} := 1 - \sum_{e \in \delta_G(v)} x_e$ per ogni $v \in V(G)$. Affermiamo che y appartiene al politopo del matching perfetto di H. Considerando il sottografo indotto da $\{(v,1) : v \in V(G)\}$, che è isomorfo a G, otteniamo quindi che x è una combinazione convessa dei vettori di incidenza dei matching in G.

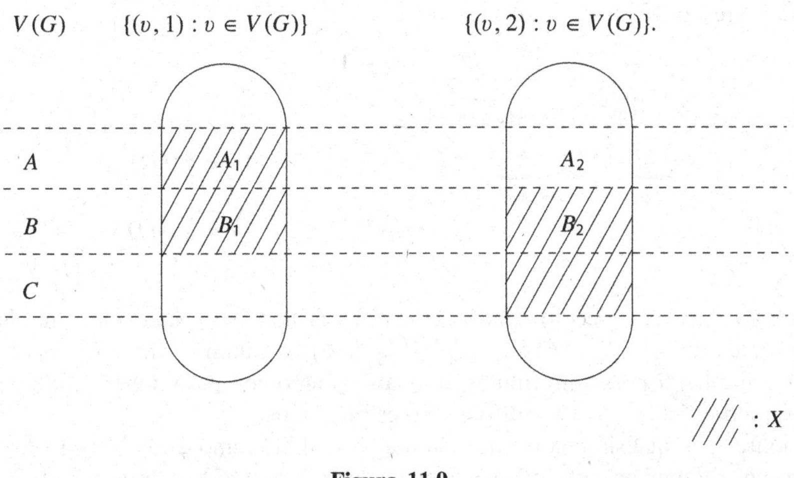

Figura 11.9.

Ovviamente, $y \in \mathbb{R}_+^{E(H)}$ e $\sum_{e \in \delta_H(v)} y_e = 1$ per ogni $v \in V(H)$. Per mostrare che y appartiene al politopo del matching perfetto di H, usiamo il Teorema 11.13. Sia dunque $X \subseteq V(H)$ con $|X|$ dispari. Dimostriamo che $\sum_{e \in \delta_H(X)} y_e \geq 1$. Sia $A := \{v \in V(G) : (v,1) \in X, (v,2) \notin X\}$, $B := \{v \in V(G) : (v,1) \in X, (v,2) \in X\}$ e $C := \{v \in V(G) : (v,1) \notin X, (v,2) \in X\}$. Poiché $|X|$ è dispari, uno tra A e C deve avere cardinalità dispari; assumiamo senza perdita di generalità che sia $|A|$ dispari. Scriviamo $A_i := \{(a,i) : a \in A\}$ e $B_i := \{(b,i) : b \in B\}$ per $i = 1, 2$ (si veda la Figura 11.9). Allora

$$\begin{aligned}
\sum_{e \in \delta_H(X)} y_e &\geq \sum_{v \in A_1} \sum_{e \in \delta_H(v)} y_e - 2 \sum_{e \in E(H[A_1])} y_e - \sum_{e \in E_H(A_1, B_1)} y_e + \sum_{e \in E_H(B_2, A_2)} y_e \\
&= \sum_{v \in A_1} \sum_{e \in \delta_H(v)} y_e - 2 \sum_{e \in E(G[A])} x_e \\
&\geq |A_1| - (|A| - 1) = 1.
\end{aligned}$$

□

In pratica, possiamo dimostrare un risultato ancora più generale:

Teorema 11.15. (Cunningham e Marsh [1978]) *Per qualsiasi grafo non orientato G il sistema di disuguaglianze lineari*

$$\begin{aligned}
x_e &\geq 0 & & (e \in E(G)) \\
\sum_{e \in \delta(v)} x_e &\leq 1 & & (v \in V(G)) \\
\sum_{e \subseteq A} x_e &\leq \tfrac{|A|-1}{2} & & (A \in \mathcal{A}, |A| > 1)
\end{aligned}$$

è TDI.

Dimostrazione. Per $c : E(G) \to \mathbb{Z}$ consideriamo il PL $\max \sum_{e \in E(G)} c(e) x_e$ con i vincoli precedenti. Il PL duale è:

$$\begin{aligned}
\min \quad & \sum_{v \in V(G)} y_v + \sum_{A \in \mathcal{A},\, |A|>1} \frac{|A|-1}{2} z_A \\
\text{t.c.} \quad & \sum_{v \in e} y_v + \sum_{A \in \mathcal{A},\, e \subseteq A} z_A \geq c(e) & & (e \in E(G)) \\
& y_v \geq 0 & & (v \in V(G)) \\
& z_A \geq 0 & & (A \in \mathcal{A}, |A| > 1).
\end{aligned}$$

Sia (G, c) il più piccolo controesempio, ossia non esiste una soluzione duale ottima intera e $|V(G)| + |E(G)| + \sum_{e \in E(G)} |c(e)|$ è minimo. Allora $c(e) \geq 1$ per ogni e (altrimenti possiamo rimuovere qualsiasi arco con peso non positivo), e G non ha vertici isolati (altrimenti possono essere rimossi).

Inoltre, per qualsiasi soluzione ottima y, z affermiamo che $y = 0$. Per dimostrarlo, supponiamo che $y_v > 0$ per qualche $v \in V(G)$. Allora per gli scarti complementari (Corollario 3.23) $\sum_{e \in \delta(v)} x_e = 1$ per ogni soluzione primale x. Ma diminuendo poi $c(e)$ di uno per ogni $e \in \delta(v)$ dà un'istanza più piccola (G, c'), il cui valore del PL è inferiore di uno (usiamo qui l'integralità primale, ovvero il Teorema 11.14). Poiché (G, c) è il più piccolo controesempio, esiste una soluzione ottima intera del duale y', z' per (G, c'). Aumentando y'_v di uno dà una soluzione ottima intera del duale (G, c), una contraddizione.

Ora sia $y = 0$ e z una soluzione ottima del duale per la quale

$$\sum_{A \in \mathcal{A},\, |A|>1} |A|^2 z_A \tag{11.4}$$

sia il più grande possibile. Affermiamo che $\mathcal{F} := \{A : z_A > 0\}$ è laminare. Per vederlo, supponiamo che esistano gli insiemi $X, Y \in \mathcal{F}$ con $X \setminus Y \neq \emptyset$, $Y \setminus X \neq \emptyset$ e $X \cap Y \neq \emptyset$. Sia $\epsilon := \min\{z_X, z_Y\} > 0$.

Se $|X \cap Y|$ è dispari, allora anche $|X \cup Y|$ è dispari. Poniamo $z'_X := z_X - \epsilon$, $z'_Y := z_Y - \epsilon$, $z'_{X \cap Y} := z_{X \cap Y} + \epsilon$ (a meno che $|X \cap Y| = 1$), $z'_{X \cup Y} := z_{X \cup Y} + \epsilon$ e $z'_A := z_A$ per tutti gli altri insiemi A. Anche y, z' è una soluzione duale ammissibile; inoltre è anche ottima. Questa è una contraddizione poiché (11.4) è più grande.

Se $|X \cap Y|$ è dispari, allora $|X \setminus Y|$ e $|Y \setminus X|$ sono dispari. Poniamo $z'_X := z_X - \epsilon$, $z'_Y := z_Y - \epsilon$, $z'_{X \setminus Y} := z_{X \setminus Y} + \epsilon$ (a meno che $|X \setminus Y| = 1$), $z'_{Y \setminus X} := z_{Y \setminus X} + \epsilon$ (a meno che $|Y \setminus X| = 1$) e $z'_A := z_A$ per tutti gli altri insiemi A. Poniamo $y'_v := y_v + \epsilon$ per $v \in X \cap Y$ e $y'_v := y_v$ per $v \notin X \cap Y$. Allora y', z' è una soluzione duale ammissibile che è anche ottima. Ciò contraddice il fatto che qualsiasi soluzione ottima del duale deve avere $y = 0$.

Ora sia $A \in \mathcal{F}$ con $z_A \notin \mathbb{Z}$ e A massimale. Poniamo $\epsilon := z_A - \lfloor z_A \rfloor > 0$. Siano $A_1, \ldots, A_k$ i sottoinsiemi propri massimali di A in $\mathcal{F}$; devono essere disgiunti a coppie perché $\mathcal{F}$ è laminare. Ponendo $z'_A := z_A - \epsilon$ e $z'_{A_i} := z_{A_i} + \epsilon$ per $i = 1, \ldots, k$ (e $z'_D := z_D$ per tutti gli altri $D \in \mathcal{A}$) dà un'altra soluzione ammissibile duale $y = 0, z'$ (poiché c è un vettore di interi). Abbiamo:

$$\sum_{B \in \mathcal{A},\, |B|>1} \frac{|B|-1}{2} z'_B < \sum_{B \in \mathcal{A},\, |B|>1} \frac{|B|-1}{2} z_B,$$

contraddicendo l'ottimalità della soluzione duale originaria $y = 0, z$. □

Questa dimostrazione si deve a Schrijver [1983a]. Per dimostrazioni diverse, si vedano Lovász [1979] e Schrijver [1983b]. L'ultima dimostrazione usa il Teorema 11.14. Inoltre, sostituendo $\sum_{e \in \delta(v)} x_e \leq 1$ con $\sum_{e \in \delta(v)} x_e = 1$ per $v \in V(G)$ nel Teorema 11.15 dà una descrizione alternativa del politopo del matching perfetto, che è anch'essa TDI (per il Teorema 5.18). Il Teorema 11.13 si deriva facilmente da ciò; comunque, il sistema di disuguaglianze lineari del Teorema 11.13 non è in generale TDI (K_4 è un controesempio). Il Teorema 11.15 implica anche la formula di Berge-Tutte (Teorema 10.14; si veda l'Esercizio 14). Alcune generalizzazioni verranno discusse nella Sezione 12.1.

Esercizi

1. Usare il Teorema 11.2 per dimostrare una versione pesata del Teorema di König 10.2.
(Egerváry [1931])
2. Descrivere il guscio convesso dei vettori di incidenza di
(a) coperture dei vertici,
(b) insiemi stabili,
(c) coperture per archi,
in un grafo bipartito G. Mostrare come si ricavano il Teorema 10.2 e l'affermazione dell'Esercizio 2(c) del Capitolo 10.
Suggerimento: usare il Teorema 5.25 e il Corollario 5.21.
3. Dimostrare direttamente il Teorema di Birkhoff-von-Neumann 11.3.
4. Sia G un grafo e P il politopo del matching perfetto frazionario di G. Dimostrare che i vertici di P sono esattamente i vettori x con
$$x_e = \begin{cases} \frac{1}{2} & \text{se } e \in E(C_1) \cup \cdots \cup E(C_k) \\ 1 & \text{se } e \in M \\ 0 & \text{altrimenti} \end{cases},$$
dove $C_1, \ldots, C_k$ sono circuiti disgiunti per vertici dispari e M è un matching perfetto in $G - (V(C_1) \cup \cdots \cup V(C_k))$.
(Balinski [1972]; si veda Lovász [1979])
5. Sia G un grafo bipartito con la bipartizione $V = A \dot{\cup} B$ e $A = \{a_1, \ldots, a_p\}$, $B = \{b_1, \ldots, b_q\}$. Siano i pesi sugli archi dati da $c : E(G) \to \mathbb{R}$. Cerchiamo il matching di peso massimo che mantenga l'ordine dei pesi, ossia che per qualsiasi due archi $\{a_i, b_j\}, \{a_{i'}, b_{j'}\} \in M$ con $i < i'$ si abbia $j < j'$. Risolvere questo problema con un algoritmo di complessità $O(n^3)$.
Suggerimento: usare la programmazione dinamica.
6. Dimostrare che, a qualsiasi passo dell'ALGORITMO DEL MATCHING PESATO, $|\mathcal{B}| \le \frac{3}{2}n$.
7. Sia G un grafo con pesi non negativi $c : E(G) \to \mathbb{R}_+$. Sia M il matching a qualsiasi passo intermedio dell'ALGORITMO DEL MATCHING PESATO. Sia X l'insieme di vertici coperti da M. Mostrare che qualsiasi matching che copre X costa almeno tanto quanto M.
(Ball e Derigs [1983])
8. Un grafo con pesi interi sugli archi è detto avere la proprietà dei circuiti pari se il peso totale di ogni circuito è pari. Mostrare che l'ALGORITMO DEL MATCHING PESATO applicato a un grafo con la proprietà di circuito pari mantiene questa proprietà (rispetto agli scarti) e mantiene anche una soluzione duale che è intera. Concludere che per qualsiasi grafo esiste una soluzione ottima duale z che è half-integral (ossia tale che $2z$ è intero).

9. Quando l'ALGORITMO DEL MATCHING PESATO viene ristretto a grafi bipartiti. diventa molto più semplice. Mostrare quali parti sono necessarie anche nel caso bipartito e quali no.
   Osservazione: in questo modo si arriva a ciò che viene chiamato il metodo ungherese per il PROBLEMA DI ASSEGNAMENTO (Kuhn [1955]). Questo algoritmo può anche essere visto come una descrizione equivalente della procedura proposta nella dimostrazione del Teorema 11.1.
10. Come si può risolvere in tempo $O(n^3)$ il problema del matching bottleneck (ossia di trovare un matching perfetto M tale che $\max\{c(e) : e \in M\}$ sia minimo)?
11. Mostrare come risolvere il PROBLEMA DI EDGE COVER DI PESO MINIMO in tempo polinomiale: dato un grafo non orientato G e pesi $c : E(G) \to \mathbb{R}$, trovare un copertura per archi di peso minimo.
12. Dato un grafo non orientato G con pesi $c : E(G) \to \mathbb{R}_+$ e due vertici s e t, cerchiamo un cammino s-t minimo con un numero pari (o con uno dispari) di archi. Ridurre questo problema a un PROBLEMA DEL MATCHING PERFETTO DI PESO MINIMO.
    Suggerimento: prendere due copie di G, connettere ogni vertice con la sua copia con un arco di peso nullo e rimuovere s e t (o s e la copia di t). (Grötschel e Pulleyblank [1981])
13. Sia G un grafo k-regolare e $(k-1)$-arco-connesso con un numero pari di vertici, e sia $c : E(G) \to \mathbb{R}_+$. Dimostrare che esiste un matching perfetto M in G con $c(M) \geq \frac{1}{k}c(E(G))$.
    Suggerimento: mostrare che $\frac{1}{k}\mathbb{1}$ è nel politopo del matching perfetto.
14. * Mostrare che il Teorema 11.15 implica:
    (a) la formula di Berge-Tutte (Teorema 10.14);
    (b) il Teorema 11.13;
    (c) l'esistenza di una soluzione ottima duale half-integral al PL duale (11.2) (cf. Esercizio 8).
    Suggerimento: usare il Teorema 5.18.
15. Il politopo del matching perfetto frazionario Q di G è identico al politopo del matching perfetto se G è bipartito (Teorema 11.2). Considerare il primo troncamento di Gomory-Chvátal Q' di Q (Definizione 5.29). Dimostrare che Q' è sempre identica al politopo del matching perfetto.

Riferimenti bibliografici

Letteratura generale:

Gerards, A.M.H. [1995]: Matching. In: Handbooks in Operations Research and Management Science; Volume 7: Network Models (M.O. Ball, T.L. Magnanti, C.L. Monma, G.L. Nemhauser, eds.), Elsevier, Amsterdam, pp. 135–224

Lawler, E.L. [1976]: Combinatorial Optimization; Networks and Matroids. Holt, Rinehart and Winston, New York, Chapters 5 and 6

Papadimitriou, C.H., Steiglitz, K. [1982]: Combinatorial Optimization; Algorithms and Complexity. Prentice-Hall, Englewood Cliffs, Chapter 11

Pulleyblank, W.R. [1995]: Matchings and extensions. In: Handbook of Combinatorics; Vol. 1 (R.L. Graham, M. Grötschel, L. Lovász, eds.), Elsevier, Amsterdam

Riferimenti citati:

Balinski, M.L. [1972]: Establishing the matching polytope. Journal of Combinatorial Theory 13, 1–13

Ball, M.O., Derigs, U. [1983]: An analysis of alternative strategies for implementing matching algorithms. Networks 13, 517–549

Birkhoff, G. [1946]: Tres observaciones sobre el algebra lineal. Revista Universidad Nacional de Tucumán, Series A 5, 147–151

Burkard, R., Dell'Amico, M., Martello, S. [2009]: Assignment Problems. SIAM, Philadelphia

Cook, W., Rohe, A. [1999]: Computing minimum-weight perfect matchings. INFORMS Journal of Computing 11, 138–148

Cunningham, W.H., Marsh, A.B. [1978]: A primal algorithm for optimum matching. Mathematical Programming Study 8, 50–72

Edmonds, J. [1965]: Maximum matching and a polyhedron with (0,1) vertices. Journal of Research of the National Bureau of Standards B 69, 125–130

Egerváry, E. [1931]: Matrixok kombinatorikus tulajdonságairol. Matematikai és Fizikai Lapok 38, 16–28 [in Hungarian]

Gabow, H.N. [1973]: Implementation of algorithms for maximum matching on non-bipartite graphs. Ph.D. Thesis, Stanford University, Dept. of Computer Science

Gabow, H.N. [1976]: An efficient implementation of Edmonds' algorithm for maximum matching on graphs. Journal of the ACM 23, 221–234

Gabow, H.N. [1990]: Data structures for weighted matching and nearest common ancestors with linking. Proceedings of the 1st Annual ACM-SIAM Symposium on Discrete Algorithms, 434–443

Grötschel, M., Pulleyblank, W.R. [1981]: Weakly bipartite graphs and the max-cut problem. Operations Research Letters 1, 23–27

Kuhn, H.W. [1955]: The Hungarian method for the assignment problem. Naval Research Logistics Quarterly 2, 83–97

Lipton, R.J., Tarjan, R.E. [1979]: A separator theorem for planar graphs. SIAM Journal on Applied Mathematics 36, 177–189

Lipton, R.J., Tarjan, R.E. [1980]: Applications of a planar separator theorem. SIAM Journal on Computing 9, 615–627

Lovász, L. [1979]: Graph theory and integer programming. In: Discrete Optimization I; Annals of Discrete Mathematics 4 (P.L. Hammer, E.L. Johnson, B.H. Korte, eds.), North-Holland, Amsterdam, pp. 141–158

Mehlhorn, K., Schäfer, G. [2000]: Implementation of $O(nm \log n)$ weighted matchings in general graphs: the power of data structures. In: Algorithm Engineering; WAE-2000; LNCS 1982 (S. Näher, D. Wagner, eds.), pp. 23–38; also electronically in The ACM Journal of Experimental Algorithmics 7

Monge, G. [1784]: Mémoire sur la théorie des déblais et des remblais. Histoire de l'Académie Royale des Sciences 2, 666–704

Munkres, J. [1957]: Algorithms for the assignment and transportation problems. Journal of the Society for Industrial and Applied Mathematics 5, 32–38

von Neumann, J. [1953]: A certain zero-sum two-person game equivalent to the optimal assignment problem. In: Contributions to the Theory of Games II; Ann. of Math. Stud. 28 (H.W. Kuhn, ed.), Princeton University Press, Princeton, pp. 5–12

Schrijver, A. [1983a]: Short proofs on the matching polyhedron. Journal of Combinatorial Theory B 34, 104–108

Schrijver, A. [1983b]: Min-max results in combinatorial optimization. In: Mathematical Programming; The State of the Art – Bonn 1982 (A. Bachem, M. Grötschel, B. Korte, eds.), Springer, Berlin, pp. 439–500

Varadarajan, K.R. [1998]: A divide-and-conquer algorithm for min-cost perfect matching in the plane. Proceedings of the 39th Annual IEEE Symposium on Foundations of Computer Science, 320–329

Weber, G.M. [1981]: Sensitivity analysis of optimal matchings. Networks 11, 41–56

12
b-Matching e T-Join

In questo capitolo introduciamo altri due problemi di ottimizzazione combinatoria: il PROBLEMA DEL b-MATCHING DI PESO MINIMO nella Sezione 12.1 e il PROBLEMA DEL T-JOIN DI PESO MINIMO nella Sezione 12.2. Entrambi i problemi possono essere visti come delle generalizzazioni del PROBLEMA DEL MATCHING PERFETTO DI PESO MINIMO e includono a loro volta altri problemi importanti. Entrambi possono essere ridotti al PROBLEMA DEL MATCHING PERFETTO DI PESO MINIMO, e hanno sia degli algoritmi combinatori tempo-polinomiali che delle descrizioni poliedrali. Poiché in entrambi i casi il PROBLEMA DI SEPARAZIONE risulta essere risolvibile in tempo polinomiale, otteniamo un altro algoritmo tempo-polinomiale per questa generalizzazione del problema di matching (usando il METODO DELL'ELLISSOIDE; si veda la Sezione 4.6). Infatti, il PROBLEMA DI SEPARAZIONE può essere ridotto in entrambi i casi a trovare un taglio T di capacità minima; si vedano le Sezioni 12.3 e 12.4. Il problema di trovare un taglio $\delta(X)$ di capacità minima tale che $|X \cap T|$ sia dispari per un dato insieme di vertici T, può essere risolto con le tecniche delle reti di flusso.

12.1 b-Matching

Definizione 12.1. *Sia G un grafo non orientato con capacità intere sugli archi $u : E(G) \to \mathbb{N} \cup \{\infty\}$ e i numeri $b : V(G) \to \mathbb{N}$. Allora un* **b-matching** *in (G, u) è una funzione $f : E(G) \to \mathbb{Z}_+$ con $f(e) \leq u(e)$ per ogni $e \in E(G)$ e $\sum_{e \in \delta(v)} f(e) \leq b(v)$ per ogni $v \in V(G)$. Nel caso in cui $u \equiv 1$ parliamo di un b-matching* **semplice** *in G. Un b-matching f si dice* **perfetto** *se $\sum_{e \in \delta(v)} f(e) = b(v)$ per ogni $v \in V(G)$.*

Nel caso in cui $b \equiv 1$ le capacità sono irrilevanti, e ci riconduciamo a problemi di matching standard. Un b-matching semplice è a volte anche chiamato un b-factor [fattore b]. Può essere visto come un sottoinsieme di archi. Nel Capitolo 21 saremo interessati a 2-matching semplici perfetti, ovvero a sottoinsiemi di archi tali che ogni vertice ha solo due archi incidenti.

Korte B., Vygen J.: Ottimizzazione Combinatoria. Teoria e Algoritmi.

PROBLEMA DEL b-MATCHING DI PESO MASSIMO	
Istanza:	Un grafo G, capacità $u : E(G) \to \mathbb{N} \cup \{\infty\}$, pesi $c : E(G) \to \mathbb{R}$ e numeri $b : V(G) \to \mathbb{N}$.
Obiettivo:	Trovare un b-matching f in (G, u) il cui peso $\sum_{e \in E(G)} c(e) f(e)$ sia massimo.

L'ALGORITMO DI MATCHING PESATO di Edmonds può essere esteso a questo problema (Marsh [1979]). Non descriveremo in questo libro questo algoritmo, ma daremo piuttosto una descrizione poliedrale e mostreremo che il PROBLEMA DI SEPARAZIONE può essere risolto in tempo polinomiale. Ciò porta a un algoritmo tempo-polinomiale che usa il METODO DELL'ELLISSOIDE (cf. Corollario 3.33).

Il **politopo del b-matching** di (G, u) è il guscio convesso di tutti i b-matching in (G, u). Consideriamo prima il caso senza capacità ($u \equiv \infty$):

Teorema 12.2. (Edmonds [1965]) *Sia G un grafo non orientato e $b : V(G) \to \mathbb{N}$. Il politopo del b-matching di (G, ∞) è l'insieme dei vettori $x \in \mathbb{R}_+^{E(G)}$ che soddisfano*

$$\sum_{e \in \delta(v)} x_e \leq b(v) \qquad (v \in V(G));$$

$$\sum_{e \in E(G[X])} x_e \leq \left\lfloor \frac{1}{2} \sum_{v \in X} b(v) \right\rfloor \qquad (X \subseteq V(G)).$$

Dimostrazione. Poiché ovviamente qualsiasi b-matching soddisfa questi vincoli, dobbiamo dimostrare solo una direzione. Dunque sia $x \in \mathbb{R}_+^{E(G)}$ con $\sum_{e \in \delta(v)} x_e \leq b(v)$ per ogni $v \in V(G)$ e $\sum_{e \in E(G[X])} x_e \leq \lfloor \frac{1}{2} \sum_{v \in X} b(v) \rfloor$ per ogni $X \subseteq V(G)$. Mostriamo che x è una combinazione convessa di b-matching.

Definiamo un nuovo grafo H dividendo ogni vertice v in $b(v)$ copie: definiamo $X_v := \{(v, i) : i \in \{1, \dots, b(v)\}\}$ per $v \in V(G)$, $V(H) := \bigcup_{v \in V(G)} X_v$ e $E(H) := \{\{v', w'\} : \{v, w\} \in E(G), v' \in X_v, w' \in X_w\}$. Sia $y_e := \frac{1}{b(v)b(w)} x_{\{v,w\}}$ per ogni arco $e = \{v', w'\} \in E(H)$, $v' \in X_v$, $w' \in X_w$. Mostriamo che y è una combinazione convessa dei vettori di incidenza dei matching in H. Contraendo gli insiemi X_v ($v \in V(G)$) in H ritorniamo a G e x, e concludiamo che x è una combinazione convessa di b-matching in G.

Per dimostrare che y è il politopo del matching di H usiamo il Teorema 11.14. $\sum_{e \in \delta(v)} y_e \leq 1$ viene ovviamente verificata per ogni $v \in V(H)$. Sia $C \subseteq V(H)$ con $|C|$ dispari. Mostriamo che $\sum_{e \in E(H[C])} y_e \leq \frac{1}{2}(|C| - 1)$.

Se $X_v \subseteq C$ o $X_v \cap C = \emptyset$ per ogni $v \in V(G)$, ciò segue direttamente dalle disuguaglianze verificate per x. Altrimenti, siano $a, b \in X_v$, $a \in C$, $b \notin C$. Allora

$$
\begin{aligned}
2\sum_{e\in E(H[C])} y_e &= \sum_{c\in C\setminus\{a\}} \sum_{e\in E(\{c\},C\setminus\{c\})} y_e + \sum_{e\in E(\{a\},C\setminus\{a\})} y_e \\
&\le \sum_{c\in C\setminus\{a\}} \sum_{e\in\delta(c)\setminus\{\{c,b\}\}} y_e + \sum_{e\in E(\{a\},C\setminus\{a\})} y_e \\
&= \sum_{c\in C\setminus\{a\}} \sum_{e\in\delta(c)} y_e - \sum_{e\in E(\{b\},C\setminus\{a\})} y_e + \sum_{e\in E(\{a\},C\setminus\{a\})} y_e \\
&= \sum_{c\in C\setminus\{a\}} \sum_{e\in\delta(c)} y_e \\
&\le |C|-1.
\end{aligned}
$$

□

Si noti che questa costruzione dà un algoritmo il quale ha comunque in generale un tempo di esecuzione polinomiale. Ma notiamo che nel caso speciale in cui $\sum_{v\in V(G)} b(v) = O(n)$ possiamo risolvere il PROBLEMA DEL b-MATCHING DI PESO MASSIMO senza capacità in tempo $O(n^3)$ (usando l'ALGORITMO DEL MATCHING PESATO; cf. Corollario 11.10). Pulleyblank [1973,1980] ha descritto le faccette di questo politopo e ha mostrato che il sistema di disuguaglianze lineare nel Teorema 12.2 è TDI. La generalizzazione seguente permette l'uso di capacità finite:

Teorema 12.3. (Edmonds e Johnson [1970]) *Sia G un grafo non orientato, $u : E(G) \to \mathbb{N}\cup\{\infty\}$ e $b : V(G) \to \mathbb{N}$. Il politopo del b-matching di (G,u) è l'insieme dei vettori $x \in \mathbb{R}_+^{E(G)}$ che soddisfano*

$$
\begin{aligned}
x_e &\le u(e) && (e\in E(G));\\
\sum_{e\in\delta(v)} x_e &\le b(v) && (v\in V(G));\\
\sum_{e\in E(G[X])} x_e + \sum_{e\in F} x_e &\le \left\lfloor \frac{1}{2}\left(\sum_{v\in X} b(v) + \sum_{e\in F} u(e)\right)\right\rfloor && (X\subseteq V(G),\ F\subseteq \delta(X)).
\end{aligned}
$$

Dimostrazione. Si osservi prima che ogni b-matching x soddisfa tutti i vincoli. Ciò è chiaro per tutti vincoli tranne l'ultimo; ma si noti che qualsiasi vettore $x \in \mathbb{R}_+^{E(G)}$ con $x_e \le u(e)$ $(e \in E(G))$ e $\sum_{e\in\delta(v)} x_e \le b(v)$ $(v \in V(G))$ soddisfa

$$
\begin{aligned}
\sum_{e\in E(G[X])} x_e + \sum_{e\in F} x_e &= \frac{1}{2}\left(\sum_{v\in X}\sum_{e\in\delta(v)} x_e + \sum_{e\in F} x_e - \sum_{e\in\delta(X)\setminus F} x_e\right)\\
&\le \frac{1}{2}\left(\sum_{v\in X} b(v) + \sum_{e\in F} u(e)\right).
\end{aligned}
$$

Se x è intero, l'espressione a sinistra dell'uguaglianza è un numero intero, e possiamo dunque arrotondare per difetto il termine destro.

Ora sia $x \in \mathbb{R}_+^{E(G)}$ un vettore con $x_e \le u(e)$ per ogni $e \in E(G)$, $\sum_{e\in\delta(v)} x_e \le b(v)$ per ogni $v \in V(G)$ e

$$\sum_{e\in E(G[X])} x_e + \sum_{e\in F} x_e \le \left\lfloor \frac{1}{2}\left(\sum_{v\in X} b(v) + \sum_{e\in F} u(e)\right)\right\rfloor$$

per ogni $X \subseteq V(G)$ e $F \subseteq \delta(X)$. Mostriamo che x è una combinazione convessa di b-matching in (G, u).

Sia H il grafo che risulta da G dividendo ogni arco $e = \{v, w\}$ con $u(e) \neq \infty$ usando due nuovi vertici $(e, v), (e, w)$. (Invece di e, H contiene ora gli archi $\{v, (e, v)\}$, $\{(e, v), (e, w)\}$ e $\{(e, w), w\}$.) Si ponga $b((e, v)) := b((e, w)) := u(e)$ per i nuovi vertici.

Per ogni arco che è stato sdoppiato $e = \{v, w\}$ poniamo $y_{\{v,(e,v)\}} := y_{\{(e,w),w\}} := x_e$ e $y_{\{(e,v),(e,w)\}} := u(e) - x_e$. Per ogni arco originale e con $u(e) = \infty$ poniamo $y_e := x_e$. Dimostriamo che y è nel politopo del b-matching P di (H, ∞).

Usiamo il Teorema 12.2. Ovviamente $y \in \mathbb{R}_+^{E(H)}$ e $\sum_{e\in\delta(v)} y_e \le b(v)$ per ogni $v \in V(H)$. Si supponga che esista un insieme $A \subseteq V(H)$ con

$$\sum_{e\in E(H[A])} y_e > \left\lfloor \frac{1}{2}\sum_{a\in A} b(a)\right\rfloor . \qquad (12.1)$$

Sia $B := A \cap V(G)$. Per ogni $e = \{v, w\} \in E(G[B])$ possiamo assumere $(e, v), (e, w) \in A$, perché altrimenti l'aggiunta di (e, v) e (e, w) comporterebbe dei vincoli (12.1) aggiuntivi. D'altronde, possiamo assumere che $(e, v) \in A$ implica $v \in A$: se $(e, v), (e, w) \in A$ ma $v \notin A$, possiamo rimuovere (e, v) e (e, w) da A senza compromettere i vincoli (12.1). Se $(e, v) \in A$ ma $v, (e, w) \notin A$, possiamo semplicemente rimuovere (e, v) da A. La Figura 12.1 mostra i tipi possibili di archi rimanenti.

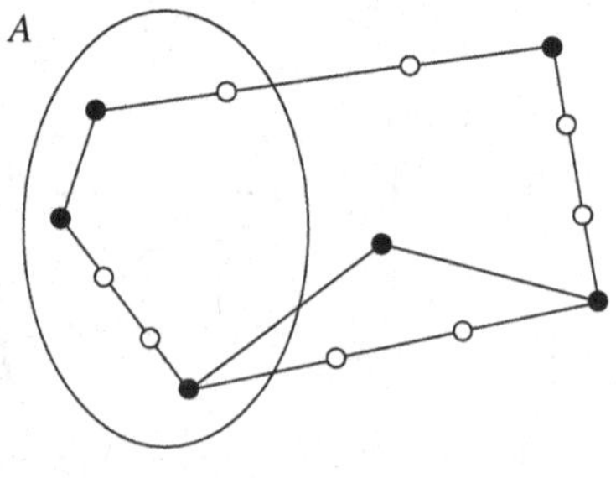

Figura 12.1.

Sia $F := \{e = \{v, w\} \in E(G) : |A \cap \{(e, v), (e, w)\}| = 1\}$. Abbiamo

$$\begin{aligned}\sum_{e\in E(G[B])} x_e + \sum_{e\in F} x_e &= \sum_{e\in E(H[A])} y_e - \sum_{\substack{e\in E(G[B]),\\ u(e)<\infty}} u(e)\\ &> \left\lfloor \frac{1}{2}\sum_{a\in A} b(a)\right\rfloor - \sum_{\substack{e\in E(G[B]),\\ u(e)<\infty}} u(e)\\ &= \left\lfloor \frac{1}{2}\left(\sum_{v\in B} b(v) + \sum_{e\in F} u(e)\right)\right\rfloor,\end{aligned}$$

contraddicendo la nostra ipotesi. Dunque $y \in P$, e infatti y appartiene alla faccia

$$\left\{ z \in P : \sum_{e\in\delta(v)} z_e = b(v) \text{ per ogni } v \in V(H) \setminus V(G) \right\}$$

di P. Poiché i vertici di questa faccia sono anche i vertici di P, y è una combinazione convessa di b-matching $f_1, \ldots, f_m$ in (H, ∞), ognuno dei quali soddisfa $\sum_{e\in\delta(v)} f_i(e) = b(v)$ per ogni $v \in V(H) \setminus V(G)$. Questo implica $f_i(\{v, (e, v)\}) = f_i(\{(e, w), w\}) \leq u(e)$ per ogni arco $e = \{v, w\} \in E(G)$ che si è duplicato. Ritornando da H a G otteniamo che x è una combinazione convessa dei b-matching in (G, u). □

Le costruzione nelle dimostrazioni dei Teoremi 12.2 e 12.3 sono entrambe dovute a Tutte [1954]. Possono anche essere usate per dimostrare una generalizzazione del Teorema di Tutte 10.13 (Esercizio 4):

Teorema 12.4. (Tutte [1952]) *Sia G un grafo, $u : E(G) \to \mathbb{N} \cup \{\infty\}$ e $b : V(G) \to \mathbb{N}$. Allora (G, u) ha un b-matching perfetto se e solo se per due sottoinsiemi disgiunti $X, Y \subseteq V(G)$ il numero di componenti connesse C in $G - X - Y$ per il quale $\sum_{c\in V(C)} b(c) + \sum_{e\in E_G(V(C),Y)} u(e)$ è dispari non eccede*

$$\sum_{v\in X} b(v) + \sum_{y\in Y}\left(\sum_{e\in\delta(y)} u(e) - b(y)\right) - \sum_{e\in E_G(X,Y)} u(e).$$

12.2 T-Join di peso minimo

Si consideri il problema seguente: un postino deve consegnare la posta nel suo distretto. Per svolgere il suo compito, deve partire dall'ufficio postale, camminare lungo ogni strada almeno una volta, e infine ritornare all'ufficio postale. Il problema è trovare un ciclo per il postino di lunghezza minima. Questo problema è anche noto come il PROBLEMA DEL POSTINO CINESE (Guan [1962]).

Naturalmente la rete stradale è formulata con un grafo che possiamo assumere connesso. (Altrimenti il postino dovrebbe usare strade che non appartengono al suo distretto, nel qual caso il problema diventa *NP*-difficile; si veda l'Esercizio 17(d) del Capitolo 15.) Per il Teorema di Eulero 2.24 sappiamo che esiste un ciclo del postino che usa ogni arco una sola volta (ovvero un ciclo Euleriano) se e solo se ogni vertice ha grado pari.

Se il grafo non è Euleriano, dobbiamo usare alcuni archi più volte. Conoscendo il Teorema di Eulero, possiamo formulare il PROBLEMA DEL POSTINO CINESE come segue: dato un grafo G con pesi $c : E(G) \to \mathbb{R}_+$, trovare una funzione $n : E(G) \to \mathbb{N}$ tale che G', il grafo che risulta da G prendendo $n(e)$ copie di ogni arco $e \in E(G)$, è Euleriano e $\sum_{e \in E(G)} n(e)c(e)$ sia minimo.

Ciò è vero sia nel caso orientato che non orientato. Nel caso orientato, il problema può essere risolto con le tecniche delle reti di flusso (Esercizio 10 del Capitolo 9). Quindi d'ora in poi ci limitiamo a considerare grafi non orientati. Abbiamo bisogno dell'ALGORITMO DEL MATCHING PESATO.

Non ha senso passare per un arco e più di due volte, perché si potrebbe sottrarre 2 da un $n(e)$ e ottenere una nuova soluzione che non può essere peggiore. Dunque il problema è trovare un $J \subseteq E(G)$ di peso minimo tale che $(V(G), E(G) \dot\cup J)$ (il grafo ottenuto raddoppiando gli archi in J) sia Euleriano. In questa sezione, risolviamo una generalizzazione di questo problema.

Definizione 12.5. *Sia dato un grafo non orientato G e un insieme $T \subseteq V(G)$ di cardinalità pari. Un insieme $J \subseteq E(G)$ è un* **T-Join** *se $|J \cap \delta(x)|$ è dispari se e solo se $x \in T$.*

PROBLEMA DEL T-JOIN DI PESO MINIMO	
Istanza:	Un grafo non orientato G, pesi $c : E(G) \to \mathbb{R}$ e un insieme $T \subseteq V(G)$ di cardinalità pari.
Obiettivo:	Trovare un T-Join di peso minimo in G o decidere che non ne esiste nemmeno uno.

Il PROBLEMA DEL T-JOIN DI PESO MINIMO generalizza diversi problemi di ottimizzazione combinatoria:

- Se c è non negativa e T è l'insieme dei vertici che hanno grado dispari in G, allora abbiamo il PROBLEMA DEL POSTINO CINESE NON ORIENTATO.
- Se $T = \emptyset$, i T-Join sono esattamente i sottografi Euleriani. Dunque l'insieme vuoto è un $\emptyset$-Join di peso minimo se e solo se c è conservativo.
- Se $|T| = 2$, per esempio $T = \{s, t\}$, ogni T-Join è l'unione di un cammino s-t ed eventualmente dei circuiti. Dunque se c è conservativo, il PROBLEMA DEL T-JOIN DI PESO MINIMO è equivalente al PROBLEMA DEL CAMMINO MINIMO. (Si noti che non eravamo stati in grado di risolvere il PROBLEMA DI CAMMINO MINIMO nei grafi non orientati nel Capitolo 7, tranne che per pesi non negativi.)
- Se $T = V(G)$, i T-Join di cardinalità $\frac{|V(G)|}{2}$ sono esattamente i matching perfetti. Dunque il PROBLEMA DEL MATCHING PERFETTO DI PESO MINIMO si può ridurre al PROBLEMA DEL T-JOIN DI PESO MINIMO aggiungendo una costante di valore elevato al peso di ogni arco.

Iniziamo con una semplice proposizione:

Proposizione 12.6. *Sia G un grafo, $T, T' \subseteq V(G)$ con $|T|$ e $|T'|$ pari. Sia J un T-Join e sia J' un T'-Join. Allora $J \triangle J'$ è un $(T \triangle T')$-Join.*

Dimostrazione. Per ogni $v \in V(G)$ abbiamo

$$\begin{aligned} |\delta_{J \triangle J'}(v)| &\equiv |\delta_J(v)| + |\delta_{J'}(v)| \\ &\equiv |\{v\} \cap T| + |\{v\} \cap T'| \\ &\equiv |\{v\} \cap (T \triangle T')| \qquad \pmod 2. \end{aligned}$$

□

Lo scopo principale di questa sezione è dare un algoritmo tempo-polinomiale per il PROBLEMA DEL T-JOIN DI PESO MINIMO. La domanda sull'esistenza di un T-Join può essere risposta facilmente:

Proposizione 12.7. *Sia G un grafo e $T \subseteq V(G)$ con $|T|$ pari. Allora esiste un T-Join in G se e solo se $|V(C) \cap T|$ è pari per ogni componente connessa C di G.*

Dimostrazione. Se J è un T-Join, allora per ogni componente connessa C di G abbiamo che $\sum_{v \in V(C)} |J \cap \delta(v)| = 2|J \cap E(C)|$, dunque $|J \cap \delta(v)|$ è dispari per un numero pari di vertici $v \in V(C)$. Poiché J è un T-Join, ciò significa che $|V(C) \cap T|$ è pari.

Al contrario, sia $|V(C) \cap T|$ pari per ogni componente connessa C di G. Allora T può essere partizionato in coppie $\{v_1, w_1\}, \ldots, \{v_k, w_k\}$ con $k = \frac{|T|}{2}$, tali che v_i e w_i sono nella stessa componente connessa per $i = 1, \ldots, k$. Sia P_i un cammino v_i-w_i $(i = 1, \ldots, k)$ e sia $J := E(P_1) \triangle E(P_2) \triangle \cdots \triangle E(P_k)$. Per la Proposizione 12.6 J è un T-Join. □

Un semplice criterio di ottimalità è:

Proposizione 12.8. *Un T-Join J in un grafo G con pesi $c : E(G) \to \mathbb{R}$ ha peso minimo se e solo se $c(J \cap E(C)) \leq c(E(C) \setminus J)$ per ogni circuito C in G.*

Dimostrazione. Se $c(J \cap E(C)) > c(E(C) \setminus J)$, allora $J \triangle E(C)$ è un T-Join il cui peso è inferiore al peso di J. D'altronde, se J' è un T-Join con $c(J') < c(J)$, $J' \triangle J$ è Euleriano, ossia è l'unione di circuiti, in cui per almeno un circuito C abbiamo $c(J \cap E(C)) > c(J' \cap E(C)) = c(E(C) \setminus J)$. □

Questa proposizione può essere vista come un caso speciale del Teorema 9.6. Risolviamo ora il PROBLEMA DEL T-JOIN DI PESO MINIMO con pesi non negativi riducendolo al PROBLEMA DEL MATCHING PERFETTO DI PESO MINIMO. L'idea principale è contenuta nel lemma seguente:

Lemma 12.9. *Sia G un grafo, $c : E(G) \to \mathbb{R}_+$ e $T \subseteq V(G)$ con $|T|$ pari. Ogni T-Join ottimo in G è l'unione disgiunta di insiemi di archi di $\frac{|T|}{2}$ cammini i cui estremi sono diversi e sono in T, ed eventualmente qualche circuito di peso nullo.*

Dimostrazione. Per induzione su $|T|$. Il caso $T = \emptyset$ è banale poiché il peso minimo di un $\emptyset$-Join è nullo.

Sia J un qualsiasi T-Join ottimo in G; supponiamo, senza perdita di generalità, che J non contenga nessun circuito di peso nullo. Per la Proposizione 12.8 J non contiene circuiti di peso positivo. Siccome c è non negativo, J forma quindi una foresta. Siano x, y due foglie della stessa componente connessa, ovvero $|J \cap \delta(x)| = |J \cap \delta(y)| = 1$ e sia P il cammino x-y in J. Abbiamo $x, y \in T$, e $J \setminus E(P)$ è un $(T \setminus \{x, y\})$-Join di peso minimo (un $(T \setminus \{x, y\})$-Join meno costoso J' implicherebbe un T-Join $J' \triangle E(P)$ che è meno costoso di J). L'affermazione segue ora dall'ipotesi di induzione. □

Teorema 12.10. (Edmonds e Johnson [1973]) *Nel caso di pesi non negativi, il* PROBLEMA DEL T-JOIN DI PESO MINIMO *può essere risolto in tempo* $O(n^3)$.

Dimostrazione. Sia (G, c, T) un'istanza. Risolviamo prima un PROBLEMA DI CAMMINI MINIMI TRA TUTTE LE COPPIE in (G, c); più precisamente: nel grafo che risulta sostituendo ogni arco con una coppia di archi di direzione opposta e con lo stesso peso. Per il Teorema 7.8 ciò richiede un tempo $O(mn + n^2 \log n)$. In particolare, otteniamo la chiusura metrica $(\bar{G}, \bar{c})$ di (G, c) (cf. Corollario 7.10).

Troviamo ora un matching perfetto di peso minimo M in $(\bar{G}[T], \bar{c})$. Per il Corollario 11.10, ciò richiede un tempo $O(n^3)$. Per il Lemma 12.9, $\bar{c}(M)$ è al massimo il peso minimo di un T-Join.

Consideriamo il cammino x-y minimo in G per ogni $\{x, y\} \in M$ (che abbiamo già calcolato). Sia J la differenza simmetrica degli insiemi di archi di tutti questi cammini. Evidentemente, J è un T-Join in G. Inoltre, $c(J) \leq \bar{c}(M)$, dunque J è ottimo. □

Questo metodo non funziona più se consideriamo anche pesi negativi, perché si introdurrebbero circuiti negativi. Comunque, possiamo ridurre il PROBLEMA DEL T-JOIN DI PESO MINIMO con pesi arbitrari a quello con pesi non negativi:

Teorema 12.11. *Sia G un grafo con pesi $c : E(G) \to \mathbb{R}$, e $T \subseteq V(G)$ un insieme di vertici di cardinalità pari. Sia E^- l'insieme di archi con peso negativo, V^- l'insieme di vertici che sono incidenti a un numero dispari di archi di peso negativo, e $d : E(G) \to \mathbb{R}_+$ con $d(e) := |c(e)|$.*

Allora $J \triangle E^-$ è un T-Join di peso c minimo se e solo se J è un $(T \triangle V^-)$-Join di peso d minimo.

Dimostrazione. Poiché E^- è un V^--Join, la Proposizione 12.6 implica che $J \triangle E^-$ è un T-Join se e solo se J è un $(T \triangle V^-)$-Join. Inoltre, per qualsiasi sottoinsieme J di $E(G)$ abbiamo

$$\begin{aligned} c(J \triangle E^-) &= c(J \setminus E^-) + c(E^- \setminus J) \\ &= d(J \setminus E^-) + c(E^- \setminus J) + c(J \cap E^-) + d(J \cap E^-) \\ &= d(J) + c(E^-) \,. \end{aligned}$$

Poiché $c(E^-)$ è costante, il teorema viene verificato. □

Corollario 12.12. *Il* PROBLEMA DEL T-JOIN DI PESO MINIMO *può essere risolto in tempo* $O(n^3)$.

Dimostrazione. Ciò segue direttamente dai Teoremi 12.10 e 12.11. □

In effetti, usando la miglior implementazione possibile dell'ALGORITMO DEL MATCHING PESATO, un T-Join di peso minimo può essere trovato in tempo $O(nm + n^2 \log n)$.

Siamo finalmente in grado di risolvere il PROBLEMA DEI CAMMINI MINIMI in grafi non orientati:

Corollario 12.13. *Il problema di trovare un cammino minimo tra due dati vertici in un grafo non orientato con pesi conservativi può essere risolto in tempo* $O(n^3)$.

Dimostrazione. Siano s e t due dati vertici. Si ponga $T := \{s, t\}$ e si applichi il Corollario 12.12. Dopo la rimozione dei circuiti di peso nullo, il T-Join che si ottiene è un cammino s-t minimo. □

Naturalmente ciò implica un algoritmo $O(mn^3)$ per trovare un circuito di peso totale minimo in un grafo non orientato con pesi conservativi (e in particolare per calcolare il girth). Se siamo interessati al PROBLEMA DEI CAMMINI MINIMI TRA TUTTE LE COPPIE in grafi non orientati, non dobbiamo fare $\binom{n}{2}$ calcoli indipendenti di matching pesati (che darebbe un tempo di esecuzione di $O(n^5)$). Usando i risultati di post-ottimalità della Sezione 11.4 possiamo dimostrare:

Teorema 12.14. *Il problema di trovare i cammini minimi tra tutte le coppie di vertici di un grafo non orientato G con pesi conservativi $c : E(G) \to \mathbb{R}$ può essere risolto in tempo* $O(n^4)$.

Dimostrazione. Per il Teorema 12.11 e la dimostrazione del Corollario 12.13 dobbiamo calcolare un $(\{s, t\} \triangle V^-)$-Join ottimo rispetto ai pesi $d(e) := |c(e)|$ per ogni $s, t \in V(G)$, in cui V^- è l'insieme dei vertici incidenti a un numero dispari di pesi negativi. Sia $\bar{d}(\{x, y\}) := \text{dist}_{(G,d)}(x, y)$ per $x, y \in V(G)$, e sia H_X il grafo completo su $X \triangle V^-$ $(X \subseteq V(G))$. Per la dimostrazione del Teorema 12.10 basta calcolare un matching perfetto di peso minimo in $(H_{\{s,t\}}, \bar{d})$ per ogni s e t.

Il nostro algoritmo $O(n^4)$ esegue i passi seguenti. Prima calcoliamo $\bar{d}$ (cf. Corollario 7.10) ed eseguiamo l'ALGORITMO DEL MATCHING PESATO per l'istanza $(H_\emptyset, \bar{d})$. Sino a qua, viene richiesto un tempo $O(n^3)$.

Mostriamo che possiamo calcolare un matching perfetto di peso minimo di $(H_{\{s,t\}}, \bar{d})$ in tempo $O(n^2)$, per qualsiasi s e t. Esistono quattro casi:

Caso 1: $s, t \notin V^-$. Allora aggiungiamo due vertici e riottimizziamo utilizzando il Lemma 11.11. In tempo $O(n^2)$ otteniamo un matching perfetto di peso minimo in $(H_{\{s,t\}}, \bar{d})$.

Caso 2: $s, t \in V^-$. Allora costruiamo H' aggiungendo due vertici ausiliari s', t' e due archi $\{s, s'\}, \{t, t'\}$ con pesi arbitrari. Riottimizziamo usando il Lemma 11.11 e rimuoviamo i due nuovi archi dal matching perfetto di peso minimo ottenuto in H'.

Caso 3: $s \in V^-$ e $t \notin V^-$. Allora costruiamo H' aggiungendo t, un vertice ausiliario s' e un arco $\{s, s'\}$ (di costo arbitrario) oltre agli archi incidenti a t. Riottimizziamo usando il Lemma 11.11 e rimuoviamo l'arco $\{s, s'\}$ dal matching perfetto di peso minimo che si ottiene in H'.
Caso 4: $s \notin V^-$ e $t \in V^-$. Simmetrico al Caso 3. □

Gabow [1983] ha migliorato il tempo di esecuzione a $O(\min\{n^3, nm \log n\})$.

12.3 T-Join e T-Cut

In questa sezione daremo una descrizione poliedrale del PROBLEMA DEL T-JOIN DI PESO MINIMO. Contrariamente alla descrizione del politopo del matching perfetto (Teorema 11.13), in cui abbiamo aggiunto un vincolo per ogni taglio $\delta(X)$ con $|X|$ dispari, abbiamo bisogno di un vincolo per ogni T-cut. Un T**-cut** è un taglio $\delta(X)$ con $|X \cap T|$ dispari. L'osservazione seguente, anche se semplice, è molto utile:

Proposizione 12.15. *Sia G un grafo non orientato e $T \subseteq V(G)$ con $|T|$ pari. Allora per qualsiasi T-Join J e qualsiasi T-cut C abbiamo $J \cap C \neq \emptyset$.*

Dimostrazione. Si supponga che $C = \delta(X)$, allora $|X \cap T|$ è dispari. Dunque il numero di archi in $J \cap C$ deve essere dispari, in particolare non nullo. □

Un'affermazione più forte può essere trovata nell'Esercizio 12.

La Proposizione 12.15 implica che la cardinalità minima di un T-Join non è inferiore al numero massimo di T-cut arco-disgiunti. In generale, non abbiamo l'uguaglianza: si consideri per esempio $G = K_4$ e $T = V(G)$. Comunque, per grafi bipartiti vale l'uguaglianza.

Teorema 12.16. (Seymour [1981]) *Sia G un grafo bipartito e $T \subseteq V(G)$ tale che esista un T-Join in G. Allora la cardinalità minima di un T-Join è pari al numero massimo di T-cut arco-disgiunti.*

Dimostrazione. (Sebő [1987]) Dobbiamo solo dimostrare il "$\leq$". Procediamo per induzione su $|V(G)|$. Se $T = \emptyset$ (in particolare se $|V(G)| = 1$), l'affermazione è banale. Dunque assumiamo che $|V(G)| \geq |T| \geq 2$. Si denoti con $\tau(G, T)$ la cardinalità minima di un T-Join in G. Si scelgano $a, b \in V(G)$, $a \neq b$, tali che $\tau(G, T \triangle \{a, b\})$ sia minimo. Sia $T' := T \triangle \{a, b\}$. Mostriamo ora che:

$$\text{per qualsiasi } T\text{-Join minimo } J \text{ in } G \text{ abbiamo che } |J \cap \delta(a)| = |J \cap \delta(b)| = 1. \tag{12.2}$$

Per dimostrare (12.2), sia J' un T'-Join minimo. $J \triangle J'$ è l'unione disgiunta per archi di un cammino a-b P e qualche circuito $C_1, \ldots, C_k$. Abbiamo che $|C_i \cap J| = |C_i \cap J'|$ per ogni i, perché sia J che J' sono minimi. Dunque $|J \triangle P| = |J'|$, e anche $J'' := J \triangle P$ è un T'-Join minimo. Ora $J'' \cap \delta(a) = J'' \cap \delta(b) = \emptyset$, perché se, diciamo, $\{b, b'\} \in J''$, $J'' \setminus \{\{b, b'\}\}$ è un $(T \triangle \{a\} \triangle \{b'\})$-Join, e abbiamo

$\tau(G, T\triangle\{a\}\triangle\{b'\}) < |J''| = |J'| = \tau(G, T')$, contraddicendo la scelta di a e b. Concludiamo che $|J \cap \delta(a)| = |J \cap \delta(b)| = 1$, dimostrando la (12.2).

In particolare, $a, b \in T$. Ora sia J un T-Join minimo in G. Si contrae $B := \{b\} \cup \Gamma(b)$ in un singolo vertice v_B, e sia G^* il grafo così ottenuto. Anche G^* è bipartito. Sia $T^* := T \setminus B$ se $|T \cap B|$ è pari e $T^* := (T \setminus B) \cup \{v_B\}$ altrimenti. L'insieme J^*, che risulta da J per la contrazione di B, è ovviamente un T^*-Join in G^*. Poiché $\Gamma(b)$ è un insieme stabile in G (poiché G è bipartito), la (12.2) implica che $|J| = |J^*| + 1$.

Basta dimostrare che J^* sia un T^*-Join minimo in G^*, perché allora abbiamo $\tau(G, T) = |J| = |J^*| + 1 = \tau(G^*, T^*) + 1$, e il teorema segue per induzione (si osservi che $\delta(b)$ è un T-cut in G disgiunto da $E(G^*)$).

Si supponga dunque che J^* non sia un T^*-Join minimo in G^*. Allora per la Proposizione 12.8 esiste un circuito C^* in G^* con $|J^* \cap E(C^*)| > |E(C^*) \setminus J^*|$. Poiché G^* è bipartito, $|J^* \cap E(C^*)| \geq |E(C^*) \setminus J^*| + 2$. $E(C^*)$ corrisponde a un insieme di archi Q in G. Q non può essere un circuito, perché $|J \cap Q| > |Q \setminus J|$ e J è un T-Join minimo. Quindi Q è un cammino x-y in G per qualche $x, y \in \Gamma(b)$ con $x \neq y$. Sia C il circuito in G formato da Q unito a $\{x, b\}$ e $\{b, y\}$. Poiché J è un T-Join minimo in G,

$$|J \cap E(C)| \leq |E(C) \setminus J| \leq |E(C^*) \setminus J^*| + 2 \leq |J^* \cap E(C^*)| \leq |J \cap E(C)|.$$

Dobbiamo quindi avere l'uguaglianza, in particolare $\{x, b\}, \{b, y\} \notin J$ e $|J \cap E(C)| = |E(C) \setminus J|$. Dunque anche $\bar{J} := J\triangle E(C)$ è un T-Join minimo e $|\bar{J} \cap \delta(b)| = 3$. Ma ciò non è possibile a causa della (12.2). □

Corollario 12.17. *Sia G un grafo, $c : E(G) \to \mathbb{Z}_+$ e $T \subseteq V(G)$ con $|T|$ pari. Sia k il costo minimo di un T-Join in G. Allora esistono i T-cut $C_1, \ldots, C_{2k}$ tali che ogni arco e è contenuto in al massimo $2c(e)$ di loro.*

Dimostrazione. Sia E_0 l'insieme di archi di peso nullo. Costruiamo un grafo bipartito G' contraendo le componenti connesse di $(V(G), E_0)$ e sostituendo ogni arco e con un cammino di lunghezza $2c(e)$. Sia T' l'insieme di vertici in G' che corrispondo alle componenti connesse X di $(V(G), E_0)$ con $|X \cap T|$ dispari. Mostriamo ora che

$$\text{La cardinalità minima di un } T'\text{-Join in } G' \text{ è } 2k. \tag{12.3}$$

Per dimostrarlo, si noti prima che non può valere più di $2k$ poiché ogni T-Join J in G corrisponde a un T'-Join in G' di cardinalità al massimo $2c(J)$. Al contrario, sia J' un T'-Join in G', che corrisponde a un insieme di archi J in G. Sia $\bar{T} := T\triangle\{v \in X : |\delta(v) \cap J| \text{ dispari}\}$. Allora ogni componente connessa X di $(V(G), E_0)$ contiene un numero pari di vertici di $\bar{T}$ (poiché $|\delta(X) \cap J| \equiv |X \cap T| \pmod 2$). Per la Proposizione 12.7 $(V(G), E_0)$ ha un $\bar{T}$-Join $\bar{J}$, e $J \cup \bar{J}$ è un T-Join in G di peso $c(J) = \frac{|J'|}{2}$. L'affermazione (12.3) è quindi dimostrata.

Per il Teorema 12.16, esistono $2k$ T-cut arco-disgiunti in G'. Ciò porta a una lista di $2k$ T-cut in G tali che ogni arco e è contenuto in al massimo $2c(e)$ di questi tagli. □

I T-cut sono fondamentali per la seguente descrizione poliedrale dei T-Join:

Teorema 12.18. (Edmonds e Johnson [1973]) *Sia G un grafo non orientato, $c : E(G) \to \mathbb{R}_+$, e $T \subseteq V(G)$ con $|T|$ pari. Allora il vettore di incidenza di un T-Join di peso minimo è una soluzione ottima del PL*

$$\min\left\{cx : x \geq 0, \sum_{e \in C} x_e \geq 1 \text{ per ogni } T\text{-cut } C\right\}.$$

(Questo poliedro è spesso chiamato il **poliedro dei *T*-Join** *di G.)*

Dimostrazione. Per la Proposizione 12.15, il vettore di incidenza di un T-Join soddisfa tutti i vincoli. Sia data $c : E(G) \to \mathbb{R}_+$; assumiamo che $c(e)$ sia intero per ogni $e \in E(G)$. Sia k il peso minimo (rispetto a c) di un T-Join in G. Per il Corollario 12.17 esistono i T-cut $C_1, \ldots, C_{2k}$ in G tali che ogni arco e è contenuto in al massimo $2c(e)$ di questi tagli.

Dunque per qualsiasi soluzione ammissibile x del PL precedente abbiamo che

$$2cx \;\geq\; \sum_{i=1}^{2k} \sum_{e \in C_i} x_e \;\geq\; 2k,$$

dimostrando che il valore ottimo del PL è k. □

Ciò implica il Teorema 11.13: sia G un grafo con un matching perfetto e $T := V(G)$. Allora il Teorema 12.18 implica che

$$\min\left\{cx : x \geq 0, \sum_{e \in C} x_e \geq 1 \text{ per ogni } T\text{-cut } C\right\}$$

è un numero intero per ogni $c \in \mathbb{Z}^{E(G)}$ per il quale il minimo sia finito. Per il Teorema 5.13, il poliedro è intero, e dunque lo è anche la sua faccia

$$\left\{x \in \mathbb{R}_+^{E(G)} : \sum_{e \in C} x_e \geq 1 \text{ per ogni } T\text{-cut } C, \sum_{e \in \delta(v)} x_e = 1 \text{ per ogni } v \in V(G)\right\}.$$

Si può anche derivare una descrizione del guscio convesso dei vettori di incidenza di tutti i T-Join (Esercizio 15). I Teoremi 12.18 e 4.21 (insieme al Corollario 3.33) implicano un altro algoritmo tempo-polinomiale per il PROBLEMA DEL T-JOIN DI PESO MINIMO se possiamo risolvere in tempo polinomiale il PROBLEMA DI SEPARAZIONE per la descrizione precedente. Ciò è ovviamente equivalente a controllare se esiste un T-cut con capacità inferiore a uno (qui x funziona come un vettore capacità). Dunque basta risolvere il problema seguente:

PROBLEMA DEL T-CUT DI CAPACITÀ MINIMA	
Istanza:	Un grafo G, capacità $u : E(G) \to \mathbb{R}_+$ e un insieme $T \subseteq V(G)$ di cardinalità pari.
Obiettivo:	Trovare un T-cut di capacità minima in G.

Si noti che il PROBLEMA DEL T-CUT DI CAPACITÀ MINIMA risolve anche il PROBLEMA DI SEPARAZIONE per il politopo del matching perfetto (Teorema 11.13; $T := V(G)$). Il teorema seguente risolve il PROBLEMA DEL T-CUT DI CAPACITÀ MINIMA: basta considerare i tagli fondamentali di un albero di Gomory-Hu. Si ricordi che possiamo trovare un albero di Gomory-Hu per un grafo non orientato con capacità in tempo $O(n^4)$ (Teorema 8.35).

Teorema 12.19. (Padberg e Rao [1982]) *Sia G un grafo non orientato con capacità $u : E(G) \to \mathbb{R}_+$. Sia H un albero di Gomory-Hu per (G, u). Sia $T \subseteq V(G)$ con $|T|$ pari. Allora esiste un T-cut di capacità minima tra i tagli fondamentali di H. Quindi il T-cut di capacità minima può essere trovato in tempo $O(n^4)$.*

Dimostrazione. Sia $\delta_G(X)$ un T-cut minimo in (G, u). Sia J l'insieme di archi e di H per i quali $|C_e \cap T|$ è dispari, in cui C_e è una componente connessa di $H - e$. Poiché $|\delta_J(x)| \equiv \sum_{e\in\delta(x)} |C_e \cap T| \equiv |\{x\} \cap T| \pmod 2$ per ogni $x \in V(G)$, J è un T-Join in H. Per la Proposizione 12.15, esiste un arco $f \in \delta_H(X) \cap J$. Abbiamo

$$u(\delta_G(X)) \;\geq\; \min\{u(\delta_G(Y)) : |Y \cap f| = 1\} \;=u(\delta_G(C_f)),$$

mostrando che $\delta_G(C_f)$ è un T-cut minimo. □

12.4 Il Teorema di Padberg-Rao

Il Teorema 12.19 è stato generalizzato da Letchford, Reinelt e Theis [2008]:

Lemma 12.20. *Sia G un grafo non orientato, $T \subseteq V(G)$ con $|T|$ pari, $c, c' : E(G) \to \mathbb{R}$. Allora esiste un algoritmo $O(n^4)$ che trova gli insiemi $X \subseteq V(G)$ e $F \subseteq \delta(X)$ tali che $|X \cap T| + |F|$ è dispari e $\sum_{e\in\delta(X)\setminus F} c(e) + \sum_{e\in F} c'(e)$ è minima.*

Dimostrazione. Sia $d(e) := \min\{c(e), c'(e)\}$ $(e \in E(G))$. Sia $E' := \{e \in E(G) : c'(e) < c(e)\}$ e $V' := \{v \in V(G) : |\delta_{E'}(v)| \text{ dispari}\}$. Sia $T' := T \triangle V'$. Osservazione: per $X \subseteq V(G)$ abbiamo $|X \cap T| + |\delta(X) \cap E'| \equiv |X \cap T| + |X \cap V'| \equiv |X \cap T'| \pmod 2$.

L'algoritmo prima calcola un albero di Gomory-Hu H per (G, d). Per ogni $f \in E(H)$, sia X_f l'insieme di vertici di una componente connessa di $H - f$. Sia $g_f \in \delta_G(X_f)$ con $|c'(g_f) - c(g_f)|$ minimo. Allora sia $F_f := \delta_G(X_f) \cap E'$ se $|X_f \cap T'|$ è dispari e $F_f := (\delta_G(X_f) \cap E') \triangle \{g_f\}$ altrimenti. Infine, scegliamo un $f \in E(H)$ tale che $\sum_{e\in\delta_G(X_f)\setminus F_f} c(e) + \sum_{e\in F_f} c'(e)$ sia minima, e poniamo $X := X_f$ e $F := F_f$.

Il tempo di esecuzione totale è chiaramente dominato dal calcolo dell'albero di Gomory-Hu. Siano $X^* \subseteq V(G)$ e $F^* \subseteq \delta(X^*)$ gli insiemi ottimi, ovvero $|X^* \cap T| + |F^*|$ è dispari e $\sum_{e\in\delta_G(X^*)\setminus F^*} c(e) + \sum_{e\in F^*} c'(e)$ è minima.

Caso 1: $|X^* \cap T'|$ è dispari. Allora l'insieme di $f \in E(H)$ tale che $|X_f \cap T'|$ è dispari, è un T'-Join in H, e quindi ha un'intersezione non nulla con il T'-cut $\delta_H(X^*)$. Sia $f \in \delta_H(X^*)$ con $|X_f \cap T'|$ dispari. Per la definizione dell'albero di Gomory-Hu, $d(\delta_G(X_f)) \le d(\delta_G(X^*))$ e $\sum_{e\in\delta_G(X_f)\setminus F_f} c(e) + \sum_{e\in F_f} c'(e) = d(\delta_G(X_f))$.

Caso 2: $|X^* \cap T'|$ è pari. Sia $g^* \in \delta_G(X^*)$ con $|c'(g^*) - c(g^*)|$ minimo. L'unico circuito in $H + g^*$ contiene un arco $f \in \delta_H(X^*)$. Allora $\sum_{e\in\delta_G(X^*)\setminus F^*} c(e) + \sum_{e\in F^*} c'(e) = d(\delta_G(X^*)) + |c'(g^*) - c(g^*)| \ge d(\delta_G(X_f)) + |c'(g^*) - c(g^*)| \ge \sum_{e\in\delta_G(X_f)\setminus F_f} c(e) + \sum_{e\in F_f} c'(e)$. Qui la prima disuguaglianza segue dalla definizione di albero di Gomory-Hu (si noti che $f \in \delta_H(X^*)$), e la seconda disuguaglianza segue da $g^* \in \delta_G(X_f)$. □

Possiamo ora risolvere il PROBLEMA DI SEPARAZIONE per il politopo del b-matching (Teorema 12.3) in tempo polinomiale. Questo risultato è noto come il Teorema di Padberg-Rao. Letchford, Reinelt e Theis [2008] hanno semplificato la dimostrazione e migliorato il tempo di esecuzione.

Teorema 12.21. (Padberg e Rao [1982], Letchford, Reinelt e Theis [2008]) *Per un grafo non orientato G, $u : E(G) \to \mathbb{N} \cup \{\infty\}$ e $b : V(G) \to \mathbb{N}$, il* PROBLEMA DI SEPARAZIONE *per il politopo del b-matching di (G, u) può essere risolto in tempo $O(n^4)$.*

Dimostrazione. Possiamo assumere $u(e) < \infty$ per tutti gli archi e (possiamo sostituire le capacità infinite con un numero abbastanza grande, per esempio $\max\{b(v) : v \in V(G)\}$).

Dato un vettore $x \in \mathbb{R}_+^{E(G)}$ con $x_e \le u(e)$ per ogni $e \in E(G)$ e $\sum_{e\in\delta_G(v)} x_e \le b(v)$ per ogni $v \in V(G)$ (queste semplici disuguaglianze possono essere controllate in tempo lineare), dobbiamo controllare l'ultimo insieme di disuguaglianze nel Teorema 12.3. Nella dimostrazione del Teorema 12.3 abbiamo visto che queste disuguaglianze sono soddisfatte automaticamente se $b(X) + u(F)$ è pari. Esse sono violate se e solo se

$$b(X) - 2 \sum_{e\in E(G[X])} x_e + \sum_{e\in F} (u(e) - 2x_e) \;<\; 1$$

per un $X \subseteq V(G)$ e $F \subseteq \delta(X)$ con $b(X) + u(F)$ dispari.

Estendiamo G a un grafo $\bar{G}$ aggiungendo un nuovo vertice z e gli archi $\{z, v\}$ per ogni $v \in V(G)$. Sia $E' := \{e \in E(G) : u(e)$ dispari$\}$ e $E'' := \{e \in E(G) : u(e) < 2x_e\}$.

Definiamo $c(e) := x_e$ e $c'(e) := u(e) - x_e$ per $e \in E'$, $c(e) := \min\{x_e, u(e) - x_e\}$ e $c'(e) := \infty$ per $e \in E(G) \setminus E'$, e $c(\{z, v\}) := b(v) - \sum_{e\in\delta_G(v)} x_e$ e $c'(\{z, v\}) := \infty$ per $v \in V(G)$.

Infine, sia $T := \{v \in V(\bar{G}) : b(v)$ dispari$\}$, in cui $b(z) := \sum_{v\in V(G)} b(v)$.

Per ogni $X \subseteq V(G)$ e $F \subseteq \delta_G(X) \cap E'$ abbiamo:

$$\begin{aligned} c(\delta_{\bar{G}}(X) \setminus F) + c'(F) &= \sum_{v \in X} \left(b(v) - \sum_{e \in \delta_G(v)} x_e \right) + \sum_{e \in (\delta_G(X) \cap E') \setminus F} x_e \\ &+ \sum_{e \in \delta_G(X) \setminus E'} \min\{x_e, u(e) - x_e\} + \sum_{e \in F} (u(e) - x_e) \\ &= b(X) - 2 \sum_{e \in E(G[X])} x_e + \sum_{e \in F \cup (E'' \setminus E')} (u(e) - 2x_e) \end{aligned}$$

Per concludere: se esistono degli insiemi $X \subseteq V(\bar{G})$ e $F \subseteq \delta_{\bar{G}}(X)$ con $c(\delta_{\bar{G}}(X) \setminus F) + c'(F) < 1$, allora abbiamo $F \subseteq E'$ e senza perdita di generalità $z \notin X$ (altrimenti si prende il complemento), e quindi $b(X) - 2\sum_{e \in E(G[X])} x_e + \sum_{e \in F}(u(e) - 2x_e) < 1$.

Al contrario, se $b(X) - 2\sum_{e \in E(G[X])} x_e + \sum_{e \in F}(u(e) - 2x_e) < 1$ per un $X \subseteq V(G)$ e $F \subseteq \delta_G(X)$, allora senza perdita di generalità $E'' \setminus E' \subseteq F$, e quindi $c(\delta_{\bar{G}}(X) \setminus (F \cap E')) + c'(F \cap E') < 1$.

Quindi il problema di separazione si riduce a trovare gli insiemi $X \subseteq V(\bar{G})$ e $F \subseteq \delta_{\bar{G}}(X)$ con $|X \cap T| + |F|$ dispari e $c(\delta_{\bar{G}}(X) \setminus F) + c'(F)$ minimo. Questo può essere fatto con il Lemma 12.20. □

Una generalizzazione di questo risultato è stata trovata da Caprara e Fischetti [1996]. Il Teorema di Padberg-Rao implica:

Corollario 12.22. *Il* PROBLEMA DEL b-MATCHING DI PESO MASSIMO *può essere risolto in tempo polinomiale.*

Dimostrazione. Per il Corollario 3.33 dobbiamo risolvere il PL dato nel Teorema 12.3. Per il Teorema 4.21 basta avere un algoritmo tempo-polinomiale per il PROBLEMA DI SEPARAZIONE. Tale algoritmo è dato dal Teorema 12.21. □

Marsh [1979] ha esteso l'ALGORITMO DEL MATCHING PESATO di Edmonds al PROBLEMA DEL b-MATCHING DI PESO MASSIMO. Questo algoritmo è senz'altro più pratico del METODO DELL'ELLISSOIDE. Ma il Teorema di 12.21 è interessante anche per altri motivi (si veda ad esempio la Sezione 21.4). Per un algoritmo combinatorio con un tempo di esecuzione fortemente polinomiale, si veda Anstee [1987] o Gerards [1995].

Esercizi

1. Mostrare che un 2-matching semplice perfetto di peso minimo in un grafo non orientato G può essere trovato in tempo $O(n^6)$.
2. * Sia G un grafo non orientato e $b_1, b_2 : V(G) \to \mathbb{N}$. Descrivere il guscio convesso delle funzioni $f : E(G) \to \mathbb{Z}_+$ con $b_1(v) \leq \sum_{e \in \delta(v)} f(e) \leq b_2(v)$.

Suggerimento: per $X, Y \subseteq V(G)$ con $X \cap Y = \emptyset$ si consideri il vincolo

$$\sum_{e \in E(G[X])} f(e) - \sum_{e \in E(G[Y]) \cup E(Y,Z)} f(e) \le \left\lfloor \frac{1}{2} \left(\sum_{x \in X} b_2(x) - \sum_{y \in Y} b_1(y) \right) \right\rfloor,$$

in cui $Z := V(G) \setminus (X \cup Y)$. Usare il Teorema 12.3.
(Schrijver [1983])

* 3. Si può generalizzare il risultato dell'Esercizio 2 e introdurre sugli archi dei lower e upper bound sulle capacità?
Osservazione: questo può essere visto come una versione non orientata del problema nell'Esercizio 3 del Capitolo 9. Per una generalizzazione comune di entrambi i problemi e del PROBLEMA DEL T-JOIN DI PESO MINIMO si vedano gli articolo di Edmonds e Johnson [1973], e Schrijver [1983]. Anche in questo caso si conosce una descrizione del politopo che è TDI.

* 4. Dimostrare il Teorema 12.4.
Suggerimento: per la sufficienza, si usi il Teorema di Tutte 10.13 e le costruzione nelle dimostrazioni dei Teoremi 12.2 e 12.3.

5. Il politopo del sottografo a gradi vincolati di un grafo G è il guscio convesso di tutti i vettori $b \in \mathbb{Z}_+^{V(G)}$ tali che G ha un b-matching semplice perfetto. Dimostrare che la sua dimensione è $|V(G)| - k$, in cui k è il numero di componenti connesse di G che sono bipartite.

* 6. Dato un grafo non orientato, una copertura per cicli dispari è un sottoinsieme degli archi che contengono almeno uno degli archi di ogni circuito dispari. Mostrare come trovare in tempo polinomiale una copertura per cicli dispari di peso minimo in un grafo planare con pesi non negativi sugli archi. Si può risolvere il problema per pesi qualsiasi.
Suggerimento: Si consideri il PROBLEMA DEL POSTINO CINESE NON ORIENTATO nel grafo duale planare e si usino il Teorema 2.26 e il Corollario 2.45.

7. Si consideri il PROBLEMA DEL TAGLIO DI PESO MASSIMO in grafi planari: dato un grafo planare non orientato G con pesi $c : E(G) \to \mathbb{R}_+$, cerchiamo un taglio di peso massimo. Si può risolvere questo problema in tempo polinomiale?
Suggerimento: usare l'Esercizio 6.
Osservazione: per grafi generali questo problema è *NP*-difficile; si veda il Teorema 16.6.
(Hadlock [1975])

8. Dato un grafo G con pesi $c : E(G) \to \mathbb{R}_+$ e un insieme $T \subseteq V(G)$ con $|T|$ pari. Costruiamo un nuovo grafo G' ponendo

$$\begin{aligned} V(G') &:= \{(v,e) : v \in e \in E(G)\} \cup \\ &\quad\ \{\bar{v} : v \in V(G),\ |\delta_G(v)| + |\{v\} \cap T| \text{ dispari}\}, \\ E(G') &:= \{\{(v,e),(w,e)\} : e = \{v,w\} \in E(G)\} \cup \\ &\quad\ \{\{(v,e),(v,f)\} : v \in V(G),\ e, f \in \delta_G(v),\ e \neq f\} \cup \\ &\quad\ \{\{\bar{v},(v,e)\} : v \in e \in E(G),\ \bar{v} \in V(G')\}, \end{aligned}$$

e definiamo $c'(\{(v,e),(w,e)\}) := c(e)$ per $e = \{v,w\} \in E(G)$ e $c'(e') = 0$ per tutti gli altri archi in G'.
Mostrare che un matching perfetto di peso minimo in G' corrisponde a un T-Join di peso minimo in G. È questa riduzione preferibile a quella usata nella dimostrazione del Teorema 12.10?

* 9. Il problema seguente mette insieme i b-matching semplici e perfetti e i T-Join. Sono dati un grafo non orientato G con pesi $c : E(G) \to \mathbb{R}$, una partizione dell'insieme di vertici $V(G) = R \,\dot\cup\, S \,\dot\cup\, T$ e una funzione $b : R \to \mathbb{Z}_+$. Cerchiamo un sottoinsieme di archi $J \subseteq E(G)$ tale che $J \cap \delta(v) = b(v)$ per $v \in R$, $|J \cap \delta(v)|$ sia pari per $v \in S$, e $|J \cap \delta(v)|$ sia dispari per $v \in T$. Mostrare come ridurre questo problema al PROBLEMA DEL MATCHING PERFETTO DI PESO MINIMO.
Suggerimento: Si considerino le costruzioni nella Sezione 12.1 e l'Esercizio 8.

10. Si consideri il PROBLEMA DEL CICLO NON ORIENTATO DI COSTO MEDIO MINIMO: Dato un grafo non orientato G e pesi $c : E(G) \to \mathbb{R}$, trovare un circuito C in G il cui peso medio $\frac{c(E(C))}{|E(C)|}$ sia minimo.
    (a) Mostrare che l'ALGORITMO DEL CICLO DI PESO MEDIO MINIMO della Sezione 7.3 non può essere applicato al caso non orientato.
    * (b) Trovare un algoritmo fortemente polinomiale per il PROBLEMA DEL CICLO NON ORIENTATO DI PESO MEDIO MINIMO.
    Suggerimento: Usare l'Esercizio 9.

11. Dato un grafo G e un insieme $T \subseteq V(G)$, si descriva un algoritmo tempo-lineare per trovare un T-Join in G o decidere che non ne esiste nemmeno uno.
Suggerimento: Si consideri una foresta massimale in G.

12. Sia G un grafo non orientato, $T \subseteq V(G)$ con $|T|$ pari, e $F \subseteq E(G)$. Dimostrare che F ha un'intersezione non vuota con ogni T-Join se e solo se F contiene un T-cut, e che F ha un'intersezione non vuota con ogni T-cut se e solo se F contiene un T-Join.

* 13. Sia G un grafo planare 2-connesso con un'immersione planare data, sia C il circuito che limita la faccia esterna, e sia T un sottoinsieme di cardinalità pari di $V(C)$. Dimostrare che la cardinalità minima di un T-Join è pari al numero massimo di T-cut arco-disgiunti.
Suggerimento: colorare gli archi di C di rosso e di blu, in modo tale che quando si attraversa C, i colori cambiano esattamente sui vertici in T. Si consideri il grafo planare duale, si divida il vertice che rappresenta la faccia esterna in un vertice blu e uno rosso, e si applichi il Teorema di Menger 8.9.

14. Dimostrare il Teorema 12.18 usando il Teorema 11.13 e la costruzione dell'Esercizio 8.
(Edmonds e Johnson [1973])

15. Sia G un grafo non orientato e $T \subseteq V(G)$ con $|T|$ pari. Dimostrare che il guscio convesso dei vettori di incidenza di tutti i T-Join in G è l'insieme di tutti i vettori $x \in [0,1]^{E(G)}$ che soddisfano

$$\sum_{e \in \delta_G(X) \setminus F} x_e + \sum_{e \in F} (1 - x_e) \geq 1$$

per ogni $X \subseteq V(G)$ e $F \subseteq \delta_G(X)$ con $|X \cap T| + |F|$ dispari.
Suggerimento: usare i Teoremi 12.18 e 12.11.

16. Sia G un grafo non orientato e $T \subseteq V(G)$ con $|T| = 2k$ pari. Dimostrare che la cardinalità minima di un T-cut in G è pari al massimo di $\min_{i=1}^{k} \lambda_{s_i,t_i}$ su tutti gli accoppiamenti a due a due dei vertici di $T = \{s_1, t_1, s_2, t_2, \dots, s_k, t_k\}$. ($\lambda_{s,t}$ indica il numero massimo di cammini s-t arco-disgiunti.) Si può immaginare una versione pesata di questa formula di min-max?
Suggerimento: usare il Teorema 12.19.
(Rizzi [2002])
17. Questo esercizio da un algoritmo per il PROBLEMA DEL T-CUT DI CAPACITÀ MINIMA senza usare gli alberi di Gomory-Hu. L'algoritmo è ricorsivo e – dati G, u e T – procede come segue:
1. Prima troviamo un insieme $X \subseteq V(G)$ con $T \cap X \neq \emptyset$ e $T \setminus X \neq \emptyset$, tale che $u(X) := \sum_{e \in \delta_G(X)} u(e)$ sia minimo (cf. Esercizio 25 del Capitolo 8). Se capita che $|T \cap X|$ è dispari, abbiamo terminato (il risultato è X).
2. Altrimenti possiamo applicare l'algoritmo ricorsivamente prima a G, u e $T \cap X$, e poi a G, u e $T \setminus X$. Otteniamo un insieme $Y \subseteq V(G)$ con $|(T \cap X) \cap Y|$ dispari e $u(Y)$ minimo e un insieme $Z \subseteq V(G)$ con $|(T \setminus X) \cap Z|$ dispari e $u(Z)$ minimo. Senza perdita di generalità, $T \setminus X \not\subseteq Y$ e $X \cap T \not\subseteq Z$ (altrimenti sostituiamo Y con $V(G) \setminus Y$ e/o Z con $V(G) \setminus Z$).
3. Se $u(X \cap Y) < u(Z \setminus X)$ allora restituiamo $X \cap Y$ altrimenti $Z \setminus X$.
Mostrare che questo algoritmo funziona correttamente e il suo tempo di esecuzione è $O(n^5)$, in cui $n = |V(G)|$.
18. Mostrare come risolvere il PROBLEMA DEL b-MATCHING DI PESO MASSIMO per il caso speciale in cui $b(v)$ è pari per ogni $v \in V(G)$ in tempo fortemente polinomiale.
Suggerimento: si riduca il problema al PROBLEMA DI FLUSSO DI COSTO MINIMO come nell'Esercizio 11 del Capitolo 9.

Riferimenti bibliografici

Letteratura generale:

Cook, W.J., Cunningham, W.H., Pulleyblank, W.R., Schrijver, A. [1998]: Combinatorial Optimization. Wiley, New York, Sections 5.4 and 5.5

Frank, A. [1996]: A survey on T-Joins, T-cuts, and conservative weightings. In: Combinatorics, Paul Erdős is Eighty; Volume 2 (D. Miklós, V.T. Sós, T. Szőnyi, eds.), Bolyai Society, Budapest, pp. 213–252

Gerards, A.M.H. [1995]: Matching. In: Handbooks in Operations Research and Management Science; Volume 7: Network Models (M.O. Ball, T.L. Magnanti, C.L. Monma, G.L. Nemhauser, eds.), Elsevier, Amsterdam, pp. 135–224

Lovász, L., Plummer, M.D. [1986]: Matching Theory. Akadémiai Kiadó, Budapest 1986, and North-Holland, Amsterdam

Schrijver, A. [1983]: Min-max results in combinatorial optimization; Section 6. In: Mathematical Programming; The State of the Art – Bonn 1982 (A. Bachem, M. Grötschel, B. Korte, eds.), Springer, Berlin, pp. 439–500

Schrijver, A. [2003]: Combinatorial Optimization: Polyhedra and Efficiency. Springer, Berlin, Chapters 29–33

Riferimenti citati:

Anstee, R.P. [1987]: A polynomial algorithm for *b*-matchings: an alternative approach. Information Processing Letters 24, 153–157

Caprara, A., Fischetti, M. [1996]: $\{0, \frac{1}{2}\}$-Chvátal-Gomory cuts. Mathematical Programming 74, 221–235

Edmonds, J. [1965]: Maximum matching and a polyhedron with (0,1) vertices. Journal of Research of the National Bureau of Standards B 69, 125–130

Edmonds, J., Johnson, E.L. [1970]: Matching: A well-solved class of integer linear programs. In: Combinatorial Structures and Their Applications; Proceedings of the Calgary International Conference on Combinatorial Structures and Their Applications 1969 (R. Guy, H. Hanani, N. Sauer, J. Schönheim, eds.), Gordon and Breach, New York, pp. 69–87

Edmonds, J., Johnson, E.L. [1973]: Matching, Euler tours and the Chinese postman problem. Mathematical Programming 5, 88–124

Gabow, H.N. [1983]: An efficient reduction technique for degree-constrained subgraph and bidirected network flow problems. Proceedings of the 15th Annual ACM Symposium on Theory of Computing, 448–456

Guan, M. [1962]: Graphic programming using odd and even points. Chinese Mathematics 1, 273–277

Hadlock, F. [1975]: Finding a maximum cut of a planar graph in polynomial time. SIAM Journal on Computing 4, 221–225

Letchford, A.N., Reinelt, G., Theis, D.O. [2008]: Odd minimum cut sets and *b*-matchings revisited. SIAM Journal on Discrete Mathematics 22, 1480–1487

Marsh, A.B. [1979]: Matching algorithms. Ph.D. thesis, Johns Hopkins University, Baltimore

Padberg, M.W., Rao, M.R. [1982]: Odd minimum cut-sets and *b*-matchings. Mathematics of Operations Research 7, 67–80

Pulleyblank, W.R. [1973]: Faces of matching polyhedra. Ph.D. thesis, University of Waterloo,

Pulleyblank, W.R. [1980]: Dual integrality in *b*-matching problems. Mathematical Programming Study 12, 176–196

Rizzi, R. [2002]: Minimum T-cuts and optimal T-pairings. Discrete Mathematics 257 (2002), 177–181

Sebő, A. [1987]: A quick proof of Seymour's theorem on T-Joins. Discrete Mathematics 64, 101–103

Seymour, P.D. [1981]: On odd cuts and multicommodity flows. Proceedings of the London Mathematical Society (3) 42, 178–192

Tutte, W.T. [1952]: The factors of graphs. Canadian Journal of Mathematics 4, 314–328

Tutte, W.T. [1954]: A short proof of the factor theorem for finite graphs. Canadian Journal of Mathematics 6, 347–352

13

Matroidi

Molti problemi di ottimizzazione combinatoria possono essere formulati come segue. Data una famiglia di insiemi $(E, \mathcal{F})$, ovvero un insieme finito E e dei sottoinsiemi $\mathcal{F} \subseteq 2^E$, e una funzione di costo $c : \mathcal{F} \to \mathbb{R}$, trovare un elemento di $\mathcal{F}$ il cui costo sia minimo o massimo. Nel seguito assumiamo che c sia una funzione modulare, ossia che $c(X) = c(\emptyset) + \sum_{x \in X}(c(\{x\}) - c(\emptyset))$ per ogni $X \subseteq E$; in modo analogo ci è data una funzione $c : E \to \mathbb{R}$ e scriviamo $c(X) = \sum_{e \in X} c(e)$.

In questo capitolo ci limitiamo ai quei problemi di ottimizzazione combinatoria in cui $\mathcal{F}$ descrive un insieme di indipendenza (ossia chiuso per sottoinsiemi) oppure un matroide. I risultati di questo capitolo generalizzano diversi risultati ottenuti nei capitoli precedenti.

Nella Sezione 13.1 introduciamo i sistemi di indipendenza e i matroidi, e mostriamo che molti problemi di ottimizzazione combinatoria possono essere descritti in questo contesto. Esistono diversi sistemi di assiomi equivalenti per i matroidi (Sezione 13.2) e una relazione interessante di dualità è descritta nella Sezione 13.3.

L'importanza dei matroidi risiede nel fatto che usando un semplice algoritmo greedy è possibile ottimizzare su di essi. Analizziamo gli algoritmi greedy nella Sezione 13.4 prima di affrontare il problema di ottimizzare l'intersezione di due matroidi. Come mostrato nelle Sezioni 13.5 e 13.7 questo problema può essere risolto in tempo polinomiale. Inoltre, come discusso nella Sezione 13.6, l'intersezione di due matroidi risolve anche il problema di coprire un matroide con insiemi indipendenti.

13.1 Sistemi di indipendenza e matroidi

Definizione 13.1. *Una famiglia di insiemi $(E, \mathcal{F})$ è un* **sistema di indipendenza** *se:*

(M1) $\emptyset \in \mathcal{F}$;
(M2) *Se* $X \subseteq Y \in \mathcal{F}$ *allora* $X \in \mathcal{F}$.

Gli elementi di $\mathcal{F}$ sono detti gli **indipendenti**, *gli elementi di $2^E \setminus \mathcal{F}$* **dipendenti**. *Gli insiemi minimali dipendenti sono chiamati* **circuiti**, *gli insiemi massimali indipendenti sono chiamati* **basi**. *Per $X \subseteq E$, i sottoinsiemi massimali indipendenti di X sono chiamati le basi di X.*

Korte B., Vygen J.: Ottimizzazione Combinatoria. Teoria e Algoritmi.

Definizione 13.2. *Sia $(E, \mathcal{F})$ un sistema di indipendenza. Per $X \subseteq E$ definiamo il* **rango** *di X con $r(X) := \max\{|Y| : Y \subseteq X,\ Y \in \mathcal{F}\}$. Inoltre, definiamo la* **chiusura** *di X con $\sigma(X) := \{y \in E : r(X \cup \{y\}) = r(X)\}$.*

In questo capitolo, $(E, \mathcal{F})$ sarà un sistema di indipendenza e $c : E \to \mathbb{R}$ sarà la funzione di costo. Ci concentreremo sui due problemi seguenti:

PROBLEMA DI MASSIMIZZAZIONE PER SISTEMI DI INDIPENDENZA

Istanza:	Un sistema di indipendenza $(E, \mathcal{F})$ e $c : E \to \mathbb{R}$.
Obiettivo:	Trovare un $X \in \mathcal{F}$ tale che $c(X) := \sum_{e \in X} c(e)$ sia massimo.

PROBLEMA DI MINIMIZZAZIONE PER SISTEMI DI INDIPENDENZA

Istanza:	Un sistema di indipendenza $(E, \mathcal{F})$ e $c : E \to \mathbb{R}$.
Obiettivo:	Trovare una base B tale che $c(B)$ sia minimo.

La definizione di istanza è un po' vaga. L'insieme E e la funzione di costo c sono date, come al solito, esplicitamente. Comunque, l'insieme $\mathcal{F}$ non viene di solito dato tramite una lista esplicita dei suoi elementi. Piuttosto si assume un oracolo il quale, dato un sottoinsieme $F \subseteq E$, decide se $F \in \mathcal{F}$. Ritorneremo su questo punto nella Sezione 13.4.

La lista seguente mostra che molti problemi di ottimizzazione combinatoria hanno in pratica una delle due forme precedenti:

(1) PROBLEMA DELL'INSIEME STABILE DI PESO MASSIMO
Dato un grafo G e pesi $c : V(G) \to \mathbb{R}$, trovare un insieme stabile X in G di peso massimo.
In questo caso $E = V(G)$ e $\mathcal{F} = \{F \subseteq E : F$ è stabile in $G\}$.
(2) PROBLEMA DEL COMMESSO VIAGGIATORE
Dato un grafo completo non orientato G e pesi $c : E(G) \to \mathbb{R}_+$, trovare un circuito Hamiltoniano di peso minimo in G.
In questo caso $E = E(G)$ e $\mathcal{F} = \{F \subseteq E : F$ è un sottoinsieme di un circuito Hamiltoniano in $G\}$.
(3) PROBLEMA DEL CAMMINO MINIMO
Dato un digrafo G, pesi $c : E(G) \to \mathbb{R}$ e $s, t \in V(G)$ tale che t sia raggiungibile da s, trovare un cammino s-t minimo rispetto a c in G.
In questo caso $E = E(G)$ e $\mathcal{F} = \{F \subseteq E : F$ è un sottoinsieme di un cammino s-$t\}$.
(4) PROBLEMA DI ZAINO
Dati i numeri non negativi n, c_i, w_i $(1 \le i \le n)$, e W, trovare un sottoinsieme $S \subseteq \{1, \dots, n\}$ tale che $\sum_{j \in S} w_j \le W$ e $\sum_{j \in S} c_j$ sia massimo.
In questo caso $E = \{1, \dots, n\}$ e $\mathcal{F} = \left\{F \subseteq E : \sum_{j \in F} w_j \le W\right\}$.
(5) PROBLEMA DELL'ALBERO DI SUPPORTO MINIMO
Dato un grafo connesso non orientato G e pesi $c : E(G) \to \mathbb{R}$, trovare un albero di supporto di peso minimo in G.

In questo caso $E = E(G)$ e $\mathcal{F}$ è l'insieme delle foreste in G.

(6) PROBLEMA DELLA FORESTA DI PESO MASSIMO
Dato un grafo non orientato G e pesi $c : E(G) \to \mathbb{R}$, trovare una foresta di peso massimo in G.
In questo caso $E = E(G)$ e $\mathcal{F}$ è l'insieme delle foreste in G.

(7) PROBLEMA DELL'ALBERO DI STEINER
Dato un grafo connesso non orientato G, pesi $c : E(G) \to \mathbb{R}_+$, e un insieme $T \subseteq V(G)$ di terminali, trovare un albero per T, ovvero un albero S con $T \subseteq V(S)$ e $E(S) \subseteq E(G)$, tale che $c(E(S))$ sia minimo.
In questo caso $E = E(G)$ e $\mathcal{F} = \{F \subseteq E : F$ è un sottoinsieme di un albero di Steiner per $T\}$.

(8) PROBLEMA DELLA RAMIFICAZIONE DI PESO MASSIMO
Dato un digrafo G e pesi $c : E(G) \to \mathbb{R}$, trovare una ramificazione di peso massimo in G.
In questo caso $E = E(G)$ e $\mathcal{F}$ è l'insieme delle ramificazioni in G.

(9) PROBLEMA DEL MATCHING DI PESO MASSIMO
Dato un grafo non orientato G e pesi $c : E(G) \to \mathbb{R}$, trovare un matching di peso massimo in G.
In questo caso $E = E(G)$ e $\mathcal{F}$ è l'insieme dei matching in G.

Questa lista contiene sia problemi *NP*-difficili ((1),(2),(4),(7)) che problemi risolvibili in tempo polinomiale ((5),(6),(8),(9)). Il Problema (3) è *NP*-difficile in quella forma ma è risolvibile in tempo polinomiale per pesi non negativi. (La complessità verrà introdotta nel Capitolo 15.)

Definizione 13.3. *Un sistema di indipendenza è un* **matroide** *se*

(M3) *Se* $X, Y \in \mathcal{F}$ *e* $|X| > |Y|$, *allora esiste un* $x \in X \setminus Y$ *con* $Y \cup \{x\} \in \mathcal{F}$.

Il nome matroide serve per sottolineare che la struttura del problema è una generalizzazione delle matrici. Questa generalizzazione diventa chiara con un primo esempio:

Proposizione 13.4. *I sistemi di indipendenza seguenti* $(E, \mathcal{F})$ *sono dei matroidi:*

(a) *E è un insieme di colonne di una matrice A su un dato campo, e* $\mathcal{F} := \{F \subseteq E :$ *le colonne in F sono linearmente indipendenti su quel campo*$\}$.
(b) *E è un insieme di archi di un grafo non orientato G e* $\mathcal{F} := \{F \subseteq E : (V(G), F)$ *è una foresta*$\}$.
(c) *E è un insieme finito, k un numero intero non negativo, e* $\mathcal{F} := \{F \subseteq E : |F| \leq k\}$.
(d) *E è un insieme di archi di un grafo non orientato G, S un insieme stabile in G, $k_s \in \mathbb{Z}_+$ ($s \in S$), e* $\mathcal{F} := \{F \subseteq E : |\delta_F(s)| \leq k_s$ *per ogni* $s \in S\}$.
(e) *E è un insieme di archi di un digrafo G, $S \subseteq V(G)$, $k_s \in \mathbb{Z}_+$ ($s \in S$), e* $\mathcal{F} := \{F \subseteq E : |\delta_F^-(s)| \leq k_s$ *per ogni* $s \in S\}$.

Dimostrazione. In tutti questi casi è ovvio che $(E, \mathcal{F})$ è senz'altro un sistema di indipendenza. Dunque rimane da mostrare che viene verificata anche (M3). Per (a) è noto dall'algebra lineare, per (c) è banale.

Per dimostrare (M3) per (b), siano $X, Y \in \mathcal{F}$ e si supponga $Y \cup \{x\} \notin \mathcal{F}$ per ogni $x \in X \setminus Y$. Mostriamo che $|X| \le |Y|$. Per ogni arco $x = \{v, w\} \in X$, v e w sono nella stessa componente connessa di $(V(G), Y)$. Quindi ogni componente connessa $Z \subseteq V(G)$ di $(V(G), X)$ è un sottoinsieme di una componente connessa di $(V(G), Y)$. Dunque il numero p di componenti connesse della foresta $(V(G), X)$ è maggiore o uguale al numero q di componenti connesse della foresta $(V(G), Y)$. Ma allora $|V(G)| - |X| = p \ge q = |V(G)| - |Y|$, che implica $|X| \le |Y|$.

Per verificare (M3) in (d), siano $X, Y \in \mathcal{F}$ con $|X| > |Y|$. Sia $S' := \{s \in S : |\delta_Y(s)| = k_s\}$. Poiché $|X| > |Y|$ e $|\delta_X(s)| \le k_s$ per ogni $s \in S'$, esiste un $e \in X \setminus Y$ con $e \notin \delta(s)$ per $s \in S'$. Allora $Y \cup \{e\} \in \mathcal{F}$.

Per (e) la dimostrazione è identica a patto di sostituire δ con δ^-. □

Alcuni di questi matroidi hanno dei nomi speciali: il matroide (a) è chiamato il **matroide vettoriale** di A. Sia $\mathcal{M}$ un matroide. Se esiste una matrice A sul campo F tale che $\mathcal{M}$ è un matroide vettoriale di A, allora $\mathcal{M}$ è detto **matroide rappresentabile su** F. Esistono matroidi che non sono rappresentabili in alcun campo.

Il matroide in (b) è chiamato il **matroide ciclo** di G e sarà a volte indicato con $\mathcal{M}(G)$. Un matroide che è il matroide ciclo di un grafo è detto anche **matroide grafico**.

I matroidi in (c) sono detti **matroidi uniformi**.

Nella nostra lista di sistemi di indipendenza all'inizio di questa sezione, gli unici matroidi a essere matroidi grafici sono quelli in (5) e (6). Si può facilmente dimostrare che tutti gli altri sistemi di indipendenza nella lista precedente non sono dei matroidi usando il teorema seguente (Esercizio 1):

Teorema 13.5. *Sia $(E, \mathcal{F})$ un sistema di indipendenza. Allora le affermazioni seguenti sono equivalenti:*

(M3) *Se $X, Y \in \mathcal{F}$ e $|X| > |Y|$, allora esiste un $x \in X \setminus Y$ con $Y \cup \{x\} \in \mathcal{F}$.*
(M3′) *Se $X, Y \in \mathcal{F}$ e $|X| = |Y| + 1$, allora esiste un $x \in X \setminus Y$ con $Y \cup \{x\} \in \mathcal{F}$.*
(M3″) *Per ogni $X \subseteq E$, tutte le basi di X hanno la stessa cardinalità.*

Dimostrazione. Ovviamente, (M3)⇔(M3′) e (M3)⇒(M3″). Per dimostrare (M3″) ⇒(M3), siano $X, Y \in \mathcal{F}$ e $|X| > |Y|$. Per (M3″), Y non può essere una base di $X \cup Y$. Dunque deve esistere un $x \in (X \cup Y) \setminus Y = X \setminus Y$ tale che $Y \cup \{x\} \in \mathcal{F}$. □

A volte è utile avere una seconda funzione rango:

Definizione 13.6. *Sia $(E, \mathcal{F})$ un sistema di indipendenza. Per $X \subseteq E$ definiamo il* **rango inferiore** *con*

$$\rho(X) := \min\{|Y| : Y \subseteq X, Y \in \mathcal{F} \text{ e } Y \cup \{x\} \notin \mathcal{F} \text{ per ogni } x \in X \setminus Y\}.$$

Il **quoziente di rango** *di $(E, \mathcal{F})$ è definito come*

$$q(E, \mathcal{F}) := \min_{F \subseteq E} \frac{\rho(F)}{r(F)}.$$

Proposizione 13.7. *Sia $(E, \mathcal{F})$ un sistema di indipendenza. Allora $q(E, \mathcal{F}) \leq 1$. Inoltre, $(E, \mathcal{F})$ è un matroide se e solo se $q(E, \mathcal{F}) = 1$.*

Dimostrazione. $q(E, \mathcal{F}) \leq 1$ segue dalla definizione. $q(E, \mathcal{F}) = 1$ è ovviamente equivalente a (M3″). □

Per stimare il quoziente di rango, si può usare la seguente affermazione:

Teorema 13.8. (Hausmann, Jenkyns e Korte [1980]) *Sia $(E, \mathcal{F})$ un sistema di indipendenza. Se, per qualsiasi $A \in \mathcal{F}$ ed $e \in E$, $A \cup \{e\}$ contiene al massimo p circuiti, allora $q(E, \mathcal{F}) \geq \frac{1}{p}$.*

Dimostrazione. Sia $F \subseteq E$ e J, K due basi di F. Mostriamo che $\frac{|J|}{|K|} \geq \frac{1}{p}$.

Sia $J \setminus K = \{e_1, \dots, e_t\}$. Costruiamo una sequenza $K = K_0, K_1, \dots, K_t$ di sottoinsiemi indipendenti di $J \cup K$ tali che $J \cap K \subseteq K_i$, $K_i \cap \{e_1, \dots, e_t\} = \{e_1, \dots, e_i\}$ e $|K_{i-1} \setminus K_i| \leq p$ per $i = 1, \dots, t$.

Poiché $K_i \cup \{e_{i+1}\}$ contiene al massimo p circuiti e ognuno di questi circuiti verifica $K_i \setminus J$ (perché J è indipendente), esiste un $X \subseteq K_i \setminus J$ tale che $|X| \leq p$ e $(K_i \setminus X) \cup \{e_{i+1}\} \in \mathcal{F}$. Poniamo $K_{i+1} := (K_i \setminus X) \cup \{e_{i+1}\}$.

Ora $J \subseteq K_t \in \mathcal{F}$. Poiché J è una base di F, $J = K_t$. Concludiamo che

$$|K \setminus J| = \sum_{i=1}^{t} |K_{i-1} \setminus K_i| \leq pt = p\,|J \setminus K|,$$

dimostrando $|K| \leq p\,|J|$. □

Questo mostra che nell'esempio (9) abbiamo $q(E, \mathcal{F}) \geq \frac{1}{2}$ (si veda anche l'Esercizio 1 del Capitolo 10). Infatti $q(E, \mathcal{F}) = \frac{1}{2}$ se e solo se G contiene un cammino di lunghezza 3 come sottografo (altrimenti $q(E, \mathcal{F}) = 1$). Per il sistema di indipendenza nell'esempio (1) della nostra lista, il quoziente di rango può essere arbitrariamente piccolo (si scelga come grafo G una stella). Nell'Esercizio 5 si discutono i quozienti di rango per gli altri sistema di indipendenza.

13.2 Altri assiomi per i matroidi

In questa sezione consideriamo altri sistemi di assiomi che definiscono dei matroidi. Caratterizzano le proprietà fondamentali della famiglia delle basi, la funzione rango, l'operatore di chiusura e la famiglia dei circuiti di un matroide.

Teorema 13.9. *Sia E un insieme finito e $\mathcal{B} \subseteq 2^E$. $\mathcal{B}$ è l'insieme delle basi di un matroide $(E, \mathcal{F})$ se e solo se si verifica che:*

(B1) $\mathcal{B} \neq \emptyset$.

(B2) *Per qualsiasi* $B_1, B_2 \in \mathcal{B}$ *e* $x \in B_1 \setminus B_2$ *esiste un* $y \in B_2 \setminus B_1$ *con* $(B_1 \setminus \{x\}) \cup \{y\} \in \mathcal{B}$.

Dimostrazione. L'insieme delle basi di un matroide soddisfa (B1) (per (M1)) e (B2): per le basi B_1, B_2 e $x \in B_1 \setminus B_2$ abbiamo che $B_1 \setminus \{x\}$ è indipendente. Per (M3) esiste un $y \in B_2 \setminus B_1$ tale che $(B_1 \setminus \{x\}) \cup \{y\}$ è indipendente. Sicuramente, deve essere una base, perché tutte le basi di un matroide hanno la stessa cardinalità.

Supponiamo che $\mathcal{B}$ soddisfi (B1) e (B2). Prima mostriamo che tutti gli elementi di $\mathcal{B}$ hanno la stessa cardinalità: altrimenti siano $B_1, B_2 \in \mathcal{B}$ con $|B_1| > |B_2|$ tali che $|B_1 \cap B_2|$ sia massimo. Sia $x \in B_1 \setminus B_2$. Per (B2) esiste un $y \in B_2 \setminus B_1$ con $(B_1 \setminus \{x\}) \cup \{y\} \in \mathcal{B}$, contraddicendo la massimalità di $|B_1 \cap B_2|$.

Ora sia

$$\mathcal{F} := \{F \subseteq E : \text{esiste un } B \in \mathcal{B} \text{ con } F \subseteq B\}.$$

$(E, \mathcal{F})$ è un sistema di indipendenza e $\mathcal{B}$ è la famiglia delle sue basi. Per mostrare che $(E, \mathcal{F})$ soddisfa (M3), siano $X, Y \in \mathcal{F}$ con $|X| > |Y|$. Sia $X \subseteq B_1 \in \mathcal{B}$ e $Y \subseteq B_2 \in \mathcal{B}$, dove B_1 e B_2 sono scelti tali che $|B_1 \cap B_2|$ sia massimo. Se $B_2 \cap (X \setminus Y) \neq \emptyset$, abbiamo finito perché possiamo aumentare Y.

Mostriamo ora che l'altro caso, $B_2 \cap (X \setminus Y) = \emptyset$, è impossibile. In pratica, con questa ipotesi otteniamo

$$|B_1 \cap B_2| + |Y \setminus B_1| + |(B_2 \setminus B_1) \setminus Y| = |B_2| = |B_1| \geq |B_1 \cap B_2| + |X \setminus Y|.$$

Poiché $|X \setminus Y| > |Y \setminus X| \geq |Y \setminus B_1|$, ciò implica $(B_2 \setminus B_1) \setminus Y \neq \emptyset$. Sia dunque $y \in (B_2 \setminus B_1) \setminus Y$. Per (B2) esiste un $x \in B_1 \setminus B_2$ con $(B_2 \setminus \{y\}) \cup \{x\} \in \mathcal{B}$, contraddicendo la massimalità di $|B_1 \cap B_2|$. □

Si veda l'Esercizio 7 per un'affermazione simile. Una proprietà molto importante dei matroidi è che la funzione rango è submodulare:

Teorema 13.10. *Sia* E *un insieme finito e* $r : 2^E \to \mathbb{Z}_+$. *Allora le affermazioni seguenti sono equivalenti:*

(a) r *è la funzione rango di un matroide* $(E, \mathcal{F})$ *(e* $\mathcal{F} = \{F \subseteq E : r(F) = |F|\}$*).*
(b) *Per ogni* $X, Y \subseteq E$*:*
  (R1) $r(X) \leq |X|$*;*
  (R2) *Se* $X \subseteq Y$ *allora* $r(X) \leq r(Y)$*;*
  (R3) $r(X \cup Y) + r(X \cap Y) \leq r(X) + r(Y)$*.*
(c) *Per ogni* $X \subseteq E$ *e* $x, y \in E$*:*
  (R1′) $r(\emptyset) = 0$*;*
  (R2′) $r(X) \leq r(X \cup \{y\}) \leq r(X) + 1$*;*
  (R3′) *Se* $r(X \cup \{x\}) = r(X \cup \{y\}) = r(X)$ *allora* $r(X \cup \{x, y\}) = r(X)$*.*

Dimostrazione. (a)⇒(b): Se r è una funzione rango di un sistema di indipendenza $(E, \mathcal{F})$, (R1) e (R2) sono evidentemente verificate. Se $(E, \mathcal{F})$ è un matroide, possiamo mostrare anche (R3): siano $X, Y \subseteq E$, e sia A una base di $X \cap Y$. Per (M3), A può essere estesa a una base $A \dot\cup B$ di X e a una base $(A \cup B) \dot\cup C$ di

$X \cup Y$. Allora $A \cup C$ è un sottoinsieme indipendente di Y, e

$$\begin{aligned} r(X) + r(Y) &\geq |A \cup B| + |A \cup C| \\ &= 2|A| + |B| + |C| \\ &= |A \cup B \cup C| + |A| \\ &= r(X \cup Y) + r(X \cap Y). \end{aligned}$$

(b)⇒(c): (R1′) è implicato da (R1). $r(X) \leq r(X \cup \{y\})$ segue da (R2). Per (R3) e (R1),

$$r(X \cup \{y\}) \leq r(X) + r(\{y\}) - r(X \cap \{y\}) \leq r(X) + r(\{y\}) \leq r(X) + 1,$$

dimostrando (R2′).

(R3′) è banale per $x = y$. Per $x \neq y$ abbiamo, per (R2) e (R3),

$$2r(X) \leq r(X) + r(X \cup \{x, y\}) \leq r(X \cup \{x\}) + r(X \cup \{y\}),$$

implicando (R3′).

(c)⇒(a): Sia $r : 2^E \to \mathbb{Z}_+$ una funzione che soddisfa (R1′)–(R3′). Sia

$$\mathcal{F} := \{F \subseteq E : r(F) = |F|\}.$$

Affermiamo che $(E, \mathcal{F})$ è un matroide. (M1) segue da (R1′). (R2′) implica $r(X) \leq |X|$ per ogni $X \subseteq E$. Se $Y \in \mathcal{F}$, $y \in Y$ e $X := Y \setminus \{y\}$, abbiamo

$$|X| + 1 = |Y| = r(Y) = r(X \cup \{y\}) \leq r(X) + 1 \leq |X| + 1,$$

dunque $X \in \mathcal{F}$. Ciò implica (M2).

Ora siano $X, Y \in \mathcal{F}$ e $|X| = |Y| + 1$. Sia $X \setminus Y = \{x_1, \ldots, x_k\}$. Si supponga che (M3′) sia violato, ossia $r(Y \cup \{x_i\}) = |Y|$ per $i = 1, \ldots, k$. Allora per (R3′) $r(Y \cup \{x_1, x_i\}) = r(Y)$ per $i = 2, \ldots, k$. Usando più volte questo argomento si arriva a $r(Y) = r(Y \cup \{x_1, \ldots, x_k\}) = r(X \cup Y) \geq r(X)$, ovvero una contraddizione.

Dunque $(E, \mathcal{F})$ è senz'altro un matroide. Per mostrare che r è la funzione rango di questo matroide, dobbiamo dimostrare che $r(X) = \max\{|Y| : Y \subseteq X, r(Y) = |Y|\}$ per ogni $X \subseteq E$. Sia dunque $X \subseteq E$, e sia Y un sottoinsieme massimale di X con $r(Y) = |Y|$. Per ogni $x \in X \setminus Y$ abbiamo $r(Y \cup \{x\}) < |Y| + 1$, e per (R2′) $r(Y \cup \{x\}) = |Y|$. Applicando più volte (R3′) si ottiene $r(X) = |Y|$. □

Teorema 13.11. *Sia E un insieme finito e $\sigma : 2^E \to 2^E$ una funzione. σ è l'operatore di chiusura di un matroide $(E, \mathcal{F})$ se e solo se le condizioni seguenti sono verificate per ogni $X, Y \subseteq E$ e $x, y \in E$:*

(S1) $X \subseteq \sigma(X)$.
(S2) $X \subseteq Y \subseteq E$ *implica* $\sigma(X) \subseteq \sigma(Y)$.
(S3) $\sigma(X) = \sigma(\sigma(X))$.
(S4) *Se* $y \notin \sigma(X)$ *e* $y \in \sigma(X \cup \{x\})$ *allora* $x \in \sigma(X \cup \{y\})$.

Dimostrazione. Se σ è l'operatore di chiusura di un matroide, allora (S1) si verifica facilmente.

Per $X \subseteq Y$ e $z \in \sigma(X)$ abbiamo per (R3) e (R2)

$$\begin{aligned} r(X) + r(Y) &= r(X \cup \{z\}) + r(Y) \\ &\geq r((X \cup \{z\}) \cap Y) + r(X \cup \{z\} \cup Y) \\ &\geq r(X) + r(Y \cup \{z\}), \end{aligned}$$

che implica $z \in \sigma(Y)$ e dimostra quindi (S2).

Per ripetute applicazioni di (R3′) abbiamo $r(\sigma(X)) = r(X)$ per ogni X, il che implica (S3).

Per dimostrare (S4), si supponga che esistano X, x, y con $y \notin \sigma(X)$, $y \in \sigma(X \cup \{x\})$ e $x \notin \sigma(X \cup \{y\})$. Allora $r(X \cup \{y\}) = r(X)+1$, $r(X \cup \{x, y\}) = r(X \cup \{x\})$ e $r(X \cup \{x, y\}) = r(X \cup \{y\}) + 1$. Quindi $r(X \cup \{x\}) = r(X) + 2$, che contraddice (R2′).

Per mostrare il contrario, sia $\sigma : 2^E \to 2^E$ una funzione che soddisfa (S1)–(S4). Sia

$$\mathcal{F} := \{X \subseteq E : x \notin \sigma(X \setminus \{x\}) \text{ per ogni } x \in X\}.$$

Mostriamo che $(E, \mathcal{F})$ è un matroide.

(M1) è banale. Per $X \subseteq Y \in \mathcal{F}$ e $x \in X$ abbiamo $x \notin \sigma(Y \setminus \{x\}) \supseteq \sigma(X \setminus \{x\})$, dunque $X \in \mathcal{F}$ e vale (M2). Per dimostrare (M3) abbiamo bisogno dell'affermazione seguente:

$$\text{Per } X \in \mathcal{F} \text{ e } Y \subseteq E \text{ con } |X| > |Y| \text{ abbiamo } X \nsubseteq \sigma(Y). \tag{13.1}$$

Dimostriamo la 13.1 per induzione su $|Y \setminus X|$. Se $Y \subset X$, allora sia $x \in X \setminus Y$. Poiché $X \in \mathcal{F}$ abbiamo $x \notin \sigma(X \setminus \{x\}) \supseteq \sigma(Y)$ per (S2). Quindi $x \in X \setminus \sigma(Y)$ come richiesto.

Se $|Y \setminus X| > 0$, allora sia $y \in Y \setminus X$. Per le ipotesi di induzione esiste un $x \in X \setminus \sigma(Y \setminus \{y\})$. Se $x \notin \sigma(Y)$, allora abbiamo terminato. Altrimenti $x \notin \sigma(Y \setminus \{y\})$ ma $x \in \sigma(Y) = \sigma((Y \setminus \{y\}) \cup \{y\})$, dunque per (S4) $y \in \sigma((Y \setminus \{y\}) \cup \{x\})$. Per (S1) otteniamo $Y \subseteq \sigma((Y \setminus \{y\}) \cup \{x\})$ e quindi $\sigma(Y) \subseteq \sigma((Y \setminus \{y\}) \cup \{x\})$ per (S2) e (S3). Applicando le ipotesi di induzione a X e $(Y \setminus \{y\}) \cup \{x\}$ (si noti che $x \neq y$) dà $X \nsubseteq \sigma((Y \setminus \{y\}) \cup \{x\})$, dunque $X \nsubseteq \sigma(Y)$ come richiesto.

Avendo dimostrato 13.1 possiamo verificare facilmente (M3). Siano $X, Y \in \mathcal{F}$ con $|X| > |Y|$. Per la 13.1 esiste un $x \in X \setminus \sigma(Y)$. Ora per ogni $z \in Y \cup \{x\}$ abbiamo $z \notin \sigma(Y \setminus \{z\})$, perché $Y \in \mathcal{F}$ e $x \notin \sigma(Y) = \sigma(Y \setminus \{x\})$. Per (S4) $z \notin \sigma(Y \setminus \{z\})$ e $x \notin \sigma(Y)$ implicano $z \notin \sigma((Y \setminus \{z\}) \cup \{x\}) \supseteq \sigma((Y \cup \{x\}) \setminus \{z\})$. Quindi $Y \cup \{x\} \in \mathcal{F}$.

Dunque (M3) viene sicuramente verificata e $(E, \mathcal{F})$ è un matroide, con funzione rango r e operatore di chiusura σ'. Rimane da dimostrare che $\sigma = \sigma'$.

Per definizione, $\sigma'(X) = \{y \in E : r(X \cup \{y\}) = r(X)\}$ e

$$r(X) = \max\{|Y| : Y \subseteq X,\ y \notin \sigma(Y \setminus \{y\}) \text{ per ogni } y \in Y\}$$

per ogni $X \subseteq E$.

Sia $X \subseteq E$. Per mostrare $\sigma'(X) \subseteq \sigma(X)$, sia $z \in \sigma'(X) \setminus X$. Sia Y una base di X. Poiché $r(Y \cup \{z\}) \leq r(X \cup \{z\}) = r(X) = |Y| < |Y \cup \{z\}|$ abbiamo $y \in \sigma((Y \cup \{z\}) \setminus \{y\})$ per un $y \in Y \cup \{z\}$. Se $y = z$, allora abbiamo $z \in \sigma(Y)$. Altrimenti (S4) e $y \notin \sigma(Y \setminus \{y\})$ danno anche $z \in \sigma(Y)$. Quindi per (S2) $z \in \sigma(X)$. Insieme con (S1) ciò implica $\sigma'(X) \subseteq \sigma(X)$.

Ora sia $z \notin \sigma'(X)$, ovvero $r(X \cup \{z\}) > r(X)$. Sia ora Y una base di $X \cup \{z\}$. Allora $z \in Y$ e $|Y \setminus \{z\}| = |Y| - 1 = r(X \cup \{z\}) - 1 = r(X)$. Quindi $Y \setminus \{z\}$ è una base di X, il che implica $X \subseteq \sigma'(Y \setminus \{z\}) \subseteq \sigma(Y \setminus \{z\})$, e quindi $\sigma(X) \subseteq \sigma(Y \setminus \{z\})$. Poiché $z \notin \sigma(Y \setminus \{z\})$, concludiamo che $z \notin \sigma(X)$. □

Teorema 13.12. *Sia E un insieme finito e $\mathcal{C} \subseteq 2^E$. $\mathcal{C}$ è l'insieme di circuiti di un sistema di indipendenza $(E, \mathcal{F})$, in cui $\mathcal{F} = \{F \subset E :$ non esiste alcun $C \in \mathcal{C}$ con $C \subseteq F\}$, se e solo se sono verificate le condizioni seguenti:*

(C1) $\emptyset \notin \mathcal{C}$.
(C2) *Per qualsiasi $C_1, C_2 \in \mathcal{C}$, $C_1 \subseteq C_2$ implica $C_1 = C_2$.*

Inoltre, se $\mathcal{C}$ è l'insieme di circuiti di un sistema di indipendenza $(E, \mathcal{F})$, allora le affermazioni seguenti sono equivalenti:

(a) *$(E, \mathcal{F})$ è un matroide.*
(b) *Per qualsiasi $X \in \mathcal{F}$ ed $e \in E$, $X \cup \{e\}$ contiene al massimo un circuito.*
(C3) *Per qualsiasi $C_1, C_2 \in \mathcal{C}$ con $C_1 \neq C_2$ ed $e \in C_1 \cap C_2$ esiste un $C_3 \in \mathcal{C}$ con $C_3 \subseteq (C_1 \cup C_2) \setminus \{e\}$.*
(C3′) *Per qualsiasi $C_1, C_2 \in \mathcal{C}$, $e \in C_1 \cap C_2$ e $f \in C_1 \setminus C_2$ esiste un $C_3 \in \mathcal{C}$ con $f \in C_3 \subseteq (C_1 \cup C_2) \setminus \{e\}$.*

Dimostrazione. Per definizione, la famiglia di circuiti di qualsiasi sistema di indipendenza soddisfa (C1) e (C2). Se $\mathcal{C}$ soddisfa (C1), allora $(E, \mathcal{F})$ è un sistema di indipendenza. Se $\mathcal{C}$ soddisfa anche (C2), è l'insieme di circuiti di questo sistema di indipendenza.

(a)⇒(C3′): Sia $\mathcal{C}$ la famiglia di circuiti di un matroide, e siano $C_1, C_2 \in \mathcal{C}$, $e \in C_1 \cap C_2$ e $f \in C_1 \setminus C_2$. Applicando (R3) due volte abbiamo

$$\begin{aligned}
& |C_1| - 1 + r((C_1 \cup C_2) \setminus \{e, f\}) + |C_2| - 1 \\
= \; & r(C_1) + r((C_1 \cup C_2) \setminus \{e, f\}) + r(C_2) \\
\geq \; & r(C_1) + r((C_1 \cup C_2) \setminus \{f\}) + r(C_2 \setminus \{e\}) \\
\geq \; & r(C_1 \setminus \{f\}) + r(C_1 \cup C_2) + r(C_2 \setminus \{e\}) \\
= \; & |C_1| - 1 + r(C_1 \cup C_2) + |C_2| - 1.
\end{aligned}$$

Dunque $r((C_1 \cup C_2) \setminus \{e, f\}) = r(C_1 \cup C_2)$. Sia B una base di $(C_1 \cup C_2) \setminus \{e, f\}$. Allora $B \cup \{f\}$ contiene un circuito C_3, con $f \in C_3 \subseteq (C_1 \cup C_2) \setminus \{e\}$ come richiesto.

(C3′)⇒(C3): banale.

(C3)⇒(b): Se $X \in \mathcal{F}$ e $X \cup \{e\}$ contiene due circuiti C_1, C_2, (C3) implica $(C_1 \cup C_2) \setminus \{e\} \notin \mathcal{F}$. Comunque, $(C_1 \cup C_2) \setminus \{e\}$ è un sottoinsieme di X.

(b)⇒(a): Segue dal Teorema 13.8 e la Proposizione 13.7. □

Soprattutto la proprietà (b) sarà usata spesso. Per $X \in \mathcal{F}$ ed $e \in E$ tale che $X \cup \{e\} \notin \mathcal{F}$ scriviamo $C(X, e)$ per l'unico circuito in $X \cup \{e\}$. Se $X \cup \{e\} \in \mathcal{F}$ scriviamo $C(X, e) := \emptyset$.

13.3 Dualità

Un altro concetto fondamentale nella teoria dei matroidi è la dualità.

Definizione 13.13. *Sia $(E, \mathcal{F})$ un sistema di indipendenza. Definiamo il* **sistema di indipendenza duale** *di $(E, \mathcal{F})$ con $(E, \mathcal{F}^*)$, in cui*

$$\mathcal{F}^* \;=\; \{F \subseteq E : \text{ esiste una base } B \text{ di } (E, \mathcal{F}) \text{ tale che } F \cap B = \emptyset\}.$$

È ovvio che il duale di un sistema di indipendenza è nuovamente un sistema di indipendenza.

Proposizione 13.14. $(E, \mathcal{F}^{**}) = (E, \mathcal{F})$.

Dimostrazione. $F \in \mathcal{F}^{**} \Leftrightarrow$ esiste una base B^* di $(E, \mathcal{F}^*)$ tale che $F \cap B^* = \emptyset$ $\Leftrightarrow$ esiste una base B di $(E, \mathcal{F})$ tale che $F \cap (E \setminus B) = \emptyset \Leftrightarrow F \in \mathcal{F}$. □

Teorema 13.15. *Sia $(E, \mathcal{F})$ un sistema di indipendenza, $(E, \mathcal{F}^*)$ il suo sistema di indipendenza duale, e siano r e r^* le corrispondenti funzioni di rango.*

(a) *$(E, \mathcal{F})$ è un matroide se e solo se $(E, \mathcal{F}^*)$ è un matroide.* (Whitney [1935])
(b) *Se $(E, \mathcal{F})$ è un matroide, allora $r^*(F) = |F| + r(E \setminus F) - r(E)$ per $F \subseteq E$.*

Dimostrazione. Per la Proposizione 13.14 dobbiamo mostrare solo una direzione di (a). Dunque sia $(E, \mathcal{F})$ un matroide. Definiamo $q : 2^E \to \mathbb{Z}_+$ con $q(F) := |F| + r(E \setminus F) - r(E)$. Mostriamo sotto che q soddisfa (R1), (R2) e (R3). Ciò insieme al Teorema 13.10, mostra che q è la funzione rango di un matroide. Poiché ovviamente $q(F) = |F|$ se e solo se $F \in \mathcal{F}^*$, concludiamo che $q = r^*$, dimostrando sia (a) che (b).

Mostriamo che q soddisfa (R1), (R2) e (R3). q soddisfa (R1) perché r soddisfa (R2). Per controllare che q soddisfi (R2), sia $X \subseteq Y \subseteq E$. Poiché $(E, \mathcal{F})$ è un matroide, (R3) è verificata per r, e dunque

$$r(E \setminus X) + 0 \;=\; r((E \setminus Y) \cup (Y \setminus X)) + r(\emptyset) \;\le\; r(E \setminus Y) + r(Y \setminus X).$$

Concludiamo che

$$r(E \setminus X) - r(E \setminus Y) \;\le\; r(Y \setminus X) \;\le\; |Y \setminus X| \;=\; |Y| - |X|$$

(si noti che r soddisfa (R1)), e dunque $q(X) \le q(Y)$.

Rimane da mostrare che q soddisfa (R3). Siano $X, Y \subseteq E$. Usando il fatto che r soddisfa (R3) abbiamo

$$\begin{aligned} & q(X \cup Y) + q(X \cap Y) \\ = \; & |X \cup Y| + |X \cap Y| + r(E \setminus (X \cup Y)) + r(E \setminus (X \cap Y)) - 2r(E) \\ = \; & |X| + |Y| + r((E \setminus X) \cap (E \setminus Y)) + r((E \setminus X) \cup (E \setminus Y)) - 2r(E) \\ \leq \; & |X| + |Y| + r(E \setminus X) + r(E \setminus Y) - 2r(E) \\ = \; & q(X) + q(Y). \end{aligned}$$

□

Per qualsiasi grafo G abbiamo introdotto il matroide ciclo $\mathcal{M}(G)$ il quale ha naturalmente un duale. Per un grafo planare immerso G esiste un duale planare G^* (che in generale dipende dall'immersione planare di G). È interessante notare che i due concetti di dualità coincidono.

Teorema 13.16. *Sia G un grafo planare connesso con un'immersione planare arbitraria e G^* il duale planare. Allora*

$$\mathcal{M}(G^*) = (\mathcal{M}(G))^* .$$

Dimostrazione. Per $T \subseteq E(G)$ scriviamo $\overline{T}^* := \{e^* : e \in E(G) \setminus T\}$, in cui e^* è il duale dell'arco e. Dobbiamo dimostrare che:

T è l'insieme di archi di un albero di supporto in G se e solo se $\overline{T}^*$ è l'insieme di archi di un albero di supporto in G^*. (13.2)

Poiché $(G^*)^* = G$ (per la Proposizione 2.42) e $\overline{(\overline{T}^*)}^* = T$ basta dimostrare una direzione dell'affermazione 13.2.

Sia dunque $T \subseteq E(G)$, in cui $\overline{T}^*$ è l'insieme degli archi di un albero di supporto in G^*. $(V(G), T)$ deve essere connesso, perché altrimenti una componente connessa definirebbe un taglio, il cui duale contiene un circuito in $\overline{T}^*$ (Teorema 2.43). D'altronde, se $(V(G), T)$ contiene un circuito, allora l'insieme degli archi del duale è un taglio e $(V(G^*), \overline{T}^*)$ è sconnesso. Quindi $(V(G), T)$ è senz'altro un albero di supporto in G. □

Ciò implica che se G è planare allora $(\mathcal{M}(G))^*$ è un matroide grafico. Se, per qualsiasi grafo G, $(\mathcal{M}(G))^*$ è un matroide grafico, ovvero $(\mathcal{M}(G))^* = \mathcal{M}(G')$, allora G' è evidentemente un duale astratto di G. Per l'Esercizio 39 del Capitolo 2, è vero anche il contrario: G è planare se e solo se G ha un duale astratto (Whitney [1933]). Ciò implica che $(\mathcal{M}(G))^*$ è grafico se e solo se G è planare.

Si noti che il Teorema 13.16 implica quasi direttamente la formula di Eulero (Teorema 2.32): sia G un grafo planare connesso con un'immersione planare, e sia $\mathcal{M}(G)$ un matroide ciclo di G. Per il Teorema 13.15 (b), $r(E(G)) + r^*(E(G)) = |E(G)|$. Poiché $r(E(G)) = |V(G)| - 1$ (il numero di archi in un albero di supporto) e $r^*(E(G)) = |V(G^*)| - 1$ (per il Teorema 13.16), otteniamo che il numero di facce di G è $|V(G^*)| = |E(G)| - |V(G)| + 2$, che è la formula di Eulero.

La dualità dei sistemi di indipendenza ha anche delle applicazioni interessanti nella combinatoria poliedrale. Una famiglia di insiemi $(E, \mathcal{F})$ è detta un **clutter** se $X \not\subseteq Y$ per ogni $X, Y \in \mathcal{F}$. Se $(E, \mathcal{F})$ è un clutter, allora definiamo il suo **clutter bloccante** (blocking clutter) con

$$BL(E, \mathcal{F}) := (E, \{X \subseteq E : X \cap Y \neq \emptyset \text{ per ogni } Y \in \mathcal{F}, \\ X \text{ minimale con questa proprietà}\}).$$

Per un sistema di indipendenza $(E, \mathcal{F})$ e il suo duale $(E, \mathcal{F}^*)$ siano $\mathcal{B}$ e $\mathcal{B}^*$ le famiglie delle basi, e rispettivamente $\mathcal{C}$ e $\mathcal{C}^*$ le famiglie dei circuiti. (Ogni clutter si forma in entrambi questi modi a eccezione di $\mathcal{F} = \emptyset$ o $\mathcal{F} = \{\emptyset\}$.) Segue direttamente dalle definizioni che $(E, \mathcal{B}^*) = BL(E, \mathcal{C})$ e $(E, \mathcal{C}^*) = BL(E, \mathcal{B})$. Insieme con la Proposizione 13.14 ciò implica $BL(BL(E, \mathcal{F})) = (E, \mathcal{F})$ per ogni clutter $(E, \mathcal{F})$. Diamo qualche esempio di clutter $(E, \mathcal{F})$ e i rispettivi clutter bloccanti $(E, \mathcal{F}')$. In ogni caso $E = E(G)$ per un grafo G:

(1) $\mathcal{F}$ è l'insieme di alberi di supporto, $\mathcal{F}'$ è l'insieme di tagli minimali;
(2) $\mathcal{F}$ è l'insieme di arborescenze radicate in r, $\mathcal{F}'$ è l'insieme di r-cut minimali;
(3) $\mathcal{F}$ è l'insieme di cammini s-t, $\mathcal{F}'$ è l'insieme di tagli minimali che separano s e t (questo esempio vale sia in grafi non orientati che orientati);
(4) $\mathcal{F}$ è l'insieme di circuiti in un grafo non orientato, $\mathcal{F}'$ è l'insieme dei complementi di foreste massimali;
(5) $\mathcal{F}$ è l'insieme di circuiti in un digrafo, $\mathcal{F}'$ è l'insieme di insiemi di archi feedback minimali (un insieme di archi di feedback è un insieme di archi la cui rimozione rende il digrafo aciclico);
(6) $\mathcal{F}$ è l'insieme di insiemi di archi la cui contrazione rende il digrafo fortemente connesso, $\mathcal{F}'$ è l'insieme di tagli diretti minimali;
(7) $\mathcal{F}$ è l'insieme di T-Join minimali, $\mathcal{F}'$ è l'insieme di T-cut minimali.

Tutte queste relazioni di blocking possono essere verificate facilmente: (1) e (2) seguono direttamente dai Teoremi 2.4 e 2.5, (3), (4) e (5) sono banali, (6) segue dal Corollario 2.7, e (7) dalla Proposizione 12.7.

In alcuni casi, il clutter bloccante dà una caratterizzazione poliedrale del PROBLEMA DI MINIMIZZAZIONE PER SISTEMI DI INDIPENDENZA per funzioni di costo non negative:

Definizione 13.17. *Sia $(E, \mathcal{F})$ un clutter, $(E, \mathcal{F}')$ il suo clutter bloccante e P il guscio convesso dei vettori di incidenza di tutti gli elementi di $\mathcal{F}$. Diciamo che $(E, \mathcal{F})$ ha la* **proprietà di Massimo Flusso–Minimo Taglio** *se*

$$\left\{x + y : x \in P,\ y \in \mathbb{R}_+^E\right\} = \left\{x \in \mathbb{R}_+^E : \sum_{e \in B} x_e \geq 1 \text{ per ogni } B \in \mathcal{F}'\right\}.$$

Alcuni esempi sono (2) e (7) della nostra lista precedente (per i Teoremi 6.15 e 12.18), ma anche (3) e (6) (si veda l'Esercizio 10). Il teorema seguente pone in relazione la formulazione precedente di tipo copertura con una formulazione di packing del problema duale e permette di derivare dei teoremi min-max:

Teorema 13.18. (Fulkerson [1971], Lehman [1979]) *Sia* $(E, \mathcal{F})$ *un clutter e* $(E, \mathcal{F}')$ *il suo clutter bloccante. Allora le affermazioni seguenti sono equivalenti:*

(a) $(E, \mathcal{F})$ *gode della proprietà di Massimo Flusso–Minimo Taglio.*
(b) $(E, \mathcal{F}')$ *gode della proprietà di Massimo Flusso–Minimo Taglio.*
(c) $\min\{c(A) : A \in \mathcal{F}\} = \max\{\mathbb{1}y : y \in \mathbb{R}_+^{\mathcal{F}'}, \sum_{B \in \mathcal{F}': e \in B} y_B \leq c(e)$ *per ogni* $e \in E\}$ *per ogni* $c : E \to \mathbb{R}_+$.

Dimostrazione. Poiché $BL(E, \mathcal{F}') = BL(BL(E, \mathcal{F})) = (E, \mathcal{F})$ basta dimostrare che (a)⇒(c)⇒(b). L'altra implicazione (b)⇒(a) segue allora dallo scambio dei ruoli tra $\mathcal{F}$ e $\mathcal{F}'$.

(a)⇒(c): Per il Corollario 3.33 abbiamo per ogni $c : E \to \mathbb{R}_+$

$$\min\{c(A) : A \in \mathcal{F}\} = \min\{cx : x \in P\} = \min\left\{c(x + y) : x \in P,\ y \in \mathbb{R}_+^E\right\},$$

in cui P è il guscio convesso dei vettori di incidenza degli elementi di $\mathcal{F}$. Da questa relazione, la proprietà di Massimo Flusso–Minimo Taglio e il Teorema della dualità della Programmazione Lineare 3.20 otteniamo (c).

(c)⇒(b): Sia P' il guscio convesso dei vettori di incidenza degli elementi di $\mathcal{F}'$. Dobbiamo mostrare che

$$\left\{x + y : x \in P',\ y \in \mathbb{R}_+^E\right\} = \left\{x \in \mathbb{R}_+^E : \sum_{e \in A} x_e \geq 1 \text{ per ogni } A \in \mathcal{F}\right\}.$$

Poiché "$\subseteq$" segue semplicemente dalla definizione di clutter bloccante, mostriamo solo l'altra inclusione. Sia dunque $c \in \mathbb{R}_+^E$ un vettore con $\sum_{e \in A} c_e \geq 1$ per ogni $A \in \mathcal{F}$. Per (c) abbiamo che

$$\begin{aligned} 1 &\leq \min\{c(A) : A \in \mathcal{F}\} \\ &= \max\left\{\mathbb{1}y : y \in \mathbb{R}_+^{\mathcal{F}'},\ \sum_{B \in \mathcal{F}': e \in B} y_B \leq c(e) \text{ per ogni } e \in E\right\}, \end{aligned}$$

sia dunque $y \in \mathbb{R}_+^{\mathcal{F}'}$ un vettore con $\mathbb{1}y = 1$ e $\sum_{B \in \mathcal{F}': e \in B} y_B \leq c(e)$ per ogni $e \in E$. Allora $x_e := \sum_{B \in \mathcal{F}': e \in B} y_B$ $(e \in E)$ definisce un vettore $x \in P'$ con $x \leq c$, dimostrando che $c \in \{x + y : x \in P',\ y \in \mathbb{R}_+^E\}$. □

Per esempio, questo teorema implica direttamente il Teorema di Massimo Flusso–Minimo Taglio 8.6. Sia (G, u, s, t) una rete. Per l'Esercizio 1 del Capitolo 7 la lunghezza minima di un cammino s-t in (G, u) è uguale al numero massimo di tagli s-t tali che ogni arco e è contenuto in al massimo $u(e)$ di loro. Quindi il clutter dei cammini s-t (esempio (3) nella lista precedente) gode della proprietà di Massimo Flusso–Minimo Taglio e dunque ha il suo clutter bloccante. Ora (c) applicata al clutter dei tagli s-t minimali implica il Teorema di Massimo Flusso–Minimo Taglio.

Si noti comunque che il Teorema 13.18 non garantisce un vettore di interi che dà il massimo in (c), anche se c è intero. Il clutter di T-Join per $G = K_4$ e $T = V(G)$ mostra che ciò in generale non esiste.

13.4 L'algoritmo greedy

Sia $(E, \mathcal{F})$ ancora un sistema di indipendenza e $c : E \to \mathbb{R}_+$. Consideriamo il PROBLEMA DI MASSIMIZZAZIONE per $(E, \mathcal{F}, c)$ e formuliamo due "algoritmi greedy". Non dobbiamo considerare pesi negativi poiché gli elementi con pesi negativi non appaiono mai in una soluzione ottima.

Assumiamo che $(E, \mathcal{F})$ è data da un oracolo. Per il primo algoritmo assumiamo semplicemente un **oracolo di indipendenza**, ossia un oracolo il quale, dato un insieme $F \subseteq E$, decide se $F \in \mathcal{F}$ oppure no.

ALGORITMO BEST-IN-GREEDY

Input: Un sistema di indipendenza $(E, \mathcal{F})$, dato da un oracolo di indipendenza. Pesi $c : E \to \mathbb{R}_+$.

Output: Un insieme $F \in \mathcal{F}$.

① Ordina $E = \{e_1, e_2, \ldots, e_n\}$ in modo tale che $c(e_1) \geq c(e_2) \geq \cdots \geq c(e_n)$.

② Poni $F := \emptyset$.

③ **For** $i := 1$ **to** n **do**: **If** $F \cup \{e_i\} \in \mathcal{F}$ **then** poni $F := F \cup \{e_i\}$.

Il secondo algoritmo richiede un oracolo più complicato. Dato un insieme $F \subseteq E$, questo oracolo decide se F contiene una base. Chiamiamo tale oracolo un **oracolo di basis-superset**.

ALGORITMO WORST-OUT-GREEDY

Input: Un sistema di indipendenza $(E, \mathcal{F})$, dato da un oracolo di basis-superset. Pesi $c : E \to \mathbb{R}_+$.

Output: Una base F di $(E, \mathcal{F})$.

① Ordina $E = \{e_1, e_2, \ldots, e_n\}$ in modo tale che $c(e_1) \leq c(e_2) \leq \cdots \leq c(e_n)$.

② Poni $F := E$.

③ **For** $i := 1$ **to** n **do**: **If** $F \setminus \{e_i\}$ contiene una base **then** poni $F := F \setminus \{e_i\}$.

Prima di analizzare questi algoritmi, studiamo meglio gli oracoli richiesti. Sarebbe interessante sapere se tali oracoli sono polinomialmente equivalenti, ossia se uno può essere simulato dall'altro tramite un algoritmo polinomiale. L' oracolo di indipendenza e l'oracolo di basis-superset non sembrano essere polinomialmente equivalenti.

Se consideriamo il sistema di indipendenza per il TSP (esempio (2) della lista nella Sezione 13.1), è facile (ed è l'argomento dell'Esercizio 13) decidere se un insieme di archi è indipendente, ossia è il sottoinsieme di un Circuito Hamiltoniano (si ricordi che stiamo usando un grafo completo). D'altronde, è un problema difficile decidere se un insieme di archi contiene un circuito Hamiltoniano (tale problema è *NP*-completo; cf. Teorema 15.25).

Al contrario, nel sistema di indipendenza per il PROBLEMA DEL CAMMINO MINIMO (esempio (3)), è facile decidere se un insieme di archi contiene un cammino s-t. Qui non sappiamo come decidere se un dato insieme sia indipendente (ovvero un sottoinsieme di un cammino s-t) in tempo polinomiale (Korte e Monma [1979] hanno dimostrato la *NP*-completezza).

Per i matroidi, entrambi gli oracoli sono polinomialmente equivalenti. Altri oracoli equivalenti sono l'**oracolo di rango** e l'**oracolo di chiusura**, che danno rispettivamente il rango e la chiusura di un dato sottoinsieme di E (Esercizio 16).

Comunque, anche per i matroidi esistono altri oracoli naturali che non sono polinomialmente equivalenti. Per esempio, l'oracolo che decide se un dato insieme sia una base è più debole dell'oracolo di indipendenza. L'oracolo per il quale un dato $F \subseteq E$ dà la cardinalità minima di un sottoinsieme dipendente di F è più forte dell'oracolo di indipendenza (Hausmann e Korte [1981]).

Si può in maniera analoga formulare entrambi gli algoritmi greedy per il PROBLEMA DI MINIMIZZAZIONE. È facile vedere che il BEST-IN-GREEDY per il PROBLEMA DI MASSIMIZZAZIONE per $(E, \mathcal{F}, c)$ corrisponde al WORST-OUT-GREEDY per il PROBLEMA DI MINIMIZZAZIONE per $(E, \mathcal{F}^*, c)$: aggiungere un elemento a F nel BEST-IN-GREEDY corrisponde a rimuovere un elemento da F nel WORST-OUT-GREEDY. Si osservi che l'ALGORITMO DI KRUSKAL (si veda la Sezione 6.1) è un algoritmo BEST-IN-GREEDY per il PROBLEMA DI MINIMIZZAZIONE in un matroide ciclo.

Il resto di questa sezione contiene dei risultati che riguardano la qualità di una soluzione trovata dagli algoritmi greedy.

Teorema 13.19. (Jenkyns [1976], Korte e Hausmann [1978]) *Sia $(E, \mathcal{F})$ un sistema di indipendenza. Per $c : E \to \mathbb{R}_+$ sia $G(E, \mathcal{F}, c)$ il costo di una soluzione trovata dal* BEST-IN-GREEDY *per il* PROBLEMA DI MASSIMIZZAZIONE *e* $\mathrm{OPT}(E, \mathcal{F}, c)$ *il costo di una soluzione ottima. Allora*

$$q(E, \mathcal{F}) \le \frac{G(E, \mathcal{F}, c)}{\mathrm{OPT}(E, \mathcal{F}, c)} \le 1$$

per ogni $c : E \to \mathbb{R}_+$. Esiste una funzione di costo in cui si realizza il lower bound.

Dimostrazione. Sia $E = \{e_1, e_2, \dots, e_n\}$, $c : E \to \mathbb{R}_+$, e $c(e_1) \ge c(e_2) \ge \dots \ge c(e_n)$. Sia G_n la soluzione trovata con il BEST-IN-GREEDY (quando si ordina E in questo modo), mentre O_n è una soluzione ottima. Definiamo $E_j := \{e_1, \dots, e_j\}$, $G_j := G_n \cap E_j$ e $O_j := O_n \cap E_j$ $(j = 0, \dots, n)$. Poniamo $d_n := c(e_n)$ e $d_j := c(e_j) - c(e_{j+1})$ per $j = 1, \dots, n-1$.

Poiché $O_j \in \mathcal{F}$, abbiamo $|O_j| \le r(E_j)$. Poiché G_j è una base di E_j, abbiamo $|G_j| \ge \rho(E_j)$. Con queste due disuguaglianze concludiamo che

$$
\begin{aligned}
c(G_n) &= \sum_{j=1}^{n}(|G_j| - |G_{j-1}|)\, c(e_j) \\
&= \sum_{j=1}^{n} |G_j|\, d_j \\
&\geq \sum_{j=1}^{n} \rho(E_j)\, d_j \\
&\geq q(E,\mathcal{F}) \sum_{j=1}^{n} r(E_j)\, d_j \qquad (13.3)\\
&\geq q(E,\mathcal{F}) \sum_{j=1}^{n} |O_j|\, d_j \\
&= q(E,\mathcal{F}) \sum_{j=1}^{n}(|O_j| - |O_{j-1}|)\, c(e_j) \\
&= q(E,\mathcal{F})\, c(O_n).
\end{aligned}
$$

Infine mostriamo che il lower bound è stretto. Scegliamo $F \subseteq E$ e le basi B_1, B_2 di F tali che

$$\frac{|B_1|}{|B_2|} = q(E,\mathcal{F}).$$

Definiamo

$$c(e) := \begin{cases} 1 & \text{per } e \in F \\ 0 & \text{per } e \in E \setminus F \end{cases}$$

e ordiniamo $e_1, \ldots, e_n$ in modo tale che $c(e_1) \geq c(e_2) \geq \ldots \geq c(e_n)$ e $B_1 = \{e_1, \ldots, e_{|B_1|}\}$. Allora $G(E,\mathcal{F},c) = |B_1|$ e $\text{OPT}(E,\mathcal{F},c) = |B_2|$, e si realizza il lower bound. □

In particolare abbiamo il cosiddétto Teorema di Edmonds-Rado:

Teorema 13.20. (Rado [1957], Edmonds [1971]) *Un sistema di indipendenza $(E,\mathcal{F})$ è un matroide se e solo se il* BEST-IN-GREEDY *trova una soluzione ottima per il* PROBLEMA DI MASSIMIZZAZIONE *per $(E,\mathcal{F},c)$ per tutte le possibili funzioni di costo $c : E \to \mathbb{R}_+$.*

Dimostrazione. Per il Teorema 13.19 abbiamo che $q(E,\mathcal{F}) < 1$ se e solo se esiste una funzione di costo $c : E \to \mathbb{R}_+$ per il quale il BEST-IN-GREEDY non trova una soluzione ottima. Per la Proposizione 13.7 abbiamo che $q(E,\mathcal{F}) < 1$ se e solo se $(E,\mathcal{F})$ non è un matroide. □

Questo è uno dei rari casi in cui possiamo definire una struttura dal suo comportamento algoritmico. Otteniamo anche una descrizione poliedrale:

Teorema 13.21. (Edmonds [1970]) *Sia $(E, \mathcal{F})$ un matroide e $r : 2^E \to \mathbb{Z}_+$ la sua funzione rango. Allora il* **politopo del matroide** *di $(E, \mathcal{F})$, ossia il guscio convesso dei vettori di incidenza di tutti gli elementi di $\mathcal{F}$, è uguale a*

$$\left\{x \in \mathbb{R}^E : x \geq 0, \sum_{e \in A} x_e \leq r(A) \text{ per ogni } A \subseteq E\right\}.$$

Dimostrazione. Ovviamente, questo politopo contiene tutti i vettori di incidenza degli insiemi di indipendenza. Per il Corollario 3.32 rimane da mostrare che tutti i vertici di questo politopo sono interi. Per il Teorema 5.13 ciò è equivalente a mostrare che

$$\max\left\{cx : x \geq 0, \sum_{e \in A} x_e \leq r(A) \text{ per ogni } A \subseteq E\right\} \tag{13.4}$$

ha una soluzione ottima intera per qualsiasi $c : E \to \mathbb{R}$. Senza perdita di generalità $c(e) \geq 0$ per ogni e, poiché per $e \in E$ con $c(e) < 0$ qualsiasi soluzione ottima x di (13.4) ha $x_e = 0$.

Sia x una soluzione ottima di (13.4). In (13.3) sostituiamo $|O_j|$ con $\sum_{e \in E_j} x_e$ ($j = 0, \dots, n$). Otteniamo $c(G_n) \geq \sum_{e \in E} c(e)x_e$. Dunque il BEST-IN-GREEDY produce una soluzione il cui vettore di incidenza è un'altra soluzione ottima di (13.4). □

Quando si applica al matroide grafico, questo dà anche il Teorema 6.13. Come in questo caso speciale, abbiamo in generale l'integralità totale duale. Una generalizzazione di questo risultato sarà dimostrata nella Sezione 14.2.

L'osservazione precedente che il BEST-IN-GREEDY per il PROBLEMA DI MASSIMIZZAZIONE per $(E, \mathcal{F}, c)$ corrisponde al WORST-OUT-GREEDY per il PROBLEMA DI MINIMIZZAZIONE per $(E, \mathcal{F}^*, c)$ suggerisce la seguente controparte duale del Teorema 13.19:

Teorema 13.22. (Korte e Monma [1979]) *Sia $(E, \mathcal{F})$ un sistema di indipendenza. Per $c : E \to \mathbb{R}_+$ sia $G(E, \mathcal{F}, c)$ una soluzione trovata dal* WORST-OUT-GREEDY *per il* PROBLEMA DI MINIMIZZAZIONE. *Allora*

$$1 \leq \frac{G(E, \mathcal{F}, c)}{\mathrm{OPT}(E, \mathcal{F}, c)} \leq \max_{F \subseteq E} \frac{|F| - \rho^*(F)}{|F| - r^*(F)} \tag{13.5}$$

per ogni $c : E \to \mathbb{R}_+$, in cui ρ^* e r^* sono le funzioni di rango del sistema di indipendenza duale $(E, \mathcal{F}^*)$. Esiste una funzione di costo in cui si realizza l'upper bound.

Dimostrazione. Usiamo la stessa notazione come nella dimostrazione del Teorema 13.19. Per costruzione, $G_j \cup (E \setminus E_j)$ contiene una base di E, ma $(G_j \cup (E \setminus E_j)) \setminus \{e\}$ non contiene una base di E per qualsiasi $e \in G_j$ ($j = 1, \dots, n$). In altre parole, $E_j \setminus G_j$ è una base di E_j rispetto a $(E, \mathcal{F}^*)$, e dunque $|E_j| - |G_j| \geq \rho^*(E_j)$.

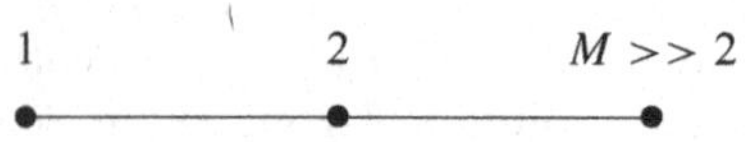

Figura 13.1.

Poiché $O_n \subseteq E \setminus (E_j \setminus O_j)$ e O_n è una base, $E_j \setminus O_j$ è indipendente in $(E, \mathcal{F}^*)$, e dunque $|E_j| - |O_j| \le r^*(E_j)$.

Concludiamo che

$$\begin{aligned} |G_j| &\le |E_j| - \rho^*(E_j) \quad \text{e} \\ |O_j| &\ge |E_j| - r^*(E_j). \end{aligned}$$

Ora calcoli analoghi a (13.3) danno l'upper bound. Per vedere che questo bound è stretto, si consideri

$$c(e) := \begin{cases} 1 & \text{per } e \in F \\ 0 & \text{per } e \in E \setminus F \end{cases},$$

in cui $F \subseteq E$ è un insieme in cui si ottiene il massimo in (13.5). Sia B_1 una base di F rispetto a $(E, \mathcal{F}^*)$, con $|B_1| = \rho^*(F)$. Se ordiniamo $e_1, \dots, e_n$ in modo tale che $c(e_1) \ge c(e_2) \ge \dots \ge c(e_n)$ e $B_1 = \{e_1, \dots, e_{|B_1|}\}$, abbiamo $G(E, \mathcal{F}, c) = |F| - |B_1|$ e $\mathrm{OPT}(E, \mathcal{F}, c) = |F| - r^*(F)$. □

Se applichiamo il WORST-OUT-GREEDY al PROBLEMA DI MASSIMIZZAZIONE o il BEST-IN-GREEDY al PROBLEMA DI MINIMIZZAZIONE, non esiste un lower bound positivo e un upper bound finito per $\frac{G(E,\mathcal{F},c)}{\mathrm{OPT}(E,\mathcal{F},c)}$. Per vederlo, si consideri il problema di trovare una copertura per vertici minimale di peso massimo o un insieme stabile massimale di peso minimo nel semplice grafo mostrato in Figura 13.1.

Comunque nel caso di matroidi, non importa se usiamo il BEST-IN-GREEDY o il WORST-OUT-GREEDY: poiché tutte le basi hanno la stessa cardinalità, il PROBLEMA DI MINIMIZZAZIONE per $(E, \mathcal{F}, c)$ è equivalente al PROBLEMA DI MASSIMIZZAZIONE per $(E, \mathcal{F}, c')$, in cui $c'(e) := M - c(e)$ per ogni $e \in E$ e $M := 1 + \max\{c(e) : e \in E\}$. Quindi l'ALGORITMO DI KRUSKAL (Sezione 6.1) risolve all'ottimo il PROBLEMA DELL'ALBERO DI SUPPORTO DI COSTO MINIMO.

Il Teorema di Edmonds-Rado 13.20 dà anche la seguente caratterizzazione delle soluzioni ottime di k-elementi del PROBLEMA DI MASSIMIZZAZIONE.

Teorema 13.23. *Sia $(E, \mathcal{F})$ un matroide, $c : E \to \mathbb{R}$, $k \in \mathbb{N}$ e $X \in \mathcal{F}$ con $|X| = k$. Allora $c(X) = \max\{c(Y) : Y \in \mathcal{F}, |Y| = k\}$ se e solo se sono verificate le due condizioni seguenti:*

(a) *per ogni $y \in E \setminus X$ con $X \cup \{y\} \notin \mathcal{F}$ e ogni $x \in C(X, y)$ abbiamo $c(x) \ge c(y)$.*
(b) *per ogni $y \in E \setminus X$ con $X \cup \{y\} \in \mathcal{F}$ e ogni $x \in X$ abbiamo $c(x) \ge c(y)$.*

Dimostrazione. La necessità è banale: se una delle condizioni risulta violata per degli y e x, l'insieme di k elementi $X' := (X \cup \{y\}) \setminus \{x\} \in \mathcal{F}$ ha un costo maggiore di X.

Per vedere la sufficienza, sia $\mathcal{F}' := \{F \in \mathcal{F} : |F| \leq k\}$ e $c'(e) := c(e) + M$ per ogni $e \in E$, in cui $M = \max\{|c(e)| : e \in E\}$. Ordiniamo $E = \{e_1, \dots, e_n\}$ in modo tale che $c'(e_1) \geq \dots \geq c'(e_n)$ e, per qualsiasi i, $c'(e_i) = c'(e_{i+1})$ e $e_{i+1} \in X$ implicano $e_i \in X$ (ossia gli elementi di X appaiono prima tra quelli con lo stesso peso).

Sia X' la soluzione trovata dal BEST-IN-GREEDY per l'istanza $(E, \mathcal{F}', c')$ (ordinata in questo modo). Poiché $(E, \mathcal{F}')$ è un matroide, il Teorema di Edmonds-Rado 13.20 implica:

$$\begin{aligned} c(X') + kM &= c'(X') = \max\{c'(Y) : Y \in \mathcal{F}'\} \\ &= \max\{c(Y) : Y \in \mathcal{F}, |Y| = k\} + kM. \end{aligned}$$

Concludiamo la dimostrazione mostrando che $X = X'$. Sappiamo che $|X| = k = |X'|$. Dunque supponiamo che $X \neq X'$ e sia $e_i \in X' \setminus X$ con i minimo. Allora $X \cap \{e_1, \dots, e_{i-1}\} = X' \cap \{e_1, \dots, e_{i-1}\}$. Ora se $X \cup \{e_i\} \notin \mathcal{F}$, allora (a) implica $C(X, e_i) \subseteq X'$, una contraddizione. Se $X \cup \{e_i\} \in \mathcal{F}$, allora (b) implica $X \subseteq X'$ che è a sua volta impossibile. □

Useremo questo teorema nella Sezione 13.7. Il caso speciale in cui $(E, \mathcal{F})$ è un matroide grafico e $k = r(E)$ è parte del Teorema 6.3.

13.5 Intersezione di matroidi

Definizione 13.24. *Dati due sistemi di indipendenza $(E, \mathcal{F}_1)$ e $(E, \mathcal{F}_2)$, definiamo la loro* **intersezione** *con $(E, \mathcal{F}_1 \cap \mathcal{F}_2)$.*

L'intersezione di un numero finito di sistemi di indipendenza è definita in maniera analoga. È chiaro che il risultato è ancora un sistema di indipendenza.

Proposizione 13.25. *Qualsiasi sistema di indipendenza $(E, \mathcal{F})$ è l'intersezione di un numero finito di matroidi.*

Dimostrazione. Ogni circuito C di $(E, \mathcal{F})$ definisce un matroide $(E, \{F \subseteq E : C \setminus F \neq \emptyset\})$ per il Teorema 13.12. L'intersezione di tutti questi matroidi è naturalmente $(E, \mathcal{F})$. □

Poiché l'intersezione di matroidi non è in generale un matroide, non possiamo sperare di ottenere un insieme indipendente ottimo comune con un algoritmo greedy. Comunque, il risultato seguente, insieme al Teorema 13.19, implica un bound per la soluzione trovata con il BEST-IN-GREEDY:

Proposizione 13.26. *Se $(E, \mathcal{F})$ è l'intersezione di p matroidi, allora $q(E, \mathcal{F}) \geq \frac{1}{p}$.*

Dimostrazione. Per il Teorema 13.12(b), $X \cup \{e\}$ contiene al massimo p circuiti per qualsiasi $X \in \mathcal{F}$ ed $e \in E$. L'affermazione segue ora dal Teorema 13.8. □

Di particolare interesse sono i sistemi di indipendenza dati dall'intersezione di due matroidi. Il primo esempio è il problema di matching in un grafo bipartito $G = (A \,\dot\cup\, B, E)$. Se $\mathcal{F} := \{F \subseteq E : F$ è un matching in $G\}$, allora $(E, \mathcal{F})$ è l'intersezione di due matroidi. In pratica, siano

$$\begin{aligned} \mathcal{F}_1 &:= \{F \subseteq E : |\delta_F(x)| \leq 1 \quad \text{per ogni } x \in A\} \quad \text{e} \\ \mathcal{F}_2 &:= \{F \subseteq E : |\delta_F(x)| \leq 1 \quad \text{per ogni } x \in B\}. \end{aligned}$$

$(E, \mathcal{F}_1), (E, \mathcal{F}_2)$ sono matroidi per la Proposizione 13.4(d). Chiaramente, $\mathcal{F} = \mathcal{F}_1 \cap \mathcal{F}_2$.

Un secondo esempio è il sistema di indipendenza che consiste in tutte le ramificazioni in un digrafo G (Esempio 8 della lista all'inizio della Sezione 13.1). In questo caso un matroide contiene tutti gli insiemi di archi tali che ogni vertice abbia al massimo un arco entrante (si veda la Proposizione 13.4(e)), mentre il secondo matroide è un matroide ciclo $\mathcal{M}(G)$ del grafo non orientato sottostante.

Descriveremo ora l'algoritmo di Edmonds per il problema seguente:

PROBLEMA DELL'INTERSEZIONE DI MATROIDI	
Istanza:	Due matroidi $(E, \mathcal{F}_1), (E, \mathcal{F}_2)$, dati da oracoli di indipendenza.
Obiettivo:	Trovare un insieme $F \in \mathcal{F}_1 \cap \mathcal{F}_2$ tale che $|F|$ sia massima.

Iniziamo con il lemma seguente. Si ricordi che, per $X \in \mathcal{F}$ ed $e \in E$, $C(X, e)$ indica l'unico circuito in $X \cup \{e\}$ se $X \cup \{e\} \notin \mathcal{F}$, e $C(X, e) = \emptyset$ altrimenti.

Lemma 13.27. (Frank [1981]) *Sia $(E, \mathcal{F})$ un matroide e $X \in \mathcal{F}$. Siano $x_1, \ldots, x_s \in X$ e $y_1, \ldots, y_s \notin X$ con:*

(a) $x_k \in C(X, y_k)$ *per* $k = 1, \ldots, s$ *e*
(b) $x_j \notin C(X, y_k)$ *per* $1 \leq j < k \leq s$.

Allora $(X \setminus \{x_1, \ldots, x_s\}) \cup \{y_1, \ldots, y_s\} \in \mathcal{F}$.

Dimostrazione. Sia $X_r := (X \setminus \{x_1, \ldots, x_r\}) \cup \{y_1, \ldots, y_r\}$. Mostriamo per induzione che $X_r \in \mathcal{F}$ per ogni r. Per $r = 0$ ciò è banale. Assumiamo che $X_{r-1} \in \mathcal{F}$ per un $r \in \{1, \ldots, s\}$. Se $X_{r-1} \cup \{y_r\} \in \mathcal{F}$ allora abbiamo immediatamente che $X_r \in \mathcal{F}$. Altrimenti $X_{r-1} \cup \{y_r\}$ contiene un unico circuito C (per il Teorema 13.12(b)). Poiché $C(X, y_r) \subseteq X_{r-1} \cup \{y_r\}$ (per (b)), dobbiamo avere $C = C(X, y_r)$. Ma allora per (a) $x_r \in C(X, y_r) = C$, dunque $X_r = (X_{r-1} \cup \{y_r\}) \setminus \{x_r\} \in \mathcal{F}$. □

L'idea dietro l'ALGORITMO DELL'INTERSEZIONE DI MATROIDI DI EDMONDS è la seguente. Si inizia con $X = \emptyset$, aumentiamo X di un elemento a ogni iterazione. Poiché in generale non possiamo sperare di avere un elemento e tale che $X \cup \{e\} \in$

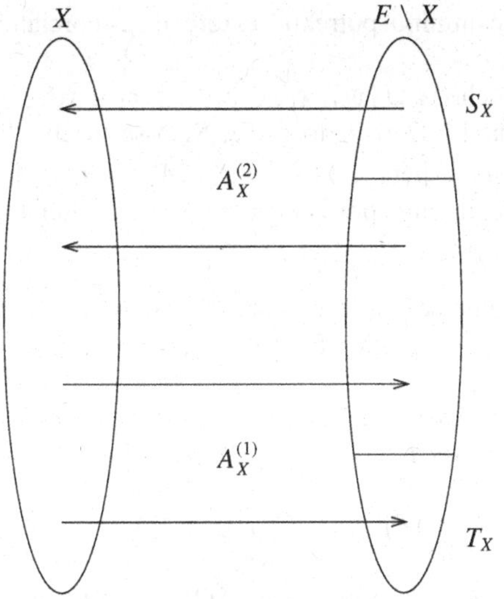

Figura 13.2.

$\mathcal{F}_1 \cap \mathcal{F}_2$, dobbiamo cercare due "cammini alternanti". Per semplificare la spiegazione, introduciamo un grafo "ausiliario". Applichiamo la nozione $C(X, e)$ a $(E, \mathcal{F}_i)$ e scriviamo $C_i(X, e)$ $(i = 1, 2)$.

Dato un insieme $X \in \mathcal{F}_1 \cap \mathcal{F}_2$, definiamo un grafo diretto ausiliario G_X con

$$\begin{aligned} A_X^{(1)} &:= \{ (x, y) : y \in E \setminus X,\ x \in C_1(X, y) \setminus \{y\} \}, \\ A_X^{(2)} &:= \{ (y, x) : y \in E \setminus X,\ x \in C_2(X, y) \setminus \{y\} \}, \\ G_X &:= (E, A_X^{(1)} \cup A_X^{(2)}). \end{aligned}$$

Poniamo

$$\begin{aligned} S_X &:= \{y \in E \setminus X : X \cup \{y\} \in \mathcal{F}_1\}, \\ T_X &:= \{y \in E \setminus X : X \cup \{y\} \in \mathcal{F}_2\} \end{aligned}$$

(si veda la Figura 13.2) e cerchiamo un cammino minimo da S_X a T_X. Tale cammino ci permetterà di aumentare l'insieme X. (Se $S_X \cap T_X \neq \emptyset$, abbiamo un cammino di lunghezza nulla e possiamo aumentare X con qualsiasi elemento in $S_X \cap T_X$.)

Lemma 13.28. *Sia $X \in \mathcal{F}_1 \cap \mathcal{F}_2$. Siano $y_0, x_1, y_1, \ldots, x_s, y_s$ i vertici di un cammino y_0-y_s minimo in G_X (in questo ordine), con $y_0 \in S_X$ e $y_s \in T_X$. Allora*

$$X' := (X \cup \{y_0, \ldots, y_s\}) \setminus \{x_1, \ldots, x_s\} \in \mathcal{F}_1 \cap \mathcal{F}_2.$$

Dimostrazione. Mostriamo prima che $X \cup \{y_0\}, x_1, \ldots, x_s$ e $y_1, \ldots, y_s$ soddisfano i requisiti del Lemma 13.27 rispetto a $\mathcal{F}_1$. Si osservi che $X \cup \{y_0\} \in \mathcal{F}_1$ perché $y_0 \in S_X$. (a) è soddisfatta perché $(x_j, y_j) \in A_X^{(1)}$ per ogni j, e (b) è soddisfatta perché altrimenti il cammino potrebbe essere una scorciatoia. Concludiamo che $X' \in \mathcal{F}_1$.

Dopo, mostriamo che $X \cup \{y_s\}$, $x_s, x_{s-1}, \dots, x_1$ e $y_{s-1}, \dots, y_1, y_0$ soddisfano i requisiti del Lemma 13.27 rispetto a $\mathcal{F}_2$. Si osservi che $X \cup \{y_s\} \in \mathcal{F}_2$ perché $y_s \in T_X$. (a) è soddisfatta perché $(y_{j-1}, x_j) \in A_X^{(2)}$ per ogni j, e (b) è soddisfatta perché altrimenti il cammino potrebbe essere una scorciatoia. Concludiamo che $X' \in \mathcal{F}_2$. □

Dimostriamo ora che se non esiste nessun cammino S_X-T_X in G_X, allora X è già massimo. Ci serve il semplice fatto seguente:

Proposizione 13.29. *Siano $(E, \mathcal{F}_1)$ e $(E, \mathcal{F}_2)$ due matroidi con funzioni di rango r_1 e r_2. Allora per qualsiasi $F \in \mathcal{F}_1 \cap \mathcal{F}_2$ e qualsiasi $Q \subseteq E$ abbiamo*

$$|F| \leq r_1(Q) + r_2(E \setminus Q).$$

Dimostrazione. $F \cap Q \in \mathcal{F}_1$ implica $|F \cap Q| \leq r_1(Q)$. In modo analogo $F \setminus Q \in \mathcal{F}_2$ implica $|F \setminus Q| \leq r_2(E \setminus Q)$. Aggiungendo le due disuguaglianze si conclude la dimostrazione. □

Lemma 13.30. *$X \in \mathcal{F}_1 \cap \mathcal{F}_2$ è massimo se e solo se non esiste alcun cammino S_X-T_X in G_X.*

Dimostrazione. Se esistesse un cammino S_X-T_X, ne esisterebbe anche uno minimo. Applichiamo il Lemma 13.28 e otteniamo un insieme $X' \in \mathcal{F}_1 \cap \mathcal{F}_2$ di cardinalità più grande.

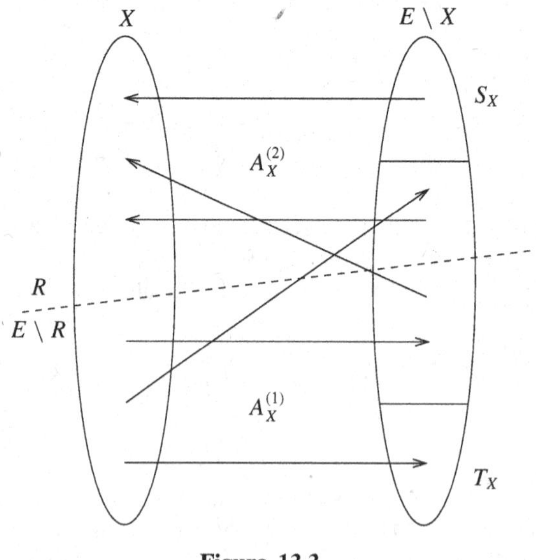

Figura 13.3.

Altrimenti sia R l'insieme di vertici raggiungibili da S_X in G_X (si veda la Figura 13.3). Abbiamo $R \cap T_X = \emptyset$. Siano r_1 e r_2 le funzioni di rango rispettivamente di $\mathcal{F}_1$ e $\mathcal{F}_2$.

Affermiamo che $r_2(R) = |X \cap R|$. Se non lo fosse, esisterebbe un $y \in R \setminus X$ con $(X \cap R) \cup \{y\} \in \mathcal{F}_2$. Poiché $X \cup \{y\} \notin \mathcal{F}_2$ (perché $y \notin T_X$), il circuito $C_2(X, y)$ deve contenere un elemento $x \in X \setminus R$. Ma allora $(y, x) \in A_X^{(2)}$ significa che esiste un arco che esce da R. Ciò contraddice la definizione di R.

Dimostriamo ora che $r_1(E \setminus R) = |X \setminus R|$. Se non lo fosse, esisterebbe un $y \in (E \setminus R) \setminus X$ con $(X \setminus R) \cup \{y\} \in \mathcal{F}_1$. Poiché $X \cup \{y\} \notin \mathcal{F}_1$ (perché $y \notin S_X$), il circuito $C_1(X, y)$ deve contenere un elemento $x \in X \cap R$. Ma allora $(x, y) \in A_X^{(1)}$ significa che esiste un arco che esce R. Ciò contraddice la definizione di R.

Mettendo tutto insieme abbiamo che $|X| = r_2(R)+r_1(E \setminus R)$. Per la Proposizione 13.29, ciò implica l'ottimalità. □

L'ultimo paragrafo di questa dimostrazione dà la seguente uguaglianza min-max:

Teorema 13.31. (Edmonds [1970]) *Siano $(E, \mathcal{F}_1)$ e $(E, \mathcal{F}_2)$ due matroidi con funzioni di rango r_1 e r_2. Allora*

$$\max \{|X| : X \in \mathcal{F}_1 \cap \mathcal{F}_2\} = \min \{r_1(Q) + r_2(E \setminus Q) : Q \subseteq E\}.$$

□

Siamo ora pronti per una descrizione dettagliata dell'algoritmo.

ALGORITMO DELL'INTERSEZIONE DI MATROIDI DI EDMONDS

Input: Due matroidi $(E, \mathcal{F}_1)$ e $(E, \mathcal{F}_2)$ dati da oracoli di indipendenza.

Output: Un insieme $X \in \mathcal{F}_1 \cap \mathcal{F}_2$ di cardinalità massima.

① Poni $X := \emptyset$.

② **For** ogni $y \in E \setminus X$ e $i \in \{1, 2\}$ **do**: Calcola
$C_i(X, y) := \{x \in X \cup \{y\} : X \cup \{y\} \notin \mathcal{F}_i, (X \cup \{y\}) \setminus \{x\} \in \mathcal{F}_i\}$.

③ Calcola S_X, T_X, e G_X come definito sopra.

④ Applica BFS per trovare una cammino S_X-T_X minimo P in G_X.
If non ne esiste nemmeno uno **then stop**.

⑤ Poni $X := X \triangle V(P)$ e **go to** ②.

Teorema 13.32. *L'*ALGORITMO DELL'INTERSEZIONE DI MATROIDI DI EDMONDS *risolve correttamente il* PROBLEMA DELL'INTERSEZIONE DI MATROIDI *in tempo $O(|E|^3\theta)$, in cui θ è la massima complessità tra i due oracoli di indipendenza.*

Dimostrazione. La correttezza segue dai Lemmi 13.28 e 13.30. ② e ③ possono essere eseguiti in tempo $O(|E|^2\theta)$, ④ in tempo $O(|E|)$. Poiché esistono al massimo $|E|$ aumenti, la complessità totale è di $O(|E|^3\theta)$. □

Algoritmi di intersezione di matroidi più veloci sono discussi in Cunningham [1986] e Gabow e Xu [1996]. Osserviamo che il problema di trovare un insieme di cardinalità massima nell'intersezione di tre matroidi è un problema *NP*-difficile; si veda l'Esercizio 17(c) del Capitolo 15.

13.6 Partizionamento di matroidi

Invece dell'intersezione di matroidi, consideriamo ora la loro unione definita come segue:

Definizione 13.33. *Siano $(E, \mathcal{F}_1), \ldots, (E, \mathcal{F}_k)$ k matroidi. Un insieme $X \subseteq E$ si dice* **partizionabile** *se esiste una partizione $X = X_1 \dot{\cup} \cdots \dot{\cup} X_k$ con $X_i \in \mathcal{F}_i$ per $i = 1, \ldots, k$. Sia $\mathcal{F}$ la famiglia di sottoinsiemi partizionabili di E. Allora $(E, \mathcal{F})$ si dice l'***unione** *o* **somma** *di $(E, \mathcal{F}_1), \ldots, (E, \mathcal{F}_k)$.*

Dimostreremo che l'unione di matroidi è ancora un matroide. Inoltre, risolviamo il problema seguente attraverso l'intersezione di matroidi:

PROBLEMA DI PARTIZIONAMENTO DI MATROIDI	
Istanza:	Un numero $k \in \mathbb{N}$, k matroidi $(E, \mathcal{F}_1), \ldots, (E, \mathcal{F}_k)$, dati da oracoli di indipendenza.
Obiettivo:	Trovare un insieme partizionabile $X \subseteq E$ di cardinalità massima.

Il teorema principale per la partizione di matroidi è:

Teorema 13.34. (Nash-Williams [1967]) *Siano $(E, \mathcal{F}_1), \ldots, (E, \mathcal{F}_k)$ dei matroidi con funzioni di rango $r_1, \ldots, r_k$ e sia $(E, \mathcal{F})$ la loro unione. Allora $(E, \mathcal{F})$ è un matroide e la sua funzione rango r è data da $r(X) = \min_{A \subseteq X} \left(|X \setminus A| + \sum_{i=1}^{k} r_i(A)\right)$.*

Dimostrazione. $(E, \mathcal{F})$ è ovviamente un sistema di indipendenza. Sia $X \subseteq E$. Dimostriamo prima $r(X) = \min_{A \subseteq X} \left(|X \setminus A| + \sum_{i=1}^{k} r_i(A)\right)$.

Per qualsiasi $Y \subseteq X$ tale che Y è partizionabile, ossia $Y = Y_1 \dot{\cup} \cdots \dot{\cup} Y_k$ con $Y_i \in \mathcal{F}_i$ $(i = 1, \ldots, k)$, e qualsiasi $A \subseteq X$ abbiamo

$$|Y| = |Y \setminus A| + |Y \cap A| \leq |X \setminus A| + \sum_{i=1}^{k} |Y_i \cap A| \leq |X \setminus A| + \sum_{i=1}^{k} r_i(A),$$

e dunque $r(X) \leq \min_{A \subseteq X} \left(|X \setminus A| + \sum_{i=1}^{k} r_i(A)\right)$.

D'altronde, sia $X' := X \times \{1, \ldots, k\}$. Definiamo due matroidi su X'. Per $Q \subseteq X'$ e $i \in \{1, \ldots, k\}$ scriviamo $Q_i := \{e \in X : (e, i) \in Q\}$. Sia

$$\mathcal{I}_1 := \{Q \subseteq X' : Q_i \in \mathcal{F}_i \text{ per ogni } i = 1, \ldots, k\}$$

e

$$\mathcal{I}_2 := \{Q \subseteq X' : Q_i \cap Q_j = \emptyset \text{ per ogni } i \neq j\}.$$

Evidentemente, sia $(X', \mathcal{I}_1)$ che $(X', \mathcal{I}_2)$ sono matroidi, e le loro funzioni di rango sono date da $s_1(Q) := \sum_{i=1}^k r_i(Q_i)$ e $s_2(Q) := \left|\bigcup_{i=1}^k Q_i\right|$ per $Q \subseteq X'$.

Ora la famiglia di sottoinsiemi partizionabili di X può essere scritta come

$$\{A \subseteq X : \text{esiste una funzione } f : A \to \{1, \ldots, k\} \\ \text{con } \{(e, f(e)) : e \in A\} \in \mathcal{I}_1 \cap \mathcal{I}_2\}.$$

Dunque la cardinalità massima di un insieme partizionabile è la cardinalità massima di un insieme indipendente comune in $\mathcal{I}_1$ e $\mathcal{I}_2$. Per il Teorema 13.31 questa cardinalità massima è pari a $\min\left\{s_1(Q) + s_2(X' \setminus Q) : Q \subseteq X'\right\}$. Se $Q \subseteq X'$ realizza questo minimo, allora per $A := Q_1 \cap \cdots \cap Q_k$ abbiamo

$$r(X) = s_1(Q) + s_2(X' \setminus Q) = \sum_{i=1}^k r_i(Q_i) + \left|X \setminus \bigcap_{i=1}^k Q_i\right| \geq \sum_{i=1}^k r_i(A) + |X \setminus A|.$$

Abbiamo allora trovato un insieme $A \subseteq X$ con $\sum_{i=1}^k r_i(A) + |X \setminus A| \leq r(X)$.

Avendo dimostrato la formula per la funzione rango r, mostriamo infine che r è submodulare. Per il Teorema 13.10, ciò implica che $(E, \mathcal{F})$ è un matroide. Per mostrare la submodularità, siano $X, Y \subseteq E$, e sia $A \subseteq X$, $B \subseteq Y$ con $r(X) = |X \setminus A| + \sum_{i=1}^k r_i(A)$ e $r(Y) = |Y \setminus B| + \sum_{i=1}^k r_i(B)$. Allora

$$\begin{aligned} & r(X) + r(Y) \\ = \; & |X \setminus A| + |Y \setminus B| + \sum_{i=1}^k (r_i(A) + r_i(B)) \\ \geq \; & |(X \cup Y) \setminus (A \cup B)| + |(X \cap Y) \setminus (A \cap B)| + \sum_{i=1}^k (r_i(A \cup B) + r_i(A \cap B)) \\ \geq \; & r(X \cup Y) + r(X \cap Y). \end{aligned}$$

□

La costruzione nella dimostrazione precedente (Edmonds [1970]) riduce il PROBLEMA DI PARTIZIONAMENTO DI MATROIDI al PROBLEMA DELL'INTERSEZIONE DI MATROIDI. Si può anche fare una riduzione nell'altra direzione (Esercizio 20), e quindi i due problemi possono essere visti come equivalenti.

Si noti che possiamo trovare efficientemente un insieme indipendente massimo nell'unione di un numero arbitrario di matroidi, mentre l'intersezione di più di due matroidi non è trattabile.

13.7 Intersezione di matroidi pesata

Consideriamo ora una generalizzazione al caso pesato dell'algoritmo precedente.

PROBLEMA DELL'INTERSEZIONE DI MATROIDI PESATA	
Istanza:	Due matroidi $(E, \mathcal{F}_1)$ e $(E, \mathcal{F}_2)$, dati tramite oracoli di indipendenza. Pesi $c : E \to \mathbb{R}$.
Obiettivo:	Trovare un insieme $X \in \mathcal{F}_1 \cap \mathcal{F}_2$ il cui peso $c(X)$ sia massimo.

Descriveremo ora un algoritmo primale-duale per questo problema, dovuto a Frank [1981], che generalizza l'ALGORITMO DELL'INTERSEZIONE DI MATROIDI DI EDMONDS. Iniziamo ancora con $X := X_0 = \emptyset$ e aumentiamo a ogni iterazione di uno la cardinalità . Otteniamo gli insiemi $X_0, \dots, X_m \in \mathcal{F}_1 \cap \mathcal{F}_2$ con $|X_k| = k$ $(k = 0, \dots, m)$ e $m = \max\{|X| : X \in \mathcal{F}_1 \cap \mathcal{F}_2\}$. Ogni X_k sarà ottimo, ossia

$$c(X_k) = \max\{c(X) : X \in \mathcal{F}_1 \cap \mathcal{F}_2, |X| = k\}. \tag{13.6}$$

Quindi alla fine scegliamo l'insieme ottimo tra $X_0, \dots, X_m$.

L'idea principale è di scomporre la funzione di peso. Ad ogni passo abbiamo due funzioni $c_1, c_2 : E \to \mathbb{R}$ con $c_1(e) + c_2(e) = c(e)$ per ogni $e \in E$. Per ogni k garantiremo

$$c_i(X_k) = \max\{c_i(X) : X \in \mathcal{F}_i, |X| = k\} \qquad (i = 1, 2). \tag{13.7}$$

Questa condizione implica ovviamente (13.6). Per ottenere (13.7) usiamo il criterio di ottimalità del Teorema 13.23. Invece di G_X, S_X e T_X sono considerati solo un sottografo $\bar{G}$ e i due sottoinsiemi $\bar{S}$, $\bar{T}$.

ALGORITMO DELL'INTERSEZIONE DI MATROIDI PESATA	
Input:	Due matroidi $(E, \mathcal{F}_1)$ e $(E, \mathcal{F}_2)$, dati tramite oracoli di indipendenza. Pesi $c : E \to \mathbb{R}$.
Output:	Un insieme $X \in \mathcal{F}_1 \cap \mathcal{F}_2$ di peso massimo.

① Poni $k := 0$ e $X_0 := \emptyset$. Poni $c_1(e) := c(e)$ e $c_2(e) := 0$ per ogni $e \in E$.

② **For** ogni $y \in E \setminus X_k$ e $i \in \{1, 2\}$ **do**: Calcola
$C_i(X_k, y) := \{x \in X_k \cup \{y\} : X_k \cup \{y\} \notin \mathcal{F}_i, (X_k \cup \{y\}) \setminus \{x\} \in \mathcal{F}_i\}$.

③ Calcola

$$\begin{aligned} A^{(1)} &:= \{(x, y) : y \in E \setminus X_k, x \in C_1(X_k, y) \setminus \{y\}\}, \\ A^{(2)} &:= \{(y, x) : y \in E \setminus X_k, x \in C_2(X_k, y) \setminus \{y\}\}, \\ S &:= \{y \in E \setminus X_k : X_k \cup \{y\} \in \mathcal{F}_1\}, \\ T &:= \{y \in E \setminus X_k : X_k \cup \{y\} \in \mathcal{F}_2\}. \end{aligned}$$

④ Calcola

$$\begin{aligned} m_1 &:= \max\{c_1(y) : y \in S\} \\ m_2 &:= \max\{c_2(y) : y \in T\} \\ \bar{S} &:= \{ y \in S : c_1(y) = m_1 \} \\ \bar{T} &:= \{ y \in T : c_2(y) = m_2 \} \\ \bar{A}^{(1)} &:= \{ (x, y) \in A^{(1)} : c_1(x) = c_1(y) \}, \\ \bar{A}^{(2)} &:= \{ (y, x) \in A^{(2)} : c_2(x) = c_2(y) \}, \\ \bar{G} &:= (E, \bar{A}^{(1)} \cup \bar{A}^{(2)}). \end{aligned}$$

⑤ Applica BFS per calcolare l'insieme R di vertici raggiungibili da $\bar{S}$ in $\bar{G}$.

⑥ **If** $R \cap \bar{T} \neq \emptyset$ **then**: Trovare un cammino $\bar{S}$-$\bar{T}$ P in $\bar{G}$ con un numero minimo di archi, poni $X_{k+1} := X_k \triangle V(P)$ e $k := k + 1$ e **go to** ②.

⑦ Calcolare

$$\begin{aligned} \varepsilon_1 &:= \min\{c_1(x) - c_1(y) : (x, y) \in A^{(1)} \cap \delta^+(R)\}; \\ \varepsilon_2 &:= \min\{c_2(x) - c_2(y) : (y, x) \in A^{(2)} \cap \delta^+(R)\}; \\ \varepsilon_3 &:= \min\{m_1 - c_1(y) : y \in S \setminus R\}; \\ \varepsilon_4 &:= \min\{m_2 - c_2(y) : y \in T \cap R\}; \\ \varepsilon &:= \min\{\varepsilon_1, \varepsilon_2, \varepsilon_3, \varepsilon_4\} \end{aligned}$$

(in cui $\min \emptyset := \infty$).

⑧ **If** $\varepsilon < \infty$ **then**:
Poni $c_1(x) := c_1(x) - \varepsilon$ e $c_2(x) := c_2(x) + \varepsilon$ per ogni $x \in R$. **Go to** ④.
If $\varepsilon = \infty$ **then**:
Tra $X_0, X_1, \dots, X_k$, sia X quello di peso massimo. **Stop**.

Si vedano Edmonds [1979] e Lawler [1976] per versioni precedenti di questo algoritmo.

Teorema 13.35. (Frank [1981]) *L'*ALGORITMO DELL'INTERSEZIONE DI MATROIDI PESATA *risolve correttamente il* PROBLEMA DELL'INTERSEZIONE DI MATROIDI PESATA *in tempo $O(|E|^4 + |E|^3\theta)$, in cui θ è la complessità massima tra i due oracoli di indipendenza.*

Dimostrazione. Sia m il valore finale di k. L'algoritmo calcola gli insiemi $X_0, X_1, \dots, X_m$. Dimostriamo prima che $X_k \in \mathcal{F}_1 \cap \mathcal{F}_2$ per $k = 0, \dots, m$, per induzione su k. Ciò è banale per $k = 0$. Se stiamo usando $X_k \in \mathcal{F}_1 \cap \mathcal{F}_2$ per qualche k, $\bar{G}$ è un sottografo di $(E, A^{(1)} \cup A^{(2)}) = G_{X_k}$. Dunque se si trova un cammino P al passo ⑤, il Lemma 13.28 assicura che $X_{k+1} \in \mathcal{F}_1 \cap \mathcal{F}_2$.

Quando l'algoritmo termina, abbiamo $\varepsilon_1 = \varepsilon_2 = \varepsilon_3 = \varepsilon_4 = \infty$, e dunque T non è raggiungibile da S in G_{X_m}. Allora per il Lemma 13.30 $m = |X_m| = \max\{|X| : X \in \mathcal{F}_1 \cap \mathcal{F}_2\}$.

Per dimostrare la correttezza, mostriamo che per $k = 0, \ldots, m$, $c(X_k) = \max\{c(X) : X \in \mathcal{F}_1 \cap \mathcal{F}_2, |X| = k\}$. Poiché abbiamo sempre che $c = c_1 + c_2$, basta dimostrare che a qualsiasi passo dell'algoritmo viene verificata la (13.7). Ciò è chiaramente vero quando l'algoritmo inizia (per $k = 0$); mostriamo che (13.7) non viene mai violata. Usiamo il Teorema 13.23.

Quando poniamo $X_{k+1} := X_k \triangle V(P)$ al passo ⑥ dobbiamo controllare che (13.7) sia verificata. Sia P un cammino s-t, con $s \in \bar{S}$ e $t \in \bar{T}$. Per la definizione di $\bar{G}$ abbiamo che $c_1(X_{k+1}) = c_1(X_k) + c_1(s)$ e $c_2(X_{k+1}) = c_2(X_k) + c_2(t)$. Poiché X_k soddisfa la (13.7), le condizioni (a) e (b) del Teorema 13.23 devono valere rispetto a X_k sia per $\mathcal{F}_1$ che per $\mathcal{F}_2$.

Per la definizione di $\bar{S}$ entrambe le condizioni continuano a valere per $X_k \cup \{s\}$ e $\mathcal{F}_1$. Quindi $c_1(X_{k+1}) = c_1(X_k \cup \{s\}) = \max\{c_1(Y) : Y \in \mathcal{F}_1, |Y| = k+1\}$. Inoltre, per la definizione di $\bar{T}$, (a) e (b) del Teorema 13.23 continuano a valere per $X_k \cup \{t\}$ e $\mathcal{F}_2$, implicando $c_2(X_{k+1}) = c_2(X_k \cup \{t\}) = \max\{c_2(Y) : Y \in \mathcal{F}_2, |Y| = k + 1\}$. In altre parole, (13.7) vale sicuramente per X_{k+1}.

Supponiamo ora di cambiare c_1 e c_2 al passo ⑧. Mostriamo prima che $\varepsilon > 0$. Per (13.7) e il Teorema 13.23 abbiamo $c_1(x) \geq c_1(y)$ per ogni $y \in E \setminus X_k$ e $x \in C_1(X_k, y) \setminus \{y\}$. Quindi per qualsiasi $(x, y) \in A^{(1)}$ abbiamo $c_1(x) \geq c_1(y)$. Inoltre, per la definizione di R nessun arco $(x, y) \in \delta^+(R)$ appartiene a $\bar{A}^{(1)}$. Ciò implica $\varepsilon_1 > 0$.

$\varepsilon_2 > 0$ si dimostra in modo analogo. $m_1 \geq c_1(y)$ si verifica per ogni $y \in S$. Se in aggiunta $y \notin R$ allora $y \notin \bar{S}$, e dunque $m_1 > c_1(y)$. Quindi $\varepsilon_3 > 0$. In maniera analoga, $\varepsilon_4 > 0$ (usando $\bar{T} \cap R = \emptyset$). Concludiamo che $\varepsilon > 0$.

Dimostriamo ora che il passo ⑧ mantiene (13.7). Sia c'_1 il valore modificato di c_1, ovvero

$$c'_1(x) := \begin{cases} c_1(x) - \varepsilon & \text{se } x \in R \\ c_1(x) & \text{se } x \notin R \end{cases}.$$

Dimostriamo che X_k e c'_1 soddisfano le condizioni del Teorema 13.23 rispetto a $\mathcal{F}_1$.

Per dimostrare (a), sia $y \in E \setminus X_k$ e $x \in C_1(X_k, y) \setminus \{y\}$. Si supponga che $c'_1(x) < c'_1(y)$. Poiché $c_1(x) \geq c_1(y)$ e $\varepsilon > 0$, dobbiamo avere $x \in R$ e $y \notin R$. Poiché anche $(x, y) \in A^{(1)}$, abbiamo che $\varepsilon \leq \varepsilon_1 \leq c_1(x) - c_1(y) = (c'_1(x) + \varepsilon) - c'_1(y)$, una contraddizione.

Per dimostrare (b), sia $x \in X_k$ e $y \in E \setminus X_k$ con $X_k \cup \{y\} \in \mathcal{F}_1$. Supponiamo ora che $c'_1(y) > c'_1(x)$. Poiché $c_1(y) \leq m_1 \leq c_1(x)$, dobbiamo avere $x \in R$ e $y \notin R$. Poiché $y \in S$ abbiamo $\varepsilon \leq \varepsilon_3 \leq m_1 - c_1(y) \leq c_1(x) - c_1(y) = (c'_1(x) + \varepsilon) - c'_1(y)$, una contraddizione.

Sia c'_2 il valore modificato di c_2, ovvero

$$c'_2(x) := \begin{cases} c_2(x) + \varepsilon & \text{se } x \in R \\ c_2(x) & \text{se } x \notin R \end{cases}.$$

Mostriamo che X_k e c'_2 soddisfano le condizioni del Teorema 13.23 rispetto a $\mathcal{F}_2$.

Per dimostrare (a), siano $y \in E \setminus X_k$ e $x \in C_2(X_k, y) \setminus \{y\}$. Si supponga $c'_2(x) < c'_2(y)$. Poiché $c_2(x) \geq c_2(y)$, dobbiamo avere $y \in R$ e $x \notin R$. Poiché anche $(y, x) \in A^{(2)}$, abbiamo $\varepsilon \leq \varepsilon_2 \leq c_2(x) - c_2(y) = c'_2(x) - (c'_2(y) - \varepsilon)$, una contraddizione.

Per dimostrare (b), siano $x \in X_k$ e $y \in E \setminus X_k$ con $X_k \cup \{y\} \in \mathcal{F}_2$. Si supponga ora che $c'_2(y) > c'_2(x)$. Poiché $c_2(y) \leq m_2 \leq c_2(x)$, dobbiamo avere $y \in R$ e $x \notin R$. Poiché $y \in T$ abbiamo $\varepsilon \leq \varepsilon_4 \leq m_2 - c_2(y) \leq c_2(x) - c_2(y) = c'_2(x) - (c'_2(y) - \varepsilon)$, una contraddizione.

Abbiamo quindi dimostrato che (13.7) non è violata al passo ⑧, e quindi l'algoritmo funziona correttamente.

Consideriamo ora il tempo di esecuzione. Si osservi che dopo un aggiornamento dei pesi in ⑧, i nuovi insiemi $\bar{S}$, $\bar{T}$ e R, come calcolati successivamente in ④ e ⑤, sono superinsiemi rispettivamente degli $\bar{S}$, $\bar{T}$ e R precedenti. Se $\varepsilon = \varepsilon_4 < \infty$, segue un aumento di k. Altrimenti la cardinalità di R aumenta immediatamente (in ⑤) di almeno uno. Dunque i passi ④ – ⑧ sono ripetuti meno di $|E|$ volte tra due aumenti.

Poiché il tempo di esecuzione di ④ – ⑧ è $O(|E|^2)$, il tempo di esecuzione totale tra due aumenti è $O(|E|^3)$ più $O(|E|^2)$ chiamate all'oracolo (in ②). Poiché ci sono $m \leq |E|$ aumenti, segue il tempo di esecuzione complessivo dichiarato. □

Il tempo di esecuzione può essere facilmente migliorato a $O(|E|^3\theta)$ (Esercizio 22).

Esercizi

1. Dimostrare che tutti i sistemi di indipendenza tranne il (5) e il (6) nella lista all'inizio della Sezione 13.1 non sono in generale dei matroidi.
2. Mostrare che il matroide uniforme con quattro elementi e rango 2 non è un matroide grafico.
3. Dimostrare che ogni matroide grafico è matroide rappresentabile su ogni campo.
4. Sia G un grafo non orientato, $K \in \mathbb{N}$ e $\mathcal{F}$ contiene quei sottoinsiemi di $E(G)$ che sono l'unione di K foreste. Dimostrare che $(E(G), \mathcal{F})$ è un matroide.
5. Calcolare dei lower bound stretti per il quoziente di rango dei sistemi di indipendenza elencati all'inizio della Sezione 13.1.
6. Sia $\mathcal{S}$ una famiglia di insiemi. Un insieme T è un trasversale di $\mathcal{S}$ se esiste una biiezione $\Phi : T \to \mathcal{S}$ con $t \in \Phi(t)$ per ogni $t \in T$. (Per una condizione necessaria e sufficiente per l'esistenza di un trasversale, si veda l'Esercizio 6 del Capitolo 10.) Si assuma che $\mathcal{S}$ abbia un trasversale. Dimostrare che la famiglia di trasversali di $\mathcal{S}$ è la famiglia delle basi di un matroide.
7. Sia E un insieme finito e $\mathcal{B} \subseteq 2^E$. Mostrare che $\mathcal{B}$ è l'insieme delle basi di un matroide $(E, \mathcal{F})$ se e solo se si verifica che:

(B1) $\mathcal{B} \neq \emptyset$;

(B2) Per qualsiasi $B_1, B_2 \in \mathcal{B}$ e $y \in B_2 \setminus B_1$ esiste un $x \in B_1 \setminus B_2$ con $(B_1 \setminus \{x\}) \cup \{y\} \in \mathcal{B}$.

8. Sia G un grafo. Sia $\mathcal{F}$ la famiglia di insiemi $X \subseteq V(G)$, per il quale esiste un matching massimo che non copre alcun vertice di X. Dimostrare che $(V(G), \mathcal{F})$ è un matroide. Cos'è il matroide duale?
9. Mostrare, estendendo il Teorema 13.16, che $\mathcal{M}(G^*) = (\mathcal{M}(G))^*$ vale anche per grafi disconnessi G.
   Suggerimento: usare l'Esercizio 36(a) del Capitolo 2.
10. Mostrare che, nella lista della Sezione 13.3, i clutter in (3) e (6) hanno la proprietà di Massimo Flusso–Minimo Taglio. (Usare il Teorema 19.11.) Mostrare che i clutter in (1), (4) e (5) non hanno in generale la proprietà di Massimo Flusso–Minimo Taglio.

* 11. Un clutter $(E, \mathcal{F})$ è detto clutter binario se per ogni $X_1, \ldots, X_k \in \mathcal{F}$ con k dispari esiste un $Y \in \mathcal{F}$ con $Y \subseteq X_1 \triangle \cdots \triangle X_k$. Dimostrare che il clutter di T-Join minimali e il clutter di T-cut minimali (esempio (7) della lista nella Sezione 13.3) sono binari. Dimostrare che un clutter è binario se e solo se $|A \cap B|$ è dispari per ogni $A \in \mathcal{F}$ e ogni $B \in \mathcal{F}'$, in cui $(E, \mathcal{F}')$ è il clutter bloccante. Concludere che un clutter è binario se e solo se il suo clutter bloccante è binario.
   Osservazione: Seymour [1977] ha classificato i clutter binari con la proprietà di Massimo Flusso–Minimo Taglio.

* 12. Sia P un poliedro di blocking, ovvero abbiamo $x + y \in P$ per ogni $x \in P$ e $y \geq 0$. Il poliedro di blocking di P è definito come $B(P) := \{z : z^\top x \geq 1 \text{ per ogni } x \in P\}$. Dimostrare che $B(P)$ è ancora un poliedro di tipo blocking e che $B(B(P)) = P$.
   Osservazione: confrontare con il Teorema 4.22.

13. Come si può controllare (in tempo polinomiale) se un dato insieme di archi di un grafo completo G è un sottoinsieme di un Circuito Hamiltoniano in G?
14. Dimostrare che se $(E, \mathcal{F})$ è un matroide, allora il BEST-IN-GREEDY massimizza qualsiasi funzione bottleneck $c(F) = \min\{c_e : e \in F\}$ sulle basi.
15. Sia $(E, \mathcal{F})$ un matroide, $c : E \to \mathbb{R}$ tale che $c(e) \neq c(e')$ per ogni $e \neq e'$ e $c(e) \neq 0$ per ogni e. Dimostrare che sia il PROBLEMA DI MASSIMIZZAZIONE che il PROBLEMA DI MINIMIZZAZIONE per $(E, \mathcal{F}, c)$ hanno un'unica soluzione ottima.

* 16. Dimostrare che per i matroidi l'oracolo di indipendenza, l'oracolo di basis-superset, la chiusura e l'oracolo di rango sono polinomialmente equivalenti.
   Suggerimento: per mostrare che l'oracolo di rango si riduce all'oracolo di indipendenza, si usi il BEST-IN-GREEDY. Per mostrare che l'oracolo di indipendenza si riduce all'oracolo di basis-superset, si usi il WORST-OUT-GREEDY. (Hausmann e Korte [1981])

17. Dato un grafo non orientato G, vorremmo colorare gli archi con un numero minimo di colori in modo tale che per qualsiasi circuito C di G, gli archi di C non abbiano tutti lo stesso colore. Mostrare che esiste un algoritmo tempo-polinomiale per questo problema.

18. Siano $(E, \mathcal{F}_1), \ldots, (E, \mathcal{F}_k)$ dei matroidi con funzioni di rango $r_1, \ldots, r_k$. Dimostrare che un insieme $X \subseteq E$ è partizionabile se e solo se $|A| \leq \sum_{i=1}^{k} r_i(A)$ per ogni $A \subseteq X$. Mostrare che il Teorema 6.20 ne è un caso speciale.
(Edmonds e Fulkerson [1965])
19. Sia $(E, \mathcal{F})$ un matroide con funzione rango r. Dimostrare che (usando il Teorema 13.34):
   (a) $(E, \mathcal{F})$ ha k basi disgiunte a due a due se e solo se $kr(A)+|E \setminus A| \geq kr(E)$ per ogni $A \subseteq E$.
   (b) $(E, \mathcal{F})$ ha k insiemi indipendenti la cui unione è E se e solo se $kr(A) \geq |A|$ per ogni $A \subseteq E$.

   Mostrare che il Teorema 6.20 e il Teorema 6.17 sono dei casi particolari.
20. Siano $(E, \mathcal{F}_1)$ e $(E, \mathcal{F}_2)$ due matroidi. Sia X un sottoinsieme massimale partizionabile rispetto a $(E, \mathcal{F}_1)$ e $(E, \mathcal{F}_2^*)$: $X = X_1 \dot{\cup} X_2$ con $X_1 \in \mathcal{F}_1$ e $X_2 \in \mathcal{F}_2^*$. Sia $B_2 \supseteq X_2$ una base di $\mathcal{F}_2^*$. Dimostrare che allora $X \setminus B_2$ è un insieme di cardinalità massima in $\mathcal{F}_1 \cap \mathcal{F}_2$.
(Edmonds [1970])
21. Sia $(E, \mathcal{S})$ una famiglia di insiemi e sia $(E, \mathcal{F})$ un matroide con funzione rango r. Mostrare che $\mathcal{S}$ ha un trasversale che è indipendente in $(E, \mathcal{F})$ se e solo se $r\left(\bigcup_{B \in \mathcal{B}} B\right) \geq |\mathcal{B}|$ per ogni $\mathcal{B} \subseteq \mathcal{S}$.
Suggerimento: si descriva prima la funzione rango del matroide i cui insiemi indipendenti sono tutti trasversali (Esercizio 6), usando il Teorema 13.34. Si applichi poi il Teorema 13.31.
(Rado [1942])
22. Mostrare che il tempo di esecuzione dell'ALGORITMO DELL'INTERSEZIONE DI MATROIDI PESATA (cf. Teorema 13.35) può essere migliorato a $O(|E|^3\theta)$.
23. Siano $(E, \mathcal{F}_1)$ e $(E, \mathcal{F}_2)$ due matroidi, e $c : E \to \mathbb{R}$. Siano $X_0, \ldots, X_m \in \mathcal{F}_1 \cap \mathcal{F}_2$ con $|X_k| = k$ e $c(X_k) = \max\{c(X) : X \in \mathcal{F}_1 \cap \mathcal{F}_2, |X| = k\}$ per ogni k. Dimostrare che per $k = 1, \ldots, m-2$
$$c(X_{k+1}) - c(X_k) \;\leq\; c(X_k) - c(X_{k-1}).$$
(Krogdahl [non pubblicato])
24. Si consideri il problema seguente. Dato un digrafo G con pesi sugli archi, un vertice $s \in V(G)$, e un numero k, trovare un sottografo di peso minimo H di G che contiene k cammini disgiunti sugli archi da s ad ogni altro vertice. Mostrare che questo si riduce al PROBLEMA DELL'INTERSEZIONE DI MATROIDI PESATA.
Suggerimento: si veda l'Esercizio 21 del Capitolo 6 e l'Esercizio 4 di questo capitolo.
(Edmonds [1970]; Frank e Tardos [1989]; Gabow [1995])
25. Siano A e B due insiemi finiti di cardinalità $n \in \mathbb{N}$, $G = (A \dot{\cup} B, \{\{a, b\} : a \in A, b \in B\})$ il grafo bipartito completo, $\bar{a} \in A$, e $c : E(G) \to \mathbb{R}$ una funzione di costo. Sia $\mathcal{T}$ la famiglia degli insiemi di archi di tutti gli alberi di supporto T in G con $|\delta_T(a)| = 2$ per ogni $a \in A \setminus \{\bar{a}\}$. Mostrare che un elemento di costo minimo di $\mathcal{T}$ può essere calcolato in tempo $O(n^7)$. Quanti archi saranno incidenti in $\bar{a}$?

Riferimenti bibliografici

Letteratura generale:

Bixby, R.E., e Cunningham, W.H. [1995]: Matroid optimization and algorithms. In: Handbook of Combinatorics; Vol. 1 (R.L. Graham, M. Grötschel, L. Lovász, eds.), Elsevier, Amsterdam

Cook, W.J., Cunningham, W.H., Pulleyblank, W.R., Schrijver, A. [1998]: Combinatorial Optimization. Wiley, New York, Chapter 8

Faigle, U. [1987]: Matroids in combinatorial optimization. In: Combinatorial Geometries (N. White, ed.), Cambridge University Press

Gondran, M., Minoux, M. [1984]: Graphs and Algorithms. Wiley, Chichester, Chapter 9

Lawler, E.L. [1976]: Combinatorial Optimization; Networks and Matroids. Holt, Rinehart and Winston, New York, Chapters 7 and 8

Oxley, J.G. [1992]: Matroid Theory. Oxford University Press, Oxford

von Randow, R. [1975]: Introduction to the Theory of Matroids. Springer, Berlin

Recski, A. [1989]: Matroid Theory and its Applications. Springer, Berlin

Schrijver, A. [2003]: Combinatorial Optimization: Polyhedra and Efficiency. Springer, Berlin, Chapters 39–42

Welsh, D.J.A. [1976]: Matroid Theory. Academic Press, London

Riferimenti citati:

Cunningham, W.H. [1986] : Improved bounds for matroid partition and intersectionx algorithms. SIAM Journal on Computing 15, 948–957

Edmonds, J. [1970]: Submodular functions, matroids and certain polyhedra. In: Combinatorial Structures and Their Applications; Proceedings of the Calgary International Conference on Combinatorial Structures and Their Applications 1969 (R. Guy, H. Hanani, N. Sauer, J. Schönheim, eds.), Gordon and Breach, New York, pp. 69–87

Edmonds, J. [1971]: Matroids and the greedy algorithm. Mathematical Programming 1, 127–136

Edmonds, J. [1979]: Matroid intersection. In: Discrete Optimization I; Annals of Discrete Mathematics 4 (P.L. Hammer, E.L. Johnson, B.H. Korte, eds.), North-Holland, Amsterdam, pp. 39–49

Edmonds, J., Fulkerson, D.R. [1965]: Transversals and matroid partition. Journal of Research of the National Bureau of Standards B 69, 67–72

Frank, A. [1981]: A weighted matroid intersection algorithm. Journal of Algorithms 2, 328–336

Frank, A., Tardos, É. [1989]: An application of submodular flows. Linear Algebra and Its Applications 114/115, 329–348

Fulkerson, D.R. [1971]: Blocking and anti-blocking pairs of polyhedra. Mathematical Programming 1, 168–194

Gabow, H.N. [1995]: A matroid approach to finding edge connectivity and packing arborescences. Journal of Computer and System Sciences 50, 259–273

Gabow, H.N., Xu, Y. [1996]: Efficient theoretic and practical algorithms for linear matroid intersection problems. Journal of Computer and System Sciences 53, 129–147

Hausmann, D., Jenkyns, T.A., Korte, B. [1980]: Worst case analysis of greedy type algorithms for independence systems. Mathematical Programming Study 12, 120–131

Hausmann, D., Korte, B. [1981]: Algorithmic versus axiomatic definitions of matroids. Mathematical Programming Study 14, 98–111

Jenkyns, T.A. [1976]: The efficiency of the greedy algorithm. Proceedings of the 7th S-E Conference on Combinatorics, Graph Theory, and Computing, Utilitas Mathematica, Winnipeg, pp. 341–350

Korte, B., Hausmann, D. [1978]: An analysis of the greedy algorithm for independence systems. In: Algorithmic Aspects of Combinatorics; Annals of Discrete Mathematics 2 (B. Alspach, P. Hell, D.J. Miller, eds.), North-Holland, Amsterdam, pp. 65–74

Korte, B., Monma, C.L. [1979]: Some remarks on a classification of oracle-type algorithms. In: Numerische Methoden bei graphentheoretischen und kombinatorischen Problemen; Band 2 (L. Collatz, G. Meinardus, W. Wetterling, eds.), Birkhäuser, Basel, pp. 195–215

Lehman, A. [1979]: On the width-length inequality. Mathematical Programming 17, 403–417

Nash-Williams, C.S.J.A. [1967]: An application of matroids to graph theory. In: Theory of Graphs; Proceedings of an International Symposium in Rome 1966 (P. Rosenstiehl, ed.), Gordon and Breach, New York, pp. 263–265

Rado, R. [1942]: A theorem on independence relations. Quarterly Journal of Math. Oxford 13, 83–89

Rado, R. [1957]: Note on independence functions. Proceedings of the London Mathematical Society 7, 300–320

Seymour, P.D. [1977]: The matroids with the Max-Flow Min-Cut property. Journal of Combinatorial Theory B 23, 189–222

Whitney, H. [1933]: Planar graphs. Fundamenta Mathematicae 21, 73–84

Whitney, H. [1935]: On the abstract properties of linear dependence. American Journal of Mathematics 57, 509–533

14

Generalizzazioni di matroidi

Esistono diverse generalizzazioni interessanti dei matroidi. Nella Sezione 13.1 abbiamo già visto i sistemi di indipendenza, che si ottengono tralasciando l'assioma (M3). Nella Sezione 14.1 consideriamo i greedoidi, che si ottengono invece rimuovendo la (M2). Inoltre, alcuni politopi legati ai matroidi e alle funzioni submodulari, chiamati polimatroidi, portano a delle generalizzazioni forti di teoremi importanti; li discuteremo nella Sezione 14.2. Nelle Sezioni 14.3 e 14.4 consideriamo due approcci al problema di minimizzare una funzione submodulare qualunque: uno che usa il METODO DELL'ELLISSOIDE e l'altro che usa un algoritmo combinatorio. Nella Sezione 14.5, mostriamo un algoritmo più semplice per il caso speciale di funzioni submodulari simmetriche.

14.1 Greedoidi

Per definizione, le famiglie di insiemi $(E, \mathcal{F})$ sono dei matroidi se e solo se soddisfano:

(M1) $\emptyset \in \mathcal{F}$.
(M2) Se $X \subseteq Y \in \mathcal{F}$ allora $X \in \mathcal{F}$.
(M3) Se $X, Y \in \mathcal{F}$ e $|X| > |Y|$, allora esiste un $x \in X \setminus Y$ con $Y \cup \{x\} \in \mathcal{F}$.

Se rimuoviamo (M3), otteniamo dei sistemi di indipendenza, discussi nelle Sezioni 13.1 e 13.4. Ora rimuoviamo invece (M2):

Definizione 14.1. *Un* **greedoide** *è una famiglia di insiemi* $(E, \mathcal{F})$ *che soddisfa* (M1) *e* (M3).

Invece della chiusura rispetto $\subseteq$ (M2) abbiamo l'accessibilità: chiamiamo una famiglia di insiemi $(E, \mathcal{F})$ **accessibile** se $\emptyset \in \mathcal{F}$ e per qualsiasi $X \in \mathcal{F} \setminus \{\emptyset\}$ esiste un $x \in X$ con $X \setminus \{x\} \in \mathcal{F}$. I greedoidi sono accessibili (l'accessibilità segue direttamente da (M1) e (M3)). Anche se sono più generali dei matroidi, comprendono una struttura combinatoria più vasta e generalizzano tanti concetti solo apparentemente sono diversi. Iniziamo con il risultato seguente:

Korte B., Vygen J.: Ottimizzazione Combinatoria. Teoria e Algoritmi.

Teorema 14.2. *Sia $(E, \mathcal{F})$ una famiglia di insiemi accessibile. Le affermazioni seguenti sono equivalenti:*

(a) *Per qualsiasi $X \subseteq Y \subset E$ e $z \in E \setminus Y$ con $X \cup \{z\} \in \mathcal{F}$ e $Y \in \mathcal{F}$ abbiamo $Y \cup \{z\} \in \mathcal{F}$.*
(b) *$\mathcal{F}$ è chiusa rispetto all'unione.*

Dimostrazione. (a) $\Rightarrow$(b): Sia $X, Y \in \mathcal{F}$; mostriamo che $X \cup Y \in \mathcal{F}$. Sia Z un insieme massimale con $Z \in \mathcal{F}$ e $X \subseteq Z \subseteq X \cup Y$. Si supponga $Y \setminus Z \neq \emptyset$. Applicando più volte l'accessibilità a Y otteniamo un insieme $Y' \in \mathcal{F}$ con $Y' \subseteq Z$ e un elemento $y \in Y \setminus Z$ con $Y' \cup \{y\} \in \mathcal{F}$. Applichiamo (a) a Z, Y' e y e otteniamo $Z \cup \{y\} \in \mathcal{F}$, contraddicendo la scelta di Z.

(b) $\Rightarrow$(a) è banale. □

Se si verificano le condizioni del Teorema 14.2, allora $(E, \mathcal{F})$ è chiamato un **antimatroide**.

Proposizione 14.3. *Ogni antimatroide è un greedoide.*

Dimostrazione. Sia $(E, \mathcal{F})$ un antimatroide, ovvero accessibile e chiuso rispetto l'unione. Per dimostrare (M3), siano $X, Y \in \mathcal{F}$ con $|X| > |Y|$. Poiché $(E, \mathcal{F})$ è accessibile esiste un ordine $X = \{x_1, \dots, x_n\}$ con $\{x_1, \dots, x_i\} \in \mathcal{F}$ per $i = 0, \dots, n$. Sia $i \in \{1, \dots, n\}$ l'indice minimo con $x_i \notin Y$; allora $Y \cup \{x_i\} = Y \cup \{x_1, \dots, x_i\} \in \mathcal{F}$ (poiché $\mathcal{F}$ è chiusa rispetto l'unione). □

Un'altra definizione equivalente di antimatroidi è data tramite un operatore di chiusura:

Proposizione 14.4. *Sia $(E, \mathcal{F})$ una famiglia di insiemi tale che $\mathcal{F}$ è chiuso per l'unione e $\emptyset \in \mathcal{F}$. Si definisce*

$$\tau(A) := \bigcap \{X \subseteq E : A \subseteq X,\ E \setminus X \in \mathcal{F}\}.$$

Allora τ è un operatore di chiusura, ovvero soddisfa (S1)–(S3) del Teorema 13.11.

Dimostrazione. Sia $X \subseteq Y \subseteq E$. $X \subseteq \tau(X) \subseteq \tau(Y)$ è banale. Per dimostrare (S3), si assuma che esiste un $y \in \tau(\tau(X)) \setminus \tau(X)$. Allora $y \in Y$ per ogni $Y \subseteq E$ con $\tau(X) \subseteq Y$ e $E \setminus Y \in \mathcal{F}$, ma esiste un $Z \subseteq E \setminus \{y\}$ con $X \subseteq Z$ e $E \setminus Z \in \mathcal{F}$. Ciò implica $\tau(X) \not\subseteq Z$, una contraddizione. □

Teorema 14.5. *Sia $(E, \mathcal{F})$ una famiglia di insiemi tale che $\mathcal{F}$ è chiuso per l'unione e $\emptyset \in \mathcal{F}$. Allora $(E, \mathcal{F})$ è accessibile se e solo se l'operatore di chiusura τ della Proposizione 14.4 soddisfa la proprietà di anti-scambio: se $X \subseteq E$, $y, z \in E \setminus \tau(X)$, $y \neq z$ e $z \in \tau(X \cup \{y\})$, allora $y \notin \tau(X \cup \{z\})$.*

Dimostrazione. Se $(E, \mathcal{F})$ è accessibile, allora (M3) viene verificata per la Proposizione 14.3. Per mostrare la proprietà di anti-scambio, siano $X \subseteq E$, $B := E \setminus \tau(X)$, e $y, z \in B$ con $z \notin A := E \setminus \tau(X \cup \{y\})$. Si osservi che $A \in \mathcal{F}$, $B \in \mathcal{F}$ e $A \subseteq B \setminus \{y, z\}$.

Applicando (M3) ad A e B otteniamo un elemento $b \in B \setminus A \subseteq E \setminus (X \cup A)$ con $A \cup \{b\} \in \mathcal{F}$. $A \cup \{b\}$ non può essere un sottoinsieme di $E \setminus (X \cup \{y\})$ (altrimenti $\tau(X \cup \{y\}) \subseteq E \setminus (A \cup \{b\})$, contraddicendo $\tau(X \cup \{y\}) = E \setminus A$). Quindi $b = y$. Dunque abbiamo $A \cup \{y\} \in \mathcal{F}$ e $\tau(X \cup \{z\}) \subseteq E \setminus (A \cup \{y\})$. Abbiamo dimostrato $y \notin \tau(X \cup \{z\})$.

Per mostrare il contrario, sia $A \in \mathcal{F} \setminus \{\emptyset\}$ e sia $X := E \setminus A$. Abbiamo $\tau(X) = X$. Sia $a \in A$ tale che $|\tau(X \cup \{a\})|$ sia minimo. Mostriamo che $\tau(X \cup \{a\}) = X \cup \{a\}$, ovvero $A \setminus \{a\} \in \mathcal{F}$.

Si supponga, al contrario, che $b \in \tau(X \cup \{a\}) \setminus (X \cup \{a\})$. Per (c) abbiamo $a \notin \tau(X \cup \{b\})$. Inoltre,

$$\tau(X \cup \{b\}) \subseteq \tau(\tau(X \cup \{a\}) \cup \{b\}) = \tau(\tau(X \cup \{a\})) = \tau(X \cup \{a\}).$$

Quindi $\tau(X \cup \{b\})$ è un sottoinsieme proprio di $\tau(X \cup \{a\})$, contraddicendo la scelta di a. □

La proprietà di anti-scambio del Teorema 14.5 è diversa da (S4). Mentre (S4) del Teorema 13.11 è una proprietà degli inviluppi lineari in $\mathbb{R}^n$, questa è una proprietà dei gusci convessi in $\mathbb{R}^n$: se $y \neq z$, $z \notin \mathrm{conv}(X)$ e $z \in \mathrm{conv}(X \cup \{y\})$, allora chiaramente $y \notin \mathrm{conv}(X \cup \{z\})$. Dunque per qualsiasi famiglia di insiemi $E \subset \mathbb{R}^n$, $(E, \{X \subseteq E : X \cap \mathrm{conv}(E \setminus X) = \emptyset\})$ è un antimatroide.

I greedoidi generalizzano i matroidi e gli antimatroidi, ma contengono anche delle altre strutture interessanti. Un esempio è la struttura di blossom che abbiamo usato nell'ALGORITMO DI CARDINALITÀ MASSIMA DI EDMONDS (Esercizio 1). Un altro esempio è:

Proposizione 14.6. *Sia G un grafo (orientato o non orientato) e $r \in V(G)$. Sia $\mathcal{F}$ la famiglia di tutti gli insiemi di archi delle arborescenze in G radicate in r, o di alberi in G che contengono r (non necessariamente di supporto). Allora $(E(G), \mathcal{F})$ è un greedoide.*

Dimostrazione. (M1) è banale. Dimostriamo (M3) per il caso orientato; lo stesso argomento vale per il caso non orientato. Siano (X_1, F_1) e (X_2, F_2) due arborescenze in G radicate in r con $|F_1| > |F_2|$. Allora $|X_1| = |F_1| + 1 > |F_2| + 1 = |X_2|$, e quindi $x \in X_1 \setminus X_2$. Il cammino r-x in (X_1, F_1) contiene un arco (v, w) con $v \in X_2$ e $w \notin X_2$. Questo arco può essere aggiunto a (X_2, F_2), dimostrando che $F_2 \cup \{(v, w)\} \in \mathcal{F}$. □

Questo greedoide è chiamato il greedoide di ramificazione orientato (non orientato) di G.

Il problema di trovare un albero di supporto di peso massimo in un grafo connesso G con pesi non negativi è il PROBLEMA DI MASSIMIZZAZIONE per il matroide ciclo $\mathcal{M}(G)$. L'ALGORITMO BEST-IN-GREEDY in questo caso non è altro che l'ALGORITMO DI KRUSKAL. Ora abbiamo una seconda formulazione dello stesso problema: cerchiamo un insieme di peso massimo F con $F \in \mathcal{F}$, in cui $(E(G), \mathcal{F})$ è il greedoide di ramificazione non orientato di G.

Formuliamo ora un algoritmo greedy generale per i greedoidi. Nel caso particolare di matroidi, è esattamente l'ALGORITMO BEST-IN-GREEDY discusso nella

Sezione 13.4. Se abbiamo un greedoide di ramificazione non orientato con una funzione di costo modulare c, è esattamente l'ALGORITMO DI PRIM:

ALGORITMO GREEDY PER I GREEDOIDI

Input: Un greedoide $(E, \mathcal{F})$ ed un funzione $c : 2^E \to \mathbb{R}$, data da un oracolo che dato un qualsiasi $X \subseteq E$ dice se $X \in \mathcal{F}$ e calcola $c(X)$.

Output: Un insieme $F \in \mathcal{F}$.

① Poni $F := \emptyset$.

② Sia $e \in E \setminus F$ tale che $F \cup \{e\} \in \mathcal{F}$ e $c(F \cup \{e\})$ è massimo;
if non esiste nessun tale e **then stop**.

③ Poni $F := F \cup \{e\}$ e **go to** ②.

Anche per funzioni di costo modulari c questo algoritmo non fornisce sempre una soluzione ottima. Possiamo però caratterizzare quei greedoidi per i quali l'algoritmo funziona:

Teorema 14.7. *Sia $(E, \mathcal{F})$ un greedoide. L'*ALGORITMO GREEDY PER I GREEDOIDI *trova un insieme $F \in \mathcal{F}$ di peso massimo per ogni funzione di peso modulare $c : 2^E \to \mathbb{R}_+$ se e solo se $(E, \mathcal{F})$ ha la cosiddétta proprietà forte di scambio: per ogni $A \in \mathcal{F}$, B massimale in $\mathcal{F}$, $A \subseteq B$ e $x \in E \setminus B$ con $A \cup \{x\} \in \mathcal{F}$ esiste un $y \in B \setminus A$ tale che $A \cup \{y\} \in \mathcal{F}$ e $(B \setminus y) \cup \{x\} \in \mathcal{F}$.*

Dimostrazione. Si supponga che $(E, \mathcal{F})$ sia un greedoide con la proprietà forte di scambio. Sia $c : E \to \mathbb{R}_+$ e sia $A = \{a_1, \ldots, a_l\}$ la soluzione trovata dall'ALGORITMO GREEDY PER I GREEDOIDI, in cui gli elementi sono scelti nell'ordine $a_1, \ldots, a_l$.

Sia $B = \{a_1, \ldots, a_k\} \dot\cup B'$ una soluzione ottima tale che k sia massimo e supponiamo $k < l$. Allora applichiamo la proprietà forte di scambio a $\{a_1, \ldots, a_k\}$, B e a_{k+1}. Concludiamo che esiste un $y \in B'$ con $\{a_1, \ldots, a_k, y\} \in \mathcal{F}$ e $(B \setminus y) \cup \{a_{k+1}\} \in \mathcal{F}$. Per la scelta di a_{k+1} in ② dell'ALGORITMO GREEDY PER I GREEDOIDI abbiamo $c(a_{k+1}) \geq c(y)$ e quindi $c((B \setminus y) \cup \{a_{k+1}\}) \geq c(B)$, contraddicendo la scelta di B.

Al contrario, sia $(E, \mathcal{F})$ un greedoide che non abbia la proprietà forte di scambio. Sia $A \in \mathcal{F}$, B massimale in $\mathcal{F}$, $A \subseteq B$ e $x \in E \setminus B$ con $A \cup \{x\} \in \mathcal{F}$ tale che per ogni $y \in B \setminus A$ con $A \cup \{y\} \in \mathcal{F}$ abbiamo $(B \setminus y) \cup \{x\} \notin \mathcal{F}$.

Sia $Y := \{y \in B \setminus A : A \cup \{y\} \in \mathcal{F}\}$. Poniamo $c(e) := 2$ per $e \in B \setminus Y$, e $c(e) := 1$ per $e \in Y \cup \{x\}$ e $c(e) := 0$ per $e \in E \setminus (B \cup \{x\})$. Allora l'ALGORITMO GREEDY PER I GREEDOIDI può scegliere prima gli elementi di A (hanno peso 2) e poi può scegliere x. Potrebbe terminare con un insieme $F \in \mathcal{F}$ che non è ottimale, poiché $c(F) \leq c(B \cup \{x\}) - 2 < c(B \cup \{x\}) - 1 = c(B)$ e $B \in \mathcal{F}$. □

In pratica, ottimizzare funzioni modulari su greedoidi è in generale *NP*-difficile. Ciò segue dall'osservazione seguente (insieme al Corollario 15.24):

Proposizione 14.8. *Dato un grafo non orientato G e $k \in \mathbb{N}$, il problema di decidere se G abbia un vertex cover di cardinalità k, si riduce linearmente al problema seguente: dato un greedoide $(E, \mathcal{F})$ (tramite un oracolo di appartenenza) e una funzione $c : E \to \mathbb{R}_+$, trovare un $F \in \mathcal{F}$ con $c(F)$ massimo.*

Dimostrazione. Sia G un qualsiasi grafo non orientato e $k \in \mathbb{N}$. Sia $D := V(G) \dot{\cup} E(G)$ e

$$\mathcal{F} := \{X \subseteq D : \text{ per ogni } e = \{v, w\} \in E(G) \cap X \text{ abbiamo } v \in X \text{ o } w \in X\}.$$

$(D, \mathcal{F})$ è un antimatroide: è accessibile e chiuso rispetto l'unione. In particolare, per la Proposizione 14.3, è un greedoide.

Si consideri ora $\mathcal{F}' := \{X \in \mathcal{F} : |X| \leq |E(G)| + k\}$. Poiché (M1) e (M3) rimangono valide, anche $(D, \mathcal{F}')$ è un greedoide. Poniamo $c(e) := 1$ per $e \in E(G)$ e $c(v) := 0$ per $v \in V(G)$. Allora esiste un insieme $F \in \mathcal{F}'$ con $c(F) = |E(G)|$ se e solo se G contiene una copertura per vertici di dimensione k. □

D'altronde, esistono funzioni interessanti che possono essere massimizzate su dei greedoidi qualsiasi, per esempio le funzioni bottleneck $c(F) := \min\{c'(e) : e \in F\}$ per dei $c' : E \to \mathbb{R}_+$ (Esercizio 2). Si veda il libro di Korte, Lovász e Schrader [1991] per altri risultati in questo campo.

14.2 Polimatroidi

Dal Teorema 13.10 conosciamo la connessione stretta tra matroidi e funzioni submodulari. Le funzioni submodulari definiscono le seguenti interessanti classi di poliedri:

Definizione 14.9. *Un* **polimatroide** *è un politopo di tipo*

$$P(f) := \left\{ x \in \mathbb{R}^E : x \geq 0, \sum_{e \in A} x_e \leq f(A) \text{ per ogni } A \subseteq E \right\}$$

in cui E è un insieme finito e $f : 2^E \to \mathbb{R}_+$ è una funzione submodulare.

Non è difficile notare che per qualsiasi polimatroide si può scegliere f in modo tale che $f(\emptyset) = 0$ e f sia monotona (Esercizio 6; una funzione $f : 2^E \to \mathbb{R}$ è detta **monotona** se $f(X) \leq f(Y)$ per $X \subseteq Y \subseteq E$). La definizione originale di Edmonds era diversa; si veda l'Esercizio 7. Inoltre, ricordiamo che il termine polimatroide a volte non si usa per il politopo ma per la coppia (E, f).

Se f è la funzione rango di un matroide, $P(f)$ è il guscio convesso dei vettori di incidenza degli insiemi indipendenti di questo matroide (Teorema 13.21). Sappiamo che il BEST-IN-GREEDY ottimizza qualsiasi funzione lineare su un politopo di matroide. Un algoritmo greedy simile funziona anche per polimatroidi qualsiasi. Assumiamo che f sia monotona:

ALGORITMO GREEDY PER POLIMATROIDI

Input: Un insieme finito E e una funzione submodulare, monotona $f : 2^E \to \mathbb{R}_+$ con $f(\emptyset) \geq 0$ (data da un oracolo). Un vettore $c \in \mathbb{R}^E$.

Output: Un vettore $x \in P(f)$ con cx massimo.

① Ordina $E = \{e_1, \dots, e_n\}$ tale che $c(e_1) \geq \cdots \geq c(e_k) > 0 \geq c(e_{k+1}) \geq \cdots \geq c(e_n)$.

② **If** $k \geq 1$ **then** poni $x(e_1) := f(\{e_1\})$.
Poni $x(e_i) := f(\{e_1, \dots, e_i\}) - f(\{e_1, \dots, e_{i-1}\})$ per $i = 2, \dots, k$.
Poni $x(e_i) := 0$ per $i = k+1, \dots, n$.

Proposizione 14.10. *Sia $E = \{e_1, \dots, e_n\}$ e $f : 2^E \to \mathbb{R}$ un funzione submodulare con $f(\emptyset) \geq 0$. Sia $b : E \to \mathbb{R}$ con $b(e_1) \leq f(\{e_1\})$ e $b(e_i) \leq f(\{e_1, \dots, e_i\}) - f(\{e_1, \dots, e_{i-1}\})$ per $i = 2, \dots, n$. Allora $\sum_{a \in A} b(a) \leq f(A)$ per ogni $A \subseteq E$.*

Dimostrazione. Procediamo per induzione su $i = \max\{j : e_j \in A\}$. La dichiarazione è banale per $A = \emptyset$ e $A = \{e_1\}$. Se $i \geq 2$, allora $\sum_{a \in A} b(a) = \sum_{a \in A \setminus \{e_i\}} b(a) + b(e_i) \leq f(A \setminus \{e_i\}) + b(e_i) \leq f(A \setminus \{e_i\}) + f(\{e_1, \dots, e_i\}) - f(\{e_1, \dots, e_{i-1}\}) \leq f(A)$, dove la prima disuguaglianza segue dall'ipotesi di induzione e la terza dalla submodularità. □

Teorema 14.11. *L'*ALGORITMO GREEDY PER POLIMATROIDI *trova correttamente un $x \in P(f)$ con cx massimo. Se f è intera, allora anche x è intera.*

Dimostrazione. Sia $x \in \mathbb{R}^E$ il risultato dell'ALGORITMO GREEDY PER POLIMATROIDI per E, f e c. Per definizione, se f è intera, allora anche x è intera. Abbiamo $x \geq 0$ poiché f è monotona, e quindi $x \in P(f)$ per la Proposizione 14.10.

Ora sia $y \in \mathbb{R}_+^E$ con $cy > cx$. In maniera analoga come nella dimostrazione del Teorema 13.19 poniamo $d_j := c(e_j) - c(e_{j+1})$ $(j = 1, \dots, k-1)$ e $d_k := c(e_k)$, e otteniamo

$$\sum_{j=1}^{k} d_j \sum_{i=1}^{j} x(e_i) = cx < cy \leq \sum_{j=1}^{k} c(e_j) y(e_j) = \sum_{j=1}^{k} d_j \sum_{i=1}^{j} y(e_i).$$

Poiché $d_j \geq 0$ per ogni j esiste un indice $j \in \{1, \dots, k\}$ con $\sum_{i=1}^{j} y(e_i) > \sum_{i=1}^{j} x(e_i)$; tuttavia, poiché $\sum_{i=1}^{j} x(e_i) = f(\{e_1, \dots, e_j\})$ ciò non significa che $y \notin P(f)$. □

Come per i matroidi, possiamo anche gestire l'intersezione di due polimatroidi. Il teorema dell'intersezione di polimatroidi seguente ha numerose implicazioni:

Teorema 14.12. (Edmonds [1970,1979]) *Sia E un insieme finito e siano $f, g : 2^E \to \mathbb{R}_+$ due funzione submodulari. Allora il sistema*

$$\begin{aligned} x &\geq 0 \\ \sum_{e\in A} x_e &\leq f(A) \qquad (A \subseteq E) \\ \sum_{e\in A} x_e &\leq g(A) \qquad (A \subseteq E) \end{aligned}$$

è TDI.

Dimostrazione. Si consideri la coppia di Programmi Lineari primale-duale seguente:

$$\max\left\{cx : x \geq 0, \sum_{e\in A} x_e \leq f(A) \text{ e } \sum_{e\in A} x_e \leq g(A) \text{ per ogni } A \subseteq E\right\}$$

e

$$\min\left\{\sum_{A\subseteq E}(f(A)y_A + g(A)z_A) : y, z \geq 0, \sum_{A\subseteq E,\, e\in A}(y_A + z_A) \geq c_e \text{ per ogni } e \in E\right\}.$$

Mostriamo l'integralità totale duale, usando il Lemma 5.23.

Sia $c : E(G) \to \mathbb{Z}$, e siano y, z una soluzione ottima per la quale

$$\sum_{A\subseteq E}(y_A + z_A)|A||E \setminus A| \tag{14.1}$$

è il più piccolo possibile. Mostriamo che $\mathcal{F} := \{A \subseteq E : y_A > 0\}$ è una catena, ovvero per qualsiasi $A, B \in \mathcal{F}$ o $A \subseteq B$ oppure $B \subseteq A$.

Per vederlo, si suppongano $A, B \in \mathcal{F}$ con $A \cap B \neq A$ e $A \cap B \neq B$. Sia $\epsilon := \min\{y_A, y_B\}$. Poniamo $y'_A := y_A - \epsilon$, $y'_B := y_B - \epsilon$, $y'_{A\cap B} := y_{A\cap B} + \epsilon$, $y'_{A\cup B} := y_{A\cup B} + \epsilon$, e $y'(S) := y(S)$ per ogni altro $S \subseteq E$. Poiché y', z è una soluzione duale ammissibile, è anche ottima (f è submodulare) e contraddice la scelta di y, perché (14.1) è minore per y', z.

Per lo stesso motivo, $\mathcal{F}' := \{A \subseteq E : z_A > 0\}$ è una catena. Ora siano M e M' le matrici le cui colonne sono indicizzate da elementi di E e le cui righe sono i vettori di incidenza rispettivamente degli elementi di $\mathcal{F}$ e $\mathcal{F}'$. Per il Lemma 5.23, basta mostrare che $\binom{M}{M'}$ è totalmente unimodulare.

Usiamo qui il Teorema 5.24 di Ghouila-Houri. Sia $\mathcal{R}$ un insieme di righe, ovvero $\mathcal{R} = \{A_1, \dots, A_p, B_1, \dots, B_q\}$ con $A_1 \supseteq \dots \supseteq A_p$ e $B_1 \supseteq \dots \supseteq B_q$. Sia $\mathcal{R}_1 := \{A_i : i \text{ dispari}\} \cup \{B_i : i \text{ pari}\}$ e $\mathcal{R}_2 := \mathcal{R} \setminus \mathcal{R}_1$. Poiché per qualsiasi $e \in E$ abbiamo $\{R \in \mathcal{R} : e \in R\} = \{A_1, \dots, A_{p_e}\} \cup \{B_1, \dots, B_{q_e}\}$ per un $p_e \in \{0, \dots, p\}$ e $q_e \in \{0, \dots, q\}$, la somma delle righe in $\mathcal{R}_1$ meno la somma delle righe in $\mathcal{R}_2$ è un vettore con i soli elementi $-1, 0, 1$. Dunque il criterio del Teorema 5.24 è soddisfatto. □

Si possono ottimizzare funzioni lineari definite sull'intersezione di due polimatroidi, ma ciò non è altrettanto semplice come con un solo polimatroide. Ma possiamo usare il METODO DELL'ELLISSOIDE se si può risolvere il PROBLEMA DI SEPARAZIONE per ogni polimatroide. Ritorneremo su questo punto nella Sezione 14.3.

Corollario 14.13. (Edmonds [1970]) *Siano $(E, \mathcal{M}_1)$ e $(E, \mathcal{M}_2)$ due matroidi con funzioni di rango r_1 e r_2. Allora il guscio convesso dei vettori di incidenza degli elementi di $\mathcal{M}_1 \cap \mathcal{M}_2$ è il politopo*

$$\left\{x \in \mathbb{R}_+^E : \sum_{e \in A} x_e \leq \min\{r_1(A), r_2(A)\} \text{ per ogni } A \subseteq E\right\}.$$

Dimostrazione. Siccome r_1 e r_2 sono non negative e submodulari (per il Teorema 13.10), la disuguaglianza precedente è TDI (per il Teorema 14.12). Poiché r_1 e r_2 sono intere, il politopo è intero (per il Corollario 5.15). Poiché $r_1(A) \leq |A|$ per ogni $A \subseteq E$, i vertici (il guscio convesso dei quali è il politopo stesso per il Corollario 3.32) sono vettori 0-1, e quindi i vettori di incidenza degli insiemi indipendenti comuni (elementi di $\mathcal{M}_1 \cap \mathcal{M}_2$). D'altronde, ognuno di questi vettori di incidenza soddisfa le disuguaglianze (per la definizione di funzione rango). □

Naturalmente, la descrizione del politopo di matroide (Teorema 13.21) segue da ciò ponendo $\mathcal{M}_1 = \mathcal{M}_2$. Il Teorema 14.12 ha altre due conseguenze:

Corollario 14.14. (Edmonds [1970]) *Sia E un insieme finito e siano $f, g : 2^E \to \mathbb{R}_+$ due funzioni monotone e submodulari. Allora*

$$\max\{\mathbb{1}x : x \in P(f) \cap P(g)\} = \min_{A \subseteq E}(f(A) + g(E \setminus A)).$$

Inoltre, se f e g sono intere, allora esiste un vettore di interi x che ottiene il massimo.

Dimostrazione. Per il Teorema 14.12, il duale di

$$\max\{\mathbb{1}x : x \in P(f) \cap P(g)\},$$

che è

$$\min\left\{\sum_{A \subseteq E}(f(A)y_A + g(A)z_A) : y, z \geq 0, \sum_{A \subseteq E,\, e \in A}(y_A + z_A) \geq 1 \text{ per ogni } e \in E\right\},$$

ha una soluzione ottima intera y, z. Sia $B := \bigcup_{A: y_A \geq 1} A$ e $C := \bigcup_{A: z_A \geq 1} A$. Sia $y'_B := 1$, $z'_C := 1$ e siano nulle tutte le altre componenti di y' e z'. Abbiamo $B \cup C = E$ e y', z' è una soluzione duale ammissibile. Poiché f e g sono submodulari e non negative,

$$\sum_{A \subseteq E}(f(A)y_A + g(A)z_A) \geq f(B) + g(C).$$

Poiché $E \setminus B \subseteq C$ e g è monotona, il termine noto vale almeno $f(B) + g(E \setminus B)$, dimostrando "$\geq$".

L'altra disuguaglianza "$\leq$" è banale, perché per qualsiasi $A \subseteq E$ otteniamo una soluzione duale ammissibile y, z ponendo $y_A := 1$, $z_{E \setminus A} := 1$ e tutte le altre componenti a zero.

L'integralità segue direttamente dal Teorema 14.12 ed il Corollario 5.15. □

Il Teorema 13.31 è un caso speciale. Inoltre otteniamo:

Corollario 14.15. (Frank [1982]) *Sia E un insieme finito e $f, g : 2^E \to \mathbb{R}$ tale che f è supermodulare, g è submodulare e $f \leq g$. Allora esiste una funzione modulare $h : 2^E \to \mathbb{R}$ con $f \leq h \leq g$. Se f e g sono intere, h può essere scelto intero.*

Dimostrazione. Sia $M := 2\max\{|f(A)| + |g(A)| : A \subseteq E\}$. Sia $f'(A) := g(E) - f(E \setminus A) + M|A|$ e $g'(A) := g(A) - f(\emptyset) + M|A|$ per ogni $A \subseteq E$. f' e g' sono non negative, submodulari e monotone. Un applicazione del Corollario 14.14 dà

$$
\begin{aligned}
& \max\{\mathbb{1}x : x \in P(f') \cap P(g')\} \\
= \; & \min_{A \subseteq E} (f'(A) + g'(E \setminus A)) \\
= \; & \min_{A \subseteq E} (g(E) - f(E \setminus A) + M|A| + g(E \setminus A) - f(\emptyset) + M|E \setminus A|) \\
\geq \; & g(E) - f(\emptyset) + M|E|.
\end{aligned}
$$

Dunque sia $x \in P(f') \cap P(g')$ con $\mathbb{1}x = g(E) - f(\emptyset) + M|E|$. Se f e g sono intere, x può essere scelta intera. Sia $h'(A) := \sum_{e \in A} x_e$ e $h(A) := h'(A) + f(\emptyset) - M|A|$ per ogni $A \subseteq E$. La funzione h è modulare. Inoltre, per ogni $A \subseteq E$ abbiamo $h(A) \leq g'(A) + f(\emptyset) - M|A| = g(A)$ e $h(A) = \mathbb{1}x - h'(E \setminus A) + f(\emptyset) - M|A| \geq g(E) + M|E| - M|A| - f'(E \setminus A) = f(A)$. □

L'analogia con funzioni concave e convesse è ovvia; si veda anche l'Esercizio 10.

14.3 Minimizzazione di funzioni submodulari

Il Problema di Separazione per un polimatroide $P(f)$ e un vettore x cerca un insieme A con $f(A) < \sum_{e \in A} x(e)$. Quindi questo problema si riduce a trovare un insieme A che minimizza $g(A)$, in cui $g(A) := f(A) - \sum_{e \in A} x(e)$. Si noti che se f è submodulare, allora anche g lo è. Quindi minimizzare funzioni submodulari è un problema interessante.

Un'altra motivazione potrebbe essere che le funzioni submodulari possono essere viste come la controparte discreta delle funzioni convesse (Corollario 14.15 ed Esercizio 10). Abbiamo già risolto un caso speciale nella Sezione 8.7: trovare un taglio minimo in un grafo non orientato può essere visto come minimizzare una certa funzione submodulare simmetrica $f : 2^U \to \mathbb{R}_+$ su $2^U \setminus \{\emptyset, U\}$. Prima di ritornare al caso speciale, mostriamo come minimizzare generiche funzioni submodulari. Per semplicità ci limitiamo a funzioni submodulari con valori interi:

PROBLEMA DI MINIMIZZARE UNA FUNZIONE SUBMODULARE	
Istanza:	Un insieme finito U. Una funzione submodulare $f : 2^U \to \mathbb{Z}$ (data da un oracolo).
Obiettivo:	Trovare un sottoinsieme $X \subseteq U$ con $f(X)$ minimo.

Grötschel, Lovász e Schrijver [1981] hanno mostrato come questo problema può essere risolto con l'aiuto del METODO DELL'ELLISSOIDE. L'idea è di determinarne il minimo tramite una ricerca binaria; ciò ridurrebbe il problema al PROBLEMA DI SEPARAZIONE di un polimatroide. Usando l'equivalenza tra separazione e ottimizzazione (Sezione 4.6), basta quindi ottimizzare funzioni lineari su polimatroidi. Comunque, ciò si può fare facilmente con l'ALGORITMO GREEDY PER POLIMATROIDI. Abbiamo prima bisogno di un upper bound su $|f(S)|$ per $S \subseteq U$:

Proposizione 14.16. *Per qualsiasi funzione submodulare $f : 2^U \to \mathbb{Z}$ e qualsiasi $S \subseteq U$ abbiamo*

$$f(U) - \sum_{u \in U} \max\{0, f(\{u\}) - f(\emptyset)\} \le f(S) \le f(\emptyset) + \sum_{u \in U} \max\{0, f(\{u\}) - f(\emptyset)\}.$$

In particolare, un numero B con $|f(S)| \le B$ per ogni $S \subseteq U$ può essere calcolato in tempo lineare, con $|U| + 2$ chiamate all'oracolo di f.

Dimostrazione. Con ripetute applicazioni della submodularità otteniamo per $\emptyset \neq S \subseteq U$ (sia $x \in S$):

$$f(S) \le -f(\emptyset) + f(S \setminus \{x\}) + f(\{x\}) \le \cdots \le -|S| f(\emptyset) + f(\emptyset) + \sum_{x \in S} f(\{x\}),$$

e per $S \subset U$ (sia $y \in U \setminus S$):

$$\begin{aligned} f(S) &\ge -f(\{y\}) + f(S \cup \{y\}) + f(\emptyset) \ge \cdots \\ &\ge -\sum_{y \in U \setminus S} f(\{y\}) + f(U) + |U \setminus S| f(\emptyset). \end{aligned}$$

□

Proposizione 14.17. *Il problema seguente può essere risolto in tempo polinomiale: dato un insieme finito U, una funzione submodulare e monotona $f : 2^U \to \mathbb{Z}_+$ (tramite un oracolo) con $f(S) > 0$ per $S \neq \emptyset$, un numero $B \in \mathbb{N}$ con $f(S) \le B$ per ogni $S \subseteq U$, ed un vettore $x \in \mathbb{Z}_+^U$, decidere se $x \in P(f)$ e altrimenti restituire un insieme $S \subseteq U$ con $\sum_{v \in S} x(v) > f(S)$.*

Dimostrazione. Questo è il PROBLEMA DI SEPARAZIONE per il polimatroide $P(f)$. Useremo il Teorema 4.23, perché abbiamo già risolto il problema di ottimizzazione per $P(f)$: l'ALGORITMO GREEDY PER POLIMATROIDI massimizza qualsiasi funzione lineare su $P(f)$ (Teorema 14.11).

Dobbiamo controllare i prerequisiti del Teorema 4.23. Poiché il vettore nullo e i vettori unitari sono tutti in $P(f)$, possiamo prendere $x_0 := \epsilon \mathbb{1}$ come punto interno, in cui $\epsilon = \frac{1}{|U|+1}$. Abbiamo $\text{size}(x_0) = O(|U| \log |U|)$. Inoltre, ogni vertice di $P(f)$ è prodotto dall'ALGORITMO GREEDY PER POLIMATROIDI (per una funzione obiettivo; cf. Teorema 14.11) e ha quindi dimensione $O(|U|(2 + \log B))$. Concludiamo che il PROBLEMA DI SEPARAZIONE può essere risolto in tempo polinomiale. Per il Teorema 4.23, otteniamo una disuguaglianza che definisce una faccetta di $P(f)$ violata da x se $x \notin P(f)$. Ciò corrisponde ad un insieme $S \subseteq U$ con $\sum_{v \in S} x(v) > f(S)$. □

Se f non è monotona, non possiamo applicare direttamente questo risultato. Consideriamo allora una funzione diversa:

Proposizione 14.18. *Sia $f : 2^U \to \mathbb{R}$ un funzione submodulare e $\beta \in \mathbb{R}$. Allora $g : 2^U \to \mathbb{R}$, definita da*

$$g(X) := f(X) - \beta + \sum_{e \in X} (f(U \setminus \{e\}) - f(U)),$$

è submodulare e monotona.

Dimostrazione. La submodularità di g segue direttamente dalla submodularità di f. Per mostrare che g è monotona, sia $X \subset U$ ed $e \in U \setminus X$. Abbiamo $g(X \cup \{e\}) - g(X) = f(X \cup \{e\}) - f(X) + f(U \setminus \{e\}) - f(U) \geq 0$ poiché f è submodulare. □

Teorema 14.19. *Il* PROBLEMA DI MINIMIZZAZIONE DI FUNZIONI SUBMODULARI *può essere risolto in tempo polinomiale in $|U| + \log \max\{|f(S)| : S \subseteq U\}$.*

Dimostrazione. Sia U un insieme finito; supponiamo di conoscere f tramite un oracolo. Calcoliamo prima un numero $B \in \mathbb{N}$ con $|f(S)| \leq B$ per ogni $S \subseteq U$ (cf. Proposizione 14.16). Poiché f è submodulare, abbiamo per ogni $e \in U$ e per ogni $X \subseteq U \setminus \{e\}$:

$$f(\{e\}) - f(\emptyset) \geq f(X \cup \{e\}) - f(X) \geq f(U) - f(U \setminus \{e\}). \tag{14.2}$$

Se, per un $e \in U$, $f(\{e\}) - f(\emptyset) \leq 0$, allora per (14.2) esiste un insieme ottimo S che contiene e. In questo caso consideriamo l'istanza (U', B, f') definita da $U' := U \setminus \{e\}$ e $f'(X) := f(X \cup \{e\})$ per $X \subseteq U \setminus \{e\}$, e troviamo un insieme $S' \subseteq U'$ con $f'(S')$ minimo e risultato $S := S' \cup \{e\}$.

In maniera analoga, se $f(U) - f(U \setminus \{e\}) \geq 0$, allora per (14.2) esiste un insieme ottimo S che non contiene e. In questo caso minimizziamo semplicemente f ristretta a $U \setminus \{e\}$. In entrambi i casi abbiamo ridotto la dimensione dell'insieme di base.

Possiamo quindi assumere che $f(\{e\}) - f(\emptyset) > 0$ e $f(U \setminus \{e\}) - f(U) > 0$ per ogni $e \in U$. Sia $x(e) := f(U \setminus \{e\}) - f(U)$. Per ogni intero β con $-B \leq \beta \leq f(\emptyset)$ definiamo $g(X) := f(X) - \beta + \sum_{e \in X} x(e)$. Per la Proposizione 14.18,

g è submodulare e monotona. Inoltre abbiamo $g(\emptyset) = f(\emptyset) - \beta \geq 0$ e $g(\{e\}) = f(\{e\}) - \beta + x(e) > 0$ per ogni $e \in U$, e quindi $g(X) > 0$ per ogni $\emptyset \neq X \subseteq U$. Applichiamo ora la Proposizione 14.17 e controlliamo se $x \in P(g)$. Se ciò viene verificato, abbiamo $f(X) \geq \beta$ per ogni $X \subseteq U$ e abbiamo terminato. Altrimenti otteniamo un insieme S con $f(S) < \beta$.

Applichiamo ora una ricerca binaria: scegliendo appropriatamente β ad ogni istante, abbiamo bisogno di $O(\log(2B))$ iterazioni per trovare il numero $\beta^* \in \{-B, -B+1, \dots, f(\emptyset)\}$ per il quale $f(X) \geq \beta^*$ per ogni $X \subseteq U$ ma $f(S) < \beta^*+1$ per un $S \subseteq U$. Questo insieme S minimizza f. □

Il primo algoritmo fortemente polinomiale è stato sviluppato da Grötschel, Lovász e Schrijver [1988], ed è ancora basato sul metodo dell'ellissoide. Algoritmi combinatori per il risolvere il PROBLEMA DI MINIMIZZARE FUNZIONI SUBMODULARI in tempo fortemente polinomiale sono stati trovati da Schrijver [2000] ed indipendentemente da Iwata, Fleischer e Fujishige [2001]. Nella sezione successiva, descriviamo l'algoritmo di Schrijver.

14.4 Algoritmo di Schrijver

Per un insieme finito U ed una funzione submodulare $f : 2^U \to \mathbb{Z}$, assumiamo senza perdita di generalità che $U = \{1, \dots, n\}$ e $f(\emptyset) = 0$. Ad ogni passo, l'algoritmo di Schrijver [2000] mantiene un punto x nel cosiddétto **poliedro di base** di f, definito da

$$\left\{x \in \mathbb{R}^U : \sum_{u \in A} x(u) \leq f(A) \text{ per ogni } A \subseteq U, \sum_{u \in U} x(u) = f(U)\right\}.$$

Si osservi che l'insieme dei vertici di questo poliedro di base è precisamente l'insieme di vettori $b^{\prec}$ per tutti gli ordini totali $\prec$ di U, in cui definiamo

$$b^{\prec}(u) := f(\{v \in U : v \preceq u\}) - f(\{v \in U : v \prec u\})$$

($u \in U$). Questo fatto, di cui non abbiamo bisogno subito, può essere dimostrato in maniera simile al Teorema 14.11 (Esercizio 14).

Il punto x è sempre scritto in modo esplicito come combinazione convessa $x = \lambda_1 b^{\prec_1} + \dots + \lambda_k b^{\prec_k}$ di questi vertici. Inizialmente, si può scegliere $k = 1$ e un qualsiasi ordine totale. Per un ordine totale $\prec$ e $s, u \in U$, denotiamo con $\prec^{s,u}$ l'ordine totale che risulta da $\prec$ spostando u subito prima di s. Inoltre, sia χ^u il vettore di incidenza di u ($u \in U$).

ALGORITMO DI SCHRIJVER	
Input:	Un insieme finito $U = \{1, \dots, n\}$. Una funzione submodulare $f : 2^U \to \mathbb{Z}$ con $f(\emptyset) = 0$ (data tramite un oracolo).
Output:	Un sottoinsieme $X \subseteq U$ con $f(X)$ minimo.

① Poni $k := 1$, sia $\prec_1$ un qualsiasi ordinamento totale su U, e poni $x := b^{\prec_1}$.

② Poni $D := (U, A)$, in cui $A = \{(u, v) : u \prec_i v \text{ per un } i \in \{1, \ldots, k\}\}$.

③ Sia $P := \{v \in U : x(v) > 0\}$ e $N := \{v \in U : x(v) < 0\}$, e sia X l'insieme dei vertici non raggiungibile da P nel digrafo D.
If $N \subseteq X$, **then stop else** sia $d(v)$ la distanza da P a v in D.

④ Scegli il vertice $t \in N$ raggiungibile da P con $(d(t), t)$ lessicograficamente massimo.
Scegli il vertice massimale s con $(s, t) \in A$ e $d(s) = d(t) - 1$.
Sia $i \in \{1, \ldots, k\}$ tale che $\alpha := |\{v : s \prec_i v \preceq_i t\}|$ sia massimo (il numero di indici che ottengono questo massimo sarà indicato con β).

⑤ Calcola un numero ϵ con $0 \leq \epsilon \leq -x(t)$ e scrivi $x' := x + \epsilon(\chi^t - \chi^s)$ come una combinazione convessa di al massimo n vettori, scelti tra $b^{\prec_1}, \ldots, b^{\prec_k}$ e $b^{\prec_i^{s,u}}$ per ogni $u \in U$ con $s \prec_i u \preceq_i t$, con la proprietà addizionale che $b^{\prec_i}$ non appare se $x'(t) < 0$.

⑥ Poni $x := x'$, rinomina i vettori nella combinazione convessa di x come $b^{\prec_1}, \ldots, b^{\prec_{k'}}$, poni $k := k'$, e **go to** ②.

Teorema 14.20. (Schrijver [2000]) L'ALGORITMO DI SCHRIJVER *funziona correttamente.*

Dimostrazione. L'algoritmo termina se D non contiene alcun cammino da P ad N e restituisce l'insieme X di vertici non raggiungibili da P. Chiaramente $N \subseteq X \subseteq U \setminus P$, dunque $\sum_{u\in X} x(u) \leq \sum_{u\in W} x(u)$ per ogni $W \subseteq U$. Inoltre, nessun arco entra in X, e quindi o $X = \emptyset$ oppure per ogni $j \in \{1, \ldots, k\}$ esiste un $v \in X$ con $X = \{u \in U : u \preceq_j v\}$. Quindi, per definizione, $\sum_{u\in X} b^{\prec_j}(u) = f(X)$ per ogni $j \in \{1, \ldots, k\}$. Inoltre, per la Proposizione 14.10, $\sum_{u\in W} b^{\prec_j}(u) \leq f(W)$ per ogni $W \subseteq U$ e $j \in \{1, \ldots, k\}$. Quindi, per ogni $W \subseteq U$,

$$
\begin{aligned}
f(W) &\geq \sum_{j=1}^{k} \lambda_j \sum_{u\in W} b^{\prec_j}(u) = \sum_{u\in W} \sum_{j=1}^{k} \lambda_j b^{\prec_j}(u) = \sum_{u\in W} x(u) \\
&\geq \sum_{u\in X} x(u) = \sum_{u\in X} \sum_{j=1}^{k} \lambda_j b^{\prec_j}(u) = \sum_{j=1}^{k} \lambda_j \sum_{u\in X} b^{\prec_j}(u) = f(X),
\end{aligned}
$$

dimostrando che X è una soluzione ottima. □

Lemma 14.21. (Schrijver [2000]) *Ogni iterazione viene eseguita in tempo $O(n^3 + \gamma n^2)$, in cui γ è il tempo di una chiamata all'oracolo.*

Dimostrazione. Basta mostrare che ⑤ può essere fatto in tempo $O(n^3 + \gamma n^2)$. Sia $x = \lambda_1 b^{\prec_1} + \cdots + \lambda_k b^{\prec_k}$ e $s \prec_i t$. Mostriamo prima che vale:

$\delta(\chi^t - \chi^s)$, per qualche $\delta \geq 0$, può essere scritta come combinazione convessa dei vettori $b^{\prec_i^{s,v}} - b^{\prec_i}$ per $s \prec_i v \preceq_i t$ in tempo $O(\gamma n^2)$. (14.3)

Per dimostrarlo, abbiamo bisogno di alcune definizioni preliminari. Sia $s \prec_i v \preceq_i t$. Per definizione, $b^{\prec_i^{s,v}}(u) = b^{\prec_i}(u)$ per $u \prec_i s$ o $u \succ_i v$. Poiché f è submodulare, abbiamo per $s \preceq_i u \prec_i v$:

$$\begin{aligned} b^{\prec_i^{s,v}}(u) &= f(\{w \in U : w \preceq_i^{s,v} u\}) - f(\{w \in U : w \prec_i^{s,v} u\}) \\ &\le f(\{w \in U : w \preceq_i u\}) - f(\{w \in U : w \prec_i u\}) = b^{\prec_i}(u). \end{aligned}$$

Inoltre, per $u = v$ abbiamo:

$$\begin{aligned} b^{\prec_i^{s,v}}(v) &= f(\{w \in U : w \preceq_i^{s,v} v\}) - f(\{w \in U : w \prec_i^{s,v} v\}) \\ &= f(\{w \in U : w \prec_i s\} \cup \{v\}) - f(\{w \in U : w \prec_i s\}) \\ &\ge f(\{w \in U : w \preceq_i v\}) - f(\{w \in U : w \prec_i v\}) \\ &= b^{\prec_i}(v). \end{aligned}$$

Infine, si osservi che $\sum_{u \in U} b^{\prec_i^{s,v}}(u) = f(U) = \sum_{u \in U} b^{\prec_i}(u)$.

Poiché la 14.3 è banale se $b^{\prec_i^{s,v}} = b^{\prec_i}$ per un $s \prec_i v \preceq_i t$, possiamo assumere $b^{\prec_i^{s,v}}(v) > b^{\prec_i}(v)$ per ogni $s \prec_i v \preceq_i t$. Assegnamo ricorsivamente

$$\kappa_v := \frac{\chi_v^t - \sum_{v \prec_i w \preceq_i t} \kappa_w (b^{\prec_i^{s,w}}(v) - b^{\prec_i}(v))}{b^{\prec_i^{s,v}}(v) - b^{\prec_i}(v)} \ge 0$$

per $s \prec_i v \preceq_i t$, e otteniamo $\sum_{s \prec_i v \preceq_i t} \kappa_v (b^{\prec_i^{s,v}} - b^{\prec_i}) = \chi^t - \chi^s$, dato che $\sum_{s \prec_i v \preceq_i t} \kappa_v (b^{\prec_i^{s,v}}(u) - b^{\prec_i}(u)) = \sum_{u \preceq_i v \preceq_i t} \kappa_v (b^{\prec_i^{s,v}}(u) - b^{\prec_i}(u)) = \chi_u^t$ per ogni $s \prec_i u \preceq_i t$, e la somma di tutte le componenti è nulla.

Assegnando $\delta := \frac{1}{\sum_{s \prec_i v \preceq_i t} \kappa_v}$ e moltiplicando ogni κ_u per δ, si vede che segue la 14.3.

Ora si consideri $\epsilon := \min\{\lambda_i \delta, -x(t)\}$ e $x' := x + \epsilon(\chi^t - \chi^s)$. Se $\epsilon = \lambda_i \delta \le -x(t)$, allora abbiamo $x' = \sum_{j=1}^k \lambda_j b^{\prec_j} + \lambda_i \sum_{s \prec_i v \preceq_i t} \kappa_v (b^{\prec_i^{s,v}} - b^{\prec_i})$, ovvero abbiamo scritto x' come una combinazione convessa di $b^{\prec_j}$ ($j \in \{1, \dots, k\} \setminus \{i\}$) e $b^{\prec_i^{s,v}}$ ($s \prec_i v \preceq_i t$). Se $\epsilon = -x(t)$, potremmo anche usare $b^{\prec_i}$ nella combinazione convessa.

Infine, riduciamo questa combinazione convessa ad al massimo n vettori in tempo $O(n^3)$, come mostrato nell'Esercizio 5 del Capitolo 4. □

Lemma 14.22. (Vygen [2003]) *L'*ALGORITMO DI SCHRIJVER *termina dopo* $O(n^5)$ *iterazioni.*

Dimostrazione. Se viene introdotto un arco (v, w) dopo che in un'iterazione è stato aggiunto al passo ⑤ un nuovo vettore $b^{\prec_i^{s,v}}$, allora in tale iterazione $s \preceq_i w \prec_i v \preceq_i t$. Quindi in quell'iterazione $d(w) \le d(s) + 1 = d(t) \le d(v) + 1$, e l'introduzione del nuovo arco non può diminuire la distanza da P a qualsiasi $v \in U$. Poiché ⑤ garantisce che nessun elemento viene mai aggiunto a P, la distanza $d(v)$ non decresce per qualsiasi $v \in U$.

Si chiami un *blocco* una sequenza di iterazioni in cui la coppia (t, s) rimane costante. Si noti che ogni blocco ha $O(n^2)$ iterazioni, perché (α, β) diminuisce lessicograficamente ad ogni iterazione in ogni blocco. Rimane da dimostrare che esistono $O(n^3)$ blocchi.

Un blocco può terminare per almeno una delle ragioni seguenti (per la scelta di t e s, poiché un'iterazione con $t = t^*$ non aggiunge alcun arco la cui testa è t^*, e poiché un vertice v può entrare in N solo se $v = s$ e quindi $d(v) < d(t)$):

(a) la distanza $d(v)$ aumenta per un $v \in U$.
(b) t viene rimosso da N.
(c) (s, t) viene rimosso da A.

Contiamo ora il numero di blocchi di questi tre tipi. Chiaramente esistono $O(n^2)$ blocchi di tipo (a).

Si consideri ora il tipo (b). Mostriamo che per ogni $t^* \in U$ esistono $O(n^2)$ iterazioni con $t = t^*$ e $x'(t) = 0$. Ciò si vede facilmente: tra ognuna di queste iterazioni, $d(v)$ deve cambiare per un $v \in U$, e ciò può accadere $O(n^2)$ volte poiché i valori d possono solo aumentare. Quindi esistono $O(n^3)$ blocchi di tipo (b).

Mostriamo infine che esistono $O(n^3)$ blocchi di tipo (c). Basta mostrare che $d(t)$ cambierà prima del prossimo blocco con la coppia (s, t).

Per $s, t \in U$, diciamo che s è *t-boring* se $(s, t) \notin A$ o $d(t) \leq d(s)$. Siano $s^*, t^* \in U$ e si consideri il periodo di tempo dopo che un blocco con $s = s^*$ e $t = t^*$ termina perché (s^*, t^*) viene rimosso da A, sino al cambio successivo di $d(t^*)$. Dimostriamo che ogni $v \in \{s^*, \ldots, n\}$ è t^*-boring durante questo periodo. Applicandolo per $v = s^*$ si conclude la dimostrazione.

All'inizio del periodo, ogni $v \in \{s^*+1, \ldots, n\}$ è t^*-boring per la scelta di $s = s^*$ nell'iterazione immediatamente precedente al periodo. s^* è anche t^*-boring poiché (s^*, t^*) viene rimosso da A. Poiché $d(t^*)$ rimane costante nel periodo considerato e $d(v)$ non diminuisce mai per qualsiasi v, dobbiamo solo controllare l'introduzione di nuovi archi.

Supponiamo che, per un $v \in \{s^*, \ldots, n\}$, l'arco (v, t^*) venga aggiunto ad A dopo un'iterazione che scelga la coppia (s, t). Allora, per le osservazioni all'inizio di questa dimostrazione, $s \preceq_i t^* \prec_i v \preceq_i t$ in questa iterazione, e quindi $d(t^*) \leq d(s) + 1 = d(t) \leq d(v) + 1$. Ora distinguiamo due casi: se $s > v$, allora abbiamo $d(t^*) \leq d(s)$, o perché $t^* = s$, o perché s era t^*-boring e $(s, t^*) \in A$. Se $s < v$, allora abbiamo $d(t) \leq d(v)$, o perché $t = v$, o per la scelta di s e poiché $(v, t) \in A$. In entrambi i casi concludiamo che $d(t^*) \leq d(v)$ e v rimane t^*-boring. □

Il Teorema 14.20, il Lemma 14.21 e il Lemma 14.22 implicano:

Teorema 14.23. *Il* PROBLEMA DI MINIMIZZAZIONE DI FUNZIONI SUBMODULARI *può essere risolto in tempo $O(n^8 + \gamma n^7)$, in cui γ è il tempo per una chiamata di oracolo.* □

Iwata [2002] ha descritto un algoritmo completamente combinatorio (che usa solo addizioni, sottrazioni, confronti e chiamate di oracolo, ma non moltiplicazioni o divisioni). Ha anche migliorato il tempo di esecuzione (Iwata [2003]). L'algoritmo fortemente tempo-polinomiale ad oggi più veloce è stato trovato da Orlin [2007] e richiede un tempo $O(n^6 + \gamma n^5)$.

14.5 Funzioni submodulari simmetriche

Una funzione submodulare $f : 2^U \to \mathbb{R}$ è detta **simmetrica** se $f(A) = f(U \setminus A)$ per ogni $A \subseteq U$. In questo caso speciale il PROBLEMA DI MINIMIZZAZIONE DI FUNZIONI SUBMODULARI è banale, poiché $2f(\emptyset) = f(\emptyset) + f(U) \leq f(A) + f(U \setminus A) = 2f(A)$ per ogni $A \subseteq U$, il che implica che l'insieme vuoto è ottimo. Quindi il problema diventa interessante solo se si esclude questo caso banale: si cerca un sottoinsieme proprio non vuoto A di U tale che $f(A)$ sia minimo.

Generalizzando l'algoritmo della Sezione 8.7, Queyranne [1998] ha trovato un algoritmo combinatorio relativamente semplice per questo problema usando solo $O(n^3)$ chiamate di oracolo. Il lemma seguente è una generalizzazione del Lemma 8.38 (Esercizio 15):

Lemma 14.24. *Data una funzione submodulare simmetrica $f : 2^U \to \mathbb{R}$ con $n := |U| \geq 2$, possiamo trovare due elementi $x, y \in U$ con $x \neq y$ e $f(\{x\}) = \min\{f(X) : x \in X \subseteq U \setminus \{y\}\}$ in tempo $O(n^2\theta)$, in cui θ è il bound per il tempo dell'oracolo per f.*

Dimostrazione. Costruiamo un ordinamento $U = \{u_1, \dots, u_n\}$ facendo ciò che segue per $k = 1, \dots, n-1$. Si supponga che $u_1, \dots, u_{k-1}$ siano già stati costruiti; sia $U_{k-1} := \{u_1, \dots, u_{k-1}\}$. Per $C \subseteq U$ definiamo

$$w_k(C) \;:=\; f(C) - \frac{1}{2}(f(C \setminus U_{k-1}) + f(C \cup U_{k-1}) - f(U_{k-1})).$$

Si noti che anche w_k è simmetrica. Sia u_k un elemento di $U \setminus U_{k-1}$ che massimizza $w_k(\{u_k\})$.

Infine, sia u_n il solo elemento in $U \setminus \{u_1, \dots, u_{n-1}\}$. Ovviamente la costruzione dell'ordinamento $u_1, \dots, u_n$ può essere fatta in tempo $O(n^2\theta)$. Per ogni $k = 1, \dots, n-1$ ed ogni $x, y \in U \setminus U_{k-1}$ con $x \neq y$ e $w_k(\{x\}) \leq w_k(\{y\})$ abbiamo:

$$w_k(\{x\}) \;=\; \min\{w_k(C) : x \in C \subseteq U \setminus \{y\}\}. \tag{14.4}$$

Dimostriamo che vale 14.4 per induzione su k. Per $k = 1$ l'affermazione è banale poiché $w_1(C) = \frac{1}{2}f(\emptyset)$ per ogni $C \subseteq U$.

Sia ora $k > 1$ e $x, y \in U \setminus U_{k-1}$ con $x \neq y$ e $w_k(\{x\}) \leq w_k(\{y\})$. Inoltre, sia $Z \subseteq U$ con $u_{k-1} \notin Z$, e sia $z \in Z \setminus U_{k-1}$. Per la scelta di u_{k-1} abbiamo $w_{k-1}(\{z\}) \leq w_{k-1}(\{u_{k-1}\})$; quindi per l'ipotesi di induzione otteniamo $w_{k-1}(\{z\}) \leq w_{k-1}(Z)$.

Inoltre, la submodularità di f implica

$$\begin{aligned}
& (w_k(Z) - w_{k-1}(Z)) - (w_k(\{z\}) - w_{k-1}(\{z\})) \\
= \; & \frac{1}{2}(f(Z \cup U_{k-2}) - f(Z \cup U_{k-1}) - f(U_{k-2}) + f(U_{k-1})) \\
& - \frac{1}{2}(f(\{z\} \cup U_{k-2}) - f(\{z\} \cup U_{k-1}) - f(U_{k-2}) + f(U_{k-1})) \\
= \; & \frac{1}{2}(f(Z \cup U_{k-2}) + f(\{z\} \cup U_{k-1}) - f(Z \cup U_{k-1}) - f(\{z\} \cup U_{k-2})) \\
\geq \; & 0.
\end{aligned}$$

Quindi $w_k(Z) - w_k(\{z\}) \geq w_{k-1}(Z) - w_{k-1}(\{z\}) \geq 0$.

Per concludere la dimostrazione della 14.4, sia $C \subseteq U$ con $x \in C$ e $y \notin C$. Esistono due casi:

Caso 1: $u_{k-1} \notin C$. Allora il risultato precedente per $Z = C$ e $z = x$ dà come richiesto $w_k(C) \geq w_k(\{x\})$.

Caso 2: $u_{k-1} \in C$. Allora applichiamo quanto sopra a $Z = U \setminus C$ e $z = y$ e otteniamo $w_k(C) = w_k(U \setminus C) \geq w_k(\{y\}) \geq w_k(\{x\})$.

Ciò termina la dimostrazione della 14.4. Applicandolo a $k = n - 1$, $x = u_n$ e $y = u_{n-1}$ otteniamo

$$w_{n-1}(\{u_n\}) \;=\; \min\{w_{n-1}(C) : u_n \in C \subseteq U \setminus \{u_{n-1}\}\}.$$

Poiché $w_{n-1}(C) = f(C) - \frac{1}{2}(f(\{u_n\}) + f(U \setminus \{u_{n-1}\}) - f(U_{n-2}))$ per ogni $C \subseteq U$ con $u_n \in C$ e $u_{n-1} \notin C$, segue il lemma (assegna $x := u_n$ e $y := u_{n-1}$). □

La dimostrazione si deve a Fujishige [1998]. Ora possiamo procedere in maniera analoga alla dimostrazione del Teorema 8.39:

Teorema 14.25. (Queyranne [1998]) *Data un funzione submodulare simmetrica $f : 2^U \to \mathbb{R}$, un sottoinsieme proprio non vuoto A di U tale che $f(A)$ sia minima può essere trovato in tempo $O(n^3\theta)$ in cui θ è il bound temporale dell'oracolo f.*

Dimostrazione. Se $|U| = 1$, il problema è banale. Altrimenti applichiamo il Lemma 14.24 e troviamo due elementi $x, y \in U$ con $f(\{x\}) = \min\{f(X) : x \in X \subseteq U \setminus \{y\}\}$ in tempo $O(n^2\theta)$. Poi troviamo ricorsivamente un sottoinsieme proprio non vuoto di $U \setminus \{x\}$ minimizzando la funzione $f' : 2^{U \setminus \{x\}} \to \mathbb{R}$, definita da $f'(X) := f(X)$ se $y \notin X$ e $f'(X) := f(X \cup \{x\})$ se $y \in X$. Si osserva facilmente che f' è simmetrica e submodulare.

Sia $\emptyset \neq Y \subset U \setminus \{x\}$ un insieme che minimizza f'; senza perdita di generalità $y \in Y$ (poiché f' è simmetrica). Mostriamo che o $\{x\}$ oppure $Y \cup \{x\}$ minimizza f (su tutti i sottoinsiemi propri non vuoti di U). Per vederlo, si consideri qualsiasi $C \subset U$ con $x \in C$. Se $y \notin C$, allora abbiamo $f(\{x\}) \leq f(C)$ per la scelta di x e y. Se $y \in C$, allora $f(C) = f'(C \setminus \{x\}) \geq f'(Y) = f(Y \cup \{x\})$. Quindi $f(C) \geq \min\{f(\{x\}), f(Y \cup \{x\})\}$ per tutti i sottoinsiemi propri non vuoti di C di U.

Per ottenere il tempo di esecuzione non possiamo naturalmente calcolare f' esplicitamente. Piuttosto memorizziamo una partizione di U, che inizialmente contiene solo singoletti. Ad ogni passo della ricorsione costruiamo l'unione di quei due insiemi della partizione che contengono x e y. In questo modo f' può essere calcolata efficientemente (usando l'oracolo di f). □

Questo risultato è stato generalizzato ulteriormente da Nagamochi e Ibaraki [1998] e da Rizzi [2000].

Esercizi

1. Sia G un grafo non orientato e M un matching massimo in G. Sia $\mathcal{F}$ la famiglia di quei sottoinsiemi $X \subseteq E(G)$ per i quali esiste una foresta di blossom speciale F rispetto ad M con $E(F) \setminus M = X$. Dimostrare che $(E(G) \setminus M, \mathcal{F})$ è un greedoide.
   Suggerimento: usare l'Esercizio 23 del Capitolo 10.
2. Sia $(E, \mathcal{F})$ un greedoide e $c' : E \to \mathbb{R}_+$. Si consideri la funzione bottleneck $c(F) := \min\{c'(e) : e \in F\}$ per $F \subseteq E$. Mostrare che l'ALGORITMO GREEDY PER I GREEDOIDI, quando applicato a $(E, \mathcal{F})$ e c, trova un $F \in \mathcal{F}$ con $c(F)$ massimo.
3. Questo esercizio mostra che i greedoidi possono essere definiti come linguaggi (cf. Definizione 15.1). Sia E un insieme finito. Un linguaggio L sull'alfabeto E è detto un linguaggio greedoide se
   (a) L contiene la stringa vuota;
   (b) $x_i \neq x_j$ per ogni $(x_1, \dots, x_n) \in L$ e $1 \leq i < j \leq n$;
   (c) $(x_1, \dots, x_{n-1}) \in L$ per ogni $(x_1, \dots, x_n) \in L$;
   (d) Se $(x_1, \dots, x_n), (y_1, \dots, y_m) \in L$ con $m < n$, allora esiste un $i \in \{1, \dots, n\}$ tale che $(y_1, \dots, y_m, x_i) \in L$.

   L è detto un linguaggio antimatroide se soddisfa (a), (b), (c) e
   (d′) Se $(x_1, \dots, x_n), (y_1, \dots, y_m) \in L$ con $\{x_1, \dots, x_n\} \not\subseteq \{y_1, \dots, y_m\}$, allora esiste un $i \in \{1, \dots, n\}$ tale che $(y_1, \dots, y_m, x_i) \in L$.

   Si dimostri che un linguaggio L definito sull'alfabeto E è un linguaggio greedoide (un linguaggio antimatroide) se e solo se la famiglia di insiemi $(E, \mathcal{F})$ è un greedoide (antimatroide), in cui $\mathcal{F} := \{\{x_1, \dots, x_n\} : (x_1, \dots, x_n) \in L\}$.
4. Sia U un insieme finito e $f : 2^U \to \mathbb{R}$. Dimostrare che f è submodulare se e solo se $f(X \cup \{y, z\}) - f(X \cup \{y\}) \leq f(X \cup \{z\}) - f(X)$ per ogni $X \subseteq U$ e $y, z \in U$.
5. Sia (G, u, s, t) una rete e $U := \delta^+(s)$. Sia $P := \{x \in \mathbb{R}^U_+ :$ esiste un flusso s-t f in (G, u) con $f(e) = x_e$ per ogni $e \in U\}$. Dimostrare che P è un polimatroide.
6. Sia P un polimatroide non vuoto. Mostrare che allora esiste una funzione submodulare e monotona f con $f(\emptyset) = 0$ e $P = P(f)$.
7. * Dimostrare che un insieme compatto non vuoto $P \subseteq \mathbb{R}^n_+$ è un polimatroide se e solo se:

(a) Per ogni $0 \leq x \leq y \in P$ si ha $x \in P$.
(b) Per ogni $x \in \mathbb{R}_+^n$ e ogni $y, z \leq x$ con $y, z \in P$ che sono massimali con questa proprietà (ossia $y \leq w \leq x$ e $w \in P$ implica $w = y$, e $z \leq w \leq x$ e $w \in P$ implica $w = z$) abbiamo $\mathbb{1}y = \mathbb{1}z$.

Osservazione: questa è la definizione generale di Edmonds [1970].

8. Dimostrare che l'ALGORITMO GREEDY PER POLIMATROIDI, quando applicato ad un vettore $c \in \mathbb{R}_+^E$ e ad una funzione submodulare ma non necessariamente monotona $f : 2^E \to \mathbb{R}$ con $f(\emptyset) \geq 0$, risolve

$$\max\left\{cx : \sum_{e \in A} x_e \leq f(A) \text{ per ogni } A \subseteq E\right\}.$$

9. Dimostrare il Teorema 14.12 per il caso speciale in cui f e g sono funzioni di rango di matroidi costruendo una soluzione ottima duale intera da c_1 e c_2 come generata dall'ALGORITMO DELL'INTERSEZIONE DI MATROIDE PESATA.
(Frank [1981])

* 10. Sia S un insieme finito e $f : 2^S \to \mathbb{R}$. Si definisca $f' : \mathbb{R}_+^S \to \mathbb{R}$ come segue. Per qualsiasi $x \in \mathbb{R}_+^S$ esistono e sono unici: $k \in \mathbb{Z}_+$, $\lambda_1, \ldots, \lambda_k > 0$ e $\emptyset \subset T_1 \subset T_2 \subset \cdots \subset T_k \subseteq S$, tali che $x = \sum_{i=1}^k \lambda_i \chi^{T_i}$, dove χ^{T_i} è il vettore di incidenza di T_i. Allora $f'(x) := \sum_{i=1}^k \lambda_i f(T_i)$.
Dimostrare che f è submodulare se e solo se f' è convessa.
(Lovász [1983])

11. Sia E un insieme finito e $f : 2^E \to \mathbb{R}_+$ una funzione submodulare con $f(\{e\}) \leq 2$ per ogni $e \in E$. (La coppia (E, f) è talvolta detta 2-polimatroide.) Il PROBLEMA DI MATCHING DEL POLIMATROIDE consiste nel cercare un insieme di cardinalità massima $X \subseteq E$ con $f(X) = 2|X|$. (f è naturalmente data da un oracolo.)
Siano $E_1, \ldots, E_k$ coppie non ordinate disgiunte a coppie e sia $(E, \mathcal{F})$ un matroide (dato tramite un oracolo di indipendenza), in cui $E = E_1 \cup \cdots \cup E_k$. Il PROBLEMA DEL MATROIDE DI PARITÀ consiste nel cercare un insieme di cardinalità massima $I \subseteq \{1, \ldots, k\}$ con $\bigcup_{i \in I} E_i \in \mathcal{F}$.
(a) Mostrare che il PROBLEMA DEL MATROIDE DI PARITÀ si riduce polinomialmente al PROBLEMA DEL POLIMATROIDE DI MATCHING.
* (b) Mostrare che il PROBLEMA DEL POLIMATROIDE DI MATCHING si riduce polinomialmente al PROBLEMA DEL MATROIDE DI PARITÀ.
Suggerimento: usare un algoritmo per il PROBLEMA DI MINIMIZZARE UNA FUNZIONE SUBMODULARE.
* (c) Mostrare che non esiste alcun algoritmo per il PROBLEMA DEL POLIMATROIDE DI MATCHING il cui tempo di esecuzione sia polinomiale in $|E|$.
(Jensen e Korte [1982], Lovász [1981])
(Un problema si riduce polinomialmente ad un altro se il primo può essere risolto con un algoritmo di oracolo tempo-polinomiale usando un oracolo per il secondo; si veda il Capitolo 15.)
Osservazione: un algoritmo tempo-polinomiale per un caso speciale fu dato da Lovász [1980,1981].

12. Una funzione $f : 2^S \to \mathbb{R}\cup\{\infty\}$ è detta crossing submodulare se $f(X)+f(Y) \geq f(X \cup Y) + f(X \cap Y)$ per qualsiasi due insiemi $X, Y \subseteq S$ con $X \cap Y \neq \emptyset$ e $X \cup Y \neq S$.
Il PROBLEMA DI FLUSSO SUBMODULARE è come segue: dato un digrafo G, le funzioni $l : E(G) \to \mathbb{R} \cup \{-\infty\}$, $u : E(G) \to \mathbb{R} \cup \{\infty\}$, $c : E(G) \to \mathbb{R}$, e una funzione crossing submodulare $b : 2^{V(G)} \to \mathbb{R} \cup \{\infty\}$. Allora un flusso submodulare ammissibile è una funzione $f : E(G) \to \mathbb{R}$ con $l(e) \leq f(e) \leq u(e)$ per ogni $e \in E(G)$ e
$$\sum_{e\in\delta^-(X)} f(e) - \sum_{e\in\delta^+(X)} f(e) \leq b(X)$$
per ogni $X \subseteq V(G)$. Si deve decidere se esiste un flusso ammissibile e, se possibile, trovarne uno il cui costo $\sum_{e\in E(G)} c(e)f(e)$ sia il minimo possibile.
Mostrare che questo problema generalizza il PROBLEMA DI FLUSSO DI COSTO MINIMO e il problema di ottimizzare una funzione lineare sull'intersezione di due polimatroidi.
Osservazione: il PROBLEMA DI FLUSSO SUBMODULARE, introdotto da Edmonds e Giles [1977], può essere risolto in tempo fortemente polinomiale; si veda Fujishige, Röck e Zimmermann [1989]. Si veda anche Fleischer e Iwata [2000].
* 13. Mostrare che il sistema di disuguaglianze che descrive un flusso submodulare ammissibile (Esercizio 12) è TDI. Mostrare che ciò implica i Teoremi 14.12 e 19.11.
(Edmonds e Giles [1977])
14. Dimostrare che l'insieme di vertici del poliedro di base è precisamente l'insieme di vettori $b^{\prec}$ per tutti gli ordinamenti totali $\prec$ di U, in cui
$$b^{\prec}(u) := f(\{v \in U : v \preceq u\}) - f(\{v \in U : v \prec u\})$$
$(u \in U)$.
Suggerimento: si veda la dimostrazione del Teorema 14.11.
15. Mostrare che il Lemma 8.38 è un caso speciale del Lemma 14.24.
16. Sia $f : 2^U \to \mathbb{R}$ un funzione submodulare. Sia R un sottoinsieme di U generato casualmente, in cui ogni elemento è scelto indipendentemente con probabilità $\frac{1}{2}$. Dimostrare:
(a) $\mathrm{Exp}(f(R)) \geq \frac{1}{2}(f(\emptyset) + f(U))$.
(b) Per ogni $A \subseteq U$ abbiamo $\mathrm{Exp}(f(R)) \geq \frac{1}{4}(f(\emptyset)+f(A)+f(U\setminus A)+f(U))$.
Suggerimento: applicare (a) due volte.
(c) Se f è non negativa, allora $\mathrm{Exp}(f(R)) \geq \frac{1}{4}\max_{A\subseteq U} f(A)$.
Osservazione: la parte (c) implica un algoritmo di approssimazione casualizzato di fattore 4 per una funzione submodulare di massimizzazione (non negativa). Questo problema non può essere risolto all'ottimo con un numero polinomiale di chiamate di oracolo.
(Feige, Mirrokni e Vondrák [2007] hanno anche dimostrato risultati più forti.)

Riferimenti bibliografici

Letteratura generale:

Bixby, R.E., Cunningham, W.H. [1995]: Matroid optimization and algorithms. In: Handbook of Combinatorics; Vol. 1 (R.L. Graham, M. Grötschel, L. Lovász, eds.), Elsevier, Amsterdam

Björner, A., Ziegler, G.M. [1992]: Introduction to greedoids. In: Matroid Applications (N. White, ed.), Cambridge University Press, Cambridge

Fujishige, S. [2005]: Submodular Functions and Optimization. Second Edition. Elsevier, Amsterdam

Iwata, S. [2008]: Submodular function minimization. Mathematical Programming B 112, 45–64

Korte, B., Lovász, L., Schrader, R. [1991]: Greedoids. Springer, Berlin

McCormick, S.T. [2004]: Submodular function minimization. In: Discrete Optimization (K. Aardal, G.L. Nemhauser, R. Weismantel, eds.), Elsevier, Amsterdam

Schrijver, A. [2003]: Combinatorial Optimization: Polyhedra and Efficiency. Springer, Berlin, Chapters 44–49

Riferimenti citati:

Edmonds, J. [1970]: Submodular functions, matroids and certain polyhedra. In: Combinatorial Structures and Their Applications; Proceedings of the Calgary International Conference on Combinatorial Structures and Their Applications 1969 (R. Guy, H. Hanani, N. Sauer, J. Schönheim, eds.), Gordon and Breach, New York, pp. 69–87

Edmonds, J. [1979]: Matroid intersection. In: Discrete Optimization I; Annals of Discrete Mathematics 4 (P.L. Hammer, E.L. Johnson, B.H. Korte, eds.), North-Holland, Amsterdam, pp. 39–49

Edmonds, J., Giles, R. [1977]: A min-max relation for submodular functions on graphs. In: Studies in Integer Programming; Annals of Discrete Mathematics 1 (P.L. Hammer, E.L. Johnson, B.H. Korte, G.L. Nemhauser, eds.), North-Holland, Amsterdam, pp. 185–204

Feige, U., Mirrokni, V.S., Vondrák, J. [2007]: Maximizing non-monotone submodular functions. Proceedings of the 48th Annual IEEE Symposium on Foundations of Computer Science, 461–471

Fleischer, L., Iwata, S. [2000]: Improved algorithms for submodular function minimization and submodular flow. Proceedings of the 32nd Annual ACM Symposium on Theory of Computing, 107–116

Frank, A. [1981]: A weighted matroid intersection algorithm. Journal of Algorithms 2, 328–336

Frank, A. [1982]: An algorithm for submodular functions on graphs. In: Bonn Workshop on Combinatorial Optimization; Annals of Discrete Mathematics 16 (A. Bachem, M. Grötschel, B. Korte, eds.), North-Holland, Amsterdam, pp. 97–120

Fujishige, S. [1998]: Another simple proof of the validity of Nagamochi Ibaraki's min-cut algorithm and Queyranne's extension to symmetric submodular function minimization. Journal of the Operations Research Society of Japan 41, 626–628

Fujishige, S., Röck, H., Zimmermann, U. [1989]: A strongly polynomial algorithm for minimum cost submodular flow problems. Mathematics of Operations Research 14, 60—69

Grötschel, M., Lovász, L., Schrijver, A. [1981]: The ellipsoid method and its consequences in combinatorial optimization. Combinatorica 1, 169–197

Grötschel, M., Lovász, L., Schrijver, A. [1988]: Geometric Algorithms and Combinatorial Optimization. Springer, Berlin

Iwata, S. [2002]: A fully combinatorial algorithm for submodular function minimization. Journal of Combinatorial Theory B 84, 203–212

Iwata, S. [2003]: A faster scaling algorithm for minimizing submodular functions. SIAM Journal on Computing 32, 833–840

Iwata, S., Fleischer, L., Fujishige, S. [2001]: A combinatorial, strongly polynomial-time algorithm for minimizing submodular functions. Journal of the ACM 48, 761–777

Jensen, P.M., Korte, B. [1982]: Complexity of matroid property algorithms. SIAM Journal on Computing 11, 184–190

Lovász, L. [1980]: Matroid matching and some applications. Journal of Combinatorial Theory B 28, 208–236

Lovász, L. [1981]: The matroid matching problem. In: Algebraic Methods in Graph Theory; Vol. II (L. Lovász, V.T. Sós, eds.), North-Holland, Amsterdam 1981, 495–517

Lovász, L. [1983]: Submodular functions and convexity. In: Mathematical Programming: The State of the Art – Bonn 1982 (A. Bachem, M. Grötschel, B. Korte, eds.), Springer, Berlin

Nagamochi, H., Ibaraki, T. [1998]: A note on minimizing submodular functions. Information Processing Letters 67, 239–244

Orlin, J.B. [2007]: A faster strongly polynomial time algorithm for submodular function minimization. Mathematical Programming 118, 237–251

Queyranne, M. [1998]: Minimizing symmetric submodular functions. Mathematical Programming B 82, 3–12

Rizzi, R. [2000]: On minimizing symmetric set functions. Combinatorica 20, 445–450

Schrijver, A. [2000]: A combinatorial algorithm minimizing submodular functions in strongly polynomial time. Journal of Combinatorial Theory B 80, 346–355

Vygen, J. [2003]: A note on Schrijver's submodular function minimization algorithm. Journal of Combinatorial Theory B 88, 399–402

15

NP-Completezza

Per molti problemi di ottimizzazione combinatoria è noto un algoritmo tempo-polinomiale e quelli più importanti sono presentati in questo libro. Comunque, esistono anche molti altri problemi importanti per i quali non si conosce nessun algoritmo tempo-polinomiale. Anche se non si può dimostrare che per questi problemi non esistono degli algoritmi tempo-polinomiali, si può mostrare che se esistesse un algoritmo tempo-polinomiale per anche uno solo dei problemi "difficili" (più precisamente: *NP*-difficili) ne esisterebbe uno per quasi tutti i problemi discussi in questo libro (più precisamente: tutti i problemi *NP*-facili).

Per formalizzare questo concetto e dimostrare questa affermazione ci serve un modello di calcolo, ovvero una definizione precisa di un algoritmo tempo-polinomiale. Introduciamo quindi le macchine di Turing nella Sezione 15.1. Questo modello teorico non è adatto a descrivere algoritmi complicati. Comunque mostreremo che è equivalente alla nostra idea informale di algoritmo: ogni algoritmo in questo libro può, almeno da un punto di vista teorico, essere scritto come una macchina Turing, con una perdita di efficienza che è polinomialmente limitata, come vedremo in dettaglio nella Sezione 15.2.

Nella Sezione 15.3 introduciamo i problemi decisionali e in particolare le classi P e NP. Mentre NP contiene la maggior parte dei problemi che compaiono in questo libro, P contiene solo quelli per cui esistono algoritmi tempo-polinomiali. È ancora un problema aperto se $P = NP$. Ciononostante discuteremo molti problemi in NP per i quali non si conosce nessun algoritmo tempo-polinomiale, anche se ad oggi nessuno è in grado di dimostrare che non ne esista nemmeno uno. Specificheremo cosa significa che un problema si riduce ad un altro, o che un problema è difficile almeno quanto un altro problema. I problemi più difficili in NP sono i problemi *NP*-completi, i quali possono essere risolti in tempo polinomiale se e solo se $P = NP$.

Nella Sezione 15.4 presentiamo il primo problema *NP*-completo, il problema della SODDISFACIBILITÀ. Nella Sezione 15.5 si dimostra la *NP*-completezza di altri problemi decisionali strettamente legati a problemi di ottimizzazione. Nelle Sezioni 15.6 e 15.7 discuteremo altri concetti, estendendoli ai problemi di ottimizzazione.

Korte B., Vygen J.: Ottimizzazione Combinatoria. Teoria e Algoritmi.

15.1 Macchine di Turing

In questa sezione presentiamo un modello di calcolo molto semplice: la macchina di Turing. Può essere vista come una sequenza di istruzioni semplici che lavorano su di una stringa. L'input e l'output sono delle stringhe binarie:

Definizione 15.1. *Un* **alfabeto** *è un insieme finito con almeno due elementi, che non contiene il simbolo speciale* $\sqcup$ *(che useremo per lo "spazio"). Per un alfabeto* A *definiamo una* **stringa** *su* A *come una sequenza finita di elementi di* A*, con* A^n *l'insieme delle stringhe di lunghezza* n*, e con* $A^* := \bigcup_{n\in\mathbb{Z}_+} A^n$ *l'insieme di tutte le stringhe su* A*. Usiamo la convenzione che* A^0 *contiene esattamente un elemento, la* **stringa vuota**. *Un* **linguaggio** *su* A *è un sottoinsieme di* A^**. Gli elementi di un linguaggio sono spesso chiamati* **parole**. *Se* $x \in A^n$ *scriviamo* $\text{size}(x) := n$ *per la* **lunghezza** *della stringa.*

Lavoreremo spesso con l'alfabeto $A = \{0, 1\}$ e l'insieme $\{0, 1\}^*$ di tutte le **stringhe 0-1** (o **stringhe binarie**). Le componenti di una stringa 0-1 sono chiamate a volte i suoi **bit**. Esiste esattamente una sola stringa 0-1 di lunghezza nulla, la stringa vuota.

Una macchina di Turing legge in ingresso una stringa $x \in A^*$ per un dato alfabeto A. L'ingresso viene completato da simboli di spazio (indicati con $\sqcup$) in una stringa infinita bi-direzionale $s \in (A \cup \{\sqcup\})^{\mathbb{Z}}$. Questa stringa s può essere vista come un nastro con una testina di lettura-scrittura; ad ogni passo si può leggere e modificare una sola posizione e la testina di lettura-scrittura può essere mossa di una posizione ad ogni passo.

Una macchina di Turing consiste in un insieme di $N + 1$ istruzioni numerate $0, \dots, N$. Alla prima istruzione si esegue 0 e la posizione attuale della stringa è la posizione 1. In seguito qualsiasi istruzione è del tipo seguente. Leggi il bit alla posizione attuale e in funzione del suo valore esegui le operazioni seguenti: sovrascrivi il bit attuale con un elemento di $A \cup \{\sqcup\}$, eventualmente sposta di uno la posizione corrente a sinistra oppure a destra e vai all'istruzione che verrà eseguita dopo.

Esiste un'istruzione speciale che viene indicata con -1 che segna il termine dell'esecuzione. Le componenti della nostra stringa infinita s indicizzate da $1, 2, 3, \dots$ sino alla prima $\sqcup$ danno la stringa di output. Formalmente definiamo una macchina di Turing come segue:

Definizione 15.2. (Turing [1936]) *Sia* A *un alfabeto e* $\bar{A} := A \cup \{\sqcup\}$*. Una* **macchina di Turing** *(con alfabeto* A*) è definita da una funzione*

$$\Phi : \{0, \dots, N\} \times \bar{A} \to \{-1, \dots, N\} \times \bar{A} \times \{-1, 0, 1\}$$

per un $N \in \mathbb{Z}_+$*. L'***esecuzione** *di* Φ *sull'input* x*, in cui* $x \in A^*$*, è la sequenza finita o infinita di triple* $(n^{(i)}, s^{(i)}, \pi^{(i)})$ *con* $n^{(i)} \in \{-1, \dots, N\}$*,* $s^{(i)} \in \bar{A}^{\mathbb{Z}}$ *e* $\pi^{(i)} \in \mathbb{Z}$ *(*$i = 0, 1, 2, \dots$*) definite ricorsivamente come segue (*$n^{(i)}$ *indica l'istruzione attuale,* $s^{(i)}$ *rappresenta la stringa e* $\pi^{(i)}$ *è la posizione attuale):*

$n^{(0)} := 0$. $s_j^{(0)} := x_j$ *per* $1 \leq j \leq \text{size}(x)$, *e* $s_j^{(0)} := \sqcup$ *per ogni* $j \leq 0$ *e* $j > \text{size}(x)$. $\pi^{(0)} := 1$.

Se $(n^{(i)}, s^{(i)}, \pi^{(i)})$ *è già definita, distinguiamo due casi. Se* $n^{(i)} \neq -1$, *allora sia* $(m, \sigma, \delta) := \Phi\big(n^{(i)}, s^{(i)}_{\pi^{(i)}}\big)$ *e assegnamo* $n^{(i+1)} := m$, $s^{(i+1)}_{\pi^{(i)}} := \sigma$, $s_j^{(i+1)} := s_j^{(i)}$ *per* $j \in \mathbb{Z} \setminus \{\pi^{(i)}\}$, *e* $\pi^{(i+1)} := \pi^{(i)} + \delta$.

Se $n^{(i)} = -1$, *allora è il termine della sequenza. Definiamo quindi* $\text{time}(\Phi, x) := i$ *e* $\text{output}(\Phi, x) \in A^k$, *in cui* $k := \min\{j \in \mathbb{N} : s_j^{(i)} = \sqcup\} - 1$, *con* $\text{output}(\Phi, x)_j := s_j^{(i)}$ *per* $j = 1, \dots, k$.

Se questa sequenza è infinita (ovvero $n^{(i)} \neq -1$ *per ogni* i*), allora assegnamo* $\text{time}(\Phi, x) := \infty$. *In questo caso* $\text{output}(\Phi, x)$ *non è definita.*

Naturalmente siamo interessati soprattutto a macchine di Turing la cui esecuzione è finita o comunque limitata polinomialmente.

Definizione 15.3. *Sia A un alfabeto. Un* **problema computazionale** *è una coppia* (X, R), *in cui* $X \subseteq A^*$ *è un linguaggio e* $R \subseteq X \times A^*$ *è una relazione tale che per ogni* $x \in X$ *esiste un* $y \in A^*$ *con* $(x, y) \in R$. *Sia* Φ *una macchina di Turing con alfabeto A tale che* $\text{time}(\Phi, x) < \infty$ *e* $(x, \text{output}(\Phi, x)) \in R$ *per ogni* $x \in X$. *Allora diciamo che* Φ **calcola** (X, R). *Se esiste un polinomio p tale che per ogni* $x \in X$ *abbiamo* $\text{time}(\Phi, x) \leq p(\text{size}(x))$, *allora* Φ *è una* **macchina di Turing tempo-polinomiale**.

Se $|\{y \in A^* : (x, y) \in R\}| = 1$ *per ogni* $x \in X$, *possiamo definire* $f : X \to A^*$ *con* $(x, f(x)) \in R$ *e dire che* Φ **calcola** f. *Nel caso in cui* $X = A^*$ *e* $f : X \to \{0, 1\}$ *diciamo che* Φ **decide** *il linguaggio* $L := \{x \in X : f(x) = 1\}$. *Se esiste un qualche macchina di Turing tempo-polinomiale che calcola una funzione f (o decide un linguaggio L), allora diciamo che f è* **calcolabile in tempo polinomiale** *(o, rispettivamente, L è* **decidibile in tempo polinomiale***).*

Per rendere chiare queste definizioni diamo ora un esempio. La macchina di Turing seguente $\Phi : \{0, \dots, 3\} \times \{0, 1, \sqcup\} \to \{-1, \dots, 3\} \times \{0, 1, \sqcup\} \times \{-1, 0, 1\}$ calcola la successione $n \mapsto n + 1$ ($n \in \mathbb{N}$), in cui i numeri sono codificati con la solita rappresentazione binaria.

$\Phi(0,0) = (0,0,1)$	⓪	**While** $s_\pi \neq \sqcup$ **do** $\pi := \pi + 1$.
$\Phi(0,1) = (0,1,1)$		
$\Phi(0,\sqcup) = (1,\sqcup,-1)$		Poni $\pi := \pi - 1$.
$\Phi(1,1) = (1,0,-1)$	①	**While** $s_\pi = 1$ **do** $s_\pi := 0$ e $\pi := \pi - 1$.
$\Phi(1,0) = (-1,1,0)$		**If** $s_\pi = 0$ **then** $s_\pi := 1$ e **stop**.
$\Phi(1,\sqcup) = (2,\sqcup,1)$		Poni $\pi := \pi + 1$.
$\Phi(2,0) = (3,1,1)$	②	Poni $s_\pi := 1$ e $\pi := \pi + 1$.
$\Phi(3,0) = (3,0,1)$	③	**While** $s_\pi = 0$ **do** $\pi := \pi + 1$.
$\Phi(3,\sqcup) = (-1,0,0)$		Poni $s_\pi := 0$ e **stop**.

Si noti che molti valori di Φ non sono specificati poiché non sono mai usati in nessun calcolo. I commenti sulla destra illustrano i conti fatti. Le istruzioni ② e ③ sono usate solo se in ingresso si hanno solo degli 1, ossia $n = 2^k - 1$ per qualche $k \in \mathbb{N}$. Abbiamo $\text{time}(\Phi, x) \leq 3\,\text{size}(x) + 3$ per tutti gli input x, dunque Φ è una macchina di Turing tempo-polinomiale.

Nella sezione successiva mostreremo che la definizione precedente è consistente con la nostra definizione informale di algoritmo tempo-polinomiale dato nella Sezione 1.2: ogni algoritmo tempo-polinomiale in questo libro può essere simulato da una macchina di Turing tempo-polinomiale.

15.2 L'ipotesi di Church

La macchina di Turing è il modello teorico più comune per gli algoritmi. Anche se sembra molto ristretto, è potente come qualsiasi altro modello ragionevole: l'insieme di **funzioni calcolabili** e l'insieme di funzioni calcolabili in tempo polinomiale, è sempre lo stesso. Questa affermazione, nota come "ipotesi di Church", è chiaramente troppo imprecisa per poter essere dimostrata. Comunque, esistono risultati importanti che sostengono questa ipotesi. Per esempio, ogni programma scritto in un linguaggio di programmazione come il C può essere rappresentato con una macchina di Turing. In particolare, tutti gli algoritmi in questo libro possono essere riscritti come macchine di Turing. Anche se non conviene farlo (e quindi non lo faremo mai in questo libro) è almeno teoricamente possibile. Inoltre, qualsiasi funzione calcolabile in tempo polinomiale con un programma scritto in C è anche calcolabile in tempo polinomiale con una macchina di Turing (e vice versa).

Poiché non è un compito semplice implementare programmi più complicati su una macchina di Turing consideriamo come passo intermedio una macchina di Turing con due stringhe (nastri) e due testine di lettura-scrittura, una per ogni nastro.

Definizione 15.4. *Sia A un alfabeto e $\bar{A} := A \cup \{\sqcup\}$. Una* **macchina di Turing a due nastri** *è definita da una funzione*

$$\Phi : \{0, \ldots, N\} \times \bar{A}^2 \to \{-1, \ldots, N\} \times \bar{A}^2 \times \{-1, 0, 1\}^2$$

per qualche $N \in \mathbb{Z}_+$. Il **calcolo** *di Φ sull'input x, in cui $x \in A^*$, è la sequenze finita o infinita di tuple di 5 elementi $(n^{(i)}, s^{(i)}, t^{(i)}, \pi^{(i)}, \rho^{(i)})$ con $n^{(i)} \in \{-1, \ldots, N\}$, $s^{(i)}, t^{(i)} \in \bar{A}^{\mathbb{Z}}$ e $\pi^{(i)}, \rho^{(i)} \in \mathbb{Z}$ ($i = 0, 1, 2, \ldots$) definita in maniera ricorsiva come segue:*

$n^{(0)} := 0$. $s_j^{(0)} := x_j$ *per* $1 \leq j \leq \text{size}(x)$, *e* $s_j^{(0)} := \sqcup$ *per ogni* $j \leq 0$ *e* $j > \text{size}(x)$. $t_j^{(0)} := \sqcup$ *per ogni* $j \in \mathbb{Z}$. $\pi^{(0)} := 1$ *e* $\rho^{(0)} := 1$.

Se $(n^{(i)}, s^{(i)}, t^{(i)}, \pi^{(i)}, \rho^{(i)})$ è già definita, si distinguono due casi. Se $n^{(i)} \neq -1$, allora sia $(m, \sigma, \tau, \delta, \epsilon) := \Phi\left(n^{(i)}, s^{(i)}_{\pi^{(i)}}, t^{(i)}_{\rho^{(i)}}\right)$ e assegnamo $n^{(i+1)} := m$, $s^{(i+1)}_{\pi^{(i)}} := \sigma$, $s_j^{(i+1)} := s_j^{(i)}$ per $j \in \mathbb{Z} \setminus \{\pi^{(i)}\}$, $t^{(i+1)}_{\rho^{(i)}} := \tau$, $t_j^{(i+1)} := t_j^{(i)}$ per $j \in \mathbb{Z} \setminus \{\rho^{(i)}\}$, $\pi^{(i+1)} := \pi^{(i)} + \delta$, e $\rho^{(i+1)} := \rho^{(i)} + \epsilon$.

Se $n^{(i)} = -1$, allora la sequenza termina. $\text{time}(\Phi, x)$ *e* $\text{output}(\Phi, x)$ *sono definite come una macchina di Turing a un singolo nastro.*

Anche se macchine di Turing con più di due nastri si potrebbero definire in maniera analoga, in questo libro non lo faremo. Prima di mostrare come eseguire operazioni normali con una macchina di Turing a due nastri, si noti che una macchina di Turing a due nastri può essere simulata con una macchina di Turing tradizionale (ovvero a singolo nastro).

Teorema 15.5. *Sia A un alfabeto, e sia*

$$\Phi : \{0, \ldots, N\} \times (A \cup \{\sqcup\})^2 \to \{-1, \ldots, N\} \times (A \cup \{\sqcup\})^2 \times \{-1, 0, 1\}^2$$

una macchina di Turing a due nastri. Allora esiste un alfabeto $B \supseteq A$ e una macchina di Turing (a singolo nastro)

$$\Phi' : \{0, \ldots, N'\} \times (B \cup \{\sqcup\}) \to \{-1, \ldots, N'\} \times (B \cup \{\sqcup\}) \times \{-1, 0, 1\}$$

tale che $\text{output}(\Phi', x) = \text{output}(\Phi, x)$ *e* $\text{time}(\Phi', x) = O(\text{time}(\Phi, x))^2$ *per* $x \in A^*$.

Dimostrazione. Usiamo le lettere s e t per due stringhe di Φ e indichiamo con π e ρ le posizioni di due testine di lettura-scrittura, come nella Definizione 15.4. La stringa di Φ' sarà indicata con u e la sua posizione di lettura-scrittura con ψ.

Dobbiamo codificare entrambe le stringhe s, t ed entrambe le posizioni di lettura-scrittura π, ρ in una stringa u. Per rendere ciò fattibile, ogni simbolo u_j di u è una tupla di 4 elementi (s_j, p_j, t_j, r_j), in cui s_j e t_j sono i simboli corrispondenti di s e t, e $p_j, r_j \in \{0, 1\}$ indicano se le testine di lettura-scrittura della prima e della seconda stringa stanno leggendo contemporaneamente la posizione j; ovvero abbiamo $p_j = 1$ se e solo se $\pi = j$, e $r_j = 1$ se e solo se $\rho = j$.

Dunque definiamo $\bar{B} := (\bar{A} \times \{0, 1\} \times \bar{A} \times \{0, 1\})$ e identifichiamo $a \in \bar{A}$ con $(a, 0, \sqcup, 0)$ per permettere dati in ingresso da A^*. Il primo passo di Φ' consiste nell'inizializzare i segnaposti [mark] p_1 e r_1 a 1:

$$\Phi'(0, (., 0, ., 0)) \; = \; (1, (., 1, ., 1), 0) \qquad ⓪ \text{ Poniamo } \pi := \psi \text{ e } \rho := \psi.$$

In cui un punto indica un valore qualsiasi (che non sarà modificato).

Mostriamo ora come implementare in generale un'istruzione $\Phi(m, \sigma, \tau) = (m', \sigma', \tau', \delta, \epsilon)$. Prima dobbiamo trovare le posizioni π e ρ. Conviene assumere che la nostra testina di lettura-scrittura ψ sia già alla sinistra di entrambe le posizioni π e ρ; ovvero $\psi = \min\{\pi, \rho\}$. Dobbiamo poi trovare l'altra posizione leggendo la stringa u dalla destra, controllare se $s_\pi = \sigma$ e $t_\rho = \tau$ e, nel qual caso, eseguire l'operazione richiesta (scrivere nuovi simboli in s e t, spostare π e ρ, saltare all'istruzione successiva).

Il blocco seguente implementa un'istruzione $\Phi(m, \sigma, \tau) = (m', \sigma', \tau', \delta, \epsilon)$ per $m = 0$; per ogni m abbiamo $|\bar{A}|^2$ di tali blocchi, uno per ogni scelta di σ e τ. Il secondo blocco per $m = 0$ inizia con ⑬, il primo blocco per m' con Ⓜ, in cui $M := 12|\bar{A}|^2 m' + 1$. Mettendo tutto insieme otteniamo $N' = 12(N + 1)|\bar{A}|^2$.

Come prima, un punto rappresenta un valore arbitrario che non viene modificato. In maniera analoga, ζ e ξ rappresentano due elementi arbitrari rispettivamente di

$\bar{A} \setminus \{\sigma\}$ e $\bar{A} \setminus \{\tau\}$. Inizialmente, assumiamo $\psi = \min\{\pi, \rho\}$; si noti che ⑩, ⑪ e ⑫ garantiscono che questa proprietà vale anche alla fine.

$\Phi'(1, (\zeta, 1, ., .)) = (13, (\zeta, 1, ., .), 0)$	① **If** $\psi = \pi$ e $s_\psi \neq \sigma$ **then go to** ⑬.
$\Phi'(1, (., ., \xi, 1)) = (13, (., ., \xi, 1), 0)$	**If** $\psi = \rho$ e $t_\psi \neq \tau$ **then go to** ⑬.
$\Phi'(1, (\sigma, 1, \tau, 1)) = (2, (\sigma, 1, \tau, 1), 0)$	**If** $\psi = \pi$ **then go to** ②.
$\Phi'(1, (\sigma, 1, ., 0)) = (2, (\sigma, 1, ., 0), 0)$	
$\Phi'(1, (., 0, \tau, 1)) = (6, (., 0, \tau, 1), 0)$	**If** $\psi = \rho$ **then go to** ⑥.
$\Phi'(2, (., ., ., 0)) = (2, (., ., ., 0), 1)$	② **While** $\psi \neq \rho$ **do** $\psi := \psi + 1$.
$\Phi'(2, (., ., \xi, 1)) = (12, (., ., \xi, 1), -1)$	**If** $t_\psi \neq \tau$ **then** set $\psi := \psi - 1$ e **go to** ⑫.
$\Phi'(2, (., ., \tau, 1)) = (3, (., ., \tau', 0), \epsilon)$	Poni $t_\psi := \tau'$ e $\psi := \psi + \epsilon$.
$\Phi'(3, (., ., ., 0)) = (4, (., ., ., 1), 1)$	③ Poni $\rho := \psi$ e $\psi := \psi + 1$.
$\Phi'(4, (., 0, ., .)) = (4, (., 0, ., .), -1)$	④ **While** $\psi \neq \pi$ **do** $\psi := \psi - 1$.
$\Phi'(4, (\sigma, 1, ., .)) = (5, (\sigma', 0, ., .), \delta)$	Poni $s_\psi := \sigma'$ e $\psi := \psi + \delta$.
$\Phi'(5, (., 0, ., .)) = (10, (., 1, ., .), -1)$	⑤ Poni $\pi := \psi$ e $\psi := \psi - 1$. **Go to** ⑩.
$\Phi'(6, (., 0, ., .)) = (6, (., 0, ., .), 1)$	⑥ **While** $\psi \neq \pi$ **do** $\psi := \psi + 1$.
$\Phi'(6, (\zeta, 1, ., .)) = (12, (\zeta, 1, ., .), -1)$	**If** $s_\psi \neq \sigma$ **then** set $\psi := \psi - 1$ e **go to** ⑫.
$\Phi'(6, (\sigma, 1, ., .,)) = (7, (\sigma', 0, ., .), \delta)$	Poni $s_\psi := \sigma'$ e $\psi := \psi + \delta$.
$\Phi'(7, (., 0, ., .)) = (8, (., 1, ., .), 1)$	⑦ Poni $\pi := \psi$ e $\psi := \psi + 1$.
$\Phi'(8, (., ., ., 0)) = (8, (., ., ., 0), -1)$	⑧ **While** $\psi \neq \rho$ **do** $\psi := \psi - 1$.
$\Phi'(8, (., ., \tau, 1)) = (9, (., ., \tau', 0), \epsilon)$	Poni $t_\psi := \tau'$ e $\psi := \psi + \epsilon$.
$\Phi'(9, (., ., ., 0)) = (10, (., ., ., 1), -1)$	⑨ Poni $\rho := \psi$ e $\psi := \psi - 1$.
$\Phi'(10, (., ., ., .)) = (11, (., ., ., .), -1)$	⑩ Poni $\psi := \psi - 1$.
$\Phi'(11, (., 0, ., 0)) = (11, (., 0, ., 0), 1)$	⑪ **While** $\psi \notin \{\pi, \rho\}$ **do** $\psi := \psi + 1$.
$\Phi'(11, (., 1, ., .)) = (M, (., 1, ., .), 0)$	**Go to** Ⓜ.
$\Phi'(11, (., 0, ., 1)) = (M, (., 0, ., 1), 0)$	
$\Phi'(12, (., 0, ., 0)) = (12, (., 0, ., 0), -1)$	⑫ **While** $\psi \notin \{\pi, \rho\}$ **do** $\psi := \psi - 1$.
$\Phi'(12, (., 1, ., .)) = (13, (., 1, ., .), 0)$	
$\Phi'(12, (., ., ., 1)) = (13, (., ., ., 1), 0)$	

Qualsiasi calcolo di Φ' passa attraverso al massimo $|\bar{A}|^2$ blocchi come questi, per ogni passo in cui si calcola Φ. Il numero di operazioni in ogni blocco è al massimo $2|\pi - \rho| + 10$. Poiché $|\bar{A}|$ è una costante e $|\pi - \rho|$ è limitato da $\mathrm{time}(\Phi, x)$ concludiamo che l'intero calcolo di Φ viene simulato da Φ' con $O\left((\mathrm{time}(\Phi, x))^2\right)$ passi.

Infine dobbiamo elaborare l'output: si sostituisca ogni simbolo $(\sigma, ., ., .)$ con $(\sigma, 0, \sqcup, 0)$. Ovviamente, in questo modo, al massimo si raddoppia il numero di passi. □

Con una macchina di Turing a due nastri non è difficile implementare istruzioni più complicate, e quindi, in generale, qualsiasi algoritmo: usiamo l'alfabeto $A = \{0, 1, \#\}$ e rappresentiamo un numero arbitrario di variabili con la stringa

$$x_0\#\#1\#x_1\#\#10\#x_2\#\#11\#x_3\#\#100\#x_4\#\#101\#x_5\#\#\ldots \tag{15.1}$$

che memorizziamo nel primo nastro. Ogni gruppo (tranne il primo) contiene una rappresentazione binaria dell'indice i seguito dal valore di x_i, che assumiamo essere una stringa binaria. La prima variabile x_0 e il secondo nastro sono usati solo come registri per risultati intermedi di altre operazioni.

L'accesso diretto alle variabili non è possibile in tempo costante con una macchina di Turing, a prescindere dal numero di nastri usato. In generale, se simuliamo un algoritmo con una macchina di Turing a due nastri, dovremmo visitare il primo nastro abbastanza spesso. Inoltre, se cambia la lunghezza della stringa di una variabile, la sottostringa alla sua destra deve essere spostata. Ciononostante ogni operazione standard (cioè ogni passo elementare di un algoritmo) può essere simulato con $O(l^2)$ operazioni di una macchina di Turing a due nastri, in cui l è la lunghezza attuale della stringa (15.1).

Cerchiamo di rendere tutto ciò più chiaro con un esempio concreto. Si consideri l'istruzione seguente: aggiungere a x_5 il valore della variabile il cui indice è dato da x_2.

Per ottenere il valore di x_5 visitiamo il primo nastro per la sottostringa ##101#. Copiamo la sottostringa che segue sino a # al secondo nastro. Ciò è semplice poiché abbiamo due testine separate di lettura-scrittura. Poi copiamo la stringa dal secondo nastro a x_0. Se il nuovo valore di x_0 è più corto o più lungo del precedente, dobbiamo spostare il resto della stringa (15.1) a sinistra oppure a destra in modo appropriato.

Dopo dobbiamo cercare l'indice della variabile che è dato da x_2. Per farlo, prima copiamo x_2 nel secondo nastro. Poi visitiamo il primo nastro, controlliamo l'indice di ogni variabile (confrontandolo bit per bit con la stringa nel secondo nastro). Quando abbiamo trovato l'indice di variabile corretto, copiamo il valore di questa variabile nel secondo nastro.

Ora aggiungiamo il numero memorizzato in x_0 a quello sul secondo nastro. Una macchina di Turing per questo compito, usando il metodo standard, non è difficile da progettare. Possiamo sovrascrivere il numero sul secondo nastro con il risultato mentre lo calcoliamo. Infine otteniamo il risultato sul secondo nastro e lo ricopiamo in x_5. Se necessario spostiamo appropriatamente la sottostringa alla destra di x_5.

Tutto questo può essere fatto con una macchina di Turing a due nastri con $O(l^2)$ operazioni (infatti può essere fatto tutto con $O(l)$ passi tranne spostare la stringa (15.1)). Dovrebbe essere chiaro che lo stesso vale per tutte le altre operazioni standard, incluse la moltiplicazione e la divisione.

Per la Definizione 1.4 un algoritmo si dice che richiede un tempo polinomiale se esiste un $k \in \mathbb{N}$ tale che il numero di passi elementari è limitato da $O(n^k)$ e tutte le operazioni intermedie possono essere memorizzate con $O(n^k)$ bit, in cui n è la dimensione dell'input. Inoltre, si memorizzano al massimo $O(n^k)$ numeri alla volta. Quindi si può determinare la lunghezza di ognuna delle due stringhe in una macchina di Turing a due nastri simulando tale algoritmo con $l = O(n^k \cdot n^k) = O(n^{2k})$, e quindi il suo tempo di esecuzione da $O(n^k(n^{2k})^2) = O(n^{5k})$, che è ancora polinomiale nella dimensione dell'input.

Ricordando il Teorema 15.5, si può concludere che per qualsiasi funzione f esiste un algoritmo tempo-polinomiale che calcola f se e solo se esiste un macchina di Turing tempo polinomiale che calcola f. Quindi nel resto di questo capitolo useremo indifferentemente i termini algoritmo e macchina di Turing.

Hopcroft e Ullman [1979], Lewis e Papadimitriou [1981], e van Emde Boas [1990] forniscono maggiori dettagli sull'equivalenza tra diversi modelli di calcolo. Un altro modello comune (che è simile al nostro modello informale dato nella Sezione 1.2) è la macchina RAM (cf. Esercizio 3) che esegue operazioni aritmetiche su interi in tempo costante. Altri modelli permettono solo operazioni su bit (su interi di lunghezza data) e questo risulta più realistico nel caso in cui si abbiano numeri interi elevati. Ovviamente, la somma e il confronto tra numeri naturali con n bit può essere fatto con $O(n)$ operazioni sui bit. Per la moltiplicazione (e la divisione) il metodo ovvio richiede $O(n^2)$ operazioni sui bit, ma l'algoritmo di Schönhage e Strassen [1971] richiede solo $O(n \log n \log\log n)$ operazioni sui bit per moltiplicare due interi di n-bit, e questo è stato ulteriormente migliorato da Fürer [2007]. Ciò implica algoritmi per l'addizione e il confronto di numeri razionali con la stessa complessità temporale. Per quanto riguarda la calcolabilità tempo-polinomiale tutti i modelli sono equivalenti, ma naturalmente le misure dei tempi di esecuzione sono molto diverse.

Il modello che codifica l'intero input con stringhe 0-1 (o stringhe su qualsiasi alfabeto fissato) non esclude in principio i numeri reali, come ad esempio i numeri algebrici (se $x \in \mathbb{R}$ è la k-ma radice di un polinomio p, allora x può essere codificato dando k e il grado e i coefficienti di p). Tuttavia, non esiste alcun modo di rappresentare numeri reali arbitrari in un computer poiché esistono un numero non calcolabile di numeri reali ma solo un numero finito di stringhe 0-1. In questo capitolo consideriamo un approccio classico e ci limitiamo solo a input dato da numeri razionali.

Chiudiamo questa sezione dando una definizione formale degli algoritmi di oracolo, basata sulla macchina di Turing a due nastri. Un oracolo può essere chiamato in qualsiasi momento; usiamo il secondo nastro per scrivere l'input dell'oracolo e per leggerne l'output. Introduciamo l'istruzione speciale -2 per le chiamate dell'oracolo:

Definizione 15.6. *Sia A un alfabeto e $\bar{A} := A \cup \{\sqcup\}$. Sia (X, R) un problema computazionale con $X \subseteq A^*$. Una* **macchina di Turing oracolo** *che usa (X, R) è una funzione*

$$\Phi : \{0, \ldots, N\} \times \bar{A}^2 \to \{-2, \ldots, N\} \times \bar{A}^2 \times \{-1, 0, 1\}^2$$

per degli $N \in \mathbb{Z}_+$. *La sua esecuzione è definita come per una macchina di Turing a due nastri, ma con la differenza seguente: inizialmente poniamo* $\text{time}^{(0)} := 0$. *Se, ad un passo i,* $\Phi\left(n^{(i)}, s^{(i)}_{\pi(i)}, t^{(i)}_{\rho(i)}\right) = (-2, \sigma, \tau, \delta, \epsilon)$ *per dei* $\sigma, \tau, \delta, \epsilon$, *si consideri allora la stringa sul secondo nastro* $x \in A^k$, $k := \min\left\{j \in \mathbb{N} : t^{(i)}_j = \sqcup\right\} - 1$, *data da* $x_j := t^{(i)}_j$ *per* $j = 1, \ldots, k$. *Se* $x \in X$, *allora il secondo nastro è sovrascritto da* $t^{(i+1)}_j = y_j$ *per* $j = 1, \ldots, \text{size}(y)$ *e* $t^{(i+1)}_{\text{size}(y)+1} = \sqcup$ *per un* $y \in A^*$ *con* $(x, y) \in R$, *e poniamo* $\text{time}^{(i+1)} := \text{time}^{(i)} + 1 + \text{size}(y)$. *Il resto non cambia, e in tutti gli altri casi poniamo* $\text{time}^{(i+1)} := \text{time}^{(i)} + 1$. *L'esecuzione continua con* $n^{(i+1)} := n^{(i)} + 1$ *sino a quando* $n^{(i)} = -1$. *Infine poniamo* $\text{time}(\Phi, x) := \text{time}^{(i)}$. *L'output è definito come per la macchina di Turing a due nastri.*

Tutte le definizioni rispetto alle macchine di Turing possono essere estese alle macchine di Turing oracolo. L'output di un oracolo non è necessariamente unico; quindi, per lo stesso input, ci possono essere diverse possibili esecuzioni. Quando si dimostra la correttezza o si stima il tempo di esecuzione di un algoritmo di oracolo dobbiamo considerare tutte le possibili esecuzioni, ossia tutte le scelte dell'oracolo. Per i risultati di questa sezione l'esistenza di un algoritmo (di oracolo) tempo-polinomiale è equivalente all'esistenza di una macchina di Turing (oracolo) tempo-polinomiale.

15.3 *P* e *NP*

La maggior parte della teoria della complessità si basa su problemi decisionali. I problemi decisionali sono dei problemi speciali. Qualsiasi linguaggio $L \subseteq \{0, 1\}^*$ può essere interpretato come problema decisionale: data una stringa 0-1, decidere se appartiene a L. Tuttavia, siamo più interessati a problemi come il seguente:

CIRCUITO HAMILTONIANO	
Istanza:	Un grafo non orientato G.
Obiettivo:	G ha un circuito Hamiltoniano?

Assumeremo sempre che venga data una codifica efficiente dell'input come stringa binaria; in alcuni casi estendiamo il nostro alfabeto con altri simboli. Per esempio assumiamo che un grafo sia dato da una lista di adiacenza e tale lista possa essere codificata come una stringa binaria di lunghezza $O(n \log m + m \log n)$, in cui n e m indicano rispettivamente il numero di vertici e di archi. Assumeremo sempre una codifica efficiente, ossia una la cui lunghezza sia polinomialmente limitata dalla più breve lunghezza possibile di codifica.

Non tutte le stringhe binarie sono delle istanze del CIRCUITO HAMILTONIANO, lo sono solo quelle che rappresentano un grafo non orientato. Per i problemi decisionali più importanti le istanze sono dei sottoinsiemi propri delle stringhe 0-1. Richiediamo che si possa decidere in tempo polinomiale se una stringa arbitraria sia un'istanza oppure no:

Definizione 15.7. *Un* **problema decisionale** *è una coppia* $\mathcal{P} = (X, Y)$*, in cui* X *è un linguaggio decidibile in tempo polinomiale e* $Y \subseteq X$*. Gli elementi di* X *sono chiamati le* **istanze** *[instance] di* $\mathcal{P}$*; gli elementi di* Y *sono le* **yes-instance***, quelle di* $X \setminus Y$ *sono le* **no-instance***.*

Un problema decisionale (X, Y) *può essere visto come il problema* $(X, \{(x, 1) : x \in Y\} \cup \{(x, 0) : x \in X \setminus Y\})$*. Quindi un algoritmo per un problema decisionale* (X, Y) *è un algoritmo che calcola la funzione* $f : X \to \{0, 1\}$*, definita da* $f(x) = 1$ *per* $x \in Y$ *e* $f(x) = 0$ *per* $x \in X \setminus Y$*.*

Diamo altri due esempi: i problemi decisionali che corrispondono alla PROGRAMMAZIONE LINEARE e alla PROGRAMMAZIONE INTERA.

DISUGUAGLIANZE LINEARI	
Istanza:	Una matrice $A \in \mathbb{Z}^{m \times n}$ e un vettore $b \in \mathbb{Z}^m$.
Obiettivo:	Esiste un vettore $x \in \mathbb{Q}^n$ tale che $Ax \leq b$?

DISUGUAGLIANZE LINEARI INTERE	
Istanza:	Una matrice $A \in \mathbb{Z}^{m \times n}$ e un vettore $b \in \mathbb{Z}^m$.
Obiettivo:	Esiste un vettore $x \in \mathbb{Z}^n$ tale che $Ax \leq b$?

Definizione 15.8. *La classe di tutti i problemi decisionali per i quali esiste un algoritmo tempo-polinomiale è indicata con P.*

In altre parole, un membro di P è una coppia (X, Y) con $Y \subseteq X \subseteq \{0, 1\}^*$ in cui sia X che Y sono dei linguaggi decidibili in tempo polinomiale. Per dimostrare che un problema è in P di solito si descrive un algoritmo tempo-polinomiale. Per i risultati della Sezione 15.2 esiste una macchina di Turing tempo-polinomiale per ogni problema in P. Per il Teorema di Khachiyan 4.18, DISUGUAGLIANZE LINEARI appartiene a P. Non si sa se il problema delle DISUGUAGLIANZE LINEARI INTERE o il CIRCUITO HAMILTONIANO appartengano a P. Introdurremo un'altra classe, chiamata *NP*, che contiene sia questi problemi, che la maggior parte dei problemi decisionali discussi in questo libro.

Non insistiamo sull'esistenza di un algoritmo tempo-polinomiale, ma richiediamo che per ogni yes-instance esista un certificato che possa essere verificato in tempo polinomiale. Ad esempio, per il problema del CIRCUITO HAMILTONIANO un possibile certificato è semplicemente un circuito Hamiltoniano. È facile controllare se una data stringa è la codifica binaria di un circuito Hamiltoniano. Si noti che non richiediamo un certificato per le no-instance. Formalmente definiamo:

Definizione 15.9. *Un problema decisionale* $\mathcal{P} = (X, Y)$ *appartiene a NP se esiste un polinomio* p *e un problema decisionale* $\mathcal{P}' = (X', Y')$ *in P, in cui*

$$X' := \left\{ x\#c : x \in X,\ c \in \{0, 1\}^{\lfloor p(\mathrm{size}(x)) \rfloor} \right\},$$

tale che

$$Y = \left\{ y \in X : \textit{esiste una stringa } c \in \{0,1\}^{\lfloor p(\text{size}(y)) \rfloor} \textit{ con } y\#c \in Y' \right\}.$$

Qui x#c denota la concatenazione della stringa x, il simbolo # e la stringa c. Una stringa c con y#c ∈ Y′ è detta un **certificato** *per y (poiché c dimostra che y ∈ Y). Un algoritmo per $\mathcal{P}'$ è detto un* **algoritmo verificatore**.

Proposizione 15.10. $P \subseteq NP$.

Dimostrazione. Si può scegliere p uguale a zero. Un algoritmo per $\mathcal{P}'$ rimuove semplicemente l'ultimo simbolo dell'input "$x\#$" e poi applica un algoritmo per $\mathcal{P}$. □

Non si sa se $P = NP$. In pratica, questo è uno dei problemi aperti più importanti della teoria della complessità. Come esempio di problemi in *NP* che non si sa se appartengono a *P* abbiamo:

Proposizione 15.11. *Il problema del* CIRCUITO HAMILTONIANO *appartiene a NP.*

Dimostrazione. Per ogni yes-instance G prendiamo un circuito Hamiltoniano di G come certificato. Controllare se un dato insiemi di archi è in pratica un circuito Hamiltoniano di un dato grafo è ovviamente possibile in tempo polinomiale. □

Proposizione 15.12. *Il problema delle* DISUGUAGLIANZE LINEARI INTERE *appartiene a NP.*

Dimostrazione. Come certificato prendiamo semplicemente il vettore che rappresenta una soluzione. Se esiste una soluzione, ne esiste una di dimensione polinomiale per il Corollario 5.7. □

Il nome *NP* è l'acronimo di "nondeterministic polynomial". Per spiegarlo dobbiamo definire che cosa è un algoritmo non deterministico. Questa è anche una buona occasione per definire gli algoritmi casualizzati in generale, un concetto che abbiamo già trovato in precedenza. La caratteristica comune degli algoritmi casualizzati è che la loro esecuzione non dipende solamente dall'input ma anche da qualche bit casuale.

Definizione 15.13. *Un* **algoritmo casualizzato** *per calcolare una funzione* $f : S \to T$ *è un algoritmo che calcola una funzione* $g : \{s\#r : s \in S,\ r \in \{0,1\}^{k(s)}\} \to T$, *in cui* $k : S \to \mathbb{Z}_+$. *Quindi per ogni istanza* $s \in S$ *l'algoritmo può usare* $k(s) \in \mathbb{Z}_+$ *bit casuali. Misuriamo la dipendenza del tempo di esecuzione solo su* size(s); *quindi algoritmi casualizzati tempo-polinomiali possono leggere solo un numero polinomiale di bit casuali.*

Naturalmente siamo interessati ad algoritmi casualizzati solo se f e g sono correlate. Nel caso ideale, se $g(s\#r) = f(s)$ per ogni $s \in S$ e ogni $r \in \{0,1\}^{k(s)}$, parliamo di un **algoritmo "Las Vegas"**. *Un algoritmo Las Vegas calcola sempre* *il risultato in maniera corretta, ma il tempo di esecuzione può variare tra diverse esecuzioni per lo stesso input s. A volte sono interessanti anche algoritmi meno affidabili: se esiste almeno una probabilità positiva p di una risposta corretta, indipendentemente dall'istanza, ovvero*

$$p := \inf_{s \in S} \frac{|\{r \in \{0,1\}^{k(s)} : g(s\#r) = f(s)\}|}{2^{k(s)}} > 0,$$

allora abbiamo un **algoritmo "Monte Carlo"**.

Se $T = \{0, 1\}$ *e per ogni* $s \in S$ *con* $f(s) = 0$ *abbiamo* $g(s\#r) = 0$ *per ogni* $r \in \{0,1\}^{k(s)}$, *allora abbiamo un algoritmo casualizzato con* **one-sided error**. *Se in aggiunta per ogni* $s \in S$ *con* $f(s) = 1$ *esiste almeno un* $r \in \{0,1\}^{k(s)}$ *con* $g(s\#r) = 1$, *allora l'algoritmo è detto un* **algoritmo non deterministico**.

Un algoritmo casualizzato può anche essere visto come un oracolo in cui l'oracolo produce un bit casuale (0 o 1) ogni volta che viene chiamato. Un algoritmo non deterministico per un problema decisionale risponde sempre "no" per una no-instance, e per ogni yes-instance esiste una possibilità che risponda positivamente. L'osservazione seguente è facile:

Proposizione 15.14. *Un problema decisionale appartiene a NP se e solo se ha un algoritmo non deterministico tempo-polinomiale.*

Dimostrazione. Sia $\mathcal{P} = (X, Y)$ un problema decisionale in *NP* e sia $\mathcal{P}' = (X', Y')$ come nella Definizione 15.9. Allora un algoritmo tempo-polinomiale per $\mathcal{P}'$ è infatti anche un algoritmo non deterministico per $\mathcal{P}$: il certificato non noto è semplicemente sostituito da bit casuali. Poiché il numero di bit casuali è limitato dà un polinomio in $\text{size}(x)$, $x \in X$, così lo è anche il tempo di esecuzione dell'algoritmo.

Al contrario, se $\mathcal{P} = (X, Y)$ ha un algoritmo non deterministico tempo-polinomiale usando $k(x)$ bit casuali per un'istanza x, allora esiste un polinomio p tale che $k(x) \leq p(\text{size}(x))$ per ogni istanza x. Definiamo $X' := \left\{x\#c : x \in X,\ c \in \{0,1\}^{\lfloor p(\text{size}(x))\rfloor}\right\}$ e $Y' := \{x\#c \in X' : g(x\#r) = 1,\ r$ costituito dai primi $k(x)$ bit di $c\}$.

Allora per la definizione di algoritmo non deterministico abbiamo $(X', Y') \in P$ e

$$Y = \left\{y \in X : \text{esiste una stringa } c \in \{0,1\}^{\lfloor p(\text{size}(y))\rfloor} \text{ con } y\#c \in Y'\right\}. \qquad \square$$

La maggior parte dei problemi decisionali che si incontrano in ottimizzazione combinatoria appartengono a *NP*. Per molti di loro non si sa se ammettano un algoritmo tempo-polinomiale. Tuttavia, si può dire che certi problemi non sono più facili di altri. Per essere più precisi, introduciamo l'importante concetto di riduzioni polinomiali, che si applica in generale a molti problemi.

Definizione 15.15. *Siano* $\mathcal{P}_1$ *e* $\mathcal{P}_2$ *due problemi computazionali. Diciamo che* $\mathcal{P}_1$ **si riduce polinomialmente** *a* $\mathcal{P}_2$ *se esiste un algoritmo di oracolo tempo-polinomiale per* $\mathcal{P}_1$ *che usa* $\mathcal{P}_2$.

L'osservazione seguente è la ragione principale di questa definizione:

Proposizione 15.16. *Se $\mathcal{P}_1$ si riduce polinomialmente a $\mathcal{P}_2$ ed esiste un algoritmo tempo-polinomiale per $\mathcal{P}_2$, allora esiste un algoritmo tempo-polinomiale per $\mathcal{P}_1$.*

Dimostrazione. Sia A_2 un algoritmo per $\mathcal{P}_2$ con $\text{time}(A_2, y) \leq p_2(\text{size}(y))$ per tutte le istanze y di $\mathcal{P}_2$. Sia A_1 un algoritmo di oracolo per $\mathcal{P}_1$ che usa $\mathcal{P}_2$ con $\text{time}(A_1, x) \leq p_1(\text{size}(x))$ per tutte le istanze x di $\mathcal{P}_1$. Allora sostituendo la chiamata di oracolo in A_1 con le sotto procedure equivalenti in A_2 da un algoritmo A_3 per $\mathcal{P}_1$. Per qualsiasi istanza x di $\mathcal{P}_1$ con $\text{size}(x) = n$ abbiamo $\text{time}(A_3, x) \leq p_1(n) \cdot p_2(p_1(n))$: possono esserci al massimo $p_1(n)$ chiamate di oracolo in A_1, e nessuna delle istanze di $\mathcal{P}_2$ prodotta da A_1 può essere più lunga di $p_1(n)$. Poiché possiamo scegliere p_1 e p_2 come dei polinomi, concludiamo che A_3 è un algoritmo tempo-polinomiale. □

La teoria della NP-completezza si basa su un tipo particolare di riduzioni tempo-polinomiali, che viene definito solo per problemi decisionali:

Definizione 15.17. *Siano $\mathcal{P}_1 = (X_1, Y_1)$ e $\mathcal{P}_2 = (X_2, Y_2)$ due problemi decisionali. Diciamo che $\mathcal{P}_1$* **si trasforma polinomialmente** *in $\mathcal{P}_2$ se esiste una funzione $f : X_1 \to X_2$ calcolabile in tempo polinomiale tale che $f(x_1) \in Y_2$ per ogni $x_1 \in Y_1$ e $f(x_1) \in X_2 \setminus Y_2$ per ogni $x_1 \in X_1 \setminus Y_1$.*

In altre parole, yes-instance sono trasformate in yes-instance, e no-instance sono trasformate in no-instance. Ovviamente, se un problema $\mathcal{P}_1$ si trasforma polinomialmente a $\mathcal{P}_2$, allora $\mathcal{P}_1$ si riduce polinomialmente a $\mathcal{P}_2$. Le trasformazioni polinomiali sono a volte chiamate riduzioni di Karp, mentre in generale riduzioni polinomiali sono anche note come riduzioni di Turing. Si dimostra facilmente che entrambe sono transitive.

Definizione 15.18. *Un problema decisionale $\mathcal{P} \in NP$ è detto* ***NP*-completo** *se tutti gli altri problemi in NP si trasformano polinomialmente in $\mathcal{P}$.*

Per la Proposizione 15.16 sappiamo che se esistesse un algoritmo tempo-polinomiale per qualsiasi problema *NP*-completo, allora $P = NP$.

Naturalmente, la definizione precedente sarebbe senza significato se non esistesse nessun problema *NP*-completo. La prossima sezione consiste nella dimostrazione che esiste almeno un problema *NP*-completo.

15.4 Il Teorema di Cook

Nel suo lavoro, Cook [1971] dimostrò che un certo problema decisionale, chiamato SODDISFACIBILITÀ, è senz'altro *NP*-completo. Abbiamo bisogno di alcune definizioni:

Definizione 15.19. *Sia X un insieme finito di* **variabili Booleane***. Un* **assegnamento di verità** *[truth assignment] per X è una funzione $T : X \to \{vero, falso\}$.*

Estendiamo T all'insieme $L := X \dot{\cup} \{\overline{x} : x \in X\}$ ponendo $T(\overline{x}) :=$ vero se $T(x) :=$ falso e vice versa ($\overline{x}$ può essere visto come la negazione x). Gli elementi di L sono chiamati i **letterali** *su X.*

Una **clausola** *su X è un insieme di letterali su X. Una clausola rappresenta la disgiunzione di quei letterali e viene* **soddisfatta** *da un assegnamento di verità se e solo se almeno uno dei suoi membri è vero. Una famiglia di clausole su X è* **soddisfacibile** *se e solo se esiste un assegnamento di verità che soddisfa simultaneamente tutte le sue clausole.*

Poiché consideriamo la congiunzione di disgiunzioni tra letterali, parliamo anche di formule booleane (cf. Esercizio 21) in forma congiuntiva normale. Per esempio, la famiglia $\{\{x_1, \overline{x_2}\}, \{\overline{x_2}, \overline{x_3}\}, \{x_1, x_2, \overline{x_3}\}, \{\overline{x_1}, x_3\}\}$ corrisponde alla formula booleana $(x_1 \vee \overline{x_2}) \wedge (\overline{x_2} \vee \overline{x_3}) \wedge (x_1 \vee x_2 \vee \overline{x_3}) \wedge (\overline{x_1} \vee x_3)$, che è soddisfacibile come mostra l'assegnamento di verità $T(x_1) :=$ *vero*, $T(x_2) :=$ *falso* e $T(x_3) :=$ *vero*. Siamo ora pronti a definire il problema della soddisfacibilità:

SODDISFACIBILITÀ	
Istanza:	Un insieme X di variabili e una famiglia $\mathcal{Z}$ di clausole su X.
Obiettivo:	$\mathcal{Z}$ è soddisfacibile?

Teorema 15.20. (Cook [1971]) *Il problema della* SODDISFACIBILITÀ *è NP-completo.*

Dimostrazione. Il problema della SODDISFACIBILITÀ appartiene a *NP* perché un assegnamento di verità soddisfacibile è in pratica un certificato per qualsiasi yes-instance, e può essere naturalmente controllato in tempo polinomiale.

Sia ora $\mathcal{P} = (X, Y)$ un qualsiasi altro problema in *NP*. Dobbiamo dimostrare che $\mathcal{P}$ si trasforma polinomialmente nel problema della SODDISFACIBILITÀ.

Per la Definizione 15.9 esiste un polinomio p e un problema decisionale $\mathcal{P}' = (X', Y')$ in *P*, in cui $X' := \left\{x\#c : x \in X,\ c \in \{0,1\}^{\lfloor p(\text{size}(x))\rfloor}\right\}$ e

$$Y = \left\{y \in X : \text{esiste una stringa } c \in \{0,1\}^{\lfloor p(\text{size}(y))\rfloor} \text{ con } y\#c \in Y'\right\}.$$

Sia

$$\Phi : \{0, \dots, N\} \times \bar{A} \to \{-1, \dots, N\} \times \bar{A} \times \{-1, 0, 1\}$$

una macchina di Turing tempo-polinomiale per $\mathcal{P}'$ con alfabeto A; sia $\bar{A} := A \cup \{\sqcup\}$. Sia q un polinomio tale che $\text{time}(\Phi, x\#c) \le q(\text{size}(x\#c))$ per tutte le istanze $x\#c \in X'$. Si noti che $\text{size}(x\#c) = \text{size}(x) + 1 + \lfloor p(\text{size}(x))\rfloor$.

Costruiamo ora una collezione $\mathcal{Z}(x)$ di clausole su qualche insieme finito $V(x)$ di variabili booleane per ogni $x \in X$, tale che $\mathcal{Z}(x)$ è soddisfacibile se e solo se $x \in Y$.

Abbreviamo $Q := q(\text{size}(x) + 1 + \lfloor p(\text{size}(x))\rfloor)$. Q è una stima per eccesso alla lunghezza di qualsiasi calcolo di Φ con input $x\#c$, per qualsiasi $c \in \{0,1\}^{\lfloor p(\text{size}(x))\rfloor}$. $V(x)$ contiene le seguenti variabili booleane:

- una variabile $v_{ij\sigma}$ per ogni $0 \le i \le Q$, $-Q \le j \le Q$ e $\sigma \in \bar{A}$,
- una variabile w_{ijn} per ogni $0 \le i \le Q$, $-Q \le j \le Q$ e $-1 \le n \le N$.

Il significato voluto è: $v_{ij\sigma}$ indica se al tempo i (cioè dopo i passi di calcolo) la posizione j-ma della stringa contiene il simbolo σ. w_{ijn} indica se al tempo i viene visitata la j-ma posizione della stringa e viene eseguita l'istruzione n-ma.

Dunque, se $(n^{(i)}, s^{(i)}, \pi^{(i)})_{i=0,1,\ldots}$ è un calcolo di Φ allora vorremo porre $v_{ij\sigma}$ a *vero* se e solo se $s_j^{(i)} = \sigma$ e w_{ijn} a *vero* se e solo se $\pi^{(i)} = j$ e $n^{(i)} = n$.

La collezione $\mathcal{Z}(x)$ di clausole che si deve costruire sarà soddisfacibile se e solo se esiste una stringa c con output$(\Phi, x\#c) = 1$.

$\mathcal{Z}(x)$ contiene le seguenti clausole per rappresentare le condizioni che seguono.

In qualsiasi momento ogni posizione della stringa contiene un unico simbolo:

- $\{v_{ij\sigma} : \sigma \in \bar{A}\}$ per $0 \le i \le Q$ e $-Q \le j \le Q$,
- $\{\overline{v_{ij\sigma}}, \overline{v_{ij\tau}}\}$ per $0 \le i \le Q$, $-Q \le j \le Q$ e $\sigma, \tau \in \bar{A}$ con $\sigma \neq \tau$.

In qualsiasi momento viene visitata un'unica posizione della stringa e viene eseguita una singola istruzione:

- $\{w_{ijn} : -Q \le j \le Q,\ -1 \le n \le N\}$ per $0 \le i \le Q$,
- $\{\overline{w_{ijn}}, \overline{w_{ij'n'}}\}$ per $0 \le i \le Q$, $-Q \le j, j' \le Q$ e $-1 \le n, n' \le N$ con $(j, n) \neq (j', n')$.

L'algoritmo inizia correttamente con l'input $x\#c$ per un $c \in \{0, 1\}^{\lfloor p(\mathrm{size}(x)) \rfloor}$:

- $\{v_{0,j,x_j}\}$ per $1 \le j \le \mathrm{size}(x)$,
- $\{v_{0,\mathrm{size}(x)+1,\#}\}$,
- $\{v_{0,\mathrm{size}(x)+1+j,0}, v_{0,\mathrm{size}(x)+1+j,1}\}$ per $1 \le j \le \lfloor p(\mathrm{size}(x)) \rfloor$,
- $\{v_{0,j,\sqcup}\}$ per $-Q \le j \le 0$ e $\mathrm{size}(x) + 2 + \lfloor p(\mathrm{size}(x)) \rfloor \le j \le Q$,
- $\{w_{010}\}$.

L'algoritmo funziona correttamente:

- $\{\overline{v_{ij\sigma}}, \overline{w_{ijn}}, v_{i+1,j,\tau}\}$, $\{\overline{v_{ij\sigma}}, \overline{w_{ijn}}, w_{i+1,j+\delta,m}\}$ per $0 \le i < Q$, $-Q \le j \le Q$, $\sigma \in \bar{A}$ e $0 \le n \le N$, in cui $\Phi(n, \sigma) = (m, \tau, \delta)$.

Quando l'algoritmo raggiunge l'istruzione -1, si ferma:

- $\{\overline{w_{i,j,-1}}, w_{i+1,j,-1}\}$, $\{\overline{w_{i,j,-1}}, \overline{v_{i,j,\sigma}}, v_{i+1,j,\sigma}\}$ per $0 \le i < Q$, $-Q \le j \le Q$ e $\sigma \in \bar{A}$.

Le posizioni che non vengono visitate non cambiano:

- $\{\overline{v_{ij\sigma}}, \overline{w_{ij'n}}, v_{i+1,j,\sigma}\}$ per $0 \le i \le Q$, $\sigma \in \bar{A}$, $-1 \le n \le N$ e $-Q \le j, j' \le Q$ con $j \neq j'$.

L'output dell'algoritmo è 1:

- $\{v_{Q,1,1}\}$, $\{v_{Q,2,\sqcup}\}$.

La lunghezza della codifica di $\mathcal{Z}(x)$ è $O(Q^3 \log Q)$: esistono $O(Q^3)$ letterali, i cui indici richiedono uno spazio $O(\log Q)$. Poiché Q dipende polinomialmente da size(x), concludiamo che esiste un algoritmo tempo-polinomiale che, dato x, costruisce $\mathcal{Z}(x)$. Si noti che p, Φ e q sono fissati e non sono parte dell'input di questo algoritmo.

Rimane da mostrare che $\mathcal{Z}(x)$ è soddisfacibile se e solo se $x \in Y$.

Se $\mathcal{Z}(x)$ è soddisfacibile, consideriamo un assegnamento di verità T che soddisfa tutte le clausole. Sia $c \in \{0,1\}^{\lfloor p(\text{size}(x)) \rfloor}$ con $c_j = 1$ per ogni j con $T(v_{0,\text{size}(x)+1+j,1}) = \textit{vero}$ e $c_j = 0$ altrimenti. Per la costruzione precedente le variabili riflettono il calcolo di Φ sull'input $x\#c$. Quindi possiamo concludere che output$(\Phi, x\#c) = 1$. Poiché Φ è un algoritmo verificatore, ciò implica che x è una yes-instance.

Al contrario, se $x \in Y$, sia c un qualsiasi certificato per x. Sia $(n^{(i)}, s^{(i)}, \pi^{(i)})_{i=0,1,\dots,m}$ il calcolo di Φ sull'input $x\#c$. Allora definiamo $T(v_{i,j,\sigma}) := \textit{vero}$ se e solo se $s_j^{(i)} = \sigma$ e $T(w_{i,j,n}) = \textit{vero}$ se e solo se $\pi^{(i)} = j$ e $n^{(i)} = n$. Per $i := m+1, \dots, Q$ poniamo $T(v_{i,j,\sigma}) := T(v_{i-1,j,\sigma})$ e $T(w_{i,j,n}) := T(w_{i-1,j,n})$ per ogni j, n e σ. Allora T è un assegnamento di verità che soddisfa $\mathcal{Z}(x)$, concludendo la dimostrazione. □

Il problema della SODDISFACIBILITÀ non è l'unico problema *NP*-completo; ne incontreremo molti altri in questo libro. Ma ora che abbiamo già un problema *NP*-completo a disposizione, sarà molto più facile dimostrare la *NP*-completezza per un altro problema. Per mostrare che un certo problema decisionale $\mathcal{P}$ è *NP*-completo, dovremmo solo dimostrare che $\mathcal{P} \in NP$ e che il problema della SODDISFACIBILITÀ (o qualsiasi altro problema che sappiamo già essere *NP*-completo) si trasforma polinomialmente in $\mathcal{P}$. Poiché la trasformabilità è transitiva, ciò sarà sufficiente.

La restrizione seguente al problema della SODDISFACIBILITÀ risulterà utile in molte dimostrazioni di *NP*-completezza:

3SAT	
Istanza:	Un insieme X di variabili e una collezione $\mathcal{Z}$ di clausole su X, ognuna contenente esattamente tre letterali.
Obiettivo:	$\mathcal{Z}$ è soddisfacibile?

Per dimostrare la *NP*-completezza di 3SAT osserviamo che qualsiasi clausola può essere sostituita equivalentemente da un insieme di clausole 3SAT:

Proposizione 15.21. *Sia X un insieme di variabili e Z una clausola su X con k letterali. Allora esiste un insieme Y di al massimo* $\max\{k-3, 2\}$ *nuove variabili e una famiglia $\mathcal{Z}'$ di al massimo* $\max\{k-2, 4\}$ *clausole su $X \dot\cup Y$ tale che ogni elemento di $\mathcal{Z}'$ ha esattamente tre letterali, e per ogni famiglia $\mathcal{W}$ di clausole su X abbiamo che $\mathcal{W} \cup \{Z\}$ sia soddisfacibile se e solo se $\mathcal{W} \cup \mathcal{Z}'$ è soddisfacibile. Inoltre, tale famiglia $\mathcal{Z}'$ può essere calcolata in tempo $O(k)$.*

Dimostrazione. Se Z ha tre letterali, poniamo $\mathcal{Z}' := \{Z\}$. Se Z ha più di tre letterali, diciamo $Z = \{\lambda_1, \dots, \lambda_k\}$, scegliamo un insieme $Y = \{y_1, \dots, y_{k-3}\}$ di

$k - 3$ nuove variabili e poniamo

$$\mathcal{Z}' := \big\{\{\lambda_1, \lambda_2, y_1\}, \{\overline{y_1}, \lambda_3, y_2\}, \{\overline{y_2}, \lambda_4, y_3\}, \ldots, \\ \{\overline{y_{k-4}}, \lambda_{k-2}, y_{k-3}\}, \{\overline{y_{k-3}}, \lambda_{k-1}, \lambda_k\}\big\}.$$

Se $Z = \{\lambda_1, \lambda_2\}$, scegliamo una nuova variabile y_1 ($Y := \{y_1\}$) e poniamo

$$\mathcal{Z}' := \{\{\lambda_1, \lambda_2, y_1\}, \{\lambda_1, \lambda_2, \overline{y_1}\}\}.$$

Se $Z = \{\lambda_1\}$, scegliamo un insieme $Y = \{y_1, y_2\}$ di due nuove variabili e poniamo

$$\mathcal{Z}' := \{\{\lambda_1, y_1, y_2\}, \{\lambda_1, y_1, \overline{y_2}\}, \{\lambda_1, \overline{y_1}, y_2\}, \{\lambda_1, \overline{y_1}, \overline{y_2}\}\}.$$

Si osservi che in ogni caso Z può essere equivalentemente sostituita dalle clausole in $\mathcal{Z}'$ in qualsiasi istanza del problema di SODDISFACIBILITÀ. □

Teorema 15.22. (Cook [1971]) 3SAT *è NP-completo.*

Dimostrazione. Poiché è una restrizione del problema della SODDISFACIBILITÀ, 3SAT è certamente in *NP*. Mostriamo ora che il problema della SODDISFACIBILITÀ si trasforma polinomialmente in 3SAT. Si consideri qualsiasi collezione $\mathcal{Z}$ di clausole $Z_1, \ldots, Z_m$.

Dobbiamo costruire una nuova collezione $\mathcal{Z}'$ di clausole con tre letterali per clausola tale che $\mathcal{Z}$ è soddisfacibile se e solo se $\mathcal{Z}'$ è soddisfacibile.

Per fare ciò, sostituiamo ogni clausola Z_i con un insieme equivalente di clausole, ognuna con tre letterali. Ciò è possibile in tempo lineare per la Proposizione 15.21. □

Se limitiamo ogni clausola a contenere solo due letterali, il problema (chiamato 2SAT) può essere risolto in tempo lineare (Esercizio 8).

15.5 Alcuni problemi *NP*-completi fondamentali

Karp [1972] scoprì l'importanza delle conseguenze del lavoro di Cook per i problemi di ottimizzazione combinatoria. Per iniziare, consideriamo il problema seguente:

INSIEME STABILE	
Istanza:	Un grafo G e un numero intero k.
Obiettivo:	Esiste un insieme stabile di k vertici?

Teorema 15.23. (Karp [1972]) *L'*INSIEME STABILE *è NP-completo.*

Dimostrazione. Ovviamente, INSIEME STABILE $\in$ *NP*. Mostriamo che il problema della SODDISFACIBILITÀ si trasforma polinomialmente nel problema dell'INSIEME STABILE.

Sia $\mathcal{Z}$ una collezione di clausole $Z_1, \ldots, Z_m$ con $Z_i = \{\lambda_{i1}, \ldots, \lambda_{ik_i}\}$ ($i = 1, \ldots, m$), in cui le λ_{ij} sono letterali definiti su un insieme X di variabili.

Costruiremo un grafo G tale che G ha un insieme stabile di dimensione m se e solo se esiste un assegnamento di verità che soddisfi tutte le m clausole.

Per ogni clausola Z_i, introduciamo una clique di k_i vertici in accordo con i letterali in quella clausola. I vertici che corrispondono a clausole diverse sono connessi da un arco se e solo se i letterali si contraddicono l'un l'altro. Formalmente, sia $V(G) := \{v_{ij} : 1 \leq i \leq m, 1 \leq j \leq k_i\}$ e

$$E(G) := \Big\{\{v_{ij}, v_{kl}\} : (i = k \text{ e } j \neq l) \\ \text{o } (\lambda_{ij} = x \text{ e } \lambda_{kl} = \overline{x} \text{ per un } x \in X)\Big\}.$$

Si veda la Figura 15.1 per un esempio ($m = 4$, $Z_1 = \{\overline{x_1}, x_2, x_3\}$, $Z_2 = \{x_1, \overline{x_3}\}$, $Z_3 = \{x_2, \overline{x_3}\}$ e $Z_4 = \{\overline{x_1}, \overline{x_2}, \overline{x_3}\}$).

Si supponga che G abbia un insieme stabile di dimensione m. Allora i suoi vertici specificano coppie di letterali compatibili che appartengono a clausole diverse. Ponendo ognuno di questi letterali a *vero* (e ponendo le variabili che vi appaiono arbitrariamente) otteniamo un assegnamento di verità che soddisfa tutte le m clausole.

Al contrario, se qualche assegnamento di verità soddisfa tutte le m clausole, allora scegliamo un letterale che sia *vero* per ogni clausola. L'insieme dei vertici corrispondenti definisce un insieme stabile di dimensione m in G. □

È essenziale che k sia parte dell'input: altrimenti per ogni k fissato può essere deciso in tempo $O(n^k)$ se un dato grafo con n vertici abbia un insieme stabile di dimensione k (semplicemente controllando ogni insieme di vertici con k elementi). Altri due problemi interessanti sono:

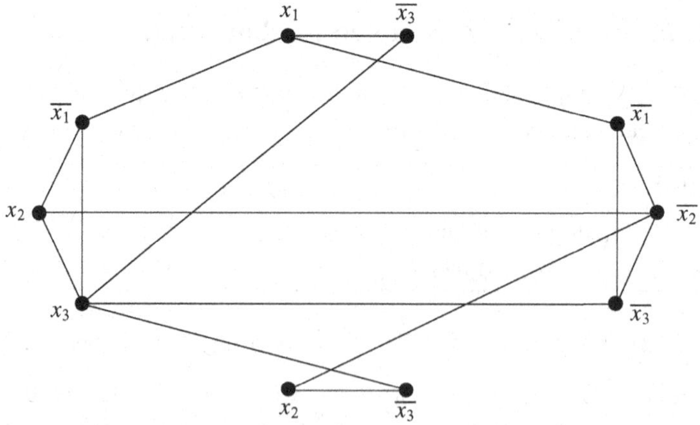

Figura 15.1.

VERTEX COVER	
Istanza:	Un grafo G e un numero intero k.
Obiettivo:	Esiste un vertex cover di cardinalità k?

CLIQUE	
Istanza:	Un grafo G e un numero intero k.
Obiettivo:	G ha una clique di cardinalità k?

Corollario 15.24. (Karp [1972]) VERTEX COVER *e* CLIQUE *sono NP-completi.*

Dimostrazione. Per la Proposizione 2.2, INSIEME STABILE si trasforma polinomialmente sia in VERTEX COVER che in CLIQUE. □

Consideriamo ora il famoso problema del circuito Hamiltoniano (già definito nella Sezione 15.3).

Teorema 15.25. (Karp [1972]) *Il problema del* CIRCUITO HAMILTONIANO *è NP-completo.*

Dimostrazione. L'appartenenza a *NP* è ovvia. Dimostriamo che 3SAT si trasforma polinomialmente nel problema del CIRCUITO HAMILTONIANO. Data una collezione $\mathcal{Z}$ di clausole $Z_1, \ldots, Z_m$ su $X = \{x_1, \ldots, x_n\}$, in cui ogni clausola contiene tre letterali, dobbiamo costruire un grafo G tale che G è Hamiltoniano se e solo se $\mathcal{Z}$ è soddisfacibile.

Definiamo prima due "gadget" che appariranno diverse volte in G. Si consideri il grafo mostrato nella Figura 15.2(a), che chiamiamo A. Assumiamo che sia un sottografo di G e che nessun vertice di A tranne u, u', v, v' sia incidente a nessun altro arco di G. Allora ogni circuito Hamiltoniano di G deve attraversare A in uno dei modi mostrati nella Figura 15.3(a) e (b). Quindi possiamo sostituire A con due archi con il vincolo aggiuntivo che qualsiasi circuito Hamiltoniano di G deve contenerne esattamente uno di loro (Figura 15.2(b)).

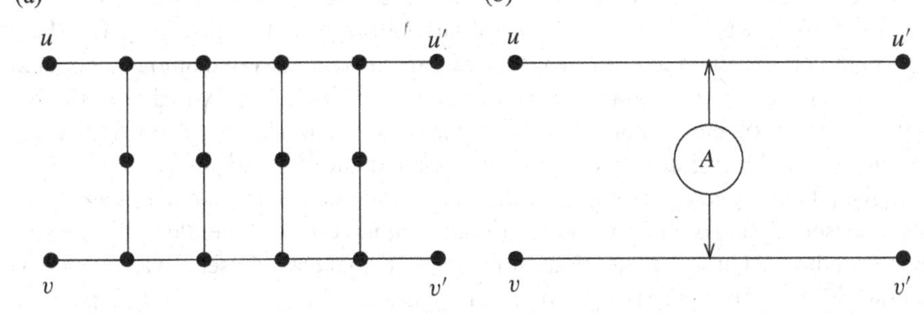

Figura 15.2.

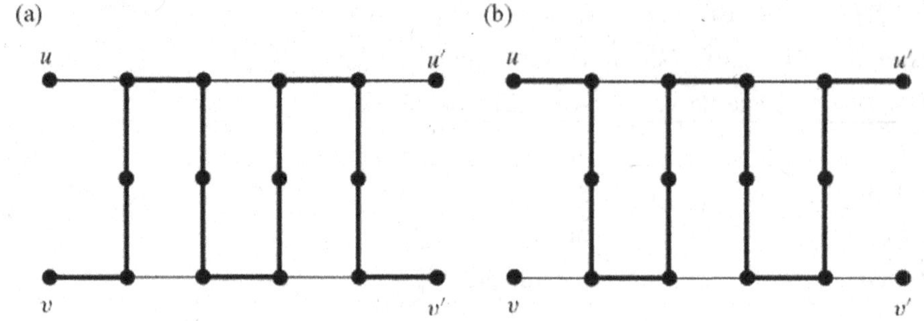

Figura 15.3.

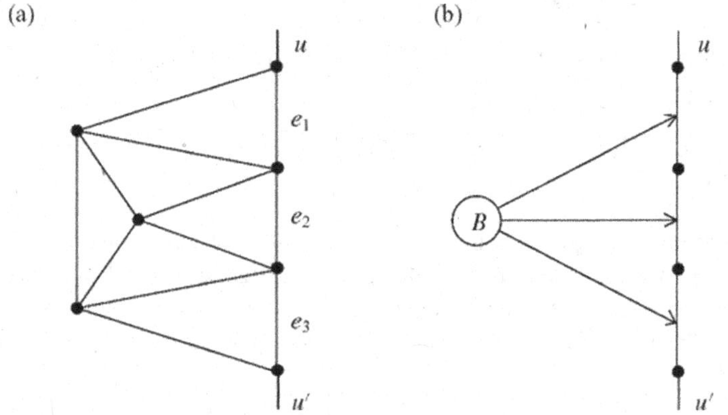

Figura 15.4.

Si consideri ora il grafo B mostrato nella Figura 15.4(a). Assumiamo che sia un sottografo di G e che nessun vertice di B tranne u e u' sia incidente a nessun altro arco di G. Allora nessun circuito Hamiltoniano di G attraversa ognuno tra e_1, e_2, e_3. Inoltre, si può facilmente controllare che per qualsiasi $S \subset \{e_1, e_2, e_3\}$ esiste un cammino Hamiltoniano da u a u' in B che contiene S ma nessuno tra $\{e_1, e_2, e_3\} \setminus S$. Rappresentiamo B con il simbolo mostrato nella Figura 15.4(b).

Siamo ora in grado di costruire G. Per ogni clausola, introduciamo una copia di B, unita una con l'altra. Tra la prima e l'ultima copia di B, inseriamo due vertici per ogni variabile, ognuna unita con l'altra. Poi raddoppiamo gli archi tra due vertici di ogni variabile x; questi due archi corrisponderanno rispettivamente a x e $\overline{x}$.

Gli archi e_1, e_2 ed e_3 in ogni copia di B sono connessi via una copia di A agli archi che corrispondono rispettivamente al primo, secondo e terzo letterale della clausola corrispondente. Queste costruzioni sono fatte in maniera consecutiva: quando si introduce una copia del sottografo A per ogni arco $e = \{u, v\}$ che corrisponde a un letterale, l'arco incidente a u nella Figura 15.2(a) prende il ruolo di e: è ora

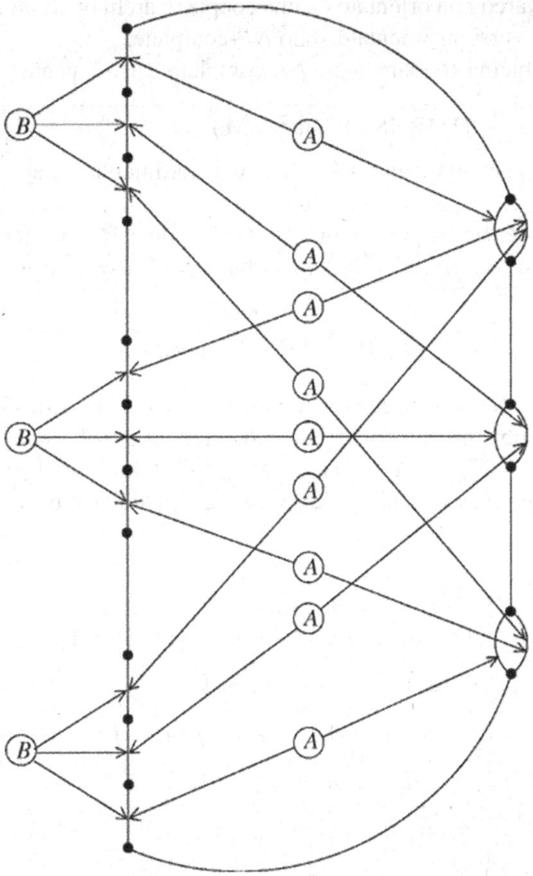

Figura 15.5.

l'arco che corrisponde a quel letterale. La costruzione complessiva è mostrata dalla Figura 15.5 con l'esempio $\{\{x_1, \overline{x_2}, \overline{x_3}\}, \{\overline{x_1}, x_2, \overline{x_3}\}, \{\overline{x_1}, \overline{x_2}, x_3\}\}$.

Mostriamo ora che G è Hamiltoniano se e solo se $\mathcal{Z}$ è soddisfacibile. Sia C un circuito Hamiltoniano. Definiamo un assegnamento di verità ponendo un letterale a *vero* se e solo se C contiene l'arco corrispondente. Per le proprietà dei gadget A e B ogni clausola contiene un letterale che è *vero*.

Al contrario, qualsiasi assegnamento di verità definisce un insieme di archi che corrispondono ai letterali che sono posti a *vero*. Poiché ogni clausola contiene un letterale che è *vero* questo insieme di archi può essere completato in un ciclo in G. □

Questa dimostrazione si deve a Papadimitriou e Steiglitz [1982]. Anche il problema di decidere se un dato grafo contiene un cammino Hamiltoniano è *NP*-completo (Esercizio 17(a)). Inoltre, si possono facilmente trasformare le versioni non orientate nel problema del circuito Hamiltoniano orientato o del cammino Hamiltoniano sostituendo ogni arco non orientato da una coppia di archi orientati in senso opposto. Quindi anche le versioni orientate sono *NP*-complete.

Un altro problema fondamentale *NP*-completo è il seguente:

MATCHING A 3 DIMENSIONI (3DM)	
Istanza:	Gli insiemi disgiunti U, V, W con cardinalità uguale e $T \subseteq U \times V \times W$.
Obiettivo:	Esiste un sottoinsieme M di T con $\|M\| = \|U\|$ tale che per $(u, v, w), (u', v', w') \in M$ si ha $u \neq u'$, $v \neq v'$ e $w \neq w'$?

Teorema 15.26. (Karp [1972]) 3DM *è NP-completo.*

Dimostrazione. L'appartenenza a *NP* è ovvia. Dobbiamo trasformare in tempo polinomiale il problema della SODDISFACIBILITÀ in 3DM. Data una collezione $\mathcal{Z}$ di clausole $Z_1, \ldots, Z_m$ su $X = \{x_1, \ldots, x_n\}$, costruiamo un'istanza (U, V, W, T) di 3DM che è una yes-instance se e solo se $\mathcal{Z}$ è soddisfacibile.

Definiamo:

$$
\begin{aligned}
U &:= \{x_i^j, \overline{x_i}^j : i = 1, \ldots, n;\ j = 1, \ldots, m\} \\
V &:= \{a_i^j : i = 1, \ldots, n;\ j = 1, \ldots, m\} \cup \{v^j : j = 1, \ldots, m\} \\
&\qquad \cup \{c_k^j : k = 1, \ldots, n-1;\ j = 1, \ldots, m\} \\
W &:= \{b_i^j : i = 1, \ldots, n;\ j = 1, \ldots, m\} \cup \{w^j : j = 1, \ldots, m\} \\
&\qquad \cup \{d_k^j : k = 1, \ldots, n-1;\ j = 1, \ldots, m\} \\
T_1 &:= \{(x_i^j, a_i^j, b_i^j), (\overline{x_i}^j, a_i^{j+1}, b_i^j) : i = 1, \ldots, n;\ j = 1, \ldots, m\}, \\
&\qquad \text{in cui } a_i^{m+1} := a_i^1 \\
T_2 &:= \{(x_i^j, v^j, w^j) : i = 1, \ldots, n;\ j = 1, \ldots, m;\ x_i \in Z_j\} \\
&\qquad \cup \{(\overline{x_i}^j, v^j, w^j) : i = 1, \ldots, n;\ j = 1, \ldots, m;\ \overline{x_i} \in Z_j\} \\
T_3 &:= \{(x_i^j, c_k^j, d_k^j), (\overline{x_i}^j, c_k^j, d_k^j) : i=1, \ldots, n;\ j=1, \ldots, m;\ k=1, \ldots, n-1\} \\
T &:= T_1 \cup T_2 \cup T_3.
\end{aligned}
$$

Per una rappresentazione di questa costruzione, si veda la Figura 15.6. Qui $m = 2$, $Z_1 = \{x_1, \overline{x_2}\}$, $Z_2 = \{\overline{x_1}, \overline{x_2}\}$. Ogni triangolo corrisponde a un elemento di $T_1 \cup T_2$. Gli elementi c_k^j, d_k^j e le triple in T_3 non vengono mostrate.

Si supponga che (U, V, W, T) sia una yes-instance e sia quindi $M \subseteq T$ una soluzione. Poiché le a_i^j e le b_i^j appaiono solo in elementi di T_1, per ogni i abbiamo che o $M \cap T_1 \supseteq \{(x_i^j, a_i^j, b_i^j) : j = 1, \ldots, m\}$ oppure $M \cap T_1 \supseteq \{(\overline{x_i}^j, a_i^{j+1}, b_i^j) : j = 1, \ldots, m\}$. Nel primo caso poniamo x_i uguale a *falso*, nel secondo caso a *vero*.

Inoltre, per ogni clausola Z_j abbiamo $(\lambda^j, v^j, w^j) \in M$ per un letterale $\lambda \in Z_j$. Poiché λ^j non appare in qualsiasi elemento di $M \cap T_1$ questa letterale è *vero*; quindi abbiamo un assegnamento di verità soddisfacibile.

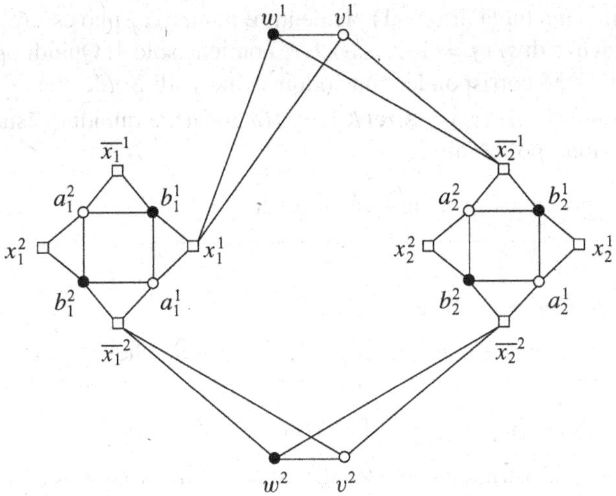

Figura 15.6.

Al contrario, un assegnamento di verità soddisfacibile suggerisce un insieme $M_1 \subseteq T_1$ di cardinalità nm e un insieme $M_2 \subseteq T_2$ di cardinalità m tale che per $(u, v, w), (u', v', w') \in M_1 \cup M_2$ abbiamo $u \neq u'$, $v \neq v'$ e $w \neq w'$. È facile completare $M_1 \cup M_2$ con $(n-1)m$ elementi di T_3 in una soluzione dell'istanza di 3DM. □

Un problema che sembra banale, ma che non sappiamo risolvere in tempo polinomiale è il seguente:

SUBSET-SUM	
Istanza:	I numeri naturali $c_1, \ldots, c_n, K$.
Obiettivo:	Esiste un sottoinsieme $S \subseteq \{1, \ldots, n\}$ tale che $\sum_{j \in S} c_j = K$?

Corollario 15.27. (Karp [1972]) SUBSET-SUM *è NP-completo.*

Dimostrazione. È ovvio che SUBSET-SUM è in *NP*. Dimostriamo che 3DM si trasforma polinomialmente in SUBSET-SUM. Sia (U, V, W, T) un'istanza di 3DM. Senza perdita di generalità, sia $U \cup V \cup W = \{u_1, \ldots, u_{3m}\}$. Scriviamo $S := \{\{a, b, c\} : (a, b, c) \in T\}$ e $S = \{s_1, \ldots, s_n\}$.

Definiamo

$$c_j \;:=\; \sum_{u_i \in s_j} (n+1)^{i-1} \qquad (j = 1, \ldots, n), \text{ e}$$

$$K \;:=\; \sum_{i=1}^{3m} (n+1)^{i-1}.$$

Scritto come una tupla di $(n+1)$ elementi, il numero c_j può essere visto come il vettore di incidenza di s_j $(j = 1, \dots, n)$, e K contiene solo 1. Quindi ogni soluzione dell'istanza di 3DM corrisponde a un sottoinsieme R di S tale che $\sum_{s_j \in R} c_j = K$, e vice versa. Inoltre, $\text{size}(c_j) \leq \text{size}(K) = O(m \log n)$, e quindi questa è senz'altro una trasformazione polinomiale. □

Il seguente problema ne è un caso speciale:

PARTIZIONE	
Istanza:	I numeri naturali $c_1, \dots, c_n$.
Obiettivo:	Esiste un sottoinsieme $S \subseteq \{1, \dots, n\}$ tale che $\sum_{j \in S} c_j = \sum_{j \notin S} c_j$?

Corollario 15.28. (Karp [1972]) PARTIZIONE *è NP-completo.*

Dimostrazione. Mostriamo che SUBSET-SUM si trasforma in tempo polinomiale in PARTIZIONE. Sia dunque $c_1, \dots, c_n, K$ un'istanza di SUBSET-SUM. Aggiungiamo un elemento $c_{n+1} := \left|\sum_{i=1}^{n} c_i - 2K\right|$ (a meno che questo numero sia zero) e otteniamo un'istanza $c_1, \dots, c_{n+1}$ di PARTIZIONE.

Caso 1: $2K \leq \sum_{i=1}^{n} c_i$. Allora per qualsiasi $I \subseteq \{1, \dots, n\}$ abbiamo

$$\sum_{i \in I} c_i = K \quad \text{se e solo se} \quad \sum_{i \in I \cup \{n+1\}} c_i = \sum_{i \in \{1,\dots,n\} \setminus I} c_i.$$

Caso 2: $2K > \sum_{i=1}^{n} c_i$. Allora per qualsiasi $I \subseteq \{1, \dots, n\}$ abbiamo

$$\sum_{i \in I} c_i = K \quad \text{se e solo se} \quad \sum_{i \in I} c_i = \sum_{i \in \{1,\dots,n+1\} \setminus I} c_i.$$

In entrambi i casi abbiamo costruito una yes-instance di PARTIZIONE se e solo se l'istanza originale di SUBSET-SUM è una yes-instance. □

Infine si noti che:

Teorema 15.29. *Il problema delle* DISUGUAGLIANZE LINEARI INTERE *è NP-completo.*

Dimostrazione. Abbiamo già mostrato l'appartenenza in *NP* nella Proposizione 15.12. Qualsiasi dei problemi precedenti può essere facilmente formulato come un'istanza di DISUGUAGLIANZE LINEARI INTERE. Per esempio un'istanza di PARTIZIONE $c_1, \dots, c_n$ è una yes-instance se e solo se l'insieme $\{x \in \mathbb{Z}^n : 0 \leq x \leq \mathbb{1},\ 2c^\top x = c^\top \mathbb{1}\}$ non è vuoto. □

15.6 La classe *coNP*

La definizione di *NP* non è simmetrica rispetto a yes-instance e no-instance. Per esempio, è una domanda aperta se il problema seguente appartenga a *NP*: dato un grafo G, è vero che G non è Hamiltoniano? Introduciamo le definizioni seguenti:

Definizione 15.30. *Per un problema decisionale* $\mathcal{P} = (X, Y)$ *definiamo il suo* **complemento** *come il problema decisionale* $(X, X \setminus Y)$. *La classe coNP consiste di tutti quei problemi il cui complemento è in NP. Un problema decisionale* $\mathcal{P} \in$ *coNP viene chiamato* **coNP-completo** *se ogni altro problema in coNP si trasforma in tempo polinomiale in* $\mathcal{P}$.

Banalmente, il complemento di un problema in *P* è ancora in *P*. D'altronde, $NP \neq coNP$ è una congettura (non dimostrata). Per questa congettura i problemi *NP*-completi giocano un ruolo particolare:

Teorema 15.31. *Un problema decisionale è coNP-completo se e solo se il suo complemento è NP-completo. A meno che NP = coNP, nessun problema coNP-completo è in NP.*

Dimostrazione. La prima affermazione segue direttamente dalla definizione.

Si supponga che $\mathcal{P} = (X, Y) \in NP$ sia un problema *coNP*-completo. Sia $\mathcal{Q} = (V, W)$ un problema qualsiasi in *coNP*. Mostriamo che $\mathcal{Q} \in NP$.

Poiché $\mathcal{P}$ è *coNP*-completo, $\mathcal{Q}$ si trasforma polinomialmente in $\mathcal{P}$. Dunque esiste un algoritmo tempo-polinomiale che trasforma qualsiasi istanza v di $\mathcal{Q}$ in un'istanza $x = f(v)$ di $\mathcal{P}$ tale che $x \in Y$ se e solo se $v \in W$. Si noti che $\text{size}(x) \leq p(\text{size}(v))$ per un polinomio dato p.

Poiché $\mathcal{P} \in NP$, esiste un polinomio q e un problema decisionale $\mathcal{P}' = (X', Y')$ in *P*, in cui $X' := \left\{x\#c : x \in X,\ c \in \{0,1\}^{\lfloor q(\text{size}(x))\rfloor}\right\}$, tale che

$$Y = \left\{y \in X : \text{esiste una stringa } c \in \{0,1\}^{\lfloor q(\text{size}(y))\rfloor} \text{ con } y\#c \in Y'\right\}$$

(cf. Definizione 15.9). Definiamo un problema decisionale (V', W') con $V' := \left\{v\#c : v \in V,\ c \in \{0,1\}^{\lfloor q(p(\text{size}(v)))\rfloor}\right\}$, e $v\#c \in W'$ se e solo se $f(v)\#c' \in Y'$ in cui c' consiste delle prime $\lfloor q(\text{size}(f(v)))\rfloor$ componenti di c.

Si osservi che $(V', W') \in P$. Quindi, per definizione, $\mathcal{Q} \in NP$. Concludiamo che $coNP \subseteq NP$ e quindi, per simmetria, $NP = coNP$. □

Se si può dimostrare che un problema è in $NP \cap coNP$, diciamo che il problema ha una **buona caratterizzazione** (Edmonds [1965]). Ciò significa che per le yes-instance così come per le no-instance esistono dei certificati che possono essere controllati in tempo polinomiale. Il Teorema 15.31 indica che un problema con una buona caratterizzazione probabilmente non è *NP*-completo.

Per dare degli esempi, la Proposizione 2.9, il Teorema 2.24, e la Proposizione 2.27 danno delle buone caratterizzazioni per i problemi di decidere se un dato grafo è rispettivamente aciclico, se ha un cammino Euleriano, e se è bipartito. Naturalmente, ciò non è molto interessante in quanto tutti questi problemi possono essere facilmente risolti in tempo polinomiale. Ma si consideri la versione decisionale della PROGRAMMAZIONE LINEARE:

Teorema 15.32. *Il problema delle* DISUGUAGLIANZE LINEARI *è in* $NP \cap coNP$.

Dimostrazione. Ciò segue immediatamente dal Teorema 4.4 e dal Corollario 3.24. □

Naturalmente, questo teorema segue anche da qualsiasi algoritmo tempo-polinomiale per la PROGRAMMAZIONE LINEARE, come ad esempio il Teorema 4.18. Comunque, prima che il METODO DELL'ELLISSOIDE fosse scoperto, il Teorema 15.32 era l'unica evidenza teorica che il problema delle DISUGUAGLIANZE LINEARI probabilmente non fosse *NP*-completo. Ciò alimentò la speranza di trovare un algoritmo tempo-polinomiale per la PROGRAMMAZIONE LINEARE (che può essere ridotto al problema delle DISUGUAGLIANZE LINEARI per la Proposizione 4.16); una speranza giustificata come oramai è noto.

Anche il famoso problema seguente ha avuto una storia simile:

IL PROBLEMA DEL NUMERO PRIMO	
Istanza:	Un numero $n \in \mathbb{N}$ (nella sua rappresentazione binaria).
Obiettivo:	È n un numero primo?

È ovvio che il problema del NUMERO PRIMO appartiene a *coNP*. Pratt [1975] ha dimostrato che il problema del NUMERO PRIMO appartiene anche a *NP*. Infine, Agrawal, Kayal e Saxena [2004] hanno dimostrato che il problema è in *P* trovando un algoritmo sorprendentemente semplice con complessità $O(\log^{7.5+\epsilon} n)$ (per qualsiasi $\epsilon > 0$). In precedenza, il miglior algoritmo deterministico noto per il problema del Numero Primo@NUMERO PRIMO si doveva a Adleman, Pomerance e Rumely [1983], e richiedeva un tempo $O\left((\log n)^{c \log\log\log n}\right)$ per una costante c. Poiché la dimensione dell'input è $O(\log n)$, non era polinomiale.

Chiudiamo questa sezione mostrando le inclusioni di *NP* e *coNP* (Figura 15.7). Ladner [1975] ha mostrato che, a meno che $P = NP$, esistono problemi in $NP \setminus P$ che non sono *NP*-completi. Comunque, sino a quando la congettura $P \neq NP$ non sarà risolta, è sempre possibile che tutte le regioni mostrate in Figura 15.7 possano "collassare" in un'unica identica regione.

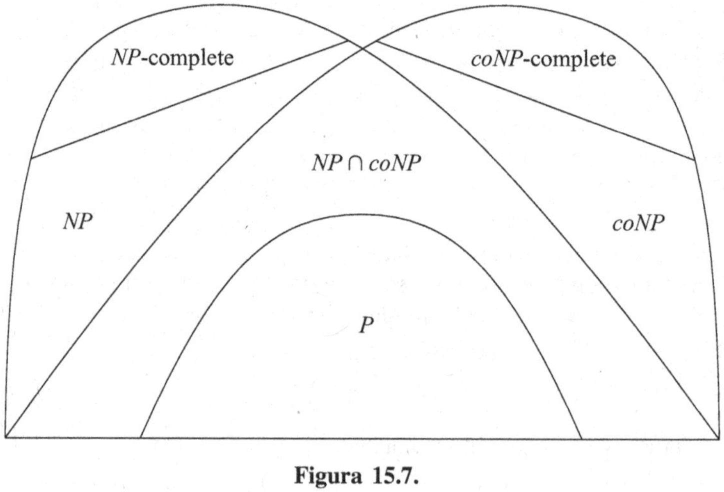

Figura 15.7.

15.7 Problemi *NP*-difficili

Estendiamo ora i nostri risultati ai problemi di ottimizzazione.

Definizione 15.33. *Un problema computazionale $\mathcal{P}$ viene detto* ***NP*-difficile** *se tutti i problemi in NP si riducono polinomialmente a $\mathcal{P}$.*

Si noti che la definizione si applica anche a problemi decisionali, ed è simmetrica (a differenza della *NP*-completezza): un problema decisionale è *NP*-difficile se e solo se lo è il suo complemento. I problemi *NP*-difficili sono almeno complicati come i problemi più difficili in *NP*. Ma alcuni potrebbero essere ancora più difficili di qualsiasi problema in *NP*. Un problema che si trasforma polinomialmente in un problema *NP* viene chiamato ***NP*-facile**. Un problema che risulta sia *NP*-difficile che *NP*-facile è ***NP*-equivalente**. In altre parole, un problema è *NP*-equivalente se e solo se è polinomialmente equivalente al problema della SODDISFACIBILITÀ, dove diciamo che due problemi $\mathcal{P}$ e $\mathcal{Q}$ sono **polinomialmente equivalenti** se $\mathcal{P}$ si riduce polinomialmente a $\mathcal{Q}$, e $\mathcal{Q}$ si riduce polinomialmente a $\mathcal{P}$. Notiamo che:

Proposizione 15.34. *Sia $\mathcal{P}$ un problema NP-equivalente. Allora $\mathcal{P}$ ha un algoritmo tempo-polinomiale esatto se e solo se $P = NP$.* □

Naturalmente, tutti i problemi *NP*-completi e tutti i problemi *coNP*-completi sono *NP*-equivalenti. Quasi tutti i problemi discussi in questo libro sono *NP*-facili poiché si riducono polinomialmente alla PROGRAMMAZIONE INTERA; questa è un'osservazione banale su cui non vale la pena soffermarsi.

Definiamo ora formalmente il tipo di problemi di ottimizzazione a cui siamo interessati:

Definizione 15.35. *Un* **problema *NP* di ottimizzazione (NPO)** *è una quadrupla $\mathcal{P} = (X, (S_x)_{x\in X}, c, \text{goal})$, in cui:*

- *X è un linguaggio su $\{0, 1\}$ decidibile in tempo polinomiale,*
- *S_x è un sottoinsieme non vuoto di $\{0, 1\}^*$ per ogni $x \in X$; esiste un polinomio p con $\text{size}(y) \leq p(\text{size}(x))$ per tutti gli $x \in X$ e $y \in S_x$, e il linguaggio $\{(x, y) : x \in X, y \in S_x\}$ è decidibile in tempo polinomiale,*
- *$c : \{(x, y) : x \in X, y \in S_x\} \to \mathbb{Q}$ è una funzione calcolabile in tempo polinomiale, e*
- *$\text{goal} \in \{\max, \min\}$.*

Gli elementi di X sono chiamati le **istanze** *di $\mathcal{P}$. Per ogni istanza x, gli elementi di S_x sono chiamati le* **soluzioni ammissibili** *di x. Scriviamo $\text{OPT}(x) := \text{goal}\{c(x, y) : y \in S_x\}$. Una* **soluzione ottima** *di x è una soluzione ammissibile y di x con $c(x, y) = \text{OPT}(x)$.*

*Un'***euristica** *per $\mathcal{P}$ è un algoritmo A che calcola per ogni input $x \in X$ con $S_x \neq \emptyset$ una soluzione ammissibile $y \in S_x$. A volte scriviamo $A(x) := c(x, y)$. Se $A(x) = \text{OPT}(x)$ per ogni $x \in X$ con $S_x \neq \emptyset$, allora A è un* **algoritmo esatto** *per $\mathcal{P}$.*

A seconda del contesto, $c(x, y)$ viene spesso chiamato il costo, il peso, il profitto o la lunghezza di y. Se c è non negativa, allora diciamo che il problema di ottimizzazione ha pesi non negativi. I valori di c sono numeri razionali; assumiamo come al solito una codifica in stringhe binarie.

I problemi di ottimizzazione più interessanti appartengono a questa classe, ma ci sono delle eccezioni (ad esempio, si veda l'Esercizio 24).

Un problema di ottimizzazione $(X, (S_x)_{x\in X}, c, \text{goal})$ può essere visto come il problema $(X, \{(x, y) : x \in X, y \in S_x, c(x, y) = \text{OPT}(x)\})$. Quindi le riduzioni polinomiali si applicano anche ai problemi di ottimizzazione.

Teorema 15.36. *Ogni problema NPO è NP-facile.*

Dimostrazione. Sia $\mathcal{P} = (X, (S_x)_{x\in X}, c, \text{goal})$ un problema NPO. Riduciamo in tempo polinomiale $\mathcal{P}$ a un problema decisionale $\mathcal{Q} \in NP$. Come al solito chiamiamo una stringa $y \in \{0, 1\}^p$, $p \in \mathbb{Z}_+$, lessicograficamente maggiore di una stringa $s \in \{0, 1\}^q$, $q \in \mathbb{Z}_+$, se e solo se $y \neq s$ e $y_j > s_j$ per $j = \min\{i \in \mathbb{N} : y_i \neq s_i\}$, in cui $y_i := -1$ per $i > p$ e $s_i := -1$ per $i > q$.

Se goal = max, allora $\mathcal{Q}$ è definita come segue: dati $x \in X$, $\gamma \in \mathbb{Q}$, e $s \in \{0, 1\}^*$, esiste un $y \in S_x$ tale che $c(x, y) \geq \gamma$ e y è uguale o lessicograficamente maggiore di s? Se goal = min, allora $c(x, y) \geq \gamma$ viene sostituito con $c(x, y) \leq \gamma$.

Si osservi che $\mathcal{Q}$ appartiene a *NP* (y serve come certificato). Riduciamo in tempo polinomiale $\mathcal{P}$ a $\mathcal{Q}$ come segue.

Poiché c è calcolabile in tempo polinomiale, esiste una costante $d \in \mathbb{N}$ tale che $\text{size}(c(x, y)) \leq (\text{size}(x) + p(\text{size}(x)))^d =: k(x)$ per ogni $x \in X$ e $y \in S_x$. Quindi $\text{OPT}(x) \in [-2^{k(x)}, 2^{k(x)}]$, e $|c(x, y) - c(x, y')|$ è un numero intero multiplo di $2^{-k(x)}$ per ogni $x \in X$ e $y, y' \in S_x$.

Data un'istanza $x \in X$, calcoliamo prima $k(x)$ e poi determiniamo $\text{OPT}(x)$ tramite una ricerca binaria. Iniziamo con $\alpha := -2^{k(x)}$ e $\beta := 2^{k(x)}$. Ad ogni iterazione applichiamo l'oracolo a (x, γ, s_0), in cui $\gamma = \frac{\alpha+\beta}{2}$. Se la risposta è affermativa, poniamo $\alpha := \gamma$, altrimenti $\beta := \gamma$.

Dopo $2k + 2$ iterazioni abbiamo $\beta - \alpha < 2^{-k(x)}$. Allora fissiamo $\gamma := \alpha$ e usiamo altre $2p(\text{size}(x))$ chiamate di oracolo per calcolare una soluzione $y \in S_x$ con $c(x, y) \geq \alpha$. Per $i := 1, \ldots, p(\text{size}(x))$ chiamiamo l'oracolo per (x, α, s_{i-1}^0) e (x, α, s_{i-1}^1), in cui s^j risulta dalla stringa s aggiungendo il simbolo $j \in \{0, 1\}$. Se entrambe le risposte sono affermative, allora poniamo $s_i := s_{i-1}^1$, se solo la prima risposta è affermativa, allora poniamo $s_i := s_{i-1}^0$, e se entrambe le risposte sono negative, allora poniamo $s_i := s_{i-1}$. Concludiamo che $s_{p(\text{size}(x))}$ è la stringa lessicograficamente massimale y con $y \in S_x$ e $c(x, y) = \text{OPT}(x)$. □

La maggior parte dei problemi che presenteremo d'ora in avanti sono *NP*-difficili, e solitamente lo dimostreremo descrivendo una riduzione polinomiale da un altro problema *NP*-completo. Come primo esempio consideriamo MAX-2SAT: data un'istanza del problema della SODDISFACIBILITÀ con esattamente due letterali per clausola, trovare un assegnamento di verità che massimizzi il numero di clausole soddisfatte.

Teorema 15.37. (Garey, Johnson e Stockmeyer [1976]) MAX-2SAT *è NP-difficile.*

Dimostrazione. Per riduzione da 3SAT. Data un'istanza I di 3SAT con le clausole $C_1, \ldots, C_m$, costruiamo un'istanza I' di MAX-2SAT aggiungendo nuove variabili $y_1, z_1, \ldots, y_m, z_m$ e sostituendo ogni clausola $C_i = \{\lambda_1, \lambda_2, \lambda_3\}$ dalle quattordici clausole

$$\{\lambda_1, z_i\}, \{\lambda_1, \bar{z}_i\}, \{\lambda_2, z_i\}, \{\lambda_2, \bar{z}_i\}, \{\lambda_3, z_i\}, \{\lambda_3, \bar{z}_i\}, \{y_i, z_i\}, \{y_i, \bar{z}_i\},$$
$$\{\lambda_1, \bar{y}_i\}, \{\lambda_2, \bar{y}_i\}, \{\lambda_3, \bar{y}_i\}, \{\bar{\lambda}_1, \bar{\lambda}_2\}, \{\bar{\lambda}_1, \bar{\lambda}_3\}, \{\bar{\lambda}_2, \bar{\lambda}_3\}.$$

Si noti che nessun assegnamento di verità può soddisfare più di 11 di queste 14 clausole. Inoltre, se 11 di queste clausole sono soddisfatte, allora almeno una tra $\lambda_1, \lambda_2, \lambda_3$ deve essere *vero*. D'altronde, se una tra $\lambda_1, \lambda_2, \lambda_3$ è *vero* possiamo porre $y_i := \lambda_1 \wedge \lambda_2 \wedge \lambda_3$ e $z_i :=$ *vero* per soddisfare 11 di queste clausole.

Concludiamo che I ha un assegnamento di verità che soddisfa tutte le m clausole se e solo se I' ha un assegnamento di verità che soddisfa $11m$ clausole. □

È una questione irrisolta se ogni problema decisionale *NP*-difficile $\mathcal{P} \in NP$ sia *NP*-completo (si ricordi la differenza tra riduzione polinomiale e trasformazione polinomiale; Definizioni 15.15 e 15.17). Gli Esercizi 22 e 23 discutono due problemi decisionali *NP*-difficili che non sembrano appartenere a *NP*. Si veda anche l'Esercizio 2 del Capitolo 19.

A meno che $P = NP$ non esiste alcun algoritmo tempo-polinomiale esatto per qualsivoglia problema *NP*-difficile. Potrebbe esserci, tuttavia, un algoritmo pseudo-polinomiale:

Definizione 15.38. *Sia $\mathcal{P}$ un problema decisionale o un problema di ottimizzazione tale che ogni istanza x consiste in una lista di interi non negativi. Indichiamo con* largest(x) *il più grande tra questi numeri interi. Un algoritmo per $\mathcal{P}$ è detto* **pseudo-polinomiale** *se il suo tempo di esecuzione è limitato da un polinomio in* size(x) *e* largest(x).

Per esempio, esiste un banale algoritmo pseudo-polinomiale per il problema del NUMERO PRIMO che divide il numero naturale n da controllare per ogni intero da 2 sino a $\lfloor\sqrt{n}\rfloor$. Un altro esempio è:

Teorema 15.39. *Esiste un algoritmo pseudo-polinomiale per* SUBSET-SUM.

Dimostrazione. Data un'istanza $c_1, \ldots, c_n, K$ di SUBSET-SUM, si costruisce un digrafo G con l'insieme dei vertici $\{0, \ldots, n\} \times \{0, 1, 2, \ldots, K\}$. Per ogni $j \in \{1, \ldots, n\}$ aggiungiamo gli archi $((j-1, i), (j, i))$ $(i = 0, 1, \ldots, K)$ e $((j-1, i), (j, i + c_j))$ $(i = 0, 1, \ldots, K - c_j)$.

Si osservi che qualsiasi cammino da $(0, 0)$ a (j, i) corrisponde a un sottoinsieme $S \subseteq \{1, \ldots, j\}$ con $\sum_{k \in S} c_k = i$, e vice versa. Quindi possiamo risolvere la nostra istanza di SUBSET-SUM controllando se G contiene un cammino da $(0, 0)$ a (n, K). Con l'ALGORITMO DI GRAPH SCANNING questo può essere fatto in tempo $O(nK)$, e quindi abbiamo un algoritmo pseudo-polinomiale. □

Quello precedente è anche un algoritmo per il problema della PARTIZIONE perché $\frac{1}{2}\sum_{i=1}^{n} c_i \leq \frac{n}{2}\,\mathrm{largest}(c_1, \ldots, c_n)$. Discuteremo un'estensione di questo algoritmo nella Sezione 17.2. Se i numeri non sono troppo grandi, un algoritmo pseudo-polinomiale può essere molto efficiente. Quindi risulta utile la definizione seguente:

Definizione 15.40. *Per un problema decisionale $\mathcal{P} = (X, Y)$ o un problema di ottimizzazione $\mathcal{P} = (X, (S_x)_{x \in X}, c, \mathrm{goal})$, e un sottoinsieme di istanze $X' \subseteq X$ definiamo la* **restrizione** *di $\mathcal{P}$ a X' con $\mathcal{P}' = (X', X' \cap Y)$ oppure $\mathcal{P}' = (X', (S_x)_{x \in X'}, c, \mathrm{goal})$.*

Sia $\mathcal{P}$ un problema decisionale o di ottimizzazione tale che ogni istanza consiste in una lista di numeri. Per un polinomio p sia $\mathcal{P}_p$ la restrizione di $\mathcal{P}$ alle istanze x che consistono di interi non negativi con $\mathrm{largest}(x) \leq p(\mathrm{size}(x))$. $\mathcal{P}$ è detto **fortemente *NP*-difficile** *se esiste un polinomio p tale che $\mathcal{P}_p$ è NP-difficile. $\mathcal{P}$ è detto* **fortemente *NP*-completo** *se $\mathcal{P} \in NP$ ed esiste un polinomio p tale che $\mathcal{P}_p$ è NP-completo.*

Proposizione 15.41. *A meno che $P = NP$ non esiste nessun algoritmo pseudo-polinomiale esatto per qualsiasi problema fortemente NP-difficile.* □

Diamo ora qualche esempio famoso:

Teorema 15.42. *La* PROGRAMMAZIONE INTERA *è fortemente NP-difficile.*

Dimostrazione. Per un grafo non orientato G il programma intero $\max\{\mathbb{1}x : x \in \mathbb{Z}^{V(G)}, 0 \leq x \leq \mathbb{1}, x_v + x_w \leq 1 \text{ per } \{v, w\} \in E(G)\}$ ha una valore ottimo almeno pari a k se e solo se G contiene un insieme stabile di cardinalità k. Poiché $k \leq |V(G)|$ per tutte le istanza non banali (G, k) del problema dell'INSIEME STABILE, il risultato segue dal Teorema 15.23. □

TRAVELING SALESMAN PROBLEM	
Istanza:	Un grafo completo K_n $(n \geq 3)$ e pesi $c : E(K_n) \to \mathbb{R}_+$.
Obiettivo:	Trovare un circuito Hamiltoniano T il cui peso $\sum_{e \in E(T)} c(e)$ sia minimo.

Teorema 15.43. *Il* TRAVELING SALESMAN PROBLEM (TSP) *è fortemente NP-difficile.*

Dimostrazione. Mostriamo che il TSP è *NP*-difficile anche quando ci limitiamo a istanze le cui distanze sono tutte pari a 1 o 2. Descriviamo una riduzione polinomiale dal problema del CIRCUITO HAMILTONIANO. Dato un grafo G su $n \geq 3$ vertici, costruiamo l'istanza seguente di TSP: si prenda una città per ogni vertice di G, e le distanze siano pari a 1 ogni volta che l'arco è in $E(G)$ e pari a 2 altrimenti. È ovvio che G è Hamiltoniano se e solo se la lunghezza di un ciclo ottimo di TSP è pari a n. □

La dimostrazione mostra che il problema decisionale seguente non è più facile del TSP stesso: data un'istanza del TSP e un numero intero k, esiste un ciclo di lunghezza al massimo pari a k? Una affermazione simile è vera per una grande classe di problemi di ottimizzazione discreta:

Proposizione 15.44. *Siano $\mathcal{F}$ e $\mathcal{F}'$ delle famiglie (infinite) di insiemi finiti, e sia $\mathcal{P}$ il problema di ottimizzazione seguente: dato un insieme $E \in \mathcal{F}$ e una funzione $c : E \to \mathbb{Z}$, trovare un insieme $F \subseteq E$ con $F \in \mathcal{F}'$ e $c(F)$ minimo (o decidere che un tale F non esiste).*

Allora $\mathcal{P}$ può essere risolto in tempo polinomiale se e solo se il problema decisionale seguente può essere risolto in tempo polinomiale: data un'istanza (E, c) di $\mathcal{P}$ e un numero intero k, è $\mathrm{OPT}((E, c)) \leq k$? Se il problema di ottimizzazione è NP-difficile, allora lo è anche il problema decisionale.

Dimostrazione. Basta mostrare che esiste un algoritmo di oracolo per il problema di ottimizzazione che usa il problema decisionale (il contrario è banale). Sia (E, c) un'istanza di $\mathcal{P}$. Prima determiniamo $\mathrm{OPT}((E, c))$ con una ricerca binaria. Poiché ci sono al massimo $1 + \sum_{e \in E} |c(e)| \leq 2^{\mathrm{size}(c)}$ valori possibili possiamo farlo con $O(\mathrm{size}(c))$ iterazioni, ognuna che include una chiamata di oracolo.

Poi controlliamo successivamente per ogni elemento di E se esiste una soluzione ottima senza questo elemento. Questo può essere fatto aumentando il suo peso (diciamo di uno) e controllando se ciò aumenta anche il valore di una soluzione ottima. Se succede, teniamo il peso precedente, altrimenti dobbiamo aumentare il peso. Dopo aver controllato tutti gli elementi di E, quegli elementi di cui non abbiamo modificato il peso costituiscono una soluzione ottima. □

Esempi in cui è possibile applicare questo risultato sono il TSP, il PROBLEMA DELLA CLIQUE DI PESO MASSIMO, il PROBLEMA DEL CAMMINO MINIMO, il PROBLEMA DELLO ZAINO, e molti altri.

Esercizi

1. Si osservi che esistono più linguaggi che macchine di Turing. Si concluda che esistono dei linguaggi che non possono essere decisi da una macchina di Turing. Le macchine di Turing possono anche essere codificate come stringhe binarie. Si consideri il famoso PROBLEMA DI ARRESTO: date due stringhe binarie x e y, in cui x codifica una macchina di Turing Φ, si verifica che $\mathrm{time}(\Phi, y) < \infty$? Dimostrare che il PROBLEMA DI ARRESTO non è decidibile (ossia non esiste nessun algoritmo che possa risolverlo).
   Suggerimento: si assuma che esista un tale algoritmo A, si costruisca una macchina di Turing la quale, con input x, prima esegue l'algoritmo A con input (x, x) e poi termina se e solo se $\mathrm{output}(A, (x, x)) = 0$.
2. Si descriva una macchina di Turing la quale confronta due stringhe: dovrebbe prendere in ingresso una stringa $a\#b$ con $a, b \in \{0, 1\}^*$ e dare in uscita 1 se $a = b$ e 0 se $a \neq b$.

3. Un modello di macchina ben noto è la **macchina RAM**. Funziona con una sequenza infinita di registri $x_1, x_2, \ldots$ e un registro speciale, l'accumulatore *Acc*. Ogni registro può memorizzare un numero intero arbitrariamente grande, eventualmente negativo. Un programma RAM è una sequenza di istruzioni. Esistono dieci tipi di istruzioni (il cui significato viene spiegato sulla destra)

WRITE	k	$Acc := k$.
LOAD	k	$Acc := x_k$.
LOADI	k	$Acc := x_{x_k}$.
STORE	k	$x_k := Acc$.
STOREI	k	$x_{x_k} := Acc$.
ADD	k	$Acc := Acc + x_k$.
SUBTR	k	$Acc := Acc - x_k$.
HALF		$Acc := \lfloor Acc/2 \rfloor$.
IFPOS	i	**If** $Acc > 0$ **then go to** ⓘ.
HALT		**Stop**.

Un programma RAM è una sequenza di m istruzioni; ognuna delle quali può essere una delle istruzioni mostrate sopra, in cui $k \in \mathbb{Z}$ e $i \in \{1, \ldots, m\}$. Il calcolo comincia con l'istruzione 1 e poi prosegue come ci si aspetterebbe (non diamo qui una definizione formale).
La lista precedente di istruzioni può essere estesa. Diciamo che un comando può essere simulato da un programma RAM in tempo n se può essere sostituito da dei comandi RAM in modo tale che il numero totale di passi in qualsiasi conteggio aumenta di al massimo un fattore n.

(a) Mostrare che i comandi seguenti possono essere simulati da brevi programmi RAM in tempo costante:

IFNEG	i	**If** $Acc < 0$ **then go to** ⓘ.
IFZERO	i	**If** $Acc = 0$ **then go to** ⓘ.

* (b) Mostrare che i comandi SUBTR e HALF possono essere simulati da programmi RAM usando solo gli altri otto comandi rispettivamente in tempo $O(\text{size}(x_k))$ e tempo $O(\text{size}(Acc))$.

* (c) Mostrare che i comandi seguenti possono essere simulati da programmi RAM in tempo $O(n)$, in cui $n = \max\{\text{size}(x_k), \text{size}(Acc)\}$:

MULT	k	$Acc := Acc \cdot x_k$.
DIV	k	$Acc := \lfloor Acc/x_k \rfloor$.
MOD	k	$Acc := Acc \bmod x_k$.

* 4. Sia $f : \{0,1\}^* \to \{0,1\}^*$ un'applicazione. Mostrare che se esiste una macchina di Turing Φ che calcola f, allora esiste un programma RAM (cf. Esercizio 3)

tale che il calcolo sull'ingresso x (in Acc) termina dopo $O(\text{size}(x)+\text{time}(\Phi, x))$ passi, con $Acc = f(x)$.
Mostrare che se esiste una macchina RAM la quale, dato x in Acc, calcola $f(x)$ in Acc in al massimo $g(\text{size}(x))$ passi, allora esiste una macchina di Turing che calcola f con $\text{time}(\Phi, x) = O(g(\text{size}(x))^3)$.

5. Dimostrare che i problemi decisionali seguenti sono in *NP*:
   (a) Dati due grafi G e H, è G isomorfo al sottografo di H?
   (b) Dato un numero naturale n (in codifica binaria), esiste un numero primo p con $n = p^p$?
   (c) Data una matrice $A \in \mathbb{Z}^{m\times n}$ e un vettore $b \in \mathbb{Z}^m$, il poliedro $P = \{x : Ax \leq b\}$ è limitato?
   (d) Data una matrice $A \in \mathbb{Z}^{m\times n}$ e un vettore $b \in \mathbb{Z}^m$, il poliedro $P = \{x : Ax \leq b\}$ è illimitato?
6. Dimostrare che se $\mathcal{P} \in NP$, allora esiste un polinomio p tale che $\mathcal{P}$ può essere risolto da un algoritmo (deterministico) che abbia complessità temporale $O(2^{p(n)})$.
7. Dimostrare che l'insieme dei problemi decisionali in *NP* è calcolabile.
8. Sia $\mathcal{Z}$ un'istanza di 2SAT , ossia una collezione di clausole su X con due letterali ciascuna. Si consideri un digrafo $G(\mathcal{Z})$ come segue: $V(G)$ è l'insieme di letterali su X. Esiste un arco $(\lambda_1, \lambda_2) \in E(G)$ se e solo se la clausola $\{\overline{\lambda}_1, \lambda_2\}$ è un membro di $\mathcal{Z}$.
   (a) Mostrare che se, per qualche variabile x, x e $\overline{x}$ sono nella stessa componente fortemente connessa di $G(\mathcal{Z})$, allora $\mathcal{Z}$ non è soddisfacibile.
   (b) Mostrare che vale il contrario di (a).
   (c) Dare un algoritmo tempo-lineare per 2SAT.
9. Descrivere un algoritmo tempo-lineare il quale per ogni istanza del problema di SODDISFACIBILITÀ trova un assegnamento di verità che soddisfi almeno metà delle clausole.
10. Si considerino le istanze del problema di SODDISFACIBILITÀ in cui ogni clausola ha una delle forme tra $\{x\}$, $\{\bar{x}\}$, o $\{\bar{x}, y\}$, in cui x e y sono variabili. Data una tale istanza e un peso non negativo per ogni clausola, trovare un assegnamento di verità (in tempo polinomiale) che massimizzi il tempo totale delle clausole soddisfatte.
    Suggerimento: si riduca questo problema al PROBLEMA DEL TAGLIO DI CAPACITÀ MINIMA.
11. Si consideri 3-OCCURRENCE SAT, che è il problema della SODDISFACIBILITÀ limitato a istanze in cui ogni clausola contiene al massimo tre letterali e ogni variabili appare al massimo in tre clausole. Dimostrare che anche questa versione limitata è *NP*-completa.
12. Sia $\kappa : \{0,1\}^m \to \{0,1\}^m$ un'applicazione (non necessariamente biiettiva), $m \geq 2$. Per $x = (x_1, \ldots, x_n) \in \{0,1\}^m \times \cdots \times \{0,1\}^m = \{0,1\}^{nm}$ sia $\kappa(x) := (\kappa(x_1), \ldots, \kappa(x_n))$, e per un problema decisionale $\mathcal{P} = (X, Y)$ con $X \subseteq \bigcup_{n\in\mathbb{Z}_+} \{0,1\}^{nm}$ sia $\kappa(\mathcal{P}) := (\{\kappa(x) : x \in X\}, \{\kappa(x) : x \in Y\})$. Dimostrare:

(a) Per tutte le codifiche κ e ogni $\mathcal{P} \in NP$ abbiamo anche $\kappa(\mathcal{P}) \in NP$.
(b) Se $\kappa(\mathcal{P}) \in P$ per tutte le codifiche κ e ogni $\mathcal{P} \in P$, allora $P = NP$.
(Papadimitriou [1994])

13. Dimostrare che il problema dell'INSIEME STABILE è *NP*-completo anche se ristretto a grafi il cui grado massimo sia 4.
Suggerimento: usare l'Esercizio 11.
14. Dimostrare che il problema seguente, chiamato INSIEME DOMINANTE [Dominating Set], è *NP*-completo. Dato un grafo non orientato G e un numero $k \in \mathbb{N}$, esiste un insieme $X \subseteq V(G)$ con $|X| \le k$ tale che $X \cup \Gamma(X) = V(G)$?
Suggerimento: trasformazione dal VERTEX COVER.
15. Il problema decisionale della CLIQUE è *NP*-completo. È ancora *NP*-completo (ammesso che $P \neq NP$) se ristretto a:
(a) grafi bipartiti,
(b) grafi planari,
(c) grafi 2-connessi?
16. Mostrare per ognuno dei problemi decisionali seguenti o l'appartenenza a P oppure la *NP*-completezza. Dato un grafo non orientato G, si ha che G contiene:
(a) un circuito di lunghezza almeno 17?
(b) un circuito che contiene almeno la metà dei vertici?
(c) un circuito di lunghezza dispari?
(d) una clique che contiene almeno la metà dei vertici?
(e) due clique tali che ogni vertice appartenga ad almeno a una delle due?
17. Dimostrare che i problemi seguenti sono *NP*-completi:
(a) Il problema del CAMMINO HAMILTONIANO e il CAMMINO ORIENTATO HAMILTONIANO
Dato un grafo G (orientato o non orientato), G contiene un cammino Hamiltoniano?
(b) Il problema del CAMMINO MINIMO
Dato un grafo G, pesi $c : E(G) \to \mathbb{Z}$, due vertici $s, t \in V(G)$, e un numero intero k. Esiste un cammino s-t di peso al massimo k?
(c) 3-MATROID INTERSECTION
Dati tre matroidi $(E, \mathcal{F}_1)$, $(E, \mathcal{F}_2)$, $(E, \mathcal{F}_3)$ (mediante oracoli di indipendenza) ed un numero $k \in \mathbb{N}$, decidere se esiste un insieme $F \in \mathcal{F}_1 \cap \mathcal{F}_2 \cap \mathcal{F}_3$ con $|F| \ge k$.
(d) Il PROBLEMA DEL POSTINO CINESE
Dati i grafi G e H con $V(G) = V(H)$, pesi $c : E(H) \to \mathbb{Z}_+$ e un numero intero k. Esiste un sottoinsieme $F \subseteq E(H)$ con $c(F) \le k$ tale che $(V(G), E(G) \dot{\cup} F)$ è connesso ed Euleriano?
18. Si trovi un algoritmo tempo-polinomiale o si dimostri la *NP*-completezza per i problemi decisionali seguenti:
(a) Dato un grafo non orientato G e un $T \subseteq V(G)$, esiste un albero di supporto in G tale che tutti i vertici in T sono delle foglie?
(b) Dato un grafo non orientato G e un $T \subseteq V(G)$, esiste un albero di supporto in G tale che tutte le foglie sono elementi di T?

(c) Dato un digrafo G, pesi $c : E(G) \to \mathbb{R}$, un insieme $T \subseteq V(G)$ e un numero k, esiste una ramificazione B con $|\delta_B^+(x)| \leq 1$ per ogni $x \in T$ e $c(B) \geq k$?

19. Dimostrare che il problema decisionale seguente appartiene a *coNP*: data una matrice $A \in \mathbb{Q}^{m \times n}$ e un vettore $b \in \mathbb{Q}^n$, il poliedro $\{x : Ax \leq b\}$ è un poliedro intero?
Suggerimento: usare la Proposizione 3.9, il Lemma 5.11, e il Teorema 5.13.
Osservazione: non si sa se il problema sia in *NP*.
20. Dimostrare che il problema seguente appartiene a *coNP*: data una matrice $A \in \mathbb{Z}^{m \times n}$ e un vettore $b \in \mathbb{Z}^m$, decidere se il poliedro $P = \{x \in \mathbb{R}^n : Ax \leq b\}$ è intero.
Osservazione: il problema è *coNP*-completo, come mostrato da Papadimitriou e Yannakakis [1990].
21. Definiamo ora le *formule booleane*. Sia X un insieme di variabili. Allora *vero* e *falso* sono le formule booleane su X di lunghezza nulla, i letterali sono le formule booleane su X di lunghezza unitaria, e le formule booleane su X di lunghezza $k \geq 2$ sono le stringhe $(\psi \wedge \psi')$ e $(\psi \vee \psi')$ per tutte le formule booleane ψ di lunghezza $l \in \mathbb{N}$ e ψ' di lunghezza $l' \in \mathbb{N}$ con $l + l' = k$. Dato un assegnamento di verità $T : X \to \{vero, falso\}$, lo estendiamo alle formule booleane su X ponendo $T((\psi \wedge \psi')) := T(\psi) \wedge T(\psi')$ e $T((\psi \vee \psi')) := T(\psi) \vee T(\psi')$. Due formule booleane ψ e ψ' su X sono *equivalenti* se $T(\psi) = T(\psi')$ per tutti gli assegnamenti di verità $T : X \to \{vero, falso\}$.
Dimostrare che il problema seguente, chiamato EQUIVALENZA BOOLEANA, è *coNP*-completo: date due formule booleane su un insieme di variabili X, sono equivalenti?
22. Mostrare che il problema seguente è *NP*-difficile (non si sa se sia in *NP*): data un'istanza del problema della SODDISFACIBILITÀ, si verifica che la maggior parte degli assegnamenti di verità soddisfa tutte le clausole?
23. Mostrare che il problema della PARTIZIONE si trasforma polinomialmente nel problema seguente (che è quindi *NP*-difficile; non si sa se sia in *NP*):

K-TH HEAVIEST SUBSET	
Istanza:	Interi $c_1, \ldots, c_n, K, L$.
Obiettivo:	Esistono K sottoinsiemi distinti $S_1, \ldots, S_K \subseteq \{1, \ldots, n\}$ tale che $\sum_{j \in S_i} c_j \geq L$ per $i = 1, \ldots, K$?

24. Dimostrare che il problema seguente, chiamato MINIMIZZAZIONE LOGICA, può essere risolto in tempo polinomiale se e solo se $P = NP$: dato un insieme X di variabili e una formula booleana su X, trovare una formula booleana equivalente su X con lunghezza minima.
Suggerimento: usare l'Esercizio 21.
Osservazione: il problema non si sa se sia *NP*-facile.

Riferimenti bibliografici

Letteratura generale:

Aho, A.V., Hopcroft, J.E., Ullman, J.D. [1974]: The Design and Analysis of Computer Algorithms. Addison-Wesley, Reading

Ausiello, G., Crescenzi, P., Gambosi, G., Kann, V., Marchetti-Spaccamela, A., Protasi, M. [1999]: Complexity and Approximation: Combinatorial Optimization Problems and Their Approximability Properties. Springer, Berlin

Bovet, D.B., Crescenzi, P. [1994]: Introduction to the Theory of Complexity. Prentice-Hall, New York

Garey, M.R., Johnson, D.S. [1979]: Computers and Intractability: A Guide to the Theory of *NP*-Completeness. Freeman, San Francisco, Chapters 1–3, 5, and 7

Goldreich, O. [2008]: Computational Complexity: A Conceptual Perspective. Cambrige University Press, New York

Horowitz, E., Sahni, S. [1978]: Fundamentals of Computer Algorithms. Computer Science Press, Potomac, Chapter 11

Johnson, D.S. [1981]: The *NP*-completeness column: an ongoing guide. Journal of Algorithms starting with Vol. 4

Karp, R.M. [1975]: On the complexity of combinatorial problems. Networks 5, 45–68

Papadimitriou, C.H. [1994]: Computational Complexity. Addison-Wesley, Reading

Papadimitriou, C.H., Steiglitz, K. [1982]: Combinatorial Optimization: Algorithms and Complexity. Prentice-Hall, Englewood Cliffs, Chapters 15 and 16

Wegener, I. [2005]: Complexity Theory: Exploring the Limits of Efficient Algorithms. Springer, Berlin

Riferimenti citati:

Adleman, L.M., Pomerance, C., Rumely, R.S. [1983]: On distinguishing prime numbers from composite numbers. Annals of Mathematics 117, 173–206

Agrawal, M., Kayal, N., Saxena, N. [2004]: PRIMES is in P. Annals of Mathematics 160, 781–793

Cook, S.A. [1971]: The complexity of theorem proving procedures. Proceedings of the 3rd Annual ACM Symposium on the Theory of Computing, 151–158

Edmonds, J. [1965]: Minimum partition of a matroid into independent subsets. Journal of Research of the National Bureau of Standards B 69, 67–72

van Emde Boas, P. [1990]: Machine models and simulations. In: Handbook of Theoretical Computer Science; Volume A; Algorithms and Complexity (J. van Leeuwen, ed.), Elsevier, Amsterdam, pp. 1–66

Fürer, M. [2007]: Faster integer mulitplication. Proceedings of the 39th ACM Symposium on Theory of Computing, 57–66

Garey, M.R., Johnson, D.S., Stockmeyer, L. [1976]: Some simplified *NP*-complete graph problems. Theoretical Computer Science 1, 237–267

Hopcroft, J.E., Ullman, J.D. [1979]: Introduction to Automata Theory, Languages, and Computation. Addison-Wesley, Reading

Karp, R.M. [1972]: Reducibility among combinatorial problems. In: Complexity of Computer Computations (R.E. Miller, J.W. Thatcher, eds.), Plenum Press, New York, pp. 85–103

Ladner, R.E. [1975]: On the structure of polynomial time reducibility. Journal of the ACM 22, 155–171

Lewis, H.R., Papadimitriou, C.H. [1981]: Elements of the Theory of Computation. Prentice-Hall, Englewood Cliffs

Papadimitriou, C.H., Yannakakis, M. [1990]: On recognizing integer polyhedra. Combinatorica 10, 107–109

Pratt, V. [1975]: Every prime has a succinct certificate. SIAM Journal on Computing 4, 214–220

Schönhage, A., Strassen, V. [1971]: Schnelle Multiplikation großer Zahlen. Computing 7, 281–292

Turing, A.M. [1936]: On computable numbers, with an application to the Entscheidungsproblem. Proceedings of the London Mathematical Society (2) 42, 230–265 and 43, 544–546

16

Algoritmi approssimati

In questo capitolo introduciamo gli algoritmi approssimati. Sino ad ora abbiamo affrontato principalmente problemi risolvibili in tempo polinomiale. Nei capitoli rimanenti indicheremo alcune strategie per risolvere problemi di ottimizzazione combinatoria *NP*-difficili. Per questi problemi, dobbiamo presentare in primo luogo gli algoritmi approssimati.

Il caso ideale è quello in cui si ha la garanzia che la soluzione ottima sia diversa dalla soluzione ottima solo per un fattore costante:

Definizione 16.1. *Un* **algoritmo di approssimazione assoluto** *per un problema di ottimizzazione $\mathcal{P}$ è un algoritmo tempo-polinomiale A per $\mathcal{P}$ per il quale esiste una costante k tale che*

$$|A(I) - \mathrm{OPT}(I)| \leq k$$

per ogni istanza I di $\mathcal{P}$.

Sfortunatamente, si conosce un algoritmo di approssimazione assoluto solo per pochi problemi di ottimizzazione *NP*-difficili. Presenteremo due esempi classici, il PROBLEMA DELLA COLORAZIONE DEGLI ARCHI e il PROBLEMA DELLA COLORAZIONE DEI VERTICI in grafi planari nella Sezione 16.3.

Nella maggior parte dei casi, ci si deve accontentare di garanzie relative di prestazioni. In questo caso dobbiamo limitarci a problemi con pesi non negativi.

Definizione 16.2. *Sia $\mathcal{P}$ un problema di ottimizzazione con pesi non negativi e $k \geq 1$. Un* **algoritmo di approssimazione con fattore** *k per $\mathcal{P}$ è un algoritmo tempo-polinomiale A per $\mathcal{P}$ tale che*

$$\frac{1}{k}\mathrm{OPT}(I) \leq A(I) \leq k\,\mathrm{OPT}(I)$$

per ogni istanza I di $\mathcal{P}$. Diciamo anche che A ha un **rapporto di prestazione** *(oppure una* **garanzia di prestazione***) k.*

La prima disuguaglianza si applica a problemi di massimizzazione, la seconda a problemi di minimizzazione. Si noti che per istanze I con $\mathrm{OPT}(I) = 0$ si richiede una soluzione esatta. Gli algoritmi di approssimazione con fattore 1 sono proprio gli algoritmi esatti. A volte la definizione precedente viene estesa al caso in cui k è una funzione dell'istanza I, piuttosto che una costante. Ne vedremo un esempio nella prossima sezione.

Korte B., Vygen J.: Ottimizzazione Combinatoria. Teoria e Algoritmi.

Nella Sezione 13.4 abbiamo visto che l'ALGORITMO BEST-IN-GREEDY per il PROBLEMA DI MASSIMIZZAZIONE per un sistema di indipendenza $(E, \mathcal{F})$ ha un rapporto di prestazione $\frac{1}{q(E,\mathcal{F})}$ (Teorema 13.19). Nelle sezioni e capitoli seguenti illustreremo le definizioni precedenti e analizzeremo l'approssimabilità di diversi problemi *NP*-difficili. Iniziamo con i problemi di covering.

16.1 Set Covering

In questa sezione consideriamo il problema generale seguente:

PROBLEMA DEL SET COVER DI PESO MINIMO	
Istanza:	Una famiglia di insiemi $(U, \mathcal{S})$ con $\bigcup_{S \in \mathcal{S}} S = U$, pesi $c : \mathcal{S} \to \mathbb{R}_+$.
Obiettivo:	Trovare un **set cover** di $(U, \mathcal{S})$ di peso minimo, ossia una sottofamiglia $\mathcal{R} \subseteq \mathcal{S}$ tale che $\bigcup_{R \in \mathcal{R}} R = U$.

Per $c \equiv 1$, il problema si chiama PROBLEMA DEL SET COVER DI PESO MINIMO. Si ha un altro interessante caso particolare se $|\{S \in \mathcal{S} : x \in S\}| = 2$ per ogni $x \in U$; in questo caso si ha il PROBLEMA DEL VERTEX COVER DI PESO MINIMO: dato un grafo G e $c : V(G) \to \mathbb{R}_+$, l'istanza di set covering corrispondente viene definita da $U := E(G)$, $\mathcal{S} := \{\delta(v) : v \in V(G)\}$ e $c(\delta(v)) := c(v)$ per ogni $v \in V(G)$. Poiché il PROBLEMA DEL VERTEX COVER DI PESO MINIMO è *NP*-difficile anche per pesi unitari (Teorema 15.24), lo è anche il PROBLEMA DEL SET COVER DI PESO MINIMO.

Johnson [1974] e Lovász [1975] hanno proposto un semplice algoritmo greedy per il PROBLEMA DEL SET COVER DI PESO MINIMO: ad ogni iterazione, si prende un insieme che copre un numero massimo di elementi che non siano già coperti. Chvátal [1979] ha generalizzato questo algoritmo al caso pesato:

ALGORITMO GREEDY PER IL SET COVER	
Input:	Una famiglia di insiemi $(U, \mathcal{S})$ con $\bigcup_{S \in \mathcal{S}} S = U$, pesi $c : \mathcal{S} \to \mathbb{R}_+$.
Output:	Un set cover $\mathcal{R}$ di $(U, \mathcal{S})$.

① Poni $\mathcal{R} := \emptyset$ e $W := \emptyset$.

② **While** $W \neq U$ **do**:
Scegli un insieme $R \in \mathcal{S} \setminus \mathcal{R}$ per il quale $R \setminus W \neq \emptyset$ e $\frac{c(R)}{|R \setminus W|}$ è minimo.
Poni $\mathcal{R} := \mathcal{R} \cup \{R\}$ e $W := W \cup R$.

Il tempo di esecuzione è ovviamente $O(|U||\mathcal{S}|)$. Si può dimostrare la garanzia di prestazione seguente:

Teorema 16.3. (Chvátal [1979]) *Per qualsiasi istanza* $(U, \mathcal{S}, c)$ *del* PROBLEMA DEL SET COVER DI PESO MINIMO, *l'*ALGORITMO GREEDY PER IL SET

COVER *trova un set cover il cui peso è al massimo* $H(r)\,\mathrm{OPT}(U, \mathcal{S}, c)$, *in cui* $r := \max_{S \in \mathcal{S}} |S|$ *e* $H(r) = 1 + \frac{1}{2} + \cdots + \frac{1}{r}$.

Dimostrazione. Sia $(U, \mathcal{S}, c)$ un'istanza del PROBLEMA DEL SET COVER DI PESO MINIMO, e sia $\mathcal{R} = \{R_1, \ldots, R_k\}$ la soluzione trovata dall'algoritmo precedente, in cui R_i è l'insieme scelto alla iterazione i-ma. Per $j = 0, \ldots, k$ sia $W_j := \bigcup_{i=1}^{j} R_i$.

Per ogni $e \in U$ sia $j(e) := \min\{j \in \{1, \ldots, k\} : e \in R_j\}$ l'iterazione in cui e viene coperto. Sia

$$y(e) := \frac{c(R_{j(e)})}{|R_{j(e)} \setminus W_{j(e)-1}|}.$$

Sia fissato $S \in \mathcal{S}$ e sia $k' := \max\{j(e) : e \in S\}$. Abbiamo

$$\begin{aligned}
\sum_{e \in S} y(e) &= \sum_{i=1}^{k'} \sum_{e \in S : j(e) = i} y(e) \\
&= \sum_{i=1}^{k'} \frac{c(R_i)}{|R_i \setminus W_{i-1}|} |S \cap (W_i \setminus W_{i-1})| \\
&= \sum_{i=1}^{k'} \frac{c(R_i)}{|R_i \setminus W_{i-1}|} (|S \setminus W_{i-1}| - |S \setminus W_i|) \\
&\le \sum_{i=1}^{k'} \frac{c(S)}{|S \setminus W_{i-1}|} (|S \setminus W_{i-1}| - |S \setminus W_i|)
\end{aligned}$$

per la scelta di R_i in ② (si osservi che $S \setminus W_{i-1} \neq \emptyset$ per $i = 1, \ldots, k'$). Scrivendo $s_i := |S \setminus W_{i-1}|$ otteniamo

$$\begin{aligned}
\sum_{e \in S} y(e) &\le c(S) \sum_{i=1}^{k'} \frac{s_i - s_{i+1}}{s_i} \\
&\le c(S) \sum_{i=1}^{k'} \left(\frac{1}{s_i} + \frac{1}{s_i - 1} + \cdots + \frac{1}{s_{i+1} + 1} \right) \\
&= c(S) \sum_{i=1}^{k'} (H(s_i) - H(s_{i+1})) \\
&= c(S)(H(s_1) - H(s_{k'+1})) \\
&\le c(S) H(s_1).
\end{aligned}$$

Poiché $s_1 = |S| \le r$, concludiamo che

$$\sum_{e \in S} y(e) \le c(S) H(r).$$

Sommiamo su tutti gli $S \in \mathcal{O}$ di un set cover ottimo $\mathcal{O}$ e otteniamo

$$\begin{aligned} c(\mathcal{O})H(r) &\geq \sum_{S\in\mathcal{O}}\sum_{e\in S} y(e) \\ &\geq \sum_{e\in U} y(e) \\ &= \sum_{i=1}^{k} \sum_{e\in U: j(e)=i} y(e) \\ &= \sum_{i=1}^{k} c(R_i) = c(\mathcal{R}). \end{aligned}$$

□

Per un'analisi leggermente più forte per il caso non pesato, si veda Slavík [1997]. Raz e Safra [1997] hanno scoperto che esiste una costante $c > 0$ tale che, a meno che $P = NP$, non si può ottenere nessun rapporto di prestazione di $c \ln |U|$. In pratica, un rapporto di prestazione di $c \ln |U|$ non può essere ottenuto per qualsiasi $c < 1$ a meno che ogni problema in NP possa essere risolto in tempo $O\left(n^{O(\log\log n)}\right)$ (Feige [1998]).

Il Problema di Edge Cover di Peso Minimo è ovviamente un caso speciale del Problema del Set Cover di Peso Minimo. In questo casi, abbiamo $r = 2$ nel Teorema 16.3, quindi l'algoritmo precedente è un algoritmo di approssimazione con un fattore $\frac{3}{2}$ per questo caso speciale. Tuttavia, il problema può essere risolto all'ottimo in tempo polinomiale; cf. Esercizio 11 del Capitolo 11.

Per il Problema del Vertex Cover di Peso Minimo, l'algoritmo precedente diventa il seguente:

Algoritmo Greedy per il Vertex Cover

Input: Un grafo G.

Output: Un vertex cover R di G.

① Poni $R := \emptyset$.

② **While** $E(G) \neq \emptyset$ **do**:
Scegli un vertice $v \in V(G) \setminus R$ di grado massimo.
Poni $R := R \cup \{v\}$ e rimuovi tutti gli archi incidenti a v.

Poiché questo algoritmo sembra ragionevole, ci si potrebbe chiedere per quale k sia un algoritmo di approssimazione con fattore k. Potrebbe sembrare sorprendente che un tale k non esiste. In pratica, il bound dato nel Teorema 16.3 è quasi il miglior bound possibile:

Teorema 16.4. (Johnson [1974], Papadimitriou e Steiglitz [1982]) *Per ogni $n \geq 3$ esiste un istanza G del* Problema del Vertex Cover di Peso Minimo *tale che $nH(n-1) + 2 \leq |V(G)| \leq nH(n-1) + n$, il grado massimo di G è $n-1$,*

$\text{OPT}(G) = n$, e l'algoritmo precedente può trovare un vertex cover che contiene tutti i vertici tranne n.

Dimostrazione. Per ogni $n \geq 3$ e $i \leq n$ definiamo $A_n^i := \sum_{j=2}^{i} \left\lfloor \frac{n}{j} \right\rfloor$ e

$$V(G_n) := \left\{a_1, \ldots, a_{A_n^{n-1}}, b_1, \ldots, b_n, c_1, \ldots, c_n\right\}.$$
$$E(G_n) := \{\{b_i, c_i\} : i = 1, \ldots, n\} \cup$$
$$\bigcup_{i=2}^{n-1} \bigcup_{j=A_n^{i-1}+1}^{A_n^i} \left\{\{a_j, b_k\} : (j - A_n^{i-1} - 1)i + 1 \leq k \leq (j - A_n^{i-1})i\right\}.$$

Si osservi che $|V(G_n)| = 2n + A_n^{n-1}$, $A_n^{n-1} \leq nH(n-1) - n$ e $A_n^{n-1} \geq nH(n-1) - n - (n-2)$. La Figura 16.1 mostra G_6.

Se applichiamo il nostro algoritmo a G_n, potrebbe scegliere prima il vertice $a_{A_n^{n-1}}$ (perché ha grado massimo), e dopo i vertici $a_{A_n^{n-1}-1}, a_{A_n^{n-1}-2}, \ldots, a_1$. Dopo queste scelte rimangono n coppie disgiunte, e quindi sono necessari altri n vertici. Quindi il vertex cover che si è costruito consiste in $A_n^{n-1} + n$ vertici, mentre il vertex cover ottimo $\{b_1, \ldots, b_n\}$ ha dimensione n. □

Esistono comunque algoritmi di approssimazione con fattore 2 per il PROBLEMA DEL SET COVER DI PESO MINIMO. Il più semplice si deve a Gavril (si veda Garey e Johnson [1979]): si prenda semplicemente un matching massimale M e si considerino gli estremi di ogni arco in M. Questo è ovviamente un vertex cover e contiene $2|M|$ vertici. Poiché qualsiasi vertex cover deve contenere $|M|$ vertici (nessun vertice copre due archi di M), questo è un algoritmo di approssimazione con fattore 2.

Questa garanzia di prestazione è stretta: si pensi semplicemente a un grafo che consiste di molti archi disgiunti. Potrebbe sorprendere che quello dato è il miglior algoritmo di approssimazione che si conosce per il PROBLEMA DEL VERTEX

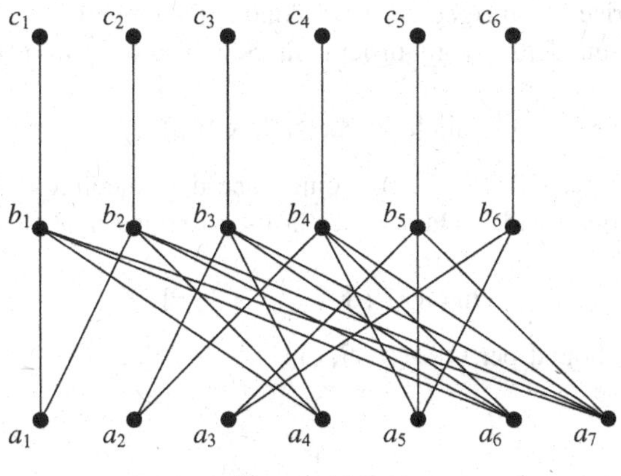

Figura 16.1.

COVER DI PESO MINIMO. Mostreremo dopo che esiste un numero $k > 1$ tale che a meno che $P = NP$ non esiste nessun algoritmo di approssimazione con fattore k (Teorema 16.46). In pratica, un algoritmo di approssimazione con fattore 1.36 non esiste a meno che $P = NP$ (Dinur e Safra [2002]). Si veda anche Khot e Regev [2008].

Almeno l'algoritmo di Gavril può essere esteso al caso pesato. Presentiamo l'algoritmo di Bar-Yehuda e Even [1981], che in generale è applicabile al PROBLEMA DEL VERTEX COVER DI PESO MINIMO:

ALGORITMO DI BAR-YEHUDA-EVEN

Input: Una famiglia di insiemi $(U, \mathcal{S})$ con $\bigcup_{S \in \mathcal{S}} S = U$, pesi $c : \mathcal{S} \to \mathbb{R}_+$.

Output: Un set cover $\mathcal{R}$ di $(U, \mathcal{S})$.

① Poni $\mathcal{R} := \emptyset$ e $W := \emptyset$. Poni $y(e) := 0$ per ogni $e \in U$.
Poni $c'(S) := c(S)$ per ogni $S \in \mathcal{S}$.

② **While** $W \neq U$ **do**:
Scegli un elemento $e \in U \setminus W$.
Sia $R \in \mathcal{S}$ con $e \in R$ e $c'(R)$ minimo. Poni $y(e) := c'(R)$.
Poni $c'(S) := c'(S) - y(e)$ per ogni $S \in \mathcal{S}$ con $e \in S$.
Poni $\mathcal{R} := \mathcal{R} \cup \{R\}$ e $W := W \cup R$.

Teorema 16.5. (Bar-Yehuda e Even [1981]) *Per qualsiasi istanza $(U, \mathcal{S}, c)$ del* PROBLEMA DEL SET COVER DI PESO MINIMO, *l'*ALGORITMO DI BAR-YEHUDA-EVEN *trova un set cover il cui peso è al massimo $p\,\mathrm{OPT}(U, \mathcal{S}, c)$, in cui $p := \max_{e \in U} |\{S \in \mathcal{S} : e \in S\}|$.*

Dimostrazione. Il PROBLEMA DEL SET COVER DI PESO MINIMO può essere scritto come il programma lineare intero

$$\min\left\{cx : Ax \geq \mathbb{1},\ x \in \{0,1\}^{\mathcal{S}}\right\},$$

in cui A è la matrice le cui righe corrispondono agli elementi di U e le cui colonne sono i vettori di incidenza degli insiemi in $\mathcal{S}$. Il valore ottimo del rilassamento lineare

$$\min\{cx : Ax \geq \mathbb{1},\ x \geq 0\}$$

è un lower bound per $\mathrm{OPT}(U, \mathcal{S}, c)$ (l'omissione dei vincoli $x \leq \mathbb{1}$ non cambia il valore ottimo di questo PL). Quindi, per la Proposizione 3.13, l'ottimo del duale del PL:

$$\max\{y\mathbb{1} : yA \leq c,\ y \geq 0\}$$

è anche un lower bound per $\mathrm{OPT}(U, \mathcal{S}, c)$.

Ora si osservi che a qualsiasi passo dell'algoritmo $c'(S) \geq 0$ per ogni $S \in \mathcal{S}$. Sia $\bar{y}$ il vettore y al termine. Abbiamo $\bar{y} \geq 0$ e $\sum_{e\in S} \bar{y}(e) \leq c(S)$ per ogni $S \in \mathcal{S}$, ossia $\bar{y}$ è una soluzione ammissibile del PL duale e

$$\bar{y}\mathbb{1} \;\leq\; \max\{y\mathbb{1} : yA \leq c,\ y \geq 0\} \;\leq\; \mathrm{OPT}(U, \mathcal{S}, c).$$

Infine si osservi che

$$\begin{aligned} c(\mathcal{R}) &= \sum_{R\in\mathcal{R}} c(R) \\ &= \sum_{R\in\mathcal{R}} \sum_{e\in R} \bar{y}(e) \\ &\leq \sum_{e\in U} p\bar{y}(e) \\ &= p\bar{y}\mathbb{1} \\ &\leq p\,\mathrm{OPT}(U, \mathcal{S}, c). \end{aligned}$$

□

Poiché abbiamo $p = 2$ nel caso del vertex cover, questo è un algoritmo di approssimazione con fattore 2 per il PROBLEMA DEL VERTEX COVER DI PESO MINIMO. Il primo algoritmo di approssimazione con fattore 2 si deve a Hochbaum [1982], che ha proposto di trovare una soluzione ottima y del PL duale della dimostrazione precedente e di prendere tutti gli insiemi S con $\sum_{e\in S} y(e) = c(S)$. Come alternativa, si potrebbe trovare una soluzione ottima x del PL primale e prendere tutti gli insiemi S con $x_S \geq \frac{1}{p}$.

Il vantaggio dell'ALGORITMO DI BAR-YEHUDA-EVEN è che non usa esplicitamente la programmazione lineare. Infatti può essere implementato in modo tale da richiedere solamente un tempo $O\left(\sum_{S\in\mathcal{S}} |S|\right)$. Questo è il nostro primo esempio di algoritmo di approssimazione primale-duale; altri esempi più complicati seguiranno nelle Sezioni 20.4 e 22.3.

16.2 Il problema del Taglio Massimo

In questa sezione consideriamo un altro problema fondamentale:

PROBLEMA DEL TAGLIO DI PESO MASSIMO	
Istanza:	Un grafo non orientato G e pesi $c : E(G) \to \mathbb{R}_+$.
Obiettivo:	Trovare un taglio in G con peso totale massimo.

Questo problema viene spesso chiamato semplicemente MAX-CUT. Al contrario dei tagli di peso minimo, discussi nella Sezione 8.7, questo non solo è un problema difficile, ma è anche fortemente *NP*-difficile. Anche il caso speciale in cui $c \equiv 1$ (il PROBLEMA DEL TAGLIO MASSIMO) è difficile:

Teorema 16.6. (Garey, Johnson e Stockmeyer [1976]) *Il* PROBLEMA DEL TAGLIO MASSIMO *è NP-difficile.*

Dimostrazione. Per riduzione da MAX-2SAT (cf. Teorema 15.37). Data un'istanza di MAX-2SAT con n variabili e m clausole, costruiamo un grafo G i cui vertici sono i letterali più un vertice aggiuntivo z. Per ogni variabile x aggiungiamo $3m$ archi paralleli tra x e $\bar{x}$. Per ogni clausola $\{\lambda, \lambda'\}$ aggiungiamo tre archi $\{\lambda, \lambda'\}$, $\{\lambda, z\}$ e $\{\lambda', z\}$. Dunque G ha $2n + 1$ vertici e $3m(n + 1)$ archi.

Mostriamo ora che la cardinalità massima di un taglio in G è $3mn + 2t$, in cui t è il numero massimo di clausole soddisfatte da qualsiasi assegnamento di verità. In pratica, dato un assegnamento di verità che soddisfa t clausole, sia X l'insieme di letterali assegnate a *vero*. Allora $|\delta_G(X)| = 3mn + 2t$. Al contrario, se esiste un insieme $X \subseteq V(G)$ con $|\delta_G(X)| \geq 3mn + a$, allora senza perdita di generalità $z \notin X$ (altrimenti si sostituisce X con $V(G) \setminus X$), e per ogni variabile x abbiamo $|X \cap \{x, \bar{x}\}| = 1$ (altrimenti sostituiamo X con $X \triangle \{x\}$ e aumentiamo il taglio). Quindi possiamo porre tutti i letterali in X a *vero* e ottenere un assegnamento di verità che soddisfi almeno $\frac{a}{2}$ clausole. □

È molto semplice trovare un algoritmo di approssimazione con fattore 2 per il PROBLEMA DEL TAGLIO DI PESO MASSIMO: se $V(G) = \{v_1, \ldots, v_n\}$, si inizia con $X := \{v_1\}$, e per $i = 3, \ldots, n$ si aggiunge v_i a X se $\sum_{e \in E(v_i, \{v_1, \ldots, v_{i-1}\} \cap X)} c(e) < \sum_{e \in E(v_i, \{v_1, \ldots, v_{i-1}\} \setminus X)} c(e)$. (L'analisi di questo algoritmo viene lasciata come Esercizio 9.)

Per molto tempo questo è stato il miglior algoritmo di approssimazione. Poi Goemans e Williamson [1995] ne trovarono uno decisamente migliore usando la programmazione semidefinita; il resto di questa sezione si basa sul loro articolo.

Sia G un grafo non orientato e $c : E(G) \to \mathbb{R}_+$. Senza perdita di generalità, $V(G) = \{1, \ldots, n\}$. Per $1 \leq i, j \leq n$ sia $c_{ij} := c(\{i, j\})$ se $\{i, j\} \in E(G)$ e $c_{ij} := 0$ altrimenti. Allora il PROBLEMA DEL TAGLIO DI PESO MASSIMO consiste nel trovare un sottoinsieme $S \subseteq \{1, \ldots, n\}$ che massimizza $\sum_{i \in S,\, j \in \{1, \ldots, n\} \setminus S} c_{ij}$. Esprimendo S con $y \in \{-1, 1\}^n$, in cui $y_i = 1$ se e solo se $i \in S$, possiamo formulare il problema come segue:

$$\begin{array}{lll} \max & \displaystyle\frac{1}{2} \sum_{1 \leq i < j \leq n} c_{ij}(1 - y_i y_j) & \\ \text{t.c.} & y_i \in \{-1, 1\} & (i = 1, \ldots, n). \end{array}$$

Le variabili y_i possono essere interpretate come dei vettori a una dimensione con norma unitaria. Rilassandoli a vettori multidimensionali di norma Euclidea unitaria otteniamo un rilassamento molto interessante:

$$\begin{array}{lll} \max & \displaystyle\frac{1}{2} \sum_{1 \leq i < j \leq n} c_{ij}(1 - y_i^\top y_j) & \\ \text{t.c.} & y_i \in \mathcal{S}_m & (i = 1, \ldots, n) \end{array} \tag{16.1}$$

in cui $m \in \mathbb{N}$ e $S_m = \{x \in \mathbb{R}^m : ||x||_2 = 1\}$ denota la sfera unitaria in $\mathbb{R}^m$. Per esempio, per il triangolo ($n = 3$, $c_{12} = c_{13} = c_{23} = 1$) l'ottimo si ottiene dai punti sulla sfera unitaria in $\mathbb{R}^2$ che sono vertici di un triangolo equilatero, per esempio $y_1 = (0, -1)$, $y_2 = (-\frac{\sqrt{3}}{2}, \frac{1}{2})$, e $y_3 = (\frac{\sqrt{3}}{2}, \frac{1}{2})$, dando un valore ottimo di $\frac{9}{4}$, maggiore del peso massimo di un taglio, che è pari a 2. Tuttavia, il fatto interessante è che possiamo risolvere (16.1) quasi all'ottimo in tempo polinomiale.

Il trucco è di non considerare direttamente le variabili y_i e neanche le loro dimensioni. Invece, consideriamo la matrice $n \times n$ $(y_i^\top y_j)_{i,j=1,\dots,n}$. Siccome una matrice X è simmetrica e semidefinita positiva se e solo se può essere scritta come $B^\top B$ per una matrice B, possiamo scrivere in maniera equivalente

$$\begin{array}{lll} \max & \frac{1}{2} \sum_{1 \le i < j \le n} c_{ij}(1 - x_{ij}) & \\ \text{t.c.} & x_{ii} = 1 & (i = 1, \dots, n) \\ & X = (x_{ij})_{1 \le i,j \le n} \text{ simmetrica e semidefinita positiva.} & \end{array} \tag{16.2}$$

Da una soluzione di (16.2) possiamo ottenere una soluzione a (16.1) con $m \le n$ e con quasi lo stesso valore della funzione obiettivo usando la fattorizzazione di Cholesky, la quale richiede un tempo $O(n^3)$ (dobbiamo accettare un errore di arrotondamento arbitrariamente piccolo; cf. Esercizio 6 del Capitolo 4).

Il Problema (16.2) viene chiamato un programma semidefinito. Può essere risolto approssimativamente in tempo polinomiale usando il METODO DELL'ELLISSOIDE, applicando il Teorema 4.19, come mostreremo ora. Si osservi che ottimizziamo una funzione obiettivo lineare su insieme convesso

$$P := \{X = (x_{ij})_{1 \le i,j \le n} \in \mathbb{R}^{n \times n} : X \text{ simmetrica e semidefinita positiva,} \\ x_{ii} = 1 \; (i = 1, \dots, n)\}.$$

Proiettando P nelle $\frac{n^2-n}{2}$ variabili libere in segno otteniamo

$$P' := \{(x_{ij})_{1 \le i < j \le n} : (x_{ij})_{1 \le i,j \le n} \in P \text{ con } x_{ii} := 1 \text{ e } x_{ji} := x_{ij} \text{ per } i < j\}.$$

Si noti che né P né P' sono poliedri. Tuttavia, P' è convesso, limitato, e di dimensione piena:

Proposizione 16.7. *P' è convesso. Inoltre, $B(0, \frac{1}{n}) \subseteq P' \subseteq B(0, n)$.*

Dimostrazione. La convessità segue dal semplice fatto che combinazioni convesse di matrici semidefinite positive sono semidefinite positive.

Per la prima inclusione, si osservi che per una matrice $n \times n$ simmetrica X i cui elementi diagonali sono pari a 1 e gli altri elementi hanno valore assoluto al massimo $\frac{1}{n}$ abbiamo, per qualsiasi $d \in \mathbb{R}^n$,

$$\begin{aligned} d^\top X d &= \sum_{i,j=1}^{n} x_{ij} d_i d_j \\ &\geq \frac{1}{2n-2} \sum_{i \neq j} (x_{ii} d_i^2 + x_{jj} d_j^2 - (2n-2)|x_{ij}||d_i d_j|) \\ &\geq \frac{1}{2n-2} \sum_{i \neq j}^{n} (d_i^2 + d_j^2 - 2|d_i d_j|) \\ &= \frac{1}{2n-2} \sum_{i \neq j}^{n} (|d_i| - |d_j|)^2 \\ &\geq 0, \end{aligned}$$

ovvero X è semidefinita positiva.

Per la seconda inclusione, si noti che tutti gli elementi che non sono sulla diagonale di una matrice in P hanno valore assoluto al massimo pari a 1, e quindi la norma euclidea del vettore degli elementi della diagonale superiore è al massimo n. □

Rimane da mostrare che il PROBLEMA DI SEPARAZIONE per P' può essere risolto in tempo polinomiale. Questo può essere fatto usando l'ELIMINAZIONE DI GAUSS:

Teorema 16.8. *Data una matrice simmetrica $X \in \mathbb{Q}^{n \times n}$, possiamo decidere in tempo polinomiale se X è semidefinita positiva, e possiamo trovare un vettore $d \in \mathbb{Q}^n$ con $d^\top X d < 0$ se ne esiste uno.*

Dimostrazione. Se $x_{nn} < 0$, allora poniamo $d = (0, \dots, 0, 1)$ e abbiamo $d^\top X d < 0$. Se $x_{nn} = 0$ e $x_{nj} \neq 0$ per un $j < n$, allora possiamo definire d con $d_j := -1$, $d_n := \frac{x_{jj}}{2x_{nj}} + x_{nj}$, e $d_i := 0$ per $i \in \{1, \dots, n-1\} \setminus \{j\}$, e abbiamo $d^\top X d = x_{jj} - 2x_{nj}(\frac{x_{jj}}{2x_{nj}} + x_{nj}) = -2(x_{nj})^2 < 0$, dimostrando di nuovo che X non è semidefinita positiva.

Negli altri casi riduciamo la dimensione. Se $x_{nj} = 0$ per ogni j, allora l'ultima riga e l'ultima colonna possono essere rimosse: X è semidefinita positiva se e solo se $X' := (x_{ij})_{i,j=1,\dots,n-1}$ è semidefinita positiva. Inoltre, se $c \in \mathbb{Q}^{n-1}$ soddisfa $c^\top X' c < 0$, poniamo $d := \binom{c}{0}$ e otteniamo $d^\top X d < 0$.

Quindi assumiamo ora che $x_{nn} > 0$. Allora consideriamo $X' := (x_{ij} - \frac{x_{ni} x_{nj}}{x_{nn}})_{i,j=1,\dots,n-1}$; ciò corrisponde a una iterazione dell'ELIMINAZIONE DI GAUSS. Si noti che X' è semidefinita positiva se e solo se X è semidefinita positiva.

Per un vettore $c \in \mathbb{Q}^{n-1}$ con $c^\top X'c < 0$ poniamo $d := \binom{c}{-\frac{1}{x_{nn}}\sum_{i=1}^{n-1} c_i x_{ni}}$. Allora

$$\begin{aligned} d^\top Xd &= \sum_{i,j=1}^{n-1} d_i \left(x'_{ij} + \frac{x_{ni}}{x_{nn}} x_{nj} \right) d_j + 2\sum_{j=1}^{n-1} d_n x_{nj} d_j + d_n^2 x_{nn} \\ &= c^\top X'c + \sum_{i,j=1}^{n-1} c_i \frac{x_{ni}x_{nj}}{x_{nn}} c_j (1 - 2 + 1) \\ &= c^\top X'c \\ &< 0. \end{aligned}$$

Queste relazioni definiscono un algoritmo tempo-polinomiale. Per vedere che i numeri coinvolti nel calcolo di d non sono troppo grandi, siano $X^{(n)}, X^{(n-1)}, \dots, X^{(k)}$ le matrici considerate ($X^{(i)} \in \mathbb{Q}^{i \times i}$), e si assuma che alla iterazione $n + 1 - k$ abbiamo osservato che la matrice $X^{(k)} = (y_{ij})_{i,j=1,\dots,k}$ non è semidefinita positiva (ovvero $y_{kk} < 0$ o $y_{kk} = 0$ e $y_{kj} \neq 0$ per un $j < k$). Abbiamo un vettore $c \in \mathbb{Q}^k$ con $c^\top X^{(k)} c < 0$ e $\text{size}(c) \leq 2\,\text{size}(X^{(k)})$. Ora un vettore $d \in \mathbb{Q}^n$ con $d^\top Xd < 0$ può essere costruito come sopra; si noti che d è una soluzione del sistema di equazioni lineari $Md = \binom{c}{0}$, in cui la j-ma riga di M è:

- il j-mo vettore unitario se $j \leq k$,
- il j-mo vettore unitario se $j > k$ e la j-ma riga di $X^{(j)}$ è nulla,
- la j-ma riga di $X^{(j)}$, seguita da alcuni zero, altrimenti.

Quindi, con il Teorema 4.4, abbiamo $\text{size}(d) \leq 4n(\text{size}(M) + \text{size}(c))$, che è polinomiale per il Teorema 4.10. □

Corollario 16.9. *Il* PROBLEMA DI SEPARAZIONE *per P' può essere risolto in tempo polinomiale.*

Dimostrazione. Sia dato $(y_{ij})_{1\leq i<j\leq n}$, e sia $Y = (y_{ij})_{1\leq i,j\leq n}$ la matrice simmetrica definita da $y_{ii} = 1$ per ogni i e $y_{ji} := y_{ij}$ per $i < j$. Si applica il Teorema 16.8. Se Y è semidefinita positiva, abbiamo finito.

Altrimenti troviamo un vettore $d \in \mathbb{Q}^n$ con $d^\top Yd < 0$. Allora $-\sum_{i=1}^n d_i^2 > d^\top Yd - \sum_{i=1}^n d_i^2 = \sum_{1\leq i<j\leq n} 2d_i d_j y_{ij}$, ma $\sum_{1\leq i<j\leq n} 2d_i d_j z_{ij} \geq -\sum_{i=1}^n d_i^2$ per ogni $z \in P'$. Quindi $(d_i d_j)_{1\leq i<j\leq n}$ costituisce un iperpiano di separazione. □

Possiamo ora concludere:

Teorema 16.10. *Per qualsiasi istanza del* PROBLEMA DEL TAGLIO DI PESO MASSIMO, *possiamo trovare una matrice $Y = (y_{ij})_{1\leq i,j\leq n} \in P$ con*

$$\sum_{1\leq i<j\leq n} c_{ij}(1 - y_{ij}) \geq \max \left\{ \sum_{1\leq i<j\leq n} c_{ij}(1 - x_{ij}) : (x_{ij})_{1\leq i,j\leq n} \in P \right\} - \epsilon$$

in tempo polinomiale in n, $\text{size}((c_{ij})_{1\leq i<j\leq n})$, e $\text{size}(\epsilon)$.

Dimostrazione. Applichiamo il Teorema 4.19, usando la Proposizione 16.7 e il Corollario 16.9. □

I programmi semidefiniti come il (16.2) possono essere risolti approssimativamente da algoritmi di punto interno, che sono più efficienti del METODO DELL'ELLISSOIDE. Si veda Alizadeh [1995] per maggiori dettagli.

Come citato sopra, da una soluzione quasi ottima di (16.2) possiamo derivare una soluzione per (16.1) con quasi lo stesso valore della funzione obiettivo tramite una fattorizzazione di Cholesky. Questa soluzione consiste in un insieme di vettori $y_i \in \mathbb{R}^m$ $(i = 1, \dots, n)$ per un $m \leq n$. Poiché (16.1) è un rilassamento del nostro problema originale, abbiamo che il valore ottimo è al massimo $\frac{1}{2} \sum_{1 \leq i < j \leq n} c_{ij}(1 - y_i^\top y_j) + \epsilon$.

I vettori y_i giacciono su una sfera unitaria. L'idea è ora di prendere un iperpiano casuale che passa per l'origine, e definire S come l'insieme degli indici i per i quali y_i è su un lato di questo iperpiano.

Un iperpiano casuale che passa per l'origine è dato da un punto casuale sulla sfera a $(m - 1)$ dimensioni. Questo può essere scelto prendendo m numeri reali in modo indipendente da una distribuzione normale standard, il quale a sua volta può essere fatto usando dei numeri casuali uniformemente distribuiti nell'intervallo $[0, 1]$. Si veda Knuth [1969] (Sezione 3.4.1) per maggiori dettagli sui numeri casuali.

L'algoritmo di Goemans e Williamson è quindi il seguente.

ALGORITMO DEL MASSIMO TAGLIO DI GOEMANS-WILLIAMSON

Input: Un numero $n \in \mathbb{N}$, numeri $c_{ij} \geq 0$ per $1 \leq i < j \leq n$.

Output: Un insieme $S \subseteq \{1, \dots, n\}$.

① Risolvi (16.2) con una approssimazione, ovvero trova una matrice simmetriche semidefinita positiva
$X = (x_{ij})_{1 \leq i,j \leq n}$ con $x_{ii} = 1$ per $i = 1, \dots, n$, tale che
$\sum_{1 \leq i < j \leq n} c_{ij}(1 - x_{ij}) \geq 0.9995 \cdot \mathrm{OPT}(16.2)$.

② Applica la fattorizzazione di Cholesky a X per ottenere i vettori
$y_1, \dots, y_n \in \mathbb{R}^m$ con $m \leq n$ e $y_i^\top y_j \approx x_{ij}$ per ogni $i, j \in \{1, \dots, n\}$.

③ Scegli un punto casuale a sulla sfera unitaria $\{x \in \mathbb{R}^m : ||x||_2 = 1\}$.

④ Poni $S := \{i \in \{1, \dots, n\} : a^\top y_i \geq 0\}$.

Teorema 16.11. *L'*ALGORITMO DEL MASSIMO TAGLIO DI GOEMANS-WILLIAMSON *richiede un tempo polinomiale.*

Dimostrazione. Si veda la discussione precedente. Il passo più difficile, ①, può essere risolto in tempo polinomiale per il Teorema 16.10. Qui possiamo scegliere $\epsilon = 0.00025 \sum_{1 \leq i < j \leq n} c_{ij}$ poiché $\frac{1}{2} \sum_{1 \leq i < j \leq n} c_{ij}$ è un lower bound del valore ottimo della funzione obiettivo (ottenuto scegliendo casualmente $S \subseteq \{1, \dots, n\}$) e quindi sul valore ottimo di (16.2). □

Possiamo ora dimostrare la garanzia di prestazione:

Teorema 16.12. (Goemans e Williamson [1995]) *L'ALGORITMO DEL MASSIMO TAGLIO DI GOEMANS-WILLIAMSON costruisce un insieme S per il quale il valore atteso di $\sum_{i\in S,\, j\notin S} c_{ij}$ è almeno 0.878 volte il massimo valore possibile.*

Dimostrazione. Sia $\mathcal{S}_m$ ancora la sfera unitaria in $\mathbb{R}^m$, e sia $H(y) := \{x \in \mathcal{S}_m : x^\top y \geq 0\}$ l'emisfero con polo y, per $y \in \mathcal{S}_m$. Per un sottoinsieme $A \subseteq \mathcal{S}_m$ sia $\mu(A) := \frac{\text{volume}\,(A)}{\text{volume}\,(\mathcal{S}_m)}$; ciò definisce una misura di probabilità su $\mathcal{S}_m$. Abbiamo $|S \cap \{i, j\}| = 1$ con probabilità $\mu(H(y_i)\triangle H(y_j))$, in cui $\triangle$ indica la differenza simmetrica. Si noti che $H(y_i)\triangle H(y_j)$ è l'unione di due digon sferici (un *digon* è un poligono con due lati e due vertici), ognuno con angolo $\arccos(y_i^\top y_j)$. Poiché il volume è proporzionale all'angolo, abbiamo $\mu(H(y_i)\triangle H(y_j)) = \frac{1}{\pi}\arccos(y_i^\top y_j)$. Dimostriamo ora che:

$$\frac{1}{\pi}\arccos\beta \geq 0.8785\frac{1-\beta}{2} \quad \text{per ogni } \beta \in [-1, 1]. \tag{16.3}$$

Per $\beta = 1$ si ha l'uguaglianza. Inoltre, calcoli elementari danno

$$\min_{-1\leq\beta<1} \frac{\arccos\beta}{1-\beta} = \min_{0<\gamma\leq\pi} \frac{\gamma}{1-\cos\gamma} = \frac{1}{\sin\gamma'},$$

in cui γ' viene determinato da $\cos\gamma' + \gamma'\sin\gamma' = 1$. Otteniamo $2.3311 < \gamma' < 2.3312$ e $\frac{1}{\sin\gamma'} > \frac{1}{\sin 2.3311} > 1.38$. Poiché $\frac{1.38}{\pi} > \frac{0.8785}{2}$, ciò dimostra la 16.3.

Quindi il valore atteso di $\sum_{i\in S,\, j\notin S} c_{ij}$ è

$$\begin{aligned}
\sum_{1\leq i<j\leq n} c_{ij}\,\mu(H(y_i)\triangle H(y_j)) &= \sum_{1\leq i<j\leq n} c_{ij}\frac{1}{\pi}\arccos(y_i^\top y_j) \\
&\geq 0.8785\cdot\frac{1}{2}\sum_{1\leq i<j\leq n} c_{ij}(1 - y_i^\top y_j) \\
&\approx 0.8785\cdot\frac{1}{2}\sum_{1\leq i<j\leq n} c_{ij}(1 - x_{ij}) \\
&\geq 0.8785\cdot 0.9995\cdot \mathrm{OPT}(16.2) \\
&> 0.878\cdot \mathrm{OPT}(16.2) \\
&\geq 0.878\cdot\max\left\{\sum_{i\in S,\, j\notin S} c_{ij} : S \subseteq \{1,\ldots,n\}\right\}.
\end{aligned}$$

□

Quindi abbiamo un algoritmo di approssimazione casualizzato con rapporto di prestazione $\frac{1}{0.878} < 1.139$. Mahajan e Ramesh [1999] hanno mostrato come rendere deterministico questo algoritmo, ottenendo quindi un algoritmo deterministico con un fattore 1.139. Tuttavia, non può esistere alcun algoritmo di approssimazione con un fattore 1.062 a meno che $P = NP$ (Håstad [2001], Papadimitriou e Yannakakis [1991]).

Si veda anche Lovász [2003] per altre connessioni interessanti tra la programmazione semidefinita e l'ottimizzazione combinatoria.

16.3 Colorazioni

In questa sezione discutiamo brevemente altri due casi speciali del PROBLEMA DEL SET COVER MINIMO: vogliamo partizionare l'insieme di vertici di un grafo in insiemi stabili, o l'insieme degli archi di un grafo in matching:

Definizione 16.13. *Sia G un grafo non orientato. Una* **colorazione dei vertici** *di G è un'applicazione* $f : V(G) \to \mathbb{N}$ *con* $f(v) \neq f(w)$ *per ogni* $\{v, w\} \in E(G)$. *Una* **colorazione degli archi** *di G è un'applicazione* $f : E(G) \to \mathbb{N}$ *con* $f(e) \neq f(e')$ *per ogni* $e, e' \in E(G)$ *con* $e \neq e'$ *e* $e \cap e' \neq \emptyset$.

Il numero $f(v)$ o $f(e)$ viene chiamato il **colore** rispettivamente di v o e. In altre parole, l'insieme dei vertici o di archi con lo stesso colore (valore f) deve essere rispettivamente un insieme stabile o un matching. Naturalmente siamo interessati a usare il minor numero possibile di colori:

PROBLEMA DELLA COLORAZIONE DEI VERTICI

Istanza: Un grafo non orientato G.

Obiettivo: Trovare una colorazione dei vertici $f : V(G) \to \{1, \ldots, k\}$ di G con k minimo.

PROBLEMA DELLA COLORAZIONE DEGLI ARCHI

Istanza: Un grafo non orientato G.

Obiettivo: Trovare una colorazione degli archi $f : E(G) \to \{1, \ldots, k\}$ di G con k minimo.

Ridurre questi problemi al PROBLEMA DEL SET COVER MINIMO non risulta molto utile: per il PROBLEMA DELLA COLORAZIONE DEI VERTICI dovremmo elencare tutti gli insiemi massimali (un problema a sua volta NP-difficile), mentre per la PROBLEMA DELLA COLORAZIONE DEGLI ARCHI dovremmo calcolare un numero esponenziale di matching massimali.

Il valore ottimo del PROBLEMA DELLA COLORAZIONE DEI VERTICI (ovvero il numero minimo di colori) è chiamato **numero cromatico** del grafo. Il valore ottimo del PROBLEMA DELLA COLORAZIONE DEGLI ARCHI è chiamato **numero cromatico di arco** o a volte indice cromatico. Entrambi i problemi di colorazione sono NP-difficili:

Teorema 16.14. *I problemi decisionali seguenti sono NP-completi:*

(a) (Holyer [1981]) *Decidere se un grafo semplice ha un numero cromatico di arco 3.*
(b) (Stockmeyer [1973]) *Decidere se un grafo planare ha un numero cromatico 3.*

I problemi rimangono *NP*-difficili anche quando il grafo ha grado massimo tre in (a), e grado massimo quattro in (b).

Proposizione 16.15. *Per qualsiasi grafo planare possiamo decidere in tempo lineare se il numero cromatico è inferiore a 3, e in tal caso trovare una colorazione ottima. Lo stesso vale per il numero cromatico di arco.*

Dimostrazione. Un grafo ha numero cromatico 1 se e solo non ha archi. Per definizione, i grafi con numero cromatico al massimo 2 sono precisamente i grafi bipartiti. Per la Proposizione 2.27 possiamo controllare in tempo lineare se un grafo è bipartito e in caso positivo trovare una bipartizione, ovvero una colorazione dei vertici con due colori.

Per controllare se il numero cromatico di arco di un grafo G è inferiore a 3 (e, in tal caso, trovare una colorazione degli archi ottima) consideriamo semplicemente il PROBLEMA DELLA COLORAZIONE DEI VERTICI nel line-graph di G, che è ovviamente un problema equivalente. □

Per grafi bipartiti, si può risolvere anche il PROBLEMA DELLA COLORAZIONE DEGLI ARCHI:

Teorema 16.16. (König [1916]) *Il numero cromatico di arco di un grafo bipartito G è pari al grado massimo di un vertice in G.*

Dimostrazione. Per induzione su $|E(G)|$. Sia G un grafo con grado massimo k, e sia $e = \{v, w\}$ un arco. Per l'ipotesi di induzione, $G - e$ ha un colorazione degli archi f con k colori. Esistono i colori $i, j \in \{1, \dots, k\}$ tali che $f(e') \neq i$ per ogni $e' \in \delta(v)$ e $f(e') \neq j$ per ogni $e' \in \delta(w)$. Se $i = j$, abbiamo concluso poiché possiamo estendere f a G assegnando a e il colore i.

Il grafo $H = (V(G), \{e' \in E(G) \setminus \{e\} : f(e') \in \{i, j\}\})$ ha grado massimo 2, e v ha grado al massimo pari a 1 in H. Si consideri il cammino massimale P in H con estremo v. I colori si alternano su P; quindi l'altro estremo di P non può essere w. Si scambiano i colori i e j su P e si estende la colorazione degli archi a G dando a e il colore j. □

Il grado massimo di un vertice è un lower bound ovvio al numero cromatico di arco di qualsiasi grafo. Non è un lower bound stretto, come mostra il grafo completo K_3. Il teorema seguente mostra come trovare una colorazione degli archi di un grafo semplice con al massimo un colore di troppo:

Teorema 16.17. (Vizing [1964]) *Sia G un grafo semplice non orientato con grado massimo k. Allora G ha una colorazione degli archi con al massimo $k + 1$ colori e tale colorazione può essere trovata in tempo polinomiale.*

Dimostrazione. Per induzione su $|E(G)|$. Se G non ha archi, l'asserzione è banale. Altrimenti sia $e = \{x, y_0\}$ un qualsiasi arco; per l'ipotesi di induzione esiste una colorazione degli archi f di $G - e$ con $k + 1$ colori. Per ogni vertice v si sceglie un colore $n(v) \in \{1, \dots, k+1\} \setminus \{f(w) : w \in \delta_{G-e}(v)\}$ che manca a v.

Iniziando da y_0, si costruisce una sequenza massimale $y_0, y_1, \dots, y_t$ di vicini distinti di x tali che $n(y_{i-1}) = f(\{x, y_i\})$ per $i = 1, \dots, t$.

Se nessun arco incidente a x viene colorato $n(y_t)$, allora costruiamo una colorazione degli archi f' di G da f ponendo $f'(\{x, y_{i-1}\}) := f(\{x, y_i\})$ $(i = 1, \dots, t)$ e $f'(\{x, y_t\}) := n(y_t)$. Assumiamo dunque che esista un arco incidente a x di colore $n(y_t)$; per la massimalità di t abbiamo $f(\{x, y_s\}) = n(y_t)$ per un $s \in \{1, \dots, t-1\}$.

Si consideri il cammino massimo P che inizia a y_t nel grafo $(V(G), \{e' \in E(G-e) : f(e') \in \{n(x), n(y_t)\}\})$ (questo grafo ha grado massimo 2; cf. Figura 16.2). Si distinguono tre casi. In ogni caso costruiamo una colorazione degli archi f' di G.

Se P termina in x, allora $\{y_s, x\}$ è l'ultima arco di P. Costruiamo f' da f scambiano i colori $n(x)$ e $n(y_t)$ su P, e ponendo $f'(\{x, y_{i-1}\}) := f(\{x, y_i\})$ $(i = 1, \dots, s)$.

Se P termina in y_{s-1}, allora l'ultimo arco di P ha il colore $n(x)$, poiché il colore $n(y_t) = f(\{x, y_s\}) = n(y_{s-1})$ non è presente a y_{s-1}. Costruiamo f' da f come segue: scambiamo i colori $n(x)$ e $n(y_t)$ su P, poniamo $f'(\{x, y_{i-1}\}) := f(\{x, y_i\})$ $(i = 1, \dots, s-1)$ e $f'(\{x, y_{s-1}\}) := n(x)$.

Se P non termina né in x né in y_{s-1}, allora costruiamo f' da f scambiando i colori $n(x)$ e $n(y_t)$ su P, e ponendo $f'(\{x, y_{i-1}\}) := f(\{x, y_i\})$ $(i = 1, \dots, t)$ e $f'(\{x, y_t\}) := n(x)$. □

Il Teorema di Vizing implica un algoritmo di approssimazione assoluto per il PROBLEMA DELLA COLORAZIONE DEGLI ARCHI in grafi semplici. Se si ammettono archi paralleli l'affermazione del Teorema di Vizing non è più valida:

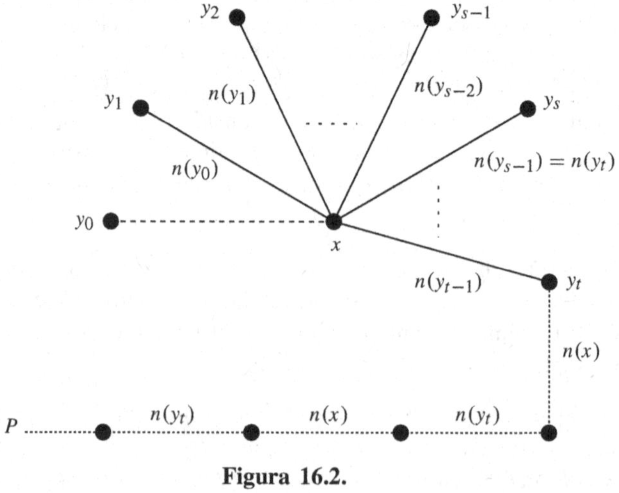

Figura 16.2.

sostituendo ogni arco del triangolo K_3 con r archi paralleli otteniamo un grafo $2r$ regolare con numero cromatico di arco pari a $3r$.

Passiamo ora al PROBLEMA DELLA COLORAZIONE DEI VERTICI. Il grado massimo ci dà ancora un upper bound sul numero cromatico:

Teorema 16.18. *Sia G un grafo non orientato con grado massimo k. Allora G ha una colorazione dei vertici con al massimo $k+1$ colori, e tale colorazione può essere trovata in tempo lineare.*

Dimostrazione. Il seguente ALGORITMO GREEDY DI COLORING trova ovviamente questa colorazione. □

ALGORITMO GREEDY DI COLORING

Input: Un grafo non orientato G.

Output: Una colorazione dei vertici di G.

① Sia $V(G) = \{v_1, \dots, v_n\}$.

② **For** $i := 1$ **to** n **do**:
Poni $f(v_i) := \min\{k \in \mathbb{N} : k \neq f(v_j) \text{ per ogni } j < i \text{ con } v_j \in \Gamma(v_i)\}$.

Per grafi completi e per circuiti dispari servono evidentemente $k+1$ colori, in cui k è il grado massimo. Per tutti gli altri grafi bastano k colori, come ha mostrato Brooks [1941]. Tuttavia, il grado massimo non è un lower bound sul numero cromatico: qualsiasi stella $K_{1,n}$ ($n \in \mathbb{N}$) ha numero cromatico 2. Quindi questi risultati non portano a un algoritmo di approssimazione. Infatti, non si conosce nessun algoritmo per il PROBLEMA DELLA COLORAZIONE DEI VERTICI con una garanzia di prestazione ragionevole per grafi qualsiasi; si veda Khanna, Linial e Safra [2000]. Zuckerman [2006] ha mostrato che, a meno che $P = NP$, nessun algoritmo tempo-polinomiale calcola il numero cromatico di qualsiasi grafo con n vertici con un fattore di $n^{1-\epsilon}$ per qualsiasi $\epsilon > 0$ fissato.

Poiché il grado massimo non è un lower bound per il numero cromatico si può considerare la cardinalità della clique massima. Ovviamente, se un grafo G contiene una clique di dimensione k, allora il numero cromatico di G è almeno pari a k. Come mostra il pentagono (circuito di lunghezza cinque), il numero cromatico può superare la dimensione della clique massima. In pratica esistono grafi con un numero cromatico arbitrariamente grande che non contengono nessun triangolo K_3. Ciò motiva la definizione seguente, che si deve a Berge [1961,1962]:

Definizione 16.19. *Un grafo G è* **perfetto** *se $\chi(H) = \omega(H)$ per ogni sottografo indotto H di G, in cui $\chi(H)$ è il numero cromatico e $\omega(H)$ è la cardinalità massima di una clique in H.*

Segue immediatamente che il problema decisionale di determinare se un grafo perfetto ha numero cromatico k ha una buona caratterizzazione (appartiene a $NP \cap coNP$). Alcuni esempi di grafi perfetti possono essere trovati negli Esercizi 15.

Un algoritmo tempo-polinomiale per riconoscere grafi perfetti è stato trovato da Chudnovsky et al. [2005].

Berge [1961] diede la congettura che un grafo è perfetto se e solo se non contiene né un circuito dispari di lunghezza almeno cinque né il complemento di tale grafo come sottografo indotto. Questo è noto come il teorema forte dei grafi perfetti ed è stato dimostrato in Chudnovsky et al. [2006]. Qualche anno prima, Lovász [1972] aveva dimostrato una versione più debole in cui un grafo è perfetto se e solo se lo è il suo complemento. Questo è noto come il teorema debole dei grafi perfetti; per dimostrarlo ci serve un lemma:

Lemma 16.20. *Sia G un grafo perfetto e $x \in V(G)$. Allora il grafo $G' := (V(G) \dot{\cup} \{y\}, E(G) \dot{\cup} \{\{y, v\} : v \in \{x\} \cup \Gamma(x)\})$, che si ottiene da G aggiungendo un nuovo vertice y che viene unito a x e a tutti i vicini di x, è perfetto.*

Dimostrazione. Per induzione su $|V(G)|$. Il caso $|V(G)| = 1$ è banale poiché K_2 è perfetto. Ora sia G un grafo perfetto con almeno due vertici. Sia $x \in V(G)$, e sia G' ottenuto aggiungendo un nuovo vertice y adiacente a x e a tutti i suoi vicini. Basta dimostrare che $\omega(G') = \chi(G')$, poiché per sottografi propri H di G' ciò segue dall'ipotesi di induzione: o H è un sottografo di G e quindi è perfetto, oppure si ottiene da un sottografo proprio di G aggiungendo un vertice y come prima.

Poiché possiamo colorare facilmente G' con $\chi(G)+1$ colori, possiamo assumere che $\omega(G') = \omega(G)$. Allora x non è contenuto in qualsiasi clique massima di G. Sia f una colorazione dei vertici di G con $\chi(G)$ colori, e sia $X := \{v \in V(G) : f(v) = f(x)\}$. Abbiamo $\omega(G - X) = \chi(G - X) = \chi(G) - 1 = \omega(G) - 1$ e quindi $\omega(G - (X \setminus \{x\})) = \omega(G) - 1$ (poiché x non appartiene a nessuna clique massima di G). Poiché $(X \setminus \{x\}) \cup \{y\} = V(G') \setminus V(G - (X \setminus \{x\}))$ è un insieme stabile, abbiamo

$$\chi(G') = \chi(G - (X \setminus \{x\})) + 1 = \omega(G - (X \setminus \{x\})) + 1 = \omega(G) = \omega(G').$$

□

Teorema 16.21. (Lovász [1972], Fulkerson [1972], Chvátal [1975]) *Per un grafo semplice G le affermazioni seguenti sono equivalenti:*

(a) *G è un perfetto.*
(b) *Il complemento di G è perfetto.*
(c) *Il politopo dell'insieme stabile, ovvero il guscio convesso dei vettori di incidenza degli insiemi stabili di G, è dato da:*

$$\left\{ x \in \mathbb{R}_+^{V(G)} : \sum_{v \in S} x_v \leq 1 \text{ per tutte le clique } S \text{ in } G \right\}. \tag{16.4}$$

Dimostrazione. Dimostriamo (a)⇒(c)⇒(b). Questo basta, perché applicare (a)⇒(b) al complemento di G dà (b)⇒(a).

(a)⇒(c): Evidentemente il politopo dell'insieme stabile è contenuto in (16.4). Per dimostrare l'altra inclusione, sia x un vettore razionale nel politopo (16.4);

possiamo scrivere $x_v = \frac{p_v}{q}$, in cui $q \in \mathbb{N}$ e $p_v \in \mathbb{Z}_+$ per $v \in V(G)$. Si sostituisca ogni vertice v con una clique di dimensione p_v; ovvero si consideri G' definito da

$$\begin{aligned} V(G') &:= \{(v,i) : v \in V(G),\ 1 \le i \le p_v\}, \\ E(G') &:= \{\{(v,i),(v,j)\} : v \in V(G),\ 1 \le i < j \le p_v\} \cup \\ &\quad\ \{\{(v,i),(w,j)\} : \{v,w\} \in E(G),\ 1 \le i \le p_v,\ 1 \le j \le p_w\}. \end{aligned}$$

Il Lemma 16.20 implica che G' sia perfetto. Per una clique qualsiasi X' in G' sia $X := \{v \in V(G) : (v,i) \in X'$ per un certo $i\}$ la sua proiezione in G (che è ancora una clique); abbiamo

$$|X'| \le \sum_{v \in X} p_v = q \sum_{v \in X} x_v \le q.$$

Dunque $\omega(G') \le q$. Poiché G' è perfetto, ha quindi una colorazione dei vertici f con al massimo q colori. Per $v \in V(G)$ e $i = 1, \dots, q$ sia $a_{i,v} := 1$ se $f((v,j)) = i$ per un j e $a_{i,v} := 0$ altrimenti. Allora $\sum_{i=1}^{q} a_{i,v} = p_v$ per ogni $v \in V(G)$ e quindi

$$x = \left(\frac{p_v}{q}\right)_{v \in V(G)} = \frac{1}{q} \sum_{i=1}^{q} a_i$$

è una combinazione convessa dei vettori di incidenza degli insiemi stabili, in cui $a_i = (a_{i,v})_{v \in V(G)}$.

(c)⇒(b): mostriamo per induzione su $|V(G)|$ che se (16.4) è intero allora il complemento di G è perfetto. Poiché i grafi con meno di tre vertici sono perfetti, sia G un grafo con $|V(G)| \ge 3$ in cui (16.4) è intero.

Dobbiamo mostrare che l'insieme dei vertici di un qualsiasi sottografo indotto H di G può essere partizionato in $\alpha(H)$ clique, in cui $\alpha(H)$ è la dimensione di un insieme stabile massimo in H. Per sottografi propri H ciò segue dall'ipotesi di induzione, poiché (per il Teorema 5.13) ogni faccia del politopo intero (16.4) è intera, in particolare la faccia definita dagli iperpiani di supporto $x_v = 0$ $(v \in V(G) \setminus V(H))$.

Dunque rimane da dimostrare che $V(G)$ può essere partizionato in $\alpha(G)$ clique. L'equazione $\mathbb{1}x = \alpha(G)$ definisce un iperpiano di supporto di (16.4), dunque

$$\left\{ x \in \mathbb{R}_+^{V(G)} : \sum_{v \in S} x_v \le 1 \text{ per ogni clique } S \text{ in } G,\ \sum_{v \in V(G)} x_v = \alpha(G) \right\} \quad (16.5)$$

è una faccia di (16.4). Questa faccia è contenuta in qualche faccetta, e tali faccette non possono essere tutte della forma $\{x \in (16.4) : x_v = 0\}$ per un v (altrimenti l'origine apparterebbe all'intersezione). Quindi esiste una clique S in G tale che $\sum_{v \in S} x_v = 1$ per ogni x in (16.5). Quindi questa clique S interseca ogni insieme stabile massimale di G. Ora per l'ipotesi di induzione, l'insieme dei vertici di $G - S$ può essere partizionato in $\alpha(G - S) = \alpha(G) - 1$ clique. Aggiungendo S si conclude la dimostrazione. □

Questa dimostrazione si deve a Lovász [1979b]. In pratica, il sistema di disuguaglianze che definisce (16.4) è TDI per i grafi perfetti (Esercizio 16). Con del lavoro in più si può dimostrare che per i grafi perfetti il PROBLEMA DELLA COLORAZIONE DEI VERTICI, il PROBLEMA DELL'INSIEME STABILE DI PESO MASSIMO e il PROBLEMA DELLA CLIQUE DI PESO MASSIMO possono essere risolti in tempo fortemente polinomiale. Anche se questi problemi sono tutti *NP*-difficili su grafi qualsiasi (Teorema 15.23, Corollario 15.24, Teorema 16.14(b)), esiste un numero (la cosiddétta funzione theta del grafo complementare, introdotta da Lovász [1979a]) che è sempre tra la dimensione della clique massima e il numero cromatico, e che può essere in generale calcolato in tempo polinomiale usando il METODO DELL'ELLISSOIDE. I dettagli sono complicati; si veda Grötschel, Lovász e Schrijver [1988].

Uno dei problemi più noti nella teoria dei grafi è stato il problema dei quattro colori: è vero che ogni mappa planare può essere colorata con quattro colori in modo tale che non esistono due paesi confinanti con lo stesso colore? Se consideriamo i paesi come regioni e passiamo al grafo planare duale, questo è equivalente a chiedere se ogni grafo planare ha una colorazione dei vertici con quattro colori. Appel e Haken [1977] e Appel, Haken e Koch [1977] hanno dimostrato che ciò è vero: ogni grafo planare ha un numero cromatico al massimo pari a 4. Per una dimostrazione più semplice del teorema dei quattro colori (che tuttavia si basa su un algoritmo di checking eseguito da un computer) si veda Robertson et al. [1997]. Dimostriamo il risultato più debole seguente, noto come il teorema dei cinque colori:

Teorema 16.22. (Heawood [1890]) *Qualsiasi grafo planare ha una colorazione dei vertici con al massimo cinque colori, e tale colorazione può essere trovata in tempo polinomiale.*

Dimostrazione. Per induzione su $|V(G)|$. Possiamo assumere che G sia semplice, e fissare un'immersione planare qualsiasi $\Phi = \left(\psi, (J_e)_{e \in E(G)}\right)$ di G. Per il corollario 2.33, G ha un vertice v di grado al massimo cinque. Per l'ipotesi di induzione, $G - v$ ha una colorazione dei vertici f con al massimo cinque colori. Possiamo assumere che v ha grado cinque e tutti i vicini hanno dei colori diversi; altrimenti possiamo facilmente estendere la colorazione a G.

Siano w_1, w_2, w_3, w_4, w_5 i vicini di v nell'ordine ciclico con il quale gli archi poligonali $J_{\{v,w_i\}}$ lasciano v (vedi le definizioni nella Sezione 2.5).

Mostriamo prima che non esistono cammini disgiunti sui vertici P da w_1 a w_3 e Q da w_2 a w_4 in $G - v$. Per dimostrarlo, sia P un cammino w_1-w_3, e sia C il circuito in G costituito da P e gli archi $\{v, w_1\}, \{v, w_3\}$. Per il Teorema 2.30 $\mathbb{R}^2 \setminus \bigcup_{e \in E(C)} J_e$ divide due regioni connesse e v è sul bordo di entrambe le regioni. Quindi w_2 e w_4 appartengono a regioni diverse di quell'insieme, implicando che ogni cammino w_2-w_4 in $G - v$ deve contenere un vertice di C.

Sia X la componente connessa del grafo $G[\{x \in V(G) \setminus \{v\} : f(x) \in \{f(w_1), f(w_3)\}\}]$ che contiene w_1. Se X non contiene w_3, possiamo scambiare i colori in X, e, dopo, estendere la colorazione a G colorando v con il colore precedente di w_1. Dunque possiamo assumere che esista un cammino w_1-w_3 P che contiene solo i vertici colorati con $f(w_1)$ o $f(w_3)$.

In modo analogo, abbiamo terminato se non esiste alcun cammino w_2-w_4 Q che contiene solo vertici colorati con $f(w_2)$ o $f(w_4)$. Ma l'ipotesi contraria significa che esistono cammini P disgiunti sui vertici da w_1 a w_3 e Q da w_2 a w_4 in $G - v$, una contraddizione. □

Quindi questo è un secondo problema *NP*-difficile che ha un algoritmo di approssimazione assoluto. In pratica, il teorema dei quattro colori implica che il numero cromatico di un grafo planare non bipartito può essere solo 3 o 4. Usando l'algoritmo tempo-polinomiale di Robertson et al. [1996], che colora qualsiasi grafo planare con quattro colori, si ottiene un algoritmo di approssimazione assoluto che usa al massimo un colore in più del necessario.

Fürer e Raghavachari [1994] hanno riconosciuto un terzo problema naturale che può essere approssimato con un errore additivo di uno: dato un grafo non orientato, si vuole ottenere un albero di supporto il cui grado massimo sia minimo tra tutti gli alberi di supporto (il problema è una generalizzazione del PROBLEMA DEL CAMMINO HAMILTONIANO e quindi è *NP*-difficile). Il loro algoritmo si estende anche al caso generale che corrisponde al PROBLEMA DELL'ALBERO DI STEINER: dato un insieme $T \subseteq V(G)$, trova un albero S in G con $T \subseteq V(S)$ tale che il grado massimo di S sia minimo. Singh e Lau [2007] hanno trovato un'estensione al caso degli alberi di supporto di peso minimo con grado limitato.

D'altronde, il teorema seguente ci dice che molti problemi non hanno algoritmi di approssimazione assoluti a meno che $P = NP$:

Proposizione 16.23. *Siano $\mathcal{F}$ e $\mathcal{F}'$ famiglie (infinite) di insiemi finiti, e sia $\mathcal{P}$ il problema di ottimizzazione seguente: dati un insieme $E \in \mathcal{F}$ e una funzione $c : E \to \mathbb{Z}$, trovare un insieme $F \subseteq E$ con $F \in \mathcal{F}'$ e $c(F)$ minimo (o decidere che tale F non esiste).*

Allora $\mathcal{P}$ ha un algoritmo di approssimazione assoluto se e solo se $\mathcal{P}$ può essere risolto in tempo polinomiale.

Dimostrazione. Si supponga che esista un algoritmo tempo-polinomiale A e un numero intero k tale che

$$|A((E,c)) - \mathrm{OPT}((E,c))| \le k$$

per tutte le istanze (E, c) di $\mathcal{P}$. Mostriamo come risolvere in modo esatto $\mathcal{P}$ in tempo polinomiale.

Data un'istanza (E, c) di $\mathcal{P}$, costruiamo una nuova istanza (E, c'), in cui $c'(e) := (k+1)c(e)$ per ogni $e \in E$. Ovviamente le soluzioni ottime rimangono le stesse. Ma se ora applichiamo A alla nuova istanza,

$$|A((E,c')) - \mathrm{OPT}((E,c'))| \le k$$

e quindi $A((E,c')) = \mathrm{OPT}((E,c'))$. □

Alcuni esempi sono il PROBLEMA DI MINIMIZZAZIONE PER I SISTEMI DI INDIPENDENZA e il PROBLEMA DI MASSIMIZZAZIONE PER I SISTEMI DI INDIPENDENZA (moltiplicare c con -1), e quindi tutti i problemi nell'elenco della Sezione 13.1.

16.4 Schemi di approssimazione

Si riprenda l'algoritmo di approssimazione assoluto per il PROBLEMA DELLA COLORAZIONE DEGLI ARCHI presentato nella sezione precedente. Questo algoritmo implica anche una garanzia relativa di prestazione: poiché si può decidere facilmente se il numero cromatico di arco è 1 oppure 2 (Proposizione 16.15), il Teorema di Vizing dà un algoritmo di approssimazione di fattore $\frac{4}{3}$. D'altronde, il Teorema 16.14(a) implica che nessun algoritmo di approssimazione con fattore k esiste per qualsiasi $k < \frac{4}{3}$ (a meno che $P = NP$).

Quindi l'esistenza di un algoritmo di approssimazione assoluto non implica l'esistenza di un algoritmo di approssimazione con fattore k per ogni $k > 1$. Incontreremo una situazione simile con il PROBLEMA DEL BIN-PACKING nel Capitolo 18. Questa considerazione suggerisce la definizione seguente:

Definizione 16.24. *Sia $\mathcal{P}$ un problema di ottimizzazione con pesi non negativi. Un* **algoritmo di approssimazione con fattore** k **asintotico** *per $\mathcal{P}$ è un algoritmo tempo-polinomiale A per $\mathcal{P}$ per il quale esiste una costante c tale che*

$$\frac{1}{k}\,\mathrm{OPT}(I) - c \;\le\; A(I) \;\le\; k\,\mathrm{OPT}(I) + c$$

per tutte le istanza I di $\mathcal{P}$. Diciamo anche che A ha un **rapporto asintotico di prestazione** k.

Il **rapporto (asintotico) di approssimazione** di un problema di ottimizzazione $\mathcal{P}$ con pesi non negativi è il limite inferiore di tutti i numeri k per i quali esiste un algoritmo di approssimazione con fattore k (asintotico) per $\mathcal{P}$, o ∞ se non esiste proprio nessun algoritmo di approssimazione (asintotico).

Per esempio, il PROBLEMA DELLA COLORAZIONE DEGLI ARCHI ha un rapporto di approssimazione $\frac{4}{3}$ (a meno che $P = NP$), ma rapporto asintotico di approssimazione 1 (non solo nei grafi semplici; si veda Sanders e Steurer [2005]). I problemi di ottimizzazione con rapporto di approssimazione 1 (asintotico) sono di particolare interesse. Per questi problemi introduciamo la notazione seguente:

Definizione 16.25. *Sia $\mathcal{P}$ un problema di ottimizzazione con pesi non negativi. Uno* **schema di approssimazione** *per $\mathcal{P}$ è un algoritmo A che accetta come input un'istanza I di $\mathcal{P}$ e un $\epsilon > 0$ tale che, per ogni ϵ fissato, A è un algoritmo di approssimazione con fattore $(1+\epsilon)$ per $\mathcal{P}$.*

Uno **schema di approssimazione asintotico** *per $\mathcal{P}$ è una coppia di algoritmi (A, A') con le proprietà seguenti: A' è un algoritmo tempo-polinomiale che accetta un numero $\epsilon > 0$ come input e calcola un numero c_ϵ. A accetta un'istanza I di $\mathcal{P}$ e un $\epsilon > 0$ come input, e il suo output consiste in una soluzione ammissibile per I che soddisfa*

$$\frac{1}{1+\epsilon}\,\mathrm{OPT}(I) - c_\epsilon \;\le\; A(I,\epsilon) \;\le\; (1+\epsilon)\,\mathrm{OPT}(I) + c_\epsilon.$$

Per ogni ϵ fissato, il tempo di esecuzione di A è limitato polinomialmente in $\mathrm{size}(I)$.

Uno schema di approssimazione (asintotico) viene detto uno **schema di approssimazione (asintotico) pienamente polinomiale** *se il tempo di esecuzione e la dimensione massima di qualsiasi numero che appare nei calcoli è limitato da un polinomio in* $\text{size}(I) + \text{size}(\epsilon) + \frac{1}{\epsilon}$.

In altri testi si possono trovare gli acronimi PTAS per schemi di approssimazione tempo-polinomiale e FPAS o FPTAS per schemi di approssimazione pienamente polinomiali.

A parte gli algoritmi di approssimazione assoluti, il meglio in cui si può sperare per problemi di ottimizzazione *NP*-difficili, è uno schema di approssimazione pienamente polinomiale, almeno se il costo di qualsiasi soluzione è un numero intero non negativo (il che, senza perdita di generalità, può essere ipotizzato in molti casi):

Proposizione 16.26. *Sia* $\mathcal{P} = (X, (S_x)_{x\in X}, c, \text{goal})$ *un problema di ottimizzazione in cui i valori di* c *sono interi non negativi. Sia* A *un algoritmo il quale, data un'istanza* I *di* $\mathcal{P}$ *e un numero* $\epsilon > 0$*, calcola una soluzione ammissibile di* I *con*

$$\frac{1}{1+\epsilon}\text{OPT}(I) \;\leq\; A(I,\epsilon) \;\leq\; (1+\epsilon)\,\text{OPT}(I)$$

e il cui tempo di esecuzione è limitato da un polinomio in $\text{size}(I) + \text{size}(\epsilon)$*. Allora* $\mathcal{P}$ *può essere risolto esattamente in tempo polinomiale.*

Dimostrazione. Data un'istanza I, eseguiamo prima A su $(I, 1)$. Poniamo $\epsilon := \frac{1}{1+2A(I,1)}$ e osserviamo che $\epsilon\,\text{OPT}(I) < 1$. Ora eseguiamo A su (I, ϵ). Poiché $\text{size}(\epsilon)$ è limitato polinomialmente in $\text{size}(I)$, questa procedura costituisce un algoritmo tempo-polinomiale. Se $\mathcal{P}$ è un problema di minimizzazione, abbiamo

$$A(I,\epsilon) \;\leq\; (1+\epsilon)\,\text{OPT}(I) \;<\; \text{OPT}(I)+1,$$

il quale, poiché c è intero, implica l'ottimalità. In maniera analoga, se $\mathcal{P}$ è un problema di massimizzazione, abbiamo

$$A(I,\epsilon) \;\geq\; \frac{1}{1+\epsilon}\text{OPT}(I) \;>\; (1-\epsilon)\,\text{OPT}(I) \;>\; \text{OPT}(I)-1.$$

□

Sfortunatamente, uno schema di approssimazione pienamente polinomiale esiste solo per pochi problemi (si veda il Teorema 17.11). Inoltre notiamo che anche l'esistenza di uno schema di approssimazione pienamente polinomiale non implica un algoritmo di approssimazione assoluto; il PROBLEMA DELLO ZAINO ne è un esempio.

Nei Capitoli 17 e 18 discuteremo due problemi (lo ZAINO e il BIN-PACKING) che hanno rispettivamente uno schema di approssimazione pienamente polinomiale e uno schema di approssimazione asintotico pienamente polinomiale. Per molti problemi, i due tipi di schemi di approssimazione coincidono:

Teorema 16.27. (Papadimitriou e Yannakakis [1993]) *Sia $\mathcal{P}$ un problema di ottimizzazione con pesi non negativi. Si supponga che per ogni costante k esista un algoritmo tempo-polinomiale che decide se una data istanza ha un valore ottimo di al massimo k, e, se lo ha, trova una soluzione ottima.*

Allora $\mathcal{P}$ ha uno schema di approssimazione se e solo se $\mathcal{P}$ ha uno schema di approssimazione asintotico.

Dimostrazione. La dimostrazione per "il solo se" è banale, dunque si supponga che $\mathcal{P}$ abbia schema di approssimazione asintotico (A, A'). Descriviamo uno schema di approssimazione per $\mathcal{P}$.

Sia $\epsilon > 0$ dato; possiamo assumere che $\epsilon < 1$. Poniamo $\epsilon' := \frac{\epsilon-\epsilon^2}{2+\epsilon+\epsilon^2} < \frac{\epsilon}{2}$ e eseguiamo prima A' sull'input ϵ', dando una costante $c_{\epsilon'}$.

Per una data istanza I dobbiamo quindi controllare se $\text{OPT}(I)$ è al massimo $\frac{2c_{\epsilon'}}{\epsilon}$. Questa termine è costante per ogni ϵ fissato, dunque possiamo controllarlo in tempo polinomiale e trovare una soluzione ottima se $\text{OPT}(I) \leq \frac{2c_{\epsilon'}}{\epsilon}$.

Altrimenti applichiamo A a I e ϵ' e otteniamo una soluzione di valore V, con

$$\frac{1}{1+\epsilon'}\,\text{OPT}(I) - c_{\epsilon'} \;\leq\; V \;\leq\; (1+\epsilon')\,\text{OPT}(I) + c_{\epsilon'}.$$

Mostriamo che questa soluzione è sufficientemente buona. In pratica, abbiamo $c_{\epsilon'} < \frac{\epsilon}{2}\,\text{OPT}(I)$ il che implica

$$V \;\leq\; (1+\epsilon')\,\text{OPT}(I) + c_{\epsilon'} \;<\; \left(1+\frac{\epsilon}{2}\right)\text{OPT}(I) + \frac{\epsilon}{2}\,\text{OPT}(I) \;=\; (1+\epsilon)\,\text{OPT}(I)$$

e

$$\begin{aligned} V &\geq \frac{1}{(1+\epsilon')}\,\text{OPT}(I) - \frac{\epsilon}{2}\,\text{OPT}(I) \\ &= \frac{2+\epsilon+\epsilon^2}{2+2\epsilon}\,\text{OPT}(I) - \frac{\epsilon}{2}\,\text{OPT}(I) \\ &= \left(\frac{1}{1+\epsilon} + \frac{\epsilon}{2}\right)\text{OPT}(I) - \frac{\epsilon}{2}\,\text{OPT}(I) \\ &= \frac{1}{1+\epsilon}\,\text{OPT}(I). \end{aligned}$$

□

Quindi la definizione di uno schema di approssimazione asintotico è significativa solo per problemi (come il bin-packing o i problemi di colorazione) la cui restrizione a un valore ottimo costante è ancora difficile. Per molti problemi questa restrizione può essere risolta in tempo polinomiale da un certo tipo di enumerazione completa.

16.5 Soddisfacibilità massima

Il problema di SODDISFACIBILITÀ è stato il primo problema *NP*-completo che abbiamo incontrato. In questa sezione analizziamo il corrispondente problema di ottimizzazione:

MAXIMUM SATISFIABILITY (MAX-SAT)	
Istanza:	Un insieme X di variabili, una famiglia $\mathcal{Z}$ di clausole su X, e una funzione dei pesi $c : \mathcal{Z} \to \mathbb{R}_+$.
Obiettivo:	Trovare un assegnamento di verità T di X tale che il peso totale delle clausole in $\mathcal{Z}$ che sono soddisfatte da T sia massimo.

Come vedremo, approssimare MAX-SAT è un esempio significativo (e storicamente uno dei primi) per un uso algoritmico del metodo probabilistico.

Consideriamo prima il seguente algoritmo casualizzato molto semplice: assegnamo a ogni variabile indipendentemente il valore *vero* con probabilità $\frac{1}{2}$. Ovviamente questo algoritmo soddisfa ogni clausola Z con probabilità $1 - 2^{-|Z|}$.

Scriviamo r per variabili casuali che sono uguali a *vero* con probabilità $\frac{1}{2}$ e uguali a *falso* altrimenti, e sia $R = (r, r, \ldots, r)$ la variabile casuale uniformemente distribuita su tutti gli assegnamenti di verità (le molte copie di r sono indipendenti l'una dall'altra). Se scriviamo $c(T)$ per il peso totale delle clausole soddisfatte dall'assegnamento di verità T, il peso totale atteso delle clausole soddisfatte da R è

$$\begin{aligned} \operatorname{Exp}(c(R)) &= \sum_{Z \in \mathcal{Z}} c(Z) \operatorname{Prob}(R \text{ soddisfa } Z) \\ &= \sum_{Z \in \mathcal{Z}} c(Z) \left(1 - 2^{-|Z|}\right) \qquad (16.6) \\ &\geq \left(1 - 2^{-p}\right) \sum_{Z \in \mathcal{Z}} c(Z), \end{aligned}$$

in cui $p := \min_{Z \in \mathcal{Z}} |Z|$; Exp e Prob indicano il valore atteso e la probabilità.

Poiché l'ottimo non può superare $\sum_{Z \in \mathcal{Z}} c(Z)$, ci si aspetta che R dia una soluzione con un fattore $\frac{1}{1-2^{-p}}$ dell'ottimo. Ma quello che vorremo avere veramente è un algoritmo di approssimazione deterministico. In pratica, possiamo trasformare il nostro semplice algoritmo casualizzato in un algoritmo deterministico che mantenga la stessa garanzia di prestazione. Questo passaggio viene spesso chiamato decasualizzazione.

Proviamo a fissare l'assegnamento di verità passo dopo passo. Si supponga $X = \{x_1, \ldots, x_n\}$, e che sia già fissato un assegnamento di verità T per $x_1, \ldots, x_k$ $(0 \leq k < n)$. Se ora assegnamo $x_{k+1}, \ldots, x_n$ in modo casuale, assegnando ogni variabile in modo indipendente a *vero* con probabilità $\frac{1}{2}$, soddisfiamo le clausole di peso totale atteso $e_0 = \operatorname{Exp}(c(T(x_1), \ldots, T(x_k), r, \ldots, r))$. Se poniamo x_{k+1} a *vero* (*falso*), e assegnamo $x_{k+2}, \ldots, x_n$ casualmente, le clausole soddisfatte avranno un peso totale atteso e_1 (e rispettivamente e_2). e_1 e e_2 possono essere viste come dei valori attesi condizionali. Banalmente $e_0 = \frac{e_1+e_2}{2}$, quindi almeno una tra e_1, e_2

deve essere almeno e_0. Poniamo x_{k+1} a *vero* se $e_1 \geq e_2$ e altrimenti a *falso*. Questo viene chiamato a volte il metodo delle probabilità condizionali.

ALGORITMO DI JOHNSON PER MAX-SAT	
Input:	Un insieme di variabili $X = \{x_1, \ldots, x_n\}$, una famiglia $\mathcal{Z}$ di clausole su X e una funzione dei pesi $c : \mathcal{Z} \to \mathbb{R}_+$.
Output:	Un assegnamento di verità $T : X \to \{vero, falso\}$.

① **For** $k := 1$ **to** n **do**:
  If $\text{Exp}(c(T(x_1), \ldots, T(x_{k-1}), vero, r, \ldots, r))$
   $\geq \text{Exp}(c(T(x_1), \ldots, T(x_{k-1}), falso, r, \ldots, r))$
   then poni $T(x_k) := vero$
   else poni $T(x_k) := falso$.

I valori attesi possono essere facilmente calcolati con (16.6).

Teorema 16.28. (Johnson [1974]) *L'*ALGORITMO DI JOHNSON PER MAX-SAT *è un algoritmo di approssimazione con fattore* $\frac{1}{1-2^{-p}}$ *per* MAX-SAT, *in cui* p *è la cardinalità minima di una clausola.*

Dimostrazione. Definiamo il valore atteso condizionale

$$s_k := \text{Exp}(c(T(x_1), \ldots, T(x_k), r, \ldots, r))$$

per $k = 0, \ldots, n$. Si osservi che $s_n = c(T)$ è il peso totale delle clausole soddisfatte dal nostro algoritmo, mentre $s_0 = \text{Exp}(c(R)) \geq \left(1 - 2^{-p}\right) \sum_{Z \in \mathcal{Z}} c(Z)$ per (16.6).

Inoltre, $s_i \geq s_{i-1}$ per la scelta di $T(x_i)$ in ① (per $i = 1, \ldots, n$). Dunque $s_n \geq s_0 \geq \left(1 - 2^{-p}\right) \sum_{Z \in \mathcal{Z}} c(Z)$. Poiché l'ottimo è al massimo $\sum_{Z \in \mathcal{Z}} c(Z)$, la dimostrazione è conclusa. □

Poiché $p \geq 1$, abbiamo un algoritmo di approssimazione con fattore 2. Tuttavia, non è molto interessante poiché esiste un algoritmo di approssimazione con fattore 2 molto più semplice: o poni tutte le variabili a *vero* oppure a *falso*, in base a come si ottiene il valore migliore. Tuttavia, Chen, Friesen e Zheng [1999] hanno mostrato che l'ALGORITMO DI JOHNSON PER MAX-SAT è in pratica un algoritmo di approssimazione con fattore $\frac{3}{2}$.

Se non ci sono clausole con un solo elemento ($p \geq 2$), è un algoritmo di approssimazione con fattore $\frac{4}{3}$ (per il Teorema 16.28), per $p \geq 3$ è un algoritmo di approssimazione con fattore $\frac{8}{7}$.

Yannakakis [1994] ha trovato un algoritmo di approssimazione con fattore $\frac{4}{3}$ per il caso generale usando delle tecniche delle reti di flusso. Descriviamo ora un algoritmo di approssimazione con fattore $\frac{4}{3}$ dovuto a Goemans e Williamson [1994].

È abbastanza semplice tradurre il MAX-SAT in un problema di programmazione lineare intera: se abbiamo le variabili $X = \{x_1, \ldots, x_n\}$, le clausole

$\mathcal{Z} = \{Z_1, \ldots, Z_m\}$ e i pesi $c_1, \ldots, c_m$, possiamo scrivere

$$\begin{array}{llll} \max & \sum_{j=1}^{m} c_j z_j & & \\ \text{t.c.} & z_j \le \sum_{i:x_i \in Z_j} y_i + \sum_{i:\overline{x}_i \in Z_j} (1 - y_i) & & (j = 1, \ldots, m) \\ & y_i, z_j \in \{0, 1\} & & (i = 1, \ldots, n,\ j = 1, \ldots, m). \end{array}$$

Dove $y_i = 1$ significa che la variabile x_i è uguale a *vero*, e $z_j = 1$ significa che la clausola Z_j è soddisfatta. Si consideri ora il rilassamento lineare:

$$\begin{array}{lrcll} \max & \sum_{j=1}^{m} c_j z_j & & & \\ \text{t.c.} & z_j & \le & \sum_{i:x_i \in Z_j} y_i + \sum_{i:\overline{x}_i \in Z_j} (1 - y_i) & (j = 1, \ldots, m) \\ & y_i & \le & 1 & (i = 1, \ldots, n) \\ & y_i & \ge & 0 & (i = 1, \ldots, n) \\ & z_j & \le & 1 & (j = 1, \ldots, m) \\ & z_j & \ge & 0 & (j = 1, \ldots, m). \end{array} \tag{16.7}$$

Sia (y^*, z^*) una soluzione ottima di (16.7). Ora si ponga indipendentemente ogni variabile x_i a *vero* con probabilità y_i^*. Questo passo è noto come randomized rounding [arrotondamento casualizzato], una tecnica introdotta da Raghavan e Thompson [1987]. Il metodo precedente costituisce un altro algoritmo casualizzato per MAX-SAT, che può essere decasualizzato come prima. Sia r_p la variabile casuale che è *vero* con probabilità p e a *falso* altrimenti.

ALGORITMO DI GOEMANS-WILLIAMSON PER MAX-SAT

Input: Un insieme $X = \{x_1, \ldots, x_n\}$ di variabili, una famiglia $\mathcal{Z}$ di clausole su X, una funzione dei pesi $c : \mathcal{Z} \to \mathbb{R}_+$.

Output: Un assegnamento di verità $T : X \to \{vero, falso\}$.

① Risolvi il programma lineare (16.7); sia (y^*, z^*) una soluzione ottima.

② **For** $k := 1$ **to** n **do**:
  If $\text{Exp}(c(T(x_1), \ldots, T(x_{k-1}), vero, r_{y^*_{k+1}}, \ldots, r_{y^*_n})$
   $\ge \text{Exp}(c(T(x_1), \ldots, T(x_{k-1}), falso, r_{y^*_{k+1}}, \ldots, r_{y^*_n})$
   then poni $T(x_k) := vero$
   else poni $T(x_k) := falso$.

Teorema 16.29. (Goemans e Williamson [1994]) *L'*ALGORITMO DI GOEMANS-WILLIAMSON PER MAX-SAT *è un algoritmo di approssimazione con fattore* $\frac{1}{1-\left(1-\frac{1}{q}\right)^q}$, *in cui q è la cardinalità massima di una clausola.*

Dimostrazione. Scriviamo

$$s_k := \text{Exp}(c(T(x_1), \ldots, T(x_k), r_{y^*_{k+1}}, \ldots, r_{y^*_n}))$$

per $k = 0, \ldots, n$. Abbiamo ancora $s_i \geq s_{i-1}$ per $i = 1, \ldots, n$ e $s_n = c(T)$ è il peso totale delle clausole soddisfatte dal nostro algoritmo. Dunque rimane da stimare $s_0 = \text{Exp}(c(R_{y^*}))$, in cui $R_{y^*} = (r_{y^*_1}, \ldots, r_{y^*_n})$.

Per $j = 1, \ldots, m$, la probabilità che la clausola Z_j sia soddisfatta da R_{y^*} è

$$1 - \left(\prod_{i: x_i \in Z_j} (1 - y^*_i) \right) \cdot \left(\prod_{i: \overline{x_i} \in Z_j} y^*_i \right).$$

Poiché la media geometrica è sempre minore o uguale alla media aritmetica, questa probabilità è almeno

$$\begin{aligned}
& 1 - \left(\frac{1}{|Z_j|} \left(\sum_{i: x_i \in Z_j} (1 - y^*_i) + \sum_{i: \overline{x_i} \in Z_j} y^*_i \right) \right)^{|Z_j|} \\
= \; & 1 - \left(1 - \frac{1}{|Z_j|} \left(\sum_{i: x_i \in Z_j} y^*_i + \sum_{i: \overline{x_i} \in Z_j} (1 - y^*_i) \right) \right)^{|Z_j|} \\
\geq \; & 1 - \left(1 - \frac{z^*_j}{|Z_j|} \right)^{|Z_j|} \\
\geq \; & \left(1 - \left(1 - \frac{1}{|Z_j|} \right)^{|Z_j|} \right) z^*_j .
\end{aligned}$$

Per dimostrare l'ultima disuguaglianza, si osservi che per qualsiasi $0 \leq a \leq 1$ e qualsiasi $k \in \mathbb{N}$ si verifica:

$$1 - \left(1 - \frac{a}{k}\right)^k \geq a \left(1 - \left(1 - \frac{1}{k}\right)^k \right)$$

per $a \in \{0, 1\}$ entrambi i lati della disuguaglianza sono uguali, e il termine a sinistra (in quanto funzione di a) è concavo, mentre il termine a destra è lineare.

Dunque abbiamo

$$\begin{aligned}
s_0 = \text{Exp}(c(R_{y^*})) &= \sum_{j=1}^{m} c_j \, \text{Prob}(R_{y^*} \text{ soddisfa } Z_j) \\
&\geq \sum_{j=1}^{m} c_j \left(1 - \left(1 - \frac{1}{|Z_j|} \right)^{|Z_j|} \right) z^*_j \\
&\geq \left(1 - \left(1 - \frac{1}{q} \right)^q \right) \sum_{j=1}^{m} c_j z^*_j
\end{aligned}$$

(si osservi che la sequenza $\left(\left(1-\frac{1}{k}\right)^k\right)_{k\in\mathbb{N}}$ è monotona aumentante e converge a $\frac{1}{e}$). Poiché l'ottimo è inferiore o uguale a $\sum_{j=1}^m z_j^* c_j$, ovvero il valore ottimo del rilassamento lineare, si conclude la dimostrazione. □

Poiché $\left(1-\frac{1}{q}\right)^q < \frac{1}{e}$, abbiamo un algoritmo di approssimazione con fattore $\frac{e}{e-1}$ ($\frac{e}{e-1}$ è circa 1.582).

Abbiamo ora due algoritmi simili che si comportano in maniera diversa: il primo è migliore per clausole lunghe, mentre il secondo per clausole corte. Viene quindi spontaneo combinarli:

Teorema 16.30. (Goemans e Williamson [1994]) *Il seguente è un algoritmo di approssimazione con fattore $\frac{4}{3}$ per* MAX-SAT*: si esegua sia l'*ALGORITMO DI JOHNSON PER MAX-SAT *che l'*ALGORITMO DI GOEMANS-WILLIAMSON PER MAX-SAT *e si scelga la migliore tra le due soluzioni.*

Dimostrazione. Usiamo la notazione delle dimostrazioni precedenti. L'algoritmo restituisce un assegnamento di verità che soddisfa le clausole con un peso totale almeno pari a

$$\begin{aligned}
& \max\{\operatorname{Exp}(c(R)), \operatorname{Exp}(c(R_{y^*}))\} \\
\geq\ & \frac{1}{2}\left(\operatorname{Exp}(c(R)) + \operatorname{Exp}(c(R_{y^*}))\right) \\
\geq\ & \frac{1}{2}\sum_{j=1}^m \left(\left(1-2^{-|Z_j|}\right)c_j + \left(1-\left(1-\frac{1}{|Z_j|}\right)^{|Z_j|}\right)z_j^* c_j\right) \\
\geq\ & \frac{1}{2}\sum_{j=1}^m \left(2-2^{-|Z_j|}-\left(1-\frac{1}{|Z_j|}\right)^{|Z_j|}\right)z_j^* c_j \\
\geq\ & \frac{3}{4}\sum_{j=1}^m z_j^* c_j.
\end{aligned}$$

Per l'ultima disuguaglianza si osservi che $2-2^{-k}-\left(1-\frac{1}{k}\right)^k \geq \frac{3}{2}$ per ogni $k\in\mathbb{N}$: per $k\in\{1,2\}$ abbiamo l'uguaglianza; per $k\geq 3$ abbiamo $2-2^{-k}-\left(1-\frac{1}{k}\right)^k \geq 2-\frac{1}{8}-\frac{1}{e} > \frac{3}{2}$. Poiché l'ottimo è almeno $\sum_{j=1}^m z_j^* c_j$, il teorema è stato dimostrato. □

Sono stati trovati degli algoritmi di approssimazione leggermente migliori per MAX-SAT (usando la programmazione semidefinita); si veda Goemans e Williamson [1995], Mahajan e Ramesh [1999], e Feige e Goemans [1995]. Attualmente il migliore algoritmo ha un rapporto di prestazione di 1.270 (Asano [2006]).

Bellare e Sudan [1994] hanno mostrato che approssimare MAX-SAT con un fattore di $\frac{74}{73}$ è *NP*-difficile. Anche per MAX-3SAT (che non è altro che MAX-SAT limitato alle istanze in cui ogni clausola ha esattamente tre letterali) non esiste nessuno schema di approssimazione (a meno che $P = NP$), come vedremo nella sezione successiva.

16.6 Il teorema *PCP*

Molti risultati di non approssimabilità sono basati su un teorema che dà una nuova caratterizzazione della classe *NP*. Si ricordi che un problema decisionale appartiene a *NP* se e solo se esiste un algoritmo verificatore tempo-polinomiale. Consideriamo ora gli algoritmi verificatori casualizzati che leggono completamente l'istanza ma usano solo una piccola parte del certificato che deve essere controllato. Accettano sempre le yes-instance con i certificati corretti ma a volte potrebbe accettare anche le no-instance.

Quali bit del certificato leggano viene deciso casualmente in anticipo. Più precisamente questa decisione dipende dall'istanza x e da $O(\log(\text{size}(x)))$ bit casuali.

Formalizziamo ora questo concetto. Se s è una stringa e $t \in \mathbb{N}^k$, allora s_t indica la stringa di lunghezza k la cui i-ma componente è la t_i-ma componente di s $(i = 1, \ldots, k)$.

Definizione 16.31. *Un problema decisionale* (X, Y) *appartiene alla classe* **PCP (log *n*,1)** *se esiste un polinomio* p *e una costante* $k \in \mathbb{N}$, *una funzione*

$$f : \left\{(x, r) : x \in X,\ r \in \{0, 1\}^{\lfloor \log(p(\text{size}(x))) \rfloor}\right\} \to \mathbb{N}^k$$

calcolabile in tempo-polinomiale, con $f(x, r) \in \{1, \ldots, \lfloor p(\text{size}(x)) \rfloor\}^k$ *per ogni* x *e* r, *e un problema decisionale* (X', Y') *in* P, *in cui* $X' := \{(x, \pi, \gamma) : x \in X,\ \pi \in \{1, \ldots, \lfloor p(\text{size}(x)) \rfloor\}^k,\ \gamma \in \{0, 1\}^k\}$, *tale che per qualsiasi istanza* $x \in X$: *se* $x \in Y$ *allora esiste una* $c \in \{0, 1\}^{\lfloor p(\text{size}(x)) \rfloor}$ *con* $\text{Prob}\left((x, f(x, r), c_{f(x,r)}) \in Y'\right) = 1$. *Se* $x \notin Y$ *allora* $\text{Prob}\left((x, f(x, r), c_{f(x,r)}) \in Y'\right) < \frac{1}{2}$ *per ogni* $c \in \{0, 1\}^{\lfloor p(\text{size}(x)) \rfloor}$.

Qui la probabilità viene presa sulla distribuzione uniforme di stringhe casuali $r \in \{0, 1\}^{\lfloor \log(p(\text{size}(x))) \rfloor}$.

L'acronimo "*PCP*" sta per "Probabilistically Checkable Proof" (dimostrazione controllabile in modo probabilistico). I parametri $\log n$ e 1 riflettono che, per un'istanza di dimensione n, sono usati $O(\log n)$ bit casuali e vengono letti $O(1)$ bit del certificato.

Per qualsiasi yes-instance esiste un certificato che viene sempre accettato; mentre per no-instance non viene accettata nessuna stringa come certificato con probabilità $\frac{1}{2}$ o maggiore. Si noti che questo errore di probabilità $\frac{1}{2}$ può essere equivalentemente sostituito da un qualsiasi numero tra zero e uno (Esercizio 19).

Proposizione 16.32. $PCP(\log n, 1) \subseteq NP$.

Dimostrazione. Sia $(X, Y) \in PCP(\log n, 1)$, e poniamo $p, k, f, (X', Y')$ come data nella Definizione 16.31. Sia $X'' := \{(x, c) : x \in X,\ c \in \{0, 1\}^{\lfloor p(\text{size}(x)) \rfloor}\}$, e sia

$$Y'' := \{(x, c) \in X'' : \text{Prob}\,((x, f(x, r), c_{f(x,r)}) \in Y') = 1\}.$$

Per mostrare che $(X, Y) \in NP$ basta mostrare che $(X'', Y'') \in P$.

Ma poiché esistono solo $2^{\lfloor \log(p(\text{size}(x))) \rfloor}$, ovvero al massimo $p(\text{size}(x))$ stringhe $r \in \{0, 1\}^{\lfloor \log(p(\text{size}(x))) \rfloor}$, possiamo provarle tutte. Per ognuna calcoliamo $f(x, r)$ e controlliamo se $(x, f(x, r), c_{f(x,r)}) \in Y'$ (usiamo che $(X', Y') \in P$). Il tempo di esecuzione complessivo è polinomiale in size(x). □

Ora il risultato sorprendente è che questi "controllori" casualizzati, che leggono solo un numero costante di bit del certificato, sono potenti come i normali algoritmi verificatori (deterministici) che usano tutta l'informazione. Questo viene chiamato il teorema *PCP*:

Teorema 16.33. (Arora et al. [1998])

$$NP = PCP(\log n, 1).$$

La dimostrazione di $NP \subseteq PCP(\log n, 1)$ è molto complicata e va oltre lo scopo di questo libro. Si basa su un risultato precedente (e più debole) di Feige et al. [1996] e Arora e Safra [1998]. Per una dimostrazione completa del teorema *PCP* 16.33, si veda anche Arora [1994], Hougardy, Prömel e Steger [1994], oppure Ausiello et al. [1999]. Risultati più forti sono stati trovati in seguito da Bellare, Goldreich e Sudan [1998] e Håstad [2001]. Per esempio, il numero k nella Definizione 16.31 può essere preso pari a 9. Una nuova dimostrazione del Teorema *PCP* è stata proposta da Dinur [2007].

Mostriamo alcune conseguenze della non approssimabilità dei problemi di ottimizzazione combinatoria. Iniziamo con il PROBLEMA DELLA CLIQUE MASSIMA e il PROBLEMA DELL'INSIEME STABILE MASSIMO: dato un grafo non orientato G, trovare una clique, o un insieme stabile, di cardinalità massima in G.

Si ricordi la Proposizione 2.2 (e il Corollario 15.24): i problemi di trovare una clique massima, un insieme stabile massimo, o un vertex cover minimo sono tutti equivalenti. Tuttavia, l'algoritmo di approssimazione con fattore 2 per PROBLEMA DEL VERTEX COVER DI PESO MINIMO (Sezione 16.1) non implica un algoritmo di approssimazione per il PROBLEMA DELL'INSIEME STABILE MASSIMO o il PROBLEMA DELLA CLIQUE MASSIMA.

In pratica, può succedere che l'algoritmo restituisca un vertex cover C di dimensione $n - 2$, mentre l'ottimo è $\frac{n}{2} - 1$ (in cui $n = |V(G)|$). Il complemento $V(G) \setminus C$ è allora un insieme stabile di cardinalità 2, ma l'insieme stabile ha cardinalità $\frac{n}{2} + 1$. Questo esempio mostra che trasferire un algoritmo di approssimazione a un altro problema usando una trasformazione polinomiale non mantiene in generale la sua garanzia di prestazione. Considereremo un tipo ristretto di trasformazione nella sezione successiva. Qui deduciamo un risultato di non approssimabilità per il PROBLEMA DELLA CLIQUE MASSIMA usando il Teorema *PCP*:

Teorema 16.34. (Arora e Safra [1998]) *A meno che $P = NP$ non esiste un algoritmo di approssimazione con fattore 2 per il* PROBLEMA DELLA CLIQUE MASSIMA.

Dimostrazione. Sia $\mathcal{P} = (X, Y)$ un problema *NP*-completo. Per il Teorema *PCP* 16.33, $\mathcal{P} \in PCP(\log n, 1)$, 'e quindi siano p, k, f, $\mathcal{P}' := (X', Y')$ come nella Definizione 16.31.

Per qualsiasi $x \in X$ costruiamo un grafo G_x come segue. Sia

$$V(G_x) := \left\{(r, a) : r \in \{0,1\}^{\lfloor \log(p(\mathrm{size}(x)))\rfloor},\ a \in \{0,1\}^k,\ (x, f(x,r), a) \in Y'\right\}$$

(che rappresenta tutte le "esecuzione accettabili" dell'algoritmo casualizzato verificatore). Due vertici (r, a) e (r', a') sono uniti da un arco se $a_i = a'_j$ ogni volta che la i-ma componente di $f(x, r)$ è uguale alla j-ma componente di $f(x, r')$. Poiché $\mathcal{P}' \in P$ ed esistono solo un numero polinomiale di stringhe casuali, G_x può essere calcolata in tempo polinomiale (e ha una dimensione polinomiale).

Se $x \in Y$ allora per definizione esiste un certificato $c \in \{0,1\}^{\lfloor p(\mathrm{size}(x))\rfloor}$ tale che $(x, f(x,r), c_{f(x,r)}) \in Y'$ per ogni $r \in \{0,1\}^{\lfloor \log(p(\mathrm{size}(x)))\rfloor}$. Quindi esiste una clique di dimensione $2^{\lfloor \log(p(\mathrm{size}(x)))\rfloor}$ in G_x.

D'altronde, se $x \notin Y$ allora non esiste nessuna clique di dimensione $\frac{1}{2}2^{\lfloor \log(p(\mathrm{size}(x)))\rfloor}$ in G_x: si supponga che $(r^{(1)}, a^{(1)}), \ldots, (r^{(t)}, a^{(t)})$ siano i vertici di una clique. Allora $r^{(1)}, \ldots, r^{(t)}$ sono diversi a due a due. Poniamo $c_i := a_k^{(j)}$ ogni volta che la k-ma componente di $f(x, r^{(j)})$ è uguale a i, e assegnamo le componenti rimanenti di c (se ne esistono) in modo casuale. In questo modo otteniamo un certificato c con $(x, f(x, r^{(i)}), c_{f(x,r^{(i)})}) \in Y'$ per ogni $i = 1, \ldots, t$. Se $x \notin Y$ abbiamo $t < \frac{1}{2}2^{\lfloor \log(p(\mathrm{size}(x)))\rfloor}$.

Dunque qualsiasi algoritmo di approssimazione con fattore 2 per il PROBLEMA DELLA CLIQUE MASSIMA è in grado di decidere se $x \in Y$, ovvero risolvere $\mathcal{P}$. Poiché $\mathcal{P}$ è *NP*-completo, ciò è possibile solo se $P = NP$. □

Questa dimostrazione si deve a Feige et al. [1996]. Poiché l'errore di probabilità $\frac{1}{2}$ nella Definizione 16.31 può essere sostituito da qualsiasi numero tra 0 e 1 (Esercizio 19), otteniamo che non esiste nessun algoritmo di approssimazione con fattore ρ per il PROBLEMA DELLA CLIQUE MASSIMA per qualsiasi $\rho \geq 1$ (a meno che $P = NP$).

Con uno sforzo ulteriore Zuckerman [2006] ha mostrato che, a meno che $P = NP$, nessun algoritmo tempo-polinomiale calcola la dimensione massima di una clique in un grafo qualsiasi con n vertici sino a un fattore di $n^{1-\epsilon}$, per qualsiasi $\epsilon > 0$ fissato. Il miglior algoritmo noto garantisce di trovare una clique di dimensione $\frac{k \log^3 n}{n(\log\log n)^2}$ (Feige [2004]). Naturalmente, tutto ciò vale anche per il PROBLEMA DELL'INSIEME STABILE MASSIMO (considerando il complemento del grafo dato).

Ora consideriamo la restrizione seguente di MAX-SAT:

MAX-3SAT	
Istanza:	Un insieme X di variabili e una famiglia $\mathcal{Z}$ di clausole su X, ognuna con esattamente tre letterali.
Obiettivo:	Trovare un assegnamento di verità T di X tale che il numero di clausole in $\mathcal{Z}$ che vengono soddisfatte da T sia massimo.

Nella Sezione 16.5 avevamo un semplice algoritmo di approssimazione con fattore $\frac{8}{7}$ per MAX-3SAT, anche per il caso pesato (Teorema 16.28). Håstad [2001] ha mostrato che questo è il miglior risultato possibile: non può esistere nessun algoritmo di approssimazione con fattore ρ per MAX-3SAT per qualsiasi $\rho < \frac{8}{7}$ a meno che $P = NP$. Qui mostriamo il risultato più debole seguente:

Teorema 16.35. (Arora et al. [1998]) *A meno che $P = NP$ non esiste nessun schema di approssimazione per* MAX-3SAT.

Dimostrazione. Sia $\mathcal{P} = (X, Y)$ un problema NP-completo. Per il Teorema *PCP* 16.33, $\mathcal{P} \in PCP(\log n, 1)$, e siano $p, k, f, \mathcal{P}' := (X', Y')$ come nella Definizione 16.31.

Per qualsiasi $x \in X$ costruiamo un'istanza J_x di 3SAT. In pratica, per ogni stringa casuale $r \in \{0, 1\}^{\lfloor \log(p(\text{size}(x))) \rfloor}$ definiamo una famiglia $\mathcal{Z}_r$ di clausole 3SAT (l'unione di queste famiglie sarà J_x). Costruiamo prima una famiglia $\mathcal{Z}'_r$ di clausole con un numero arbitrario di letterali e poi applichiamo la Proposizione 15.21.

Siano quindi $r \in \{0, 1\}^{\lfloor \log(p(\text{size}(x))) \rfloor}$ e $f(x, r) = (t_1, \dots, t_k)$. Sia $\{a^{(1)}, \dots, a^{(s_r)}\}$ l'insieme di stringhe $a \in \{0, 1\}^k$ per le quali $(x, f(x, r), a) \in Y'$. Se $s_r = 0$ allora poniamo semplicemente $\mathcal{Z}' := \{\{y\}, \{\bar{y}\}\}$, in cui y è una variabile che non viene usata altrove.

Altrimenti sia $c \in \{0, 1\}^{\lfloor p(\text{size}(x)) \rfloor}$. Abbiamo che $(x, f(x, r), c_{f(x,r)}) \in Y'$ se e solo se

$$\bigvee_{j=1}^{s_r} \left(\bigwedge_{i=1}^{k} \left(c_{t_i} = a_i^{(j)} \right) \right).$$

Ciò è equivalente a

$$\bigwedge_{(i_1, \dots, i_{s_r}) \in \{1, \dots, k\}^{s_r}} \left(\bigvee_{j=1}^{s_r} \left(c_{t_{i_j}} = a_{i_j}^{(j)} \right) \right).$$

Questa congiunzione di clausole può essere costruita in tempo polinomiale perché $\mathcal{P}' \in P$ e k è una costante. Introducendo le variabili booleane $\pi_1, \dots, \pi_{\lfloor p(\text{size}(x)) \rfloor}$ che rappresentano i bit $c_1, \dots, c_{\lfloor p(\text{size}(x)) \rfloor}$ otteniamo una famiglia $\mathcal{Z}'_r$ di k^{s_r} clausole (ognuna con s_r letterali) tale che $\mathcal{Z}'_r$ viene soddisfatta se e solo se $(x, f(x, r), c_{f(x,r)}) \in Y'$.

Per la Proposizione 15.21, possiamo riscrivere ogni $\mathcal{Z}'_r$ in modo equivalente come una congiunzione di clausole 3SAT, in cui il numero di clausole aumenta di al massimo un fattore $\max\{s_r - 2, 4\}$. Sia $\mathcal{Z}_r$ questa famiglia di clausole. Poiché $s_r \leq 2^k$, ogni $\mathcal{Z}_r$ consiste in al massimo $l := k^{2^k} \max\{2^k - 2, 4\}$ clausole 3SAT.

La nostra istanza J_x di 3SAT è l'unione di tutte le famiglie $\mathcal{Z}_r$ per ogni r. Si noti che J_x può essere calcolata in tempo polinomiale.

Ora se x è una yes-instance, allora esiste un certificato c come nella Definizione 16.31. Questa c definisce immediatamente un assegnamento di verità J_x.

D'altronde, se x è una no-instance, allora solo $\frac{1}{2}$ delle formule $\mathcal{Z}_r$ sono soddisfacibili simultaneamente. Dunque in questo caso qualsiasi assegnamento di verità lascia almeno una frazione di $\frac{1}{2l}$ delle clausole non soddisfatte.

Dunque per qualsiasi algoritmo di approssimazione con fattore k per MAX-3SAT con $k < \frac{2l}{2l-1}$ soddisfa più di una frazione di $\frac{2l-1}{2l} = 1 - \frac{1}{2l}$ delle clausole di qualsiasi istanza soddisfacibile. Quindi tale algoritmo può decidere se $x \in Y$ oppure no. Poiché $\mathcal{P}$ è NP-completo, tale algoritmo non può esistere a meno che $P = NP$. □

16.7 L-Riduzioni

Il nostro obiettivo è di mostrare che anche altri problemi oltre a MAX-3SAT non ammettono nessun schema di approssimazione, a meno che $P = NP$. Come per le dimostrazioni di NP-completezza (Sezione 15.5), non è necessario dare una dimostrazione diretta usando la definizione di $PCP(\log n, 1)$ per ogni problema. Piuttosto usiamo un certo tipo di riduzione che mantiene l'approssimabilità (le trasformazioni in generale non la mantengono):

Definizione 16.36. *Siano* $\mathcal{P} = (X, (S_x)_{x\in X}, c, \text{goal})$ *e* $\mathcal{P}' = (X', (S'_x)_{x\in X'}, c', \text{goal}')$ *due problemi di ottimizzazione con pesi non negativi. Una* **L-riduzione** *da* $\mathcal{P}$ *a* $\mathcal{P}'$ *è una coppia di funzioni* f *e* g*, entrambe calcolabili in tempo polinomiale, e due costanti* $\alpha, \beta > 0$ *tali che per qualsiasi istanza* x *di* $\mathcal{P}$*:*

(a) $f(x)$ *è un'istanza di* $\mathcal{P}'$ *con* $\text{OPT}(f(x)) \leq \alpha\,\text{OPT}(x)$.
(b) *Per qualsiasi soluzione ammissibile* y' *di* $f(x)$*,* $g(x, y')$ *è una soluzione ammissibile di* x *tale che* $|c(x, g(x, y')) - \text{OPT}(x)| \leq \beta |c'(f(x), y') - \text{OPT}(f(x))|$.

Diciamo che $\mathcal{P}$ *è* **L-riducibile** *a* $\mathcal{P}'$ *se esiste una L-riduzione da* $\mathcal{P}$ *a* $\mathcal{P}'$.

La lettera "L" nel termine L-riduzione sta per "lineare". Le L-riduzioni sono state introdotte da Papadimitriou e Yannakakis [1991]. La definizione implica immediatamente che le L-riduzioni possono essere composte:

Proposizione 16.37. *Siano* $\mathcal{P}$, $\mathcal{P}'$, $\mathcal{P}''$ *dei problemi di ottimizzazione con pesi non negativi. Se* (f, g, α, β) *è una L-riduzione da* $\mathcal{P}$ *a* $\mathcal{P}'$ *e* $(f', g', \alpha', \beta')$ *è una L-riduzione da* $\mathcal{P}'$ *a* $\mathcal{P}''$*, allora la loro composizione* $(f'', g'', \alpha\alpha', \beta\beta')$ *è una L-riduzione da* $\mathcal{P}$ *a* $\mathcal{P}''$*, in cui* $f''(x) = f'(f(x))$ *e* $g''(x, y'') = g(x, g'(x', y''))$. □

La proprietà decisiva delle L-riduzioni è che mantengono l'approssimabilità:

Teorema 16.38. (Papadimitriou e Yannakakis [1991]) *Siano $\mathcal{P}$ e $\mathcal{P}'$ due problemi di ottimizzazione con pesi non negativi. Sia (f, g, α, β) una L-riduzione da $\mathcal{P}$ a $\mathcal{P}'$. Se esiste uno schema di approssimazione per $\mathcal{P}'$, allora esiste uno schema di approssimazione per $\mathcal{P}$.*

Dimostrazione. Data un'istanza x di $\mathcal{P}$ e un numero $0 < \epsilon < 1$, applichiamo lo schema di approssimazione per $\mathcal{P}'$ a $f(x)$ e $\epsilon' := \frac{\epsilon}{2\alpha\beta}$. Otteniamo una soluzione ammissibile y' di $f(x)$ e infine restituiamo $y := g(x, y')$, una soluzione ammissibile di x. Poiché

$$\begin{aligned}
|c(x,y) - \mathrm{OPT}(x)| &\le \beta |c'(f(x), y') - \mathrm{OPT}(f(x))| \\
&\le \beta \max\Big\{(1+\epsilon')\,\mathrm{OPT}(f(x)) - \mathrm{OPT}(f(x)), \\
&\qquad \mathrm{OPT}(f(x)) - \frac{1}{1+\epsilon'}\,\mathrm{OPT}(f(x))\Big\} \\
&\le \beta\epsilon'\,\mathrm{OPT}(f(x)) \\
&\le \alpha\beta\epsilon'\,\mathrm{OPT}(x) \\
&= \frac{\epsilon}{2}\,\mathrm{OPT}(x)
\end{aligned}$$

otteniamo

$$c(x,y) \le \mathrm{OPT}(x) + |c(x,y) - \mathrm{OPT}(x)| \le \left(1 + \frac{\epsilon}{2}\right)\mathrm{OPT}(x)$$

e

$$c(x,y) \ge \mathrm{OPT}(x) - |\,\mathrm{OPT}(x) - c(x,y)| \ge \left(1 - \frac{\epsilon}{2}\right)\mathrm{OPT}(x) > \frac{1}{1+\epsilon}\,\mathrm{OPT}(x),$$

che costituisce uno schema di approssimazione per $\mathcal{P}$. □

Questo teorema insieme al Teorema 16.35 giustifica la definizione seguente:

Definizione 16.39. *Un problema di ottimizzazione $\mathcal{P}$ con pesi non negativi è* ***MAXSNP*-difficile** *se* MAX-3SAT *è L-riducibile a $\mathcal{P}$.*

Il nome *MAXSNP* si riferisce a una classe di problemi di ottimizzazione introdotta da Papadimitriou e Yannakakis [1991]. Qui non abbiamo bisogno di questa classe, e quindi tralasciamo la sua definizione (complicata).

Corollario 16.40. *A meno che $P = NP$ non esiste alcuno schema di approssimazione per qualsiasi problema MAXSNP-difficile.*

Dimostrazione. Direttamente dai Teoremi 16.35 e 16.38. □

Mostreremo che molti problemi sono *MAXSNP*-difficili usando delle L-riduzioni. Iniziamo con una versione ristretta di MAX-3SAT:

PROBLEMA DI 3-OCCURRENCE MAX-SAT

Istanza:	Un insieme X di variabili e una famiglia $\mathcal{Z}$ di clausole su X, ognuna con al massimo tre letterali, tale che nessuna variabile appare in più di tre clausole.
Obiettivo:	Trovare un assegnamento di verità T di X tale che il numero di clausole in $\mathcal{Z}$ che sono soddisfatte da T sia massimo.

Che questo problema sia *NP*-difficile può essere dimostrato con una semplice trasformazione da 3SAT (o MAX-3SAT), cf. Esercizio 11 del Capitolo 15. Poiché questa trasformazione non è una L-riduzione, non implica che il problema sia *MAXSNP*-difficile. Abbiamo bisogno di una costruzione più complicata, usando i cosiddétti expander graphs [grafi di espansione]:

Definizione 16.41. *Sia G un grafo non orientato e* $\gamma > 0$ *una costante. G è un* γ**-expander** *se per ogni* $A \subseteq V(G)$ *con* $|A| \le \frac{|V(G)|}{2}$ *abbiamo* $|\Gamma(A)| \ge \gamma|A|$.

Per esempio, un grafo completo è un 1-expander. Tuttavia, siamo interessati a expander con un piccolo numero di archi. Citiamo il teorema seguente senza la sua (complicata) dimostrazione:

Teorema 16.42. (Ajtai [1994]) *Esiste una costante positiva* γ *tale che per qualsiasi intero dato* $n \ge 4$, *un* γ*-expander 3-regolare con n vertici può essere costruito in tempo* $O(n^3 \log^3 n)$.

Il corollario seguente è stato introdotto (e usato) da Papadimitriou [1994], e una dimostrazione corretta fu data da Fernández-Baca e Lagergren [1998].

Corollario 16.43. *Per qualsiasi numero intero dato* $n \ge 3$, *un digrafo G con* $O(n)$ *vertici e un insieme* $S \subseteq V(G)$ *di cardinalità n con le proprietà seguenti può essere costruito in tempo* $O(n^3 \log^3 n)$:
$|\delta^-(v)| + |\delta^+(v)| \le 3$ *per ogni* $v \in V(G)$,
$|\delta^-(v)| + |\delta^+(v)| = 2$ *per ogni* $v \in S$, *e*
$|\delta^+(A)| \ge \min\{|S \cap A|, |S \setminus A|\}$ *per ogni* $A \subseteq V(G)$.

Dimostrazione. Sia $\gamma > 0$ la costante del Teorema 16.42 e sia $k := \left\lceil \frac{1}{\gamma} \right\rceil$. Costruiamo prima un γ-expander 3-regolare H o con n oppure con $n+1$ vertici, usando il Teorema 16.42.

Sostituiamo ogni arco $\{v, w\}$ con k archi paralleli (v, w) e k archi paralleli (w, v). Sia H' il digrafo così ottenuto. Si noti che per qualsiasi $A \subseteq V(H')$ con $|A| \le \frac{|V(H')|}{2}$ abbiamo

$$|\delta^+_{H'}(A)| \;=\; k|\delta_H(A)| \;\ge\; k|\Gamma_H(A)| \;\ge\; k\gamma|A| \;\ge\; |A|.$$

In modo analogo abbiamo per qualsiasi $A \subseteq V(H')$ con $|A| > \frac{|V(H')|}{2}$:

$$\begin{aligned}|\delta^+_{H'}(A)| \;=\; k|\delta_H(V(H') \setminus A)| \;&\ge\; k|\Gamma_H(V(H') \setminus A)| \\ &\ge\; k\gamma|V(H') \setminus A| \;\ge\; |V(H') \setminus A|.\end{aligned}$$

Dunque in entrambi i casi abbiamo $|\delta^+_{H'}(A)| \ge \min\{|A|, |V(H') \setminus A|\}$.

Ora dividiamo ogni vertice $v \in V(H')$ in $6k + 1$ vertici $x_{v,i}$ $(i = 0, \dots, 6k)$ in modo tale che ogni vertice tranne $x_{v,0}$ abbia grado 1. Per ogni vertice $x_{v,i}$ aggiungiamo ora i vertici $w_{v,i,j}$ e $y_{v,i,j}$ $(j = 0, \dots, 6k)$ connessi da un cammino di lunghezza $12k+2$ con i vertici $w_{v,i,0}, w_{v,i,1}, \dots, w_{v,i,6k}, x_{v,i}, y_{v,i,0}, \dots, y_{v,i,6k}$ presi in quest'ordine. Infine aggiungiamo gli archi $(y_{v,i,j}, w_{v,j,i})$ per ogni $v \in V(H')$, ogni $i \in \{0, \dots, 6k\}$ ed ogni $j \in \{0, \dots, 6k\} \setminus \{i\}$.

Complessivamente abbiamo un insieme Z_v di vertici con cardinalità $(6k + 1)(12k + 3)$ per ogni $v \in V(H')$. Il grafo finale G ha $|V(H')|(6k + 1)(12k + 3) = O(n)$ vertici, ognuno con grado 2 o 3. Per costruzione, $G[Z_v]$ contiene $\min\{|X_1|, |X_2|\}$ cammini disgiunti sui vertici da X_1 a X_2 per qualsiasi coppia di sottoinsiemi disgiunti X_1, X_2 di $\{x_{v,i} : i = 0, \dots, 6k\}$.

Scegliamo S come un sottoinsieme di n elementi di $\{x_{v,0} : v \in V(H')\}$; si noti che ognuno di questi vertici ha un arco entrante e un arco uscente.

Rimane da dimostrare che $|\delta^+(A)| \geq \min\{|S \cap A|, |S \setminus A|\}$ per ogni $A \subseteq V(G)$. Lo dimostriamo per induzione su $|\{v \in V(H') : \emptyset \neq A \cap Z_v \neq Z_v\}|$. Se questo numero è nullo, ovvero $A = \bigcup_{v \in B} Z_v$ per un $B \subseteq V(H')$, allora abbiamo

$$|\delta_G^+(A)| = |\delta_{H'}^+(B)| \geq \min\{|B|, |V(H') \setminus B|\} \geq \min\{|S \cap A|, |S \setminus A|\}.$$

Altrimenti sia $v \in V(H')$ con $\emptyset \neq A \cap Z_v \neq Z_v$. Sia $P := \{x_{v,i} : i = 0, \dots, 6k\} \cap A$ e $Q := \{x_{v,i} : i = 0, \dots, 6k\} \setminus A$. Se $|P| \leq 3k$, allora per la proprietà di $G[Z_v]$ abbiamo

$$\begin{aligned} |E_G^+(Z_v \cap A, Z_v \setminus A)| &\geq |P| = |P \setminus S| + |P \cap S| \\ &\geq |E_G^+(A \setminus Z_v, A \cap Z_v)| + |P \cap S|. \end{aligned}$$

Applicando l'ipotesi di induzione su $A \setminus Z_v$ otteniamo quindi

$$\begin{aligned} |\delta_G^+(A)| &\geq |\delta_G^+(A \setminus Z_v)| + |P \cap S| \\ &\geq \min\{|S \cap (A \setminus Z_v)|, |S \setminus (A \setminus Z_v)|\} + |P \cap S| \\ &\geq \min\{|S \cap A|, |S \setminus A|\}. \end{aligned}$$

In maniera analoga, se $|P| \geq 3k + 1$, allora $|Q| \leq 3k$ e per la proprietà di $G[Z_v]$ abbiamo

$$\begin{aligned} |E_G^+(Z_v \cap A, Z_v \setminus A)| &\geq |Q| = |Q \setminus S| + |Q \cap S| \\ &\geq |E_G^+(Z_v \setminus A, V(G) \setminus (A \cup Z_v))| + |Q \cap S|. \end{aligned}$$

Applicando l'ipotesi di induzione ad $A \cup Z_v$ otteniamo quindi

$$\begin{aligned} |\delta_G^+(A)| &\geq |\delta_G^+(A \cup Z_v)| + |Q \cap S| \\ &\geq \min\{|S \cap (A \cup Z_v)|, |S \setminus (A \cup Z_v)|\} + |Q \cap S| \\ &\geq \min\{|S \cap A|, |S \setminus A|\}. \end{aligned}$$

□

Possiamo ora dimostrare:

Teorema 16.44. (Papadimitriou e Yannakakis [1991], Papadimitriou [1994], Fernández-Baca e Lagergren [1998]) *Il* PROBLEMA DI 3-OCCURRENCE MAX-SAT *è MAXSNP-difficile.*

Dimostrazione. Descriviamo una L-riduzione (f, g, α, β) da MAX-3SAT. Per definire f, sia $(X, \mathcal{Z})$ un'istanza di MAX-3SAT. Per ogni variabile $x \in X$ che appare in più di tre clausole, per esempio appare in k clausole, modifichiamo l'istanza come segue. Sostituiamo x con una nuova variabile in ogni clausola. In questo modo introduciamo le nuove variabili $x_1, \ldots, x_k$. Introduciamo i vincoli aggiuntivi (e ulteriori variabili) che assicurano, grosso modo, che è preferibile assegnare lo stesso valore a tutte le variabili $x_1, \ldots, x_k$.

Costruiamo G e S come nel Corollario 16.43 e rinominiamo i vertici in modo tale che $S = \{1, \ldots, k\}$. Ora per ogni vertice $v \in V(G) \setminus S$ introduciamo una nuova variabile x_v, e per ogni arco $(v, w) \in E(G)$ introduciamo una clausola $\{\overline{x_v}, x_w\}$. In totale abbiamo aggiunto al massimo

$$\frac{3}{2}(k+1)\left(6\left\lceil\frac{1}{\gamma}\right\rceil+1\right)\left(12\left\lceil\frac{1}{\gamma}\right\rceil+3\right) \leq 315\left\lceil\frac{1}{\gamma}\right\rceil^2 k$$

nuove clausole, in cui γ è ancora la costante del Teorema 16.42.

Applicando la sostituzione precedente per ogni variabile otteniamo un'istanza $(X', \mathcal{Z}') = f(X, \mathcal{Z})$ del PROBLEMA DI 3-OCCURRENCE MAX-SAT con

$$|\mathcal{Z}'| \leq |\mathcal{Z}| + 315\left\lceil\frac{1}{\gamma}\right\rceil^2 3|\mathcal{Z}| \leq 946\left\lceil\frac{1}{\gamma}\right\rceil^2 |\mathcal{Z}|.$$

Quindi

$$\mathrm{OPT}(X', \mathcal{Z}') \leq |\mathcal{Z}'| \leq 946\left\lceil\frac{1}{\gamma}\right\rceil^2 |\mathcal{Z}| \leq 1892\left\lceil\frac{1}{\gamma}\right\rceil^2 \mathrm{OPT}(X, \mathcal{Z}),$$

perché almeno la metà delle clausole di un'istanza di MAX-SAT può essere soddisfatta (o ponendo tutte le variabili a *vero* oppure a *falso*). Dunque poniamo $\alpha := 1892\left\lceil\frac{1}{\gamma}\right\rceil^2$.

Per descrivere g, sia T' un assegnamento di verità di X'. Costruiamo prima un assegnamento di verità T'' di X' che soddisfi almeno tante clausole di $\mathcal{Z}'$ come di T', e che soddisfi tutte le nuove clausole (che corrispondono agli archi dei grafi G precedenti). In pratica, per qualsiasi variabile x che appare più di tre volte in $(X, \mathcal{Z})$, sia G il grafo costruito come sopra, e sia $A := \{v \in V(G) : T'(x_v) = vero\}$. Se $|S \cap A| \geq |S \setminus A|$ allora poniamo $T''(x_v) := vero$ per ogni $v \in V(G)$, altrimenti poniamo $T''(x_v) := falso$ per ogni $v \in V(G)$. È chiaro che tutte le nuove clausole (che corrispondono ad archi) vengono soddisfatte.

Esistono al massimo $\min\{|S \cap A|, |S \setminus A|\}$ vecchie clausole soddisfatte da T' ma non da T''. D'altronde, T' non soddisfa nessuna delle clausole $\{\overline{x_v}, x_w\}$ per

$(v, w) \in \delta^+_G(A)$. Per le proprietà di G, il numero di queste clausole è almeno pari a $\min\{|S \cap A|, |S \setminus A|\}$.

T'' porta ora a un assegnamento di verità $T = g(X, \mathcal{Z}, T')$ di X in modo ovvio: poniamo $T(x) := T''(x) = T'(x)$ per $x \in X \cap X'$ e $T(x) := T''(x_i)$ se x_i è una qualsiasi variabile che sostituisce x nella costruzione da $(X, \mathcal{Z})$ a $(X', \mathcal{Z}')$.

T viola lo stesso numero di clausole di T''. Dunque se $c(X, \mathcal{Z}, T)$ indica il numero di clausole nell'istanza $(X, \mathcal{Z})$ che sono soddisfatte da T, concludiamo

$$|\mathcal{Z}| - c(X, \mathcal{Z}, T) \;=\; |\mathcal{Z}'| - c(X', \mathcal{Z}', T'') \;\le\; |\mathcal{Z}'| - c(X', \mathcal{Z}', T'). \qquad (16.8)$$

D'altronde, qualsiasi assegnamento di verità T di X porta a un assegnamento di verità T' di X' che viola lo stesso numero di clausole (ponendo le variabili x_v $(v \in V(G))$ uniformemente a $T(x)$ per ogni variabile x e il grafo corrispondente G nella costruzione precedente). Quindi

$$|\mathcal{Z}| - \mathrm{OPT}(X, \mathcal{Z}) \;\ge\; |\mathcal{Z}'| - \mathrm{OPT}(X', \mathcal{Z}'). \qquad (16.9)$$

Mettendo insieme (16.8) e (16.9) otteniamo

$$\begin{aligned} |\,\mathrm{OPT}(X, \mathcal{Z}) - c(X, \mathcal{Z}, T)| &= (|\mathcal{Z}| - c(X, \mathcal{Z}, T)) - (|\mathcal{Z}| - \mathrm{OPT}(X, \mathcal{Z})) \\ &\le \mathrm{OPT}(X', \mathcal{Z}') - c(X', \mathcal{Z}', T') \\ &= |\,\mathrm{OPT}(X', \mathcal{Z}') - c(X', \mathcal{Z}', T')|, \end{aligned}$$

in cui $T = g(X, \mathcal{Z}, T')$. Dunque $(f, g, \alpha, 1)$ è senz'altro una L-riduzione. □

Questo risultato è il punto di partenza per molte dimostrazioni di problemi *MAXSNP*-difficili. Per esempio:

Corollario 16.45. (Papadimitriou e Yannakakis [1991]) *Il* PROBLEMA DELL'INSIEME STABILE MASSIMO *per grafi con grado massimo 4 è MAXSNP-difficile.*

Dimostrazione. La costruzione della dimostrazione del Teorema 15.23 definisce una L-riduzione dal PROBLEMA DI 3-OCCURRENCE MAX-SAT al PROBLEMA DELL'INSIEME STABILE MASSIMO per grafi con grado massimo 4: per ogni istanza $(X, \mathcal{Z})$ viene costruito un grafo G tale che da ogni assegnamento di verità che soddisfa k clausole si può facilmente ottenere un insieme stabile di cardinalità k, e vice versa. □

In pratica, il PROBLEMA DELL'INSIEME STABILE MASSIMO è *MAXSNP*-difficile anche quando ci si limita a grafi 3-regolari (Berman e Fujito [1999]). D'altronde, un semplice algoritmo greedy, che a ogni passo sceglie un vertice v di grado minimo e rimuove v e tutti i suoi vicini, è un algoritmo di approssimazione con fattore $\frac{(k+2)}{3}$ per il PROBLEMA DELL'INSIEME STABILE MASSIMO in grafi con grado massimo k (Halldórsson e Radhakrishnan [1997]). Per $k = 4$ ciò da un rapporto di garanzia pari a 2, migliore del rapporto 8 che otteniamo usando la dimostrazione seguente (usando l'algoritmo di approssimazione con fattore 2 per il PROBLEMA DEL VERTEX COVER DI PESO MINIMO).

Teorema 16.46. (Papadimitriou e Yannakakis [1991]) *Il* PROBLEMA DEL VERTEX COVER DI PESO MINIMO *per grafi con grado massimo 4 è MAXSNP-difficile.*

Dimostrazione. Si consideri la trasformazione dal PROBLEMA DELL'INSIEME STABILE MASSIMO (Proposizione 2.2) con $f(G) := G$ e $g(G, X) := V(G) \setminus X$ per tutti i grafi G e ogni $X \subseteq V(G)$. Anche se in generale non è una L-riduzione, è una L-riduzione se ristretta a grafi con grado massimo 4, come mostriamo sotto.

Se G ha grado massimo pari a 4, esiste un insieme stabile di cardinalità almeno $\frac{|V(G)|}{5}$. Dunque indichiamo con $\alpha(G)$ la cardinalità massima di un insieme stabile e con $\tau(G)$ la cardinalità minima di un vertex cover abbiamo

$$\alpha(G) \geq \frac{1}{4}(|V(G)| - \alpha(G)) = \frac{1}{4}\tau(G)$$

e $\alpha(G) - |X| = |V(G) \setminus X| - \tau(G)$ per qualsiasi insieme stabile $X \subseteq V(G)$. Quindi $(f, g, 4, 1)$ è una L-riduzione. □

Si veda Clementi e Trevisan [1999] e Chlebík e Chlebíková [2006] per risultati più forti. In particolare, non esiste nessuno schema di approssimazione per il PROBLEMA DEL VERTEX COVER DI PESO MINIMO (a meno che $P = NP$). Dimostreremo nei capitoli successivi che altri problemi sono *MAXSNP*-difficili; si veda anche l'Esercizio 22.

Esercizi

1. Formulare un algoritmo di approssimazione con fattore 2 per il problema seguente. Dato un digrafo con pesi sugli archi, trovare un sottografo aciclico di peso massimo.
   Osservazione: non si conosce nessun algoritmo di approssimazione con fattore k per questo problema per $k < 2$.
2. Il PROBLEMA DEL k-CENTRO si definisce come segue: dato un grafo non orientato G, pesi $c : E(G) \to \mathbb{R}_+$, e un numero $k \in \mathbb{N}$ con $k \leq |V(G)|$, trovare un insieme $X \subseteq V(G)$ di cardinalità k tale che

$$\max_{v \in V(G)} \min_{x \in X} \operatorname{dist}(v, x)$$

   sia minima. Come al solito indichiamo il valore ottimo con $\mathrm{OPT}(G, c, k)$.
   (a) Sia S un insieme stabile massimo in $(V(G), \{\{v, w\} : \operatorname{dist}(v, w) \leq 2R\})$. Mostrare che allora $\mathrm{OPT}(G, c, |S| - 1) > R$.
   (b) Usare (a) per descrivere un algoritmo di approssimazione con fattore 2 per il PROBLEMA DEL k-CENTRO.
   (Hochbaum e Shmoys [1985])
   * (c) Mostrare che non esiste alcun algoritmo di approssimazione con fattore r per il PROBLEMA DEL k-CENTRO per qualsiasi $r < 2$.
   Suggerimento: usare l'Esercizio 14 del Capitolo 15.
   (Hsu e Nemhauser [1979])

3. Si può trovare un vertex cover minimo (o un insieme stabile massimo) in un grafo bipartito in tempo polinomiale?
4. Mostrare che la garanzia di prestazione nel Teorema 16.5 è corretta.
5. Mostrare che il seguente è un algoritmo di approssimazione con fattore 2 per il PROBLEMA DEL VERTEX COVER DI PESO MINIMO: calcolare un albero DFS e restituire tutti i suoi vertici con grado uscente non nullo.
(Bar-Yehuda [non pubblicato])
6. Mostrare che il rilassamento lineare $\min\{cx : M^\top x \geq \mathbb{1},\ x \geq 0\}$ del PROBLEMA DEL SET COVER DI PESO MINIMO, in cui M è la matrice di incidenza del grafo non orientato e $c \in \mathbb{R}_+^{V(G)}$, ammette sempre una soluzione half-integral (ovvero una con i soli elementi $0, \frac{1}{2}, 1$). Si derivi un algoritmo di approssimazione con fattore 2 usando questa proprietà.

* 7. Si consideri il PROBLEMA DEL FEEDBACK VERTEX SET DI PESO MINIMO: dato un grafo non orientato G e pesi $c : V(G) \to \mathbb{R}_+$, trovare un insieme di vertici $X \subseteq V(G)$ di peso minimo tale che $G - X$ sia una foresta. Si consideri l'algoritmo A ricorsivo seguente: se $E(G) = \emptyset$, allora si restituisca $A(G, c) := \emptyset$. Se $|\delta_G(x)| \leq 1$ per un $x \in V(G)$, allora si restituisca $A(G, c) := A(G-x, c)$. Se $c(x) = 0$ per un $x \in V(G)$, allora si restituisca $A(G, c) := \{x\} \cup A(G-x, c)$. Altrimenti sia

$$\epsilon := \min_{x \in V(G)} \frac{c(v)}{|\delta(v)|}$$

e $c'(v) := c(v) - \epsilon|\delta(v)|$ $(v \in V(G))$. Sia $X := A(G, c')$. Per ogni $x \in X$ e se $G - (X \setminus \{x\})$ è una foresta, allora poni $X := X \setminus \{x\}$. Si restituisca $A(G, c) := x$.
Dimostrare che questo è un algoritmo di approssimazione con fattore 2 per il PROBLEMA DEL FEEDBACK VERTEX SET DI PESO MINIMO.
(Becker e Geiger [1996])

8. Mostrare che il PROBLEMA DEL TAGLIO MASSIMO è *NP*-difficile anche per grafi semplici.
9. Dimostrare che il semplice algoritmo greedy per il MAX-CUT descritto all'inizio della Sezione 16.2 è un algoritmo di approssimazione con fattore 2.
10. Si consideri il seguente algoritmo di ricerca locale per il PROBLEMA DEL TAGLIO MASSIMO. Si inizi con un qualsiasi sottoinsieme proprio non vuoto S di $V(G)$. Ora si controlli iterativamente se un vertice può essere aggiunto a S o rimosso da S in modo tale che aumenti $|\delta(S)|$. Ci si ferma quando non è possibile nessun ulteriore miglioramento.
    (a) Dimostrare che questo è un algoritmo di approssimazione con fattore 2. (Si ricordi l'Esercizio 13 del Capitolo 2.)
    (b) Si può estendere l'algoritmo al PROBLEMA DEL TAGLIO DI PESO MASSIMO, in cui abbiamo pesi sugli archi non negativi?
    (c) L'algoritmo trova sempre una soluzione ottima per grafi planari, o per grafi bipartiti? Per entrambi i casi esiste un algoritmo tempo-polinomiale (Esercizio 7 del Capitolo 12 e Proposizione 2.27).

11. Nel PROBLEMA DEL TAGLIO ORIENTATO DI PESO MASSIMO ci viene dato un digrafo G con pesi $c : E(G) \to \mathbb{R}_+$ e cerchiamo un insieme $X \subseteq V(G)$ tale che $\sum_{e \in \delta^+(X)} c(e)$ sia massimo. Mostrare che esiste un algoritmo di approssimazione con fattore 4 per questo problema.
Suggerimento: usare l'Esercizio 10.
Osservazione: esiste un algoritmo di approssimazione con fattore 1.165 ma nessuno di fattore 1.09 a meno che $P = NP$ (Feige e Goemans [1995], Håstad [2001]).
12. Mostrare che $(\frac{1}{\pi} \arccos(y_i^\top y_j))_{1 \le i,j \le n}$ è una combinazione convessa di semimetriche di taglio [cut semimetrics] δ^R, $R \subseteq \{1, \dots, n\}$, in cui $\delta^R_{i,j} = 1$ se $|R \cap \{i, j\}| = 1$ e $\delta^R_{i,j} = 0$ altrimenti.
Suggerimento: scrivere
$$(\mu(H(y_i) \triangle H(y_j)))_{1 \le i,j \le n} = \sum_{R \subseteq \{1,\dots,n\}} \mu\left(\bigcap_{i \in R} H(y_i) \setminus \bigcup_{i \notin R} H(y_i) \right) \delta^R.$$
Osservazione: si veda Deza e Laurent [1997] per maggiori dettagli sull'argomento.
13. Mostrare che per ogni $n \in \mathbb{N}$ esiste un grafo bipartito su $2n$ vertici per il quale l'ALGORITMO GREEDY PER IL COLORING ha bisogno di n colori. Dunque l'algoritmo può restituire risultati arbitrariamente brutti. Tuttavia, mostrare che esiste sempre un ordine dei vertici per il quale l'algoritmo trova sempre un coloring ottimo.
14. Mostrare che si può colorare qualsiasi grafo 3-colorabile G con al massimo $2\sqrt{2n}$ colori in tempo polinomiale, in cui $n := |V(G)|$.
Suggerimento: sino a quando c'è un vertice v di grado almeno $\sqrt{2n}$, si colora $\Gamma(v)$ all'ottimo con al massimo due colori (che non saranno usati di nuovo), e si rimuovano tali vertici. Infine si usi l'ALGORITMO GREEDY PER IL COLORING.
(Wigderson [1983])
15. Mostrare che i grafi seguenti sono perfetti:
   (a) Grafi bipartiti.
   (b) Grafi intervallo: $(\{v_1, \dots, v_n\}, \{\{v_i, v_j\} : i \ne j, [a_i, b_i] \cap [a_j, b_j] \ne \emptyset\})$, in cui $[a_1, b_1], \dots, [a_n, b_n]$ è un insieme di intervalli chiusi.
   (c) Grafi cordali (si veda l'Esercizio 31 del Capitolo 8).
16. * Sia G un grafo non orientato. Dimostrare che le affermazioni seguenti sono tutte equivalenti:
   (a) G è un grafo perfetto.
   (b) Per qualsiasi funzione di peso $c : V(G) \to \mathbb{Z}_+$ il peso massimo di una clique in G è pari al numero minimo di insiemi stabili tali che ogni vertice v è contenuto in $c(v)$ di loro.
   (c) Per qualsiasi funzione di peso $c : V(G) \to \mathbb{Z}_+$ il peso massimo di un insieme stabile in G è pari al numero minimo di clique tali che ogni vertici v è contenuto in $c(v)$ di loro.
   (d) Il sistema di disuguaglianze che definisce (16.4) è TDI.

(e) Il politopo della clique di G, ovvero il guscio convesso dei vettori di incidenza di tutte le clique in G, è dato da

$$\left\{ x \in \mathbb{R}_+^{V(G)} : \sum_{v \in S} x_v \leq 1 \text{ per tutti gli insiemi stabili } S \text{ in } G \right\}. \qquad (16.10)$$

(f) Il sistema di disuguaglianze che definisce (16.10) è TDI.

Osservazione: il politopo (16.10) è chiamato l'antiblocker del politopo (16.4).

17. Un'istanza di MAX-SAT è detta k-soddisfacibile se k qualsiasi delle sue clausole possono essere soddisfatte simultaneamente. Sia r_k l'estremo inferiore della frazione di clausole che possono essere soddisfatte in qualsiasi istanza k-soddisfacibile.
    (a) Dimostrare che $r_1 = \frac{1}{2}$.
    (b) Dimostrare che $r_2 = \frac{\sqrt{5}-1}{2}$.
    (*Suggerimento:* alcune variabili appaiono in clausole con un solo elemento (senza perdita di generalità, assumiamo che tutte le clausole con un solo elemento siano positive), le si pongano a *vero* con probabilità a (per un $\frac{1}{2} < a < 1$), e si pongano le altre variabili a *vero* con probabilità $\frac{1}{2}$. Applicare la tecnica di decasualizzazione e scegliere a appropriatamente.)
    (c) Dimostrare che $r_3 \geq \frac{2}{3}$.
    (Lieberherr e Specker [1981])
18. Erdős [1967] ha mostrato che per ogni costante $k \in \mathbb{N}$, la frazione (asintoticamente) migliore di archi che possiamo garantire appartenere ad un taglio massimo è $\frac{1}{2}$, anche se ci limitiamo a grafi senza circuiti dispari di lunghezza al massimo k. (Si veda l'Esercizio 10(a).)
    (a) Cosa succede per $k = \infty$?
    (b) Mostrare come il PROBLEMA DEL TAGLIO MASSIMO può essere ridotto al MAX-SAT.
    Suggerimento: usare una variabile per ogni vertice e due clausole $\{x, y\}, \{\bar{x}, \bar{y}\}$ per ogni arco $\{x, y\}$.
    (c) usare (b) e il Teorema di Erdős per dimostrare che $r_k \leq \frac{3}{4}$ per ogni k. (Per una definizione di r_k, si veda l'Esercizio 17.)
    Osservazione: Trevisan [2004] ha dimostrato che $\lim_{k\to\infty} r_k = \frac{3}{4}$.
19. Dimostrare che l'errore di probabilità $\frac{1}{2}$ nella Definizione 16.31 può essere sostituito da qualsiasi numero tra 0 e 1. Dedurre da ciò (e dalla dimostrazione del Teorema 16.34) che non esiste alcun algoritmo di approssimazione con fattore ρ per il PROBLEMA DELLA CLIQUE MASSIMA per qualsiasi $\rho \geq 1$ (a meno che $P = NP$).
20. Dimostrare che il PROBLEMA DELLA CLIQUE MASSIMA è L-riducibile al PROBLEMA DEL SET PACKING: data una famiglia di insiemi $(U, \mathcal{S})$, trovare una sottofamiglia di cardinalità massima $\mathcal{R} \subseteq \mathcal{S}$ i cui elementi siano disgiunti.
21. Dimostrare che il PROBLEMA DEL VERTEX COVER DI PESO MINIMO non ha nessun algoritmo di approssimazione (a meno che $P = NP$).

22. Dimostrare che MAX-2SAT è *MAXSNP*-difficile.
Suggerimento: usare il Corollario 16.45.
(Papadimitriou e Yannakakis [1991])

Riferimenti bibliografici

Letteratura generale:

Asano, T., Iwama, K., Takada, H., Yamashita, Y. [2000]: Designing high-quality approximation algorithms for combinatorial optimization problems. IEICE Transactions on Communications/Electronics/Information and Systems E83-D, 462–478

Ausiello, G., Crescenzi, P., Gambosi, G., Kann, V., Marchetti-Spaccamela, A., Protasi, M. [1999]: Complexity and Approximation: Combinatorial Optimization Problems and Their Approximability Properties. Springer, Berlin

Garey, M.R., Johnson, D.S. [1979]: Computers and Intractability; A Guide to the Theory of *NP*-Completeness. Freeman, San Francisco, Chapter 4

Hochbaum, D.S. [1996]: Approximation Algorithms for *NP*-Hard Problems. PWS, Boston

Horowitz, E., Sahni, S. [1978]: Fundamentals of Computer Algorithms. Computer Science Press, Potomac, Chapter 12

Shmoys, D.B. [1995]: Computing near-optimal solutions to combinatorial optimization problems. In: Combinatorial Optimization; DIMACS Series in Discrete Mathematics and Theoretical Computer Science 20 (W. Cook, L. Lovász, P. Seymour, eds.), AMS, Providence

Papadimitriou, C.H. [1994]: Computational Complexity, Addison-Wesley, Reading, Chapter 13

Vazirani, V.V. [2001]: Approximation Algorithms. Springer, Berlin

Riferimenti citati:

Ajtai, M. [1994]: Recursive construction for 3-regular expanders. Combinatorica 14, 379–416

Alizadeh, F. [1995]: Interior point methods in semidefinite programming with applications to combinatorial optimization. SIAM Journal on Optimization 5, 13–51

Appel, K., Haken, W. [1977]: Every planar map is four colorable; Part I; Discharging. Illinois Journal of Mathematics 21, 429–490

Appel, K., Haken, W., Koch, J. [1977]: Every planar map is four colorable; Part II; Reducibility. Illinois Journal of Mathematics 21, 491–567

Arora, S. [1994]: Probabilistic checking of proofs and the hardness of approximation problems, Ph.D. thesis, U.C. Berkeley

Arora, S., Lund, C., Motwani, R., Sudan, M., Szegedy, M. [1998]: Proof verification and hardness of approximation problems. Journal of the ACM 45, 501–555

Arora, S., Safra, S. [1998]: Probabilistic checking of proofs. Journal of the ACM 45, 70–122

Asano, T. [2006]: An improved analysis of Goemans Williamson's LP-relaxation for MAX SAT. Theoretical Computer Science 354, 339–353

Bar-Yehuda, R., Even, S. [1981]: A linear-time approximation algorithm for the weighted vertex cover problem. Journal of Algorithms 2, 198–203

Becker, A., Geiger, D. [1996]: Optimization of Pearl's method of conditioning and greedy-like approximation algorithms for the vertex feedback set problem. Artificial Intelligence Journal 83, 1–22

Bellare, M., Sudan, M. [1994]: Improved non-approximability results. Proceedings of the 26th Annual ACM Symposium on the Theory of Computing, 184–193

Bellare, M., Goldreich, O., Sudan, M. [1998]: Free bits, PCPs and nonapproximability – towards tight results. SIAM Journal on Computing 27, 804–915

Berge, C. [1961]: Färbung von Graphen, deren sämtliche bzw. deren ungerade Kreise starr sind. Wissenschaftliche Zeitschrift, Martin Luther Universität Halle-Wittenberg, Mathematisch-Naturwissenschaftliche Reihe, 114–115

Berge, C. [1962]: Sur une conjecture relative au problème des codes optimaux. Communication, 13ème assemblée générale de l'URSI, Tokyo

Berman, P., Fujito, T. [1999]: On approximation properties of the independent set problem for low degree graphs. Theory of Computing Systems 32, 115–132

Brooks, R.L. [1941]: On colouring the nodes of a network. Proceedings of the Cambridge Philosophical Society 37, 194–197

Chen, J., Friesen, D.K., Zheng, H. [1999]: Tight bound on Johnson's algorithm for maximum satisfiability. Journal of Computer and System Sciences 58, 622–640

Chlebík, M. Chlebíková, J. [2006]: Complexity of approximating bounded variants of optimization problems. Theoretical Computer Science 354, 320-338

Chudnovsky, M., Cornuéjols, G., Liu, X., Seymour, P., and Vušković, K. [2005]: Recognizing Berge graphs. Combinatorica 25, 143–186

Chudnovsky, M., Robertson, N., Seymour, P., Thomas, R. [2006]: The strong perfect graph theorem. Annals of Mathematics 164, 51–229

Chvátal, V. [1975]: On certain polytopes associated with graphs. Journal of Combinatorial Theory B 18, 138–154

Chvátal, V. [1979]: A greedy heuristic for the set cover problem. Mathematics of Operations Research 4, 233–235

Clementi, A.E.F., Trevisan, L. [1999]: Improved non-approximability results for minimum vertex cover with density constraints. Theoretical Computer Science 225, 113–128

Deza, M.M., Laurent, M. [1997]: Geometry of Cuts and Metrics. Springer, Berlin

Dinur, I. [2007]: The PCP theorem by gap amplification. Journal of the ACM 54, Article 12

Dinur, I., Safra, S. [2002]: On the hardness of approximating minimum vertex cover. Annals of Mathematics 162, 439–485

Erdős, P. [1967]: On bipartite subgraphs of graphs. Mat. Lapok. 18, 283–288

Feige, U. [1998]: A threshold of $\ln n$ for the approximating set cover. Journal of the ACM 45, 634–652

Feige, U. [2004]: Approximating maximum clique by removing subgraphs. SIAM Journal on Discrete Mathematics 18, 219–225

Feige, U., Goemans, M.X. [1995]: Approximating the value of two prover proof systems, with applications to MAX 2SAT and MAX DICUT. Proceedings of the 3rd Israel Symposium on Theory of Computing and Systems, 182–189

Feige, U., Goldwasser, S., Lovász, L., Safra, S., Szegedy, M. [1996]: Interactive proofs and the hardness of approximating cliques. Journal of the ACM 43, 268–292

Fernández-Baca, D., Lagergren, J. [1998]: On the approximability of the Steiner tree problem in phylogeny. Discrete Applied Mathematics 88, 129–145

Fulkerson, D.R. [1972]: Anti-blocking polyhedra. Journal of Combinatorial Theory B 12, 50–71

Fürer, M., Raghavachari, B. [1994]: Approximating the minimum-degree Steiner tree to within one of optimal. Journal of Algorithms 17, 409–423

Garey, M.R., Johnson, D.S. [1976]: The complexity of near-optimal graph coloring. Journal of the ACM 23, 43–49

Garey, M.R., Johnson, D.S., Stockmeyer, L. [1976]: Some simplified *NP*-complete graph problems. Theoretical Computer Science 1, 237–267

Goemans, M.X., Williamson, D.P. [1994]: New 3/4-approximation algorithms for the maximum satisfiability problem. SIAM Journal on Discrete Mathematics 7, 656–666

Goemans, M.X., Williamson, D.P. [1995]: Improved approximation algorithms for maximum cut and satisfiability problems using semidefinite programming. Journal of the ACM 42, 1115–1145

Grötschel, M., Lovász, L., Schrijver, A. [1988]: Geometric Algorithms and Combinatorial Optimization. Springer, Berlin

Halldórsson, M.M., Radhakrishnan, J. [1997]: Greed is good: approximating independent sets in sparse and bounded degree graphs. Algorithmica 18, 145–163

Håstad, J. [2001]: Some optimal inapproximability results. Journal of the ACM 48, 798–859

Heawood, P.J. [1890]: Map colour theorem. Quarterly Journal of Pure Mathematics 24, 332–338

Hochbaum, D.S. [1982]: Approximation algorithms for the set covering and vertex cover problems. SIAM Journal on Computing 11, 555–556

Hochbaum, D.S., Shmoys, D.B. [1985]: A best possible heuristic for the k-center problem. Mathematics of Operations Research 10, 180–184

Holyer, I. [1981]: The *NP*-completeness of edge-coloring. SIAM Journal on Computing 10, 718–720

Hougardy, S., Prömel, H.J., Steger, A. [1994]: Probabilistically checkable proofs and their consequences for approximation algorithms. Discrete Mathematics 136, 175–223

Hsu, W.L., Nemhauser, G.L. [1979]: Easy and hard bottleneck location problems. Discrete Applied Mathematics 1, 209–216

Johnson, D.S. [1974]: Approximation algorithms for combinatorial problems. Journal of Computer and System Sciences 9, 256–278

Khanna, S., Linial, N., Safra, S. [2000]: On the hardness of approximating the chromatic number. Combinatorica 20, 393–415

Khot, S., Regev, O. [2008]: Vertex cover might be hard to approximate to within $2 - \epsilon$. Journal of Computer and System Sciences 74, 335–349

Knuth, D.E. [1969]: The Art of Computer Programming; Vol. 2. Seminumerical Algorithms. Addison-Wesley, Reading (third edition: 1997)

König, D. [1916]: Über Graphen und ihre Anwendung auf Determinantentheorie und Mengenlehre. Mathematische Annalen 77, 453–465

Lieberherr, K., Specker, E. [1981]: Complexity of partial satisfaction. Journal of the ACM 28, 411–421

Lovász, L. [1972]: Normal hypergraphs and the perfect graph conjecture. Discrete Mathematics 2, 253–267

Lovász, L. [1975]: On the ratio of optimal integral and fractional covers. Discrete Mathematics 13, 383–390

Lovász, L. [1979a]: On the Shannon capacity of a graph. IEEE Transactions on Information Theory 25, 1–7

Lovász, L. [1979b]: Graph theory and integer programming. In: Discrete Optimization I; Annals of Discrete Mathematics 4 (P.L. Hammer, E.L. Johnson, B.H. Korte, eds.), North-Holland, Amsterdam, pp. 141–158

Lovász, L. [2003]: Semidefinite programs and combinatorial optimization. In: Recent Advances in Algorithms and Combinatorics (B.A. Reed, C.L. Sales, eds.), Springer, New York, pp. 137–194

Mahajan, S., Ramesh, H. [1999]: Derandomizing approximation algorithms based on semidefinite programming. SIAM Journal on Computing 28, 1641–1663

Papadimitriou, C.H., Steiglitz, K. [1982]: Combinatorial Optimization; Algorithms and Complexity. Prentice-Hall, Englewood Cliffs 1982, pp. 406–408

Papadimitriou, C.H., Yannakakis, M. [1991]: Optimization, approximation, and complexity classes. Journal of Computer and System Sciences 43, 425–440

Papadimitriou, C.H., Yannakakis, M. [1993]: The traveling salesman problem with distances one and two. Mathematics of Operations Research 18, 1–12

Raghavan, P., Thompson, C.D. [1987]: Randomized rounding: a technique for provably good algorithms and algorithmic proofs. Combinatorica 7, 365–374

Raz, R., Safra, S. [1997]: A sub constant error probability low degree test, and a sub constant error probability *PCP* characterization of *NP*. Proceedings of the 29th Annual ACM Symposium on Theory of Computing, 475–484

Robertson, N., Sanders, D.P., Seymour, P., Thomas, R. [1996]: Efficiently four-coloring planar graphs. Proceedings of the 28th Annual ACM Symposium on the Theory of Computing, 571–575

Robertson, N., Sanders, D.P., Seymour, P., Thomas, R. [1997]: The four colour theorem. Journal of Combinatorial Theory B 70, 2–44

Sanders, P., Steurer, D. [2005]: An asymptotic approximation scheme for multigraph edge coloring. Proceedings of the 16th Annual ACM-SIAM Symposium on Discrete Algorithms, 897–906

Singh, M. Lau, L.C. [2007]: Approximating minimum bounded degree spanning trees to within one of optimal. Proceedings of the 39th Annual ACM Symposium on Theory of Computing, 661–670

Slavík, P. [1997]: A tight analysis of the greedy algorithm for set cover. Journal of Algorithms 25, 237–254

Stockmeyer, L.J. [1973]: Planar 3-colorability is polynomial complete. ACM SIGACT News 5, 19–25

Trevisan, L. [2004]: On local versus global satisfiability. SIAM Journal on Discrete Mathematics 17, 541–547

Vizing, V.G. [1964]: On an estimate of the chromatic class of a p-graph. Diskret. Analiz 3 (1964), 23–30 [in Russian]

Wigderson, A. [1983]: Improving the performance guarantee for approximate graph coloring. Journal of the ACM 30, 729–735

Yannakakis, M. [1994]: On the approximation of maximum satisfiability. Journal of Algorithms 17, 475–502

Zuckerman, D. [2006]: Linear degree extractors and the inapproximability of Max Clique and Chromatic Number. Proceedings of the 38th Annual ACM Symposium on Theory of Computing, 681–690

17

Il problema dello zaino

Il PROBLEMA DEL MATCHING PERFETTO DI PESO MINIMO e il PROBLEMA DELL'INTERSEZIONE PESATA DI MATROIDI discussi nei capitoli precedenti sono tra i problemi più "difficili" tra quelli per cui si conosce un algoritmo polinomiale. In questo capitolo trattiamo il problema seguente, che risulta essere in un certo senso, il più "facile" tra i problemi *NP*-difficili.

> PROBLEMA DELLO ZAINO
>
> *Istanza:* Interi non negativi n, $c_1, \dots, c_n$, $w_1, \dots, w_n$ e W.
>
> *Obiettivo:* Trovare un sottoinsieme $S \subseteq \{1, \dots, n\}$ tale che $\sum_{j \in S} w_j \le W$ e $\sum_{j \in S} c_j$ sia massimo.

Le applicazioni di questo problema si hanno ogni qual volta che si vuole selezionare un sottoinsieme ottimo di peso limitato da un insieme di elementi ognuno dei quali ha un peso e un profitto.

Iniziamo considerando la versione frazionale del problema nella Sezione 17.1, che risulta essere risolvibile in tempo polinomiale. Il problema dello zaino intero è *NP*-difficile come mostrato nella Sezione 17.2, ma esiste un algoritmo pseudo-polinomiale che lo risolve all'ottimo. Questo algoritmo può essere usato insieme a una tecnica di arrotondamento per progettare uno schema di approssimazione pienamente polinomiale, come mostrato nella Sezione 17.3.

17.1 Zaino frazionario e il problema del mediano pesato

Consideriamo il problema seguente:

> PROBLEMA DELLO ZAINO FRAZIONARIO
>
> *Istanza:* Interi non negativi n, $c_1, \dots, c_n$, $w_1, \dots, w_n$ e W.
>
> *Obiettivo:* Trovare i numeri $x_1, \dots, x_n \in [0, 1]$ tali che $\sum_{j=1}^{n} x_j w_j \le W$ e $\sum_{j=1}^{n} x_j c_j$ sia massimo.

L'osservazione seguente suggerisce un semplice algoritmo che richiede di ordinare gli elementi in modo opportuno:

Korte B., Vygen J.: Ottimizzazione Combinatoria. Teoria e Algoritmi.

Proposizione 17.1. (Dantzig [1957]) *Siano $c_1, \dots, c_n$, $w_1, \dots, w_n$ e W interi non negativi con $\sum_{i=1}^n w_i > W$, $\{1 \le i \le n : w_i = 0\} = \{1, \dots, h\}$, e*

$$\frac{c_{h+1}}{w_{h+1}} \ge \frac{c_{h+2}}{w_{h+2}} \ge \dots \ge \frac{c_n}{w_n},$$

e sia

$$k := \min\left\{ j \in \{1, \dots, n\} : \sum_{i=1}^{j} w_i > W \right\}.$$

Allora una soluzione ottima dell'istanza data del Problema dello Zaino Frazionario *è definita da*

$$\begin{aligned} x_j &:= 1 && \textit{per } j = 1, \dots, k-1, \\ x_k &:= \frac{W - \sum_{j=1}^{k-1} w_j}{w_k}, \\ x_j &:= 0 && \textit{per } j = k+1, \dots, n. \end{aligned}$$

□

Ordinare gli elementi richiede un tempo $O(n \log n)$ (Teorema 1.5) e calcolare k può essere fatto in tempo $O(n)$ con una semplice visita lineare. Anche se questo algoritmo è abbastanza veloce, si può fare ancora di meglio. Si osservi che il problema si riduce a una ricerca del mediano pesato:

Definizione 17.2. *Sia $n \in \mathbb{N}$, $z_1, \dots, z_n \in \mathbb{R}$, $w_1, \dots, w_n \in \mathbb{R}_+$ e $W \in \mathbb{R}$ con $0 < W \le \sum_{i=1}^n w_i$. Allora il* **mediano pesato** $(w_1, \dots, w_n;\ W)$ **rispetto a** $(z_1, \dots, z_n)$ *è definito come l'unico numero z^* per il quale*

$$\sum_{i: z_i < z^*} w_i < W \le \sum_{i: z_i \le z^*} w_i.$$

Dobbiamo dunque risolvere il problema seguente:

Problema del Mediano Pesato	
Istanza:	Un numero naturale n, numeri $z_1, \dots, z_n \in \mathbb{R}$, $w_1, \dots, w_n \in \mathbb{R}_+$, e un numero W con $0 < W \le \sum_{i=1}^n w_i$.
Obiettivo:	Trovare il mediano pesato $(w_1, \dots, w_n;\ W)$ rispetto a $(z_1, \dots, z_n)$.

Un caso speciale importante è il seguente:

Problema di Selezione	
Istanza:	Un numero naturale n, numeri $z_1, \dots, z_n \in \mathbb{R}$, e un numero intero $k \in \{1, \dots, n\}$.
Obiettivo:	Trovare il k-mo numero più piccolo tra $z_1, \dots, z_n$; più precisamente: un indice $i \in \{1, \dots, n\}$ con $|\{j : z_j < z_i\}| < k \le |\{j : z_j \le z_i\}|$.

Il mediano pesato può essere determinato in tempo $O(n)$: l'algoritmo seguente è una versione pesata di quello di Blum et al. [1973]; si veda anche Vygen [1997].

ALGORITMO DEL MEDIANO PESATO

Input: Un numero naturale n, numeri $z_1, \dots, z_n \in \mathbb{R}$, $w_1, \dots, w_n \in \mathbb{R}_+$ e un numero W con $0 < W \le \sum_{i=1}^n w_i$.

Output: Il mediano pesato $(w_1, \dots, w_n; W)$ rispetto a $(z_1, \dots, z_n)$.

---

① Partiziona la lista $z_1, \dots, z_n$ in blocchi con cinque elementi ciascuno (l'ultimo blocco può contenere meno elementi).
Trova (ricorsivamente) il mediano (non pesato) di ogni blocco.
Sia M la lista di questi $\lceil \frac{n}{5} \rceil$ elementi mediani.

② Trova (ricorsivamente) il mediano non pesato di M, indicato con z_m.

③ Confronta ogni elemento con z_m. Senza perdita di generalità, sia $z_i < z_m$ per $i = 1, \dots, k$,
$z_i = z_m$ per $i = k+1, \dots, l$ e $z_i > z_m$ per $i = l+1, \dots, n$.

④ **If** $\sum_{i=1}^{k} w_i < W \le \sum_{i=1}^{l} w_i$ **then stop** $(z^* := z_m)$.
If $\sum_{i=1}^{l} w_i < W$ **then** trova ricorsivamente il mediano pesato $\left(w_{l+1}, \dots, w_n; W - \sum_{i=1}^{l} w_i\right)$ rispetto a $(z_{l+1}, \dots, z_n)$. **Stop**.
If $\sum_{i=1}^{k} w_i \ge W$ **then** trova ricorsivamente il mediano pesato $\left(w_1, \dots, w_k; W\right)$ rispetto a $(z_1, \dots, z_k)$. **Stop**.

Teorema 17.3. *L'*ALGORITMO DEL MEDIANO PESATO *funziona correttamente e richiede solo tempo $O(n)$.*

Dimostrazione. La correttezza si controlla facilmente. Si denoti il tempo di esecuzione del caso peggiore per n elementi con $f(n)$. Otteniamo

$$f(n) = O(n) + f\left(\left\lceil \frac{n}{5} \right\rceil\right) + O(n) + f\left(\frac{1}{2}\left\lceil \frac{n}{5} \right\rceil 5 + \frac{1}{2}\left\lceil \frac{n}{5} \right\rceil 2\right),$$

dato che la chiamata ricorsiva in ④ omette almeno tre elementi tra almeno la metà dei blocchi con cinque elementi. La formula di ricorsione precedente da $f(n) = O(n)$: siccome $\lceil \frac{n}{5} \rceil \le \frac{9}{41} n$ per ogni $n \ge 37$, si ottiene $f(n) \le cn + f\left(\frac{9}{41} n\right) + f\left(\frac{7}{2}\frac{9}{41} n\right)$ per appropriati c e $n \ge 37$. Ora, si può verificare semplicemente per induzione che $f(n) \le (82c + f(36))n$. Dunque il tempo di esecuzione complessivo è semplicemente lineare. □

Otteniamo immediatamente i corollari seguenti:

Corollario 17.4. (Blum et al. [1973]) *Il* PROBLEMA DI SELEZIONE *può essere risolto in tempo* $O(n)$.

Dimostrazione. Basta porre $w_i := 1$ per $i = 1, \ldots, n$ e $W := k$ e applicare il Teorema 17.3. □

Corollario 17.5. *Il* PROBLEMA DELLO ZAINO FRAZIONARIO *può essere risolto in tempo lineare.*

Dimostrazione. Porre $z_i := -\frac{c_i}{w_i}$ $(i = 1, \ldots, n)$ e ridurre quindi il PROBLEMA DELLO ZAINO FRAZIONARIO al PROBLEMA DEL MEDIANO PESATO. □

17.2 Un algoritmo pseudo-polinomiale

Ora consideriamo il PROBLEMA DELLO ZAINO (intero). In parte, si possono ancora usare le tecniche della sezione precedente:

Proposizione 17.6. *Siano* $c_1, \ldots, c_n$, $w_1, \ldots, w_n$ *e* W *interi non negativi con* $w_j \le W$ *per* $j = 1, \ldots, n$, $\sum_{i=1}^{n} w_i > W$, *e*

$$\frac{c_1}{w_1} \ge \frac{c_2}{w_2} \ge \cdots \ge \frac{c_n}{w_n}.$$

Sia

$$k := \min\left\{ j \in \{1, \ldots, n\} : \sum_{i=1}^{j} w_i > W \right\}.$$

Allora scegliere la soluzione migliore tra $\{1, \ldots, k-1\}$ *e* $\{k\}$ *rappresenta un algoritmo di approssimazione con fattore 2 per il* PROBLEMA DELLO ZAINO *che ha un tempo di esecuzione* $O(n)$.

Dimostrazione. Data qualsiasi istanza del PROBLEMA DELLO ZAINO, gli elementi $i \in \{1, \ldots, n\}$ con $w_i > W$ possono essere eliminati senza problemi. Ora se $\sum_{i=1}^{n} w_i \le W$, allora $\{1, \ldots, n\}$ è una soluzione ottima. Altrimenti calcoliamo il numero k in tempo $O(n)$ senza bisogno dell'ordinamento: basta risolvere il PROBLEMA DEL MEDIANO PESATO come prima (Teorema 17.3).

Per la Proposizione 17.1, $\sum_{i=1}^{k} c_i$ è un upper bound sul valore ottimo del PROBLEMA DELLO ZAINO FRAZIONARIO, e quindi anche per il PROBLEMA DELLO ZAINO intero. Quindi la migliore tra le due soluzioni $\{1, \ldots, k-1\}$ e $\{k\}$ è pari ad almeno la metà del valore ottimo. □

In realtà, siamo più interessati a una soluzione esatta del PROBLEMA DELLO ZAINO. Tuttavia, dobbiamo fare l'osservazione seguente:

Teorema 17.7. *Il* PROBLEMA DELLO ZAINO *è NP-difficile.*

Dimostrazione. Dimostriamo che il problema decisionale definito come segue è *NP*-completo: dati gli interi non negativi n, $c_1, \ldots, c_n$, $w_1, \ldots, w_n$, W e K, esiste un sottoinsieme $S \subseteq \{1, \ldots, n\}$ tale che $\sum_{j \in S} w_j \leq W$ e $\sum_{j \in S} c_j \geq K$?

Questo problema decisionale appartiene ovviamente a *NP*. Per mostrare che è anche *NP*-completo, trasformiamo SUBSET-SUM (si veda il Corollario 15.27) a questo problema. Data un'istanza $c_1, \ldots, c_n$, K di SUBSET-SUM, definiamo $w_j := c_j$ $(j = 1, \ldots, n)$ e $W := K$. Ovviamente ciò porta a un'istanza equivalente del problema decisionale precedente. □

Poiché non abbiamo dimostrato che il PROBLEMA DELLO ZAINO è fortemente *NP*-difficile c'è la speranza di trovare un algoritmo pseudo-polinomiale. In pratica, l'algoritmo dato nella dimostrazione del Teorema 15.39 può essere facilmente generalizzato introducendo i pesi sugli archi e risolvendo un problema di cammino minimo. Questo porta a un algoritmo con tempo di esecuzione $O(nW)$ (Esercizio 3).

Con un trucco simile possiamo anche ottenere un algoritmo con un tempo di esecuzione $O(nC)$, in cui $C := \sum_{j=1}^{n} c_j$. Descriviamo questo algoritmo in modo diretto, senza costruire un grafo e riferendoci ai cammini minimi. Poiché l'algoritmo si basa su una semplice formula ricorsiva parliamo di un algoritmo di programmazione dinamica. Si deve fondamentalmente a Bellman [1956,1957] e Dantzig [1957].

ALGORITMO DI PROGRAMMAZIONE DINAMICA PER LO ZAINO

Input: Interi non negativi n, $c_1, \ldots, c_n$, $w_1, \ldots, w_n$ e W.

Output: Un sottoinsieme $S \subseteq \{1, \ldots, n\}$ tale che $\sum_{j \in S} w_j \leq W$ e $\sum_{j \in S} c_j$ sia massimo.

① Sia C un upper bound sul valore della soluzione ottima, e.g. $C := \sum_{j=1}^{n} c_j$.

② Poni $x(0, 0) := 0$ e $x(0, k) := \infty$ per $k = 1, \ldots, C$.

③ **For** $j := 1$ **to** n **do**:
  For $k := 0$ **to** C **do**:
    Poni $s(j, k) := 0$ e $x(j, k) := x(j-1, k)$.
  For $k := c_j$ **to** C **do**:
    If $x(j-1, k-c_j) + w_j \leq \min\{W, x(j, k)\}$ **then**:
      Poni $x(j, k) := x(j-1, k-c_j) + w_j$ e $s(j, k) := 1$.

④ Sia $k = \max\{i \in \{0, \ldots, C\} : x(n, i) < \infty\}$. Poni $S := \emptyset$.
  For $j := n$ **down to** 1 **do**:
  If $s(j, k) = 1$ **then** set $S := S \cup \{j\}$ e $k := k - c_j$.

Teorema 17.8. *L'*ALGORITMO DI PROGRAMMAZIONE DINAMICA PER LO ZAINO *trova una soluzione ottima in tempo $O(nC)$.*

Dimostrazione. Il tempo di esecuzione è ovvio.

La variabile $x(j,k)$ indica il peso totale minimo di un sottoinsieme $S \subseteq \{1,\dots,j\}$ con $\sum_{i\in S} w_i \le W$ e $\sum_{i\in S} c_i = k$. L'algoritmo calcola correttamente questi valori usando la formula di ricorsione

$$x(j,k) = \begin{cases} x(j-1,k-c_j)+w_j & \text{se } c_j \le k \text{ e} \\ & x(j-1,k-c_j)+w_j \le \min\{W, x(j-1,k)\} \\ x(j-1,k) & \text{altrimenti} \end{cases}$$

per $j=1,\dots,n$ e $k=0,\dots,C$. Le variabili $s(j,k)$ indicano quale capita tra questi due casi. Dunque l'algoritmo enumera tutti i sottoinsiemi $S \subseteq \{1,\dots,n\}$ tranne quelli che non sono ammissibili o quelli che sono dominati da altri: S si dice dominato da S' se $\sum_{j\in S} c_j = \sum_{j\in S'} c_j$ e $\sum_{j\in S} w_j \ge \sum_{j\in S'} w_j$. In ④ si trova la miglior soluzione ammissibile. □

Naturalmente si vorrebbe avere un upper bound per C migliore di $\sum_{i=1}^{n} c_i$. Per esempio, si può eseguire l'algoritmo di approssimazione con fattore 2 della Proposizione 17.6; moltiplicando il valore della soluzione ottenuta per 2 dà un upper bound al valore ottimo. Useremo questa idea in seguito.

Il bound $O(nC)$ non è polinomiale nella dimensione dell'input, perché la dimensione dell'input può essere solo limitata da $O(n \log C + n \log W)$ (possiamo assumere che $w_j \le W$ per ogni j). Ma abbiamo un algoritmo pseudopolinomiale che può essere abbastanza efficiente se i numeri coinvolti non sono troppo grandi. Se sia i pesi $w_1,\dots,w_n$ che i profitti $c_1,\dots,c_n$ sono piccoli, l'algoritmo $O(nc_{\max}w_{\max})$ di Pisinger [1999] è il più veloce ($c_{\max} := \max\{c_1,\dots,c_n\}$, $w_{\max} := \max\{w_1,\dots,w_n\}$).

17.3 Uno schema di approssimazione pienamente polinomiale

In questa sezione presentiamo algoritmi di approssimazione per il PROBLEMA DELLO ZAINO. Per la Proposizione 16.23, il PROBLEMA DELLO ZAINO non ha un algoritmo di approssimazione assoluto a meno che $P = NP$.

Tuttavia, dimostreremo che il PROBLEMA DELLO ZAINO ha uno schema di approssimazione pienamente polinomiale. Il primo di questi algoritmi è stato trovato da Ibarra e Kim [1975].

Poiché il tempo di esecuzione dell'ALGORITMO DI PROGRAMMAZIONE DINAMICA PER LO ZAINO dipende da C, è un'idea naturale dividere tutti i numeri $c_1,\dots,c_n$ per 2 e arrotondarli per difetto. Questo può ridurre il tempo di esecuzione, ma può portare a delle soluzione inaccurate. Più in generale, ponendo

$$\bar{c}_j := \left\lfloor \frac{c_j}{t} \right\rfloor \qquad (j=1,\dots,n)$$

ridurremo il tempo di esecuzione di un fattore t.

Bilanciare l'accuratezza con il tempo di esecuzione è tipico degli schemi di approssimazione. Per $S \subseteq \{1,\dots,n\}$ scriviamo $c(S) := \sum_{i\in S} c_i$.

SCHEMA DI APPROSSIMAZIONE PER LO ZAINO

Input: Interi non negativi $n, c_1, \ldots, c_n, w_1, \ldots, w_n$ e W. Un numero $\epsilon > 0$.

Output: Un sottoinsieme $S \subseteq \{1, \ldots, n\}$ tale che $\sum_{j \in S} w_j \leq W$ e $c(S) \geq \frac{1}{1+\epsilon} c(S')$ per ogni $S' \subseteq \{1, \ldots, n\}$ con $\sum_{j \in S'} w_j \leq W$.

① Esegui l'algoritmo di approssimazione con fattore 2 della Proposizione 17.6. Sia S_1 la soluzione ottenuta. **If** $c(S_1) = 0$ **then** poni $S := S_1$ e **stop**.

② Poni $t := \max \left\{1, \frac{\epsilon c(S_1)}{n}\right\}$.
Poni $\bar{c}_j := \left\lfloor \frac{c_j}{t} \right\rfloor$ per $j = 1, \ldots, n$.

③ Applica l'ALGORITMO DI PROGRAMMAZIONE DINAMICA PER LO ZAINO all'istanza $(n, \bar{c}_1, \ldots, \bar{c}_n, w_1, \ldots, w_n, W)$; poni $C := \frac{2c(S_1)}{t}$. Sia S_2 la soluzione ottenuta.

④ **If** $c(S_1) > c(S_2)$ **then** poni $S := S_1$, **else** poni $S := S_2$.

Teorema 17.9. (Ibarra e Kim [1975], Sahni [1976], Gens e Levner [1979]) *Lo* SCHEMA DI APPROSSIMAZIONE PER LO ZAINO *è uno schema di approssimazione pienamente polinomiale per il* PROBLEMA DELLO ZAINO*; il suo tempo di esecuzione è* $O\left(n^2 \cdot \frac{1}{\epsilon}\right)$.

Dimostrazione. Se l'algoritmo termina in ① allora S_1 è ottima per la Proposizione 17.6. Assumiamo dunque che $c(S_1) > 0$. Sia S^* una soluzione ottima dell'istanza originale. Poiché $2c(S_1) \geq c(S^*)$ per la Proposizione 17.6, C in ③ è un upper bound corretto sul valore della soluzione ottima sull'istanza arrotondata. Dunque per il Teorema 17.8, S_2 è una soluzione ottima della soluzione arrotondata. Quindi abbiamo:

$$\sum_{j \in S_2} c_j \geq \sum_{j \in S_2} t\bar{c}_j = t \sum_{j \in S_2} \bar{c}_j \geq t \sum_{j \in S^*} \bar{c}_j = \sum_{j \in S^*} t\bar{c}_j > \sum_{j \in S^*} (c_j - t) \geq c(S^*) - nt.$$

Se $t = 1$, allora S_2 è ottima per il Teorema 17.8. Altrimenti la disuguaglianza precedente implica $c(S_2) \geq c(S^*) - \epsilon c(S_1)$, e concludiamo che

$$(1 + \epsilon)c(S) \geq c(S_2) + \epsilon c(S_1) \geq c(S^*).$$

Abbiamo dunque un algoritmo di approssimazione con fattore $(1 + \epsilon)$ per qualsiasi $\epsilon > 0$ fissato. Per il Teorema 17.8 il tempo di esecuzione di ③ può essere limitato da

$$O(nC) = O\left(\frac{nc(S_1)}{t}\right) = O\left(n^2 \cdot \frac{1}{\epsilon}\right).$$

Gli altri passi possono essere realizzati facilmente in tempo $O(n)$. □

Lawler [1979] ha trovato uno schema di approssimazione pienamente polinomiale simile il cui tempo di esecuzione è $O\left(n \log\left(\frac{1}{\epsilon}\right) + \frac{1}{\epsilon^4}\right)$. Questo tempo è stato migliorato da Kellerer e Pferschy [2004].

Sfortunatamente non esistono molti problemi che hanno uno schema di approssimazione pienamente polinomiale. Per essere più precisi, consideriamo il PROBLEMA DI MASSIMIZZAZIONE PER SISTEMI DI INDIPENDENZA.

Quello che abbiamo usato nella nostra costruzione dell'ALGORITMO DI PROGRAMMAZIONE DINAMICA PER LO ZAINO e lo SCHEMA DI APPROSSIMAZIONE PER LO ZAINO è una relazione di dominanza. Generalizziamo questo concetto come segue:

Definizione 17.10. *Siano dati un sistema di indipendenza* $(E, \mathcal{F})$, *una funzione di costo* $c : E \to \mathbb{Z}_+$, *i sottoinsiemi* $S_1, S_2 \subseteq E$, *e* $\epsilon > 0$. S_1 ***ϵ-domina*** S_2 *se*

$$\frac{1}{1+\epsilon} c(S_1) \leq c(S_2) \leq (1+\epsilon) c(S_1)$$

ed esiste una base B_1 *con* $S_1 \subseteq B_1$ *tale che per ogni base* B_2 *con* $S_2 \subseteq B_2$ *abbiamo*

$$(1+\epsilon) c(B_1) \geq c(B_2).$$

PROBLEMA DELLA ϵ-DOMINANZA	
Istanza:	Un sistema di indipendenza $(E, \mathcal{F})$, una funzione di costo $c : E \to \mathbb{Z}_+$, un numero $\epsilon > 0$ e due sottoinsiemi $S_1, S_2 \subseteq E$.
Obiettivo:	S_1 ϵ-domina S_2 ?

Naturalmente il sistema di indipendenza viene dato da un oracolo, per esempio un oracolo di indipendenza. L'ALGORITMO DI PROGRAMMAZIONE DINAMICA PER LO ZAINO ha fatto molto uso della 0-dominanza. In pratica, si ha che l'esistenza di un algoritmo efficiente per il PROBLEMA DELLA ϵ-DOMINANZA è essenziale per uno schema di approssimazione pienamente polinomiale.

Teorema 17.11. (Korte e Schrader [1981]) *Sia* $\mathcal{I}$ *un famiglia di sistemi di indipendenza. Sia* $\mathcal{I}'$ *la famiglia di istanze* $(E, \mathcal{F}, c)$ *del* PROBLEMA DI MASSIMIZZAZIONE PER SISTEMI DI INDIPENDENZA *con* $(E, \mathcal{F}) \in \mathcal{I}$ *e* $c : E \to \mathbb{Z}_+$, *e sia* $\mathcal{I}''$ *la famiglia di istanze* $(E, \mathcal{F}, c, \epsilon, S_1, S_2)$ *del* PROBLEMA DELLA ϵ-DOMINANZA *con* $(E, \mathcal{F}) \in \mathcal{I}$.

Allora esiste un schema di approssimazione pienamente polinomiale per il PROBLEMA DI MASSIMIZZAZIONE PER SISTEMI DI INDIPENDENZA *limitato a* $\mathcal{I}'$ *se e solo se esiste un algoritmo per il* PROBLEMA DELLA ϵ-DOMINANZA *limitato a* $\mathcal{I}''$ *il cui tempo di esecuzione è limitato da un polinomio nella lunghezza dell'input e* $\frac{1}{\epsilon}$.

Mentre la sufficienza si dimostra generalizzando lo SCHEMA DI APPROSSIMAZIONE PER LO ZAINO (Esercizio 10), la dimostrazione di necessità è piuttosto complicata e non la presentiamo. Si conclude che se esistesse uno schema di approssimazione pienamente polinomiale, allora una modifica dello SCHEMA DI APPROSSIMAZIONE PER LO ZAINO porterebbe allo stesso risultato. Si veda anche Woeginger [2000] per un risultato simile.

Per dimostrare che per un dato problema di ottimizzazione non esiste uno schema di approssimazione pienamente polinomiale, è molto utile il teorema seguente:

Teorema 17.12. (Garey e Johnson [1978]) *Un problema di ottimizzazione fortemente NP-difficile con una funzione obiettivo intera che soddisfa*

$$\mathrm{OPT}(I) \;\leq\; p\,(\mathrm{size}(I), \mathrm{largest}(I))$$

per un polinomio p e tutte le istanze I ha uno schema di approssimazione pienamente polinomiale solo se P = NP.

Dimostrazione. Si supponga di avere uno schema di approssimazione pienamente polinomiale. Allora lo applichiamo con

$$\epsilon \;=\; \frac{1}{p(\mathrm{size}(I), \mathrm{largest}(I)) + 1}$$

e otteniamo un algoritmo pseudo-polinomiale esatto. Per la Proposizione 15.41 questo non è possibile, a meno che $P = NP$. □

Esercizi

1. Si consideri il problema di multi-zaino frazionario definito come segue. Un'istanza consiste in interi non negativi m e n, numeri w_j, c_{ij} e W_i ($1 \leq i \leq m$, $1 \leq j \leq n$). Il compito è di trovare i numeri $x_{ij} \in [0,1]$ con $\sum_{i=1}^{m} x_{ij} = 1$ per ogni j e $\sum_{j=1}^{n} x_{ij} w_j \leq W_i$ per ogni i tale che $\sum_{i=1}^{m} \sum_{j=1}^{n} x_{ij} c_{ij}$ sia minimo. Si può trovare un algoritmo combinatorio tempo-polinomiale per questo problema (ossia senza usare la PROGRAMMAZIONE LINEARE)?
Suggerimento: riduzione al PROBLEMA DEL FLUSSO DI COSTO MINIMO.
2. Si consideri l'algoritmo greedy seguente per il PROBLEMA DELLO ZAINO (simile a quello della Proposizione 17.6). Si ordinino gli indici in modo tale che $\frac{c_1}{w_1} \geq \cdots \geq \frac{c_n}{w_n}$. Poni $S := \emptyset$. Per $i := 1$ a n esegui: se $\sum_{j \in S \cup \{i\}} w_j \leq W$ allora poni $S := S \cup \{i\}$. Mostrare che questo non è un algoritmo di approssimazione con fattore k per qualsiasi k.
3. Trovare un algoritmo esatto $O(nW)$ per il PROBLEMA DELLO ZAINO.
4. Si consideri il problema seguente: dati i numeri interi non negativi $n, c_1, \ldots, c_n$, $w_1, \ldots, w_n$ e W, trovare un sottoinsieme $S \subseteq \{1, \ldots, n\}$ tale che $\sum_{j \in S} w_j \geq W$ e $\sum_{j \in S} c_j$ sia minimo. Come si può risolvere questo problema con un algoritmo pseudo-polinomiale?
5. * Si può risolvere il problema del multi-zaino intero (si veda l'Esercizio 1) in tempo pseudo-polinomiale se m è fissato?
6. Sia $c \in \{0, \ldots, k\}^m$ e $s \in [0,1]^m$. Come si può decidere in tempo $O(mk)$ se $\max\left\{cx : x \in \mathbb{Z}_+^m,\ sx \leq 1\right\} \leq k$?
7. Si considerino i due rilassamenti Lagrangiani dell'Esercizio 21 del Capitolo 5. Mostrare che uno di loro può essere risolto in tempo lineare mentre l'altro si riduce a m istanze del PROBLEMA DELLO ZAINO.

8. Sia $m \in \mathbb{N}$ una constante. Si consideri il problema di scheduling seguente: dati n lavori e m macchine, costi $c_{ij} \in \mathbb{Z}_+$ $(i = 1, \dots, n,\ j = 1, \dots, m)$, e capacità $T_j \in \mathbb{Z}_+$ $(j = 1, \dots, m)$, trovare un assegnamento $f : \{1, \dots, n\} \to \{1, \dots, m\}$ tale che $|\{i \in \{1, \dots, n\} : f(i) = j\}| \le T_j$ per $j = 1, \dots, m$, e il costo totale $\sum_{i=1}^{n} c_{if(i)}$ sia minimo.
   Mostrare che questo problema ha un schema di approssimazione pienamente polinomiale.
9. Dare un algoritmo tempo-polinomiale per il PROBLEMA DELLA ϵ-DOMINANZA ristretto ai matroidi.
10. * Dimostrare il "solo se" del Teorema 17.11.

Riferimenti bibliografici

Letteratura generale:

Garey, M.R., Johnson, D.S. [1979]: Computers and Intractability; A Guide to the Theory of *NP*-Completeness. Freeman, San Francisco, Chapter 4

Kellerer, H., Pferschy, U., Pisinger, D. [2004]: Knapsack Problems. Springer, Berlin

Martello, S., Toth, P. [1990]: Knapsack Problems; Algorithms and Computer Implementations. Wiley, Chichester

Papadimitriou, C.H., Steiglitz, K. [1982]: Combinatorial Optimization; Algorithms and Complexity. Prentice-Hall, Englewood Cliffs, Sezioni 16.2, 17.3, and 17.4

Riferimenti citati:

Bellman, R. [1956]: Notes on the theory of dynamic programming IV – maximization over discrete sets. Naval Research Logistics Quarterly 3, 67–70

Bellman, R. [1957]: Comment on Dantzig's paper on discrete variable extremum problems. Operations Research 5, 723–724

Blum, M., Floyd, R.W., Pratt, V., Rivest, R.L., Tarjan, R.E. [1973]: Time bounds for selection. Journal of Computer and System Sciences 7, 448–461

Dantzig, G.B. [1957]: Discrete variable extremum problems. Operations Research 5, 266–277

Garey, M.R., Johnson, D.S. [1978]: Strong *NP*-completeness results: motivation, examples, and implications. Journal of the ACM 25, 499–508

Gens, G.V., Levner, E.V. [1979]: Computational complexity of approximation algorithms for combinatorial problems. In: Mathematical Foundations of Computer Science; LNCS 74 (J. Becvar, ed.), Springer, Berlin, pp. 292–300

Ibarra, O.H., Kim, C.E. [1975]: Fast approximation algorithms for the knapsack and sum of subset problem. Journal of the ACM 22, 463–468

Kellerer, H., Pferschy, U. [2004]: Improved dynamic programming in connection with an FPTAS for the knapsack problem. Journal on Combinatorial Optimization 8, 5–11

Korte, B., Schrader, R. [1981]: On the existence of fast approximation schemes. In: Nonlinear Programming; Vol. 4 (O. Mangaserian, R.R. Meyer, S.M. Robinson, eds.), Academic Press, New York, pp. 415–437

Lawler, E.L. [1979]: Fast approximation algorithms for knapsack problems. Mathematics of Operations Research 4, 339–356

Pisinger, D. [1999]: Linear time algorithms for knapsack problems with bounded weights. Journal of Algorithms 33, 1–14

Sahni, S. [1976]: Algorithms for scheduling independent tasks. Journal of the ACM 23, 114–127

Vygen, J. [1997]: The two-dimensional weighted median problem. Zeitschrift für Angewandte Mathematik und Mechanik 77, Supplement, S433–S436

Woeginger, G.J. [2000]: When does a dynamic programming formulation guarantee the existence of a fully polynomial time approximation scheme (FPTAS)? INFORMS Journal on Computing 12, 57–74

18
Bin-Packing

Si supponga di avere n oggetti, ognuno con una data dimensione e dei contenitori [bin] con la stessa capacità. Si vuole assegnare gli oggetti ai contenitori, usando il minor numero possibile di contenitori. Naturalmente la dimensione totale degli oggetti assegnati a ciascun contenitore non deve superare la sua capacità.

Senza perdita di generalità, la capacità dei contenitori viene posta a 1. Il problema può quindi essere formulato come segue:

PROBLEMA DEL BIN-PACKING	
Istanza:	Una lista di numeri non negativi $a_1, \dots, a_n \leq 1$.
Obiettivo:	Trovare un $k \in \mathbb{N}$ e un assegnamento $f : \{1, \dots, n\} \to \{1, \dots, k\}$ con $\sum_{i:f(i)=j} a_i \leq 1$ per ogni $j \in \{1, \dots, k\}$ tale che k sia minimo.

Sono pochi i problemi di ottimizzazione combinatoria la cui rilevanza pratica sia così importante. Per esempio, la versione più semplice del problema del cutting stock è equivalente: dato un insieme di travi (per esempio di legno) con la stessa lunghezza (diciamo un metro) e i numeri $a_1, \dots, a_n$, si vuole tagliare il minor numero possibile di travi in modo tale di avere alla fine dei pezzi di trave di lunghezza $a_1, \dots, a_n$.

Anche se un'istanza I è una lista ordinata in cui i numeri possono apparire più di una volta, scriviamo $x \in I$ per un elemento nella lista I che è uguale a x. Per $|I|$ intendiamo il numero di elementi nella lista I. Useremo anche l'abbreviazione $\mathrm{SUM}(a_1, \dots, a_n) := \sum_{i=1}^{n} a_i$. Questo è un lower bound ovvio: $\lceil \mathrm{SUM}(I) \rceil \leq \mathrm{OPT}(I)$ si verifica per qualsiasi istanza I.

Nella Sezione 18.1 dimostriamo che il PROBLEMA DEL BIN-PACKING è fortemente *NP*-difficile e presentiamo dei semplici algoritmi di approssimazione. Vedremo che nessun algoritmo può ottenere un rapporto di prestazione migliore di $\frac{3}{2}$ (a meno che $P = NP$). Tuttavia, si può ottenere un rapporto asintotico di prestazione arbitrariamente buono: nelle Sezioni 18.2 e 18.3 descriviamo uno schema di approssimazione asintotico pienamente polinomiale, che usa sia il METODO DELL'ELLISSOIDE che i risultati del Capitolo 17.

Korte B., Vygen J.: Ottimizzazione Combinatoria. Teoria e Algoritmi.

18.1 Euristiche Greedy

In questa sezione analizzeremo delle euristiche greedy per il PROBLEMA DEL BIN-PACKING. Non c'è speranza di trovare un algoritmo tempo-polinomiale esatto poiché il problema è *NP*-difficile:

Teorema 18.1. *Il problema seguente è NP-completo: data un'istanza I del* PROBLEMA DEL BIN-PACKING, *decidere se I ha una soluzione con due bin.*

Dimostrazione. L'appartenenza a *NP* è banale. Trasformiamo il problema di PARTIZIONE (che è *NP*-completo per il Corollario 15.28) al problema decisionale precedente. Data un'istanza $c_1, \ldots, c_n$ di PARTIZIONE, si consideri l'istanza $a_1, \ldots, a_n$ del PROBLEMA DEL BIN-PACKING, in cui

$$a_i = \frac{2c_i}{\sum_{j=1}^{n} c_j}.$$

Ovviamente due contenitori bastano se e solo se esiste un sottoinsieme $S \subseteq \{1, \ldots, n\}$ tale che $\sum_{j \in S} c_j = \sum_{j \notin S} c_j$. □

Corollario 18.2. *A meno che P = NP, non esiste nessun algoritmo di approssimazione con fattore ρ per il* PROBLEMA DEL BIN-PACKING *per qualsiasi* $\rho < \frac{3}{2}$. □

Per qualsiasi k fissato, esiste un algoritmo pseudo-polinomiale che decide per una data istanza I se bastano k contenitori (Esercizio 1). Tuttavia, questo problema è in generale fortemente *NP*-completo:

Teorema 18.3. (Garey e Johnson [1975]) *Il problema seguente è fortemente NP-completo: data un'istanza I del* PROBLEMA DEL BIN-PACKING *e un numero B, decidere se I può essere risolto con B contenitori.*

Dimostrazione. Per trasformazione dal 3-DIMENSIONAL MATCHING (Teorema 15.26).

Data un'istanza U, V, W, T del 3DM, costruiamo un'istanza di bin-packing I con $4|T|$ oggetti. In pratica, l'insieme di oggetti è

$$S := \bigcup_{t=(u,v,w)\in T} \{t, (u,t), (v,t), (w,t)\}.$$

Sia $U = \{u_1, \ldots, u_n\}$, $V = \{v_1, \ldots, v_n\}$ e $W = \{w_1, \ldots, w_n\}$. Per ogni $x \in U \dot{\cup} V \dot{\cup} W$ scegliamo un $t_x \in T$ tale che $(x, t_x) \in S$. Per ogni $t = (u_i, v_j, w_k) \in T$, le dimensioni degli oggetti sono ora definiti come segue:

$$
\begin{array}{lll}
t & \text{ha dimensione} & \frac{1}{C}(10N^4 + 8 - iN - jN^2 - kN^3) \\
(u_i, t) & \text{ha dimensione} & \begin{cases} \frac{1}{C}(10N^4 + iN + 1) & \text{se } t = t_{u_i} \\ \frac{1}{C}(11N^4 + iN + 1) & \text{se } t \neq t_{u_i} \end{cases} \\
(v_j, t) & \text{ha dimensione} & \begin{cases} \frac{1}{C}(10N^4 + jN^2 + 2) & \text{se } t = t_{v_j} \\ \frac{1}{C}(11N^4 + jN^2 + 2) & \text{se } t \neq t_{v_j} \end{cases} \\
(w_k, t) & \text{ha dimensione} & \begin{cases} \frac{1}{C}(10N^4 + kN^3 + 4) & \text{se } t = t_{w_k} \\ \frac{1}{C}(8N^4 + kN^3 + 4) & \text{se } t \neq t_{w_k} \end{cases}
\end{array}
$$

in cui $N := 100n$ e $C := 40N^4 + 15$. Questo definisce un'istanza $I = (a_1, \ldots, a_{4|T|})$ del PROBLEMA DEL BIN-PACKING. Poniamo $B := |T|$ e mostriamo che I ha una soluzione con al massimo B contenitori se e solo se l'istanza iniziale di 3DM è una yes-instance, ovvero esiste un sottoinsieme M di T con $|M| = n$ tale che per diversi $(u, v, w), (u', v', w') \in M$ si ha $u \neq u'$, $v \neq v'$ e $w \neq w'$.

Assumiamo prima che esista una tale soluzione M dell'istanza di 3DM. Poiché la risolvibilità di I con B contenitori è indipendente dalla scelta dei t_x ($x \in U \cup V \cup W$), possiamo ridefinirli in modo tale che $t_x \in M$ per ogni x. Ora per ogni $t = (u, v, w) \in T$ mettiamo t, (u, t), (v, t), (w, t) in un contenitore. Ciò porta a una soluzione con $|T|$ contenitori.

Al contrario, sia f una soluzione di I con $B = |T|$ contenitori. Poiché $\text{SUM}(I) = |T|$, ogni contenitore deve essere completamente pieno. Poiché tutte le dimensioni degli oggetti sono strettamente tra $\frac{1}{5}$ e $\frac{1}{3}$, ogni contenitore deve contenere quattro oggetti.

Si consideri un contenitore $k \in \{1, \ldots, B\}$. Poiché $C \sum_{i:f(i)=k} a_i = C \equiv 15 \pmod N$, il contenitore deve contenerne uno $t = (u, v, w) \in T$, uno $(u', t') \in U \times T$, uno $(v', t'') \in V \times T$ e uno $(w', t''') \in W \times T$. Poiché $C \sum_{i:f(i)=k} a_i = C \equiv 15 \pmod{N^2}$, abbiamo $u = u'$. In modo simile, considerando la somma modulo N^3 e modulo N^4, otteniamo $v = v'$ e $w = w'$. Inoltre, o $t' = t_u$ e $t'' = t_v$ e $t''' = t_w$ (caso 1) oppure $t' \neq t_u$ e $t'' \neq t_v$ e $t''' \neq t_w$ (caso 2).

Definiamo M come quei $t \in T$ per il quale t è assegnato a un contenitore in cui si verifica il primo caso. Ovviamente M è una soluzione dell'istanza 3DM.

Si noti che tutti i numeri nell'istanza di bin-packing I costruita sono polinomialmente grandi, più precisamente $O(n^4)$. Poiché 3DM è *NP*-completo (Teorema 15.26), abbiamo dimostrato il teorema. □

La dimostrazione si deve a Papadimitriou [1994]. Anche con l'ipotesi $P \neq NP$ il risultato precedente non esclude la possibilità di un algoritmo di approssimazione assoluto, per esempio uno a cui serve al massimo un contenitore aggiuntivo rispetto alla soluzione ottima.

L'euristica più semplice per il bin-packing può essere considerata la seguente:

ALGORITMO DI NEXT-FIT (NF)

Input: Un'istanza $a_1, \ldots, a_n$ del PROBLEMA DEL BIN-PACKING.

Output: Una soluzione (k, f).

① Poni $k := 1$ e $S := 0$.

② **For** $i := 1$ **to** n **do**:
  If $S + a_i > 1$ **then** poni $k := k + 1$ e $S := 0$.
  Poni $f(i) := k$ e $S := S + a_i$.

Si denoti con $NF(I)$ il numero k di contenitori che usa questo algoritmo per l'istanza I.

Teorema 18.4. *L'*ALGORITMO DI NEXT-FIT *richiede un tempo $O(n)$. Per qualsiasi istanza $I = a_1, \ldots, a_n$ abbiamo*

$$NF(I) \leq 2\lceil \mathrm{SUM}(I) \rceil - 1 \leq 2\,\mathrm{OPT}(I) - 1.$$

Dimostrazione. Il bound sul tempo è ovvio. Sia $k := NF(I)$ e sia f l'assegnamento trovato dall'ALGORITMO DI NEXT-FIT. Per $j = 1, \ldots, \lfloor \frac{k}{2} \rfloor$ abbiamo

$$\sum_{i: f(i) \in \{2j-1, 2j\}} a_i > 1.$$

Aggiungendo queste disuguaglianze otteniamo

$$\left\lfloor \frac{k}{2} \right\rfloor < \mathrm{SUM}(I).$$

Poiché il termine sinistro è un numero intero, concludiamo che

$$\frac{k-1}{2} \leq \left\lfloor \frac{k}{2} \right\rfloor \leq \lceil \mathrm{SUM}(I) \rceil - 1.$$

Ciò dimostra $k \leq 2\lceil \mathrm{SUM}(I) \rceil - 1$. La seconda disuguaglianza è banale. □

Le istanze $2\epsilon, 1-\epsilon, 2\epsilon, 1-\epsilon, \ldots, 2\epsilon$ per valori molto piccoli di $\epsilon > 0$ mostrano che questo bound è il migliore possibile. Dunque l'ALGORITMO DI NEXT-FIT è un algoritmo di approssimazione con fattore 2. Ovviamente, il rapporto di garanzia migliora se i numeri coinvolti sono piccoli:

Proposizione 18.5. *Sia $0 < \gamma < 1$. Per qualsiasi istanza $I = a_1, \ldots, a_n$ con $a_i \leq \gamma$ per ogni $i \in \{1, \ldots, n\}$ abbiamo*

$$NF(I) \leq \left\lceil \frac{\mathrm{SUM}(I)}{1-\gamma} \right\rceil.$$

Dimostrazione. Abbiamo $\sum_{i:f(i)=j} a_i > 1 - \gamma$ per $j = 1, \dots, NF(I) - 1$. Aggiungendo queste disuguaglianze otteniamo $(NF(I) - 1)(1 - \gamma) < \text{SUM}(I)$ e quindi

$$NF(I) - 1 \leq \left\lceil \frac{\text{SUM}(I)}{1 - \gamma} \right\rceil - 1.$$

□

Un secondo approccio nel progettare un algoritmo di approssimazione efficiente potrebbe essere il seguente:

ALGORITMO DI FIRST-FIT (FF)

Input: Un'istanza $a_1, \dots, a_n$ del PROBLEMA DEL BIN-PACKING.

Output: Una soluzione (k, f).

① **For** $i := 1$ **to** n **do**:

Poni $f(i) := \min \left\{ j \in \mathbb{N} : \sum_{h<i:f(h)=j} a_h + a_i \leq 1 \right\}$.

② Poni $k := \max_{i \in \{1,\dots,n\}} f(i)$.

Naturalmente l'ALGORITMO DI FIRST-FIT non può essere peggiore del NEXT-FIT. Dunque FIRST-FIT è un altro algoritmo di approssimazione con fattore 2. In pratica, è migliore:

Teorema 18.6. (Johnson et al. [1974], Garey et al. [1976]) *Per tutte le istanze* I *del* PROBLEMA DEL BIN-PACKING,

$$FF(I) \leq \left\lceil \frac{17}{10} \text{OPT}(I) \right\rceil.$$

Inoltre, esistono istanze I *con* OPT(I) *arbitrariamente grande e*

$$FF(I) \geq \frac{17}{10}(\text{OPT}(I) - 1).$$

Tralasciamo la dimostrazione poiché è complicata. Tuttavia, si noti che per dei valori piccoli di OPT(I), risulta migliore il bound $FF(I) \leq \frac{7}{4}\text{OPT}(I)$ proposto in Simchi-Levi [1994].

La Proposizione 18.5 mostra che l'ALGORITMO DI NEXT-FIT (e quindi il FIRST-FIT) si comporta bene se gli oggetti sono piccoli. Dunque è intuitivo considerare prima gli oggetti grandi. La modifica seguente dell'ALGORITMO DI FIRST-FIT legge gli n numeri in ordine decrescente:

ALGORITMO DI FIRST-FIT-DECREASING (FFD)

Input: Un'istanza $a_1, \ldots, a_n$ del PROBLEMA DEL BIN-PACKING.

Output: Una soluzione (k, f).

① Ordina i numeri in modo tale che $a_1 \geq a_2 \geq \ldots \geq a_n$.

② Applica l'ALGORITMO DI FIRST-FIT.

Teorema 18.7. (Simchi-Levi [1994]) *L'*ALGORITMO DI FIRST-FIT-DECREASING *è una algoritmo di approssimazione di fattore $\frac{3}{2}$ per il* PROBLEMA DEL BIN-PACKING.

Dimostrazione. Sia I un'istanza e $k := FFD(I)$. Si consideri il j-mo contenitore per $j := \lceil \frac{2}{3}k \rceil$. Se contiene un oggetto di dimensione $> \frac{1}{2}$, allora ogni contenitore con un indice più piccolo non ha spazio per questo oggetto, e quindi gli è già stato assegnato un altro oggetto. Poiché gli oggetti sono considerati in ordine non decrescente, esistono almeno j oggetti di dimensione $> \frac{1}{2}$. Quindi $\mathrm{OPT}(I) \geq j \geq \frac{2}{3}k$.

Altrimenti il j-mo contenitore, e quindi ogni contenitore con indice più grande, non contiene nessun oggetto di dimensione $> \frac{1}{2}$. Quindi i contenitori $j, j+1, \ldots, k$ contengono almeno $2(k-j)+1$ oggetti, nessuno dei quale entra nei contenitori $1, \ldots, j-1$. Si noti che $2(k-j)+1 \geq 2(k-(\frac{2}{3}k+\frac{2}{3}))+1 = \frac{2}{3}k - \frac{1}{3} \geq j-1$. Quindi $\mathrm{OPT}(I) \geq \mathrm{SUM}(I) > j-1$, ovvero $\mathrm{OPT}(I) \geq j \geq \frac{2}{3}k$. □

Per il Corollario 18.2 questo è il miglior bound possibile (per FFD, si consideri l'istanza 0.4, 0.4, 0.3, 0.3, 0.3, 0.3). Tuttavia, la garanzia asintotica di prestazione risulta migliore: Johnson [1973] ha dimostrato che $FFD(I) \leq \frac{11}{9}\,\mathrm{OPT}(I) + 4$ per tutte le istanze I (si veda anche Johnson [1974]). Baker [1985] ha dato una dimostrazione più semplice che mostra $FFD(I) \leq \frac{11}{9}\,\mathrm{OPT}(I) + 3$. Yue [1991] lo ha migliorato a $FFD(I) \leq \frac{11}{9}\,\mathrm{OPT}(I) + 1$. Infine Dósa [2007] ha dimostrato quanto segue:

Teorema 18.8. (Dósa [2007]) *Per tutte le istanze I del* PROBLEMA DEL BIN-PACKING,

$$FFD(I) \leq \frac{11}{9}\,\mathrm{OPT}(I) + \frac{2}{3},$$

e questo bound è stretto.

La dimostrazione è troppo complicata per essere riportata qui. Tuttavia, presentiamo una classe di istanze I con $\mathrm{OPT}(I)$ arbitrariamente grande e $FFD(I) = \frac{11}{9}\,\mathrm{OPT}(I)$. (Questo esempio è preso da Garey e Johnson [1979].)

Sia $\epsilon > 0$ abbastanza piccolo e $I = \{a_1, \ldots, a_{30m}\}$ con

$$a_i = \begin{cases} \frac{1}{2} + \epsilon & \text{se } 1 \leq i \leq 6m, \\ \frac{1}{4} + 2\epsilon & \text{se } 6m < i \leq 12m, \\ \frac{1}{4} + \epsilon & \text{se } 12m < i \leq 18m, \\ \frac{1}{4} - 2\epsilon & \text{se } 18m < i \leq 30m. \end{cases}$$

La soluzione ottima consiste in

$$\begin{array}{ll} 6m \text{ contenitori che contengono} & \frac{1}{2} + \epsilon,\ \frac{1}{4} + \epsilon,\ \frac{1}{4} - 2\epsilon, \\ 3m \text{ contenitori che contengono} & \frac{1}{4} + 2\epsilon,\ \frac{1}{4} + 2\epsilon, \frac{1}{4} - 2\epsilon,\ \frac{1}{4} - 2\epsilon. \end{array}$$

La soluzione FFD consiste in

$$\begin{array}{ll} 6m \text{ contenitori che contengono} & \frac{1}{2} + \epsilon,\ \frac{1}{4} + 2\epsilon, \\ 2m \text{ contenitori che contengono} & \frac{1}{4} + \epsilon,\ \frac{1}{4} + \epsilon,\ \frac{1}{4} + \epsilon, \\ 3m \text{ contenitori che contengono} & \frac{1}{4} - 2\epsilon,\ \frac{1}{4} - 2\epsilon,\ \frac{1}{4} - 2\epsilon,\ \frac{1}{4} - 2\epsilon. \end{array}$$

Dunque $\text{OPT}(I) = 9m$ e $FFD(I) = 11m$.

Esistono molti altri algoritmi per il PROBLEMA DEL BIN-PACKING, alcuni dei quali hanno un rapporto di garanzia asintotico migliore di $\frac{11}{9}$. Nella sezione successiva mostriamo che si può ottenere un rapporto di garanzia asintotico vicino a 1.

In alcune applicazioni si devono mettere insieme gli oggetti nell'ordine in cui arrivano senza conoscere gli oggetti successivi. Gli algoritmi che non usano nessuna informazione sono a volte chiamati algoritmi online. Per esempio, NEXT-FIT e FIRST-FIT sono algoritmi online, ma l'ALGORITMO DI FIRST-FIT-DECREASING non è un algoritmo online. Il miglior algoritmo online per il PROBLEMA DEL BIN-PACKING ha una garanzia di prestazione asintotica di 1.59 (Seiden [2002]). Inoltre, van Vliet [1992] ha dimostrato che non esiste nessun algoritmo online con un fattore di approssimazione di 1.54 per il PROBLEMA DEL BIN-PACKING. Un lower bound più debole è oggetto dell'Esercizio 6.

18.2 Uno schema di approssimazione asintotico

In questa sezione mostriamo che per qualsiasi $\epsilon > 0$ esiste un algoritmo tempo-polinomiale il quale garantisce di trovare una soluzione con al massimo $(1 + \epsilon)\text{OPT}(I) + \frac{1}{\epsilon^2}$ contenitori.

Iniziamo considerando istanze che non hanno numeri troppo diversi tra loro. Indichiamo i numeri diversi nella nostra istanza I con $s_1, \ldots, s_m$. Poniamo che I contenga esattamente b_i copie di s_i $(i = 1, \ldots, m)$.

Siano $T_1, \ldots, T_N$ tutte le possibilità con cui si può riempire un singolo contenitore:

$$\{T_1, \ldots, T_N\} := \left\{(k_1, \ldots, k_m) \in \mathbb{Z}_+^m : \sum_{i=1}^{m} k_i s_i \leq 1\right\}.$$

Scriviamo $T_j = (t_{j1}, \ldots, t_{jm})$. Allora il nostro PROBLEMA DEL BIN-PACKING è equivalente alla formulazione di programmazione intera seguente (che si deve a Eisemann [1957]):

$$\begin{array}{llll} \min & \sum_{j=1}^{N} x_j & & \\ \text{t.c.} & \sum_{j=1}^{N} t_{ji} x_j \geq b_i & & (i = 1, \ldots, m) \\ & x_j \in \mathbb{Z}_+ & & (j = 1, \ldots, N). \end{array} \tag{18.1}$$

In pratica vorremmo $\sum_{j=1}^{N} t_{ji} x_j = b_i$, ma poiché abbiamo un problema di minimo questo vincolo può essere rilassato. Il rilassamento del programma lineare intero (18.1) è:

$$\begin{array}{llll} \min & \sum_{j=1}^{N} x_j & & \\ \text{t.c.} & \sum_{j=1}^{N} t_{ji} x_j \geq b_i & & (i = 1, \ldots, m) \\ & x_j \geq 0 & & (j = 1, \ldots, N). \end{array} \tag{18.2}$$

Il teorema seguente dice che arrotondando una soluzione del rilassamento di Programmazione Lineare (18.2) si ottiene una soluzione di (18.1), ovvero del PROBLEMA DEL BIN-PACKING, che non è molto lontana dalla soluzione ottima:

Teorema 18.9. (Fernandez de la Vega e Lueker [1981]) *Sia I un'istanza del* PROBLEMA DEL BIN-PACKING *con solo m numeri diversi. Sia x una soluzione ammissibile (non necessariamente ottima) di (18.2) con al massimo m componenti non nulli. Allora si può trovare una soluzione del* PROBLEMA DEL BIN-PACKING *con al massimo $\left\lceil \sum_{j=1}^{N} x_j \right\rceil + \left\lfloor \frac{m-1}{2} \right\rfloor$ contenitori in tempo $O(|I|)$.*

Dimostrazione. Si consideri $\lfloor x \rfloor$, che risulta da x arrotondando per difetto ciascuna componente. In generale, $\lfloor x \rfloor$ non risolve completamente I (potrebbe usare dei numeri più spesso del necessario, ma ciò non è rilevante). Gli oggetti rimanenti formano un'istanza I'. Si osservi che

$$\mathrm{SUM}(I') \le \sum_{j=1}^{N}(x_j - \lfloor x_j \rfloor)\sum_{i=1}^{m} t_{ji}s_i \le \sum_{j=1}^{N} x_j - \sum_{j=1}^{N}\lfloor x_j \rfloor .$$

Quindi basta sistemare I' in al massimo $\lceil \mathrm{SUM}(I') \rceil + \left\lfloor \frac{m-1}{2} \right\rfloor$ contenitori, perché il numero totale di contenitori usati non è più grande di

$$\sum_{j=1}^{N}\lfloor x_j \rfloor + \lceil \mathrm{SUM}(I') \rceil + \left\lfloor \frac{m-1}{2} \right\rfloor \le \left\lceil \sum_{j=1}^{N} x_j \right\rceil + \left\lfloor \frac{m-1}{2} \right\rfloor .$$

Consideriamo due metodi di packing per I'. In primo luogo, il vettore $\lceil x \rceil - \lfloor x \rfloor$ posiziona certamente almeno gli elementi di I'. Il numero di contenitori usati è al massimo m poiché x ha al massimo m componenti non nulli. In secondo luogo, possiamo ottenere un packing di I' che usa al massimo $2\lceil \mathrm{SUM}(I') \rceil - 1$ contenitori applicando l'ALGORITMO DI NEXT-FIT (Teorema 18.4). Entrambi i packing possono essere ottenuti in tempo lineare.

Il migliore di questi due Packing usa al massimo $\min\{m, 2\lceil \mathrm{SUM}(I') \rceil - 1\} \le \lceil \mathrm{SUM}(I') \rceil + \frac{m-1}{2}$ contenitori. □

Corollario 18.10. (Fernandez de la Vega e Lueker [1981]) *Siano m e $\gamma > 0$ due costanti. Sia I un'istanza del* PROBLEMA DEL BIN-PACKING *con solo m numeri diversi, nessuno dei quali è minore di γ. Allora possiamo trovare una soluzione con al massimo* $\mathrm{OPT}(I) + \left\lfloor \frac{m-1}{2} \right\rfloor$ *contenitori in tempo* $O(|I|)$.

Dimostrazione. Per l'ALGORITMO DEL SIMPLESSO (Teorema 3.14) possiamo trovare una soluzione ottima di base x^* di (18.2), ossia un vertice del poliedro. Poiché qualsiasi vertice soddisfa N vincoli con l'uguaglianza (Proposizione 3.9), x^* ha al massimo m componenti non nulli.

Il tempo necessario a determinare x^* dipende solo da m e N. Si osservi che $N \le (m+1)^{\frac{1}{\gamma}}$, perché possono esserci al massimo $\frac{1}{\gamma}$ elementi in ogni contenitore. Dunque x^* può essere trovata in tempo costante.

Poiché $\left\lceil \sum_{j=1}^{N} x_j^* \right\rceil \le \mathrm{OPT}(I)$, una applicazione del Teorema 18.9 completa la dimostrazione. □

Usando il METODO DELL'ELLISSOIDE (Teorema 4.18) si arriva allo stesso risultato, che non è il migliore possibile: si può anche determinare l'ottimo esatto in tempo polinomiale per m e γ dati, poiché la PROGRAMMAZIONE INTERA con un numero costante di variabili può essere risolto in tempo polinomiale (Lenstra [1983]). Tuttavia, ciò non ci aiuta molto. Applicheremo ancora il Teorema 18.9 nelle prossima sezione ottenendo la stessa garanzia di prestazione in tempo polinomiale anche se m e γ non sono fissate (nella dimostrazione del Teorema 18.14).

Siamo ora in grado di formulare l'algoritmo di Fernandez de la Vega e Lueker [1981] che procede grosso modo come segue. Prima partizioniamo gli n numeri in $m+2$ gruppi in base alla loro dimensione. Prendiamo il gruppo con la dimensione maggiore e usiamo un contenitore per ogni suo numero. Dopo sistemiamo gli m gruppi medi arrotondando prima la dimensione di ogni numero a quella del numero più grande del suo gruppo e poi applicando il Corollario 18.10. Infine sistemiamo il gruppo con i numeri più piccoli.

ALGORITMO DI FERNANDEZ-DE-LA-VEGA-LUEKER

Input: Un'istanza $I = a_1, \dots, a_n$ del PROBLEMA DEL BIN-PACKING. Un numero $\epsilon > 0$.

Output: Una soluzione (k, f) per I.

① Poni $\gamma := \frac{\epsilon}{\epsilon+1}$ e $h := \lceil \epsilon \text{ SUM}(I) \rceil$.

② Sia $I_1 = L, M, R$ un riordinamento della lista I, in cui $M = K_0, y_1, K_1, y_2, \dots, K_{m-1}, y_m$ e $L, K_0, K_1, \dots, K_{m-1}$ e R sono ancora delle liste, tali che sono soddisfatte le proprietà seguenti:
   (a) Per ogni $x \in L$: $x < \gamma$.
   (b) Per ogni $x \in K_0$: $\gamma \le x \le y_1$.
   (c) Per ogni $x \in K_i$: $y_i \le x \le y_{i+1}$ $(i = 1, \dots, m-1)$.
   (d) Per ogni $x \in R$: $y_m \le x$.
   (e) $|K_1| = \cdots = |K_{m-1}| = |R| = h-1$ e $|K_0| \le h-1$.

   (k, f) viene ora determinato dai tre passi di packing seguenti:

③ Trova un packing S_R di R usando $|R|$ contenitori.

④ Considera l'istanza Q che consiste dei numeri $y_1, y_2, \dots, y_m$, ognuno dei quali appare h volte. Trova un packing S_Q di Q che usa al massimo $\frac{m+1}{2}$ contenitori più del necessario (usando il Corollario 18.10). Trasforma S_Q in un packing S_M di M.

⑤ Sino a quando un contenitore di S_R o S_M ha spazio almeno pari a γ, riempilo con elementi di L. Infine, trova un packing di ciò che rimane di L usando l'ALGORITMO DI NEXT-FIT.

In ④ abbiamo usato un bound leggermente più debole di quello ottenuto nel Corollario 18.10. Ciò non rappresenta un problema e avremo bisogno di questa forma nella Sezione 18.3. L'algoritmo precedente è uno schema di approssimazione asintotico. Più precisamente:

Teorema 18.11. (Fernandez de la Vega e Lueker [1981]) *Per ogni $0 < \epsilon \le \frac{1}{2}$ e ogni istanza I del* PROBLEMA DEL BIN-PACKING, *l'*ALGORITMO DI FERNANDEZ-DE-LA-VEGA-LUEKER *restituisce una soluzione che usa al massimo $(1+\epsilon)\,\text{OPT}(I) + \frac{1}{\epsilon^2}$ contenitori. Il tempo di esecuzione è $O(n\frac{1}{\epsilon^2})$ più il tempo necessario a risolvere (18.2). Per ϵ fissato, il tempo di esecuzione è $O(n)$.*

Dimostrazione. In ②, determiniamo prima L in tempo $O(n)$. Poi poniamo $m := \left\lfloor \frac{|I|-|L|}{h} \right\rfloor$. Poiché $\gamma(|I| - |L|) \leq \mathrm{SUM}(I)$, abbiamo

$$m \leq \frac{|I| - |L|}{h} \leq \frac{|I| - |L|}{\epsilon\, \mathrm{SUM}(I)} \leq \frac{1}{\gamma\epsilon} = \frac{\epsilon + 1}{\epsilon^2}.$$

Sappiamo che y_i deve essere il $(|I| + 1 - (m - i + 1)h)$-esimo elemento più piccolo $(i = 1, \dots, m)$. Dunque per il Corollario 17.4 possiamo trovare ogni y_i in tempo $O(n)$. Infine determiniamo $K_0, K_1, \dots, K_{m-1}, R$, ognuno in tempo $O(n)$. Dunque ② può essere implementato per richiedere un tempo $O(mn)$. Si noti che $m = O(\frac{1}{\epsilon^2})$.

I passi ③, ④ e ⑤, tranne la soluzione di (18.2), possono essere facilmente implementati per richiedere un tempo $O(n)$. Per ϵ fissato, (18.2) può essere anche risolto in tempo $O(n)$ (Corollario 18.10).

Dimostriamo ora la garanzia di prestazione. Sia k il numero di contenitori che usa l'algoritmo. Scriviamo $|S_R|$ e $|S_M|$ per il numero di contenitori usati rispettivamente nel packing di R e M.

Abbiamo

$$|S_R| \leq |R| = h - 1 < \epsilon\, \mathrm{SUM}(I) \leq \epsilon\, \mathrm{OPT}(I).$$

Si osservi che $\mathrm{OPT}(Q) \leq \mathrm{OPT}(I)$: l'$i$-mo elemento più grande di I è maggiore o uguale all'i-mo elemento più grande di Q per ogni $i = 1, \dots, hm$. Quindi per ④ (Corollario 18.10) abbiamo

$$|S_M| = |S_Q| \leq \mathrm{OPT}(Q) + \frac{m+1}{2} \leq \mathrm{OPT}(I) + \frac{m+1}{2}.$$

In ⑤ possiamo imballare alcuni elementi di L in contenitori di S_R e S_M. Sia L' la lista degli elementi rimanenti in L.

Caso 1: L' non è vuoto. Allora la dimensione totale degli elementi in ogni contenitore, tranne eventualmente l'ultimo, supera $1 - \gamma$, e abbiamo dunque $(1 - \gamma)(k - 1) < \mathrm{SUM}(I) \leq \mathrm{OPT}(I)$. Concludiamo che

$$k \leq \frac{1}{1-\gamma}\mathrm{OPT}(I) + 1 = (1 + \epsilon)\mathrm{OPT}(I) + 1.$$

Caso 2: L' è vuoto. Allora

$$\begin{aligned} k &\leq |S_R| + |S_M| \\ &< \epsilon\, \mathrm{OPT}(I) + \mathrm{OPT}(I) + \frac{m+1}{2} \\ &\leq (1+\epsilon)\mathrm{OPT}(I) + \frac{\epsilon + 1 + \epsilon^2}{2\epsilon^2} \\ &\leq (1+\epsilon)\mathrm{OPT}(I) + \frac{1}{\epsilon^2}, \end{aligned}$$

perché $\epsilon \leq \frac{1}{2}$. □

Naturalmente il tempo di esecuzione cresce esponenzialmente in $\frac{1}{\epsilon}$. Tuttavia, Karmarkar e Karp hanno mostrato come ottenere uno schema di approssimazione asintotico pienamente polinomiale. Questo sarà l'argomento della prossima sezione.

18.3 Algoritmo di Karmarkar-Karp

L'algoritmo di Karmarkar e Karp [1982] funziona come l'algoritmo della sezione precedente, ma invece di risolvere all'ottimo il rilassamento lineare (18.2) come nel Corollario 18.10, lo risolve con errore assoluto costante.

Il fatto che il numero di variabili cresca esponenzialmente in $\frac{1}{\epsilon}$ non impedisce di risolvere il PL: Gilmore e Gomory [1961] hanno sviluppato la tecnica della generazione di colonne e hanno ottenuto una variante dell'ALGORITMO DEL SIMPLESSO che in pratica risolve (18.2) in modo molto efficiente. Usando idee simili e l'ALGORITMO DI GRÖTSCHEL-LOVÁSZ-SCHRIJVER si arriva a un altro algoritmo teoricamente efficiente.

Il PL duale gioca un ruolo fondamentale negli approcci citati prima. Il duale di (18.2) è:

$$\begin{array}{llll} \max & yb & & \\ \text{t.c.} & \sum_{i=1}^{m} t_{ji} y_i \leq 1 & & (j = 1, \ldots, N) \\ & y_i \geq 0 & & (i = 1, \ldots, m). \end{array} \tag{18.3}$$

Questo problema ha solo m variabili, ma un numero esponenziale di vincoli. Tuttavia, il numero di vincoli non è importante quando si può risolvere il PROBLEMA DI SEPARAZIONE in tempo polinomiale. Per questo problema il PROBLEMA DI SEPARAZIONE è equivalente a un PROBLEMA DI ZAINO. Poiché possiamo risolvere i PROBLEMI DI ZAINO con un errore arbitrariamente piccolo, possiamo risolvere il PROBLEMA DEBOLE DI SEPARAZIONE in tempo polinomiale. Possiamo quindi dimostrare che:

Lemma 18.12. (Karmarkar e Karp [1982]) *Sia I un'istanza del* PROBLEMA DEL BIN-PACKING *con solo m numeri diversi, nessuno dei quali è più piccolo di γ. Sia $\delta > 0$. Allora una soluzione ammissibile y^* del PL duale (18.3) diversa dall'ottimo di al massimo δ può essere trovata in tempo $O\left(m^6 \log^2 \frac{mn}{\gamma\delta} + \frac{m^5 n}{\delta} \log \frac{mn}{\gamma\delta}\right)$.*

Dimostrazione. Possiamo assumere che $\delta = \frac{1}{p}$ per un numero naturale p. Applichiamo l'ALGORITMO DI GRÖTSCHEL-LOVÁSZ-SCHRIJVER (Teorema 4.19). Sia $\mathcal{D}$ il poliedro di (18.3). Abbiamo

$$B\left(x_0, \frac{\gamma}{2}\right) \subseteq [0, \gamma]^m \subseteq \mathcal{D} \subseteq [0, 1]^m \subseteq B(x_0, \sqrt{m}),$$

in cui x_0 è il vettore le cui componenti sono tutte pari a $\frac{\gamma}{2}$.

Dimostreremo che possiamo risolvere il PROBLEMA DEBOLE DI SEPARAZIONE per (18.3), ovvero $\mathcal{D}$ e b, e $\frac{\delta}{2}$ in tempo $O\left(\frac{nm}{\delta}\right)$, indipendentemente dalla dimensione del vettore di ingresso y. Per il Teorema 4.19, ciò implica che il PROBLEMA DEBOLE DI OTTIMIZZAZIONE può essere risolto in tempo $O\left(m^6 \log^2 \frac{m||b||}{\gamma\delta} + \frac{m^5 n}{\delta} \log \frac{m||b||}{\gamma\delta}\right)$, il che dimostra il lemma poiché $||b|| \leq n$.

Per mostrare come risolvere il PROBLEMA DEBOLE DI SEPARAZIONE, sia dato $y \in \mathbb{Q}^m$. Possiamo assumere $0 \leq y \leq 1$ poiché altrimenti il problema è banale. Si osservi che y è ammissibile se e solo se

$$\max\{yx : x \in \mathbb{Z}_+^m,\ xs \leq 1\} \ \leq\ 1, \tag{18.4}$$

in cui $s = (s_1, \ldots, s_m)$ è il vettore delle dimensioni degli oggetti.

(18.4) è un PROBLEMA DI ZAINO e non si può dunque sperare di risolverlo in modo esatto. Ma ciò non è necessario, poiché il PROBLEMA DEBOLE DI SEPARAZIONE cerca solo una soluzione approssimata.

Scriviamo $y' := \lfloor \frac{2n}{\delta} y \rfloor$ (l'arrotondamento è componente per componente). Il problema

$$\max\{y'x : x \in \mathbb{Z}_+^m,\ xs \leq 1\} \tag{18.5}$$

può essere risolto all'ottimo con la programmazione dinamica, in modo molto simile all'ALGORITMO DI PROGRAMMAZIONE DINAMICA PER LO ZAINO della Sezione 17.2 (si veda l'Esercizio 6 del Capitolo 17): sia $F(0) := 0$ e

$$F(k) \ :=\ \min\{F(k - y_i') + s_i : i \in \{1, \ldots, m\},\ y_i' \leq k\}$$

per $k = 1, \ldots, \frac{4n}{\delta}$. $F(k)$ è la dimensione minima di un insieme di elementi con costo totale pari a k (rispetto a y').

Ora il massimo in (18.5) è inferiore o uguale a $\frac{2n}{\delta}$ se e solo se $F(k) > 1$ per ogni $k \in \{\frac{2n}{\delta} + 1, \ldots, \frac{4n}{\delta}\}$. Il tempo totale necessario a verificarlo è $O\left(\frac{mn}{\delta}\right)$. Esistono due casi:

Caso 1: il massimo in (18.5) è inferiore o uguale a $\frac{2n}{\delta}$. Allora $\frac{\delta}{2n} y'$ è una soluzione ammissibile di (18.3). Inoltre, $by - b\frac{\delta}{2n} y' \leq b\frac{\delta}{2n} \mathbb{1} = \frac{\delta}{2}$. Abbiamo risolto quindi il PROBLEMA DEBOLE DI SEPARAZIONE.

Caso 2: esiste un $x \in \mathbb{Z}_+^m$ con $xs \leq 1$ e $y'x > \frac{2n}{\delta}$. Tale x può essere facilmente calcolato dai numeri $F(k)$ in tempo $O\left(\frac{mn}{\delta}\right)$. Abbiamo $yx \geq \frac{\delta}{2n} y'x > 1$. Quindi x corrisponde a una configurazione di contenitore che dimostra che y non è ammissibile. Poiché abbiamo $zx \leq 1$ per ogni $z \in \mathcal{D}$, questo è un iperpiano di separazione, e quindi abbiamo concluso. □

Lemma 18.13. (Karmarkar e Karp [1982]) *Sia I un'istanza del* PROBLEMA DEL BIN-PACKING *con solo m numeri diversi, nessuno dei quali è inferiore a γ. Sia $\delta > 0$. Allora una soluzione ammissibile x del PL primale (18.2) che è diversa dall'ottimo di al massimo δ e che abbia al massimo m componenti non nulle può essere trovata in tempo polinomiale in n, $\frac{1}{\delta}$ e $\frac{1}{\gamma}$.*

Dimostrazione. Risolviamo prima il PL duale (18.3) in modo approssimato, usando il Lemma 18.12. Otteniamo un vettore y^* con $y^*b \geq \text{OPT}(18.3) - \delta$. Ora siano

$T_{k_1}, \dots, T_{k_{N'}}$ quelle configurazioni di contenitore che appaiono come iperpiani di separazione nel Caso 2 delle dimostrazione precedente, più dei vettori unitari (le configurazioni dei contenitore che contengono un solo elemento). Si noti che N' è limitato dal numero di iterazioni del ALGORITMO DI GRÖTSCHEL-LOVÁSZ-SCHRIJVER (Teorema 4.19), dunque $N' = O\left(m^2 \log \frac{mn}{\gamma\delta}\right)$.

Si consideri il PL

$$\begin{array}{llll} \max & yb & & \\ \text{t.c.} & \sum_{i=1}^{m} t_{k_j i} y_i \leq 1 & (j = 1, \dots, N') & \\ & y_i \geq 0 & (i = 1, \dots, m). & \end{array} \tag{18.6}$$

Si osservi che la procedura precedente per (18.3) (nella dimostrazione del Lemma 18.12) è anche una applicazione valida dell'ALGORITMO DI GRÖTSCHEL-LOVÁSZ-SCHRIJVER per (18.6): l'oracolo per il PROBLEMA DEBOLE DI SEPARAZIONE può sempre dare la stessa risposta di prima. Quindi abbiamo $y^* b \geq \text{OPT}(18.6) - \delta$. Si consideri

$$\begin{array}{llll} \min & \sum_{j=1}^{N'} x_{k_j} & & \\ \text{t.c.} & \sum_{j=1}^{N'} t_{k_j i} x_{k_j} \geq b_i & (i = 1, \dots, m) & \\ & x_{k_j} \geq 0 & (j = 1, \dots, N') & \end{array} \tag{18.7}$$

che è il duale di (18.6). Il PL (18.7) viene da (18.2) eliminando le variabili x_j per $j \in \{1, \dots, N\} \setminus \{k_1, \dots, k_{N'}\}$ (forzandole a essere pari a zero). In altre parole, possono essere utilizzate solo N' tra le N configurazioni di contenitori.

Abbiamo

$$\text{OPT}(18.7) - \delta = \text{OPT}(18.6) - \delta \leq y^* b \leq \text{OPT}(18.3) = \text{OPT}(18.2).$$

Dunque è sufficiente risolvere (18.7). Ma (18.7) è un PL di dimensione polinomiale: ha N' variabili e m vincoli; nessuno degli elementi della matrice è maggiore di $\frac{1}{\gamma}$, e nessuno degli elementi dei termini noti è maggiore di n. Dunque per il Teorema di Khachiyan 4.18, può essere risolto in tempo polinomiale. Otteniamo una soluzione ottima di base x (x è un vertice del poliedro, dunque x ha al massimo m componenti non nulli). □

Applichiamo ora l'ALGORITMO DI FERNANDEZ-DE-LA-VEGA-LUEKER con una sola modifica: sostituiamo la soluzione esatta di (18.2) con una applicazione del Lemma 18.13.

Teorema 18.14. (Karmarkar e Karp [1982]) *Esiste uno schema di approssimazione asintotico pienamente polinomiale per il* PROBLEMA DEL BIN-PACKING.

Dimostrazione. Applichiamo il Lemma 18.13 con $\delta = 1$, ottenendo una soluzione ottima x di (18.7) con al massimo m componenti non nulle. Abbiamo $\mathbb{1}x \leq \text{OPT}(18.2) + 1$. Una applicazione del Teorema 18.9 ci porta a una soluzione intera che usa al massimo $\lceil\text{OPT}(18.2)\rceil + 1 + \frac{m-1}{2}$ contenitori, come richiesto in ④ dell'ALGORITMO DI FERNANDEZ-DE-LA-VEGA-LUEKER.

Dunque l'affermazione del Teorema 18.11 rimane valida. Poiché $m \leq \frac{2}{\epsilon^2}$ e $\frac{1}{\gamma} \leq \frac{2}{\epsilon}$ (possiamo assumere $\epsilon \leq 1$), il tempo di esecuzione per trovare x è polinomiale in n e $\frac{1}{\epsilon}$. □

Il tempo di esecuzione ottenuto in questo modo è peggiore di $O\left(\epsilon^{-40}\right)$ e completamente inutilizzabile per scopi pratici. Karmarkar e Karp [1982] hanno mostrato come ridurre il numero di variabili in (18.7) a m (cambiano solo di poco il valore ottimo) e hanno quindi migliorato il tempo di esecuzione (si veda l'Esercizio 11). Plotkin, Shmoys e Tardos [1995] hanno ottenuto un tempo di esecuzione di $O(n \log \epsilon^{-1} + \epsilon^{-6} \log \epsilon^{-1})$.

In letteratura, sono state considerate molte generalizzazioni del problema di Bin-Packing. Per esempio, il problema del bin-packing bidimensionale, in cui si chiede di sistemare un insieme di rettangoli paralleli lungo gli assi in un numero minimo di quadrati unitari (senza possibilità di eseguire rotazioni), non ha uno schema di approssimazione asintotico a meno che $P = NP$ (Bansal et al. [2006]). Si veda Caprara [2008], Zhang [2005], e i riferimenti là citati.

Esercizi

1. Sia k fissato. Descrivere un algoritmo pseudo-polinomiale il quale, data un'istanza I del PROBLEMA DEL BIN-PACKING, o trova una soluzione per questa istanza usando non più di k contenitori oppure decide che non ammette nessuna soluzione.
2. Si consideri il PROBLEMA DEL BIN-PACKING limitato a istanze $a_1, \ldots, a_n$ con $a_i > \frac{1}{3}$ per $i = 1, \ldots, n$.
   (a) Ridurre il problema al PROBLEMA DEL MATCHING DI CARDINALITÀ MASSIMA.
   (b) Mostrare come risolvere il problema in tempo $O(n \log n)$.
3. Si consideri il PROBLEMA DELL'ASSEGNAMENTO QUADRATICO: date due matrici $A, B \in \mathbb{R}_+^{n \times n}$, trovare una permutazione π di $\{1, \ldots, n\}$ tale che $\sum_{i,j=1}^{n} a_{i,j} b_{\pi(i),\pi(j)}$ sia minima. Mostrare che questo problema non ha un algoritmo di approssimazione con fattore costante a meno che $P = NP$, anche per il caso in cui A è una matrice 0-1 e gli elementi di B definiscono una metrica.
   Suggerimento: usare il Teorema 18.3.
   (Queyranne [1986])
4. Trovare un'istanza I del PROBLEMA DEL BIN-PACKING, in cui $FF(I) = 17$ mentre $\text{OPT}(I) = 10$.

5. Implementare l'ALGORITMO DI FIRST-FIT e l'ALGORITMO DI FIRST-FIT-DECREASING in modo da richiedere tempo $O(n \log n)$.
6. Mostrare che non esiste nessun algoritmo online per il PROBLEMA DEL BIN-PACKING con rapporto di garanzia inferiore a $\frac{4}{3}$.
   Suggerimento: si noti che non assumiamo che $P \neq NP$. Tale algoritmo non esiste indipendentemente dal tempo di esecuzione. Si consideri la lista che consiste in n elementi di dimensione $\frac{1}{2} - \epsilon$ seguita da n elementi di dimensione $\frac{1}{2} + \epsilon$.
7. Mostrare che ② dell'ALGORITMO DI FERNANDEZ-DE-LA-VEGA-LUEKER può essere implementato in tempo $O\left(n \log \frac{1}{\epsilon}\right)$.
8. Si consideri il PL (18.3), che ha una variabile y_i per ogni $i = 1, \ldots, m$ (cioè per ogni possibile dimensione). Si assuma che $s_1 > \cdots > s_m$. Mostrare che allora esiste una soluzione ottima con $y_1 \geq \cdots \geq y_m$.
   (Caprara [2008])
9. * Si dimostri che per qualsiasi $\epsilon > 0$ esiste un algoritmo tempo-polinomiale che per qualsiasi istanza $I = (a_1, \ldots, a_n)$ del PROBLEMA DEL BIN-PACKING trova un packing che usa il numero ottimo di contenitori ma viola il vincolo di capacità di ϵ, ovvero esiste una $f : \{1, \ldots, n\} \to \{1, \ldots, \text{OPT}(I)\}$ con $\sum_{f(i)=j} a_i \leq 1 + \epsilon$ per ogni $j \in \{1, \ldots, \text{OPT}(I)\}$.
   Suggerimento: usare le idee della Sezione 18.2.
   (Hochbaum e Shmoys [1987])
10. Si consideri il seguente PROBLEMA DI SCHEDULING MULTIPROCESSORE. Dati un insieme finito A di task, un numero positivo $t(a)$ per ogni $a \in A$ (il tempo di esecuzione), e un numero m di processori, trovare una partizione $A = A_1 \dot\cup A_2 \dot\cup \cdots \dot\cup A_m$ di A in m insiemi disgiunti a due a due tali che $\max_{i=1}^{m} \sum_{a \in A_i} t(a)$ sia minimo.
    (a) Mostrare che questo problema è fortemente *NP*-difficile.
    (b) Mostrare che un algoritmo greedy che assegna successivamente i lavori (con un ordine qualsiasi) alla macchina meno usata al momento è un algoritmo di approssimazione di fattore 2.
    (c) Mostrare che per ogni m fissato il problema ha uno schema di approssimazione pienamente polinomiale.
    (Horowitz e Sahni [1976])
    * (d) Usare l'Esercizio 9 per mostrare che il PROBLEMA DI SCHEDULING MULTIPROCESSORE ha uno schema di approssimazione.
    (Hochbaum e Shmoys [1987])

    Osservazione: questo problema è stato l'argomento del primo articolo sugli algoritmi di approssimazione (Graham [1966]). Sono state studiate molte varianti dei problemi di scheduling; si veda ad esempio Graham et al. [1979] oppure Lawler et al. [1993].
11. * Si consideri il PL (18.6) nella dimostrazione del Lemma 18.13. Tutti i vincoli tranne m, possono essere omessi senza che cambi il valore ottimo. Non siamo in grado di trovare questi m vincoli in tempo polinomiale, ma possiamo trovare m

vincoli tali che rimuovendo (per esempio, uno alla volta) tutti i vincoli rimanenti il valore ottimo non cambia di troppo. Come?
Suggerimento: sia $D^{(0)}$ il PL (18.6) e si costruiscano iterativamente i Programmi Lineari $D^{(1)}, D^{(2)}, \ldots$ rimuovendo sempre più vincoli. Ad ogni iterazione, una soluzione $y^{(i)}$ di $D^{(i)}$ è data con $by^{(i)} \geq \mathrm{OPT}\left(D^{(i)}\right) - \delta$. L'insieme di vincoli viene partizionato in $m+1$ insiemi con approssimativamente la stessa dimensione, e per ogni insieme controlliamo se l'insieme può essere rimosso. Questo test viene realizzato considerando il PL dopo la rimozione, diciamo $\overline{D}$, e applicando l'ALGORITMO DI GRÖTSCHEL-LOVÁSZ-SCHRIJVER. Sia $\overline{y}$ una soluzione di $\overline{D}$ con $b\overline{y} \geq \mathrm{OPT}\left(\overline{D}\right) - \delta$. Se $b\overline{y} \leq by^{(i)} + \delta$, il test è positivo, e poniamo $D^{(i+1)} := \overline{D}$ e $y^{(i+1)} := \overline{y}$. Si scelga δ in modo appropriato.
(Karmarkar e Karp [1982])

* 12. Trovare una scelta appropriata di ϵ come una funzione di $\mathrm{SUM}(I)$, tale che la versione che si ottiene dell'ALGORITMO DI KARMARKAR-KARP è un algoritmo tempo-polinomiale che ha garanzia di trovare una soluzione con al massimo $\mathrm{OPT}(I) + O\left(\frac{\mathrm{OPT}(I)\log\log\mathrm{OPT}(I)}{\log\mathrm{OPT}(I)}\right)$ contenitori.
(Johnson [1982])

Riferimenti bibliografici

Letteratura generale:

Coffman, E.G., Garey, M.R., Johnson, D.S. [1996]: Approximation algorithms for bin-packing; a survey. In: Approximation Algorithms for *NP*-Hard Problems (D.S. Hochbaum, ed.), PWS, Boston

Riferimenti citati:

Baker, B.S. [1985]: A new proof for the First-Fit Decreasing bin-packing algorithm. Journal of Algorithms 6, 49–70

Bansal, N., Correa, J.R., Kenyon, C., Sviridenko, M. [2006]: Bin packing in multiple dimensions: inapproximability results and approximation schemes. Mathematics of Operations Research 31, 31–49

Caprara, A. [2008]: Packing d-dimensional bins in d stages. Mathematics of Operations Research 33, 203–215

Dósa, G. [2007]: The tight bound of first fit decreasing bin-packing algorithm is $FFD(I) \leq 11/9OPT(I)+6/9$. In: Combinatorics, Algorithms, Probabilistic and Experimental Methodologies; LNCS 4614 (Chen, B., Paterson, M., Zhang, G., eds.), Springer, Berlin, pp. 1–11

Eisemann, K. [1957]: The trim problem. Management Science 3, 279–284

Fernandez de la Vega, W., Lueker, G.S. [1981]: Bin packing can be solved within $1+\epsilon$ in linear time. Combinatorica 1, 349–355

Garey, M.R., Graham, R.L., Johnson, D.S., Yao, A.C. [1976]: Resource constrained scheduling as generalized bin packing. Journal of Combinatorial Theory A 21, 257–298

Garey, M.R., Johnson, D.S. [1975]: Complexity results for multiprocessor scheduling under resource constraints. SIAM Journal on Computing 4, 397–411

Garey, M.R., Johnson, D.S. [1979]: Computers and Intractability; A Guide to the Theory of *NP*-Completeness. Freeman, San Francisco, p. 127

Gilmore, P.C., Gomory, R.E. [1961]: A linear programming approach to the cutting-stock problem. Operations Research 9, 849–859

Graham, R.L. [1966]: Bounds for certain multiprocessing anomalies. Bell Systems Technical Journal 45, 1563–1581

Graham, R.L., Lawler, E.L., Lenstra, J.K., Rinnooy Kan, A.H.G. [1979]: Optimization and approximation in deterministic sequencing and scheduling: a survey. In: Discrete Optimization II; Annals of Discrete Mathematics 5 (P.L. Hammer, E.L. Johnson, B.H. Korte, eds.), North-Holland, Amsterdam, pp. 287–326

Hochbaum, D.S., Shmoys, D.B. [1987]: Using dual approximation algorithms for scheduling problems: theoretical and practical results. Journal of the ACM 34, 144–162

Horowitz, E., Sahni, S.K. [1976]: Exact and approximate algorithms for scheduling nonidentical processors. Journal of the ACM 23, 317–327

Johnson, D.S. [1973]: Near-Optimal Bin Packing Algorithms. Doctoral Thesis, Dept. of Mathematics, MIT, Cambridge, MA

Johnson, D.S. [1974]: Fast algorithms for bin-packing. Journal of Computer and System Sciences 8, 272–314

Johnson, D.S. [1982]: The *NP*-completeness column; an ongoing guide. Journal of Algorithms 3, 288–300, Sezione 3

Johnson, D.S., Demers, A., Ullman, J.D., Garey, M.R., Graham, R.L. [1974]: Worst-case performance bounds for simple one-dimensional packing algorithms. SIAM Journal on Computing 3, 299–325

Karmarkar, N., Karp, R.M. [1982]: An efficient approximation scheme for the one-dimensional bin-packing problem. Proceedings of the 23rd Annual IEEE Symposium on Foundations of Computer Science, 312–320

Lawler, E.L., Lenstra, J.K., Rinnooy Kan, A.H.G., Shmoys, D.B. [1993]: Sequencing and scheduling: algorithms and complexity. In: Handbooks in Operations Research and Management Science; Vol. 4 (S.C. Graves, A.H.G. Rinnooy Kan, P.H. Zipkin, eds.), Elsevier, Amsterdam

Lenstra, H.W. [1983]: Integer Programming with a fixed number of variables. Mathematics of Operations Research 8, 538–548

Papadimitriou, C.H. [1994]: Computational Complexity. Addison-Wesley, Reading, pp. 204–205

Plotkin, S.A., Shmoys, D.B., Tardos, É. [1995]: Fast approximation algorithms for fractional packing and covering problems. Mathematics of Operations Research 20, 257–301

Queyranne, M. [1986]: Performance ratio of polynomial heuristics for triangle inequality quadratic assignment problems. Operations Research Letters 4, 231–234

Seiden, S.S. [2002]: On the online bin packing problem. Journal of the ACM 49, 640–671

Simchi-Levi, D. [1994]: New worst-case results for the bin-packing problem. Naval Research Logistics 41, 579–585

van Vliet, A. [1992]: An improved lower bound for on-line bin packing algorithms. Information Processing Letters 43, 277–284

Yue, M. [1991]: A simple proof of the inequality $FFD(L) \leq \frac{11}{9}\,\mathrm{OPT}(L) + 1, \forall L$, for the FFD bin-packing algorithm. Acta Mathematicae Applicatae Sinica 7, 321–331

Zhang, G. [2005]: A 3-approximation algorithm for two-dimensional bin packing. Operations Research Letters 33, 121–126

19

Flussi multi-prodotto e cammini arco-disgiunti

Il PROBLEMA DEI FLUSSI MULTI-PRODOTTO è una generalizzazione del PROBLEMA DEL FLUSSO MASSIMO. Dato un digrafo con capacità sugli archi, cerchiamo un flusso s-t per diverse coppie (s, t) (si parla di diversi prodotti [commodity]), tale che il flusso totale che attraversa qualsiasi arco non superi la sua capacità. Specifichiamo le coppie (s, t) con un secondo digrafo, in cui, per ragioni tecniche, abbiamo un arco da t a s quando cerchiamo un flusso s-t. In modo formale, abbiamo il problema seguente:

PROBLEMA DEI FLUSSI MULTI-PRODOTTO ORIENTATO	
Istanza:	Una coppia (G, H) di digrafi con gli stessi vertici. Capacità $u : E(G) \to \mathbb{R}_+$ e domande $b : E(H) \to \mathbb{R}_+$.
Obiettivo:	Trovare una famiglia $(x^f)_{f \in E(H)}$, in cui x^f è un flusso s-t di valore $b(f)$ in G per ogni $f = (t, s) \in E(H)$, e $$\sum_{f \in E(H)} x^f(e) \le u(e) \quad \text{per ogni } e \in E(G).$$

Esiste anche una versione non orientata di questo problema che discuteremo in seguito. Gli archi di G talvolta sono chiamati **archi di servizio**, gli archi di H **archi di domanda** o **prodotti**. Se $u \equiv 1$, $b \equiv 1$ e x è vincolato a essere intero, abbiamo il Problema dei Cammini Arco-Disgiunti. A volte si hanno anche dei pesi sugli archi e si cerca un flusso multi-prodotto di costo minimo. Per ora siamo interessati solo a soluzioni ammissibili.

Naturalmente, il problema può essere risolto in tempo polinomiale usando la PROGRAMMAZIONE LINEARE (cf. Teorema 4.18). Tuttavia le formulazioni di programmazione lineare sono molto grandi e risulta dunque importante avere un algoritmo combinatorio, presentato nella Sezione 19.2, che risolve questo problema in modo approssimato. Questo algoritmo usa una formulazione di PL come motivazione. Inoltre, la dualità della programmazione lineare dà una caratterizzazione precisa del nostro problema, come mostrato nella Sezione 19.1. Questo ci porta a condizioni necessarie (ma in generale non sufficienti) per il PROBLEMA DEI CAMMINI ARCO-DISGIUNTI.

Korte B., Vygen J.: Ottimizzazione Combinatoria. Teoria e Algoritmi.

In molte applicazioni si è interessati a flussi interi, o cammini, che vengono formulati in modo naturale come un PROBLEMA DEI CAMMINI ARCO-DISGIUNTI. Nella Sezione 8.2, abbiamo considerato un caso particolare di questo problema. dove avevamo una condizione necessaria e sufficiente per l'esistenza di k cammini arco-disgiunti (o disgiunti internamente) da s a t per due dati vertici s e t (Teoremi di Menger 8.9 e 8.10). Dimostreremo che in generale il PROBLEMA DEI CAMMINI ARCO-DISGIUNTI è *NP*-difficile, sia nel caso orientato che nel caso non orientato. Ciononostante esistono dei casi particolari interessanti che possono essere risolti in tempo polinomiale, come vedremo nelle Sezioni 19.3 e 19.4.

19.1 Flussi multi-prodotto

Trattiamo ora il PROBLEMA DEI FLUSSI MULTI-PRODOTTO ORIENTATO anche se tutti i risultati di questa sezione si verificano anche per la versione non orientata.

PROBLEMA DEI FLUSSI MULTI-PRODOTTO NON ORIENTATO	
Istanza:	Una coppia (G, H) di grafi non orientati sugli stessi vertici. Capacità $u : E(G) \to \mathbb{R}_+$ e domande $b : E(H) \to \mathbb{R}_+$.
Obiettivo:	Trovare una famiglia $(x^f)_{f \in E(H)}$, in cui x^f è un flusso s-t di valore $b(f)$ in $(V(G), \{(v, w), (w, v) : \{v, w\} \in E(G)\})$ per ogni $f = \{t, s\} \in E(H)$, e $$\sum_{f \in E(H)} \left(x^f((v, w)) + x^f((w, v)) \right) \leq u(e)$$ per ogni $e = \{v, w\} \in E(G)$.

Entrambe le versioni del PROBLEMA DEI FLUSSI MULTI-PRODOTTO sono formulate in modo naturale come dei programmi lineari (si veda la formulazione di programmazione lineare del PROBLEMA DEL FLUSSO MASSIMO della Sezione 8.1). Possono quindi essere risolti in tempo polinomiale (Teorema 4.18). Inoltre, solo per dei casi particolari si conoscono degli algoritmi esatti tempo-polinomiale che non usano la PROGRAMMAZIONE LINEARE.

Mostriamo ora una formulazione alternativa di programmazione lineare del PROBLEMA DEI FLUSSI MULTI-PRODOTTO che si rivelerà utile in seguito.

Lemma 19.1. *Sia (G, H, u, b) un'istanza del* PROBLEMA DEI FLUSSI MULTI-PRODOTTO (ORIENTATO *o* NON ORIENTATO). *Sia C l'insieme dei circuiti di $G+H$ che contengono esattamente un arco di domanda. Sia M una matrice 0-1 le cui colonne corrispondono agli elementi di C e le cui righe corrispondono agli archi di G, in cui $M_{e,C} = 1$ se e solo se $e \in C$. In modo simile, sia N un matrice 0-1 le cui colonne corrispondono agli elementi di C e le cui righe corrispondono agli archi di H, in cui $N_{f,C} = 1$ se e solo se $f \in C$.*

Allora ogni soluzione del PROBLEMA DEI FLUSSI MULTI-PRODOTTO *corrisponde ad almeno un punto nel politopo*

$$\left\{y \in \mathbb{R}^{\mathcal{C}} : y \geq 0,\ My \leq u,\ Ny = b\right\}, \tag{19.1}$$

e ogni punto di questo politopo corrisponde a una soluzione unica del PROBLEMA DEI FLUSSI MULTI-PRODOTTO.

Dimostrazione. Per semplificare la nostra notazione consideriamo solo il caso orientato; il caso non orientato segue sostituendo ogni arco non orientato con il sottografo mostrato nella Figura 8.2.

Sia $(x^f)_{f\in E(H)}$ una soluzione del PROBLEMA DEI FLUSSI MULTI-PRODOTTO. Per ogni $f = (t, s) \in E(H)$ il flusso s-t x^f può essere decomposto in un insieme $\mathcal{P}$ di cammini s-t e un insieme $\mathcal{Q}$ di circuiti (Teorema 8.8): per ogni arco di domanda f possiamo scrivere

$$x^f(e) = \sum_{P\in\mathcal{P}\cup\mathcal{Q}:\, e\in E(P)} w(P)$$

per $e \in E(G)$, in cui $w : \mathcal{P} \cup \mathcal{Q} \to \mathbb{R}_+$. Poniamo $y_{P+f} := w(P)$ per $P \in \mathcal{P}$ e $y_C := 0$ per $f \in C \in \mathcal{C}$ con $C - f \notin \mathcal{P}$. Questo ci dà ovviamente un vettore $y \geq 0$ con $My \leq u$ e $Ny = b$.

Al contrario, sia $y \geq 0$ con $My \leq u$ e $Ny = b$. Ponendo

$$x^f(e) := \sum_{C\in\mathcal{C}:\, e, f\in E(C)} y_C$$

otteniamo una soluzione del PROBLEMA DEI FLUSSI MULTI-PRODOTTO. □

Con l'aiuto della dualità della programmazione lineare possiamo derivare una condizione necessaria e sufficiente per l'esistenza di una soluzione ammissibile del PROBLEMA DEI FLUSSI MULTI-PRODOTTO. Mostriamo anche il nesso con il PROBLEMA DEI CAMMINI ARCO-DISGIUNTI.

Definizione 19.2. *Un'istanza (G, H) del Problema dei Cammini Arco-Disgiunti* (ORIENTATO *o* NON ORIENTATO) *soddisfa il* **criterio di distanza** *se per ogni $z : E(G) \to \mathbb{R}_+$*

$$\sum_{f=(t,s)\in E(H)} \mathrm{dist}_{(G,z)}(s, t) \leq \sum_{e\in E(G)} z(e). \tag{19.2}$$

Un'istanza (G, H, u, b) del PROBLEMA DEI FLUSSI MULTI-PRODOTTO *soddisfa il* **criterio di distanza** *se per ogni $z : E(G) \to \mathbb{R}_+$*

$$\sum_{f=(t,s)\in E(H)} b(f)\,\mathrm{dist}_{(G,z)}(s, t) \leq \sum_{e\in E(G)} u(e)z(e).$$

(Nel caso non orientato, (t, s) deve essere sostituito da $\{t, s\}$.)

L'espressione a sinistra del $\leq$ nel criterio di distanza può essere interpretata come un lower bound sul costo di una soluzione (rispetto ai costi sugli archi z), mentre l'espressione a destra è un upper bound sul costo massimo.

Teorema 19.3. *Il criterio di distanza è una condizione necessaria e sufficiente per l'esistenza di una soluzione ammissibile del* PROBLEMA DEI FLUSSI MULTI-PRODOTTO *(sia nel caso orientato che non orientato).*

Dimostrazione. Consideriamo ancora solo il caso orientato, in quanto il caso non orientato si ottiene tramite la sostituzione mostrata nella Figura 8.2. Per il Lemma 19.1, il PROBLEMA DEI FLUSSI MULTI-PRODOTTO ha una soluzione se e solo se il poliedro $\{y \in \mathbb{R}_+^{\mathcal{C}} : My \leq u, Ny = b\}$ non è vuoto. Per il Corollario 3.25, questo poliedro è vuoto se e solo se esistono i vettori z, w con $z \geq 0$, $zM + wN \geq 0$ e $zu + wb < 0$ (M e N sono definiti come prima.)

La disuguaglianza $zM + wN \geq 0$ implica

$$-w_f \leq \sum_{e \in P} z_e$$

per ogni arco di domanda $f = (t, s)$ e ogni cammino s-t P in G, dunque $-w_f \leq \operatorname{dist}_{(G,z)}(s, t)$. Quindi esistono i vettori z, w con $z \geq 0$, $zM + wN \geq 0$ e $zu + wb < 0$ se e solo se esiste un vettore $z \geq 0$ con

$$zu - \sum_{f=(t,s) \in E(H)} \operatorname{dist}_{(G,z)}(s, t)\, b(f) < 0.$$

Ciò conclude la dimostrazione. □

Nella Sezione 19.2 mostreremo come la descrizione di programmazione lineare che appare nel Lemma 19.1 può essere usata insieme al suo duale per progettare un algoritmo per il PROBLEMA DEI FLUSSI MULTI-PRODOTTO.

Il Teorema 19.3 implica che il criterio di distanza è necessario per l'esistenza di una soluzione ammissibile del PROBLEMA DEI CAMMINI ARCO-DISGIUNTI, poiché questo può essere considerato come un PROBLEMA DEI FLUSSI MULTI-PRODOTTO con $b \equiv 1$, $u \equiv 1$ e con il vincolo di interezza. Un'altra importante condizione necessaria è la seguente:

Definizione 19.4. *Un'istanza* (G, H) *del Problema dei Cammini Arco-Disgiunti* (ORIENTATO *o* NON ORIENTATO) *soddisfa il* **criterio di taglio** *se per ogni* $X \subseteq V(G)$:

- $|\delta_G^+(X)| \geq |\delta_H^-(X)|$ *nel caso orientato, o*
- $|\delta_G(X)| \geq |\delta_H(X)|$ *nel caso non orientato.*

Corollario 19.5. *Per un'istanza* (G, H) *del Problema dei Cammini Arco-Disgiunti,* (ORIENTATO *o* NON ORIENTATO) *si verificano le implicazioni seguenti:* (G, H) *ha una soluzione* $\Rightarrow$ (G, H) *soddisfa il criterio di distanza* $\Rightarrow$ (G, H) *soddisfa il criterio di taglio.*

Dimostrazione. La prima implicazione segue dal Teorema 19.3. Per la seconda implicazione si osservi che il criterio di taglio è un caso speciale del criterio di distanza, in cui sono considerate le funzione di peso di tipo

$$z(e) := \begin{cases} 1 & \text{se } e \in \delta^+(X) \text{ (caso orientato) o } e \in \delta(X) \text{ (caso non orientato)} \\ 0 & \text{altrimenti} \end{cases}$$

per $X \subseteq V(G)$. □

In generale, nessuna implicazione può essere invertita. La Figura 19.1 mostra degli esempi in cui non esiste nessuna soluzione (intera), ma esiste una soluzione frazionaria, ovvero una soluzione del rilassamento dei flussi multi-prodotto. Dunque in questo caso il criterio di distanza è soddisfatto. Nelle figure di questa sezione gli archi di domanda sono indicati da numeri uguali ai loro estremi. Nel caso orientato, si potrebbe orientare gli archi di domanda in modo tale che siano realizzabili. (Un arco di domanda (t, s) o $\{t, s\}$ è detto **realizzabile** se t è raggiungibile da s nel grafo G.)

I due esempi mostrati nella Figura 19.2 soddisfano il criterio di taglio (ciò si controlla facilmente), ma non il criterio di distanza: nell'esempio non orientato si

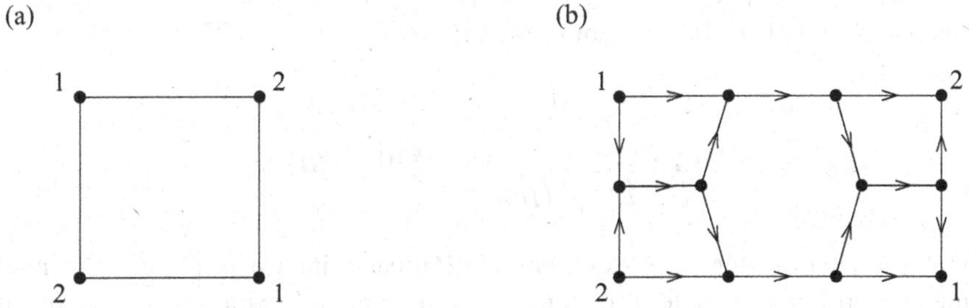

Figura 19.1.

Figura 19.2.

scelga $z(e) = 1$ per ogni $e \in E(G)$, nell'esempio orientato si scelga $z(e) = 1$ per gli archi in grassetto e $z(e) = 0$ altrimenti.

Si noti che è *NP*-difficile controllare se una data istanza del PROBLEMA DEI CAMMINI ARCO-DISGIUNTI NON ORIENTATO soddisfa il criterio di taglio (Esercizio 2). Diversamente il criterio di distanza, può essere controllato in tempo polinomiale usando la programmazione lineare.

Per alcune classi di istanze del PROBLEMA DEI CAMMINI ARCO-DISGIUNTI il criterio di taglio è sufficiente per l'esistenza di una soluzione, come mostreremo in questo capitolo con alcuni esempi. Un primo esempio lo otteniamo dal Teorema di Menger.

Teorema 19.6. *Sia* (G, H) *un'istanza del Problema dei Cammini Arco-Disgiunti* (ORIENTATO *o* NON ORIENTATO) *con un vertice* v *tale che:*

(a) $f \in \delta^+(v)$ *per ogni* $f \in E(H)$, *oppure*
(b) $f \in \delta^-(v)$ *per ogni* $f \in E(H)$ *nel caso orientato, oppure*
(c) $f \in \delta(v)$ *per ogni* $f \in E(H)$ *nel caso non orientato.*

Allora (G, H) *ha una soluzione se e solo se viene soddisfatto il criterio di taglio.*

Dimostrazione. (a): Si supponga che un'istanza (G, H) soddisfi il criterio di taglio. Mostriamo che ha anche una soluzione. Sia G' ottenuto da G aggiungendo un vertice s e aggiungendo un arco $f' := (s, w)$ per ogni $f = (v, w) \in E(H)$. Per un taglio $X \subseteq V(G) \setminus \{v\}$ abbiamo $|\delta^+_G(X)| \geq |\delta^-_H(X)|$ e quindi

$$\begin{aligned} |\delta^+_{G'}(X \cup \{s\})| &= |\delta^+_{G'}(s) \cap \delta^-_{G'}(V(G) \setminus X)| + |\delta^+_G(X)| \\ &\geq |E(H) \setminus \delta^-_H(X)\}| + |\delta^-_H(X)| \\ &= |E(H)|. \end{aligned}$$

Per il Teorema di Menger 8.9 esistono $|E(H)|$ cammini s-v in G' arco-disgiunti. Rimuovendo l'arco iniziale di ognuno di questi cammini porta a una soluzione di (G, H).

(b) segue da (a) invertendo ogni arco. (c) segue da (a) orientando ogni arco di H in modo che si allontani da v, e sostituendo ogni arco di G con la costruzione della Figura 8.2. □

19.2 Algoritmi per flussi multi-prodotto

La definizione del PROBLEMA DEI FLUSSI MULTI-PRODOTTO porta a una formulazione di programmazione lineare di dimensione polinomiale. Anche se questa formulazione porta facilmente a un algoritmo tempo-polinomiale, non può essere utilizzata per risolvere istanze di grandi dimensioni: il numero di variabili diventa enorme. La descrizione del PL (19.1) data dal Lemma 19.1 sembra addirittura peggiore, in quanto ha un numero esponenziale di variabili. Ciononostante, questa descrizione risulta in pratica molto utile, come mostreremo ora. Poiché siamo interessati solo a soluzioni ammissibili, consideriamo il PL

$$\max\{0y : y \geq 0,\ My \leq u,\ Ny = b\}$$

e il suo duale $\min\{zu + wb : z \geq 0,\ zM + wN \geq 0\}$ che possiamo riscrivere come

$$\min\{zu + wb : z \geq 0,\ \mathrm{dist}_{(G,z)}(s,t) \geq -w(f) \text{ per ogni } f = (t,s) \in E(H)\}.$$

(Nel caso non orientato sostituiamo (t,s) con $\{t,s\}$.) Questo PL duale ha solo $|E(G)| + |E(H)|$ variabili, ma un numero esponenziale di vincoli. Tuttavia, il PROBLEMA DI SEPARAZIONE può essere risolto con $|E(H)|$ risoluzioni del problema del cammino minimo; siccome devono essere considerati solo vettori non negativi z, possiamo usare in questo caso l'ALGORITMO DI DIJKSTRA. Se il PL duale è illimitato, allora viene dimostrata la non ammissibilità del PL primale. Altrimenti, possiamo risolvere il PL duale, anche se in generale, non otteniamo una soluzione primale.

Ford e Fulkerson [1958] hanno suggerito di usare le considerazioni precedenti per risolvere direttamente il PL primale, insieme all'ALGORITMO DEL SIMPLESSO. Poiché la maggior parte delle variabili sono nulle ad ogni iterazione dell'ALGORITMO DEL SIMPLESSO, si tiene traccia solo di quelle variabili per le quali il vincolo di non negatività $y_C \geq 0$ non appartiene all'insieme J di righe attive. Le altre variabili non sono memorizzate esplicitamente, ma "generate" quando diventano necessarie (quando il vincolo di non negatività diventa inattivo). La decisione di quale variabile deve essere generata ad ogni passo è equivalente al PROBLEMA DI SEPARAZIONE per il PL duale, dunque nel nostro caso si riduce al PROBLEMA DEL CAMMINO MINIMO. Questa tecnica di generazione di colonne può rivelarsi in pratica molto efficiente.

Anche con queste tecniche esistono molte istanze pratiche che non possono essere risolte all'ottimo. Tuttavia, lo schema precedente ci porta a un algoritmo di approssimazione. Formuliamo prima il nostro problema come un problema di ottimizzazione:

PROBLEMA DEL FLUSSO MASSIMO MULTI-PRODOTTO

Istanza: Una coppia (G, H) di digrafi con gli stessi vertici.
Capacità $u : E(G) \to \mathbb{R}_+$.

Obiettivo: Trovare una famiglia $(x^f)_{f \in E(H)}$, in cui x^f è un flusso s-t in G per ogni $f = (t,s) \in E(H)$, $\sum_{f \in E(H)} x^f(e) \leq u(e)$ per ogni $e \in E(G)$, e il flusso totale di valore $\sum_{f \in E(H)} \mathrm{value}(x^f)$ sia massimo.

Esistono altre formulazioni interessanti. Per esempio, si possono cercare dei flussi che soddisfano la frazione di domande più grande possibile, o flussi che soddisfano le domande ma violano la capacità il meno possibile. Inoltre si possono considerare i costi sugli archi. Consideriamo solo il PROBLEMA DEL FLUSSO MASSIMO MULTI-PRODOTTO; si possono affrontare altri problemi con tecniche simili.

Consideriamo di nuovo la nostra formulazione di programmazione lineare

$$\max \left\{ \sum_{P \in \mathcal{P}} y(P) : y \geq 0, \quad \sum_{P \in \mathcal{P}: e \in E(P)} y(P) \leq u(e) \text{ per ogni } e \in E(G) \right\},$$

in cui $\mathcal{P}$ è la famiglia dei cammini s-t in G per ogni $(t, s) \in E(H)$, e il suo duale

$$\min \left\{ zu : z \geq 0, \quad \sum_{e \in E(P)} z(e) \geq 1 \text{ per ogni } P \in \mathcal{P} \right\}.$$

Descriveremo un algoritmo primale-duale che si basa su queste due formulazioni che risulta essere uno schema di approssimazione pienamente polinomiale. Questo algoritmo ha sempre un vettore primale $y \geq 0$ che non è necessariamente una soluzione primale ammissibile, poiché i vincoli di capacità potrebbero essere violati. Inizialmente $y = 0$. Alla fine dobbiamo moltiplicare y per una costante per poter soddisfare tutti i vincoli. Per memorizzare y in modo efficiente teniamo traccia della famiglia $\mathcal{P}' \subseteq \mathcal{P}$ di quei cammini P con $y(P) > 0$; al contrario di $\mathcal{P}$ la cardinalità di $\mathcal{P}'$ sarà polinomialmente limitata.

L'algoritmo ha anche un vettore duale $z \geq 0$. Inizialmente, $z(e) = \delta$ per ogni $e \in E(G)$, in cui δ dipende da n e dal parametro di errore ϵ. Ad ogni iterazione, si trova un vincolo duale massimamente violato (che corrisponde a un cammino s-t minimo per $(t, s) \in E(H)$, rispetto alle lunghezze di arco z) e si aumentano z e y lungo questo cammino.

SCHEMA DI APPROSSIMAZIONE DEI FLUSSI MULTI-PRODOTTO

Input: Una coppia (G, H) di digrafi con gli stessi vertici. Le capacità $u : E(G) \to \mathbb{R}_+ \setminus \{0\}$. Un numero ϵ con $0 < \epsilon \leq \frac{1}{2}$.

Output: Numeri $y : \mathcal{P} \to \mathbb{R}_+$ con $\sum_{P \in \mathcal{P}: e \in E(P)} y(P) \leq u(e)$ per ogni $e \in E(G)$.

① Poni $y(P) := 0$ per ogni $P \in \mathcal{P}$.
Poni $\delta := (n(1+\epsilon))^{-\lceil \frac{5}{\epsilon} \rceil}(1+\epsilon)$ e $z(e) := \delta$ per ogni $e \in E(G)$.

② Sia $P \in \mathcal{P}$ tale che $z(E(P))$ sia minimo.
If $z(E(P)) \geq 1$, **then go to** ④.

③ Sia $\gamma := \min_{e \in E(P)} u(e)$.
Poni $y(P) := y(P) + \gamma$.
Poni $z(e) := z(e)\left(1 + \frac{\epsilon\gamma}{u(e)}\right)$ per ogni $e \in E(P)$.
Go to ②.

④ Sia $\xi := \max_{e \in E(G)} \frac{1}{u(e)} \sum_{P \in \mathcal{P}: e \in E(P)} y(P)$.
Poni $y(P) := \frac{y(P)}{\xi}$ per ogni $P \in \mathcal{P}$.

Questo algoritmo si deve a Young [1995] e Garg e Könemann [2007], e si basa sui lavori precedenti di Shahrokhi e Matula [1990], Shmoys [1996], e altri.

Teorema 19.7. (Garg e Könemann [2007]) *Lo* SCHEMA DI APPROSSIMAZIONE DEI FLUSSI MULTI-PRODOTTO *produce una soluzione ammissibile con un valore totale di flusso almeno pari a* $\frac{1}{1+\epsilon}\,\mathrm{OPT}(G, H, u)$. *Il suo tempo di esecuzione è* $O\left(\frac{1}{\epsilon^2}km(m + n\log n)\log n\right)$, *in cui* $k = |E(H)|$, $n = |V(G)|$ *e* $m = |E(G)|$, *e quindi è uno schema di approssimazione pienamente polinomiale.*

Dimostrazione. Ad ogni iterazione il valore $z(e)$ aumenta di un fattore $1+\epsilon$ per almeno un arco e (l'arco di bottleneck). Poiché un arco e con $z(e) \geq 1$ non viene più usato in nessun cammino, il numero totale di iterazioni è $t \leq m\lceil\log_{1+\epsilon}(\frac{1}{\delta})\rceil$. Ad ogni iterazione dobbiamo risolvere k istanze del PROBLEMA DI CAMMINO MINIMO con pesi non negativi per determinare P. Usando l'ALGORITMO DI DIJKSTRA (Teorema 7.4) otteniamo un tempo di esecuzione complessivo di $O(tk(m + n\log n)) = O\left(km(m + n\log n)\log_{1+\epsilon}(\frac{1}{\delta})\right)$. Il tempo di esecuzione si ottiene osservando che, per $0 < \epsilon \leq 1$,

$$\log_{1+\epsilon}\left(\frac{1}{\delta}\right) = \frac{\log(\frac{1}{\delta})}{\log(1+\epsilon)} \leq \frac{\left\lceil\frac{5}{\epsilon}\right\rceil\log(2n)}{\frac{\epsilon}{2}} = O\left(\frac{\log n}{\epsilon^2}\right);$$

in cui abbiamo usato $\log(1+\epsilon) \geq \frac{\epsilon}{2}$ per $0 < \epsilon \leq 1$.

Dobbiamo anche controllare che il numero massimo di bit necessari a memorizzare qualsiasi numero che appare nei calcoli sia limitato da un polinomio in $\log n + \mathrm{size}(u) + \mathrm{size}(\epsilon) + \frac{1}{\epsilon}$. Ciò è chiaro per le variabili y. Il numero δ può essere memorizzato con $O(\frac{1}{\epsilon}\,\mathrm{size}(n(1+\epsilon)) + \mathrm{size}(\epsilon)) = O(\frac{1}{\epsilon}(\log n + \mathrm{size}(\epsilon)))$ bit. Per gestire le variabili z, si assuma che u sia un vettore di interi; altrimenti moltiplichiamo tutte le capacità per il prodotto dei denominatori (cf. Proposizione 4.1). Allora il denominatore delle variabili z è limitato in qualsiasi momento dal prodotto di tutte le capacità e del denominatore di δ. Poiché il numeratore è al massimo il doppio del denominatore abbiamo mostrato che la dimensione di tutti i numeri è senz'altro un polinomio nella dimensione dei dati di ingresso e $\frac{1}{\epsilon}$.

L'ammissibilità della soluzione è garantita da ④.

Si noti che ogni volta che aggiungiamo γ unità di flusso sull'arco e aumentiamo il peso $z(e)$ di un fattore $\left(1 + \frac{\epsilon\gamma}{u(e)}\right)$. Questo valore è almeno $(1+\epsilon)^{\frac{\gamma}{u(e)}}$ perché si verifica $1 + \epsilon a \geq (1+\epsilon)^a$ per $0 \leq a \leq 1$ (entrambi i lati di questa disuguaglianza sono uguali per $a \in \{0, 1\}$, ma l'espressione di sinistra è lineare in a mentre quella di destra è convessa). Poiché e non viene più usato una volta che si verifica $z(e) \geq 1$, non possiamo aggiungere più di $u(e)(1 + \log_{1+\epsilon}(\frac{1}{\delta}))$ unità di flusso sull'arco e. Quindi

$$\xi \leq 1 + \log_{1+\epsilon}\left(\frac{1}{\delta}\right) = \log_{1+\epsilon}\left(\frac{1+\epsilon}{\delta}\right). \qquad (19.3)$$

Sia $z^{(i)}$ il vettore z dopo l'iterazione i, e siano P_i e γ_i il cammino P e il numero γ nell'iterazione i. Abbiamo $z^{(i)}u = z^{(i-1)}u + \epsilon\gamma_i \sum_{e\in E(P_i)} z^{(i-1)}(e)$, dunque

$(z^{(i)} - z^{(0)})u = \epsilon \sum_{j=1}^{i} \gamma_j \alpha(z^{(j-1)})$, in cui $\alpha(z) := \min_{P \in \mathcal{P}} z(E(P))$. Scriviamo $\beta := \min\left\{zu : z \in \mathbb{R}_+^{E(G)},\ \alpha(z) \geq 1\right\}$. Allora $(z^{(i)} - z^{(0)})u \geq \beta\alpha(z^{(i)} - z^{(0)})$ e quindi $(\alpha(z^{(i)}) - \delta n)\beta \leq \alpha(z^{(i)} - z^{(0)})\beta \leq (z^{(i)} - z^{(0)})u$. Otteniamo

$$\alpha(z^{(i)}) \leq \delta n + \frac{\epsilon}{\beta} \sum_{j=1}^{i} \gamma_j \alpha(z^{(j-1)}). \tag{19.4}$$

Dimostriamo ora che

$$\delta n + \frac{\epsilon}{\beta} \sum_{j=1}^{i} \gamma_j \alpha(z^{(j-1)}) \leq \delta n e^{\left(\frac{\epsilon}{\beta} \sum_{j=1}^{i} \gamma_j\right)} \tag{19.5}$$

per induzione su i (qui e indica la base del logaritmo naturale). Il caso $i = 0$ è banale. Per $i > 0$ abbiamo

$$\begin{aligned}
\delta n + \frac{\epsilon}{\beta} \sum_{j=1}^{i} \gamma_j \alpha(z^{(j-1)}) &= \delta n + \frac{\epsilon}{\beta} \sum_{j=1}^{i-1} \gamma_j \alpha(z^{(j-1)}) + \frac{\epsilon}{\beta} \gamma_i \alpha(z^{(i-1)}) \\
&\leq \left(1 + \frac{\epsilon}{\beta}\gamma_i\right) \delta n e^{\left(\frac{\epsilon}{\beta} \sum_{j=1}^{i-1} \gamma_j\right)},
\end{aligned}$$

usando (19.4) e l'ipotesi di induzione. Usando $1 + x < e^x$ per ogni $x > 0$, si completa la dimostrazione di (19.5).

In particolare concludiamo da (19.4), (19.5) e il criterio di arresto che

$$1 \leq \alpha(z^{(t)}) \leq \delta n e^{\left(\frac{\epsilon}{\beta} \sum_{j=1}^{t} \gamma_j\right)},$$

quindi $\sum_{j=1}^{t} \gamma_j \geq \frac{\beta}{\epsilon} \ln\left(\frac{1}{\delta n}\right)$. Si osservi ora che il valore del flusso totale che calcola l'algoritmo è $\sum_{P \in \mathcal{P}} y(P) = \frac{1}{\xi} \sum_{j=1}^{t} \gamma_j$. Per quanto mostrato sopra e (19.3) questo è almeno pari a

$$\begin{aligned}
\frac{\beta \ln\left(\frac{1}{\delta n}\right)}{\epsilon \log_{1+\epsilon}\left(\frac{1+\epsilon}{\delta}\right)} &= \frac{\beta \ln(1+\epsilon)}{\epsilon} \cdot \frac{\ln\left(\frac{1}{\delta n}\right)}{\ln\left(\frac{1+\epsilon}{\delta}\right)} \\
&= \frac{\beta \ln(1+\epsilon)}{\epsilon} \cdot \frac{(\lceil\frac{5}{\epsilon}\rceil - 1)\ln(n(1+\epsilon))}{\lceil\frac{5}{\epsilon}\rceil \ln(n(1+\epsilon))} \\
&\geq \frac{\beta(1 - \frac{\epsilon}{5})\ln(1+\epsilon)}{\epsilon}
\end{aligned}$$

per la scelta di δ. Si ricordi che β è il valore ottimo del PL duale, e quindi, per il Teorema della Dualità della programmazione lineare 3.20, il valore ottimo di una soluzione primale. Inoltre, $\ln(1+\epsilon) \geq \epsilon - \frac{\epsilon^2}{2}$ (questa disuguaglianza è banale per

$\epsilon = 0$ e la derivata dell'espressione di sinistra è maggiore di quella dell'espressione di destra per ogni $\epsilon > 0$). Quindi

$$\frac{(1-\frac{\epsilon}{5})\ln(1+\epsilon)}{\epsilon} \geq \left(1-\frac{\epsilon}{5}\right)\left(1-\frac{\epsilon}{2}\right) = \frac{1+\frac{3}{10}\epsilon-\frac{6}{10}\epsilon^2+\frac{1}{10}\epsilon^3}{1+\epsilon} \geq \frac{1}{1+\epsilon}$$

per $\epsilon \leq \frac{1}{2}$. Concludiamo che l'algoritmo trova una soluzione il cui valore del flusso totale è almeno $\frac{1}{1+\epsilon}\,\mathrm{OPT}(G, H, u)$. □

Un algoritmo diverso ma che ha lo stesso tempo di esecuzione (ma con un'analisi più complicata) era stato pubblicato da Grigoriadis e Khachiyan [1996]. Fleischer [2000] ha migliorato il tempo di esecuzione dell'algoritmo precedente di un fattore k, osservando che basta calcolare un cammino minimo approssimato in ②, e dimostrando che non è necessario calcolare un cammino minimo per ogni $(t, s) \in E(H)$ ad ogni iterazione. Si veda anche Karakostas [2008], Vygen [2004], Bienstock e Iyengar [2006], e Chudak e Eleutério [2005].

19.3 Il problema dei cammini orientati arco-disgiunti

Iniziamo con il sottolineare che il problema è già *NP*-difficile in una versione abbastanza ristretta.

Teorema 19.8. (Even, Itai e Shamir [1976]) *Il* PROBLEMA DEI CAMMINI ORIENTATI ARCO-DISGIUNTI *è NP-difficile anche se G è aciclico e H contiene solo due insiemi di archi paralleli.*

Dimostrazione. Trasformiamo polinomialmente il problema di SODDISFACIBILITÀ al nostro problema. Data una famiglia $\mathcal{Z} = \{Z_1, \ldots, Z_m\}$ di clausole su $X = \{x_1, \ldots, x_n\}$, costruiamo un'istanza (G, H) del PROBLEMA DEI CAMMINI ORIENTATI ARCO-DISGIUNTI tale che G è aciclico, H consiste solo di due insiemi di archi paralleli e (G, H) ha una soluzione se e solo se $\mathcal{Z}$ è soddisfacibile.

G contiene $2m$ vertici $\lambda^1, \ldots, \lambda^{2m}$ per ogni letterale λ e due vertici aggiuntivi s e t, $v_1, \ldots, v_{n+1}$ e $Z_1, \ldots, Z_m$. Ci sono gli archi (v_i, x_i^1), $(v_i, \overline{x_i}^1)$, (x_i^{2m}, v_{i+1}), $(\overline{x_i}^{2m}, v_{i+1})$, (x_i^j, x_i^{j+1}) e $(\overline{x_i}^j, \overline{x_i}^{j+1})$ per $i = 1, \ldots, n$ e $j = 1, \ldots, 2m-1$. Poi, ci sono gli archi (s, x_i^{2j-1}) e $(s, \overline{x_i}^{2j-1})$ per $i = 1, \ldots, n$ e $j = 1, \ldots, m$. Inoltre, ci sono gli archi (Z_j, t) e (λ^{2j}, Z_j) per $j = 1, \ldots, m$ e tutti i letterali λ della clausola Z_j. Si veda la Figura 19.3 per un esempio.

Sia H formato da un arco (v_{n+1}, v_1) e m archi paralleli (t, s).

Mostriamo che qualsiasi soluzione di (G, H) corrisponde a un assegnamento di verità che soddisfa tutte le clausole (e vice versa). In pratica, il cammino v_1-v_{n+1} deve passare attraverso o tutti x_i^j (che significa che x_i è *falso*) o tutti i $\overline{x_i}^j$ (che significa che x_i è *vero*) per ogni i. Un cammino s-t deve passare attraverso ogni Z_j. Ciò è possibile se e solo se l'assegnamento di verità definito prima soddisfa Z_j. □

Fortune, Hopcroft e Wyllie [1980] hanno mostrato che il PROBLEMA DEI CAMMINI ORIENTATI ARCO-DISGIUNTI può essere risolto in tempo polinomiale se G

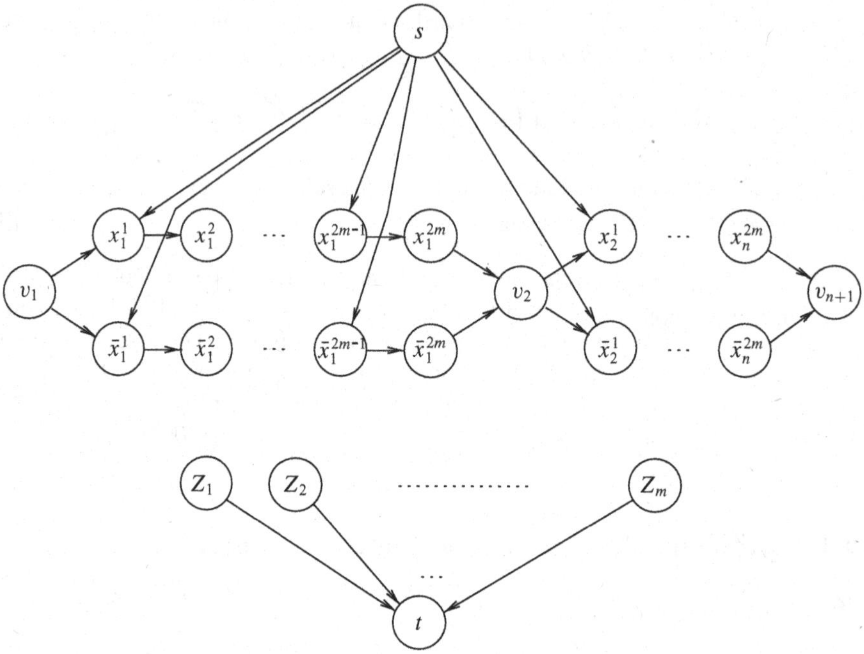

Figura 19.3.

è aciclico e $|E(H)| = k$ per un dato k. Se G non è aciclico, hanno dimostrato che il problema è già *NP*-difficile per $|E(H)| = 2$. Come risultato positivo abbiamo:

Teorema 19.9. (Nash-Williams [1969]) *Sia (G, H) un'istanza del* PROBLEMA DEI CAMMINI ORIENTATI ARCO-DISGIUNTI *in cui $G + H$ è Euleriano e H consiste solo di due insiemi di archi paralleli. Allora (G, H) ha una soluzione se e solo se si verifica il criterio di taglio.*

Dimostrazione. Troviamo prima un insieme di cammini che realizzano il primo insieme di archi paralleli in H per il Teorema di Menger 8.9. Dopo aver rimosso questi cammini (e i corrispondenti archi di domanda), l'istanza che rimane soddisfa i prerequisiti della Proposizione 8.12 e quindi ha una soluzione. □

Se $G + H$ è Euleriano e $|E(H)| = 3$, esiste anche un algoritmo tempo-polinomiale (Ibaraki e Poljak [1991]). D'altronde esiste il seguente risultato negativo:

Teorema 19.10. (Vygen [1995]) *Il* PROBLEMA DEI CAMMINI ORIENTATI ARCO-DISGIUNTI *è NP-difficile anche se G è aciclico, $G + H$ è Euleriano, e H consiste in solo tre insiemi di archi paralleli.*

Dimostrazione. Riduciamo il problema del Teorema 19.8 a questo problema. Dunque sia (G, H) un'istanza del PROBLEMA DEI CAMMINI ORIENTATI ARCO-DISGIUNTI, in cui G è aciclico, e H consiste solo di due insiemi di archi paralleli.

Per ogni $v \in V(G)$ definiamo

$$\begin{aligned}\alpha(v) &:= \max(0, |\delta^+_{G+H}(v)| - |\delta^-_{G+H}(v)|) \text{ e} \\ \beta(v) &:= \max(0, |\delta^-_{G+H}(v)| - |\delta^+_{G+H}(v)|).\end{aligned}$$

Abbiamo che

$$\sum_{v \in V(G)} (\alpha(v) - \beta(v)) = \sum_{v \in V(G)} \left(|\delta^+_{G+H}(v)| - |\delta^-_{G+H}(v)|\right) = 0,$$

che implica

$$\sum_{v \in V(G)} \alpha(v) = \sum_{v \in V(G)} \beta(v) =: q.$$

Costruiamo ora un'istanza (G', H') del PROBLEMA DEI CAMMINI ORIENTATI ARCO-DISGIUNTI. G' si ottiene da G aggiungendo due vertici s e t, $\alpha(v)$ archi paralleli (s, v), e $\beta(v)$ archi paralleli (v, t) per ogni vertice v. H' consiste in tutti gli archi di H e q archi paralleli (t, s).

Questa costruzione può ovviamente essere fatta in tempo polinomiale. In particolare, il numero di archi in $G + H$ al massimo si quadruplica. Inoltre, G' è aciclico, $G' + H'$ è Euleriano, e H' consiste solo di tre insiemi di archi paralleli. Quindi rimane da mostrare che (G, H) ha una soluzione se e solo se (G', H') ha una soluzione.

Ogni soluzione di (G', H') implica una soluzione di (G, H) semplicemente omettendo i cammini s-t. Sia dunque $\mathcal{P}$ una soluzione di (G, H). Sia G'' il grafo che risulta da G' rimuovendo tutti gli archi usati da $\mathcal{P}$. Sia H'' il sottografo di H' che consiste dei q archi da t a s. (G'', H'') soddisfa i prerequisiti della Proposizione 8.12 e quindi ha una soluzione. Unendo $\mathcal{P}$ con una soluzione di (G'', H'') si ottiene una soluzione di (G', H'). □

Poiché una soluzione di un'istanza del PROBLEMA DEI CAMMINI ORIENTATI ARCO-DISGIUNTI consiste in circuiti arco-disgiunti, viene naturale chiedersi quanti circuiti arco-disgiunti abbia un digrafo. Almeno per i digrafi planari, si ha una buona caratterizzazione. In pratica, consideriamo il grafo planare duale e cerchiamo il massimo numeri di tagli orientati arco-disgiunti. Abbiamo il ben noto Teorema di min-max seguente (che dimostriamo in modo molto simile al Teorema 6.14):

Teorema 19.11. (Lucchesi e Younger [1978]) *Sia G un digrafo connesso ma non fortemente connesso. Allora il numero massimo di tagli orientati in G arco-disgiunti è pari alla cardinalità minima di un insieme di archi che contiene almeno un elemento di ogni taglio orientato.*

Dimostrazione. Sia A la matrice le cui colonne sono indicizzate dagli archi e le cui righe sono dei vettori di incidenza di tutti i tagli orientati. Si consideri il PL

$$\min\{\mathbb{1}x : Ax \geq \mathbb{1}, x \geq 0\},$$

e il suo duale

$$\max\{\mathbb{1}y : yA \leq \mathbb{1}, \ y \geq 0\}.$$

Dobbiamo dimostrare che sia il PL primale che il duale hanno delle soluzioni ottime intere. Per il Corollario 5.15 basta mostrare che il sistema $Ax \geq \mathbb{1}$, $x \geq 0$ è TDI. Usiamo il Lemma 5.23.

Sia $c : E(G) \to \mathbb{Z}_+$, e sia y una soluzione ottima di $\max\{\mathbb{1}y : yA \leq c, y \geq 0\}$ per la quale

$$\sum_X y_{\delta^+(X)}|X|^2 \tag{19.6}$$

sia il più grande possibile, in cui la somma è su tutte le righe di A. Mostriamo ora che la famiglia di insiemi $(V(G), \mathcal{F})$ con $\mathcal{F} := \{X : y_{\delta^+(X)} > 0\}$ è cross-free. Per vederlo, si supponga $X, Y \in \mathcal{F}$ con $X \cap Y \neq \emptyset$, $X \setminus Y \neq \emptyset$, $Y \setminus X \neq \emptyset$ e $X \cup Y \neq V(G)$. Allora anche $\delta^+(X \cap Y)$ e $\delta^+(X \cup Y)$ sono dei tagli orientati (per il Lemma 2.1(b)). Sia $\epsilon := \min\{y_{\delta^+(X)}, y_{\delta^+(Y)}\}$. Poniamo $y'_{\delta^+(X)} := y_{\delta^+(X)} - \epsilon$, $y'_{\delta^+(Y)} := y_{\delta^+(Y)} - \epsilon$, $y'_{\delta^+(X \cap Y)} := y_{\delta^+(X \cap Y)} + \epsilon$, $y'_{\delta^+(X \cup Y)} := y_{\delta^+(X \cup Y)} + \epsilon$, e $y'_S := y_S$ per tutti gli altri tagli orientati S. Poiché y' è una soluzione ammissibile duale, è anche ottima e contraddice la scelta di y, perché (19.6) è più grande di y'.

Ora sia A' la sottomatrice di A che consiste delle righe che corrispondono agli elementi di $\mathcal{F}$. A' è la matrice di incidenza dei tagli orientati di una famiglia cross-free. Dunque per il Teorema 5.28 A' è, come richiesto, totalmente unimodulare. □

Per una dimostrazione combinatoria, si veda Lovász [1976]. Frank [1981] dà invece una dimostrazione algoritmica.

Si noti che gli insiemi di archi che intersecano tutti i tagli orientati sono precisamente gli insiemi di archi la cui contrazione rende il grafo fortemente connesso. Nel grafo planare duale, questi insiemi corrispondono a insiemi di archi che intersecano tutti i circuiti orientati. Questi insiemi sono noti come **insiemi degli archi di feedback**, e la loro cardinalità minima è il numero di **feedback** di un grafo. Il problema di determinare in generale il numero di feedback è *NP*-difficile (Karp [1972]), e probabilmente difficile da approssimare (Guruswami, Manokaran e Raghavendra [2008]), ma risolvibile in tempo polinomiale per grafi planari.

Corollario 19.12. *In un digrafo planare il numero massimo di circuiti arco-disgiunti è pari al minimo numero di archi che intersecano tutti i circuiti.*

Dimostrazione. Sia G un digrafo che, senza perdita di generalità, sia connesso e non contenga nessun vertice di articolazione. Si consideri il duale planare di G e il Corollario 2.44, e si applichi il Teorema di Lucchesi-Younger 19.11. □

Un algoritmo tempo-polinomiale per determinare il numero di feedback per grafi planari può essere composto dall'algoritmo di planarità (Teorema 2.40), l'ALGORITMO DI GRÖTSCHEL-LOVÁSZ-SCHRIJVER (Teorema 4.21) e un algoritmo per il PROBLEMA DEL FLUSSO MASSIMO per risolvere il PROBLEMA DI SEPARAZIONE (Esercizio 5). Un'applicazione al PROBLEMA DEI CAMMINI ARCO-DISGIUNTI è la seguente:

Corollario 19.13. *Sia (G, H) un'istanza del* PROBLEMA DEI CAMMINI ORIENTATI ARCO-DISGIUNTI, *in cui G è aciclico e $G + H$ è planare. Allora (G, H) ha una soluzione se e solo se rimuovendo uno qualsiasi degli $|E(H)| - 1$ archi di $G + H$ non si rende $G + H$ aciclico.* □

In particolare, in questo caso, il criterio di distanza è necessario e sufficiente, e il problema può essere risolto in tempo polinomiale.

19.4 Il problema dei cammini non orientati arco-disgiunti

Il lemma seguente stabilisce un nesso tra i problemi orientati e non orientati.

Lemma 19.14. *Sia (G, H) un'istanza del* PROBLEMA DEI CAMMINI ORIENTATI ARCO-DISGIUNTI, *in cui G è aciclico e $G+H$ è Euleriano. Si consideri l'istanza (G', H') del* PROBLEMA DEI CAMMINI NON ORIENTATI ARCO-DISGIUNTI *che risulta da (G, H) ignorando gli orientamenti. Allora ogni soluzione di (G', H') è anche una soluzione di (G, H), e vice versa.*

Dimostrazione. È semplice mostrare che ogni soluzione di (G, H) è anche una soluzione di (G', H'). Dimostriamo l'altra direzione per induzione su $|E(G)|$. Se G non ha archi, abbiamo terminato.

Ora sia $\mathcal{P}$ una soluzione di (G', H'). Poiché G è aciclico, G deve contenere un vertice v per il quale $\delta_G^-(v) = \emptyset$. Poiché $G + H$ è Euleriano, abbiamo $|\delta_H^-(v)| = |\delta_G^+(v)| + |\delta_H^+(v)|$.

Per ogni arco di domanda incidente a v deve esistere un cammino non orientato in $\mathcal{P}$ che parte da v. Quindi $|\delta_G^+(v)| \geq |\delta_H^-(v)| + |\delta_H^+(v)|$. Ciò implica $|\delta_H^+(v)| = 0$ e $|\delta_G^+(v)| = |\delta_H^-(v)|$. Quindi ogni arco incidente a v deve essere usato da $\mathcal{P}$ con l'orientamento corretto.

Ora sia G_1 il grafo che si ottiene da G rimuovendo gli archi incidenti a v. Sia H_1 ottenuto da H sostituendo ogni arco $f = (t, v)$ incidente a v con (t, w), in cui w è il primo vertice interno del cammino in $\mathcal{P}$ che realizza f.

Ovviamente G_1 è aciclico e $G_1 + H_1$ è Euleriano. Sia $\mathcal{P}_1$ ottenuto da $\mathcal{P}$ rimuovendo tutti gli archi incidenti a v. $\mathcal{P}_1$ è una soluzione di (G_1', H_1'), il problema non orientato corrisponde a (G_1, H_1).

Per l'ipotesi di induzione, $\mathcal{P}_1$ è anche una soluzione di (G_1, H_1). Dunque aggiungendo gli archi iniziali otteniamo che $\mathcal{P}$ è una soluzione di (G, H). □

Concludiamo:

Teorema 19.15. (Vygen [1995]) *Il* PROBLEMA DEI CAMMINI NON ORIENTATI ARCO-DISGIUNTI *è NP-difficile anche se $G + H$ è Euleriano e H consiste solo di tre insiemi di archi paralleli.*

Dimostrazione. Riduciamo il problema del Teorema 19.10 al caso non orientato applicando il Lemma 19.14. □

Un altro caso speciale in cui il PROBLEMA DEI CAMMINI NON ORIENTATI ARCO-DISGIUNTI è *NP*-difficile è quando $G+H$ è planare (Middendorf e Pfeiffer [1993]). Tuttavia, se sappiamo già che $G+H$ è planare e Euleriano, allora il problema diventa trattabile:

Teorema 19.16. (Seymour [1981]) *Sia (G, H) un'istanza del* PROBLEMA DEI CAMMINI NON ORIENTATI ARCO-DISGIUNTI, *in cui $G+H$ è planare e Euleriano. Allora (G, H) ha una soluzione se e solo se si verifica il criterio di taglio.*

Dimostrazione. Dobbiamo solo dimostrare la sufficienza del criterio di taglio. Possiamo assumere che $G+H$ sia connesso. Sia D il duale planare di $G+H$. Sia $F \subseteq E(D)$ l'insieme degli archi duali che corrispondono agli archi di domanda. Allora il criterio di taglio, insieme al Teorema 2.43, implica che $|F \cap E(C)| \leq |E(C) \setminus F|$ per ogni circuito C in D. Dunque per la Proposizione 12.8, F è un T-Join minimo, in cui $T := \{x \in V(D) : |F \cap \delta(x)| \text{ è dispari}\}$.

Poiché $G+H$ è Euleriano, per il Corollario 2.45 D è bipartito, dunque per il Teorema 12.16 esistono $|F|$ T-cut arco-disgiunti $C_1, \ldots, C_{|F|}$. Poiché per la Proposizione 12.15 ogni T-cut interseca F, ognuno tra $C_1, \ldots C_{|F|}$ deve contenere esattamente un arco di F.

Tornando a $G+H$, i duali di $C_1, \ldots, C_{|F|}$ sono circuiti arco-disgiunti, ognuno dei quali contiene esattamente un arco di domanda. Ma ciò significa che abbiamo una soluzione del PROBLEMA DEI CAMMINI NON ORIENTATI ARCO-DISGIUNTI. □

Questo teorema implica anche un algoritmo tempo-polinomiale (Esercizio 10). Infatti, Matsumoto, Nishizeki e Saito [1986] hanno dimostrato che il PROBLEMA DEI CAMMINI NON ORIENTATI ARCO-DISGIUNTI con $G+H$ planare e Euleriano può essere risolto in tempo $O\left(n^{\frac{5}{2}} \log n\right)$.

D'altronde, Robertson e Seymour hanno trovato un algoritmo tempo-polinomiale per un numero dato di archi di domanda:

Teorema 19.17. (Robertson e Seymour [1995]) *Per k fissato, esistono algoritmi tempo-polinomiali per il* PROBLEMA DEI CAMMINI NON ORIENTATI VERTICE-DISGIUNTI *e il* PROBLEMA DEI CAMMINI NON ORIENTATI ARCO-DISGIUNTI *limitato a istanze in cui $|E(H)| \leq k$.*

Si noti che anche il PROBLEMA DEI CAMMINI NON ORIENTATI VERTICE-DISGIUNTI è *NP*-difficile; si veda l'Esercizio 13. Il Teorema 19.17 fa parte di un importante serie di articoli di Robertson e Seymour sui minori di grafi che va oltre gli argomenti trattati in questo libro. Il teorema fu dimostrato per il caso disgiunto sui vertici; in questo caso Robertson e Seymour hanno dimostrato che o esiste un vertice irrilevante (che può essere rimosso senza compromettere la risolvibilità) oppure il grafo ha una decomposizione ad albero con un'ampiezza piccola (nel qual caso esiste un algoritmo tempo-polinomiale semplice; si veda l'Esercizio 12). Il caso disgiunto sugli archi segue allora facilmente; si veda l'Esercizio 13. Anche se il tempo di esecuzione è $O(n^2 m)$, la costante che dipende da k cresce molto rapidamente rendendo l'algoritmo inutile da un punto di vista pratico, già per $k = 3$.

Nel seguito di questa sezione dimostreremo altri due risultati importanti. Il primo è il noto Teorema di Okamura-Seymour:

Teorema 19.18. (Okamura e Seymour [1981]) *Sia* (G, H) *un'istanza del* PROBLEMA DEI CAMMINI NON ORIENTATI ARCO-DISGIUNTI, *in cui* $G + H$ *è Euleriano,* G *è planare, e tutti i terminali si trovano sulla faccia esterna. Allora* (G, H) *ha una soluzione se e solo se si verifica il criterio di taglio.*

Dimostrazione. Mostriamo la sufficienza del criterio di taglio per induzione su $|V(G)| + |E(G)|$. Se $|V(G)| \leq 2$, ciò è ovvio.

Possiamo assumere che G sia 2-connesso, perché altrimenti possiamo applicare l'ipotesi di induzione ai blocchi di G (dividendo gli archi di domanda che uniscono blocchi diversi ai vertici di articolazione). Fissiamo un'immersione planare di G; per la Proposizione 2.31 la faccia esterna è limitata da un circuito C.

Chiamiamo un insieme $X \subset V(G)$ **critico** se $\emptyset \neq X \cap V(C) \neq V(C)$ e $|\delta_G(X)| = |\delta_H(X)|$.

Se non esiste nessun insieme critico, allora per qualsiasi arco $e \in E(C)$ l'istanza $(G - e, H + e)$ soddisfa il criterio di taglio, perché $|\delta_G(X)| - |\delta_H(X)|$ è pari per ogni $X \subseteq V(G)$ (poiché $G + H$ è Euleriano). Per l'ipotesi di induzione, $(G - e, H + e)$ ha una soluzione che implica immediatamente una soluzione per (G, H).

Dunque si supponga che esista un insieme critico. Ci serve ora l'osservazione seguente.

> Sia G' un sottografo connesso di G, e sia H' un qualsiasi grafo con tutti gli estremi degli archi in $V(C)$. Sia $k := \min\{|\delta_{G'}(Y)| - |\delta_{H'}(Y)| : \emptyset \neq Y \subset V(G)\} \in \{-2, 0\}$. Allora esiste un insieme $X \subset V(G)$ per il quale $C[X]$ è un cammino e $|\delta_{G'}(X)| - |\delta_{H'}(X)| = k$. (19.7)

Per dimostrare (19.7), sia $\emptyset \neq X \subset V(G)$ tale che $|\delta_{G'}(X)| - |\delta_{H'}(X)| = k$ e tale che il numero totale di componenti connesse in $G'[X]$ e $G'[V(G) \setminus X]$ sia minimo. Mostriamo prima che allora $G'[X]$ e $G'[V(G) \setminus X]$ sono entrambi connessi.

Si supponga che ciò non venga verificato, ovvero $G'[X]$ è sconnesso (l'altro caso è simmetrico), con componenti connesse $X_1, \ldots, X_l$. Allora $k = |\delta_{G'}(X)| - |\delta_{H'}(X)| \geq \sum_{i=1}^{l}(|\delta_{G'}(X_i)| - |\delta_{H'}(X_i)|)$, e quindi $|\delta_G(X_i)| - |\delta_H(X_i)| = k$ per un $i \in \{1, \ldots, l\}$. Ma sostituendo X con X_i si riduce il numero di componenti connesse in $G'[X]$ senza aumentare il numero di componenti connesse in $G'[V(G) \setminus X]$. Ciò contraddice la scelta di X.

Dunque $G'[X]$ e $G'[V(G) \setminus X]$, e quindi anche $G[X]$ e $G[V(G) \setminus X]$ sono connessi. Si noti anche che $\emptyset \neq X \cap V(C) \neq V(C)$ perché $|\delta_{H'}(X)| = |\delta_{G'}(X)| - k \geq |\delta_{G'}(X)| > 0$. Poiché G è planare, $C[X]$ è un cammino. Abbiamo dimostrato la (19.7).

Applicando la (19.7) a G e H, sia X un insieme critico tale che $C[X]$ sia un cammino di lunghezza minima. Numeriamo i vertici di C ciclicamente $v_1, \ldots, v_l$, in modo che $V(C) \cap X = \{v_1, \ldots, v_j\}$. Sia $e := \{v_l, v_1\}$.

Si scelga $f = \{v_i, v_k\} \in E(H)$ in modo che $1 \leq i \leq j < k \leq l$ (ovvero $v_i \in X$, $v_k \notin X$) e k è il più grande possibile (si veda la Figura 19.4). Si consideri

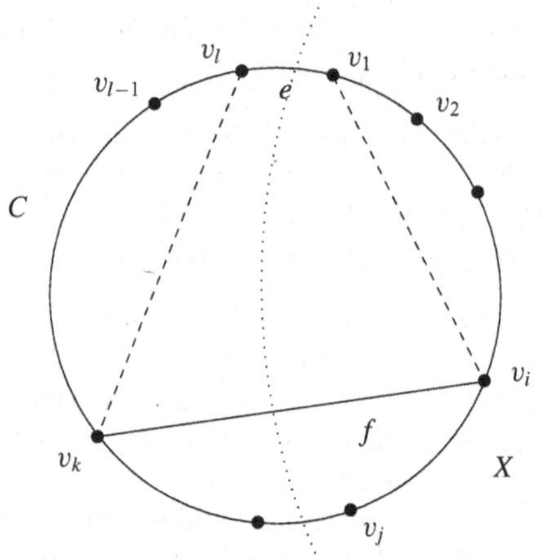

Figura 19.4.

$G' := G - e$ e $H' := (V(H), (E(H) \setminus \{f\}) \cup \{\{v_i, v_1\}, \{v_l, v_k\}\})$. (I casi $i = 1$ o $k = l$ non sono esclusi, in questo caso non si dovrebbe aggiungere nessun laccio.)

Mostriamo che (G', H') soddisfa il criterio di taglio. Per induzione (G', H') ha una soluzione che può essere facilmente trasformata in una soluzione di (G, H).

Si supponga, allora, che (G', H') non soddisfi il criterio di taglio, ossia $|\delta_{G'}(Y)| < |\delta_{H'}(Y)|$ per dei $Y \subseteq V(G)$. Per la (19.7) possiamo assumere che $C[Y]$ sia un cammino.

Scambiando Y e $V(G) \setminus Y$ potremmo anche assumere $v_i \notin Y$. Poiché $|\delta_{H'}(Y)| - |\delta_{G'}(Y)| > 0 = |\delta_H(Y)| - |\delta_G(Y)|$, ci sono tre casi:

(a) $v_1 \in Y$, $v_i, v_k, v_l \notin Y$.
(b) $v_1, v_l \in Y$, $v_i, v_k \notin Y$.
(c) $v_l \in Y$, $v_1, v_i, v_k \notin Y$.

In ogni caso abbiamo $Y \cap V(C) \subseteq \{v_{k+1}, \dots, v_{i-1}\}$, dunque per la scelta di f abbiamo $E_H(X, Y) = \emptyset$. Inoltre, $|\delta_G(Y)| = |\delta_H(Y)|$. Applicando il Lemma 2.1(c) due volte, abbiamo

$$\begin{aligned}
|\delta_H(X)| + |\delta_H(Y)| &= |\delta_G(X)| + |\delta_G(Y)| \\
&= |\delta_G(X \cap Y)| + |\delta_G(X \cup Y)| + 2|E_G(X, Y)| \\
&\geq |\delta_H(X \cap Y)| + |\delta_H(X \cup Y)| + 2|E_G(X, Y)| \\
&= |\delta_H(X)| + |\delta_H(Y)| - 2|E_H(X, Y)| + 2|E_G(X, Y)| \\
&= |\delta_H(X)| + |\delta_H(Y)| + 2|E_G(X, Y)| \\
&\geq |\delta_H(X)| + |\delta_H(Y)| \, .
\end{aligned}$$

Dunque l'uguaglianza deve valere sempre. Ciò implica che $|\delta_G(X \cap Y)| = |\delta_H(X \cap Y)|$ e $E_G(X, Y) = \emptyset$.

Dunque il caso (c) non è possibile (perché si avrebbe $e \in E_G(X, Y)$); ovvero $v_1 \in Y$. Quindi $X \cap Y$ non è vuoto e $C[X \cap Y]$ è un cammino più corto di $C[X]$, contraddicendo la scelta di X. □

Questa dimostrazione porta a un algoritmo tempo-polinomiale (Esercizio 14) per il PROBLEMA DEI CAMMINI NON ORIENTATI ARCO-DISGIUNTI in questo caso particolare. L'algoritmo può essere implementato in tempo $O(n^2)$ (Becker e Mehlhorn [1986]) e in pratica anche in tempo lineare (Wagner e Weihe [1995]). Frank [1985] ha ottenuto un algoritmo tempo-polinomiale anche se la condizione che $G + H$ sia Euleriano viene rilassata a richiedere che $|\delta_{G+H}(v)|$ sia pari per tutti i vertici v che non si trovano sulla faccia esterna. Tuttavia, la condizione di essere Euleriano non può venir rimossa completamente:

Teorema 19.19. (Schwärzler [2009]) *Il* PROBLEMA DEI CAMMINI NON ORIENTATI ARCO-DISGIUNTI *è NP-difficile anche se G è planare e tutti i terminali si trovano sulla faccia esterna.*

Naves [2009] ha migliorato questo risultato richiedendo che solo H consista in due insiemi di archi paralleli. Questi risultati di *NP*-completezza risultano verificati anche se G è un digrafo planare aciclico.

Prima di dare il secondo risultato principale di questa sezione, presentiamo un teorema che riguarda gli orientamenti di grafi misti, ovvero grafi con archi orientati e non orientati. Dato un grafo misto G, possiamo orientare i suoi archi non orientati in modo tale che il grafo ottenuto sia Euleriano? Il teorema seguente risponde a questa domanda.

Teorema 19.20. (Ford e Fulkerson [1962]) *Sia G un digrafo e H un grafo non orientato con $V(G) = V(H)$. Allora H ha un orientamento H' tale che il digrafo $G + H'$ è Euleriano se e solo se:*

- $|\delta^+_G(v)| + |\delta^-_G(v)| + |\delta_H(v)|$ *è pari per ogni $v \in V(G)$, e*
- $|\delta^+_G(X)| - |\delta^-_G(X)| \le |\delta_H(X)|$ *per ogni $X \subseteq V(G)$.*

Dimostrazione. La condizione di necessità è ovvia. Dimostriamo la sufficienza per induzione su $|E(H)|$. Se $E(H) = \emptyset$, l'affermazione è banale.

Chiamiamo un insieme X critico se $|\delta^+_G(X)| - |\delta^-_G(X)| = |\delta_H(X)| > 0$. Sia X un qualsiasi insieme critico. (Se non esiste nessun insieme critico, orientiamo in modo qualsiasi un arco non orientato e applichiamo l'induzione.) Scegliamo un arco non orientato $e \in \delta_H(X)$ e lo orientiamo in modo tale che e entri in X; mostriamo che le condizioni continuano a valere.

Si supponga, indirettamente, che esista un $Y \subseteq V(G)$ con $|\delta^+_G(Y)| - |\delta^-_G(Y)| > |\delta_H(Y)|$. Poiché ogni grado è pari, $|\delta^+_G(Y)| - |\delta^-_G(Y)| - |\delta_H(Y)|$ deve essere pari. Ciò implica $|\delta^+_G(Y)| - |\delta^-_G(Y)| \ge |\delta_H(Y)| + 2$. Quindi Y era critico prima di orientare e, ed e ora esce da Y.

Applicando il Lemma 2.1(a) e (b) per $|\delta^+_G|$ e $|\delta^-_G|$ e il Lemma 2.1(c) per $|\delta_H|$ abbiamo (prima di orientare e):

$$\begin{aligned} 0+0 &= |\delta^+_G(X)| - |\delta^-_G(X)| - |\delta_H(X)| + |\delta^+_G(Y)| - |\delta^-_G(Y)| - |\delta_H(Y)| \\ &= |\delta^+_G(X \cap Y)| - |\delta^-_G(X \cap Y)| - |\delta_H(X \cap Y)| \\ &\quad +|\delta^+_G(X \cup Y)| - |\delta^-_G(X \cup Y)| - |\delta_H(X \cup Y)| - 2|E_H(X,Y)| \\ &\leq 0+0-2|E_H(X,Y)| \leq 0. \end{aligned}$$

Dunque abbiamo l'uguaglianza e concludiamo che $E_H(X,Y) = \emptyset$, contraddicendo l'esistenza di e. □

Corollario 19.21. *Un grafo Euleriano non orientato può essere orientato in modo tale da ottenere un grafo Euleriano orientato.* □

Naturalmente questo corollario può essere dimostrato più facilmente orientando gli archi a secondo della loro presenza in un cammino Euleriano.

Torniamo ora al PROBLEMA DEI CAMMINI ARCO-DISGIUNTI.

Teorema 19.22. (Rothschild e Whinston [1966]) *Sia (G, H) un'istanza del* PROBLEMA DEI CAMMINI NON ORIENTATI ARCO-DISGIUNTI, *in cui $G + H$ è Euleriano e H è l'unione di due stelle (ovvero due vertici che intersecano tutti gli archi di domanda). Allora (G, H) ha una soluzione se e solo se si verifica il criterio di taglio.*

Dimostrazione. Mostriamo che il criterio di taglio è sufficiente. Siano t_1, t_2 due vertici che intersecano tutti gli archi di domanda. Introduciamo prima due nuovi vertici s'_1 e s'_2. Sostituiamo ogni arco di domanda $\{t_1, s\}$ con un nuovo arco di domanda $\{t_1, s'_1\}$ e un nuovo arco di servizio $\{s'_1, s\}$. In modo analogo, sostituiamo ogni arco di domanda $\{t_2, s\}$ con un nuovo arco di domanda $\{t_2, s'_2\}$ e un nuovo arco di servizio $\{s'_2, s\}$.

L'istanza che si ottiene (G', H') è certamente equivalente a (G, H), e H' consiste solo di due insiemi di archi paralleli. È facile vedere che il criterio di taglio continua a essere verificato (si veda la dimostrazione del Teorema 19.6). Inoltre, $G' + H'$ è Euleriano.

Orientiamo ora gli archi di H' in modo arbitrario in modo tale che gli archi paralleli abbiano lo stesso verso di orientamento (e chiamiamo il grafo così ottenuto H''). I due grafi H'' e G' soddisfano i prerequisiti del Teorema 19.20 perché il criterio di taglio implica $|\delta^+_{H''}(X)| - |\delta^-_{H''}(X)| \leq |\delta_{G'}(X)|$ per ogni $X \subseteq V(G)$. Quindi possiamo orientare gli archi di G' per ottenere un digrafo G'' tale che $G'' + H''$ sia Euleriano.

Consideriamo (G'', H'') come un'istanza del PROBLEMA DEI CAMMINI ORIENTATI ARCO-DISGIUNTI. (G'', H'') soddisfa il criterio di taglio (orientato) poiché per $X \subseteq V(G')$ abbiamo $2|\delta^+_{G''}(X)| = |\delta_{G'}(X)| + (|\delta^+_{G''}(X)| - |\delta^-_{G''}(X)|) = |\delta_{G'}(X)| + (|\delta^-_{H''}(X)| - |\delta^+_{H''}(X)|) \geq |\delta_{H'}(X)| + (|\delta^-_{H''}(X)| - |\delta^+_{H''}(X)|) = 2|\delta^-_{H''}(X)|$. Ma ora il Teorema 19.9 ci garantisce una soluzione che, ignorando i versi degli archi, è anche una soluzione per (G', H'). □

Lo stesso teorema si verifica se H (ignorando gli archi paralleli) è K_4 o C_5 (il circuito di lunghezza 5) (Lomonosov [1979], Seymour [1980]). Nel caso K_5, basta il criterio di distanza (Karzanov [1987]). Tuttavia, se H può avere tre insiemi di archi paralleli, il problema diventa *NP*-difficile, come abbiamo visto nel Teorema 19.15.

Esercizi

1. Sia (G, H) un'istanza del PROBLEMA DEI CAMMINI ARCO-DISGIUNTI, orientato o non orientato, che viola il criterio di distanza (19.2) per un $z : E(G) \to \mathbb{R}_+$. Dimostrare che allora esiste anche un $z : E(G) \to \mathbb{Z}_+$ che viola (19.2). Inoltre, dare degli esempi in cui non esiste nessun $z : E(G) \to \{0, 1\}$ che viola (19.2).
2. Mostrare che è *NP*-difficile decidere se una data istanza (G, H) del PROBLEMA DEI CAMMINI NON ORIENTATI ARCO-DISGIUNTI soddisfa il criterio di taglio. *Suggerimento:* dare una riduzione polinomiale del problema seguente: dato un grafo non orientato G' e $X \subseteq V(G')$, trovare un insieme $Y \subseteq V(G')$ con $|\delta_{G'}(Y)| > |\delta_{G'}(X)|$ o decidere che non ne esiste nemmeno uno. Questo problema è *NP*-difficile per il Teorema 16.6. Porre $E(H) := \delta_{G'}(X)$ e $E(G) := E(G') \setminus \delta(X)$.
   Osservazione: il problema è ovviamente in *coNP* ma non si sa se sia *coNP*-completo.
   (Sebő [non pubblicato])
3. * Per un'istanza (G, H) del PROBLEMA DEI CAMMINI NON ORIENTATI ARCO-DISGIUNTI considerare il rilassamento dei flussi multi-prodotto e risolvere

$$\min \{\lambda : \lambda \in \mathbb{R},\ y \geq 0,\ My \leq \lambda \mathbb{1},\ Ny = \mathbb{1}\},$$

   in cui M e N sono definiti come nel Lemma 19.1. Sia (y^*, λ^*) una soluzione ottima. Cerchiamo ora una soluzione intera, ovvero un cammino s-t, indicato con P_f, per ogni arco di domanda $f = \{t, s\} \in E(H)$, tale che il carico massimo su un arco di servizio sia minimo (ci riferiamo al carico di un arco come al numero di cammini che lo usano). Lo facciamo tramite randomized rounding: scegliamo in modo indipendente per ogni arco di domanda un cammino P con probabilità y_P.
   Sia $0 < \epsilon \leq 1$, e si supponga che $\lambda^* \geq 3 \ln \frac{|E(G)|}{\epsilon}$. Dimostrare che con probabilità almeno $1 - \epsilon$ l'algoritmo di randomized rounding precedente trova una soluzione intera con un carico al massimo pari a $\lambda^* + \sqrt{3\lambda^* \ln \frac{|E(G)|}{\epsilon}}$.
   Suggerimento: usare la seguente nozione di teoria della probabilità: se $B(m, N, p)$ è la probabilità di almeno m successi in N prove indipendenti di Bernoulli, ognuna con probabilità di successo pari a p, allora

$$B((1 + \beta)Np, N, p) < e^{-\frac{1}{3}\beta^2 Np}$$

per ogni $0 < \beta \leq 1$. Inoltre, la probabilità di avere almeno m successi in N prove indipendenti di Bernoulli con probabilità di successo $p_1, \ldots, p_N$ è al massimo $B\left(m, N, \frac{1}{N}(p_1 + \cdots + p_N)\right)$.
(Raghavan e Thompson [1987])

4. Dimostrare che esiste un algoritmo tempo-polinomiale per il Problema dei Cammini Arco-Disgiunti, (ORIENTATO o NON ORIENTATO) in cui $G + H$ è Euleriano e in cui H consiste in soli due archi paralleli.
5. Mostrare che in un dato digrafo un insieme minimo di archi che attraversa tutti i tagli orientati può essere trovato in tempo polinomiale. Mostrare che per grafi planari il numero di feedback può essere determinato in tempo polinomiale.
6. Mostrare che in un digrafo un insieme minimo di archi la cui contrazione rende il grafo digrafo connesso può essere trovato in tempo polinomiale.
7. Dimostrare che l'affermazione del Corollario 19.12 non si verifica per digrafi (non planari) qualsiasi.
8. Mostrare che l'affermazione del Corollario 19.13 diventa falsa se la condizione "G è aciclico" viene omessa.
   Osservazione: in questo caso il PROBLEMA DEI CAMMINI ORIENTATI ARCO-DISGIUNTI è *NP*-difficile (Vygen [1995]).
9. Si consideri l'algoritmo greedy seguente per il PROBLEMA DEI CAMMINI ORIENTATI ARCO-DISGIUNTI: data un'istanza (G, H), scegliere un arco $f = (t, s) \in E(H)$ con $\mathrm{dist}_G(s, t)$ minimo, sia P_f un cammino s-t minimo in G, rimuovere f da $E(H)$ e $E(P_f)$ da $E(G)$. Si iteri sino a quando esiste un arco di domanda realizzabile. Il risultato è una soluzione a (G, H') per un sottografo H' di H.
   Sia H^* qualsiasi sottografo di H tale che (G, H^*) ha una soluzione. Mostrare che allora $|E(H')| \geq \frac{|E(H^*)|}{\sqrt{m}}$, in cui $m := |E(G)|$.
   Suggerimento: si consideri la situazione in cui nessun arco di domanda può essere più realizzato da un cammino di lunghezza al massimo pari $\sqrt{m}$.
   (Kleinberg [1996]; si veda Chekuri e Khanna [2007] per un'analisi migliorata)
10. Dimostrare che il PROBLEMA DEI CAMMINI NON ORIENTATI ARCO-DISGIUNTI può essere risolto in tempo polinomiale se $G + H$ è planare ed Euleriano.
11. * In questo esercizio consideriamo istanze (G, H) del PROBLEMA DEI CAMMINI NON ORIENTATI VERTICE-DISGIUNTI in cui G è planare e tutti i terminali sono diversi (ossia $e \cap f = \emptyset$ per due qualsiasi archi di domanda e e f) e risiedono sulla faccia esterna. Sia (G, H) una tale istanza, in cui G è 2-connesso; dunque sia C il circuito che limita la faccia esterna (cf. Proposizione 2.31). Dimostrare che (G, H) ha una soluzione se e solo se si verificano le condizioni seguenti:
    - $G + H$ è planare,
    - nessun insieme $X \subseteq V(G)$ separa più di $|X|$ archi di domanda (diciamo che X separa $\{v, w\}$ se $\{v, w\} \cap X \neq \emptyset$ o se w non è raggiungibile da v in $G - X$).

Concludere che il PROBLEMA DEI CAMMINI NON ORIENTATI VERTICE-DISGIUNTI in grafi planari con terminali diversi sulla faccia esterna può essere risolto in tempo polinomiale.
Suggerimento: per dimostrare la sufficienza di (a) e di (b), si usi il passo di induzione seguente: sia $f = \{v, w\}$ un arco di domanda tale che almeno due cammini v-w su C non contengono nessun altro terminale. Realizzare f con questo cammino e rimuoverlo.
Osservazione: Robertson e Seymour [1986] hanno esteso questo risultato a una condizione necessaria e sufficiente per la risolvibilità del PROBLEMA DEI CAMMINI NON ORIENTATI VERTICE-DISGIUNTI con due archi di domanda.

* 12. Sia $k \in \mathbb{N}$ fissato. Dimostrare che esiste un algoritmo tempo-polinomiale per il PROBLEMA DEI CAMMINI NON ORIENTATI VERTICE-DISGIUNTI ristretto a grafi di tree-width al massimo k (cf. Esercizio 27 del Capitolo 2).
Osservazione: Scheffler [1994] ha dimostrato che esiste in pratica un algoritmo tempo-lineare. Al contrario, il PROBLEMA DEI CAMMINI NON ORIENTATI ARCO-DISGIUNTI è *NP*-difficile anche per grafi con tree-width pari a 2 (Nishizeki, Vygen e Zhou [2001]).

13. Dimostrare che il PROBLEMA DEI CAMMINI VERTICE-DISGIUNTI e il PROBLEMA DEI CAMMINI NON ORIENTATI VERTICE-DISGIUNTI sono *NP*-difficili. Dimostrare che la parte del Teorema 19.17 per cammini disgiunti sui vertici implica la sua parte disgiunta sugli archi.

14. Mostrare che la dimostrazione del Teorema di Okamura-Seymour porta a un algoritmo tempo-polinomiale.

15. Sia (G, H) un'istanza del PROBLEMA DEI CAMMINI NON ORIENTATI ARCO-DISGIUNTI. Si supponga che G sia planare, tutti i terminali risiedano sulla faccia esterna, e ogni vertice che non si trova sulla faccia esterna abbia grado pari. Inoltre, assumiamo che

$$|\delta_G(X)| > |\delta_H(X)| \quad \text{per ogni } X \subseteq V(G).$$

Dimostrare che (G, H) ha una soluzione.
Suggerimento: usare il Teorema di Okamura-Seymour.

16. Generalizzare il Teorema di Robbins (Esercizio 21(c) del Capitolo 2), formulare e dimostrare una condizione necessaria e sufficiente per l'esistenza di un orientamento degli archi non orientati di un grafo misto tale che il digrafo risultante è digrafo fortemente connesso.
(Boesch e Tindell [1980])

17. Sia (G, H) un'istanza del PROBLEMA DEI CAMMINI ORIENTATI ARCO-DISGIUNTI in cui $G + H$ è Euleriano, G è planare e aciclico, e tutti i terminali risiedono sulla faccia esterna. Dimostrare che (G, H) ha una soluzione se e solo se si verifica il criterio di taglio.
Suggerimento: usare il Lemma 19.14 e il Teorema di Okamura-Seymour 19.18.

18. Dimostrare il Teorema 19.20 usando le tecniche delle reti di flusso.

19. Mostrare in due modi che si può decidere in tempo polinomiale se una coppia (G, H) soddisfa le condizioni del Teorema 19.20: una volta usando la

funzione di minimizzazione submodulare e l'equivalenza tra separazione e ottimizzazione, e una volta usando le reti di flusso (cf. Esercizio 18).

20. Dimostrare il Teorema di Nash-Williams [1969] sull'orientamento, che è una generalizzazione del Teorema di Robbins (Esercizio 21(c) del Capitolo 2): un grafo non orientato G può essere orientato in modo da diventare un grafo fortemente k-arco-connesso (ovvero esistono k cammini s-t arco-disgiunti per qualsiasi coppia $(s,t) \in V(G) \times V(G)$) se e solo se G è $2k$-arco-connesso.
Suggerimento: per dimostrare la sufficienza, sia G' un qualsiasi orientamento di G. Dimostrare che il sistema
$$\begin{aligned} x_e &\leq 1 && (e \in E(G')), \\ x_e &\geq 0 && (e \in E(G')), \\ \sum_{e \in \delta^-_{G'}(X)} x_e - \sum_{e \in \delta^+_{G'}(X)} x_e &\leq |\delta^-_{G'}(X)| - k && (\emptyset \neq X \subset V(G')) \end{aligned}$$
è TDI, come nella dimostrazione del Teorema di Lucchesi-Younger 19.11.
(Frank [1980], Frank e Tardos [1984])

21. Dimostrare il Teorema del Flusso con Due Prodotti di Hu: un'istanza (G, H, u, b) del PROBLEMA DEI FLUSSI MULTI-PRODOTTO NON ORIENTATO con $|E(H)| = 2$ ha una soluzione se e solo se $\sum_{e \in \delta_G(X)} u(e) \geq \sum_{f \in \delta_H(X)} b(f)$ per ogni $X \subseteq V(G)$, ossia se e solo se si verifica il criterio di taglio.
Suggerimento: usare il Teorema 19.22.
(Hu [1963])

Riferimenti bibliografici

Letteratura generale:

Frank, A. [1990]: Packing paths, circuits and cuts – a survey. In: Paths, Flows, and VLSI-Layout (B. Korte, L. Lovász, H.J. Prömel, A. Schrijver, eds.), Springer, Berlin, pp. 47–100

Naves, G., Sebő, A. [2009]: Multiflow feasibility: an annotated tableau. In: Research Trends in Combinatorial Optimization (W.J. Cook, L. Lovász, J. Vygen, eds.), Springer, Berlin, pp. 261–283

Ripphausen-Lipa, H., Wagner, D., Weihe, K. [1995]: Efficient algorithms for disjoint paths in planar graphs. In: Combinatorial Optimization; DIMACS Series in Discrete Mathematics and Theoretical Computer Science 20 (W. Cook, L. Lovász, P. Seymour, eds.), AMS, Providence

Schrijver, A. [2003]: Combinatorial Optimization: Polyhedra and Efficiency. Springer, Berlin, Chapters 70–76

Vygen, J. [1994]: Disjoint Paths. Report No. 94816, Research Institute for Discrete Mathematics, University of Bonn

Riferimenti citati:

Becker, M., Mehlhorn, K. [1986]: Algorithms for routing in planar graphs. Acta Informatica 23, 163–176

Bienstock, D., Iyengar, G. [2006]: Solving fractional packing problems in $O^*(\frac{1}{\epsilon})$ iterations. SIAM Journal on Computing 35, 825–854

Boesch, F., Tindell, R. [1980]: Robbins's theorem for mixed multigraphs. American Mathematical Monthly 87, 716–719

Chekuri, C., Khanna, S. [2007]: Edge-disjoint paths revisited. ACM Transactions on Algorithms 3 (2007), Article 46

Chudak, F.A., Eleutério, V. [2005]: Improved approximation schemes for linear programming relaxations of combinatorial optimization problems. In: Integer Programming and Combinatorial Optimization; Proceedings of the 11th International IPCO Conference; LNCS 3509 (M. Jünger, V. Kaibel, eds.), Springer, Berlin, pp. 81–96

Even, S., Itai, A., Shamir, A. [1976]: On the complexity of timetable and multicommodity flow problems. SIAM Journal on Computing 5, 691–703

Fleischer, L.K. [2000]: Approximating fractional multicommodity flow independent of the number of commodities. SIAM Journal on Discrete Mathematics 13, 505–520

Ford, L.R., Fulkerson, D.R. [1958]: A suggested computation for maximal multicommodity network flows. Management Science 5, 97–101

Ford, L.R., Fulkerson, D.R. [1962]: Flows in Networks. Princeton University Press, Princeton

Fortune, S., Hopcroft, J., Wyllie, J. [1980]: The directed subgraph homeomorphism problem. Theoretical Computer Science 10, 111–121

Frank, A. [1980]: On the orientation of graphs. Journal of Combinatorial Theory B 28, 251–261

Frank, A. [1981]: How to make a digraph strongly connected. Combinatorica 1, 145–153

Frank, A. [1985]: Edge-disjoint paths in planar graphs. Journal of Combinatorial Theory B 39, 164–178

Frank, A., Tardos, É. [1984]: Matroids from crossing families. In: Finite and Infinite Sets; Vol. I (A. Hajnal, L. Lovász, and V.T. Sós, eds.), North-Holland, Amsterdam, pp. 295–304

Garg, N., Könemann, J. [2007]: Faster and simpler algorithms for multicommodity flow and other fractional packing problems. SIAM Journal on Computing 37, 630–652

Grigoriadis, M.D., Khachiyan, L.G. [1996]: Coordination complexity of parallel price-directive decomposition. Mathematics of Operations Research 21, 321–340

Guruswami, V., Manokaran, R., Raghavendra, P. [2008]: Beating the random ordering is hard: inapproximability of maximum acyclic subgraph. Proceedings of the 49th Annual IEEE Symposium on Foundations of Computer Science, 525–534

Hu, T.C. [1963]: Multi-commodity network flows. Operations Research 11, 344–360

Ibaraki, T., Poljak, S. [1991]: Weak three-linking in Eulerian digraphs. SIAM Journal on Discrete Mathematics 4, 84–98

Karakostas, G. [2008]: Faster approximation schemes for fractional multicommodity flow problems. ACM Transactions on Algorithms 4, Article 13

Karp, R.M. [1972]: Reducibility among combinatorial problems. In: Complexity of Computer Computations (R.E. Miller, J.W. Thatcher, eds.), Plenum Press, New York, pp. 85–103

Karzanov, A.V. [1987]: Half-integral five-terminus-flows. Discrete Applied Mathematics 18, 263–278

Kleinberg, J. [1996]: Approximation algorithms for disjoint paths problems. PhD thesis, MIT, Cambridg

Lomonosov, M. [1979]: Multiflow feasibility depending on cuts. Graph Theory Newsletter 9, 4

Lovász, L. [1976]: On two minimax theorems in graph. Journal of Combinatorial Theory B 21, 96–103

Lucchesi, C.L., Younger, D.H. [1978]: A minimax relation for directed graphs. Journal of the London Mathematical Society II 17, 369–374

Matsumoto, K., Nishizeki, T., Saito, N. [1986]: Planar multicommodity flows, maximum matchings and negative cycles. SIAM Journal on Computing 15, 495–510

Middendorf, M., Pfeiffer, F. [1993]: On the complexity of the disjoint path problem. Combinatorica 13, 97–107

Nash-Williams, C.S.J.A. [1969]: Well-balanced orientations of finite graphs and unobtrusive odd-vertex-pairings. In: Recent Progress in Combinatorics (W. Tutte, ed.), Academic Press, New York, pp. 133–149

Naves, G. [2009]: The hardness of routing two pairs on one face. Les cahiers Leibniz, Technical Report No. 177, Grenoble

Nishizeki, T., Vygen, J., Zhou, X. [2001]: The edge-disjoint paths problem is *NP*-completo for series-parallel graphs. Discrete Applied Mathematics 115, 177–186

Okamura, H., Seymour, P.D. [1981]: Multicommodity flows in planar graphs. Journal of Combinatorial Theory B 31, 75–81

Raghavan, P., Thompson, C.D. [1987]: Randomized rounding: a technique for provably good algorithms and algorithmic proofs. Combinatorica 7, 365–374

Robertson, N., Seymour, P.D. [1986]: Graph minors VI; Disjoint paths across a disc. Journal of Combinatorial Theory B 41, 115–138

Robertson, N., Seymour, P.D. [1995]: Graph minors XIII; The disjoint paths problem. Journal of Combinatorial Theory B 63, 65–110

Rothschild, B., Whinston, A. [1966]: Feasibility of two-commodity network flows. Operations Research 14, 1121–1129

Scheffler, P. [1994]: A practical linear time algorithm for disjoint paths in graphs with bounded tree-width. Technical Report No. 396, FU Berlin, Fachbereich 3 Mathematik

Schwärzler, W. [2009]: On the complexity of the planar edge-disjoint paths problem with terminals on the outer boundary. Combinatorica 29, 121–126

Seymour, P.D. [1981]: On odd cuts and multicommodity flows. Proceedings of the London Mathematical Society (3) 42, 178–192

Shahrokhi, F., Matula, D.W. [1990]: The maximum concurrent flow problem. Journal of the ACM 37, 318–334

Shmoys, D.B. [1996]: Cut problems and their application to divide-and-conquer. In: Approximation Algorithms for *NP*-Hard Problems (D.S. Hochbaum, ed.), PWS, Boston

Vygen, J. [1995]: *NP*-completeness of some edge-disjoint paths problems. Discrete Applied Mathematics 61, 83–90

Vygen, J. [2004]: Near-optimum global routing with coupling, delay bounds, and power consumption. In: Integer Programming and Combinatorial Optimization; Proceedings of the 10th International IPCO Conference; LNCS 3064 (G. Nemhauser, D. Bienstock, eds.), Springer, Berlin, pp. 308–324

Wagner, D., Weihe, K. [1995]: A linear-time algorithm for edge-disjoint paths in planar graphs. Combinatorica 15, 135–150

Young, N. [1995]: Randomized rounding without solving the linear program. Proceedings of the 6th Annual ACM-SIAM Symposium on Discrete Algorithms, 170–178

20

Problemi di progettazione di reti

La connettività è un concetto molto importante in ottimizzazione combinatoria. Nel Capitolo 8 abbiamo mostrato come calcolare la connettività tra ogni coppia di vertici di un grafo non orientato. In questo capitolo, cerchiamo dei sottografi che soddisfino un certo requisito di connettività.

PROBLEMA DEL PROGETTO DI RETI AFFIDABILI	
Istanza:	Un grafo non orientato G con pesi $c : E(G) \to \mathbb{R}_+$, e un requisito di connettività $r_{xy} \in \mathbb{Z}_+$ per ogni coppia di vertici (non ordinata) x, y.
Obiettivo:	Trovare un sottografo di supporto di peso minimo H di G tale che per ogni x, y esistano almeno r_{xy} cammini arco-disgiunti da x a y in H.

Applicazioni di questo problema si hanno per esempio nel progetto di reti di telecomunicazione che "sopravvivono" a dei guasti sugli archi.

Un problema simile permette di prendere gli archi un numero arbitrario di volte (si veda Goemans e Bertsimas [1993], Bertsimas e Teo [1997]). Tuttavia, questo può essere visto come un caso particolare poiché G può avere molti archi paralleli.

Nelle Sezioni 20.1 e 20.2 consideriamo prima il PROBLEMA DELL'ALBERO DI STEINER, che è un caso particolare molto studiato. In questo caso abbiamo un insieme $T \subseteq V(G)$ di vertici chiamati *terminali* tali che $r_{xy} = 1$ se $x, y \in T$ e $r_{xy} = 0$ altrimenti. Cerchiamo la rete più piccola che connetta tutti i terminali; tale rete è chiamata un *connettore* e un connettore minimo è un albero di Steiner.

Definizione 20.1. *Sia G un grafo non orientato e $T \subseteq V(G)$. Un* **connettore** *per T è un grafo connesso Y con $T \subseteq V(Y)$. Un* **albero di Steiner** *per T in G è un albero S con $T \subseteq V(S) \subseteq V(G)$ e $E(S) \subseteq E(G)$. Gli elementi di T sono chiamati* **terminali**, *quelli di $V(S) \setminus T$ sono i* **vertici di Steiner** *(o punti di Steiner) di S.*

A volte si richiede anche che tutte le foglie di un albero di Steiner siano terminali; chiaramente lo si può ottenere rimuovendo alcuni archi.

Nella Sezione 20.3 consideriamo il PROBLEMA DEL PROGETTO DI RETI AFFIDABILI e presentiamo due algoritmi di approssimazione nelle Sezioni 20.4 e 20.5. Mentre il primo è più veloce, il secondo può sempre garantire in tempo polinomiale un rapporto di prestazione pari a 2.

Korte B., Vygen J.: Ottimizzazione Combinatoria. Teoria e Algoritmi.

Figura 20.1.

20.1 Alberi di Steiner

In questa sezione consideriamo il problema seguente:

PROBLEMA DELL'ALBERO DI STEINER	
Istanza:	Un grafo non orientato G, pesi $c : E(G) \to \mathbb{R}_+$, e un insieme $T \subseteq V(G)$.
Obiettivo:	Trovare un albero di Steiner S per T in G il cui peso $c(E(S))$ sia minimo.

Abbiamo già considerato i casi particolari $T = V(G)$ (albero di supporto) e $|T| = 2$ (cammino minimo) nei Capitoli 6 e 7. Anche se abbiamo un algoritmo tempo-polinomiale per entrambi i casi, il problema generale è *NP*-difficile.

Teorema 20.2. (Karp [1972]) *Il* PROBLEMA DELL'ALBERO DI STEINER *è NP-difficile, anche per pesi unitari.*

Dimostrazione. Descriviamo una trasformazione dal VERTEX COVER che è *NP*-completo per il Corollario 15.24. Dato un grafo G, consideriamo il grafo H con i vertici $V(H) := V(G) \dot{\cup} E(G)$ e gli archi $\{v, e\}$ per $v \in e \in E(G)$ e $\{v, w\}$ per $v, w \in V(G)$, $v \neq w$. Si veda la Figura 20.1 per un esempio. Assegnamo $c(e) := 1$ per ogni $e \in E(H)$ e $T := E(G)$.

Dato un vertex cover $X \subseteq V(G)$ di G, possiamo connettere X in H con un albero di $|X| - 1$ archi e unire ognuno dei vertici in T con un arco. Otteniamo un albero di Steiner con $|X| - 1 + |E(G)|$ archi. D'altronde, sia $(T \cup X, F)$ un albero di Steiner per T in H. Allora X è un vertex cover in G e $|F| = |T \cup X| - 1 = |X| + |E(G)| - 1$.

Quindi G ha un vertex cover di cardinalità k se e solo se H ha un albero di Steiner per T con $k + |E(G)| - 1$ archi. □

Questa trasformazione dà anche un risultato più forte.

Teorema 20.3. (Bern e Plassmann [1989]) *Il* PROBLEMA DELL'ALBERO DI STEINER *è MAXSNP-difficile, anche per pesi unitari.*

Dimostrazione. La trasformazione nella dimostrazione precedente non è in generale una L-riduzione, ma lo è se G ha un grado limitato. Per il Teorema 16.46

il PROBLEMA DI VERTEX COVER MINIMO per grafi con grado massimo 4 è *MAXSNP*-difficile.

Per ogni albero di Steiner $(T \cup X, F)$ in H e il corrispondente vertex cover X in G abbiamo

$$\begin{aligned} |X| - \mathrm{OPT}(G) &= (|F| - |E(G)| + 1) - (\mathrm{OPT}(H, T) - |E(G)| + 1) \\ &= |F| - \mathrm{OPT}(H, T). \end{aligned}$$

Inoltre, $\mathrm{OPT}(H, T) \leq 2|T| - 1 = 2|E(G)| - 1$ e $\mathrm{OPT}(G) \geq \frac{|E(G)|}{4}$ se G ha grado massimo 4. Quindi $\mathrm{OPT}(H, T) < 8\,\mathrm{OPT}(G)$, e concludiamo che la trasformazione è senz'altro una L-riduzione. □

Altre due varianti del PROBLEMA DELL'ALBERO DI STEINER sono *NP*-difficili: il PROBLEMA DELL'ALBERO DI STEINER EUCLIDEO (Garey, Graham e Johnson [1977]) e il PROBLEMA DELL'ALBERO DI STEINER DI MANHATTAN (Garey e Johnson [1977]). Entrambi richiedono una rete (insieme di segmenti di retta) di lunghezza totale minima che connetta un dato insieme di punti nel piano. La differenza tra questi due problemi è che nel PROBLEMA DELL'ALBERO DI STEINER DI MANHATTAN sono ammessi solo segmenti orizzontali e verticali.

A differenza del PROBLEMA DELL'ALBERO DI STEINER che in generale è *MAXSNP*-difficile entrambi le versioni geometriche hanno uno schema di approssimazione. Una variante di questo algoritmo, che si deve a Arora [1998], risolve sia il TSP EUCLIDEO che altri problemi geometrici, e sarà presentato nella Sezione 21.2 (cf. Esercizio 8 del Capitolo 21). Anche il PROBLEMA DELL'ALBERO DI STEINER in grafi planari ha uno schema di approssimazione, che è stato trovato da Borradaile, Kenyon-Mathieu e Klein [2007].

Hanan [1966] ha mostrato che il PROBLEMA DELL'ALBERO DI STEINER DI MANHATTAN può essere ridotto al PROBLEMA DELL'ALBERO DI STEINER in grafi a griglia finiti: esiste sempre una soluzione ottima in cui tutti i segmenti si trovano sulla griglia indotta dalle coordinate dei terminali. Il PROBLEMA DELL'ALBERO DI STEINER DI MANHATTAN è importante nel progetto di circuiti VLSI, in cui le componenti elettriche devono essere connesse con cavi orizzontali e verticali; si veda Korte, Prömel e Steger [1990], Martin [1992] e Hetzel [1995]. In questo caso, si cercano più alberi di Steiner disgiunti. Questa è una generalizzazione del PROBLEMA DEI CAMMINI DISGIUNTI discussa nel Capitolo 19.

Descriviamo ora un algoritmo di programmazione dinamica che si deve Dreyfus e Wagner [1972]. Questo algoritmo risolve esattamente il PROBLEMA DELL'ALBERO DI STEINER ma in generale ha un tempo di esecuzione esponenziale.

L'ALGORITMO DI DREYFUS-WAGNER calcola un albero di Steiner ottimo per ogni sottoinsieme di T, che inizia con insiemi di due elementi. Usa la seguente formula di ricorsione:

Lemma 20.4. *Sia* (G, c, T) *un'istanza del* PROBLEMA DELL'ALBERO DI STEINER. *Per ogni* $U \subseteq T$ *e* $x \in V(G) \setminus U$ *definiamo*

$$\begin{aligned} p(U) &:= \min\{c(E(S)) : S \text{ è un albero di Steiner per } U \text{ in } G\}; \\ q(U \cup \{x\}, x) &:= \min\{c(E(S)) : S \text{ è un albero di Steiner per } U \cup \{x\} \text{ in } G \\ &\qquad \text{le cui foglie sono elementi di } U\}. \end{aligned}$$

Poi abbiamo per ogni $U \subseteq V(G)$, $|U| \geq 2$ *e* $x \in V(G) \setminus U$:

$$\text{(a) } q(U \cup \{x\}, x) = \min_{\emptyset \neq U' \subset U} \Big(p(U' \cup \{x\}) + p((U \setminus U') \cup \{x\}) \Big).$$

$$\begin{aligned} \text{(b) } p(U \cup \{x\}) = \min \Big\{ &\min_{y \in U} \Big(p(U) + \mathrm{dist}_{(G,c)}(x, y) \Big), \\ &\min_{y \in V(G) \setminus U} \Big(q(U \cup \{y\}, y) + \mathrm{dist}_{(G,c)}(x, y) \Big) \Big\}. \end{aligned}$$

Dimostrazione. (a): Ogni albero di Steiner S per $U \cup \{x\}$ le cui foglie sono elementi di U è l'unione disgiunta di due alberi, ognuno dei quali contiene x e almeno un elemento di U. Ne segue l'equazione (a).

(b): La disuguaglianza "$\leq$" è ovvia. Si consideri un albero di Steiner ottimo S per $U \cup \{x\}$. Se $|\delta_S(x)| \geq 2$, allora

$$p(U \cup \{x\}) = c(E(S)) = q(U \cup \{x\}, x) = q(U \cup \{x\}, x) + \mathrm{dist}_{(G,c)}(x, x).$$

Se $|\delta_S(x)| = 1$, allora sia y il vertice più vicino a x in S che appartiene a U oppure che ha $|\delta_S(y)| \geq 3$. Distinguiamo due casi: se $y \in U$, allora

$$p(U \cup \{x\}) = c(E(S)) \geq p(U) + \mathrm{dist}_{(G,c)}(x, y),$$

altrimenti

$$p(U \cup \{x\}) = c(E(S)) \geq \min_{y \in V(G) \setminus U} \Big(q(U \cup \{y\}, y) + \mathrm{dist}_{(G,c)}(x, y) \Big).$$

In (b), si calcola il minimo su queste tre formule. □

Queste formule di ricorsione suggeriscono immediatamente il seguente algoritmo di programmazione dinamica:

ALGORITMO DI DREYFUS-WAGNER	
Input:	Un grafo non orientato G, pesi $c : E(G) \to \mathbb{R}_+$ e un insieme $T \subseteq V(G)$.
Output:	La lunghezza $p(T)$ di un albero di Steiner ottimo per T in G.

① **If** $|T| \leq 1$ **then** poni $p(T) := 0$ e **stop**.
Calcola $\mathrm{dist}_{(G,c)}(x, y)$ per ogni $x, y \in V(G)$.
Poni $p(\{x, y\}) := \mathrm{dist}_{(G,c)}(x, y)$ per ogni $x, y \in V(G)$.

② **For** $k := 2$ **to** $|T| - 1$ **do**:
  For ogni $U \subseteq T$ con $|U| = k$ e ogni $x \in V(G) \setminus U$ **do**:
    Poni $q(U \cup \{x\}, x) := \min_{\emptyset \neq U' \subset U} \Big(p(U' \cup \{x\}) + p((U \setminus U') \cup \{x\}) \Big)$.
  For ogni $U \subseteq T$ con $|U| = k$ e ogni $x \in V(G) \setminus U$ **do**:
    Poni $p(U \cup \{x\}) := \min \Big\{ \min_{y \in U} \big(p(U) + \mathrm{dist}_{(G,c)}(x, y) \big),$

$$\min_{y \in V(G) \setminus U} \big(q(U \cup \{y\}, y) + \mathrm{dist}_{(G,c)}(x, y) \big) \Big\}.$$

Teorema 20.5. (Dreyfus e Wagner [1972]) *L'*ALGORITMO DI DREYFUS-WAGNER *determina in modo corretto la lunghezza di un albero di Steiner ottimo in tempo* $O\big(3^t n + 2^t n^2 + mn + n^2 \log n\big)$, *in cui* $n = |V(G)|$ *e* $t = |T|$.

Dimostrazione. La correttezza segue dal Lemma 20.4. ① consiste nel risolvere un PROBLEMA DI CAMMINI MINIMI TRA TUTTE LE COPPIE, che può essere fatto in tempo $O(mn + n^2 \log n)$ per il Teorema 7.8.

La prima ricorsione in ② richiede tempo $O\left(3^t n\right)$ poiché esistono 3^t possibilità di partizionare T in U', $U \setminus U'$, e $T \setminus U$. La seconda ricorsione in ② richiede ovviamente tempo $O\left(2^t n^2\right)$. □

Nella forma presente l'ALGORITMO DI DREYFUS-WAGNER calcola la lunghezza di un albero di Steiner ottimo, ma non l'albero di Steiner stesso. Tuttavia, ciò può essere fatto memorizzando delle informazioni aggiuntive. Abbiamo già discusso ciò in dettaglio per l'ALGORITMO DI DIJKSTRA (Sezione 7.1).

Si noti che l'algoritmo richiede in generale sia tempo che spazio esponenziali. Per un numero limitato di terminali è un algoritmo $O(n^3)$. Esiste un altro caso particolare interessante che richiede tempo (e spazio) polinomiale: se G è un grafo planare e tutti i terminali si trovano sulla faccia esterna, allora l'ALGORITMO DI DREYFUS-WAGNER può essere modificato per richiedere un tempo $O\left(n^3 t^2\right)$ (Esercizio 3). Per il caso generale (con molti terminali), il tempo di esecuzione è stato migliorato a $O\left(\left(2 + \frac{1}{d}\right)^t n^{12\sqrt{d \ln d}}\right)$ per un d sufficientemente grande da Fuchs et al. [2007]. Se tutti i pesi sugli archi sono dei numeri interi piccoli, l'algoritmo di Björklund, Husfeldt, Kaski e Koivisto [2007] è migliore.

Poiché non si può sperare di avere un algoritmo tempo-polinomiale esatto per il PROBLEMA DELL'ALBERO DI STEINER, assumono importanza gli algoritmi approssimati. Un'idea su cui si basano questi algoritmi è di approssimare l'albero di Steiner ottimo per T in G con un albero di supporto di peso minimo nel sottografo della chiusura metrica di G indotto da T.

Teorema 20.6. *Sia G un grafo connesso con pesi $c : E(G) \to \mathbb{R}_+$ e sia $(\bar{G}, \bar{c})$ la sua chiusura metrica. Inoltre, sia $T \subseteq V(G)$. Se S è un albero di Steiner ottimo per T in G, e M è un albero di supporto di peso minimo in $\bar{G}[T]$ (rispetto a $\bar{c}$), allora $\bar{c}(E(M)) \leq 2c(E(S))$.*

Dimostrazione. Si consideri il grafo H che contiene due copie di ogni arco di S. H è Euleriano e quindi per il Teorema 2.24 esiste un cammino Euleriano W in

H. La prima occorrenza degli elementi di T in W definisce un ordinamento di T, e quindi un ciclo Hamiltoniano W' in $\bar{G}[T]$. Poiché $\bar{c}$ soddisfa la disuguaglianza triangolare ($\bar{c}(\{x,z\}) \leq \bar{c}(\{x,y\})+\bar{c}(\{y,z\}) \leq c(\{x,y\})+c(\{y,z\})$ per ogni x, y, z),

$$\bar{c}(W') \leq c(W) = c(E(H)) = 2c(E(S)).$$

Poiché W' contiene un albero di supporto di $\bar{G}[T]$ (semplicemente rimuovendo un arco) abbiamo dimostrato il teorema. □

Questo teorema è stato pubblicato da Gilbert e Pollak [1968] (si veda E.F. Moore), Choukhmane [1978], Kou, Markowsky e Berman [1981], e Takahashi e Matsuyama [1980]. Suggerisce immediatamente un algoritmo di approssimazione con fattore 2.

ALGORITMO DI KOU-MARKOWSKY-BERMAN	
Input:	Un grafo connesso non orientato G, pesi $c : E(G) \to \mathbb{R}_+$ e un insieme $T \subseteq V(G)$.
Output:	Un albero di Steiner per T in G.

① Calcola la chiusura metrica $(\bar{G}, \bar{c})$ e un cammino minimo P_{st} per ogni $s, t \in T$.

② Trova un albero di supporto di peso minimo M in $\bar{G}[T]$ (rispetto a $\bar{c}$). Poni $E(S) := \bigcup_{\{x,y\}\in E(M)} E(P_{xy})$ e $V(S) := \bigcup_{\{x,y\}\in E(M)} V(P_{xy})$.

③ Restituisci un sottografo connesso minimale di S.

Teorema 20.7. (Kou, Markowsky e Berman [1981]) *L'*ALGORITMO DI KOU-MARKOWSKY-BERMAN *è un algoritmo di approssimazione con fattore 2 per il* PROBLEMA DELL'ALBERO DI STEINER *e richiede un tempo $O(n^3)$, in cui $n = |V(G)|$.*

Dimostrazione. La correttezza e la garanzia di prestazione seguono direttamente dal Teorema 20.6. ① consiste della soluzione di un PROBLEMA DEI CAMMINI MINIMI TRA TUTTE LE COPPIE, che può essere fatto in tempo $O(n^3)$ (Teorema 7.8, Corollario 7.10). ② può essere fatto in tempo $O(n^2)$ usando l'ALGORITMO DI PRIM (Teorema 6.6). ③ può essere implementato con BFS in tempo $O(n^2)$. □

Mehlhorn [1988] e Kou [1990] hanno proposto un'implementazione di questo algoritmo che richiede un tempo $O(n^2)$. L'idea è di calcolare, invece di $\bar{G}[T]$, un sottografo simile i cui albero di supporto di peso minimo siano anche degli alberi di supporto di peso minimo in $\bar{G}[T]$.

Lo stesso albero di supporto di peso minimo dà un algoritmo di approssimazione con fattore 2 per qualsiasi istanza metrica del PROBLEMA DELL'ALBERO DI STEINER. Non si conosceva nessun algoritmo con un rapporto di prestazione migliore sino a quando Zelikovsky [1993] trovò un algoritmo di approssimazione

$\frac{11}{6}$ per il PROBLEMA DELL'ALBERO DI STEINER. Il rapporto di prestazione è stato in seguito migliorato a 1.75 da Berman e Ramaiyer [1994], a 1.65 da Karpinski e Zelikovsky [1997], a 1.60 by Hougardy e Prömel [1999] e a $1 + \frac{\ln 3}{2} \approx 1.55$ da Robins e Zelikovsky [2005]. Questo è attualmente il miglior algoritmo e sarà presentato nella sezione seguente.

D'altronde, per il Teorema 20.3 e il Corollario 16.40, non può esistere uno schema di approssimazione a meno che $P = NP$. In pratica, Clementi e Trevisan [1999] hanno mostrato che, a meno che $P = NP$, non esiste nessun algoritmo di approssimazione con fattore 1.0006 per il PROBLEMA DELL'ALBERO DI STEINER. Si veda anche Thimm [2003].

Un algoritmo che calcola l'albero di Steiner ottimo ed è molto efficiente, specialmente per il PROBLEMA DELL'ALBERO DI STEINER DI MANHATTAN, è stato sviluppato da Warme, Winter e Zachariasen [2000].

20.2 Algoritmo di Robins-Zelikovsky

Definizione 20.8. *Un* **albero di Steiner completo** *per un insieme di terminali T in un grafo G è un albero Y in G in cui T è l'insieme di foglie di Y. Ogni albero di Steiner minimale per T può essere decomposto in alberi di Steiner completi per sottoinsiemi di T, le sue* **componenti complete**. *Le unioni di componenti complete ognuna delle quali ha al massimo k terminali sono dette k-***ristrette** *(rispetto a un dato insieme di terminali). Più precisamente, un grafo Y è detto k-ristretto (in G rispetto a T) se esistono alberi di Steiner completi Y_i per $T \cap V(Y_i)$ in G con $|T \cap V(Y_i)| \leq k$ ($i = 1, \ldots, t$), tali che il grafo che si ottiene da $(\{(i, v) : i = 1, \ldots, t,\ v \in V(Y_i)\}, \{\{(i, v), (i, w)\} : i = 1, \ldots, t,\ \{v, w\} \in E(Y_i)\})$ contraendo l'insieme $\{i : v \in V(Y_i)\} \times \{v\}$ per ogni $v \in T$ è connesso, $V(Y) = \bigcup_{i=1}^{t} V(Y_i)$, e $E(Y)$ è l'unione disgiunta degli insiemi $E(Y_i)$. Si noti che si possono avere archi paralleli.*

Definiamo il **k-rapporto di Steiner** *come*

$$\rho_k := \sup_{(G,c,T)} \left\{ \frac{\min\{c(E(Y)) : Y \text{ connettore } k\text{-ristretto per } T\}}{\min\{c(E(Y)) : Y \text{ albero di Steiner per } T\}} \right\},$$

in cui l'estremo superiore è preso su tutte le istanze del PROBLEMA DELL'ALBERO DI STEINER.

Per esempio, connettori 2-ristretti sono composti di cammini tra terminali. Dunque connettori ottimi 2-ristretti per T in (G, c) corrispondono ad alberi di supporto di peso minimo in $(\bar{G}[T], \bar{c})$; quindi $\rho_2 \leq 2$ per il Teorema 20.6. Le stelle con peso unitario mostrano che infatti $\rho_2 = 2$ (e in generale $\rho_k \geq \frac{k}{k-1}$). Se limitiamo l'estremo superiore a istanze del PROBLEMA DELL'ALBERO DI STEINER DI MANHATTAN, il rapporto risulta migliore, ad esempio per $k = 2$ è pari a $\frac{3}{2}$ (Hwang [1976]).

Teorema 20.9. (Du, Zhang e Feng [1991]) $\rho_{2^s} \leq \frac{s+1}{s}$.

Dimostrazione. Sia (G, c, T) un'istanza e Y un albero di Steiner ottimo. Senza perdita di generalità, sia Y un albero di Steiner completo (altrimenti si trattano separatamente le componenti complete). Inoltre, duplicando i vertici e aggiungendo archi di lunghezza nulla, possiamo assumere che Y sia un albero binario completo le cui foglie sono i terminali. Un vertice, la radice, ha grado 2, e tutti gli altri vertici di Steiner hanno grado 3. Diciamo che un vertice $v \in V(Y)$ è a livello i se la sua distanza dalla radice è i. Tutti i terminali sono allo stesso livello h (l'altezza di un albero binario).

Definiamo s connettori 2^s-ristretti per T, che hanno una lunghezza totale al massimo $(s+1)c(E(Y))$. Per $v \in V(Y)$, sia $P(v)$ un cammino in Y da v a una foglia, tale che tutti questi cammini siano arco-disgiunti (per esempio, scende una volta a sinistra, e poi sempre a destra).

Per $i = 1, \dots, s$, sia Y_i l'unione delle seguenti componenti complete:

- il sottoalbero di Y indotto dai vertici sino al livello i, più $P(v)$ per ogni vertice v al livello i;
- per ogni vertice u al livello $ks + i$: il sottoalbero indotto dai successori di u sino al livello $(k+1)s+i$, più $P(v)$ per ogni vertice v nel sottoalbero al livello $(k+1)s+i$ $(k = 0, \dots, \lfloor \frac{h-1-i}{s} \rfloor - 1)$;
- per ogni vertice u al livello $\lfloor \frac{h-1-i}{s} \rfloor s + i$: il sottoalbero indotto da tutti i successori di u.

Chiaramente, ognuno di questi alberi è 2^s-ristretto e l'unione degli alberi in Y_i è Y, ovvero è un connettore per T. Ogni arco di Y è contenuto una sola volta in ogni insieme Y_i, senza contare l'occorrenza in un cammino $P(v)$. Inoltre, ogni $P(v)$ è usato in un solo Y_i. Quindi ogni arco appare al massimo $s+1$ volte. □

In particolare, $\rho_k \to 1$ poiché $k \to \infty$. Quindi non possiamo aspettarci di trovare il connettore ottimo k-ristretto in tempo polinomiale per k fissato. Infatti, questo problema è *NP*-difficile per ogni $k \geq 4$ fissato (Garey e Johnson [1977]). Il bound del Teorema 20.9 è forte: Borchers e Du [1997] hanno dimostrato che $\rho_k = \frac{(s+1)2^s+t}{s2^s+t}$ per ogni $k \geq 2$, in cui $k = 2^s + t$ e $0 \leq t < 2^s$.

Presenteremo un algoritmo che inizia con un albero di supporto minimo nel sottografo della chiusura metrica indotta da T, e lo migliora usando alberi di Steiner completi k-ristretti. Tuttavia, l'algoritmo decide solo di includere al massimo la metà di tale albero di Steiner, ovvero la sua **perdita** [loss]. Per ogni albero di Steiner Y definiamo una **perdita** di Y come un insieme di archi F di costo minimo che connetta ogni vertice di Steiner di grado almeno 3 a un terminale. Si veda la Figura 20.2 per un esempio di un albero di Steiner completo con una perdita (data dagli archi più spessi), in cui si assume che il costo di un arco sia proporzionale alla sua lunghezza.

Proposizione 20.10. *Sia Y un albero di Steiner completo per T, $c : E(Y) \to \mathbb{R}_+$, e sia F una perdita di Y. Allora $c(F) \leq \frac{1}{2}c(E(Y))$.*

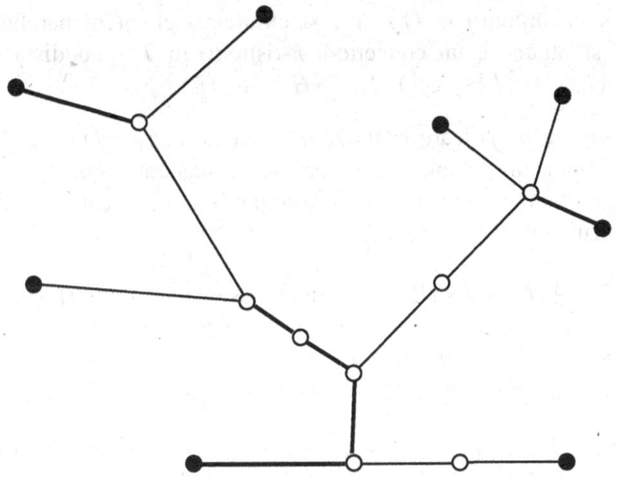

Figura 20.2.

Dimostrazione. Sia r un vertice qualsiasi di Y. Sia U l'insieme dei vertici di Steiner $v \in V(Y) \setminus T$ di grado almeno 3. Per ogni $v \in U$, sia $P(v)$ uno dei cammini di costo minimo (ne esistono almeno due) da v a un vertice $w \in U \cup T$ tale che w abbia una distanza maggiore da r che da v. L'unione degli insiemi di archi di questi cammini connette ogni elemento di U a un terminale e ha al massimo la metà del costo totale. □

Invece di contrarre in modo esplicito le perdite degli alberi di Steiner completi k-ristretti, aggiustiamo i costi come segue:

Proposizione 20.11. *Sia G un grafo completo, $T \subseteq V(G)$, $c : E(G) \to \mathbb{R}_+$ e $k \geq 2$. Sia $S \subseteq T$ con $|S| \leq k$, sia Y un albero di Steiner per S in G e L una perdita di Y. Sia $c'(e) := 0$ per $e \in L$ e $c'(e) := c(e)$ altrimenti. Definiamo $c/(Y,L) : E(G) \to \mathbb{R}_+$ con $c/(Y,L)(\{v,w\}) := \min\{c(\{v,w\}), \mathrm{dist}_{(Y,c')}(v,w)\}$ per $v, w \in S$, $v \neq w$, e $c/(Y,L)(e) := c(e)$ per tutti gli altri archi.*

Allora esiste un albero di supporto M in $G[S]$ con $c/(Y,L)(E(M)) + c(L) \leq c(E(Y))$.

Inoltre, per ogni connettore k-ristretto H' di T in G esiste un connettore k-ristretto H di T in G con $c(E(H)) \leq c/(Y,L)(E(H')) + c(L)$.

Dimostrazione. La prima affermazione si dimostra per induzione su $|E(Y)|$. Possiamo assumere che Y sia un albero di Steiner completo (altrimenti si considerano le componenti separatamente) e $|S| > 2$. Allora $L \neq \emptyset$, ed esiste un terminale v incidente a un arco $e = \{v,w\} \in L$. Applicando l'ipotesi di induzione a $Y' := Y - e$ e $(S \setminus \{v\}) \cup \{w\}$ si ottiene un albero di supporto M' con $c/(Y', L \setminus \{e\})(M') \leq c(E(Y')) - c(L \setminus \{e\}) = c(E(Y)) - c(L)$. Sostituendo w con v in M non cambia il costo poiché $c'(e) = 0$.

Per dimostrare la seconda affermazione, sia H' un connettore k-ristretto di T. Si sostituisca ogni arco $e = \{v,w\} \in E(H')$ con $c/(Y,L)(e) < c(e)$ usando un cammino v-w minimo in (Y, c') e si eliminino gli archi paralleli. Allora il grafo H che si ottiene è un connettore k-ristretto di T e soddisfa $c(E(H)) = c'(E(H)) + c(E(H) \cap L) \leq c/(Y, L)(E(H')) + c(L)$. □

Continueremo a modificare la funzione di costo aggiungendo archi che corrispondono a componenti complete. L'osservazione seguente ci dice che la riduzione del costo di un albero di supporto di costo minimo non aumenta quando altri archi sono stati inseriti prima.

Lemma 20.12. (Zelikovsky [1993], Berman e Ramaiyer [1994]) *Sia G un grafo, $c : E(G) \to \mathbb{R}_+$, $T \subseteq V(G)$, (T, U) un altro grafo, $c' : U \to \mathbb{R}_+$. Sia $m : 2^U \to \mathbb{R}_+$, in cui $m(X)$ è il costo di un albero di supporto di costo minimo in $(T, E(G[T]) \cup X)$. Allora m è supermodulare.*

Dimostrazione. Sia $A \subseteq U$ e $f \in U$. Eseguiamo l'ALGORITMO DI KRUSKAL in parallelo su $G[T]$ e su $G[T] + f$, esaminando gli archi di $G[T]$ nello stesso ordine (con costo non decrescente). Entrambe le versioni procedono esattamente allo stesso modo, tranne per il fatto che la prima non sceglie f, mentre la seconda non sceglie il primo arco che chiude un circuito in $G + f$ che contiene f. Quindi i costi minimi degli alberi di supporto nei due grafi differiscono di $\min\{\gamma : G[T]+f$ contiene un circuito che contiene f i cui archi hanno costo al massimo $\gamma\} - c'(f)$. Questa differenza, se consideriamo $G[T] + A$ e $(G[T] + A) + f$ invece di $G[T]$ e $G[T] + f$. può chiaramente solo diminuire. Quindi

$$m(A) - m(A \cup \{f\}) \leq m(\emptyset) - m(\{f\}).$$

Ora sia $X, Y \subseteq U$, $Y \setminus X = \{y_1, \ldots, y_k\}$ e scriviamo $m_i(Z) := m((X \cap Y) \cup \{y_1, \ldots, y_{i-1}\} \cup Z)$ per $i = 1, \ldots, k$. Applicando quanto sopra a m_i otteniamo

$$\begin{aligned} m(X) - m(X \cup Y) &= \sum_{i=1}^{k} (m_i(X \setminus Y) - m_i((X \setminus Y) \cup \{y_i\})) \\ &\leq \sum_{i=1}^{k} (m_i(\emptyset) - m_i(\{y_i\})) \\ &= m(X \cap Y) - m(Y), \end{aligned}$$

ossia la supermodularità. □

Descriviamo ora l'algoritmo. Indichiamo con $mst(c)$ il costo minimo di un albero di supporto nel sottografo di $(\bar{G}, c)$ indotto da T.

ALGORITMO DI ROBINS-ZELIKOVSKY	
Input:	Un grafo non orientato G, pesi $c : E(G) \to \mathbb{R}_+$, e un insieme $T \subseteq V(G)$ di terminali. Un numero $k \geq 2$.
Output:	Un albero di Steiner per T in G.

① Calcola la chiusura metrica $(\bar{G}, \bar{c})$ di (G, c).

② Scegli un sottoinsieme S di al massimo k terminali e una coppia $K = (Y, L)$, in cui Y sia un albero di Steiner ottimo per S e L è una perdita di Y, tale che $\frac{mst(\bar{c})-mst(\bar{c}/K)}{\bar{c}(L)}$ sia massimo e almeno pari a 1.
If tale scelta non è possibile, **then go to** ④.

③ Poni $\bar{c} := \bar{c}/K$.
Go to ②.

④ Calcola un albero di supporto di costo minimo nel sottografo di $(\bar{G}, \bar{c})$ indotto da T.
Sostituisci tutti gli archi con cammini minimi in (G, c'), in cui $c'(e) := 0$ se $e \in L$ per qualche L scelto nell'algoritmo e $c'(e) = c(e)$ altrimenti.
Infine calcola un sottografo connesso di supporto minimo T.

Si supponga che l'algoritmo termini all'iterazione $t + 1$ e che $K_i := (Y_i, L_i)$ sia l'albero di Steiner e la sua perdita scelte all'iterazione i-ma ($i = 1, \dots, t$). Sia c_0 la funzione di costo $\bar{c}$ dopo ①, e sia $c_i := c_{i-1}/K_i$ la funzione di costo $\bar{c}$ dopo i iterazioni ($i = 1, \dots, t$). Allora per la Proposizione 20.11 l'algoritmo calcola una soluzione di costo totale al massimo $mst(c_t) + \sum_{i=1}^{t} c(L_i)$.

Sia Y^* un connettore k-ristretto ottimo per T, siano $Y_1^*, \dots, Y_{t^*}^*$ degli alberi di Steiner k-ristretti la cui unione è Y^*, sia L_j^* una perdita di Y_j^* e $K_j^* = (Y_j^*, L_j^*)$ ($j = 1, \dots, t^*$), e sia $L^* := L_1^* \cup \dots \cup L_{t^*}^*$. Scriviamo c/K^* invece di $c/K_1^*/\cdots/K_{t^*}^*$. Per la Proposizione 20.11 otteniamo:

Lemma 20.13. *L'algoritmo calcola un albero di Steiner per T di peso al massimo $mst(c_t) + \sum_{i=1}^{t} c(L_i)$. Inoltre, $c(E(Y^*)) = mst(c/K^*) + c(L^*)$.* □

Lemma 20.14. $mst(c_t) \le c(E(Y^*)) \le mst(c_0)$.

Dimostrazione. $c(E(Y^*)) \le mst(c_0)$ è semplice. Quando l'algoritmo termina, $mst(c_t) - mst(c_t/K_j^*) \le c(L_j^*)$ per $j = 1, \dots, t^*$. Quindi, usando il Lemma 20.12,

$$\begin{aligned} mst(c_t) - mst(c/K^*) &\le mst(c_t) - mst(c_t/K^*) \\ &= \sum_{j=1}^{t^*} \left(mst(c_t/K_1^*/\cdots/K_{j-1}^*) - mst(c_t/K_1^*/\cdots/K_j^*) \right) \\ &\le \sum_{j=1}^{t^*} \left(mst(c_t) - mst(c_t/K_j^*) \right) \\ &\le \sum_{j=1}^{t^*} c(L_j^*), \end{aligned}$$

che implica $mst(c_t) \le mst(c/K^*) + c(L^*)$. □

Lemma 20.15. $mst(c_t) + \sum_{i=1}^{t} c(L_i) \le c(E(Y^*))(1 + \frac{\ln 3}{2})$.

Dimostrazione. Sia $i \in \{1, \dots, t\}$. Per la scelta di L_i nell'iterazione i dell'algoritmo,

$$\begin{aligned}
\frac{mst(c_{i-1}) - mst(c_i)}{c(L_i)} &\ge \max_{j=1,\dots,t^*} \frac{mst(c_{i-1}) - mst(c_{i-1}/K_j^*)}{c(L_j^*)} \\
&\ge \frac{\sum_{j=1}^{t^*}(mst(c_{i-1}) - mst(c_{i-1}/K_j^*))}{\sum_{j=1}^{t^*} c(L_j^*)} \\
&\ge \frac{\sum_{j=1}^{t^*}(mst(c_{i-1}/K_1^*/\cdots/K_{j-1}^*) - mst(c_{i-1}/K_1^*/\cdots/K_j^*))}{c(L^*)} \\
&= \frac{mst(c_{i-1}) - mst(c_{i-1}/K^*)}{c(L^*)} \\
&\ge \frac{mst(c_{i-1}) - mst(c/K^*)}{c(L^*)}
\end{aligned}$$

(abbiamo usato il Lemma 20.12 nella terza e la monotonicità nell'ultima disuguaglianza). Inoltre, l'espressione di sinistra è almeno pari a 1. Quindi

$$\begin{aligned}
\sum_{i=1}^{t} c(L_i) &\le \sum_{i=1}^{t}(mst(c_{i-1}) - mst(c_i))\frac{c(L^*)}{\max\{c(L^*), mst(c_{i-1}) - mst(c/K^*)\}} \\
&\le \int_{mst(c_t)}^{mst(c_0)} \frac{c(L^*)}{\max\{c(L^*), x - mst(c/K^*)\}} dx.
\end{aligned}$$

Poiché $c(E(Y^*)) = mst(c/K^*) + c(L^*)$ per il Lemma 20.13 e $mst(c_t) \le c(E(Y^*)) \le mst(c_0)$ per il Lemma 20.14, calcoliamo

$$\begin{aligned}
\sum_{i=1}^{t} c(L_i) &\le \int_{mst(c_t)}^{c(E(Y^*))} 1\, dx + \int_{c(L^*)}^{mst(c_0)-mst(c/K^*)} \frac{c(L^*)}{x} dx \\
&= c(E(Y^*)) - mst(c_t) + c(L^*) \ln \frac{mst(c_0) - mst(c/K^*)}{c(L^*)}.
\end{aligned}$$

Poiché $mst(c_0) \le 2\,\mathrm{OPT}(G, c, T) \le 2c(E(Y^*)) = c(E(Y^*)) + mst(c/K^*) + c(L^*)$, otteniamo

$$mst(c_t) + \sum_{i=1}^{t} c(L_i) \le c(E(Y^*)) \left(1 + \frac{c(L^*)}{c(E(Y^*))} \ln\left(1 + \frac{c(E(Y^*))}{c(L^*)}\right)\right).$$

Poiché $0 \le c(L^*) \le \frac{1}{2}c(E(Y^*))$ (per la Proposizione 20.10) e $\max\{x \ln(1 + \frac{1}{x}) : 0 < x \le \frac{1}{2}\}$ è ottenuto per $x = \frac{1}{2}$ (siccome la derivata $\ln(1 + \frac{1}{x}) - \frac{1}{x+1}$ è sempre positiva), concludiamo che $mst(c_t) + \sum_{i=1}^{t} c(L_i) \le c(E(Y^*))(1 + \frac{\ln 3}{2})$. □

Questa dimostrazione si deve essenzialmente a Gröpl et al. [2001]. Concludiamo:

Teorema 20.16. (Robins e Zelikovsky [2005]) *L'Algoritmo di Robins-Zelikovsky ha un rapporto di prestazione di $\rho_k(1+\frac{\ln 3}{2})$ ed esegue in tempo polinomiale per ogni k fissato. Per k sufficientemente grande, il rapporto di prestazione è minore di 1.55.*

Dimostrazione. Per il Lemma 20.13, l'algoritmo restituisce un albero di Steiner di costo al massimo $mst(c_t) + \sum_{i=1}^{t} c(L_i)$, che per il Lemma 20.15, è al massimo pari a $\rho_k(1+\frac{\ln 3}{2})$. Scegliendo $k = \min\{|V(G)|, 2^{2233}\}$ e applicando il Teorema 20.9, otteniamo un rapporto di prestazione di $\rho_k(1+\frac{\ln 3}{2}) \leq \frac{2234}{2233}(1+\frac{\ln 3}{2}) < 1.55$.

Esistono al massimo n^k possibili sottoinsiemi S e per ognuno di loro esistono al massimo n^{k-2} scelte per i (al massimo $k-2$) vertici di Steiner di grado almeno 3 in un albero di Steiner ottimo Y per S. Allora, dato Y, esistono al massimo $(2k-3)^{k-2}$ scelte per una perdita (a meno di includere archi di costo nullo). Quindi ogni iterazione richiede tempo $O(n^{2k})$ (per k fissato), ed esistono al massimo n^{2k-2} iterazioni. □

20.3 Progettazione di reti affidabili

Prima di passare al caso più generale del PROBLEMA DEL PROGETTO DI RETI AFFIDABILI citiamo due casi particolari. Se tutti i requisiti di connettività r_{xy} sono 0 o 1, il problema viene chiamato il PROBLEMA DELL'ALBERO DI STEINER GENERALIZZATO (naturalmente il PROBLEMA DELL'ALBERO DI STEINER ne è un caso speciale). Il primo algoritmo di approssimazione per il PROBLEMA DELL'ALBERO DI STEINER GENERALIZZATO è stato trovato da Agrawal, Klein e Ravi [1995].

Un altro caso particolare interessante è il problema di trovare un sottografo k-arco-connesso di peso minimo (in questo caso $r_{xy} = k$ per ogni x, y). Si veda l'Esercizio 8 per un algoritmo combinatorio di approssimazione con fattore 2 per questo caso particolare. L'esercizio contiene anche i riferimenti a lavori pubblicati su questo problema.

Quando si considera il PROBLEMA DEL PROGETTO DI RETI AFFIDABILI in generale, dati i requisiti di connettività r_{xy} per ogni $x, y \in V(G)$, è utile definire una funzione $f : 2^{V(G)} \to \mathbb{Z}_+$ con $f(\emptyset) := f(V(G)) := 0$ e $f(S) := \max_{x\in S,\, y\in V(G)\setminus S} r_{xy}$ per $\emptyset \neq S \subset V(G)$. Allora il nostro problema può essere formulato come il seguente problema di programmazione lineare intera:

$$\begin{aligned} \min \quad & \sum_{e\in E(G)} c(e)x_e \\ \text{t.c.} \quad & \sum_{e\in\delta(S)} x_e \geq f(S) \qquad (S \subseteq V(G)) \\ & x_e \in \{0,1\} \qquad (e \in E(G)). \end{aligned} \tag{20.1}$$

Non considereremo questo problema intero nella sua forma più generale, ma piuttosto faremo uso di un importante proprietà di f:

Definizione 20.17. *Una funzione* $f : 2^U \to \mathbb{Z}_+$ *è detta* **propria** *se soddisfa le tre condizioni seguenti:*

- $f(S) = f(U \setminus S)$ *per ogni* $S \subseteq U$.
- $f(A \cup B) \le \max\{f(A), f(B)\}$ *per ogni* $A, B \subseteq U$ *con* $A \cap B = \emptyset$.
- $f(\emptyset) = 0$.

È ovvio che per come l'abbiamo costruita f è propria. Le funzioni proprie sono state introdotte da Goemans e Williamson [1995], i quali danno un algoritmo di approssimazione con fattore 2 per funzioni proprie f con $f(S) \in \{0, 1\}$ per ogni S. Per funzioni proprie f con $f(S) \in \{0, 2\}$ per ogni S, Klein e Ravi [1993] hanno dato un algoritmo di approssimazione con fattore 3.

La seguente proprietà delle funzioni proprie è fondamentale.

Proposizione 20.18. *Una funzione propria* $f : 2^U \to \mathbb{Z}_+$ *è* **debolmente supermodulare**, *ossia almeno una delle seguente condizioni viene verificata per ogni* $A, B \subseteq U$:

- $f(A) + f(B) \le f(A \cup B) + f(A \cap B)$.
- $f(A) + f(B) \le f(A \setminus B) + f(B \setminus A)$.

Dimostrazione. Per la definizione precedente abbiamo

$$f(A) \le \max\{f(A \setminus B), f(A \cap B)\}; \tag{20.2}$$

$$f(B) \le \max\{f(B \setminus A), f(A \cap B)\}; \tag{20.3}$$

$$\begin{aligned} f(A) &= f(U \setminus A) \le \max\{f(B \setminus A), f(U \setminus (A \cup B))\} \\ &= \max\{f(B \setminus A), f(A \cup B)\}; \end{aligned} \tag{20.4}$$

$$\begin{aligned} f(B) &= f(U \setminus B) \le \max\{f(A \setminus B), f(U \setminus (A \cup B))\} \\ &= \max\{f(A \setminus B), f(A \cup B)\}. \end{aligned} \tag{20.5}$$

Distinguiamo ora quattro casi, che dipendono da quale tra i quattro numeri $f(A \setminus B)$, $f(B \setminus A)$, $f(A \cap B)$, $f(A \cup B)$ sia il più piccolo. Se $f(A \setminus B)$ è il più piccolo, sommiamo (20.2) e (20.5). Se $f(B \setminus A)$ è il più piccolo, aggiungiamo (20.3) e (20.4). Se $f(A \cap B)$ è il più piccolo, aggiungiamo (20.2) e (20.3). Se $f(A \cup B)$ è il più piccolo, aggiungiamo (20.4) e (20.5). □

Nel resto di questo sezione mostriamo come risolvere il rilassamento lineare del Problema (20.1):

$$\begin{array}{lrcll} \min & \displaystyle\sum_{e \in E(G)} c(e) x_e & & & \\ \text{t.c.} & \displaystyle\sum_{e \in \delta(S)} x_e & \ge & f(S) & (S \subseteq V(G)) \\ & x_e & \ge & 0 & (e \in E(G)) \\ & x_e & \le & 1 & (e \in E(G)). \end{array} \tag{20.6}$$

Non siamo in grado di risolvere questo PL in tempo polinomiale né per funzioni f qualsiasi, né per funzioni debolmente supermodulari. Quindi ci limitiamo al caso in cui f sia propria. Per il Teorema 4.21 basta risolvere il PROBLEMA DI SEPARAZIONE. Usiamo un albero di Gomory-Hu:

Lemma 20.19. *Sia G un grafo non orientato con capacità $u \in \mathbb{R}_+^{E(G)}$ e sia $f : 2^{V(G)} \to \mathbb{Z}_+$ una funzione propria. Sia H un albero di Gomory-Hu per (G, u). Allora per ogni $\emptyset \neq S \subset V(G)$ abbiamo:*

(a) $\sum_{e' \in \delta_G(S)} u(e') \geq \max_{e \in \delta_H(S)} \sum_{e' \in \delta_G(C_e)} u(e')$.
(b) $f(S) \leq \max_{e \in \delta_H(S)} f(C_e)$;

in cui C_e e $V(H) \setminus C_e$ sono due componenti connesse di $H - e$.

Dimostrazione. (a): Per la definizione di albero di Gomory-Hu, $\delta_G(C_e)$ è un taglio x-y di capacità minima per ogni $e = \{x, y\} \in E(H)$, e per $\{x, y\} \in \delta_H(S)$ la sommatoria a sinistra in (a) è la capacità di un taglio x-y.

Per dimostrare (b), siano $X_1, \ldots, X_l$ le componenti connesse di $H - S$. Poiché $H[X_i]$ è connesso e H è un albero abbiamo per ogni $i \in \{1, \ldots, l\}$:

$$V(H) \setminus X_i = \bigcup_{e \in \delta_H(X_i)} C_e$$

(se necessario, si sostituisca C_e con $V(H) \setminus C_e$). Poiché f è propria abbiamo che

$$f(X_i) = f(V(G) \setminus X_i) = f(V(H) \setminus X_i) = f\left(\bigcup_{e \in \delta_H(X_i)} C_e\right) \leq \max_{e \in \delta_H(X_i)} f(C_e).$$

Poiché $\delta_H(X_i) \subseteq \delta_H(S)$, concludiamo che

$$f(S) = f(V(G) \setminus S) = f\left(\bigcup_{i=1}^{l} X_i\right) \leq \max_{i \in \{1,\ldots,l\}} f(X_i) \leq \max_{e \in \delta_H(S)} f(C_e).$$

□

Possiamo ora mostrare come risolvere il PROBLEMA DI SEPARAZIONE per (20.6) considerando i tagli fondamentali di un albero di Gomory-Hu. Si noti che memorizzare esplicitamente la funzione propria f richiederebbe un tempo esponenziale e quindi assumiamo che f sia data da un oracolo.

Teorema 20.20. *Sia G un grafo non orientato, $x \in \mathbb{R}_+^{E(G)}$ e sia $f : 2^{V(G)} \to \mathbb{Z}_+$ una funzione propria (data da un oracolo). Si può trovare un insieme $S \subseteq V(G)$ con $\sum_{e \in \delta_G(S)} x_e < f(S)$ o decidere che non ne esiste neanche uno in tempo $O\left(n^4 + n\theta\right)$, in cui $n = |V(G)|$ e θ è il tempo richiesto da un oracolo per f.*

Dimostrazione. Calcoliamo prima un albero di Gomory-Hu H per G, in cui le capacità sono date da x. H può essere calcolato in tempo $O(n^4)$ per il Teorema 8.35.

Per il Lemma 20.19(b) abbiamo che per ogni $\emptyset \neq S \subset V(G)$ esiste un $e \in \delta_H(S)$ con $f(S) \leq f(C_e)$. Per il Lemma 20.19(a) abbiamo che $f(S) - \sum_{e \in \delta_G(S)} x_e \leq f(C_e) - \sum_{e \in \delta_G(C_e)} x_e$. Concludiamo

$$\max_{\emptyset \neq S \subset V(G)} \left(f(S) - \sum_{e \in \delta_G(S)} x_e \right) = \max_{e \in E(H)} \left(f(C_e) - \sum_{e \in \delta_G(C_e)} x_e \right). \qquad (20.7)$$

Quindi il PROBLEMA DI SEPARAZIONE per (20.6) può essere risolto controllando solo $n - 1$ tagli. □

Vale la pena confrontate (20.7) con il Teorema 12.19.

A differenza del rilassamento lineare (20.6) non si può sperare di trovare una soluzione ottima intera in tempo polinomiale: per il Teorema 20.2 ciò implicherebbe che $P = NP$. Consideriamo quindi degli algoritmi di approssimazione per (20.1).

Nella sezione seguente descriviamo un algoritmo di approssimazione primale-duale che aggiunge consecutivamente degli archi nei tagli più violati. Questo algoritmo combinatorio si comporta bene se il requisito di connettività massimo pari a $k := \max_{S \subseteq V(G)} f(S)$ non è troppo grande. In particolare è un algoritmo di approssimazione con fattore 2 per il caso $k = 1$, che include il PROBLEMA DELL'ALBERO DI STEINER GENERALIZZATO. Nella Sezione 20.5 descriviamo un algoritmo di approssimazione con fattore 2 per il caso generale. Tuttavia, questo algoritmo ha lo svantaggio che usa la soluzione precedente del rilassamento lineare (20.6), che ha un tempo di esecuzione polinomiale ma è ancora troppo inefficiente per scopi pratici.

20.4 Un algoritmo di approssimazione primale-duale

L'algoritmo che presentiamo in questa sezione è stato sviluppato negli articoli di Williamson et al. [1995], Gabow, Goemans e Williamson [1998], e Goemans et al. [1994], in questo ordine.

Sia dato un grafo non orientato G con pesi $c : E(G) \to \mathbb{R}_+$ e una funzione propria f. Cerchiamo un insieme di archi F il cui vettore di incidenza soddisfi (20.1).

L'algoritmo procede in $k := \max_{S \subseteq V(G)} f(S)$ fasi. Poiché f è propria abbiamo $k = \max_{v \in V(G)} f(\{v\})$ e quindi k può essere calcolato facilmente. Nella fase p ($1 \leq p \leq k$) si considera la funzione propria f_p, in cui $f_p(S) := \max\{f(S) + p - k, 0\}$. Si garantisce che dopo la fase p l'insieme di archi corrente F (o, più precisamente, il suo vettore di incidenza) soddisfa (20.1) rispetto a f_p. Cominciamo con alcune semplici definizioni.

Definizione 20.21. *Dato una funzione propria g, $F \subseteq E(G)$ e $X \subseteq V(G)$, diciamo che X è* **violato** *rispetto a (g, F) se $|\delta_F(X)| < g(X)$. Gli insiemi violati minimali rispetto a (g, F) sono gli insiemi* **attivi** *rispetto (g, F). $F \subseteq E(G)$* **soddisfa** *g se nessun insieme è violato rispetto a (g, F). Diciamo che F* **quasi-soddisfa** *g se $|\delta_F(X)| \geq g(X) - 1$ per ogni $X \subseteq V(G)$.*

Nel corso dell'algoritmo, la funzione corrente f_p sarà quasi-soddisfatta dall'insieme corrente F. Gli insiemi attivi avranno un ruolo centrale. Un'osservazione chiave è la seguente:

Lemma 20.22. *Data una funzione propria g, $F \subseteq E(G)$ che quasi-soddisfa g, e due insiemi violati A e B. Allora o $A \setminus B$ e $B \setminus A$ sono entrambi violati oppure $A \cap B$ e $A \cup B$ sono entrambi violati. In particolare, gli insiemi attivi rispetto a (g, F) sono disgiunti.*

Dimostrazione. Si dimostra direttamente dalla Proposizione 20.18 e dal Lemma 2.1, parti (c) e (d). □

Questo lemma mostra in particolare che ci possono essere al massimo $n = |V(G)|$ insiemi attivi. Mostriamo ora come calcolare gli insiemi attivi, usando un albero di Gomory-Hu in modo simile alla dimostrazione del Teorema 20.20.

Teorema 20.23. (Gabow, Goemans e Williamson [1998]) *Siano dati una funzione propria g (tramite un oracolo) e un insieme $F \subseteq E(G)$ che quasi-soddisfa g. Allora gli insiemi attivi rispetto a (g, F) possono essere calcolati in tempo $O\left(n^4 + n^2\theta\right)$, in cui $n = |V(G)|$ e θ è il tempo richiesto dall'oracolo per g.*

Dimostrazione. Calcoliamo prima un albero di Gomory-Hu H per $(V(G), F)$ (e capacità unitarie). H può essere calcolato in tempo $O(n^4)$ per il Teorema 8.35. Per il Lemma 20.19 abbiamo per ogni $\emptyset \neq S \subset V(G)$:

$$|\delta_F(S)| \geq \max_{e \in \delta_H(S)} |\delta_F(C_e)| \tag{20.8}$$

e

$$g(S) \leq \max_{e \in \delta_H(S)} g(C_e), \tag{20.9}$$

in cui C_e e $V(H) \setminus C_e$ sono le due componenti connesse di $H - e$.

Sia A un insieme attivo. Per (20.9), esiste un arco $e = \{s, t\} \in \delta_H(A)$ con $g(A) \leq g(C_e)$. Per (20.8), $|\delta_F(A)| \geq |\delta_F(C_e)|$. Dunque abbiamo

$$1 = g(A) - |\delta_F(A)| \leq g(C_e) - |\delta_F(C_e)| \leq 1,$$

perché F quasi-soddisfa g. Dobbiamo mantenere l'uguaglianza, in particolare $|\delta_F(A)| = |\delta_F(C_e)|$. Dunque $\delta_F(A)$ è un taglio s-t minimo in $(V(G), F)$. Senza perdita di generalità, assumiamo che A contenga t ma non s.

Sia G' il digrafo $(V(G), \{(v, w), (w, v) : \{v, w\} \in F\})$. Consideriamo un flusso s-t massimo f in G' e il grafo residuale G'_f. Si costruisca un digrafo aciclico G'' da G'_f contraendo l'insieme S di vertici raggiungibili da s in un vertice v_S, contraendo l'insieme T di vertici dal quale sia raggiungibile t in un vertice v_T, e contraendo ogni componente fortemente connessa X di $G'_f - (S \cup T)$ in un vertice v_X. Esiste una corrispondenza uno a uno tra i tagli s-t minimi in G' e i tagli orientati v_T-v_S in G'' (cf. Esercizio 5 del Capitolo 8; la proprietà segue facilmente dal Teorema di Massimo Flusso–Minimo Taglio 8.6 e il Lemma 8.3). In particolare, A è l'unione degli insiemi X con $v_X \in V(G'')$. Poiché $g(A) > |\delta_F(A)| = |\delta^-_{G'}(A)| = \text{value}(f)$ e g è propria, esiste un vertice $v_X \in V(G'')$ con $X \subseteq A$ e $g(X) > \text{value}(f)$.

Mostriamo ora come trovare A. Se $g(T) > \text{value}(f)$, allora assegnamo $Z := T$, altrimenti sia v_Z un qualsiasi vertice di G'' con $g(Z) > \text{value}(f)$ e $g(Y) \le \text{value}(f)$ per ogni vertice $v_Y \in V(G'') \setminus \{v_Z\}$ dal quale sia raggiungibile v_Z. Sia

$$B := T \cup \bigcup \{Y : v_Z \text{ è raggiungibile da } v_Y \text{ in } G''\}.$$

Poiché

$$\begin{aligned} \text{value}(f) < g(Z) = g(V(G) \setminus Z) &\le \max\{g(V(G) \setminus B), g(B \setminus Z)\} \\ &= \max\{g(B), g(B \setminus Z)\} \end{aligned}$$

e

$$g(B \setminus Z) \le \max\{g(Y) : v_Y \in V(G'') \setminus \{v_Z\}, Y \subseteq B\} \le \text{value}(f)$$

abbiamo $g(B) > \text{value}(f) = |\delta^-_{G'}(B)| = |\delta_F(B)|$, dunque B è violato rispetto a (g, F). Poiché B non è un sottoinsieme proprio di A (poiché A è attivo) e sia A che B contengono T, concludiamo dal Lemma 20.22 che $A \subseteq B$. Ma allora $Z = X$, poiché v_Z è il solo vertice con $Z \subseteq B$ e $g(Z) > \text{value}(f)$, e A contiene tutti gli insiemi Y per i quali v_Z è raggiungibile da v_Y (poiché $\delta^-_{G'_f}(A) = \emptyset$). Quindi $A = B$.

Per una data coppia (s, t) un insieme B come quello descritto prima (se esiste) può essere trovato in tempo lineare costruendo G'' (usando l'ALGORITMO DELLE COMPONENTI FORTEMENTE CONNESSE) e poi trovando un ordinamento topologico di G'' (cf. Teorema 2.20), iniziando con v_T. Ripetiamo la procedura precedente per tutte le coppie ordinate (s, t) tali che $\{s, t\} \in E(H)$.

In questo modo otteniamo una lista di al massimo $2n - 2$ candidati per gli insiemi attivi. Il tempo di esecuzione viene chiaramente dominato dal cercare $O(n)$ volte un flusso massimo in G' più interrogando $O(n^2)$ volte l'oracolo per g. Infine possiamo eliminare quegli insiemi violati tra i candidati che non sono minimali, in tempo $O(n^2)$. □

Il tempo di esecuzione può essere migliorato se $\max_{S \subseteq V(G)} g(S)$ è piccolo (si veda l'Esercizio 10). Diamo ora la descrizione dell'algoritmo.

ALGORITMO PRIMALE-DUALE PER IL PROGETTO DI RETI	
Input:	Un grafo non orientato G, pesi $c : E(G) \to \mathbb{R}_+$ e un oracolo per una funzione propria $f : 2^{V(G)} \to \mathbb{Z}_+$.
Output:	Un insieme $F \subseteq E(G)$ che soddisfa f.

① **If** $E(G)$ non soddisfa f **then stop** (il problema non è ammissibile).

② Poni $F := \emptyset$, $k := \max_{v \in V(G)} f(\{v\})$, e $p := 1$.

③ Poni $i := 0$.
Poni $\pi(v) := 0$ per ogni $v \in V(G)$.
Sia $\mathcal{A}$ la famiglia di insiemi attivi rispetto a (F, f_p), in cui f_p è definita da $f_p(S) := \max\{f(S) + p - k, 0\}$ per ogni $S \subseteq V(G)$.

④ **While** $\mathcal{A} \neq \emptyset$ **do**:
Poni $i := i + 1$.
Poni $\epsilon := \min\left\{ \frac{c(e) - \pi(v) - \pi(w)}{|\{A \in \mathcal{A} : e \in \delta_G(A)\}|} : e = \{v, w\} \in \bigcup_{A \in \mathcal{A}} \delta_G(A) \setminus F \right\}$,
e sia e_i un arco che dà questo minimo.
Si aumenti $\pi(v)$ di ϵ per ogni $v \in \bigcup_{A \in \mathcal{A}} A$.
Poni $F := F \cup \{e_i\}$.
Aggiorna $\mathcal{A}$.

⑤ **For** $j := i$ **down to** 1 **do**:
If $F \setminus \{e_j\}$ soddisfa f_p **then** poni $F := F \setminus \{e_j\}$.

⑥ **If** $p = k$ **then stop**, **else** poni $p := p + 1$ e **go to** ③.

Il controllo di ammissibilità in ① può essere fatto in tempo $O\left(n^4 + n\theta\right)$ per il Teorema 20.20. Prima di discutere come implementare ③ e ④, mostriamo che il risultato F è senz'altro ammissibile rispetto a f. Indichiamo con F_p l'insieme F alla fine della fase p (e $F_0 := \emptyset$).

Lemma 20.24. *Ad ogni passo della fase p l'insieme F quasi-soddisfa f_p e $F \setminus F_{p-1}$ è una foresta. Alla fine della fase p, F_p soddisfa f_p.*

Dimostrazione. Poiché $f_1(S) = \max\{0, f(S) + 1 - k\} \leq \max\{0, \max_{v \in S} f(\{v\}) + 1 - k\} \leq 1$ (poiché f è propria), l'insieme vuoto quasi-soddisfa f_1.

Dopo ④ non ci sono insiemi attivi, dunque F soddisfa f_p. In ⑤, questa proprietà è mantenuta esplicitamente. Quindi ogni F_p soddisfa f_p e quindi quasi-soddisfa f_{p+1} $(p = 0, \dots, k-1)$. Per vedere che $F \setminus F_{p-1}$ è una foresta, si osservi che ogni arco aggiunto a F appartiene a $\delta(A)$ per degli insiemi attivi A e deve essere il primo arco di $\delta(A)$ aggiunto a F in questa fase (poiché $|\delta_{F_{p-1}}(A)| = f_{p-1}(A)$). Quindi nessun arco crea un circuito in $F \setminus F_{p-1}$. □

Dunque il Teorema 20.23 può essere applicato per determinare $\mathcal{A}$. Il numero di iterazioni di ogni fase è al massimo $n - 1$. Ci resta da discutere come determinare ϵ e e_i in ④.

Lemma 20.25. *Determinare ϵ e e_i nel passo ④ dell'algoritmo può essere fatto in tempo $O(mn)$ per fase.*

Dimostrazione. Ad ogni iterazione di una fase facciamo quanto segue. Prima assegnamo un numero ad ogni vertice a seconda dell'insieme attivo a cui appartiene (zero se non appartiene a nessuno). Ciò può essere fatto in tempo $O(n)$ (si noti che gli insiemi attivi sono disgiunti per il Lemma 20.22). Per ogni arco e il numero di insiemi attivi che contengono esattamente un estremo di e può essere determinato in tempo $O(1)$. Quindi ϵ e e_i possono essere determinati in tempo $O(m)$. Ci sono al massimo $n-1$ iterazioni per fase, dunque abbiamo dimostrato la stima sul tempo. □

Si noti che Gabow, Goemans e Williamson [1998] hanno migliorato questo bound sul tempo a $O\left(n^2\sqrt{\log\log n}\right)$ con un'implementazione più sofisticata.

Teorema 20.26. (Goemans et al. [1994]) *L'*ALGORITMO PRIMALE-DUALE PER IL PROGETTO DI RETI *restituisce in insieme F che soddisfa f in tempo $O\left(kn^5 + kn^3\theta\right)$, in cui $k = \max_{S\subseteq V(G)} f(S)$, $n = |V(G)|$ e θ è il tempo richiesto dall'oracolo per f.*

Dimostrazione. L'ammissibilità di F viene garantita dal Lemma 20.24 poiché $f_k = f$.

Un oracolo per ogni f_p usa l'oracolo per f e quindi richiede un tempo $\theta + O(1)$. Calcolare l'insieme attivo richiede un tempo $O\left(n^4 + n^2\theta\right)$ (Teorema 20.23) e viene fatto $O(nk)$ volte. Determinare ϵ e e_i può essere fatto in tempo $O(n^3)$ per fase (Lemma 20.25). Tutto il resto può essere fatto facilmente in tempo $O(kn^2)$. □

L'Esercizio 10 mostra come migliorare il tempo di esecuzione a $O\left(k^3n^3 + kn^3\theta\right)$. Può essere ulteriormente migliorato a $O\left(k^2n^3 + kn^2\theta\right)$ usando un passo di clean-up diverso (passo ⑤ dell'algoritmo) e un'implementazione più sofisticata (Gabow, Goemans e Williamson [1998]). Per k fissato e $\theta = O(n)$ ciò significa che abbiamo un algoritmo $O\left(n^3\right)$. Per il caso speciale del PROBLEMA DEL PROGETTO DI RETI AFFIDABILI (f viene determinato dai requisiti di connettività r_{xy}) il tempo di esecuzione può essere migliorato a $O\left(k^2n^2\sqrt{\log\log n}\right)$.

Analizziamo ora la garanzia di prestazione dell'algoritmo e giustifichiamo il fatto di averlo chiamato un algoritmo primale-duale. Il duale di (20.6) è:

$$\begin{array}{llll} \max & \sum_{S\subseteq V(G)} f(S)\, y_S - \sum_{e\in E(G)} z_e & & \\ \text{t.c.} & \sum_{S:e\in\delta(S)} y_S \leq c(e) + z_e & (e \in E(G)) & \\ & y_S \geq 0 & (S \subseteq V(G)) & \\ & z_e \geq 0 & (e \in E(G)). & \end{array} \tag{20.10}$$

Questo PL duale è essenziale per l'analisi dell'algoritmo.

Mostriamo come l'algoritmo in ogni fase p costruisce implicitamente una soluzione ammissibile per il duale $y^{(p)}$. Iniziando con $y^{(p)} = 0$, in ogni iterazione di questa fase $y^{(p)}_A$ viene aumentato di ϵ per ogni $A \in \mathcal{A}$.

Inoltre poniamo

$$z_e^{(p)} := \begin{cases} \sum_{S:\ e\in\delta(S)} y_S^{(p)} & \text{se } e \in F_{p-1} \\ 0 & \text{altrimenti} \end{cases}.$$

Non serve costruire questa soluzione duale esplicitamente nell'algoritmo. Le variabili $\pi(v) = \sum_{S:v\in S} y_S$ ($v \in V(G)$) contengono tutta l'informazione di cui abbiamo bisogno.

Lemma 20.27. (Williamson et al. [1995]) *Per ogni* p, $(y^{(p)}, z^{(p)})$ *come definita sopra è una soluzione ammissibile di (20.10).*

Dimostrazione. I vincoli di non negatività sono ovviamente soddisfatti. I vincoli per $e \in F_{p-1}$ sono soddisfatti per la definizione di $z_e^{(p)}$.

Inoltre, per il passo ④ dell'algoritmo abbiamo

$$\sum_{S:e\in\delta(S)} y_S^{(p)} \leq c(e) \quad \text{per ogni } e \in E(G) \setminus F_{p-1},$$

poiché e viene aggiunto a F quando si raggiunge l'uguaglianza e dopo che gli insiemi S con $e \in \delta(S)$ non sono più violati rispetto a (F, f_p) (si ricordi che $F \setminus \{e\} \supseteq F_{p-1}$ quasi-soddisfa f_p per il Lemma 20.24). □

Indichiamo con OPT(G, c, f) il valore ottimo del programma lineare intero (20.1). Mostriamo ora che:

Lemma 20.28. (Goemans et al. [1994]) *Per ogni* $p \in \{1, \ldots, k\}$ *abbiamo*

$$\sum_{S\subseteq V(G)} y_S^{(p)} \leq \frac{1}{k-p+1} \text{OPT}(G, c, f).$$

Dimostrazione. OPT(G, c, f) è maggiore o uguale del valore ottimo del rilassamento lineare (20.6) e questo è limitato inferiormente dal valore della funzione obiettivo di qualsiasi soluzione duale ammissibile (per il Teorema della Dualità 3.20). Poiché $(y^{(p)}, z^{(p)})$ è ammissibile per il PL duale (20.10) per il Lemma 20.27 concludiamo che

$$\text{OPT}(G, c, f) \geq \sum_{S\subseteq V(G)} f(S)\, y_S^{(p)} - \sum_{e\in E(G)} z_e^{(p)}.$$

Si osservi che, per ogni $S \subseteq V(G)$, y_S può diventare positivo solo se S è violata rispetto a (f_p, F_{p-1}). Dunque possiamo concludere che

$$y_S^{(p)} > 0 \Rightarrow |\delta_{F_{p-1}}(S)| \leq f(S) + p - k - 1.$$

Otteniamo quindi:

$$\begin{aligned}
\mathrm{OPT}(G,c,f) &\geq \sum_{S\subseteq V(G)} f(S)\, y_S^{(p)} - \sum_{e\in E(G)} z_e^{(p)} \\
&= \sum_{S\subseteq V(G)} f(S)\, y_S^{(p)} - \sum_{e\in F_{p-1}} \left(\sum_{S:e\in\delta(S)} y_S^{(p)} \right) \\
&= \sum_{S\subseteq V(G)} f(S)\, y_S^{(p)} - \sum_{S\subseteq V(G)} |\delta_{F_{p-1}}(S)|\, y_S^{(p)} \\
&= \sum_{S\subseteq V(G)} (f(S) - |\delta_{F_{p-1}}(S)|)\, y_S^{(p)} \\
&\geq \sum_{S\subseteq V(G)} (k-p+1)\, y_S^{(p)}.
\end{aligned}$$

□

Lemma 20.29. (Williamson et al. [1995]) *Ad ogni iterazione di una qualsiasi fase p abbiamo che*

$$\sum_{A\in\mathcal{A}} |\delta_{F_p\setminus F_{p-1}}(A)| \leq 2\,|\mathcal{A}|.$$

Dimostrazione. Consideriamo una singola iterazione della fase p, che chiamiamo l'iterazione corrente. Sia $\mathcal{A}$ la famiglia di insiemi attivi all'inizio di questa iterazione, e sia

$$H := (F_p \setminus F_{p-1}) \cap \bigcup_{A\in\mathcal{A}} \delta(A).$$

Si noti che tutti gli archi di H deve essere stati aggiunti durante o dopo l'iterazione corrente.

Sia $e \in H$. $F_p \setminus \{e\}$ non soddisfa f_p, perché altrimenti e sarebbe stato rimosso nel passo di clean-up ⑤ della fase p. Dunque sia X_e un insieme violato rispetto a $(f_p, F_p \setminus \{e\})$ con cardinalità minima. Poiché $F_p \setminus \{e\} \supseteq F_{p-1}$ quasi-soddisfa f_p abbiamo $\delta_{F_p\setminus F_{p-1}}(X_e) = \{e\}$.

Mostriamo che la famiglia $\mathcal{X} := \{X_e : e \in H\}$ è laminare. Supponiamo che esistano due archi $e, e' \in H$ (e supponiamo che e sia stato aggiunto prima di e') per i quali $X_e \setminus X_{e'}$, $X_{e'} \setminus X_e$, e $X_e \cap X_{e'}$ sono tutti non vuoti. Poiché X_e e $X_{e'}$ sono violati all'inizio dell'iterazione corrente, o $X_e \cup X_{e'}$ e $X_e \cap X_{e'}$ sono entrambi violati oppure $X_e \setminus X_{e'}$ e $X_{e'} \setminus X_e$ sono entrambi violati (per il Lemma 20.22). Nel primo caso abbiamo

$$\begin{aligned}
1+1 &\leq |\delta_{F_p\setminus F_{p-1}}(X_e \cup X_{e'})| + |\delta_{F_p\setminus F_{p-1}}(X_e \cap X_{e'})| \\
&\leq |\delta_{F_p\setminus F_{p-1}}(X_e)| + |\delta_{F_p\setminus F_{p-1}}(X_{e'})| \;=\; 1+1
\end{aligned}$$

per la sottomodularità di $|\delta_{F_p\setminus F_{p-1}}|$ (Lemma 2.1(c)). Concludiamo $|\delta_{F_p\setminus F_{p-1}}(X_e \cup X_{e'})| = |\delta_{F_p\setminus F_{p-1}}(X_e \cap X_{e'})| = 1$, contraddicendo la scelta minimale di X_e o di

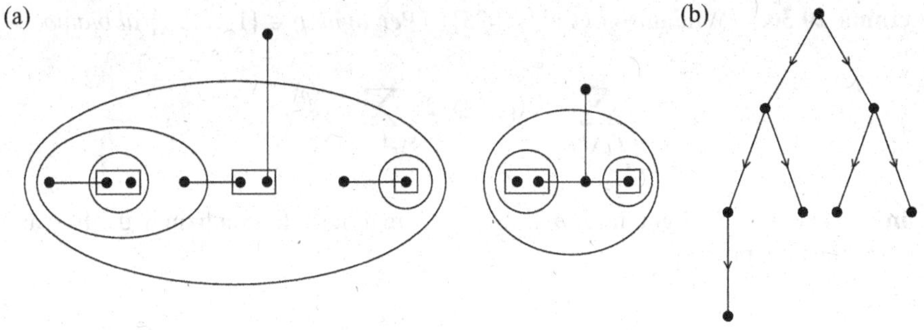

Figura 20.3.

$X_{e'}$ perché invece si sarebbe potuto scegliere $X_e \cap X_{e'}$. Nel secondo caso, per il Lemma 2.1(d), $|\delta_{F_p \setminus F_{p-1}}(X_e \setminus X_{e'})| = |\delta_{F_p \setminus F_{p-1}}(X_{e'} \setminus X_e)| = 1$, e il più piccolo tra $X_e \setminus X_{e'}$ e $X_{e'} \setminus X_e$ contraddice la scelta minimale di X_e o $X_{e'}$.

Si consideri ora una rappresentazione ad albero (T, φ) di $\mathcal{X}$, in cui T è una arborescenza (cf. Proposizione 2.14). Per ogni $e \in H$, X_e è violato all'inizio dell'iterazione corrente perché a quel punto e non è ancora stata aggiunto. Dunque per il Lemma 20.22 abbiamo o $A \subseteq X_e$ oppure $A \cap X_e = \emptyset$ per ogni $A \in \mathcal{A}$. Quindi $\{\varphi(a) : a \in A\}$ contiene un solo elemento, indicato con $\varphi(A)$, per ogni $A \in \mathcal{A}$. Chiamiamo un vertice $v \in V(T)$ **occupato** se $v = \varphi(A)$ per un $A \in \mathcal{A}$.

Affermiamo che tutti i vertici di T con grado uscente nullo sono occupati. In pratica, per un tale vertice v, $\varphi^{-1}(v)$ è un elemento minimale di $\mathcal{X}$. Un elemento minimale di $\mathcal{X}$ è violato all'inizio dell'iterazione corrente. Quindi contiene un insieme attivo e inoltre deve essere occupato. Perciò, il grado uscente medio dei vertici occupati è minore di uno.

Si osservi che esiste una corrispondenza uno-ad-uno tra H, $\mathcal{X}$, e $E(T)$ (si veda la Figura 20.3; (a) mostra H, gli elementi di $\mathcal{A}$ (i quadrati) e quelli di $\mathcal{X}$ (i cerchi); (b) mostra T). Concludiamo che per ogni $v \in V(T)$

$$|\delta_T(v)| = |\delta_H(\{x \in V(G) : \varphi(x) = v\})| \geq \sum_{A \in \mathcal{A}: \varphi(A) = v} |\delta_{F_p \setminus F_{p-1}}(A)|.$$

Sommando su tutti i vertici occupati otteniamo:

$$\begin{aligned} \sum_{A \in \mathcal{A}} |\delta_{F_p \setminus F_{p-1}}(A)| &\leq \sum_{v \in V(T) \text{ occupato}} |\delta_T(v)| \\ &< 2\,|\{v \in V(T) : v \text{ occupato}\}| \\ &\leq 2\,|\mathcal{A}|. \end{aligned}$$

□

La dimostrazione del prossimo lemma mostra il ruolo delle condizioni degli scarti complementari:

Lemma 20.30. (Williamson et al. [1995]) *Per ogni* $p \in \{1, \dots, k\}$ *abbiamo*

$$\sum_{e \in F_p \setminus F_{p-1}} c(e) \leq 2 \sum_{S \subseteq V(G)} y_S^{(p)}.$$

Dimostrazione. In ogni fase p l'algoritmo mantiene le condizioni degli scarti complementari primali

$$e \in F \setminus F_{p-1} \Rightarrow \sum_{S : e \in \delta(S)} y_S^{(p)} = c(e).$$

Dunque abbiamo

$$\sum_{e \in F_p \setminus F_{p-1}} c(e) = \sum_{e \in F_p \setminus F_{p-1}} \left(\sum_{S : e \in \delta(S)} y_S^{(p)} \right) = \sum_{S \subseteq V(G)} y_S^{(p)} \, |\delta_{F_p \setminus F_{p-1}}(S)|.$$

Quindi ci rimane da mostrare che

$$\sum_{S \subseteq V(G)} y_S^{(p)} \, |\delta_{F_p \setminus F_{p-1}}(S)| \leq 2 \sum_{S \subseteq V(G)} y_S^{(p)}. \tag{20.11}$$

All'inizio della fase p abbiamo $y^{(p)} = 0$, dunque (20.11) è verificata. Ad ogni iterazione, la sommatoria a sinistra aumenta di $\sum_{A \in \mathcal{A}} \epsilon |\delta_{F_p \setminus F_{p-1}}(A)|$, mentre la sommatoria a destra aumenta di $2\epsilon|\mathcal{A}|$. Quindi il Lemma 20.29 mostra che (20.11) non viene violato. □

In (20.11) appaiono le condizioni degli scarti complementari del duale

$$y_S^{(p)} > 0 \Rightarrow |\delta_{F_p}(S)| = f_p(S).$$

$|\delta_{F_p}(S)| \geq f_p(S)$ viene verificata sempre, mentre (20.11) grosso modo ci dice che $|\delta_{F_p}(S)| \leq 2 f_p(S)$ viene soddisfatta in media. Come vedremo, ciò implica un rapporto di prestazione 2 nel caso $k = 1$.

Teorema 20.31. (Goemans et al. [1994]) *L'*ALGORITMO PRIMALE-DUALE PER IL PROGETTO DI RETI *restituisce un insieme F che soddisfa f e il cui peso è al massimo $2H(k)\,\mathrm{OPT}(G, c, f)$ in tempo $O\left(kn^5 + kn^3\theta\right)$, in cui $n = |V(G)|$, $k = \max_{S \subseteq V(G)} f(S)$, $H(k) = 1 + \frac{1}{2} + \dots + \frac{1}{k}$, e θ è il tempo richiesto dall'oracolo per f.*

Dimostrazione. La correttezza e il tempo di esecuzione sono stati dimostrati nel Teorema 20.26. Il peso di F è

$$\begin{aligned}\sum_{e\in F} c(e) &= \sum_{p=1}^{k}\left(\sum_{e\in F_p\setminus F_{p-1}} c(e)\right)\\ &\le \sum_{p=1}^{k}\left(2\sum_{S\subseteq V(G)} y_S^{(p)}\right)\\ &\le 2\sum_{p=1}^{k}\frac{1}{k-p+1}\,\mathrm{OPT}(G,c,f)\\ &= 2H(k)\,\mathrm{OPT}(G,c,f)\end{aligned}$$

a causa del Lemma 20.30 e il Lemma 20.28. □

L'algoritmo di approssimazione primale-duale presentato in questa sezione è stato rivisto in modo più generale da Bertsimas e Teo [1995].

Un problema simile, ma apparentemente molto più difficile si ha considerando la connettività dei vertici invece della connettività di arco (si cerca un sottografo che contiene almeno un numero specificato r_{ij} di cammini i-j disgiunti internamente per ogni i e j). Si vedano le osservazioni alla fine della sezione successiva.

20.5 Algoritmo di Jain

In questa sezione presentiamo l'algoritmo di approssimazione con fattore 2 di Jain [2001] per il PROBLEMA DEL PROGETTO DI RETI AFFIDABILI. Anche se questo algoritmo ha un rapporto di prestazione nettamente migliore dell'ALGORITMO PRIMALE-DUALE PER IL PROGETTO DI RETI ha meno valore pratico poiché si basa sull'equivalenza tra ottimizzazione e separazione (cf. Sezione 4.6).

L'algoritmo inizia risolvendo il rilassamento lineare (20.6). In pratica, non c'è nessun problema a considerare capacità intere $u : E(G) \to \mathbb{N}$ sugli archi, ossia possiamo prendere alcuni archi più di una volta:

$$\begin{array}{llll}\min & \sum_{e\in E(G)} c(e)x_e & & \\ \text{t.c.} & \sum_{e\in\delta(S)} x_e \ge f(S) & (S\subseteq V(G)) & \\ & x_e \ge 0 & (e\in E(G)) & \\ & x_e \le u(e) & (e\in E(G)). & \end{array} \tag{20.12}$$

Naturalmente siamo anche interessati a cercare una soluzione intera. Risolvendo il rilassamento lineare di un programma intero e arrotondando a uno si ottiene un algoritmo di approssimazione con fattore 2 se il rilassamento lineare ha sempre una soluzione ottima half-integral (si veda l'Esercizio 6 del Capitolo 16 per un esempio).

Tuttavia, (20.12) non ha questa proprietà. Per vederlo, si consideri il grafo di Petersen (Figura 20.4) con $u(e) = c(e) = 1$ per ogni arco e e $f(S) = 1$ per ogni $\emptyset \neq S \subset V(G)$. In questo caso il valore ottimo del PL (20.12) è 5 ($x_e = \frac{1}{3}$ per ogni e è una soluzione ottima), e ogni soluzione ottima di valore 5 soddisfa $\sum_{e\in\delta(v)} x_e = 1$ per ogni $v \in V(G)$. Quindi una soluzione ottima half-integral deve avere $x_e = \frac{1}{2}$ per gli archi e di un circuito Hamiltoniano e $x_e = 0$ altrimenti. Tuttavia, il grafo di Petersen non è Hamiltoniano.

Ciononostante, la soluzione del rilassamento lineare (20.12) permette di arrivare a un algoritmo di approssimazione con fattore 2. L'osservazione chiave è che per ogni soluzione ottima di base x esiste almeno un arco e con $x_e \geq \frac{1}{2}$ (Teorema 20.33). L'algoritmo arrotonda e fissa solo queste componenti e considera il problema restante che risulta avere almeno un arco in meno.

Abbiamo bisogno di introdurre ancora alcuni concetti. Per un insieme $S \subseteq V(G)$ indichiamo con χ_S il vettore di incidenza di $\delta_G(S)$ rispetto a $E(G)$. Per qualsiasi soluzione ammissibile x di (20.12) chiamiamo un insieme $S \subseteq V(G)$ **tight** [stretto] se $\chi_S x = f(S)$.

Lemma 20.32. (Jain [2001]) *Sia G un grafo, $m := |E(G)|$, e $f : 2^{V(G)} \to \mathbb{Z}_+$ una funzione debolmente supermodulare. Sia x un soluzione di base del PL (20.12), e supponiamo che $0 < x_e < 1$ per ogni $e \in E(G)$. Allora esiste una famiglia laminare $\mathcal{B}$ di m sottoinsiemi tight di $V(G)$ tali che i vettori χ_B, $B \in \mathcal{B}$ sono linearmente indipendenti in $\mathbb{R}^{E(G)}$.*

Dimostrazione. Sia $\mathcal{B}$ un famiglia laminare di sottoinsiemi tight di $V(G)$ tali che i vettori χ_B, $B \in \mathcal{B}$ sono linearmente indipendenti. Supponiamo che $|\mathcal{B}| < m$; mostriamo come estendere $\mathcal{B}$.

Poiché x è una soluzione di base di (20.12), ossia un vertice del politopo, esistono m vincoli di disuguaglianza linearmente indipendenti soddisfatti all'uguaglianza (Proposizione 3.9). Poiché $0 < x_e < 1$ per ogni $e \in E(G)$ questi vincoli corrispondo

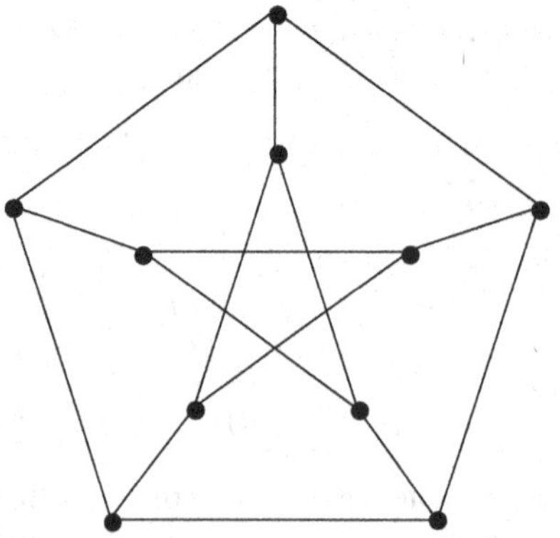

Figura 20.4.

a una famiglia $\mathcal{S}$ (non necessariamente laminare) di m sottoinsiemi tight di $V(G)$ tali che i vettori χ_S ($S \in \mathcal{S}$) sono linearmente indipendenti. Poiché $|\mathcal{B}| < m$, esiste un insieme tight $S \subseteq V(G)$ tale che i vettori χ_B, $B \in \mathcal{B} \cup \{S\}$ sono linearmente indipendenti. Scegli S tale che

$$\gamma(S) := |\{B \in \mathcal{B} : B \text{ interseca } S\}|$$

è minimale, in cui diciamo che B interseca S se $B \cap S \neq \emptyset$, $B \setminus S \neq \emptyset$ e $S \setminus B \neq \emptyset$.

Se $\gamma(S) = 0$, allora possiamo aggiungere S a $\mathcal{B}$ e abbiamo concluso. Dunque assumiamo che $\gamma(S) > 0$ e sia $B \in \mathcal{B}$ un insieme che interseca S. Poiché f è debolmente supermodulare abbiamo che

$$\begin{aligned} f(S \setminus B) + f(B \setminus S) &\geq f(S) + f(B) \\ &= \sum_{e \in \delta_G(S)} x_e + \sum_{e \in \delta_G(B)} x_e \\ &= \sum_{e \in \delta_G(S \setminus B)} x_e + \sum_{e \in \delta_G(B \setminus S)} x_e + 2 \sum_{e \in E_G(S \cap B, V(G) \setminus (S \cup B))} x_e \end{aligned}$$

o

$$\begin{aligned} f(S \cap B) + f(S \cup B) &\geq f(S) + f(B) \\ &= \sum_{e \in \delta_G(S)} x_e + \sum_{e \in \delta_G(B)} x_e \\ &= \sum_{e \in \delta_G(S \cap B)} x_e + \sum_{e \in \delta_G(S \cup B)} x_e + 2 \sum_{e \in E_G(S \setminus B, B \setminus S)} x_e. \end{aligned}$$

Nel primo caso, $S \setminus B$ e $B \setminus S$ sono entrambi tight e $E_G(S \cap B, V(G) \setminus (S \cup B)) = \emptyset$, il che implica $\chi_{S \setminus B} + \chi_{B \setminus S} = \chi_S + \chi_B$. Nel secondo caso, $S \cap B$ e $S \cup B$ sono entrambi tight e $E_G(S \setminus B, B \setminus S) = \emptyset$, che implica $\chi_{S \cap B} + \chi_{S \cup B} = \chi_S + \chi_B$.

Quindi esiste almeno un insieme T tra $S \setminus B$, $B \setminus S$, $S \cap B$ e $S \cup B$ che è tight e ha la proprietà che i vettori χ_B, $B \in \mathcal{B} \cup \{T\}$, sono linearmente indipendenti. Infine mostriamo che $\gamma(T) < \gamma(S)$; questo porta a una contraddizione per la scelta di S.

Poiché B interseca S ma non T, basta mostrare che non esiste nessun $C \in \mathcal{B}$ che interseca T ma non S. In pratica, poiché T è uno degli insiemi $S \setminus B$, $B \setminus S$, $S \cap B$ e $S \cup B$, qualsiasi insieme C che attraversa T ma non S deve intersecare B. Poiché $\mathcal{B}$ è laminare e $B \in \mathcal{B}$ ciò implica $C \notin \mathcal{B}$. □

Possiamo dimostrare ora il teorema più importante per l'ALGORITMO DI JAIN.

Teorema 20.33. (Jain [2001]) *Sia G un grafo e $f : 2^{V(G)} \to \mathbb{Z}_+$ una funzione debolmente supermodulare che non sia uguale a zero. Sia x una soluzione di base del PL (20.12). Allora esiste un arco $e \in E(G)$ con $x_e \geq \frac{1}{2}$.*

Dimostrazione. Possiamo assumere che $x_e > 0$ per ogni arco e, poiché altrimenti possiamo rimuovere e. In pratica assumiamo che $0 < x_e < \frac{1}{2}$ per ogni $e \in E(G)$, arrivando a una contraddizione.

Per il Lemma 20.32 esiste una famiglia laminare $\mathcal{B}$ di $m := |E(G)|$ sottoinsiemi tight di $V(G)$ tali che i vettori χ_B, $B \in \mathcal{B}$ sono linearmente indipendenti. L'indipendenza lineare implica in particolare che nessuno degli χ_B è il vettore nullo, quindi $0 < \chi_B x = f(B)$ e $f(B) \geq 1$ per ogni $B \in \mathcal{B}$. Inoltre, $\bigcup_{B \in \mathcal{B}} \delta_G(B) = E(G)$. Per l'ipotesi che $x_e < \frac{1}{2}$ per ogni $e \in E(G)$ abbiamo $|\delta_G(B)| \geq 2f(B) + 1 \geq 3$ per ogni $B \in \mathcal{B}$.

Sia (T, φ) un rappresentazione ad albero di $\mathcal{B}$. Per ogni vertice t della arborescenza T indichiamo con T_t il sottografo massimale di T che è un'arborescenza radicata in t (T_t contiene t e tutti i suoi successori). Inoltre, sia $B_t := \{v \in V(G) : \varphi(v) \in V(T_t)\}$. Per la definizione della rappresentazione ad albero abbiamo $B_r = V(G)$ per la radice r di T e $\mathcal{B} = \{B_t : t \in V(T) \setminus \{r\}\}$.

$$\begin{aligned} &\text{Per ogni } t \in V(T) \text{ abbiamo } \textstyle\sum_{v \in B_t} |\delta_G(v)| \;\geq\; 2|V(T_t)| + 1, \\ &\text{con l'uguaglianza solo se } |\delta_G(B_t)| = 2f(B_t) + 1. \end{aligned} \tag{20.13}$$

Dimostriamo (20.13) per induzione su $|V(T_t)|$. Se $\delta_T^+(t) = \emptyset$ (ovvero $V(T_t) = \{t\}$), allora B_t è un elemento minimale di $\mathcal{B}$ e quindi $\sum_{v \in B_t} |\delta_G(v)| = |\delta_G(B_t)| \geq 3 = 2|V(T_t)| + 1$, con uguaglianza solo se $|\delta_G(B_t)| = 3$ (che implica $f(B_t) = 1$).

Per il passo di induzione, sia $t \in V(T)$ con $\delta_T^+(t) \neq \emptyset$, ovvero $\delta_T^+(t) = \{(t, s_1), \ldots, (t, s_k)\}$, in cui k è il numero di figli di t. Sia $E_1 := \bigcup_{i=1}^k \delta_G(B_{s_i}) \setminus \delta_G(B_t)$ e $E_2 := \delta_G\left(B_t \setminus \bigcup_{i=1}^k B_{s_i}\right)$ (si veda la Figura 20.5 per un esempio).

Si noti che $E_1 \cup E_2 \neq \emptyset$, poiché altrimenti $\chi_{B_t} = \sum_{i=1}^k \chi_{B_{s_i}}$, contraddicendo l'ipotesi che i vettori χ_B, $B \in \mathcal{B}$, siano linearmente indipendenti (si noti che o $B_t \in \mathcal{B}$ oppure $t = r$ e allora $\chi_{B_t} = 0$). Inoltre, abbiamo

$$|\delta_G(B_t)| + 2|E_1| \;=\; \sum_{i=1}^k |\delta_G(B_{s_i})| + |E_2| \tag{20.14}$$

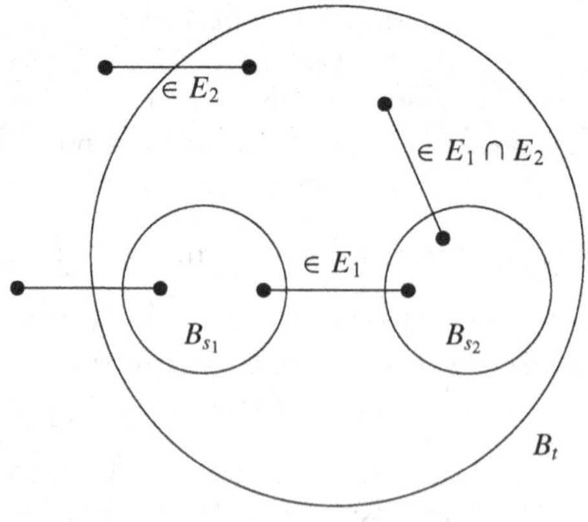

Figura 20.5.

e, poiché $B_{s_1}, \ldots, B_{s_k}$ e B_t sono tight,

$$f(B_t) + 2\sum_{e\in E_1} x_e = \sum_{i=1}^{k} f(B_{s_i}) + \sum_{e\in E_2} x_e. \tag{20.15}$$

Inoltre, per l'ipotesi di induzione,

$$\begin{aligned} \sum_{v\in B_t} |\delta_G(v)| &\geq \sum_{i=1}^{k}\sum_{v\in B_{s_i}} |\delta_G(v)| + |E_2| \\ &\geq \sum_{i=1}^{k}(2|V(T_{s_i})| + 1) + |E_2| \\ &= 2|V(T_t)| - 2 + k + |E_2|. \end{aligned} \tag{20.16}$$

Ora distinguiamo tre casi.

Caso 1: $k + |E_2| \geq 3$. Allora per (20.16)

$$\sum_{v\in B_t} |\delta_G(v)| \geq 2|V(T_t)| + 1,$$

con uguaglianza solo se $k + |E_2| = 3$ e $|\delta_G(B_{s_i})| = 2f(B_{s_i}) + 1$ per $i = 1, \ldots, k$. Dobbiamo mostrare che allora $|\delta_G(B_t)| = 2f(B_t) + 1$.

Per (20.14) abbiamo che

$$\begin{aligned} |\delta_G(B_t)| + 2|E_1| = \sum_{i=1}^{k} |\delta_G(B_{s_i})| + |E_2| &= 2\sum_{i=1}^{k} f(B_{s_i}) + k + |E_2| \\ &= 2\sum_{i=1}^{k} f(B_{s_i}) + 3, \end{aligned}$$

quindi $|\delta_G(B_t)|$ è dispari. Inoltre con (20.15) concludiamo che

$$\begin{aligned} |\delta_G(B_t)| + 2|E_1| = 2\sum_{i=1}^{k} f(B_{s_i}) + 3 &= 2f(B_t) + 4\sum_{e\in E_1} x_e - 2\sum_{e\in E_2} x_e + 3 \\ &< 2f(B_t) + 2|E_1| + 3, \end{aligned}$$

perché $E_1 \cup E_2 \neq \emptyset$. Abbiamo $|\delta_G(B_t)| = 2f(B_t) + 1$, come richiesto.

Caso 2: $k = 2$ e $E_2 = \emptyset$. Allora $E_1 \neq \emptyset$, e per (20.15) $2\sum_{e\in E_1} x_e$ è un numero intero, quindi $2\sum_{e\in E_1} x_e \leq |E_1| - 1$. Si noti che $E_1 \neq \delta_G(B_{s_1})$ poiché altrimenti $\chi_{B_{s_2}} = \chi_{B_{s_1}} + \chi_{B_t}$, contraddicendo l'ipotesi che i vettori χ_B, $B \in \mathcal{B}$, sono linearmente indipendenti. In modo analogo, $E_1 \neq \delta_G(B_{s_2})$. Per $i = 1, 2$ otteniamo

$$2f(B_{s_i}) = 2\sum_{e\in\delta(B_{s_i})\setminus E_1} x_e + 2\sum_{e\in E_1} x_e < |\delta_G(B_{s_i})\setminus E_1| + |E_1| - 1 = |\delta_G(B_{s_i})| - 1.$$

Per l'ipotesi di induzione ciò implica $\sum_{v\in B_{s_i}} |\delta_G(v)| > 2|V(T_{s_i})| + 1$, e come in (20.16) otteniamo

$$\sum_{v\in B_t} |\delta_G(v)| \geq \sum_{i=1}^{2}\sum_{v\in B_{s_i}} |\delta_G(v)| \geq \sum_{i=1}^{2}(2|V(T_{s_i})|+2) = 2|V(T_t)|+2.$$

Caso 3: $k = 1$ e $|E_2| \leq 1$. Si noti che $k = 1$ implica $E_1 \subseteq E_2$, quindi $|E_2| = 1$. Per (20.15) abbiamo

$$\sum_{e\in E_2\setminus E_1} x_e - \sum_{e\in E_1} x_e = \sum_{e\in E_2} x_e - 2\sum_{e\in E_1} x_e = f(B_t) - f(B_{s_1}).$$

Ciò è una contraddizione poiché l'espressione a destra dà un numero intero, ma l'espressione a sinistra no; quindi il Caso 3 non può verificarsi.

Abbiamo dimostrato (20.13). Per $t = r$ otteniamo $\sum_{v\in V(G)} |\delta_G(v)| \geq 2|V(T)|+1$, ossia $2|E(G)| > 2|V(T)|$. Poiché abbiamo che $|V(T)| - 1 = |E(T)| = |\mathcal{B}| = |E(G)|$ si ha una contraddizione. □

Con questo teorema si arriva all'algoritmo seguente:

ALGORITMO DI JAIN

Input: Un grafo non orientato G, pesi $c : E(G) \to \mathbb{R}_+$, capacità $u : E(G) \to \mathbb{N}$ e una funzione propria $f : 2^{V(G)} \to \mathbb{Z}_+$ (data tramite un oracolo).

Output: Una funzione $x : E(G) \to \mathbb{Z}_+$ con $\sum_{e\in\delta_G(S)} x_e \geq f(S)$ per ogni $S \subseteq V(G)$.

① Poni $x_e := 0$ se $c(e) > 0$ e $x_e := u(e)$ se $c(e) = 0$ per ogni $e \in E(G)$.

② Trova una soluzione ottima di base y per il PL (20.12) rispetto a c, u' e f', in cui $u'(e) := u(e) - x_e$ per ogni $e \in E(G)$ e
$f'(S) := f(S) - \sum_{e\in\delta_G(S)} x_e$ per ogni $S \subseteq V(G)$.
If $y_e = 0$ per ogni $e \in E(G)$, **then stop**.

③ Poni $x_e := x_e + \lceil y_e \rceil$ per ogni $e \in E(G)$ con $y_e \geq \frac{1}{2}$.
Go to ②.

Teorema 20.34. (Jain [2001]) *L'*ALGORITMO DI JAIN *trova una soluzione intera al PL (20.12) il cui costo è al massimo il doppio del valore ottimo del PL. Può essere implementato con complessità polinomiale. Quindi è un algoritmo di approssimazione con fattore 2 per il* PROBLEMA DEL PROGETTO DI RETI AFFIDABILI.

Dimostrazione. Dopo la prima iterazione abbiamo $f'(S) \leq \sum_{e\in\delta_G(S)} \frac{1}{2} \leq \frac{|E(G)|}{2}$ per ogni $S \subseteq V(G)$. Per il Teorema 20.33 ogni iterazione seguente aumenta almeno una variabile x_e di almeno 1 (si noti che f è propria, quindi debolmente supermodulare per la Proposizione 20.18). Poiché ogni x_e è aumentata di al massimo $\frac{|E(G)|}{2}$ dopo la prima iterazione, il numero totale di iterazioni è limitato da $\frac{|E(G)|^2}{2}$.

Il solo problema implementativo è al passo ②. Per il Teorema 4.21 basta risolvere il PROBLEMA DI SEPARAZIONE. Per un dato vettore $y \in \mathbb{R}_+^{E(G)}$ dobbiamo decidere se $\sum_{e\in\delta_G(S)} y_e \geq f'(S) = f(S) - \sum_{e\in\delta_G(S)} x_e$ per ogni $S \subseteq V(G)$, e se ciò non vale, trovare un taglio violato. Poiché f è propria ciò può essere fatto in tempo $O(n^4 + n\theta)$ per il Teorema 20.20, in cui $n = |V(G)|$ e θ è la stima del tempo dell'oracolo per f.

Infine dimostriamo il rapporto di prestazione 2 per induzione sul numero di iterazioni. Se l'algoritmo termina alla prima iterazione, allora la soluzione ha costo nullo ed è quindi ottima.

Altrimenti siano $x^{(1)}$ e $y^{(1)}$ i vettori x e y dopo la prima iterazione, e sia $x^{(t)}$ il vettore x al termine dell'algoritmo. Sia $z_e := y_e^{(1)}$ se $y_e^{(1)} < \frac{1}{2}$ e $z_e = 0$ altrimenti. Abbiamo $cx^{(1)} \leq 2c\left(y^{(1)} - z\right)$. Sia $f^{(1)}$ la funzione residuale definita da $f^{(1)}(S) := f(S) - \sum_{e\in\delta_G(S)} x_e^{(1)}$. Poiché z è una soluzione ammissibile per $f^{(1)}$, sappiamo per l'ipotesi di induzione che $c\left(x^{(t)} - x^{(1)}\right) \leq 2cz$. Concludiamo:

$$cx^{(t)} \leq cx^{(1)} + c\left(x^{(t)} - x^{(1)}\right) \leq 2c\left(y^{(1)} - z\right) + 2cz = 2cy^{(1)}.$$

Poiché $cy^{(1)}$ è un lower bound sul costo di una soluzione ottima, abbiamo concluso. □

Melkonian e Tardos [2004] hanno esteso la tecnica di Jain al problema di progetto di reti orientate. Fleischer, Jain e Williamson [2006] e Cheriyan e Vetta [2007] hanno mostrato come si possono considerare anche dei vincoli di connettività di vertice. Tuttavia, i risultati di Kortsarz, Krauthgamer e Lee [2004] indicano che la versione di connettività per vertici del PROBLEMA DEL PROGETTO DI RETI AFFIDABILI è difficile da approssimare.

Esercizi

1. Sia (G, c, T) un'istanza del PROBLEMA DELL'ALBERO DI STEINER in cui G è un grafo completo e $c : E(G) \to \mathbb{R}_+$ soddisfa la disuguaglianza triangolare. Dimostrare che esiste un albero di Steiner ottimo per T con al massimo $|T|-2$ vertici di Steiner.
2. Dimostrare che il PROBLEMA DELL'ALBERO DI STEINER è *MAXSNP*-difficile anche per grafi completi con pesi sugli archi pari a 1 o 2.
   Suggerimento: modificare la dimostrazione del Teorema 20.3. Cosa succede se G è sconnesso?
   (Bern, Plassmann [1989])

3. Formulare un algoritmo $O(n^3t^2)$ per il PROBLEMA DELL'ALBERO DI STEINER in grafi planari con tutti i terminali posti sulla faccia esterna, e dimostrarne la correttezza.
Suggerimento: mostrare che nell'ALGORITMO DI DREYFUS-WAGNER basta considerare gli insiemi $U \subseteq T$ che sono consecutivi, ossia tali che esiste un cammino P i cui vertici sono tutti sulla faccia esterna in modo tale che $V(P) \cap T = U$ (assumiamo senza perdita di generalità che G è 2-connesso).
(Erickson, Monma e Veinott [1987])
4. Descrivere un algoritmo per il PROBLEMA DELL'ALBERO DI STEINER che richiede un tempo $O(n^3)$ per istanze (G, c, T) con $|V(G) \setminus T| \leq k$, in cui k è una costante.
5. Dimostrare il rafforzamento seguente del Teorema 20.6: se (G, c, T) è un'istanza del PROBLEMA DELL'ALBERO DI STEINER con $|T| \geq 2$, $(\bar{G}, \bar{c})$ la chiusura metrica, S un albero di Steiner ottimo per T in G, e M un albero di supporto di peso minimo in $\bar{G}[T]$ rispetto a $\bar{c}$, allora
$$\bar{c}(M) \leq 2\left(1 - \frac{1}{b}\right) c(S),$$
in cui b è il numero di foglie (vertici di grado 1) di S. Mostrare che questo bound è forte.
6. Dimostrare che il rapporto di Steiner ρ_4 è $\frac{3}{2}$.
7. Migliorare la disuguaglianza della Proposizione 20.10 per i casi $|T| = 3$ e $|T| = 4$.
8. Trovare un algoritmo di approssimazione combinatorio con fattore 2 per il PROBLEMA DEL PROGETTO DI RETI AFFIDABILI con $r_{ij} = k$ per ogni i, j (ossia il PROBLEMA DEL SOTTOGRAFO k-ARCO-CONNESSO DI PESO MINIMO).
Suggerimento: sostituire ogni arco con una coppia di archi orientati in direzione opposta (con lo stesso peso) e applicare direttamente o l'Esercizio 24 del Capitolo 13 o il Teorema 6.18.
(Khuller e Vishkin [1994])
Osservazione: per altri risultati su problemi simili, si veda Khuller e Raghavachari [1996], Gabow [2005], Jothi, Raghavachari e Varadarajan [2003], e Gabow et al. [2005].
9. Mostrare che per il caso particolare del PROBLEMA DEL PROGETTO DI RETI AFFIDABILI il rilassamento frazionario (20.6) può essere formulato come un programma lineare di dimensione polinomiale.
10. Dimostrare il rafforzamento seguente del Teorema 20.23. Data una funzione propria g (tramite un oracolo) e un insieme $F \subseteq E(G)$ che quasi-soddisfa g, gli insiemi attivi rispetto a (g, F) possono essere calcolati in tempo $O\left(k^2n^2 + n^2\theta\right)$, in cui $n = |V(G)|$, $k = \max_{S \subseteq V(G)} g(S)$, e θ è il tempo richiesto da un oracolo per g.
Suggerimento: l'idea è di terminare il calcolo dei flussi non appena il valore del flusso massimo è almeno k, perché tagli con k o più archi non sono in questo caso rilevanti.

L'ALGORITMO DI GOMORY-HU (si veda la Sezione 8.6) viene modificato come segue. Ad ogni passo, ogni vertice dell'albero T è una foresta (invece di un sottoinsieme di vertici). Gli archi delle foreste corrispondono ai problemi di flusso massimo per i quali il valore di un flusso massimo è almeno k. Ad ogni iterazione dell'ALGORITMO DI GOMORY-HU modificato, prendiamo due vertici s e t di diverse componenti connesse della foresta che corrisponde a un vertice di T. Se il valore del flusso massimo è almeno pari a k, inseriamo un arco $\{s, t\}$ nella foresta. Altrimenti dividiamo il vertice come nella procedura originale dell'algoritmo di Gomory-Hu. Ci fermiamo quando tutti i vertici di T sono alberi. Infine sostituiamo ogni vertice in T con il suo albero.
È chiaro che l'albero di Gomory-Hu modificato soddisfa anche le proprietà (20.8) e (20.9). Se i calcoli di flusso sono fatti con l'ALGORITMO DI FORD-FULKERSON, ci fermiamo dopo il k-mo cammino aumentante, e si può allora ottenere il bound di $O(k^2n^2)$.
Osservazione: questa modifica porta a un tempo di esecuzione complessivo di $O\left(k^3n^3 + kn^3\theta\right)$ dell'ALGORITMO PRIMALE-DUALE PER IL PROGETTO DI RETI.
(Gabow, Goemans e Williamson [1998])

* 11. Si consideri il PROBLEMA DEL PROGETTO DI RETI AFFIDABILI che abbiamo visto essere un caso particolare di (20.1).
   (a) Si consideri l'albero di supporto massimo T nel grafo completo di costo r_{ij} sull'arco $\{i, j\}$. Mostrare che se un insieme di archi soddisfa i requisiti di connettività degli archi di T, allora soddisfa tutti i requisiti di connettività.
   (b) Quando si determinano gli insiemi attivi all'inizio della fase p, abbiamo solo bisogno di cercare un cammino aumentante i-j per ogni $\{i, j\} \in E(T)$ (possiamo usare il flusso i-j della fase precedente). Se non esiste nessun cammino aumentante i-j, allora esistono al massimo due candidati per gli insiemi attivi. Tra questi $O(n)$ candidati possiamo trovare gli insiemi candidati in tempo $O(n^2)$.
   (c) Mostrare si possono aggiornare queste strutture dati in tempo $O(kn^2)$ per ogni fase.
   (d) Concludere che gli insiemi attivi possono essere calcolati con un tempo di esecuzione totale di $O(k^2n^2)$.

   (Gabow, Goemans e Williamson [1998])

12. Mostrare che il passo di clean-up ⑤ dell'ALGORITMO PRIMALE-DUALE PER IL PROGETTO DI RETI è cruciale: senza il passo ⑤, l'algoritmo non realizza nessun rapporto di garanzia finito neanche per $k = 1$.
13. Non si conosce nessun algoritmo per il PROBLEMA DEL T-JOIN DI PESO MINIMO con una complessità del caso peggiore per grafi densi migliore di $O(n^3)$ (cf. Corollario 12.12). Sia G un grafo non orientato, $c : E(G) \to \mathbb{R}_+$ e $T \subseteq V(G)$ con $|T|$ pari. Si consideri il programma lineare intero (20.1), in cui poniamo $f(S) := 1$ se $|S \cap T|$ è dispari e $f(S) := 0$ altrimenti.
   (a) Dimostrare che il nostro algoritmo primale-duale applicato a (20.1) restituisce una foresta in cui ogni componente connessa contiene un numero pari di elementi di T.

(b) Dimostrare che qualsiasi soluzione ottima (20.1) è un T-Join di peso minimo più eventualmente degli archi di peso nullo.

(c) L'algoritmo primale-duale può essere implementato in tempo $O(n^2 \log n)$ se $f(S) \in \{0, 1\}$ per ogni S. Mostrare che ciò implica un algoritmo di approssimazione con fattore 2 per il PROBLEMA DEL T-JOIN DI PESO MINIMO con pesi non negativi, con lo stesso tempo di esecuzione.
Suggerimento: per (a), l'algoritmo restituisce una foresta F. Per ogni componente connessa C di F si consideri $\bar{G}[V(C) \cap T]$ e si trovi un ciclo il cui peso sia al massimo il doppio del peso di C (cf. la dimostrazione del Teorema 20.6). Si prenda ora ogni secondo arco del ciclo. (Un'idea simile è alla base dell'ALGORITMO DI CHRISTOFIDES, si veda la Sezione 21.1.)

(Goemans e Williamson [1995])

14. Trovare una soluzione di base ottima x per (20.12), in cui G è il grafo di Petersen (Figura 20.4) e $f(S) = 1$ per ogni $0 \neq S \subset V(G)$. Trovare una famiglia laminare massimale $\mathcal{B}$ di insiemi tight rispetto a x tale che i vettori χ_B, $B \in \mathcal{B}$, sono linearmente indipendenti (cf. Lemma 20.32).
15. Dimostrare che il valore ottimo di (20.12) può essere arbitrariamente vicino alla metà del valore di una soluzione ottima intera.
Osservazione: per l'ALGORITMO DI JAIN (cf. la dimostrazione del Teorema 20.34) non può essere meno della metà.

Riferimenti bibliografici

Letteratura generale:

Cheng, X., Du, D.-Z. [2001]: Steiner Trees in Industry. Kluwer, Dordrecht

Du, D.-Z., Smith, J.M., Rubinstein, J.H. [2000]: Advances in Steiner Trees. Kluwer, Boston

Hwang, F.K., Richards, D.S., Winter, P. [1992]: The Steiner Tree Problem; Annals of Discrete Mathematics 53. North-Holland, Amsterdam

Goemans, M.X., Williamson, D.P. [1996]: The primal-dual method for approximation algorithms and its application to network design problems. In: Approximation Algorithms for *NP*-Hard Problems. (D.S. Hochbaum, ed.), PWS, Boston

Grötschel, M., Monma, C.L., Stoer, M. [1995]: Design of survivable networks. In: Handbooks in Operations Research and Management Science; Volume 7; Network Models (M.O. Ball, T.L. Magnanti, C.L. Monma, G.L. Nemhauser, eds.), Elsevier, Amsterdam

Kerivin, H., Mahjoub, A.R. [2005]: Design of survivable networks: a survey. Networks 46, 1–21

Prömel, H.J., Steger, A. [2002]: The Steiner Tree Problem. Vieweg, Braunschweig

Stoer, M. [1992]: Design of Survivable Networks. Springer, Berlin

Vazirani, V.V. [2001]: Approximation Algorithms. Springer, Berlin, Chapters 22 and 23

Riferimenti citati:

Agrawal, A., Klein, P.N., Ravi, R. [1995]: When trees collide: an approximation algorithm for the generalized Steiner tree problem in networks. SIAM Journal on Computing 24, 440–456

Arora, S. [1998]: Polynomial time approximation schemes for Euclidean traveling salesman and other geometric problems. Journal of the ACM 45, 753–782

Berman, P., Ramaiyer, V. [1994]: Improved approximations for the Steiner tree problem. Journal of Algorithms 17, 381–408

Bern, M., Plassmann, P. [1989]: The Steiner problem with edge lengths 1 and 2. Information Processing Letters 32, 171–176

Bertsimas, D., Teo, C. [1995]: From valid inequalities to heuristics: a unified view of primal-dual approximation algorithms in covering problems. Operations Research 46, 503–514

Bertsimas, D., Teo, C. [1997]: The parsimonious property of cut covering problems and its applications. Operations Research Letters 21, 123–132

Björklund, A., Husfeldt, T., Kaski, P., and Koivisto, M. [2007]: Fourier meets Möbius: fast subset convolution. Proceedings of the 39th Annual ACM Symposium on Theory of Computing, 67–74

Borchers, A., Du, D.-Z. [1997]: The k-Steiner ratio in graphs. SIAM Journal on Computing 26, 857–869

Borradaile, G., Kenyon-Mathieu, C., Klein, P. [2007]: A polynomial-time approximation scheme for Steiner tree in planar graphs. Proceedings of the 18th Annual ACM-SIAM Symposium on Discrete Algorithms, 1285–1294

Cheriyan, J., Vetta, A. [2007]: Approximation algorithms for network design with metric costs. SIAM Journal on Discrete Mathematics 21, 612–636

Choukhmane, E. [1978]: Une heuristique pour le problème de l'arbre de Steiner. RAIRO Recherche Opérationnelle 12, 207–212 [in French]

Clementi, A.E.F., Trevisan, L. [1999]: Improved non-approximability results for minimum vertex cover with density constraints. Theoretical Computer Science 225, 113–128

Dreyfus, S.E., Wagner, R.A. [1972]: The Steiner problem in graphs. Networks 1, 195–207

Du, D.-Z., Zhang, Y., Feng, Q. [1991]: On better heuristic for Euclidean Steiner minimum trees. Proceedings of the 32nd Annual Symposium on the Foundations of Computer Science, 431–439

Erickson, R.E., Monma, C.L., Veinott, A.F., Jr. [1987]: Send-and-split method for minimum concave-cost network flows. Mathematics of Operations Research 12, 634–664

Fleischer, L., Jain, K., Williamson, D.P. [2006]: Iterative rounding 2-approximation algorithms for minimum-cost vertex connectivity problems. Journal of Computer and System Sciences 72, 838–867

Fuchs, B., Kern, W., Mölle, D., Richter, S., Rossmanith, P., Wang, X. [2007]: Dynamic programming for minimum Steiner trees. Theory of Computing Systems 41, 493–500

Gabow, H.N. [2005]: An improved analysis for approximating the smallest k-edge connected spanning subgraph of a multigraph. SIAM Journal on Discrete Mathematics 19, 1–18

Gabow, H.N., Goemans, M.X., Williamson, D.P. [1998]: An efficient approximation algorithm for the survivable network design problem. Mathematical Programming B 82, 13–40

Gabow, H.N., Goemans, M.X., Tardos, É., Williamson, D.P. [2005]: Approximating the smallest k-edge connected spanning subgraph by LP-rounding. Proceedings of the 16th Annual ACM-SIAM Symposium on Discrete Algorithms, 562–571

Garey, M.R., Graham, R.L., Johnson, D.S. [1977]: The complexity of computing Steiner minimal trees. SIAM Journal of Applied Mathematics 32, 835–859

Garey, M.R., Johnson, D.S. [1977]: The rectilinear Steiner tree problem is *NP*-complete. SIAM Journal on Applied Mathematics 32, 826–834

Gilbert, E.N., Pollak, H.O. [1968]: Steiner minimal trees. SIAM Journal on Applied Mathematics 16, 1–29

Goemans, M.X., Bertsimas, D.J. [1993]: Survivable networks, linear programming and the parsimonious property, Mathematical Programming 60, 145–166

Goemans, M.X., Goldberg, A.V., Plotkin, S., Shmoys, D.B., Tardos, É., Williamson, D.P. [1994]: Improved approximation algorithms for network design problems. Proceedings of the 5th Annual ACM-SIAM Symposium on Discrete Algorithms, 223–232

Goemans, M.X., Williamson, D.P. [1995]: A general approximation technique for constrained forest problems. SIAM Journal on Computing 24, 296–317

Gröpl, C., Hougardy, S., Nierhoff, T., Prömel, H.J. [2001]: Approximation algorithms for the Steiner tree problem in graphs. In: Cheng Du, pp. 235–279

Hanan, M. [1966]: On Steiner's problem with rectilinear distance. SIAM Journal on Applied Mathematics 14, 255–265

Hetzel, A. [1995]: Verdrahtung im VLSI-Design: Spezielle Teilprobleme und ein sequentielles Lösungsverfahren. Ph.D. thesis, University of Bonn [in German]

Hougardy, S., Prömel, H.J. [1999]: A 1.598 approximation algorithm for the Steiner tree problem in graphs. Proceedings of the 10th Annual ACM-SIAM Symposium on Discrete Algorithms, 448–453

Hwang, F.K. [1976]: On Steiner minimal trees with rectilinear distance. SIAM Journal on Applied Mathematics 30, 104–114

Jain, K. [2001]: A factor 2 approximation algorithm for the generalized Steiner network problem. Combinatorica 21, 39–60

Jothi, R., Raghavachari, B., Varadarajan, S. [2003]: A 5/4-approximation algorithm for minimum 2-edge-connectivity. Proceedings of the 14th Annual ACM-SIAM Symposium on Discrete Algorithms, 725–734

Karp, R.M. [1972]: Reducibility among combinatorial problems. In: Complexity of Computer Computations (R.E. Miller, J.W. Thatcher, eds.), Plenum Press, New York, pp. 85–103

Karpinski, M., Zelikovsky, A. [1997]: New approximation algorithms for Steiner tree problems. Journal of Combinatorial Optimization 1, 47–65

Khuller, S., Raghavachari, B. [1996]: Improved approximation algorithms for uniform connectivity problems. Journal of Algorithms 21, 434–450

Khuller, S., Vishkin, U. [1994]: Biconnectivity augmentations and graph carvings. Journal of the ACM 41, 214–235

Klein, P.N., Ravi, R. [1993]: When cycles collapse: a general approximation technique for constrained two-connectivity problems. Proceedings of the 3rd Integer Programming and Combinatorial Optimization Conference, 39–55

Korte, B., Prömel, H.J., Steger, A. [1990]: Steiner trees in VLSI-layout. In: Paths, Flows, and VLSI-Layout (B. Korte, L. Lovász, H.J. Prömel, A. Schrijver, eds.), Springer, Berlin, pp. 185–214

Kortsarz, G., Krauthgamer, R., Lee, J.R. [2004]: Hardness of approximation for vertex-connectivity network design problems. SIAM Journal on Computing 33, 704–720

Kou, L. [1990]: A faster approximation algorithm for the Steiner problem in graphs. Acta Informatica 27, 369–380

Kou, L., Markowsky, G., Berman, L. [1981]: A fast algorithm for Steiner trees. Acta Informatica 15, 141–145

Martin, A. [1992]: Packen von Steinerbäumen: Polyedrische Studien und Anwendung. Ph.D. thesis, Technical University of Berlin [in German]

Mehlhorn, K. [1988]: A faster approximation algorithm for the Steiner problem in graphs. Information Processing Letters 27, 125–128

Melkonian, V., Tardos, É. [2004]: Algorithms for a network design problem with crossing supermodular demands. Networks 43, 256–265

Robins, G., Zelikovsky, A. [2005]: Tighter bounds for graph Steiner tree approximation. SIAM Journal on Discrete Mathematics 19, 122–134

Takahashi, M., Matsuyama, A. [1980]: An approximate solution for the Steiner problem in graphs. Mathematica Japonica 24, 573–577

Thimm, M. [2003]: On the approximability of the Steiner tree problem. Theoretical Computer Science 295, 387–402

Warme, D.M., Winter, P., Zachariasen, M. [2000]: Exact algorithms for plane Steiner tree problems: a computational study. In: Advances in Steiner trees (D.-Z. Du, J.M. Smith, J.H. Rubinstein, eds.), Kluwer Academic Publishers, Boston, pp. 81–116

Williamson, D.P., Goemans, M.X., Mihail, M., Vazirani, V.V. [1995]: A primal-dual approximation algorithm for generalized Steiner network problems. Combinatorica 15, 435–454

Zelikovsky, A.Z. [1993]: An 11/6-approximation algorithm for the network Steiner problem. Algorithmica 9, 463–470

21

Il problema del commesso viaggiatore

Nel Capitolo 15 abbiamo introdotto il problema del commesso viaggiatore, ovvero il TRAVELING SALESMAN PROBLEM (TSP) e abbiamo mostrato che è *NP*-difficile (Teorema 15.43). Il TSP è forse il problema di ottimizzazione combinatoria *NP*-difficile che è stato studiato meglio, e a cui sono state applicate il maggior numero di tecniche di ottimizzazione. Iniziamo con la presentazione degli algoritmi approssimati nelle Sezioni 21.1 e 21.2. In pratica, gli algoritmi cosiddétti di ricerca locale (discussi nella Sezione 21.3) trovano delle soluzioni molto buone per istanze di grandi dimensioni anche se non hanno un rapporto di prestazione finito.

Mostriamo il politopo del commesso viaggiatore (ovvero il guscio convesso dei vettori di incidenza di tutti i cicli in K_n) nella Sezione 21.4. Usando un approccio di generazione dei tagli (cf. Sezione 5.5) insieme a uno schema di branch-and-bound si possono risolvere all'ottimo istanze del TSP con alcune migliaia di città. Discuteremo ciò nella Sezione 21.6 dopo aver mostrato come ottenere dei buoni lower bound nella Sezione 21.5. Si noti che tutte queste idee e tecniche sono state applicate anche ad altri problemi di ottimizzazione combinatoria. Li presentiamo con il TSP poiché per questo problema si sono dimostrate molto efficaci.

Considereremo solo il TSP simmetrico, anche se il problema del commesso viaggiatore asimmetrico (in cui le distanze da i a j possono essere diverse dalle distanze da j a i) è altrettanto interessante (cf. Esercizio 4).

21.1 Algoritmi di approssimazione

In questa sezione e nella successiva investighiamo l'approssimabilità del TSP. Iniziamo con il seguente risultato negativo:

Teorema 21.1. (Sahni e Gonzalez [1976]) *A meno che $P = NP$ non esiste nessun algoritmo di approssimazione con fattore k per il* TSP *per qualsiasi $k \geq 1$.*

Dimostrazione. Si supponga che esista un algoritmo di approssimazione A con fattore k per il TSP. Allora dimostriamo che esiste un algoritmo tempo-polinomiale per il problema del CIRCUITO HAMILTONIANO. Poiché quest'ultimo è *NP*-completo per il Teorema 15.25, ciò implica $P = NP$.

Korte B., Vygen J.: Ottimizzazione Combinatoria. Teoria e Algoritmi.

Dato un grafo G, costruiamo un'istanza del TSP con $n = |V(G)|$ città: le distanze sono definite da $c : E(K_n) \to \mathbb{Z}_+$,

$$c(\{i, j\}) := \begin{cases} 1 & \text{se } \{i, j\} \in E(G) \\ 2 + (k-1)n & \text{se } \{i, j\} \notin E(G). \end{cases}$$

Ora applichiamo A a questa istanza. Se il ciclo trovato ha lunghezza n, allora questo ciclo è un circuito Hamiltoniano in G. Altrimenti il ciclo trovato ha lunghezza almeno $n + 1 + (k-1)n = kn + 1$. Se $\mathrm{OPT}(K_n, c)$ è la lunghezza di un ciclo ottimo, allora $\frac{kn+1}{\mathrm{OPT}(K_n,c)} \le k$ poiché A è un algoritmo di approssimazione con fattore k Quindi $\mathrm{OPT}(K_n, c) > n$, mostrando che G non ha un circuito Hamiltoniano. □

Nella maggior parte delle applicazioni le distanze del TSP soddisfano la disuguaglianza triangolare:

TSP METRICO	
Istanza:	Un grafo completo K_n con pesi $c : E(K_n) \to \mathbb{R}_+$ tale che $c(\{x, y\}) + c(\{y, z\}) \ge c(\{x, z\})$ per ogni $x, y, z \in V(K_n)$.
Obiettivo:	Trovare un circuito Hamiltoniano in K_n di peso minimo.

In altre parole, (K_n, c) è la sua stessa chiusura metrica.

Teorema 21.2. *Il* TSP METRICO *è fortemente NP-difficile.*

Dimostrazione. La dimostrazione del Teorema 15.43 mostra che il TSP è *NP*-difficile anche se tutte le distanze sono pari a 1 o a 2. □

Si può pensare facilmente a numerose euristiche per generare delle soluzioni abbastanza buone. Una delle più semplici è la cosiddétta *nearest neighbour heuristic* (euristica del vertice adiacente più vicino): data un'istanza (K_n, c) del TSP, si sceglie $v_1 \in V(K_n)$ in un modo qualsiasi. Poi per $i = 2, \dots, n$ si sceglie v_i tra $V(K_n) \setminus \{v_1, \dots, v_{i-1}\}$ tale che $c(\{v_{i-1}, v_i\})$ sia minimo. In altre parole, ad ogni passo si sceglie la città più vicina tra quelle non ancora visitate.

La nearest neighbour heuristic non è un algoritmo di approssimazione con fattore costante per il TSP METRICO. Fissato n, esistono molte istanze (K_n, c) per le quali la nearest neighbour heuristic restituisce un ciclo di lunghezza $\frac{1}{3}\mathrm{OPT}(K_n, c) \log n$ (Rosenkrantz, Stearns e Lewis [1977]). Si veda anche Hurkens e Woeginger [2004].

Il resto di questa sezione è dedicata a un algoritmo di approssimazione per il TSP METRICO. Questi algoritmi prima costruiscono un cammino chiuso che contiene tutti i vertici (anche se alcuni vertici possono essere ripetuti). Come mostra il lemma seguente, se vale la disuguaglianza triangolare, basta questa condizione.

Lemma 21.3. *Sia data un'istanza (K_n, c) del* TSP METRICO *e un grafo Euleriano connesso di supporto G che sia un supporto per $V(K_n)$, eventualmente con archi paralleli. Allora costruiamo in tempo lineare un ciclo di peso al massimo pari a $c(E(G))$.*

Dimostrazione. Per il Teorema 2.25 possiamo trovare un cammino Euleriano in G in tempo lineare. L'ordine con cui i vertici appaiono in questo cammino (se un vertice appare più di una volta lo consideriamo solo la prima volta che lo incontriamo) definisce un ciclo. La disuguaglianza triangolare implica immediatamente che questo ciclo non può essere più lungo di $c(E(G))$. □

Questa idea l'abbiamo già incontrata quando abbiamo approssimato il PROBLEMA DELL'ALBERO DI STEINER (Teorema 20.6).

ALGORITMO A DOPPIO ALBERO

Input: Un'istanza (K_n, c) del TSP METRICO.

Output: Un ciclo.

① Trova un albero di supporto di peso minimo T in K_n rispetto a c.

② Sia G il grafo che contiene due copie di ogni arco di T. G soddisfa i prerequisiti del Lemma 21.3.
Costruisci un ciclo come nella dimostrazione del Lemma 21.3.

Teorema 21.4. *L'*ALGORITMO A DOPPIO ALBERO *è un algoritmo di approssimazione con fattore 2 per il* TSP METRICO. *La sua esecuzione richiede un tempo* $O(n^2)$.

Dimostrazione. Il tempo di esecuzione segue dal Teorema 6.6. Abbiamo $c(E(T)) \leq \text{OPT}(K_n, c)$ poiché rimuovendo un arco di qualsiasi ciclo otteniamo un albero di supporto. Quindi $c(E(G)) = 2c(E(T)) \leq 2\,\text{OPT}(K_n, c)$. Il teorema segue ora dal Lemma 21.3. □

Per istanze euclidee (cf. Sezione 21.2) si può trovare un ciclo ottimo nella chiusura metrica di (T, c) in ② in tempo $O(n^3)$ invece di applicare il Lemma 21.3 (Burkard, Deĭneko e Woeginger [1998]). La garanzia di prestazione dell'ALGORITMO A DOPPIO ALBERO è forte (Esercizio 5). Il miglior algoritmo di approssimazione noto per il TSP METRICO si deve a Christofides [1976]:

ALGORITMO DI CHRISTOFIDES

Input: Un'istanza (K_n, c) del TSP METRICO.

Output: Un ciclo.

① Trova un albero di supporto di peso minimo T in K_n rispetto a c.

② Sia W l'insieme di vertici che hanno grado dispari in T.
Trova un W-Join J in K_n di peso minimo rispetto c.

③ Sia $G := (V(K_n), E(T) \cup J)$. G soddisfa i prerequisiti del Lemma 21.3.
Costruisci un ciclo come nella dimostrazione del Lemma 21.3.

Per la disuguaglianza triangolare, si può prendere come J al passo ② un matching perfetto di peso minimo in $K_n[W]$.

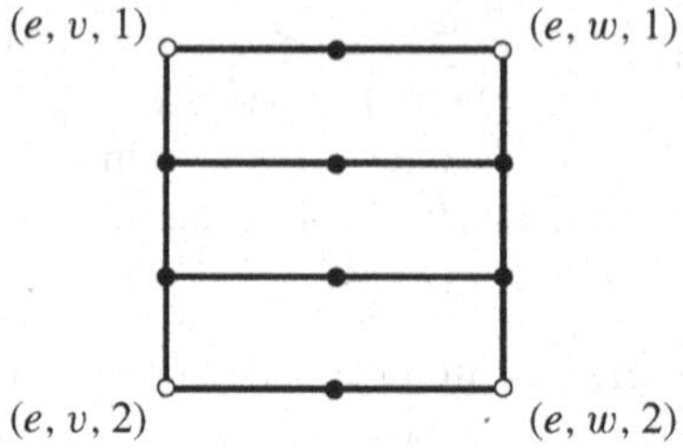

Figura 21.1.

Teorema 21.5. (Christofides [1976]) *L'*ALGORITMO DI CHRISTOFIDES *è un algoritmo di approssimazione con fattore* $\frac{3}{2}$ *per il* TSP METRICO. *Richiede un tempo* $O(n^3)$.

Dimostrazione. Il bound sul tempo di esecuzione è una conseguenza del Teorema 12.10. Come nella dimostrazione del Teorema 21.4 abbiamo $c(E(T)) \leq \mathrm{OPT}(K_n, c)$. Poiché ogni ciclo è l'unione di due W-Join abbiamo anche $c(J) \leq \frac{1}{2}\mathrm{OPT}(K_n, c)$. Concludiamo che $c(E(G)) = c(E(T)) + c(J) \leq \frac{3}{2}\mathrm{OPT}(K_n, c)$, e il risultato segue dal Lemma 21.3. □

Non si sa se esista un algoritmo di approssimazione con un rapporto di garanzia migliore. D'altronde, esiste il seguente risultato negativo:

Teorema 21.6. (Papadimitriou e Yannakakis [1993]) *Il* TSP METRICO *è MAXSNP-difficile.*

Dimostrazione. Descriviamo una L-riduzione dal PROBLEMA DEL VERTEX COVER MINIMO per grafi con grado massimo 4 (il quale è *MAXSNP*-difficile per il Teorema 16.46) al TSP METRICO.

Dato un grafo non orientato G con grado massimo 4, costruiamo un'istanza (H, c) del TSP METRICO come segue.

Per ogni $e = \{v, w\} \in E(G)$ introduciamo un sottografo H_e di dodici vertici e 14 archi come mostrato nella Figura 21.1. I quattro vertici di H_e indicati con $(e, v, 1)$, $(e, v, 2)$, $(e, w, 1)$ e $(e, w, 2)$ hanno un significato particolare. Il grafo H_e ha la proprietà che ha un cammino Hamiltoniano da $(e, v, 1)$ a $(e, v, 2)$ e un altro da $(e, w, 1)$ a $(e, w, 2)$, ma non un cammino Hamiltoniano da (e, v, i) a (e, w, j) per qualsiasi $i, j \in \{1, 2\}$.

Ora sia H il grafo completo sull'insieme di vertici $V(H) := \bigcup_{e \in E(G)} V(H_e)$. Per $\{x, y\} \in E(H)$ poniamo

$$c(\{x, y\}) := \begin{cases} 1 & \text{se } \{x, y\} \in E(H_e) \text{ per un } e \in E(G); \\ \mathrm{dist}_{H_e}(x, y) & \text{se } x, y \in V(H_e) \text{ per un } e \in E(G) \\ & \text{ma } \{x, y\} \notin E(H_e); \\ 4 & \text{se } x = (e, v, i) \text{ e } y = (f, v, j) \text{ con } e \neq f; \\ 5 & \text{altrimenti.} \end{cases}$$

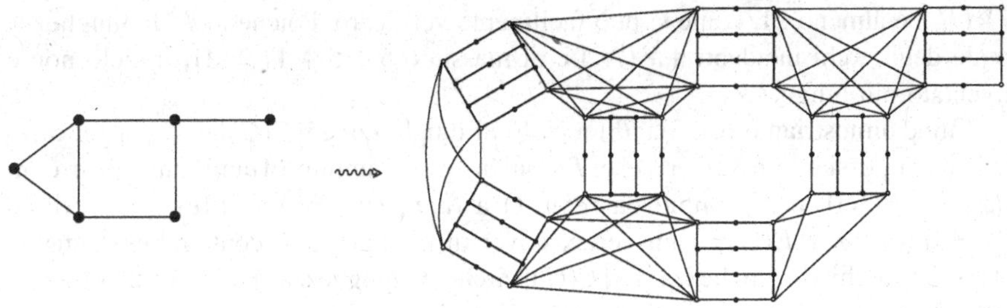

Figura 21.2.

Questa costruzione viene illustrata nella Figura 21.2 (sono mostrati solo gli archi di lunghezza 1 o 4).

(H, c) è un'istanza del TSP METRICO. Mostriamo che ha le proprietà seguenti:

(a) Per ogni vertex cover X di G esiste un ciclo di lunghezza $15|E(G)| + |X|$.
(b) Dato un qualsiasi ciclo T, si può costruire un altro ciclo T' in tempo polinomiale che sia al massimo altrettanto lungo e contenga un cammino Hamiltoniano di ogni sottografo H_e $(e \in E(G))$.
(c) Dato un ciclo di lunghezza $15|E(G)| + k$, possiamo costruire un vertex cover di cardinalità k in G in tempo polinomiale.

(a) e (c) implicano che abbiamo una L-riduzione, perché la lunghezza di un ciclo ottimo è $15|E(G)| + \tau(G) \le 15(4\tau(G)) + \tau(G)$ poiché G ha grado massimo 4.

Per dimostrare (a), sia X un vertex cover di G e sia $(E_x)_{x \in X}$ una partizione di $E(G)$ con $E_x \subseteq \delta(x)$ $(x \in X)$. Allora per ogni $x \in X$ il sottografo indotto da $\bigcup_{e \in E_x} V(H_e)$ contiene ovviamente un cammino Hamiltoniano con $11|E_x|$ archi di lunghezza 1 e $|E_x| - 1$ archi di lunghezza 4. L'aggiunta di $|X|$ archi all'unione di questi cammini Hamiltoniani da un ciclo con solo $|X|$ archi di lunghezza 5, $|E(G)| - |X|$ archi di lunghezza 4 e $11|E(G)|$ archi di lunghezza 1.

Per dimostrare (b), sia T un qualsiasi ciclo ed $e \in E(G)$ tale che T non contiene un cammino Hamiltoniano in H_e. Sia $\{x, y\} \in E(T)$, $x \notin V(H_e)$, $y \in V(H_e)$, e sia z il primo vertice fuori da $V(H_e)$ quando si attraversa T da y senza passare da x. Allora rimuoviamo la parte del ciclo tra x e z e lo sostituiamo con $\{x, (e, v, 1)\}$, un cammino Hamiltoniano in H_e da $(e, v, 1)$ a $(e, v, 2)$, e l'arco $\{(e, v, 2), z\}$ (in cui $v \in e$ viene scelto in modo arbitrario). In tutti gli altri punti in cui T contiene vertici di H_e lasciamo fuori T. Mostriamo che il ciclo T' che si ottiene non è più lungo di T.

Supponiamo prima che $k := |\delta_T(V(H_e))| \ge 4$. Allora il peso totale degli archi incidenti a $V(H_e)$ in T è almeno $4k + (12 - \frac{k}{2})$. In T' il peso totale degli archi incidenti a $V(H_e)$ è al massimo $5 + 5 + 11$, e abbiamo aggiunto altri $\frac{k}{2} - 1$ archi alla scorciatoia. Poiché $5 + 5 + 11 + 5(\frac{k}{2} - 1) \le 4k + (12 - \frac{k}{2})$, il ciclo non è diventato più lungo.

Si supponga ora che $|\delta_T(V(H_e))| = 2$ ma che T contenga un arco $\{x, y\}$ con $x, y \in V(H_e)$ e $\{x, y\} \notin E(H_e)$. Allora la lunghezza totale degli archi di T incidenti a $V(H_e)$ è almeno 21, come si può facilmente verificare. Poiché in T' la lunghezza totale degli archi incidenti a $V(H_e)$ è al massimo $5 + 5 + 11 = 21$, il ciclo non è diventato più lungo.

Infine dimostriamo (c). Sia T un ciclo di lunghezza $15|E(G)| + k$, per un certo k. Per (b) possiamo assumere che T contenga un cammino Hamiltoniano di ogni H_e ($e \in E(G)$), per esempio da $(e, v, 1)$ a $(e, v, 2)$; poniamo $v(e) := v$. Allora $X := \{v(e) : e \in E(G)\}$ è un vertex cover di G. Poiché T contiene esattamente $11|E(G)|$ archi di lunghezza 1, $|E(G)|$ archi di lunghezza 4 o 5, e almeno $|X|$ archi di lunghezza 5, concludiamo che $|X| \leq k$. □

Dunque per il Corollario 16.40 non può esistere uno schema di approssimazione a meno che $P = NP$. Papadimitriou e Vempala [2006] hanno mostrato che anche l'esistenza di un algoritmo di approssimazione con fattore $\frac{220}{219}$ implicherebbe $P = NP$.

Papadimitriou e Yannakakis [1993] hanno dimostrato che il problema rimane *MAXSNP*-difficile anche se tutti i pesi sono 1 o 2. Per questo caso speciale Berman e Karpinski [2006] hanno trovato un algoritmo di approssimazione con fattore $\frac{8}{7}$.

21.2 Il problema del commesso viaggiatore euclideo

In questa sezione consideriamo il TSP per istanze euclidee.

TSP EUCLIDEO	
Istanza:	Un insieme finito $V \subseteq \mathbb{R}^2$, $|V| \geq 3$.
Obiettivo:	Trovare un circuito Hamiltoniano T nel grafo completo definito su V tale che la lunghezza totale $\sum_{\{v,w\} \in E(T)} \|v - w\|_2$ sia minima.

$\|v - w\|_2$ indica la distanza euclidea tra v e w. Identifichiamo spesso un arco con il segmento che ne unisce gli estremi. Ogni ciclo ottimo può quindi essere visto come un poligono (non può incrociare se stesso).

Il TSP EUCLIDEO è evidentemente un caso speciale del TSP METRICO, ed è quindi ancora fortemente *NP*-difficile (Garey, Graham e Johnson [1976], Papadimitriou [1977]). Tuttavia, si può usare la sua natura geometrica nel modo seguente.

Si supponga di avere un insieme di n punti nel quadrato unitario, li si partizioni con una griglia regolare in modo tale che ogni regione contenga pochi punti, si trovi un ciclo ottimo all'interno di ogni regione e si uniscano insieme i sottocicli. Questo metodo è stato proposto da Karp [1977] che ha mostrato che porta a soluzioni $(1 + \epsilon)$-approssimate su quasi tutte le istanze generate casualmente in un quadrato unitario. Arora [1998] ha sviluppato ulteriormente quest'idea trovando uno schema di approssimazione per il TSP EUCLIDEO, che presentiamo in questa sezione. Uno schema di approssimazione simile è stato proposto da Mitchell [1999].

In tutta questa sezione consideriamo ϵ fissato, con $0 < \epsilon < 1$. Mostriamo come trovare in tempo polinomiale un ciclo tale che la sua lunghezza superi la lunghezza di un ciclo ottimo di un fattore al massimo $1 + \epsilon$. Iniziamo con arrotondare le coordinate:

Definizione 21.7. *Un'istanza* $V \subseteq \mathbb{R}^2$ *del* TSP EUCLIDEO *è detta* **ben arrotondata** *[well-rounded] se si verificano le condizioni seguenti:*

(a) *per ogni* $(v_x, v_y) \in V$, v_x *e* v_y *sono numero interi dispari.*
(b) $\max_{v,w \in V} ||v - w||_2 \leq \frac{64|V|}{\epsilon} + 16$.
(c) $\min_{v,w \in V, v \neq w} ||v - w||_2 \geq 8$.

Il risultato seguente ci dice che basta considerare istanze ben arrotondate:

Proposizione 21.8. *Si supponga che esiste uno schema di approssimazione per il* TSP EUCLIDEO *limitato a istanze ben arrotondate. Allora esiste uno schema di approssimazione per il* TSP EUCLIDEO *generale.*

Dimostrazione. Sia $V \subseteq \mathbb{R}^2$ un insieme finito e $n := |V| \geq 3$. Sia $L := \max_{v,w \in V} ||v - w||_2$ e

$$V' := \left\{ \left(1 + 8 \left\lfloor \frac{8n}{\epsilon L} v_x \right\rfloor, 1 + 8 \left\lfloor \frac{8n}{\epsilon L} v_y \right\rfloor \right) : (v_x, v_y) \in V \right\}.$$

V' può contenere meno elementi di V. Poiché la distanza massima all'interno di V' è al massimo $\frac{64n}{\epsilon} + 16$, V' è ben arrotondato. Eseguiamo lo schema di approssimazione (che assumiamo esistere) per V' e $\frac{\epsilon}{2}$, e otteniamo un ciclo la cui lunghezza l' sia al massimo $(1 + \frac{\epsilon}{2})\,\mathrm{OPT}(V')$.

Da questo ciclo costruiamo un ciclo per l'istanza originale V in modo diretto. La lunghezza l di questo ciclo non è più grande di $\left(\frac{l'}{8} + 2n\right) \frac{\epsilon L}{8n}$. Inoltre,

$$\mathrm{OPT}(V') \leq 8 \left(\frac{8n}{\epsilon L} \mathrm{OPT}(V) + 2n \right).$$

Complessivamente abbiamo

$$l \leq \frac{\epsilon L}{8n} \left(2n + \left(1 + \frac{\epsilon}{2}\right) \left(\frac{8n}{\epsilon L} \mathrm{OPT}(V) + 2n \right) \right) = \left(1 + \frac{\epsilon}{2}\right) \mathrm{OPT}(V) + \frac{\epsilon L}{2} + \frac{\epsilon^2 L}{8}.$$

Poiché $\mathrm{OPT}(V) \geq 2L$, concludiamo che $l \leq (1 + \epsilon)\,\mathrm{OPT}(V)$. □

Dunque d'ora in poi tratteremo solo istanze ben arrotondate. Senza perdita di generalità siano tutte le coordinate all'interno del quadrato $[0, 2^N] \times [0, 2^N]$, in cui $N := \lceil \log L \rceil + 1$ e $L := \max_{v,w \in V} ||v - w||_2$. Ora partizioniamo il quadrato iterativamente con una griglia regolare: per $i = 1, \ldots, N - 1$ sia $G_i := X_i \cup Y_i$, in cui

$$X_i := \left\{ \left[\left(0, k2^{N-i}\right), \left(2^N, k2^{N-i}\right) \right] : k = 0, \ldots, 2^i - 1 \right\},$$
$$Y_i := \left\{ \left[\left(j2^{N-i}, 0\right), \left(j2^{N-i}, 2^N\right) \right] : j = 0, \ldots, 2^i - 1 \right\}.$$

(La notazione $[(x, y), (x', y')]$ indica il segmento tra (x, y) e (x', y').)

Più precisamente, consideriamo **griglie shifted** [traslate]: siano $a, b \in \{0, 2, \dots, 2^N - 2\}$ interi pari. Per $i = 1, \dots, N-1$ sia $G_i^{(a,b)} := X_i^{(b)} \cup Y_i^{(a)}$, in cui

$$X_i^{(b)} := \Big\{\Big[\Big(0, (b + k2^{N-i}) \bmod 2^N\Big), \Big(2^N, (b + k2^{N-i}) \bmod 2^N\Big)\Big] : k = 0, \dots, 2^i - 1\Big\},$$

$$Y_i^{(a)} := \Big\{\Big[\Big((a + j2^{N-i}) \bmod 2^N, 0\Big), \Big((a + j2^{N-i}) \bmod 2^N, 2^N\Big)\Big] : j = 0, \dots, 2^i - 1\Big\}.$$

($x \bmod y$ indica l'unico numero z con $0 \le z < y$ e $\frac{x-z}{y} \in \mathbb{Z}$.) Si noti che $G_{N-1} = G_{N-1}^{(a,b)}$ non dipende né da a né da b.

Una linea l si dice essere a livello **livello** 1 se $l \in G_1^{(a,b)}$, e al livello i se $l \in G_i^{(a,b)} \setminus G_{i-1}^{(a,b)}$ ($i = 2, \dots, N-1$). Si veda la Figura 21.3, in cui le linee più spesse sono ai livelli più bassi. Le **regioni** della griglia $G_i^{(a,b)}$ sono gli insiemi

$$\Big\{(x, y) \in [0, 2^N) \times [0, 2^N) \ : \ (x - a - j2^{N-i}) \bmod 2^N < 2^{N-i}, \ (y - b - k2^{N-i}) \bmod 2^N < 2^{N-i}\Big\}$$

per $j, k \in \{0, \dots, 2^i - 1\}$. Per $i < N-1$, alcune regioni possono essere disconnesse e consistere di due o quattro rettangoli. Poiché tutte le linee sono definite da coordinate dispari, nessuna linea contiene un punto della nostra istanza ben arrotondata di TSP EUCLIDEO. Inoltre, ogni regione di G_{N-1} contiene al massimo uno di questi punti, per qualsiasi a, b.

Per un poligono T e una linea l di G_{N-1} indichiamo con $cr(T, l)$ il numero di volte che T attraversa l. La proposizione seguente sarà utile in seguito:

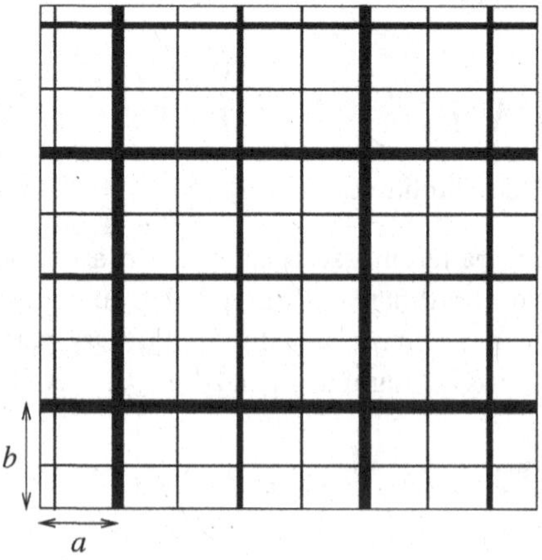

Figura 21.3.

Proposizione 21.9. *Per un ciclo ottimo T di un'istanza ben arrotondata V del* TSP EUCLIDEO, *si verifica che* $\sum_{l \in G_{N-1}} cr(T, l) \leq \mathrm{OPT}(V)$.

Dimostrazione. Si consideri un arco di T di lunghezza s. Siano x e y rispettivamente le lunghezza delle proiezioni orizzontali e verticali, (e quindi $s^2 = x^2 + y^2$). L'arco attraversa le linee di G_{N-1} al massimo $\frac{x}{2}+1+\frac{y}{2}+1$ volte. Poiché $x+y \leq \sqrt{2}s$ e $s \geq 8$ (l'istanza è ben arrotondata), l'arco attraversa le linee di G_{N-1} al massimo $\frac{\sqrt{2}}{2}s + 2 \leq s$ volte. La disuguaglianza data si ottiene sommando su tutti gli archi di T. □

Si ponga $C := 7 + \left\lceil \frac{36}{\epsilon} \right\rceil$ e $P := N \left\lceil \frac{6}{\epsilon} \right\rceil$. Per ogni linea definiamo ora i **portali** [portal]: se $l = \left[\left(0, (b + k2^{N-i}) \bmod 2^N\right), \left(2^N, (b + k2^{N-i}) \bmod 2^N\right) \right]$ è una linea orizzontale al livello i, definiamo l'insieme dei suoi portali come

$$\left\{ \left(\left(a + \frac{h}{P} 2^{N-i} \right) \bmod 2^N, (b + k2^{N-i}) \bmod 2^N \right) : h = 0, \ldots, P2^i \right\}.$$

I portali verticali sono definiti in modo analogo.

Definizione 21.10. *Sia $V \subseteq [0, 2^N] \times [0, 2^N]$ un'istanza ben arrotondata del* TSP EUCLIDEO. *Siano dati $a, b \in \{0, 2, \ldots, 2^N - 2\}$, e siano definiti come prima sia le griglie traslate C e P, che i portali. Un* **ciclo di Steiner** *è un cammino chiuso di segmenti retti che contiene V e tale che la sua intersezione con ogni linea delle griglie è un sottoinsieme dei portali. Un ciclo di Steiner è* **leggero** *se per ogni i e per ogni regione di $G_i^{(a,b)}$, il ciclo attraversa ogni arco della regione al massimo C volte.*

Si noti che i cicli di Steiner non sono necessariamente dei poligoni; possono attraversare se stessi. Per rendere un ciclo di Steiner leggero dovremmo usare frequentemente il Lemma di Patching:

Lemma 21.11. *Sia $V \subset \mathbb{R}^2$ un'istanza* TSP EUCLIDEO *e T un ciclo per V. Sia l un segmento di lunghezza s di una linea che non contiene alcun punto in V. Allora esiste un ciclo per V la cui lunghezza supera la lunghezza di T di al massimo $6s$ e che attraversa l al massimo due volte.*

Dimostrazione. Per una spiegazione più chiara, assumiamo che l sia un segmento verticale. Si supponga che T attraversi l esattamente k volte, per esempio con gli archi $e_1, \ldots, e_k$. Sia $k \geq 3$; altrimenti l'asserzione è banale. Suddividiamo ognuno degli archi $e_1, \ldots, e_k$ con due nuovi vertici senza aumentare la lunghezza del ciclo. In altre parole, sostituiamo l'arco e_i con un cammino di lunghezza 3 con due nuovi vertici interni $p_i, q_i \in \mathbb{R}^2$ molti vicini a l, in cui p_i è alla sinistra di l e q_i è alla destra di l ($i = 1, \ldots, k$). Sia T' il ciclo così ottenuto.

Sia $t := \lfloor \frac{k-1}{2} \rfloor$ (allora $k - 2 \leq 2t \leq k - 1$), e sia T'' ottenuto da T' rimuovendo gli archi $\{p_1, q_1\}, \ldots, \{p_{2t}, q_{2t}\}$.

Sia P fatto di un ciclo minimo attraverso $p_1, \ldots, p_k$ più un matching perfetto di costo minimo di $p_1, \ldots, p_{2t}$. Analogamente, sia Q fatto di un ciclo minimo attraverso $q_1, \dots, q_k$ più un matching perfetto di costo minimo di $q_1, \dots, q_{2t}$. La lunghezza totale degli archi è al massimo $3s$ sia in P che in Q.

Allora $T'' + P + Q$ attraversa l al massimo $k - 2t \leq 2$ volte, ed è connesso ed euleriano. Procediamo ora come nel Lemma 21.3. Per il Teorema di Eulero 2.24 esiste un cammino Euleriano in $T'' + P + Q$. Rimuovendo dei cammini può essere convertito in un ciclo per V, senza aumentare la lunghezza o il numero di attraversamenti di l. $\square$

Il teorema seguente è l'idea chiave dell'algoritmo:

Teorema 21.12. (Arora [1998]) *Sia $V \subseteq [0, 2^N] \times [0, 2^N]$ un'istanza ben arrotondata del* TSP EUCLIDEO. *Se a e b sono scelti a caso in $\{0, 2, \dots, 2^N - 2\}$, allora esiste con probabilità almeno $\frac{1}{2}$ un ciclo di Steiner leggero la cui lunghezza sia al massimo $(1 + \epsilon)\,\mathrm{OPT}(V)$.*

Dimostrazione. Sia T un ciclo ottimo per V. Introduciamo dei vertici di Steiner ogni volta che il ciclo attraversa una linea.

Ora tutti i vertici di Steiner sono su dei portali. Il portale più vicino da un vertice di Steiner su una linea di livello i può avere una distanza pari al massimo a $\frac{2^{N-i-1}}{P}$. Poiché una linea l è al livello i con probabilità $p(l, i) := \begin{cases} 2^{i-N} & \text{se } i > 1 \\ 2^{2-N} & \text{se } i = 1 \end{cases}$, l'aumento della lunghezza totale attesa del ciclo spostando tutti i vertici di Steiner su l ai portali è al massimo

$$\sum_{i=1}^{N-1} p(l, i) \cdot cr(T, l) \cdot 2 \cdot \frac{2^{N-i-1}}{P} = N \cdot \frac{cr(T, l)}{P}.$$

Ora modifichiamo il ciclo di Steiner in modo tale che diventi leggero. Chiamiamo segmento di una linea orizzontale o verticale di $G_i^{(a,b)}$ un segmento tra il punto $\big((a + j2^{N-i}), (b + k2^{N-i})\big)$ e rispettivamente il punto $\big((a + (j+1)2^{N-i}), (b + k2^{N-i})\big)$ o $\big((a + j2^{N-i}), (b + (k+1)2^{N-i})\big)$ (tutte le coordinate devono essere prese mod 2^N), per $j, k \in \{0, \dots, 2^i - 1\}$. Si noti che tale segmento può consistere di due segmenti separati. Si consideri la procedura seguente:

For $i := N - 1$ **down to** 1 **do**:
- Applica il Lemma di Patching 21.11 ad ogni segmento di una linea orizzontale di $G_i^{(a,b)}$ che è attraversata più di $C - 4$ volte.
- Applica il Lemma di Patching 21.11 ad ogni segmento di una linea verticale di $G_i^{(a,b)}$ che è attraversata più di $C - 4$ volte.

Dobbiamo fare due osservazioni. Per un segmento di una linea orizzontale o verticale che consiste in due parti separate il Lemma di Patching viene applicato ad ogni parte, dunque in seguito il numero totale di attraversamenti può essere pari a 4.

Inoltre, si osservi che l'applicazione del Lemma di Patching ad un segmento verticale l all'iterazione i può introdurre nuovi attraversamenti (vertici di Steiner) su un segmento orizzontale che ha un estremo in l. Questi nuovi attraversamenti sono ai portali e non saranno più considerati nelle iterazioni successive della procedura precedente, perché avvengono in corrispondenza di linee a livello più alto.

Per ogni linea l, il numero di applicazioni a l del Lemma di Patching è al massimo $\frac{cr(T,l)}{C-7}$, poiché ogni volta il numero di attraversamenti diminuisce di almeno $C-7$ (almeno $C-3$ attraversamenti sono sostituiti al massimo da 4). Per una linea l, sia $c(l,i,a,b)$ il numero totale di volte che il Lemma di Patching viene applicato a l all'iterazione i della procedura precedente. Si noti che $c(l,i,a,b)$ è indipendente dal livello di l sino a quando è al massimo pari a i.

Allora l'aumento totale nella lunghezza del ciclo che si deve alle applicazioni a l del Lemma di Patching è $\sum_{i \geq level(l)} c(l,i,a,b) \cdot 6 \cdot 2^{N-i}$. Inoltre, si noti che

$$\sum_{i \geq level(l)} c(l,i,a,b) \leq \frac{cr(T,l)}{C-7}.$$

Poiché l è al livello j con probabilità $p(l,j)$, l'aumento totale atteso nella lunghezza del ciclo per la procedura precedente è al massimo

$$\begin{aligned}\sum_{j=1}^{N-1} p(l,j) \sum_{i \geq j} c(l,i,a,b) \cdot 6 \cdot 2^{N-i} &= 6 \sum_{i=1}^{N-1} c(l,i,a,b) \cdot 2^{N-i} \sum_{j=1}^{i} p(l,j) \\ &\leq \frac{12\, cr(T,l)}{C-7}.\end{aligned}$$

Dopo questa procedura, ogni segmento di linea (e quindi ogni arco di una regione) viene attraversato da un ciclo al massimo $C-4$ volte, senza contare i nuovi attraversamenti introdotti dalla procedura (si veda l'osservazione precedente). Questi attraversamenti supplementari sono tutti a uno degli estremi dei segmenti di linea. Ma se un ciclo attraversa lo stesso punto tre o più volte, due degli attraversamenti possono essere rimossi senza aumentare la lunghezza del ciclo o introdurre degli attraversamenti aggiuntivi. (Rimuovere due archi paralleli su tre di un grafo Euleriano connesso risulta in un grafo Euleriano connesso.) Abbiamo dunque al massimo quattro attraversamenti aggiuntivi per ogni arco di ogni regione (al massimo due per ogni estremo), e il ciclo è senz'altro leggero.

Dunque, usando la Proposizione 21.9, la lunghezza attesa del ciclo è al massimo

$$\sum_{l \in G_{N-1}} N \frac{cr(T,l)}{P} + \sum_{l \in G_{N-1}} \frac{12\, cr(T,l)}{C-7} \leq \mathrm{OPT}(V) \left(\frac{N}{P} + \frac{12}{C-7} \right) \leq \mathrm{OPT}(V) \frac{\epsilon}{2}.$$

Quindi la probabilità che l'aumento della lunghezza del ciclo sia al massimo $\mathrm{OPT}(V)\epsilon$ deve essere almeno $\frac{1}{2}$. □

Con questo teorema possiamo finalmente descrivere l'ALGORITMO DI ARORA. L'idea è di enumerare tutti i cicli di Steiner leggeri, usando la programmazione dinamica. Un **sottoproblema** consiste in una regione r di una griglia $G_i^{(a,b)}$ con $1 \leq i \leq N-1$, un insieme A di cardinalità pari, ogni elemento del quale viene assegnato come un portale su uno degli archi di r (in modo tale che non più di C elementi vengano assegnati ad ogni arco), e un matching perfetto M del grafo completo su A. Dunque per ogni regione, abbiamo meno di $(P+2)^{4C}(4C)!$ sottoproblemi (a parte rinominare gli elementi di A). Una soluzione a tale sottoproblema è un insieme di $|M|$ cammini $\{P_e : e \in M\}$ che formano l'intersezione di alcuni cicli di Steiner leggeri per V con r, tali che $P_{\{v,w\}}$ ha gli estremi v e w, e ogni punto di $V \cap r$ appartiene a esattamente uno di questi cammini. Una soluzione è ottima se la lunghezza totale dei cammini è la più corta possibile.

ALGORITMO DI ARORA

Input: Un'istanza ben arrotondata $V \subseteq [0, 2^N] \times [0, 2^N]$ del TSP EUCLIDEO. Un numero $0 < \epsilon < 1$.

Output: Un ciclo che è ottimo a meno di un fattore di $(1+\epsilon)$.

① Scegli a e b in modo casuale tra $\{0, 2, \dots, 2^N - 2\}$.
Poni $R_0 := \{([0, 2^N] \times [0, 2^N], V)\}$.

② **For** $i := 1$ **to** $N-1$ **do**:
  Costruisci $G_i^{(a,b)}$. Poni $R_i := \emptyset$.
  For ogni $(r, V_r) \in R_{i-1}$ per il quale $|V_r| \geq 2$ **do**:
    Costruisci le quattro regioni r_1, r_2, r_3, r_4 di $G_i^{(a,b)}$ con $r_1 \cup r_2 \cup r_3 \cup r_4 = r$ e aggiungi $(r_j, V_r \cap r_j)$ a R_i $(j = 1, 2, 3, 4)$.

③ **For** $i := N-1$ **down to** 1 **do**:
  For ogni regione $r \in R_i$ **do**: risolvi tutti questi sottoproblemi all'ottimo.
  If $|V_r| \leq 1$ **then** ciò viene fatto direttamente,
  else sono usate le soluzioni ottime già calcolate dei sottoproblemi per le quattro regioni.

④ Calcola un ciclo leggero di Steiner ottimo per V usando le soluzioni ottime dei sottoproblemi per le quattro sottoregioni.
Rimuovi i vertici di Steiner per ottenere un ciclo che non può essere più lungo.

Teorema 21.13. *L'*ALGORITMO DI ARORA *trova un ciclo che, con probabilità almeno $\frac{1}{2}$, è non più lungo di $(1+\epsilon)\,\mathrm{OPT}(V)$. La complessità temporale è $O(n(\log n)^c)$ per una costante c (che dipende linearmente da $\frac{1}{\epsilon}$).*

Dimostrazione. L'algoritmo sceglie a e b casualmente e poi calcola un ciclo leggero di Steiner ottimo. Per il Teorema 21.12, questo non è più lungo di $(1+\epsilon)\,\mathrm{OPT}(V)$ con probabilità almeno $\frac{1}{2}$. La rimozione finale dei vertici di Steiner può rendere il ciclo solo più corto.

Per stimare il tempo di esecuzione, si consideri l'arborescenza A seguente: la radice è la regione in R_0, e ogni regione $r \in R_i$ ha 0 o 4 figli (le sue sottoregioni in R_{i+1}). Sia S l'insieme dei vertici in A che hanno 4 figli che sono tutti delle foglie. Poiché l'interno di queste regioni sono disgiunte e ognuna contiene almeno due punti di V, abbiamo $|S| \le \frac{n}{2}$. Poiché ogni vertice di A non è né una foglia né un predecessore di almeno un vertice in S, abbiamo al massimo $N\frac{n}{2}$ vertici che non sono foglie e quindi al massimo $\frac{5}{2}Nn$ vertici complessivi.

Per ogni regione, si hanno al massimo $(P+2)^{4C}(4C)!$ sottoproblemi. I sottoproblemi che corrispondono alle regioni con al massimo un punto possono essere risolti direttamente in tempo $O(C)$. Per gli altri sottoproblemi sono considerati tutti i possibili insiemi multipli di portali sui quattro archi tra le sottoregioni e tutti i possibili ordinamenti in cui i portali possono essere visitati. Tutte queste possibilità, che sono al massimo $(P+2)^{4C}(8C)!$, possono essere valutate in tempo costante usando le soluzioni memorizzate dei sottoproblemi.

Dunque per tutti i sottoproblemi di una regione, il tempo di esecuzione è $O\big((P+2)^{8C}(4C)!\,(8C)!\big)$. Si osservi che ciò vale anche per regioni disconnesse: poiché il ciclo non può andare da una componente connessa di una regione all'altra, il problema può diventare solo più facile.

Poiché si considerano al massimo $\frac{5}{2}Nn$ regioni, $N = O\big(\log\frac{n}{\epsilon}\big)$ (l'istanza è ben arrotondata), $C = O\big(\frac{1}{\epsilon}\big)$ e $P = O\big(\frac{N}{\epsilon}\big)$, otteniamo un tempo di esecuzione complessivo di

$$O\left(n\log\frac{n}{\epsilon}(P+2)^{8C}(8C)^{12C}\right) = O\left(n(\log n)^{O\left(\frac{1}{\epsilon}\right)}O\left(\frac{1}{\epsilon}\right)^{O\left(\frac{1}{\epsilon}\right)}\right). \qquad \square$$

Naturalmente, l'ALGORITMO DI ARORA può essere facilmente decasualizzato provando tutti i possibili valori di a e b. Questo aggiunge un fattore di $O\left(\frac{n^2}{\epsilon^2}\right)$ al tempo di esecuzione. Concludiamo

Corollario 21.14. *Esiste uno schema di approssimazione per il* TSP EUCLIDEO. *Per ogni $\epsilon > 0$ fissato, si può determinare uno schema di approssimazione $(1+\epsilon)$ in tempo $O\left(n^3(\log n)^c\right)$ per una costante c.* $\square$

Rao e Smith [1998] hanno migliorato il tempo di esecuzione a $O(n\log n)$ per ogni $\epsilon > 0$ fissato. Tuttavia, le costanti coinvolte sono ancora abbastanza grandi per valori ragionevoli di ϵ, e quindi il valore pratico ne risulta limitato. Klein [2008] ha trovato uno schema di approssimazione per istanze che sono la chiusura metrica di un grafo planare con pesi sugli archi non negativi. Le tecniche presentate in questa sezione possono essere applicate anche ad altri problemi geometrici; si veda per esempio l'Esercizio 8.

21.3 Ricerca locale

In pratica, la tecnica generale più utile per ottenere delle buone soluzioni per le istanze di TSP è la ricerca locale. L'idea è come segue. Si inizia con un qualsiasi ciclo trovato con un'euristica. Dopo si prova a migliorare la soluzione con delle modifiche "locali". Per esempio, potremmo tagliare il nostro ciclo in due pezzi, rimuovendo due archi e poi riunire i due pezzi separati per ottenere un ciclo diverso.

La Ricerca Locale è piuttosto un principio algoritmico che non un vero è proprio algoritmo. In particolare, si devono prendere due decisioni in anticipo:

- Quali sono le modifiche consentite, ossia come si definisce l'intorno di una soluzione?
- Quando modifichiamo veramente la nostra soluzione? (Una possibilità è di permettere solo miglioramenti.)

Per dare un esempio concreto, descriviamo l'ALGORITMO k-OPT per il TSP. Sia $k \geq 2$ un numero intero dato.

ALGORITMO k-OPT	
Input:	Un'istanza (K_n, c) del TSP.
Output:	Un ciclo T.

① Sia T un ciclo qualsiasi.

② Sia $\mathcal{S}$ la famiglia di sottoinsiemi di k elementi di $E(T)$.

③ **For** ogni $S \in \mathcal{S}$ e ogni ciclo T' con $E(T') \supseteq E(T) \setminus S$ **do**:
If $c(E(T')) < c(E(T))$ **then** sia $T := T'$ e **go to** ②.

Un ciclo si dice ***k*-opt** se non può essere migliorato dall'ALGORITMO k-OPT. Per qualsiasi k fissato esistono istanze di TSP e cicli k-opt che non sono $(k+1)$-opt. Per esempio, il ciclo mostrato nella Figura 21.5 è 2-opt ma non 3-opt (rispetto alla distanza euclidea). Può essere migliorato scambiando tre archi (il ciclo (a, b, e, c, d, a) è ottimo). La procedura di scambiare k archi viene chiamata k-exchange.

Il ciclo mostrato nella parte destra della Figura 21.4 è 3-opt rispetto ai pesi mostrati nella parte sinistra. Gli archi non mostrati hanno peso 4. Comunque, un 4-exchange produce immediatamente la soluzione ottima. Si noti che vale la disuguaglianza triangolare.

In pratica, la situazione è peggiore: un ciclo prodotto dall'ALGORITMO k-OPT per un'istanza con n-città può essere più lungo del ciclo ottimo di un fattore $\frac{1}{4}n^{\frac{1}{2k}}$ (per ogni k e n molto grande). D'altronde un ciclo 2-opt non è mai più lungo di $4\sqrt{n}$ volte l'ottimo. Comunque, il tempo di esecuzione nel caso peggiore dell'ALGORITMO k-OPT è esponenziale per ogni k, e questo si verifica anche per istanza euclidee 2-OPT. Questi risultati si devono a Chandra, Karloff e Tovey [1999], e Englert, Röglin e Vöcking [2007].

Un'altra domanda importante è come scegliere k in anticipo. Naturalmente, le istanze (K_n, c) sono risolte all'ottimo con l'ALGORITMO k-OPT con $k = n$, ma il tempo di esecuzione cresce esponenzialmente in k. Spesso $k = 3$ è una buona scelta. Lin e Kernighan [1973] hanno proposto un'euristica molto buona in cui k

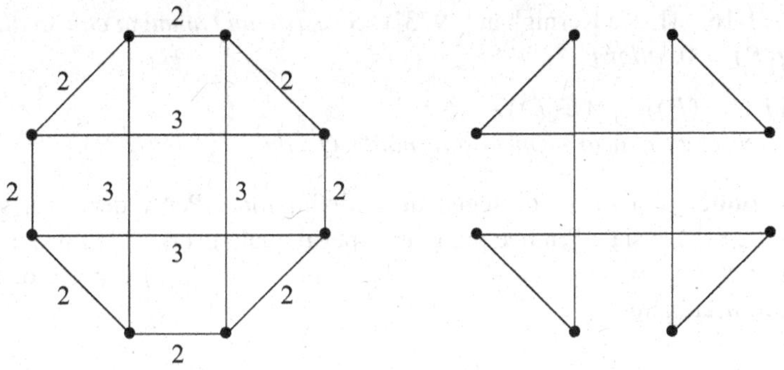

Figura 21.4.

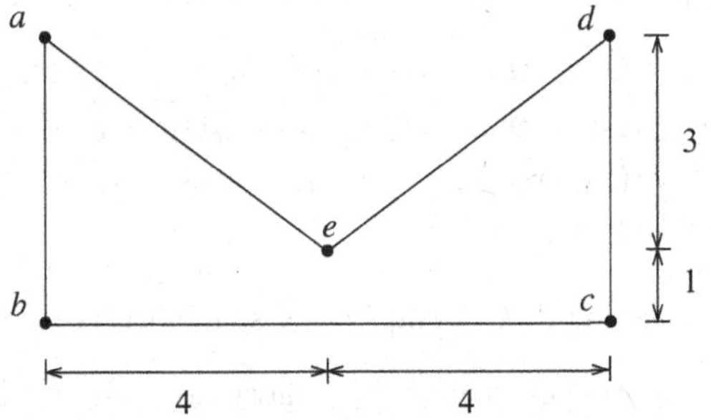

Figura 21.5.

non è fisso ma viene determinato dall'algoritmo. La loro idea si basa sul concetto seguente:

Definizione 21.15. *Sia dati un'istanza* (K_n, c) *del* TSP *e un ciclo* T. *Un* **cammino alternante** *è una sequenza di vertici (città)* $P = (x_0, x_1, \ldots, x_{2m})$ *tale che* $\{x_i, x_{i+1}\} \neq \{x_j, x_{j+1}\}$ *per ogni* $0 \leq i < j < 2m$, *e per* $i = 0, \ldots, 2m-1$ *abbiamo* $\{x_i, x_{i+1}\} \in E(T)$ *se e solo se* i *è pari.* P *è* **cammino alternante chiuso** *se in aggiunta* $x_0 = x_{2m}$.

Il **guadagno** *di* P *è definito da*

$$g(P) := \sum_{i=0}^{m-1} (c(\{x_{2i}, x_{2i+1}\}) - c(\{x_{2i+1}, x_{2i+2}\})).$$

P *viene detto* **cammino alternante proprio** *se* $g((x_0, \ldots, x_{2i})) > 0$ *per ogni* $i \in \{1, \ldots, m\}$. *Usiamo l'abbreviazione* $E(P) = \{\{x_i, x_{i+1}\} : i = 0, \ldots, 2m-1\}$.

Si noti che i vertici possono apparire più di una volta in un cammino alternante. Nell'esempio mostrato nella Figura 21.5, (a, e, b, c, e, d, a) è un cammino chiuso proprio alternante. Dato un ciclo T, siamo naturalmente interessati in quei cammini chiusi alternanti P per i quali $E(T) \triangle E(P)$ definisce ancora un ciclo.

Lemma 21.16. (Lin e Kernighan [1973]) *Se esiste un cammino chiuso alternante P con $g(P) > 0$, allora:*

(a) $c(E(T)\triangle E(P)) = c(E(T)) - g(P)$,
(b) *esiste un ciclo chiuso proprio alternante Q con $E(Q) = E(P)$.*

Dimostrazione. La parte (a) segue della definizione. Per vedere (b), sia $P = (x_0, x_1, \ldots, x_{2m})$, e sia k l'indice più grande per il quale $g((x_0, \ldots, x_{2k}))$ è minimo. Mostriamo che $Q := (x_{2k}, x_{2k+1}, \ldots, x_{2m-1}, x_0, x_1, \ldots, x_{2k})$ è proprio. Per $i = k+1, \ldots, m$ abbiamo

$$g((x_{2k}, x_{2k+1}, \ldots, x_{2i})) = g((x_0, x_1, \ldots, x_{2i})) - g((x_0, x_1, \ldots, x_{2k})) > 0$$

per la definizione di k. Per $i = 1, \ldots, k$ abbiamo

$$\begin{aligned} & g((x_{2k}, x_{2k+1}, \ldots, x_{2m-1}, x_0, x_1, \ldots, x_{2i})) \\ = \; & g((x_{2k}, x_{2k+1}, \ldots, x_{2m})) + g((x_0, x_1, \ldots, x_{2i})) \\ \geq \; & g((x_{2k}, x_{2k+1}, \ldots, x_{2m})) + g((x_0, x_1, \ldots, x_{2k})) \\ = \; & g(P) > 0, \end{aligned}$$

di nuovo per la definizione di k. Dunque Q è senz'altro proprio. □

Procediamo ora con la descrizione dell'algoritmo. Dato un ciclo T, si cerca un cammino chiuso proprio alternante P, si sostituisce T con $(V(T), E(T)\triangle E(P))$, e si itera. Ad ogni iterazione si controllano in maniera esaustiva tutte le possibilità sino a quando si trova un cammino chiuso alternante, o sino a quando uno dei due parametri p_1 e p_2 impedisce di farlo. Si veda anche la Figura 21.6 per un'illustrazione.

ALGORITMO LIN-KERNIGHAN

Input: Un'istanza (K_n, c) del TSP. Due parametri $p_1 \in \mathbb{N}$ (profondità di backtracking) e $p_2 \in \mathbb{N}$ (profondità di inammissibilità).

Output: Un ciclo T.

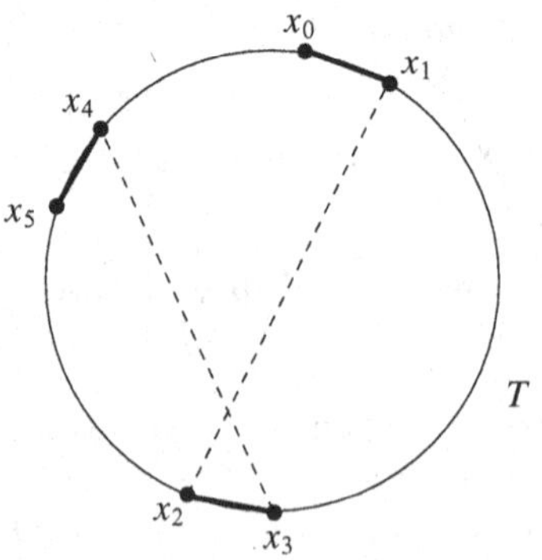

Figura 21.6.

① Sia T un qualsiasi ciclo.

② Poni $X_0 := V(K_n)$, $i := 0$ e $g^* := 0$.

③ **If** $X_i = \emptyset$ e $g^* > 0$ **then**:
Poni $T := (V(T), E(T) \triangle E(P^*))$ e **go to** ②.
If $X_i = \emptyset$ e $g^* = 0$ **then**:
Poni $i := \min\{i - 1, p_1\}$. **If** $i < 0$ **then stop, else go to** ③.

④ Scegli $x_i \in X_i$ e poni $X_i := X_i \setminus \{x_i\}$.
If i è dispari, $i \geq 3$, $(V(T), E(T) \triangle E((x_0, x_1, \ldots, x_{i-1}, x_i, x_0)))$ è un ciclo e $g((x_0, x_1, \ldots, x_{i-1}, x_i, x_0)) > g^*$ **then**:
Poni $P^* := (x_0, x_1, \ldots, x_{i-1}, x_i, x_0)$ e $g^* := g(P^*)$.

⑤ **If** i è dispari **then**:
Poni $X_{i+1} := \{x \in V(K_n) \setminus \{x_0, x_i\} :$
$\{x_i, x\} \notin E(T) \cup E((x_0, x_1, \ldots, x_{i-1}))$,
$g((x_0, x_1, \ldots, x_{i-1}, x_i, x)) > g^*\}$.
If i è pari e $i \leq p_2$ **then**:
Poni $X_{i+1} := \{x \in V(K_n) : \{x_i, x\} \in E(T) \setminus E((x_0, x_1, \ldots, x_i))\}$.
If i è dispari e $i > p_2$ **then**:
Poni $X_{i+1} := \{x \in V(K_n) : \{x_i, x\} \in E(T) \setminus E((x_0, x_1, \ldots, x_i))$,
$\{x, x_0\} \notin E(T) \cup E((x_0, x_1, \ldots, x_i))$,
$(V(T), E(T) \triangle E((x_0, x_1, \ldots, x_i, x, x_0)))$ è un ciclo$\}$.

Poni $i := i + 1$. **Go to** ③.

Lin e Kernighan hanno proposto i parametri $p_1 = 5$ e $p_2 = 2$. Questi sono i valori più piccoli che garantiscono che l'algoritmo trovi un 3-exchange favorevole:

Teorema 21.17. (Lin e Kernighan [1973]) *L'ALGORITMO DI LIN-KERNIGHAN:*

(a) *Per $p_1 = \infty$ e $p_2 = \infty$ trova un cammino chiuso proprio alternante P tale che $(V(T), E(T) \triangle E(P))$ sia un ciclo, se ne esiste uno.*
(b) *Per $p_1 = 5$ e $p_2 = 2$ restituisce un ciclo che è 3-opt.*

Dimostrazione. Sia T il ciclo con cui termina l'algoritmo. Allora g^* deve essere rimasto a zero dall'ultimo cambiamento di ciclo. Questo implica che, nel caso in cui $p_1 = p_2 = \infty$, l'algoritmo ha enumerato completamente tutti i cammini alternanti propri. In particolare, si verifica (a).

Nel caso in cui $p_1 = 5$ e $p_2 = 2$, l'algoritmo ha almeno enumerato tutti i cammini chiusi alternanti di lunghezza 4 o 6. Si supponga che esista un 2-exchange o un 3-exchange favorevole che fornisce un ciclo T'. Allora gli archi $E(T) \triangle E(T')$ formano un cammino chiuso alternante P con al massimo sei archi e $g(P) > 0$. Per il Lemma 21.16, e senza perdita di generalità, P è proprio e l'algoritmo lo avrebbe trovato. Ciò dimostra (b). □

Sottolineiamo che questa procedura non ha possibilità di trovare uno scambio "non-sequenziale" come il 4-exchange mostrato nella Figura 21.4. In questo esempio il ciclo non può essere migliorato dall'ALGORITMO DI LIN-KERNIGHAN, ma un (non-sequenziale) 4-exchange migliorerebbe la soluzione ottima.

Dunque un miglioramento dell'ALGORITMO DI LIN-KERNIGHAN potrebbe essere il seguente. Se l'algoritmo si ferma, proviamo (con qualche euristica) a trovare un 4-exchange non sequenziale favorevole. Se ne troviamo uno, continuiamo con il nuovo ciclo, altrimenti ci fermiamo veramente.

L'ALGORITMO DI LIN-KERNIGHAN è molto più efficace, per esempio, dell'Algoritmo 3-Opt. Oltre a dare almeno soluzioni della stessa qualità (e spesso migliori), il tempo di esecuzione atteso (con $p_1 = 5$ e $p_2 = 2$) è molto più breve: Lin e Kernighan hanno sperimentato un tempo di esecuzione pari a circa $O(n^{2.2})$. Tuttavia, sembra improbabile che il tempo di esecuzione del caso peggiore sia polinomiale; per una formulazione precisa di questa affermazione (e una sua dimostrazione), si veda l'Esercizio 11 (Papadimitriou [1992]).

Quasi tutte le euristiche di ricerca locale usate per il TSP sono in pratica basate su questo algoritmo. Anche se il comportamento nel caso pessimo è peggiore dell'ALGORITMO DI CHRISTOFIDES, l'ALGORITMO DI LIN-KERNIGHAN produce tipicamente soluzioni migliori, solitamente molto vicine alla soluzione ottima. Per una variante molto efficiente, si veda Applegate, Cook e Rohe [2003].

Per l'Esercizio 15 del Capitolo 9 non esiste nessun algoritmo di ricerca locale per il TSP che abbia una complessità polinomiale per iterazione e che trovi sempre una soluzione ottima, a meno che $P = NP$ (in questo caso un'iterazione viene presa come il tempo tra due scambi di un ciclo). Mostriamo ora che non possiamo neanche decidere se un dato ciclo sia ottimo. Per farlo consideriamo prima la restrizione seguente del problema CIRCUITO HAMILTONIANO:

CIRCUITO HAMILTONIANO RISTRETTO

Istanza:	Un grafo non orientato G e un cammino Hamiltoniano in G.
Obiettivo:	G contiene un circuito Hamiltoniano?

Lemma 21.18. *Il* CIRCUITO HAMILTONIANO RISTRETTO *è NP-completo.*

Dimostrazione. Data un'istanza G del PROBLEMA DEL CIRCUITO HAMILTONIANO (che è NP-completo, si veda il Teorema 15.25), costruiamo un'istanza equivalente del CIRCUITO HAMILTONIANO RISTRETTO.

Si assuma $V(G) = \{1, \dots, n\}$. Prendiamo n copie del "grafo diamante" mostrato nella Figura 21.7 e le uniamo verticalmente con gli archi $\{S_i, N_{i+1}\}$ ($i = 1, \dots, n-1$).

È chiaro che il grafo risultante contiene un cammino Hamiltoniano da N_1 a S_n. Aggiungiamo ora gli archi $\{W_i, E_j\}$ e $\{W_j, E_i\}$ per qualsiasi arco $\{i, j\} \in E(G)$. Chiamiamo il grafo così ottenuto H. È chiaro che qualsiasi circuito Hamiltoniano in G induce un circuito Hamiltoniano in H.

Inoltre, un circuito Hamiltoniano in H deve attraversare tutti i sottografi diamanti allo stesso modo: o da E_i a W_i oppure da S_i a N_i. Ma l'ultimo caso non è possibile, dunque H è Hamiltoniano se e solo se lo è anche G. □

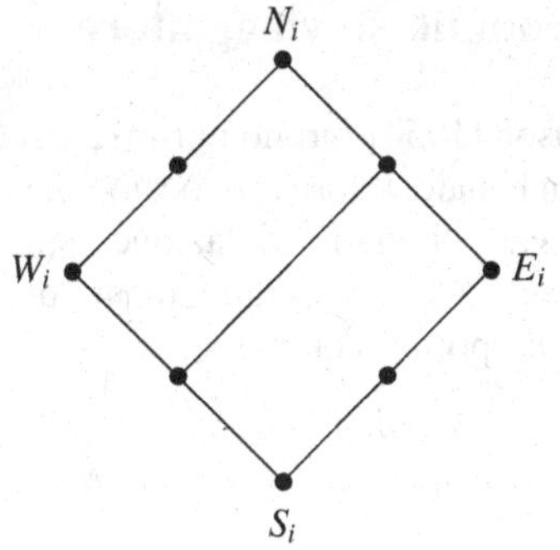

Figura 21.7.

Teorema 21.19. (Papadimitriou e Steiglitz [1977]) *Il problema di decidere se un dato ciclo sia ottimo per un'istanza del* TSP METRICO *è coNP-completo.*

Dimostrazione. L'appartenenza a *coNP* è chiara, poiché un ciclo ottimo serve come certificato di sotto ottimalità.

Dobbiamo trasformare ora il CIRCUITO HAMILTONIANO RISTRETTO al complemento del nostro problema. In pratica, dato un grafo G e un cammino Hamiltoniano P in G, prima controlliamo se gli estremi di P sono connessi da un arco. Se ciò accade, abbiamo concluso. Altrimenti definiamo

$$c_{ij} := \begin{cases} 1 & \text{se } \{i, j\} \in E(G) \\ 2 & \text{se } \{i, j\} \notin E(G). \end{cases}$$

La disuguaglianza triangolare viene sicuramente soddisfatta. Inoltre, P definisce un ciclo di costo $n+1$, che è ottimo se e solo se non esiste nessun circuito Hamiltoniano in G. □

Corollario 21.20. *A meno che P = NP, nessun algoritmo di ricerca locale per il* TSP *che abbia una complessità tempo-polinomiale per iterazione può essere esatto.*

Dimostrazione. Un algoritmo esatto di ricerca locale include la decisione se il ciclo iniziale sia ottimo. □

La Ricerca Locale si applica naturalmente a molti altri problemi di ottimizzazione combinatoria. L'ALGORITMO DEL SIMPLESSO può essere visto come un algoritmo di ricerca locale. Anche se gli algoritmi di ricerca locale hanno dimostrato di essere molto efficaci, in pratica non si conosce quasi nessuna spiegazione teorica per la loro efficienza, tranne che in pochi rari casi (si veda per esempio l'Esercizio 10 nel Capitolo 16 e le 22.6 e 22.8). Per molti problemi *NP*-difficili e intorni interessanti (inclusi quelli discussi in questa sezione) non si sa neanche se un ottimo locale possa essere calcolato in tempo polinomiale; si veda l'Esercizio 11. Il libro edito da Aarts e Lenstra [1997] contiene molti esempi di euristiche di ricerca locale. Michiels, Aarts e Korst [2007] presentano dei risultati teorici sulla ricerca locale.

21.4 Il politopo del commesso viaggiatore

Dantzig, Fulkerson e Johnson [1954] furono i primi a risolvere all'ottimo un'istanza del TSP di dimensione non banale. Il loro approccio inizia risolvendo un rilassamento di Programmazione Lineare di una formulazione appropriata di programmazione lineare intera, e continua aggiungendo iterativamente dei piani di taglio. Questo fu l'inizio dell'analisi del politopo del commesso viaggiatore:

Definizione 21.21. *Per $n \geq 3$ indichiamo con $Q(n)$ il* **politopo del commesso viaggiatore**, *ossia il guscio convesso dei vettori di incidenza dei cicli nel grafo completo K_n.*

Anche se non si conosce nessuna descrizione completa del politopo del commesso viaggiatore, esistono diversi risultati interessanti, alcuni dei quali sono utili anche da un punto di vista computazionale. Poiché $\sum_{e \in \delta(v)} x_e = 2$ per ogni $v \in V(K_n)$ e ogni $x \in Q(n)$, la dimensione di $Q(n)$ è al massimo $|E(K_n)| - |V(K_n)| = \binom{n}{2} - n = \frac{n(n-3)}{2}$. Per poter dimostrare che $\dim(Q(n)) = \frac{n(n-3)}{2}$, abbiamo bisogno del lemma di teoria dei grafi seguente:

Lemma 21.22. *Per qualsiasi $k \geq 1$:*

(a) *L'insieme degli archi di K_{2k+1} può essere partizionato in k cicli.*
(b) *L'insieme degli archi di K_{2k} può essere partizionato in $k-1$ cicli e un matching perfetto.*

Dimostrazione. (a): Si supponga che i vertici siano numerati $0, \ldots, 2k-1, x$. Si considerino i cicli

$$\begin{aligned} T_i &= (x, i, i+1, i-1, i+2, i-2, i+3, \ldots, \\ &\qquad i-k+2, i+k-1, i-k+1, i+k, x) \end{aligned}$$

per $i = 0, \ldots, k-1$ (si intende tutto modulo $2k$). Si veda la Figura 21.8 per un esempio. Poiché $|E(K_{2k+1})| = k(2k+1)$ basta mostrare che questi cicli sono disgiunti per archi. Ciò è chiaro rispetto agli archi incidenti a x. Inoltre, per $\{a, b\} \in E(T_i)$ con $a, b \neq x$ abbiamo $a + b \in \{2i, 2i + 1\}$, come si vede facilmente.

(b): Si supponga che i vertici siano numerati $0, \ldots, 2k-2, x$. Si considerino i cicli

$$\begin{aligned} T_i &= (x, i, i+1, i-1, i+2, i-2, i+3, \ldots, \\ &\qquad i+k-2, i-k+2, i+k-1, i-k+1, x) \end{aligned}$$

per $i = 0, \ldots, k-2$ (si intende tutto modulo $2k-1$). Le stesse argomentazioni mostrate sopra mostrano che questi cicli sono disgiunti per archi. Dopo averli rimossi, il grafo rimanente è 1-regolare è quindi dà un matching perfetto. $\square$

Teorema 21.23. (Grötschel e Padberg [1979])

$$\dim(Q(n)) = \frac{n(n-3)}{2}.$$

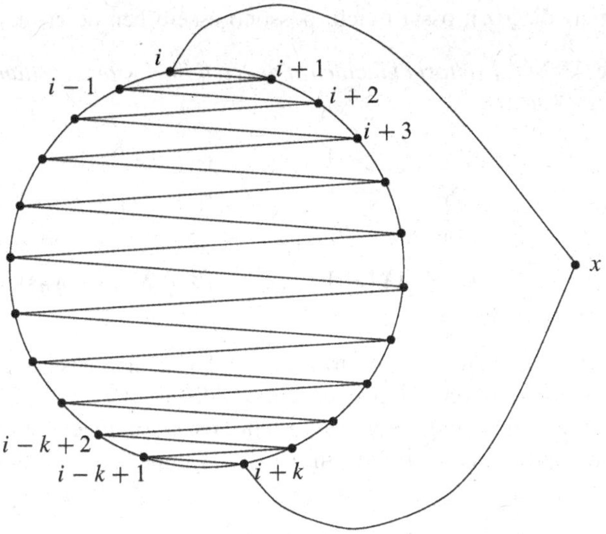

Figura 21.8.

Dimostrazione. Per $n = 3$ l'affermazione è banale. Sia $n \geq 4$, e sia $v \in V(K_n)$ un vertice qualsiasi.

Caso 1: n è pari, per esempio $n = 2k + 2$ per un numero intero $k \geq 1$. Per il Lemma 21.22(a) $K_n - v$ è l'unione di k cicli disgiunti per archi $T_0, \ldots, T_{k-1}$. Sia ora T_{ij} ottenuto da T_i sostituendo il j-mo arco $\{a, b\}$ con due archi $\{a, v\}$, $\{v, b\}$ $(i = 0, \ldots, k-1;\ j = 1, \ldots, n-1)$. Si consideri la matrice le cui righe sono i vettori di incidenza di questi $k(n-1)$ cicli. Allora le colonne corrispondenti agli archi non incidenti a v formano una matrice quadrata

$$\begin{pmatrix} A & 0 & 0 & \cdots & 0 \\ 0 & A & 0 & \cdots & 0 \\ 0 & 0 & A & \cdots & 0 \\ \cdots & \cdots & \cdots & \cdots & \cdots \\ 0 & 0 & 0 & \cdots & A \end{pmatrix}, \quad \text{dove } A = \begin{pmatrix} 0 & 1 & 1 & \cdots & 1 \\ 1 & 0 & 1 & \cdots & 1 \\ 1 & 1 & 0 & \cdots & 1 \\ \cdots & \cdots & \cdots & \cdots & \cdots \\ 1 & 1 & 1 & \cdots & 0 \end{pmatrix}.$$

Poiché questa matrice è non singolare, i vettori di incidenza di questi $k(n-1)$ cicli sono linearmente indipendenti, il che implica $\dim(Q(n)) \geq k(n-1) - 1 = \frac{n(n-3)}{2}$.

Caso 2: n è dispari, dunque $n = 2k+3$ con $k \geq 1$ intero. Per il Lemma 21.22(b) $K_n - v$ è l'unione di k cicli e un matching perfetto M. Dai cicli, costruiamo $k(n-1)$ cicli in K_n come in (a). Completiamo ora il matching perfetto M in modo arbitrario in un ciclo T in K_{n-1}. Per ogni arco $e = \{a, b\}$ di M, sostituiamo e in T con due archi $\{a, v\}$ e $\{v, b\}$. In questo modo otteniamo altri $k + 1$ cicli. In modo simile a quanto fatto prima, i vettori di incidenza di tutti i $k(n-1)+k+1 = kn+1$ cicli sono linearmente indipendenti, dimostrando che $\dim(Q(n)) \geq kn + 1 - 1 = \frac{n(n-3)}{2}$. $\square$

I punti interi di $Q(n)$, ossia i cicli, possono essere ben descritti:

Proposizione 21.24. *I vettori di incidenza dei cicli in K_n sono esattamente i vettori interi x che soddisfano*

$$0 \le x_e \le 1 \qquad (e \in E(K_n)); \tag{21.1}$$

$$\sum_{e \in \delta(v)} x_e = 2 \qquad (v \in V(K_n)); \tag{21.2}$$

$$\sum_{e \in E(K_n[X])} x_e \le |X| - 1 \qquad (\emptyset \ne X \subset V(K_n)). \tag{21.3}$$

Dimostrazione. Ovviamente il vettore di incidenza di qualsiasi ciclo soddisfa questi vincoli. Qualsiasi vettore di interi che soddisfa (21.1) e (21.2) è un vettore di incidenza di un 2-matching semplice perfetto, ossia l'unione di circuiti disgiunti sui vertici che copre tutti i vertici. I vincoli (21.3) impediscono circuiti con meno di n archi. □

I vincoli (21.3) sono di solito chiamati **disuguaglianze di subtour elimination** [eliminazione dei sottocicli], e il politopo definito da (21.1), (21.2), (21.3) è chiamato il **politopo di subtour elimination**. In generale il politopo del subtour non è intero, come mostra l'istanza della Figura 21.9 (gli archi che non sono mostrati hanno peso 3): il ciclo più corto ha lunghezza 10, ma la soluzione ottima frazionaria ($x_e = 1$ se e ha peso 1, e $x_e = \frac{1}{2}$ se e ha peso 2) ha peso totale 9.

Saranno utili le descrizione equivalenti del politopo di subtour elimination seguenti:

Proposizione 21.25. *Sia $V(K_n) = \{1, \dots, n\}$. Sia $x \in [0,1]^{E(K_n)}$ con $\sum_{e \in \delta(v)} x_e = 2$ per ogni $v \in V(K_n)$. Allora le affermazioni seguenti sono equivalenti:*

$$\sum_{e \in E(K_n[X])} x_e \le |X| - 1 \qquad (\emptyset \ne X \subset V(K_n)); \tag{21.3}$$

$$\sum_{e \in E(K_n[X])} x_e \le |X| - 1 \qquad (\emptyset \ne X \subseteq V(K_n) \setminus \{1\}); \tag{21.4}$$

$$\sum_{e \in \delta(X)} x_e \ge 2 \qquad (\emptyset \ne X \subset V(K_n)). \tag{21.5}$$

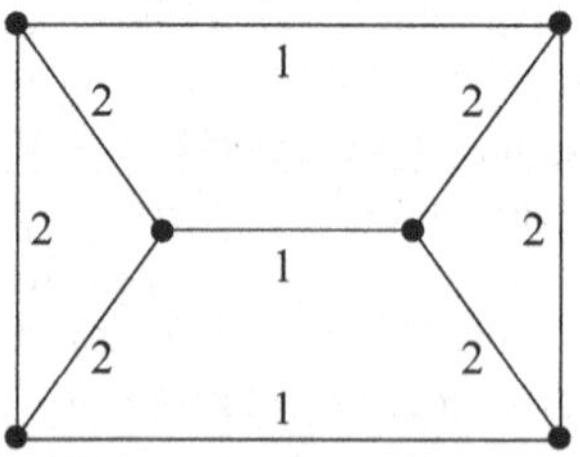

Figura 21.9.

Dimostrazione. Per qualsiasi $\emptyset \neq X \subset V(K_n)$ abbiamo

$$\sum_{e\in\delta(V(K_n)\setminus X)} x_e = \sum_{e\in\delta(X)} x_e = \sum_{v\in X}\sum_{e\in\delta(v)} x_e - 2\sum_{e\in E(K_n[X])} x_e$$
$$= 2|X| - 2\sum_{e\in E(K_n[X])} x_e,$$

che implica l'equivalenza di (21.3), (21.4) e (21.5). □

Corollario 21.26. *Il* PROBLEMA DI SEPARAZIONE *per le disuguaglianze di subtour elimination può essere risolto in tempo polinomiale.*

Dimostrazione. Usando (21.5) e guardando a x come le capacità di arco, dobbiamo decidere se esiste un taglio (K_n, x) con capacità minore di 2. Quindi il PROBLEMA DI SEPARAZIONE si riduce al problema di trovare un taglio minimo in un grafo non orientato con capacità non negative. Per il Teorema 8.39 questo problema può essere risolto in tempo $O(n^3)$. □

Poiché qualsiasi ciclo è un 2-matching semplice perfetto, il guscio convesso di tutti i 2-matching perfetti semplici contiene il politopo del commesso viaggiatore. Dunque per il Teorema 12.3 abbiamo:

Proposizione 21.27. *Qualsiasi $x \in Q(n)$ soddisfa le disuguaglianze*

$$\sum_{e\in E(K_n[X])\cup F} x_e \leq |X| + \frac{|F|-1}{2} \quad \textit{per } X \subseteq V(K_n),\ F \subseteq \delta(X) \textit{ con } |F| \textit{ dispari.} \tag{21.6}$$

I vincoli (21.6) sono chiamati **disuguaglianze di 2-matching**. Basta considerare le disuguaglianze (21.6) per il caso in cui F sia un matching; le altre disuguaglianze di 2-matching sono implicate da queste (Esercizio 13). Per le disuguaglianze di 2-matching, il PROBLEMA DI SEPARAZIONE può essere risolto in tempo polinomiale per il Teorema 12.21. Dunque con il METODO DELL'ELLISSOIDE (Teorema 4.21) possiamo ottimizzare una funzione lineare sul politopo definito da (21.1), (21.2), (21.3), e (21.6) in tempo polinomiale (Esercizio 12). Le disuguaglianze di 2-matching sono generalizzate dalle cosiddétte **disuguaglianze a pettine** [comb inequalities], mostrate nella Figura 21.10:

Proposizione 21.28. (Chvátal [1973], Grötschel e Padberg [1979]) *Siano $T_1, \dots, T_s \subseteq V(K_n)$ s insiemi disgiunti a coppie, $s \geq 3$ e dispari, e $H \subseteq V(K_n)$ con $T_i \cap H \neq \emptyset$ e $T_i \setminus H \neq \emptyset$ per $i = 1, \dots, s$. Allora qualsiasi $x \in Q(n)$ soddisfa*

$$\sum_{e\in\delta(H)} x_e + \sum_{i=1}^{s}\sum_{e\in\delta(T_i)} x_e \geq 3s + 1. \tag{21.7}$$

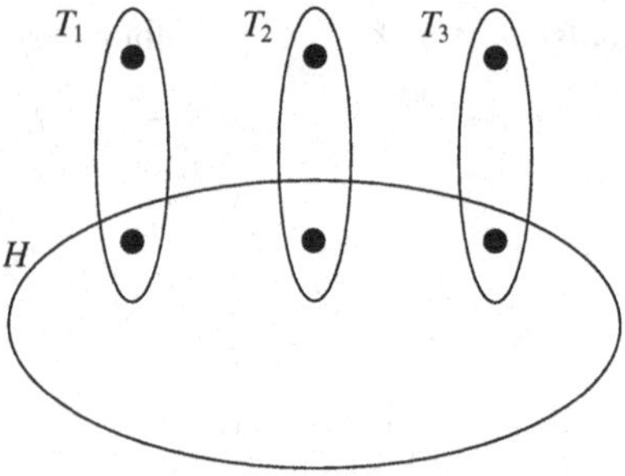

Figura 21.10.

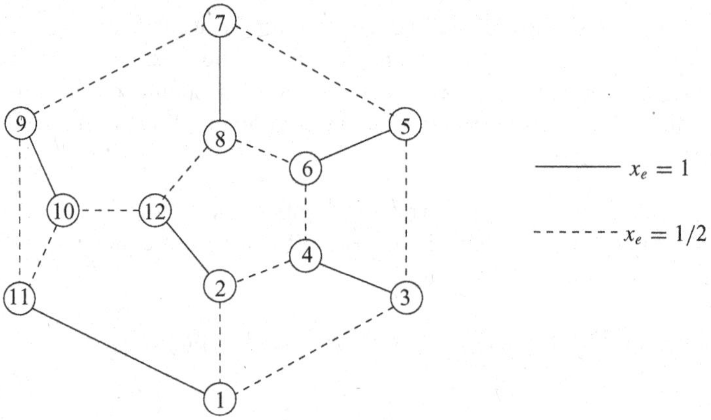

Figura 21.11.

Dimostrazione. Sia x il vettore di incidenza di qualsiasi ciclo. Per qualsiasi $i \in \{1, \ldots, s\}$ abbiamo

$$\sum_{e \in \delta(T_i)} x_e + \sum_{e \in \delta(H) \cap E(K_n[T_i])} x_e \geq 3,$$

poiché il ciclo deve entrare e lasciare $T_i \setminus H$ così come $T_i \cap H$. Sommando queste s disuguaglianze otteniamo

$$\sum_{e \in \delta(H)} x_e + \sum_{i=1}^{s} \sum_{e \in \delta(T_i)} x_e \geq 3s.$$

Poiché il termine a sinistra del $\geq$ è un numero intero pari, ne segue il teorema. □

La soluzione frazionaria x mostrata nella Figura 21.11 (sono omessi gli archi e con $x_e = 0$) è un esempio in cui una disuguaglianza a pettine in K_{12} risulta violata: si consideri $H = \{1, 2, 3, 4, 5, 6\}$, $T_1 = \{1, 11\}$, $T_2 = \{2, 12\}$ e $T_3 = \{5, 6, 7, 8\}$. È facile controllare che la disuguaglianza a pettine corrispondente è violata. Si noti che le disuguaglianze (21.1), (21.2), (21.3), (21.6) sono soddisfatte, e x è ottimo rispetto ai pesi $c(e) := 1 - x_e$ (peso totale 3), mentre il ciclo ottimo ha peso $\frac{7}{2}$.

Citiamo infine un'altra classe, le **disuguaglianze clique tree**:

Teorema 21.29. (Grötschel e Pulleyblank [1986]) *Siano $H_1, \dots, H_r$ sottoinsiemi disgiunti a coppie di $V(G)$ (le "maniglie"), e siano $T_1, \dots, T_s$ ($s \geq 1$) sottoinsiemi propri non vuoti disgiunti a coppie di $V(G)$ (i "denti") tali che:*

- *per ogni maniglia, il numero di denti che interseca è dispari e non minore di 3,*
- *ogni dente T contiene almeno un vertice che non appartiene a nessuna maniglia,*
- *$G := K_n[H_1 \cup \dots \cup H_r \cup T_1 \cup \dots \cup T_s]$ è connesso, ma $G - (T_i \cap H_j)$ è sconnesso ogni volta che $T_i \cap H_j \neq \emptyset$.*

Si indichi con t_j il numero di maniglie che intersecano T_j ($j = 1, \dots, s$). Allora qualsiasi $x \in Q(n)$ soddisfa

$$\sum_{i=1}^{r} \sum_{e \in E(K_n[H_i])} x_e + \sum_{j=1}^{s} \sum_{e \in E(K_n[T_j])} x_e \leq \sum_{i=1}^{r} |H_i| + \sum_{j=1}^{s} (|T_j| - t_j) - \frac{s+1}{2}. \quad (21.8)$$

Non diamo qui la dimostrazione in quanto è troppo tecnica. Le disuguaglianze di clique tree includono (21.3) e (21.6) (Esercizio 14). Esse sono state ulteriormente generalizzate, per esempio alle disuguaglianze di bipartizione da Boyd e Cunningham [1991]. Esiste un algoritmo tempo-polinomiale per il PROBLEMA DI SEPARAZIONE per le disuguaglianze di clique tree (21.8) con un numero fissato di maniglie e di denti (Carr [1997]), ma non se ne conosce nessuno per le disuguaglianze di clique tree in generale. Anche per il PROBLEMA DI SEPARAZIONE delle disuguaglianze a pettine non si conosce nessun algoritmo tempo-polinomiale.

Tutte le disuguaglianze (21.1), (21.4) (limitate al caso in cui $3 \leq |X| \leq n-3$) e (21.6) (limitate al caso in cui F è un matching) definiscono delle faccette diverse di $Q(n)$ (per $n \geq 6$). La dimostrazione che le disuguaglianze semplici (21.1) definiscono faccette consiste nel trovare $\dim(Q(n))$ cicli linearmente indipendenti con $x_e = 1$ (e lo stesso per $x_e = 0$) per un dato arco e. La dimostrazione è simile a quella del Teorema 21.23, e il lettore è rinviato a Grötschel e Padberg [1979]. Anche tutte le disuguaglianze (21.8) definiscono faccette di $Q(n)$ ($n \geq 6$). La dimostrazione è abbastanza complicata, si veda Grötschel e Padberg [1979], oppure Grötschel e Pulleyblank [1986].

Il numero di faccette di $Q(n)$ cresce velocemente: già $Q(10)$ ha più di 50 miliardi di faccette. Non si conosce nessuna descrizione completa di $Q(n)$, e sembra improbabile che ne esista una. Si consideri il problema seguente:

FACCETTE DEL TSP	
Istanza:	Un numero intero n e una disuguaglianza con numeri interi per coefficienti $ax \leq \beta$.
Obiettivo:	La disuguaglianza data definisce una faccetta di $Q(n)$?

Il risultato seguente mostra che una descrizione completa del politopo del commesso viaggiatore è improbabile:

Teorema 21.30. (Karp e Papadimitriou [1982]) *Se il problema* FACCETTE DEL TSP *è in NP, allora NP = coNP.*

Inoltre, è *NP*-completo decidere se due vertici di $Q(n)$ sono adiacenti, ovvero appartengono a una faccia comune di dimensione uno (Papadimitriou [1978]).

21.5 Lower Bound

Supponiamo di aver trovato un ciclo con un'euristica, per esempio con l'ALGORITMO DI LIN-KERNIGHAN. Non sappiamo in anticipo se questo ciclo sia ottimo o sia almeno vicino all'ottimo. Esiste un modo qualsiasi per garantire che il nostro ciclo sia entro una certa percentuale dall'ottimo? In altre parole, esiste un lower bound per il valore ottimo?

I lower bound possono essere trovati considerando un qualsiasi rilassamento di PL di una formulazione di programmazione intera del TSP, ad esempio prendendo le disuguaglianze (21.1), (21.2), (21.3), (21.6). Tuttavia, questo PL non è facile da risolvere (anche se esiste un algoritmo tempo-polinomiale usando il METODO DELL'ELLISSOIDE). Un lower bound più ragionevole si ottiene prendendo solo (21.1), (21.2), (21.6), ossia trovando un 2-matching semplice e perfetto di peso minimo (cf. Esercizio 1 del Capitolo 12).

Comunque, il metodo più efficiente che si conosce è usare il rilassamento Lagrangiano (cf. Sezione 5.6). Il rilassamento Lagrangiano è stato applicato al TSP per la prima volta da Held e Karp [1970,1971]. Il loro metodo si basa sulla nozione seguente:

Definizione 21.31. *Dato un grafo completo K_n con $V(K_n) = \{1, \dots, n\}$, un* **1-albero** *è un grafo che consiste in un albero di supporto sui vertici $\{2, \dots, n\}$ e due archi incidenti al vertice* 1.

I cicli sono esattamente gli 1-alberi T con $|\delta_T(i)| = 2$ per $i = 1, \dots, n$. Conosciamo bene gli alberi di supporto, e gli 1-alberi non sono troppo diversi. Per esempio abbiamo:

Proposizione 21.32. *Il guscio convesso dei vettori di incidenza di tutti i 1-alberi è l'insieme dei vettori $x \in [0, 1]^{E(K_n)}$ con*

$$\sum_{e \in E(K_n)} x_e = n, \sum_{e \in \delta(1)} x_e = 2, \quad \sum_{e \in E(K_n[X])} x_e \le |X| - 1 \ (\emptyset \ne X \subseteq \{2, \dots, n\}).$$

Dimostrazione. Ciò segue direttamente dal Teorema 6.13. □

Si osservi che qualsiasi funzione obiettivo lineare può essere facilmente ottimizzata sull'insieme dei 1-alberi: basta trovare un albero di supporto di peso minimo su $\{2, \dots, n\}$ (cf. Sezione 6.1) aggiungere i due archi meno costosi incidenti al vertice 1. Ora il rilassamento Lagrangiano da il lower bound seguente:

Proposizione 21.33. (Held e Karp [1970]) *Sia data un'istanza* (K_n, c) *del* TSP *con* $V(K_n) = \{1, \dots, n\}$ *e* $\lambda = (\lambda_2, \dots, \lambda_n) \in \mathbb{R}^{n-1}$. *Allora*

$$LR(K_n, c, \lambda) \; := \; \min\left\{ c(E(T)) + \sum_{i=2}^{n} (|\delta_T(i)| - 2)\,\lambda_i : T \text{ è un 1-albero} \right\}$$

è un lower bound per la lunghezza ottima di un ciclo che può essere calcolato in un tempo pari a quello necessario per risolvere il PROBLEMA DELL'ALBERO DI SUPPORTO MINIMO *su* $n-1$ *vertici.*

Dimostrazione. Un ciclo ottimo T è un 1-albero con $|\delta_T(i)| = 2$ per ogni i, dimostrando che $LR(K_n, c, \lambda)$ è un lower bound. Dato $\lambda = (\lambda_2, \dots, \lambda_n)$, scegliamo λ_1 in modo arbitrario e sostituiamo i pesi c con $c'(\{i, j\}) := c(\{i, j\}) + \lambda_i + \lambda_j$ $(1 \le i < j \le n)$. Allora tutto ciò che dobbiamo fare è trovare un 1-albero di peso minimo rispetto a c'. □

Si noti che i moltiplicatori di Lagrange λ_i $(i = 2, \dots, n)$ non sono ristretti ai numeri non negativi perché i vincoli aggiuntivi $|\delta_T(i)| = 2$ sono di uguaglianza. I λ_i possono essere determinati con una procedura di ottimizzazione del sottogradiente (cf. Sezione 5.6). Il valore massimo possibile

$$HK(K_n, c) \; := \; \max\{LR(K_n, c, \lambda) : \lambda \in \mathbb{R}^{n-1}\}$$

(il valore ottimo del problema Lagrangiano duale) viene chiamato il **bound di Held-Karp** per (K_n, c). Abbiamo:

Teorema 21.34. (Held e Karp [1970]) *Per qualsiasi istanza* (K_n, c) *del* TSP *con* $V(K_n) = \{1, \dots, n\}$,

$$\begin{aligned} HK(K_n, c) \; = \; \min\Big\{ cx \; : \; & 0 \le x_e \le 1 && (e \in E(K_n)), \\ & \sum_{e \in \delta(v)} x_e = 2 && (v \in V(K_n)), \\ & \sum_{e \in E(K_n[I])} x_e \le |I| - 1 && (\emptyset \ne I \subseteq \{2, \dots, n\}) \Big\}. \end{aligned}$$

Dimostrazione. Ciò segue direttamente dal Teorema 5.36 e dalla Proposizione 21.32. □

In altre parole, il bound di Held-Karp è uguale al valore ottimo del PL sul politopo di subtour elimination (cf. Proposizione 21.25). Ciò aiuta a stimare la qualità del bound di Held-Karp per il TSP METRICO. Usiamo di nuovo anche l'idea dell'ALGORITMO DI CHRISTOFIDES:

Teorema 21.35. (Wolsey [1980]) *Per qualsiasi istanza del* TSP METRICO, *il bound di Held-Karp è almeno pari a* $\frac{2}{3}$ *della lunghezza di un ciclo ottimo.*

Dimostrazione. Sia (K_n, c) un'istanza del TSP METRICO, e sia T un 1-albero di peso minimo in (K_n, c). Abbiamo

$$c(E(T)) = LR(K_n, c, 0) \leq HK(K_n, c).$$

Sia $W \subseteq V(K_n)$ fatto di vertici con un grado dispari in T. Poiché ogni vettore x nel politopo di subtour di (K_n, c) soddisfa $\sum_{e \in \delta(X)} x_e \geq 2$ per ogni $\emptyset \neq X \subset V(K_n)$, il poliedro

$$\left\{ x : x_e \geq 0 \text{ per ogni } e \in E(K_n), \sum_{e \in \delta(X)} x_e \geq 2 \text{ per ogni } X \text{ con } |X \cap W| \text{ dispari} \right\}$$

contiene il politopo di subtour. Quindi, per il Teorema 21.34,

$$\min \left\{ cx : x_e \geq 0 \text{ per ogni } e \in E(K_n), \sum_{e \in \delta(X)} x_e \geq 1 \text{ per ogni } X \text{ con } |X \cap W| \text{ dispari} \right\}$$
$$\leq \frac{1}{2} HK(K_n, c).$$

Si osservi ora che per il Teorema 12.18, l'espressione a sinistra della disuguaglianza è il peso minimo di un W-Join J in (K_n, c). Dunque $c(E(T)) + c(J) \leq \frac{3}{2} HK(K_n, c)$. Poiché il grafo $G := (V(K_n), E(T) \cup J)$ è connesso ed Euleriano, questo è un upper bound alla lunghezza di un ciclo ottimo (per il Lemma 21.3). □

Esiste anche un'altra dimostrazione che si deve a Shmoys e Williamson [1990]. Non si sa se il bound sia forte. L'istanza della Figura 21.9 a pagina 582 (gli archi che non sono mostrati hanno peso 3) è un esempio in cui il bound di Held-Karp (9) è strettamente inferiore alla lunghezza di un ciclo ottimo (il quale è 10). Esistono istanze del TSP METRICO in cui $\frac{HK(K_n,c)}{\text{OPT}(K_n,c)}$ è arbitrariamente vicino a $\frac{3}{4}$ (Esercizio 15). Tuttavia, queste istanze possono essere considerate delle eccezioni: in pratica il bound di Held-Karp è di solito molto più forte; si veda ad esempio Johnson, McGeoch e Rothberg [1996] o Applegate et al. [2007].

21.6 Branch-and-Bound

Il Branch-and-bound è una tecnica per simulare una completa enumerazione di tutte le possibili soluzioni senza dover considerarle una a una. Per molti problemi di ottimizzazione combinatoria *NP*-difficili è il modo migliore per ottenere la soluzione ottima. È stato proposto da Land e Doig [1960] e applicato al TSP per la prima volta da Little et al. [1963].

Per applicare il metodo di BRANCH-AND-BOUND a un problema di ottimizzazione combinatoria (diciamo di minimizzazione), abbiamo bisogno di due fasi:

- "branch": un dato sottoinsieme di possibili soluzioni (cicli per il TSP) può essere partizionato in almeno due sottoinsiemi non vuoti;

- "bound": per un sottoinsieme ottenuto applicando il branching iterativamente, può essere calcolato un lower bound sul costo di qualsiasi soluzione all'interno di questo sottoinsieme.

La procedura generale è come segue:

BRANCH-AND-BOUND

Input: Un'istanza di un problema di minimizzazione.

Output: Una soluzione ottima S^*.

① Poni l'albero iniziale $T := (\{\mathcal{S}\}, \emptyset)$, in cui $\mathcal{S}$ è l'insieme di tutte le soluzioni ammissibili. Segna $\mathcal{S}$ come attivo.
Poni l'upper bound $U := \infty$ (o applica un'euristica per ottenere un upper bound migliore).

② Scegli un vertice attivo X dell'albero T (se non ne esiste nessuno, **stop**).
Segna X come non attivo.
("branch") Trova una partizione $X = X_1 \dot{\cup} \ldots \dot{\cup} X_t$.

③ **For** ogni $i = 1, \ldots, t$ **do**:
("bound") Trova un lower bound L per ogni X_i.
If $|X_i| = 1$ (diciamo $X_i = \{S\}$) e $\text{cost}(S) < U$ **then**:
Poni $U := \text{cost}(S)$ e $S^* := S$.
If $|X_i| > 1$ e $L < U$ **then**:
Poni $T := (V(T) \cup \{X_i\}, E(T) \cup \{\{X, X_i\}\})$ e segna X_i attivo.

④ **Go to** ②.

Dovrebbe essere chiaro che il metodo precedente trova sempre una soluzione ottima. Naturalmente, l'implementazione (e l'efficienza) dipende molto dal problema considerato. Discuteremo una possibile implementazione per il TSP.

Il modo più facile per eseguire il branching è scegliere un arco e e scrivere $X = X_e \cup (X \setminus X_e)$, in cui X_e è data da quelle soluzioni in X che contengono l'arco e. Poi possiamo scrivere qualsiasi vertice X dell'albero come

$$\mathcal{S}_{A,B} = \{S \in \mathcal{S} : A \subseteq S, B \cap S = \emptyset\} \qquad \text{per degli } A, B \subseteq E(G).$$

Per questi $X = \mathcal{S}_{A,B}$, il TSP con il vincolo aggiuntivo che tutti gli archi di A, ma nessuno di B, appartengono al ciclo, può essere scritto come un TSP non vincolato modificando i pesi c in modo appropriato: in pratica assegnamo

$$c'_e := \begin{cases} c_e & \text{se } e \in A \\ c_e + C & \text{se } e \notin A \cup B \\ c_e + 2C & \text{se } e \in B \end{cases}$$

con $C := \sum_{e \in E(G)} c_e + 1$. Allora i cicli in $\mathcal{S}_{A,B}$ sono esattamente i cicli il cui peso modificato è minore di $(n+1-|A|)C$. Inoltre, il peso originale e quello modificato di qualsiasi ciclo in $\mathcal{S}_{A,B}$ è diverso di esattamente $(n-|A|)C$.

Il bound di Held-Karp (cf. Sezione 21.5) può essere usato per implementate la fase di "bound".

Il metodo di BRANCH-AND-BOUND precedente per il TSP è stato usato per risolvere istanze abbastanza grandi del TSP (sino a 100 città).

Il BRANCH-AND-BOUND è anche usato spesso per risolvere problemi di programmazione intera, specialmente quando le variabili sono binarie (limitate a essere 0 o 1). In questo caso il modo più naturale di eseguire il branching è di prendere una variabile e provarne entrambi i valori. Si può facilmente calcolare un lower bound risolvendo il corrispondente rilassamento lineare.

Nel caso peggiore, il BRANCH-AND-BOUND non è migliore di un'enumerazione completa di tutte le possibili soluzioni. In pratica, l'efficienza dipende non solo da come le fasi di "branch" e "bound" sono implementate. È anche importante avere delle buone strategie per scegliere il vertice attivo X in ② dell'algoritmo. Inoltre, una buona euristica all'inizio (e quindi un buon upper bound da cui iniziare) possono aiutare a tenere l'albero di branch-and-bound T piccolo.

Il BRANCH-AND-BOUND viene spesso abbinato al metodo dei piani di taglio (si veda la Sezione 5.5), basato sui risultati della Sezione 21.4. Si procede come segue. Poiché abbiamo un numero esponenziale di vincoli (che non descrivono neanche completamente $Q(n)$), iniziamo risolvendo il PL

$$\min \left\{ cx : 0 \le x_e \le 1 \ (e \in E(K_n)), \ \sum_{e \in \delta(v)} x_e = 2 \ (v \in V(K_n)) \right\},$$

ossia con i vincoli (21.1) e (21.2). Questo poliedro contiene i 2-matching perfetti semplici come vettori interi. Si supponga che abbiamo una soluzione x^* del PL precedente. Esistono tre casi:

(a) x^* è il vettore di incidenza di un ciclo.
(b) Troviamo dei vincoli violati tra le disuguaglianze di subtour (21.3), le disuguaglianze di 2-matching (21.6), le disuguaglianze a pettine (21.7), o le disuguaglianze di clique tree (21.8).
(c) Non si trova nessuna disuguaglianza violata (in particolare non è violata nessuna disuguaglianza di subtour elimination), ma x^* non è intero.

Se x^* fosse intero ma non il vettore di incidenza di un ciclo, qualche disuguaglianza di subtour elimination deve essere violata per la Proposizione 21.24.

Nel caso (a) abbiamo finito. Nel caso (b) aggiungiamo semplicemente la disuguaglianza violata (o eventualmente le diverse disuguaglianze violate) al nostro PL e risolviamo il nuovo PL. Nel caso (c), ciò che abbiamo è un lower bound (di solito molto buono) per la lunghezza di un ciclo. Usando questo bound (e la soluzione frazionaria) iniziamo una procedura di BRANCH-AND-BOUND. Dato che il lower bound è forte, si spera di poter fissare molte variabili in anticipo e di conseguenza ridurre i passi di branching necessari a ottenere una soluzione ottima. Inoltre, ad ogni nodo dell'albero di branch-and-bound, possiamo ancora cercare delle disuguaglianze violate.

Questo metodo, chiamato **branch-and-cut**, è stato usato per risolvere all'ottimo istanze del TSP con più di 10000 città. Naturalmente, per ottenere un'implementazione efficiente sono necessarie molte idee sofisticate che non abbiamo descritto. In particolare, sono fondamentali delle buone euristiche per riconoscere le disuguaglianze violate. Si veda Applegate et al. [2003, 2007] e Jünger e Naddef [2001] per ulteriori informazione e altri riferimenti.

Questi successi nel risolvere all'ottimo istanze di grandi dimensione sono in contrasto con i tempi di esecuzione nel caso peggiore. Woeginger [2002] propone una rassegna degli algoritmi esatti sub-esponenziali per problemi *NP*-difficili; si veda anche l'Esercizio 1.

Esercizi

1. Descrivere un algoritmo esatto per il TSP usando la programmazione dinamica. Se i vertici (città) sono numerati $1, \dots, n$, indichiamo con $\gamma(A, x)$ il costo minimo di un cammino P da 1 a x con $V(P) = A \cup \{1\}$, per ogni $A \subseteq \{2, 3, \dots, n\}$ e $x \in A$. L'idea è ora di calcolare tutti questi numeri $\gamma(A, x)$. Confrontare il tempo di esecuzione di questo algoritmo con la semplice enumerazione di tutti i cicli.
   (Held e Karp [1962])
   Osservazione: questo è l'algoritmo esatto per il TSP con il miglior tempo di esecuzione nel caso peggiore. Per il TSP EUCLIDEO, Hwang, Chang e Lee [1993] hanno descritto un algoritmo esatto che usa separatori planari con un tempo di esecuzione sub-esponenziale $O(c^{\sqrt{n}\log n})$.
2. Si supponga che le n città di un'istanza del TSP siano partizionate in m cluster tali che la distanza tra due città è nulla se e solo se queste appartengono allo stesso cluster.
   (a) Si dimostri che esiste un ciclo ottimo con al massimo $m(m-1)$ archi di peso positivo.
   (b) Si dimostri che tale TSP può essere risolto in tempo polinomiale se m è fissato.
   (Triesch, Nolles e Vygen [1994])
3. Si consideri il problema seguente. Un camion parte da un deposito d_1 deve visitare dei clienti $c_1, \dots, c_n$ e infine deve ritornare a d_1. Tra la visita di due clienti deve visitare uno tra i depositi $d_1, \dots, d_k$. Date le distanze simmetriche non negative tra clienti e depositi, cerchiamo il ciclo più corto possibile.
   (a) Mostrare che questo problema è *NP*-completo.
   (b) Mostrare che può essere risolto in tempo polinomiale se k viene fissato. (*Suggerimento:* usare l'Esercizio 2.)
   (Triesch, Nolles e Vygen [1994])
4. Si consideri il TSP ASIMMETRICO con la disuguaglianza triangolare: dato un numero $n \in \mathbb{N}$ e le distanze $c((i, j)) \in \mathbb{R}_+$ per $i, j \in \{1, \dots, n\}$, $i \neq j$, che soddisfano la disuguaglianza triangolare $c((i, j) + c((j, k)) \geq c((i, k))$ per tutti

i possibili $i, j, k \in \{1, \ldots, n\}$, trovare una permutazione $\pi : \{1, \ldots, n\} \to \{1, \ldots, n\}$ tale che $\sum_{i=1}^{n-1} c((\pi(i), \pi(i+1))) + c((\pi(n), \pi(1)))$ sia minimo. Descrivere un algoritmo che trova sempre una soluzione il cui costo è al massimo $\log n$ volte l'ottimo.

Suggerimento: prima trovare un digrafo H con $V(H) = \{1, \ldots, n\}$, $|\delta_H^-(v)| = |\delta_H^+(v)| = 1$ per ogni $v \in V(H)$ e costo minimo $c(E(H))$. Contrarre i circuiti di H e iterare.

(Frieze, Galbiati e Maffioli [1982])

Osservazione: al momento di scrivere, l'algoritmo migliore che si conosce, un algoritmo di approssimazione con fattore $\left(\frac{2}{3}\log n\right)$, si deve a Feige e Singh [2007].

* 5. Trovare istanze del TSP EUCLIDEO per le quali l'ALGORITMO A DOPPIO ALBERO trova un ciclo la cui lunghezza sia arbitrariamente vicina a due volte l'ottimo.

6. Sia G un grafo completo bipartito con la bipartizione $V(G) = A \dot{\cup} B$, in cui $|A| = |B|$. Sia $c : E(G) \to \mathbb{R}_+$ una funzione di costo $c((a,b)) + c((b,a')) + c((a',b')) \geq c((a,b'))$ per ogni $a, a' \in A$ e $b, b' \in B$. Ora l'obiettivo è di trovare un circuito Hamiltoniano in G di costo minimo. Questo problema è chiamato il TSP METRICO BIPARTITO.
   (a) Dimostrare che, per qualsiasi k, se esiste un algoritmo di approssimazione con fattore k per il TSP METRICO BIPARTITO allora esiste anche un algoritmo di approssimazione con fattore k per il TSP METRICO.
   (b) Trovare un algoritmo di approssimazione per il TSP METRICO BIPARTITO. (*Suggerimento:* abbinare l'Esercizio 25 del Capitolo 13 con l'idea dell'ALGORITMO A DOPPIO ALBERO.)

   (Frank et al. [1998], Chalasani, Motwani e Rao [1996])

* 7. Trovare istanze del TSP METRICO per le quali l'ALGORITMO DI CHRISTOFIDES restituisce un ciclo la cui lunghezza è arbitrariamente vicina a $\frac{3}{2}$ volte l'ottimo.

8. Mostrare che i risultati della Sezione 21.2 si estendono al PROBLEMA DELL'ALBERO DI STEINER EUCLIDEO. Descrivere uno schema di approssimazione per questo problema.

9. Dimostrare che nell'ALGORITMO DI LIN-KERNIGHAN un insieme X_i non contiene mai più di un elemento per qualsiasi i dispari con $i > p_2 + 1$.

10. Si consideri il seguente problema decisionale:

UN ALTRO CIRCUITO HAMILTONIANO	
Istanza:	Un grafo G e un circuito Hamiltoniano in G.
Domanda:	Esiste un altro circuito Hamiltoniano in G?

   (a) Mostrare che questo problema è *NP*-completo. (*Suggerimento:* si ricordi la dimostrazione del Lemma 21.18.)
   * (b) Dimostrare che per i grafi 3-regolari G e $e \in E(G)$, il numero di circuiti Hamiltoniani che contengono e è pari.

(c) Mostrare che UN ALTRO CIRCUITO HAMILTONIANO per grafi 3-regolari è in P. (Ciononostante non si conosce nessun algoritmo tempo-polinomiale per trovare un altro circuito Hamiltoniano, dato un grafo 3-regolare G e un circuito Hamiltoniano in G.)

11. Sia $(X, (S_x)_{x \in X}, c, \text{goal})$ un problema di ottimizzazione discreta con l'intorno $N_x(y) \subseteq S_x$ per $y \in S_x$ e $x \in X$. Si supponga di poter fare quanto segue in tempo polinomiale: per ogni $x \in X$ trovare un elemento di S_x, e per ogni $y \in S_x$ trovare un elemento $y' \in N_x(y)$ con costo migliore o decidere che non ne esiste nemmeno uno. Allora il problema insieme con questo intorno si dice appartenere alla classe *PLS* (Polynomial Local Search). Dimostrare che se esiste un problema in *PLS* per il quale è *NP*-difficile calcolare un ottimo locale per una data istanza, allora $NP = coNP$.
Suggerimento: progettare un algoritmo non deterministico per qualsiasi problema *coNP*-completo.
(Johnson, Papadimitriou e Yannakakis [1988])
Osservazione: il TSP è *PLS*-completo con il k-opt e anche con l'intorno di Lin-Kernighan (Krentel [1989], Papadimitriou [1992]), ossia se si può trovare un ottimo locale in tempo polinomiale, lo si può fare per ogni problema e ogni intorno in *PLS* (e ciò implicherebbe un'altra dimostrazione del Teorema 4.18 dovuta alla correttezza dell'ALGORITMO DEL SIMPLESSO).

12. Mostrare che si può ottimizzare qualsiasi funzione lineare sul politopo definito da (21.1), (21.2), (21.3), (21.6).
Suggerimento: usare il Teorema 21.23 per ridurre la dimensione per poter ottenere un politopo a dimensione piena. Trovare un punto interno e applicare il Teorema 4.21.

13. Si considerino le disuguaglianze di 2-matching (21.6) nella Proposizione 21.27. Mostrare che è irrilevante richiedere che F sia anche un matching.

14. Mostrare che le disuguaglianze di subtour elimination (21.3), le disuguaglianze di 2-matching (21.6) e le disuguaglianze a pettine (21.7) sono dei casi speciali delle disuguaglianze di clique tree (21.8).

15. Dimostrare che esistono istanze (K_n, c) del TSP METRICO in cui $\frac{HK(K_n,c)}{\text{OPT}(K_n,c)}$ è arbitrariamente vicino a $\frac{3}{4}$.
Suggerimento: sostituire gli archi di peso 1 nella Figura 21.9 con dei cammini lunghi e considerare la chiusura metrica.

16. Si consideri il TSP su n città. Per qualsiasi funzione di peso $w : E(K_n) \to \mathbb{R}_+$ sia c_w^* la lunghezza del ciclo ottimo rispetto a w. Dimostrare che se $L_1 \le c_{w_1}^*$ e $L_2 \le c_{w_2}^*$ per due funzioni di peso w_1 e w_2, allora anche $L_1 + L_2 \le c_{w_1+w_2}^*$, in cui la somme delle due funzioni di costo è presa componente per componente.

17. Sia c_0 il costo di un ciclo ottimo per un'istanza con n città del TSP METRICO, e sia c_1 il costo del secondo miglior ciclo. Mostrare che

$$\frac{c_1 - c_0}{c_0} \le \frac{2}{n}.$$

(Papadimitriou e Steiglitz [1978])

18. Sia $x \in [0, 1]^{E(K_n)}$ con $\sum_{e \in \delta(v)} x_e = 2$ per ogni $v \in V(K_n)$. Dimostrare che se esiste un vincolo di subtour elimination violato, per esempio un insieme $S \subset V(K_n)$ con $\sum_{e \in \delta(S)} x_e < 2$, allora ne esiste uno con $x_e < 1$ per ogni $e \in \delta(S)$.
(Crowder e Padberg [1980])
19. Per una famiglia $\mathcal{F}$ di sottoinsiemi (non necessariamente diversi) di $\{1, \dots, n\}$ e un vettore $x \in \mathbb{R}^{E(K_n)}$ scriviamo $\mathcal{F}(x) := \sum_{X \in \mathcal{F}} \sum_{e \in \delta(X)} x_e$ e $\mu_{\mathcal{F}}$ per il minimo di $\mathcal{F}(x)$ preso su tutti i vettori di incidenza dei cicli in K_n. Una disuguaglianza nella forma $\mathcal{F}(x) \geq \mu_{\mathcal{F}}$ si chiama una *disuguaglianza di ipergrafo*. (21.5) e (21.7) ne sono degli esempi.
Mostrare che il politopo del TSP può essere descritto con dei vincoli di grado e delle disuguaglianze di ipergrafo, ovvero esistono famiglie $\mathcal{F}_1, \dots, \mathcal{F}_k$ tali che $Q(n) =$

$$\left\{ x \in \mathbb{R}^{E(K_n)} : \sum_{e \in \delta(v)} x_e = 2 \, (v \in V(K_n)), \, \mathcal{F}_i(x) \geq \mu_{\mathcal{F}_i} \, (i = 1, \dots, k) \right\}.$$

Suggerimento: riscrivere qualsiasi disuguaglianza facet-defining che usa il fatto che $\sum_{e \in \delta(\{v,w\})} x_e = 4 - 2x_{\{v,w\}}$ per ogni x che soddisfa i vincoli di grado.
(Applegate et al. [2007])

Riferimenti bibliografici

Letteratura generale:

Applegate, D.L., Bixby, R., Chvátal, V., Cook, W.J. [2007]: The Traveling Salesman Problem: A Computational Study. Princeton University Press

Cook, W.J., Cunningham, W.H., Pulleyblank, W.R., Schrijver, A. [1998]: Combinatorial Optimization. Wiley, New York, Chapter 7

Gutin, G., Punnen, A.P. [2002]: The Traveling Salesman Problem and Its Variations. Kluwer, Dordrecht

Jungnickel, D. [2007]: Graphs, Networks and Algorithms. Third Edition. Springer, Berlin, Chapter 15

Lawler, E.L., Lenstra J.K., Rinnooy Kan, A.H.G., Shmoys, D.B. [1985]: The Traveling Salesman Problem. Wiley, Chichester

Jünger, M., Reinelt, G., Rinaldi, G. [1995]: The traveling salesman problem. In: Handbooks in Operations Research and Management Science; Volume 7; Network Models (M.O. Ball, T.L. Magnanti, C.L. Monma, G.L. Nemhauser, eds.), Elsevier, Amsterdam

Papadimitriou, C.H., Steiglitz, K. [1982]: Combinatorial Optimization; Algorithms and Complexity. Prentice-Hall, Englewood Cliffs, Sezione 17.2, Chapters 18 and 19

Reinelt, G. [1994]: The Traveling Salesman; Computational Solutions for TSP Applications. Springer, Berlin

Riferimenti citati:

Aarts, E., Lenstra, J.K. [1997]: Local Search in Combinatorial Optimization. Wiley, Chichester

Applegate, D., Bixby, R., Chvátal, V., Cook, W. [2003]: Implementing the Dantzig-Fulkerson-Johnson algorithm for large traveling salesman problems. Mathematical Programming B 97, 91–153

Applegate, D., Cook, W., Rohe, A. [2003]: Chained Lin-Kernighan for large traveling salesman problems. INFORMS Journal on Computing 15, 82–92

Arora, S. [1998]: Polynomial time approximation schemes for Euclidean traveling salesman and other geometric problems. Journal of the ACM 45, 753–782

Berman, P., Karpinski, M. [2006]: 8/7-approximation algorithm for (1,2)-TSP. Proceedings of the 17th Annual ACM-SIAM Symposium on Discrete Algorithms, 641–648

Boyd, S.C., Cunningham, W.H. [1991]: Small traveling salesman polytopes. Mathematics of Operations Research 16, 259–271

Burkard, R.E., Deĭneko, V.G., and Woeginger, G.J. [1998]: The travelling salesman and the PQ-tree. Mathematics of Operations Research 23, 613–623

Carr, R. [1997]: Separating clique trees and bipartition inequalities having a fixed number of handles and teeth in polynomial time. Mathematics of Operations Research 22, 257–265

Chalasani, P., Motwani, R., Rao, A. [1996]: Algorithms for robot grasp and delivery. Proceedings of the 2nd International Workshop on Algorithmic Foundations of Robotics, 347–362

Chandra, B., Karloff, H., Tovey, C. [1999]: New results on the old k-opt algorithm for the traveling salesman problem. SIAM Journal on Computing 28, 1998–2029

Christofides, N. [1976]: Worst-case analysis of a new heuristic for the traveling salesman problem. Technical Report 388, Graduate School of Industrial Administration, Carnegie-Mellon University, Pittsburgh

Chvátal, V. [1973]: Edmonds' polytopes and weakly hamiltonian graphs. Mathematical Programming 5, 29–40

Crowder, H., Padberg, M.W. [1980]: Solving large-scale symmetric travelling salesman problems to optimality. Management Science 26, 495–509

Dantzig, G., Fulkerson, R., Johnson, S. [1954]: Solution of a large-scale traveling-salesman problem. Operations Research 2, 393–410

Englert, M., Röglin, H., Vöcking, B. [2007]: Worst case and probabilistic analysis of the 2-opt algorithm for the TSP. Proceedings of the 18th Annual ACM-SIAM Symposium on Discrete Algorithms, 1295–1304

Feige, U., Singh, M. [2007]: Improved approximation algorithms for traveling salesperson tours and paths in directed graphs. Proceedings of the 10th International Workshop on Approximation Algorithms for Combinatorial Optimization Problems; LNCS 4627 (M. Charikar, K. Jansen, O. Reingold, J.D.P. Rolim, eds.), Springer, Berlin, pp. 104–118

Frank, A., Triesch, E., Korte, B., Vygen, J. [1998]: On the bipartite travelling salesman problem. Report No. 98866, Research Institute for Discrete Mathematics, University of Bonn

Frieze, A., Galbiati, G., Maffioli, F. [1982]: On the worst-case performance of some algorithms for the asymmetric traveling salesman problem. Networks 12, 23–39

Garey, M.R., Graham, R.L., Johnson, D.S. [1976]: Some NP-complete geometric problems. Proceedings of the 8th Annual ACM Symposium on the Theory of Computing, 10–22

Grötschel, M., Padberg, M.W. [1979]: On the symmetric travelling salesman problem. Mathematical Programming 16, 265–302

Grötschel, M., Pulleyblank, W.R. [1986]: Clique tree inequalities and the symmetric travelling salesman problem. Mathematics of Operations Research 11, 537–569

Held, M., Karp, R.M. [1962]: A dynamic programming approach to sequencing problems. Journal of SIAM 10, 196–210

Held M., Karp, R.M. [1970]: The traveling-salesman problem and minimum spanning trees. Operations Research 18, 1138–1162

Held, M., Karp, R.M. [1971]: The traveling-salesman problem and minimum spanning trees; part II. Mathematical Programming 1, 6–25

Hurkens, C.A.J., Woeginger, G.J. [2004]: On the nearest neighbour rule for the traveling salesman problem. Operations Research Letters 32, 1–4

Hwang, R.Z., Chang, R.C., Lee, R.C.T. [1993]: The searching over separators strategy to solve some *NP*-hard problems in subexponential time. Algorithmica 9, 398–423

Johnson, D.S., McGeoch, L.A., Rothberg, E.E. [1996]: Asymptotic experimental analysis for the Held-Karp traveling salesman bound. Proceedings of the 7th Annual ACM-SIAM Symposium on Discrete Algorithms, 341–350

Johnson, D.S., Papadimitriou, C.H., Yannakakis, M. [1988]: How easy is local search? Journal of Computer and System Sciences 37, 79–100

Jünger, M., Naddef, D. [2001]: Computational Combinatorial Optimization. Springer, Berlin

Karp, R.M. [1977]: Probabilistic analysis of partitioning algorithms for the TSP in the plane. Mathematics of Operations Research 2, 209–224

Karp, R.M., Papadimitriou, C.H. [1982]: On linear characterizations of combinatorial optimization problems. SIAM Journal on Computing 11, 620–632

Klein, P.N. [2008]: A linear-time approximation scheme for TSP in undirected planar graphs with edge-weights. SIAM Journal on Computing 37, 1926–1952

Krentel, M.W. [1989]: Structure in locally optimal solutions. Proceedings of the 30th Annual IEEE Symposium on Foundations of Computer Science, 216–221

Land, A.H., Doig, A.G. [1960]: An automatic method of solving discrete programming problems. Econometrica 28, 497–520

Lin, S., Kernighan, B.W. [1973]: An effective heuristic algorithm for the traveling-salesman problem. Operations Research 21, 498–516

Little, J.D.C., Murty, K.G., Sweeny, D.W., Karel, C. [1963]: An algorithm for the traveling salesman problem. Operations Research 11, 972–989

Michiels, W., Aarts, E., Korst, J. [2007]: Theoretical Aspects of Local Search. Springer, Berlin

Mitchell, J. [1999]: Guillotine subdivisions approximate polygonal subdivisions: a simple polynomial-time approximation scheme for geometric TSP, *k*-MST, and related problems. SIAM Journal on Computing 28, 1298–1309

Papadimitriou, C.H. [1977]: The Euclidean traveling salesman problem is *NP*-complete. Theoretical Computer Science 4, 237–244

Papadimitriou, C.H. [1978]: The adjacency relation on the travelling salesman polytope is *NP*-complete. Mathematical Programming 14, 312–324

Papadimitriou, C.H. [1992]: The complexity of the Lin-Kernighan heuristic for the traveling salesman problem. SIAM Journal on Computing 21, 450–465

Papadimitriou, C.H., Steiglitz, K. [1977]: On the complexity of local search for the traveling salesman problem. SIAM Journal on Computing 6 (1), 76–83

Papadimitriou, C.H., Steiglitz, K. [1978]: Some examples of difficult traveling salesman problems. Operations Research 26, 434–443

Papadimitriou, C.H., Vempala, S. [2006]: On the approximability of the traveling salesman problem. Combinatorica 26, 101–120

Papadimitriou, C.H., Yannakakis, M. [1993]: The traveling salesman problem with distances one and two. Mathematics of Operations Research 18, 1–12

Rao, S.B., Smith, W.D. [1998]: Approximating geometric graphs via "spanners" and "banyans". Proceedings of the 30th Annual ACM Symposium on Theory of Computing, 540–550

Rosenkrantz, D.J. Stearns, R.E., Lewis, P.M. [1977]: An analysis of several heuristics for the traveling salesman problem. SIAM Journal on Computing 6, 563–581

Sahni, S., Gonzalez, T. [1976]: *P*-complete approximation problems. Journal of the ACM 23, 555–565

Shmoys, D.B., Williamson, D.P. [1990]: Analyzing the Held-Karp TSP bound: a monotonicity property with application. Information Processing Letters 35, 281–285

Triesch, E., Nolles, W., Vygen, J. [1994]: Die Einsatzplanung von Zementmischern und ein Traveling Salesman Problem In: Operations Research; Reflexionen aus Theorie und Praxis (B. Werners, R. Gabriel, eds.), Springer, Berlin [in German]

Woeginger, G.J. [2002]: Exact algorithms per *NP*-hard problems. OPTIMA 68, 2–8

Wolsey, L.A. [1980]: Heuristic analysis, linear programming and branch and bound. Mathematical Programming Study 13, 121–134

22
Localizzazione di impianti

Molte decisioni economiche richiedono di selezionare e/o localizzare determinanti "impianti" per servire in modo efficiente una certa domanda. Alcuni esempi di decisioni di questo tipo comprendono l'installazione di impianti di produzione, magazzini, depositi, librerie, comandi di polizia, ospedali, router wireless, etc. Questi problemi hanno in comune che un insieme di impianti, ognuno con una certa posizione, deve essere scelto, e l'obiettivo è di soddisfare al meglio la domanda (di clienti, utenti, etc.). I problemi di localizzazione di impianti hanno un numero enorme di applicazioni e appaiono anche in contesti meno ovvi.

Il modello più studiato in letteratura per i problemi di localizzazione di impianti discreti è il cosiddétto PROBLEMA DELLA LOCALIZZAZIONE DI IMPIANTI SENZA LIMITI DI CAPACITÀ (UNCAPACITATED FACILITY LOCATION PROBLEM), noti anche come *plant location problem* o *warehouse location problem*. Questo modello viene presentato nella Sezione 22.1. Anche se il problema è stato largamente studiato dal 1960 (si veda ad esempio, Stollsteimer [1963], Balinski e Wolfe [1963], Kuehn e Hamburger [1963], Manne [1964]), sino al 1997 non si conosceva nessun algoritmo di approssimazione. Da allora sono state usate diverse tecniche per trovare un upper bound sul rapporto di approssimazione, e in questo capitolo presenteremo alcuni dei risultati più significativi. Considereremo inoltre delle estensioni a problemi più generali, come le varianti con capacità, il PROBLEMA DEL k-MEDIANO, e il PROBLEMA DI LOCALIZZAZIONE UNIVERSALE.

22.1 Localizzazione di impianti senza limiti di capacità

Il problema fondamentale, per il quale presenteremo molti risultati, è PROBLEMA DELLA LOCALIZZAZIONE DI IMPIANTI SENZA LIMITI DI CAPACITÀ. Viene definito come segue.

PROBLEMA DELLA LOCALIZZAZIONE DI IMPIANTI SENZA LIMITI DI CAPACITÀ

Istanza: Un insieme finito $\mathcal{D}$ di clienti, un insieme finito $\mathcal{F}$ di impianti (siti candidati), un costo fisso $f_i \in \mathbb{R}_+$ per aprire ogni impianto $i \in \mathcal{F}$, e un costo di servizio $c_{ij} \in \mathbb{R}_+$ per ogni $i \in \mathcal{F}$ e $j \in \mathcal{D}$.

Obiettivo: Trovare un sottoinsieme X di impianti (detti **aperti**) e un assegnamento $\sigma : \mathcal{D} \to X$ di clienti a impianti aperti, tale che la somma dei costi degli impianti e dei costi di servizio

$$\sum_{i \in X} f_i + \sum_{j \in \mathcal{D}} c_{\sigma(j)j}$$

sia minimo.

In molte applicazioni pratiche, i costi di servizio vengono da una metrica c su $\mathcal{D} \cup \mathcal{F}$ (ad esempio, quando sono proporzionali a distanze geometriche o tempi di spostamento). In questo caso abbiamo

$$c_{ij} + c_{i'j} + c_{i'j'} \geq c_{ij'} \quad \text{per ogni } i, i' \in \mathcal{F} \text{ e } j, j' \in \mathcal{D}. \tag{22.1}$$

Al contrario, se questa condizione non viene verificata, possiamo definire $c_{ii} := 0$ e $c_{ii'} := \min_{j \in \mathcal{D}}(c_{ij} + c_{i'j})$ per $i, i' \in \mathcal{F}$, $c_{jj} := 0$ e $c_{jj'} := \min_{i \in \mathcal{F}}(c_{ij} + c_{ij'})$ per $j, j' \in \mathcal{D}$, e $c_{ji} := c_{ij}$ per $j \in \mathcal{D}$ e $i \in \mathcal{F}$, e ottenere una (semi)metrica c su $\mathcal{D} \cup \mathcal{F}$. Quindi parliamo di costi di servizio *metrici* se (22.1) viene soddisfatta. Il problema precedente ristretto a istanze con costi di servizio metrici è chiamato il PROBLEMA DELLA LOCALIZZAZIONE DI IMPIANTI METRICO SENZA LIMITI DI CAPACITÀ.

Proposizione 22.1. *Il* PROBLEMA DELLA LOCALIZZAZIONE DI IMPIANTI METRICO SENZA LIMITI DI CAPACITÀ *è fortemente NP-difficile.*

Dimostrazione. Consideriamo il PROBLEMA DI SET COVER DI PESO MINIMO con pesi unitari (che è fortemente *NP*-difficile come conseguenza del Corollario 15.24). Qualsiasi sua istanza $(U, \mathcal{S})$ può essere trasformata in un'istanza del PROBLEMA DELLA LOCALIZZAZIONE DI IMPIANTI METRICO SENZA LIMITI DI CAPACITÀ come segue: siano $\mathcal{D} := U$, $\mathcal{F} := \mathcal{S}$, $f_i := 1$ per $i \in \mathcal{S}$, $c_{ij} := 1$ per $j \in i \in \mathcal{S}$ e $c_{ij} := 3$ per $j \in U \setminus \{i\}$, $i \in \mathcal{S}$. Allora, per $k \leq |\mathcal{S}|$, l'istanza che si ottiene ha una soluzione di costo $|\mathcal{D}| + k$ se e solo se $(U, \mathcal{S})$ ha una copertura di cardinalità k. □

Il numero 3 nella dimostrazione precedente può essere sostituito da qualsiasi numero maggiore di 1 ma non maggiore di 3 (altrimenti (22.1) sarebbe violata). In pratica, una costruzione simile mostra che i costi di servizi metrico sono necessari per ottenere degli algoritmi di approssimazione: se assegnamo $c_{ij} := \infty$ per $j \in U \setminus \{i\}$ e $i \in \mathcal{S}$ nella dimostrazione precedente, si osserva che qualsiasi algoritmo di approssimazione per il PROBLEMA DELLA LOCALIZZAZIONE DI IMPIANTI SENZA

LIMITI DI CAPACITÀ implicherebbe un algoritmo di approssimazione per il set covering con lo stesso rapporto di prestazione (e non esiste nessun algoritmo di approssimazione con fattore constante per il set covering a meno che $P = NP$; si veda la Sezione 16.1). Guha e Khuller [1999] e Sviridenko [non pubblicato] hanno esteso la costruzione precedente per mostrare che un algoritmo di approssimazione con fattore 1.463 per il PROBLEMA DELLA LOCALIZZAZIONE DI IMPIANTI METRICO SENZA LIMITI DI CAPACITÀ (anche con costi di servizio pari solamente a 1 oppure a 3) implicherebbe che $P = NP$ (si veda Vygen [2005] per maggiori dettagli).

Al contrario, sia data un'istanza del PROBLEMA DELLA LOCALIZZAZIONE DI IMPIANTI SENZA LIMITI DI CAPACITÀ. Ponendo $U := \mathcal{D}$, $\mathcal{S} = 2^{\mathcal{D}}$, e $c(D) := \min_{i\in\mathcal{F}}(f_i + \sum_{j\in D} c_{ij})$ per $D \subseteq \mathcal{D}$ si ottiene un'istanza equivalente del PROBLEMA DEL SET COVER DI PESO MINIMO. Anche se questa istanza ha una dimensione esponenziale, possiamo eseguire l'ALGORITMO GREEDY PER IL SET COVER e ottenere in tempo polinomiale una soluzione di costo pari al massimo a $(1 + \frac{1}{2} + \cdots + \frac{1}{|\mathcal{D}|})$ volte il valore ottimo (cf. Teorema 16.3), come proposto da Hochbaum [1982].

In pratica, ad ogni passo, dobbiamo trovare una coppia $(D, i) \in 2^{\mathcal{D}} \times \mathcal{F}$ con $\frac{f_i + \sum_{j\in D} c_{ij}}{|D|}$ minimo, aprire i, assegnare tutti i clienti in D a i e ignorarli in seguito. Anche se esistono un numero esponenziale di scelte, è facile trovarne una tra le migliori poiché basta considerare coppie (D_k^i, i) per $i \in \mathcal{F}$ e $k \in \{1, \ldots, |\mathcal{D}|\}$, in cui D_k^i è l'insieme dei primi k clienti in un ordinamento lineare con c_{ij} non decrescente. Chiaramente, le altre coppie non possono essere migliori.

Jain et al. [2003] hanno mostrato che la garanzia di prestazione di questo algoritmo greedy è $\Omega(\log n / \log\log n)$ anche per istanze metriche, in cui $n = |\mathcal{D}|$. In pratica, prima dell'articolo di Shmoys, Tardos e Aardal [1997] non si conosceva nessun algoritmo di approssimazione con fattore costante anche per costi di servizio metrici. Da allora, le cose sono cambiante in maniera significativa. Le sezioni seguenti mostrano tecniche diverse per ottenere approssimazioni con fattore costante per il PROBLEMA DELLA LOCALIZZAZIONE DI IMPIANTI METRICO SENZA LIMITI DI CAPACITÀ.

Un problema ancora più specifico si ottiene nel caso particolare in cui gli impianti e i clienti sono punti nel piano e i costi di servizio sono distanze geometriche. In questo caso Arora, Raghavan e Rao [1998] hanno mostrato che il problema ha uno schema di approssimazione, ovvero un algoritmo di approssimazione con fattore k per qualsiasi $k > 1$, in maniera analoga all'algoritmo della Sezione 21.2. Questo risultato è stato migliorato da Kolliopoulos e Rao [2007], ma l'algoritmo sembra essere ancore troppo lento per scopi pratici.

Nel resto di questo capitolo assumiamo in generale costi di servizio metrici. Per una data istanza $\mathcal{D}, \mathcal{F}, f_i, c_{ij}$ e un dato sottoinsieme non vuoto X di impianti, si può calcolare facilmente un assegnamento $\sigma : \mathcal{D} \to X$ che soddisfi $c_{\sigma(j)j} = \min_{i\in X} c_{ij}$. Quindi, chiameremo spesso un insieme non vuoto $X \subseteq \mathcal{F}$ una soluzione ammissibile, con costo di impianto $c_F(X) := \sum_{i\in X} f_i$ e costo di servizio $c_S(X) := \sum_{j\in\mathcal{D}} \min_{i\in X} c_{ij}$. L'obiettivo è di trovare un sottoinsieme non vuoto $X \subseteq \mathcal{F}$ tale che $c_F(X) + c_S(X)$ sia minimo.

22.2 Arrotondamento di soluzioni da rilassamento lineare

Il Problema della Localizzazione di Impianti Senza Limiti di Capacità può essere facilmente formulato come un problema di programmazione lineare intera come segue:

$$\begin{array}{lrcll} \min & \displaystyle\sum_{i\in\mathcal{F}} f_i y_i + \sum_{i\in\mathcal{F}}\sum_{j\in\mathcal{D}} c_{ij}x_{ij} & & & \\ \text{t.c.} & x_{ij} & \leq & y_i & (i\in\mathcal{F}, j\in\mathcal{D}) \\ & \displaystyle\sum_{i\in\mathcal{F}} x_{ij} & = & 1 & (j\in\mathcal{D}) \\ & x_{ij} & \in & \{0,1\} & (i\in\mathcal{F}, j\in\mathcal{D}) \\ & y_i & \in & \{0,1\} & (i\in\mathcal{F}). \end{array}$$

Rilassando i vincoli di integralità otteniamo il programma lineare:

$$\begin{array}{lrcll} \min & \displaystyle\sum_{i\in\mathcal{F}} f_i y_i + \sum_{i\in\mathcal{F}}\sum_{j\in\mathcal{D}} c_{ij}x_{ij} & & & \\ \text{t.c.} & x_{ij} & \leq & y_i & (i\in\mathcal{F}, j\in\mathcal{D}) \\ & \displaystyle\sum_{i\in\mathcal{F}} x_{ij} & = & 1 & (j\in\mathcal{D}) \\ & x_{ij} & \geq & 0 & (i\in\mathcal{F}, j\in\mathcal{D}) \\ & y_i & \geq & 0 & (i\in\mathcal{F}). \end{array} \tag{22.2}$$

Questa formulazione fu proposta da Balinski [1965]. Il duale di questo PL è:

$$\begin{array}{lrcll} \max & \displaystyle\sum_{j\in\mathcal{D}} v_j & & & \\ \text{t.c.} & v_j - w_{ij} & \leq & c_{ij} & (i\in\mathcal{F}, j\in\mathcal{D}) \\ & \displaystyle\sum_{j\in\mathcal{D}} w_{ij} & \leq & f_i & (i\in\mathcal{F}) \\ & w_{ij} & \geq & 0 & (i\in\mathcal{F}, j\in\mathcal{D}). \end{array} \tag{22.3}$$

Gli algoritmi di arrotondamento risolvono questi programmi lineari (cf. Teorema 4.18) e arrotondano la soluzione frazionaria del PL primale in maniera appropriata. Usando questa tecnica Shmoys, Tardos e Aardal [1997] hanno ottenuto il primo algoritmo di approssimazione con fattore costante:

ALGORITMO DI SHMOYS-TARDOS-AARDAL

Input: Un'istanza $(\mathcal{D}, \mathcal{F}, (f_i)_{i\in\mathcal{F}}, (c_{ij})_{i\in\mathcal{F}, j\in\mathcal{D}})$ del PROBLEMA DELLA LOCALIZZAZIONE DI IMPIANTI SENZA LIMITI DI CAPACITÀ.

Output: Una soluzione $X \subseteq \mathcal{F}$ e $\sigma : \mathcal{D} \to X$.

① Calcola una soluzione ottima (x^*, y^*) di (22.2) e una soluzione ottima (v^*, w^*) di (22.3).

② Sia $k := 1$, $X := \emptyset$, e $U := \mathcal{D}$.

③ Sia $j_k \in U$ tale che $v^*_{j_k}$ è minimo.
Sia $i_k \in \mathcal{F}$ con $x^*_{i_k j_k} > 0$ e f_{i_k} minimo. Poni $X := X \cup \{i_k\}$.
Sia $N_k := \{j \in U : \exists i \in \mathcal{F} : x^*_{ij_k} > 0, x^*_{ij} > 0\}$.
Poni $\sigma(j) := i_k$ per ogni $j \in N_k$.
Poni $U := U \setminus N_k$.

④ Poni $k := k + 1$.
If $U \neq \emptyset$ **then go to** ③.

Teorema 22.2. (Shmoys, Tardos e Aardal [1997]) *L'algoritmo precedente è un algoritmo di approssimazione con fattore 4 per il* PROBLEMA DELLA LOCALIZZAZIONE DI IMPIANTI METRICO SENZA LIMITI DI CAPACITÀ.

Dimostrazione. Per la condizione agli scarti complementari (Corollario 3.23), $x^*_{ij} > 0$ implica $v^*_j - w^*_{ij} = c_{ij}$, e quindi $c_{ij} \leq v^*_j$. Allora il costo di servizio per il cliente $j \in N_k$ è al massimo

$$c_{i_k j} \leq c_{ij} + c_{ij_k} + c_{i_k j_k} \leq v^*_j + 2v^*_{j_k} \leq 3v^*_j,$$

in cui i è un impianto con $x^*_{ij} > 0$ e $x^*_{ij_k} > 0$.

Il costo di impianto f_{i_k} può essere limitato da

$$f_{i_k} \leq \sum_{i\in\mathcal{F}} x^*_{ij_k} f_i = \sum_{i\in\mathcal{F}:x^*_{ij_k}>0} x^*_{ij_k} f_i \leq \sum_{i\in\mathcal{F}:x^*_{ij_k}>0} y^*_i f_i.$$

Poiché $x^*_{ij_k} > 0$ implica $x^*_{ij_{k'}} = 0$ per $k \neq k'$, il costo totale degli impianti è al massimo $\sum_{i\in\mathcal{F}} y^*_i f_i$.

Sommando tutto insieme, il costo totale è $3\sum_{j\in\mathcal{D}} v^*_j + \sum_{i\in\mathcal{F}} y^*_i f_i$, che è al massimo quattro volte il valore ottimo del PL, e quindi al massimo quattro volte l'ottimo. □

Il rapporto di prestazione è stato migliorato a 1.736 da Chudak e Shmoys [2003] e a 1.582 da Sviridenko [2002]. Nel frattempo, garanzie di prestazioni migliori sono state ottenute con algoritmi più semplici e più veloci, che non usano la programmazione lineare come sottoprocedura, e che verranno presentati nella prossima sezione.

22.3 Algoritmi primali-duali

Jain e Vazirani [2001] hanno proposto un algoritmo di approssimazione diverso. È un algoritmo primale-duale nel senso classico: calcola allo stesso tempo soluzioni primali ammissibili e soluzioni duali (per i programmi lineari presentati nella Sezione 22.2). La soluzione primale è intera e il rapporto di prestazione segue dalle condizioni degli scarti complementari.

Si può vedere l'algoritmo come una procedura che continua ad aumentare le variabili duali (iniziando con il valore nullo) e fissa v_j quando si prova a connettere $j \in \mathcal{D}$. In qualsiasi passo dell'algoritmo, sia $w_{ij} := \max\{0, v_j - c_{ij}\}$. Inizialmente tutte gli impianti sono chiusi. Proviamo ad aprire gli impianti e connettere i clienti quando si verificano le due condizioni seguenti:

- $v_j = c_{ij}$ per un impianto i provvisoriamente aperto e un cliente j non connesso. Allora poni $\sigma(j) := i$ e blocca (freeze) v_j.
- $\sum_{j \in \mathcal{D}} w_{ij} = f_i$ per un impianto i che non si è ancora provato ad aprire. Allora prova ad aprire i. Per tutti i clienti non connessi $j \in \mathcal{D}$ con $v_j \geq c_{ij}$: poni $\sigma(j) := i$ e blocca v_j.

Si possono verificare diversi eventi allo stesso tempo che sono poi elaborati con un ordine arbitrario. Si continua sino a quando tutti i clienti risultano connessi.

Ora sia V l'insieme degli impianti che sono provvisoriamente aperti, e sia E l'insieme di coppie $\{i, i'\}$ di impianti diversi provvisoriamente aperti tali che esiste un cliente j con $w_{ij} > 0$ e $w_{i'j} > 0$. Si scelga un insieme stabile massimale X nel grafo (V, E). Si aprano gli impianti in X. Per $j \in \mathcal{D}$ con $\sigma(j) \notin X$, si riassegna $\sigma(j)$ a un vicino aperto di $\sigma(j)$ in (V, E).

In pratica, X può essere scelto in modo greedy mentre si aprono provvisoriamente degli impianti. L'algoritmo può essere descritto in modo più formale come segue, in cui Y è l'insieme di impianti che non sono (ancora) state aperti e $\varphi : \mathcal{F} \setminus Y \to X$ assegna un impianto aperto ad ogni impianto provvisoriamente aperto.

ALGORITMO DI JAIN-VAZIRANI	
Input:	Un'istanza $(\mathcal{D}, \mathcal{F}, (f_i)_{i \in \mathcal{F}}, (c_{ij})_{i \in \mathcal{F}, j \in \mathcal{D}})$ del PROBLEMA DELLA LOCALIZZAZIONE DI IMPIANTI SENZA LIMITI DI CAPACITÀ.
Output:	Una soluzione $X \subseteq \mathcal{F}$ e $\sigma : \mathcal{D} \to X$.

① Poni $X := \emptyset$, $Y := \mathcal{F}$ e $U := \mathcal{D}$.

② Poni $t_1 := \min\{c_{ij} : i \in \mathcal{F} \setminus Y, j \in U\}$.
Poni $t_2 := \min\{\tau : \exists i \in Y : \omega(i, \tau) = f_i\}$, in cui
$\omega(i, \tau) := \sum_{j \in U} \max\{0, \tau - c_{ij}\} + \sum_{j \in \mathcal{D} \setminus U} \max\{0, v_j - c_{ij}\}$.
Poni $t := \min\{t_1, t_2\}$.

③ **For** $i \in \mathcal{F} \setminus Y$ e $j \in U$ con $c_{ij} = t$ **do**:
Poni $\sigma(j) := \varphi(i)$, $v_j := t$ e $U := U \setminus \{j\}$.

④ **For** $i \in Y$ con $\omega(i,t) = f_i$ **do:**
  Poni $Y := Y \setminus \{i\}$.
  If esistono $i' \in X$ e $j \in \mathcal{D} \setminus U$ con $v_j > c_{ij}$ e $v_j > c_{i'j}$
    then poni $\varphi(i) := i'$
    else poni $\varphi(i) := i$ e $X := X \cup \{i\}$.
  For $j \in U$ con $c_{ij} \le t$ **do**: Poni $\sigma(j) := \varphi(i)$, $v_j := t$ e $U := U \setminus \{j\}$.

⑤ **If** $U \neq \emptyset$ **then go to** ②.

Teorema 22.3. (Jain e Vazirani [2001]) *Per istanze metriche I, l'*ALGORITMO DI JAIN-VAZIRANI *apre un insieme X di impianti con $3c_F(X)+c_S(X) \le 3\,\mathrm{OPT}(I)$. In particolare, è un algoritmo di approssimazione con fattore 3 per il* PROBLEMA DELLA LOCALIZZAZIONE DI IMPIANTI METRICO SENZA LIMITI DI CAPACITÀ. *Può essere implementato per richiedere un tempo $O(m \log m)$, in cui $m = |\mathcal{F}||\mathcal{D}|$.*

Dimostrazione. Prima si osservi che t durante l'esecuzione dell'algoritmo non aumenta mai.

L'algoritmo calcola una soluzione primale X e σ, e i numeri v_j, $j \in \mathcal{D}$, che insieme a $w_{ij} := \max\{0, v_j - c_{ij}\}$, $i \in \mathcal{F}$, $j \in \mathcal{D}$, costituiscono una soluzione ammissibile del PL duale (22.3). Quindi $\sum_{j\in\mathcal{D}} v_j \le \mathrm{OPT}(I)$. Per ogni impianto aperto i, tutti i clienti j con $w_{ij} > 0$ sono connessi a i, e $f_i = \sum_{j\in\mathcal{D}} w_{ij}$. Inoltre, mostriamo che il costo di servizio di ogni cliente j è al massimo $3(v_j - w_{\sigma(j)j})$.

Si distinguono due casi. Se $c_{\sigma(j)j} = v_j - w_{\sigma(j)j}$, ciò è chiaro. Altrimenti $c_{\sigma(j)j} > v_j$ e $w_{\sigma(j)j} = 0$. Ciò significa che $\varphi(i) \neq i$ quando j è connesso a $\varphi(i)$ in ③ o ④, quindi esiste un impianto (chiuso) $i \in \mathcal{F} \setminus (Y \cup X)$ con $c_{ij} \le v_j$ e un cliente j' con $w_{ij'} > 0$ e $w_{\sigma(j)j'} > 0$, e quindi $c_{ij'} = v_{j'} - w_{ij'} < v_{j'}$ e $c_{\sigma(j)j'} = v_{j'} - w_{\sigma(j)j'} < v_{j'}$. Si noti che $v_{j'} \le v_j$, perché j' è connesso a $\sigma(j)$ prima di j. Concludiamo che $c_{\sigma(j)j} \le c_{\sigma(j)j'} + c_{ij'} + c_{ij} < v_{j'} + v_{j'} + v_j \le 3v_j = 3(v_j - w_{\sigma(j)j})$.

Per il tempo di esecuzione osserviamo che il numero di iterazioni è al massimo $|\mathcal{D}| + 1$ poiché ad ogni iterazione almeno un cliente viene rimosso da U , forse tranne il primo se $f_i = 0$ per un $i \in \mathcal{F}$. Il tempo totale per calcolare t_1 in ②, e per ③, è $O(m \log m)$ se ordiniamo ogni c_{ij} in anticipo. Poi, si noti che $t_2 = \min\left\{\frac{t_2^i}{|U_i|} : i \in Y\right\}$, in cui

$$t_2^i = f_i + \sum_{j\in\mathcal{D}\setminus U: v_j > c_{ij}} (c_{ij} - v_j) + \sum_{j\in U_i} c_{ij}$$

e U_i è l'insieme dei clienti non connessi il cui costo di servizio a i è al massimo il nuovo valore di t. Poiché questo numero è proprio quello che vogliamo calcolare, procediamo come segue.

Aggiorniamo t_2, t_2^i e $|U_i|$ ($i \in Y$) come segue; inizialmente $t_2 = \infty$, $t_2^i = f_i$ e $|U_i| = 0$ per ogni i. Quando un nuovo cliente j viene connesso e $v_j > c_{ij}$ per un $i \in Y$, allora t_2^i è diminuito di v_j e $|U_i|$ è diminuito di uno, che può anche implicare un cambio di t_2. Tuttavia, dobbiamo anche aumentare $|U_i|$ di uno e aumentare t_2^i di c_{ij} (ed eventualmente cambiare t_2) quando t raggiunge c_{ij} per un $i \in Y$ e $j \in U$. Questo può essere fatto cambiando la definizione di t_1 al passo ② in $t_1 := \min\{c_{ij} : i \in \mathcal{F}, j \in U\}$ ed eseguendo questi aggiornamenti prima del passo ⑤ per ogni $i \in Y$ e $j \in U$ con $c_{ij} = t$. Si noti che si eseguono in tutto $O(m)$ aggiornamenti, ognuno dei quali richiede tempo costante.

L'"If-statement" in ④ può essere implementato in tempo $O(|\mathcal{D}|)$ poiché $i' \in X$, $j \in \mathcal{D} \setminus U$ e $v_j > c_{i'j}$ implica $\sigma(j) = i'$. □

Un algoritmo primale-duale migliore è stato proposto da Jain et al. [2003]. L'idea è di rilassare l'ammissibilità delle variabili duali. Interpretiamo le variabili duali come il budget dei clienti, che usano per pagare i loro costi di servizio e contribuiscono all'apertura dell'impianto. Apriamo un impianto quando il contributo offerto basta a pagare il costo di apertura. I clienti connessi non aumentano più il loro budget, ma possono ancora offrire una certa quantità agli altri impianti se questi sono più vicini e collegarsi a loro potrebbe far risparmiare sul costo di servizio. L'algoritmo procede come segue.

ALGORITMO DI DUAL FITTING

Input: Un'istanza $(\mathcal{D}, \mathcal{F}, (f_i)_{i\in\mathcal{F}}, (c_{ij})_{i\in\mathcal{F}, j\in\mathcal{D}})$ del PROBLEMA DELLA LOCALIZZAZIONE DI IMPIANTI SENZA LIMITI DI CAPACITÀ.

Output: Una soluzione $X \subseteq \mathcal{F}$ e $\sigma : \mathcal{D} \to X$.

① Sia $X := \emptyset$ e $U := \mathcal{D}$.

② Poni $t_1 := \min\{c_{ij} : i \in X, j \in U\}$.
Poni $t_2 := \min\{\tau : \exists i \in \mathcal{F} \setminus X : \omega(i, \tau) = f_i\}$, in cui
$\omega(i, \tau) := \sum_{j\in U} \max\{0, \tau - c_{ij}\} + \sum_{j\in\mathcal{D}\setminus U} \max\{0, c_{\sigma(j)j} - c_{ij}\}$.
Poni $t := \min\{t_1, t_2\}$.

③ **For** $i \in X$ e $j \in U$ con $c_{ij} \le t$ **do**:
Poni $\sigma(j) := i$, $v_j := t$ e $U := U \setminus \{j\}$.

④ **For** $i \in \mathcal{F} \setminus X$ con $\omega(i, \tau) = f_i$ **do:**
Poni $X := X \cup \{i\}$.
For $j \in \mathcal{D} \setminus U$ con $c_{ij} < c_{\sigma(j)j}$ **do**: Poni $\sigma(j) := i$.
For $j \in U$ con $c_{ij} < t$ **do**: Poni $\sigma(j) := i$.

⑤ **If** $U \neq \emptyset$ **then go to** ②.

Teorema 22.4. *L'algoritmo precedente calcola i numeri v_j, $j \in \mathcal{D}$, e una soluzione ammissibile X, σ di costo al massimo $\sum_{j\in\mathcal{D}} v_j$. Può essere implementato per richiedere un tempo $O(|\mathcal{F}|^2|\mathcal{D}|)$.*

Dimostrazione. La prima affermazione è chiara. Il tempo di esecuzione si può ottenere come per l'ALGORITMO DI JAIN-VAZIRANI. Tuttavia, dobbiamo aggiornare ogni t_2^i ogniqualvolta un cliente viene riconnesso, ovvero ogni volta che un nuovo impianto viene aperto. □

Troveremo un numero γ tale che $\sum_{j\in D} v_j \le \gamma(f_i + \sum_{j\in D} c_{ij})$ per tutte le coppie $(i, D) \in \mathcal{F} \times 2^{\mathcal{D}}$ (ovvero $(\frac{v_j}{\gamma})_{j\in\mathcal{D}}$ è una soluzione ammissibile al PL duale nell'Esercizio 3). Questo implicherà il rapporto di prestazione γ. Naturalmente, dobbiamo assumere che i costi di servizio siano metrici.

Si consideri $i \in \mathcal{F}$ e $D \subseteq \mathcal{D}$ con $|D| = d$. Si numerino i clienti in D nell'ordine in cui sono stati rimossi da U nell'algoritmo; senza perdita di generalità $D = \{1, \dots, d\}$. Abbiamo che $v_1 \le v_2 \le \dots \le v_d$.

Sia $k \in D$. Si noti che k viene connesso al tempo $t = v_k$ nell'algoritmo, e si consideri la situazione quando t viene posto a v_k in ② per la prima volta. Per $j = 1, \dots, k-1$ sia

$$r_{j,k} := \begin{cases} c_{i(j,k)j} & \text{se } j \text{ viene connesso a } i(j,k) \in \mathcal{F} \text{ a questo punto} \\ v_k & \text{altrimenti, ovvero se if } v_j = v_k \end{cases}.$$

Scriviamo ora le disuguaglianze valide per queste variabili. Prima, per $j = 1, \dots, d-2$,

$$r_{j,j+1} \ge r_{j,j+2} \ge \dots \ge r_{j,d} \tag{22.4}$$

perché il costo di servizio diminuisce se i clienti sono riconnessi. Dopo, per $k = 1, \dots, d$,

$$\sum_{j=1}^{k-1} \max\{0, r_{j,k} - c_{ij}\} + \sum_{l=k}^{d} \max\{0, v_k - c_{il}\} \le f_i. \tag{22.5}$$

Per vederlo, si considerino due casi. Se $i \in \mathcal{F} \setminus X$ al tempo considerato, (22.5) si verifica per la scelta di t in ②. Altrimenti i è stata inserita in X prima, e a quel punto $\sum_{j\in U} \max\{0, v_j - c_{ij}\} + \sum_{j\in\mathcal{D}\setminus U} \max\{0, c_{\sigma(j)j} - c_{ij}\} = f_i$. In seguito, il termine sinistro può solo diventare più piccolo.

Infine, per $1 \le j < k \le d$,

$$v_k \le r_{j,k} + c_{ij} + c_{ik}, \tag{22.6}$$

che è ovvio se $r_{j,k} = v_k$, e altrimenti segue dalla scelta di t_1 in ② osservando che il termine destro di (22.6) è almeno $c_{i(j,k)k}$ a causa dei costi di servizio metrici, e che l'impianto $i(j,k)$ viene aperto al tempo considerato.

Per dimostrare il rapporto di prestazione, consideriamo il problema di ottimizzazione seguente per $\gamma_F \ge 1$ e $d \in \mathbb{N}$. Poiché vogliamo dare un'affermazione valida per tutte le istanze, consideriamo f_i, c_{ij} e v_j ($j = 1, \dots, d$) e $r_{j,k}$ ($1 \le j < k \le d$) come variabili:

$$\max \frac{\sum_{j=1}^{d} v_j - \gamma_F f_i}{\sum_{j=1}^{d} c_{ij}}$$

$$
\begin{array}{rcll}
\text{t.c.} \qquad\qquad v_j & \le & v_{j+1} & (1 \le j < d) \\
r_{j,k} & \ge & r_{j,k+1} & (1 \le j < k < d) \\
r_{j,k} + c_{ij} + c_{ik} & \ge & v_k & (1 \le j < k \le d) \\
\sum_{j=1}^{k-1} \max\{0, r_{j,k} - c_{ij}\} + & & & \\
\sum_{l=k}^{d} \max\{0, v_k - c_{il}\} & \le & f_i & (1 \le k \le d) \\
\sum_{j=1}^{d} c_{ij} & > & 0 & \\
f_i & \ge & 0 & \\
v_j, c_{ij} & \ge & 0 & (1 \le j \le d) \\
r_{j,k} & \ge & 0 & (1 \le j < k \le d).
\end{array}
\tag{22.7}
$$

Si noti che questo problema di ottimizzazione può essere facilmente riformulato come un programma lineare (Esercizio 6); viene spesso chiamato il *Programma Lineare factor-revealing*. I suoi valori ottimi implicano delle garanzie di prestazione per l'ALGORITMO DI DUAL FITTING.

Teorema 22.5. *Sia $\gamma_F \ge 1$ e sia γ_S l'estremo superiore dei valori ottimi del programma lineare factor-revealing (22.7) per ogni $d \in \mathbb{N}$. Sia data un'istanza del* PROBLEMA DELLA LOCALIZZAZIONE DI IMPIANTI METRICO SENZA LIMITI DI CAPACITÀ, *e sia $X^* \subseteq \mathcal{F}$ una qualsiasi soluzione. Allora il costo della soluzione prodotta dall'* ALGORITMO DI DUAL FITTING *è al massimo $\gamma_F c_F(X^*) + \gamma_S c_S(X^*)$.*

Dimostrazione. L'algoritmo produce i numeri v_j e, implicitamente, $r_{j,k}$ per ogni $j, k \in \mathcal{D}$ con $v_j \le v_k$ e $j \ne k$. Per ogni coppia $(i, D) \in \mathcal{F} \times 2^{\mathcal{D}}$, i numeri $f_i, c_{ij}, v_j, r_{j,k}$ soddisfano le condizioni (22.4), (22.5) e (22.6) e quindi rappresentano una soluzione ammissibile per (22.7) a meno che $\sum_{j=1}^{d} c_{ij} = 0$. Quindi $\sum_{j=1}^{d} v_j - \gamma_F f_i \le \gamma_S \sum_{j=1}^{d} c_{ij}$ (questo segue direttamente da (22.5) e (22.6) se $c_{ij} = 0$ per ogni $j \in D$). Scegliendo $\sigma^* : \mathcal{D} \to X^*$ tale che $c_{\sigma^*(j)j} = \min_{i \in X^*} c_{ij}$, e sommando su tutte le coppie $(i, \{j \in \mathcal{D} : \sigma^*(j) = i\})$ $(i \in X^*)$, otteniamo

$$\sum_{j \in \mathcal{D}} v_j \le \gamma_F \sum_{i \in X^*} f_i + \gamma_S \sum_{j \in \mathcal{D}} c_{\sigma^*(j)j} = \gamma_F c_F(X^*) + \gamma_S c_S(X^*).$$

Poiché la soluzione calcolata dall'algoritmo ha costo totale al massimo pari a $\sum_{j \in \mathcal{D}} v_j$, abbiamo dimostrato il teorema. □

Per applicare questo teorema, introduciamo il lemma segunte.

Lemma 22.6. *Si consideri il programma lineare factor-revealing (22.7) per un $d \in \mathbb{N}$.*

(a) *Per* $\gamma_F = 1$, *l'ottimo è al massimo pari a* 2.
(b) (Jain et al. [2003]) *Per* $\gamma_F = 1.61$, *l'ottimo è al massimo pari a* 1.61.
(c) (Mahdian, Ye e Zhang [2006]) *Per* $\gamma_F = 1.11$, *l'ottimo è al massimo pari a* 1.78.

Dimostrazione. Dimostriamo solo il punto (a). Per una soluzione ammissibile abbiamo

$$\begin{aligned} d\left(f_i + \sum_{j=1}^{d} c_{ij}\right) &\geq \sum_{k=1}^{d}\left(\sum_{j=1}^{k-1} r_{j,k} + \sum_{l=k}^{d} v_k\right) \\ &\geq \sum_{k=1}^{d} d v_k - (d-1)\sum_{j=1}^{d} c_{ij}, \end{aligned} \tag{22.8}$$

che implica $d\sum_{j=1}^{d} v_j \leq df_i + (2d-1)\sum_{j=1}^{d} c_{ij}$, ovvero $\sum_{j=1}^{d} v_j \leq f_i + 2\sum_{j=1}^{d} c_{ij}$. □

Le dimostrazioni per (b) e (c) sono molto lunghe e tecniche. (a) implica direttamente che $(\frac{v_j}{2})_{j\in\mathcal{D}}$ è una soluzione duale ammissibile, e che l'ALGORITMO DI DUAL FITTING è un algoritmo di approssimazione con fattore 2. (b) implica un rapporto di prestazione di 1.61. Risultati ancora migliori possono essere ottenuti combinando l'ALGORITMO DI DUAL FITTING con le tecniche di *scaling* e di *greedy augmentation* che verrano presentate nella sezione seguente. Riassumiamo nel seguente corollario ciò che segue dal Teorema 22.5 e dal Lemma 22.6, per poterlo usare in seguito.

Corollario 22.7. *Sia* $(\gamma_F, \gamma_S) \in \{(1,2), (1.61, 1.61), (1.11, 1.78)\}$. *Sia data un'istanza del* PROBLEMA DELLA LOCALIZZAZIONE DI IMPIANTI METRICO SENZA LIMITI DI CAPACITÀ, *e sia* $\emptyset \neq X^* \subseteq \mathcal{F}$ *una qualsiasi soluzione. Allora il costo della soluzione prodotta dall'*ALGORITMO DI DUAL FITTING *sull'istanza è al massimo* $\gamma_F c_F(X^*) + \gamma_S c_S(X^*)$. □

22.4 Scaling e Greedy Augmentation

Molti risultati di approssimazione sono asimmetrici in termini di costo di impianto e costo di servizio. Spesso il costo di servizio può essere diminuito aprendo degli impianti in più. In pratica, si può usare quest'idea per migliorare le garanzie di prestazione di molti algoritmi.

Proposizione 22.8. *Sia* $\emptyset \neq X, X^* \subseteq \mathcal{F}$. *Allora* $\sum_{i\in X^*}(c_S(X) - c_S(X\cup\{i\})) \geq c_S(X) - c_S(X^*)$.

In particolare, esiste un $i \in X^*$ *con* $\frac{c_S(X)-c_S(X\cup\{i\})}{f_i} \geq \frac{c_S(X)-c_S(X^*)}{c_F(X^*)}$.

Dimostrazione. Per $j \in \mathcal{D}$ sia $\sigma(j) \in X$ tale che $c_{\sigma(j)j} = \min_{i\in X} c_{ij}$, e sia $\sigma^*(j) \in X^*$ tale che $c_{\sigma^*(j)j} = \min_{i\in X^*} c_{ij}$. Allora $c_S(X) - c_S(X\cup\{i\}) \geq \sum_{j\in\mathcal{D}:\sigma^*(j)=i}(c_{\sigma(j)j} - c_{ij})$ per ogni $i \in X^*$. La sommatoria dà il lemma. □

Per **greedy augmentation** di un insieme X intendiamo l'idea di prendere iterativamente un elemento $i \in \mathcal{F}$ che massimizza $\frac{c_S(X)-c_S(X\cup\{i\})}{f_i}$ e aggiungerlo a X sino a quando $c_S(X) - c_S(X \cup \{i\}) \leq f_i$ per ogni $i \in \mathcal{F}$. Dobbiamo usare il lemma seguente:

Lemma 22.9. (Charikar e Guha [2005]) *Sia $\emptyset \neq X, X^* \subseteq \mathcal{F}$. Applichiamo la greedy augmentation a X, per ottenere un insieme $Y \supseteq X$. Allora*

$$c_F(Y) + c_S(Y) \leq$$
$$c_F(X) + c_F(X^*) \ln\left(\max\left\{1, \frac{c_S(X) - c_S(X^*)}{c_F(X^*)}\right\}\right) + c_F(X^*) + c_S(X^*).$$

Dimostrazione. Se $c_S(X) \leq c_F(X^*)+c_S(X^*)$, la disuguaglianza precedente viene verificata anche con X al posto di Y. Una greedy augmentation non aumenta mai il costo.

Altrimenti, siano $X = X_0, X_1, \dots, X_k$ la sequenza di insiemi aumentanti, tali che k sia il primo indice per il quale $c_S(X_k) \leq c_F(X^*) + c_S(X^*)$. Rinumerando gli impianti possiamo assumere che $X_i \setminus X_{i-1} = \{i\}$ $(i = 1, \dots, k)$. Per la Proposizione 22.8,

$$\frac{c_S(X_{i-1}) - c_S(X_i)}{f_i} \geq \frac{c_S(X_{i-1}) - c_S(X^*)}{c_F(X^*)}$$

per $i = 1, \dots, k$. Quindi $f_i \leq c_F(X^*)\frac{c_S(X_{i-1})-c_S(X_i)}{c_S(X_{i-1})-c_S(X^*)}$ (si noti che $c_S(X_{i-1}) > c_S(X^*)$), e

$$c_F(X_k) + c_S(X_k) \quad \leq \quad c_F(X) + c_F(X^*)\sum_{i=1}^{k} \frac{c_S(X_{i-1}) - c_S(X_i)}{c_S(X_{i-1}) - c_S(X^*)} + c_S(X_k).$$

Poiché l'espressione a destra del $\leq$ aumenta al crescere di $c_S(X_k)$ (la derivata è $1 - \frac{c_F(X^*)}{c_S(X_{k-1})-c_S(X^*)} > 0$), non la riduciamo se sostituiamo $c_S(X_k)$ con $c_F(X^*) + c_S(X^*)$. Usando $x - 1 \geq \ln x$ per $x > 0$, otteniamo

$$\begin{aligned}
c_F(X_k) + c_S(X_k) &\leq c_F(X) + c_F(X^*)\sum_{i=1}^{k}\left(1 - \frac{c_S(X_i) - c_S(X^*)}{c_S(X_{i-1}) - c_S(X^*)}\right) + c_S(X_k) \\
&\leq c_F(X) - c_F(X^*)\sum_{i=1}^{k} \ln \frac{c_S(X_i) - c_S(X^*)}{c_S(X_{i-1}) - c_S(X^*)} + c_S(X_k) \\
&= c_F(X) - c_F(X^*) \ln \frac{c_S(X_k) - c_S(X^*)}{c_S(X) - c_S(X^*)} + c_S(X_k) \\
&= c_F(X) + c_F(X^*) \ln \frac{c_S(X) - c_S(X^*)}{c_F(X^*)} + c_F(X^*) + c_S(X^*).
\end{aligned}$$

□

Questo risultato può essere usato per migliorare la garanzia di prestazione di molti algoritmi precedenti. A volte conviene combinare la greedy augmentation con lo scaling. Si ottiene il risultato generale seguente:

Teorema 22.10. *Si supponga che esistano delle costanti positive $\beta, \gamma_S, \gamma_F$ e un algoritmo A che, per ogni istanza, calcola una soluzione X tale che $\beta c_F(X) + c_S(X) \leq \gamma_F c_F(X^*) + \gamma_S c_S(X^*)$ per ogni $\emptyset \neq X^* \subseteq \mathcal{F}$. Sia $\delta \geq \frac{1}{\beta}$.*

Allora facendo uno scaling dei costi di impianto di δ, applicando A all'istanza modificata, e applicando una greedy augmentation al risultato ottenuto con l'istanza originale si ottiene una soluzione di costo al massimo $\max\{\frac{\gamma_F}{\beta} + \ln(\beta\delta), 1 + \frac{\gamma_S - 1}{\beta\delta}\}$ *volte il valore ottimo.*

Dimostrazione. Sia X^* l'insieme di impianti aperti in una soluzione ottima dell'istanza originale. Abbiamo $\beta\delta c_F(X) + c_S(X) \leq \gamma_F \delta c_F(X^*) + \gamma_S c_S(X^*)$. Se $c_S(X) \leq c_S(X^*) + c_F(X^*)$, allora abbiamo $\beta\delta(c_F(X) + c_S(X)) \leq \gamma_F \delta c_F(X^*) + \gamma_S c_S(X^*) + (\beta\delta - 1)(c_S(X^*) + c_F(X^*))$, quindi X è una soluzione che costa al massimo $\max\{1 + \frac{\gamma_F\delta - 1}{\beta\delta}, 1 + \frac{\gamma_S - 1}{\beta\delta}\}$ volte il valore ottimo. Si noti che $1 + \frac{\gamma_F\delta - 1}{\beta\delta} \leq \frac{\gamma_F}{\beta} + \ln(\beta\delta)$ poiché $1 - \frac{1}{x} \leq \ln x$ per ogni $x > 0$.

Altrimenti applichiamo una greedy augmentation a X e otteniamo una soluzione di costo al massimo

$$
\begin{aligned}
& c_F(X) + c_F(X^*) \ln \frac{c_S(X) - c_S(X^*)}{c_F(X^*)} + c_F(X^*) + c_S(X^*) \\
& \leq c_F(X) + c_F(X^*) \ln \frac{(\gamma_S - 1)c_S(X^*) + \gamma_F \delta c_F(X^*) - \beta\delta c_F(X)}{c_F(X^*)} \\
& \quad + c_F(X^*) + c_S(X^*).
\end{aligned}
$$

La derivata di questa espressione rispetto a $c_F(X)$ è

$$
1 - \frac{\beta\delta c_F(X^*)}{(\gamma_S - 1)c_S(X^*) + \gamma_F \delta c_F(X^*) - \beta\delta c_F(X)},
$$

che è nulla per $c_F(X) = \frac{\gamma_F - \beta}{\beta} c_F(X^*) + \frac{\gamma_S - 1}{\beta\delta} c_S(X^*)$. Quindi otteniamo una soluzione di costo al massimo

$$
\left(\frac{\gamma_F}{\beta} + \ln(\beta\delta)\right) c_F(X^*) + \left(1 + \frac{\gamma_S - 1}{\beta\delta}\right) c_S(X^*).
$$

□

Con il Corollario 22.7 possiamo applicare questo risultato all'ALGORITMO DI DUAL FITTING con $\beta = \gamma_F = 1$ e $\gamma_S = 2$: ponendo $\delta = 1.76$ otteniamo un rapporto di garanzia di 1.57. Con $\beta = 1$, $\gamma_F = 1.11$ e $\gamma_S = 1.78$ (cf. Corollario 22.7) possiamo fare anche meglio:

Corollario 22.11. (Mahdian, Ye e Zhang [2006]) *Moltiplichiamo tutti i costi di impianto per $\delta = 1.504$, applichiamo l'*ALGORITMO DI DUAL FITTING, *scaliamo indietro i costi di impianto, e applichiamo una greedy augmentation. Allora questo algoritmo ha una garanzia di prestazione pari a 1.52.* □

Byrka e Aardal [2007] hanno mostrato che il rapporto di prestazione di quest'algoritmo non può essere migliore di 1.494. Byrka [2007] ha migliorato il rapporto di prestazione a 1.500.

Per il caso particolare in cui tutti i costi di servizio sono tra 1 e 3, una greedy augmentation porta a un rapporto di prestazione ancora migliore. Sia α la soluzione dell'equazione $\alpha + 1 = \ln \frac{2}{\alpha}$; abbiamo $0.463 \leq \alpha \leq 0.4631$. Un semplice calcolo mostra che $\alpha = \frac{\alpha}{\alpha+1} \ln \frac{2}{\alpha} = \max\left\{\frac{\xi}{\xi+1} \ln \frac{2}{\xi} : \xi > 0\right\}$.

Teorema 22.12. (Guha e Khuller [1999]) *Si consideri il* Problema della Localizzazione di Impianti Senza Limiti di Capacità *limitato a istanze in cui i costi di servizio siano tutti entro l'intervallo* $[1, 3]$. *Questo problema ha un algoritmo di approssimazione con fattore* $(1 + \alpha + \epsilon)$ *per ogni* $\epsilon > 0$.

Dimostrazione. Sia $\epsilon > 0$ e $k := \lceil \frac{1}{\epsilon} \rceil$. Enumeriamo tutte le soluzioni $X \subseteq \mathcal{F}$ con $|X| \leq k$.

Calcoliamo un'altra soluzione come segue. Prima apriamo un impianto i con il costo di apertura minimo f_i e poi applichiamo una greedy augmentation per ottenere una soluzione Y. Mostriamo che la soluzione migliore costa al massimo $1 + \alpha + \epsilon$ volte il valore ottimo.

Sia X^* una soluzione ottima e $\xi = \frac{c_F(X^*)}{c_S(X^*)}$. Possiamo assumere che $|X^*| > k$, poiché altrimenti abbiamo trovato X^* come prima. Allora $c_F(\{i\}) \leq \frac{1}{k} c_F(X^*)$. Inoltre, poiché i costi di servizio sono tra 1 e 3, $c_S(\{i\}) \leq 3|\mathcal{D}| \leq 3c_S(X^*)$.

Per il Lemma 22.9, il costo di Y è al massimo

$$\begin{aligned}
&\frac{1}{k} c_F(X^*) + c_F(X^*) \ln\left(\max\left\{1, \frac{2c_S(X^*)}{c_F(X^*)}\right\}\right) + c_F(X^*) + c_S(X^*) \\
&= c_S(X^*)\left(\frac{\xi}{k} + \xi \ln\left(\max\left\{1, \frac{2}{\xi}\right\}\right) + \xi + 1\right) \\
&\leq c_S(X^*)(1+\xi)\left(1 + \epsilon + \frac{\xi}{\xi+1} \ln\left(\max\left\{1, \frac{2}{\xi}\right\}\right)\right) \\
&\leq (1 + \alpha + \epsilon)(1 + \xi) c_S(X^*) \\
&= (1 + \alpha + \epsilon)(c_F(X^*) + c_S(X^*)).
\end{aligned}$$

□

Questa garanzia di prestazione sembra essere la migliore possibile.

Teorema 22.13. *Se esistessero un* $\epsilon > 0$ *e un algoritmo di approssimazione con fattore* $(1+\alpha-\epsilon)$ *per il* Problema della Localizzazione di Impianti Senza Limiti di Capacità *limitato a istanze con costi di servizio pari solamente a 1 oppure a 3, allora* $P = NP$.

Questo risultato è stato dimostrato da Sviridenko [non pubblicato] (basandosi sui risultati di Feige [1998] e Guha e Khuller [1999]) e può essere trovato nella rassegna di Vygen [2005].

22.5 Stima sul numero di impianti

Il Problema della Localizzazione di k Impianti corrisponde al PROBLEMA DELLA LOCALIZZAZIONE DI IMPIANTI SENZA LIMITI DI CAPACITÀ con il vincolo aggiuntivo che non più di k impianti possono essere aperti, in cui k è un numero naturale parte dell'istanza. Un caso speciale, in cui i costi di apertura di impianto sono nulli, è il Problema del k-Mediano. In questa sezione descriviamo un algoritmo di approssimazione per il Problema della Localizzazione di k Impianti Metrico

Il rilassamento Lagrangiano (cf. Sezione 5.6) è una tecnica che di solito funziona bene per problemi che diventano molto più semplici quando viene omessa una famiglia di vincoli. In questo problema rilassiamo il vincolo sul numero massimo di impianti da aprire e aggiungiamo una costante λ ad ogni costo di apertura di un impianto.

Teorema 22.14. (Jain e Vazirani [2001]) *Se esistesse una costante γ_S e un algoritmo tempo-polinomiale A, tale che per ogni istanza del* PROBLEMA DELLA LOCALIZZAZIONE DI IMPIANTI METRICO SENZA LIMITI DI CAPACITÀ *l'algoritmo A trovasse una soluzione X tale che $c_F(X) + c_S(X) \leq c_F(X^*) + \gamma_S c_S(X^*)$ per ogni $\emptyset \neq X^* \subseteq \mathcal{F}$, allora esisterebbe un algoritmo di approssimazione con fattore $(2\gamma_S)$ per il Problema della Localizzazione di k Impianti Metrico con dati di ingresso interi.*

Dimostrazione. Sia data un'istanza del PROBLEMA DELLA LOCALIZZAZIONE DI k IMPIANTI METRICO. Assumiamo che i costi di servizio siano numeri interi contenuti nell'insieme $\{0, 1, \ldots, c_{\max}\}$ e i costi di apertura degli impianti siano interi nell'insieme $\{0, 1, \ldots, f_{\max}\}$.

Prima controlliamo se esista una soluzione di costo nullo, ed eventualmente, se esite, la troviamo. Questo è facile da fare; si veda la dimostrazione del Lemma 22.15. Quindi assumiamo che il costo di qualsiasi soluzione è almeno pari a 1. Sia X^* una soluzione ottima (la useremo solo per l'analisi dell'algoritmo).

Sia $A(\lambda) \subseteq \mathcal{F}$ la soluzione calcolata da A per l'istanza in cui tutti i costi di apertura degli impianti sono aumentati di λ ma il vincolo sul numero di impianti viene omesso. Abbiamo $c_F(A(\lambda)) + |A(\lambda)|\lambda + c_S(A(\lambda)) \leq c_F(X^*) + |X^*|\lambda + \gamma_S c_S(X^*)$, e quindi

$$c_F(A(\lambda)) + c_S(A(\lambda)) \leq c_F(X^*) + \gamma_S c_S(X^*) + (k - |A(\lambda)|)\lambda \tag{22.9}$$

per ogni $\lambda \geq 0$. Se $|A(0)| \leq k$, allora $A(0)$ è una soluzione ammissibile che costa al massimo γ_S volte il valore ottimo, e abbiamo terminato.

Altrimenti $|A(0)| > k$, e si noti che $|A(f_{\max} + \gamma_S|\mathcal{D}|c_{\max} + 1)| = 1 \leq k$. Poniamo $\lambda' := 0$ e $\lambda'' := f_{\max} + \gamma_S|\mathcal{D}|c_{\max} + 1$, e applichiamo una ricerca binaria, che mantenga $|A(\lambda'')| \leq k < |A(\lambda')|$. Dopo $O(\log|\mathcal{D}| + \log f_{\max} + \log c_{\max})$

iterazioni, in ognuna delle quali assegnamo λ' o λ'' alla loro media aritmetica che dipende se $\left|A\left(\frac{\lambda'+\lambda''}{2}\right)\right| \leq k$ oppure no, e abbiamo $\lambda'' - \lambda' \leq \frac{1}{|\mathcal{D}|^2}$. (Si noti che questa ricerca binaria funziona anche se $\lambda \mapsto |A(\lambda)|$ è in generale non monotona.)

Se $|A(\lambda'')| = k$, allora (22.9) implica che $A(\lambda'')$ è una soluzione ammissibile che costa al massimo γ_S volte il valore ottimo, e abbiamo concluso. Tuttavia, non troveremo sempre un tale λ'', perché $\lambda \mapsto |A(\lambda)|$ non è monotona e può aumentare anche più di un'unità (Archer, Rajagopalan e Shmoys [2003] hanno mostrato come assegnare questi valori perturbando i costi, ma non sono stati in grado di farlo in tempo polinomiale).

Consideriamo quindi $X := A(\lambda')$ e $Y := A(\lambda'')$ e assumiamo in seguito che $|X| > k > |Y|$. Sia $\alpha := \frac{k-|Y|}{|X|-|Y|}$ e $\beta := \frac{|X|-k}{|X|-|Y|}$.

Scegliamo un sottoinsieme X' di X con $|X'| = |Y|$ tale che $\min_{i \in X'} c_{ii'} = \min_{i \in X} c_{ii'}$ per ogni $i' \in Y$, in cui scriviamo $c_{ii'} := \min_{j \in \mathcal{D}}(c_{ij} + c_{i'j})$.

Apriamo o tutti gli elementi di X' (con probabilità α) o tutti gli elementi di Y (con probabilità $\beta = 1 - \alpha$). Inoltre, apriamo un insieme di $k - |Y|$ impianti di $X \setminus X'$, scelte con una probabilità uniforme. Allora il costo atteso di impianto è pari a $\alpha c_F(X) + \beta c_F(Y)$. (Si noti che X e Y non sono necessariamente disgiunti, e quindi possiamo anche arrivare a pagare il doppio per aprire alcuni impianti. Quindi $\alpha c_F(X) + \beta c_F(Y)$ è in pratica un upper bound sul costo attesto di impianto.)

Sia $j \in \mathcal{D}$, e sia i' un impianto più vicino in X e i'' un impianto più vicino in Y. Se viene aperta i', la colleghiamo con j, altrimenti se è aperta i'', colleghiamo quest'ultima con j. Se né i' né i'' sono aperti, colleghiamo j all'impianto $i''' \in X'$ che minimizza $c_{i''i'''}$.

Questo ci dà un costo di valore atteso pari a $\alpha c_{i'j} + \beta c_{i''j}$ se $i' \in X'$ e al massimo

$$\begin{aligned}
&\alpha c_{i'j} + (1-\alpha)\beta c_{i''j} + (1-\alpha)(1-\beta) c_{i'''j} \\
&\leq \alpha c_{i'j} + \beta^2 c_{i''j} + \alpha\beta \left(c_{i''j} + \min_{j' \in \mathcal{D}} (c_{i''j'} + c_{i'''j'}) \right) \\
&\leq \alpha c_{i'j} + \beta^2 c_{i''j} + \alpha\beta (c_{i''j} + c_{i''j} + c_{i'j}) \\
&= \alpha(1+\beta) c_{i'j} + \beta(1+\alpha) c_{i''j}
\end{aligned}$$

se $i' \in X \setminus X'$.

Quindi il costo di servizio atteso totale è al massimo

$$(1 + \max\{\alpha, \beta\})(\alpha c_S(X) + \beta c_S(Y)) \leq \left(2 - \frac{1}{|\mathcal{D}|}\right)(\alpha c_S(X) + \beta c_S(Y)).$$

Complessivamente, usando (22.9), otteniamo un costo atteso pari al massimo a

$$\begin{aligned}
&\left(2-\frac{1}{|\mathcal{D}|}\right)\Big(\alpha(c_F(X)+c_S(X))+\beta(c_F(Y)+c_S(Y))\Big)\\
&\leq \left(2-\frac{1}{|\mathcal{D}|}\right)\left(c_F(X^*)+\gamma_S c_S(X^*)+(\lambda''-\lambda')\frac{(|X|-k)(k-|Y|)}{|X|-|Y|}\right)\\
&\leq \left(2-\frac{1}{|\mathcal{D}|}\right)\left(c_F(X^*)+\gamma_S c_S(X^*)+(\lambda''-\lambda')\frac{|X|-|Y|}{4}\right)\\
&\leq \left(2-\frac{1}{|\mathcal{D}|}\right)\left(c_F(X^*)+\gamma_S c_S(X^*)+\frac{1}{4|\mathcal{D}|}\right)\\
&\leq \left(2-\frac{1}{|\mathcal{D}|}\right)\left(1+\frac{1}{4|\mathcal{D}|}\right)(c_F(X^*)+\gamma_S c_S(X^*))\\
&\leq \left(2-\frac{1}{2|\mathcal{D}|}\right)(c_F(X^*)+\gamma_S c_S(X^*))
\end{aligned}$$

e quindi al massimo $2\gamma_S(c_F(X^*)+c_S(X^*))$.

Si noti che il costo atteso è facile da calcolare anche sotto la condizione che un sottoinsieme Z sia aperto con probabilità 1 e siano aperti $k-|Z|$ impianti scelti casualmente in un altro insieme. Quindi si può decasualizzare questo algoritmo usando il metodo delle probabilità condizionali: prima apriamo X' o Y in funzione di dove il bound sul costo atteso sia al massimo $\left(2-\frac{1}{|\mathcal{D}|}\right)(\alpha(c_F(X)+c_S(X))+\beta(c_F(Y)+c_S(Y)))$, e poi apriamo successivamente gli impianti di $X\setminus X'$ in modo tale che questo bound continui a valere. □

In particolare, per l'ALGORITMO DI DUAL FITTING (Corollario 22.7), otteniamo un algoritmo di approssimazione con fattore 4 per il PROBLEMA DELLA LOCALIZZAZIONE DI k IMPIANTI METRICO con dati interi. Il primo algoritmo di approssimazione con fattore costante per il PROBLEMA DELLA LOCALIZZAZIONE DI k IMPIANTI METRICO si deve a Charikar et al. [2002].

Il tempo di esecuzione per la ricerca locale è debolmente polinomiale e funziona solo per dati interi. Tuttavia possiamo renderlo fortemente polinomiale discretizzando i dati di ingresso.

Lemma 22.15. *Per qualsiasi istanza I del* PROBLEMA DELLA LOCALIZZAZIONE DI k IMPIANTI METRICO, $\gamma_{\max}\geq 1$ *e* $0<\epsilon\leq 1$, *possiamo decidere se* $\mathrm{OPT}(I)=0$ *e altrimenti possiamo generare un'altra istanza I' in tempo $O(|\mathcal{F}||\mathcal{D}|\log(|\mathcal{F}||\mathcal{D}|))$, tale che tutti i costi di servizio e di impianto siano interi $\left\{0,1,\dots,\left\lceil\frac{2\gamma_{\max}(k+|\mathcal{D}|)^3}{\epsilon}\right\rceil\right\}$, e per ogni $1\leq\gamma\leq\gamma_{\max}$, ogni soluzione di I' con costo al massimo $\gamma\,\mathrm{OPT}(I')$ sia una soluzione di I con costo al massimo $\gamma(1+\epsilon)\,\mathrm{OPT}(I)$.*

Dimostrazione. Sia $n:=k+|\mathcal{D}|$. Data un'istanza I, calcoliamo prima un upper bound e un lower bound su $\mathrm{OPT}(I)$ che sono diversi tra loro di al massimo $2n^2-1$. Per ogni $B\in\{f_i : i\in\mathcal{F}\}\cup\{c_{ij} : i\in\mathcal{F}, j\in\mathcal{D}\}$ consideriamo il grafo bipartito $G_B:=(\mathcal{D}\cup\mathcal{F},\{\{i,j\}: i\in\mathcal{F}, j\in\mathcal{D}, f_i\leq B, c_{ij}\leq B\})$.

Il più piccolo B per il quale gli elementi di $\mathcal{D}$ appartengono al massimo a k diverse componenti connesse di G_B, ognuna delle quali contiene almeno un impianto, è un lower bound per $\mathrm{OPT}(I)$. Questo numero B può essere trovato in tempo $O(|\mathcal{F}||\mathcal{D}|\log(|\mathcal{F}||\mathcal{D}|))$ usando una semplice variante dell'ALGORITMO DI KRUSKAL per gli alberi di supporto minimi.

Inoltre, per questo B possiamo scegliere un qualsiasi impianto in ogni componente connessa di G_B che contenga un elemento di $\mathcal{D}$, e connettere ogni cliente con costo di servizio al massimo $(2|\mathcal{D}|-1)B$ (usando l'ipotesi che i costi di servizio sono metrici). Quindi $\mathrm{OPT}(I) \le kB + (2|\mathcal{D}|-1)|\mathcal{D}|B < (2n^2-1)B$ a meno che $B = 0$, nel qual caso abbiamo concluso.

Quindi possiamo ignorare i costi di impianto e i costi di servizio che superano $B' := 2\gamma_{\max} n^2 B$. Otteniamo I' da I assegnando a ogni c_{ij} il valore $\lceil \frac{\min\{B', c_{ij}\}}{\delta} \rceil$ e a ogni f_i il valore $\lceil \frac{\min\{B', f_i\}}{\delta} \rceil$, in cui $\delta = \frac{\epsilon B}{n}$. Ora tutti i numeri che rappresentano dei dati di ingresso sono interi $\{0, 1, \ldots, \lceil \frac{2\gamma_{\max} n^3}{\epsilon} \rceil\}$.

Abbiamo che

$$\mathrm{OPT}(I') \le \frac{\mathrm{OPT}(I)}{\delta} + n = \frac{\mathrm{OPT}(I) + \epsilon B}{\delta} < \frac{(2n^2-1)B + \epsilon B}{\delta} \le \frac{2n^2 B}{\delta} = \frac{B'}{\gamma_{\max}\delta},$$

e quindi una soluzione per I' di costo al massimo $\gamma\ \mathrm{OPT}(I')$ non contiene nessun elemento di costo $\lceil \frac{B'}{\delta} \rceil$, e quindi è una soluzione per I di costo al massimo

$$\delta\gamma\ \mathrm{OPT}(I') \le \gamma(\mathrm{OPT}(I) + \epsilon B) \le \gamma(1+\epsilon)\mathrm{OPT}(I).$$

□

Corollario 22.16. *Esiste un algoritmo di approssimazione con fattore* 4 *fortemente polinomiale per il Problema della Localizzazione di k Impianti Metrico.*

Dimostrazione. Applichiamo il Lemma 22.15 con $\gamma_{\max} = 4$ e $\epsilon = \frac{1}{4|\mathcal{D}|}$, e applichiamo il Teorema 22.14 con l'ALGORITMO DI DUAL FITTING all'istanza così ottenuta. Abbiamo che $\gamma_S = 2$ per il Corollario 22.7 e otteniamo una soluzione di costo totale al massimo pari a

$$\left(2 - \frac{1}{2|\mathcal{D}|}\right)\left(1 + \frac{1}{4|\mathcal{D}|}\right)\left(c_F(X^*) + \gamma_S c_S(X^*)\right) \le 4\left(c_F(X^*) + c_S(X^*)\right)$$

per qualsiasi $\emptyset \ne X^* \subseteq \mathcal{F}$. □

Zhang [2007] ha trovato un algoritmo di approssimazione con fattore 3.733 per il Problema della Localizzazione di k Impianti Metrico Questo algoritmo usa tecniche di ricerca locale simili a quelle presentate nella sezione successiva.

22.6 Ricerca locale

Come discusso nella Sezione 21.3, la ricerca locale è una tecnica che viene spesso applicata con successo, anche se solitamente non si riescono a dimostrare dei buoni rapporti di prestazioni. Sorprende quindi che i problemi di localizzazione di impianti sono approssimati molto bene usando algoritmi di ricerca locale. Il primo lavoro che ha mostrato dei risultati di questo tipo risale a Korupolu, Plaxton e Rajaraman [2000] e ha portato in seguito ad altri risultati ancora più forti. Ne presenteremo alcuni in questa sezione e nella successiva.

Per il PROBLEMA DEL k-MEDIANO METRICO, la ricerca locale dà il miglior rapporto di prestazione che si conosce. Prima di presentare questo risultato, consideriamo l'algoritmo di ricerca locale più semplice possibile: iniziamo con una soluzione ammissibile qualsiasi (ossia con un insieme qualsiasi di k impianti) e la miglioriamo con dei semplici scambi. Si noti che dobbiamo considerare solo i costi di servizio poiché i costi di impianto sono nulli nel PROBLEMA DEL k-MEDIANO. Inoltre, non abbiamo nessuna perdita di generalità se assumiamo che una soluzione deve contenere esattamente k impianti.

Teorema 22.17. (Arya et al. [2004]) *Si consideri un'istanza del* PROBLEMA DEL k-MEDIANO METRICO. *Sia X una soluzione ammissibile e X^* una soluzione ottima. Se $c_S((X \setminus \{x\}) \cup \{y\}) \geq c_S(X)$ per ogni $x \in X$ e $y \in X^*$, allora $c_S(X) \leq 5c_S(X^*)$.*

Dimostrazione. Consideriamo gli assegnamenti ottimi σ e σ^* dei clienti rispettivamente ai k impianti in X e X^*. Diciamo che $x \in X$ *cattura* $y \in X^*$ se $|\{j \in \mathcal{D} : \sigma(j) = x, \sigma^*(j) = y\}| > \frac{1}{2}|\{j \in \mathcal{D} : \sigma^*(j) = y\}|$. Ogni $y \in X^*$ è catturata da al massimo un $x \in X$.

Sia $\pi : \mathcal{D} \to \mathcal{D}$ una biiezione tale che per ogni $j \in \mathcal{D}$:

- $\sigma^*(\pi(j)) = \sigma^*(j)$, e
- se $\sigma(\pi(j)) = \sigma(j)$ allora $\sigma(j)$ cattura $\sigma^*(j)$.

Una tale biiezione π può essere ottenuto facilmente ordinando, per ogni $y \in X^*$, gli elementi di $\{j \in \mathcal{D} : \sigma^*(j) = y\} = \{j_0, \ldots, j_{t-1}\}$ in modo tale che i clienti j con $\sigma(j)$ identici siano consecutivi, e assegnando $\pi(j_k) := j_{k'}$, in cui $k' = (k + \lfloor \frac{t}{2} \rfloor) \bmod t$.

Definiamo uno *swap* come un elemento di $X \times X^*$. Per uno swap (x, y) chiamiamo x la sorgente e y la destinazione. Definiremo k swap tali che ogni $y \in X^*$ sia la destinazione di esattamente uno solo di loro.

Se un $x \in X$ cattura un solo impianto $y \in X^*$, consideriamo una swap (x, y). Se esistono l di tali swap, allora sono rimasti $k - l$ elementi in X e in X^*. Alcuni degli elementi rimasti di X (al massimo $\frac{k-l}{2}$) possono catturare almeno due impianti di X^*; questi non le consideriamo. Per ogni impianto rimasto $y \in X^*$ scegliamo un $x \in X$ tale che x non catturi nessun impianto e tale che ogni $x \in X$ sia una sorgente di al massimo due di questi swap.

Analizziamo ora gli swap uno per uno. Si consideri lo swap (x, y), e sia $X' := (X \setminus \{x\}) \cup \{y\}$. Allora $c_S(X') \geq c_S(X)$. Trasformiamo $\sigma : \mathcal{D} \to X$ in un nuovo assegnamento $\sigma' : \mathcal{D} \to X'$ riassegnando i clienti come segue: i clienti $j \in \mathcal{D}$ con $\sigma^*(j) = y$ sono assegnati a y. I clienti $j \in \mathcal{D}$ con $\sigma(j) = x$ e $\sigma^*(j) = y' \in X^* \setminus \{y\}$ sono assegnati a $\sigma(\pi(j))$. Si noti che $\sigma(\pi(j)) \neq x$ poiché x non cattura y'. Per tutti gli altri clienti, l'assegnamento non cambia.

Abbiamo

$$\begin{aligned}
0 &\le c_S(X') - c_S(X) \\
&\le \sum_{j\in\mathcal{D}:\sigma^*(j)=y} (c_{\sigma^*(j)j} - c_{\sigma(j)j}) + \sum_{j\in\mathcal{D}:\sigma(j)=x,\sigma^*(j)\neq y} (c_{\sigma(\pi(j))j} - c_{\sigma(j)j}) \\
&\le \sum_{j\in\mathcal{D}:\sigma^*(j)=y} (c_{\sigma^*(j)j} - c_{\sigma(j)j}) + \sum_{j\in\mathcal{D}:\sigma(j)=x} (c_{\sigma(\pi(j))j} - c_{\sigma(j)j})
\end{aligned}$$

poiché $c_{\sigma(\pi(j))j} \ge \min_{i\in X} c_{ij} = c_{\sigma(j)j}$ per la definizione di σ.

Ora sommiamo su tutti i possibili swap. Si noti che ogni impianto di X^* è la destinazione di esattamente uno solo swap, quindi la somma dei primi termini è $c_S(X^*) - c_S(X)$. Inoltre, ogni $x \in X$ è la sorgente di al massimo due swap. Quindi

$$\begin{aligned}
0 &\le \sum_{j\in\mathcal{D}} (c_{\sigma^*(j)j} - c_{\sigma(j)j}) + 2\sum_{j\in\mathcal{D}} (c_{\sigma(\pi(j))j} - c_{\sigma(j)j}) \\
&\le c_S(X^*) - c_S(X) + 2\sum_{j\in\mathcal{D}} (c_{\sigma^*(j)j} + c_{\sigma^*(j)\pi(j)} + c_{\sigma(\pi(j))\pi(j)} - c_{\sigma(j)j}) \\
&= c_S(X^*) - c_S(X) + 2\sum_{j\in\mathcal{D}} (c_{\sigma^*(j)j} + c_{\sigma^*(\pi(j))\pi(j)}) \\
&= c_S(X^*) - c_S(X) + 4c_S(X^*),
\end{aligned}$$

perché π è una biiezione. □

Quindi un ottimo locale è un'approssimazione con fattore 5. Tuttavia, questo non ci dice nulla sul tempo di esecuzione per arrivare a un ottimo locale; in teoria, il numero di passi per arrivare a un ottimo locale potrebbe essere esponenziale. Tuttavia, discretizzando i costi otteniamo un tempo di esecuzione fortemente polinomiale.

Corollario 22.18. *Sia $0 < \epsilon \le 1$. Allora il seguente è un algoritmo di approssimazione con fattore $(5+\epsilon)$ fortemente polinomiale per il* PROBLEMA DEL k-MEDIANO METRICO*: basta trasformare l'istanza usando il Lemma 22.15 con $\gamma_{\max} = 5$ e $\frac{\epsilon}{5}$ al posto di ϵ, iniziare con un qualsiasi insieme di k impianti, e applicare gli swap che diminuiscono il costo di servizio sino a quando risulta possibile.*

Dimostrazione. Poiché ogni costo di servizio di una nuova istanza è un numero intero nell'insieme $\{0, 1, \dots, \lceil \frac{50(k+|\mathcal{D}|)^3}{\epsilon} \rceil\}$, possiamo usare al massimo $|\mathcal{D}|\lceil \frac{50(k+|\mathcal{D}|)^3}{\epsilon} \rceil$ swap successivi ognuno dei quali riduce il costo totale di servizio. □

Usando multiswap il rapporto di prestazione può essere migliorato di molto.

Teorema 22.19. (Arya et al. [2004]) *Si consideri un'istanza del* PROBLEMA DEL k-MEDIANO METRICO *e sia $p \in \mathbb{N}$. Sia X una soluzione ammissibile e X^* una soluzione ottima. Se $c_S((X \setminus A) \cup B) \ge c_S(X)$ per ogni $A \subseteq X$ e $B \subseteq X^*$ con $|A| = |B| \le p$, allora $c_S(X) \le (3 + \frac{2}{p})c_S(X^*)$.*

Dimostrazione. Siano σ e σ^* degli assegnamenti ottimi dei clienti rispettivamente ai k impianti in X e X^*. Per ogni $A \subseteq X$, sia $C(A)$ l'insieme di impianti in X^* che sono catturati da A, ovvero

$$C(A) := \left\{ y \in X^* : |\{j \in \mathcal{D} : \sigma(j) \in A, \sigma^*(j) = y\}| > \frac{1}{2}|\{j \in \mathcal{D} : \sigma^*(j) = y\}| \right\}.$$

Partizioniamo $X = A_1 \dot{\cup} \cdots \dot{\cup} A_r$ e $X^* = B_1 \dot{\cup} \cdots \dot{\cup} B_r$ come segue:

Sia $\{x \in X : C(\{x\}) \neq \emptyset\} =: \{x_1, \ldots, x_s\} =: \bar{X}$.
Poni $r := \max\{s, 1\}$.
For $i = 1$ **to** $r - 1$ **do**:
  Poni $A_i := \{x_i\}$.
  While $|A_i| < |C(A_i)|$ **do:**
    Aggiungi un elemento $x \in X \setminus (A_1 \cup \cdots \cup A_i \cup \bar{X})$ a A_i.
  Poni $B_i := C(A_i)$.
Poni $A_r := X \setminus (A_1 \cup \cdots \cup A_{r-1})$ e $B_r := X^* \setminus (B_1 \cup \cdots \cup B_{r-1})$.

È chiaro che questo algoritmo garantisce $|A_i| = |B_i| \geq 1$ per $i = 1, \ldots, r$, e che gli insiemi $A_1, \ldots, A_r$ sono disgiunti a due a due e che anche $B_1, \ldots, B_r$ sono disgiunti a due a due. Si noti che è sempre possibile aggiungere un elemento se $|A_i| < |C(A_i)|$, perché allora

$$\begin{aligned}
&|X \setminus (A_1 \cup \cdots \cup A_i \cup \bar{X})| \\
&= |X| - |A_1| - \cdots - |A_i| - |\{x_{i+1}, \ldots, x_r\}| \\
&> |X^*| - |C(A_1)| - \cdots - |C(A_i)| - |C(\{x_{i+1}\})| - \cdots - |C(\{x_r\})| \\
&= |X^* \setminus (C(A_1) \cup \cdots \cup C(A_i) \cup C(\{x_{i+1}\}) \cup \cdots \cup C(\{x_r\}))| \\
&\geq 0.
\end{aligned}$$

Sia $\pi : \mathcal{D} \to \mathcal{D}$ una biiezione tale che per ogni $j \in \mathcal{D}$:

- $\sigma^*(\pi(j)) = \sigma^*(j)$,
- se $\sigma(\pi(j)) = \sigma(j)$ allora $\sigma(j)$ cattura $\sigma^*(j)$,
- se $\sigma(j) \in A_i$ e $\sigma(\pi(j)) \in A_i$ per un $i \in \{1, \ldots, r\}$, allora A_i cattura $\sigma^*(j)$.

Tale applicazione π può essere ottenuta in modo quasi identico alla dimostrazione del Teorema 22.17.

Definiamo ora una serie di swap (A, B) con $|A| = |B| \leq p$, $A \subseteq X$ e $B \subseteq X^*$. Ogni swap verrà associato a un peso positivo. Lo swap (A, B) significa che X viene sostituito da $X' := (X \setminus A) \cup B$; diciamo che A è l'insieme sorgente e B è l'insieme destinazione.

Per ogni $i \in \{1, \ldots, r\}$ con $|A_i| \leq p$, consideriamo lo swap (A_i, B_i) di peso 1. Per ogni $i \in \{1, \ldots, r\}$ con $|A_i| = q > p$, consideriamo lo swap $(\{x\}, \{y\})$ con peso $\frac{1}{q-1}$ per ogni $x \in A_i \setminus \{x_i\}$ e $y \in B_i$. Ogni $y \in X^*$ appare in un insieme destinazione di swap di peso totale pari a 1, e ogni $x \in X$ appare nell'insieme sorgente di swap di peso totale al massimo pari a $\frac{p+1}{p}$.

Assegnamo nuovamente ogni cliente come nel caso di swap singoli. Più precisamente, per uno swap (A, B) riassegnamo ogni $j \in \mathcal{D}$ con $\sigma^*(j) \in B$ a $\sigma^*(j)$ e ogni $j \in \mathcal{D}$ con $\sigma^*(j) \notin B$ e $\sigma(j) \in A$ a $\sigma(\pi(j))$. Si noti che abbiamo $B \supseteq C(A)$ per ognuno degli swap considerati (A, B). Quindi, per ogni $j \in \mathcal{D}$ con $\sigma(j) \in A$ e $\sigma^*(j) \notin B$ abbiamo $\sigma(\pi(j)) \notin A$. Quindi possiamo stimare l'aumento di costo dovuto a uno swap come segue:

$$\begin{aligned} 0 &\leq c_S(X') - c_S(X) \\ &\leq \sum_{j \in \mathcal{D}: \sigma^*(j) \in B} (c_{\sigma^*(j)j} - c_{\sigma(j)j}) + \sum_{j \in \mathcal{D}: \sigma(j) \in A, \sigma^*(j) \notin B} (c_{\sigma(\pi(j))j} - c_{\sigma(j)j}) \\ &\leq \sum_{j \in \mathcal{D}: \sigma^*(j) \in B} (c_{\sigma^*(j)j} - c_{\sigma(j)j}) + \sum_{j \in \mathcal{D}: \sigma(j) \in A} (c_{\sigma(\pi(j))j} - c_{\sigma(j)j}) \end{aligned}$$

poiché $c_{\sigma(\pi(j))j} \geq c_{\sigma(j)j}$ per la definizione di σ. Quindi prendendo la somma pesata su tutti i possibili swap otteniamo

$$\begin{aligned} 0 &\leq \sum_{j \in \mathcal{D}} (c_{\sigma^*(j)j} - c_{\sigma(j)j}) + \frac{p+1}{p} \sum_{j \in \mathcal{D}} (c_{\sigma(\pi(j))j} - c_{\sigma(j)j}) \\ &\leq c_S(X^*) - c_S(X) + \frac{p+1}{p} \sum_{j \in \mathcal{D}} (c_{\sigma^*(j)j} + c_{\sigma^*(j)\pi(j)} + c_{\sigma(\pi(j))\pi(j)} - c_{\sigma(j)j}) \\ &= c_S(X^*) - c_S(X) + \frac{p+1}{p} \sum_{j \in \mathcal{D}} (c_{\sigma^*(j)j} + c_{\sigma^*(\pi(j))\pi(j)}) \\ &= c_S(X^*) - c_S(X) + 2\,\frac{p+1}{p} c_S(X^*), \end{aligned}$$

perché π è una biiezione. □

Arya et al. [2004] hanno anche mostrato che questo rapporto di prestazione è stretto. Come il Corollario 22.18, il Lemma 22.15 e il Teorema 22.19 implicano un algoritmo di approssimazione con fattore $(3 + \epsilon)$ per qualsiasi $\epsilon > 0$. Questo risulta il miglior rapporto di prestazione noto per il PROBLEMA DEL k-MEDIANO METRICO.

Possiamo applicare delle tecniche simili al PROBLEMA DELLA LOCALIZZAZIONE DI IMPIANTI METRICO SENZA LIMITI DI CAPACITÀ e ottenere un semplice algoritmo di approssimazione basato sulla ricerca locale.

Teorema 22.20. (Arya et al. [2004]) *Si consideri un'istanza del* PROBLEMA DELLA LOCALIZZAZIONE DI IMPIANTI METRICO SENZA LIMITI DI CAPACITÀ. *Siano X e X^* due soluzioni ammissibili qualsiasi. Se né $X \setminus \{x\}$ né $X \cup \{y\}$ o $(X \setminus \{x\}) \cup \{y\}$ sono migliori di X per qualsiasi $x \in X$ e $y \in \mathcal{F} \setminus X$, allora $c_S(X) \leq c_F(X^*) + c_S(X^*)$ e $c_F(X) \leq c_F(X^*) + 2c_S(X^*)$.*

Dimostrazione. Usiamo la stessa notazione delle dimostrazioni precedenti. In particolare, siano σ e σ^* rispettivamente gli assegnamenti ottimi dei clienti a X e X^*.

La prima disuguaglianza si verifica facilmente considerando, per ogni $y \in X^*$, l'operazione di aggiungere y a X, che aumenta il costo di al massimo $f_y + \sum_{j \in \mathcal{D}:\sigma^*(j)=y}(c_{\sigma^*(j)j} - c_{\sigma(j)j})$. Sommando questi valori ci dà che $c_F(X^*) + c_S(X^*) - c_S(X)$ è non negativa.

Sia nuovamente $\pi : \mathcal{D} \to \mathcal{D}$ una biiezione tale che per ogni $j \in \mathcal{D}$:

- $\sigma^*(\pi(j)) = \sigma^*(j)$,
- if $\sigma(\pi(j)) = \sigma(j)$ allora $\sigma(j)$ cattura $\sigma^*(j)$ e $\pi(j) = j$.

Tale biiezione π può essere ottenuto come nella dimostrazione del Teorema 22.17 dopo aver fissato $\pi(j) := j$ per $|\{j \in \mathcal{D} : \sigma^*(j) = y, \sigma(j) = x\}| - |\{j \in \mathcal{D} : \sigma^*(j) = y, \sigma(j) \neq x\}|$ elementi $j \in \mathcal{D}$ con $\sigma^*(j) = y$ e $\sigma(j) = x$ per qualsiasi coppia $x \in X$, $y \in X^*$ in cui x cattura y.

Per stimare il costo di impianto di X, sia $x \in X$ e sia $\mathcal{D}_x := \{j \in \mathcal{D} : \sigma(j) = x\}$. Se x non cattura nessun $y \in X^*$, rilasciamo x e riassegnamo ogni $j \in \mathcal{D}_x$ a $\sigma(\pi(j)) \in X \setminus \{x\}$. Quindi

$$0 \leq -f_x + \sum_{j \in \mathcal{D}_x} (c_{\sigma(\pi(j))j} - c_{xj}). \tag{22.10}$$

Se l'insieme $C(\{x\})$ di impianti catturati da x non è vuoto, sia $y \in C(\{x\})$ uno degli impianti più vicini in $C(\{x\})$ (ovvero $\min_{j \in \mathcal{D}}(c_{xj} + c_{yj})$ è minimo). Consideriamo l'aggiunta di ogni impianto $y' \in C(\{x\}) \setminus \{y\}$, che aumenta il costo al massimo di

$$f_{y'} + \sum_{j \in \mathcal{D}_x:\sigma^*(j)=y',\pi(j)=j} (c_{\sigma^*(j)j} - c_{xj}). \tag{22.11}$$

Inoltre, consideriamo lo swap $(\{x\}, \{y\})$. Per $j \in \mathcal{D}_x$ riassegnamo j a $\sigma(\pi(j))$ se $\pi(j) \neq j$, e altrimenti a y.

Il nuovo costo di servizio per $j \in \mathcal{D}_x$ è al massimo $c_{\sigma(\pi(j))j}$ nel primo caso, $c_{\sigma^*(j)j}$ se $\pi(j) = j$ e $\sigma^*(j) = y$, e altrimenti

$$c_{yj} \leq c_{xj} + \min_{k \in \mathcal{D}}(c_{xk} + c_{yk}) \leq c_{xj} + \min_{k \in \mathcal{D}}(c_{xk} + c_{\sigma^*(j)k}) \leq 2c_{xj} + c_{\sigma^*(j)j}$$

in cui la seconda disuguaglianza viene verificata perché x cattura $\sigma^*(j)$ se $\pi(j) = j$.

Complessivamente, lo swap da x a y aumenta il costo di almeno zero e al massimo di

$$\begin{aligned} & f_y - f_x - \sum_{j \in \mathcal{D}_x} c_{xj} + \sum_{j \in \mathcal{D}_x:\pi(j)\neq j} c_{\sigma(\pi(j))j} \\ & + \sum_{j \in \mathcal{D}_x:\pi(j)=j,\sigma^*(j)=y} c_{\sigma^*(j)j} + \sum_{j \in \mathcal{D}_x:\pi(j)=j,\sigma^*(j)\neq y} (2c_{xj} + c_{\sigma^*(j)j}). \end{aligned} \tag{22.12}$$

Aggiungendo (22.11) e (22.12), che sono entrambi non negativi, dà

$$\begin{aligned} 0 \le & \sum_{y' \in C(\{x\})} f_{y'} - f_x + \sum_{j \in \mathcal{D}_x : \pi(j) \ne j} (c_{\sigma(\pi(j))j} - c_{xj}) \\ & + \sum_{j \in \mathcal{D}_x : \pi(j)=j, \sigma^*(j)=y} (c_{\sigma^*(j)j} - c_{xj}) + \sum_{j \in \mathcal{D}_x : \pi(j)=j, \sigma^*(j) \ne y} 2c_{\sigma^*(j)j} \\ \le & \sum_{y' \in C(\{x\})} f_{y'} - f_x + \sum_{j \in \mathcal{D}_x : \pi(j) \ne j} (c_{\sigma(\pi(j))j} - c_{xj}) + 2 \sum_{j \in \mathcal{D}_x : \pi(j)=j} c_{\sigma^*(j)j}. \end{aligned} \tag{22.13}$$

Sommando rispettivamente (22.10) e (22.13), su tutti gli $x \in X$ dà

$$\begin{aligned} 0 \le & \sum_{x \in X} \sum_{y' \in C(\{x\})} f_{y'} - c_F(X) + \sum_{j \in \mathcal{D} : \pi(j) \ne j} (c_{\sigma(\pi(j))j} - c_{\sigma(j)j}) \\ & + 2 \sum_{j \in \mathcal{D} : \pi(j)=j} c_{\sigma^*(j)j} \\ \le & \; c_F(X^*) - c_F(X) + \sum_{j \in \mathcal{D} : \pi(j) \ne j} (c_{\sigma^*(j)j} + c_{\sigma^*(j)\pi(j)} + c_{\sigma(\pi(j))\pi(j)} - c_{\sigma(j)j}) \\ & + 2 \sum_{j \in \mathcal{D} : \pi(j)=j} c_{\sigma^*(j)j} \\ = & \; c_F(X^*) - c_F(X) + 2c_S(X^*). \end{aligned}$$

□

Insieme al Lemma 22.15 questo implica un algoritmo di approssimazione con fattore $(3+\epsilon)$ per qualsiasi $\epsilon > 0$. Unendo questo risultato con il Teorema 22.10, otteniamo un algoritmo di approssimazione con fattore 2.375 (Esercizio 12). Charikar e Guha [2005] hanno dimostrato la stessa garanzia di prestazione per un algoritmo di ricerca locale molto simile.

22.7 Localizzazione di impianti con limiti di capacità

Uno dei maggiori vantaggi degli algoritmi di ricerca locale è la loro flessibilità; possono essere applicati a qualsiasi funzione di costo anche in presenza di complicati vincoli aggiuntivi. Per problemi di localizzazione di impianti con delle capacità molto piccole, la ricerca locale è l'unica tecnica che si conosce per ottenere degli algoritmi approssimati.

Esistono molte versioni di problemi di localizzazioni di impianti con capacità. Mahdian e Pál [2003] hanno definito il seguente problema, che contiene molti casi particolari.

PROBLEMA DELLA LOCALIZZAZIONE DI IMPIANTI UNIVERSALE

Istanza: Insiemi finiti $\mathcal{D}$ di clienti e $\mathcal{F}$ di possibili impianti; una metrica c su $V := \mathcal{D} \cup \mathcal{F}$, ovvero le distanze $c_{ij} \geq 0$ $(i, j \in V)$ con $c_{ii} = 0$, $c_{ij} = c_{ji}$ e $c_{ij} + c_{jk} \geq c_{ik}$ per ogni $i, j, k \in V$; una domanda $d_j \geq 0$ per ogni $j \in \mathcal{D}$; e per ogni $i \in \mathcal{F}$ una funzione di costo $f_i : \mathbb{R}_+ \to \mathbb{R}_+ \cup \{\infty\}$ che è "continua a sinistra" e non decrescente.

Obiettivo: Trovare $x_{ij} \in \mathbb{R}_+$ per $i \in \mathcal{F}$ e $j \in \mathcal{D}$, con $\sum_{i \in \mathcal{F}} x_{ij} = d_j$ per ogni $j \in \mathcal{D}$, tale che $c(x) := c_F(x) + c_S(x)$ sia minimo, in cui

$$c_F(x) := \sum_{i \in \mathcal{F}} f_i\Bigl(\sum_{j \in \mathcal{D}} x_{ij}\Bigr) \qquad \text{e} \qquad c_S(x) := \sum_{i \in \mathcal{F}} \sum_{j \in \mathcal{D}} c_{ij} x_{ij}.$$

$f_i(z)$ può essere interpretato come il costo di installare la capacità z nell'impianto i. Dobbiamo specificare come sono date le funzioni f_i. Assumiamo un oracolo che, per ogni $i \in \mathcal{F}$, $u, c \in \mathbb{R}_+$ e $t \in \mathbb{R}$, calcola $f_i(u)$ e $\max\{\delta \in \mathbb{R} : u + \delta \geq 0,\ f_i(u+\delta) - f_i(u) + c|\delta| \leq t\}$. Questa è un'ipotesi naturale poiché questo oracolo può essere implementato per la maggior parte dei casi particolari del PROBLEMA DELLA LOCALIZZAZIONE DI IMPIANTI UNIVERSALE. Questi casi particolari sono:

- Il PROBLEMA DELLA LOCALIZZAZIONE DI IMPIANTI METRICO SENZA LIMITI DI CAPACITÀ. In questo caso $d_j = 1$ $(j \in \mathcal{D})$, e $f_i(0) = 0$ e $f_i(z) = t_i$ per un $t_i \in \mathbb{R}_+$ e ogni $z > 0$ $(i \in \mathcal{F})$.
- Il PROBLEMA DELLA LOCALIZZAZIONE DI IMPIANTI METRICO CON CAPACITÀ. In questo caso $f_i(0) = 0$, $f_i(z) = t_i$ per $0 < z \leq u_i$ e $f_i(z) = \infty$ per $z > u_i$, in cui $u_i, t_i \in \mathbb{R}_+$ $(i \in \mathcal{F})$.
- Il PROBLEMA DELLA LOCALIZZAZIONE DI IMPIANTI METRICO CON CAPACITÀ SOFT. In questo caso $d_j = 1$ $(j \in \mathcal{D})$, e $f_i(z) = \lceil \frac{z}{u_i} \rceil t_i$ per un $u_i \in \mathbb{N}$, $t_i \in \mathbb{R}_+$ e ogni $z \geq 0$ $(i \in \mathcal{F})$.

Si noti che nel primo e nel terzo caso esiste sempre una soluzione ottima intera. Mentre nel primo caso è semplice da vedere, nel terzo caso si vede prendendo una soluzione ottima qualsiasi y e applicando l'osservazione seguente a $d_j = 1$ per $j \in \mathcal{D}$ e $z_i = \max\{z : f_i(z) \leq f_i(\sum_{j \in \mathcal{D}} y_{ij})\} \in \mathbb{Z}_+$ per $i \in \mathcal{F}$:

Proposizione 22.21. *Siano $\mathcal{D}$ e $\mathcal{F}$ insiemi finiti, $d_j \geq 0$ $(j \in \mathcal{D})$, $z_i \geq 0$ $(i \in \mathcal{F})$ e $c_{ij} \geq 0$ $(i \in \mathcal{F}, j \in \mathcal{D})$ tali che $\sum_{j \in \mathcal{D}} d_j \leq \sum_{i \in \mathcal{F}} z_i$. Allora una soluzione ottima di*

$$\min\left\{ \sum_{i \in \mathcal{F},\, j \in \mathcal{D}} c_{ij} x_{ij} : x \geq 0,\ \sum_{i \in \mathcal{F}} x_{ij} = d_j \ (j \in \mathcal{D}),\ \sum_{j \in \mathcal{D}} x_{ij} \leq z_i \ (i \in \mathcal{F}) \right\} \tag{22.14}$$

può essere trovata in tempo $O(n^3 \log n)$, in cui $n = |\mathcal{D}| + |\mathcal{F}|$. Se tutti i d_j e z_i sono interi, allora esiste una soluzione ottima intera.

Dimostrazione. (22.14) è equivalente all'istanza (G, b, c) del PROBLEMA DI HITCHCOCK, definita da $G := (A \dot\cup B, A \times B)$, $A := \{v_j : j \in \mathcal{D}\} \dot\cup \{0\}$, $B := \{w_i : i \in \mathcal{F}\}$, $b(v_j) := d_j$ per $j \in \mathcal{D}$, $b(w_i) = -z_i$ per $i \in \mathcal{F}$, $b(0) := \sum_{i \in \mathcal{F}} z_i - \sum_{j \in \mathcal{D}} d_j$, $c(v_j, w_i) := c_{ij}$ e $c(0, w_i) := 0$ per $i \in \mathcal{F}$ e $j \in \mathcal{D}$. Quindi (22.14) può essere risolta in tempo $O(n^3 \log n)$ per il Teorema 9.17. Se b è intera, l'ALGORITMO DI CANCELLAZIONE DEL CICLO MEDIO MINIMO e l'ALGORITMO DEI CAMMINI MINIMI SUCCESSIVI calcolano delle soluzioni intere. □

La versione con capacità soft si può facilmente ridurre al caso senza capacità, usando una tecnica che è stata originariamente proposta da Jain e Vazirani [2001]:

Teorema 22.22. (Mahdian, Ye e Zhang [2006]) *Siano γ_F e γ_S delle costanti e A un algoritmo tempo-polinomiale tale che, per ogni istanza del* PROBLEMA DELLA LOCALIZZAZIONE DI IMPIANTI METRICO SENZA LIMITI DI CAPACITÀ, *l'algoritmo A calcola una soluzione X con $c_F(X)+c_S(X) \le \gamma_F c_F(X^*)+\gamma_S c_S(X^*)$ per ogni $\emptyset \ne X^* \subseteq \mathcal{F}$. Esiste allora un algoritmo di approssimazione con fattore $(\gamma_F + \gamma_S)$ per il* PROBLEMA DELLA LOCALIZZAZIONE DI IMPIANTI METRICO CON CAPACITÀ SOFT.

Dimostrazione. Si consideri un'istanza $I = (\mathcal{F}, \mathcal{D}, (c_{ij})_{i \in \mathcal{F}, j \in \mathcal{D}}, (f_i)_{i \in \mathcal{F}})$ del PROBLEMA DELLA LOCALIZZAZIONE DI IMPIANTI METRICO CON CAPACITÀ SOFT, in cui $f_i(z) = \lceil \frac{z}{u_i} \rceil t_i$ per $i \in \mathcal{F}$ e $z \in \mathbb{R}_+$. La trasformiamo in un'istanza $I' = (\mathcal{F}, \mathcal{D}, (f'_i)_{i \in \mathcal{F}}, (c'_{ij})_{i \in \mathcal{F}, j \in \mathcal{D}})$ del PROBLEMA DELLA LOCALIZZAZIONE DI IMPIANTI METRICO SENZA LIMITI DI CAPACITÀ ponendo $f'_i := t_i$ e $c'_{ij} := c_{ij} + \frac{t_i}{u_i}$ per $i \in \mathcal{F}$ e $j \in \mathcal{D}$. (Si noti che c' è metrico ogni volta che c è metrico.)

Applichiamo A a I' e troviamo una soluzione $X \in \mathcal{F}$ e un assegnamento $\sigma : \mathcal{D} \to X$. Assegnamo $x_{ij} := 1$ se $\sigma(j) = i$ e $x_{ij} := 0$ altrimenti. Se $\sigma^* : \mathcal{D} \to \mathcal{F}$ è una soluzione ottima per I e $X^* := \{i \in \mathcal{F} : \exists j \in \mathcal{D} : \sigma^*(j) = i\}$ è l'insieme di impianti che sono stati aperti almeno una volta,

$$\begin{aligned} c_F(x) + c_S(x) &= \sum_{i \in X} \left\lceil \frac{|\{j \in \mathcal{D} : \sigma(j) = i\}|}{u_i} \right\rceil t_i + \sum_{j \in \mathcal{D}} c_{\sigma(j)j} \\ &\le \sum_{i \in X} t_i + \sum_{j \in \mathcal{D}} c'_{\sigma(j)j} \\ &\le \gamma_F \sum_{i \in X^*} t_i + \gamma_S \sum_{j \in \mathcal{D}} c'_{\sigma^*(j)j} \\ &\le (\gamma_F + \gamma_S) \sum_{i \in X^*} \left\lceil \frac{|\{j \in \mathcal{D} : \sigma^*(j) = i\}|}{u_i} \right\rceil t_i + \gamma_S \sum_{j \in \mathcal{D}} c_{\sigma^*(j)j}. \end{aligned}$$

□

Corollario 22.23. *Il* PROBLEMA DELLA LOCALIZZAZIONE DI IMPIANTI METRICO CON CAPACITÀ SOFT *ha un algoritmo di approssimazione con fattore 2.89.*

Dimostrazione. Si applica il Teorema 22.22 all'ALGORITMO DI DUAL FITTING (Corollario 22.7(c)); in questo caso $\gamma_F = 1.11$ e $\gamma_S = 1.78$. □

Si veda l'Esercizio 11 per un rapporto di prestazione migliore.

Quando si hanno delle capacità che non possono essere violate, dobbiamo permettere la suddivisione della domanda dei clienti, ossia assegnarla a diversi impianti aperti: se non permettiamo la separazione, non possiamo aspettarci nessun risultato poiché anche solo decidere se esiste almeno una soluzione ammissibile è un problema *NP*-completo (questo problema contiene il problema di PARTIZIONE; si veda il Corollario 15.28).

Il primo algoritmo di approssimazione per il PROBLEMA DELLA LOCALIZZAZIONE DI IMPIANTI METRICO CON CAPACITÀ si deve a Pál, Tardos e Wexler [2001], che estende un risultato precedente, trovato per un caso particolare, di Korupolu, Plaxton e Rajaraman [2000]. La garanzia di prestazione è stata migliorata a 5.83 da Zhang, Chen e Ye [2004]. Per il caso particolare di costi di apertura di impianto uniformi, Levi, Shmoys e Swamy [2004] hanno ottenuto un algoritmo di approssimazione con fattore 5 usando l'arrotondamento di un rilassamento lineare.

Il lavoro di Pál, Tardos e Wexler [2001] è stato generalizzato al PROBLEMA DELLA LOCALIZZAZIONE DI IMPIANTI UNIVERSALE da Mahdian e Pál [2003], che hanno ottenuto un algoritmo di approssimazione con un fattore 7.88. Nella prossima sezione presentiamo un algoritmo di ricerca locale che ci dà un rapporto di garanzia di 6.702 per il PROBLEMA DELLA LOCALIZZAZIONE DI IMPIANTI UNIVERSALE. Diamo prima il seguente risultato.

Lemma 22.24. (Mahdian e Pál [2003]) *Ogni istanza del* PROBLEMA DELLA LOCALIZZAZIONE DI IMPIANTI UNIVERSALE *ha una soluzione ottima.*

Dimostrazione. Se non ci fosse una soluzione di costo finito, qualsiasi soluzione sarebbe ottima. Altrimenti sia $(x^i)_{i\in\mathbb{N}}$ una sequenza di soluzioni i cui costi tendono all'estremo inferiore $c^* \in \mathbb{R}_+$ dell'insieme dei costi delle soluzioni ammissibili. Poiché questa sequenza è limitata, esiste una sottosequenza $(x^{i_j})_{j\in\mathbb{N}}$ che converge a un certo x^*, con x^* ammissibile. Poiché tutte le f_i sono "continue a sinistra" e non decrescenti, abbiamo che $c(x^*) = c(\lim_{j\to\infty} x^{i_j}) \leq \lim_{j\to\infty} c(x^{i_j}) = c^*$, ossia x^* è ottimo. □

22.8 Localizzazione di Impianti Universale

In questa sezione, che su basa su Vygen [2007], presentiamo un algoritmo di ricerca locale per il PROBLEMA DELLA LOCALIZZAZIONE DI IMPIANTI UNIVERSALE che usa due operazioni. Prima, per $t \in \mathcal{F}$ e $\delta \in \mathbb{R}_+$ consideriamo l'operazione ADD(t, δ), che consiste nel sostituire la soluzione ammissibile corrente x con una soluzione ottima y al problema seguente:

$$\min\left\{c_S(y) : y_{ij} \geq 0\,(i \in \mathcal{F},\ j \in \mathcal{D}),\ \sum_{i\in\mathcal{F}} y_{ij} = d_j\ (j \in \mathcal{D}),\right.$$
$$\left.\sum_{j\in\mathcal{D}} y_{ij} \leq \sum_{j\in\mathcal{D}} x_{ij}\ (i \in \mathcal{F}\setminus\{t\}),\ \sum_{j\in\mathcal{D}} y_{tj} \leq \sum_{j\in\mathcal{D}} x_{tj} + \delta\right\}. \tag{22.15}$$

Indichiamo con $c^x(t,\delta) := c_S(y) - c_S(x) + f_t(\sum_{j\in\mathcal{D}} x_{tj} + \delta) - f_t(\sum_{j\in\mathcal{D}} x_{tj})$ la stima del costo di questa operazione; questo è un upper bound per $c(y) - c(x)$.

Lemma 22.25. (Mahdian e Pál [2003]) *Sia $\epsilon > 0$. Sia x una soluzione ammissibile di una data istanza e sia $t \in \mathcal{F}$. Allora esiste un algoritmo con tempo di esecuzione $O(|V|^3 \log |V| \epsilon^{-1})$ che trova un $\delta \in \mathbb{R}_+$ con $c^x(t,\delta) \leq -\epsilon c(x)$ o decide che non esiste nessun $\delta \in \mathbb{R}_+$ per il quale $c^x(t,\delta) \leq -2\epsilon c(x)$.*

Dimostrazione. Possiamo assumere che $c(x) > 0$. Sia $C := \{\nu\epsilon c(x) : \nu \in \mathbb{Z}_+, \nu \leq \lceil \frac{1}{\epsilon} \rceil\}$. Per ogni $\gamma \in C$ sia δ_γ il massimo $\delta \in \mathbb{R}_+$ per il quale $f_t(\sum_{j\in\mathcal{D}} x_{tj} + \delta) - f_t(\sum_{j\in\mathcal{D}} x_{tj}) \leq \gamma$. Calcoliamo $c^x(t,\delta_\gamma)$ per ogni $\gamma \in C$.

Supponiamo che esista un $\delta \in \mathbb{R}_+$ con $c^x(t,\delta) \leq -2\epsilon c(x)$. Allora consideriamo

$$\gamma := \epsilon c(x) \left\lceil \frac{1}{\epsilon c(x)} \left(f_t\left(\sum_{j\in\mathcal{D}} x_{tj} + \delta\right) - f_t\left(\sum_{j\in\mathcal{D}} x_{tj}\right)\right)\right\rceil \in C.$$

Si noti che $\delta_\gamma \geq \delta$ e quindi $c^x(t,\delta_\gamma) < c^x(t,\delta) + \epsilon c(x) \leq -\epsilon c(x)$.

Il tempo di esecuzione viene dominato dalla risoluzione di $|C|$ problemi di tipo (22.15). Quindi il tempo di esecuzione segue dalla Proposizione 22.21. □

Se non esiste nessuna operazione ADD favorevole, si può stimare il costo di servizio. Il risultato seguente si deve essenzialmente a Pál, Tardos e Wexler [2001]:

Lemma 22.26. *Sia $\epsilon > 0$, e siano x, x^* due soluzioni ammissibili di una data istanza, e sia $c^x(t,\delta) \geq -\frac{\epsilon}{|\mathcal{F}|} c(x)$ per ogni $t \in \mathcal{F}$ e $\delta \in \mathbb{R}_+$. Allora $c_S(x) \leq c_F(x^*) + c_S(x^*) + \epsilon c(x)$.*

Dimostrazione. Si consideri il digrafo (completo e bipartito) $G = (\mathcal{D} \,\dot\cup\, \mathcal{F}, (\mathcal{D} \times \mathcal{F}) \cup (\mathcal{F} \times \mathcal{D}))$ con pesi sugli archi $c((j,i)) := c_{ij}$ e $c((i,j)) := -c_{ij}$ per $i \in \mathcal{F}$ e $j \in \mathcal{D}$. Sia $b(i) := \sum_{j\in\mathcal{D}}(x_{ij} - x^*_{ij})$ per $i \in \mathcal{F}$, $S := \{i \in \mathcal{F} : b(i) > 0\}$ e $T := \{i \in \mathcal{F} : b(i) < 0\}$.

Definiamo un b-flusso $g : E(G) \to \mathbb{R}_+$ con $g(i,j) := \max\{0, x_{ij} - x^*_{ij}\}$ e $g(j,i) := \max\{0, x^*_{ij} - x_{ij}\}$ per $i \in \mathcal{F}$, $j \in \mathcal{D}$.

Scriviamo g come la somma di b_t-flussi g_t per $t \in T$, in cui $b_t(t) = b(t)$, $b_t(v) = 0$ per $v \in T \setminus \{t\}$ e $0 \leq b_t(v) \leq b(v)$ per $v \in V(G) \setminus T$ (questo si può fare con delle tradizionali tecniche di decomposizione di flusso).

Per ogni $t \in T$, g_t definisce un modo ammissibile per riassegnare i clienti a t, ossia una nuova soluzione x^t definita da $x^t_{ij} := x_{ij} + g_t(j,i) - g_t(i,j)$ per $i \in \mathcal{F}$,

$j \in \mathcal{D}$. Abbiamo che $c_S(x^t) = c_S(x) + \sum_{e \in E(G)} c(e) g_t(e)$ e quindi

$$c^x(t, -b(t)) \leq \sum_{e \in E(G)} c(e) g_t(e) + f_t\left(\sum_{j \in \mathcal{D}} x^*_{tj}\right) - f_t\left(\sum_{j \in \mathcal{D}} x_{tj}\right).$$

Se l'espressione a sinistra del $\leq$ è almeno $-\frac{\epsilon}{|\mathcal{F}|} c(x)$ per ogni $t \in T$, la sommatoria dà

$$\begin{aligned} -\epsilon c(x) &\leq \sum_{e \in E(G)} c(e) g(e) + \sum_{t \in T} f_t\left(\sum_{j \in \mathcal{D}} x^*_{tj}\right) \\ &\leq \sum_{e \in E(G)} c(e) g(e) + c_F(x^*) \\ &= c_S(x^*) - c_S(x) + c_F(x^*). \end{aligned}$$

□

Descriviamo ora il secondo tipo di operazione. Sia x una soluzione ammissibile per una data istanza del PROBLEMA DELLA LOCALIZZAZIONE DI IMPIANTI UNIVERSALE. Sia A un'arborescenza con $V(A) \subseteq \mathcal{F}$ e $\delta \in \Delta^x_A := \{\delta \in \mathbb{R}^{V(A)} : \sum_{j \in \mathcal{D}} x_{ij} + \delta_i \geq 0$ per ogni $i \in V(A)$, $\sum_{i \in V(A)} \delta_i = 0\}$.

Allora consideriamo l'operazione PIVOT(A, δ), che consiste nel sostituire x con una soluzione x' con $\sum_{j \in \mathcal{D}} x'_{ij} = \sum_{j \in \mathcal{D}} x_{ij} + \delta_i$ per $i \in V(A)$, $\sum_{j \in \mathcal{D}} x'_{ij} = \sum_{j \in \mathcal{D}} x_{ij}$ per $i \in \mathcal{F} \setminus V(A)$ e $c(x') \leq c(x) + c^x(A, \delta)$, in cui $c^x(A, \delta) := \sum_{i \in V(A)} c^x_{A,i}(\delta)$ e

$$c^x_{A,i}(\delta) := f_i\left(\sum_{j \in \mathcal{D}} x_{ij} + \delta_i\right) - f_i\left(\sum_{j \in \mathcal{D}} x_{ij}\right) + \left|\sum_{l \in A^+_i} \delta_l\right| c_{ip(i)}$$

per $i \in V(A)$. In questo caso A^+_i indica l'insieme dei vertici raggiungibili da i in A, e $p(i)$ è il predecessore di i in A (ed è vertice qualsiasi se i è la radice). Tale x' può essere costruito facilmente spostando la domanda sugli archi in A con un ordine topologico inverso. Si noti che l'orientamento di A non è rilevante per $c^x(A, \delta)$ e viene usato solo per semplificare la notazione.

L'operazione sarà eseguita se il suo *costo stimato* $c^x(A, \delta)$ è sufficientemente negativo. Questo garantisce che il risultato dell'algoritmo di ricerca locale termina dopo un numero polinomiale di passi migliorativi. Chiamiamo $\sum_{i \in V(A)} \left| \sum_{l \in A^+_i} \delta_l \right| c_{ip(i)}$ il *costo stimato di routing* di PIVOT(A, δ).

Mostriamo ora come trovare un'operazione di PIVOT migliorante a meno che non si sia già in un ottimo locale approssimato.

Lemma 22.27. (Vygen [2007]) *Sia $\epsilon > 0$ e A un'arborescenza con $V(A) \subseteq \mathcal{F}$. Sia x una soluzione ammissibile. Allora esiste un algoritmo che richiede un tempo $O(|\mathcal{F}|^4 \epsilon^{-3})$ e o trova un $\delta \in \Delta^x_A$ con $c^x(A, \delta) \leq -\epsilon c(x)$ oppure decide che non esiste nessun $\delta \in \Delta^x_A$ per il quale $c^x(A, \delta) \leq -2\epsilon c(x)$.*

Dimostrazione. Si numeri $V(A) = \{1, \dots, n\}$ in ordine topologico inverso, ossia per ogni $(i, j) \in E(A)$ abbiamo $i > j$. Per $k \in V(A)$ con $(p(k), k) \in E(A)$ sia $B(k) := \{i < k : (p(k), i) \in E(A)\}$ l'insieme di sibling (ovvero, nodi che hanno lo stesso nodo predecessore) più piccoli di k, e sia $B(k) := \emptyset$ se k è la radice di A. Sia $I_k := \bigcup_{l \in B(k) \cup \{k\}} A_l^+$, $b(k) := \max(\{0\} \cup B(k))$ e $s(k) := \max(\{0\} \cup (A_k^+ \setminus \{k\}))$.

Sia $C := \{\nu \frac{\epsilon}{n} c(x) : \nu \in \mathbb{Z}, -\lceil \frac{n}{\epsilon} \rceil - n \leq \nu \leq \lceil \frac{n}{\epsilon} \rceil + n\}$. Calcoliamo la tabella $(T_A^x(k, \gamma))_{k \in \{0,\dots,n\}, \gamma \in C}$, definita come segue. Sia $T_A^x(0,0) := 0$, $T_A^x(0, \gamma) := \emptyset$ per ogni $\gamma \in C \setminus \{0\}$, e per $k = 1, \dots, n$ sia $T_A^x(k, \gamma)$ una soluzione ottima $\delta \in \mathbb{R}^{I_k}$ di

$$\max \left\{ \sum_{i \in I_k} \delta_i : \gamma' \in C, \ T_A^x(b(k), \gamma') \neq \emptyset, \ \delta_i = (T_A^x(b(k), \gamma'))_i \text{ for } i \in \bigcup_{l \in B(k)} A_l^+, \right.$$
$$\gamma'' \in C, \ T_A^x(s(k), \gamma'') \neq \emptyset, \ \delta_i = (T_A^x(s(k), \gamma''))_i \text{ for } i \in A_k^+ \setminus \{k\},$$
$$\left. \sum_{j \in \mathcal{D}} x_{kj} + \delta_k \geq 0, \ \gamma' + \gamma'' + c_{A,k}^x(\delta) \leq \gamma \right\}$$

se l'insieme su cui si prende il massimo non è vuoto. Altrimenti $T_A^x(k, \gamma) := \emptyset$.

All'incirca, $-\sum_{i \in I_k} (T_A^x(k, \gamma))_i$ è il minimo sovrappiù che otteniamo al predecessore $p(k)$ di k quando spostiamo la domanda da ogni vertice in I_k al suo predecessore o vice versa, per un costo totale stimato (arrotondato) di al massimo γ.

Si noti che $T_A^x(k, 0) \neq \emptyset$ per $k = 0, \dots, n$. Quindi possiamo scegliere il $\gamma \in C$ tale che $T_A^x(n, \gamma) \neq \emptyset$ e $\sum_{i=1}^n (T_A^x(n, \gamma))_i \geq 0$. Allora scegliamo $\delta \in \Delta_A^x$ tale che $\delta_i = (T_A^x(n, \gamma))_i$ o $0 \leq \delta_i \leq (T_A^x(n, \gamma))_i$ per ogni $i = 1, \dots, n$ e $|\sum_{l \in A_i^+} \delta_l| \leq |\sum_{l \in A_i^+} (T_A^x(n, \gamma))_l|$ per ogni $i = 1, \dots, n$. Questo può essere fatto ponendo $\delta := T_A^x(n, \gamma)$ e diminuendo ripetutamente δ_i per il massimo i per il quale $\delta_i > 0$ e $\sum_{l \in A_k^+} \delta_l > 0$ per tutti i vertici k sul cammino da n a i in A. Si noti che la proprietà $c^x(A, \delta) \leq \gamma$ viene preservata. Rimane da mostrare che γ è abbastanza piccolo.

Si supponga che esista un'operazione $\text{PIVOT}(A, \delta)$ con $c^x(A, \delta) \leq -2\epsilon c(x)$. Poiché $c_{A,i}^x(\delta) \geq -f_i(\sum_{j \in \mathcal{D}} x_{ij}) \geq -c(x)$ per ogni $i \in V(A)$, questo implica anche che $c_{A,i}^x(\delta) < c_F(x) \leq c(x)$. Quindi $\gamma_i := \lceil c_{A,i}^x(\delta) \frac{n}{\epsilon c(x)} \rceil \frac{\epsilon c(x)}{n} \in C$ per $i = 1, \dots, n$, e $\sum_{i \in I} \gamma_i \in C$ per ogni $I \subseteq \{1, \dots, n\}$. Allora una semplice induzione ci mostra che $\sum_{i \in I_k} (T_A^x(k, \sum_{l \in I_k} \gamma_l))_i \geq \sum_{i \in I_k} \delta_i$ per $k = 1, \dots, n$. Quindi troviamo un'operazione di pivot con costo stimato di al massimo $\sum_{i=1}^n \gamma_i < c^x(A, \delta) + \epsilon c(x) \leq -\epsilon c(x)$.

Il tempo di esecuzione può essere stimato come segue. Dobbiamo calcolare $n|C|$ elementi della tabella, e per ogni elemento $T_A^x(k, \gamma)$ proviamo tutti i valori di $\gamma', \gamma'' \in C$. Questo ci dà i valori δ_i per $i \in I_k \setminus \{k\}$, e il passo principale rimane quello di calcolare il massimo δ_k per il quale $\gamma' + \gamma'' + c_{A,k}^x(\delta) \leq \gamma$. Questo può essere fatto direttamente con l'oracolo che abbiamo ipotizzato per le funzioni f_i, $i \in \mathcal{F}$. Il calcolo finale di δ da $T_A^x(n, \gamma)$, $\gamma \in C$, si esegue facilmente in tempo lineare. Quindi il tempo di esecuzione complessivo risulta essere $O(n|C|^3) = O(|\mathcal{F}|^4 \epsilon^{-3})$. □

Consideriamo l'operazione PIVOT(A, δ) per arborescenze particolari: stelle e comete. A è chiamata una **stella radicata in** v se $A = (\mathcal{F}, \{(v, w) : w \in \mathcal{F} \setminus \{v\}\})$ e una **cometa radicata in** v **e con coda** (t, s) se $A = (\mathcal{F}, \{(t, s)\} \cup \{(v, w) : w \in \mathcal{F} \setminus \{v, s\}\})$ e v, t, s sono elementi distinti di $\mathcal{F}$. Si noti che esistono meno di $|\mathcal{F}|^3$ stelle e comete.

Mostriamo ora che un ottimo locale (approssimato) ha un costo di impianto piccolo.

Lemma 22.28. *Siano x, x^* soluzioni ammissibili di una data istanza, e sia $c^x(A, \delta) \geq -\frac{\epsilon}{|\mathcal{F}|} c(x)$ per ogni stella e cometa A e $\delta \in \Delta_A^x$. Allora $c_F(x) \leq 4c_F(x^*) + 2c_S(x^*) + 2c_S(x) + \epsilon c(x)$.*

Dimostrazione. Usiamo la stessa notazione del Lemma 22.26 e consideriamo l'istanza del PROBLEMA DI HITCHCOCK seguente:

$$\begin{aligned} \min \quad & \sum_{s \in S, t \in T} c_{st}\, y(s,t) \\ \text{t.c.} \quad & \sum_{t \in T} y(s,t) = b(s) \quad (s \in S) \\ & \sum_{s \in S} y(s,t) = -b(t) \quad (t \in T) \\ & y(s,t) \geq 0 \qquad (s \in S, t \in T). \end{aligned} \tag{22.16}$$

Per la Proposizione 9.20 esiste una soluzione ottima $y : S \times T \to \mathbb{R}_+$ di (22.16) tale che $F := (S \cup T, \{\{s, t\} : y(s, t) > 0\})$ è una foresta.

Poiché $(b_t(s))_{s \in S, t \in T}$ è una soluzione ammissibile di (22.16), abbiamo che

$$\begin{aligned} \sum_{s \in S, t \in T} c_{st}\, y(s,t) &\leq \sum_{s \in S, t \in T} c_{st}\, b_t(s) \\ &= \sum_{s \in S, t \in T} c_{st}\,(g_t(\delta^+(s)) - g_t(\delta^-(s))) \\ &\leq \sum_{e \in E(G)} |c(e)|\, g(e) \\ &\leq c_S(x^*) + c_S(x). \end{aligned} \tag{22.17}$$

Definiamo ora al massimo $|\mathcal{F}|$ operazioni di PIVOT. Diciamo che un'operazione di PIVOT(A, δ) *chiude* $s \in S$ (rispetto a x e x^*) se $\sum_{j \in \mathcal{D}} x_{sj} > \sum_{j \in \mathcal{D}} x_{sj} + \delta_s = \sum_{j \in \mathcal{D}} x^*_{sj}$. Diciamo che *apre* $t \in T$ se $\sum_{j \in \mathcal{D}} x_{tj} < \sum_{j \in \mathcal{D}} x_{tj} + \delta_t \leq \sum_{j \in \mathcal{D}} x^*_{tj}$. Tra tutte le operazioni che definiremo, ogni $s \in S$ sarà chiusa una sola volta, e ogni $t \in T$ sarà aperta al massimo quattro volte. Inoltre, il costo totale stimato di routing sarà al massimo $2 \sum_{s \in S, t \in T} c_{st}\, y(s, t)$. Quindi il costo stimato totale delle operazioni sarà al massimo $4c_F(x^*) + 2c_S(x^*) + 2c_S(x) - c_F(x)$. Questo dimostra il lemma.

Per definire le operazioni, orientiamo F come una ramificazione B le cui componenti sono radicate in un elemento di T. Scriviamo $y(e) := y(s, t)$ se $e \in E(B)$ ha estremi $s \in S$ e $t \in T$. Un vertice $v \in V(B)$ viene chiamato *debole* se $y(\delta_B^+(v)) > y(\delta_B^-(v))$ e *forte* altrimenti. Indichiamo con $\Gamma_s^+(v)$, $\Gamma_w^+(v)$ e $\Gamma^+(v)$

rispettivamente l'insieme di figli forti, deboli, e sia forti che deboli di $v \in V(B)$ in B.

Sia $t \in T$, e sia $\Gamma_w^+(t) = \{w_1, \dots, w_k\}$ l'insieme dei figli deboli di t ordinato in modo tale che $r(w_1) \le \cdots \le r(w_k)$, in cui $r(w_i) := \max\left\{0, y(w_i, t) - \sum_{t' \in \Gamma_w^+(w_i)} y(w_i, t')\right\}$. Inoltre, l'ordine $\Gamma_s^+(t) = \{s_1, \dots, s_l\}$ è tale che $y(s_1, t) \ge \cdots \ge y(s_l, t)$.

Assumiamo prima che $k > 0$. Per $i = 1, \dots, k-1$ si consideri un'operazione di PIVOT con la stella centrata in w_i, che manda:

- al massimo $2y(w_i, t')$ unità di domanda da w_i a ogni figlio debole t' di w_i,
- $y(w_i, t')$ unità da w_i a ogni figlio forte t' di w_i, e
- $r(w_i)$ unità da w_i a $\Gamma_s^+(w_{i+1})$,

che chiude w_i e apre un sottoinsieme di $\Gamma^+(w_i) \cup \Gamma_s^+(w_{i+1})$. Il costo stimato di instradamento della domanda è al massimo

$$\sum_{t' \in \Gamma_w^+(w_i)} c_{w_i t'} 2y(w_i, t') + \sum_{t' \in \Gamma_s^+(w_i)} c_{w_i t'} y(w_i, t') + c_{t w_i} r(w_i)$$
$$+ c_{t w_{i+1}} r(w_{i+1}) + \sum_{t' \in \Gamma_s^+(w_{i+1})} c_{w_{i+1} t'} y(w_{i+1}, t'),$$

poiché $r(w_i) \le r(w_{i+1}) \le \sum_{t' \in \Gamma_s^+(w_{i+1})} y(w_{i+1}, t')$.

Per definire più operazioni di PIVOT legate a t, distinguiamo tre casi.

Caso 1: t è forte oppure $l = 0$. Allora si consideri:

(1) Un'operazione di PIVOT con la stella centrata a w_k, che manda
- $y(w_k, t')$ unità di domanda da w_k a ogni figlio t' di w_k, e
- $y(w_k, t)$ unità da w_k a t,

chiudendo w_k e aprendo t e i figli di w_k.

(2) Un'operazione di PIVOT con la stella centrata a t, che manda
- al massimo $2y(s, t)$ unità da ogni figlio forte s di t a t,

chiudendo il figlio forte di t e aprendo t.

(Nel caso in cui $l = 0$ la seconda operazione di PIVOT può essere omessa.)

Caso 2: t è debole, $l \ge 1$, e $y(w_k, t) + y(s_1, t) \ge \sum_{i=2}^{l} y(s_i, t)$. Allora si consideri:

(1) Un'operazione di PIVOT con la stella centrata a w_k, che manda
- $y(w_k, t')$ unità di domanda da w_k a ogni figlio t' di w_k, e
- $y(w_k, t)$ unità da w_k a t,

chiudendo w_k, aprendo i figli di w_k, e aprendo t.

(2) Un'operazione di PIVOT con la stella centrata in s_1, che manda
- $y(s_1, t')$ unità da s_1 a ogni figlio t' di s_1, e
- $y(s_1, t)$ unità da s_1 a t,

chiudendo s_1, aprendo i figli di s_1, e aprendo t.

(3) Un'operazione di PIVOT con la stella radicata in t, che manda
- al massimo $2y(s_i, t)$ unità da s_i a t per $i = 2, \dots, l$,

chiudendo $s_2, \dots, s_l$ e aprendo t.

Caso 3: t è debole, $l \geq 1$, e $y(w_k, t) + y(s_1, t) < \sum_{i=2}^{l} y(s_i, t)$. Allora si consideri:

(1) Un'operazione di PIVOT con la cometa con centro w_k e coda (t, s_1), che manda
- $y(w_k, t')$ unità di domanda da w_k a ogni figlio t' di w_k,
- $y(w_k, t)$ unità da w_k a t, e
- al massimo $2y(s_1, t)$ unità da s_1 a t,

chiudendo w_k e s_1 e aprendo t e i figli di w_k.

(2) Un'operazione di PIVOT con la stella centrata in t, che manda
- al massimo $2y(s_i, t)$ unità da s_i a t per ogni elemento dispari i di $\{2, \dots, l\}$,

chiudendo gli elementi dispari di $\{s_2, \dots, s_l\}$ e aprendo t.

(3) Un'operazione di PIVOT con la stella radicata in t, che manda
- al massimo $2y(s_i, t)$ unità da s_i a t per ogni elemento pari di i di $\{2, \dots, l\}$,

che chiude gli elementi pari di $\{s_2, \dots, s_l\}$ e aprendo t.

Nel caso $k = 0$ consideriamo le stesse operazioni di PIVOT, tranne che (1) viene omessa nei Casi 1 e 2 (in cui $y(w_0, t) := 0$) e sostituita da un'operazione di PIVOT con la stella radicata in t nel Caso 3, che manda al massimo $2y(s_1, t)$ unità da s_1 a t, chiudendo s_1 e aprendo t.

Raccogliamo tutte queste operazioni di PIVOT per ogni $t \in T$. Poi, complessivamente, abbiamo chiuso ogni $s \in S$ una volta e aperto ogni $t \in T$ al massimo quattro volte, con un costo totale stimato di instradamento di al massimo $2\sum_{\{s,t\} \in E(F)} c_{st} y(s, t)$, che vale al massimo $2c_S(x^*) + 2c_S(x)$ per la (22.17). Se nessuna di queste operazioni ha un costo stimato inferiore a $-\frac{\epsilon}{|\mathcal{F}|} c(x)$, abbiamo, come richiesto, che $-\epsilon c(x) \leq -c_F(x) + 4c_F(x^*) + 2c_S(x^*) + 2c_S(x)$. □

Dal risultato precedente possiamo concludere che:

Teorema 22.29. *Sia $0 < \epsilon \leq 1$, siano x, x^* soluzioni ammissibili di una data istanza, e sia $c^x(t, \delta) > -\frac{\epsilon}{8|\mathcal{F}|} c(x)$ per $t \in \mathcal{F}$ e $\delta \in \mathbb{R}_+$ e $c^x(A, \delta) > -\frac{\epsilon}{8|\mathcal{F}|} c(x)$ per tutte le stelle e comete A e $\delta \in \Delta_A^x$. Allora $c(x) \leq (1+\epsilon)(7c_F(x^*) + 5c_S(x^*))$.*

Dimostrazione. Per il Lemma 22.26 abbiamo $c_S(x) \leq c_F(x^*) + c_S(x^*) + \frac{\epsilon}{8} c(x)$, e per il Lemma 22.28 abbiamo $c_F(x) \leq 4c_F(x^*) + 2c_S(x^*) + 2c_S(x) + \frac{\epsilon}{8} c(x)$. Quindi $c(x) = c_F(x) + c_S(x) \leq 7c_F(x^*) + 5c_S(x^*) + \frac{\epsilon}{2} c(x)$, che implica $c(x) \leq (1+\epsilon)(7c_F(x^*) + 5c_S(x^*))$. □

Infine applichiamo una tecnica di scaling tradizionale e otteniamo il risultato principale di questa sezione:

Teorema 22.30. (Vygen [2007]) *Per ogni $\epsilon > 0$ esiste un algoritmo di approssimazione debolmente polinomiale con fattore $\left(\frac{\sqrt{41}+7}{2} + \epsilon\right)$ per il* PROBLEMA DELLA LOCALIZZAZIONE DI IMPIANTI UNIVERSALE.

Dimostrazione. Possiamo assumere che $\epsilon \leq \frac{1}{3}$. Sia $\beta := \frac{\sqrt{41}-5}{2} \approx 0.7016$. Assegnamo $f'_i(z) := \beta f_i(z)$ per ogni $z \in \mathbb{R}_+$ e $i \in \mathcal{F}$, e consideriamo l'istanza modificata.

Sia x una soluzione ammissibile iniziale qualsiasi. Applichiamo gli algoritmi del Lemma 22.25 e del Lemma 22.27 con $\frac{\epsilon}{16|\mathcal{F}|}$ al posto di ϵ. Questi o trovano un'operazione di ADD oppure di PIVOT che riduce il costo della soluzione correnti x di almeno $\frac{\epsilon}{16|\mathcal{F}|}c(x)$, o concludono che i prerequisiti del Teorema 22.29 non sono verificati.

Se x è la soluzione così ottenuta, c'_F e c_F indicano rispettivamente il costo di impianto dell'istanza originale e di quella modificata, e x^* è una qualsiasi soluzione ammissibile, allora $c_F(x) + c_S(x) = \frac{1}{\beta}c'_F(x) + c_S(x) \leq \frac{1}{\beta}(6c'_F(x^*) + 4c_S(x^*) + \frac{3\epsilon}{8}c(x)) + c'_F(x^*) + c_S(x^*) + \frac{\epsilon}{8}c(x) \leq (6+\beta)c_F(x^*) + (1+\frac{4}{\beta})c_S(x^*) + \frac{3\epsilon}{4}c(x) = (6+\beta)(c_F(x^*) + c_S(x^*)) + \frac{3\epsilon}{4}c(x)$. Quindi $c(x) \leq (1+\epsilon)(6+\beta)c(x^*)$.

Ogni iterazione riduce il costo di un fattore di almeno $\frac{1}{1-\frac{\epsilon}{16|\mathcal{F}|}}$, quindi dopo $\frac{1}{-\log(1-\frac{\epsilon}{16|\mathcal{F}|})} < \frac{16|\mathcal{F}|}{\epsilon}$ iterazioni il costo si riduce di almeno un fattore 2 (si noti che $\log x < x - 1$ per $0 < x < 1$). Ciò implica un algoritmo con un tempo debolmente polinomiale. □

In particolare, poiché $\frac{\sqrt{41}+7}{2} < 6.702$, abbiamo un algoritmo di approssimazione con fattore 6.702. Questo è, ad oggi, il miglior rapporto di prestazione che si conosce per questo problema.

Esercizi

1. Mostrare che il PROBLEMA DEL k-MEDIANO (senza richiedere costi di servizio metrici) non ha nessun algoritmo di approssimazione costante a meno che $P = NP$.
2. Si consideri un'istanza del PROBLEMA DELLA LOCALIZZAZIONE DI IMPIANTI SENZA LIMITI DI CAPACITÀ. Dimostrare che $c_S : 2^{\mathcal{F}} \to \mathbb{R}_+ \cup \{\infty\}$ è supermodulare, in cui $c_S(X) := \sum_{j\in\mathcal{D}} \min_{i\in X} c_{ij}$.
3. Si consideri una formulazione di programmazione lineare intera diversa del PROBLEMA DELLA LOCALIZZAZIONE DI IMPIANTI SENZA LIMITI DI CAPACITÀ con una variabile $z_S \in \{0, 1\}$ per ogni coppia $S \in \mathcal{F} \times 2^{\mathcal{D}}$:

$$\begin{aligned}
\min \quad & \sum_{S=(i,D)\in\mathcal{F}\times 2^{\mathcal{D}}} \left(f_i + \sum_{j\in D} c_{ij} \right) z_S \\
\text{t.c.} \quad & \sum_{S=(i,D)\in\mathcal{F}\times 2^{\mathcal{D}}:j\in D} z_S \geq 1 \qquad (j \in \mathcal{D}) \\
& z_S \in \{0,1\} \quad (S \in \mathcal{F} \times 2^{\mathcal{D}}).
\end{aligned}$$

Se ne consideri il rilassamento lineare e il suo duale. Mostrare come risolverlo in tempo polinomiale (nonostante la dimensione esponenziale). Mostrare che il valore ottimo di PL è lo stesso di (22.2) e (22.3).

4. Si consideri il rilassamento di PL di un semplice caso speciale del PROBLEMA DELLA LOCALIZZAZIONE DI IMPIANTI METRICO SENZA LIMITI DI CAPACITÀ, nel quale ogni impianto può servire sino a u clienti ($u \in \mathbb{N}$): questo PL è ottenuto estendendo (22.2) con i vincoli $y_i \leq 1$ e $\sum_{j \in \mathcal{D}} x_{ij} \leq u y_i$ per $i \in \mathcal{F}$. Mostrare che questa classe di programmi lineari ha un gap di integralità illimitato, ovvero il rapporto tra il costo di una soluzione ottima intera e il valore ottimo del rilassamento lineare può essere arbitrariamente grande.
(Shmoys, Tardos e Aardal [1997])
5. Si consideri il PROBLEMA DELLA LOCALIZZAZIONE DI IMPIANTI SENZA LIMITI DI CAPACITÀ con la proprietà che ogni cliente $j \in \mathcal{D}$ viene associato con una domanda $d_j > 0$ e i costi di servizio per unità di domanda sono metrici, ossia $\frac{c_{ij}}{d_j} + \frac{c_{i'j}}{d_j} + \frac{c_{i'j'}}{d_{j'}} \geq \frac{c_{ij'}}{d_{j'}}$ per $i, i' \in \mathcal{F}$ e $j, j' \in \mathcal{D}$. Si modifichino gli algoritmi di approssimazione per il caso di domande unitarie e si mostri che le stesse garanzie di prestazione possono essere ottenute in questo caso più generale.
6. Mostrare che (22.7) può in pratica essere riformulato in modo equivalente con un programma lineare.
7. Si consideri il programma lineare factor-revealing (22.7) per $\gamma_F = 1$. Mostrare che l'estremo superiore della soluzione ottima per ogni $d \in \mathbb{N}$ è pari a 2.
(Jain et al. [2003])
8. Si consideri un'istanza del PROBLEMA DELLA LOCALIZZAZIONE DI IMPIANTI METRICO SENZA LIMITI DI CAPACITÀ. Ora l'obiettivo è di trovare un insieme $X \subseteq \mathcal{F}$ tale che $\sum_{j \in \mathcal{D}} \min_{i \in X} c_{ij}^2$ sia minimo. Trovare un algoritmo di approssimazione con fattore costante per questo problema. Provare a ottenere un rapporto di prestazione minore di 3.
9. Si combinino il Teorema 22.3 e il Teorema 22.10 per mostrare che l'ALGORITMO DI JAIN-VAZIRANI insieme a uno scaling e una greedy augmentation ha un rapporto di prestazione di 1.853.

* 10. Il PROBLEMA DI MAX-k-COVER viene definito come segue. Data una famiglia di insiemi $(U, \mathcal{F})$ e un numero naturale k, trovare un sottoinsieme $\mathcal{S} \subseteq \mathcal{F}$ con $|\mathcal{S}| = k$ e $|\bigcup \mathcal{S}|$ massimo. Dimostrare che il più semplice algoritmo greedy (prendere iterativamente un insieme che copre il maggior numero di nuovi elementi) è un algoritmo di approssimazione con fattore $(\frac{e}{e-1})$ per il PROBLEMA DIN MAX-k-COVER.

11. Mostrare che esiste un algoritmo di approssimazione con fattore 2 per il PROBLEMA DELLA LOCALIZZAZIONE DI IMPIANTI CON CAPACITÀ SOFT.
Suggerimento: si combini la dimostrazione del Teorema 22.22 con l'analisi dell'ALGORITMO DI DUAL FITTING. In questo caso (22.6) può essere rafforzata.
(Mahdian, Ye e Zhang [2006])

12. Si combini la ricerca locale (Teorema 22.20) con costi discretizzati (Lemma 22.15) e le tecniche di scaling e di greedy augmentation (Teorema 22.10) per ottenere un algoritmo di approssimazione con fattore 2.375 per il PROBLEMA DELLA LOCALIZZAZIONE DI IMPIANTI METRICO SENZA LIMITI DI CAPACITÀ.
13. Si consideri il caso particolare del PROBLEMA DELLA LOCALIZZAZIONE DI IMPIANTI UNIVERSALE in cui le funzioni di costo f_i sono lineari per ogni $i \in \mathcal{F}$. Descrivere un algoritmo di approssimazione con fattore 3 per questo caso.
14. Siano $\alpha_0, \alpha_1, \ldots, \alpha_r \in \mathbb{R}_+$ con $\alpha_1 = \max_{i=1}^r \alpha_i$ e $S := \sum_{i=0}^r \alpha_i$. Mostrare che esiste una partizione $\{2, \ldots, r\} = I_0 \dot{\cup} I_1$ con $\alpha_k + \sum_{i \in I_k} 2\alpha_i \leq S$ per $k = 0, 1$.
    Suggerimento: si ordini la lista e si prenda ogni elemento che appare come secondo nella lista ordinata.
15. * Si consideri un algoritmo di ricerca locale per il PROBLEMA DELLA LOCALIZZAZIONE DI IMPIANTI METRICO CON CAPACITÀ il quale, oltre all'algoritmo della Sezione 22.8, ha un'operazione aggiuntiva, chiamata PIVOT su foreste che sono l'unione disgiunta di due stelle. Si può dimostrare che questa operazione può essere implementata in tempo polinomiale per questo caso particolare. Mostrare che con questa operazione aggiuntiva si può ottenere un rapporto di 5.83.
    Suggerimento: modificare la dimostrazione del Lemma 22.28 usando questa nuova operazione. Si usi l'Esercizio 14.
    (Zhang, Chen e Ye [2004])

Riferimenti bibliografici

Letteratura generale:

Cornuéjols, G., Nemhauser, G.L., Wolsey, L.A. [1990]: The uncapacitated facility location problem. In: Discrete Location Theory (P. Mirchandani, R. Francis, eds.), Wiley, New York, pp. 119–171

Shmoys, D.B. [2000]: Approximation algorithms for facility location problems. Proceedings of the 3rd International Workshop on Approximation Algorithms for Combinatorial Optimization; LNCS 1913 (K. Jansen, S. Khuller, eds.), Springer, Berlin, pp. 27–33

Vygen, J. [2005]: Approximation algorithms for facility location problems (lecture notes). Report No. 05950-OR, Research Institute for Discrete Mathematics, University of Bonn,

Riferimenti citati:

Archer, A., Rajagopalan, R., Shmoys, D.B. [2003]: Lagrangian relaxation for the k-median problem: new insights and continuity properties. Algorithms – Proceedings of the 11th Annual European Symposium on Algorithms, Springer, Berlin, pp. 31-42.

Arora, S., Raghavan, P., Rao, S. [1998]: Approximation schemes for Euclidean k-medians and related problems. Proceedings of the 30th Annual ACM Symposium on Theory of Computing, 106–113

Arya, V., Garg, N., Khandekar, R., Meyerson, A., Munagala, K., Pandit, V. [2004]: Local search heuristics per k-median and facility location problems. SIAM Journal on Computing 33, 544–562

Balinski, M.L. [1965]: Integer programming: methods, uses, computation. Management Science 12, 253–313

Balinski, M.L., Wolfe, P. [1963]: On Benders decomposition and a plant location problem. Working paper ARO-27. Mathematica, Princeton

Byrka, J. [2007]: An optimal bifactor approximation algorithm for the metric uncapacitated facility location problem. Proceedings of the 10th International Workshop on Approximation Algorithms for Combinatorial Optimization Problems; LNCS 4627 (M. Charikar, K. Jansen, O. Reingold, J.D.P. Rolim, eds.), Springer, Berlin, pp. 29–43

Byrka, J., Aardal, K. [2007]: The approximation gap for the metric facility location problem is not yet closed. Operations Research Letters 35, 379–384

Charikar, M., Guha, S. [2005]: Improved combinatorial algorithms for the facility location e k-median problems. SIAM Journal on Computing 34, 803–824

Charikar, M., Guha, S., Tardos, É., Shmoys, D.B. [2002]: A constant-factor approximation algorithm for the k-median problem. Journal of Computer and System Sciences 65, 129–149

Chudak, F.A., Shmoys, D.B. [2003]: Improved approximation algorithms for the uncapacitated facility location problem. SIAM Journal on Computing 33, 1–25

Feige, U. [1998]: A threshold of $\ln n$ for the approximating set cover. Journal of the ACM 45, 634–652

Guha, S., Khuller, S. [1999]: Greedy strikes back: improved facility location algorithms. Journal of Algorithms 31, 228–248

Hochbaum, D.S. [1982]: Heuristics for the fixed cost median problem. Mathematical Programming 22, 148–162

Jain, K., Mahdian, M., Markakis, E., Saberi, A., Vazirani, V.V. [2003]: Greedy facility location algorithms analyzed using dual fitting with factor-revealing LP. Journal of the ACM 50, 795–824

Jain, K., Vazirani, V.V. [2001]: Approximation algorithms for metric facility location e k-median problems using the primal-dual schema and Lagrangian relaxation. Journal of the ACM 48, 274–296

Kolliopoulos, S.G., Rao, S. [2007]: A nearly linear-time approximation scheme for the Euclidean k-median problem. SIAM Journal on Computing 37, 757–782

Korupolu, M., Plaxton, C., Rajaraman, R. [2000]: Analysis of a local search heuristic for facility location problems. Journal of Algorithms 37, 146–188

Kuehn, A.A., Hamburger, M.J. [1963]: A heuristic program for locating warehouses. Management Science 9, 643–666

Levi, R., Shmoys, D.B., Swamy, C. [2004]: LP-based approximation algorithms for capacitated facility location. In: Integer Programming and Combinatorial Optimization; Proceedings of the 10th International IPCO Conference; LNCS 3064 (G. Nemhauser, D. Bienstock, eds.), Springer, Berlin, pp. 206–218

Mahdian, M., Pál, M. [2003]: Universal facility location. In: Algorithms – Proceedings of the 11th European Symposium on Algorithms (ESA); LNCS 2832 (G. di Battista, U. Zwick, eds.), Springer, Berlin, pp. 409–421

Mahdian, M., Ye, Y., Zhang, J. [2006]: Approximation algorithms for metric facility location problems. SIAM Journal on Computing 36, 411–432

Manne, A.S. [1964]: Plant location under economies-of-scale-decentralization and computation. Management Science 11, 213–235

Pál, M., Tardos, É., Wexler, T. [2001]: Facility location with hard capacities. Proceedings of the 42nd Annual IEEE Symposium on the Foundations of Computer Science, 329–338

Shmoys, D.B., Tardos, É., Aardal, K. [1997]: Approximation algorithms for facility location problems. Proceedings of the 29th Annual ACM Symposium on Theory of Computing, 265–274

Stollsteimer, J.F. [1963]: A working model for plant numbers and locations. Journal of Farm Economics 45, 631–645

Sviridenko, M. [2002]: An improved approximation algorithm for the metric uncapacitated facility location problem. In: Integer Programming and Combinatorial Optimization; Proceedings of the 9th International IPCO Conference; LNCS 2337 (W. Cook, A. Schulz, eds.), Springer, Berlin, pp. 240–257

Vygen, J. [2007]: From stars to comets: improved local search for universal facility location. Operations Research Letters 35, 427–433

Zhang, J., Chen, B., Ye, Y. [2004]: Multi-exchange local search algorithm for the capacitated facility location problem. In: Integer Programming and Combinatorial Optimization; Proceedings of the 10th International IPCO Conference; LNCS 3064 (G. Nemhauser, D. Bienstock, eds.), Springer, Berlin, pp. 219–233

Zhang, P. [2007]: A new approximation algorithm for the *k*-facility location problem. Theoretical Computer Science 384, 126–135

Indice delle notazioni

Indice degli autori

Indice analitico

Collana Unitext - La Matematica per il 3+2

a cura di

A. Quarteroni (Editor-in-Chief)
P. Biscari
C. Ciliberto
G. Rinaldi
W.J. Runggaldier

Volumi pubblicati. A partire dal 2004, i volumi della serie sono contrassegnati da un numero di identificazione. I volumi indicati in grigio si riferiscono a edizioni non più in commercio.

A. Bernasconi, B. Codenotti
Introduzione alla complessità computazionale
1998, X+260 pp, ISBN 88-470-0020-3

A. Bernasconi, B. Codenotti, G. Resta
Metodi matematici in complessità computazionale
1999, X+364 pp, ISBN 88-470-0060-2

E. Salinelli, F. Tomarelli
Modelli dinamici discreti
2002, XII+354 pp, ISBN 88-470-0187-0

S. Bosch
Algebra
2003, VIII+380 pp, ISBN 88-470-0221-4

S. Graffi, M. Degli Esposti
Fisica matematica discreta
2003, X+248 pp, ISBN 88-470-0212-5

S. Margarita, E. Salinelli
MultiMath - Matematica Multimediale per l'Università
2004, XX+270 pp, ISBN 88-470-0228-1

A. Quarteroni, R. Sacco, F.Saleri
Matematica numerica (2a Ed.)
2000, XIV+448 pp, ISBN 88-470-0077-7
2002, 2004 ristampa riveduta e corretta
(1a edizione 1998, ISBN 88-470-0010-6)

13. A. Quarteroni, F. Saleri
Introduzione al Calcolo Scientifico (2a Ed.)
2004, X+262 pp, ISBN 88-470-0256-7
(1a edizione 2002, ISBN 88-470-0149-8)

14. S. Salsa
Equazioni a derivate parziali - Metodi, modelli e applicazioni
2004, XII+426 pp, ISBN 88-470-0259-1

15. G. Riccardi
Calcolo differenziale ed integrale
2004, XII+314 pp, ISBN 88-470-0285-0

16. M. Impedovo
Matematica generale con il calcolatore
2005, X+526 pp, ISBN 88-470-0258-3

17. L. Formaggia, F. Saleri, A. Veneziani
Applicazioni ed esercizidi modellistica numerica
per problemi differenziali
2005, VIII+396 pp, ISBN 88-470-0257-5

18. S. Salsa, G. Verzini
Equazioni a derivate parziali -Complementi ed esercizi
2005, VIII+406 pp, ISBN 88-470-0260-5
2007, ristampa con modifiche

19. C. Canuto, A. Tabacco
Analisi Matematica I (2a Ed.)
2005, XII+448 pp, ISBN 88-470-0337-7
(1a edizione, 2003, XII+376 pp, ISBN 88-470-0220-6)

20. F. Biagini, M. Campanino
Elementi di Probabilità e Statistica
2006, XII+236 pp, ISBN 88-470-0330-X

21. S. Leonesi, C. Toffalori
Numeri e Crittografia
2006, VIII+178 pp, ISBN 88-470-0331-8

22. A. Quarteroni, F. Saleri
Introduzione al Calcolo Scientifico (3a Ed.)
2006, X+306 pp, ISBN 88-470-0480-2

23. S. Leonesi, C. Toffalori
Un invito all'Algebra
2006, XVII+432 pp, ISBN 88-470-0313-X

24. W.M. Baldoni, C. Ciliberto, G.M. Piacentini Cattaneo
Aritmetica, Crittografia e Codici
2006, XVI+518 pp, ISBN 88-470-0455-1

25. A. Quarteroni
Modellistica numerica per problemi differenziali (3a Ed.)
2006, XIV+452 pp, ISBN 88-470-0493-4
(1a edizione 2000, ISBN 88-470-0108-0)
(2a edizione 2003, ISBN 88-470-0203-6)

26. M. Abate, F. Tovena
Curve e superfici
2006, XIV+394 pp, ISBN 88-470-0535-3

27. L. Giuzzi
Codici correttori
2006, XVI+402 pp, ISBN 88-470-0539-6

28. L. Robbiano
Algebra lineare
2007, XVI+210 pp, ISBN 88-470-0446-2

29. E. Rosazza Gianin, C. Sgarra
Esercizi di finanza matematica
2007, X+184 pp,ISBN 978-88-470-0610-2

30. A. Machì
Gruppi - Una introduzione a idee e metodi della Teoria dei Gruppi
2007, XII+349 pp, ISBN 978-88-470-0622-5
2010, ristampa con modifiche

31 Y. Biollay, A. Chaabouni, J. Stubbe
Matematica si parte!
A cura di A. Quarteroni
2007, XII+196 pp, ISBN 978-88-470-0675-1

32. M. Manetti
Topologia
2008, XII+298 pp, ISBN 978-88-470-0756-7

33. A. Pascucci
Calcolo stocastico per la finanza
2008, XVI+518 pp, ISBN 978-88-470-0600-3

34. A. Quarteroni, R. Sacco, F. Saleri
Matematica numerica, 3a Ed.
2008, XVI+510 pp, ISBN 978-88-470-0782-6

35. P. Cannarsa, T. D'Aprile
Introduzione alla teoria della misura e all'analisi funzionale
2008, XII+268 pp, ISBN 978-88-470-0701-7

36. A. Quarteroni, F. Saleri
Calcolo scientifico, 4a Ed.
2008, XIV+358 pp, ISBN 978-88-470-0837-3

37. C. Canuto, A. Tabacco
Analisi Matematica I, 3a Ed.
2008, XIV+452 pp, ISBN 978-88-470-0871-3

38. S. Gabelli
Teoria delle Equazioni e Teoria di Galois
2008, XVI+410 pp, ISBN 978-88-470-0618-8

39. A. Quarteroni
Modellistica numerica per problemi differenziali (4a Ed.)
2008, XVI+560 pp, ISBN 978-88-470-0841-0

40. C. Canuto, A. Tabacco
Analisi Matematica II
2008, XVI+536 pp, ISBN 978-88-470-0873-1
2010, ristampa con modifiche

41. E. Salinelli, F. Tomarelli
Modelli Dinamici Discreti
2009, XIV+382 pp, ISBN 978-88-470-1075-8

42. S. Salsa, F.M.G. Vegni, A. Zaretti, P. Zunino
Invito alle equazioni a derivate parziali
2009, XIV+440 pp, ISBN 978-88-470-1179-3

43. S. Dulli, S. Furini, E. Peron
Data mining
2009, XIV+178 pp, ISBN 978-88-470-1162-5

44. A. Pascucci, W.J. Runggaldier
Finanza Matematica
2009, X+264 pp, ISBN 978-88-470-1441-1

45. S. Salsa
Equazioni a derivate parziali - Metodi, modelli e applicazioni (2a Ed.)
2010, XVI+614 pp, ISBN 978-88-470-1645-3

46. C. D'Angelo, A. Quarteroni
Matematica Numerica - Esercizi, Laboratori e Progetti
2010, VIII+374 pp, ISBN 978-88-470-1639-2

47. V. Moretti
Teoria Spettrale e Meccanica Quantistica - Operatori in spazi di Hilbert
2010, XVI+704 pp, ISBN 978-88-470-1610-1

48. C. Parenti, A. Parmeggiani
Algebra lineare ed equazioni differenziali ordinarie
2010, VIII+208 pp, ISBN 978-88-470-1787-0

49. B. Korte, J. Vygen
Ottimizzazione Combinatoria. Teoria e Algoritmi
2010, + XVI+662 pp, ISBN 978-88-470-1522-7